普通高等教育“十四五”规划教材

应用型本科食品科学与工程类专业系列教材

食品机械与设备

Food Processing Machinery and Equipment

胡晓波　李清明　主编
程玉来　主审

中国农业大学出版社
·北京·

内容简介

本书属于应用型本科食品科学与工程类专业系列教材之一，按照设备的单元操作功能，结合食品生产特性及工艺过程，重点介绍食品机械与设备的类型、工作原理及性能特点，典型设备的结构、选型及操作要点等。本书共15章，包括：绪论、输送机械与设备、清洗机械与设备、分选分离机械与设备、切割粉碎机械与设备、混合机械与设备、热处理机械与设备、浓缩机械与设备、干燥机械与设备、成型机械与设备、杀菌机械与设备、冷冻机械与设备、发酵机械与设备、包装机械与设备以及典型食品生产线。

本教材既可作为高等院校食品科学与工程类专业的教科书，又可作为食品企业技术人员的参考资料和技术手册。

图书在版编目（CIP）数据

食品机械与设备/胡晓波，李清明主编. —北京：中国农业大学出版社，2020.10
ISBN 978-7-5655-2456-1

Ⅰ.①食… Ⅱ.①胡…②李… Ⅲ.①食品加工设备-高等学校-教材 Ⅳ.①TS203

中国版本图书馆CIP数据核字（2020）第211077号

书　名 食品机械与设备
作　者 胡晓波　李清明　主编

策划编辑 梁爱荣　赵　中　　**责任编辑** 杜　琴
封面设计 郑　川
出版发行 中国农业大学出版社
社　址 北京市海淀区圆明园西路2号　　**邮政编码** 100193
电　话 发行部 010-62818525，8625　　读者服务部 010-62732336
编辑部 010-62732617，2618　　出　版　部 010-62733440
网　址 http://www.caupress.cn　　**E-mail** cbsszs@cau.edu.cn
经　销 新华书店
印　刷 涿州市星河印刷有限公司
版　次 2021年9月第1版　2021年9月第1次印刷
规　格 889mm×1194mm　16开本　24印张　670千字
定　价 79.00元

应用型本科食品科学与工程类专业系列教材
编审指导委员会委员

（按姓氏拼音排序）

编 审 人 员

主　　编　胡晓波　李清明

副主编　潘治利　郭卫芸

编　　者　（按姓氏拼音排序）

戴铭成　山西农业大学信息学院

郭卫芸　许昌学院

胡晓波　河南牧业经济学院

李清明　湖南农业大学

刘　涛　信阳农林学院

潘治利　河南农业大学

谢光辉　郑州工程技术学院

徐　超　河南农业大学

主　　审　程玉来　沈阳农业大学

出版说明

随着世界人口增长、社会经济发展、生存环境改变，人类对食品供给、营养、健康、安全、美味、方便的关注不断加深。食品消费在现代社会早已成为经济发展、文明程度提高的主要标志。从全球看，食品工业已经超过了汽车、航空、信息等行业成为世界上的第一大产业。预计未来 20 年里，世界人口每年将增加超过 7 300 万，对食品的需求量势必剧增。食品产业已经成为民生产业、健康产业、国民经济支柱产业，在可预期的未来更是朝阳产业。

在我国，食品消费是人生存权的最根本保障，食品工业的发展直接关系到人民生活、社会稳定和国家安全，在国民经济中的地位和作用日益突出。食品工业在发展我国经济、保障人们健康、提高人民生活水平方面发挥了越来越重要的作用。随着新时代我国工业化、城镇化建设和发展特别是全面建成小康社会带来的巨大的消费市场需求，食品产业的发展潜力巨大。

展望未来食品科学技术和相关产业的发展，有专家指出，食品营养健康的突破，将成为食品发展的新引擎；食品物性科学的进展，将成为食品制造的新源泉；食品危害物发现与控制的成果，将成为安全主动保障的新支撑；绿色制造技术的突破，将成为食品工业可持续发展的新驱动；食品加工智能化装备的革命，将成为食品工业升级的新动能；食品全链条技术的融合，将成为食品产业的新模式。

随着工农业的快速发展，环境污染的加剧，食品中各种化学性、生物性、物理性危害的风险不同程度地存在或增大，影响着人民群众的身体健康与生命安全以及国家的经济发展与社会稳定；同时，各种与食物有关的慢性疾病不断增长，对食品的营养、品质和安全提出了更高的要求。

鉴于以上食品科学与行业的发展状况，我国对食品科学与工程类的人才需求量必将不断增加，对食品类人才素质、知识、能力结构的要求必将不断提高，对食品类人才培养的层次与类型必将发生相应变化。

2015 年教育部 国家发展改革委 财政部发布《关于引导部分地方普通本科高校向应用型转变的指导意见》（教育部 国家发展改革委 财政部 2015 年 10 月 21 日 教发〔2015〕7 号。以下简称《转型指导意见》）。《转型指导意见》提出，培养应用型人才，确立应用型的类型定位和培养应用型技术技能型人才的职责使命，根据所服务区域、行业的发展需求，找准切入点、创新点、增长点。抓住新产业、新业态和新技术发展机遇，以服务新产业、新业态、新技术为突破口，形成一批服务产业转型升级和先进技术转移应用特色鲜明的应用技术大学、学院。建立紧密对接产业链、创新链的专业体系。按需重组人才培养结构和流程，围绕产业链、创新链调整专业设置，形成特色专业集群。通过改造传统专业、设立复合型新专业、建立课程超市等方式，大幅度提高复合型技术技能人才培养比重。创新应用型技术技能型人才培养模式，建立以提高实践能力为引领的人才培养流程和产教融合、协同育人的人才培养模式，实现专业链与产业链、课程内容与职业标准、教学过程与生产过程对接。

为了贯彻落实《转型指导意见》精神，更好地推动应用型高校建设进程，充分发挥教材在教育教学中的基础性作用，近年来中国农业大学出版社就全国高等教育食品科学类专业教材出版和使用情况深入相关院校和教学一线调查研究，先后 3 次召开教学研讨会，总计有 400 余人次近 200 名食品院校专家和老师参加。在深入学习《转型指导意见》《普通高等学校本科专业类教学质量国家标准》（以下简称《教学质量国家标准》）和《工程教育认证标准》（包括《通用标准》和食品科学与工程类专业《补充标准》）的基础上，出版社和相关院校形成高度共识，决定建设一套服务于全国应用型本科院校教学的食品科学与工程类专业系列教材，并拟定了具体建设计划。

历时 4 年，“应用型本科食品科学与工程类专业系列教材”终于与大家见面了。本系列教材具有以下几个特点：

1. 充分体现《转型指导意见》精神。坚持应用型的准确类型定位和培养应用型技术技能型人才的职责使命。教材的编写坚持以“四个转变”为指导，即把办学思路真正转到服务地方经济社会发展上来，转到产教融合、校企合作上来，转到培养应用型技术技能型人才上来，转到增强学生就业创业能力上来。强化“一个认识”，即知识是基础、能力是根本、思维是关键。坚持“三个对接”，即专业链与产业链对接、课程内容与职业标准对接、教学过程与生产过程对接，实现教材内容由学科学术体系向生产实际需要的突破和从“重理论、轻实践”向以提高实践能力为主转变。教材出版创新，要做到“两个突破”，即编写队伍突破清一色院校教师的格局，教材形态突破清一色的文本形式。

2. 以《教学质量国家标准》为依据。2018 年 1 月《普通高等学校本科专业类教学质量国家标准》正式公布（以下简称《标准》）。此套教材编写团队认真对照《标准》，以教材内容和要求不少于和低于《标准》规定为基本要求，全面体现《标准》提出的“专业培养目标”和“知识体系”，教学学时数适当高于《标准》规定，并在教材中以“学习目的和要求”“学习重点”“学习难点”等专栏标注细化体现《标准》各项要求。

3. 充分体现《工程教育认证标准》有关精神和要求。整套教材编写融入教学反向设计的理念以及教学质量持续改进的理念，体现以学生为中心，以培养目标和毕业要求为导向，以保证课程教学效果为目标，审核确定每一门课程在整个教学体系中的地位与作用，细化教材内容和教学要求。

4. 整套教材遵循专业教学与思政教学同向同行。坚持以立德树人贯穿教学全过程，结合食品专业特点和课程重点将思想政治教育功能有机融合，通过专业课程教学培养学生树立正确的人生观、世界观和价值观，达到合力培养社会主义事业建设者和接班人的目的。

5. 在新形态教材建设上努力做出探索。按课程内容教学需要，按有益于学生学习、有益于教师教学的要求，将纸质主教材、教学资源、教学形式、在线课程等统筹规划，制定新形态教材建设工作计划，有力推动信息技术与教育教学深度融合，实现从形式的改变转变为方法的变革，从技术辅助手段转变为交织交融，从简单结合物理变化转变为发生化学反应。

6. 系列教材编写体例坚持因课制宜的原则，不做统一要求。与生产实际关系比较密切的课程教材倡导以项目式、案例式为主，坚持问题导向、生产导向、流程导向；基础理论课程教材，提倡紧密联系生产实践并为后续应用型课程打基础。各类教材均在引导式、讨论式教学方面做出新的尝试。

希望“应用型本科食品科学与工程类专业系列教材”的推出对推进全国本科院校应用型转型工作起到积极作用。毕竟是“转型”实践的初次探索，此套系列教材一定会存在许多缺点和不足，恳请广大师生在教材使用过程中及时将有关意见和建议反馈给我们，以便及时修正，并在修订时进一步提高质量。

中国农业大学出版社

2020 年 2 月

前　言

食品机械与设备是普通高等教育食品科学与工程类专业的一门主要专业课程，是学生在学习食品工程类和机电类基础课程的基础上，掌握食品工业常用机械与设备的类型与特点、结构与原理，了解计算与选型、操作与维护等方面的知识和技能，为学生在食品工程原理、食品工艺学与食品工厂设计等课程之间建立紧密联系的桥梁性课程。学习该课程可以为学生今后较好地开展研究工作或适应工作岗位要求打下良好的基础。

本教材参考了原无锡轻工业学院与原天津轻工业学院合编的《食品工厂机械与设备》以及现有其他相关教材，为顺应当代食品工业的发展，适应应用型本科食品科学与工程类专业教育教学的需要而编写。本教材以单元操作为主线，结合食品生产特性及工艺过程，重点介绍食品机械与设备的类型、工作原理及性能特点，典型设备的结构、选型及操作要点等。编者将该教材与前缘课程（食品工程原理、机械基础、电工技术等）在知识性内容上的重复作了妥当处理，要求宜简不宜繁；将该教材与后续课程（食品工艺学、食品工厂设计等）在应用性内容上的侧重点处理清晰，并通过工艺参数将二者有效衔接起来。本教材从教学、科研和生产实际出发，理论联系实际，突出新技术、新装备，为食品机械与设备的应用提供理论依据和技术指导。本教材既可作为高等院校食品科学与工程类专业教科书，又可作为食品企业技术人员的参考资料和技术手册。

本教材共计 15 章，由 7 所高校的 8 位编者共同完成，采用主编或副主编与参编联合编写并相互初审的模式，全书由胡晓波负责统稿。具体编写分工如下：胡晓波、刘涛编写第 7、10 和 14 章；李清明、徐超编写第 3、5、11 和 15 章；潘治利、谢光辉编写第 6、8、9 和 12 章；郭卫芸、戴铭成编写第 1、2、4 和 13 章。全书由程玉来主审。

本教材的编写得到了中国农业大学出版社的大力支持，收到了该系列教材编审指导委员会专家们的许多宝贵意见和建议，还得到了编者所在院校相关部门及师生们的关心与帮助，在此对他们表示由衷的感谢！同时，本教材参考了国内同类教材、参考书、论文等相关资料，相关企业也提供了最新的技术资料，在此，向各位作者与相关企业表达谢意！

由于编者水平有限，书中难免有错误与不当之处，恳请读者批评指正。

编　者

2020 年 9 月

目　录

第1章 绪论

【本章知识点】

食品工业的规模化与自动化、传统食品的工业化、食品新资源的利用、食品新工艺、食品新产品的产业化等，都离不开食品机械与设备的支持。食品机械与设备种类繁多，分类方式也有多种，从认识、学习的角度，依据单元操作对食品机械与设备进行分类，能够使学习者更加清晰地认识同类食品机械与设备。食品机械与设备具有品种多样、机型可移动、防水防腐要求高、多功能、卫生要求高、自动化程度高低不一等特点，要求与食品物料接触的材料不含有害物质，或不因相互作用而产生有害物质，或有害于人体健康的物质不得超过食品卫生标准中的规定数量，更不能因相互作用而对产品形成污染，影响产品气味、色泽和质量，或影响产品加工的工艺过程。食品机械与设备的材料包括金属材料和非金属材料两大类：其中金属材料包括钢铁材料、不锈钢、有色金属等；非金属材料包括聚乙烯、聚丙烯等合成材料，以及木材、陶瓷、橡胶等非合成材料。食品机械与设备自动控制技术在食品工业中的重要性越来越突出，并朝着智能化的方向发展。实现自动化的技术手段很多，主要有电气法、机械法、液压法、电气液压法、气动法等，其中电气法的应用最为普遍。食品机械与设备的结构也有详细的规范，其中卫生与安全主要包含保障食品安全卫生以及确保操作人员安全两个重要方面。食品机械与设备在选型时，应着重考虑满足工艺条件、生产能力匹配、相互配套、性价比合理、质量可靠以及兼容性等六个原则。

食品工业是把一切可食用资源加工、制造成食品的产业，是关乎人类生命的产业。现代食品工业的发展，离不开两个重要部分：一个是食品工艺，另一个就是机械与设备，二者相辅相成。食品工艺是机械与设备的基础和前提，而食品工艺的最终实现是要通过机械与设备来完成的。食品机械与设备是把食品原料加工成食品或半成品的一类专业机械与设备，是食品工业化生产过程中的重要保障。食品工业的规模化与自动化发展、传统食品的工业化发展、食品新资源的利用、食品新工艺、食品新产品的产业化发展等，都离不开食品机械与设备的支持。食品机械与设备在确保产品质量、提高生产效率、降低能量消耗等方面均起着重要的作用。

1.1 食品机械与设备的分类和特点

食品工业涉及的原料、产品种类繁多，加工工艺各异，因而其涉及的加工机械的种类繁多且具有自身的特点。了解食品机械与设备的分类及其特点，将有助于正确地选择和使用食品机械与设备。

1.1.1 食品机械与设备的分类

1. 根据原料、产品类型分类

根据原料、产品类型分类，可将食品机械与设备分成众多的生产线设备。例如：制糖机械、豆制品加工机械、焙烤食品机械、乳品机械、果蔬加工和保鲜机械、罐头食品机械、糖果食品机械、酿造机械、饮料机械、方便食品机械、调味品和添加剂制品机械、炊事机械等。

2. 根据设备的操作功能分类

一般来说，食品的加工过程并非只包括一个操作单元，大多数的加工过程均涵盖多个单元操作，不同的食品，所采用的单元操作组合也是不同的。例如，果蔬干燥要用到清洗、挑选、切分、漂烫、干燥、包装等单元操作；饮料生产需要用到筛选、烘烤、磨浆、配料（混合）、均质、罐装、灭菌等单元操作。几乎每一个单元操作均有相对应的食品机械与设备。因此，根据单元操作对食品机械与设备进行分类，对于指导食品加工从业者进行食品机械与设备选用具有很好的针对性。根据设备的单元操作，食品机械与设备可分为：筛分及清洗机械、粉碎及切割机械、混合机械、分级分选机械、成型机械、多相分离机械、搅拌及均质机械、蒸煮煎熬机械、蒸发浓缩机械、干燥机械、烘烤机械、冷冻及冻结机械、挤压膨化机械、计量机械、包装机械、输送机械、泵、换热设备、容器等。

从认识、学习的角度出发，依据单元操作对食品机械与设备进行分类，能够使学习者更加清晰地认识同类食品机械与设备，因此，本教材将主要依靠这种分类方法对食品机械与设备进行介绍。然而，从设备应用和发展的角度出发，目前的食品加工过程不能仅局限在单元操作的应用和改进上，而要更加注重各种单元操作的配合和协调，使食品机械与设备的运行更加高效稳定，从而确保产品质量。基于此，重视原料和产品类型的分类方法也是非常有意义的。

1.1.2 食品机械与设备的特点

（1）品种多样性　一般食品机械与设备门类众多、品种较杂，且生产批量较小。许多设备属于单机设备。

（2）机型可移动性　总的来看，食品机械与设备的外形尺寸均较小，重量较轻，可方便地进行移动和改换。例如，一般食品机械与设备均不需要固定基础。

（3）防水防腐性　多数食品机械与设备或其主要工作面的材料具有防水、耐酸碱等腐蚀的性能，一般采用不锈钢制作。

（4）多功能性　食品机械与设备具有一定程度的通用性，即可用来加工不同的物料。此外，还具有容易调节设备、方便调整模具和一机多用等优点。

（5）卫生要求高　为了保证食品卫生安全，食品机械与设备中直接与物料接触的部分，均采用无毒、耐腐蚀材料制造，并且为了方便清洗和消毒，与食品接触的表面均需要进行抛光处理。此外，传动系统与工作区域有严格的密封措施，以防润滑油泄漏，进入所加工的食品物料中。

（6）自动化程度高低不一　目前，食品机械与设备单机自动化程度总体上并不高，但也有一些自动化程度较高的设备，如无菌包装机、自动洗瓶机及大型杀菌设备等。总体来说，我国食品机械与设备存在较大的发展空间。

1.2 食品机械与设备的材料

1.2.1 食品机械与设备对材料的一般要求

根据国家食品安全相关法律法规和标准，食品机械与设备对材料最基本的要求是：与食品物料接触的材料不含有害物质，或不因相互作用而产生有害物质，或有害于人体健康的物质不得超过食品卫生标准中的规定数量，更不能因相互作用而对产品形成污染，影响产品气味、色泽和质量，或影响产品加工的工艺过程。除此之外，还必须满足以下性能：

1. 机械性能

机械性能包括强度、刚度、硬度、寿命等。食品机械与设备中的一些零部件常与大量食品物料相接触，且接触的条件往往相当严苛，因此，非常容易成为失效或磨损的部件。如锤片式粉碎机要求锤片表面坚硬耐磨，且中心坚韧；食品切割机的刀片应具有较高的硬度和耐磨性；食品挤压机螺杆和套筒不仅要有较高的抗扭强度，还要有很高的耐磨强度。有些食品机械与设备的某些零部件长期在高温或低温环境中工作，如焙烤机械，温度高达200℃左右；冷冻机械，温度低至－50～－30℃。这类机械或零部件，就必须综合考虑材料在高温或低温下的机械性能。

2. 物理性能

食品机械与设备材料的物理性能包括密度、比热容、导热系数、线膨胀系数、弹性模量、热辐射波谱、磁性、表面摩擦特性、抗黏着性以及软化温度等。在不同的使用场合中，食品机械与设备的材料要有不同的物理性能，如传热装置要有较高的导热系数；温差大的传动件要有较高且稳定的线膨胀系数，以保证设计要求的配合性；食品成型装置的模具要有良好的抗黏着性，以便脱模等。

3. 耐腐蚀性能

食品机械与设备常遇到酸、碱等腐蚀性物质。首先，有些食品本身或添加剂就是酸、碱或盐，如醋酸、柠檬酸、苹果酸、酒石酸、琥珀酸、乳酸、酪酸、脂肪酸、盐酸、小苏打、食盐等。这些物料对金属材料都有腐蚀作用。其次，有些食品物料本身没有腐蚀性，但在微生物生长繁殖时，会产生带有腐蚀性的代谢物等。最后，食品及其加工过程中用到的洗涤剂、消毒剂与机械材料相接触，会在机械材料表面或深层形成某些化合物从而腐蚀零件。总之，食品机械与设备的材料发生腐蚀，不仅会显著降低机械的使用寿命，而且会直接或间接造成食品的污染。

4. 制造工艺性能

食品机械与设备材料的制造工艺性能指选用材料加工制造成所需形状和尺寸精度的难易程度。不同材料、不同形状和精度要求的零件有不同的制造工艺性能。用于与食品接触表面零部件的材料应具有良好的弹性、对液体的抗渗透性和容易清洗的性能。焊接件的材料要有好的可焊性和切削性能；要求材料表面具有高硬度的零件，材料要有好的热处理性能；要求材料表面涂装的零件要有好的附着性能等。食品机械与设备从业人员必须熟悉材料工艺性能并灵活选用。

食品生产的环境和工艺条件复杂多样，对卫生和安全有特殊要求，除以金属为主体的各种材料是机械制造的基础外，常用的材料还有陶瓷、玻璃、木材、石材、石墨、金刚砂、纺织品以及塑料等。

1.2.2 食品机械与设备常用的金属材料

金属材料是指金属元素或以金属元素为主构成的具有金属特性的材料的统称。食品机械与设备主要使用合金材料。合金材料通常分为钢铁、有色金属和特种金属材料。

1. 钢铁材料

钢铁是指由铁、碳及少量其他元素所组成的合金，又称为铁碳合金或黑色金属，是工程技术中最重要、用量最大的材料。钢铁种类很多，通常按用途、化学成分、金相组织或混合分类，以牌号命名并有相应标准。使用者可以按牌号分辨并选择所需钢材。国内外最常见有两种编号方法：①用国际化学元素符号和本国的符号来表示化学成分，用阿拉伯数字来表示成分含量：如中国和俄罗斯的12CrNi3A，40Cr等牌号。②用固定位数数字来表示钢类系列：如美国和日本的200，300，400等系列。

我国钢铁的编号规则主要利用元素符号配合用

途、特点用汉语拼音表示。如平炉钢（P）、沸腾钢（F）、镇静钢（B）、甲类钢（A）、特种钢（T）、滚珠钢（G）等。合金钢、弹簧钢用含碳量（万分之几）的数字加主要化学元素表示。例如：20CrMnTi表示合金钢含碳量为万分之二十（0.2%），以及含有规定含量的Cr，Mn，Ti等；60SiMn表示合金钢含碳量为万分之六十（0.6%），以及含有规定含量的Si，Mn等。不锈钢、合金工具钢用含碳量（千分之几）的数字加主要化学元素表示。如：1Cr18Ni9表示碳含量为千分之一（0.1%）。一般不锈钢碳含量≤0.08%，如0Cr18Ni9；超低碳不锈钢碳含量≤0.03%，如0Cr17Ni13Mo。

1）普通钢铁

普通钢铁通常指除不锈钢和特种钢外的钢和铸铁。普通钢铁材料在耐磨、耐疲劳、耐冲击力以及价格等方面有其独特的优越性。我国食品机械与设备仍较多应用普通钢铁材料，特别是制粉机械、制面机械、膨化机械等大型食品机械与设备。普通钢材和铸铁耐腐蚀性不好，在大气和水汽条件下容易生锈，更不宜直接接触具有腐蚀性的食品介质。所以，食品机械与设备中普通钢材很多作为不与食品直接接触的机架、传动、动力等零部件。

（1）钢　是含碳量为0.02%～2.04%的铁碳合金。钢的主要元素除铁、碳外，还有硅、锰、硫、磷等，如果铬的含量高于12%，则可明显增加钢的耐腐蚀性，称之为不锈钢。根据化学成分的不同，钢分为碳素钢和合金钢。

① 碳素钢。是指含碳量小于1.35%，除铁、碳以及限量内的硅、锰、磷、硫等杂质外，不含其他合金元素的钢类。碳素钢的性能主要取决于含碳量。随含碳量的增大，钢的强度、硬度相应提高，钢的塑性、韧性和可焊性则相应降低。我国普通碳素结构钢分为三大类：a. 甲类钢（A类钢）出厂主要保证力学性能；b. 乙类钢（B类钢）出厂主要保证化学成分；c. 特类钢（C类钢）出厂既保证力学性能又保证化学成分。

优质碳素结构钢与普通碳素结构钢的区别在于其中硫、磷及其他非金属杂质含量低于0.035%，因而其强度和韧性都大幅度提高，主要用来制造较为重要的机件。根据含碳量和用途的不同，优质碳素结构钢可分为三大类，分别是低碳钢、中碳钢和高碳钢。含碳量小于0.25%为低碳钢，主要有08钢、10钢、15钢、20钢、25钢等，这类钢塑性好，易于拉拔、冲压、挤压、锻造和焊接，其中20钢用途最广，常用来制造螺钉、螺母、垫圈、小轴、冲压件以及焊接件。含碳量为0.25%～0.60%为中碳钢，主要有30钢、35钢、40钢、45钢、50钢、55钢等，这类钢的强度和硬度较低碳钢有所提高，淬火后的硬度可显著提高，其中45钢最为典型，它的强度、硬度较高，塑性和韧性较好，综合性能优良，常用来制造轴、丝杠、齿轮、连杆、套筒、键、重要螺钉和螺母等，在食品机械与设备的结构件中使用也较多。含碳量大于0.6%为高碳钢，主要有60钢、65钢、70钢、75钢等，这类钢经过淬火、回火后，不仅强度、硬度提高，而且弹性优良，多用于制造小弹簧、齿轮、压辊等。锰能改善钢的淬透性，强化铁素体，提高钢的屈服强度、抗拉强度和耐磨性。根据含锰量的不同，优质碳素结构钢可分为普通含锰量钢（0.25%～0.8%）和较高含锰量钢（0.7%～1.0%或0.9%～1.2%）。通常在较高含锰量钢的牌号后附加标记“Mn”，如16 Mn，65 Mn以区别于普通含锰量的碳素钢。

② 合金钢。是在普通碳素钢基础上，根据性能需要添加适量的一种或多种合金元素而构成的铁碳合金。常见添加化学元素如铬、镍、钼、钛、铌等，有的还添加硼、氮等某些非金属元素。合金钢种类很多，按合金元素含量可分为低合金钢（含量＜5%）、中合金钢（含量5%～10%）和高合金钢（含量＞10%）；按质量可分为优质合金钢、特质合金钢；按特性和用途可分为合金结构钢、不锈钢、耐酸钢、耐磨钢、耐热钢、合金工具钢、滚动轴承钢、合金弹簧钢和特殊性能钢（如软磁钢、永磁钢、无磁钢）等。

（2）铸铁　是指含碳量在2%以上的铁碳合金。工业用铸铁含碳量为2%～4%。碳在铸铁中多以石墨形态存在，有时也以渗碳体形态存在。除碳外，铸铁中还含有1%～3%的硅以及锰、磷、硫等元素。合金铸铁还含有镍、铬、钼、铝、铜、硼、钒等元素。铸铁常用有以下几种。

① 灰口铸铁。含碳量为2.7%～4.0%，其中

碳主要以片状石墨形态存在，断口呈灰色，故称灰口铸铁。灰口铸铁熔点低（1 145～1 250℃），凝固时收缩量小，抗压强度和硬度接近碳素钢，耐磨性和减震性好。食品机械与设备中灰口铸铁用得最多，主要用于机座、压辊以及其他要求耐震动、耐磨损的地方。灰口铸铁的代号为 HT 加最低抗拉强度值（MPa）。如 HT200 表示最低抗拉强度为 200 MPa 的灰口铸铁。

② 白口铸铁。其组织中的碳主要以渗碳体形态存在，断口呈银白色。白口铸铁凝固时收缩大，易产生缩孔、裂纹，硬度高，脆性大，不能承受冷加工。白口铸铁只有进行一定处理后才能应用。处理后的白口铸铁，通常用作可锻铸铁的坯件和制作耐磨损的零部件。白口铸铁种类较多，包括普通白口铸铁、低合金白口铸铁、中合金白口铸铁和高合金白口铸铁。

③ 可锻铸铁。由白口铸铁石墨化退火处理后获得，石墨呈团絮状分布。其组织性能均匀，耐磨损，有良好的塑性和韧性。实际上可锻铸铁不可以锻造。其常用来制造形状复杂、能承受强动载荷的零件，如棘轮、曲轴、连杆等。可锻铸铁的基体组织有铁素体（F）＋团絮状石墨（G）以及珠光体（Z）＋团絮状石墨（G）两种，其中黑心可锻铸铁（KTH）具有较高的塑性和韧性，而珠光体可锻铸铁（KTZ）具有较高的强度、硬度和耐磨性。代号为 KT 加最低抗拉强度值（MPa）-延伸率（%），如 KTH350-10，KTZ650-02 等。

④ 球墨铸铁。是灰口铸铁铁水经特殊球化孕育处理后得到的一种铸铁，析出的石墨呈球状，简称球铁。球化剂一般为镁合稀土，孕育剂一般为硅铁和硅钙。球墨铸铁的强度、韧性和塑性比普通灰口铸铁高得多。代号为 QT 加最低抗拉强度值（MPa），如 QT500。

⑤ 蠕墨铸铁。是将灰口铸铁铁水经蠕化处理后获得的，析出的石墨呈蠕虫状。蠕墨铸铁的力学性能与球墨铸铁相近，铸造性能介于灰口铸铁与球墨铸铁之间。代号为 RuT 加最低抗拉强度值（MPa），如 RuT400。

⑥ 合金铸铁。由普通铸铁加入适量合金元素（如硅、锰、磷、镍、铬、钼、铜、铝、硼、钒、锡等）获得。合金元素使铸铁的基体组织发生变化，从而具有相应的耐热、耐低温、耐磨、耐腐蚀或无磁等特性。一般用于制造化工机械、仪器、仪表等的零部件。

2）不锈钢

不锈钢是一类耐腐蚀性强的合金钢材的总称。通常将耐中弱腐蚀介质的钢称为不锈钢，而将耐化学腐蚀介质的钢称为耐酸钢。不锈钢耐腐蚀机理在于该类合金中含有足够的铬，并使其表面形成富铬氧化膜。实验证明，合金钢的耐腐蚀性与铬含量成正比。当铬含量达到一定量时，钢的耐腐蚀性发生突变，即从易生锈到不易生锈，从不耐腐蚀到耐腐蚀。因此，不锈钢类含铬量必须大于 12%。成膜特性取决于钢的化学成分、介质性质以及钢的表面状态。在一般情况下，表面粗糙度越低，则表面膜的性质越稳定。

不锈钢优点突出，在食品机械与设备中特别重要。第一，不锈钢抗锈及耐腐蚀性强，对液体有良好的抗渗透性，不产生有损于产品风味的金属离子，且无毒性；第二，不锈钢还可以得到理想的表面粗糙度，表面能抛光处理，美观又易清洗，能很好地满足食品工业对机械与设备的卫生要求；第三，不锈钢加工性能与焊接性能均好，易于拉伸，易于弯曲成型；第四，不锈钢种类较多，选择性较好，可以满足食品机械与设备的需要。所以，不锈钢是食品机械与设备制造中与食品接触表面的首选材料，也常用于设备外部防护及装饰等，以保持设备外形和卫生状况良好。

不锈钢的分类方法很多。按室温下的组织结构分类，有奥氏体不锈钢、铁素体不锈钢、马氏体不锈钢、双相不锈钢和沉淀硬化不锈钢；按化学成分和晶体结构分类，有铬-锰-镍奥氏体不锈钢、马氏体耐热铬合金钢、马氏体沉淀硬化不锈钢、铬不锈钢和铬镍不锈钢等。食品机械与设备中最常用铁-铬系不锈钢和铁-铬-镍系不锈钢。

（1）铁-铬系不锈钢　铁和铬是各种不锈钢的基本成分。不锈钢的耐腐蚀性随含铬（Cr）量的升高而提高，随含碳量的增加而降低。因此，大多数不锈钢的含碳量均较低，最大不超过 1.2%，有些甚至低于 0.03%（如 00Cr12）。不锈钢铬（Cr）的含量通常都在 12%以上，但最高不超过 28%。

铁和铬都是铁素体的形成元素。所以，铁-铬系不锈钢是完全铁素体不锈钢，具有磁性。常用铁-铬系不锈钢通常有低铬不锈钢和高铬不锈钢两种。

低铬不锈钢含铬量在17%以下，其耐腐蚀性能较差，硬度较低，但退火后有极好的塑性，不会因热处理而硬化，焊接性能良好。高铬不锈钢含铬量为17%～28%，含碳量为0.15%以下，其机械性能好，强度高。随含铬量的增加，高铬不锈钢的耐腐蚀性和热稳定性也相应增强。这类钢的脆性大，对冲击载荷敏感，特别在焊接处更明显，同时具有晶间腐蚀的倾向。

(2) 铁-铬-镍系不锈钢　也称为镍铬不锈钢。不锈钢加入镍能促进形成奥氏体晶体结构，从而改善可塑性、可焊接性和韧性等。镍铬不锈钢除机械性能、塑性和焊接等综合性能均优外，其耐腐蚀的稳定性较不加镍的不锈钢大为提高，强度也显著增加，同时，材料特性不受热处理的影响。镍铬不锈钢在各种介质中的耐腐蚀稳定性优于低铬不锈钢而相当于高铬不锈钢。随镍和铬的含量不同，镍铬不锈钢可形成许多具体品种。食品机械与设备最广泛使用的是1Cr18Ni9，其中含铬量为17%～19%，含镍量为8%～11%，含碳量为0.1%。有时简称为18/8钢，即含铬量为18%，含镍量为8%。该类不锈钢在常温时的结构为奥氏体，没有磁性，比电阻和线膨胀系数大，导热性不太好。

其他元素的加入也可显著地改善不锈钢的性能，例如，镍铬不锈钢中加入钼，可以提高材料的化学稳定性，特别是耐高温性，对部分氯离子、醋酸、草酸等耐受作用也有所提升。加入2%的硅，可以增加不锈钢的抗酸性，也可阻止晶间腐蚀。锰在镍铬不锈钢中可以提高奥氏体的稳定性，并改善钢的热加工性。镍铬不锈钢在某些情况下抗腐蚀性会降低，如在室温下接触某些非酸性介质、盐溶液、硫酸、高浓度（50%以上）的乳酸等。

(3) 其他系列不锈钢　除最常用的铁-铬系不锈钢、铁-铬-镍系不锈钢外，还有奥氏体-铁素体双相不锈钢、马氏体不锈钢及沉淀硬化不锈钢等。

① 奥氏体-铁素体双相不锈钢。又称为铬-锰-镍奥氏体不锈钢。这类不锈钢是奥氏体和铁素体组织各约占一半的不锈钢，其中含碳量较低、含铬量为18%～28%、含镍量为3%～10%，有些还含有钼、铜、硅、铌、钛、氮等元素。该类不锈钢兼有奥氏体和铁素体不锈钢的特点。与铁素体不锈钢相比，该类不锈钢塑性、韧性更高，无室温脆性，耐晶间腐蚀性能和焊接性能均显著提高，同时保持有铁素体不锈钢的475℃脆性以及较高的导热系数，还具有超塑性等特点；与奥氏体不锈钢相比，该类不锈钢强度高且耐晶间腐蚀和耐氯化物应力腐蚀有明显提高。奥氏体-铁素体双相不锈钢还具有优良的耐孔蚀性能。该类型不锈钢含镍量相对较低，是一种节镍不锈钢。

② 马氏体不锈钢。又称为耐热铬合金钢。该不锈钢因含碳量较高，基体以马氏体为主。马氏体不锈钢的常用牌号有1Cr13，3Cr13等，具有较高的强度、硬度和耐磨性，但耐腐蚀性稍差，用于力学性能要求较高、耐腐蚀性能要求一般的一些零件上，如弹簧、汽轮机叶片、水压机阀，以及食品机械与设备中的刃具、粉碎机刀片等。这类钢一般须在淬火、回火处理后使用。其锻造、冲压后须退火。

③ 沉淀硬化不锈钢。又称为马氏体沉淀硬化不锈钢。这是一类基体为奥氏体或马氏体组织的不锈钢。沉淀硬化不锈钢的常用牌号有04Cr13Ni8Mo2Al等。其能通过沉淀硬化（又称为时效硬化）处理将不锈钢硬（强）化。630为最常用的沉淀硬化不锈钢型号，通常也叫17-4钢（含铬量为17%，含镍量为4%）。

我们主要根据牌号及其性能选用不锈钢，所以熟悉不锈钢的基本牌号、特点和选用原则是必需的。我国食品机械与设备零部件不锈钢使用示例如表1-1所示。

表1-1　我国食品机械与设备零部件不锈钢使用示例

食品机械与设备名称	零部件名称	材料名称
热灭菌器	全部	06Cr18Ni11Ti
水洗分类机	叶轮、叶片	06Cr18Ni11Ti
离心机	转子	06Cr18Ni11Ti
热交换器	板、片	06Cr18Ni11Ti
过滤机	上盖、下盖	06Cr18Ni11Ti
和面机	容器、搅拌轴	06Cr18Ni11Ti
冰淇淋机	料斗	06Cr18Ni11Ti
灌装机	容器	06Cr18Ni11Ti

续表 1-1

食品机械与设备名称	零部件名称	材料名称
浓缩器	全部	06Cr18Ni11Ti
水洗分类机	主轴	0Cr18Ni6MoNb
消沫泵	叶轮、泵壳	ZG1Cr17
磨浆机	支承座	ZG1Cr13
胶体磨	定子、转子	2Cr13
磨浆机	主轴	3Cr13

（引自：杨公明，程玉来．食品机械与设备．2015.）

2. 有色金属

有色金属通常指除去铁（有时也除去锰和铬）和铁基合金以外的所有金属。有色金属可分为重金属（如铜、铅、锌）、轻金属（如铝、镁）、贵金属（如金、银、铂）及稀有金属（如钨、钼、锗、锂、镧、铀等）。铜和铜合金以及铝和铝合金在食品机械与设备中最为常用。

1）铜和铜合金

纯铜呈紫红色，又称为紫铜，特点是导热系数特别高，常被用作导热材料，制造各种换热器。紫铜有较好的冷压及热压加工性能，对许多食品都具有较高的耐腐蚀性，能抗大气和淡水的腐蚀，对中性溶液及流速不大的海水都具有抗腐蚀性。对于一些有机化合物，如醋酸、柠檬酸、草酸等有机酸类以及甲醇、乙醇等各种醇类，紫铜都有好的抗腐蚀稳定性。紫铜还易于保持表面光洁及清洁卫生，故铜材在食品机械与设备制造中仍占有一定的地位，如用于制造蒸煮锅、蒸发器、蒸发管、螺旋管等。

但是，紫铜也有以下缺点：第一，紫铜不耐无机酸、硫化物等腐蚀，故在介质中存在氨化物、氯化物及硫化氢时，不宜选用紫铜；第二，铸造性不好，不能用作铸件；第三，不适于加工和保存乳制品，当乳或乳制品中含铜量达 1.5×10^{-3} mg/L 时，就带有不适味，奶油会很快酸败，加热时还会加强氧化；第四，对维生素 C 有影响，极少量的铜会促使维生素 C 很快分解。

常用的铜合金有黄铜、青铜、白铜。青铜是在铜中加入锡、铝、锰、硅等元素来调整性能的铜合金，这些成分对食品无害。食品机械与设备中主要用锡青铜，也可用铝青铜和硅青铜，但含有铅和锌的青铜不允许与食品接触。锡青铜铸造性好，容积收缩率小，可铸造带剧烈变截面的零件，一般在干湿大气中腐蚀速度很慢，但在无机酸中不耐腐蚀。铝青铜在大气中和碳酸溶液以及大多数有机酸（醋酸、柠檬酸、乳酸等）中有高耐腐蚀稳定性。铝青铜中如加入铁、锰、镍等成分，可影响合金的工艺性和机械性能，但对耐腐蚀性影响不大。铝青铜的浇铸性好，但收缩率大。铝青铜不易焊接。

硅黄铜具有良好的浇铸性和冷热冲压性能，在低温下不降低塑性，适宜于低温使用。硅黄铜可与钢和其他合金相焊接，焊接性能良好，耐腐蚀性能也好，加入 1% 锰的硅黄铜还可以用来制造压力容器。

2）铝和铝合金

铝是一种轻金属，特点是相对密度小，导热系数高，具有较好的冷冲压和热冲压性，焊接性好。纯铝机械性能较低，但在强度要求不高的炊具、容器、热交换器及冷冻设备中应用很广，允许工作温度在 150℃以下。

工业纯铝的耐腐蚀稳定性取决于其成分中的杂质含量及表面粗糙度。当杂质含量极少并表面抛光时，铝的耐腐蚀稳定性高。同时，在热加工中，退火铝比压延铝较少受到腐蚀。

纯铝极易与空气中的氧气反应，生成一层薄的氧化铝（Al_2O_3）薄膜覆盖在暴露于空气中的铝表面。这层氧化铝薄膜能防止铝被继续氧化。Al_2O_3，白色无毒，耐腐蚀性能较纯铝高出许多，不影响食品品质。所以，铝和铝合金有氧化铝保护膜的作用，在许多浓度不高的有机酸（如醋酸、柠檬酸、酒石酸、苹果酸、葡萄糖酸、脂肪酸等）以及酸性的水果汁、葡萄酒中腐蚀性不显著，但氧化铝膜在草酸、甲酸以及各种无机酸和碱溶液中可被迅速破坏。

成型铸造铝合金用来制造批量较大的小型食品机械与设备的机身，可以得到良好的造型和光洁美观的表面。较多使用的压力加工铝合金为硬铝，强度高，加工性好，焊接时要采用惰性气体保护。目前，在要求高强度的机械与设备中使用不锈钢而不用硬铝。防锈铝中含有镁、锰或铬等成分，具有较高的耐腐蚀性。经过退火或时效处理的防锈铝塑性好，焊接性好，疲劳强度较高。在要求不太高的耐腐蚀性和强度的食品机械与设备中可以使用防锈铝，以代替高价的不锈钢。食品机械与设备中的铝铸件可采用不含铜的硅铝合金，铸造性好，并具有较高的耐腐蚀性。

1.2.3　食品机械与设备常用的非金属材料

食品机械与设备常用的非金属材料有合成材料和非合成材料两大类。

1. 合成材料

合成材料种类很多。多种合成材料具有高度的化学稳定性，比重轻，不生锈，容易成型，无毒，选择性大。如聚乙烯、聚丙烯、聚苯乙烯、聚四氟乙烯等。这些材料的许多优越性能是不锈钢和其他金属所不具备的，所以已经大量用于食品机械与设备。与传统食品机械与设备构件材料相比，合成材料有以下特点：①加工性能好（可注塑、压塑、切削、焊接等）；②良好的化学稳定性（对水、海水、酸、碱、辐射等）；③相对密度比金属小很多（如制成泡沫体）；④有良好的吸震消音和隔热性能；⑤光学特性好，有些有一定透明度，表面光泽，并可加入各种色彩；⑥机械性能良好；⑦电阻大。

1）聚酰胺

聚酰胺俗名为尼龙（polyamide，PA），是一种热塑性材料。与一般合成材料比较，PA 具有强韧、耐磨、相对密度小、一般耐化学品、无毒、相对耐热耐湿、有自润滑性能、运转无噪声、易染色等优点。

聚酰胺的优点是本身有相当好的强度，如加入30%的玻璃纤维，其抗拉强度可以提高 2～3 倍，抗压强度提高 1.5 倍，本来较高的抗冲击强度也可以进一步得到提高。聚酰胺的缺点是由热膨胀性和吸水性导致尺寸变化，耐酸性较差（特别是氧化剂），在光照下易老化，故一般不作耐酸材料使用。聚酰胺的韧性随分子质量、结晶结构、制品设计和吸湿量的变化而变化。聚酰胺 66 的刚性比聚酰胺6 好。

在一般机械制造中，聚酰胺可以制造的零件极其广泛，如轴承、齿轮、辊轴、滑轮、泵叶轮、风机叶片、涡轮、密封件、垫片、传动带、管件、凸轮、衬套等。聚酰胺零件有自润滑性能，能在无油润滑条件下工作。无油润滑的摩擦系数通常为0.1～0.3，是酚醛树脂的 1/4，是巴氏合金的 1/3。油润滑时摩擦系数更小，水润滑时摩擦系数反而比干燥时大。聚酰胺的耐磨特性可因加入二硫化钼或石墨而得到改善。聚酰胺 1010 的耐磨程度为铜的8 倍，但相对密度只有铜的 1/7。聚酰胺的工作温度可以达到 100℃左右，因此一般的食品常压蒸煮设备中也可使用。

2）聚烯烃

最常见的聚烯烃有聚乙烯（PE）、聚丙烯（PP）、聚苯乙烯（PS）等。

（1）聚乙烯（PE）　可耐一般酸碱及有机溶剂，广泛用作包装材料。具有高抗冲击能力和耐磨性，可代替部分皮革、木材、硬塑料及金属材料，常用来制作机器上要求耐磨、耐冲击的零件。低压聚乙烯还可用作容器设备的涂层衬里。但这种材料易受高强度酸碱的侵蚀，且不耐高温。

（2）聚丙烯（PP）　比聚乙烯相对密度更小，透明度更高，可以 100℃条件下连续使用，断续使用可达 120℃，无负荷使用可达 150℃。聚丙烯的优点是价廉和耐热，因此，被大量用于食品包装和食品的蒸煮加热容器，也可用作荷重包装及各种机器零件的材料。其缺点是易受光、热和氧化作用而老化，但添加稳定剂后可得到改善。

（3）聚苯乙烯（PS）　具有透明、价廉、刚性、绝缘、印刷性好等优点，可制作各种零件。它可以加入发泡剂做成泡沫塑料，因此，在食品工业中可以用来制造冷冻绝缘层，每立方米仅重16 kg。改性聚苯乙烯即 ABS 工程塑料，具有无毒、无臭、坚韧、质硬、刚性好等优点，在低温条件下抗冲击，机械性能较好，使用温度范围大（－40～100℃），应用广泛。

（4）聚碳酸酯（PC）　这种材料具有优良的工程性能，密度为 1.2 kg/m³，本色微黄，透明或半透明，着色性好，不易老化。聚碳酸酯的重要机械特性是刚而韧，无缺口冲击强度在热塑性塑料中名列前茅。聚碳酸酯的缺点是有一定的吸湿性。室温空气中吸湿 0.15%，室温水中吸湿 0.35%，沸水中吸湿 0.58%。在 60℃以上水中会导致开裂而失去韧性，在水蒸气中反复蒸煮将导致其物理机械性能显著下降。聚碳酸酯在食品机械与设备中常用来制造需要承受冲击载荷的食品模具和托盘，例如，饼干机上的冲压模和辊印模、巧克力浇铸成型托盘等。还可以用来制造其他各种饮料器具、容器、离心分离管、泵叶轮等。

(5) 氟塑料　是各种含氟塑料的总称，包括聚四氟乙烯、聚三氟氯乙烯、四氟乙烯-乙烯共聚物以及全氟烃等。聚四氟乙烯是氟塑料中最重要的一种，它呈乳白色蜡状，不亲水，光滑不黏，摩擦特性像冰，外观似聚乙烯但相对密度大，是塑料中相对密度最大者，有良好的耐热性和极好的化学稳定性，能耐王水侵蚀，所以有“塑料王”之称。

聚四氟乙烯的摩擦系数极低，且不受润滑剂的影响，可以自润滑；熔融黏度极高，不能注塑成型，只能采取类似粉末冶金的办法来模压成型和烧结。其允许的工作温度范围很大，最高连续使用温度可高达 260℃，最低工作温度可低至－269℃，在液氢中也不发脆。在许多食品的加工过程中，物料常常容易黏结在机器的工作表面而影响制品的质量和操作过程，采用聚四氟乙烯作为与物料接触工作构件的表面可有效地避免黏结。聚四氟乙烯用作食品成型模具的材料，有较理想的脱模效果。聚四氟乙烯在食品机械与设备中应用广泛。

(6) 有机硅　是一组功能独特、性能优异的化工新材料，具有耐低温、耐高温、耐老化、耐化学腐蚀性、绝缘、不燃、无毒等优点，产品种类繁多，按其基本形态分为四大类，即硅油、硅橡胶、硅树脂和硅烷。对食品机械与设备来说最重要的是硅油和硅橡胶。

有机硅油有许多种，耐热温度不一样。硅油不燃，热稳定性高，在－40～150℃，硅油的黏度与温度的关系曲线呈平缓的倾斜线，黏度随温度的变化很小，因此，可以用作－60～250℃时的润滑剂。硅油的表面张力小，有良好的疏水性，对其他材料的黏附力小，在食品成型模上可用作脱模涂料，也可以在食品工业中作消泡剂使用。

硅橡胶的优点是具有极高的耐热、耐寒性，在－65～250℃可保持其弹性体的物理特性和优良的介电性能。因此，硅橡胶适宜于在食品的冷处理条件下，用作密封件和垫圈等构件。硅橡胶的抗黏特性有利于作为食品输送带的防黏层，也可以用于其他需要防黏的部件。

2. 非合成材料

非合成材料即天然材料及其制品。这种材料一般无毒无害，成本较低。

1) 木材

木材曾经是食品机械与设备中广泛使用的材料，它具有许多优点，如种类多、耐酸、加工性能好、轻便等，既可以制造容器，又可以作为各种机械的支承结构。目前主要用作分割原料的硬木砧板和酿酒生产中的贮酒容器（橡木桶）。

2) 石墨和陶瓷

石墨和陶瓷具有惰性，耐刮伤，无渗透性、毒性和溶解性，并能在给定工作条件下，在清洗和杀菌过程中，承受住周围环境和介质的作用，且不改变固有形态。常用于密封处和润滑处等。

3) 金刚砂制品

金刚砂制品的硬度介于刚玉和金刚石之间，是机械行业的磨具、磨料，在食品工业中也用作磨具、材料，例如，在碾米机中用作碾辊材料，在大豆磨浆机中用作磨盘材料。当金刚砂的粒度配比和黏结材料改变时，可以得到不同性质的表面状态。金刚砂磨具还具有自锐性，可以在工作时保持表面特征。其缺点是性脆和不耐冲击。

4) 橡胶

橡胶是天然橡胶树、橡胶草等植物中提取胶质后加工制成的，属于柔性、弹性、绝缘性、不透水和空气，以及表面滞涩性较好的材料。在食品机械与设备中常用作密封、传动，以及减震、减冲击的零部件。橡胶除了用作传动带、传送带、密封件、隔震器之外，在碾米工业中大量用于脱壳机胶辊，由于连续不断的磨损，每年橡胶的消耗量十分巨大。

5) 玻璃钢

玻璃钢即纤维强化塑料，一般指用玻璃纤维增强的不饱和聚酯树脂、环氧树脂与酚醛树脂基体的塑料。又称为聚酯玻璃钢、环氧玻璃钢和酚醛玻璃钢。玻璃钢质轻而硬，不导电，机械强度高，耐腐蚀。可以代替钢材用于冷却水设备、食品贮罐、冷库材料和轻型食品机械与设备的防护罩等。

1.3 食品机械与设备的自动化

中国食品工业的快速发展，使得现代食品机械与设备已不再是各种机械构件、容器管道、电气仪表的简单组合，而是机械学、电子学、工艺学、信息学等不同学科的优化组合。因此，食品机械与设备自动控制技术在食品工业中的重要性越来越突出，并朝着智能化的方向发展。实现自动化的技术手段有很多，主要有电气法、机械法、液压法、电气液压法、气动法等，其中电气法的应用最为普遍。

我国食品工业正朝着产品专门化、生产规模化方向发展，在这种形势下，常规电器仪表控制难以适应现代食品加工精密、复杂的控制要求。要生产高质量的新一代食品，必须采用先进的控制技术，提高生产过程的自动化水平，使各个工序严格按工艺要求实现最佳组合。微电子技术和传感器技术的发展给食品机械与设备自动控制提供了基础。目前，微处理器已广泛应用在食品机械与设备中，这种电子机械产品一般具有工艺参数自动检测、自动控制和故障自动诊断等功能。例如，在面包生产机械中，微处理器通过流量计、重量计、速度计等仪表采集工艺参数，经数据处理后直接控制工序的起止及各种配料的浓度和混合比；在方便面加工机械中，微处理器对加工过程中的温度、油炸程度、损耗、包装等多道工序实现了有效的控制；在罐头食品杀菌过程中，微处理器控制杀菌釜的温度、压力、蒸汽量等工艺参数。自动化技术的发展，已经显著减少了人与食品的接触机会，从而保证食品的质量、卫生和安全。

1.3.1 自动化技术

自动化是一门涉及学科较多的综合性科学技术，作为一个系统工程，主要由五个单元组成：①程序单元，决定做什么和如何做；②作用单元，施加能量和定位；③传感单元，检测过程的性能和状态；④制定单元，对传感单元送来的信息进行比较，制定和发出指令信号；⑤控制单元，进行制定并调节作用单元的机构。

自动控制指机器设备或系统在无人直接参与下，能全部自动地按人预先规定的要求和既定程序运行，完成其承担的任务，并实现预期目标。自动控制主要包括机械操作的开关量顺序控制和模拟量或工艺参数的反馈控制。机械操作的开关量顺序控制为机械装置或设备顺序操作的自动控制。模拟量或工艺参数的反馈控制利用负反馈技术，连续检测被控对象的工作状态，一旦被控参数偏离原给定值就进行自动调节，使被控制的物理量不因受到干扰而连续地达到所要求的给定值。这两者都有广泛的应用领域，但就整个自动化过程而言，后者占据中心位置。

1. 顺序控制

机械操作控制过程是一些断续开关动作或动作组合，它们按照预定的时间先后顺序进行逐步开关操作。因此，机械操作自动控制又称为顺序控制。顺序控制系统又称为开关量顺序控制系统，它所处理的信号都是一些开关信号。

目前，我国食品机械与设备中仍然使用着各种不同电路结构的顺序控制装置。

（1）继电接触式控制器　用继电器、接触器等有触点的电器元件组成控制电路。具有结构简单、价廉、抗干扰能力强等优点，但接线方式固定，灵活性差。

（2）电子逻辑电路系统　其构成元件有晶体管、中小规模集成电路和大规模集成电路。根据系统的规模和复杂程度又分为固定接线式电路系统（如各种数字逻辑电路装置）和程序控制系统（如矩阵板式顺序控制器及可编程序控制器）。

可编程序控制器（PLC）是集微电子、计算机技术发展起来的新型控制装置。其具有通用、灵活、可编程、多功能、小体积、高可靠性等优点，是机电一体化的重要技术手段，并代表着顺序控制的发展方向。

2. 反馈控制

在大规模的食品生产线上，各种设备都是互相依赖，互相关联的，其中某一工艺条件或参数发生偏离变化，都可能破坏正常的生产条件。因此，必须采取技术手段，对生产中的关键参数进行调节控制，使其在受到外界扰动而偏离正常状态时，能自动恢复到规定的数值范围之内。如要求食品烘炉的炉温按指定的升温、保温规律变化，而不受环境温度变化及供电电压波动的影响。

实现诸如转速、温度、压力、流量等工艺参数的调节控制一般采用负反馈控制系统，其基本特点是通过测量元件把被控制量反馈到输入端，并与代表目标值的给定量进行比较，利用比较结果得到的偏差信号对被控对象实施控制，以纠正或消除偏差，使被控制量或被控制参数不受干扰的影响，保持在预定的范围内或按预定的规律变化。

一个复杂的大型自动控制系统往往同时兼有开关量控制和模拟量控制的问题，但由于两者的信号形式、系统组成结构及理论基础相差悬殊，且各自都有丰富的内容并形成完整独立的体系，无法在一本教材中同时系统地介绍它们的基础理论及设计技术。本节从应用的角度简要介绍电气控制技术、微机控制技术和 PLC 控制技术。

1.3.2 电气控制技术

食品机械与设备的自动控制线路大多以各类电动机或其他执行电器为被控对象。根据一定的控制方式用导线将各种接触器、继电器、按钮、行程开关、光电开关和保护元件等低压电器元件连接起来的自动控制线路，称为电气控制线路。生产工艺和生产过程不同，对控制线路的要求也不同，但任何一种控制线路都是由一些较简单的基本控制环节组合而成的。因此，只要掌握控制线路的基本环节和一些典型线路的工作原理、分析方法，就很容易掌握复杂电气控制线路的分析方法和设计方法。

1. 电气控制线路分析的内容与要求

分析电气控制线路的具体内容与要求主要从设备说明书和电气控制原理图两大方面来介绍。

（1）设备说明书　由机械与电气两部分组成。分析时要阅读这两部分说明书并了解以下内容：①设备的结构组成及工作原理、设备传动系统的类型及驱动方式、主要技术性能、规格和运动要求等。②电气传动方式、电动机、执行电器的数目、规格型号、安装位置、用途及控制要求。③设备的使用方法，包括各操作手柄、开关、旋钮、指示装置的布置及其在控制线路中的作用。④与机械、液压部分直接关联的电器位置和工作状态，以及其与机械、液压部分的关系在控制中的作用等。

（2）电气控制原理图　是控制线路分析的中心内容。分析电气原理图时，必须与阅读其他技术资料结合起来。如各种电动机及执行元器件的控制方式、位置和作用，各种与机械有关的位置开关、主令电器的状态等。只有通过阅读说明书才能了解这些情况。

2. 电气原理图阅读分析的方法与步骤

掌握机械与设备及电气控制系统的构成、运动方式、相互关系，以及各电动机和执行电器的用途和控制方式等基本条件之后，即可对设备控制线路进行具体的分析。分析电气原理图的一般原则是：化整为零、顺藤摸瓜、先主后辅、集零为整、安全保护和全面检查。电气原理图的分析方法与步骤如下：

（1）分析主电路　主电路实现整机拖动，从主电路的构成可分析出电动机及执行电器的类型、工作方式、启动、转向、调速和制动等基本的控制要求。

（2）分析控制电路　控制电路实现主电路的控制，运用“化整为零”“顺藤摸瓜”原则，将控制线路按功能划分成若干个局部控制线路，从电源和主令信号开始，经过逻辑判断，写出控制过程。如果控制线路较复杂，可先排除照明、显示等与控制关系不密切的电路，以便集中精力进行分析。

（3）分析辅助电路　辅助电路包括执行元件的工作状态显示、电源显示、参数测定、照明和故障报警等部分。辅助电路中很多部分是由控制电路中的元件来控制的，所以，在分析辅助电路时，还要回过头来对照控制电路进行分析。

（4）分析联锁与保护环节　生产机械对安全性和可靠性有很高的要求。实现这些要求，除了合理地选择拖动、控制方案以外，在控制线路中还应设置一系列电气保护装置和必要的电气联锁。在电气控制原理图的分析过程中，电气联锁与保护环节是一个重要内容，一定不能遗漏。

（5）分析特殊控制环节　在某些控制线路中，还设置了一些与主电路、控制电路关系不密切，且相对独立的某些特殊环节。如产品计数装置、自动检测系统、晶闸管触发电路和自动调温装置等。这些部分往往自成一个小系统，其读图和分析方法可参照上述分析过程，灵活地运用所学过的电子技术变流技术，以及自控系统、检测与转换等知识逐一分析。

（6）总体检查　经过“化整为零”，逐步分析每一局部电路的工作原理以及各部分之间的控制关系之后，还必须用“集零为整”的方法，检查整个控制线路，看是否有遗漏。特别要从整体角度去进一步检查和理解各控制环节之间的联系，以达到清楚地理解原理图中每一个电气器件的作用、工作过程及主要参数。

1.3.3　微机控制技术

1. 微机控制系统的组成

微机控制系统包括硬件和软件两大部分。硬件是指微机本身及其外围设备，软件是指管理计算机的程序及实现控制的应用程序。微机控制系统通过各种接口及外围设备与被控对象关联，并对被控对象进行数据处理和控制。典型微机控制系统的原理如图 1-1 所示，微机控制系统由微型计算机、接口电路、通用外部设备和工业生产对象等组成。

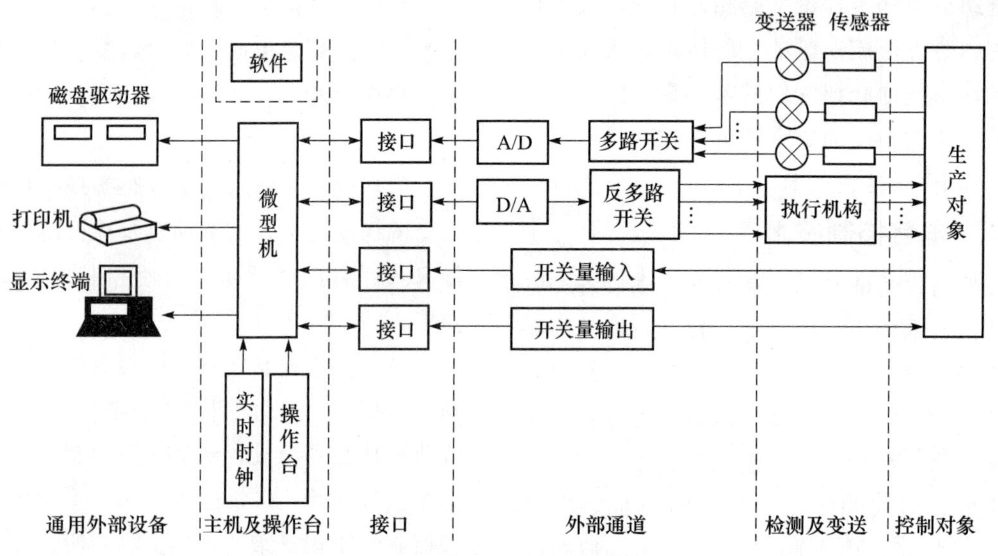

图 1-1　典型微机控制系统原理图

（引自：杨公明，程玉来. 食品机械与设备. 2015.）

硬件由主机、接口电路及外部设备组成。主机通过接口及软件向系统的各个部分发出各种命令，对检测参数进行巡回检测、数据处理、控制计算、报警处理和逻辑判断等操作。接口与输入/输出(I/O) 通道是主机与被控对象进行信息交换的纽带，主机通过接口和 I/O 通道与外部设备进行数据交换。微机只能接收数字量，而连续化生产过程大都以模拟量为主，为实现微机控制，还必须把模拟量转换成数字量，或把数字量转换为模拟量，即进行模/数（A/D）和数/模（D/A）转换。通用外围设备主要用来显示、打印、存储及传送数据，扩充主机的功能。检测元件将检测的非电量转换为电量，然后经变送器转化为统一的标准信号，再送入微机中，电动、气动、液压传动等执行机构控制各参数的流入量。操作台是人机对话的联系纽带，主要由作用开关、功能键、发光二极管（LED）及阴极射线管（CRT）显示和数字键等组成。操作人员可通过操作台输入程序、修改内存数据来发出各种操作命令，操作台还可以显示被测参数。

软件指完成各种功能的计算机程序的总和，整个系统的动作都是在软件指挥下协调工作的。按使用语言来分，软件可分为机器语言、汇编语言和高级语言；按功能来分，软件可分为系统软件、应用软件。系统软件一般由计算机厂家提供，不需要用户设计，用户只将其作为开发应用软件的一种工具即可。应用软件是面向生产过程的程序，是用户根据要解决的实际问题而开发的各种程序。

2. 微机控制系统的分类

根据微机参与控制的特点，微机控制系统主要分为以下几类。

（1）数据处理系统　数据处理不属于控制范畴，但微机控制系统离不开数据的采集和处理。系统将生产过程中采集的各种参数定时巡回送入微机内存中，然后由微机对数据进行分析和处理。当出现异常时发出声光报警，需要时可将数据处理结果的记录人工打印或存储，作为资料保存以及供分析使用。

（2）操作指导控制系统　为开环控制结构，输出不直接控制执行机构。微机只定时采集并处理执行过程中的参数和数据，并输出数据。操作人员依据这些数据调节给定值或直接操作执行机构，微机只起数据处理和监督作用。该系统可以安全地试验新方案、新设备，或在闭环控制之前先进行开环控制的试运行，或用于试验新的数学模型和调试新的控制程序。其缺点是仍需要人工操作，操作速度受到限制，且不能控制多个回路。

（3）直接数字控制系统（direct digital control，DDC）　是用一台微机对多个被控参数巡回检测，将检测结果与设定值比较，输出到执行机构控制生产过程，使被控参数稳定在给定值上的一种控制系统。

（4）微机监督控制系统（supervisory computer control，SCC）　与DDC系统相比，SCC系统更接近实际生产情况，它不仅可以进行给定值控制，同时还可以进行顺序控制、最优控制和自适应控制等，是操作指导和DDC系统的综合与发展。

（5）分级控制系统　微机控制系统不仅有控制功能，而且还有生产管理和指挥调度的功能。分级控制系统是工程大系统，主要解决整个工厂、公司乃至整个区域的总目标或总任务的最优化问题，即综合自动化问题。

（6）集散控制系统　是一种为满足大工业生产和日益复杂的控制要求，从综合自动化角度出发，按功能分散、危险分散、管理集中、应用灵活等原则设计的控制系统，其可靠性高，便于维修和更新。集散控制系统以系统最优化为目标，以微处理机为核心，与数据通信技术、CRT显示、人机接口技术、I/O接口技术相结合，是用于数据采集、过程控制和生产管理的新型控制系统。集散控制系统容易实现复杂的控制水平，系统组合灵活，可大可小，易于扩展，可靠性高。该系统采用CRT显示技术和智能操作台，操作、监视十分方便，易于实现程序控制。

（7）微机控制网络　由一台中央微机（CC）和若干台卫星微机（SC）构成的微机网络。中央微机配置了齐全的各类外围设备，各个卫星微机可以共享资源，网络中的设备以及其他资源都可以得到充分利用。

1.3.4 PLC控制技术

1. PLC简介

传统继电接触器控制系统具有结构简单、价格便宜、易掌握等优点，能满足大部分场合电气顺序逻辑控制的要求，在工业控制领域应用广泛。但其缺点为设备体积大，可靠性差，动作速度慢，功能弱，难以实现较复杂的控制，且该系统是硬连线逻辑构成的系统，接线复杂烦琐，当生产工艺或对象改变时，原有的接线和控制柜就要更换，通用性和灵活性较差。

1969年美国数字设备公司（DEC）研制出世界上第一台可编程序控制器PDP-14，即可编程序逻辑控制器（programmable logic controller，PLC），但其功能仅限于执行继电器逻辑、计时、计数等。

随微电子技术的发展，研究者将微机技术应用到PLC中，不仅用逻辑编程取代了硬连线逻辑，还增加了运算、数据传送和处理等功能。1980年，国外工业界将其命名为可编程序控制器（programmable controller，PC）。为与个人计算机（personal computer，PC）的简称相区别，目前，仍将可编程序控制器简称为PLC。PLC与以往所讲的机械式顺序控制器在“可编程”方面有着质的区别。

至今，PLC还没有明确的定义，国际电工委员会（IEC）1987年2月颁发《可编程序控制器标准草案》，将PLC定义为：“可编程序控制器是一种数字运算操作的电子系统，专为在工业环境下应用而设计。它采用了可编程序的存储器，用来在其内部存储执行逻辑运算、顺序控制、定时、计数和算术操作等面向用户的指令，并通过数字式或模拟式的输入/输出，控制各种类型的机械或生产过程。可编程序控制器及其有关外围设备，都按易于与工业系统连成一个整体、易于扩充其功能的原则设计。”

2. PLC的分类

PLC的类型很多，规格性能也随之不同。目前，主要按以下原则分类。

（1）按结构形式分类　可分为整体式PLC和模块式PLC。整体式PLC将PLC的基本部件集中配置在一起，甚至全部安装在一块印制电路板上，安装在一个标准机壳内，构成一个整体，通常称为主机。整体式PLC的体积小，价格低，安装方便，但主机I/O点数固定，使用不灵活。一般小型PLC常采用这种结构。模块式PLC由电源模块、CPU模块、输入模块、输出模块、通信模块和各种功能性模块等单元构成，这些模块组装在一个机架内。模块式PLC的配置灵活，装配方便，便于扩展，但结构较复杂，造价高。一般中型和大型PLC常采用这种结构。

（2）按I/O点数分类　可分为大型、中型和小型PLC。小型PLC的I/O点数在128点以下，能够执行包括逻辑运算、计数、数据处理和传送、通信联网等功能，其特点是体积小，价格低，适用于控制单机设备和开发机电一体化产品。中型PLC的I/O点数在128～2 048，具有极强的开关量逻辑控制功能，强大的通信联网功能和模拟量处理能力，其指令系统也更加丰富，适宜于复杂逻辑控制系统和连续生产线的过程控制。大型PLC的I/O点数在2 048以上，具有自诊断和通信联网功能，并可构成三级通信网，适宜于设备自动化控制、过程自动化控制和过程监控。

1.4　食品机械与设备的结构要求

食品机械与设备对食品安全卫生有着极为重要的影响。世界各国对食品机械与设备均有一套食品安全卫生方面要求的标准。我国国家技术监督局于1997年发布《食品机械安全卫生》（GB 16798—1997），就食品加工机械的材料、结构等方面以及食品安全有关的细节提出了详细的规范原则。

1.4.1　设备结构的卫生与安全要求

食品机械与设备结构的卫生与安全主要包含两个角度：第一个角度是指食品安全卫生方面的结构要求，第二个角度是指操作安全对设备的结构要求。

1. 食品安全卫生方面的结构要求

第一，食品机械与设备与食品接触的部件及管道等不应有滞留产品的凹陷及死角，以防止食品残留在食品机械与设备当中，滋生微生物而影响所生产食品的卫生品质。第二，食品机械与设备应采用符合标准要求的不锈钢卫生钢管及卫生型管件阀门，以防止食品机械与设备的材料被食品中的某些成分腐蚀，从而进入产品当中。第三，食品机械与设备应该密封可靠，这点对于加工某些易被氧化及易被微生物侵染的食品来说尤其重要。第四，与产品接触的轴承都应为非润滑型，也就是说，应尽可能采用带有自润滑功能的材料，如聚四氟乙烯；对于必须采用润滑型轴承的食品机械与设备的产品来说，须有可靠的密封装置以防止产品被污染。第五，产品区域应与外界隔离，至少应加防护罩以防止异物落入或害虫侵入。工作空气过滤装置应保证5 μm以上的尘埃不能通过过滤装置。第六，食品机械与设备应具有安全卫生的装、卸料装置，以减少食品在装、卸料过程中被污染的可能性。第七，食品机械与设备所采用的紧固件应可靠固定，防止松动，不能因震动而脱落。必要的时候应进行定期巡检。第八，在产品接触表面上黏接的橡胶件、塑料件（如需要固定的密封垫圈、视镜胶框）等应连续黏接，保证在正常工作条件（清洗、加热、加压）下不脱落。

2. 操作安全对设备的结构要求

（1）运动部件　为了完成生产任务，绝大部分食品机械与设备均要采用运动部件，包括发动机、皮带轮、链条、皮带、摩擦轮等。这些装置在运行时具有非常大的危险性，稍有不慎，便会对生产工人造成伤害。因此，上述运动部件均必须设置防护罩，使之在运行时，不会与人体任意部位接触，从而减少事故的发生。

（2）液压气动电气系统　食品的生产过程有其特殊性，有些食品的生产过程要用到水，如配料、清洗、杀菌、冷却等环节，而水对于食品机械与设备的电路具有不利的影响。有些食品在生产过程中可能出现粉尘，如粉末性固体物料的混合单元，这就需要关注食品生产过程中的防爆问题，尽量避免静电、电器原件打火的发生。因此，食品机械与设备的液压系统、气动系统、电气系统应符合相应的国家标准。食品机械与设备的电路、所选择的电动机、置于设备上的二次仪表及操作控制单元以及它们的接线和安装，均应妥善考虑到其具体工作环境所需要的防水、防尘和防爆等方面的特定要求。

(3) 压力与高温设备　有些食品机械与设备需要采用高压空气作为动力来源，如喷雾干燥机的雾化器等；有些食品机械与设备需要采用高压蒸汽作为加热、杀菌的热力来源，如高压杀菌釜、蒸煮锅等。高压、高温的空气或蒸汽具有安全风险，因此，应在这些具压力、高温内腔的设备上设置安全阀、泄压阀等超压泄放装置，必要时配置自动报警装置；关键的部位应采用警示颜色提醒生产人员；各机械与设备的安全操作参数，如额定压力、额定电压、最高加热温度等，应在铭牌上标出。

(4) 罐器孔盖　一些大型的设备，如喷雾干燥机、发酵罐等，在必要时需要工作人员进入内部，对设备进行检修、清理、维护等，在这些设备上应安装必要的人孔盖、罐盖、防护罩等。这些单元部件本身就存在一定程度的潜在危险。因此，对人身和设备安全可能构成威胁的人孔盖、贮罐上的罐盖、经常开启的转动部分的防护罩，应具有联锁装置。各种腔、室、罐、塔的人孔盖不可自动锁死，人孔盖一般向外开，一般为高度超过 2 m 以上的立式贮罐或卧式贮罐，设在底部和侧部的人孔盖应向内开，设计成椭圆形，以便拆卸和安装。

(5) 梯子和操作平台　备有梯子和操作平台的设备，应具有一定的安全设置。例如，台面不应设置较为锋利的棱角，梯子踏板的材料和构造应具有防滑性能。与塔壁、罐壁平行的竖直梯，应设置等距踏条，其间距以及踏条与塔壁、罐壁之间的距离应在安全范围内。梯子前面与最近固定物之间的距离应足够操作人员通过。

(6) 外表面　食品机械与设备的外表面应尽可能抛光处理，设备表面要光滑、无棱角、无尖刺，机架等使用铸铁或角钢的部件，也应尽可能用防锈漆处理。对外表面的处理不但能使设备美观，还能确保设备表面不易附着污渍及滋生微生物，易于清洗，并且可以降低生产过程中产品对人身造成伤害的概率。

(7) 运行噪声　食品生产企业噪声主要来源于食品机械与设备的运转。例如，在采用风力进行传输的食品生产企业，风机就是噪声的主要来源。噪声能显著影响人的健康，降低生产者的工作效率，因此，对食品机械与设备进行必要的消声处理必不可少。目前可采用的消声方法主要有安装消声器、建立隔声罩以及减震和隔震等方法。

(8) 开关与操纵件　食品机械与设备的操控方式应尽可能方便、安全。例如，在工作过程中，当操作人员的手经常会与产品相接触时，启动和停车不应采用接触式手动操作，而应采用足踏或膝盖的开关；应尽可能将电气控制改变成气动控制，从而避免因电路问题发生危险；操作件结构形式应先进、合理，经常使用的手轮、手柄的操纵力应均匀。

1.4.2　设备结构的可洗净性要求

产品区域应开启方便，处于该区域不能自动清洗的零部件的拆卸和安装应简单、方便。不可拆卸的零部件应可自动清洗，允许不用拆卸便可进行清洗的零部件，其结构应易于清洗，并易于达到良好的洗净效果。处于产品区域的槽、角应易于清洗。放置密封圈的槽和与产品接触的键槽，其宽度不应小于深度，在安装允许的情况下，槽的宽度应大于 6.5 mm。产品接触表面上任何不大于 135°的内角，应加工成圆角，圆角半径一般不应小于 6.5 mm。

1.4.3　产品接触面的表面质量要求

1. 不锈钢板、不锈钢管的产品接触表面

一般设备表面粗糙度 Ra 不得大于 1.6 μm，无菌灌装设备表面粗糙度 Ra 不得大于 0.8 μm；塑料制品和橡胶制品的表面粗糙度 Ra 不得大于 0.8 μm。产品接触表面不得喷漆及采用有损产品卫生性的涂镀等工艺方法进行处理。产品接触表面应无凹坑、无疵点、无裂缝、无丝状条纹。

2. 连接处

产品接触表面上所有连接处应平滑，装配后易于自动清洗。永久连接处不应间断焊接，焊口应平滑，焊缝不允许存在凹坑、针孔、碳化等缺陷，焊缝成型后必须经过喷砂、抛光或钝化处理，抛光可采用机抛光或电化学抛光。其 Ra 不得大于 3.2 μm。

非产品接触表面上的焊缝应连续平滑、无凹坑、无针孔。

1.4.4 设备的可拆卸性要求

设备中需要拆卸的部分应易于拆卸，重新安装时应易于操作。因此，在物料管道连接中推荐采用食品工业用不锈钢管与配件，其各项技术要求符合相应标准《食品工业用不锈钢螺纹接管器》（QB/T 2468—1999）、《食品工业用不锈钢对缝焊接管件》（QB/T 2004—1994）和《食品工业用带垫圈不锈钢卡箍衬套》（QB/T 2005—1994）的规定。夹紧机构应采用蝶形螺母和单手柄操作的扣片等。各类容器的盖和门应拆卸简便且易于清洗。

1.4.5 设备安全卫生检查方便性要求

处于产品区域的零部件，在清洗后应易于检查。需要清洗的特殊部位，必须容易拆开检查。附件或零件的安装，应使操作人员易于检查出其安装是否正确。

1.4.6 设备的安装配置要求

生产设备及其零部件的设计、加工、使用、安全卫生要求应符合《生产设备安全卫生设计总则》（GB 5083—1999）的规定。

设备相对于地面、墙壁和其他设备的布置，设备管道的配置和固定以及设备和排污系统的连接，不应对卫生清洁工作的进行和检查形成障碍，也不应对产品安全卫生构成威胁。输送有别于产品的介质（如液压油、冷媒等）的管道支架的配置、连接的部位，应避免因工作过程中偶发故障或泄漏对产品形成的污染，同时，不应妨碍设备清洁卫生工作的进行。设备及安装中采用的绝热材料，不应对大气和产品构成污染。在生产车间中或间接和生产车间相接触且有可能对产品卫生构成威胁时，严禁在任何表面或夹层内采用玻璃纤维和矿渣棉作为绝热材料。

1.5 食品机械与设备的选型原则

合理的设备选型是保证产品高质量的关键和衡量生产水平的标准，可以为动力、配电、水、汽的用量计算提供依据。因此，如何选用生产能力适宜、配套性强、通用性广的生产设备已成为食品加工厂建厂设计的重要内容，也是诸多食品厂建厂投产前要解决的首要问题。

1. 满足工艺条件要求

设备选型时，一定要弄清楚生产过程中的具体工艺的条件（如对象特性，过程中的反应情况，处理的温度、压力等）要求。相同类型或名称的设备在金属加工工艺、结构特点和用材方面会存在这样或那样的差异。设备间存在的差异，即使很微小，有时也会对加工生产造成明显的影响。例如，原用于无机材料的滚筒式干燥机，如选用来对淀粉进行干燥，很有可能发生严重的粘壁现象。造成这种现象的原因是：淀粉糊化会粘在滚筒壁上，而滚筒的同心度和表面光洁度不够，从而使得铲刀无法整齐地将已经干燥的糊化淀粉从滚筒上彻底铲下。因此，设备选型必须符合工艺条件的要求。

2. 生产能力匹配原则

产品产量是选定加工设备的基本依据。设备的加工能力、规格、型号和动力消耗必须与相应的产量相匹配，并且要考虑到停电、机器保养、维修等因素。设备选型还应具有一定的贮备系数。

3. 相互配套原则

要充分考虑到各工段、各流程设备的合理配套，保证各设备流量的相互平衡，即同一工艺流程中所选设备的加工能力的大小应基本一致，这样才能保证整个工艺流程中各个工序间和生产环节间的合理衔接，保证生产顺利进行。

4. 性能价格比合理性原则

质量是企业的生命，设备是质量的保证。设备选型时，应综合考虑其性能价格比，才能获得较理想的成套设备。并且在符合投资条件的前提下，应重视技术发展与科技投入，不断引进和吸收国内外最新的技术成果和装备，尽可能选择精度高、性能优良的现代化技术装备。

5. 可靠性原则

在生产过程中，任何一台设备的故障将或多或少地影响整个企业生产，降低生产效率，影响生产秩序和产品质量，因此，选择设备时应尽量选择系列化、标准化的成熟设备，并考虑到其性能的稳定性和维修的简便性。

6. 兼容性原则

为了维持企业的可持续发展，生产厂家应根据生产的品种及规模来合理选择设备，注意选用通用性好、一机多用的设备，便于在人们消费、饮食习惯发生变化时对产品进行改型；当产品具有一定消费市场、经济效益较好、流动资金充足时，为了便于扩大生产，尽可能选用易于配套生产线的设备。

思考题

1. 食品工艺与食品机械与设备的关系是什么？
2. 食品机械与设备的特点有哪些？
3. 食品机械与设备对制造材料的一般要求包括哪些方面？
4. 简述钢铁材料的种类以及各种材料的特点和用途。
5. 不锈钢的优点有哪些？
6. 简述合成材料的种类和特点。
7. 食品机械与设备自动控制分为几个单元？分别是什么？主要有哪些控制模式？
8. 什么是 PLC？PLC 具有哪些类型？
9. 为实现操作安全，食品机械与设备结构设置需要注意哪些方面？
10. 简述食品机械与设备的选型原则。

第2章 输送机械与设备

【本章知识点】

本章主要介绍食品输送机械与设备的种类、结构、工作原理、工作过程和适应性。固体输送机械主要介绍带式输送机、斗式提升机和螺旋输送机，其中带式输送机主要用于水平和小倾角方向的固体物料输送，其中输送带的种类、设备结构是学习的重要内容；斗式提升机主要用于垂直和大倾角方向的固体物料输送，料斗的种类、布置方式、装卸料方式等都与所输送物料的物理特性有直接关系；螺旋输送机在输送的同时，还可以进行加热、冷却、搅拌、混合等多种操作，主要用于各种干燥松散的粉状、粒状、小块状物料的输送。气力输送系统主要有吸送式气力输送设备、压送式气力输送设备和混合式气力输送设备。其中，吸送式气力输送设备主要利用压力小于0.1 MPa的空气流进行物料输送，其优点是供料简单方便，能同时从不同位置的数处吸取物料；压送式气力输送设备主要利用压力大于0.1 MPa的空气流进行物料输送，由于所采用的空气压力较大，输送距离较长，生产率较高；混合式气力输送机是将吸送式和压送式进行组合而成的气力输送装置，这种输送方式综合吸送式和压送式的优点，既可以同时从不同部位吸取物料，又可以把物料同时输送至不同部位。液体输送设备主要包括泵和真空吸料装置。泵的种类很多，主要包括叶轮式泵和容积式泵两大类，离心泵是叶轮式泵的典型代表，在业内的用途最为广泛；容积式泵是依靠工作部件的运动产生对液体的强制推挤作用而对液体做功的机械，因此，这种泵不会出现离心泵常见的气缚或气蚀现象，使用更加可靠、安全。选择泵时，应首先确定泵的类型，再进行泵的型号选择。真空吸料装置是一种简易的利用压差进行流体输送的设备，除了用于液体的输送以外，还可用于含颗粒悬浮液和粉料的输送，与吸送式气力输送设备有所相似，均是采用低于0.1 MPa的工作压力进行物料的输送，因此，真空吸料装置输送的距离或提升的高度受到一定限制，输送效率较低。

2.1 概述

食品加工涉及从原料到产品的各种物料的输送。为了提高生产率，减轻劳动强度，提高安全性，往往需要采用机械与设备来完成物料的输送任务。食品输送机械的作用：首先，按生产工艺的要求将物料从一处输送到另一处（例如，将原料或包装容器从原料库或包装容器库运到车间某一地点来完成产品加工，或者将生产获得的产品从生产车间送到成品库等）；其次，在单机设备或生产线中，利用输送过程实现对物料的工艺操作（例如，连续干燥设备、连续冷冻设备、啤酒灌装工序等）；再次，输送食品生产所需要的工作介质或产生加工或食品贮藏所需要的工作环境状态（例如，利用风机提供热空气或冷空气等）。

根据不同的分类标准，食品输送机械与设备可以进行不同的分类：根据物料形态，可分为固体式、液体式和气体式等；根据过程的连续性，可分为连续式和间歇式；根据传送时的运动方式，可分为直线式和回转式；根据驱动方式，又可分为机械驱动、液压驱动、气压驱动和电磁驱动等。

2.2 固体物料输送机械与设备

在食品生产过程中，固体物料以散装或包装的形式进行输送。目前，食品工厂应用最广泛的固体物料输送设备有带式输送机、斗式提升机和螺旋输送机三大类。此外，还有气力输送设备、刮板式输送机、振动输送机、辊轴输送机、悬挂输送机和流送槽等。

2.2.1 带式输送机

带式输送机广泛应用于食品工厂的连续输送机械中，常用于块状、颗粒状及整件物料的水平或倾斜方向的运送。许多加工过程的设备，如检选操作线、灌装线、连续干燥机、连续速冻机等，均采用带式输送装置。带式输送机的结构见图 2-1。

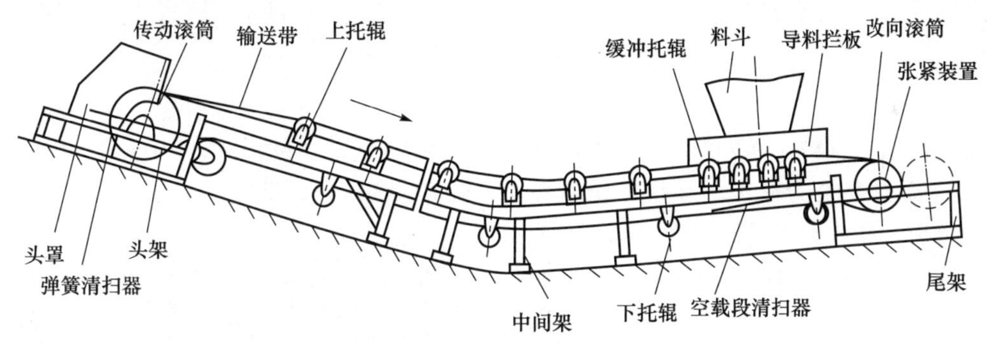

图 2-1　带式输送机结构图

（引自：许学勤．食品工厂机械与设备．2016.）

1. 输送带

对输送带的一般要求为强度高、挠性好、本身重量小、延伸率小、吸水性小、对分层现象的抵抗性能好和耐磨性好。常用输送带有橡胶带、塑料带、板式带、帆布带、钢丝网带、链条带、钢带等。

（1）橡胶带　其特点为坚固耐用、抗湿、耐磨、弹性好、价格较高。橡胶带是由 2～10 层棉织品或麻织品、人造纤维的衬布等内芯材料用橡胶加以胶合而成的，这些内芯可以耐受非常大的拉力，是橡胶带传递纵向拉力的主要工作部件。但是大部分的内芯材料不耐摩擦和氧化，需要采用一定厚度的覆盖胶作为保护层。覆盖胶的主要作用是连接衬布，保护其不受损伤以及防止运载物料的磨损。覆盖胶还可以防止潮湿及外部介质的侵蚀。工作面的覆盖层厚为 3～6 mm，而非工作面的覆盖层厚为 1～3 mm。

橡胶带的标记：宽度（mm）×层数×（工作面胶厚＋非工作面胶厚）（mm）×长度（m）。例如：800×8×(6＋3)×100

在食品工业中，橡胶带可用于散装原辅料和包装物的装卸和输送，也可用作输送式检选台、预处理台的输送带。

(2) 塑料带　是由聚氯乙烯制成的一种输送带，主要作为带式输送机的牵引和运载构件使用，分为整芯式和多层芯式两种。整芯式塑料带制造工艺简单，成本低，除挠性较差外，其余性能较好。多层芯塑料带在强度方面和普通橡胶带相似，在结构上同样具有带芯和覆盖层。

塑料带具有耐磨、耐酸碱、耐油、耐腐蚀等优点，适用于多种场合。例如，塑料带用于含油脂较高的食品的输送效果要明显优于橡胶带。

(3) 板式带　也称为链板式传送带，是由许多关节链相连形成的（图 2-2）。这种板式带需要安装在专门的链板式传送装置上，被输送物料的移动由板式关节链牵引件牵引，板式带及其所支承的被输送物品的支撑力则由托板下固定的导板提供，也就是说，在工作过程中，物料和链板是通过在导板上滑行从而完成输送的。

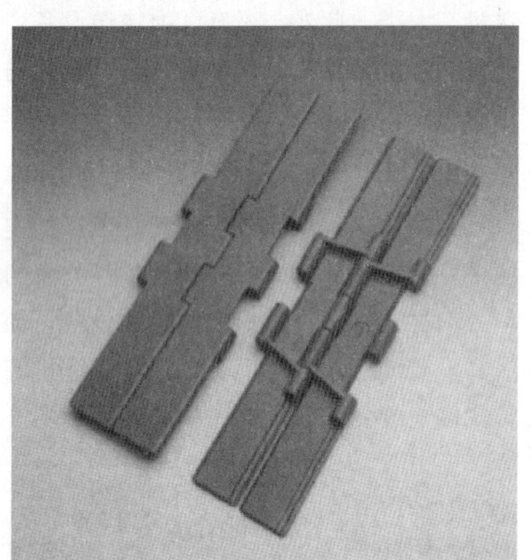

图 2-2　板式带

板式带主要应用在饮料、罐头等食品的生产线以及各类食品成品包装箱的输送。有些工作场合中，输送角度过大，摩擦力不能保持物料与输送带相对静止，因此，需要在输送带上加装一定高度的拦板（刮板）。

(4) 帆布带　帆布是一种较粗厚的棉织物或麻织物，因最初用于船帆而得名。利用帆布制作而成的输送带称为帆布带，这种输送带的特点是抗拉强度大，柔性好，能经受多次反复折叠而不疲劳。帆布的缝接通常采用棉线和人造纤维缝合，少数情况下用皮带扣连接。帆布带的长短可以根据生产实际情况进行调节，因此使用起来非常方便。

帆布带主要应用在饼干成型前，面片和饼坯的输送过程中，如面片叠层、加酥辊压、饼干成型等。

(5) 钢丝网带　其特点为强度高、耐高温。因为它具有网孔，且网孔的大小可按需要选择，网带的长度亦可任意选定，钢丝网带（图 2-3）常用于边输送边进行固液分离的场合。如连续式油炸机、果蔬清洗设备、烘烤设备等。

图 2-3　钢丝网带

(6) 链条带　通常由固定于链条节之间的金属条板构成。牵引驱动与钢丝网带的情形相似，也由一对齿轮驱动。一些处理设备用链条带作输送件。

(7) 钢带　采用不锈钢为主要材料制作。皮带机在输送温度较高的物料时，皮带会释放出有害物质，钢带则不会，因此，钢带适用于需要高温作业的输送环境，更加适用于食品行业。钢带的优点包括：机械强度大、不易伸长、耐高温、不易损伤等。钢带也有缺点：首先，由于钢带的刚性大，为避免折断，需要采用直径较大的滚筒；其次，钢带对冲击负荷很敏感，要求较准确安装，且需要定时监控运行情况；再次，钢带造价较高，一般性工作环境中并不采用钢带输送。

钢带主要应用在需要高温工作的环境中，在食品加工中最典型的应用是连续式烤炉中的输送装置。

2. 驱动装置

带式输送机的驱动装置一般包括电动机、减速器、驱动滚筒（齿轮）等，在倾斜式输送机上，一般还会设有制动装置或止逆器。驱动滚筒一般为空心结构，其长度略大于宽度，以确保驱动力的有效施加。驱动滚筒略呈鼓形，即中部直径稍大，在运行过程中，输送带中央会产生较大的拉力，从而实现自动纠正输送带的“跑偏”。

对于一般性带式输送机，驱动力的施加主要来自驱动滚筒和输送带的摩擦力，因此，为了确保二者之间的摩擦力适宜且防止打滑现象的发生，需要将驱动滚筒的表面设置花纹，以提高其和输送带之间的摩擦系数。

对于链板式、钢丝网带式和辊式输送机来说，所用的驱动装置为一对链轮。

3. 机架和托辊

机架主要由槽钢、角钢和钢板焊接而成，在带式输送机中起主要的承载作用。托辊主要是对输送带及其所载物料起承托的作用，同时使之运行平稳。托辊分上托辊（又称为运载托辊）和下托辊（又称为空载托辊）。根据物料流动性的不同，上托辊主要有如图 2-4 所示的几种形式。一般来说，对于流动性差或包装好的物品来说，多用平直型托辊，而对于大量散装的物料，多采用槽 V 式或 V 式托辊。

调整托辊（图 2-5）是一种主要起到调整输送带运行方向的托辊，可防止输送带发生“跑偏”。一般来说，这种调整托辊的两端会各安装一个挡板，以阻挡输送带脱出。

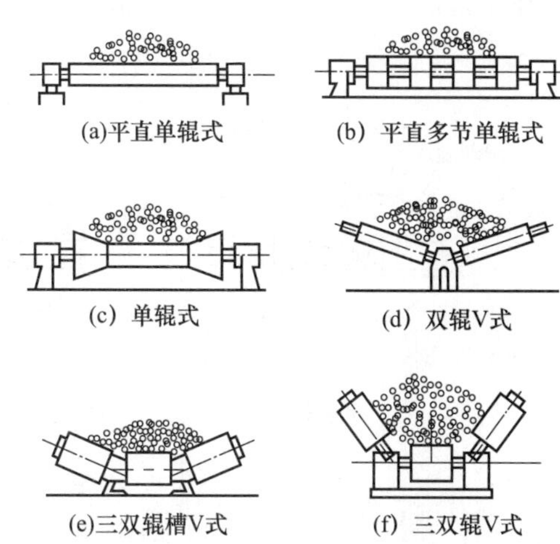

图 2-4 上托辊的几种形式

（引自：许学勤. 食品工厂机械与设备. 2016.）

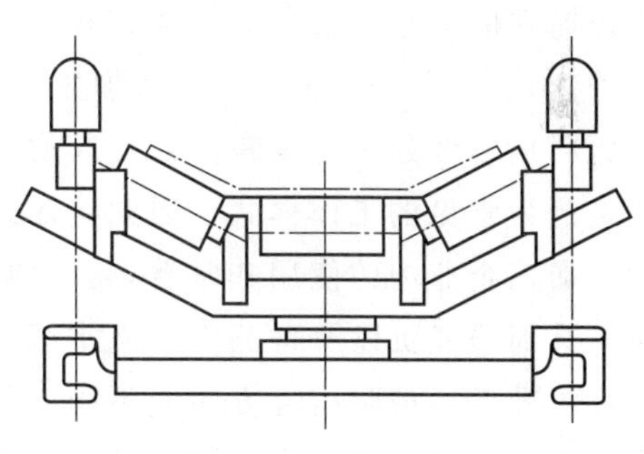

图 2-5 调整托辊

（引自：席会平，田晓玲. 食品加工机械与设备. 2015.）

并非所有的输送带都需要用托辊。例如，板式带依靠机架导板承托滑行，钢丝带、链条带则借助于链条滑槽运行。实际上，在输送速度不大和输送距离不长的场合，柔性输送带（如橡胶带、塑料带和帆布带等）大多也不用托辊，而采用托板。

4. 张紧装置

大多数输送带（如橡胶带、塑料带和帆布带等）均具有一定的延伸率，在长时间较大拉力作用下，本身长度会发生一定程度的增大。增大的直接效果是导致输送带与驱动滚筒之间的压力降低，降低摩擦力，从而造成输送带的打滑。因此，实际的带式输送机上都会安装有张紧装置。常用的张紧装置主要有重锤式、螺杆式和弹簧螺杆式等（图 2-6）。这三种形式都有各自的优缺点。例如，螺杆式装置的优点是节省空间，操作简单，但需要经常性的检查；而结合弹簧可以解决这个问题，但弹簧的作用范围有限，长时间使用可能出现老化失效等问题。

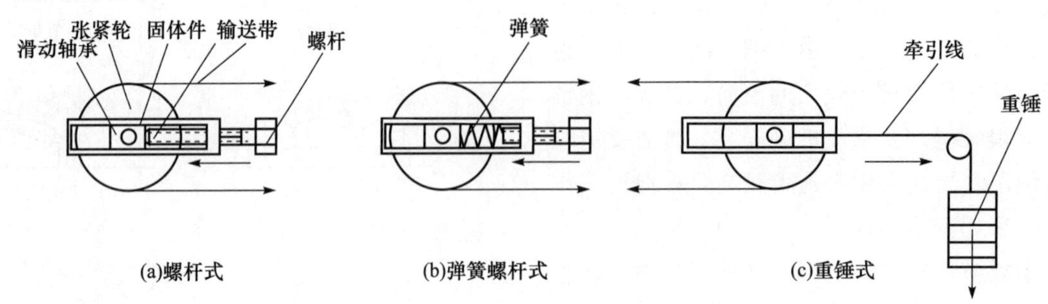

图 2-6　张紧装置的常见形式

（引自：张佰清，李勇．食品机械与设备．2015.）

2.2.2　斗式提升机

斗式提升机是专门用来进行垂直和大倾角方向物料输送的机械与设备。在食品加工过程中，将食品原料从较低处运送至较高处，以便进行食品生产是最为常见的工作模式，因此，斗式提升机在食品加工企业中的使用非常普遍。例如，蘑菇从料槽升到预煮机以及番茄生产流水线等，都采用斗式提升机。按照运输方向的不同，斗式提升机可分为倾斜式和垂直式；按照机械的牵引方式的不同，可分为平带式和链式，其中链式又分为单链式和双链式；按照运输速度的不同，分为高速和低速。

1. 结构原理

如上所述，根据运输方向的不同，斗式提升机主要有垂直式和倾斜式两种。垂直式斗式提升机（图 2-7）的结构主要包括上、中、下三个部分，上部主要由卸料口、驱动装置组成，中部主要包括输送带和料斗，下部主要包括进料口和张紧装置。

倾斜式斗式提升机（图 2-8）的料斗是固定在牵引链带上的，因此也属于链式斗式提升机。倾斜式斗式提升机的料斗槽主要设有可拆段，这样的斗式提升机的长度可根据生产需要进行调整，机架也可以根据需要进行伸缩。

斗式提升机的各个料斗，由背部（后壁）固接在牵引带式链条上。双链式斗式提升机的链条有时也可以固接在料斗的侧壁上。料斗的布置方式有两种（图 2-9）：一种是疏散式，另一种是密接式。料斗的固接方式要依据被输送物料的特性、使用场合以及装、卸料方式而定。

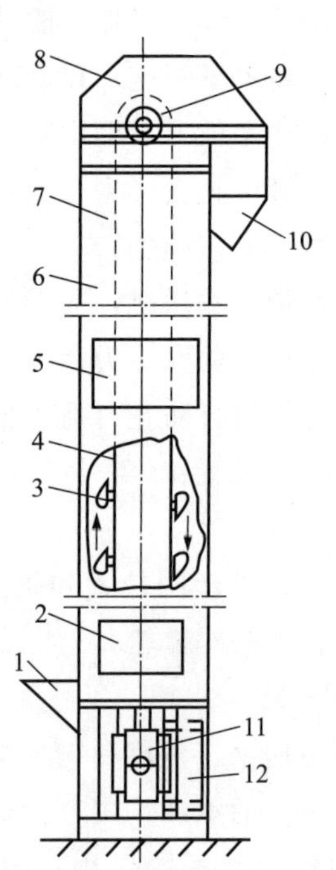

图 2-7　垂直式斗式提升机结构图

1. 进料口；2，5，12. 孔口；3. 料斗；4，7. 输送带；6. 外壳；8. 驱动滚筒外壳；9. 驱动滚筒；10. 卸料口；11. 张紧装置

（引自：张佰清，李勇．食品机械与设备．2015.）

斗式提升机的装、卸料也有多种方式。装料方式有挖取（吸取）式和撒入式两种（图 2-10）。①挖取式适用于粉末状、散粒状物料，输送速度较高，可达 2 m/s，料斗间隔排列。②撒入式适用于输送大块和磨损性大的物料，输送速度较低

（<1 m/s），料斗呈密接排列。

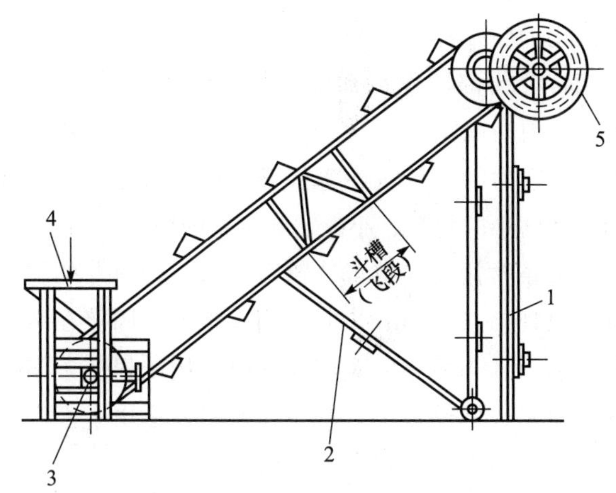

图 2-8　倾斜式斗式提升机结构图

1，2. 支架；3. 张紧装置；4. 装料口；5. 驱动装置

（引自：杨公明，程玉来. 食品机械与设备. 2015.）

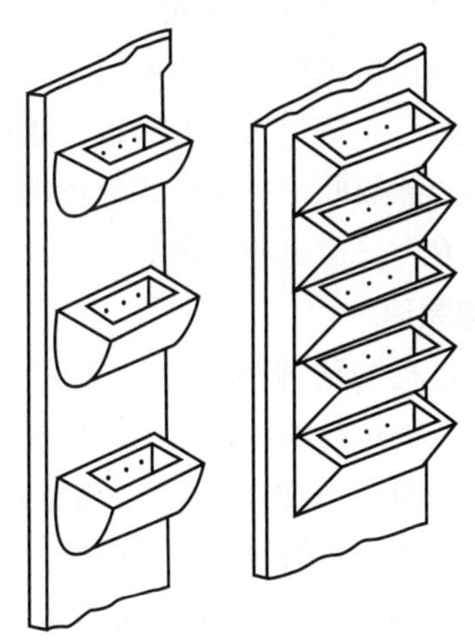

图 2-9　斗式提升机料斗布置方式

（引自：杨公明，程玉来. 食品机械与设备. 2015.）

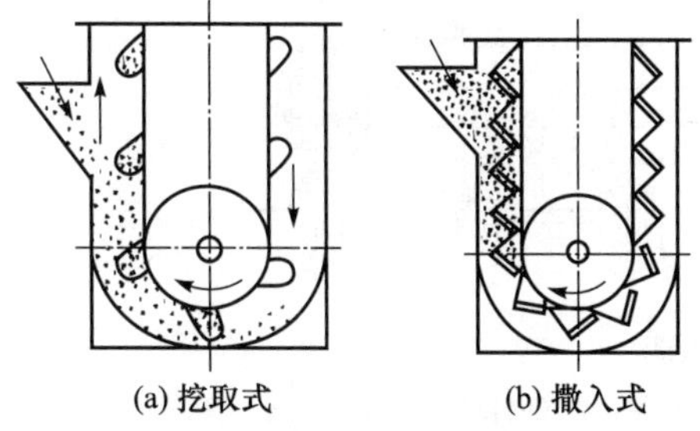

图 2-10　斗式提升机装料方式

（引自：杨公明，程玉来. 食品机械与设备. 2015）

卸料方式主要包括三种类型：离心式、无定向自流式和定向自流式（图 2-11）。①离心式适用于物料提升速度较快的场合，一般在 1～2 m/s 之间，利用离心力将物料抛出。斗与斗之间要保持一定的距离。这种卸料方式适用于粒状较小而且磨损性小的物料。②无定向自流式适用于低速（0.5～0.8 m/s）运送物料的场合，靠重力落下作用实现卸料。斗与斗之间紧密相连。这种卸料方式适用于大块、密度大、磨损性大和易碎的物料。③定向自流式主要靠重力和离心力同时作用实现卸料，适用的提升速度也较低，一般为 0.6～0.8 m/s，适用于流动性不良的散状、纤维状物料或潮湿物料。

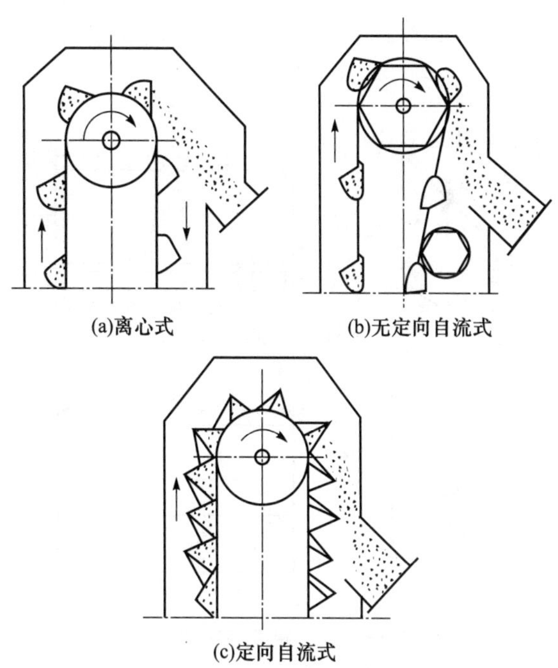

图 2-11　斗式提升机卸料方式

（引自：张佰清，李勇. 食品机械与设备. 2015.）

2. 主要构件

1）料斗

常见的斗式提升机料斗包括圆柱形底深斗、圆柱形底浅斗以及尖角形斗（图 2-12）。采用哪种形式的料斗是根据被运送物料的性质以及提升机的构造特点决定的。

（1）圆柱形底深斗　斗口呈 65°倾斜，深度较大。用于干燥、流动性好、能很好撒落的粒状物料。

（2）圆柱形底浅斗　斗口呈 45°倾斜，深度较小，适用于潮湿和流动性较差的粒状物料，由于倾斜度较大和斗较浅，能更好地让斗倾倒。

上述两种料斗的底部均为圆柱形，在斗式提升机上排列都需要一定的间距。

(3) 尖角形料斗　侧壁延伸到板外成为挡边，卸料时，物料可沿挡边和底板所形成的槽卸出，在输送带上布置时一般没有间隔。尖角形料斗适用于黏稠性大和沉重的块状物料用定向自流式卸料的场合。

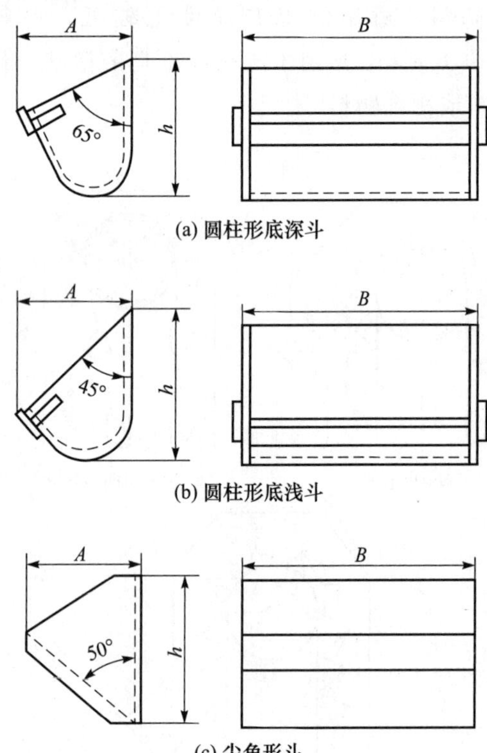

(a) 圆柱形底深斗

(b) 圆柱形底浅斗

(c) 尖角形斗

图 2-12　料斗的类型

（引自：殷勇光. 食品机械与设备. 2012.）

2）牵引件

斗式提升机的牵引件主要采用胶带和链条两种。所采用的胶带和带式输送机所采用的基本相同。料斗用特种头部的螺钉和弹性垫片固接在牵引带上，带宽比料斗的宽度大 30～40 mm，胶带主要用于中小生产能力的工厂及中等提升高度，适用于体积和相对密度小的粉状、小颗粒状物料的输送。

链条常用套筒链或套筒滚子链。当料斗的宽度较小（160～250 mm）时，用一根链条固接在料斗的后壁上；当料斗的宽度较大时，用两根链条固接在料斗两边的侧板上，链条作牵引件适用于生产率大、升送高度大和较重物料的输送。

牵引件的选择取决于提升机的生产率、升送高度和物料的特性。

2.2.3　螺旋输送机

螺旋式输送机（俗称绞龙），是一种不带挠性牵引件的连续输送机械。它主要用于各种干燥松散的粉状、粒状、小块状物料的输送。通过螺距变化和配合适当的螺旋叶片，螺旋式输送机还可对物料进行搅拌、混合、加热和冷却等工艺。

1. 结构原理

螺旋输送机的结构如图 2-13 所示。它利用旋转的螺旋将被输送的物料在固定的机械内推移从而进行输送。物料由于重力和对于槽壁的摩擦力作用，在推移运动中不随螺旋一起旋转，而是以滑动形式沿着物料槽移动的。螺旋输送机可以用于水平、倾斜或垂直方向的物料输送。

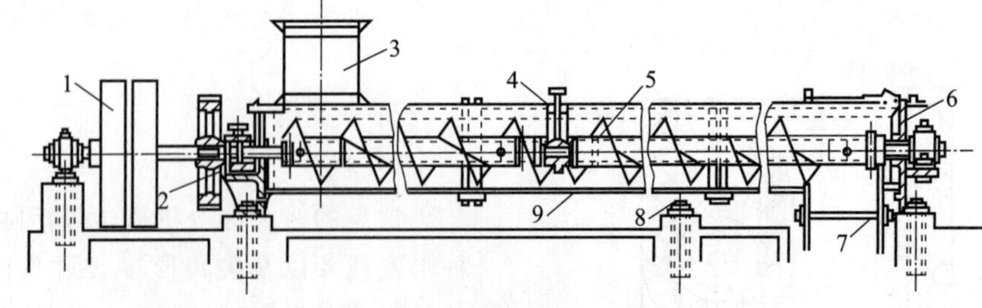

图 2-13　螺旋输送机结构图

1. 传动轮；2. 轴承；3. 进料口；4. 中间轴承；5. 螺旋；6. 支座；7. 卸料口；8. 支座；9. 料槽

2. 主要构件

1）螺旋

螺旋是螺旋输送机的主要构件，螺旋形式可以为左旋，也可以为右旋，也有在一条螺旋上同时设计左旋和右旋，从而实现同时向两个方向进行输送。

2）螺旋叶片

螺旋叶片大多由厚 4～8 mm 的薄钢板冲压而成，其与螺旋轴固定有不同方式，如焊接、铆接等。根据形状螺旋叶片分为实体、带式、叶片式和齿型等，如图 2-14 所示。实体螺旋是最常见的类型，适用于干燥的小颗粒或粉状物料的输送，其螺距为 0.8 倍螺旋直径。带式螺旋主要用于输送块状或黏滞状物料，其螺距约等于螺旋直径。叶片螺旋或齿形螺旋（螺距约为 1.2 倍螺旋直径），其可对韧性和可压缩性物料进行输送，且在运送物料的同时，这两种螺旋还可对物料进行搅拌、揉捏和混合等工艺操作。

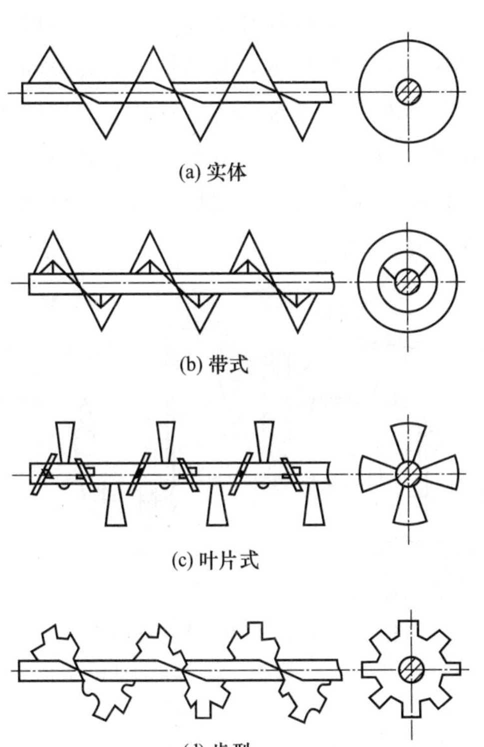

图 2-14　螺旋叶片的类型

（引自：杨公明，程玉来．食品机械与设备．2015.）

3）螺旋轴

螺旋轴可以是实心的或空心的。一般由长 2～4 m 的各节段装配而成。通常采用钢管制成的空心轴，这样可以减轻重量，并且方便互相连接。

4）壳体

螺旋输送机的壳体分为槽形和圆筒形两种，槽形壳体主要用于水平方向的输送，而圆筒形可用于不同方向的输送。

5）驱动机构

驱动机构主要包括电机和变速器，与螺旋叶片可通过联轴器呈直线连接排列，也可以通过齿轮或链条连接，呈平行状排列。

3．螺旋输送机的特点

螺旋输送机的优点有：①构造简单，横截面积尺寸小，因此制造成本低；②便于在若干位置进行中间加载和卸载；③操作安全方便；④密封性好。螺旋输送机的缺点如下：①螺旋输送机的输送是通过螺旋的旋转完成的，由于螺旋的作用，物料可能造成一定程度的损伤，且输送机自身也会发生磨损；②在输送过程中，摩擦力会造成较大程度的能量损耗；③输送距离受限，一般不超过 30 m，发生过载容易停机并堵塞机体。

2.2.4　气流输送系统

气流（力）输送系统是利用气流的动压或静压，将物料沿一定的管路从一处输送到另一处的输送系统。食品工厂利用气力输送系统对散粒物料进行输送，如小麦、大米、糖、麦芽等。

1．气力输送原理

实际生产中固体物料的输送主要发生在垂直、水平和倾斜三个方向，而倾斜方向可以看作垂直方向和水平方向的加和，因此，本部分主要分析物料在垂直和水平方向的输送原理。

1）颗粒在垂直管中的悬浮及输送

在垂直管道中，物料要实现自下而上的运动，需要首先达到颗粒在管道中的悬浮状态。在垂直管中，当颗粒三力平衡时，颗粒在空气中会以不变的速度 v 匀速降落，此时的颗粒运动称为颗粒的自由沉降，而颗粒在自由沉降时所具有的运动速度称为沉降速度。当空气以颗粒的沉降速度自下而上流过颗粒时，颗粒将自由悬浮在气流中，这时的气流速度就称为颗粒的悬浮速度。如果气流速度进一步提高，大于颗粒的悬浮速度，则在气流中悬浮的颗粒必将被气流带走，即发生气流输送，这时的气流速度称为气流的输送速度。

2）颗粒在水平管中的悬浮与输送

颗粒在水平管中并非一定需要达到悬浮状态才可以被输送（如推动输送并不一定要颗粒悬浮），但是水平管中的悬浮输送也是一种重要的动压输送物料的形式。因此，有必要分析颗粒在水平管中的悬浮机理。根据理想力学知识进行力学分析后发现，颗粒并不能在水平管中悬浮，面对这种情况，就需要在实际状态下进行分析。

第一，水平管中的气体流动并非是完全的水平流动状态，而是呈现波动形式的，因此，气流本身具有的波动速度在垂直方向的分量使颗粒悬浮。第二，在水平管截面不同部位，气流的速度并不相同，一般来说，靠近管壁的部分，由于管道的阻碍作用，气流速度相对较低；而靠近中心的部分，气流速度相对较高。因此，沿管截面上的气速差，将产生沿管子截面上的压强差，在管子截面上，形成一个由管四周指向管中心的压强差，在这个压强差的作用下，颗粒可能会悬浮。第三，颗粒通过自身旋转运动，在颗粒的上下方之间，产生一个气流速度差，相应地产生一个压强差，在这个压强差的作用下，可能会导致颗粒悬浮；第四，在实际生产中被输送的颗粒并非规则的圆形球体，而是不规则的，因颗粒间形态不规则而产生气流推动力的垂直分力，也可能导致颗粒悬浮；第五，颗粒间的碰撞或与管壁碰撞而产生垂直方向的反作用力，也可能导致颗粒悬浮。因此，颗粒在水平管道中的悬浮是可能的。

3）输送气流速度与管道中颗粒群的运动状态的关系

在水平管中，随气流速度逐步降低，颗粒的运动呈现不同的状态。输送气流速度大时，颗粒接近均匀分布，在气流中呈悬浮状态输送，此时的运动状态为悬浮流；当输送气流降低至一定值，颗粒"停滞聚集"与"吹走"相互交替，呈不稳定的输送状态，此时的运动状态为集团流；当气流速度进一步降低，堆积的物料层充满了输送料管的断面，形成料栓，其前后被空气切断，产生压力差，物料借助空气的压力差推动输送，此时的运动状态为栓状流。这些不同的流动状态主要受气流速度的支配，前两种的运动状态是靠气流的动能输送，故称为动压输送；而后一种则是靠气流的静压能进行推动输送的，所以称为静压输送，又叫推动输送。

2. 气流输送系统的类型

根据风机与物料的相对位置，气力输送装置可分为吸送式、压送式和混合式。根据物料在输送过程中的流动状态，可分为悬浮输送和推动输送。悬浮输送所需要的气流速度较高，而推动输送的气流速度较低。前者适宜于较为干燥且形状为小块状或粉粒状物料的输送；后者所适宜的物料种类较多，不但可以对粉粒状物料进行输送，而且可以用来输送较为潮湿和黏度不大的物料。由于悬浮输送速度较高，相应造成的物料损坏以及能量损失较大。

1）吸送式气力输送机

吸送式气力输送机（图 2-15）是借助压力低于 0.1 MPa 的空气流进行物料输送的机械。当风机启动后，输送系统内部达到一定的真空度。在系统内外压力差的作用下，物料被吸入系统的空气流携带从供料口进入系统内部。到达分离器后物料与空气流进行分离，物料从分离器底部卸出，而携带有尘土的空气流经过除尘器后，通过风机和消声器排入大气中。

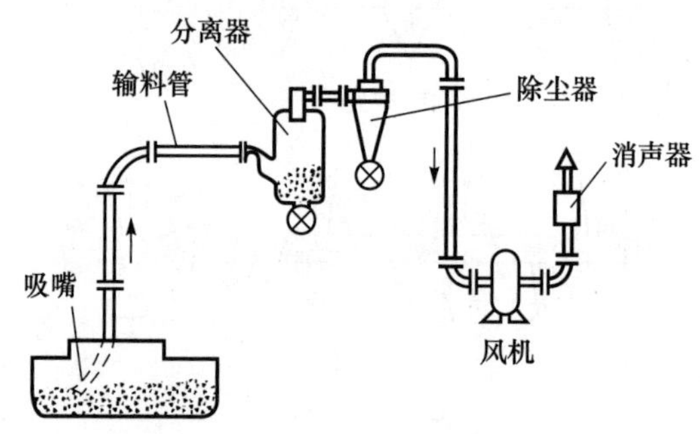

图 2-15 吸送式气力输送机结构图

（引自：马荣朝，杨晓清. 食品机械与设备. 2012.）

吸送式气力输送机的特点：①供料简单方便，能同时从不同位置处吸取物料，但是其所采用的气体压力较小，因此，输送距离和生产率有限；②由于系统的输送功能依靠系统的气密性，一旦装置气密性变差，真空度无法保证，从而影响输送能力；③由于完成输送任务的气流中难免含有物料中的微小颗粒（灰尘、小颗粒物料等），为了保证风机可靠工作及减少零件磨损，进入风机的空气必须预先除尘。

2）压送式气力输送机

压送式气力输送机是借助压力高于 0.1 MPa 空气流对物料进行输送的机械，其结构见图 2-16。鼓风机把具有一定压力的空气流压入导管，被输送物料由供料器供入输料管中。空气和物料的混合物沿着输料管运动，到达分离器后将物料卸下后，空气经过除尘器净化后排入大气中。

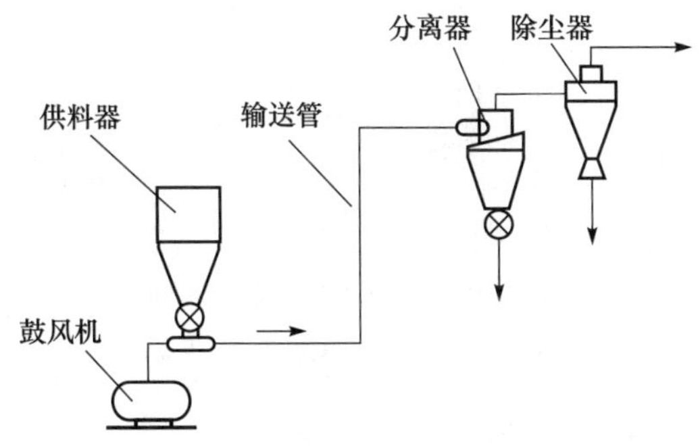

图 2-16 压送式气力输送机结构图

与吸送式气力输送机不同，压送式输送机可以装设分岔管道，可以同时把物料输送至多处。由于所采用的空气压力较大，输送距离较长，生产率较高。一旦系统发生漏气后，物料或尘土会同时射出，很容易发现系统的漏气位置。含尘的空气不会经过风机，因此，对空气的除尘要求不高。另外，压送式气力输送机所采用的空气压力显著高于大气压力，物料要从外界进入系统内部，需要克服压力差，因此，这种输送机对供料器的要求较高。

3）混合式气力输送机

混合式气力输送机是将吸送式和压送式气力输送机进行组合而成的气力输送装置（图 2-17）。物料由吸嘴从料堆吸入输料管，然后送入分离器，分离处的物料又被送入压送系统的输料管中继续进行输送。这种输送方式综合了吸送式和压送式的优点，因此，既可以同时从不同部位吸取物料，又可以把物料同时输送至不同部位，并且输送的距离显著延长。其缺点是含尘空气会通过鼓风机，从而使系统的工作条件变差。

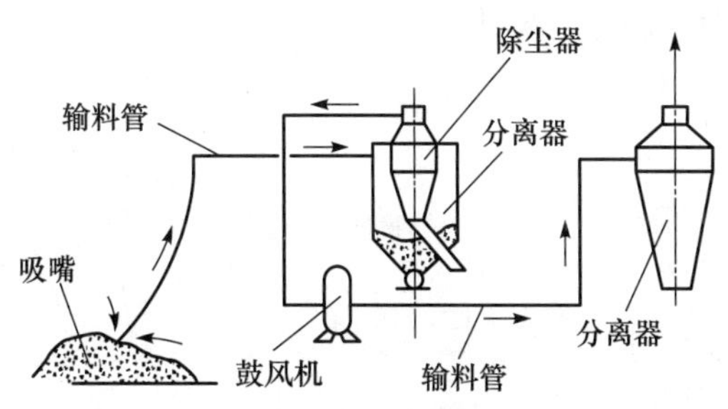

图 2-17 混合式气力输送机结构图

（引自：李良．食品机械与设备．2019.）

3. 气流输送装置的主要部件

气力输送装置的主要部件包括供料器、输送管系统、分离器、除尘器、风管和气源设备等。

1）供料器

供料器的作用是把物料供入气力输送装置的输送管道，造成合适的物料和空气的混合比。它是气力输送装置的“咽喉”，其性能的好坏直接影响生产率和工作的稳定性。它的结构特点和工作原理取决于被输送物料的物理性质与气力输送装置的形式。供料器可分为以下两大类。

（1）吸送式气流输送供料器　这种供料器主要利用管内的真空度，通过供料器将物料连同空气一起吸进输料管中。其常用形式主要是吸嘴和喉管。

吸嘴主要用于车船、仓库机场地装卸粉粒状及小块状的物料。吸嘴的结构形式很多，主要分为单筒吸嘴和套筒吸嘴。图 2-18 为几种典型的吸嘴结构图。

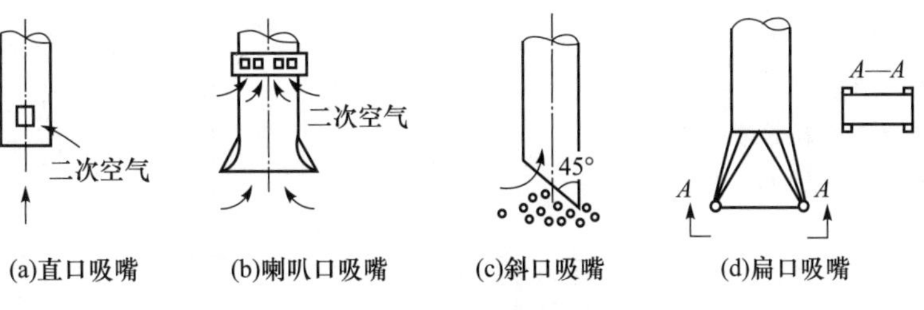

图 2-18 吸嘴结构图

（引自：杨公明，程玉来．食品机械与设备．2015.）

喉管也称为固定式受料嘴。主要应用于定点取料。固定式受料嘴主要包括 Y 形、L 形和 γ 形三种（图 2-19）。对于粉粒状物料的输送来说，常采用喉管进行供料。

（2）压送式气力输送供料器　在压送式气力输送装置中，供料是在管路中的气体压力高于外界的大气压条件下进行的，因此，在这种情况下，不但要保证物料可以从低压环境进入高压环境，而且要确保系统内部压力不从供料器部位泄漏。根据作用原理，压送式气力输送供料器可分为旋转式、喷射式、螺旋式、容积式四种。

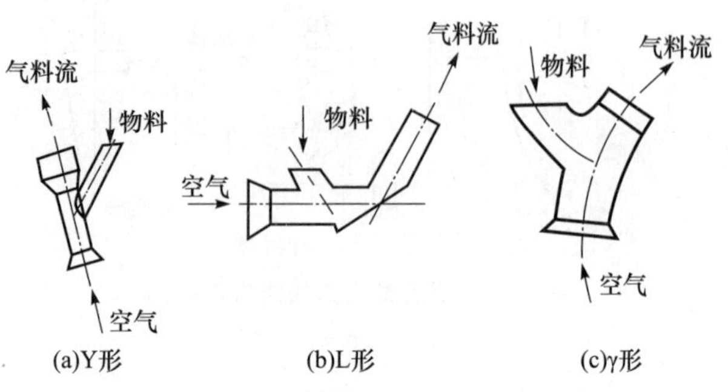

图 2-19　喉管的类型

（引自：杨公明，程玉来．食品机械与设备．2015.）

① 旋转式供料器是一种广泛用于中、低压条件下的供料装置，结构见图 2-20。一般适用于流动性能较好、磨损性较小的粉粒状及小块状物料。这种供料器由叶轮、壳体、均压管等构成。叶轮与壳体之间构成多个格室，物料从外界先进入格室中，随着叶轮的旋转，物料被送入输送系统中，清空的格室随着叶轮的旋转到达均压管的位置后，压力和外界大气压达到一致，然后继续旋转至料仓，从而继续向系统内部进行供料。

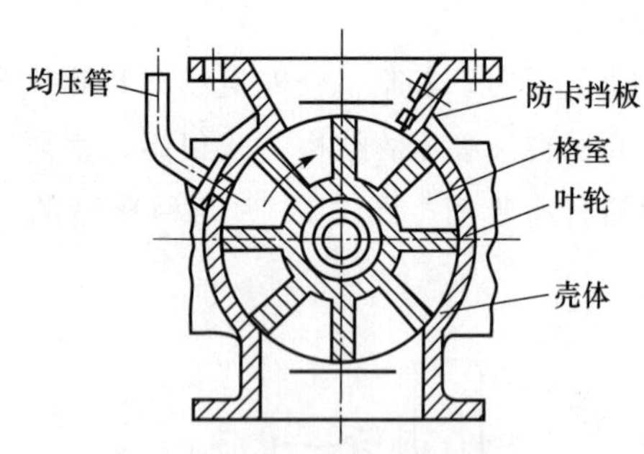

图 2-20　旋转式供料器结构图

（引自：杨公明，程玉来．食品机械与设备．2015.）

② 喷射式供料器主要是用于低压、短距离的压送装置，结构见图 2-21。其工作原理是气流通过收缩装的喷嘴后，其速度增大，从而造成供料口处的静压下降至小于或等于大气压力，从而实现由低压向高压进行供料的效果。这种供料器的特点是结构简单，尺寸小，不需要任何传动机构。但所能达到的混合比小，压缩空气消耗量较大，效率较低。

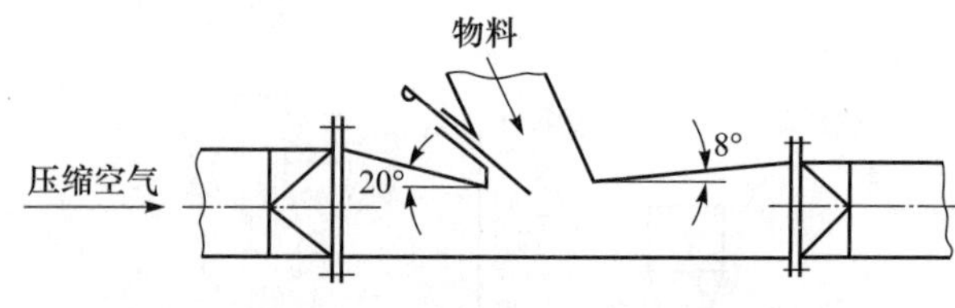

图 2-21　喷射式供料器结构图

（引自：杨公明，程玉来．食品机械与设备．2015.）

③ 螺旋式供料器是一种用于工作压力 p 小于或等于 0.25 MPa，输送粉状物料的压送式气力输送装置，结构见图 2-22。其壳体内快速旋转的变螺距螺旋，将从料斗进入的物料压入混合室中，混合室下部由喷嘴喷出的压缩空气将物料吹散并使其得到加速，形成压缩空气与物料的混合物，然后均匀地进入输料管中。

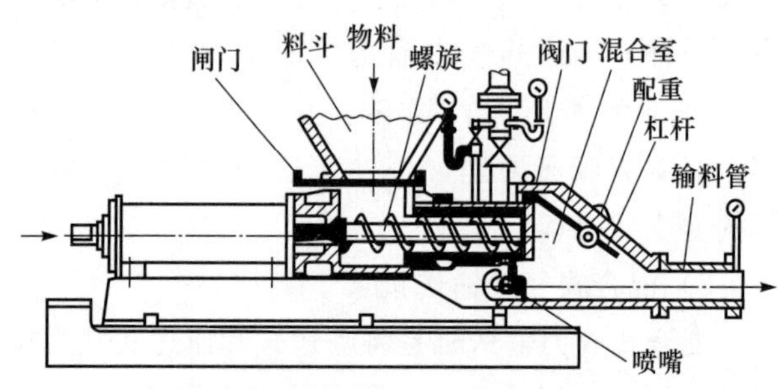

图 2-22　螺旋式供料器结构图

（引自：杨公明，程玉来．食品机械与设备．2015.）

④ 容积式供料器又称为仓式泵，有单仓式（图 2-23）和双仓式两种，主要是用于运送粉状物料的压送式气力输送装置。容积式供料器可以从底

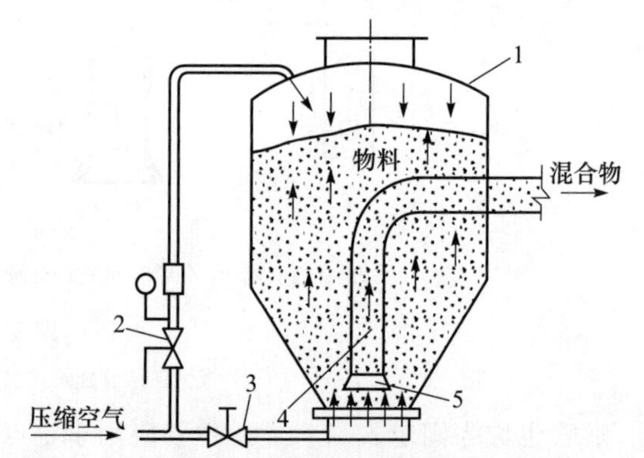

图 2-23　单仓式容积式供料器结构图

1. 料仓；2. 放气阀；3. 压缩空气阀；4. 输送管；5. 排料口

（引自：杨公明，程玉来．食品机械与设备．2015.）

部排料，也可以从顶部排料。单仓式供料器的工作原理是利用压缩空气将容器内粉状物料流态化后压送入输料管中。供料是周期性的，一个供料周期有装料、充气、排料、放气四个过程，因此，单仓式只能间歇供料。由两个单仓组合而成的双仓式供料器，可获得近似连续供料效果。

2）输送管系统

输送管系统由直管、弯管、软管、伸缩管、回转接头、增压器和管道连接部件等构成，具体应根据工艺需要配置。

输料管的结构及尺寸对系统压力损失、输送装置的生产率、能量消耗和使用可靠性等都有很大的影响。在设计输料管及其元件时，必须满足以下几点：①接头和焊缝的密封性好；②运动阻力小；③装卸方便，具有一定的灵活性；④尽量缩短管道的总长度。

（1）硬管　系统管路可采用无缝或焊接不锈钢管。高压压送和高真空吸送，因混合比大，多采用表面光滑的无缝钢管；低压压送或低真空吸送，可采用焊接钢管。若物料磨损性很小，硬管由白铁皮或薄钢板制成。通常管内径为 50～300 mm。

弯管是刚性管路必不可少的管件，也是造成系统压力损失的集中部件。因此，应尽量减少弯管数，并应注意弯管曲率半径尺寸的选取。当输送粉状物料时，取 $R=6D$；输送粒状物料时，取 $R\geqslant 6D$；输送小块物料时，取 $R\geqslant 10D$。其中，R 为弯管曲率半径，D 为弯管管径。

（2）挠性管　在气力输送系统中，为了使输料管和吸嘴有一定的灵活性，可在吸嘴与垂直管连接处和垂直管与弯管连接处安装一段挠性管（如套筒式软管、金属软管、耐磨橡胶软管和聚氯乙烯管等），但由于软管阻力较硬管大（一般为硬管的两倍及以上），应尽可能少用。

（3）增压器　气流在输送过程中，要受到摩擦和转弯等阻力，还可能有接头漏气等的压力损失，因此，在阻力大、易堵塞处、弯管的前方等处以及长距离水平管输送时，可安装增压器来补气增压。涡流式增压器结构见图 2-24。这种增压器的工作原理是压缩空气从供风管进入通气环道后，经喷嘴以切线方向吹入输料管中，在输料管中压缩空气呈螺旋态前进，并推动物料向前运动。

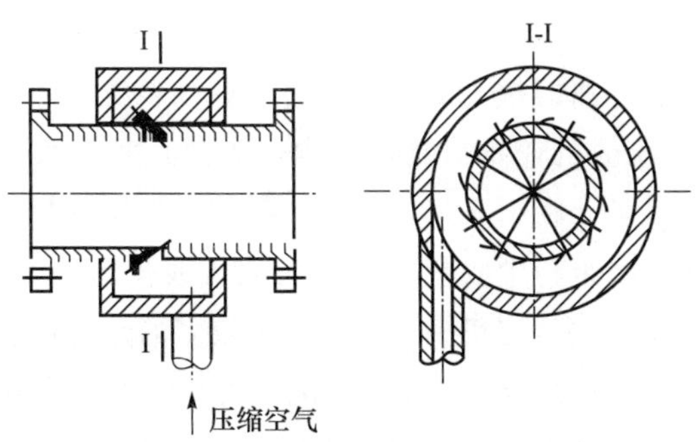

图 2-24　涡流式增压器结构图

（引自：杨公明，程玉来．食品机械与设备．2015.）

（4）回转接头　在气流输送系统中，为了满足作业的要求，往往要求输料管能在垂直平面内上下仰俯及在水平面内左右转动。为此，必须装设回转接头。常用的回转接头有球铰式和柱铰式两种。球铰式回转接头可实现万向转动，而柱铰式回转接头只能在平面内转动。

3）分离器

气流输送装置的物料分离，通常是借重力、惯性力和离心力使悬浮在气体中的物料沉降分离出来的。分离器通常有容积式和离心式两大类。

（1）容积式分离器　该分离器的结构见图 2-25。其工作原理是空气和物料混合物由输料管进入面积突然扩大的容器中，空气流速度降低到 0.03～0.1 倍的悬浮速度 v_f。这样，气流失去了对物料颗粒的携带能力，物料颗粒便在重力的作用下由混合物中分离出来，经容器下部的卸料口卸出。

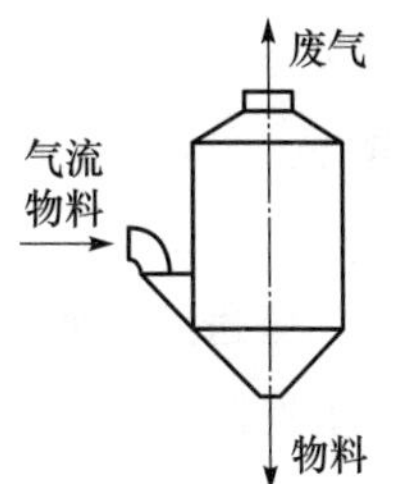

图 2-25　容积式分离器结构图

（引自：杨公明，程玉来．食品机械与设备．2015.）

（2）离心式分离器　也称为旋风分离器，对于谷物之类的颗粒物料，离心分离器的分离效率可以达到 100%；但对于粒度细小的粉末，离心分离器的分离效率一般不会超过 98%。

4）除尘器

从分离器排出的气体中尚含有较多粒径范围为5～40 μm的较难分离的粉尘，为防止污染大气和磨损风机，在引入风机前须经各种除尘器进行净化处理，将将粉尘收集后再引入风机或排至大气中。除尘器的类型有很多，目前应用较多的是旋风除尘器和袋式过滤器（图2-26）。袋式过滤器是利用过滤带的微小空洞，将空气中的微小颗粒进行截留，从而实现除尘的效果。

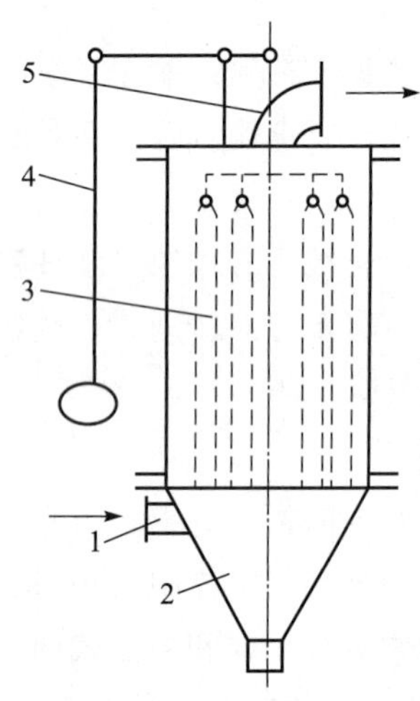

图2-26 袋式过滤器结构图

1. 进气管；2. 锥形体；3. 袋子；4. 振打机构；5. 排气管

（引自：杨公明，程玉来. 食品机械与设备. 2015.）

5）风管及其附件

风管是用来连接分离器、除尘器、鼓风机并作为连通大气的排气管。对压送式气流输送装置，鼓风机至供料器之间也须用风管连接。

风管直径根据风量和气流速度计算确定。分离器至除尘器之间的风管风速一般取14～18 m/s，除尘器以后可取10～14 m/s。此外，在风管上应装设必要的附件。在压送式气流输送装置上，有时需要装设止回阀、节流阀、转向阀、贮气罐、油水分离器、气体冷却器和消声器等。在吸送式气流输送装置的风管上，有时需要装设安全阀、止回阀、转向阀和消声器等。

6）气源设备

气流输送装置多用风机作气源设备。其对风机的要求是：①效率高；②风量、风压满足输送物料要求；③风量对风压的变化要小；④有一些灰尘通过，也不会发生故障；⑤经久耐用便于维修；⑥用于压送装置的风机排气中，尽可能不含油分和水分。在有些场合中，也使用空气压缩机和真空泵作气源设备。

风机一般有通风机和鼓风机两种。通风机是一种能接收机械能的旋转式机械，它借助一个或多个装有叶片的叶轮来保持空气或其他气体连续流过风机，且其单位质量功一般不超过25 kJ/kg，压力不超过30 kPa；鼓风机是一种出口压力高于30 kPa但不超过200 kPa，或压力比（即出风口风压与进风口风压的比值）大于1.3，但不超过3的风机。

1. 通风机

通风机有离心式和轴流式两种。离心式通风机较多地用于气体输送，而轴流式通风机由于产生的风压较小，一般用于通风。

1）离心式通风机

离心式通风机的结构与工作原理与离心泵类似，主要由叶轮、机壳和机座组成。叶轮的叶片形状很多，常见的有前弯叶片、多而短前弯叶片、径向叶片、后弯叶片等（图2-27）。不同的叶片形状有其相对应的应用场合，例如，后弯叶片主要适用于中高压的场合，而径向叶片主要应用于需要风压较低的场合。前弯叶片在一定的输气压强下与后弯及径向的相比较，其叶轮的直径和转速虽然小，但获得的出口速度较大，损失较大，因此效率较低。

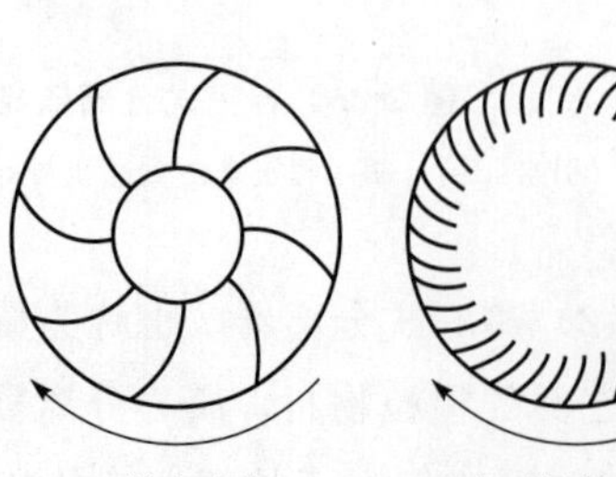
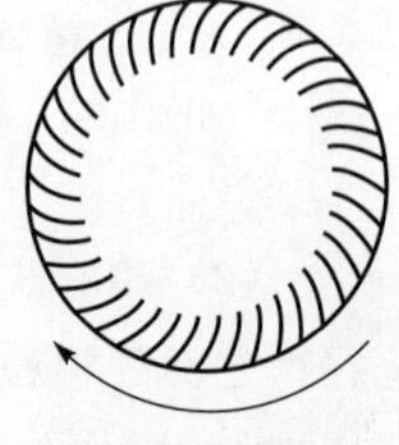
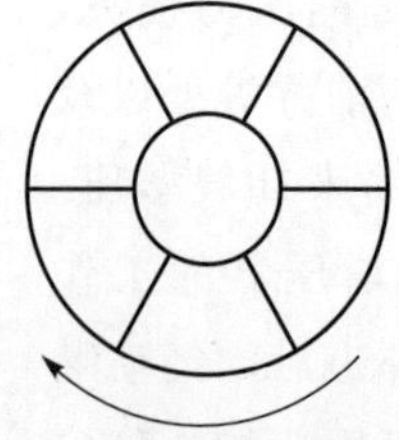
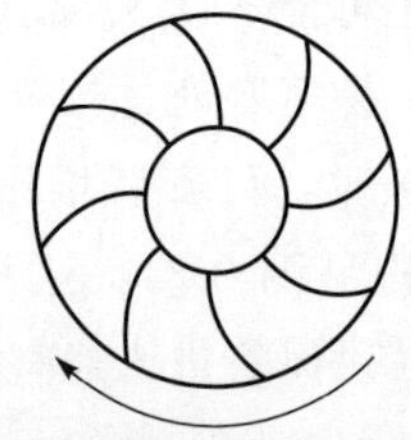

(a)前弯叶片　(b)多而短前弯叶片　(c)径向叶片　(d)后弯叶片

图2-27 离心通风机叶轮的叶片类型

离心式通风机可按产生风压的不同分为低压（980 Pa 以下）、中压（980～2 940 Pa）和高压（2 940～35 700 Pa）三种。离心式通风机的机壳呈蜗壳状，机壳断面有方形和圆形两种。一般低压和中压多为方形，高压多为圆形。

2）轴流式通风机

轴流式通风机的结构与轴流泵相似，在机壳内装有一个迅速旋转的叶轮，叶轮上固定有数片呈扭曲状的叶片。工作时空气沿轴向在叶片间流动。

通常轴流式通风机装在需要送风的室内的墙壁孔或天花板上。通风机所产生的风压不高，若装上导管和气道，必增加阻力。轴流式通风机的叶轮常固定在电动机转轴上，电动机装在通风机的壳内或壳外。风压通常在 255 Pa 以下，但也可高达 980 Pa。

2. 鼓风机

鼓风机的作用是输送气体介质，根据工作原理不同分为回转式和容积式两大类；根据结构和运行模式又可分为离心式、罗茨式、旋转式、轴流式等。下面简要介绍离心式和旋转式。

1）离心式鼓风机

离心式鼓风机主要由机壳、叶轮和机座构成。叶轮通常是多级的。多级叶轮由几个叶轮串联而成。气体通过一级叶轮后，风压有所增加，从一级叶轮出来再进入下一级叶轮，风压又有所增加。一般离心式鼓风机的排气压强并不太高，因此，串联的叶轮数也不太多。

2）旋转式鼓风机

旋转式鼓风机与旋转泵相似，其主要部件是一个或一对旋转的转子。其性能特点是风量不随阻力大小而改变，俗称“硬风”。这种鼓风机特别适用于要求稳定风量的工艺过程，但主要缺点是在压强较高时，泄漏量大，磨损较严重，噪声大。一般使用在输气量不大，压强在 10～200 kPa 范围的场合。罗茨式鼓风机（图 2-28）是最常用的一种旋转式鼓风机，旋转部件主要由一对“8”字形转子构成，构造和作用原理与输送液体的罗茨泵相似。

3. 风机的选择

选择风机的一般步骤是先分析所需输送的气体性质，根据气体的性质从可选的风机样本中确定适合的风机类型，然后根据需要进入吸入口的风量及出系统所需的实际风压，将实际风压换算成标示工况风压，最后从厂商提供的风机综合特性曲线图选取适当的风机型号。

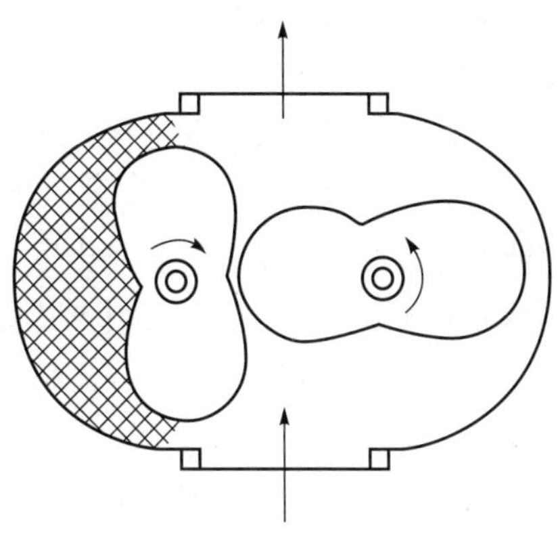

图 2-28　罗茨式鼓风机

（引自：马荣朝，杨晓清. 食品机械与设备. 2012.）

4. 物料物理参数对气力输送的影响

并非所有物料都适合于采用气力输送机械进行输送，物料的物理参数对气力输送装置具有显著影响，主要包括粒度、重度、湿度以及磨琢性。

（1）粒度　一般要求颗粒直径（d）≤50 mm，或最大颗粒尺寸不超过输料管直径的 0.3～0.4 倍，最小尺寸是不受限制的，但设计分离和除尘装置时必须考虑颗粒最小尺寸所带来的影响。

（2）重度　是指单位体积物质的重量。它影响气力输送装置的结构尺寸和能量消耗的大小。食品工厂所输送的物料重度一般都不很大。

（3）湿度　与气力输送装置的可靠性有很大关系。过高的湿度将破坏物料的松散性，使物料黏附在装置构件的内壁上，引起供料不均匀，能量消耗增加，生产率降低，甚至引起整个系统堵塞。

（4）磨琢性　与物料的硬度、表面特征、形状尺寸有关，影响装置的动力消耗和使用寿命。

2.3　液体物料输送机械与设备

食品加工生产过程往往需要将液体物料从一处输送到另一处。除业已存在位差和压差的场合以外，食品料液一般由泵、管路、阀门、管件和贮罐等构成的系统完成输送。液体输送系统中的动力设备是泵。在整个液体输送系统的投资中，除泵以外的其他部件有时会占相当大的比例。

2.3.1 泵

泵是输送流体或使流体增压的机械设备。它将原动机的机械能或其他外部能量传送给液体，使液体能量增加，从而完成输送或增压。泵主要用来输送水、油、酸碱液、乳化液、悬乳液和液态金属等液体，也可输送液气混合物及含悬浮固体物的液体。泵的种类有很多，按工作原理分为容积式泵、叶轮式泵和喷射式泵等。其中，容积式泵又可根据运动部件结构分为活塞泵、柱塞泵、齿轮泵、螺杆泵、叶片泵和水环泵等；叶轮式泵又可分为离心泵、轴流泵、混流泵、旋涡泵等。泵按驱动方法可分为电动泵和水轮泵等；按结构可分为单级泵和多级泵；按输送液体的性质可分为水泵、油泵和泥浆泵等。

被输送的液体物料的性质千差万别，一般有以下几种情况：①食品料液从工艺水、稀溶液、油至高黏度的巧克力浆和糖浆等有不同的黏度；②许多液体食品具有复杂的流变学特性；③某些食品料液具有一定的腐蚀性；④某些食品本身容易变质或易滋生微生物等。

根据以上特点，除了要求所用的泵须适合被输送料液的流变性质（主要是黏度）以外，还要求与输送液体接触部分的金属结构材料均采用耐腐蚀的不锈钢材料制造。这种泵通常称为卫生泵。食品料液须采用卫生泵输送。

下面将详细介绍四种常见泵以及泵的选用的条件和步骤。

1. 离心泵

在食品生产过程中，低黏度料液（包括工艺用水）、液体介质（如热水、冷水和冷冻盐水等）等是最为常见的工作对象，这些液体最适宜于采用离心泵进行输送，因此，离心泵的用途最为广泛。

根据卫生级别，离心泵可分为普通离心泵和卫生离心泵。在通常情况下，对于冷、热水等工作介质来说，常采用普通离心泵进行输送；而对于食品料液来说，应采用卫生离心泵进行输送。卫生离心泵的卫生性、防潮性和可移动性显著优于普通离心泵，这是二者的主要区别。

离心泵有单级和多级之分。单级离心泵能获得的压头有限，一般能满足近距离和没有特别压头要求的输送。一般的卫生离心泵多属于单级离心泵。当要求由泵提供高压头平稳输送条件时，可以采用多级离心泵。膜分离系统中常采用多级离心泵。

卫生离心泵的结构见图 2-29，其主要由不锈钢泵罩、电机、泵壳、叶轮、密封机构等构成。离心泵的工作原理是利用离心力增加液体的压强。由叶轮转动中心处进入离心泵的产品，由于受到离心力的作用而运动到叶轮的周缘。在此处，产品的压强达到最大，并从出口进入管路中。

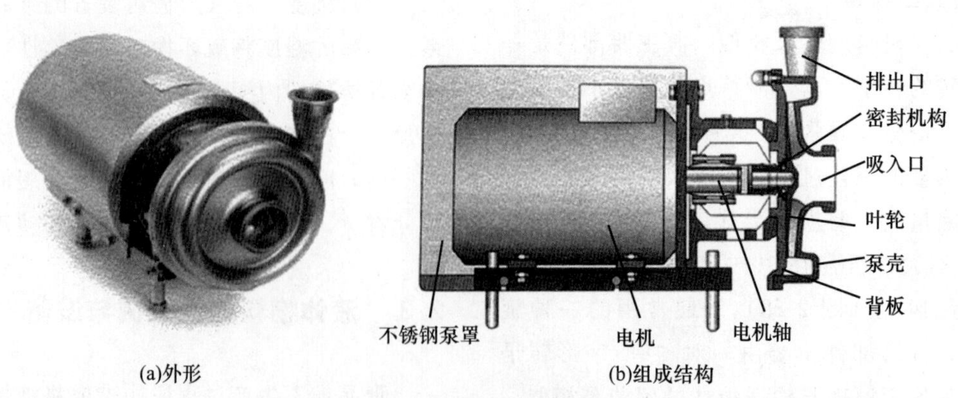

(a)外形　　(b)组成结构

图 2-29　卫生离心泵的结构

（引自：冯镇．乳品机械与设备．2013.）

卫生离心泵的构件如图 2-30 所示，从结构上来看，卫生离心泵的卫生性主要体现在：①所有与食品接触的泵体材料均由不锈钢制成，泵壳、叶轮的结构均从方便清洗的角度进行设计；②叶轮形式一般为方便清洗的开启式，叶片一般为二片、三片，也有四片的；③泵壳、背板及进出口管的接头多采用方便开启的箍扣、活接头等形式密封，从而可以方便地对泵体进行拆洗；④密封采用的是符合卫生要求的机械式密封，而不是一般泵的填料式密封。

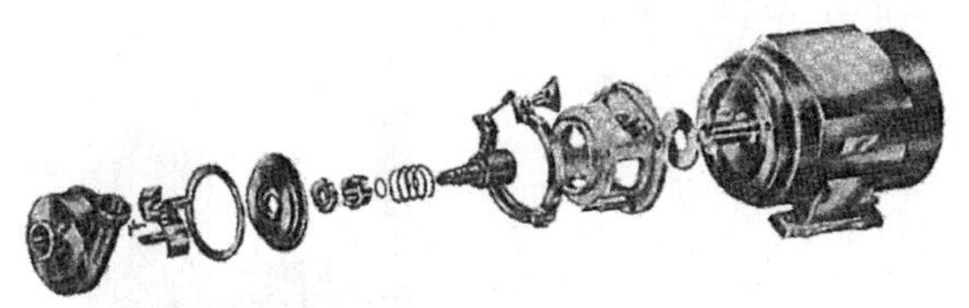

图 2-30 卫生离心泵的构件

2. 螺杆泵

螺杆泵是利用一根或数根螺杆的相互啮合，使腔体内部局部空间容积变化来输送液体的泵。螺杆泵有多种类型，根据螺杆数量，螺杆泵可分为单螺杆、双螺杆和多螺杆等。目前，食品工厂中多采用单螺杆卧式泵，用于高黏度液体及带有固体物料的浆料的输送，如番茄酱；按螺杆轴向安装位置，螺杆泵可分为卧式和立式两种。

单螺杆泵（图 2-31）是一种内啮合的密闭式泵，随着装在橡皮套内螺杆的旋转，料液在螺杆与橡皮套形成的不断改变大小的空间前移。通过挤压作用，料液吸入泵中并向泵的另一端压出。

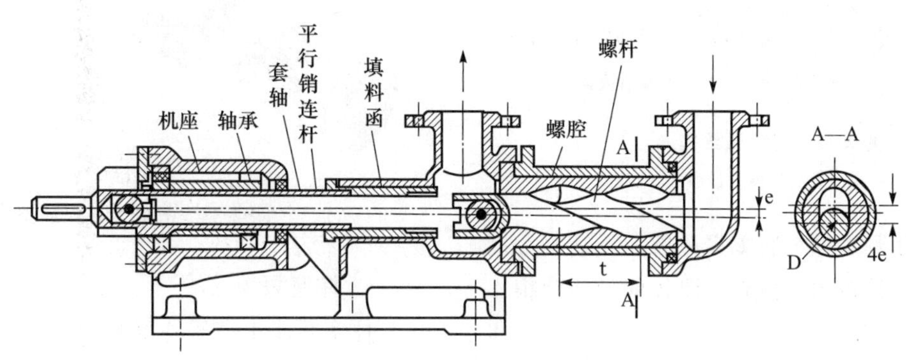

图 2-31 单螺杆泵结构图

（引自：殷勇光．食品机械与设备．2012.）

（1）单螺杆泵的结构　主要由泵内的转子与定子构成。泵内的转子是呈圆形断面的螺杆，多用不锈钢加工制成，常用直径有 29 mm 及 40 mm 等。偏心距为 3～6 mm，螺距范围为 50～60 mm。定子通常是泵体内具有双头螺纹的橡皮衬套。橡皮套内径比螺杆直径小 1 mm 左右，这样可以保证在输送料液时起密封作用。橡皮衬套的内螺纹螺距是螺杆的一倍。螺杆在橡皮套内做行星运动，螺杆通过平行销联轴节（或偏心联轴器）与电动机连接来传动。螺杆与橡皮衬套相配合形成一个个互不相通的封闭腔。当螺杆转动时，在吸入端形成的封闭腔沿轴向排出端方向运动，并在排出端消失，从而产生抽送液体的作用。

（2）泵的流量调节　螺杆泵的流量可以通过改变转速来调节，合理的转速范围为 750～1 500 r/min。转速过高时，橡皮套因摩擦过度而易发热损坏；转速过低时，则会影响生产能力和效率。螺杆泵不能空转，否则橡皮套会因摩擦发热而损坏。

（3）泵的吸程与压头　螺杆泵有较高（接近 8.5 m 水柱）的吸程，其排出压头与螺杆长度有关，一般每个螺距可产生 20 m 水柱的压头。这种泵的输出脉动小，运转平稳，无振动和噪声，适宜于输送高黏度料液。

3. 回转型容积泵

齿轮泵与罗茨泵均属回转型容积泵，在食品工厂中常用来输送黏稠物料、提高流体压力以及作计量泵用。

1）齿轮泵

按照啮合方式，齿轮泵包括外啮合型和内啮合型两种，外啮合型的齿轮泵在食品生产企业更为常用。齿轮泵的结构（图 2-32）包括一对齿轮以及泵体、泵盖等部件，一对齿轮包括一个主动轮和一个从动轮。

工作时，动力首先传递至主动齿轮，在主动齿轮啮合的带动下，从动轮随之旋转。在液体入口处，两个啮合的齿轮在旋转的作用下互相分开，工作空间的容积逐渐增大，在所形成的真空度的作用下，液体被吸入泵腔体内。液体在旋转齿轮的带动下被送至出口，在此处两个齿轮相互啮合，工作空间缩小，液体被排出泵体外，从而完成输送。

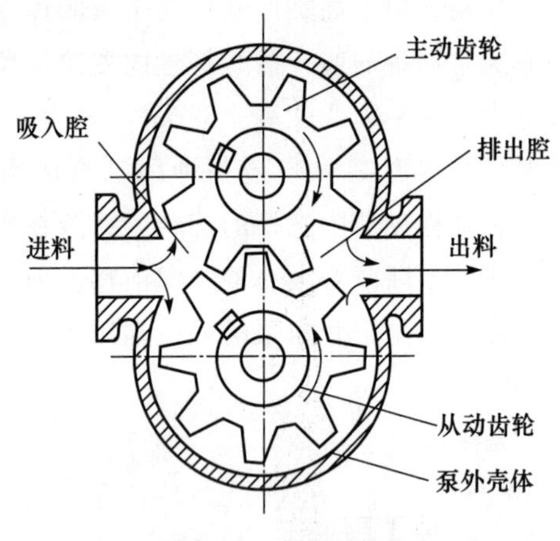

图 2-32　齿轮泵结构

（引自：冯镇. 乳品机械与设备. 2013.）

齿轮泵采用耐腐蚀材料如聚酰胺、不锈钢等制成。为了避免液体流损，齿轮与泵体间的间隙很小（小于 0.15 mm）。

齿轮泵具有结构简单、重量轻和工作可靠等优点，因此应用范围较广。但是，齿轮泵要求被输送的液体必须具有润滑性，否则齿轮极易磨损，甚至发生咬合现象，并且其工作效率低，由啮合齿轮所引起振动和噪声较大。

2）罗茨泵

罗茨泵也称为转子泵，其工作原理与齿轮泵相仿，依靠两啮合转动的转子完成吸、排料过程。其转子形状简单，最为典型的罗茨泵为“8”字形（二叶），也有三叶和五叶的结构，五叶罗茨泵的结构如图 2-33 所示，易于拆卸清洗，对于料液的搅动作用小。因此，适用于（尤其是含有颗粒的）黏稠料液的输送。由于转子的制造精度要求较高，转子泵的价格也较高。

图 2-33　五叶罗茨泵的结构

4. 柱塞泵

柱塞泵属于高压往复泵，结构与工作原理与往复式压缩机相似，是食品工业中使液体获得高压（20 MPa 以上）的泵（图 2-34）。

柱塞泵包括单柱塞泵与多柱塞泵，食品工业常用多柱塞泵，其中以三柱塞泵居多。主要是因为单柱塞泵由明显的吸排周期，无法提供较为恒定的流量，而采用多柱塞泵可明显处理这个问题。

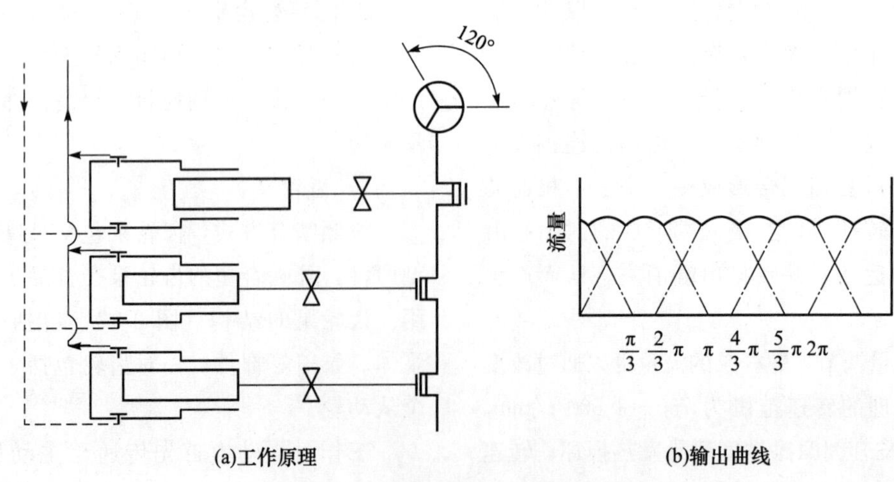

(a)工作原理　　(b)输出曲线

图 2-34　柱塞泵工作原理及输出曲线

（引自：冯镇. 乳品机械与设备. 2013.）

柱塞泵的输出流量是柱塞数量、直径、冲程距离和往复频率的函数。它的输送压强取决于泵的密封性能、驱动功率和结构材料的强度等。若在料液的排出口安装安全阀，当压力过高时，安全阀可使料液回到吸入口，以防泵体或构件因过载而损坏。

食品加工所使用的柱塞泵有两大用处：一是压力喷雾雾化器的供液；二是高压均质机的加压。

5. 泵的选用

1）泵选择的一般步骤

（1）确定泵的类型　泵的类型选择主要依据原料的性质和输送工艺要求决定。一般来说，首先可以根据一些基本条件确定是否选用离心泵，如果离心泵不能满足，则可考虑选用柱塞泵、活塞泵、齿轮泵、罗茨泵等容积式泵。

① 离心泵的适用范围：a. 输送温度下液体的运动黏度不宜大于 650 mm^2/s，否则，泵效率下降较大；b. 流量较大，扬程相对较低；c. 液体中溶解或夹带的气体不宜大于 5%（体积分数）；d. 液体中含有固体颗粒时，宜选用特殊离心泵（如泥浆泵）；e. 要求流量变化大、扬程变化小者，宜选用平坦的 H-Q 曲线的离心泵；f. 要求流量变化小、扬程变化大者，宜选用陡降的 H-Q 曲线的离心泵。

② 各种容积式泵的适用范围：a. 输送温度下液体运动黏度高于 650 mm^2/s 者；b. 流量较小且扬程高的，宜选用往复泵；c. 液体中气体含量允许稍大于 5%（体积分数）；d. 当液体需要准确计量时，可选用柱塞式计量泵；e. 当液体要求严格密封时，可选用隔膜计量泵；f. 流量较小，温度较低，压力要求稳定的，宜选用转子泵。

③ 泵型号选择的步骤：a. 可根据生产要求的送液量及泵的安装地点到输送目的地的相关位置，拟定管路长度和管径以及所用管件的种类和数量，然后按流体力学原理计算所需泵的扬程 H。b. 根据计算所得的扬程 H 和给定的流量 Q，从产品目录或制造商产品说明书上，选择能满足要求的泵。选择时，要注意所选泵的扬程和流量应略大于计算所得值，但也不能过大，以免造成泵效率的降低。c. 当生产要求输液量过大，选不到合适的泵，或生产上输液量波动过大，按最大输液量选泵很不经济时，宜考虑泵的并联问题。需要注意的是，泵的并联并不能改变泵的扬程，因此，选泵所依据的扬程仍为计算所得的扬程。

若选用叶片泵，且被输送液体的黏度、密度较大时，须对所选泵的特性曲线进行换算，对主要参数 H，Q 等重新进行校核，并注意工作点是否在高效率区。

2.3.2　真空吸料装置

真空吸料装置是一种简易的利用压差进行流体输送的方法。除了输送液体以外，还可用于输送含颗粒悬浮液和粉料。

真空吸料装置主要包括真空泵、分离器、输入罐、输出槽、叶片式阀门、管道、放空阀等（图 2-35）。首先，真空泵先将贮罐中的一部分空气抽离从而使管道系统形成一定的真空度。在内外压力差的作用下，液体物料从贮料槽经管道进入贮罐中。为避免液体进入真空泵从而降低真空泵使用寿命，需要在贮罐和真空泵之间安装分离器，如果采用的真空泵为水环式，可以根据实际生产情况选择性使用分离器。由于贮罐内部处于一定的负压状态，物料的取用方法主要有两种：一种是采用放空阀间歇性破坏贮罐的真空度，从而在放料时确保内外压力差达到可以排出物料的水平；另一种方法采用特制的阀门，如图 2-35 中

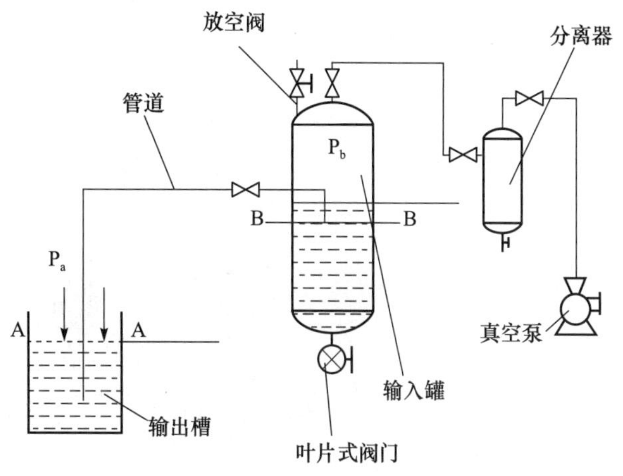

图 2-35　真空吸料装置

（引自：杨公明，程玉来. 食品机械与设备. 2015.）

所示的叶片式阀门，通过连续旋转出料，一方面可以保证物料从低压流向高压，另一方面能够保证系统的真空度。

真空吸料装置与吸送式气力输送机有所相似，均是采用低于 0.1 MPa 的工作压力进行物料输送的，因此，输送的距离或提升的高度受到一定的限制，输送效率较低。但这种输送装置的设置非常方便，物料和泵并不发生直接接触，因此，可减少物料对泵的侵蚀，对于黏度较大或具有一定腐蚀性的物料来说尤其适用，如番茄酱、果酱或带有固体颗粒的料液等。

2.3.3 液体食品的输送管路

液体食品的输送管路由管子、管件、阀门等构成，这些部件对于输送管路来说非常重要，直接影响输送管路的占用空间、卫生级别、构件数量和投资费用。正确选择这些构件，对于设计液体食品输送管路来说至关重要。

凡是与食品原料或制品直接接触的输送系统，均应在满足卫生安全要求的前提下，再考虑其经济性。国内外就食品液体卫生级输送管路所涉及的各种构件建立了相应的标准（涉及管路各构件的材料、形式、尺寸、表面处理及工作条件等规范）。不同标准针对具体的产品及规格方面会有差异。有些是材料方面的，有些是尺寸方面的，也有些是表面处理或加工工艺方面的。

总体来说，液体食品输送系统需要注意以下五点：①输送系统内无死角且表面光滑；②采用耐腐蚀不生锈材料；③防水性良好；④易拆卸清洗；⑤坚韧性强不易破裂。

1. 管路的活接头形式

液体食品卫生级输送管路不是完全焊接的一个整体，而是由许多部件经过许多具有一定长度的管道进行衔接的。在生产过程中，也需要不断地对管道及设备进行检修、清洗、调整，因此，必须要采用活接头进行相连。目前主要采用卡箍式活接头（图 2-36）和螺旋式活接头（图 2-37）。

（1）卡箍式活接头　利用两个半圆形卡箍结合螺栓将两个短的管道连接成较长的管道，或者用来连接阀门、泵等重要输送部件。卡箍将夹有密封圈的、两个端面对齐的管接头箍住，再用螺栓将卡箍夹紧。卡箍式活接头方式近年来应用比较普遍，管子、管件、阀门和可移动设备多采用这种活接头形式。

图 2-36　卡箍式活接头

（2）螺旋式活接头　是一种通过套在一个平头管接头的螺母与另一个接管头外丝旋紧的方式，将两个接管头端面及垫圈夹紧，从而实现连接与密封。螺母的外形有两种形式：一种是圆柱形上开槽的形式，另一种是正六角形的。前一种需要专门的扳手操作，后一种只要采用大小适当的活络扳手操作。

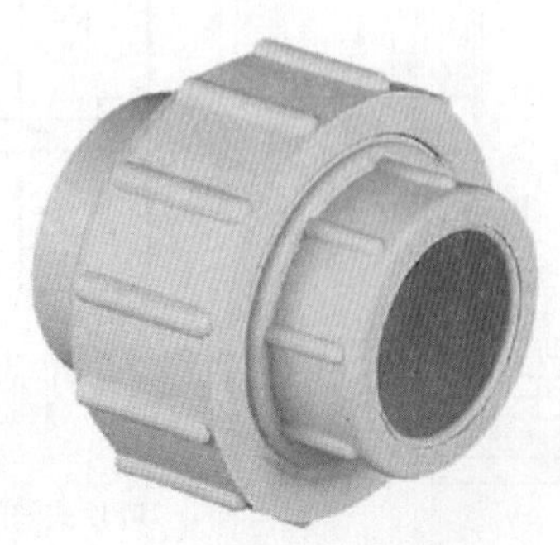

图 2-37　螺旋式活接头

2. 管件

液体食品输送管路的管件主要包括弯头、三通、四通、大小头、闷头等。管件主要包括供焊接用管件和供活接用管件两种（图 2-38）。单机设备、定型设备中使用焊接管件多一些，而在工厂生产线上，多直接使用供活接用管件。上面提到的供活接用管件在卫生级管路上均有使用。

(a)供焊接用管件

(b)供活接用管件

图 2-38　两种不同类型的管件

3. 阀与阀系统

液体食品管路上使用的阀门有很多种类型，按照不同的分类方式可以进行多种分类。例如，从功能来分，主要包括截止阀（或称为直通阀）、切换阀（如三通阀）、减压阀（背压阀）、止逆阀和取样阀等；从结构上来分，主要包括蝶阀、球阀、塞阀和座阀等；按照操作方式，可分为手动阀、气动阀和电动阀等。

1）截止阀和切换阀

（1）蝶阀　是液体输送管道中常见的一种阀门，外形如图 2-39 所示，主要依靠阀体通道中的圆盘形蝶板绕轴旋转从而完成开闭作用。这种阀门的特点：①结构简单，体积小，重量轻，只由少数几个零件组成；②蝶阀处于完全开启位置时，对流体所产生的阻力很小，且具有较好的流量控制特性；③卫生级蝶阀在全开状态清洗时不存在死角。

图 2-39　蝶阀的外形

（引自：冯镇．乳品机械与设备．2013.）

（2）球阀　是一种依靠球形旋转阀芯的转动实现阀门的畅通或闭合的阀门（图 2-40），有直通型球阀和三通型球阀两种。球阀在食品工厂中使用广泛。三通型球阀的结构基本与直通型球阀类似，所不同的是它同时与三条管路相接，根据（带 T 形孔的）阀芯的转动方向不同可以实现三条管路中的两条管路相连通。

图 2-40　球阀

这种阀门的特点：①开关轻便，体积小，口径范围大，密封可靠，结构简单，维修方便，密封面与球面常在闭合状态；②它的卫生性不如蝶阀，因为阀芯的球面可能不能被完全冲洗到。

（3）塞阀　由一个可相对于阀体手动旋转的带孔（直通或 T 形）塞子构成。有二通阀和三通阀两种（图 2-41）。对于两通阀，转动手柄可以使塞子置于开通或关闭位置。对于三通阀，塞子的转动方向决定哪两个管口相连通。塞阀的塞子可较为方便地取出清洗，因此，对于较难清洗的物料来说，多采用塞阀，以提高生产的卫生性。

2）座阀及其组合阀

座阀主要由带阀座的阀体和装在阀杆上的阀塞构成。通过阀杆上下升降，可使阀塞堵住或离开阀座，从而实现流路的关闭或开通。为了保证密封性，阀塞和阀座均有密封圈。

将阀体做成模块形式，通过活接方式，再与适当数量的阀塞和阀塞位置配合，就可以构成不同的座阀组合（图 2-42）。

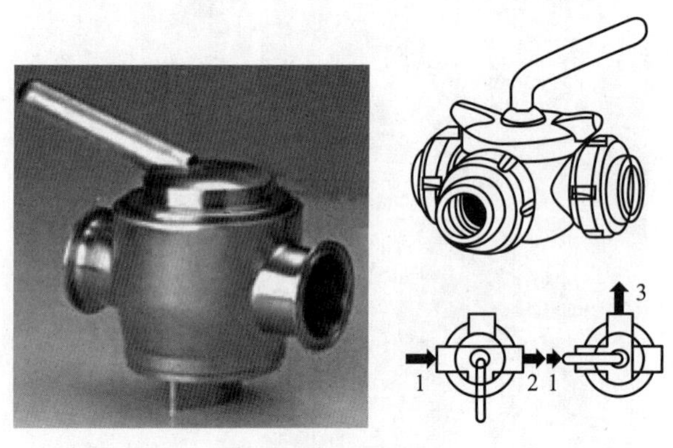

图 2-41　塞阀

1. 进料口；2，3. 出料口

图 2-42　各种座阀组合

3）防混阀

防混阀是一种特殊座阀或组合座阀。它与普通的座阀的差异在于，这种阀一般具有双层密封，当一层密封圈损坏后，泄漏的液体会及时从阀内排出，而不会再进入另一管中。图 2-43 所示的是一种防混阀的阀塞结构。

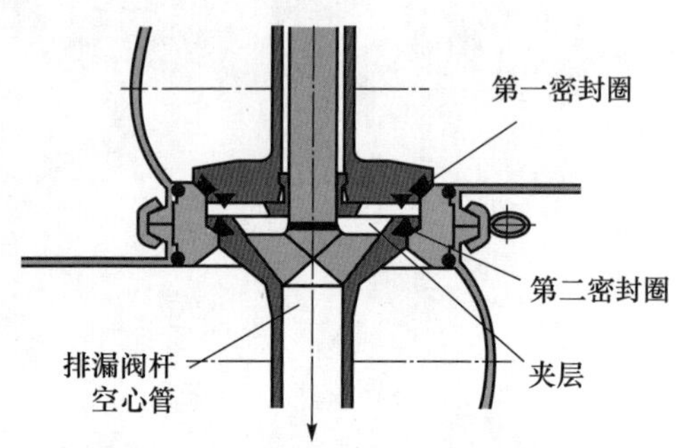

图 2-43　防混阀的阀塞结构

4）特殊阀门

（1）止逆阀　又称为单向阀，一般安装在需要防止产品倒流的地方。当液体正向流动时，该阀保持打开状态；当液体流动停止时，阀塞通过弹簧力量压向阀座，这样，阀对于反方向流动的流体是关闭的。

（2）减压阀　又称为泄流阀，用于保持系统中恒定的压力。当系统压力低时，弹簧将阀塞拉向阀座；当压力达到一定值时，在阀塞上的力超过弹簧力量，阀门打开。通过调节弹簧的张紧度可以调节打开阀塞所需力的水平。

（3）流量调节阀　有一个与特殊形状的阀杆相连的阀塞，旋转调节把手，阀塞上下移动，使通道发生变化，从而流量和压力也发生变化。阀塞的上下移动也可实现自动调节，用于在加工过程中的压力、流量、液位的自动控制。

5）阀系统

将若干阀成组安排，这样可以使输送系统的死角最少化，从而可对生产车间不同加工区域间的液体产品进行配送。通过在各具体输送管路上安装适当的阀门，可以安全地保证一些管路在清洗的同时，另一些管路进行正常的液体产品输送。

4. 密封件

液体输送系统的连接需要足够的密封件才能完成，密封件通常为圆环形垫圈，但也有特殊形状的垫圈。在管网系统中，密封件是易损件，需要经常更换。一般的密封件与原来的刚性管路部件相配，因此，需要对尺寸、规格加以注意。

有多种材料可作为卫生级液体食品输送管路的密封件材料，但需要注意它们的使用温度范围。因为如果超过工作温度范围，有可能影响其使用寿命、密封效果和卫生安全性。

思考题

1. 简述固体输送装置的类型。
2. 带式输送机出现打滑现象时该如何处理？具体的做法有哪些？
3. 如何选择斗式提升机的料斗种类、布置方式、装卸料方式？
4. 螺旋输送机的输送原理是什么？
5. 在气力输送机中，颗粒能够在水平管中悬浮的原因有哪些？
6. 吸送式气力输送机的优缺点有哪些？
7. 压送式气力输送机的供料器为何要比吸送式气力输送机复杂，具体包括哪些类型？
8. 气力输送机风机的选择步骤是什么？
9. 选用泵的一般步骤有哪些？
10. 简述真空吸料装置的结构和工作原理。

第3章 清洗机械与设备

【本章知识点】

对各种与食品加工过程相关的对象进行清洗是保证食品质量安全的重要操作。大规模生产需要采用机械方式进行清洗的对象有原料、包装容器和食品加工设备三大类。各种清洗机械与设备一般运用化学与物理原理相结合的方式对清洗对象进行清洗。

常见的原料清洗机械与设备有滚筒式清洗机、鼓风式清洗机和刷洗机等。它们分别运用滚筒的转动、空气鼓泡作用和刷子的洗刷作用，使食物表面的污染物剥离，但常需要与浸洗和喷洗结合。按操作方式的不同，滚筒式清洗机可以分为连续式和间歇式两种，其中连续式滚筒清洗机又可分为喷淋式和浸泡式两种。滚筒式和鼓风式清洗机主要应用流体力学原理，以达到清洗原料的效果，而刷洗机主要针对果蔬的清洗，通过增加机械力，以提高洗涤效果。

包装容器清洗机械与设备有洗瓶机和洗罐机等，通过对容器的清洗，可最大限度地减少容器内的食品残留物以及容器表面上的污染物，降低产品包装后杀菌处理的要求或保证杀菌处理的有效性，确保产品的卫生质量达标。洗瓶机按照操作的机械化程度可分为半机械式、机械式和全自动洗瓶机，其中半机械化洗瓶机一般由浸泡槽、刷瓶机、清洗槽、冲瓶机、沥干机等组成；全自动洗瓶机主要用于回收旧瓶清洗，可分为单端式和双端式两种。清洗流程由冲洗、浸泡等手段选择性组合而成，并且均采用液体温度逐渐升高或降低及能量回收利用的模式设计而成。从使用角度看，单端式和双端式特点各有利弊。洗罐机主要分空罐清洗机和实罐清洗机两大类，分别用于对未装料的空罐和对封口杀菌后的实罐进行清洗。

塑料瓶、塑料盖、塑料袋和塑料框清洗设备主要用于冲洗一次性使用的非回收聚酯瓶容器、容器的瓶口和瓶盖、污染较重的包装食品袋和包装箱等，常用的设备有翻转喷冲式洗瓶机、洗瓶口装置、洗瓶盖装置、洗袋机以及洗箱机等。

CIP即对食品加工设备进行现场清洗。CIP系统通常由清洗液（包括净水）贮罐、加热器、送液泵、管路、管件、阀门、过滤器、清洗头、回液泵、待清洗的设备以及程序控制系统等组成。多数加工设备采用固定式CIP。对于特殊的设备可采用移动式CIP。CIP清洗过程可采用人工或自动方式控制，两者在系统设备投资方面有很大差异。简单生产线和小规模生产线的清洗可采用人工控制方式；设备规模大、流程复杂和设备数量多的生产线，CIP清洗宜采用自动控制。

3.1　概述

在食品加工过程中，需要对包括原料、加工设备、包装容器和加工场所等在内的各种对象进行清洗。清洗是从源头上保证食品质量安全的重要措施。

清洗可分为湿洗与干洗。湿洗是利用水作清洗介质的清洗过程，就清洗的质量来说，湿洗的效果最好；干洗相对于湿洗而言，诸如利用空气流、筛分、磁选等方法除去泥尘、异物和铁质等污染物的操作都属于干洗范畴，但干洗效果有局限性，只能作为湿洗的辅助手段。

对于各种清洗对象，均可采用人工方法进行清洗，但为了提高清洗效率和保证清洗质量，在食品加工生产过程中，应尽可能采用机械清洗的方法。迄今为止，食品工厂中可以利用机械与设备完成清洗操作的对象主要有原料、包装容器和加工设备三大类。

清洗过程的本质是利用清洗介质将污染物与清洗对象分离的过程，根据清洗方法的不同，可分为浸洗、喷洗、淋洗和刷洗等。清洗机械与设备就是以水辅以清洗剂对原料进行洗净操作的设备。各种清洗机械与设备一般用化学与物理原理结合的方式进行清洗。物理学原理主要利用机械力（如刷洗、用水冲等）将污染物与被清洗对象分开；化学原理主要利用水及清洗剂（如表面活性剂、酸、碱等）将污染物从被清洗物表面溶解下来。

3.1.1　包装容器清洗机械与设备分类

1. 按包装容器的使用方式分类

按包装容器的使用方式不同，包装容器清洗机械与设备可分为一次性瓶清洗机和回收瓶清洗机。

2. 按清洗剂的不同分类

按清洗剂的不同，包装容器清洗机械与设备可分为干式清洗机和湿式清洗机两类。

（1）干式清洗机　使用气体清洗剂，以吹送或抽吸的方法清除不良物质。

（2）湿式清洗机　使用液体清洗剂、蒸汽等清除不良物质。

3. 按清洗的方法分类

按清洗的方法不同，包装容器清洗机械与设备可分为以下四类。

（1）机械清洗机　借助毛刷、毛辊的擦刷以清除不良物质。

（2）电解清洗机　通过电解方式分离清除不良物质。

（3）电离清洗机　通过电离方式清除不良物质。

（4）超声波清洗机　通过超声波产生的机械振动清除不良物质。

3.1.2　常用的容器清洗方法

1. 浸泡

将瓶罐浸没于一定浓度、温度的洗涤剂或烧碱溶液中一定时间，利用其化学能和热能来软化、乳化或溶解黏附于瓶罐上的污物。

浸泡时应注意：① NaOH 最高含量为 5%，温度为 65～75℃，超过此温度时，对玻璃瓶有损害（烧剥）；② 当用多个浸泡槽时，各浸泡槽之间温差必须在 25℃以内，若温差过大会导致瓶子破裂。

2. 喷射

洗涤剂或清水在 0.2～0.5 MPa 压力下，通过一定形状的喷嘴对容器内外进行喷射，利用洗涤剂的化学能和运动能去除污物。若洗涤流量太大，洗涤剂会发泡，需要添加消泡剂。

3. 刷洗

刷洗指用旋转毛刷或毛辊将污物刷洗掉，由于是用机械方法直接接触污物的，去污效果好。刷洗的缺点：①较难实现连续式洗瓶；②油污瓶会污染刷子，进而污染其他瓶子；③若遇到破瓶，会切断转刷的刷毛，使转刷失效并污染其他净瓶。

4. 超声波清洗

首先，超声波清洗容器可在极短时间内，使清洗液中产生大量的空穴，从而促使容器上的油污迅速溶解，并呈乳化状态；容器上的淀粉、蛋白质等急剧膨胀，迅速分解。其次，超声波能促进清洗剂的活化，向污染物的渗透。再次，超声波还能使容器产生自振，促进污染物的剥落。

3.2　原料清洗机械与设备

食品原料在其生长、成熟、采收、包装和贮运过程中，会受到尘埃、沙土、肥料、微生物、包装物等的污染。因此，食品原料在加工前必须进行有效的清洗。

多数食品原料表面附着的杂质和污物，可以采用干洗的方法除去，但难以完全除尽，最终还得用湿法清洗去除，即利用清水或洗涤液进行浸泡和渗透，将污染物溶解和分离。最简单的湿洗方法是把原料置于清水池中浸泡一段时间后，再人工翻动、擦洗或喷冲。但这种方式劳动强度大，生产效率低，只适用于小批量原料的清洗。因而，大批量的原料多采用机械清洗的方式。

由于食品原料的性质、形状、大小等多种多样，洗涤方法和机械与设备的类型也很繁多，但所采用的手段不外乎刷洗、浸洗、喷洗和淋洗等。下面介绍在果蔬原料清洗中有代表性的滚筒式清洗机、鼓风式清洗机、刷洗机和刷果机四种清洗机械与设备。

3.2.1 滚筒式清洗机

滚筒式清洗机是一类适用于质地较硬的块状原料的清洗机，常用于甘薯、马铃薯、生姜、荸荠等的清洗。

从机械结构上来说，这类清洗机的主体是滚筒，其转动可以使筒内的物料自身翻滚、互相摩擦并与筒壁发生摩擦作用，从而将表面污物剥离。但这些作用只是清洗操作中的机械力辅助作用。这类清洗机需要与淋水、喷水或浸泡配合。喷淋式清洗机、浸泡式清洗机也因此得名。滚筒一般为圆形筒，也可制成六角形。

按操作方式分类，滚筒式清洗机可以分为间歇式和连续式两种；按滚筒的驱动方式分类，可分为齿辊驱动式、中轴驱动式和托辊-滚圈驱动式三种。目前，果蔬原料清洗采用最多的是托辊-滚圈驱动方式，中轴驱动还有少量使用，齿轮驱动已经淘汰。

1. 间歇式滚筒清洗机

间歇式滚筒清洗机两端加有挡板，其周向开有带盖板的进出料口。料口向上时，可打开料口盖板向里加料；洗净后，筒体转至料口朝下，打开盖板即可卸料。为便于物料在筒内翻滚，加料不可太满。这种清洗机一般采用喷水管连续或间歇地向筒内喷水，以便将污物浸润而迅速剥离和排走污物。

间歇式清洗的特点是清洗时间可以视清洗效果加以控制，但生产效率不高。

2. 连续式滚筒清洗机

连续式滚筒清洗机的滚筒两端为开口式，原料从一端进入，从另一端排出。物料在筒内的轴向运动，可以通过将筒倾斜安装以及在筒体内壁设置螺线导板或抄板的方式实现。为提高清洗效果，有的滚筒式清洗机内安装了可上下、左右调节的毛刷。

（1）喷淋式滚筒清洗机　是一种连续式清洗机，其结构如图 3-1 所示。它主要由滚筒、进水管及喷淋装置、机架和传动装置等构成。

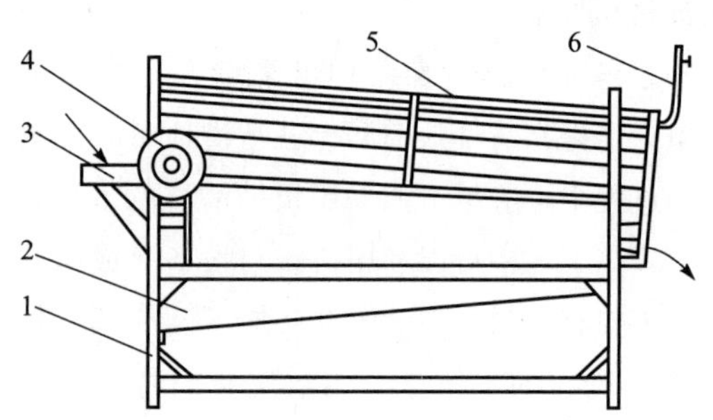

图 3-1　喷淋式滚筒清洗机结构图

1. 机架；2. 排水斗；3. 进料斗；4. 传动装置；5. 滚筒；6. 进水管及喷淋装置

（引自：唐伟强．食品通用机械与设备．2010.）

滚筒是清洗机的主体，可由角钢、扁钢、条钢焊接而成，必要时可衬以不锈钢丝网或多孔薄钢板。滚筒的驱动有两种形式：一种是在滚筒外壁两端配装滚圈。滚筒（通过滚圈）以一定倾斜角度（3°～5°）由安装在机架上的支承托轮支承，并由传动装置驱动转动。喷水管安装在滚筒内侧上方。另一种是在滚筒内安装（由结构辐条固定的）中轴，驱动装置带动中轴从而带动滚筒转动。这种形式的清洗机，喷水管只能装在滚筒外面。

物料由进料斗进入并落到滚筒内，随滚筒的转动，物料在滚筒内不断翻滚、相互摩擦，再加上喷淋水的冲洗，使物料表面的污垢和泥沙脱落，污垢和泥沙由滚筒的筛网洞孔随喷淋水经排水斗排出。这种清洗机结构比较简单，适用于表面污染物易被浸润冲除的物料。

（2）浸泡式滚筒清洗机　图 3-2 为一种浸泡式滚筒清洗机的剖面示意图。这是一种驱动中轴使滚筒旋转的清洗机。转动的滚筒（2）的下半部浸在水槽（1）内。电动机（10）通过皮带传动涡轮减速器（9）及偏心机构（11），滚筒的主轴（6）由涡轮减速器（9）通过齿轮（8）驱动。水槽（1）内安装有振动盘（12），通过偏心机构（11）产生前后往复振动，水槽内的水受到这种冲击搅动，可加强清洗效果。滚筒（2）的内壁固定有按螺旋线排列的抄板（5）。物料从进料斗（7）进入清洗机后落入水槽内，由抄板（5）将物料不断捞起再抛入水中，最后落到出料口（3）的斜槽上。在斜槽上方安装的喷水装置，将经过浸洗的物料进一步喷洗后卸出。

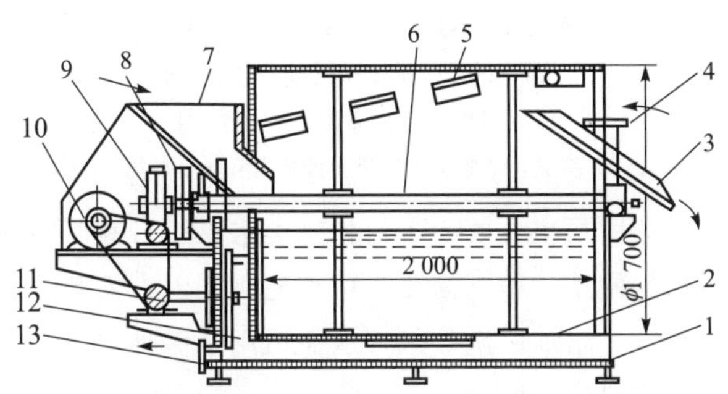

图 3-2 浸泡式滚筒清洗机剖面示意图

1. 水槽；2. 滚筒；3. 出料口；4. 进水管及喷水装置；5. 抄板；6. 主轴；7. 进料斗；8. 齿轮；9. 涡轮减速器；10. 电动机；11. 偏心机构；12. 振动盘；13. 排水管接口

（引自：方祖成，李冬生，汪超．食品工厂机械装备．2017.）

在滚筒式清洗机中，物料在其中翻滚、激烈碰撞，除了能将表面污物剥离外，有时还会损伤皮肉。因此，它只适用于块状硬质果蔬的清洗，对于叶菜和浆果类物料的清洗不适用。有时该设备可以作为硬质块状物料的清洗和去皮两用，经这样去皮后的物料，其表面已不光滑，只能用在去皮后进行切片和制酱的罐头生产中，不适用于整只果蔬罐头的制造。

3.2.2 鼓风式清洗机

鼓风式清洗机，也称为气泡式清洗机、翻浪式清洗机和冲浪式清洗机等。其清洗原理是用鼓风机把具有一定压头的空气送入洗槽中，使清洗原料的水产生剧烈的翻动，物料在空气对水的剧烈搅拌下进行清洗。利用空气进行搅拌，可使原料在较强烈的翻动而不损伤的条件下，加速去除表面污物，保持原料的完整性和美观，因而，最适用于果蔬原料的清洗。

鼓风式清洗机的外形如图 3-3 所示，其结构如图 3-4 所示，主要由洗槽、输送网带、喷淋管、鼓风机、吹泡管、支架等构成。

图 3-3 鼓风式清洗机外形

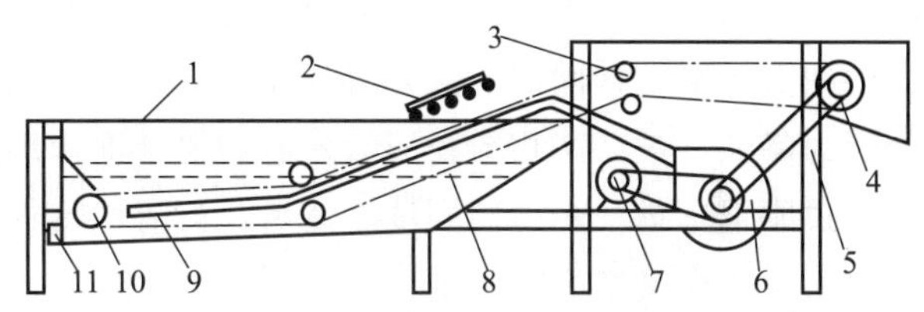

图 3-4 鼓风式清洗机结构示意图

1. 洗槽；2. 喷淋管；3. 改向压轮；4. 输送机驱动滚筒；5. 支架；6. 鼓风机；7. 电动机；8. 输送网带；9. 吹泡管；10. 张紧滚筒；11. 排污口

（引自：方祖成，李冬生，汪超．食品工厂机械装备．2017.）

鼓风式清洗机一般采用链带式装置输送清洗的物料。链带可采用辊筒式（承载番茄等）、金属丝网带（载送块茎、叶菜类原料）或装有刮板的网孔带（载送水果类原料等）作为物料的载体。输送机的主动链轮由电动机经多级皮带带动。主动链轮和从动链轮之间链条运动方向通过压轮改变，分为水平、倾斜和水平三个输送段。下面的水平段，处于洗槽水面之下，原料在此处首先得到鼓风浸洗；中间的倾斜段是喷水冲洗段；上面的水平段可用于对原料进行拣选和修整。鼓风机吹出的空气由管道送入吹泡管中。吹泡管安装于输送机的工作轨道之下。被浸洗的原料在输送带上沿轨道移动，在移动过程中，原料在吹泡管吹出的空气搅动下翻滚。由洗槽溢出的水顺着两条斜槽排入下水道，因此需要用新水补满。

鼓风式清洗机的生产能力 G（kg/h），可用下式进行计算：

$$G = 3600Bhv\rho_1\varphi$$

式中，B 为链带宽度，m；h 为原料层高度，m；v 为链带速度（可取0.12～0.16），m/s；ρ_1 为物料的松密度，kg/m^3；φ 为链带上装料系数（0.6～0.7）。

3.2.3 刷洗机

滚筒式清洗机和鼓风式清洗机是主要以流体力学原理达到清洗效果的设备，而对于某些果蔬的清洗需要增加机械力以提高洗涤效果。以下介绍两种以刷洗为主的果蔬清洗设备。

1. XG-2 型洗果机

XG-2型洗果机是一种具有浸泡、刷洗和喷淋作用的果蔬清洗机，主要由清洗槽、刷辊、喷水装置、出料翻斗、机架等构成。其工作原理：如图3-5所示，由进料口进入清洗槽内的原料，首先在两个转动刷辊产生的涡流中进行清洗，由于两个刷辊间隙较窄，其间的水流有较高流速，从而使该处压力降低，被清洗物料在压力差和刷辊摩擦作用下通过刷辊，进一步得到刷洗。然后，被清洗物料在出料翻斗中又经高压水进一步得到喷淋清洗。

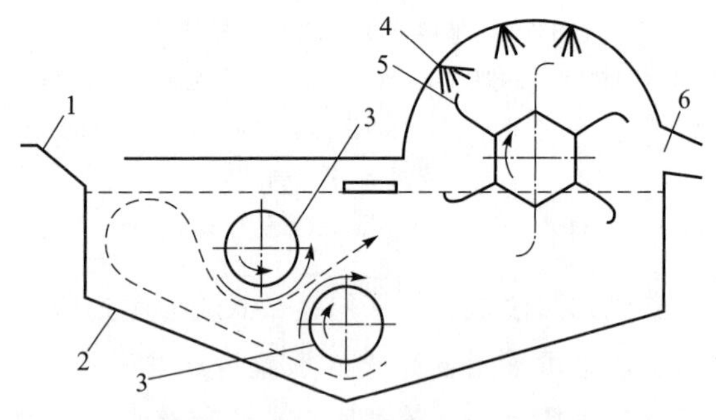

图3-5　XG-2 洗果机工作原理图

1. 进料口；2. 清洗槽；3. 刷辊；4. 喷水装置；5. 出料翻斗；6. 出料口

（引自：方祖成，李冬生，汪超. 食品工厂机械装备. 2017.）

该种洗果机生产能力可达2 t/h，破碎率小于2%，洗净率达99%。该种洗果机效率高，清洗质量好，破损率低，结构紧凑，造价低，使用方便，是目前国内一种较为理想的果品清洗机。

2. GT5A9 型柑橘刷果机

GT5A9型柑橘刷果机结构如图3-6所示，主要由进出料斗、纵横毛刷辊、传动装置、机架等部分组成。毛刷辊表面的毛束分组长短相间，呈螺旋线排列。相邻毛刷辊的转向则相反。毛刷辊组的轴线与水平方向有3°～5°的倾角，物料入口端高、出口端低，这样物料从高端落入辊面后，不但被毛刷带动翻滚，而且轻微地上下跳动，同时顺着螺旋线和倾斜方向从高端滚向低端。在低端的上方，还有一组直径较大、横向布置的毛刷辊。该处的毛刷辊除了对物料擦洗外，还可控制出料速度（即物料在机内停留时间）。

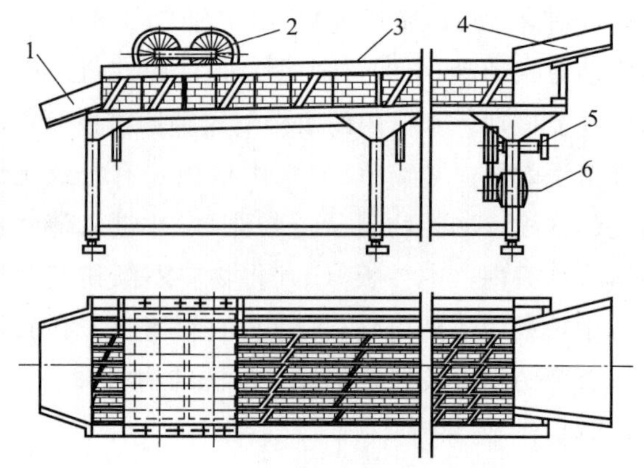

图3-6　GT5A9 型柑橘刷果机结构

1. 出料口；2. 横毛刷辊；3. 纵毛刷辊；

4. 进料斗；5. 传动装置；6. 电动机

（引自：方祖成，李冬生，汪超. 食品工厂机械装备. 2017.）

该刷果机主要用于对柑橘类水果进行表面泥沙污物的刷洗。根据需要，可在毛刷辊上方安装清水喷淋管，增加刷洗效果，从而适用于多种水果及块根类物料的清洗。

3.3 包装容器清洗机械与设备

目前，可用机械方式进行清洗的空包装容器主要有：玻璃瓶、塑料瓶和制造罐头用的金属空罐等，包装后需要清洗的主要是实罐。

3.3.1 洗瓶机

许多液态食品（如果汁、饮料、乳品、酒类等）用玻璃瓶装，这些瓶子多数情况下是回收使用的。使用过的瓶子不可避免地带有食品残留物和各种其他污染物。一次性使用的食品包装容器在制造、存放和运输过程中，也不可避免地会在其内壁和外表面带上污染物（如尘埃、金属或非金属杂物以及微生物等）。因此，为了最大限度地减少这些污染物带入包装食品内，确保产品的卫生质量，在包装以前必须将它们清洗干净。同时，通过对容器的清洗，也可降低产品包装后杀菌处理的要求或保证杀菌处理的有效性。相对于回收瓶的清洗，新瓶的清洗比较简单，主要利用水冲便可达到清洗要求。例如，使用一次性塑料瓶的软饮料灌装线，只用一台与灌装机匹配的冲瓶机对瓶子进行冲洗即可。本节主要对回收瓶清洗机进行介绍。

1. 基本洗瓶方法与洗瓶机类型

回收瓶污物通常包括瓶内的食物残液、污垢和瓶外的旧商标等。清洗方法除了浸泡、喷射、刷洗三种基本手段以外，一般还需加热以及洗涤剂等物理和化学手段的辅助。

目前，各类洗瓶机应用均较多，按操作的机械化程度可分为半机械化、机械化和全自动洗瓶机三种。按瓶子在设备中的行进方式，可以分为回转式和链带载运式两种。

（1）回转式洗瓶机　是一类利用一个垂直（或水平）转盘（轮）完成洗瓶过程的机器。这类清洗机结构简单，但清洗功能单一，生产效率低，多为半机械化方式。适用于小规模生产。

（2）链带载运式洗瓶机　相对于回转式洗瓶机，链带载运式洗瓶机是由输瓶链带运送的洗瓶机。大型全自动洗瓶机均采用这种输瓶方式。全自动洗瓶机中，按被清洗瓶子在机内的走向又可分成单端式和双端式。

2. 半机械式洗瓶装置

半机械式洗瓶装置一般由浸泡槽、刷瓶机、清洗槽、冲瓶机、沥干机等单机组成。以下仅简单介绍几种刷瓶机和冲瓶机。

（1）回转式刷瓶机　瓶子浸泡后，用刷瓶机来进一步刷去残留在瓶内外的污物，图 3-7 为回转式刷瓶机结构简图。刷瓶机内的传动装置，使 24 个旋转刷轴自转，旋转刷轴装在转鼓上又随转鼓公转。浸泡好的瓶子从左端人工插入，毛刷旋转即将残留污物去除；右端人工将瓶子拔出，送入后段的精洗槽。旋转刷的空载段浸入下部水槽，由水流带走毛刷上的污物。

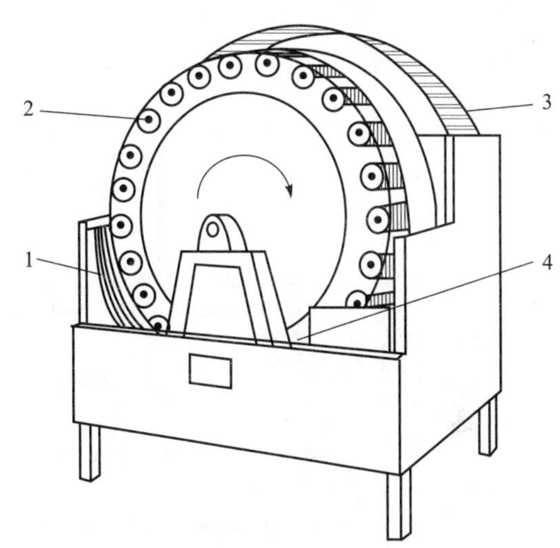

图 3-7　回转式刷瓶机结构简图

1. 板刷（外刷）；2. 旋转刷（内刷）；3. 外罩；4. 下部水槽

（引自：方祖成，李冬生，汪超. 食品工厂机械装备. 2017.）

（2）冲瓶机　其作用是将瓶中的洗液冲净，也可用于新瓶冲洗灰尘。冲瓶机结构如图 3-8 所示，

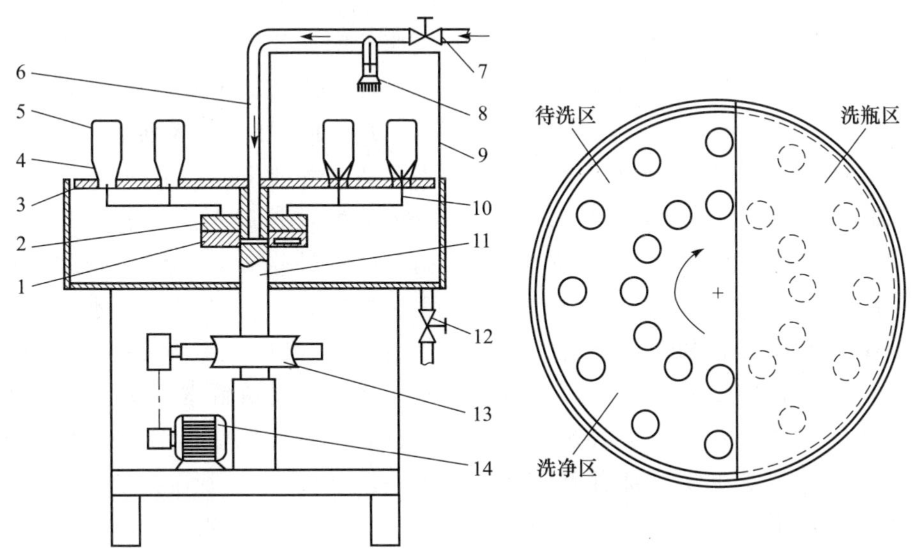

图 3-8　冲瓶机结构图

1. 固定水盘；2. 活动分水盘；3. 转盘；4. 瓶托；5. 瓶子；6. 进水管；7. 进水阀；8. 外喷头；9. 防水罩；10. 内喷头；11. 转轴；12. 排污阀；13. 蜗轮蜗杆减速器；14. 电机

（引自：方祖成，李冬生，汪超. 食品工厂机械装备. 2017.）

转盘上辐射状分布有若干个瓶托。转盘与转轴相连，每个瓶托下有一个喷嘴与成辐射状分布的水管相接，并与固定水盘（1）、活动分水盘（2）连通。当转轴旋转时，带动转盘（3）、活动分水盘（2）和内喷头（10）一同转动。工作时，刷洗过的瓶子口朝下插入待洗区的瓶托中，转盘带着瓶子转到防水罩（9）下方的区域时，内外喷头对瓶进行冲洗；当转到出瓶区时，水分配盘切断并停止喷水，同时人工出瓶。

（3）链轨式冲瓶机　沥干段较长，特别适用于酒瓶的冲洗和沥干。人工上、下瓶，适用于多种瓶型。如图 3-9 所示，链轨式冲瓶机采用六轮回转式传动机构。前面三轮的回转设置，实现对瓶子的三次冲洗；后面三轮的回转设置，具有足够的长度来实现瓶内残水沥干。跟踪定位式内冲，能够保证高压水柱准确喷到瓶子里面，避免常用冲瓶机冲洗工位对不正的现象。并配有循环水箱、水泵，冲洗水过滤后循环使用。

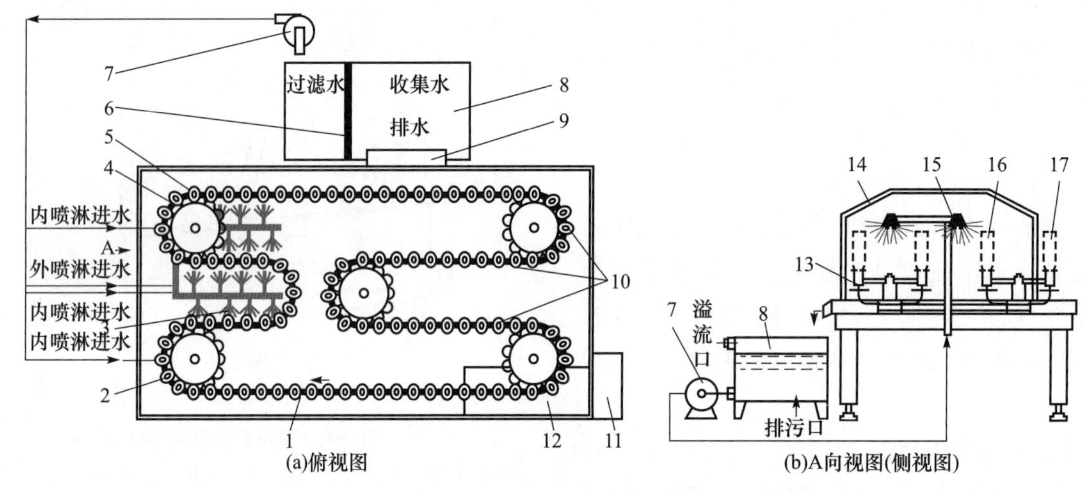

图 3-9　链轨式冲瓶机结构图

1. 上瓶区；2. 第一轮内冲洗区；3. 第二轮内外冲洗区；4. 第三轮内外冲洗区；5. 瓶托；6. 过滤板；7. 加压泵；8. 水箱；9. 排水口；10. 沥干区；11. 控制箱；12. 卸瓶区；13. 内喷嘴；14. 防水外罩；15. 外喷嘴；16. 冲洗中瓶；17. 待清洗瓶

（引自：唐伟强. 食品通用机械与设备. 2010.）

链轨式冲瓶机还可以设计为两次循环水冲洗，一次净水冲洗。链轨式冲瓶机的清洗方式如下：净水靠水压在第三轮区对已两次清洗的瓶子内外喷冲；水通过水盘收集后从排水口进入收集水箱，经过滤后在过滤水端由泵加压，送入第一、第二轮区对瓶子进行内外喷冲，废水直接排出。

（4）对夹式洗瓶机　是一种连续式直线洗瓶机，可对不同种类、不同形状的包装容器（玻璃瓶、PET 塑料瓶、三片罐及异型瓶）完成冲洗、吹落瓶内水珠等工艺操作。对夹式洗瓶机操作方便，更换瓶型时不需更换零部件和变频调速。对夹式洗瓶机由机架、进出瓶输送系统、夹瓶输送系统、清洁水内外喷冲系统、压缩空气喷冲系统及电气控制系统等组成。

如图 3-10、图 3-11 所示，首先根据瓶子规格转动调节手轮（14）调整固定夹瓶链与活动夹瓶的间距至合适位置。开启进瓶电机（4），瓶子经过理瓶机进入输送带（12），经过外喷冲区（1）冲洗瓶身外表面后，被夹瓶输送链（6）夹住瓶身翻转 180°，在内喷冲区（9）对瓶子进行内喷冲，并进入滴水段。其目的是先把瓶子内外脏物冲洗掉，并倒出残水。内喷冲后的水用于外喷冲，外喷冲后的水排放。最后进入空气喷冲区（11），用洁净空气吹落瓶内壁的附着水珠，然后夹瓶输送带夹住瓶子再翻转 180°使瓶正立，由出瓶输送带（13）送至生产线下一工序。

Ⅰ是进瓶转弯输送轨迹，由一条独立的输送带（12）完成。然后转交给夹瓶输送链（6），夹瓶输送链由一组夹持链（两个动力系统）对夹完成瓶身的翻转。Ⅱ是瓶翻转清洗的输送轨迹。最后转交给独立的出瓶输送带（13）。Ⅲ是出瓶转弯输送轨迹。

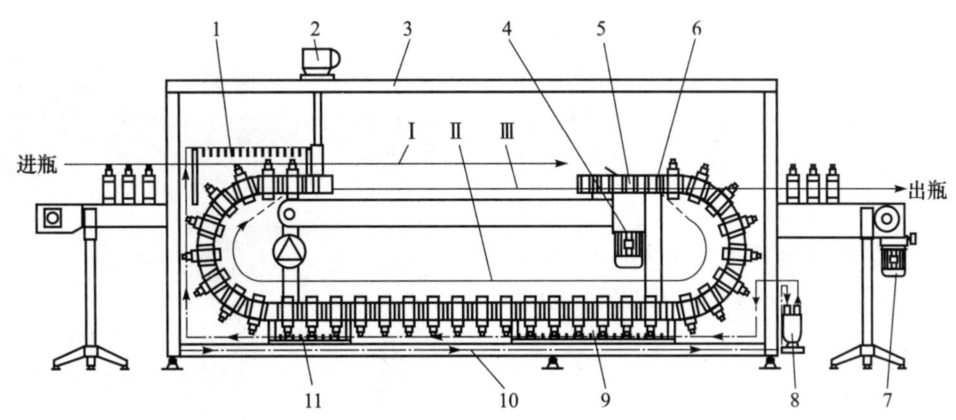

图 3-10　对夹式洗瓶机主视图

1. 外喷冲区；2. 夹瓶传动电机；3. 机架；4. 进瓶电机；5. 导轨；6. 夹瓶输送链；7. 出瓶电机；
8. 喷冲泵；9. 内喷冲区；10. 水槽分隔板区；11. 压缩空气喷冲区

（引自：唐伟强．食品通用机械与设备．2010.）

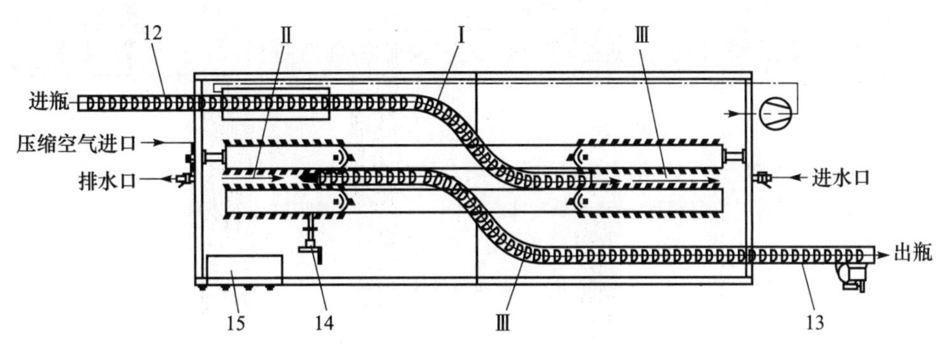

图 3-11　对夹式洗瓶机俯视图

12. 进瓶输送带；13. 出瓶输送带；14. 瓶子直径大小调节手轮；15. 控制箱；
Ⅰ. 进瓶转弯输送轨迹；Ⅱ. 清洗夹瓶输送轨迹；Ⅲ. 出瓶转弯输送轨迹

（引自：唐伟强．食品通用机械与设备．2010.）

3. 全自动洗瓶机

新瓶或回收瓶的自动洗瓶一般需要经过预浸泡、多次洗液浸泡、洗液喷射、热水喷射、温水喷射、冷水喷射及净水喷射等过程。全自动洗瓶机连续运行和喷淋，无停留时间，可避免间歇运动时因惯性造成的冲击现象。

1）单端式全自动洗瓶机

单端式全自动洗瓶机又称为来回式洗瓶机，进瓶和出瓶操作在机器的同一端，是一种连续式浸泡洗瓶机，通过对瓶子的浸泡和喷冲来达到洗瓶消毒的目的。适用于对新瓶或回收的啤酒瓶、汽水瓶及其他类似的玻璃瓶。但对于已作其他用途（如盛装油漆、油脂、农药、煤油等）的脏瓶，不能用本机洗涤。

单端式全自动洗瓶机的外形如图 3-12 所示。其内部结构及清洗流程如图 3-13 所示。整机由预浸泡槽、浸泡槽Ⅰ（碱槽Ⅰ）、浸泡槽Ⅱ（碱槽Ⅱ）、浸泡槽Ⅲ（碱槽Ⅲ）、浸泡槽Ⅳ（碱槽Ⅳ）、热水槽和温水槽七个槽体组成。主传动系统的电机通过变频调速减速器带动载瓶架做循环运动，装在载瓶架里的脏瓶随着载瓶盒架的运动依次经过预浸泡槽、浸泡槽Ⅰ、浸泡槽Ⅱ、浸泡槽Ⅲ、浸泡槽Ⅳ，使瓶子在热碱液中得到充分浸泡，并依次接受喷冲系统的热碱液、热水、温水、清水的内外猛烈喷冲，成为符合灌装要求的干净瓶。喷管安装在与载瓶盒同步运动的两个喷射架上，每一次喷射循环有 3/4 时间用于喷冲瓶子内部，1/4 时间用于回程。机内有除标装置Ⅰ、除标装置Ⅱ和除标装置

Ⅲ，分别用于清除浸泡槽Ⅰ、浸泡槽Ⅱ和浸泡槽Ⅲ中的废商标纸和杂物。进瓶装置和出瓶装置分别与载瓶架同步运动，进瓶装置采用凸轮、摆杆机构；出瓶装置设有降瓶器，使出瓶平缓可靠。进出瓶装置均装有过载安全离合器，配合自动回程装置，可确保机器正常运行。本机还设有液位自动控制系统、温度自动控制系统、多温度检测系统及多种过载保护装置。

图 3-12　单端式全自动洗瓶机

（引自：唐伟强．食品通用机械与设备．2010.）

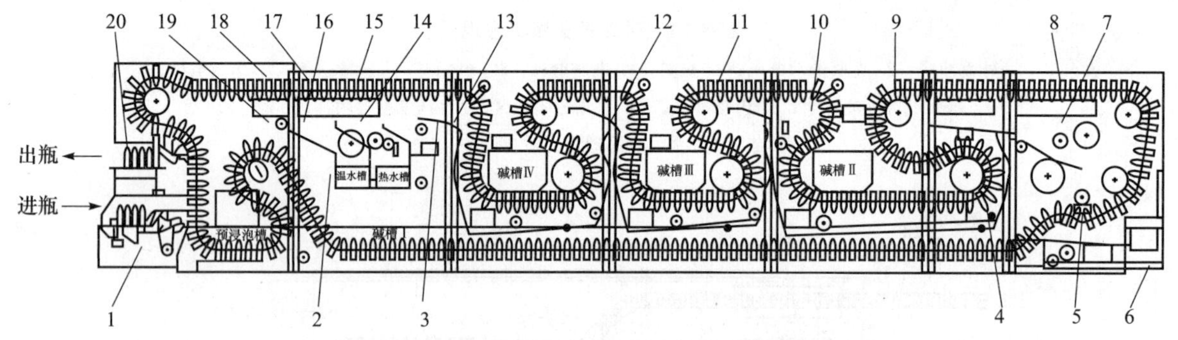

图 3-13　单端式全自动洗瓶机内部结构及清洗流程示意图

1. 进瓶；2. 碱液喷淋；3. 排水口；4. 碱液底喷；5. 碱液喷淋；6. 除标Ⅰ；7. 碱液内喷；8. 碱液外喷；9. 除标Ⅱ；10. 碱液内喷；11. 除标Ⅲ；12，13. 碱液内喷；14. 热水内喷；15. 热水外喷；16. 温水内喷；17. 温水外喷；18. 清水外喷；19. 清水内喷；20. 出瓶

（引自：唐伟强．食品通用机械与设备．2010.）

（1）浸泡喷冲工作过程　该过程分为七步。

① 脏瓶首先进入预浸泡槽。槽内洗涤液温度为 35～45℃，瓶子经预浸泡，首先，大大减少了进入浸泡槽Ⅰ的脏物和灰尘，延长洗涤液Ⅰ的使用时间；其次，能避免骤热引起的破瓶；再次，可循环利用其他工序的余热热能，同时可使排入地沟的废水温度降低。瓶子随着载瓶架运动离开预浸泡槽，翻转成倒立状，瓶口向下，将瓶内的脏水倒回预浸泡槽。再经过张紧调节轮的回转，瓶子呈竖立状进入浸泡槽Ⅰ。

② 浸泡槽Ⅰ内的洗涤液的温度为 70～75℃，瓶子在洗涤液中经过不少于 3.5 min（与洗瓶速度有关）的浸泡，可达到杀菌消毒的效果，同时，可使附在瓶子上的脏物和商标纸大部分松软脱落。随载瓶架运行，瓶子升离浸泡槽Ⅰ，经过喷淋箱时，受大量的洗涤液冲淋，瓶外表面的商标纸和脏物被冲落，由除标装置Ⅰ及时清除出机外。冲淋处设有滑轨装置，瓶子行进时，在载瓶架内摇动、上下颠簸，消除冲淋死角。经过洗涤液Ⅰ浸泡的瓶子在上升翻转过程中，将瓶内洗涤液倒掉，呈倒立状，瓶口向下接受喷淋装置对瓶底的喷淋和喷射架喷嘴对瓶内的喷射。这些喷淋液来自浸泡槽Ⅰ，经水泵加压，喷淋瓶子后又回落到浸泡槽Ⅰ中。喷射架由槽轮驱动装置带动与链盒同步运动，使每一工作循环有 2/3 时间用于喷射瓶子内部，1/3 时间用于回程。

瓶子在进入浸泡槽Ⅱ前还要经喷吹装置对瓶底残留洗涤液进行喷吹以及要经过一段残液滴净的时间，以减少带入浸泡槽Ⅱ的残液量。

③ 浸泡槽Ⅱ中的洗涤液温度为 75～80℃，瓶子在这里经过不少于 3.5 min 的浸泡，使瓶子上较难洗掉的脏物和商标纸脱落。除标装置Ⅱ在清除洗涤液中杂物的同时，尽量减少除标装置带出洗涤液的损失，然后进入浸泡槽Ⅲ。

④ 浸泡槽Ⅲ中的洗涤液温度为 60～65℃，瓶子在这里经过不少于 2.5 min 的浸泡，使瓶子上更难洗掉的脏物和商标纸脱落。除标装置Ⅲ在清除洗涤液中杂物的同时，尽量减少除标装置带出洗涤液

的损失，然后进入浸泡槽Ⅳ。

⑤ 浸泡槽Ⅳ中的洗涤液温度为50～55℃，瓶子在这里经过不少于2.5 min的浸泡，使瓶子内仍未洗掉的脏物软化，以保证在最终喷淋时彻底清洗。

⑥ 瓶子从浸泡槽Ⅳ出来后，要经过热水喷冲（四次瓶内喷射，二次瓶外喷淋）、温水喷冲（四次瓶内喷射，一次瓶外喷淋）和清水喷冲（三次瓶内喷射，一次瓶外喷淋）。用物理方法彻底清除瓶子内外附着的脏物和附带的洗涤残液，同时使瓶温逐步下降到室温。热水、温水的喷射和喷淋分别由热水泵、温水泵提供压力，配合热水槽、温水槽循环进行。清水由自来水经压力调节阀提供。热水、温水、清水的瓶内喷射管置于同一喷射架上，由槽轮驱动装置带动，使每一工作循环约3/4时间用于喷射瓶内，1/4时间用于回程。

⑦ 抽风机排出机内水蒸气以及部分由锡箔纸与碱反应而产生的氢气，消除安全隐患，同时，使洗出来的瓶子符合洁净要求。

（2）清洗工艺流程　该洗瓶机设置了5个浸泡槽（预浸泡槽、浸泡槽Ⅰ、浸泡槽Ⅱ、浸泡槽Ⅲ、浸泡槽Ⅳ），1个热水槽，1个温水槽。1组除标喷淋和17组瓶内喷射（洗涤液Ⅰ 6组、热水4组、温水4组、清水3组），5组瓶外喷淋（洗涤液Ⅱ 1组、热水2组、温水1组、清水1组）。单端式洗瓶机清洗工艺流程如图3-14所示。

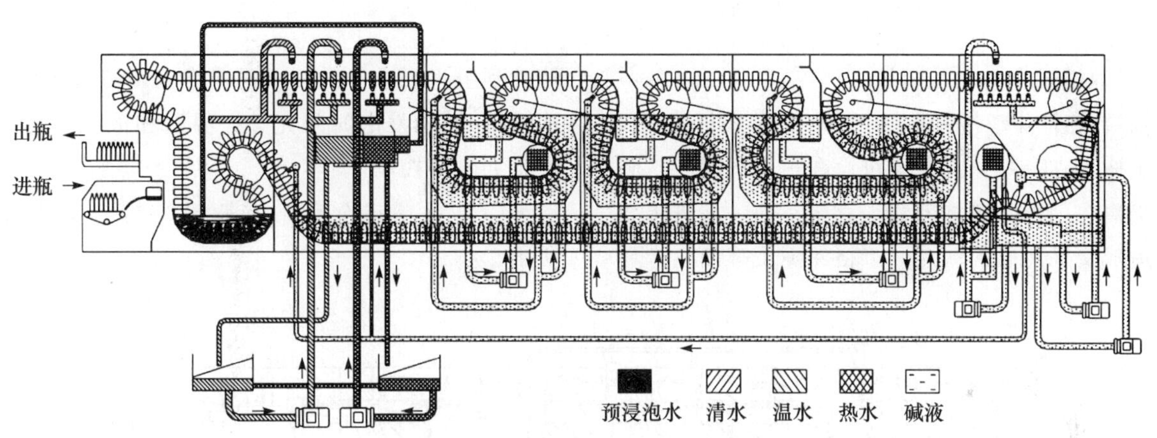

图3-14　单端式洗瓶机清洗工艺流程

（引自：方祖成，李冬生，汪超．食品工厂机械装备．2017.）

（3）进瓶装置　如图3-15所示，脏瓶通过输送带输送到洗瓶机机头，经进瓶装置将其送入载瓶架进行洗涤。进瓶装置由进平台、整瓶装置、进瓶导轨、推瓶机构等组成，每次推进1排40个瓶子。图3-15（a）表示进瓶开始，输送链停止。图3-15（b）表示推瓶机构上升，瓶子推起。图3-15（c）表示瓶子送入载瓶架，推瓶机构复位，驱动轴电磁制动器开始制动，输送链启动。

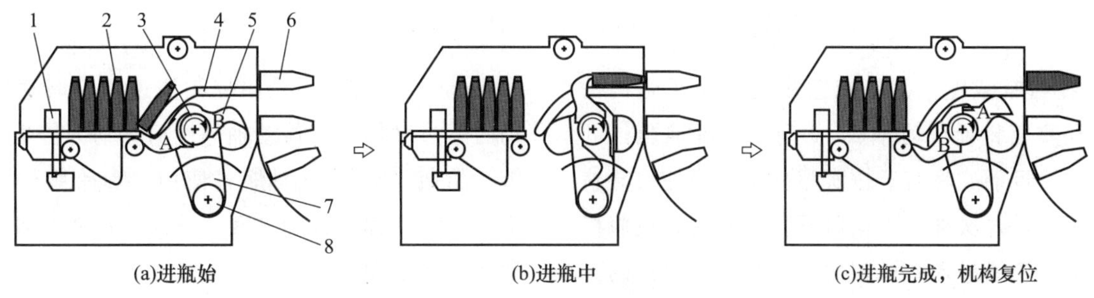

图3-15　进瓶装置

1.整瓶板；2.待进瓶；3.推瓶指转轴；4.进瓶导轨；5.推瓶指；6.载瓶盒；7.摆杆；8.摆杆中心轴

（引自：方祖成，李冬生，汪超．食品工厂机械装备．2017.）

(4) 出瓶装置　如图 3-16 所示，瓶子洗干净后，通过出瓶装置将其送出洗瓶机外，再通过输送带送往灌装车间。出瓶装置由输瓶装置、卸瓶轨道、卸瓶架、托架和导板等组成。当瓶子运行到合适位置时，瓶子从载瓶盒滑出，由降瓶器接住，慢慢下降放到托架上，由托架将其推送到输送带上。

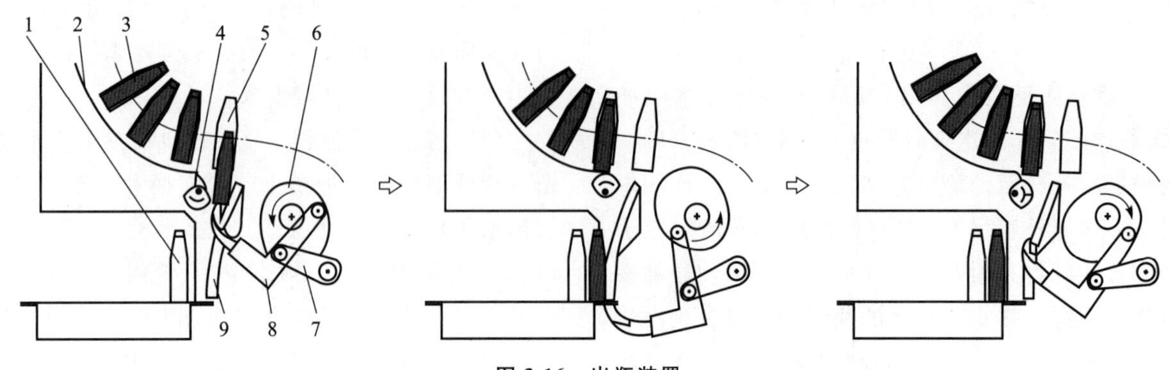

图 3-16　出瓶装置

1. 已卸瓶；2. 导瓶板；3. 待卸瓶；4. 卸瓶扇形轮；5. 载瓶盒；6. 驱动凸轮；7. 摆杆；8. 接瓶托架；9. 卸瓶导轨

（引自：方祖成，李冬生，汪超. 食品工厂机械装备. 2017.）

2) 双端式全自动洗瓶机

双端式全自动洗瓶机又称为直通式洗瓶机，进、出瓶各在一端，出瓶端可设在封闭车间内，脏瓶被隔离在门外，脏洁分流，克服了同一端进出瓶难免造成交叉污染的缺点，严格保障了啤酒生产环境达到卫生要求。洗瓶机浸泡槽多（相当于 9 个浸泡槽），瓶子浸泡时间充分，温度和液位均可自行设定和自动控制。

(1) 双端式全自动洗瓶机结构　如图 3-17 所示。

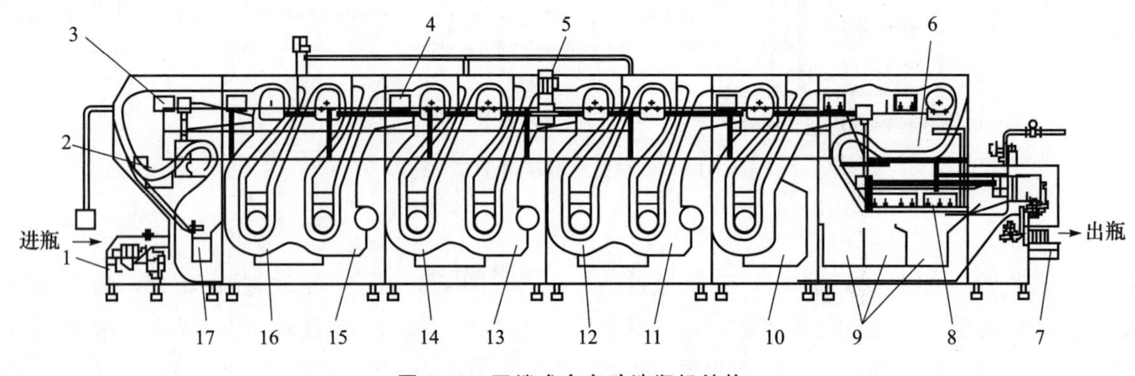

图 3-17　双端式全自动洗瓶机结构

1. 给瓶装置；2. 预浸泡槽；3. 预洗组件；4. 中洗组件；5. 主驱动系统；6. 热水浸泡槽；7. 出瓶装置；8. 最终洗组件；9. 循环水槽；10～16. 碱液浸泡槽；17. 污水槽

（引自：方祖成，李冬生，汪超. 食品工厂机械装备. 2017.）

① 在给瓶装置上，脏瓶经输瓶带输送到机头前，再经整瓶装置自动排成 47 列，通过推瓶指的旋转和往返运动，将瓶子按次序一排一排地沿导轨送进载瓶架，每次推进 1 排瓶子。与单端式洗瓶机不同的是，瓶子进入载瓶架后，载瓶架是上行的。

② 进瓶驱动装有安全装置，能保护机器免受损坏。当推瓶指负载过大时，安全装置断开，机器停车。

③ 主传动系统采用变频调速，主减速电机的动力通过联轴节、传动轴等机构将动力传送到载瓶链。给瓶（提升）、排瓶各使用一台带编码器的电机，由电气程序控制进瓶、载瓶、排瓶等各部分的动作，使之同步。

④ 载瓶链和载瓶架主要用于运载瓶子，使其按设计规定的轨迹运行，依次经过预浸泡、碱液浸泡、热水浸泡、多次喷冲，以达到清洗要求。

⑤ 出瓶装置的原理与单端式洗瓶机的相同。

(2) 清洗过程 洗瓶机槽体主要由七段独立槽体连接而成（图 3-18）。进瓶端槽体主要是预浸泡槽和污水槽。碱液槽体Ⅱ、Ⅲ、Ⅳ，各有两个碱浸泡槽，两槽相通。碱液槽体Ⅴ只有一个独立碱浸泡槽。槽体Ⅵ有一个热水浸泡槽和三个循环水槽。Ⅶ表示瓶沥干区和出瓶机构。

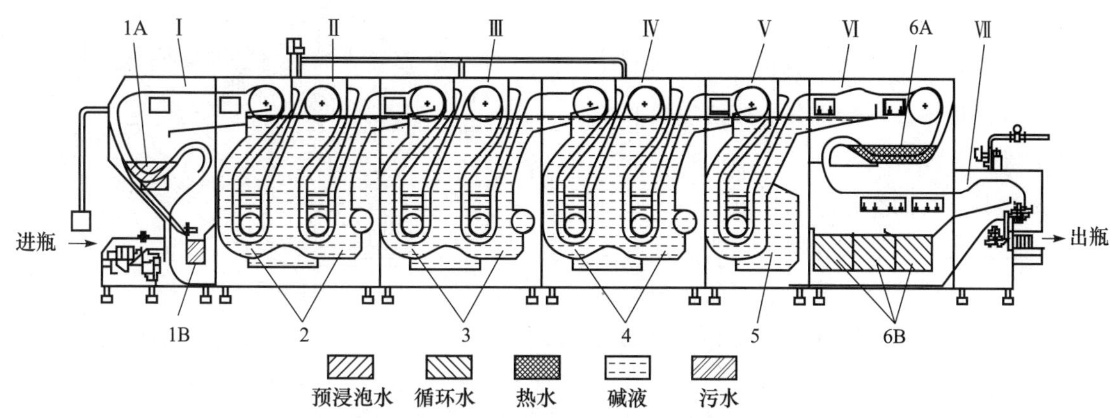

图 3-18 双端式全自动洗瓶机的清洗过程

Ⅰ. 进瓶端槽体；Ⅱ，Ⅲ，Ⅳ，Ⅴ. 碱液槽体；Ⅵ. 热水槽和循环水槽；Ⅶ. 沥干区和出瓶机构；1A. 预浸泡槽；1B. 污水槽；2～5. 碱液浸泡槽；6A. 热水浸泡槽；6B. 三个循环水槽

（引自：方祖成，李冬生，汪超. 食品工厂机械装备. 2017.）

① 瓶子由进瓶端进入预浸泡槽前，瓶子处于倒立状态，瓶内的残液、塑料吸管以及浮尘等杂物，可自行倒入污水槽中，减轻后面洗涤液的污染消耗。

瓶子进入预浸泡槽，经预浸泡，首先，可减少进入碱液槽的脏物和灰尘，延长碱液的使用时间；其次，能避免骤热而引起破瓶；再次，可以节约热能，同时可使排入地沟的废水温度降低。

随着载瓶架运动，瓶子离开预浸泡槽，翻转成倒立状，瓶口向下，将瓶内的脏水倒回预浸泡槽；再经过两道回收水的瓶内外预冲洗，除去一些瓶内外的脏物。

② 预洗后的瓶子还要经过七个碱液槽的连续浸泡和冲洗，每经一个浸泡槽时，瓶内的洗涤液倒换一次。通过对各槽溶液的温度和浓度进行有效控制，瓶内外的脏物可以得到充分的软化和溶解。每个槽均进行链网式除标冲洗，除标冲洗后再进行两道碱液Ⅰ的瓶内外强力冲洗，除去瓶内外标纸和脏物。

③ 经过七个槽碱液清洗后，再进入热水槽进行碱液稀释和热水冲洗，进一步除去瓶内外的脏物和碱液。

④ 最后进入全面的清洁冲洗和消毒。通过三次循环水的内外冲洗，一次最终的新水冲洗，洗净后的瓶子经充分沥干，还有抽风机排出机内水蒸气以及部分由锡箔纸与碱反应而产生的氢气，消除安全隐患，同时使洗出来的瓶子符合干爽的要求。最后瓶子由卸瓶装置自动输出。

4. 不同洗瓶方式的比较

单端式全自动洗瓶机的脏瓶与净瓶距离较近，容易造成净瓶的污染，影响洗瓶质量；单端式全自动洗瓶机的进出瓶在同一端，包装连线设计会受到一定限制。

双端式全自动洗瓶机的瓶套自出瓶处回到进瓶处为空载，洗瓶空间的利用率较低；双端式全自动洗瓶机的进出瓶在不同端，在连线设计上可以更灵活。

在全自动洗瓶机内，瓶子是套在输瓶链带上的瓶套里完成洗瓶的。按输瓶链带的运动方式，全自动洗瓶机又可分为间歇式和连续式两类：① 间歇式洗瓶机在进瓶时，输瓶链带及瓶套有一个短时间的停留，用喷头冲洗瓶子时，瓶子也是静止的。这种洗瓶机结构简单，动作准确，但瓶套的负荷重，运动时的冲击较大。② 连续式洗瓶机输瓶链带一般设计成匀速连续运动，这样所需的驱动力小，同时能够避免间歇运动造成瓶子在瓶罩内来回碰撞，减少瓶子的磨损及破裂，但连续式洗瓶机结构较为复杂。

3.3.2 洗罐机

洗罐机是用于对未装料的空罐和对封口杀菌后的实罐进行清洗的设备。洗罐机分空罐清洗机和实罐清洗机两大类。

用来直接盛装食品的空罐应确保其卫生。在加工、运输和贮存过程中，灌装容器不可避免地会受到微生物、尘埃、污渍甚至残留药水等的污染。因此，所有的罐装容器，在装罐前必须得到有效的清洗和消毒。

空罐和实罐的清洗，可采用人工清洗和机械清洗两种方法。采用何种方式清洗要由容器的种类和企业的生产规模而定。一般小型企业多采用人工清洗，而大中型企业多采用机械清洗。

1. 空罐清洗机

空罐的清洗与回收玻璃瓶的清洗相比要容易得多。空罐清洗机有不同种类，但采用的清洗方法基本相同，多采用热水进行冲洗，必要时再用蒸汽杀菌或用干燥热空气吹干。空罐清洗机之间的差异主要在于空罐的传送方式以及对空罐类型适应性的不同。各种洗罐机有一个共同的特点，即清洗过程中罐内的积水可以自动流出。

（1）旋转圆盘式清洗机　其结构如图 3-19 所示，清洗圆盘由连杆（3）固定在天花板上。空罐经由进罐槽（1）进入逆时针方向转动的星形轮（10）中。洗罐用的热水通过星形轮（10）的空心轴，再由分配管送入八个喷嘴（9），喷嘴与星形轮是一体化的，即同步转动，喷出的热水对空罐内部进行冲洗。热水清洗过的空罐离开星形轮（10）后，即进入第二个星形轮（4）中，在此，空罐受到蒸汽喷射消毒。消毒后的空罐最后由第三个星形轮（5）送到出罐轨道进入装罐工序。空罐在清洗机中回转时有一定的倾斜，因此，可使罐内的水流出。污水由排水管（7）排入下水道。洗罐设备的生产能力与星形轮的齿数和每罐清洗时间有关，星形轮越大，需要的清洗时间越短，生产能力越大，反之则越小。

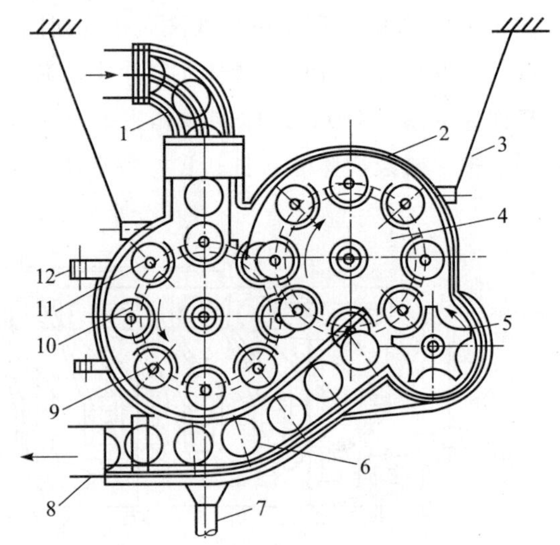

图 3-19　旋转圆盘式清洗机结构

1. 进罐槽；2. 机壳；3. 连杆；4，5，10. 星形轮；6. 出罐轨道；7. 排水管；8. 出罐口；9. 喷嘴；11. 空罐；12. 固定机盖的铰链孔

（引自：肖旭霖．食品加工机械与设备．2000.）

这类空罐清洗机的优点是结构简单，生产率较高，耗水、耗汽量较少。其缺点是对多罐型生产的适应性差。

（2）滚动式洗罐机　结构如图 3-20 所示，其外形是一个矩形截面，呈一定斜度安装的长条形箱体。它的输罐机构是箱内由六根钢条拦成的矩形滚道。滚道截面的轴线与箱体截面轴线成一定角度，从而可使空罐在下滚时，罐口以一定角度朝下，便于冲洗水的排出。空罐在由上而下沿栏杆围成的滚道上滚动的过程中，罐内、罐身和罐底同时受到三个方向的喷水冲洗。污水由箱体下部排出。如图 3-20 所示，通过空罐滚道上下两端的截面取向变化，空罐可以以直立状态进出洗罐机，因此，空罐可与洗罐机前后的带式输送机平稳衔接。

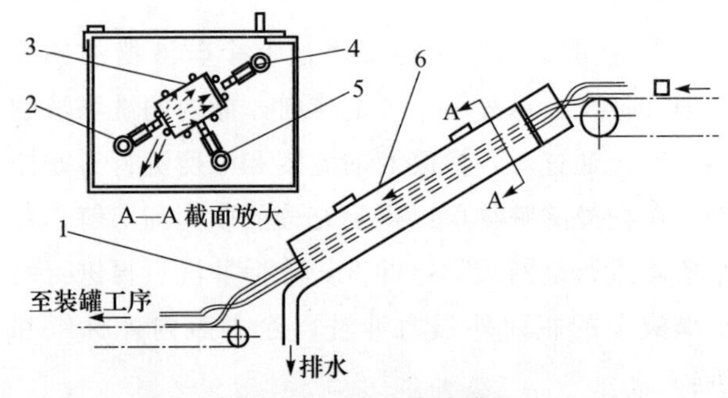

图 3-20　滚动式洗罐机

1. 滚道杆；2. 罐内喷水头；3. 空罐；4. 罐底喷水头；5. 罐身喷水头；6. 机壳

（引自：肖旭霖．食品加工机械与设备．2000.）

这种洗罐机的优点是效率高（可达 100 罐/min），装置简单，体积小，并且在一定范围内可通过调整栏杆和喷嘴位置，以适应清洗不同的空罐。其缺点是空罐的进机有一定高度的要求。

（3）LB4B1 型空罐清洗机　适用于镀锡薄钢板制成的三片罐清洗，其结构如图 3-21 所示。它的输罐系统由一条链带式输送机、一对水平转盘和一条磁性带式输送机以及导罐栏杆等构成。在清洗过程中，采用 55～80℃的热水对内壁进行冲洗，并以热风吹干。

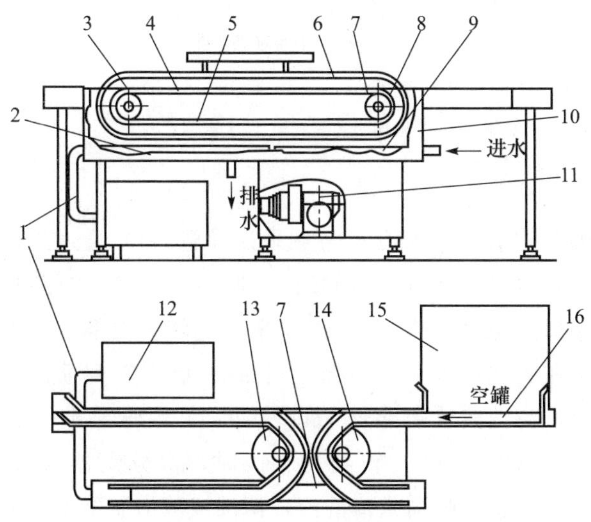

图 3-21　LB4B1 型空罐清洗机结构

1. 风管；2. 吹风管；3. 磁性轮；4. 上磁架；5. 下磁架；6. 栏杆；7. 主动磁性轮；8. 输送带；9. 冲水管；10. 机架；11. 无级调速器；12. 鼓风机；13，14. 转盘；15. 进罐台；16. 平顶输送链

（引自：肖旭霖. 食品加工机械与设备. 2000.）

该机的工作原理如下：需清洗的空罐置于进罐台（15）上，由人工推至自右向左的输送链（16）上。空罐经栏杆（6）及转盘（14）的导引，转向进至输送带（8）上，自左向右行进。由于磁性轮（3）及下磁架（5）的磁力作用，空罐受磁力吸引，罐底紧贴在输送带（8）上，罐口向下通过冲水管（9），由冲水管（9）喷出的高压热水对其内壁进行冲洗；此后，空罐又通过吹风管（2），由热风将空罐的水滴吹干。吹风管（2）与风管（1）和鼓风机（12）连接。空罐继续倒立行进至磁性轮（3）转向，罐口向上，由输送带（8）输送经转盘（13）转向，最后平顶输送链（16）送出。冷水经过蒸汽加热器后进入清洗机。清洗速度可通过无级调速器（11）的手轮进行调节。通过对导罐栏杆的距离调整，可适应不同大小的清洗罐型。

（4）GTD3 型空罐清洗机　这种清洗机用于成捆空罐的清洗。其外形如图 3-22 所示，全机由机架、传动系统、不锈钢丝网带、水箱、水泵和管路系统等组成。整台设备沿长度方向分初洗和终洗两个区。终洗区采用热水喷洗，热水由蒸汽与冷水在热水器中混合形成，热水的温度可通过截止阀控制蒸汽和水的流量来进行调节。喷淋流下的水汇集在终洗区下方的水箱，再由水泵抽送至初洗区供喷淋清洗，喷淋后的水汇集在初洗区下方的斜底槽由排水管排放。贯穿设备整个长度的不锈钢丝网带，以 0.14 m/s 的速度自右向左运动。机身全长约 3.5 m，因此空罐在机内总共受到的清洗时间约为 0.4 min。

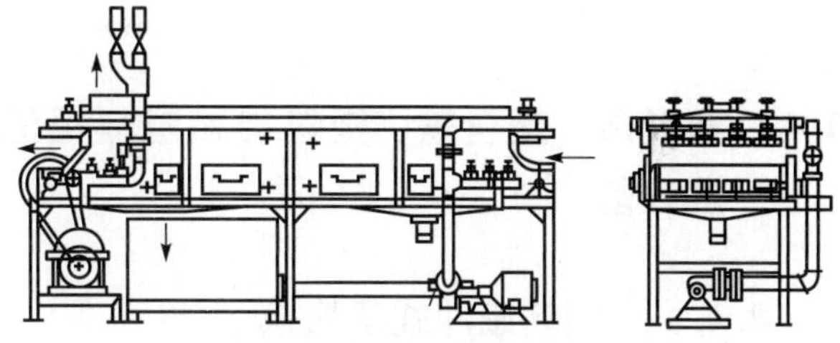

图 3-22　GT7D3 型空罐清洗机外形简图

（引自：肖旭霖. 食品加工机械与设备. 2000.）

其工作过程如下：成捆罐口向下的空罐，由人工放置在设备右端进口处的网带上。在网带自右向左的输送过程中，空罐先后通过初洗、终洗两个区，先后受到高压热水的喷洗，最后由左端出口送出。

输送空罐的是网带式输送装置，因此，这种洗罐机对罐型的适应性较强，但与其他洗罐机相比，它的体积较大。

2. 实罐清洗机

在实罐加工（排气、封口和杀菌）过程中，内容物的外溢或罐体的破裂外泄，会使实罐（尤其是肉类罐头）外壁受到污染，所以需要在进行贴标或外包装前加以清洗。

实罐清洗机又称为实罐表面清洗机或洗油污机。与空罐清洗机不同的是，实罐清洗机一般需要与擦干机或烘干机相配成为机组。下面介绍一种具有烘干功能的 GCM 系列实罐表面清洗机组。

该机组如图 3-23 所示，由热水洗罐机、三刷擦罐机、擦干机和实罐烘干机组成。其工作过程如下：实罐以滚动方式连续经过洗涤剂溶液浸洗、三刷擦洗、热水冲淋去污、布轮擦干和蒸汽烘干等处理过程，以去除实罐表面的油污和黏附物。整个机组由一个电气控制柜控制。

该机组去污能力强，机械性能好，罐型适应性好，结构比较紧凑，清洗过程连续化，改变罐型时调整比较方便以及造价较低等。

机组的技术性能如下：生产能力范围为 80～100 罐/min；适应罐径范围为 52～108 mm、罐高范围为 54～124 mm 的圆罐；总功率为 3.7 kW；外形尺寸为 9.5 m×0.84 m×1.15 m。

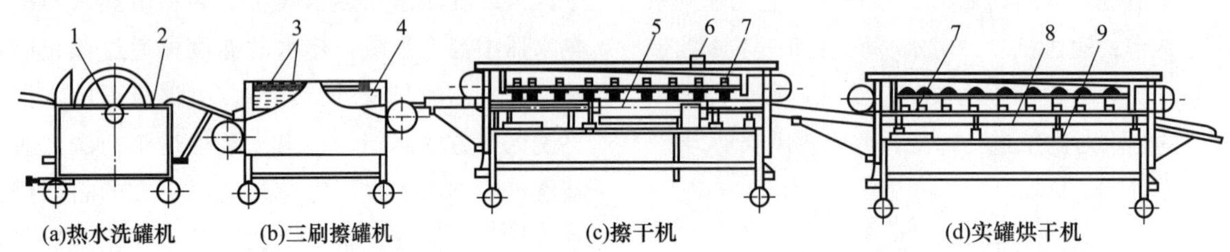

图 3-23　GCM 系列实罐表面清洗机组结构示意图

1. 装罐圆盘；2. 洗液槽；3. 毛刷；4. 刷擦输送带；5. 布轮组；6. 上油装置；7. 实罐输送装置；8. 烘干轨道；9. 烘干箱

（引自：肖旭霖. 食品加工机械与设备. 2000.）

3.4　塑料瓶、塑料盖、塑料袋和塑料框清洗设备

3.4.1　翻转喷冲式洗瓶机

翻转喷冲式洗瓶机，多用于冲洗一次性使用的非回收聚酯瓶容器，如饮料、矿泉水瓶，也可用于玻璃瓶的冲洗。

翻转喷冲式洗瓶机主要由主轴部件、瓶夹组件、翻瓶导轨、水分配器等组成。其工作原理如图 3-24 所示，瓶子经进瓶风送导轨（1）通过进瓶星轮（2）连续送至翻转区，瓶夹（4）夹住瓶口，瓶口经翻瓶导轨（3）由原来向上转为向下，并对准瓶夹支撑板上的喷嘴。当瓶夹（4）转到喷冲区时，清洗液从喷嘴向瓶内喷冲，并沿瓶壁向下流出。当瓶夹（4）转到沥干区时，水分配器（11，12）停止向喷嘴供清洗液，清洗残液沿瓶壁下滴彻底沥干。转鼓（6）继续转动，瓶夹（4）沿翻瓶导轨（3）做 180°转动，瓶口恢复至向上状态，瓶通过出瓶星轮（7）经风送装置送去灌装机。主传动

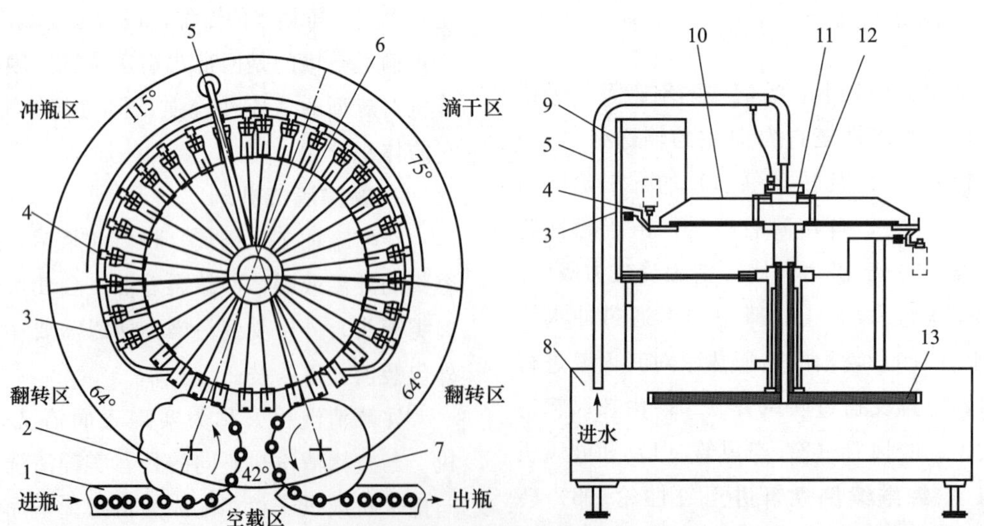

图 3-24　翻转喷冲式洗瓶机工作原理图

1. 进瓶风送导轨；2. 进瓶星轮；3. 翻瓶导轨；4. 瓶夹；5. 主供清洗液管；6. 转鼓；7. 出瓶星轮；8. 机座；9. 防水罩；10. 分供清洗液管；11. 静分水盘；12. 动分水盘；13. 主传动中心齿轮

（引自：唐伟强. 食品通用机械与设备. 2010.）

中心齿轮（13），带动涂黑部分的机构和转鼓运转。翻瓶导轨是固定的，瓶夹组件沿导轨周向滑动，并随转架上的自轴实现 180°翻转。

3.4.2 洗瓶口装置和洗瓶盖装置

采用旋盖方式封盖的 PET 塑料瓶和玻璃瓶，特别是热灌装 PET 瓶和酱类灌装的玻璃瓶，瓶口螺纹处的内容物残留，会在货架期内发霉，尽管瓶内的产品质量未发生变化，仍会给消费者带来不愉快的消费体验，或者引起不必要的消费纠纷。

1. 洗瓶口装置

图 3-25 所示为一种瓶口清洗装置。在瓶子前进的方向上，瓶口清洗装置设置有两对喷嘴对瓶口进行清洗。清洗水为纯净水，所以不会带来食品的安全问题。

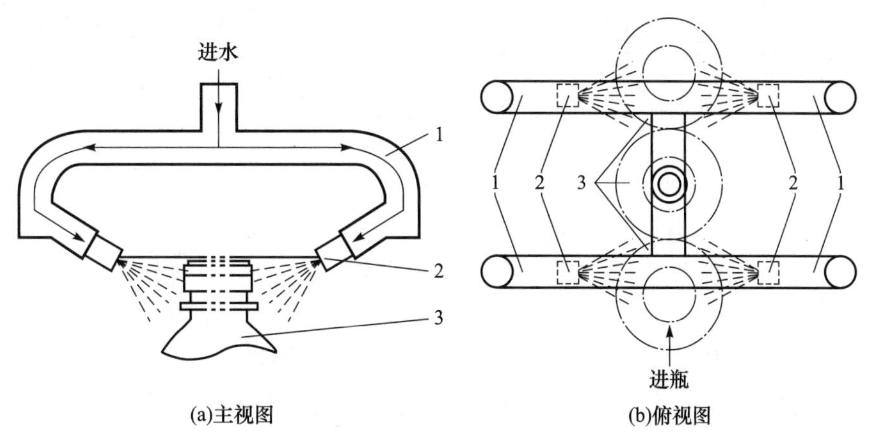

图 3-25 瓶口清洗装置

1. 水管；2. 喷嘴；3. 瓶子

（引自：唐伟强. 食品通用机械与设备. 2010.）

2. 洗瓶盖装置

图 3-26 所示为一种塑料瓶盖清洗装置。在盖子前进的方向上，洗瓶盖装置设置有消毒水冲洗和纯净水清洗，在洗后均设置有沥干段。清洗后的盖子进入旋盖机，被旋盖机抓取进行旋盖作业。

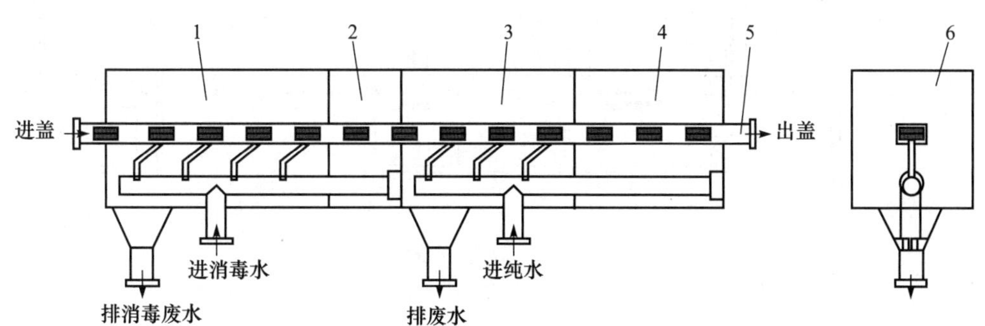

图 3-26 塑料瓶盖清洗装置

1. 水管消毒水喷淋区；2. 消毒水沥干区；3. 纯水喷淋区；4. 纯水沥干区；5. 输盖隧道；6. 外罩

（引自：唐伟强. 食品通用机械与设备. 2010.）

3.4.3 洗袋机和洗箱机

采用巴氏杀菌的袋装食品，在水浴杀菌和从冷却槽经过的过程中，兼具清洗效果。高温高压杀菌的袋装食品，在杀菌过程中，可能有较多破袋，从而污染食品袋表面。果蔬清洗的气泡式清洗机，可以用于袋装食品包装袋杀菌后的清洗。

1. 洗袋机

污染较重的包装食品袋，或者包装较小、褶皱较多的包装食品袋，或者使用气泡式清洗机难以清洗的包装食品袋，可采用滚筒式洗袋机清洗。

滚筒式清洗机的结构如图 3-27 所示，滚筒一般为圆形筒，也可制成六角形筒，由洗涤滚筒（6）和清洗滚筒（7）组成，分体设计，同步运行。可以通过倾斜安装筒体，也可通过在筒体内壁设置螺旋导板或抄板的方式来实现物料的轴向运动。为提高清洗效果，可在滚筒内安装可上下、左右调节的毛刷。洗涤段的洗涤槽（12）配有电加热管、温控仪，洗涤槽（12）内温度可控。

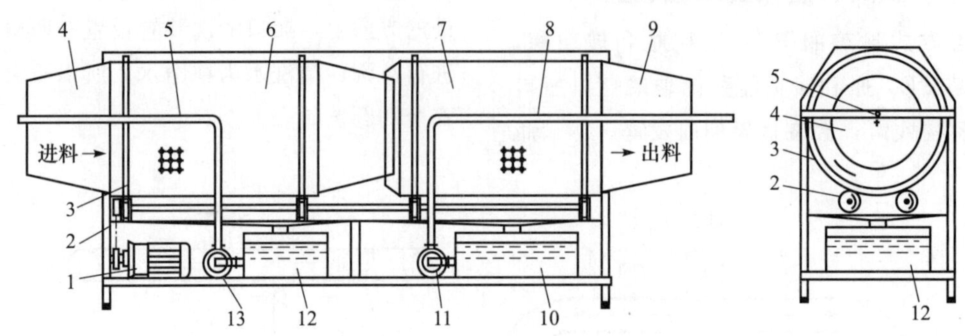

图 3-27 滚筒式清洗机结构

1. 电机；2. 主动轴；3. 滚筒导轨；4. 包装袋入口；5. 洗涤液管；6. 洗涤滚筒；7. 清洗滚筒；8. 清洗液管；9. 包装袋出口；10. 清洗液槽；11. 清洗泵；12. 洗涤液槽；13. 洗涤液泵

（引自：方祖成，李冬生，汪超．食品工厂机械装备．2017.）

包装由包装袋入口（4）进入洗涤滚筒（6）内，洗涤滚筒（6）的转动而在滚筒内不断翻滚和相互摩擦，在两个转动刷产生的涡流中得以漂洗，在刷毛的摩擦作用下得到刷洗。加上喷淋水的冲洗，包装袋表面的污垢和泥沙脱落，并由滚筒的筛网孔经排水口排出。而后在清洗滚筒（7）中经高压水得到进一步喷淋清洗，最后由包装袋出口（9）排出。

2. 洗箱机

洗箱机结构如图 3-28 所示。洗箱机的清洗一般分为三段：第一段为热碱水，第二段为热清水，第三段为自来水。也可以在自来水清洗段后增加两段：消毒水喷淋段和烘干段。洗箱机的清洗可根据工艺要求来设置。碱水箱及热水箱内分别设有蒸汽加热管或电加热管，水温自动控制，常温至 80℃可任意设定。

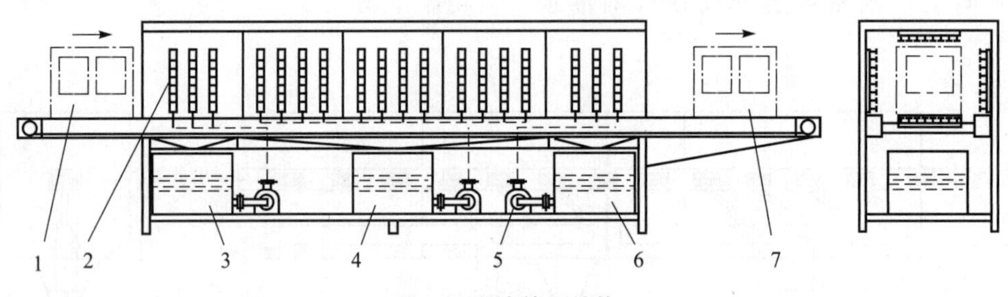

图 3-28 洗箱机结构

1. 未洗箱；2. 喷淋管；3. 碱水箱；4. 热水箱；5. 高压水泵；6. 清水箱；7. 已洗箱

（引自：方祖成，李冬生，汪超．食品工厂机械装备．2017.）

各个循环水箱均采用离心水泵加压循环喷淋，从上、下、左、右四个方向同时对筐子进行喷淋冲洗，每个水箱均设有两道过滤装置。第三段自来水可作为补充水回流至第一、第二段水箱，并经过加热后使用。

3.5 食品设备、管道清洗及 CIP 系统

食品设备、管道清洗是采用物理和化学的方法除掉其内外壁上的污垢（如水垢、异物、食品残渣、锈斑等）而得到清洁的表面，以保证设备、管道干净卫生，保证设备正常运行，改善容器和管道的传热效率或冷却效果，改善食品加工的卫生条件，提高产品质量的操作方法。清洗过程可以是单纯的物理清洗，也可以是单纯的化学清洗，但在实际的清洗过程中往往是物理和化学清洗技术的综合运用及反复多次的综合作业。

食品设备、管道清洗方法的选择，关系到食品质量和卫生安全、清洗效率和清洗成本。要根据设备类型、管道类型、污垢性质、清洗剂类型、车间环境和公用工程条件等情况来确定。

3.5.1　清洗技术

1. 物理清洗技术

物理清洗技术是借助物理方式（如热、搅拌摩擦力、研磨力、压力、超声波、电解力等）作用于设备和管道壁上，使食品残留物、污垢等脱离管内外壁，达到清洗的目的。常用的物理清洗方法主要有液体冲洗、蒸汽吹扫、气体吹扫、高压射流和机械清理等。

（1）液体冲洗　通过对管道容器系统内的液体加压，液体沿管道容器的流向产生摩擦力，来清除浮锈或其他脏物。水既是清洗介质，又是中性清洗剂，当污物完全可溶于水时，不需要其他清洗剂就能清洗干净。如给排水管道的清洗，一般采用水冲洗的方式。热水冲洗相较于冷水冲洗而言，更容易将管道容器内的糖、其他碳水化合物以及在水中溶解性相对较高的化合物除去。

（2）蒸汽吹扫　是利用过热蒸汽的压力、热能清除管壁上污垢的方法。对于物料管道，可设计蒸汽管道与之相连。蒸汽吹扫也是管道快速杀菌的有效方式之一。

（3）气体吹扫　由于工艺上的要求，管道容器内不能有残留液体，即不得采取液体冲洗或蒸汽吹扫。如透平空压机、氢氮气压缩机的进出口工艺管线及外管均采用气体吹扫，避免液体进入传动设备内，导致机械运动部件的锈蚀，给设备的正常运行带来隐患。

（4）高压射流　通过专用设备使水压升至147 MPa，形成强力水射流，对被清洗设备或管道容器内的残留物、堵塞物和污垢，进行切削、破碎、挤压、冲刷，以达到清洗的目的。国外20世纪70年代初开始应用的高压射流清洗技术，目前，国内已引进该技术，主要用于食品加工、化工、U形管线的清洗。

（5）机械清理　对于污垢、污泥较多的管道，如污水管、排污管或因硬物卡堵的管道，均可用机械清理的方法。一般采用管道清理机进行清理作业。

2. 化学清洗技术

化学清洗技术借助化学清洗剂及缓蚀剂的化合、氧化还原、络合等化学反应，可将管道内的污垢清洗干净。化学清洗时，主要的化学反应有化学溶解、皂化、中和、氧化还原、络合、离子交换等。

（1）中性清洗　表面活性剂属于中性清洗剂，可分为阳离子型、阴离子型和非离子型三种。当进行碱性清洗时，如添加表面活性剂可促进管道的润湿性，并具有乳化和分散功能。对于油脂污物较少的清洗对象，可以降低水的表面张力，扩大污物与机械表面的接触面积，使洗剂渗透而提高清洗效果。

（2）碱清洗　是采用碱溶液对管道内污垢浸泡或循环冲洗，清洗干净管道内壁的方法。碱性清洗剂是食品工厂使用最广泛的清洗剂。碱可与脂肪结合形成肥皂，可与蛋白质结合形成可溶性物质而易于被水清除。最常用的碱为氢氧化钠、氢氧化钾等。氢氧化钠的缺点是很难过水，过水时要冲洗很长时间；但由于氢氧化钠的清洗效果是碳酸氢钠的四倍，且在适当的温度下具有杀菌效果，因而得到最广泛的应用。其他碱性清洗剂有碳酸钠、碳酸氢钠、甲基硅酸钠、磷酸三钠等。少量的氯化物可提高氢氧化钠的洗净效果。试验表明，在0.25%氢氧化钠溶液中添加含有效氯0.006%～0.008%浓度的氯化物，其洗涤效果可与1.0%氢氧化钠溶液的作用相当。在0.5%的氢氧化钠溶液中添加含有效氯0.006%～0.008%浓度的氯化物，其作用相当于1.5%～2.0%的氢氧化钠溶液。

虽然碱性清洗剂对金属设备、容器等有腐蚀作用，并对垫圈有不良影响，但它易溶于水，能杀菌，也能将脂肪粒子皂化分解成皂基和甘油基，所以，使用碱类清洗剂的洗液是比较理想的。在生产中，使用较多的是氢氧化钠。

（3）酸清洗　是采用酸溶液对管道内壁的污垢浸泡或循环冲洗，以清洗干净管道内壁的方法。酸性清洗剂用以溶解设备表面矿物质沉积物，如钙镁的沉积物、硬水积石、啤酒积石、牛乳积石和草酸钙等。

常使用的无机酸为硝酸、磷酸、硫酸；有机酸为醇酸、葡萄糖酸、柠檬酸、乳酸和酒石酸。高合金钢、不锈钢接触含有氯离子的介质时，有发生应力腐蚀破裂的危险，因此，对于大量使用不锈钢设备及管道的食品生产线，不得用盐酸作为清洗剂。酸类对于碱性清洗剂不能去除的顽垢去除效果好，如乳石的去除必须用酸。酸性清洗剂不受温度影响，比氢氧化钠容易过水，可以冷清洗。使用合成的酸性清洗剂除了降低表面张力之外，还具有抑制酵母和霉菌的作用。但酸对金属有腐蚀性，应添加一定的缓蚀剂或用清水冲洗干净。

(4) 消毒剂　最适用于食品工厂的化学消毒剂是卤素化合物、季铁类化合物和酚类化合物。

① 卤素化合物：氯及其化合物是最有效的卤素消毒剂，常用于食品加工设备、容器及供应水的消毒。次氯酸钙和次氯酸钠是果蔬加工厂中最常用的两种消毒剂。虽然根据有效氯的浓度而言，液态氯更加便宜，但在低浓度时，次氯酸钙和次氯酸钠应用起来更加方便。次氯酸盐对温度、有机物残留及 pH 的变化非常敏感。与其他卤素化合物相比，次氯酸盐的作用更快、价格更便宜；但腐蚀性较强，对皮肤的刺激性大。

② 季铁类化合物：对许多细菌和霉菌都很有效。在室温下，无论这些化合物是干燥粉末、浓缩浆料还是在溶液中都很稳定。这类化合物具有热稳定性，溶于水，无色，无味，对常用金属无腐蚀性，在正常浓度下对皮肤无刺激性。如果存在污垢，这类消毒剂比其他消毒剂更加有效，在 pH 6.0 以上的环境中具有最强的抗菌活性。当其与其他清洗剂结合使用或将其溶解于硬水中时，季铁类化合物的抗菌活性将下降。

③ 酚类化合物：一般不作为清洗后的消毒剂使用，而是将其加入抗菌涂料或抗菌涂层中使用的。酚类化合物在水中的溶解度低，所以其在果蔬加工厂中的应用受到限制。

(5) 泡沫清洗　可简单并迅速地清洗天花板、墙壁、地面、管道、容器外壁、设备外表面等，因此，广泛应用于食品加工厂中。集成式泡沫清洗采用的清洗剂与便携式泡沫清洗相同。集成式泡沫清洗设备应该安装在整个厂区中最有代表性的位置上。首先通过清洗剂自动与水和空气混合而形成泡沫，然后用泡沫对整个厂区中各种固定设备进行清洗。由于泡沫能清洗大面积区域，对于厂内各种输送带、不锈钢输出设备和难以触及表面的清洗，具有很大的灵活性。

(6) 凝胶清洗　在凝胶清洗过程中，清洗剂要形成凝胶而不是形成泡沫或高压喷雾。凝胶具有吸附性，是清洗罐装和包装设备过程中特别有效的介质。

(7) 稀浆清洗　这种清洗方法与泡沫清洗的唯一区别就在于它在清洗剂中混入的空气较少。稀浆溶液比泡沫的流动性大，更容易渗透到不平整表面上，因此，稀浆溶液在罐头厂中的清洗效率较高，但稀浆溶液的黏附性比泡沫差。

3.5.2　清洗体系和清洗流程

1. 清洗体系

清洗体系通常包括提供机械能的设备，降低表面吸附污物自由能的清洗剂，用于杀灭与沉积污物相结合的微生物的消毒剂，同时还可作为具有携带作用的清洗介质。

复合清洗剂（清洗剂＋消毒剂）通常用于小规模清洗过程，即清洗温度在 60℃以下的手工清洗。如果清洗介质的温度超过 80℃，不用化学消毒剂也能杀死腐败菌和各种致病菌。设备和管道中污物分离的过程颇为复杂，使用单一的化学剂往往不能达到目的，实际上，使用的都是由几种清洗剂混合而成的。

清洗后残留于设备及加工区域内其他任何地方的污垢都会受微生物污染。必须对所有设备和加工区域进行彻底的物理清洗，才能保证化学消毒剂有效接触所有的微生物。残留污垢也有可能降低化学消毒剂的杀菌效果。

空气主要用于除去包装材料灰尘及其他不能用水作为介质的场合。有机溶剂主要用于除去润滑剂和其他类似的物品。

水作为清洗介质的主要作用包括：①漂洗以除去大面积污物颗粒；②润湿或软化表面上要除去的污物；③将清洗剂传送到待清洗区域；④使污物悬浮在介质中；⑤从清洗表面移去悬浮的污物；⑥漂洗以除去清洗区域内残留的清洗剂；⑦将消毒剂传送到清洗区域。

作为清洗介质的水必须符合一定的要求。一般要求水不含微生物，清澈，无色，无腐蚀性，无矿物质（常称为软水）。硬水中含有矿物质，可能会干扰某些清洗剂的作用，从而降低清洗效率（有些清洗剂与硬水相互作用会产生相反的效果）。

2. 清洗流程

从表面除去污物的难易程度取决于表面的光滑度、硬度、多孔性和润湿性等特性。将污物从表面除去一般包括三个步骤。

（1）将污物从材料表面或被清洗设备的表面分离　可利用高压水、蒸汽、空气和洗气的机械作用分离污物。也可通过改变污物的化学性质，例如，碱和脂肪酸反应形成肥皂；或者不改变污物的化学性质，利用表面活性剂降低清洗介质的表面张力，使其与污物更紧密地接触。将污物从表面分离时，必须采用清洗剂使污物和表面完全润滑。清洗剂能降低污物与表面的结合能，使污物松散以及与表面分离。提高清洗剂和水的温度或采用旨在除去表面重垢沉积物的高压喷雾方式，能降低污物与表面的结合力，同时提高节能效率。

（2）将污物分散在清洗溶液中　分散是指用清洗溶液将污物稀释的过程。如果清洗介质保持足够的稀释度，并且污物在介质中的溶解量不超过最高限度，那么，溶解在清洗溶液中的污物就可以分散开来。使用新鲜的清洗溶液能促进污物的分散。有些污物从清洗表面松散后不能溶解在清洗介质中。关于不可溶污物的分散较为复杂，重要的是需要将污物变成更小的颗粒或微滴，以便于将其从待清洗表面上除去。在实际操作中，通过搅动、高压水或洗气提供机械能，将污物分散成小的颗粒，以补充清洗剂的作用。清洗剂能降低污物与表面的活化能，它与机械能共同作用将污物变成小颗粒，并使污物从表面分离。

（3）防止已经分散的污物重新沉积　及时将分散溶液从清洗表面除去，可减少重新沉积。减少重新沉积的其他方法有：①在分散液与表面结合时，要不断搅动，以阻止分散污物的重新沉积；②抑制清洗剂和污物中水的反应，需要注意的是，清洗剂中存在的肥皂或者脂肪皂化形成的肥皂会产生硬水沉积物，含螯合剂的软水可减少形成这种沉积物的可能性；③冲洗或漂洗表面，以消除聚集在表面的残留溶液和分散的污物；④保持良好的污物分散性，以避免其重新截留于待清洗表面上。

3.5.3　就地清洗系统

食品加工生产设备，在使用前后甚至在使用中均应进行清洗。必须进行清洗的原因：一是在使用过程中食品加工生产设备表面可能会结垢，从而直接影响操作的效能和产品的质量；二是食品加工生产设备中的食品残留物会成为微生物的繁衍场所或产生不良化学反应，这种受到微生物或不良化学作用过的食品残留物，若进入下批食品中，会带来安全卫生及质量问题。因此，食品加工设备必须得到及时或定期的清洗。

食品工厂传统的清洗方法是将有关设备部分或全部拆卸后进行清洗，然后再重新安装好并投入使用。显然，小型简单的生产设备可以采用人工清洗的方式。但对于大型或复杂的生产设备系统进行人工清洗既费时又费力，而且往往难以取得理想的清洗效果。随着食品机械向大型化和自动化发展，机械装置越来越复杂，管道亦随之增加，导致机械装置清洁的工作量大为增加。为了减轻劳动强度，20世纪50年代，欧美的一些国家在食品工业中开发了经济、卫生和安全的就地清洗方法。就地清洗设备的发展已经历了手动型、气动型两代，目前正走向机电智能一体化的第三代。就地清洗设备在啤酒、饮料、果蔬汁、药业、乳制品工业中得到普遍应用。

1. 概述

1）就地清洗的定义和清洗特点

就地清洗（cleaning in place，CIP）又称定位清洗或现场清洗。是指不用拆开或移动装置，在密闭的条件下，采用高温、高浓度的洗净液，对设备装置加以强力作用，把与食品接触的表面洗净和杀菌的方法。CIP 往往与就地消毒（sterilizing in place，SIP）配合操作，有的 CIP 系统本身就可用作 SIP 操作。

CIP 不必对设备和管道进行人工擦洗和冲刷，利用设备上原有的管道和附件，构成一个清洗回路，泵入清洗液后，通过清洗液的化学作用、物理作用以及清洗液在高速流动时本身所产生的机械冲刷作用，直接清洗设备和管道本身。

CIP不仅能清洗机器，还能控制微生物。在清洁过程中CIP能合理地处理洗涤、清洗、杀菌与经济性和能源的节约等关系，其是一种优化的清洗管理技术。CIP有如下优点：①能使生产计划合理化及提高生产能力；②能维持一定的清洗效果，清除料液残留，防止微生物污染，避免批次之间的影响，以提高产品的安全性；③与手洗相比较，不仅没有因作业者的差异而影响清洗效果，还能提高其产品质量，节约操作时间，提高效率及自动化水平；④节约清洗用水、蒸汽、清洗剂；⑤有利于按生产质量管理规范（good manufacturing practices，GMP）要求，实现清洗工序的验证。

2）影响CIP的因素

影响CIP的因素主要包括以下几个方面。

（1）机械力　由于污物黏附于设备表面，要将污物除去必须依靠机械作用。在对管路和容器的清洗过程中，清洗液的流速功能就是提供污物剥离时所需的洗净能量。清洗时，若清洗液仅与沾污表面接触，所获得的效果会很差。必须使清洗液在界面上具有相对的湍流状态才能得到良好的清洗效果。判断流体流动形式的依据是借助雷诺（*Re*）值。

根据*Re*值可以判断流体在管内流动的流型。当*Re*＜2 000，流体处于层流；当2 000≤*Re*＜4 000时，流体为过渡流；当*Re*≥4 000流体处于湍流状态。雷诺数对CIP洗涤效果的影响如图3-29所示。试验证明，清洗管路时要获得良好的洗涤效果，*Re*必须＞30 000；对容器来说，沿壁流下的清洗液的*Re*必须＞2 000，当*Re*＞25 000时呈现良好的洗涤效果。

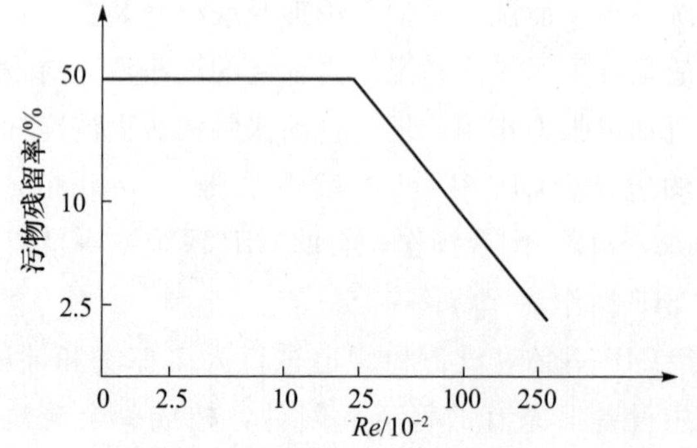

图3-29　雷诺数对CIP洗涤效果的影响

（引自：马海乐. 食品机械与设备. 2版. 2011.）

（2）清洗剂　在通常情况下，用碱性清洗剂、酸性清洗剂和表面活性剂等来清除设备表面的沉积焦结物，设备表面和管道壁的沉积焦结物不同，需要选用合适的清洗剂进行清洗。因此，选用何种清洗剂应根据清洗管道容器表面污物的组成成分和性质来决定。

（3）清洗接触时间　清洗液和设备、管道的接触时间长，清洗效果好，但随接触时间的延长，清洗效果趋于平衡，且其消耗的能量和人工成本都要增加，即相应地增加了清洗成本。清洗接触最佳时间的长短要根据沉积焦结物的厚度以及清洗液的温度来确定。如奶罐壁上的牛奶薄膜用碱液清洗10 min即可达到要求，而凝结有蛋白质的热交换器板要用碱液清洗，还须用酸液循环约20 min。

（4）清洗液浓度　开始时随浓度增大，清洗效果也相应增强，当清洗液的浓度超过其临界浓度时，清洗液浓度继续增大，清洗效果反而下降，其临界浓度为1%～2%。

（5）清洗液流速　在CIP过程中，最佳流速取决于清洗液从层流变为湍流的临界速度。清洗液的流速大，清洗效果好，但流速过大，清洗液用量就多，成本增加。对于流速而言，雷诺数*Re*是一个重要指数，根据许多研究得知，临界速度时*Re*＝2 320，一般是：层流*Re*＜2 000，湍流*Re*＞4 000。按此值考虑其最佳流速为1～3 m/s。

（6）清洗液压力　在CIP过程中，常用喷射清洗，清洗液的压力越大，冲击力越大，清洗效果就越好。喷射清洗是通过喷嘴把加压的清洗液喷射出去，在冲击力和化学作用的综合作用下，冲击被清洗表面的清洗方法。喷射压力可分为高压（1.0 MPa以上）、中压（0.5～1.0 MPa）、低压（0.5 MPa以下）。CIP装置清洗工作压力是0.15～0.30 MPa，属于低压范围。在低压喷射清洗中，化学清洗起主要作用，喷射清洗为辅助作用；在高压喷射清洗中，化学清洗起辅助作用，喷射清洗为主要作用。因此，高压用水，低压用化学清洗液来进行清洗。

（7）清洗液温度　在CIP过程中，一方面，清洗液温度高能提高水对沉积焦结物的溶解度，使物体表面沉积焦结物尽快分离，还能减少清洗液的黏度，清洗效果比较好；另一方面，提高清洗温度还可以改变管路中污水的流动状态，增大污物与清洗剂的化学反应速度。但温度太高，对管道、设备均有损坏作用，同时，会造成沉积焦结物中的蛋白质变性，致使污物与设备间的结合力提高，清洗效果反而不好。综合考虑，在一般情况下，CIP 需要控制热水温度为 90℃，碱液温度为 75℃，酸液的温度为 70℃。

2. CIP 系统装置

1）CIP 系统装置分类

CIP 系统装置有不同的分类方法。按集中程度，可分为集中式、分散式；按移动方式，可分为移式清洗车、固定式清洗机；按罐体安置形式，分为卧式和立式；按罐体连接方式，分为连体式（图 3-30）和分罐式（图 3-31）；按清洗液使用方式，分为单次、重复和多次使用；按罐体数量，分为单罐、双罐和多罐。

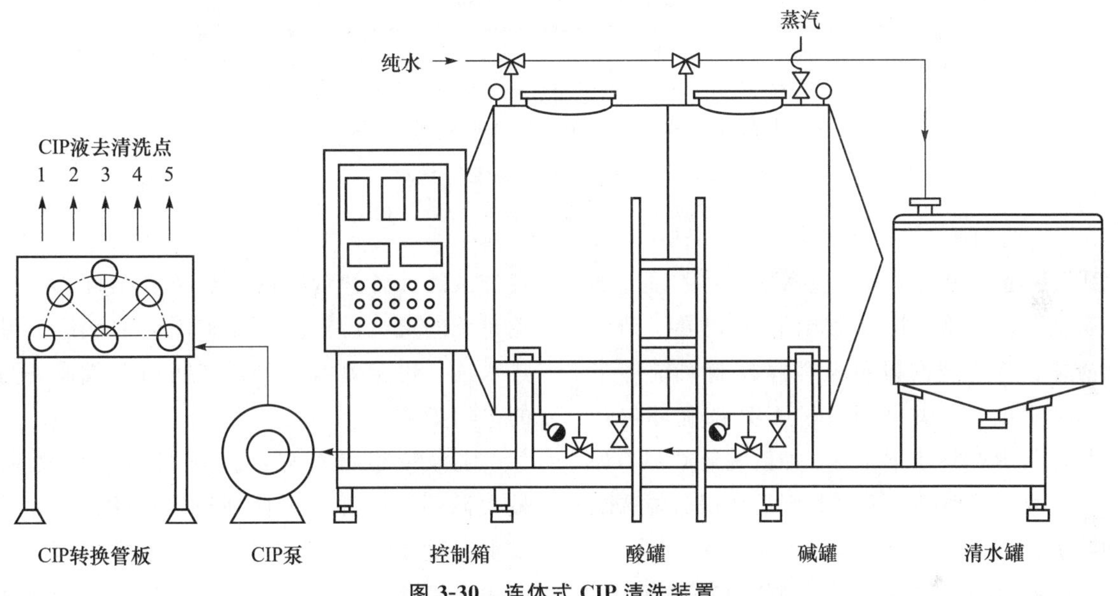

图 3-30　连体式 CIP 清洗装置

（引自：方祖成，李冬生，汪超．食品工厂机械装备．2017.）

图 3-31　分罐式 CIP 清洗装置

（引自：方祖成，李冬生，汪超．食品工厂机械装备．2017.）

2）CIP 系统装置组成

典型的 CIP 系统如图 3-32 所示。图中的三个容器为 CIP 的对象设备，它们与管路、阀门、泵及清洗液贮罐等构成 CIP 循环回路。借助管阀组的配合，可以允许部分设备或管路在清洗的同时，另一些设备正常运行。如图 3-32 所示，容器（1）正在进行 CIP；容器（2）正在泵入生产过程中的用料；容器（3）正在出料。管路上的阀门均为自动截止阀，根据控制系统的讯号执行开闭动作。

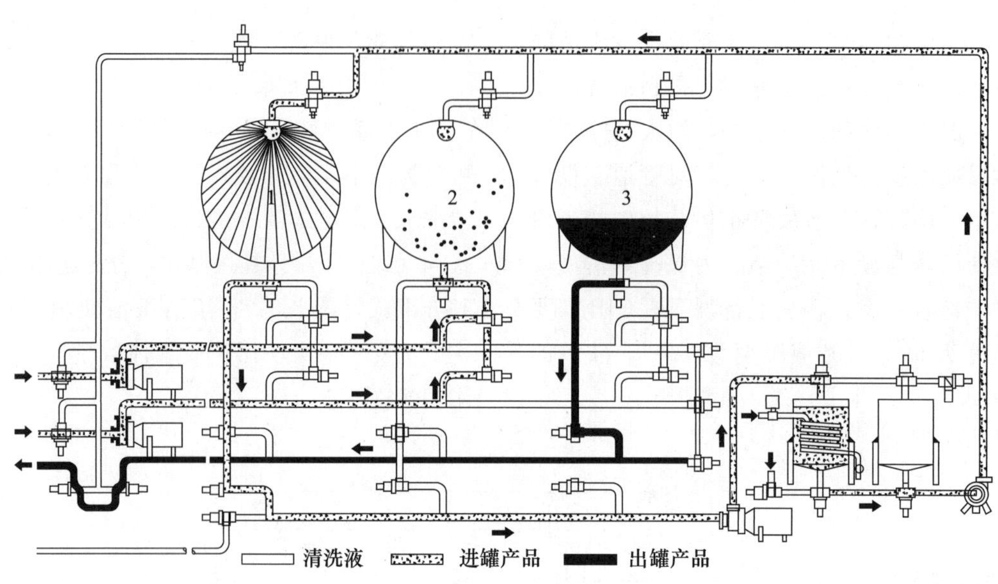

图 3-32 CIP 系统

（引自：马海乐．食品机械与设备．2 版．2011.）

CIP 系统通常由清洗液（包括净水）贮罐、加热器、送液泵、管路、管件、阀门、过滤器、清洗头、回液泵、待清洗的设备及程序控制系统等组成。需要指出的是，并非所有的 CIP 系统都包括以上部件，其中有些是必要的，如清洗液贮罐、加热器、送液泵和管路等；另一些则是根据需要选配的，如喷头、过滤器、回液泵等。

（1）罐 CIP 罐按数量分为单罐式和多罐式两种。

① 单罐式一次使用装置由单一洗净罐组成，最低浓度的清洗液只洗一次后，即不再留用，可用少量洗净液自动调节浓度的方式来运转。其特点为规模小、设计简单、成本低和运转有通融性等。

② 多罐式多次使用装置由两罐以上的洗净罐组成。清洗液可以多次使用，可用手动或全自动控制清洗液的浓度和温度。其特点为需要较多的空间，设备费高以及使用面的通融性差。

CIP 罐按用途可分为洗液罐和回收液罐两种。

① 洗液罐：是 CIP 系统配置的基础，其设计主要包括洗液罐的数量、容量、清洗液的添加方法、液位、温度的控制方法及安全环保要求等。洗液罐的数量设计一般为典型的五罐配置：酸罐、碱罐、热水罐、杀菌剂罐和无菌水罐。CIP 系统首先必须保证工艺的有效执行，其次应考虑各洗液罐和各种管路的冷热清洗条件，再次应避免系统的交叉污染等。配置不同的酸罐、碱罐及热水罐，可避免因 CIP 系统污染造成设备清洗后的再污染。

洗液罐容量首先必须满足需要清洗系统的最大循环量，并保证循环清洗时罐内洗液在 1/3 以上。确定洗液罐的容量还可使用经验数据，即满足清洗泵 10 min 以上工作流量（体积计）的要求。若一次性使用的洗液，洗液罐应具有能满足作业时间所需的容积，才能保证 CIP 系统的正常运转。

② 回收水罐：其设置主要是为了节能、环保的要求，我国大部分地区，水资源日益紧缺，因此，CIP 装置中大多设计了回收水罐，加大了水的回收范围。通过电导率仪的控制，将刷罐过程最后一道冲洗水、中间过程冲洗水，以及管路清洗、杀菌过程用水等，凡是符合清亮度要求的水全部回收，主要用于预冲洗水、典型清洗工艺中的碱洗与酸洗之间的冲洗水以及车间内的卫生用水等。可以节约用水 5%～30%、蒸汽 12%～15%、洗涤剂 10%～12%。

（2）加热装置 常采用板式热交换器、盘管式热交换器间接加热，也可用蒸汽直接加热。板式热交换器传热系数高，占地空间较小，但相对价格高，易堵塞；盘管式热交换器结构简单，价格低，但要安装在罐内，易结垢，表面要进行人工清洗；蒸汽加热器结构简单，价格低，热效率高，但易改变槽液浓度，且易结垢。

（3）清洗管路　按作用可分为进水管路、排液管路、加热循环清洗管路、CIP液供应管路、CIP液回收管路、自清洗管路等。管路中的控制阀门、在线检测仪、过滤器、清洗头等配置须按设计要求配备。CIP管路的作用是使浓清洗剂可以进入清洗液贮罐中，清洗液贮罐中的清洗液可以通过泵及CIP液供应管路流至每个需要清洗的设备部位，从每个清洗部位流出的清洗液又可以通过泵及CIP液回收管路流入清洗液贮罐中。

CIP装置对管道的要求为：①对产品安全；②构造容易检查；③管道的螺纹牙不露物料；④接触产品的内表面要研磨得完全光滑，特别是接缝不要有龟裂及凹陷；⑤对接缝加大也不漏液；⑥尽量少用密封垫板；⑦采用卫生级不锈钢管；⑧要求管路安装时，水平管线向排水方向倾斜，美国AAA标准规定的斜度为1/60～1/240，一般使用的斜度为1/75～1/150。CIP系统还应考虑自身的清洗要求，除保证内部光洁度外，还必须避免滞留区域。所有管线都应向低点倾斜，以保证每个阶段的CIP溶液完全排放，减少内部构件及接头。另外，要重视排下水，合理布置泵、阀及洁净仪表。

（4）泵　CIP过程中常采用离心冲压式泵，由不锈钢类耐蚀材料制造，它最大特点是过流部位均被抛光，易清洗干净。泵在最大功率运转时，为防止吸入空气，CIP系统要注满清洗液，液面必须高出泵吸入管口。供液泵的选择是保证CIP系统正常运转，保证机械清洗力，达到清洗要求的基础。清洗液回收泵一般是离心泵与真空泵并用，这样即使是少量的清洗液也能被回收。

① 容器清洗用泵：其选择主要根据容器的容积和直径来确定，同时，还要考虑容器的清洗要求。在实际生产过程中，一些大型容器如清酒罐、发酵罐不可能采用充满清洗剂的方式来清洗，因此，只能采用喷洗的方式。

② 管网清洗用泵：其选择不仅要满足被清洗管路所需的流量来确定泵的流量，还要满足管路长度、高度差等阻力的损失。如果直管部分有三通的T形接头，其流速必须提高。如果是瞬时灭菌后或无菌过滤后的管道，尽可能不要设置三通及T形接头。

（5）阀门　CIP系统所采用的阀门为隔膜阀或以金属波纹管密封阀杆的阀门，这是因为常用的球阀、蝶阀、闸阀等阀门在垫片、密封圈或阀杆附近会积累污垢，使用上述阀门的CIP系统难以清洗干净，有可能在最后一道淋洗过程中污染清洗对象。CIP系统用的阀头一般用合成橡胶加工成型，制成符合卫生条件的构造，并且可以自动洗净。

（6）喷头　对于贮罐、贮槽和塔器等的清洗，均需要清洗喷头。清洗喷头可以固定安装在需要清洗的容器内，也可以做成活动形式，需要清洗时再装到容器内。

清洗用的喷头有多种形式。按洗涤时的状态，喷头可分为固定式和旋转式两种。但无论是哪种形式的喷头，一般最需要关心的是射程和喷头覆盖的角度两个方面。需要指出的是，同一个喷头，在同样条件下，射得越远，其对污物的清洗力就越弱。因此，有些喷头，较远的喷射只能对设备作淋洗用。如果设备直径较小，则同样的喷头可作（利用冲击力）清洗用。具体要求应视被清洗场合的清洗难易程度而定。喷头的类型和结构关系到清洗质量的好坏，应根据容器的形状和结构进行选择。

① 固定式喷头。是清洗时相对于接管静止不动的喷头。这种喷头多为球形（图3-33）。在球面上按一定方式开有许多小孔。清洗时，具有一定压力（1.01～3.04）×10^5 Pa的清洗液从球面小孔向四周外射，对设备器壁进行冲洗。喷头水流的方向由喷头上的小孔位置与取向决定，常见的喷洗角度有120°、240°、180°和360°等。由于开孔较多，这种喷头喷出的水射程有限（一般为1～3 m），所以一般用于较小的设备清洗。固定式喷头也可根据设备的具体情况进行专门设计，例如，图3-33（c）所示的为一种用于清洗布袋过滤器的喷头。

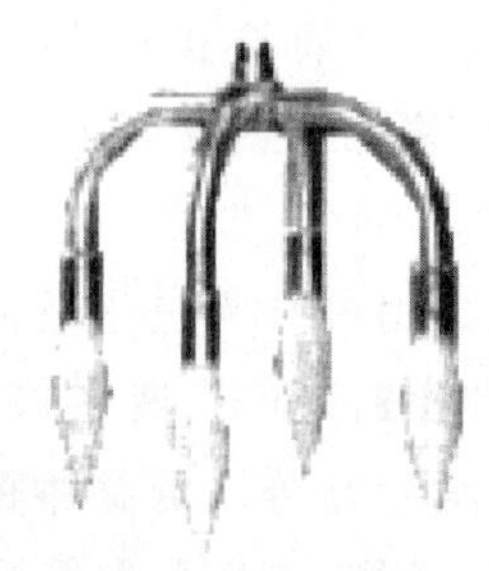

(a)喷射角=120°/240° (b)喷射角=180°/360° (c)用于清洗布袋过渡器的喷头

图 3-33 固定式喷头

（引自：方祖成，李冬生，汪超．食品工厂机械装备．2017.）

② 旋转式喷头。对于体积较大的容器，往往需要采用旋转式喷头。旋转式喷头的喷孔数较少，因此，在一定的压力 $(3.04\sim10.13)\times10^5$ Pa 作用下，可以获得射程较远（远的可射 10 m 及以上）和覆盖面较大（270°～360°）的喷射。除了射程和覆盖面以外，旋转式喷头的旋转速度也对清洗效果有较大的影响。一般来说，旋转速度低，则能获得的冲击清洗效果较好。旋转式喷头可进一步分为单轴旋转式和双轴旋转式两种。

a. 单轴旋转式喷头：一般为单个球形或柱形喷头（图 3-34、图 3-35），在球面上适当位置开孔，可以得到 270°～360°覆盖面不等的喷射。单轴旋转喷头的喷射距离一般不大（一般淋洗距离约为 5 m，清洗距离约为 3 m）。图 3-36 所示的为单轴旋转 CIP 喷头的喷洗情形。

图 3-34 单轴旋转式不锈钢 CIP 喷头

（引自：方祖成，李冬生，汪超．食品工厂机械装备．2017.）

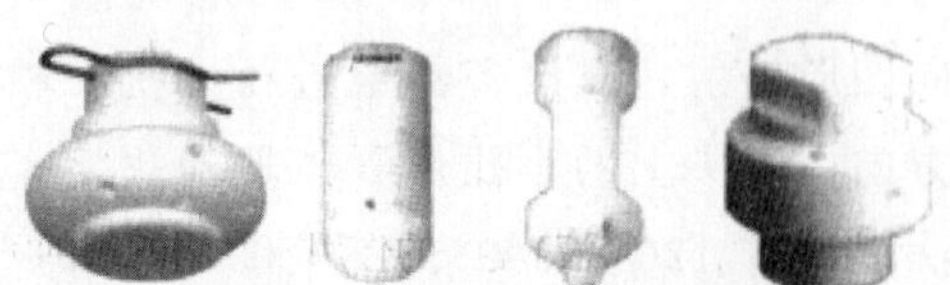

图 3-35 单轴旋转式工程塑料 CIP 喷头

（引自：方祖成，李冬生，汪超．食品工厂机械装备．2017.）

b. 双轴旋转式喷头：其喷嘴可做水平和垂直两个方向的圆周运动，可对设备内壁进行 360°的全方位喷洗。这种喷头的喷嘴数不多，一般只有二个、四个和六个（图 3-37），所以喷射距离较远（最大淋洗距离约 12 m，最大清洗距离约 7.5 m）。图 3-38 所示的为三喷嘴双轴旋转喷头的喷射情形。

图 3-36 单轴旋转 CIP 喷头的喷洗情形

（引自：肖旭霖．食品加工机械与设备．2000.）

（7）回液系统　CIP 回液系统中的回液泵必须比供液泵的流量高 10%～15%，主要是为了避免罐内积存较多的清洗液，影响罐底锥间部分的清洗效果。同时，还要加强回液泵的自动控制，防止罐底的清洗液被抽空，气体进入管路产生气蚀，造成系统不能正常运转。在传统的 CIP 系统中，经常发生气蚀，影响系统正常运转，因此，在回流泵前也可以添加一套气体自动排放装置，如图 3-39 所

(a)二喷嘴 (b)四喷嘴 (c)六喷嘴

图 3-37 双轴旋转式 CIP 喷头

（引自：肖旭霖．食品加工机械与设备．2000.）

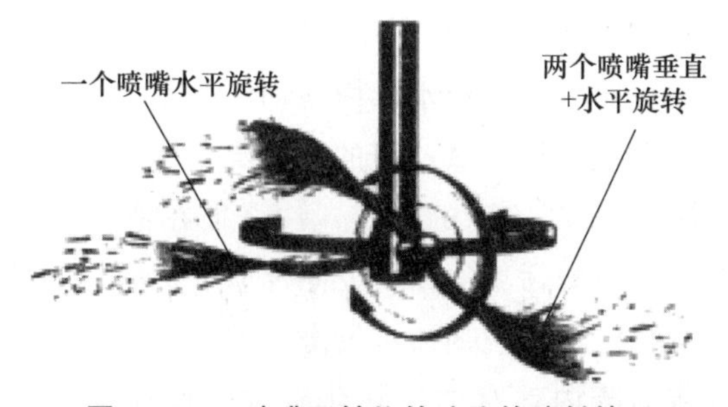

图 3-38 三喷嘴双轴旋转喷头的喷射情形

(引自：肖旭霖. 食品加工机械与设备. 2000.)

示，在管路上设立一个直径较大的 U 形弯管，上部安装液位探测器和气动阀门。当液位探测器测不到液体时，表明气体进入，此时信号传到气动阀门，令其打开并排放气体，同时回流泵关闭；当测到液体信号时，气动阀门关闭，回流泵继续运转，可减少气蚀问题的发生。

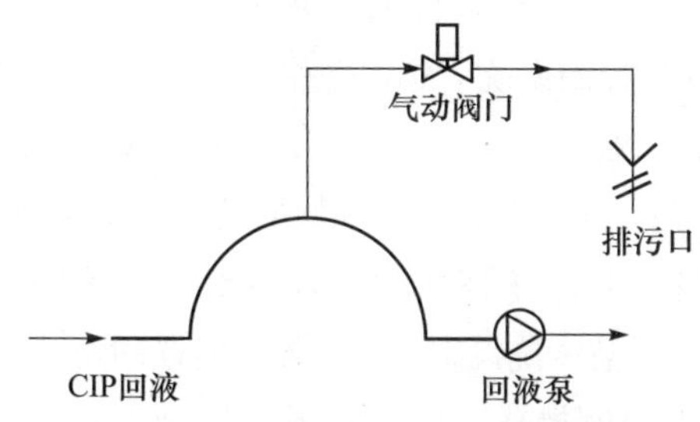

图 3-39 回液系统中气体自动排放装置

(引自：肖旭霖. 食品加工机械与设备. 2000.)

(8) 过滤排污装置　在 CIP 循环清洗过程中，多种设备和管路内部较脏，一些颗粒物、沉淀物等将混入清洗液中。设备清洗后，清洗液中含有污垢等杂质，易带回 CIP 系统，因此，要对其进行过滤。过滤装置通常安装在接近清洗液贮缸的回液管路上，一方面，清洗液进入贮液罐之前，须对清洗液进行过滤处理，去除杂质，提高清洗液的清亮度，保证系统有效运转；另一方面，在 CIP 间歇时间内，还可以避免这些物质与清洗液反应，增加消耗，减少 CIP 系统交叉污染的概率等。CIP 系统的回液过滤器如图 3-40 所示，CIP 回液从底部进入过滤器，通过内部的金属过滤网将颗粒物、沉淀物等杂质截流过滤，中间的清液通过上部管路回到 CIP 贮罐或清洗罐。当然，内部的金属过滤网须定期进行清洗。

(9) CIP 系统的自清洗　CIP 是用于清洗设备及管路的原位清洗系统，该系统的清洗对象较多，为了减少交叉污染的概率，必须保证 CIP 系统自身的清洁、无菌。CIP 系统自清洗卫生要求主要包括：无菌水罐必须保持清洁、无菌状态；酸罐、碱罐、消毒剂罐须保持清洁状态；热水罐须定期除垢。另外，CIP 系统的自清洗还应有相应的制度（表 3-1）。

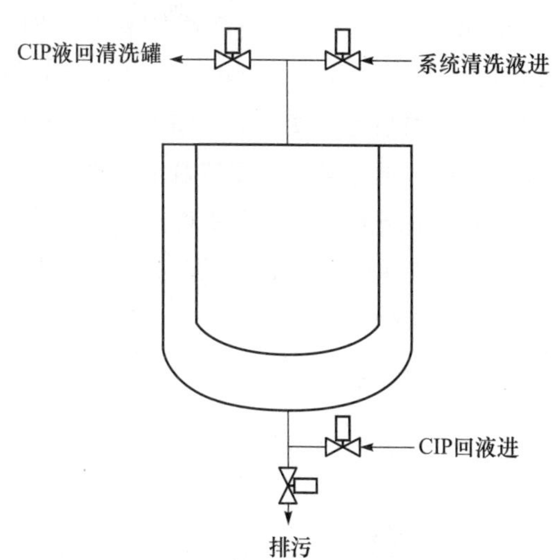

图 3-40 CIP 系统的回液过滤器

(引自：肖旭霖. 食品加工机械与设备. 2000.)

表 3-1 自清洗 CIP 制度

CIP 位点	CIP 线路	杀菌工艺	备注
无菌水罐	CIP	碱	1 次/2 周
碱罐	CIP	酸	1 次/月
酸罐	CIP	碱	1 次/月
消毒剂罐	CIP	碱	2 次/月，加预冲洗步骤
热水罐	CIP	酸	1 次/2 周
回收水罐	CIP	全套	1 次/2 周

(引自：肖旭霖. 食品加工机械与设备. 2000.)

对于大多数 CIP 系统中的碱罐及热水罐都会不可避免地产生水垢，这是因为清洗过程中钙离子以草酸钙的形式带入系统，或者以二氧化碳的溶解形式碳酸根带入系统，同时，CIP 清洗用水中含有暂时硬度。所以，根据实际的水质情况及操作控制水平，定期对 CIP 系统的热水罐及热碱罐进行酸洗是必要的，另外，在酸洗的过程中还应该对加热器的水垢进行处理。

对于消毒剂罐及酸洗剂罐定期的碱洗，可以去除可能存在的有机物。对于无菌水罐经常的消毒及定期清洗，可以保证最后一次冲洗水确实无菌。因此，CIP 自清洗制度是保证生产工艺有效执行的前提和基础，在生产控制过程中占据非常重要的地位，不可轻视。否则，可能严重影响清洗、杀菌效果，并造成交叉污染现象的发生。

（10）备液　酸、碱、消毒剂等清洗剂和杀菌剂都是化学制品，具有腐蚀性，为了保证人身安全，减少对环境的影响，保证清洗液的浓度符合清洗工艺要求，可以设计清洗剂添加装置，即 CIP 液添加系统（图 3-41），添加罐主要包括：加酸罐、加碱罐、加消毒剂罐，这些清洗剂添加装置与控制系统连接，通过电导率测定洗液浓度，进行自动控制。CIP 系统启用前，需要检查 CIP 罐内的液位是否足够，如果过低，必须及时备液。各种清洗介质的备液要求如下。

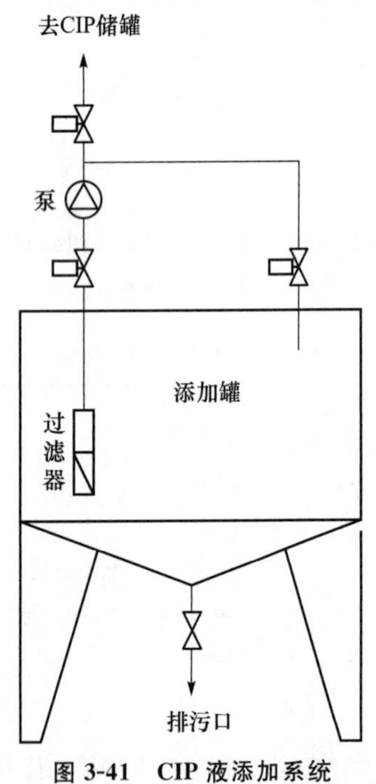

图 3-41　CIP 液添加系统

（引自：肖旭霖．食品加工机械与设备．2000．）

① 热水：每次使用前循环加热，直至在线温度计显示温度＞85℃。

② 常温碱：向碱浓缩罐中，按照片碱∶碱性清洗剂＝5∶1 的比例，加入足够的清洗剂，启动备液程序，循环直至电导率为 40 mS/cm。

③ 热碱：每次使用前，检查碱浓缩罐内的浓缩碱液是否足够，如果不够，及时补加片碱；启动备液程序，循环直至电导率＞120 μS/cm，温度＞85℃。

④ 酸洗剂：向酸浓缩罐中加入足够的酸性清洗剂，启动备液程序，循环直至电导率＞6 μS/cm。

⑤ 消毒剂：向消毒剂浓缩罐中加入足够的消毒剂，启动备液程序，循环直至消毒剂浓度适宜。

⑥ 无菌水：每次使用前，启动相应 CIP 设备的备液程序，向无菌水罐内自动添加无菌水。无菌水来自在线添加过氧乙酸的一次水。

⑦ 洗涤剂浓度的测定：洗涤剂在清洗过程中会与设备内的污垢等物质发生反应，从而使浓度降低。如在碱性清洗剂清洗发酵罐的过程中，碱性清洗剂将与罐内残存的二氧化碳发生反应生成碳酸钠，而碳酸钠也是碱性物质，使用酚酞滴定方法无法分辨出碱液的真正浓度，因此，通常在测定之前，向样品中加入氯化钡，生成碳酸钡沉淀，然后再测定。加入氯化钡之后检测出的碱液浓度要低，这说明碳酸钠的存在影响了浓度检测的准确性，而碳酸钠并不会有助于清洗。所以检测碱液浓度时，一定要去除碳酸钠对碱液浓度的影响，确保碱液浓度的有效性，保证清洗的效果。

（11）控制系统　CIP 操作总体上需要控制的因素或完成的控制任务有：①CIP 贮液罐的液位、浓度和温度等；②各洗涤工序（如酸洗工序、碱洗工序、中间清洗工序、杀菌工序、最后洗涤工序等）的时间；③不同被清洗设备的清洗操作时段的切换。

以上控制操作，可以用人工控制，或用自动控制：①人工控制：完全由手工操作阀门和调节温度，如加液、清洗、排放、控温等步骤，并根据清洗状况随机确定清洗时间。②自动控制：由清洗液贮槽（三仓式，可盛酸、碱、热水等）、清水罐、机架、气动执行阀（气动两位三通阀及气动球阀）、清洗液送出分配器、带计算机的仪表电气控制箱以及离心泵等组成。

自动控制具有以下特点：a. 具有 CIP 设备的原有特点，不必拆开设备与管道，即可就地进行清洗，节省操作时间，节省劳动力，保证操作安全，延长生产设备使用寿命等；b. 可预先在电脑中编制五套（或更多套）清洗程序，通过电控箱方便地切换使用，从而实现清洗和生产的高度自动化；c. 具有高度的灵活性和适应性，通过编程技巧可满足不同清洗工艺程序的需要；d. 通过数显控制仪表及电脑，对清洗液的液位、温度及流向，进行可靠、精确的自动控制；e. 电控箱上设有自动—手动切换开关，可由自动转为手动遥控操作，用以适应临时的清洗工序要求或进行某种手动控制操作，如向清洗液罐内灌注清水、升温等；f. 采用新一代的气动执行阀——专用的两位三通阀，实现清洗液的有效切换；g. 清洗计时精确（可设为零），通过计算机 TC 单元进行倒计时数显，并可在电控盘上进行清洗时间的修改设置；h. 最大限度地提高清洗效果，节省清洗用工量、用液量、用汽量及用水量，以降低成本。

自动控制是由设计人员按要求来设置能够调节的流量、温度、浓度、压力、时间等参数仪器和仪表对 CIP 系统进行自动控制，按设定的清洗工艺，以最少的时间、工作量、耗量，完成清洗的目的，实现最大的利润。由于酸、碱等清洗液对人体有极大的伤害，以及清洗质量是无菌生产的重要因素，CIP 的自动控制对于上述两个因素显得十分必要。通过在相关贮罐及回液管路分别安装温度、液位监测仪表及电导率仪，分别达到对洗液的温度、贮罐的液位及洗液的浓度进行监控。CIP 系统中的供液泵、回液泵通过变频控制双座阀、气动阀来实现 CIP 系统的自动控制。

3. CIP 清洗程序及应用举例

在 CIP 清洗过程中，保证流量实际上是为了保证清洗时的清洗液流速，从而产生一定的机械作用，也就是通过提高流体的湍动性来提高冲击力，从而取得较好的清洗效果。另外，根据清洗设备和管道中是否包括加热设备，可分为两类：第一类为带有热表面的巴氏杀菌器和其他设备管道的原地清洗程序；第二类为不带热表面的管道、缸和其他加工设备的原地清洗程序，其清洗过程必须有一个较长时间的酸洗循环阶段，以除去设备及管道热表面蛋白质的沉积焦结物。常见的原地清洗程序：用清水预冲洗设备及管道约 5 min；用 75℃的碱液（一般用氢氧化钠溶液）循环 15 min；用清水冲洗约 5 min；70℃酸溶液（通常用硝酸溶液）循环 15 min；用 90℃热水冲洗约 15 min。而第二类原地清洗程序：用清水预冲洗约 5 min；用 75℃碱液循环约 10 min；用 90℃热水冲洗约 5 min。

为了各清洗器能在清洗循环中有规律地进行，CIP 装置设有程序设计器。通常采用的程序设计器有旋转圆板式、插塞盘式、磁带式或卡片式、滚筒式等。常用的为卡片式程序设计器。CIP 程序的设计，随生产加工产品的性质及生产条件的变化而变化，典型的 CIP 清洗流程图见图 3-42。

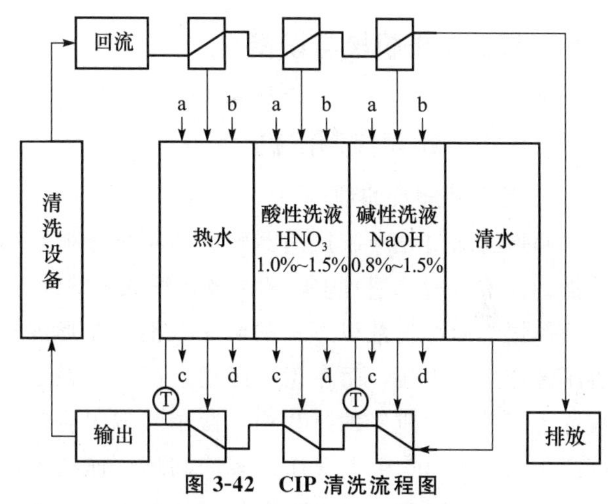

图 3-42　CIP 清洗流程图

a. 蒸汽口；b. 补充介质口；c. 排污口；d. 冷凝水口；T. 温度控制器

（引自：方祖成，李冬生，汪超. 食品工厂机械装备. 2017.）

在 CIP 系统中最关键的是其清洗工艺，不同的清洗对象，如啤酒、饮料、果汁、乳制品、药液、矿泉水、食品、化妆品等，本质上应有不同的清洗工艺。较典型牛奶生产的 CIP 清洗程序如表 3-2 所示，较典型果汁等清凉饮料生产的 CIP 清洗程序如表 3-3 所示。酸性饮料一般不用酸洗，考虑到生产的安全，建议设备在连续运行 1～2 周后，或者生产线长期不用时，用酸碱全面清洗。必要时，在清洗结束后对设备和管路消毒的同时，可以用热水或化学消毒剂进行清洗，使用热水的操作条件为 2～95℃，时间为 15～30 min。

表 3-2　CIP 清洗程序

序号	工序	清洗介质	时间/min	温度/℃
1	洗涤工序	清水或工艺用水	3～5	常温或＞60
2	酸洗工序	1%～2%硝酸溶液	20	常温
3	中间工序	清水或工艺用水	5～10	常温
4	碱洗工序	1%～2%氢氧化钠溶液	5～10	60～80
5	最后洗涤工序	工艺用水	5～10	常温或＞60
6	杀菌工序	工艺用水	10～20	＞90
7	最后洗涤工序	清水	3～5	常温或＞60

（引自：方祖成，李冬生，汪超. 食品工厂机械装备. 2017.）

表 3-3 典型的 CIP 清洗程序

序号	工序	清洗介质	时间/min	温度/℃
1	预冲洗工序	清水或工艺用水	3～5	常温或<60
2	碱洗工序	1%～3%氢氧化钠溶液	10～20	60～80
3	中间工序	清水或工艺用水	5～10	<60
4	酸洗工序	1%～2%硝酸溶液	10～20	60～80
5	最后洗涤工序	工艺用水	3～10	常温或<60
6	生产前消毒工序	工艺用水	15～30	92～95

（引自：方祖成，李冬生，汪超. 食品工厂机械装备. 2017.）

3.6 其他清洗机械与设备

3.6.1 超声波清洗机

1. 超声波清洗原理

超声波通过超声波换能器转成高频机械振动而传播到介质（清洗液）中，超声波在洗液中的辐射，使液体振动而产生数以万计的微小气泡，在形成的负压区产生、生长，而在正压区迅速闭合，在这种被称为“空化效应”的过程中，微小气泡闭合时间可产生超过 1 000 个大气压的瞬间高压。连续不断的瞬间高压，就像一连串小爆炸一样不断冲击物体表面，使物体表面及缝隙的污垢迅速剥落，从而达到清洗目的。与此同时，超声波在液体中还有加速溶解和乳化的作用。图 3-43 为空化效应示意图。

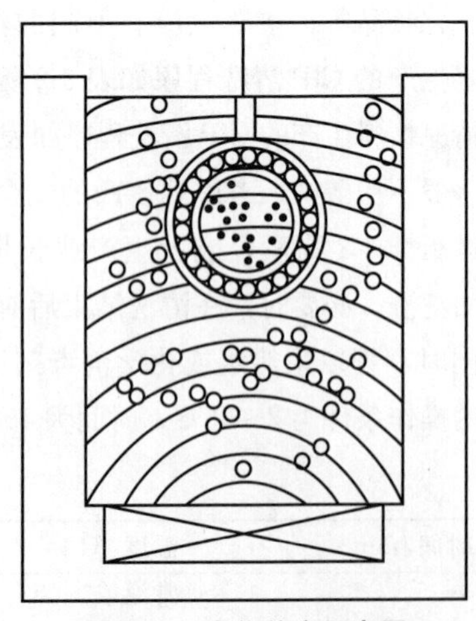

图 3-43 空化效应示意图

（引自：唐伟强. 食品通用机械与设备. 2010.）

2. 超声波清洗的优点

（1）高精度 超声波的能量能够穿透细微的缝隙和小孔，因此，超声波可以应用于任何物体或容器的清洗。

（2）快速 相对于常规清洗方法，超声波清洗在物体除尘、除垢方面要快得多，且物体无须拆卸即可清洗。超声波清洗可节省劳动力的优点使其成为最经济的清洗方式。

（3）一致 无论被清洗件是大是小，简单还是复杂，单件还是批量或是在自动流水线上，使用超声波清洗都可获得均一的清洁度，特别适用于清洗表面形状复杂的工件以及清洗不便拆开的物件。

（4）安全 超声波清洗不损坏物件表面并可提高工作安全度（有些清洗溶剂不宜接触过久）。

3. 超声波清洗机的分类

超声波清洗机包括固定式、转筒式和输送带式三种，图 3-44 所示的为输送带式超声波洗瓶机结构。与普通输送带式清洗机相比，该机型的冲洗喷冲装置很少，湿洗只需要浸泡即可；与转筒式超声波清洗机相比，在整个清洗过程中，该机型只使用一次超声波振荡。

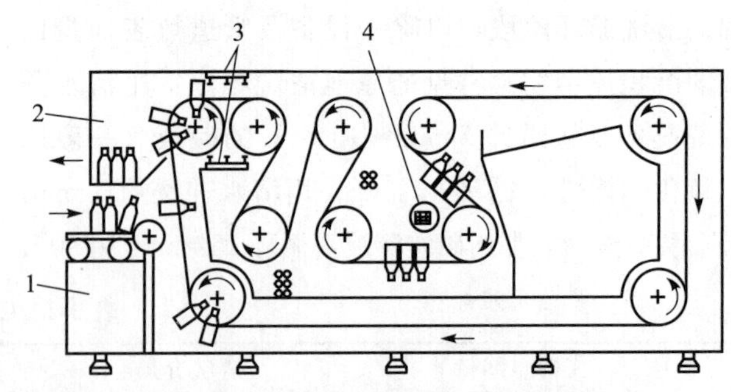

图 3-44 输送带式超声波洗瓶机结构

1. 给瓶装置；2. 卸瓶装置；3. 喷淋；4. 超声波装置

（引自：唐伟强. 食品通用机械与设备. 2010.）

超声波洗瓶机的最大生产能力可达 24 000 瓶/h，清洗质量稳定，经超声波清洗机清洗后的瓶子细菌残留数极少。

3.6.2　干式清洗机

1. 干式清洗机工作原理

干式清洗机工作原理：如图 3-45 所示，工作时容器（2）从上方送入，被管嘴（1）压紧。随后转台（3）翻转 180°，插入吹气管（4）。在向瓶内吹入压缩空气的同时，抽气管（5）借助真空系统把吹下来的脏物吸走。对于大颗粒杂质，可采用旋风除尘器将其除去。这种干式清洗机，结构简单，易于制造，但生产效率较低，适用于新瓶的清洗。

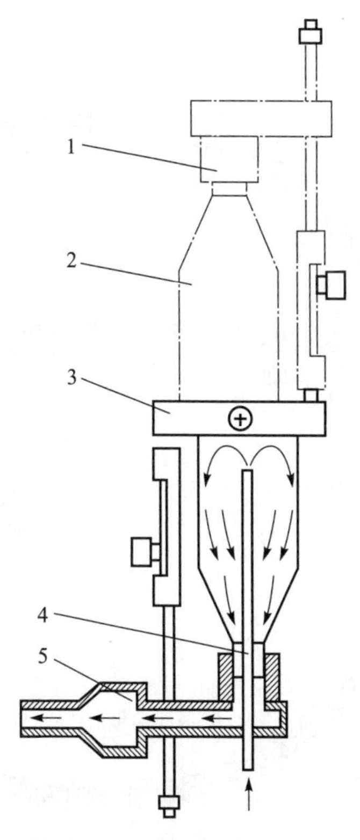

图 3-45　干式清洗机工作原理

1. 管嘴；2. 容器；3. 转台；4. 吹气管；5. 抽气管

（引自：唐伟强. 食品通用机械与设备. 2010.）

2. 自动空气清洗机工作原理

自动空气洗瓶机（图 3-46）工作时，容器从左端输送进入清洗机，当滚筒在百叶窗板罩盖下方旋转（1/4 圈）时，六个容器同时移到滚筒的固定位置，同时推走已洗好的六个容器。按这一循环过程，当容器转到下方时，六个充气嘴伸入容器并吹出高压过滤空气，使灰尘及其他污物呈松散状，并从容器中落下。这六个容器进行除污的同时，另六个容器移入滚筒顶部位置，清洗、进瓶、出瓶同步进行。清洗过程为：①进瓶，并推走已洗瓶；②等待；③洗瓶；④等待；⑤出瓶，清洗结束。同时进入新瓶，进入下一个洗瓶循环。

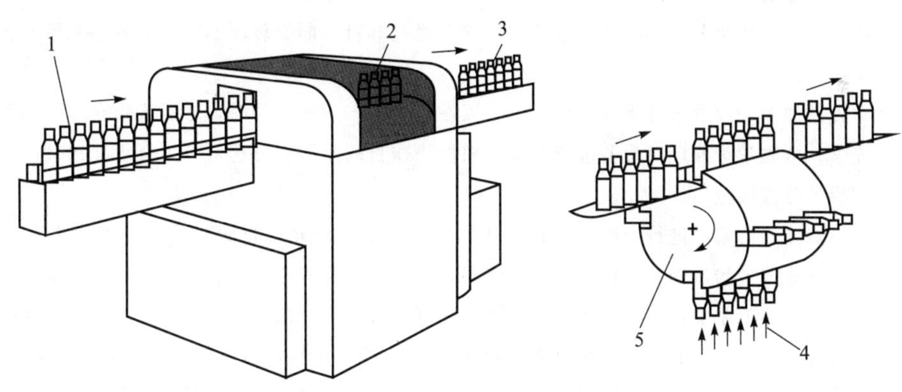

图 3-46　自动空气洗瓶机

1. 待洗瓶；2. 进瓶，同时推出已洗瓶；3. 已洗瓶；4. 空气清洗；5. 滚筒

（引自：唐伟强. 食品通用机械与设备. 2010.）

思考题

1. 常用的清洗方法和清洗机械与设备的种类有哪些？
2. 简述滚筒式清洗机的清洗原理、分类与用途。
3. 简述鼓风式清洗机的构成、工作原理与用途。
4. 简述包装容器清洗机械与设备的分类和用途。
5. 洗瓶机的洗瓶方法与类型有哪些？
6. 简述双端式全自动洗瓶机的结构和工作过程。
7. 比较单端式洗瓶机与双端式洗瓶机的优缺点。
8. 简述空罐清洗机的种类和各自的工作过程。
9. 食品常用的清洗技术有哪些？
10. 影响 CIP 清洗的因素有哪些？常用的 CIP 装置由什么构成？

第4章 分选分离机械与设备

【本章知识点】

食品加工过程涉及各种分选和分离操作。主要包括原料分选、（加工过程中根据工艺需求对半成品进行的）离心分离、过滤、压榨、萃取、膜分离以及粉尘分离等操作。这些操作均可通过具有不同原理、不同分离效率和不同机械化程度的设备加以实现。

食品原料的分选在食品加工中起着十分重要的作用，可以在提高生产效率的同时，还能实现食品商品价值的最大化。分选操作可根据力学、光学、电磁学等原理对设备进行分类。根据操作目的不同，分选可分为分级和选别。其中，筛分式分选机械仍是目前应用最广泛的分选机械。

过滤机械用于对食品液体（滤浆）进行分离。各种过滤机械借助于过滤介质将滤浆分成滤渣和滤液。过滤介质可为粒状、织物或多孔性固体。过滤分离的过程一般包括过滤、洗涤、干燥、卸料四个阶段。过滤机械的推动力主要来自重力、外力加压和真空三种形式，在食品工业中，应用最多的是加压式和真空式。按照操作方式可分为间歇式和连续式。

压榨机械是利用压力将固体中包含的液体压榨出来的固-液分离机械。压榨机械按操作方式有间歇式和连续式两种。前者适用于小规模生产或传统产品的生产，后者适用于不同规模的生产。压榨过程包括加料、压榨、卸渣等工序。

离心分离机械按照分离原理可以分为过滤式、沉降式和分离式三大类。离心分离机械又可根据分离因数、操作方式等进行分类。在实际应用中，应当根据物料体系和分离目的来选择离心分离机。

萃取是利用各组分在溶剂中溶解度的差异将各组分分离的操作。萃取设备可以分为液-液萃取、固-液萃取和超临界设备三类。根据物料和溶剂接触和流动方向，可将溶剂萃取设备分为单级萃取设备和多级萃取设备。多级萃取设备在工业中广泛采用。

膜分离是利用具有选择透过性能的薄膜，在外力的推动下，对混合物进行分离、提纯、浓缩的一种方法。膜可以是固相、液相或气相的。目前使用的分离膜绝大多数是固相膜。膜分离的推动力有压力和电力之分，微滤（MF）、超滤（UF）和反渗透（RO）均利用压力。

在食品工业的很多环节中，如气力输送、气流干燥、喷雾干燥等工序中均涉及将气固两相混合物分离的操作。

在食品加工过程中，很多环节会涉及分离操作。这些分离操作主要包括食品原料或成品的分选与分级，加工过程中的固液分离、气固分离等，这些操作均可通过相对应的机械与设备来完成。但在同样的单元操作中，不同设备在分离原理、分离效率、机械化程度、自动化程度等方面均存在差异。

4.1　分选机械

食品的加工对象多为农副产品，这些原料在采收或屠宰过程中除了会带有异杂物外，原料之间加工特性也存在很大差异。在加工或进入市场前，为了提高食品的生产效率以及食品的质量和商品价值，多数食品原料需要进行分级和选别。在生产过程中，如果出现不合格的半成品或产品在进入下道工序前或出厂前，应尽量从合格品中加以选别剔除。

4.1.1　分选的概述

根据操作目的不同，分选可分为分级和除杂。

（1）分级　一般是指按照品质指标将食品物料分离成不同等级的操作。品质指标可包括个体尺寸、质量、形状、密度、外表颜色以及内在品质等。

（2）选别　是将异杂物及不合格个体从食品物料中剔除的操作。食品物料可以是原料，也可以是未包装或已经包装的半成品。个体合格与否可用各种标准判断，如物料的完好程度、颜色、质量、质地、是否含异杂物等。食品物料的异杂物通常指枝叶、石块、土块、包装物碎片、金属碎片等。

分级与选别操作目的不同，但二者操作原理相同，均包括分离对象识别和分离动作执行两个要素。生产规模小且可直接判断的分选操作，一般可由人工完成。但对于大规模生产或无法直接判断的分选操作，往往需要采用各种机械与设备来完成。

固体物料的分选机械种类繁多，分类依据也不尽相同。分选机械按对象识别原理，分为筛分式分选机械、力学分选机械、光学分选机械、电磁学分选机械等四大类。

4.1.2　筛分式分选机械

筛分式分选机械是根据物料大小形状及其粒度差异，用带有孔眼的筛面对物料进行分选的机器，应用极为广泛。机械筛分的对象物可小至面粉、乳粉，大到蘑菇、柑橘等。

1. 滚筒式分级机

滚筒式分级机结构：如图 4-1 所示，主要由进料斗、滚筒、摩擦轮、收集料斗和机架等构成。滚筒是孔径不同的筒状筛，沿轴向从进口到出口，孔径由小变大。

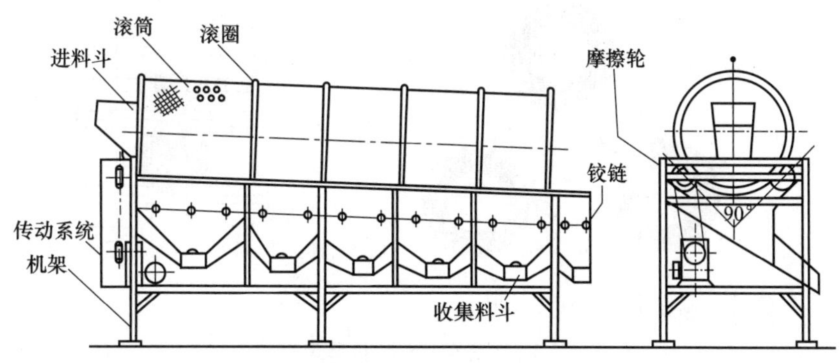

图 4-1　滚筒式分级机结构

（引自：殷涌光. 食品机械与设备. 2007.）

滚筒式分级机的工作原理：物料通过料斗进入滚筒，在滚动的过程中，物料通过相应的筛孔，当孔径大于物料尺寸时，物料流出，以达到分级。这种分级机的分级效率较高，目前广泛用于蘑菇和青豆等的分级。

2. 三辊式分级机

三辊式分级机是根据果蔬的外形尺寸进行分级的，主要用于苹果、柑橘、桃子等球形果蔬的分级。整机主要由进料斗、理料滚筒、分级辊、出料输送带、升降滑道、驱动链轮等组成（图 4-2）。

分级部分为一条由竹节形辊轴通过两侧链条连接构成的链带。辊轴分固定辊和升降辊两种形式，其中固定辊与链条铰接，位置固定；而升降辊浮动安装于链条连接板的长孔内，与两侧相邻固定辊输送方向形成一系列分级菱形孔（图 4-3）。链带两侧设有升降滑道。

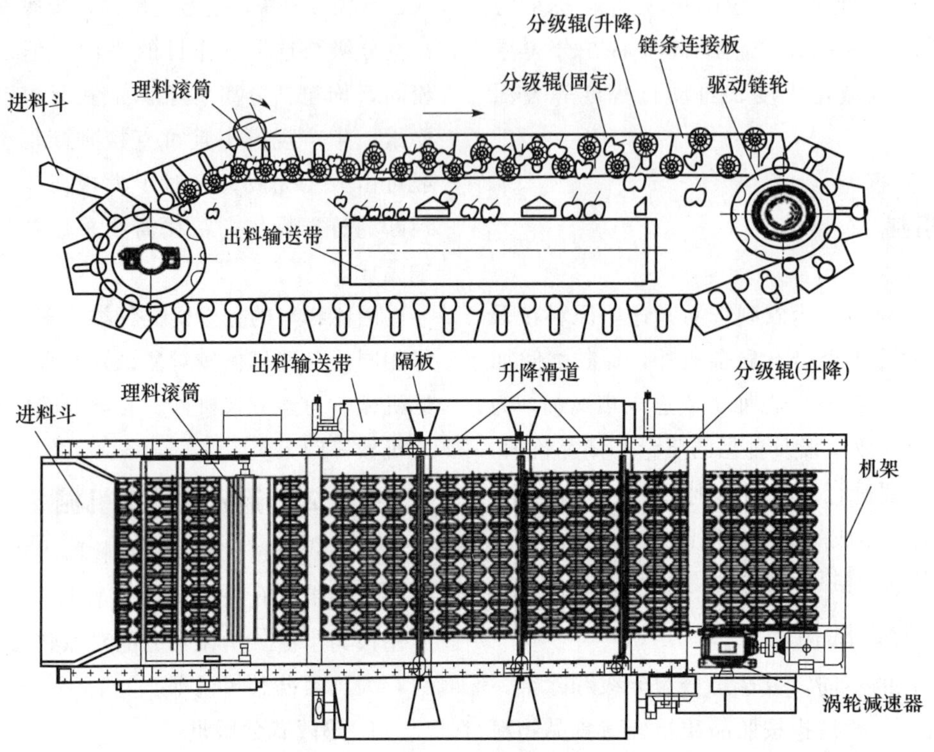

图 4-2　三辊式分级机结构示意图

（引自：杨公明，程玉来. 食品机械与设备. 2015.）

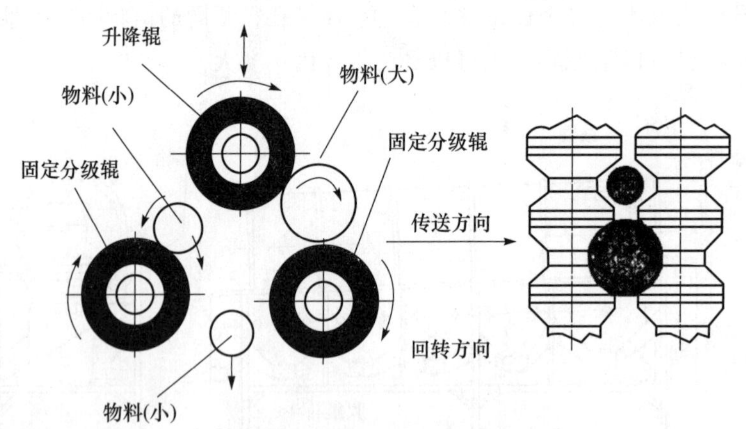

图 4-3　三辊式分级机原理图

（引自：杨公明，程玉来. 食品机械与设备. 2015.）

工作时，链带在链轮的驱动下连续运行，同时各辊轴因两侧的滚轮与滑道间的摩擦作用而连续自转。果蔬通过进料斗送上辊轴链带，小于菱形孔的果蔬直接穿过而落入集料斗内，较大的果蔬由理料滚筒整理成单层。较大的果蔬进入因升降辊处于低位而在菱形孔处形成的凹坑，随后被连续移至分级工作段。此段内的升降滑道呈倾斜状，使升降辊逐渐上升，所形成的菱形孔逐渐变大。各孔处的果蔬在辊轴摩擦作用下，不断滚动而调整与菱形孔间的位置关系，当某方向尺寸小于当时菱形孔尺寸时，即穿过菱形孔落到下面横向输送带的由隔板分割的相应位置上，并被输送带送出；大于孔的果蔬继续随链带前移，在升降辊处于高位时仍不能穿过菱形孔的果蔬将从末端排出。

这种分级机的生产能力强，因在分级作业中，果蔬不断地改变着菱形孔间的位置关系，分级准确，同时，果蔬始终保持与辊轴的接触，无冲击现象，果蔬损伤小，但其结构复杂，造价高，适用于大型水果加工厂。

4.1.3 力学分选机械

1. 气流分选机械

根据物料颗粒的空气动力学特性进行物料分选的方法称为气流分选法。影响物料空气动力学特性的因素有物料的外形、尺寸、密度等因素。在气流分选设备中，按气流的运动方向可分为垂直气流清选机和水平气流分选机两种。

（1）垂直气流清选机　其原理如图 4-4 所示，该机常用于谷物中轻杂的分离。当谷物原料由喂料口进入后，在重力及空气浮力的共同作用下，轻杂物的随气流上升而上升，饱满谷粒则下降，两种物料将在上下两个位置被收集起来，从而实现谷物与轻杂物的分离。通过调整不同的气流速度可对多种谷物及豆类进行除杂清理。

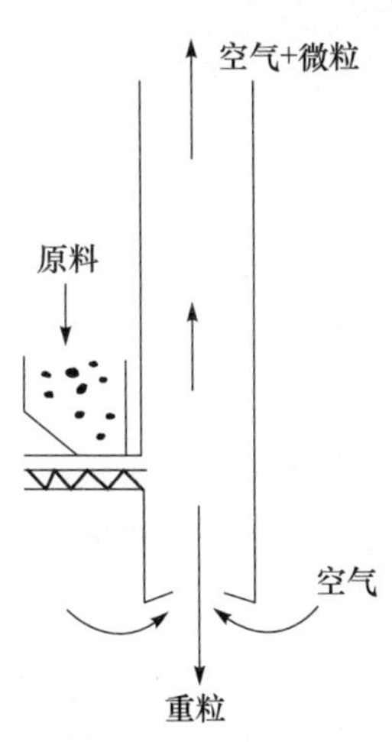

图 4-4　垂直气流清选机原理示意图

（2）水平气流分选机　其原理如图 4-5 所示。这种机器的工作气流沿水平方向流动，颗粒在气流和自身重力的共同作用下，因着陆位置的不同而完成分选。当物料在水平气流作用下降落时，重的颗粒在多种力的作用下，落在近处；轻的颗粒被吹到远处；而更为细小的颗粒随气流进入布袋除尘器、旋风分离器等后续分离器中，被分离收集。

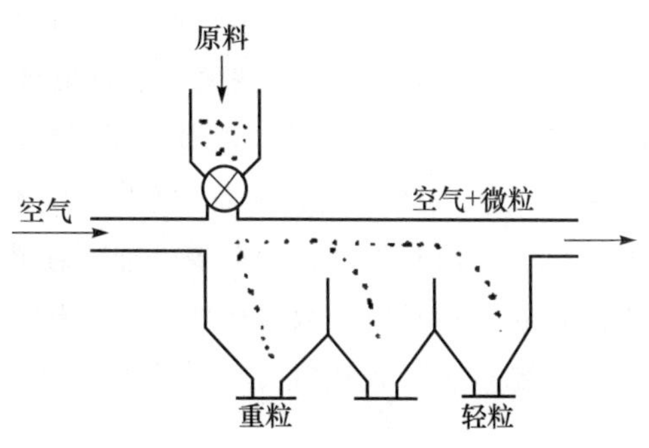

图 4-5　水平气流分选机原理示意图

2. 重量分级机

重量分级机一般有称重式和弹簧式两种，前者用得较多。图 4-6 所示的为称重式果品分级机。该机由接料槽、料盘、固定秤、移动秤、输送辊子链等组成。移动秤随辊子链在轨道上移动。固定秤有若干台（按分级数定），它固定在机架上，在托盘上装有分级砝码。当物料到达称重位置时，若物料重量大于设定值，则分离针被抬起，料盘随杠杆转动而翻转，物料被排放到接料槽。

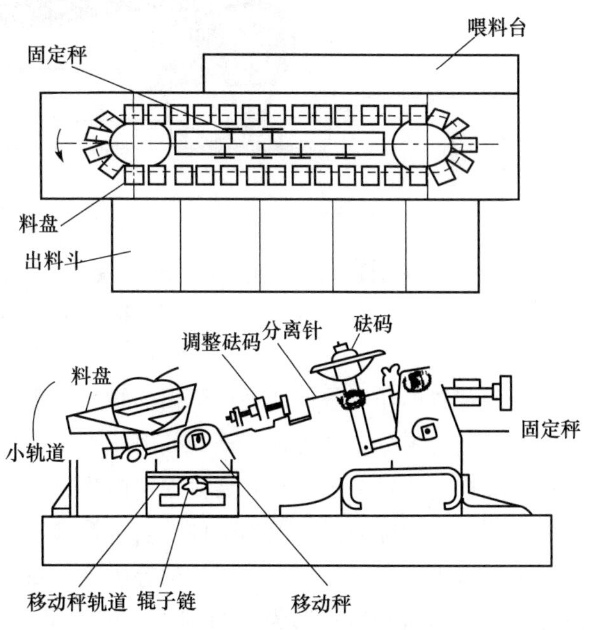

图 4-6　称重式果品分级机

（引自：许学勤．食品工厂机械与设备．2016.）

物料由重到轻按固定秤数量而分成若干等级，通过调整各段砝码重量，可调整分级规格。该机分级精度较高，调整方便，适用于苹果、梨、桃、番茄等的分级。

3. 筛选机械

根据物料粒度的不同，利用筛面上的筛孔对物料进行分选的方法称为筛选。筛选的主要对象是谷物，这类物质由较均匀的颗粒组成，就其性质而言，既是固体又具有一定的流体特性，因而被称为散粒体。

散粒体具有流动性和自动分级性能。在受到振动或以某种状态运动时，散粒体的各种颗粒会按它们的粒度、比重、形状和表面状态的不同而分成不同的层次。

1）振动筛

振动筛是通过筛体高频振动而实现筛分操作的。其功能为清除物料中的轻杂、大杂和小杂。

振动筛的筛面具有强烈的高频振动作用，筛孔几乎不会被物料堵塞，故筛分效率高，生产能力大，筛面利用率高。振动筛结构简单，占地面积小，重量轻，动力消耗省，价格低，应用范围较广。应用较多的是惯性振动筛、偏心振动筛和电磁振动筛。

图 4-7 为应用最为广泛的谷物类物料清理设备工作示意图。该机是筛选和风选相结合的筛选机械，主要由进料装置、筛体、吸风除尘装置和机架等组成。

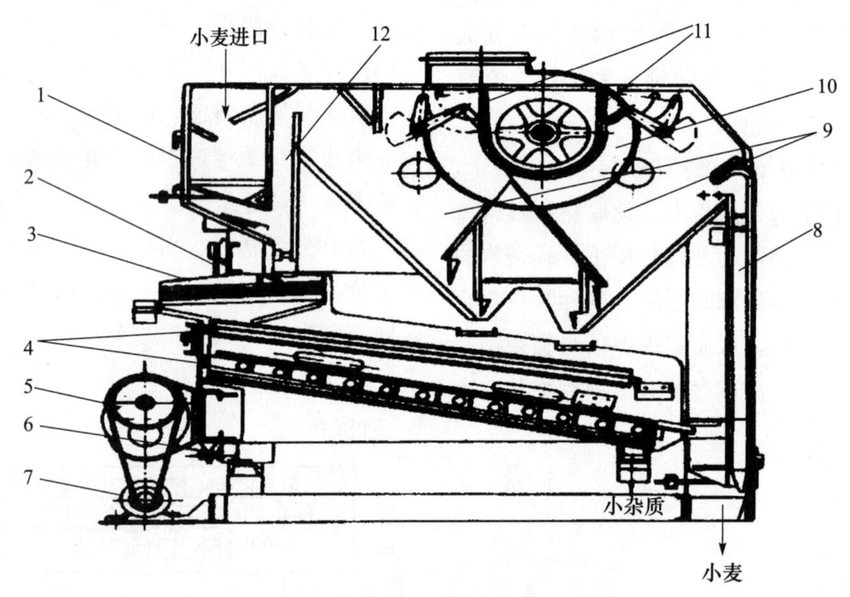

图 4-7　谷物类物料清理设备工作示意图

1. 进料斗；2. 吊杆；3. 筛体；4. 筛体；5. 自衡振动器；6. 弹簧限振器；7. 电动机；8. 后吸风道；9. 沉降式；10. 风机；11. 风门；12. 前吸风道

（引自：杨公明，程玉来. 食品机械与设备. 2015.）

进料装置的作用是保证进入筛面的物料流量稳定并沿筛面均匀分布。为提高筛分效率，可以调节进料量。进料装置由进料斗和流量控制门构成。

筛体是振动筛的主要工作部件，它由筛框、筛面、筛面清理装置、吊杆、限振机构等组成。筛体内装有三个筛面：第一层为接料筛面，筛孔最大，筛上物为大型杂质，筛下物均匀落到第二层筛面的进料端；第二层为大杂筛面，用以清理略大于粮粒的大杂；第三层为小杂筛面，小杂穿过筛孔排出，粮粒于第三层筛面上被收集。

这种振动筛的筛面为往复运动筛面，物料在筛面顺序向前、向后滑动而不跳离筛面。对于流动性较差的粉体的筛分宜采用频率较高而振幅较小的高速振动筛，筛选时，该类物料进行垂直于筛面的运动，物料呈蓬松状态且筛孔不易堵塞。

2）比重去石机

比重去石机是一种风振组合的分选机械。此类设备适用于清理与目标物料在粒度尺寸上相同的杂质，只是相对密度和空气动力性质有所不同。用常规筛选法无法去除杂质，只能采用风振组合分选机械，这类机械有比重去石机、比重分级机、比重分级去石机、清粉机等。

风振组合分选机械的特点：都有一块或几块带有很多通孔的往复振动面；空气流由下而上地穿过

往复振动面上的通孔，物料与杂质并不穿过振动面。

下面重点介绍比重去石机。它的体积小，结构紧凑，去石效率高，在粮食加工、食品、农业、制药等行业中应用广泛。

（1）比重去石机的结构　比重去石机的往复振动面称为去石板，根据去石板的结构不同，比重去石机可分为鱼鳞板去石机和编织板去石机两种。鱼鳞去石板又称为鱼鳞形冲孔筛面（图 4-8），是冲制有很多鱼鳞形通孔的薄钢板；编织去石板是金属丝编织的筛网。根据去石机气流的形式不同，可分为吹式和吸式两种。吸式去石机工作时，机内为负压，原料在振动时扬起的灰尘不外逸，有利于保持良好的工作环境。下面介绍吸式编织板去石机。

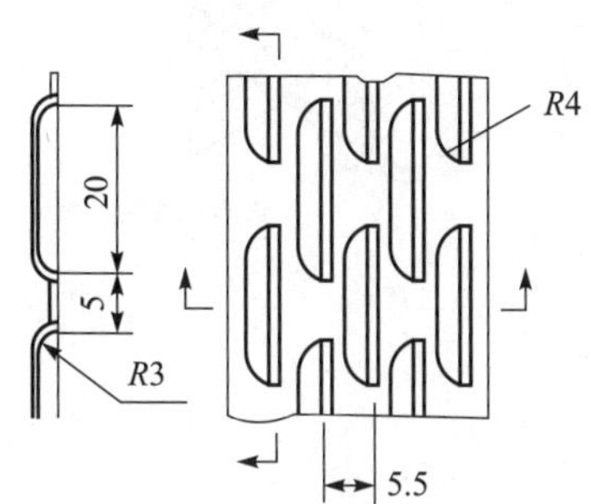

图 4-8　鱼鳞形冲孔筛面

（引自：殷涌光．食品机械与设备．2007.）

图 4-9 为 TQSX 型吸式编织板比重去石机外形图，该机主要由振动体、支承装置、吸风系统和机架等组成。振动体上装有去石板、激振装置、进出料装置和精选装置等。

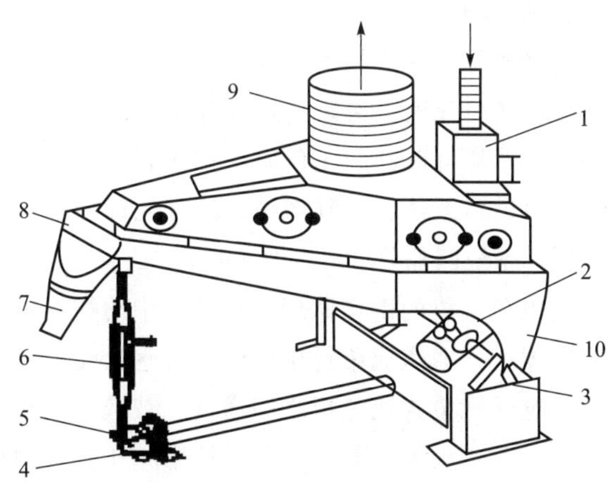

图 4-9　TQSX 型吸式编织板比重去石机外形图

1. 进料斗；2. 振动电动机；3. 支承弹簧；4. 螺旋弹簧；5. 铰接支座；6. 可调撑杆；7. 出石口；8. 筛体；9. 吸风管；10. 净料出口

（引自：殷涌光．食品机械与设备．2007.）

吸式编织板去石机的去石板又叫编织板去石筛面，如图 4-10 所示，按其各段功能的不同，分为预分区、分离段、聚集段和精选段。

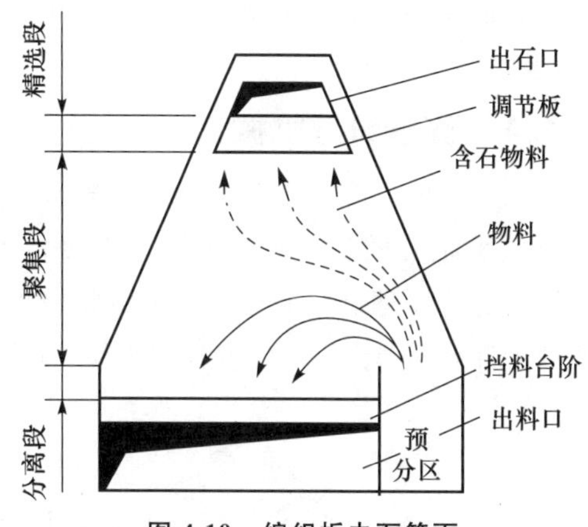

图 4-10　编织板去石筛面

（引自：殷涌光．食品机械与设备．2007.）

预分区的板面为无孔的普通钢板，进机物料在预分区受振动作用不断流向去石板的上部，在聚集段附近流入编织板面部分。

分离段、聚集段、精选段的板面均为编织筛面，采用约 1 mm 的圆形或方形截面钢丝，经预先压制后编织而成，其孔眼的大小可使粮粒和石块半嵌其中而不能在板面上滑动。

（2）比重去石机工作原理　物料由进料机构送至去石板的预分区，预分区的去石板没有孔。筛板上无孔时，在振动作用下，筛上物料呈纯上行状态，连续不断地将物料送向去石板的聚集段。

去石板出料端除了做纵向振动外，还做小幅度的横向摆振，因此物料离开预分区后，上料层开始横向运动，同时向下滑动，直至被挡料台阶阻挡为止，由此，物料逐渐往上游堆积，直到物料布满整个去石板，上料层才开始溢出台阶。

物料在聚集段受到振动和垂直于去石板面气流的作用，分成半悬浮于板面的上料层和接触板面的下料层两部分，上料层为相对密度小的粮粒，下料层为石子、泥块和未能半悬浮的粮粒的混合物。

物料在钢丝编织的去石板上不能滑动，只能在适当的振动和气流的共同作用下，不断向上跳动和上爬。随着下流层的向上运动，去石板面逐渐变窄，下料层中石子、泥块的比例增大。石子、泥块和部分粮粒同时进入精选段，在精选段反吹气流的作用下，粮粒被吹回聚集段，而石子、泥块经过精选段后由出石口排出。

与此同时，上料层以下料层为底板，逐步下行，至出粮口排出。这样，粮食与并肩石、并肩泥得以分开，净粮由去石板的低端排出，石子由去石板的高端排出。

4.1.4 光学分选机械

在食品工业中，应用光学原理对物料进行分选分级的机械系统有两类：一类基于光电测距原理，另一类根据比色原理进行分选。光电测距原理适用于个体较大且大小差异明显物料（如水果、蔬菜等）的分级；比色原理常用于个体较小、粒度均匀、外表颜色差异可测物料（如花生、葡萄等）的选别。

1. 光电式果蔬尺寸分级机

光电式果蔬分级机是利用光电测距原理，对不同大小物料个体进行选别的设备。光线测量是非接触式的，因而减少了物料的机械损伤，有利于实现自动化。

利用光电测距原理测量物体的大小有多种方式，常见方式有：遮断式、脉冲式、水平屏障式和垂直屏障式等（图 4-11）。

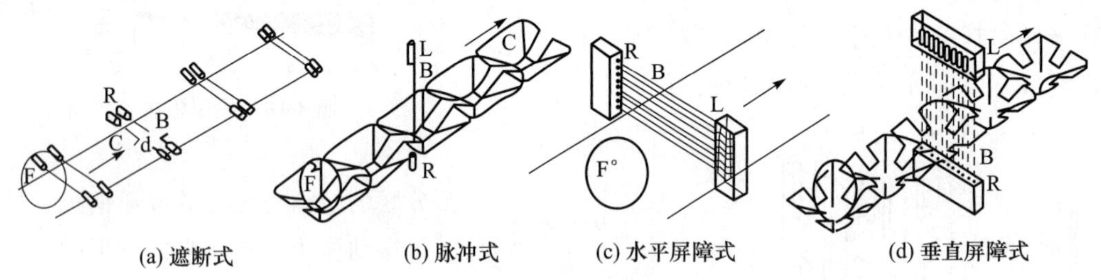

图 4-11 光电尺寸分级原理

L. 发光器；R. 接收器；B. 光束；F. 果实

（引自：杨公明，程玉来. 食品机械与设备. 2015.）

（1）光束遮断式果蔬分级机　其分选原理如图 4-11（a）所示。有两对由发光器 L 和接收器 R 构成的光电单元，平行横装在输送带上方，两者相距 d 由分级尺寸决定。沿输送带前进方向，d 逐渐缩小。若果实尺寸大于 d，两条光束被同时遮挡，这时推动装置接收到光电信号，把果实推离输送带，即可得到尺寸大于 d 的果实。光电单元的数量即为该设备能够分选的规格数量。

（2）脉冲计数式果蔬分级机　其分选原理如图 4-11（b）所示。发光器 L 和接收器 R 分别置于果实输送托盘的上、下方，且对准托盘的中间开口处。托盘移动一个距离 a，发光器即发出一个脉冲光束，果实在运行中遮挡脉冲光束次数为 n，则果实的直径 $D=na$。计算机将 D 值与设定值进行比较，进而将果实分为不同的尺寸规格。

（3）水平屏障式果蔬分级机　其分选原理如图 4-11（c）所示，将多个发光器和接收器排成一列，形成光束屏障。当果实经过光束屏障时，根据被遮挡 0 的光束数可求出果实的高度，再结合各光束被遮挡的时间，经积分可求出果实平行于输送带移动方向的侧向投影面积。计算机将此积分结果设定值进行比较后，可将不同尺寸级别的果实在不同位置推出。

按照同样的原理，可以将光束屏障的光线呈垂直方向排列，如图 4-11（d）所示，可以得到相同的测取果实投影面积的效果。

2. 色选机

色选机是利用食品物料外表色泽差别进行分选的一种设备。理论上讲，只要被分选物料具有颜色上的差异，都可以利用比色原理来进行分选。色选机主要由供料系统、检测系统、信号处理与控制电路、剔除系统四部分组成（图 4-12）。

光电色选机的工作原理：贮料斗中的物料由振动喂料器送入通道成单行排列，依次落入光电检测室，从电子视镜与比色板之间通过。被选颗粒对光的反射及比色板的反射在电子视镜中相比较，颜色的差异使电子视镜内部的电压改变。如果信号差别超过自动控制水平的预置值，即存贮延时，随后驱动气阀，高速喷射气流将物料吹送入旁路通道；而合格品流经光电检测室时，检测信号与标准信号差别微小，信号经处理判断为正常，气流喷嘴不启动，物料进入合格品通道。

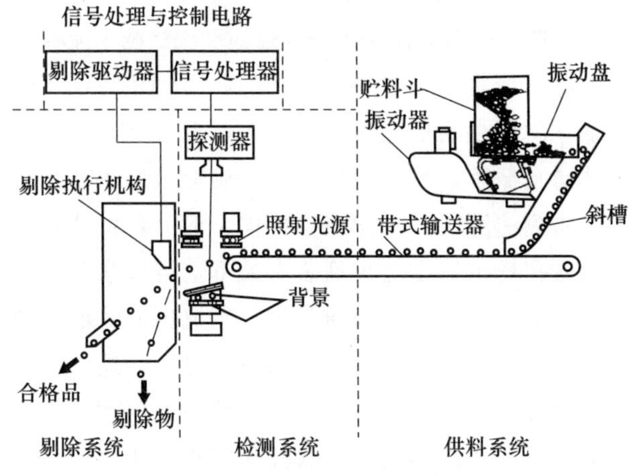

图 4-12　光电色选系统示意图

（引自：殷涌光. 食品机械与设备. 2007.）

4.2　过滤机械

过滤是利用多孔介质进行固液分离的方法。过滤可以利用的推力有重力、压力、离心力、真空等。在液态食品生产过程中，常用过滤方式除去其中的固形物微粒，从而提高产品的澄清度及外观稳定性。

4.2.1　过滤的概述

1. 过滤过程

在过滤的操作过程中，一般将被过滤处理的悬浮液称为滤浆，滤浆中被截留下来的固体微粒称为滤渣，而积聚在过滤介质上的滤渣层被称为滤饼，透过滤饼和过滤介质的液体称为滤液（图 4-13）。

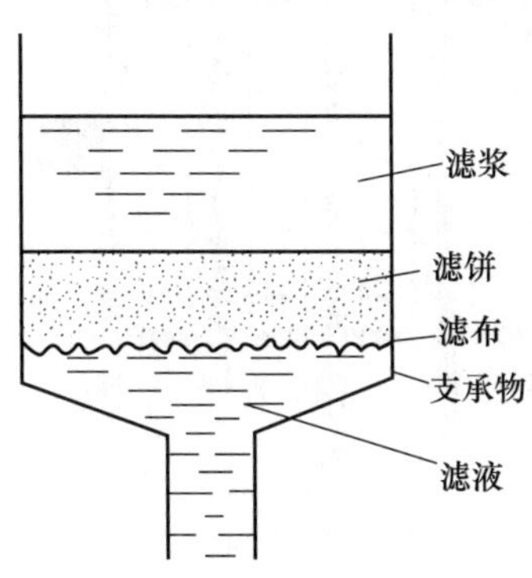

图 4-13　过滤操作过程示意图

过滤介质是过滤机的重要组成部分。工业上常用的过滤介质有三类：①粒状介质，如细砂、石砾、炭等；②滤布介质，如金属或非金属丝编织的网、布或无纺织类的纤维纸；③多孔介质，如多孔陶、多孔塑料等。

为提高过滤效率，防止滤渣堆积过密，有时用助滤剂（如硅藻土、珍珠岩等）涂布于滤布上，或按一定比例，均匀混合于悬浮液之中，一起过滤。

2. 过滤机类型

按过滤介质的性质，过滤机可分为粒状介质过滤机、滤布介质过滤机、多孔陶瓷介质过滤机和半透膜介质过滤机等；按操作方法，过滤机可分为间歇式过滤机和连续式过滤机等。

过滤过程一般包括过滤、洗涤、干燥、卸料四个阶段。

间歇式过滤机的过滤、洗涤、干燥、卸料四个操作工序是在不同时间内，在过滤机同一部分上依次进行的。它的结构简单，但生产能力较低，劳动强度较大。一般加压过滤机多为间歇式过滤机。

连续式过滤机的四个操作工序是在同一时间内，在过滤机的不同部位上进行的。它的生产能力较高，劳动强度较小，但结构复杂。一般真空过滤机为连续式过滤机。

4.2.2　加压式过滤机

常用加压过滤机多为间歇操作，包括板框式压滤机和叶滤机等。加压过滤机的优点如下：①由于较高的过滤压力，过滤速率较大；②结构紧凑，造价较低；③操作性能可靠，适用范围广。加压过滤机的缺点主要是它的间歇操作方式，还有一些类型的加压过滤机的劳动强度较大。

1. 板框式压滤机

板框压滤机结构如图 4-14 所示，它是间歇式过滤机中应用最广泛的一种，由滤板、液压系统、滤框、滤板传输系统和电气系统等五大部分组成。多块滤板和滤框交替排列，板和框用支耳架固定在一对横梁上，通过螺旋推进或液压系统压紧装置压紧或拉开。滤板和滤框数目一般为 10～60 个，可根据生产能力和悬浮液的情况而定。

滤框和滤板如图 4-15 所示，形状多为正方形，角端开小孔，组装时，因为框和板用过滤布隔开且

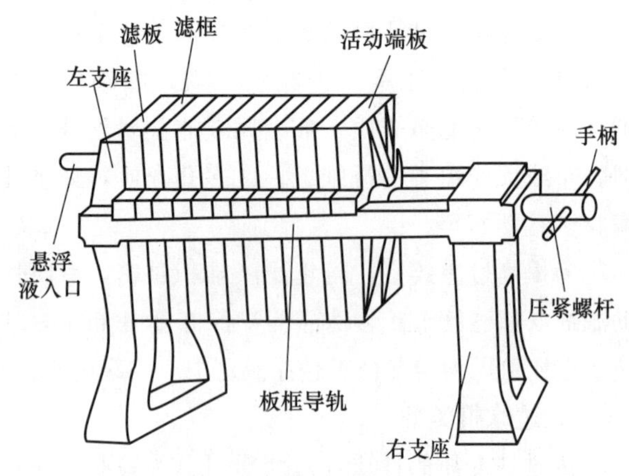

图 4-14 板框压滤机结构

（引自：许学勤. 食品工厂机械与设备. 2016.）

交替排列，构成了可供滤浆和洗涤水流通的孔道，空框和滤布围成了容纳滤浆及滤饼的空间。滤板的作用是支撑滤布且提供滤液流出的通道，其板面上有各种凹凸纹路。滤板分为过滤板和洗涤板两种，常在板和框的外侧铸有标志以示区别。

板框压滤机的操作可分为过滤和洗涤两个流程。

（1）板框压滤机的过滤流程 如图 4-16（a）所示，滤浆由滤框上方通孔进入滤框空间，固体颗粒被滤布截留，形成滤饼；滤液则穿过滤饼和滤布流向两侧的滤板，沿滤板沟槽向下流动，由滤板下方的通孔排出。排出口处装有旋塞，若观察流出滤液的澄清情况。若有滤布破损，则流出的滤液必然浑浊，可关闭旋塞，待操作结束时更换。这种滤液排出的方式称为明流式。另一种暗流式压滤机滤液是由板框通孔组成的密闭滤液通道集中流出的，可减少滤液与空气的接触。

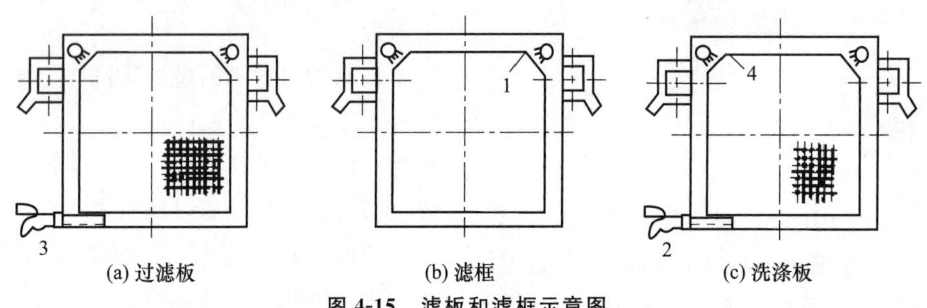

图 4-15 滤板和滤框示意图

1. 料液通道；2. 滤液出口；3. 滤液或洗液出口；4. 洗涤通道

（引自：杨公明，程玉来. 食品机械与设备. 2015.）

（2）板框压滤机洗涤流程 如图 4-16（b）所示，当滤框内充满滤饼时，导致过滤速率大大降低，此时应停止进料，进入洗涤阶段。洗涤板左上角的小孔有一个与之相通的小孔，洗涤水由此输入。过滤板无此小孔，组装时，过滤板和洗涤板必须按顺序交替排列，即滤板、滤框、洗涤板、滤框、滤板……过滤操作时，洗涤板一样起滤板的作用，但洗涤时，其下端出口被关闭，洗涤水通过滤布和板框的全部向过滤板流动，从过滤板下部排出。洗涤完后，除去滤饼，进行清理，重新组装，进入下一循环操作。洗涤速率为过滤终了时过滤速率的 1/4。

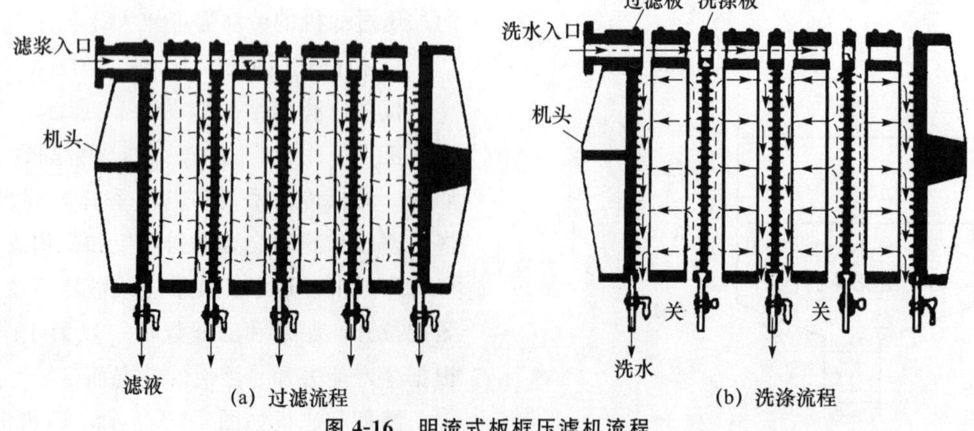

图 4-16 明流式板框压滤机流程

（引自：殷涌光. 食品机械与设备. 2007.）

该机的特点如下：构造简单，制造方便，造价低，过滤推动力大，过滤面积大，对物料适用确应性好，密闭性好，对浆料适应性强；但装拆劳动强度大，间歇操作，滤布消耗量大。在水处理、食品、医药、化工等领域应用广泛。特别适用于低浓度悬浮液、胶体悬浮液和黏度较大的悬浮液。

2. 叶滤机

叶滤机也是一种间歇加压过滤设备，主要由一组并联滤叶装在密闭耐压机壳内组成。当输料泵向机壳内压入悬浮液后，滤渣截留在滤叶表面，滤液透过滤叶，经收集管道排出。

滤叶式加压液滤机的重要过滤元件，一般由里层的支撑网、边框和覆在外层的细金属丝网或编织滤布组成。

叶滤机有许多形式。罐体可以有立式和卧式，滤叶在罐内的安装也可有水平和垂直两种方向。垂直滤叶两面均能形成滤饼，而水平滤叶只能在上表面形成滤饼。在同样条件下，水平滤叶的过滤面积为垂直滤叶的 1/2，但水平滤叶形成的滤饼不易脱落。人们通常用滤叶的安置形式来对叶滤机进行分类，可分为垂直滤叶型（图 4-17）和水平滤叶型（图 4-18）两种。

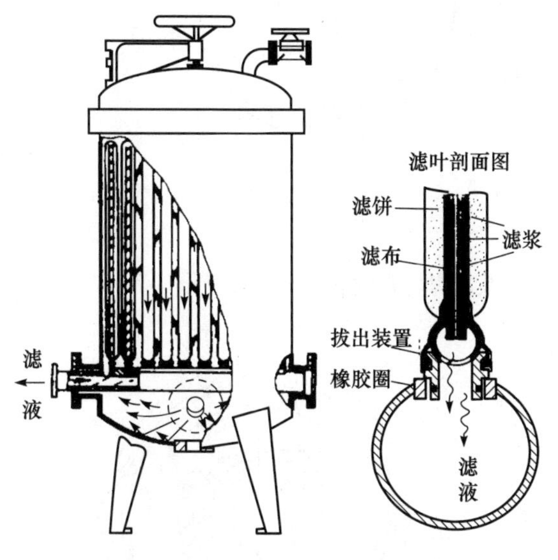

图 4-17　垂直滤叶型叶滤机

（引自：许学勤．食品工厂机械与设备．2016.）

过滤时，将滤叶置于密闭槽中，滤浆处于滤叶外围，借助滤叶外部的加压或内部的真空进行过滤，滤液在滤叶内汇集后排出，固体微粒则积于滤布上成为滤饼，厚度通常为 5～35 mm。滤饼可利用振动、转动以及喷射压力水清除，也可打开罐体，抽出叶滤组件，进行人工清除。

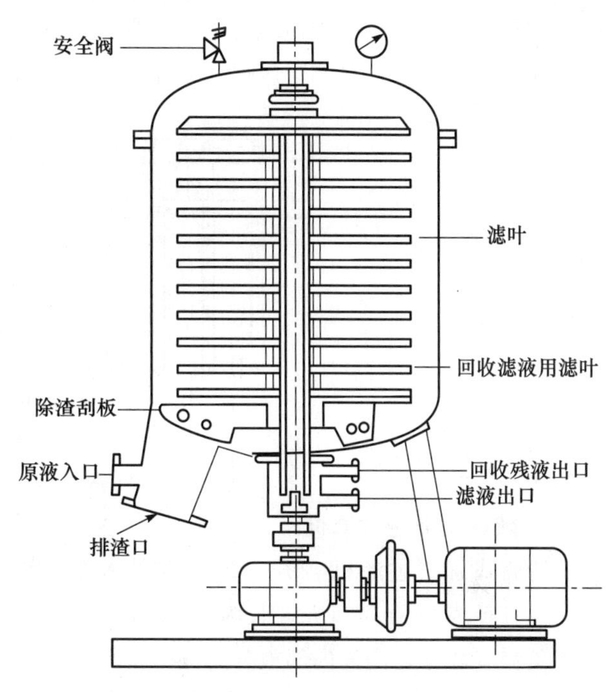

图 4-18　水平滤叶型叶滤机

（引自：许学勤．食品工厂机械与设备．2016.）

叶滤机的优点：灵活性大，节省人力，单位体积生产能力较大，且单位体积具有很大的过滤面积。另外，洗涤速率较一般压滤机快，且洗涤效果较好。叶滤机的缺点：构造复杂，成本高，滤饼不如压滤机干燥，容易出现滤饼不均匀的现象。

4.2.3　真空过滤机

真空过滤机可分为间歇式和连续式两种。常见的间歇式真空过滤机有真空叶滤机。常见的连续式真空过滤机有转筒式真空过滤机。

1. 真空叶滤机

真空叶滤机是由 10～20 个或 35 个叶片并联排列组成的，叶片呈长方形，由厚 5 mm 左右的硬聚乙烯塑料板焊接而成，在塑料板上布满直径 5 mm 左右的小孔，板外覆以涤纶布袋作过滤介质，每个叶片的上方均与真空管线相连（图 4-19）。

真空叶滤机是间歇操作的，分为抽滤、水洗、吸干和卸料四个过程：①油滤：将滤叶浸入料浆槽内，槽底用搅拌器或压缩空气鼓泡，使浆料搅拌均匀，以避免出现滤饼上薄下厚的现象。然后，开启真空阀门，在真空作用下，浆液中的液体穿过滤布和塑料板上的小孔进入集液管内，排至自动倒液罐中，固体则留在滤叶表面，使滤饼达到一定厚度(25～35 mm)，该过程为抽滤过程。②水洗：将滤叶提起，继续抽吸，使滤饼保持在滤叶上，并移至洗涤槽中进行水洗。洗涤槽中装有水且不断向洗涤槽中补充水，以使叶片始终浸在水中。③吸干：当滤饼符合工艺要求时，即可将叶片提起，移至固体物料贮槽，继续保持真空，将滤饼抽干。④卸料：切断真空，将滤饼卸除。

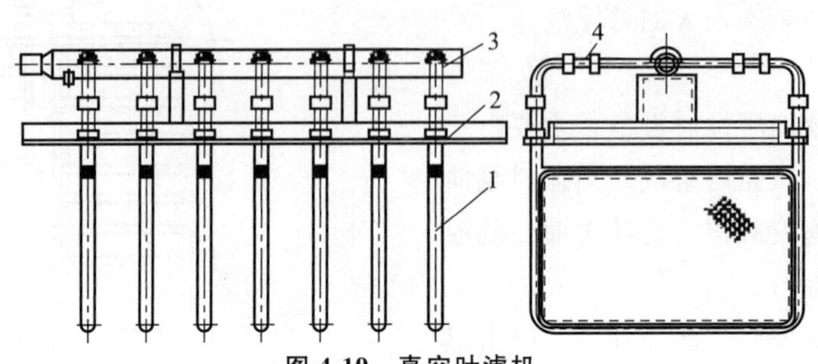

图 4-19　真空叶滤机

1. 滤叶；2. 框架；3. 真空管；4. 视镜

(引自：殷涌光. 食品机械与设备. 2007.)

2. 转筒式真空过滤机

转筒式真空过滤机(图 4-20)的主体称为转鼓，其直径为 0.3～4.5 m，长为 3～6 m。圆筒外表面覆盖有滤布，圆筒内部被分隔成若干个扇形格室，每个格室有吸管与空心轴内的孔道相通，空心轴内的孔道沿轴向通往位于轴端并随轴旋转的转动盘上。转动盘与固定盘紧密配合，构成一个特殊的旋转阀，称为分配头(图 4-21)。分配头的固定盘上分成若干个弧形空隙，分别与减压管洗液贮槽及压缩空气管路相通。

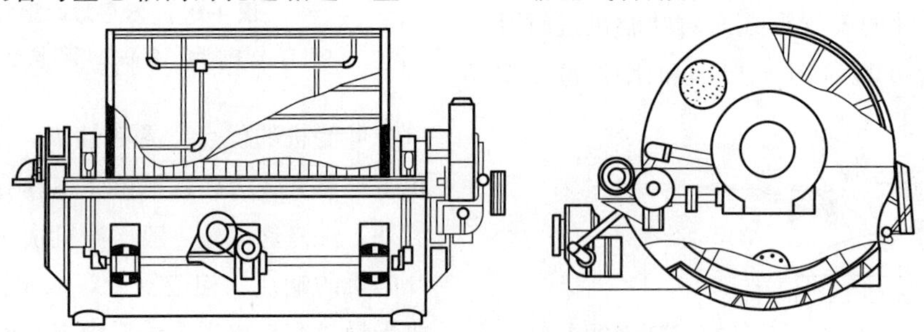
图 4-20　转筒式真空过滤机

(引自：许学勤. 食品工厂机械与设备. 2016.)

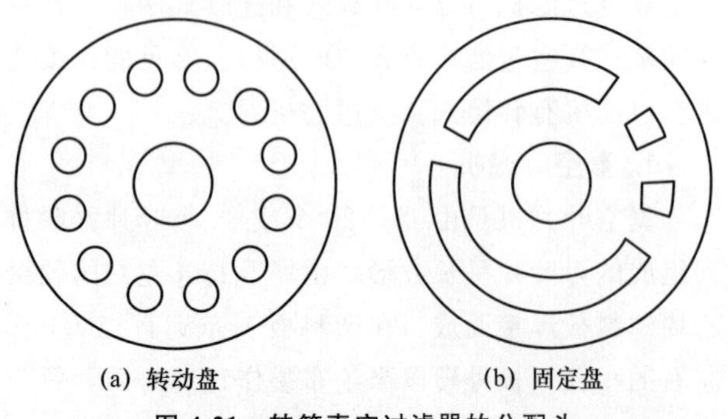

图 4-21　转筒真空过滤器的分配头

(引自：许学勤. 食品工厂机械与设备. 2016.)

当转鼓旋转时，利用分配头，扇形格内分别获得真空和加压作用，如此便可控制过滤、洗涤等操作循序进行。整个转鼓表面可分为Ⅰ～Ⅵ六个区(图 4-22)，这些区域所对应真空状态与相关操作见表 4-1。

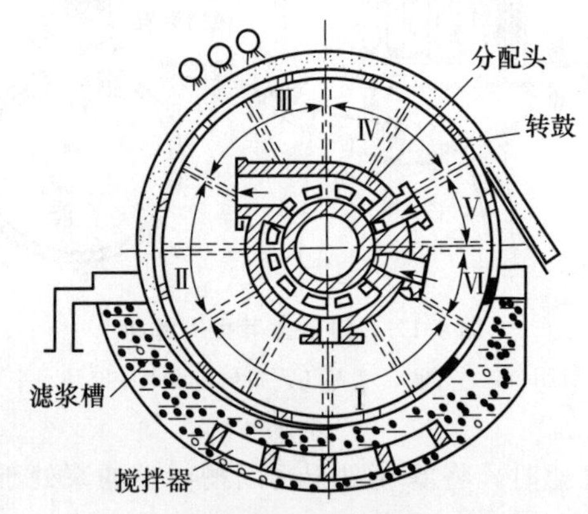

图 4-22　转筒真空过滤机操作原理

(引自：许学勤. 食品工厂机械与设备. 2016.)

表 4-1　转鼓表面不同区域的真空状态及相关操作

区域	区域名	扇形格压力	对应操作
Ⅰ	过滤区	负压	滤液经过滤布进入格室内，然后经分配头的固定盘弧形槽以及与之相连的接管排入滤液槽
Ⅱ	吸干工区	负压	扇形格刚离开液面，滤饼中的残留滤液被吸尽，与过滤区滤液一并排入滤液槽
Ⅲ	洗涤区	负压	洗涤水有喷水管洒于滤饼上，扇格内负压将洗液吸入，经过固定盘的弧形槽通向洗液槽
Ⅳ	洗后吸干区	负压	洗涤后的滤饼在此区域内，利用扇形格室内的减压作用将残留洗液吸干，并与洗涤区的洗出液一并排入洗液槽
Ⅴ	吹松卸料区	正压	将被吸干后的滤饼吹松，同时被伸向过滤表面的刮刀所剥落
Ⅵ	滤布再生区	正压	在此区域内以压缩空气吹走残留的滤饼

（引自：许学勤．食品工厂机械与设备．2016．）

转筒式真空过滤机的优点：①可连续生产，机械化程度较高；②适用于悬浮液中颗粒粒度中等、黏度不太大的物料；③滤饼厚度和洗涤效果可通过调节转鼓转速来控制；④滤布损耗要比其他类型过滤机的小。

转筒真空过滤机的缺点：①其仅是利用真空作为推动力，由于管路阻力损失，不易抽干；②设备加工制造复杂，设备投资昂贵。

4.3　压榨机械

压榨机是利用压力将固体中包含的液体压榨出来的固-液分离机械。在食品工业上，压榨主要用于从可可豆、椰子、花生、棕榈仁、大豆、菜籽等种子或果仁中榨取油脂，以及从甘蔗中榨取糖汁等。压榨的另一个重要用途就是用来榨取如苹果和柑橘之类的果汁。压榨过程主要包括加料、压榨、卸渣等工序。有时，由于进料状态要求或为了提高压榨效率，对物料必须进行一定的预处理，如破碎、热烫、打浆等。

和过滤一样，压榨的目的也是将固-液混合物分离。流动性好、易于泵送的固-液混合物可采用过滤分离，不易用泵输送的则应采用压榨分离。在过滤操作过程中，当滤饼中液体需要去除得更彻底些时，就要用到压榨操作。

压榨设备按操作方式有间歇式和连续式两种。在间歇式压榨机中，其加料、卸料等操作工序均是间歇进行的。这些设备结构简单，安装费用低，操作压力易控制，能满足压榨过程中压力由小到大逐渐增加的工艺要求等，适用于小规模生产或传统产品的生产。连续压榨机可适用于不同生产规模的需要。

4.3.1　间歇式压榨机

1. 手动式压榨机

手动式压榨机如图 4-23 所示。操作时，用布袋将要压榨的物料包裹起来，放在压榨板和机座之间，转动手柄使压榨板下降，物料受到 10～20 kN 的压力。将物料中所包含的汁液压榨出来，流入下部汁液收集于盘中，压榨渣则留在布袋中。在施压过程中，应注意压力必须缓缓地增加，以免布袋破裂造成榨汁浑浊。待压力卸去且压榨板复位后，将压榨渣由机座取下，并卸料。

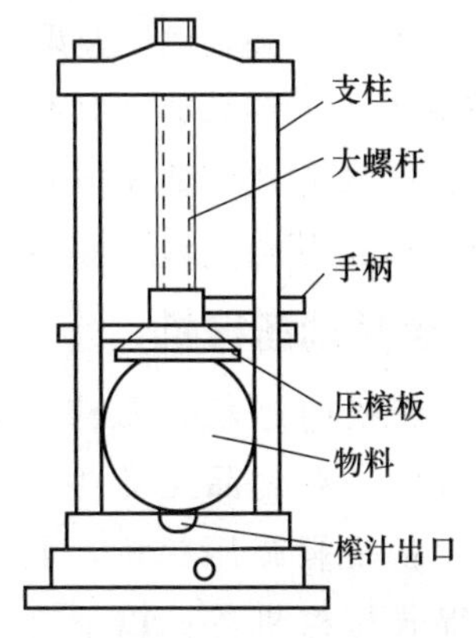

图 4-23　手动式压榨机示意图

（引自：殷涌光．食品机械与设备．2007．）

2. 气囊式压榨机

20 世纪 60 年代开始出现气压式压榨机，并且最先在葡萄榨汁及黄酒醪的过滤、压缩操作中应用。这里要介绍的气囊压榨机属于气压式压榨机。

气囊压榨机（图 4-24）主要用于果汁生产，其基本结构是一个卧式圆筒筛，其内侧有一个过滤用的滤布圆筒筛，滤布圆筒筛内装有一个能充压缩空气的橡胶气囊。待榨物料置于圆筒内后，通入压缩空气将橡胶气囊充胀起来，向夹在橡胶气囊与圆筒筛之间的物料由里向外施加压力。将整个装置旋转起来，使空气压力均匀分布在物料上，最大压榨压力可达 0.63 MPa。其施压过程是逐步进行的。用于榨取葡萄汁时，起始压榨压力为 0.15～0.2 MPa，然后放气减压，转动圆筒筛使葡萄浆料疏松，分布均匀，重新在气囊中通入压缩空气升压后，再放气减压，疏松后再升压。当大部分葡萄汁流出后，升压至 0.63 MPa。整个压榨过程为 1 h，逐步反复增压 5～6 次或更多。

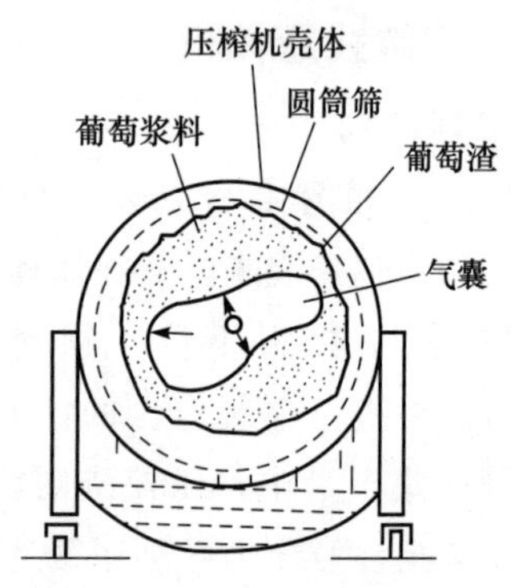

图 4-24　气囊压榨机侧视图

（引自：许学勤．食品工厂机械与设备．2016.）

气囊压榨机常用于葡萄酒厂及果汁饮料厂的生产，由于葡萄籽成分对酿酒会产生不良影响，葡萄酒厂在葡萄压榨时要避免将葡萄籽压破，气囊压榨机就可以有效避免在压榨过程中将葡萄籽压破。

4.3.2　连续式压榨机

连续式压榨机的进料、压榨、卸渣等工序都是连续进行的。在食品工业中，最有代表性的这类压榨设备是螺旋压榨机，其他还有带式压榨机和轧辊式压榨机等。以下介绍螺旋压榨机和轧辊式压榨机。

1. 螺旋压榨机

螺旋压榨机是使用比较广泛的一种连续式压榨机，具有结构简单、体积小、出汁率高、操作方便等特点。其主要由压榨螺杆、圆筒筛、离合器、压力调整机构、传动装置、汁液收集斗和机架等组成（图 4-25）。

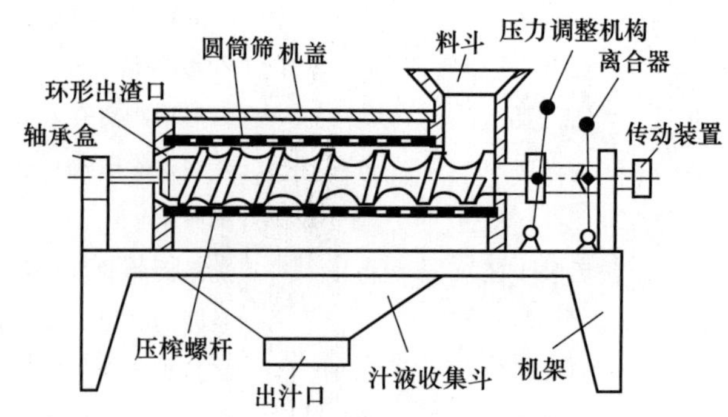

图 4-25　螺旋压榨机

（引自：殷涌光．食品机械与设备．2007.）

压榨螺杆由两端的轴承支承在机架上，传动系统带动压榨螺杆在圆筒筛内做旋转运动。为了使物料进入榨汁机后尽快压榨，在长度方向（从进料口向出料口方向）上，随着螺杆内径的增大，其螺距反而减小。螺距变小则物料受到的轴向分力增加，径向分力减小，有利于物料的推进。

螺旋也有做成两段的，第一段叫喂料螺旋，第二段叫压榨螺旋，两段螺旋转速相同而转向相反。经第一段螺旋初步预挤压后发生松散，松散后的物料进入第二段螺旋，由于转向相反，物料翻了个身，同时由于第二段螺旋结构为单螺旋，给物料施加更大的挤压力，从而可提高出汁率。

圆筒筛一般由不锈钢板钻孔后卷成，为了便于清洗及维修，通常做成上、下两半，用螺钉连接安装在机壳上。圆筛孔径一般为 0.3～0.8 mm，螺杆挤压产生的压力可达 1.2 MPa 以上，因此，开孔率既要考虑榨汁的要求，又要考虑筛体强度。

为了提高设备对物料的压榨能力，通常采用调压装置来调整榨汁压力。一般通过调整出渣口环形间隙大小来控制最终压榨力和出汁率。间隙大，出渣阻力小，压力减小；反之，压力增大。扳动压力调整手柄使压榨螺杆沿轴向左右移动，从而改变环形间隙。

2. 轧辊式压榨机

轧辊式压榨机（图 4-26）通常由排列成品字

形的三个压榨辊组成：上部的辊子称顶辊，在顶辊两端的轴承上装有弹簧等压力装置，以产生必要的压榨力；前部的压辊称为进料辊；后部的压辊称为排料辊。进料辊与排料辊之间装有托板。

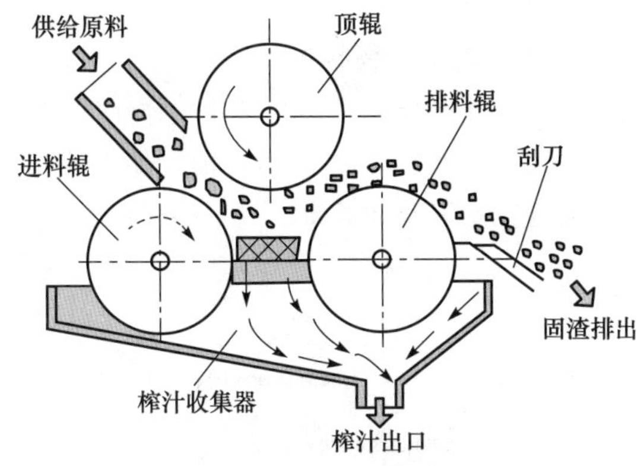

图 4-26　压辊式压榨机

（引自：殷涌光. 食品机械与设备. 2007.）

物料首先进入顶辊与进料辊之间受到一次压榨，然后由托板引人顶辊与推料辊之间再次压榨，压榨渣由排料辊处的刮刀卸料，汁液流入榨汁收集盘中，并引出机器。

4.4　离心分离机械

离心分离机械可用于不同状态分散体系的分离，在食品工业中有着广泛的应用。例如，原料乳净化、奶油分离、淀粉脱水、食用油净化、豆制品浆渣分离、葡萄糖脱水等操作，都由离心分离机械完成。

4.4.1　离心机的概述

离心机可有不同的分类方式。常见的分类因素有：分离因数、分离原理、操作方式、卸料方式和轴向等。按分离因数划分的离心机类型如表 4-2 所示。

表 4-2　按分离因数范围划分的离心机类型

分离因数（K_c）范围	离心机类型	适用场合
＜3 000	常速离心机	粒度范围 0.01～1.0 mm 颗粒悬浮液分离、物料脱水
3 000～50 000	高速离心机	极细颗粒的稀薄悬浮液及乳浊液
＞50 000	超速离心机	超微细粒悬浮系统和高分子胶体悬浮液分离

（引自：许学勤．食品工厂机械与设备. 2016.）

离心机按分离原理分类，可分为过滤式、沉降式和分离式三类。过滤式离心机是鼓壁上有孔，借离心力实现过滤分离的离心机。沉降式离心机的转鼓壁不开孔，可借离心力实现沉降分离。分离式离心机的鼓壁也无开孔。

离心机的操作方式有间歇式和连续式两种。间歇式离心机在卸料时，必须停机然后采用人工或机械方法卸出物料。

连续式离心机是操作在连续化状态下进行的离心机，其物料的输入和不同相物质的分离与输出均为连续完成。可用于固-液悬浮液和液-液乳浊液的分离。

4.4.2　过滤式离心机

过滤式离心机主要适用于溶液中固相浓度较高、固相颗粒粒度较大（通常大于 50 μm）的悬浮液的分离脱水，其已在食品、医药、化工、轻工等行业得到广泛的应用。在食品工业中，过滤式离心机主要用于蔗糖结晶体的分离精制、脱水蔬菜制造的预脱水过程、淀粉的脱水、血块去血水、水果蔬菜的榨汁、植物蛋白的回收及在冷冻浓缩过程中冰晶的分离等。

过滤式离心机有三足式过滤离心机、上悬式过滤离心机、刮刀卸料过滤离心机、活塞推料过滤离心机和离心力卸料过滤离心机等，按过滤操作过程可分为间歇操作和连续操作两种。

1. 三足式过滤离心机

三足式过滤离心机结构如图 4-27 所示，因其机壳和转鼓是支持在一个三足架上的而得名，此结构可减弱离心机转鼓转动时产生的振动。它是间歇操作的过滤式离心机，转鼓鼓壁开有滤孔。三足式过滤离心机的主要优点有：①对物料的适应性强，固体颗粒几乎不受损坏；②运转平稳，结构简单，造价低廉。三足式过滤离心机的缺点：间歇操作，辅助作业时间较长，生产能力低，劳动强度大。

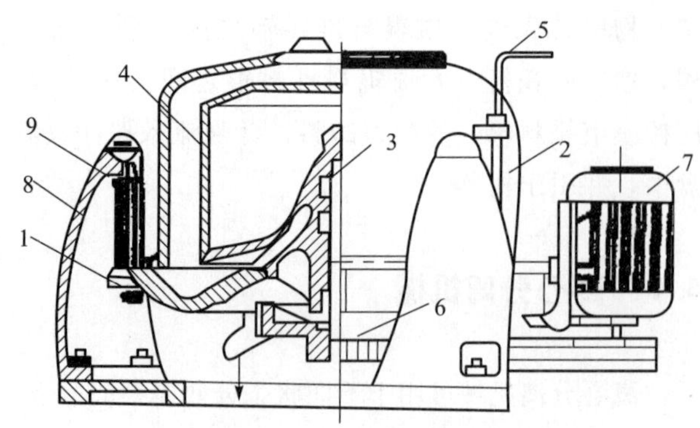

图 4-27　三足式离心机结构简图

1. 机座；2. 机壳；3. 主轴；4. 转鼓；5. 制动器；6. 联轴器；7. 电动机；8. 支柱；9. 牵引杆

（引自：殷涌光．食品机械与设备．2007.）

操作时，通过进料管将待分离的浆料注入转鼓内，液体受离心力作用后，穿过滤布及壁上的小孔甩出，在机壳内汇集后，从下部的出液口流出。不能通过的固形物料则被截留在滤布上形成滤饼层。当滤饼层达到一定厚度时，要停机除渣，采用人工方式，连同滤布袋一起将固体滤层从离心机中取出。

三足式过滤离心机广泛应用于食品工业中，如味精、柠檬酸及其他有机酸生产中结晶与母液的分离。

2. 上悬式过滤离心机

上悬式过滤离心机也是间歇操作的过滤离心机，结构如图 4-28 所示。其结构特点是上部驱动、下部卸料，其转鼓由上置的电动机驱动，为了保证装料均匀，一般在转鼓缓慢旋转的情况下进料。机内装有喷洒器，将滤饼洗涤完毕后，卸出滤渣。

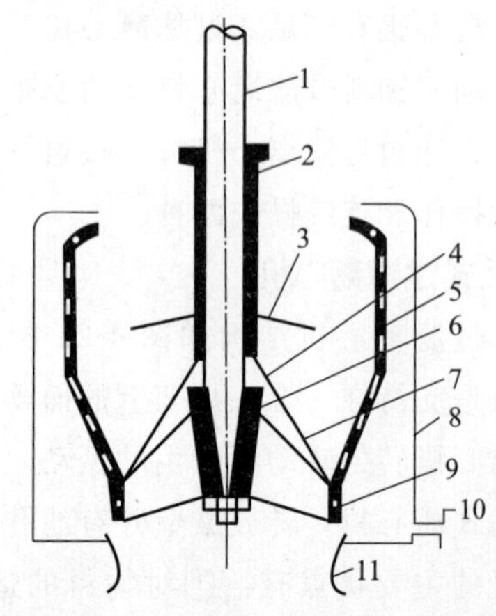

图 4-28　上悬式过滤离心机结构简图

1. 转轴；2. 轴套筒；3. 分散盘；4. 联轴器；5. 转鼓；6. 轮毂；7. 轮辐；8. 机壳；9. 轮箍；10. 滤液出口；11. 滤渣出口

（引自：殷涌光．食品机械与设备．2007.）

上悬式离心机的优点：①卸除滤渣较快、较易；②支承和传动装置不与液体接触，因而不受腐蚀；③结构简单，操作与维修方便。上悬式离心机的缺点：①主轴较长且易磨损；②运转时振动较大；③劳动强度较大。

3. 卧式刮刀卸料离心机

卧式刮刀卸料离心机是一种连续操作的过滤式离心机，其结构如图 4-29 所示，刮刀伸入转鼓内，在液压装置控制下刮卸滤饼。

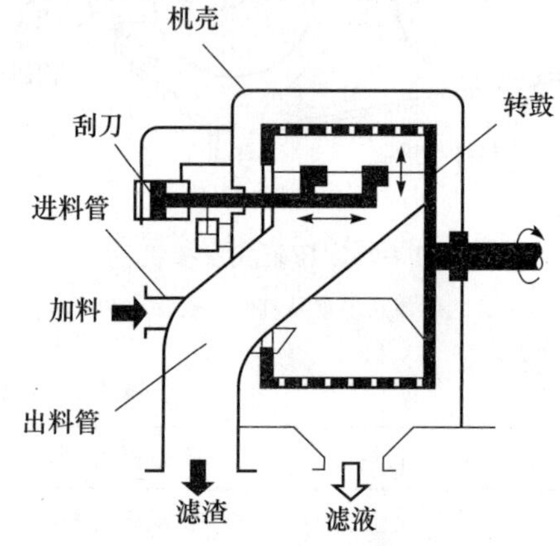

图 4-29　刮刀卸料离心机结构简图

（引自：殷涌光．食品机械与设备．2007.）

刮刀卸料离心机的优点：①可在全速下完成各工序；②产量大、分离洗涤效果好；③各工序所需的时间和操作周期的长短可视物料的工艺要求而进行调整，适应性较好。刮刀卸料离心机的缺点：①卸渣时受刮刀的刮削作用，易使固体颗粒有一定程度的破碎；②振动较大，刮刀容易磨损。

该机可用于分离含粗、中、细颗粒的悬浮液，对物料的适应性强。但刮刀卸料后，转鼓网上仍留有一薄层滤饼，对分离效果有影响，因此，不适用于易使滤网堵塞而又无法清洗滤网的物料。

在食品工业中，卧式刮刀卸料离心机主要用于制盐工业中的盐浆、无水硫酸钠的脱水、淀粉工业中淀粉的脱水等。

4.4.3　分离式离心机

在分离液-液乳浊液和含极细颗粒的悬浮液时，需要有极大的离心力，分离式离心机一般均属于超速离心机。

分离机可分为碟式、室式和管式三种，它们在食品工业中有广泛的应用。例如，管式分离机常用于动物油、植物油和鱼油的脱水，以及果汁、苹果浆和糖浆的澄清。碟式分离机在乳品工业上，广泛应用于奶油的分离和牛乳的净化；在植物油和动物脂肪精制上，应用于脱水和澄清，还常应用于果汁的澄清。

1. 碟式离心机

碟式离心机结构如图 4-30 所示，主要由转鼓、变速机构、电动机、机壳、进料管、出料管等构成。

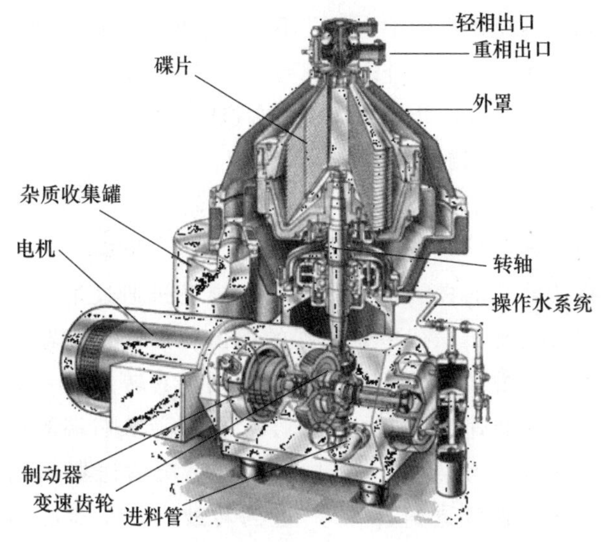

图 4-30　碟式离心机结构图

（引自：魏庆葆．食品机械与设备．2008.）

碟式离心分离机具有一密闭的转鼓，内有数十个至上百个形状和尺寸相同且锥角为 60°～120°的锥形碟片，碟片之间的间隙可以调节，一般为 0.5～2.5 mm，开机后碟片的转速能达到 4 000～8 000 r/min。

碟式离心机分离原理如图 4-31 所示。混合液自进料管进入随轴旋转的中心套管之后，在转鼓下部因离心力作用进入碟片区，在碟片间隙内又因离心力而被分离，重液向外周流动，轻液向中心流动。由此，在间隙中产生两股流动方向相反的液体，轻液沿下碟片的外表面向着转轴方向流动，重液沿上碟片的内表面向周边方向流动。在流动中，分散相不断从一流层转入另一流层，两液层的浓度和厚度随流动均发生变化。在中心套管附近，轻液在分离碟片下从间隙穿出，而后沿中心套管与分离碟片之间所形成的通道中流出。在碟片间流动的重液被抛向鼓壁，而后向上升并进入分离碟片与锥形盖之间的空隙而被排出。

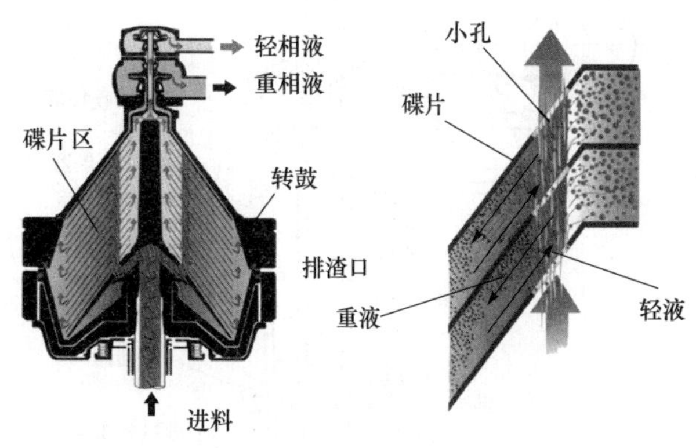

图 4-31　碟式离心机分离原理图

（引自：魏庆葆．食品机械与设备．2008.）

用于澄清的分离机，其结构与碟式离心机基本相同，所不同的是只有一个排出口供液体排出，同时其碟片上无孔，底部的分配板将液体导向转鼓边缘。被分离后的液体沿碟片间隙向转鼓中央流动，固体则沉积于转鼓壁处。

2. 管式分离机

管式分离机的转鼓形状如管，直径小，长径比大，转速高，分离因数大。物料在转鼓内的停留时间长，对粒度小、固液相密度差小的物料分离或澄清效果好，适用于高分散、难分离的悬浮液的澄清以及乳浊液和液-液-固三相混合物的分离。澄清型管式分离机特别适用于固相浓度低、黏度大、固相颗粒粒度小于 0.1 μm、固液相密度差大于 10 kg/m^3 的悬浮液的分离。

管式分离机分离能力强，可获得澄清度较高的分离液。其优点：①分离强度大，离心力为普通离心机的 8～24 倍；②结构紧凑，密封性能好。其缺点：①容量小；②分离能力比倒锥式液体分离机低；③处理悬浮液的澄清操作系间歇操作。

如图 4-32 所示，管式分离机在固定的机壳内装有高速旋转的狭长管状无孔转鼓。转鼓直径要比其长度小好几倍。通常转鼓悬挂于离心机上端的橡皮挠性驱动轴上，其下部由底盖形成中空轴并置于机壳底部的导向轴衬内。转鼓的直径在 200 mm 以下（一般为 70～160 mm）。这种转鼓允许大幅度地增加转速，即在不过分增加鼓壁应力的情况下，可获得很大的离心力。

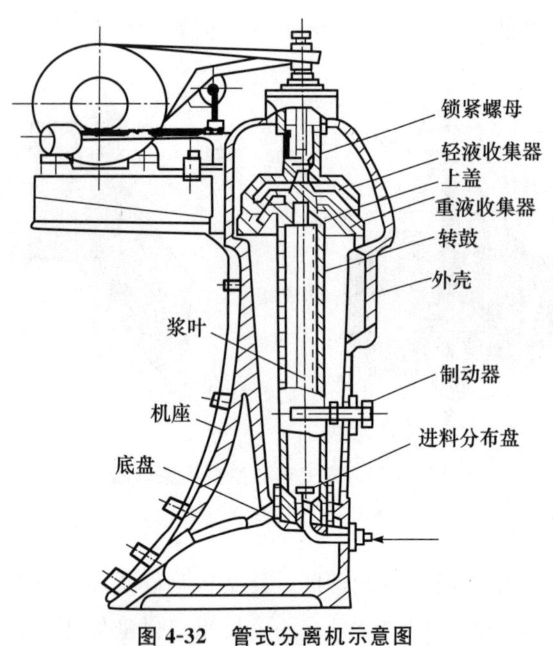

图 4-32　管式分离机示意图

（引自：杨公明，程玉来．食品机械与设备．2015.）

在管式分离机中，待处理物料经下部固定的进料管进入底部空心轴而后进入鼓底，利用圆形折转挡板将其分配到转鼓的四周。为使液体不脱离鼓壁，在鼓内设有十字形挡板。液体在被桨叶加速至转鼓速度，轻液与重液在鼓壁周围分层，并通过上方环状溢流口排出。

在分离机的转鼓上部，轻液通过驱动轴周围的环状挡板环溢流而出，而重液通过转鼓上端装有可更换的不同内径的环状隔环，来调节轻重液的分层界面。如果将管式分离机的重液出口关闭，只留有轻液的中央溢流口，就可用于悬浮液的澄清，称为澄清式分离机。悬浮液进入后，固体沉积于鼓壁而不被连续排出，待固体积聚到一定数量后，以间歇操作方式停车拆下转鼓进行清理。管式分离机的固体容量很少超过 2～4.5 kg，为了操作经济，物料中的固体含量通常不大于 1％。

4.4.4　沉降式离心机

沉降式离心机转鼓壁上无孔，且分离的是悬浮液，工作时，密度较大的颗粒沉于转鼓壁，而密度较小的流体集中于中央并不断被引出，从而实现分离操作。下面以卧式螺旋离心机（沉降式离心机的一种）为例，介绍沉降式离心机的工作原理。

卧式螺旋离心机工作原理：如图 4-33 所示，在机壳（6）内有两个同心装在轴承（3，8）上的回转部件，外边是无孔转鼓（7），里面是带有螺旋叶片的螺旋输送器（4）。电动机通过带轮带动转鼓旋转。行星差速器的输出轴带动螺旋输送器与转鼓同向转动，但转速不同，其转差率一般为转鼓转速的 0.2％～0.3％。悬浮液从右端的进料管（1）连续送入机内，经过螺旋输送器内筒加料隔仓的进料孔（5）进到转鼓内。在离心力作用下，转鼓内形成环形液池，重相固体颗粒离心沉降到转鼓内表面上形成沉渣，由于螺旋叶片与转鼓的相对运动，沉渣被螺旋叶片送到转鼓小端的干燥区，从排渣孔（12）甩出。在转鼓的大端盖上开设有若干溢流孔（11），澄清液从此处流出，经机壳的排液室排出。

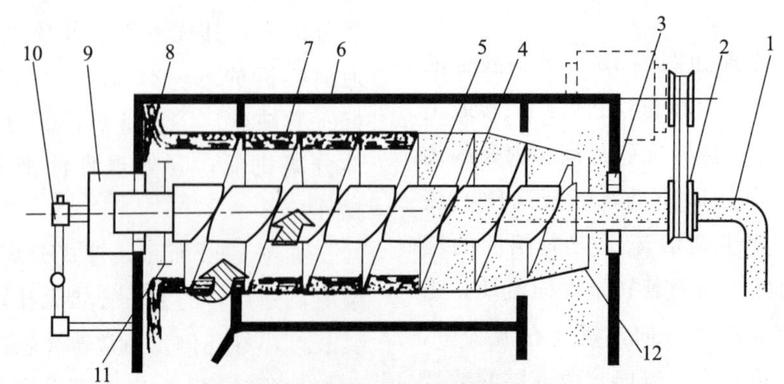

图 4-33　卧式螺旋离心机工作原理图

1. 进料管；2. 三角带轮；3，8. 轴承；4. 螺旋输送器；5. 进料孔；6. 机壳；7. 无孔转鼓；
9. 行星差速器；10. 过载保护装置；11. 溢流孔；12. 排渣孔

（引自：殷涌光．食品机械与设备．2007.）

4.5　萃取设备

将溶剂与物料充分接触，使物料中的组分溶出，并与物料分离的过程，称为萃取（extraction）。萃取操作中的物料是固体时，称为固-液萃取；用液体溶剂萃取与之不互溶的液体中的组分，称为液-液萃取；用超临界流体作为萃取溶剂分离物料中的组分，则称为超临界流体萃取（supercritical fluid extraction）。在萃取操作中，还可利用超声波、微波等辅助手段。

根据物料和溶剂的接触方向和流动方向，可将溶剂萃取设备分为单级萃取设备和多级萃取设备。单级萃取设备组成简单，操作方便；多级萃取设备（错流接触、逆流接触）分离效率高，产品回收率高，溶剂消耗量少，在工业生产中广泛采用。混合澄清器、筛板萃取塔、填料萃取塔等都属于多级萃取设备。

根据操作方式，可将溶剂萃取设备分为间歇萃取设备和连续萃取设备。

4.5.1　液-液萃取设备

液-液萃取设备按照两相接触的方式不同，可分为逐级式和微分式两类。在逐级接触式设备中，每一级均进行两相的混合与分离，故两液相的组成在级间发生阶跃式变化；而在微分接触式设备中，两相逆流连续接触传质，故两液相的组成发生连续变化。

1. 混合澄清器

混合澄清器是使用最早，目前仍广泛应用的一种萃取设备，由混合器与澄清器组成。在混合器中，原料液与萃取剂借助搅拌装置的作用，使其中一个相破碎成液滴而分散于另一个相中，以增大相际接触面积并提高传质速率。两相分散体系在混合器内停留一定时间后，流入澄清器。在澄清器中，轻、重两相依靠密度差进行重力沉降（或升浮），并在界面张力的作用下凝聚分层，形成萃取相和萃余相（图 4-34）。混合澄清器可以单级使用，也可以多级串联使用。

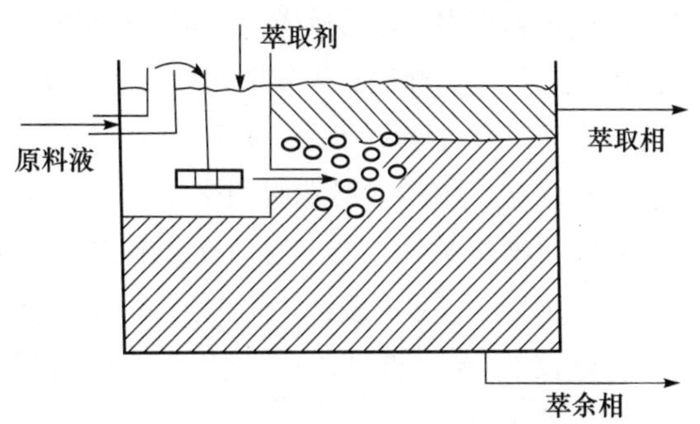

图 4-34　混合澄清槽

（引自：许学勤. 食品工厂机械与设备. 2016.）

混合澄清器具有如下优点：①处理量大，传质效率高，一般单级效率可达 80%以上；②设备结构简单，易于放大，操作方便，运转稳定可靠，适应性强；③易实现多级连续操作。混合澄清器的缺点：①水平排列的设备占地面积大，溶剂储量大；②每级内都设有搅拌装置，液体在级间流动需输送泵；③设备费和操作费都较高。

2. 筛板塔

筛板塔是常用的液-液传质设备之一，不同类型筛板塔的结构如图 4-35 所示。

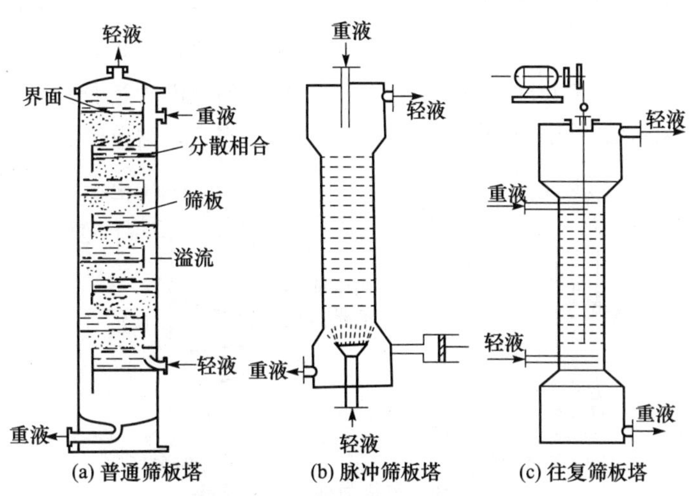

图 4-35　不同类型筛板塔的结构

（引自：许学勤. 食品工厂机械与设备. 2016.）

普通筛板塔如图 4-35（a）所示，塔内配有若干层有许多小孔和一个溢流管（也叫降液管）的筛板。筛孔直径一般为 3～9 mm，孔距为孔径的 3～4 倍，板间距为 150～600 mm。

工作时，两液相分为分散相和连续相，分别由塔底和塔顶进入塔内。若轻液为分散相，由塔底进入塔内后，首先与第一块筛板接触，在密度差的作用下，通过筛板上小孔分散成细滴并向上移动；作为连续相的重液则由重力作用沿各塔板横向流动，经降液管流至下层塔板时，与上升的滴状分散相相遇，实现两相接触传质。液滴穿过连续相后，在第二层塔板之下又凝结形成清液层，该清液层在两相密度差的作用下，经上层筛板再次分散而上浮。塔内安装有很多塔板，经分散相多次分散，多次凝结，实现传质，达到分离目的。若重液为分散相时，应将降液管改为升液管，安装在筛板上方。

筛板塔由于筛板的存在，抑制了塔内的轴向返混。同时，塔内多次分散相的分散与凝聚，使液滴表面不断更新，传质效率较高。筛板塔结构简单，造价低，效率高，在食品工业中应用较广。

脉冲筛板塔的基本结构与普通筛板塔相同，但没有溢流管，如图 4-35（b）所示。操作时，轻、重液相均穿过筛板面做逆流运动，分散在筛板之间不分层。由于普通筛板塔内轻、重相液逆向运动的相对速度小，界面湍动程度低，从而限制了传质效率的进一步提高。引入脉冲作用是为了提高流体间的湍动程度。产生脉冲的方法有使用往复泵、隔膜泵和压缩空气等。脉冲振幅范围为 9～50 mm，频率为 30～200 次/min。

往复筛板塔的原理与脉冲筛板塔相同，不同的是，往复筛板搭的筛板固定在中心轴上，由塔顶的传动机构带动做上下往复运动。如图 4-35（c）所示，往复振动的幅度范围为 3～5 mm，频率可达 1 000 次/min。当筛板向上运动时，筛板上侧液体经筛孔向下喷射；当筛板向下运动时，筛板下侧的液体向上喷射，使得两相接触表面及湍动程度增加，因此，传质效率高。

往复筛板塔的传质效率高，流动阻力小，生产能力大，在生产上应用日益广泛。

3. 离心萃取器

离心萃取器是利用离心力的作用使两相快速混合、分离的萃取装置。离心萃取器的类型较多，在逐级接触式萃取器中，两相的作用过程与混合澄清器类似。在微分接触式萃取器中，两相接触方式则与连续逆流萃取塔类似。离心萃取器的优点是结构紧凑，生产强度高，物料停留时间短，分离效果好，特别适用于两相密度差小，易乳化，难分相，以及要求接触时间短、处理量小的场合。其缺点是结构复杂，制造困难，操作费高。常见的离心萃取设备有转筒式、芦威式、波德式等。

4.5.2 固-液萃取设备

固-液萃取起源于欧洲的油脂浸出制油技术，又称为浸出或浸提。该设备在食品工业中应用广泛，如油脂工业、制糖工业，以及速溶咖啡、香料色素等行业。常用的浸出设备主要有：单级间歇式浸提罐、多级逆流式浸提器和连续浸出器等。

1. 单级间歇式浸出器

典型的单级浸出器的结构如图 4-36（a）所示。主体为一个圆筒形容器，底部安装有支持被浸提固体物料的假底，溶剂均匀地喷淋于固体物料床层上。为了增强浸取效果，从底部排出的浸取液可用泵抽至上部的喷淋管进行循环浸取。下部装有可开启的封盖，当浸取结束以后，打开封盖，可将物料排出。

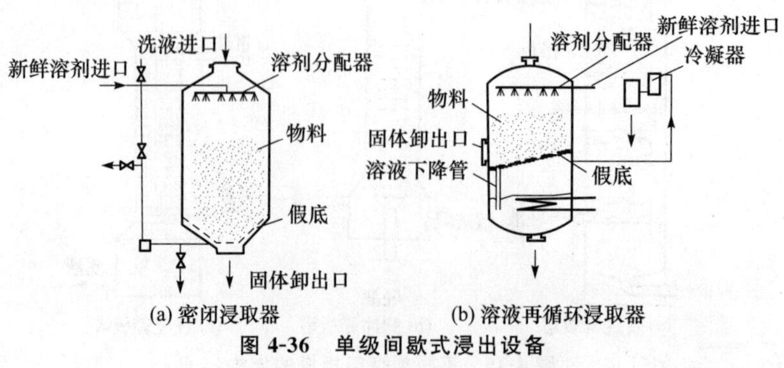

图 4-36 单级间歇式浸出设备

（引自：殷涌光．食品机械与设备．2007.）

如图 4-36（b）所示，溶液再循环浸取器下部装有加热系统，用以将挥发性溶剂蒸发，等于同时可实现溶剂回收。单个的浸出器常用于中小规模生产。

2. 多级逆流式浸出器

多级逆流固定床浸提系统（多级逆流式浸出器的一种）为数个浸提罐依序排列，如图 4-37 所示，新溶剂由罐顶注入进行浸提，所得浸提液再泵入第二级浸提罐，依次重复。罐与罐之间安装有加热器，确保浸提液的温度以提高浸提效率。

这种浸提系统用于某些植物原料成分（如植物的油、咖啡、茶叶等的浸出物）的提取。

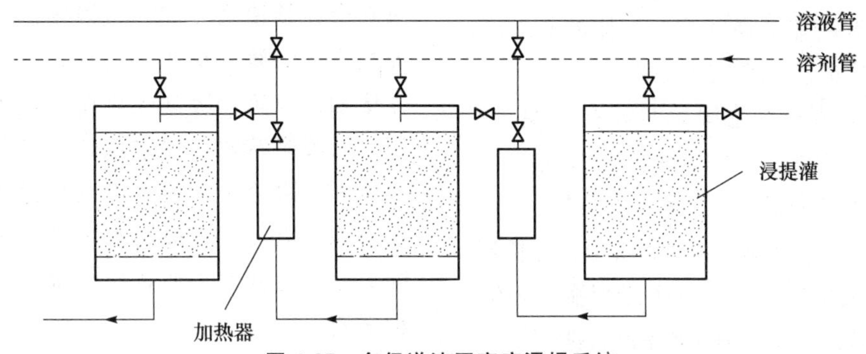

图 4-37 多级逆流固定床浸提系统

（引自：殷涌光. 食品机械与设备. 2007.）

3. 连续浸出器

连续式浸出操作有三种形式：浸泡式、渗滤式以及浸泡和渗滤相结合的方式。

（1）浸泡式连续浸出器 原料完全浸没于溶剂之中进行连续浸出。

图 4-38 所示的为一种典型的浸泡式连续浸出器，即 L 形管式（螺旋式）浸出器。原料进入后，在螺旋送料器的作用下，往出口方向运动，螺旋片带有滤孔。溶剂走向与原料相反，浸出液排出前经过一特殊过滤器的过滤。

（2）渗滤式连续浸出器 喷淋于原料层上的溶剂在通过原料层向下流动的同时浸出。主要类型有垂直移动篮式、水平移动篮式、旋转格室式、皮带输送式等。图 4-39 所示的为垂直移动篮式浸出器。它的工作原理类似于斗式提升机。将料斗钻孔，使溶液可以穿流而过，物料先由回收循环的稀溶液浸出，料斗从右侧转到左侧后，再由新鲜溶剂自上而下进行浸出。残渣由输送机送出，浓缩液由右侧渗滤而下。

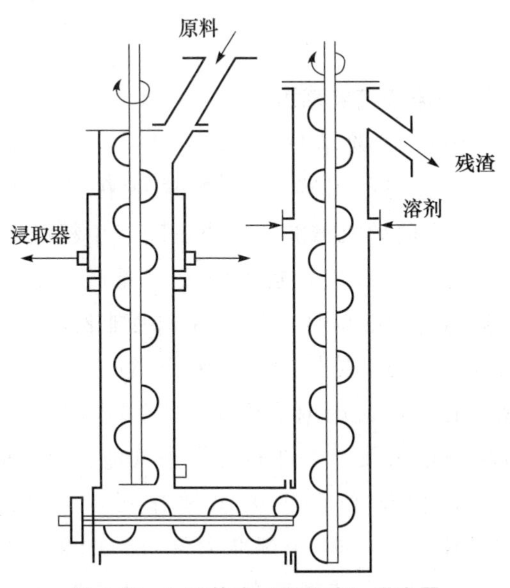

图 4-38 L 形管式（螺旋式）浸出器

（引自：杨公明，程玉来. 食品机械与设备. 2015.）

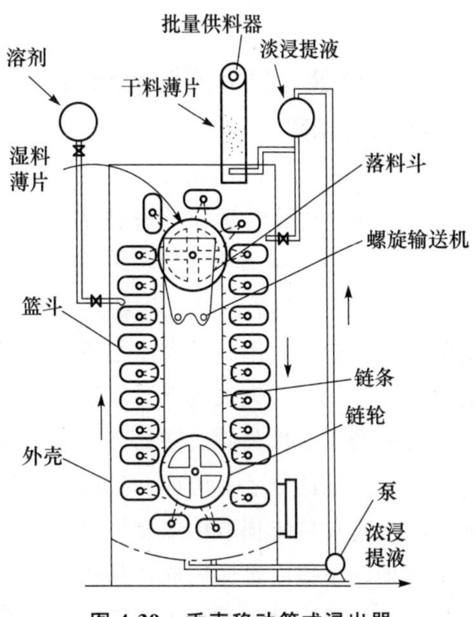

图 4-39 垂直移动篮式浸出器

（引自：殷涌光. 食品机械与设备. 2007.）

4.5.3 超临界流体萃取

超临界流体萃取（supercritical fluid extraction，SCFE）是以超临界状态的流体为溶媒，对物料中的目标组分进行提取分离的过程。超临界流体是指物质高于其临界点，即高于其临界温度和临界压力时的一种物态。它既不是液体，也不是气体，但它同时具有液体的高密度和气体的低黏度，以及介入气液态之间扩散系数的特征。

目前，被用作超临界流体的溶剂有乙烷、乙烯、丙烷、丙烯、甲醇、乙醇、水、二氧化碳等。二氧化碳的临界条件极易达到（t_c=31.1℃，p_c=7.38 MPa），且无毒、无味、不燃、价廉、易精制，对于热敏性和易氧化的物质，这些特性能保临界流体萃取技术的安全、有效，因此二氧化碳是首选的萃取剂。

常见的超临界流体萃取流程（图 4-40）有三种：①控压萃取：富含溶质的萃取液经减压阀降压，溶质可在分离器中分离收集，溶剂经再压缩循环使用或者直接排放。②控温萃取：是达到理想萃取和分离的流程。超临界萃取是在产品溶质溶解度为最大时的温度下进行的。然后萃取液通过热交换器使之冷却，将温度调节至溶质在超临界相中的溶解度最小。这样，溶质就可以在分离器中加以收集，溶剂经再压缩进入萃取器循环使用。③吸附萃取：在定压绝热条件下，溶剂在萃取器中萃取溶质，然后借助合适的吸附材料如活性炭等，以吸收萃取溶液中的溶剂进行萃取。实际上，这三种方法的选用取决于分离的物质及其相平衡。

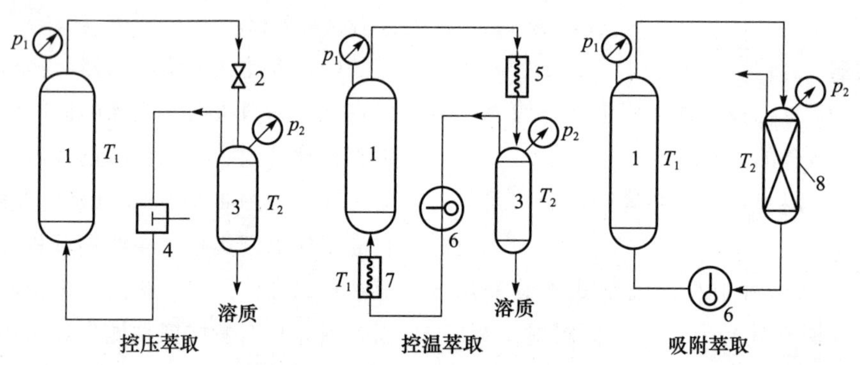

图 4-40 超临界流体萃取流程示意图

1. 萃取釜；2. 节流阀；3. 分离釜；4. 压缩机；5. 加热器；6. 循环泵；7. 冷却器；8. 吸附器

（引自：殷涌光．食品机械与设备．2007.）

4.5.4 微波、超声波辅助萃取

1. 微波辅助萃取

微波辅助萃取（microwave-assisted extraction）是一种新型高效的提取分离技术。微波是波长介于 1 mm～1 m（频率介于 3×10^6～3×10^9 Hz）的电磁波，具有反射穿透、吸收等特性，不同物质的介电常数、比热容、形状及含水量不同，其吸收微波能的能力不同。在微波场下，极性分子以及极化分子以每秒数十亿次高频旋转而产生热效应，与此同时，高速运动的分子其溶解、扩散迁移运动也相应加速，上述在传统提取中依靠加热来推动的过程，在微波推动下得以迅速完成，从而达到加速提取的目的。微波萃取设备的主要部件，包括微波加热装置、萃取容器以及根据不同要求配备的控压控温装置。

2. 超声波辅助萃取

超声波辅助萃取（ultrasonic-assisted extraction）的原理：超声波是指频率在 20 kHz～50 MHz之间的机械波，超声波能产生机械效应、空化效应及热效应，超声波发生器产生高于 20 kHz 的超音频电信号，经浸入式换能器转成同频率的机械振动而传播到提取液介质中，并以超音频纵波的形式在提取液中疏密相间地向前辐射，使提取液振荡而产生许多的微小气泡。超音频纵波传播的负压和正压区交替作用，产生超过 1 013 MPa（10 000 个标准大气压）的微小气泡并随即爆破，形成对物料表面细微的局部撞击，使物料迅速击碎、分解。这种“空化”效应连续

不断地作用于溶质，使中药材及其他天然物在溶液中产生“湍动”效应，使边界层减薄，产生界面效应，增大固液两相的传质面积，产生聚能效应，以活化分离物质。在超声波的空化、粉碎等特殊作用下，细胞在溶媒中瞬时产生的空化泡破裂，溶媒渗透到细胞内部，从而将细胞中的成分溶于溶媒中，以加速二者的相互渗透、溶解。细胞的破裂为成分向溶媒的扩散提供条件，因此，超声振动可促进成分向溶媒中溶解，提高有效成分的提出率，从而达到加速提取有效成分的目的。

4.6 膜分离设备

4.6.1 膜分离的概述

用天然的或人工合成的、具有选择透过性薄膜或其他具有类似功能的材料，以外界能量或化学位差为推动力，对双组分或多组分的溶质和溶剂进行分离、分级、提纯和浓缩的方法，统称为膜分离。膜可以是固相、液相或气相的。目前使用的分离膜绝大多数是固相膜。

与其他分离方法相比，膜分离具有以下四个显著特点：①风味和香味成分不易散失；②有益于保持食品的某些功效；③不存在相变过程，可节约能量；④工艺适应性强，容易操作和维修。

膜分离技术主要包括渗透、反渗透、超滤、电渗析、液膜技术、气体渗透和渗透蒸发等。膜分离的推动力有压力和电力之分，微滤（MF）、超滤（UF）和反渗透（RO）均利用压力。根据膜分离时所施加的外界能量的形式不同，将渗析和渗透的膜分离方法加以分类，如表4-3所示。渗析是利用小分子和小离子能透过半透膜，但胶体粒子不能透过半透膜的性质，从溶胶中除掉作为杂质的小分子或离子的过程。渗析时，将胶体溶液置于由半透膜构成的渗析器内，在渗析器外则定期更换胶体溶液的分散介质（通常是水），即可达到纯化胶体的目的。渗透的原理是当纯水和盐水被半透膜隔开时，半透膜只允许水通过而阻止盐通过，此时，膜纯水侧的水会自发地通过半透膜流入盐水一侧。

表4-3 膜分离的推动力与膜分离技术名称

能量形式	推动力	渗析	渗透
力学能	压力差	压渗析	反渗透、超滤、微滤
电能	电位差	电渗析	电渗透
化学能	浓度差	自然渗析	渗透
热能	温度差	热渗析	热渗透、膜蒸馏

（引自：杨公明，程玉来．食品机械与设备．2015.）

膜通常依据膜材料的化学组成、物理形态以及膜的制备方法等来分类。依据膜的化学组成，可分为有机膜和无机膜。有机膜又分为纤维素酯类膜（如醋酸纤维素类、硝酸纤维素类、乙基纤维素类等）和非纤维素酯类膜（如聚砜类、聚醚砜类、聚砜酰胺类、聚碳酸酯类等）两类；无机膜分为陶瓷膜、不锈钢膜等。依据膜断面的物理形态，可分为对称膜、不对称膜、复合膜（通常是用两种不同的膜材料，分别制成表面性层和多孔支撑层）。依据膜的形状，可分为平板膜、管式膜和中空纤维膜。

目前，膜分离在水处理、工业分离、废水处理、食品和发酵工业等方面的应用都取得了重大突破。

4.6.2 膜材料、膜组件及膜系统

膜分离是由一个系统来完成的，称为膜系统，通常膜系统又是由膜组件、料液传输系统、压力和流量控制系统等构成的。理论上讲，一个膜过滤系统可以采用多种不同类型的膜组件，但每种膜过滤技术一般都用一种膜组件组装成一个筒式过滤器，通常超滤和微滤使用中空纤维膜，纳滤和反渗透使用卷式膜，滤芯过滤系统使用平板膜。中空纤维膜、卷式膜和平板膜是由膜材料加工成的膜组件，而膜组件的核心是膜材料。

1. 膜材料

通常制膜材料为人工合成的聚合材料，还有陶瓷、金属或其他类型的膜。因为每种材料都有不同的性质，包括表面电荷、憎水性、pH、抗氧化性、强度和柔韧性等，所以膜材料对过滤系统的影响是基础性的。首先，应避免能够与物料产生化学反应的膜材料；其次，膜的机械强度要高，能承受较高的跨膜压差（TMP），从而有较高的运行通量；最后，要求膜的截留性能好和抗污性能强等。膜材料的性能价格各不相同，用户可根据不同需要选用。

微滤（MF）和超滤（UF）的制膜材料非常广泛，包括醋酸纤维（CA）、聚偏氟乙烯（PVDF）、聚丙烯腈（PAN）、聚丙烯（PP）、聚砜（PS）、聚醚砜（PES）或其他聚合物。纳滤（NF）和反渗透（RO）的制膜材料主要是醋酸纤维类或聚酰胺类材料，以及醋酸纤维或聚酰胺衍生物。

2. 膜组件

膜组件是将膜、固定膜的支撑材料和间隔物或管式外壳等通过一定方式联合或组装所构成的一个单元体。对膜组件的基本要求：膜的装填密度高，膜表面的溶液分布均匀、流速快，膜的清洗、更换方便，造价低，截留率高，渗透速率大等。

工业上常见的膜组件形式有板框式、管式、卷式、中空纤维式、普通筒式及折叠筒式等。板框式、卷式膜组件均使用平板膜。板框式膜组件又可细分为圆形板式和长方形板式等，根据具体需要，还可以组装成旋转式、振动式等动态或静态装置。管式膜、中空纤维膜和毛细管式膜组件均使用管式膜。管式膜分为内压式和外压式两种。

（1）平板式膜组件　也称为板框式膜组件，是一种原理上类似于板框过滤机或叶滤机形式的膜组件。平板式膜组件一般由膜、起隔离作用隔板和同时起支撑与导液作用的（如多孔、波形等形式的）隔板等组成。图 4-41 为 DDS 平板式膜组件结构示意图，这是一种在乳品工业得到较多应用的膜组件，膜片为圆形，保留液在数片膜间串联流过。

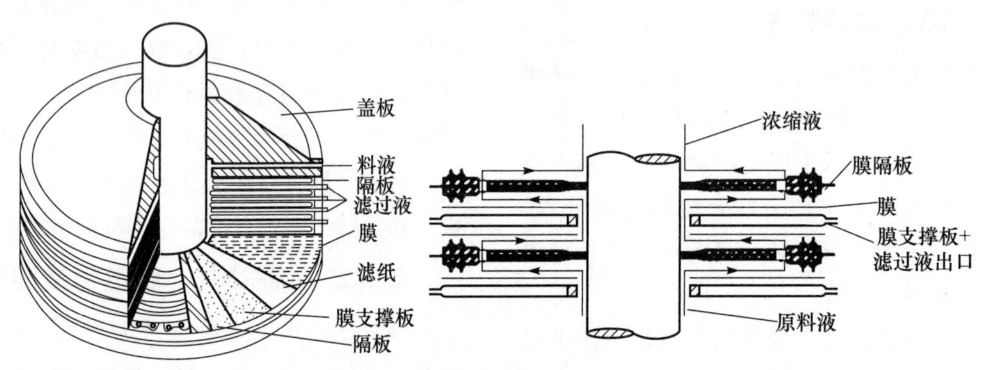

图 4-41　DDS 平板式膜组件结构示意图

（引自：许学勤. 食品工厂机械与设备. 2016.）

平板式膜组件的优点：组装简单，膜的更换和维护容易，在同一设备中可根据处理量要求改变膜面积。平板式膜组件缺点：①因安装要求及液体流动时造成的波动等，对膜的机械强度要求比较高；②密封边界线长，密封要求高，且需支撑材料等，设备费用较大；③膜组件的流程比较短，液流状态较差，容易造成浓差极化。

（2）螺旋卷式膜组件　所用的膜为平面膜。螺旋卷式膜的结构：两层长方形的膜，中间夹一层支撑物，沿边粘成长袋，膜袋口与一根多孔中心集水管密封接合，在膜袋外部的原水侧再垫一层网状型间隔材料。一根多孔中心集水管外壁上可黏结多个膜袋。粘在中心管上的膜袋连同膜外的网状间隔材料一起绕中心管卷绕（图 4-42）。

将若干膜卷装入圆筒形耐压容器，成为如图 4-43 所示的螺旋卷式膜组件。

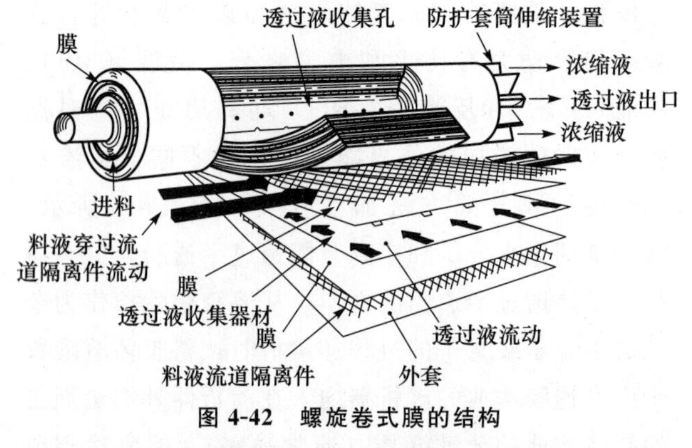

图 4-42　螺旋卷式膜的结构

（引自：杨公明，程玉来. 食品机械与设备. 2015.）

（3）管式膜组件　其形式类似于管式换热器，有不同的形式，如图 4-44 所示。多根膜管可组合成类似于列管式换热器的束管形式，如图 4-44（a）

所示；也可用管接件串接成单管形式，如图 4-44（b）所示；一根长管膜可绕成螺旋管式组件形式，如图 4-44（c）所示。

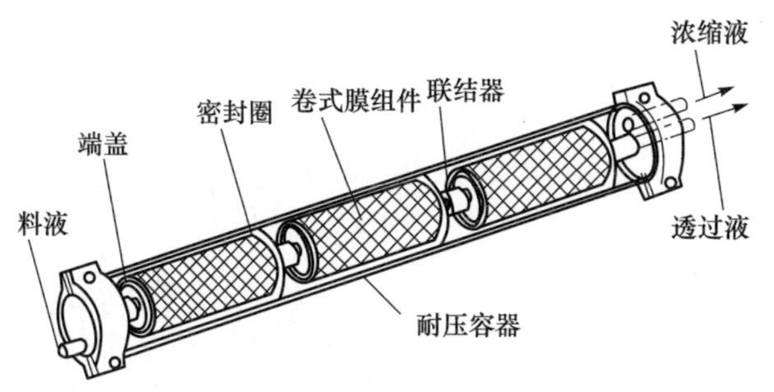

图 4-43　螺旋卷式膜组件

（引自：许学勤. 食品工厂机械与设备. 2016.）

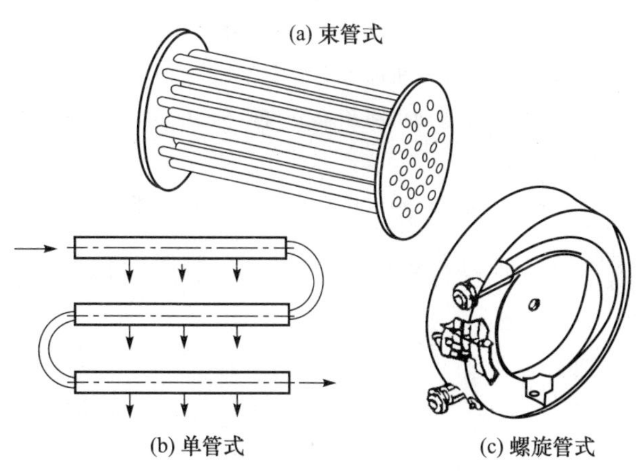

图 4-44　管式膜组件

（引自：殷涌光. 食品机械与设备. 2007.）

管式膜组件的特点：①管子较粗，可调的流速范围大，故浓差极化较易控制；②因进料液的流道较大，故不易堵塞，可处理含悬浮固体、较高黏度的物料，且压强损失小；③易安装、易清洗、易拆换；④但单位体积所容纳的膜面积较小。

（4）中空纤维膜组件　其结构（图 4-45）与毛细管式膜组件相类似，主要由中空纤维膜、高压室、渗透室、环氧树脂管板和壳体等构成。中空纤维膜的外径范围为 50～100 μm，内径范围为 15～45 μm。

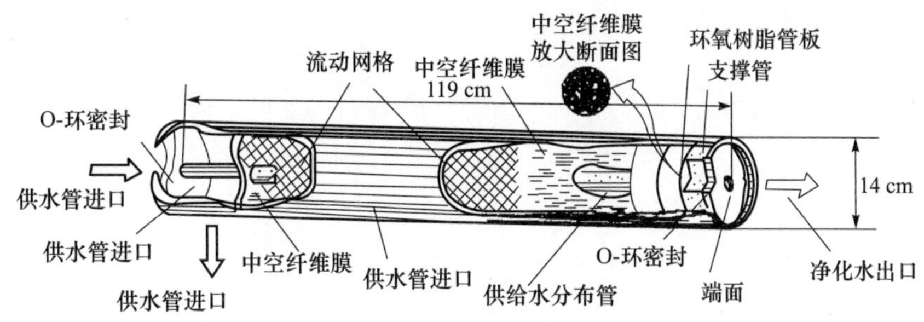

图 4-45　中空纤维式膜组件

（引自：许学勤. 食品工厂机械与设备. 2016.）

该类膜组件不需要支撑材料，故单位体积具有极高的膜面积；纤维的长径比极大，故流动阻力极大，透过水侧的压强损失大；膜面污垢的去除较困难，且只能采用化学清洗，因此，对进料液的预处理要求严格。

3. 膜系统

膜系统通常通过膜组件的不同配置方式来满足不同分离要求。把不同的膜组件及其他附属设备组合在一起形成一个完整的操作单元，这个操作单元称为膜系统。膜系统首先必须保证分离的要求，其次是膜元件的使用寿命长且各部位匹配。膜系统一般主要包括以下几部分（以用于果汁清汁生产的膜系统为例）：①循环泵（使循环罐的果汁以一定的速度进入系统）；②膜组件（通常采用管式膜组件，视过滤面积不同，一般有 80～120 个）；③程（passes，通常每个程由 12～16 个膜组件串联而成，一般系统包括 5～8 个程）；④冷却器（外形结构与膜组件相似，安装在每个程中，用以控制循环果汁的温度）；⑤温度和压力控制；⑥清汁（透过液）泵；⑦循环罐和清汁罐（浓汁进入循环罐，清汁进入清汁罐，清汁罐同时兼有 CIP 清洗液循环罐的作用）；⑧浊度计（在线检测清汁浊度）；⑨控制柜。

思考题

1. 分选中的分级和选别分别代表什么含义？

2. 按照识别原理，在筛分、力学、光学、电磁学四大类分选机械中各举一例具体的设备，并说明其工作过程或工作原理。

3. 简述转筒真空过滤机的六个工作区域及各自的作用。

4. 简述螺旋压榨机的主要结构、工作原理及适用场合。

5. 根据分离原理可将离心分离机分为三类，分别描述它们的结构特点。

6. 在乳品工业中碟式离心分离机是如何工作的？

7. 多级逆流浸提系统是如何实现对某些原料成分提取的？

8. 为什么 CO_2 是超临界萃取中最适宜的萃取剂？

9. 简述各种膜分离方法的原理及膜系统的组成。

第5章 切割粉碎机械与设备

【本章知识点】

食品工业应用各种设备对物料进行切割、粉碎和碎解处理。这类设备包括各种切割机械与设备、干法粉碎机械与设备、湿法粉碎机械与设备、低温粉碎机械与设备等。

切割机械与设备可分为盘刀式、切刀式、滚刀式、锯刀式和组合式五种。盘刀式切割设备包括：盘刀式切片机，可用来切割蔬菜、瓜果、冻肉等原料；斩拌机，用于将蔬菜、酱腌菜、肉（鱼）制品切割剁碎成菜馅、菜丁、肉（鱼）糜，同时起到混合作用；其他切割设备，如蘑菇定向切片机、绞肉机、切肉机等。滚刀式切割设备主要有离心式切片机和青豆切端机等。切刀式和锯刀式切割设备常用于切片、切丝和切丁等。组合式切割设备常用于果蔬切粒。

在食品粉碎作业中，粉碎工艺应根据物料的物理性质、块粒大小以及需要粉碎的程度而定。根据作业物料含水量的不同，可区分为干法粉碎与湿法粉碎两种。干法粉碎机械与设备按照物料粉碎程度不同，可分为粗碎机械、中（细）破碎机械、微粉碎机械、超微粉碎机械。粗碎机械主要包括冲击式粉碎机（锤片式粉碎、齿爪式粉碎机）、轧碎机械（颚式轧碎机、悬轴式锥形轧碎机）；中（细）破碎机械有圆锥形粉碎机、锤碎机、双滚筒轧碎机等；微粉碎机械主要包括球磨机、棒磨机、轮碾机、搅拌磨、振动磨和转辊式粉碎机等；超微粉碎机械主要有胶体磨、锤磨机、摩擦型碾磨机和气流粉碎机等。湿法粉碎机械与设备主要包括搅拌磨、行星磨、双锥磨、胶体磨、均质机、磨浆机、果蔬破碎机等。

食品低温粉碎设备是利用液氮或液化天然气等冷媒对物料实施冷冻后的深冷粉碎方式，低温粉碎工艺按冷却方式有浸渍法、喷淋法、汽化冷媒接触法等，其有利于保持粉碎产品的色、香、味及活性物质的性质，而且可实现超微粉碎。

切割粉碎机械与设备是利用外力作用将物料尺寸减小的设备。物料经过处理后，获得加工工艺所需要的产品形状或物性。切割与粉碎涉及大块状物料切割成小块状物料，如片、块、条、丝、丁、粒、段、馅、糜、泥等；大颗粒干物料粉碎成小颗粒，如粉体、颗粒等；大颗粒湿物料剪切或磨碎成粒、浆等。

5.1 切割机械与设备

5.1.1 切割设备的概述

切割是利用切割器具与物料的相对运动产生的剪切力达到切片、丝、丁、段的单元操作。

1. 切割器的分类

切割器是直接完成切割作业的部件。根据切割面与喂料进给方向的不同，切割可分为直切和斜切两种形式；根据切割器运动方式的不同，切割可分为回转式、往复式和直线式三种形式；根据切割器结构和切割方式的不同，切割可分为盘刀式、切刀式、滚刀式、锯刀式和组合式五种形式。

（1）盘刀式　动刀工作时，刃口形成的轨迹为圆盘形，圆盘面垂直于回转轴线，喂料方向与回转主轴方向平行、垂直或成斜角，用于把块状物料切割成片状。如图 5-1（a）为片刀盘刀式，图 5-1（b）为圆刀盘刀式。

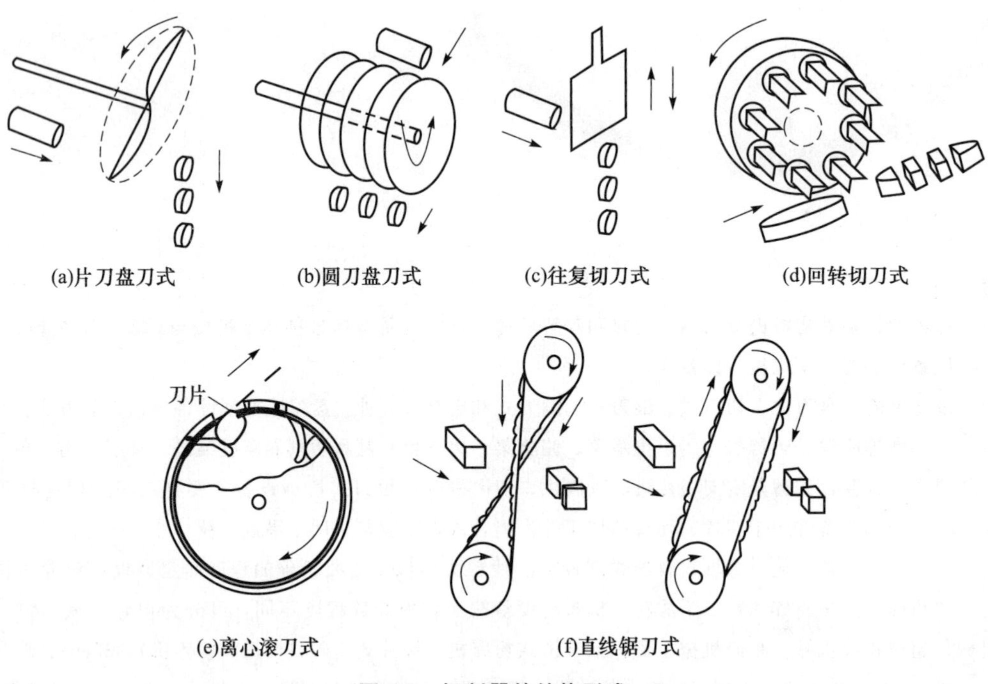

(a)片刀盘刀式　(b)圆刀盘刀式　(c)往复切刀式　(d)回转切刀式

(e)离心滚刀式　(f)直线锯刀式

图 5-1　切割器的结构形式

（引自：许学勤. 食品工厂机械与设备. 2008.）

（2）切刀式　刀运行方式为直线往复式或回转往复式，刃口形成的轨迹为平行四边形或矩形，切刀式切割最接近人工切菜的过程。喂料方向一般与切刀切割方向垂直，也可斜向进给，用于斜切。对于直线往复式，切刀接触物料时，喂料输送是停止的，属于间歇式切割。对于回转往复切刀，回转速度与喂料速度一致，主要用于长条状物料的切段，片状物料的切条，条状物料的切丁等。如图 5-1（c）为往复切刀式，图 5-1（d）为回转切刀式。

（3）滚刀式　动刀工作时，刃口相对于物料形成的轨迹为圆柱面。物料由料盘带动在料盘中回转，切刀固定在料盘边沿。物料与切刀接触时，其相对运动相当于切刀在圆柱面上沿圆周方向刨削物料，又被称为离心式切割。通常用于将物料切割成片状或结合组合刀具切割成丝状。如图 5-1（e）为离心滚刀式。

（4）锯刀式　锯齿的运行轨迹是直线，与直线垂直方向进给即可将物料切割，典型的如锯骨机、面包切片机等。圆盘锯齿口切刀的切片机从原理上属于盘刀式切片机，不属于锯刀式切片机。如

图 5-1（f）为直线锯刀式。

（5）组合式　在切割过程中，盘刀、切刀、滚刀、锯刀以及它们的组合刀按一定的形式组合，一次完成切割。如滚刀式刀具结合定排刀片或往复切刀可以将根茎类果蔬一次性切片、切丝，滚刀式刀具结合盘刀式圆盘刀具一次性将果蔬切片、切丝、切丁等。

2. 切刀的形状及特点

常用的切刀有如图 5-2 所示的几种形式。实际生产中使用的刀片形状多种多样，取决于被切割物料的种类、几何形状、物理特性、成品的形状及质量要求等。

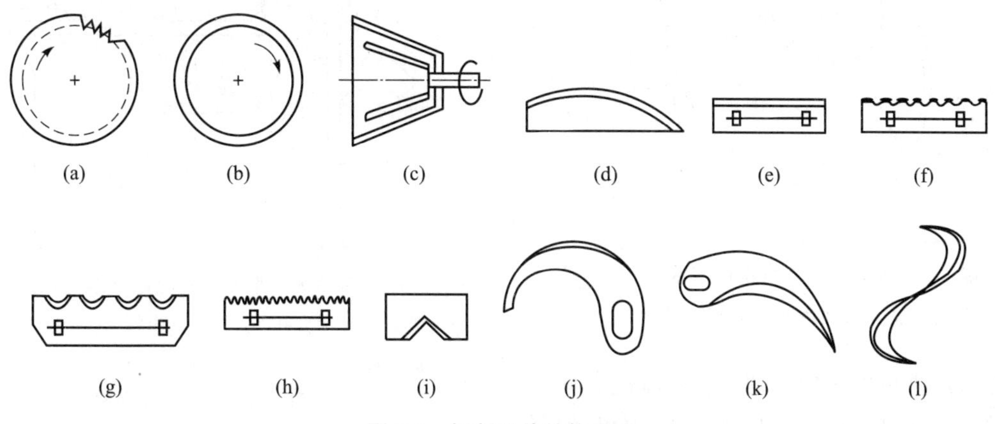

图 5-2　切割刀片结构形式

（引自：许学勤．食品工厂机械与设备．2008.）

（1）圆盘形刀　其刀片广泛用于切割脆性和塑性的食品物料，图 5-2（a）为带锯齿刃口的圆盘刀，适用于切割肉类及坚硬的物料，但切割时容易产生碎屑；图 5-2（b）为光滑型刃口的圆盘刀，适用于切割塑性和非纤维性的食品物料；图 5-2（c）为光滑刃口的圆锥形刀，由于其切割面积大，适用于切割脆性的食品物料。

（2）凸刃口刀和凹刃口刀　其形式如图 5-2（d）、(j)、（k）所示。这类刀具的刀刃有圆弧形和阿基米德螺线形，刃口有光滑的和带锯齿的，适用于切割脆性和塑性的食品物料。

（3）平板形刀　其形式如图 5-2（e）、(f)、(g)、(h) 所示。图 5-2（e）为光滑刃口，用于对食品物料切片和切段；图 5-2（f）为梳状刃口，特点是两刃口间有间距，当切刀沿前进方向成一定角度安装时，切成的产品为长条形，在安装形式上通常为前后两把刀交错安装，工作时，后一把刀的凸刃刚好落在前一把刀的缺口上；图 5-2（g）为波浪形或鱼鳞形刃口，这类刀切割后的产品形状为半圆形或波浪形，其安装方式也是前后两把刀交错安装；图 5-2（h）为带锯齿的刃口，用于斜切韧性和塑性大的食品物料。

（4）三角形刃口刀　其刀刃开了一个三角形的刃口，如图 5-2（i）所示，其切割出的物料形状为三角形。从刀的形状来看，这类刀作砍切用。

（5）螺旋形刀　这类刀可以是单面刃，也可以是双面刃，刃口曲线有阿基米德螺线形、偏心圆弧形等，如图 5-2（l）所示。刀刃上单位面积内切割均匀，满足稳定切割和切割阻力小的要求，切割质量高。但该形式的刀刃制造和磨刃都较为困难，这类刀具常用于切割具有柔性的食品物料，如肉类等。

5.1.2　盘刀式切割设备

1. 盘刀式切片机

盘刀式切片机的特点：动刀片刃口线的运动轨迹是一个垂直于回转轴的圆形平面或圆。盘刀式切片机由原料输送带、上下喂料辊、切割器、外罩、卸料口和传动部分等构成。其主要工作部件安装在回转轴的圆盘上，左右对称地安装着两把切刀（图 5-3）。物料由输送带传送，在上下喂料辊的夹持下，送入喂料口，被动刀切成片状。其切刀的几何形状有刃口直线形和刃口曲线形两种，后者又分为凸刃口刀和凹刃口刀。

盘刀式切片机，可用来切割蔬菜、瓜果等原料，也可用来切割冻肉等，切割质量好，生产效率高，刀片的拆卸和安装方便，自动化程度高，是食品加工中应用最为广泛的一种切片机。

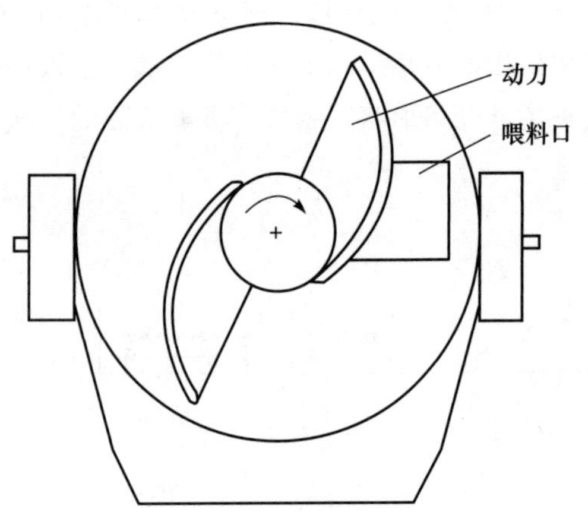

图 5-3　盘刀式切片机结构简图

（引自：唐伟强．食品通用机械与设备．2010．）

盘刀式切片机可以实现直切，物料输送方向垂直于切割平面；也可以斜切，物料输送方向与切割平面的夹角在 0°～90°。斜切的物料片面积大于直切物料片面积。

2. 蘑菇定向切片机

蘑菇呈伞状结构，由菇盖和菇柄组成，属于非球形原料。为提高感官质量，在生产片状蘑菇食品时，一般要求进行定向切割，获得形状一致的切片（图 5-4）。

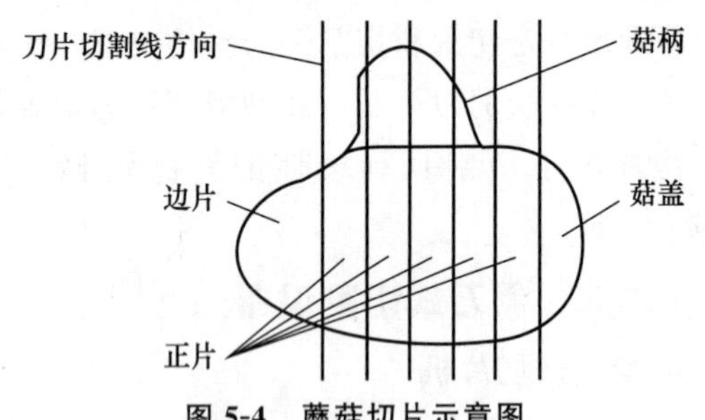

图 5-4　蘑菇切片示意图

（引自：唐伟强．食品通用机械与设备．2010．）

蘑菇定向切片机（图 5-5）主要由定向供料装置、切割装置和卸料装置等构成。其中，切割装置包括一组按一定间距组装的圆盘刀和橡胶垫辊，二者均主动旋转，圆盘刀的间距可调，以适应不同的切割厚度要求；另外，淋水管在切割处淋水，以降低切割过程中的摩擦阻力。卸料装置主要包括挡梳板，其安装于圆盘刀之间，固定不动。定向供料装置包括曲柄连杆机构、料斗、滑槽、供水管等，滑槽的横截面为弧形，其曲率半径略大于菇盖的半径，整体呈下倾布置。供水管提供的水流可减少蘑菇在滑槽内滑动的阻力。

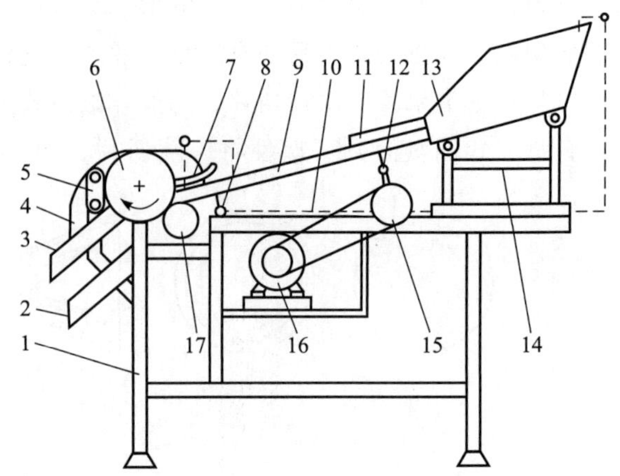

图 5-5　蘑菇定向切片机结构示意图

1. 支架；2. 边片出料斗；3. 正片出料斗；4. 护罩；5. 卸料挡梳；6. 圆盘切刀组；7. 下定位板；8，12. 铰链；9. 弧槽滑料板；10. 供水管；11. 上定位板；13. 进料斗；14. 进料斗架；15. 振动装置；16. 电动机；17. 垫辊

（引自：唐伟强．食品通用机械与设备．2010．）

蘑菇被提升机送入料斗，在料斗下方的上压板控制蘑菇定量地进入滑槽，形成单层单列队式，因曲柄连杆机构的作用，滑槽轻微地振动。供水管连续向滑槽供水。由于蘑菇的重心靠近菇盖一端，在滑槽振动、滑槽形状和水流等的共同作用下，蘑菇呈菇盖朝下的稳定状态向下滑动，从而定向进入圆盘刀组，并被定向切割成数片，最后由卸料装置从刀片间取出，并将正片和边片分开后，由出料斗排出。

这种切片机圆盘刀的刃口锋利，滑切作用强，切割时的正压力小，物料不易破碎；切片厚度均匀，断面质量好；但钳住物料性能差。

3. 斩拌机

斩拌机（图 5-6）用于蔬菜、酱腌菜、肉（鱼）制品的加工，其功能是将原料切割剁碎成菜馅、菜丁、肉（鱼）糜，同时，可将剁碎的原料与添加的各种辅料相混合，使之达到工艺要求。

斩拌机由斩刀、斩刀轴、刀盖、出料装置等组成。斩拌机的工作过程：将需斩拌的物料放置在料盘内，随着料盘的旋转，物料受高速旋转刀的斩拌而被斩碎。斩拌完成后，放下出料器，随着料盘和出料器的旋转，斩碎后的物料被卸出料盘。

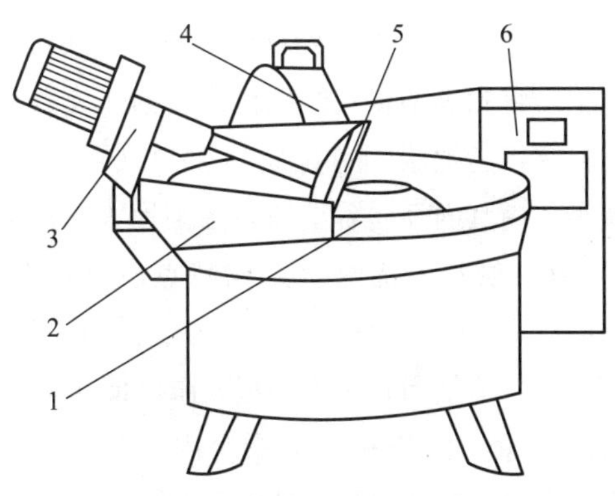

图 5-6 斩拌机结构示意图

1. 斩肉盘；2. 出料槽；3. 出料装置；4. 刀盖；5. 出料转盘；6. 控制柜

（引自：肖旭霖. 食品加工机械与设备. 2000.）

（1）斩刀及斩刀轴装置 其结构如图 5-7 所示。旋转式斩刀按一定的顺序安装在刀轴装置上，刀片的数量为 3～6 片，刀片安装成一个错开的螺旋状，各斩刀的最大回转半径端点与斩盘内壁的间隙各异。为了增强斩剁效果，防止斩刀片与斩盘内壁相互干扰，在刀轴上装有若干调整垫片，通过增减垫片厚度，刀片可以在刀轴径向移动，即可调整刀片与斩盘之间的间隙。斩刀的刃口曲线是与斩刀的回转中心有一偏心距的圆弧线，因此，刀刃上各点的滑切角随回转半径的增加而增加，从而使刀轴所受的阻力及阻力矩较为均匀。

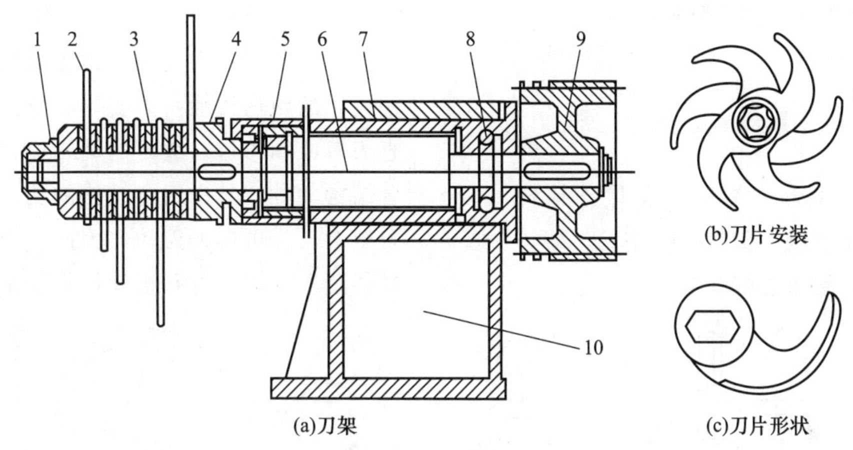

图 5-7 斩拌机刀轴装置结构示意图

1. 螺母；2. 斩刀；3. 垫片；4. 油封；5. 轴承；6. 刀轴；7. 轴套；8. 轴承；9. 皮带轮；10. 刀轴座

（引自：肖旭霖. 食品加工机械与设备. 2000.）

（2）刀盖 是斩拌机的安全装置。操作时，为了保证安全工作，用刀盖将刀片组件盖起来。刀盖与斩刀轴驱动电动机互锁，只有当盖子盖上时，刀轴电动机才能启动工作。刀盖还可防止物料在斩拌时飞溅。

（3）出料装置 斩拌机采用转盘式出料装置，如图 5-8 所示。出料装置通过固定支座（1）安装在机架（4）外壳悬伸的轴上，固定支座可以上下、左右移动。斩拌操作时向上抬起，出料转盘静止；出料时拉下出料转盘（8），使其置于斩拌机环形槽内，此时，支座上的控制开关通电，在电机驱动下，出料转盘转动，将斩碎后的肉糜带出斩肉盘。

4. 绞肉机

绞肉机是一种能将肉料切割，并制成保持原有组织结构的细小肉粒的设备。绞肉机广泛应用于香肠、火腿、鱼丸、鱼酱等肉料的加工，还可应用于混合切碎蔬菜和配料等操作，是一种肉类切割的通用设备。

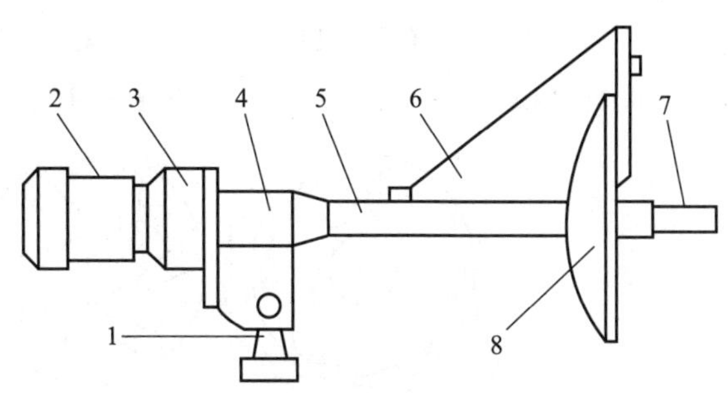

图 5-8 出料装置

1. 固定支座；2. 电机；3. 减速器；4. 机架；5. 套管；6. 出料挡板；7. 转轴套管；8. 出料转盘

（引自：肖旭霖. 食品加工机械与设备. 2000.）

绞肉机由进料斗、喂料螺杆、螺套、绞刀、格板等组成（图 5-9）。

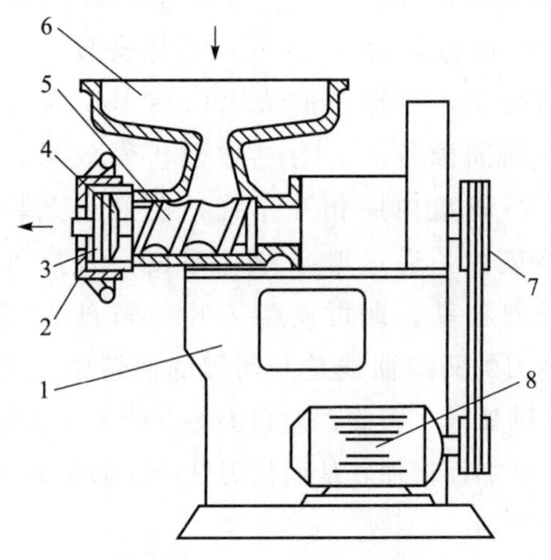

图 5-9 绞肉机结构示意图

1. 机架；2. 螺套；3. 筛板；4. 绞刀；5. 喂料螺杆；6. 进料斗；7. 皮带轮；8. 电动机

（引自：唐伟强. 食品通用机械与设备. 2010.）

（1）进料斗 其断面为梯形或 U 形结构，为防止绞肉过程中出现肉类起拱、架空的“架桥”现象，有些绞肉机设置了搅拌装置。

（2）喂料螺杆 为变距螺旋，目的是通过螺杆螺距的变化，将肉类物料在绞肉机内逐渐压实并压入刀孔。喂料螺杆的螺距向着出料口方向（即从右向左）逐渐减小，而其内径向着出料口逐渐增大（即为变距螺旋）。由于供料器的这种结构特点，当其旋转时，就对物料产生了一定的压力，这个压力将物料从进料口逐渐加压，迫使肉料进入格板孔眼以便切割。

（3）螺套 绞肉机内的螺套内壁有防止肉类随螺杆同速转动的“打滑”现象发生的螺旋形膛线。为便于制造和清洗，有些机型的膛线为可拆卸的分体结构。

（4）绞刀 其形式一般为十字形、双翼形、三翼形及辐轮结构（图 5-10）。绞刀刃角较大，属于钝型刀，其刃口为光刃，由工具钢制造。为保证切割过程的钳住性能，大、中型绞肉机的绞刀为前倾直刃口或凹刃口。绞刀的结构形式有整体结构和组合结构两种，其中组合结构的切割刀片安装在十字刀架上，为可拆换刀片，因此，刀片可采用更好的材料制造。切刀与孔板间依靠锁紧螺母压紧。

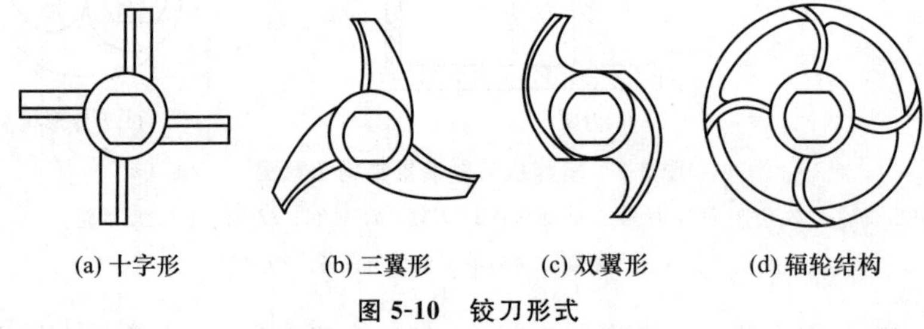

图 5-10 铰刀形式

（引自：唐伟强. 食品通用机械与设备. 2010.）

（5）格板 也称为孔板或筛板，其上布满一定直径的轴向圆孔或其他形状的孔，在切割过程中固定不动，起定刀作用（图 5-11）。其规格可根据产品要求进行更换，孔径为 8～10 mm 的孔板通常用于脂肪的最终绞碎或瘦肉的粗绞碎；孔径为 3～5 mm 的孔板用于细绞碎工序。孔板的孔形除了轴向圆柱孔外，还有进口端孔径较小的圆锥形孔，这种孔形具有较好的通过性能。

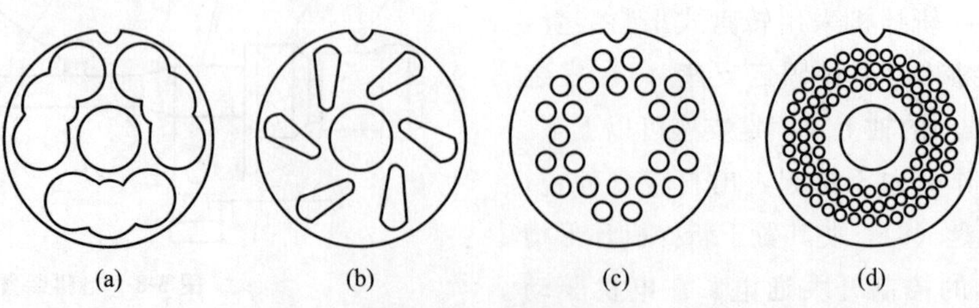

图 5-11 格板形式

（引自：唐伟强. 食品通用机械与设备. 2010.）

绞肉机工作时，先开机后放料。因为绞肉机的供料方式是由原料本身的重力和螺旋供料器的推送作用，把原料连续地送往十字刀处进行切碎的，所以要先开机。螺旋供料器出料部分的螺距比进料部分的螺距小，但出料部分的螺旋内径比进料部分的螺旋内径大，这样就对原料产生了一定的挤压力，可迫使已切碎的肉糜从筛板的孔眼中排出。

绞肉机的生产能力不是由螺旋供料器决定的，而是由切刀的切割能力决定的。只有将物料切割并从格板孔眼中排出后，供料器才能继续送料，否则会产生物料堵塞和磨碎现象。绞肉机要根据物料的实际情况进行操作，粗绞时螺旋转速可以比细绞时快些，但转速不能过高。因为格板上的孔眼总面积一定，即排料量一定，当供料螺旋转速太快时，会使物料在切刀附近堵塞，造成负荷增加，对电动机不利。另外，刀具的锋利程度对绞肉质量有较大的影响，刀具使用一段时间后会变钝，应调换新刀或修磨，否则将影响切割效率，甚至导致有些物料不是切碎后从格板孔眼中排出的，而是由挤压、磨碎后呈浆状排出的，直接影响成品质量。

5. 切肉机

切肉机主要功能是将分割后的肉切成片、条、丁状，结构如图 5-12 所示。其采用同轴多片圆刀组成刀组，刀组有单刀组和双刀组两种。单刀组物料不易进给，要用刀篦配合使用；而双刀组由于有相对运动，有自动进给的特点，不需用刀篦。两组刀片相互交错排列。

切肉机工作时，肉被刀片组带入并切割，如果将切成的肉片，旋转 90°再进行切割便可切成肉丝。

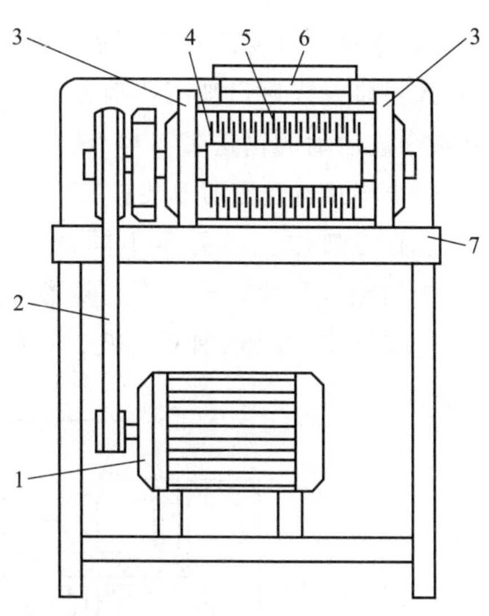

图 5-12　切肉机结构示意图

1. 电机；2. 带轮；3. 轴承座；4. 刀片；5. 梳子；6. 进料口挡板；7. 机架

（引自：唐伟强. 食品通用机械与设备，2010.）

5.1.3　切刀式切割设备

切刀式切割设备的工作原理最接近手工切菜的原理，动刀运行方式为回转往复式或直线往复式。对于回转往复式切割原理，可以参见多用切刀式切片、切丝、切丁机（图 5-13）中横切刀的切割方式，横切刀装置中设有四连杆机构，用以控制切刀在切割中不因刀架的旋转而改变方向，切割方向始终保持与物料进料方向垂直，并且是连续切割的。

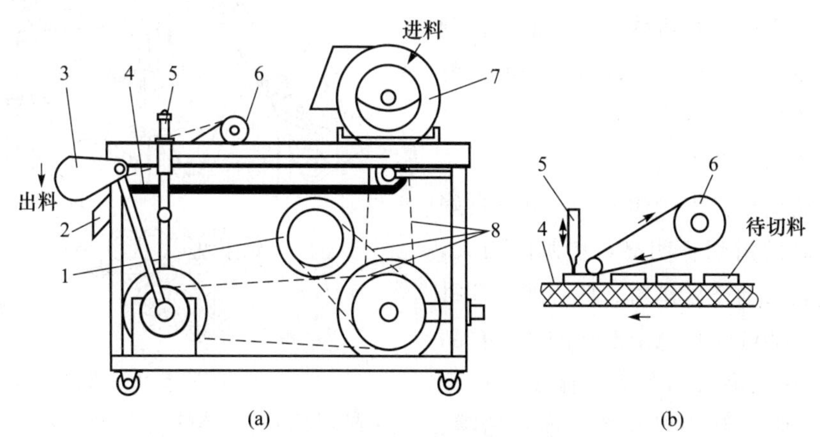

图 5-13　多用切刀式切片、切丝、切丁机

1. 电机；2. 输送带刮料机构；3. 间歇传动机构；4. 输送带；5. 切刀装置；6. 压料装置；7. 切片机；8. 皮带

（引自：唐伟强. 食品通用机械与设备. 2010.）

直线往复式切割设备，切刀切割物料时，喂料输送是停止的，其切割方式属于步进式切割。

如图 5-13（a）所示的多用切刀式切片、切丝、切丁机，由无级调速电机、无级调节机构、离心式切片机构和步进式切刀装置等组合而成。物料从切片机（7）入料口投入后，被离心滚刀切片机（7）切片，并被步进运动的输送带（4）送入压料装置（6），二者同步将片料送入切刀装置（5）进行切丝或切丁，完成切割作业。更换不同的切刀装置（5），可用于切制片、块、丝、丁、菱形、曲线形等多种花样。广泛应用于各种根、茎、叶类蔬菜和海带的加工。

5.1.4　滚刀式切割设备

1. 离心式切片机

离心式切片机主要由圆筒机壳、回转叶轮、刀片和机架等组成（图 5-14）。圆筒机壳固定在机架上，切刀刀片装入刀架后固定在机壳侧壁的刀座上，回转叶轮上固定有多个叶片。

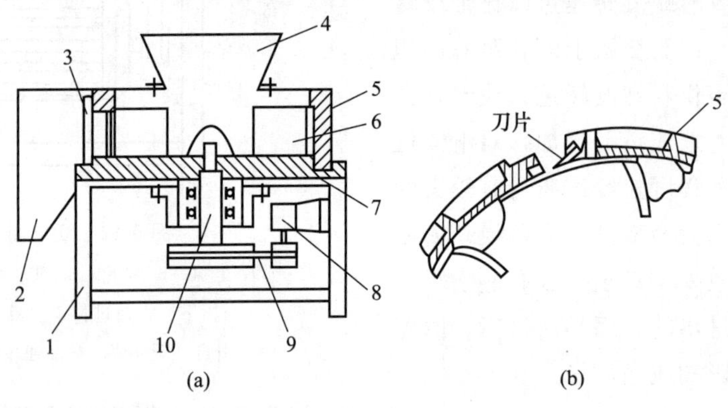

图 5-14　离心式切片机结构简图

1. 机架；2. 出料槽；3. 刀架；4. 进料斗；5. 圆筒机壳；6. 叶片；7. 回转叶轮；8. 电机；9. 转轴

（引自：方祖成，李冬生，汪超. 食品工厂机械装备. 2017.）

原料经圆锥形进料斗进入离心式切片机内，叶轮带动物料回转。物料产生的离心力可以达到其自身重量的 7 倍，此离心力使物料紧压在切片机的内壁表面，并受到安装在叶轮上的叶片的驱赶，进而使物料沿着圆锥形机壳的内壁表面移动，内壁表面的定刀就将其切成厚度均匀的薄片，切下的片料沿着圆锥形机壳的内壁下落，最后落到卸料槽内。调节定刀刃和机壳内壁之间的间隙，即可获得所需要的切片厚度。更换不同形状的定刀片，即可切出平片、波纹片、V 形丝和椭圆形丝等。

这种切片机结构简单，生产能力大，具有良好的通用性；但切割时的滑切不明显，切割阻力大，物料在切割时受到较大的挤压作用。离心式切片机一般适用于刚性的、能够保持稳定形状的块状食品物料，适用于将各种瓜果（如苹果、椰子、草莓等）、果菜（如黄瓜等）、块根类蔬菜（如马铃薯、胡萝卜、洋葱、大蒜头、荸荠和甜菜等）以及叶菜（如卷心菜和莴苣等）切成片状。

2. 青刀豆切端机

青刀豆切端机用在青刀豆罐头生产连续化作业线中。其主要由三部分组成：第一部分为送料装置，包括刮板提升机和入料斗；第二部分由转筒、刀片和导板等组成，这是主体部分；第三部分由出料输送带和传动系统组成。

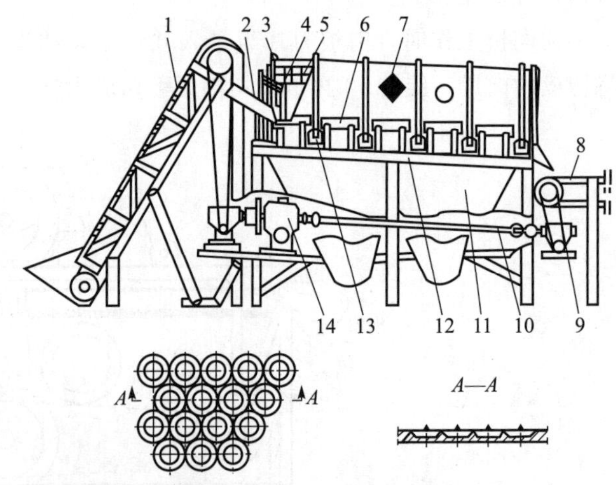

图 5-15　青刀豆切端机

1. 刮板提升机；2. 入料斗；3. 传动齿轮；4. 挡板；5. 铅丝网装置；6. 刀片；7. 转筒；8. 出料输送带；9. 改向滚筒；10. 万向联轴器；11. 漏斗；12. 机架；13. 拖轮；14. 涡轮减速器

（引自：方祖成，李冬生，汪超. 食品工厂机械装备. 2017.）

如图 5-15 所示，全机由一台电动机传动，通过涡轮减速器（14）和两只改向滚筒（9）使各部分运转。转筒（7）的转动是靠一对齿轮传动，其中齿轮（3）就装在入料端的转筒圆周上。转筒用 8 mm 的钢板卷成，焊上法兰后，里外抛光，再进行钻孔和绞孔。为了制造方便和加强转筒强度，把转筒分为五节，每节之间用法兰连接，法兰安装于机架（12）和托轮（13）上。转筒内装有两块可调节角度的木制挡板（4），靠近转筒内壁焊上一些薄钢板，每块薄钢板互相平行，在其上钻有小孔，铅丝（5）就从这些小孔中穿过。相邻两个小孔高度不同，相邻两块薄钢板上的小孔错开，由此形成不同平面上错开的丝网，丝网的作用是将青刀豆竖立起来，从而使豆端插进转筒的孔中。转筒上的孔有锥度（图 5-15 $A—A$ 剖视），里大外小。每节转筒外部下侧对称安装有两把长形直刀片（6），刀角 55°，直刀用弹簧固定在机架上，由于弹簧的压力，直刀的刀口始终紧贴转筒的外壁，刀口安装的方向与转筒转向相反，以保证露于锥孔外的豆端顺利切除。如果在第四节转筒上基本已切端完毕，则第五节转筒上的直刀可卸去，以免重复切端，影响原料利用率。此机的关键是要使青刀豆直立地进入锥孔中，由于各地的青刀豆粗细、长短和形状等不同，虽用同样的切端机，但切端率不同。

5.1.5　锯刀式切割设备

面包的结构松软、刚度差、强度低，切片时阻力小，但易出现破碎现象。为获得厚度均匀、断面整齐的面包切片，要求在切片过程中无明显挤压作用。图 5-16 所示的为一种多用切片、切丝、切丁机，也是一种常见的面包切片机，主要由进料斗、锯齿刀片、导轮、刀片驱动辊、传动系统、机架等组成。

在上下两个刀片驱动辊上交叉缠绕着若干条带形锯齿刀片，每个刀片被两对导轮夹持着扭转 90°，使得所有刀片的刃口均朝着进料口方向，每条刀片具有两个刃口，且两处刃口与面包片间的摩擦方向相反，不会影响面包稳定前进。当面包经进料斗横向进入后，可一次完成若干片的切割。切片厚度可通过调整刀片及导轮的间距来实现。这种切片机易获得整齐的切片，但也易出现较多的碎渣。

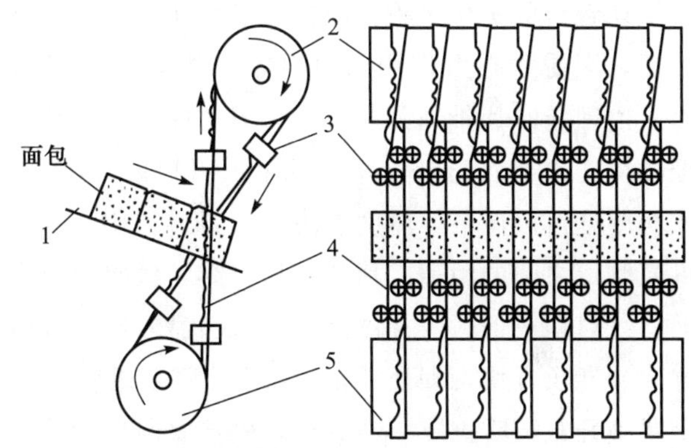

图 5-16　多用切片、切丝、切丁机

1. 进料斗；2，5. 刀片驱动辊；3. 导轮；4. 刀片

（引自：方祖成，李冬生，汪超. 食品工厂机械装备. 2017.）

5.1.6　组合式切割设备

组合式切割设备的组合形式很多，以下讲解其中的一种。

果蔬切粒机主要的功能是将果蔬物料切成正方形等几何形状。果蔬切粒机主要由机壳、叶轮、定刀片、圆盘刀、横切刀和挡梳等组成（图 5-17）。其中定刀片、圆盘刀和横切刀分别起切片、切条和切粒的作用。

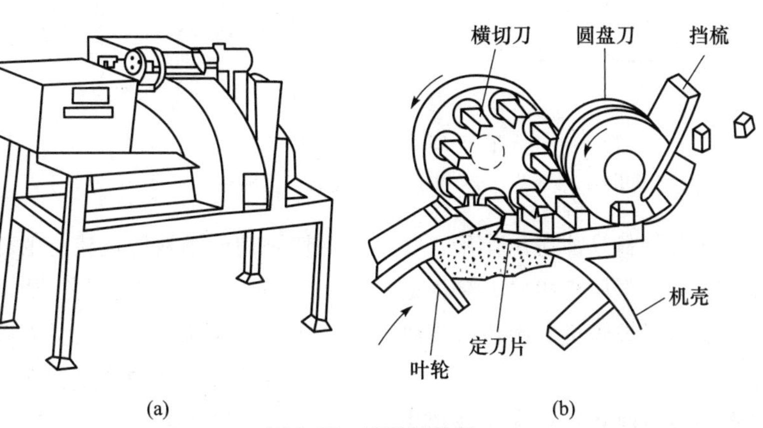

图 5-17　果蔬切粒机

（引自：许学勤. 食品工厂机械与设备. 2008.）

（1）切片装置　为离心式切片机构，其形式与离心式切片机相似，工作原理相同，主要的部件为回转叶轮和定刀片。

（2）切条装置　为横切刀，装置中的驱动机构设有四杆，用来控制切刀在切割中不因刀架的旋转而改变方向，以保证两断面间的垂直。切条的宽度由刀架的转速确定。

（3）切粒装置　为圆盘刀，按一定的间隔安装在转轴上，其间隔决定粒度的大小。

切粒机的工作过程：原料经进料斗进入回转叶片后，因受离心力作用，原料紧靠机壳的内壁表面，由回转叶片带动并通过定刀刃切成片料。片料经过机壳顶部外壳出口并通过定刀刃口向外移动。片料厚度可以调节，厚度取决于定刀刃和相对应的机壳侧壁之间的距离。片料一旦外露，横向切刀立即将片料切成条料，并被推向纵向圆盘刀而切成四方块或者长方块，即所谓的“丁”。切丁机带有安全联锁开关，防护罩一经打开，机器立即自动停止工作。

该机主要适用于各种瓜果、蔬菜（如蜜瓜、桃、李、菠萝、萝卜和马铃薯等）切成立方丁状。

5.2　粉碎机械与设备

粉碎是作为食品加工前工序处理的一种手段，其目的有以下几个方面：①便于混合。可控制多种物料相近的粒度，提高混合均匀度。②便于分离。可进行选择性粉碎，以方便对物料的不同成分进行分离。③改善食品的其他加工工艺性能。如提高速溶性，提高干燥脱水速度，提高食品成型性能，改善食品的食用方便性和口感等。

5.2.1　粉碎的概述

粉碎机械与设备是利用机械的方法克服固体物料内部的凝聚力并将其分裂的一种设备。这种分裂过程称为破碎或粉磨。根据被处理物料尺寸的大小不同，将大块物料分裂成小块者称为破碎，将小块物料变成细粉者称为粉磨。破碎和粉磨统称为粉碎。

1. 粉碎的方式

粉碎的方式主要有四种：挤压粉碎、剪切粉碎、研磨粉碎、冲击粉碎（图 5-18）。劈裂和折断粉碎是剪切和冲击粉碎方式的变形，对大多数粉碎机而言，实际上是由多种粉碎方式复杂组合而成的。

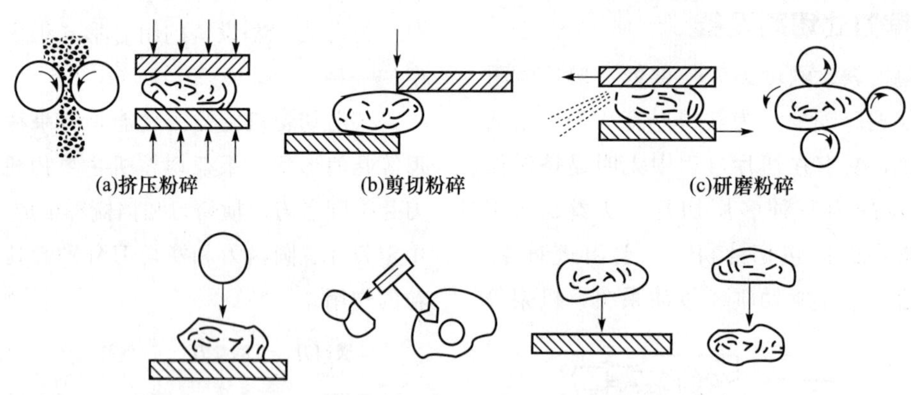

图 5-18　粉碎的基本方式

（引自：方祖成，李冬生，汪超．食品工厂机械装备．2017.）

（1）挤压　工作构件对物料施加挤压作用，物料因压应力达到其抗压强度极限而被粉碎。挤压适用于脆性物料的粉碎，如颚式破碎机、圆锥式破碎机、辊式粉碎机等。

（2）剪切　工作构件的刃面对物料施加剪切作用，物料在剪切面上的拉应力达到极限而被切碎。剪切是韧性物料能耗较低的粉碎方式。

（3）研磨　物料与工作面之间在一定压力下相对运动而摩擦，使物料受到破坏而粉碎。研磨是既有挤压又有剪切的复杂过程，如球磨机、棒磨机、振动磨、搅拌磨等。

（4）冲击　工作构件高速撞击物料，或物料高速撞击固定壁，或高速运动的物料对撞冲击等，从而使较大的物料破碎甚至微细粉碎等。冲击适用于脆性物料的粉碎，如锤片式粉碎机、超音速喷射粉碎机等。

2. 粉碎机械与设备的选择

粉碎机械与设备的选择要从实际出发，主要考虑被粉碎物料种类、要求粉碎程度和生产效率等。

(1) 被粉碎物料　如前所述，被粉碎物料有两类，即固体和胶体。固体和胶体的种类有很多，且类型不同，其物理特性不同，因而粉碎机的选择也不相同。被粉碎物料同为固体，粉碎矿石选用挤压型的颚式破碎机；粉碎玉米则选用冲击型的锤片式粉碎机。对于胶体物料普遍采用切割型（绞肉机、斩拌机等）或冲击型（打浆机）。

(2) 物料粉碎程度　粉碎程度是指将固体物料变为小块、细粉或粉末（不同粒度）的程度。根据物料粉碎后粒度的大小可以将粉碎分成如下级别。

① 粗破碎：物料被破碎到 200～100 mm。

② 中破碎：物料被破碎到 70～20 mm。

③ 细破碎：物料被破碎到 10～5 mm。

④ 粗粉碎：物料被破碎到 5～0.7 mm。

⑤ 细粉碎：物料被破碎到 0.061～0.074 mm（物料中 90%以上粉碎到能通过 200 目标准筛网）。

⑥ 微粉碎：物料被破碎到 0.038～0.043 mm（物料中 90%以上粉碎到能通过 325 目标准筛网）。

⑦ 超微粉碎：物料全部粉碎到粒度为微米级尺寸。

食品工业所用的粉碎主要是细粉碎和微粉碎。对于不同的粉碎粒度要求，须选用不同的粉碎机械。如生产面粉须选用辊式磨粉机；而在食品工厂中用于粉碎物料时，大多使用爪式粉碎机和锤片式粉碎机。

(3) 生产率　不同类型粉碎机械与设备的生产率不同，同一类型、不同型号粉碎机的生产率也不相同，因此，应根据生产率的大小确定粉碎机的类型和型号。例如，爪式粉碎机和锤片式粉碎机均在食品加工中广泛应用，相较之下，锤片式粉碎机应用更为广泛，这主要是因为它的生产率高，且结构简单，适用范围广，可用于甘薯、玉米、大豆、咖啡、可可、糖、盐、大米、麦类等的粉碎作业。

(4) 其他　粉碎机工作的可靠性、操作和维护性能、造价及安全性等也是我们选择粉碎机时应考虑的因素。

各种食品粉碎机械的具体应用如下：

① 豆制品加工，采用砂轮磨浆机等。

② 果汁、果酱、蔬菜类加工，采用打浆机、水果粉碎机、复合榨汁机等。

③ 骨泥、肉糜、鱼糜加工，采用骨糊机等。

④ 啤酒生产，主要使用麦芽粉碎机。

⑤ 调味品生产，如蒜粉、蒜粒、辣椒粉、姜粉、大料粉、胡椒粉的粉碎，采用破碎机、切粒机等。

⑥ 坚果加工，采用杏仁破碎机和咖啡磨等。

⑦ 超微粉碎，采用胶体磨、超微粉碎机等。

5.2.2　粗碎机械

粗碎机械一般作为预碎设备，为下一阶段粉碎做准备工作。食品工业中所采用原料不同，加工目的各异，因而粉碎机的类型繁多，以下介绍几种典型机械的工作原理、结构特点。

1. 冲击式粉碎机

冲击式粉碎机主要有两种类型，即锤片式粉碎机和齿爪式粉碎机。它们是以锤片或齿爪在高速回转运动时产生的冲击力来粉碎物料的。

1) 锤片式粉碎机

锤片式粉碎机是机械冲击式粉碎机的一种。物料从进料口进入粉碎室后，便受到随转子高速回转的锤片的打击，进而飞向固定在机体上的筛板而发生碰撞。落入筛面与锤片之间的物料则受到强烈的冲击、挤压和摩擦作用，逐渐被粉碎。当碎粒的粒径小于筛孔直径时，便被排出粉碎室，较大碎粒继续粉碎，直至全部排出机外。锤片式粉碎机既适用于脆性物料的粉碎，又适用于部分韧性物料甚至纤维性物料的粉碎，所以常被称为万能粉碎机。许多食品原料及其中间产品的加工过程中均用到它，如薯干、玉米、大豆、咖啡、可可、蔗糖、大米、麦类等的粉碎均可使用锤片式粉碎机。

（1）锤片式粉碎机的分类　按照物料进入粉碎室的方向，锤片粉碎机可以分为切向喂入式、轴向喂入式和径向喂入式三种（图 5-19）。按某些部位的变异，它又有各种特殊型，如水滴式粉碎机和无筛式粉碎机等。

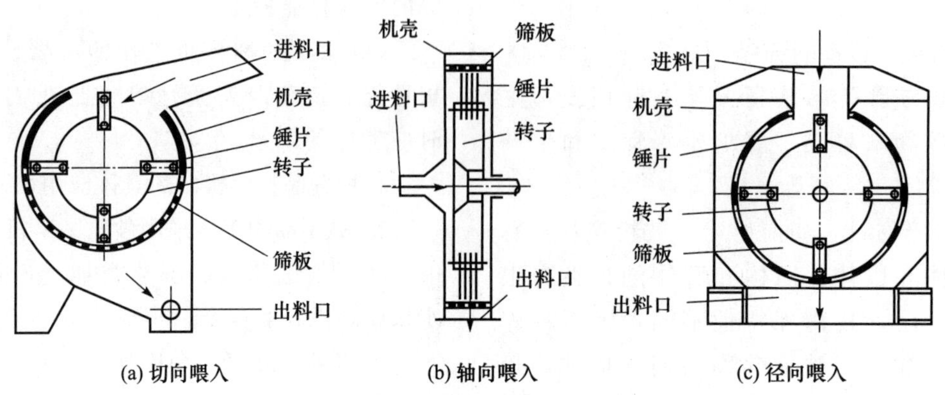

图 5-19　锤片粉碎机类型

1. 进料口；2. 转子；3. 锤片；4. 筛片；5. 出料口

（引自：许学勤. 食品工厂机械与设备. 2008.）

① 切向喂入式粉碎机。其结构如图 5-19（a）所示。沿粉碎室的切线方向喂入物料，上机体安有齿板，故筛片包角一般为 180°。其特点如下：a. 进料口和粉碎室比较宽，适应性广，通用性好，容易操作；b. 需要配套风机（吸入物料），结构比较复杂，工作时噪声和粉尘比较大；c. 加工单位质量物料的能耗一般比较高。它可以粉碎谷物、油饼（粕）、纤维状物料等，是一种通用型粉碎机。

② 轴向喂入式粉碎机。其结构如图 5-19（b）所示。轴向喂入式粉碎机多为自吸喂入物料，锤片的转子在高速回转时，宛如一台轴流风机，物料从轴向进料口被吸入粉碎室，经粉碎后从筛孔排出，因此，其也称为轴向自吸式粉碎机。这种粉碎机的转子为悬臂式，转子周围一般为包角 360°的筛片（环筛或水滴形筛）。其特点是：a. 粉碎室宽度小，结构简单；b. 筛理面积大，粉碎效率高；c. 能自动吸料，生产效率比较高。

③ 径向喂入式粉碎机。其结构如图 5-19（c）所示。该种粉碎机的特点如下：a. 整个机体左右对称，物料沿粉碎室径向从顶部进入粉碎室；b. 转子可正反转工作，这样，当锤片的一侧磨损后，可以通过改变位于粉碎室正上方导料机构的方向来改变物料进入粉碎室的方向；c. 由于联动机构的作用，转子的运转方向随之发生改变，这样不必拆卸锤片即可实现锤片工作角转换，大大简化了操作过程（图 5-20）；d. 径向喂入式粉碎机的筛片包角约 300°，有利于排料；e. 粉碎室宽度大，筛理面积大，生产效率较高，可自动进料，常用于谷物粉碎。

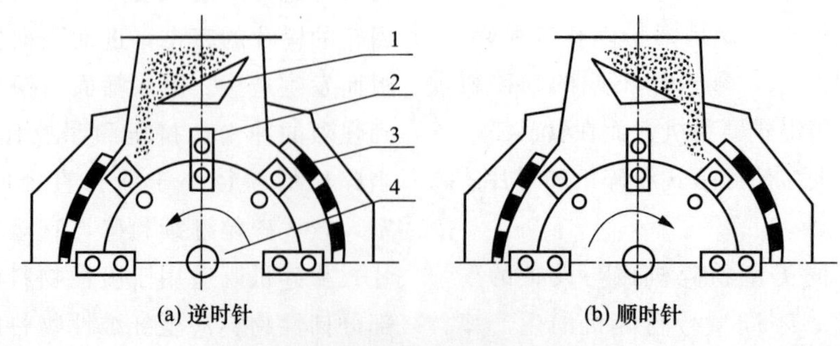

图 5-20　导向板与转子转向联动示意

1. 导向板；2. 锤片；3. 筛片；4. 主轴

（引自：许学勤. 食品工厂机械与设备. 2008.）

④ 水滴式粉碎机。由于粉碎室形似水滴而得名。它是轴向喂入式粉碎机的一种变形，其筛片为水滴形，目的是破坏物料的环流层。研究表明，这种粉碎机可以提高粉碎效率，降低能耗。按筛片结构的不同，水滴式粉碎机又分为全水滴筛式和部分齿板式（图 5-21）。后者的筛片包角只有 270°，在粉碎室的顶部安装齿板，这种形式可以提高筛片的使用寿命，但筛分效率较前者有所降低。

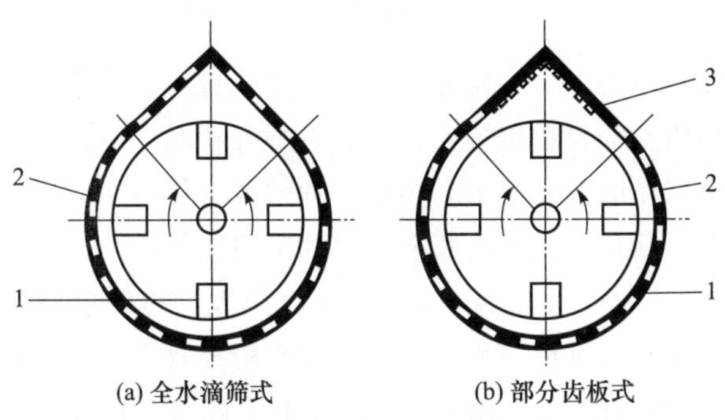

图 5-21　水滴式粉碎机

1. 锤片；2. 筛片；3. 齿板

（引自：许学勤. 食品工厂机械与设备. 2008.）

⑤ 无筛式粉碎机。因其没有筛片而得名，粉碎产品的粒度控制通过其他途径完成。

（2）锤片式粉碎机的结构　其主要构件包括机壳、锤片、筛片、粉碎室、排料装置等，其中锤片和筛板是主要工作元件。

① 机壳。锤片粉碎机机壳的作用是保证物料顺利喂入粉碎室，其结构应能防止谷物颗粒向喂入口反料，以及粉碎茎秆时可防止在喂料口出现架空现象。同时，可将被粉碎且穿过筛孔的物料归集，使之从下部排料口顺利排出。目前，我国使用的锤片粉碎机进料口的位置基本上有四种（图 5-22）：$\beta=90°$，$\beta=(60°\sim75°)$，$\beta=30°$及轴向进料。

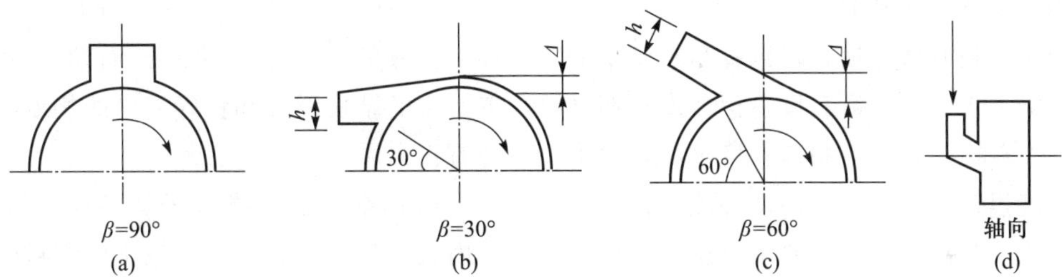

图 5-22　粉碎机进料口的位置

（引自：许学勤. 食品工厂机械与设备. 2008.）

a. $\beta=90°$：喂料不反料、不架空，但仅适用于粒状原料。

b. $\beta=60°\sim75°$：不反料，但喂杆状物料时会有不同程序的架空现象。

c. $\beta=30°$：无架空现象，粉碎茎秆物料时，反料现象较严重。

d. 轴向进料：多用于谷物饲料或切碎的茎秆饲料的进料。

一般用于粒状原料的粉碎，采用$\beta=90°$，即顶部进料为宜；兼用粒料和秸秆料的粉碎机，采用$\beta=60°$，即切向进料为佳。

② 锤片。是粉碎机的最重要的，也是最容易磨损的工作部件。其形状、尺寸、排列方法、制造质量等，对粉碎效率和产品质量有很大的影响。

目前应用的锤片形状很多（图 5-23）。使用最广泛的是板状矩形锤片［图 5-23（a）］，其形状简单，易制造，通用性好。它有两个销轴，其中一孔串在销轴上，可轮换使用四角来工作。图 5-23（b）～（d）为工作边涂焊、堆焊碳化钨或焊上一块特殊的耐磨合金，以延长使用寿命，但制造成本较高。图 5-23（e）～（g）分别将四角制成梯形、棱角和尖角，提高其对纤维原料的粉碎效果，但耐磨性差。图 5-23（h）所示的环形锤片只有一个销孔，工作中可自动变换工作角，因此，磨损均匀，使用寿命较长，但结构复杂。试验表明，锤片长度适当，有利于提高度电产量，过长则金属耗量增加，度电产量降低。另据中国农业机械化研究院用 1.6 mm、3.0 mm、5.0 mm、6.25 mm 四种厚度锤片作玉米粉碎试验得出，1.6 mm 比 6.25 mm 粉碎效果提高 45%，比 5 mm 提高 25.4%。用薄锤片粉碎效率高，但使用寿命相对缩短。选择多少厚度的锤片，应视粉碎对象和机型大小而异。

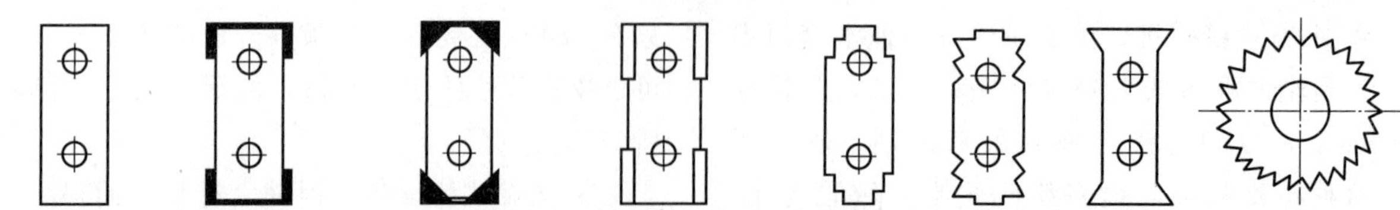

图 5-23 锤片的基本类型

（引自：许学勤. 食品工厂机械与设备. 2008.）

锤片是粉碎机中直接打击物料的工作部件，因此，也是磨损最快、更换最频繁的易损件。普通锤片的端部全磨损（锤片尺寸变短），导致粉碎室内气物环流层逐渐变大，粉碎过程随之恶化，粉碎效率降低。因此，普通锤片四角磨损后，要及时更换锤片，以免粉碎机性能恶化。

转子运转时，锤片末端的线速度对粉碎机的工作性能影响很大。锤片粉碎机粉碎原料主要依靠锤片对原料的冲击作用，锤片线速度越高则锤片对物料颗粒的冲击力越大，粉碎能力也就越强。因此，在一定范围内提高锤片线速度，可以提高粉碎机的粉碎能力——降低能耗和产品粒度。但速度过高会增加粉碎机的空载电耗，并使粉碎粒度过细，增加电耗。并且速度过高会对转子的平衡性能，甚至整个粉碎机的制造质量提出更高的要求。所以，锤片的最佳线速度要根据具体情况而定。目前，国内粉碎机锤片的线速度一般为 80～90 m/s。

③ 筛片。是控制粉碎产品粒度的主要部件，也是锤片粉碎机主要的易损件之一。它的种类、形状、包角以及开孔率对粉碎和筛分效能都有重要影响。

a. 筛片分类及规格：锤片粉碎机使用的筛片有圆柱形筛、圆锥孔筛和鱼鳞筛等。圆柱形筛结构简单，制造方便，因而应用最广。筛片的规格按筛孔直径划分，用筛片号表示，筛片号为筛孔直径乘以 10。筛片号有 8，10，12，15，20，25，30，40，50，60，80。例如，筛孔直径为 3 mm，筛片长度为 680 mm，宽度为 396 mm 的筛片，标记为 30－680×396 SB/T 10119。

b. 筛片的开孔率与通过能力：筛片的开孔率是指筛片上筛孔总面积占整个筛面面积的百分比，筛片的开孔率越高，粉碎机的生产能力越大。增大开孔率有两条途径，一是增大筛孔直径，二是缩小筛孔中心距。在实际生产中，筛孔直径的大小是由待粉碎物料决定的，因此，选择筛片时，应该先满足产品的粒度要求，根据筛片强度再尽可能选用大孔径筛片，以提高粉碎效率和节约能耗。

c. 筛片包角：一般筛片面积大，粉碎后的物料能及时排出筛外，从而能提高粉碎效率。筛片包角决定着筛片面积的大小。故包角愈大，粉碎效率愈高。目前，粉碎机筛片包角有 180°，270°，300°，360°等多种。

④ 粉碎室。是转子在由筛片、齿板、门及机体等构成的腔穴中高速旋转而粉碎筛分物料的装置。它的结构形式和粉碎室内的气流状态对粉碎效能有很大影响。

a. 锤筛间隙：指转子运转时，锤片顶端到筛片内表面的距离。锤筛间隙是影响粉碎效率的重要因素之一。粉碎机工作时存在气物环流层，若锤筛间隙过大，外层粗粒受锤片打击机会减少，内层小粒受到重复打击，恶化产品质量，增加电耗；若锤筛间隙过小，环流层速度增大，不仅降低锤片对物料的打击力，还会使物料粉碎后不易通过筛孔，微粉增加，电耗增加，效率降低，锤片磨损加快。

b. 粉碎室内的气流状态：其对筛子的筛分能力——粉碎效率有很大影响。改善粉碎室的气流状态从两方面着手：一方面是改变粉碎室结构，破坏气物环流层；另一方面是选配适合的吸风系统。

⑤ 排料装置。粉碎机排料方式对粉碎机性能有很大影响。排料装置必须及时把已粉碎的、合乎粒度要求的物料排出并输送走，保证连续作业和高效率，因此，排料装置要使粉碎室产生一定负压，以利排料和改善粉碎机的工作性能。粉碎机的排料方式有三种：自重落料、气力输送和机械输送（附加负压吸风）。

a. 自重落料：这种方式的排料装置结构简单，

造价低廉，但粉碎物料的排风、分离、输送等问题不好解决，多用于小型粉碎机单机。

b. 气力输送（负压吸送）出料：这种方式有许多优点，如可吸走物料中的水分；冷却物料和粉碎机本身，使物料温升降低 5～10℃，利于贮存；提高筛片的筛落能力，提高粉碎机的生产能力，一般可提高生产率 15%～25%。其缺点是气力输送功耗大，设备昂贵。

c. 机械（加吸风）出料：对于台时产量大于 2.5 t 的粉碎机，应采用机械出料，并增设单独风网。它不仅控制粉尘外逸，还具有降温、去水，防止物料过度粉碎，提高产量，降低能耗的作用，而且能保证粉碎机吸风量与风压稳定，不会发生串料现象。机械出料常采用以下两种方式：

一是螺旋输送机或刮板输送机加负压吸风的出料装置（图 5-24）。螺旋的输送量较粉碎机产量应大于 10%以上，物料在螺旋壳体内的充满系数不得超过 0.45。单机除尘器（如脉冲布袋除尘器）直接与粉碎机下的螺旋输送机壳体相连，连接处加大成喇叭口，并在来料一侧倾斜更大，喇叭口的截面积比风管截面积大 3～5 倍，使喇叭口的风速降到 1.25～2.5 m/s。这样既能提高粉碎机的产量，又能避免气流带走很多物料。此外，在螺旋输送机排料处安装关风器或安装一种铰接式关闭排料活门挡板，以免漏风。

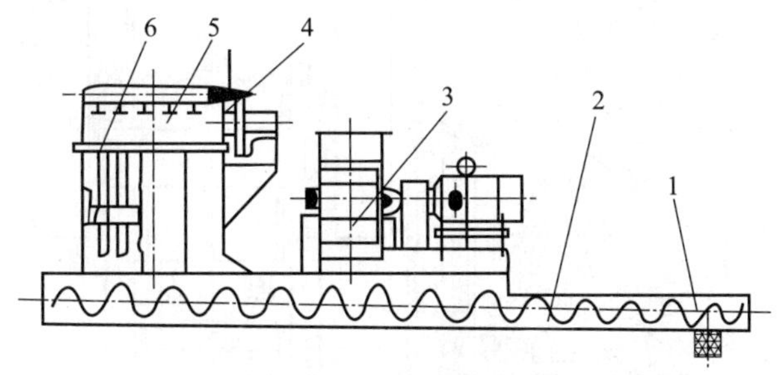

图 5-24　输送机加负压吸风的出料装置

1. 关风器；2. 螺旋输送机；3. 粉碎机；
4. 风机；5. 布袋除尘器；6. 布袋

（引自：许学勤. 食品工厂机械与设备. 2008.）

二是料斗-吸风-螺旋出料装置（图 5-25）。粉碎的物料先卸到料斗，经关风器、螺旋输送机输出，在料斗上设置吸风系统，其风力不能太大，否则将带走大量粉料，增加功耗，增大粉尘处理设备的负荷，甚至不能正常工作。

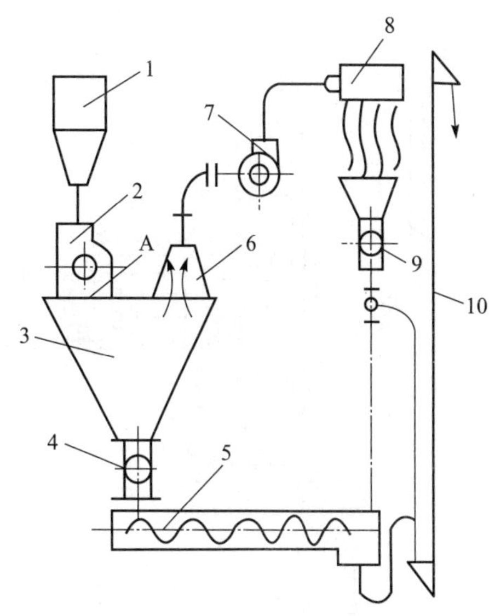

图 5-25　料斗-吸风-螺旋出料装置

1. 缓冲仓；2. 粉碎机；3. 料斗；4，9. 关风器；5. 螺旋输送机；
6. 吸风罩；7. 风机；8. 袋式除尘器；10. 斗提机

（引自：许学勤. 食品工厂机械与设备. 2008.）

锤片式粉碎机优点：单位功率粉碎能力大，粉碎粒度易于调节，应用范围广，占地面积小，易实现连续化的闭路粉碎。其缺点：①部件高速旋转及与颗粒的碰撞，会产生磨损问题，不适宜用来处理硬度太大的物料；②由于强烈摩擦，物料在机膛内温升较高，造成脱水；③得到的粉碎粒度不均匀。

2）齿爪式粉碎机

齿爪式粉碎机（图 5-26）由进料斗、动齿盘、定齿盘、包角为 360°的环形筛网及出粉管等组成。定齿盘上有两圈定齿，齿的断面呈扁矩形；动齿盘上有三圈齿，其横截面是扁矩形或圆形。工作时，动齿盘齿在定齿盘齿的圆形轨迹线间运动。当物料沿喂料斗轴向喂入时，受到动齿、定齿和筛片等的冲击、碰撞、摩擦及挤压作用而被粉碎，同时受到动齿盘高速旋转形成的风压以及扁齿与筛网的挤压作用，使符合成品粒度的粉粒经筛网排出机外。动齿的线速度为 80～85 m/s。动齿与定齿间隙为 3.5 mm 左右。该机特点是结构简单，生产效率高，耗能较低；但通用性差，噪声较大，常用于饲料粉碎等操作。

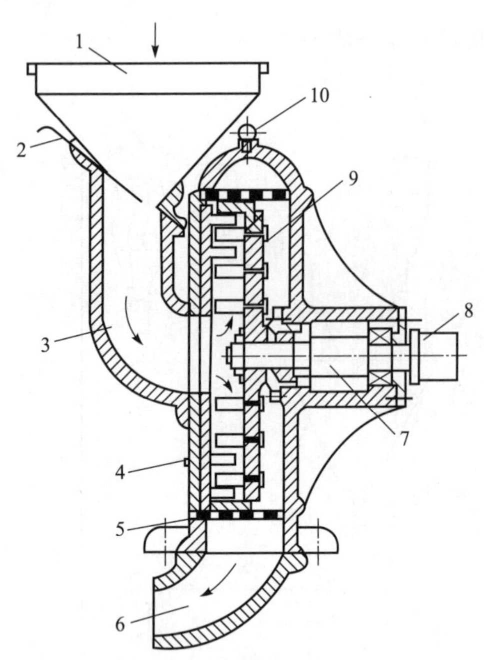

图 5-26　齿爪式粉碎机结构示意图

1. 进料斗；2. 流量调节板；3. 入料口；4. 定齿盘；5. 环形筛网；6. 出粉管；7. 主轴；8. 皮带轮；9. 动齿盘；10. 起吊环

（引自：许学勤. 食品工厂机械与设备. 2008.）

2. 轧碎机械

1）颚式轧碎机

颚式轧碎机利用挤压作用力来进行破碎，主要作为一级（粗碎和中碎）破碎机械使用。现有颚式轧碎机按动颚的运动特征，分为简单摆动型颚式轧碎机、复杂摆动型颚式轧碎机两种形式。

（1）简单摆动型（简摆型）颚式轧碎机　其结构如图 5-27 所示。简摆型颚式轧碎机有定颚和动颚，定颚固定在机架的前壁上，动颚则悬挂在偏心轴上。当偏心轴旋转时，带动连杆做上下往复运动，从而使两块推力板亦随之做往复运动。通过推力板的作用，推动悬挂在悬挂轴上的动颚做往复运动。当动颚摆向定颚时，落在颚腔的物料主要受到颚板的挤压作用而粉碎。当动颚摆离定颚时，已被粉碎的物料在重力的作用下，经颚腔下部的出料口自由卸出。因此，颚式轧碎机的工作是间歇性的，粉碎和卸料过程是在颚腔内交替进行的。这种破碎机工作时，动颚上各点均以悬挂轴为中心，单纯做圆弧摆动。其运动轨迹比较简单，故称为简单摆动型颚式轧碎机，简称简摆型颚式轧碎机。

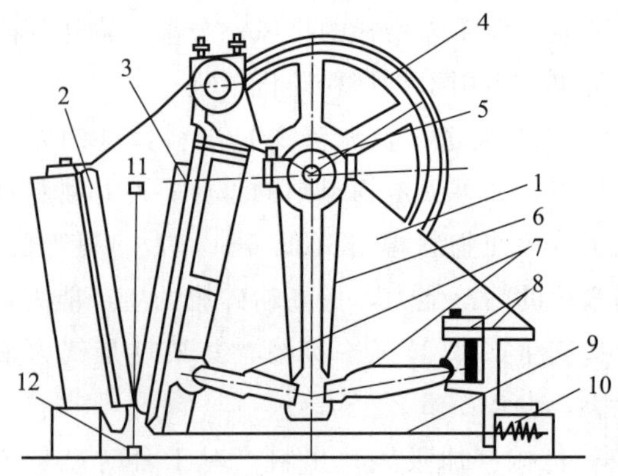

图 5-27　颚式轧碎机结构示意图

1. 机座；2. 固定颚板；3. 活动颚板；4. 飞轮；5. 偏心轴；6. 摇臂；7. 推动板；8. 调整块；9. 拉杆；10. 弹簧；11. 入口；12. 排出口

（引自：马海乐. 食品机械与设备. 2 版. 2011.）

（2）复杂摆动型（复摆型）颚式轧碎机　其结构如图 5-28 所示。动颚直接悬挂在偏心轴上，受到偏向轴的直接驱动。动颚的底部用一块推力板支撑在机架的后壁上。当偏心轴转动时，动颚一方面对定颚做往复摆动，同时还顺着定颚进行很大程度的上下运动。动颚上每一点的运动轨迹并不一样，动颚顶部的运动受到偏心轴的约束，运动轨迹接近于圆弧；在动颚的中间部分，运动轨迹为椭圆曲线，越靠近下方，椭圆越偏长。这类轧碎机工作时，动颚各点上的运动轨迹比较复杂，故称为复杂摆动型颚式轧碎机，简称复摆式颚式轧碎机。

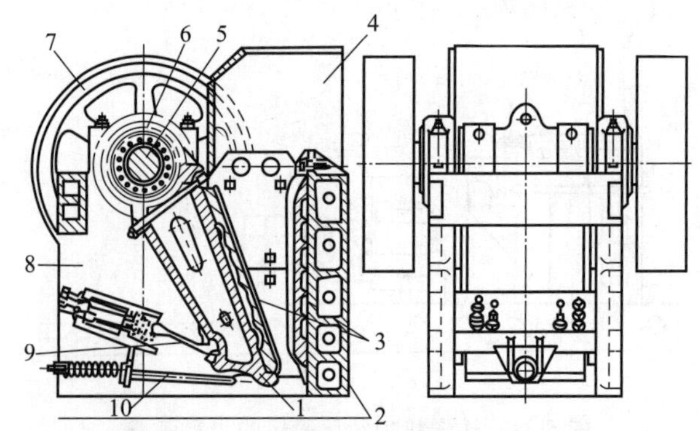

图 5-28　复杂摆动型颚式轧碎机结构示意图

1. 动颚；2. 定颚；3. 颚板；4. 侧板；5. 主轴；6. 轴承；7. 飞轮；8. 机架；9. 推力板；10. 拉杆

（引自：马海乐. 食品机械与设备. 2 版. 2011.）

使用颚式轧碎机时须注意的是，不能加入细粒度物料，否则会堵塞两颚板轧压空间。在粉碎操作前，必须先用振动筛或平面筛除去物料中的微细颗粒。

2）悬轴式锥形轧碎机

悬轴式锥形轧碎机又称为环动轧碎机，为一直立的倒锥形轧头，在另一个静止的倒圆锥形轧压面（称为轧臼）中进行偏心转动，所产生的挤压力将小块物料粉碎；同时又产生挤压弯曲力，将大块物料破裂粉碎。悬轴式锥形轧碎机在粉碎操作过程中利用弯曲力，因而，可以减小粉碎的动能消耗。

图 5-29 为悬轴式锥形轧碎机的结构示意图。其内圆锥体（轧头，1）安装在轧碎机的立轴（2）上，外圆锥体（轧臼，8）则安装于机壳内。轧头（1）和轧臼（8）之间的轧压空隙可以适当调节。立轴（2）的上端从上部固定并悬吊，其下端则倾斜插入由大伞齿轮（6）带动的偏心套（3）中。大伞齿轮（6）由小伞齿轮（4）传动，而小伞齿轮（4）由皮带轮（5）带动。当偏心套转动时，立轴带着轧头做回转运动，立轴中心线的轨迹便在空间形成一个圆锥面。同时，立轴与磨碎的物料相互摩擦，又环绕其本身中心线而转动。因此，轧头（1）在某些位置只是将物块钳着，而在某些位置则将物块向轧臼（8）的内壁挤压，致使物块碎裂。需要压碎的物料从加料口（9）加入，已压碎的物料则通过两圆锥体的缝隙间落下，然后从出料口（7）排出。

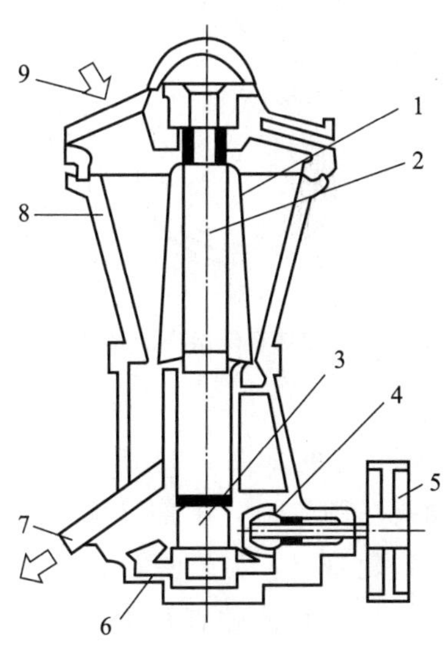

图 5-29　悬轴式锥形轧碎机结构示意图

1. 轧头；2. 立轴；3. 偏心套；4. 小伞齿轮；5. 皮带轮；6. 大伞齿轮；7. 出料口；8. 轧臼；9. 加料口

（引自：马海乐．食品机械与设备．2 版．2011.）

使用这种机械需注意的是，原料所含水分不能过多，否则粉碎能力会下降。

5.2.3　中（细）碎机械

常用的中（细）破碎机械有圆锥形粉碎机、锤碎机、双滚筒轧碎机等。

1. 圆锥形粉碎机

圆锥形粉碎机结构如图 5-30 所示，被粉碎物料从入口（10）加入，在粉碎板（1）与粉碎头（2）之间被粉碎。粉碎头固定在偏心轴（6）上，偏心轴上的大齿伞轮（7）由驱动轴（4）上的小齿伞轮（3）传动，此时，偏心轴运动的轨迹在空间中为椭圆形。由于固定粉碎板上的弹簧（9）的作用，即使在圆锥形粉碎机中加入了较硬的物体，粉碎板也会因弹簧的作用自动让开，从而保护设备。此外，这种机器的粉碎度一般都比较大。

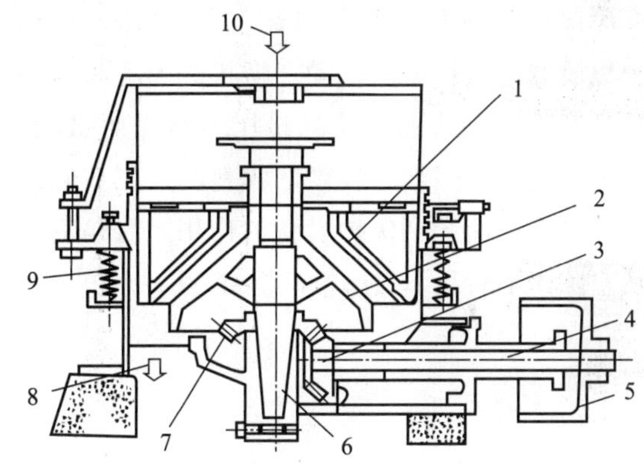

图 5-30　圆锥形粉碎机结构示意图

1. 粉碎板；2. 粉碎头；3. 小伞齿轮；4. 传动轴；5. 皮带轮；6. 偏心轴；7. 大伞齿轮；8. 排出口；9. 弹簧；10. 原料入口

（引自：马海乐．食品机械与设备．2 版．2011.）

2. 锤碎机

锤碎机工作原理主要是凭借离心锤击与劈裂的作用而将物料粉碎的。其结构如图 5-31 所示，锤碎机有若干个硬钢锤头，铰接在固定于旋转轴的圆盘上，锤头一般用高锰钢制成。当主轴高速旋转时，锤头在各种不同的位置上都能以很大的离心锤击力将物料粉碎。被粉碎成一定粒度的物料，可通过机壳内的滤筛从排出口排出；不能通过滤筛的物料，则再次被锤击粉碎，直至能通过滤筛而被排出。这种粉碎机适合加工块根类食物，如甘薯干等，以及干鱼、骨、杂骨等中等硬度的脆性物料。

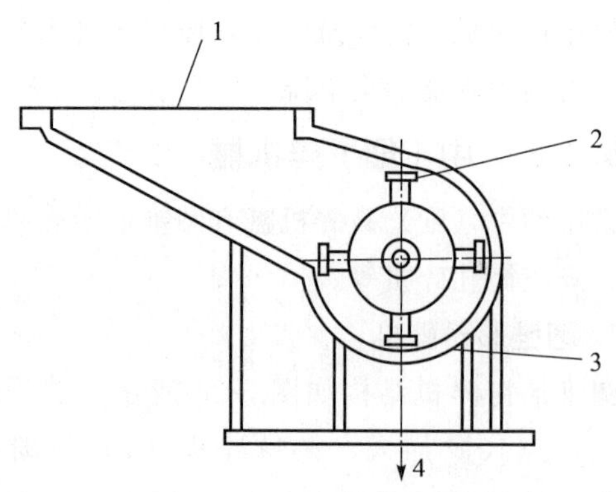

图 5-31　锤碎机结构示意图

1. 原料入口；2. 锤；3. 滤筛；4. 排出口

（引自：马海乐. 食品机械与设备. 2 版. 2011.）

3. 双滚筒轧碎机

双滚筒轧碎机由两个直径相等的圆滚筒所构成（图 5-32）。左侧滚筒由电机驱动，另一个滚筒安装在一组可以沿轴心连线方向做少许滑动的轴承座上，并在滚筒的右侧装有调节弹簧。物料从入口投入，两个滚筒彼此做反方向转动。物料进入滚筒间的空隙处为摩擦力所夹持，受到挤压力作用而被粉碎。弹簧的作用是，当加入较硬的物料时，使右侧滚筒能自动避让，而起到保护设备的作用。粉碎后的物料从空隙落下后从下方出料口排出。

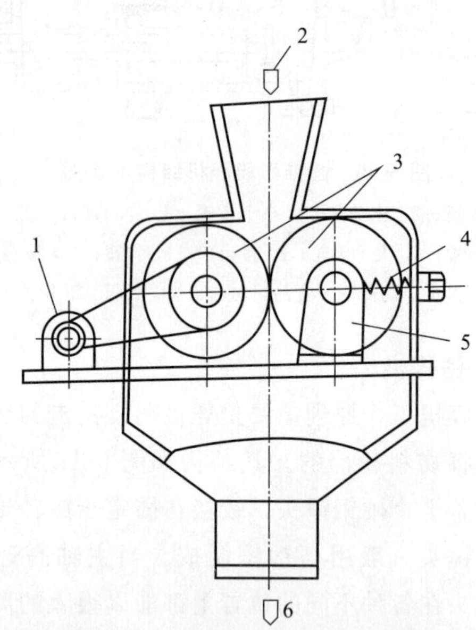

图 5-32　双滚筒轧碎机结构示意图

1. 电机；2. 原料入口；3. 滚筒；4. 弹簧；5. 滑动轴承；6. 出料口

（引自：马海乐. 食品机械与设备. 2 版. 2011.）

滚筒的表面可以是光滑的，也可以是凸凹不平的。例如，根据物料的性质以及制品粒度的需要，其表面可以制作成带有波棱或锯齿形状的。滚筒的材料必须坚固耐磨，一般采用锻钢、铸钢或高锰钢制造。

滚筒轧碎机主要适用于马铃薯、葡萄糖、干酪等的加工。

5.2.4　微粉碎机械

微粉碎机械主要包括球磨机、棒磨机、轮碾机、搅拌磨、振动磨和转辊式粉碎机等。

1. 球磨机

在球磨机中，主要利用钢球下落的撞击作用和钢球与球磨机内壁的研磨作用，将物料粉碎。当装有圆球的球磨机转动时，由于球磨机内壁与圆球间的摩擦作用，按旋转方向将圆球带动上升，直至上升角超过静止角时，圆球才由上落下，其运动情况如图 5-33（a）所示。球磨机的旋转速度加大，则离心力增加，圆球的上升角也增大，直至圆球重力的分力大于离心力时为止。此时，圆球便开始向下掉落，下落轨迹如图 5-33（b）所示。这时，若再增大球磨机的转速，所产生的离心力更大，当这种离心力超过了圆球本身的重力，球就会随着球磨机的旋转而旋转，不能再起到碾碎物料的作用，如图 5-23（c）所示。此时的转速称为临界转速。通过计算，球磨操作时的转速一般为其临界转速的 75%。

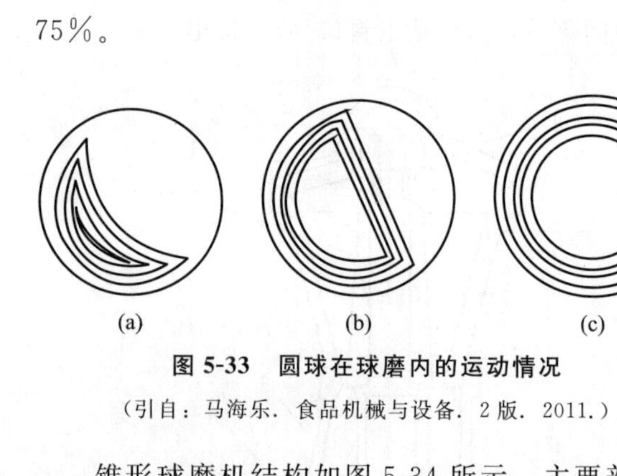

图 5-33　圆球在球磨内的运动情况

（引自：马海乐. 食品机械与设备. 2 版. 2011.）

锥形球磨机结构如图 5-34 所示，主要部件为转筒，其两头呈圆锥形，中部呈圆筒形，并有电机驱动的大齿轮带动，做低速旋转运动。转筒内装有许多作为粉碎媒体的直径为 2.5～15 mm 的钢球或磁性钢球。在原料入口处装置的球直径最大，沿着物料出口方向，球的直径就逐渐减小；与此相对应，被粉碎物料的颗粒也是从进料口顺着出料口方向逐渐由大变小的。从入口处投入的物料，随着转筒的旋转而做旋转运动。由于离心力作用，物料和钢球一起沿内壁面上升，当上升到一定高度时便同时下落。这样，物料由于受到许多钢球的撞击而被粉碎。此外，钢球与内壁面所产生的摩擦作用，也使物料被粉碎。粉碎后物料逐渐移向排出口被排出。

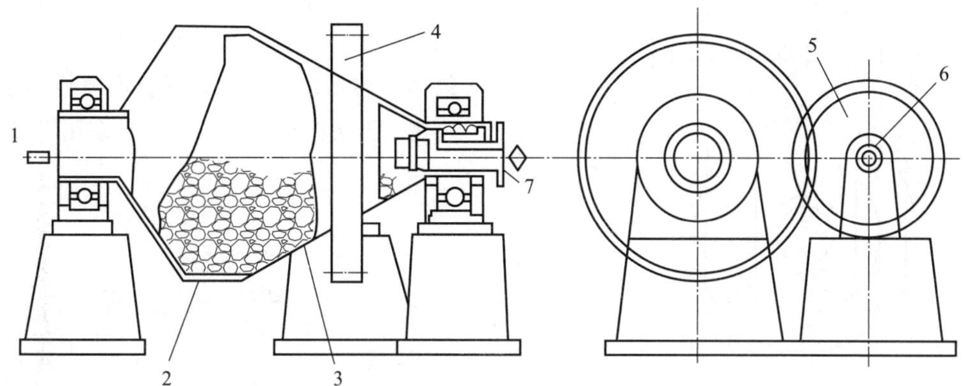

图 5-34　锥形球磨机结构示意图

1. 原料入口；2. 大球；3. 小球；4. 大齿轮；5. 小齿轮；6. 驱动轴；7. 排出口

（引自：马海乐. 食品机械与设备. 2 版. 2011.）

这类机械主要适用于谷物类及香料等物料的粉碎加工。

2. 棒磨机

棒磨机结构如图 5-35 所示，其主要部件为一直径较大的转筒，由水平轴支撑于两平台上。物料从水平轴的两端投入。在转筒内装有约占转筒体积 1/2 的，直径为 50～100 mm 的棍棒，棍棒的材料一般为高碳钢。当转筒转动时，利用与球磨机同样的原理将物料粉碎。物料中的大块固体先被棍棒破碎成细小颗粒，然后徐徐均匀地粉碎。粉碎后的原料被移至转筒中央部位排出。

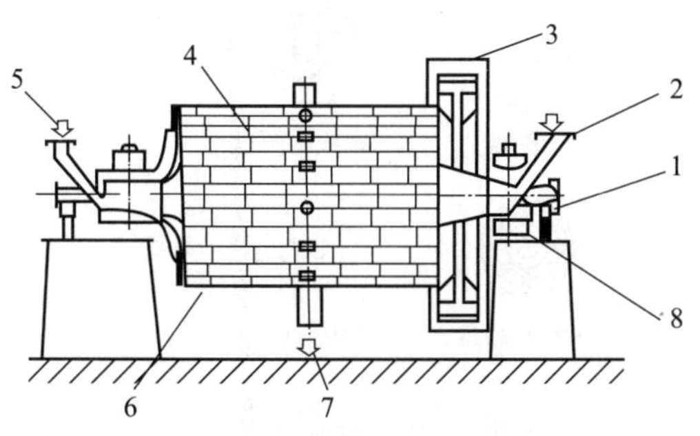

图 5-35　棒磨机结构示意图

1. 棒磨机入口；2，5. 原料投入口；3. 齿轮；4. 圆形转筒；6. 工作口；8. 排出口；9. 主轴轴承

（引自：方祖成，李冬生，汪超. 食品工厂机械装备. 2017.）

棒磨机的特点在于长棒与物料的接触是在一条线上，如图 5-36 所示。若在中间的是大块物料，则小块物料不会受到挤压，因此产品比较均匀。同时，棒磨机特别适用于黏胶质的固体物料，如果对这种物料采用球磨机，势必将机中的圆球粘成一团，进而无法进行粉碎操作。

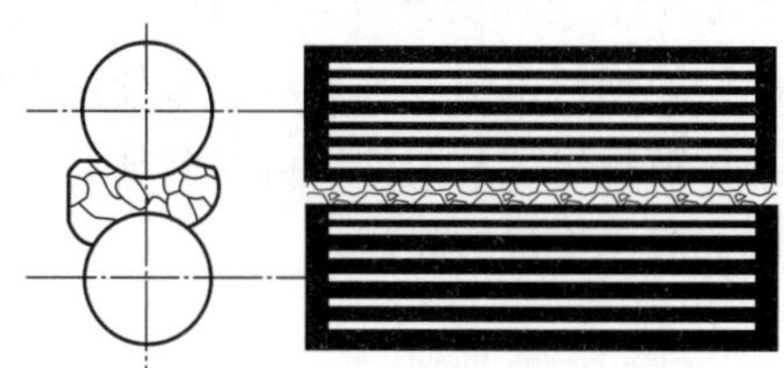

图 5-36　棒磨机研磨原理

（引自：方祖成，李冬生，汪超. 食品工厂机械装备. 2017.）

棒磨机不适用于粉碎韧性强的物料。此外，在使用时还必须注意，不能投入过硬的原料，否则会使棍棒弯曲变形。

3. 轮碾机

轮碾机俗称盘磨，具有结构简单、操作方便的特点，在食品加工中一直被广泛使用，并有着悠久的历史。轮碾机主要用于食盐、调料、油性物料等的加工。

轮碾机主要由磨盘（图 5-37）和两个碾轮组成。碾轮用钢或花岗岩等坚硬的材料制成。当碾轮绕着立柱和其本身的横轴转动时，利用挤压力和剪切力将在磨盘上的物料碾磨粉碎。

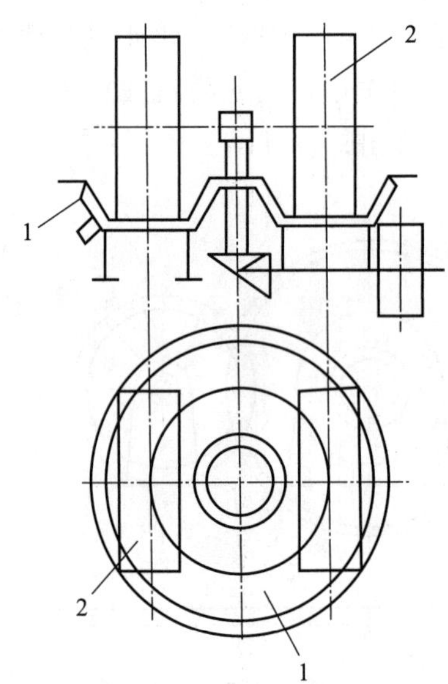

图 5-37 磨盘结构简图

1. 盘；2. 碾轮

（引自：方祖成，李冬生，汪超. 食品工厂机械装备. 2017.）

图 5-38 所示的是一种常用的轮碾机。其结构和工作原理如下：驱动轴上的小伞齿轮（7）与立轴上大伞齿轮（4）啮合，从而带动垂轴（5）旋转，由于摩擦力作用，两个碾轮（3）转动。原料加入磨盘（1）和碾轮（3）之间受挤压而被粉碎。

粉碎后的物料由筛分装置进行筛分，达到粒度要求的物料被排出，其余的则留在磨盘上，和新投入的物料一起再次进行粉碎。

4. 搅拌磨

搅拌磨是在球磨机基础上发展起来的设备。在一定范围内，研磨介质尺寸越小则粒度越细。但研磨介质尺寸减小有一定限度，当研磨介质尺寸小到一定程度时，其与液体浆料的黏着力增大，这会使研磨介质与浆料的翻动停止。搅拌磨在球磨机的基础上，增添搅拌机构，将研磨介质与物料翻动，其筒体（容器）不转动。搅拌磨既可用于湿法粉碎又可用于干法粉碎（图 5-39），但多用于湿法超微粉碎。

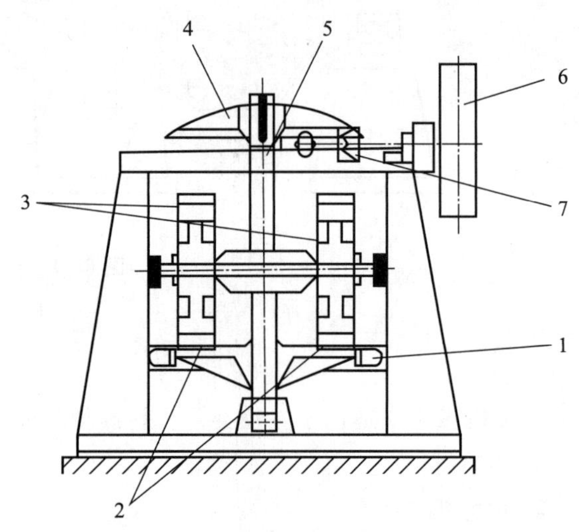

图 5-38 轮碾机

1. 磨盘；2. 摩擦板；3. 碾轮；4. 大伞齿轮；5. 垂轴；6. 皮带轮；7. 小伞齿轮

（引自：方祖成，李冬生，汪超. 食品工厂机械装备. 2017.）

搅拌磨的主体由搅拌器、带冷却夹套的立桶和研磨介质等构成。其外围设备包括分离器和输料泵等。

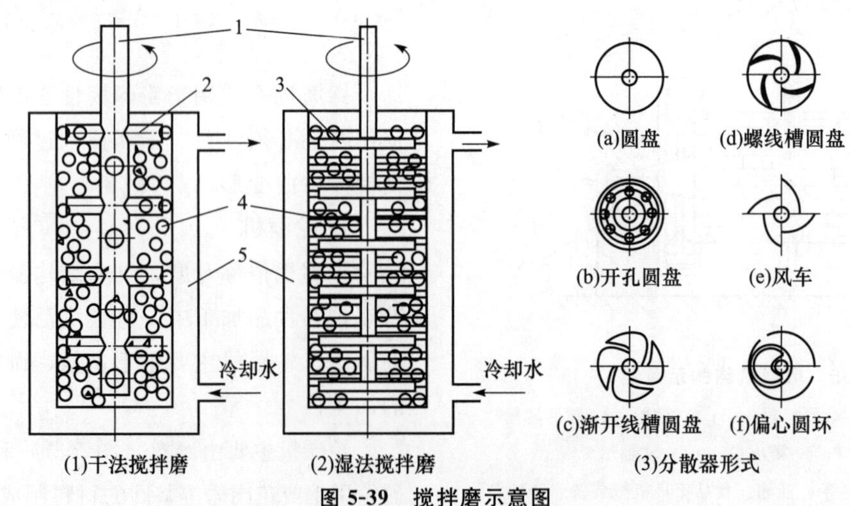

图 5-39 搅拌磨示意图

1. 搅拌轴；2. 搅拌杆；3. 分散器；4. 磨球；5. 冷却夹套

（引自：方祖成，李冬生，汪超. 食品工厂机械装备. 2017.）

搅拌轴一般为直径较粗大的空心轴，目的在于缩小靠近轴心的无效研磨区。根据需要，沿轴向安装若干分散器。分散器有多种形式，具体可见图 5-39 (3)。

搅拌磨常用球形研磨介质，所用研磨介质材料有玻璃珠、钢珠、氧化铝珠和氧化铅珠（食品工业不宜使用）等，由于最初使用的是天然玻璃砂，搅拌磨常称为砂磨机。搅拌磨的超微粉碎原理如下：在分散器高速旋转产生的离心力作用下，研磨介质和液体浆料颗粒冲向容器内壁，产生强烈的剪切、摩擦、冲击和挤压等作用力（主要是剪切力），将浆料颗粒粉碎。搅拌磨能满足成品粒子的超微化、均匀化要求，成品的平均粒度最小可达到数微米。

研磨介质粒径要根据成品粒径要求进行选择。成品粒径一般与研磨介质粒径成正比。研磨介质的粒径必须大于浆料原始平均颗粒粒径的 10 倍。要求得到粒度小于 1～5 μm 和 5～25 μm 的成品时，可分别选用粒度范围在 0.6～1.5 mm 和 2～3 mm 的研磨介质。但应注意，研磨介质过小，反而会影响研磨效率。如果对成品粒径要求不高时，使用较大的研磨介质，可以缩短研磨时间并提高成品产量。

5. 振动磨

振动磨是带有振动源装置的球（棒）磨机。通常，一个振动装置可以同时带动数个筒体振动。以单筒、双筒结构的振动磨最为常见。振动磨的结构如图 5-40 所示，其研磨容器与电机驱动的能产生高频振动的偏心振子一起安装在振动机架上，机架的下方为减振器。高频振动的频率范围为 1 000～1 500 Hz，振幅范围为 3～20 mm。

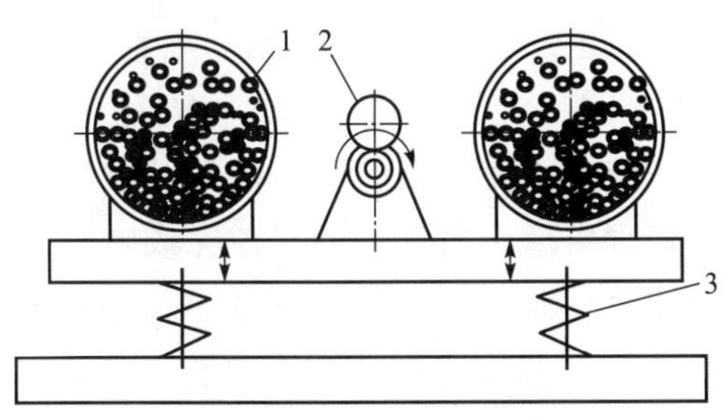

图 5-40　振动磨结构示意图

1. 磨筒；2. 振子；3. 弹簧

（引自：方祖成，李冬生，汪超. 食品工厂机械装备. 2017.）

振动磨的原理如下：振动装置控制振动磨筒体，从而使筒内的球形或棒形研磨介质做高频振动，这种研磨介质振动产生的冲击、摩擦和剪切作用力，可实现对物料颗粒的超微粉碎，同时还能起到混合、分散的作用。

振动磨内研磨介质对物料产生的粉碎作用力来自三个方面：高频振动、循环运动（公转）和自转运动。这些运动使得研磨介质之间和研磨介质与筒体内壁之间产生剧烈的冲击、摩擦和剪切等作用力，从而在短时间内将物料颗粒研磨成细小的超微粒子。

振动磨的特点如下：①采用研磨介质尺寸小，研磨效率高，比滚筒式高数倍至十几倍；②成品粒度小，平均粒径可达 2～3 μm 及以下；③充填系数大（60%～80%），生产能力强，约为滚筒式的 10 倍；④可封闭式作业，操作环境好；⑤但噪声大，对机械结构强度要求高。

振动磨在干法和湿法状态下均可工作。

6. 转辊式粉碎机

转辊式粉碎机利用转动的辊子产生摩擦、挤压或剪切等作用力，达到粉碎物料的目的。根据物料与转辊的相对位置，转辊式粉碎机有盘磨机和辊磨机等专用设备。

1）盘磨机

在盘磨机内，物料放在辊子和圆盘之间，由于辊子的快速旋转而得以粉碎。根据圆盘是否转动，可分为圆盘固定式和圆盘转动式两种，根据辊子施力方式的不同，可分为悬辊式和弹簧辊式两种。悬辊式盘磨机的进料粒度为 30～40 mm，粉碎物成品粒度为 44～125 μm；弹簧辊式盘磨机的进料粒度小于 150 μm，成品粒度为 88～150 μm。悬辊式盘磨机又称为雷蒙磨，属于圆盘不动式盘磨机。物料通过喂料器和溜槽进入盘磨机内，在辊子和磨环之间得以粉碎。弹簧辊式盘磨机属于圆盘转动型，它是利用油压紧紧地将具有2～4 个锥面的辊子压向磨盘，物料经密封进料装置进入磨盘上受到辊子的压力和研磨而被粉碎。

图 5-41 所示的是食品工业常用的碾辊盘磨机，由两个碾辊和一个磨盘组成。当碾轮绕着立轴和其本身的横轴转动时，物料就在碾轮与磨盘之间受挤压力和研磨力而被碾碎。盘磨有两种形式：一种是碾轮转动而磨盘不动；另一种是磨盘转动而碾轮对立轴并不转动。后者的优点如下：①比较容易固定碾轮，且操作稳定；②比较容易卸出碾碎后的物料；③在碾轮上没有离心力的作用。

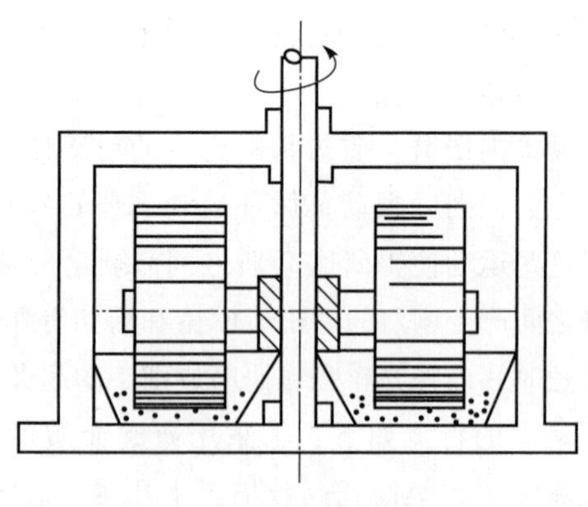

图 5-41　碾辊盘磨机

（引自：马海乐．食品机械与设备．2 版．2011.）

2）辊式磨粉机

辊式磨粉机是食品工业广泛使用的粉碎机械，特别在面粉工业中早已是不可缺少的关键设备，其他如啤酒麦芽的粉碎、油料的轧坯、巧克力的精磨、糖粉的加工、麦片和米片的加工等也都能采用类似的机器。

(1) 辊式磨粉机结构　主要由六个部分组成：磨辊、喂料机构、轧距调节机构、传动机械、磨辊清理装置和吸风管等。图 5-42 所示的为复式对辊式磨粉机的结构。

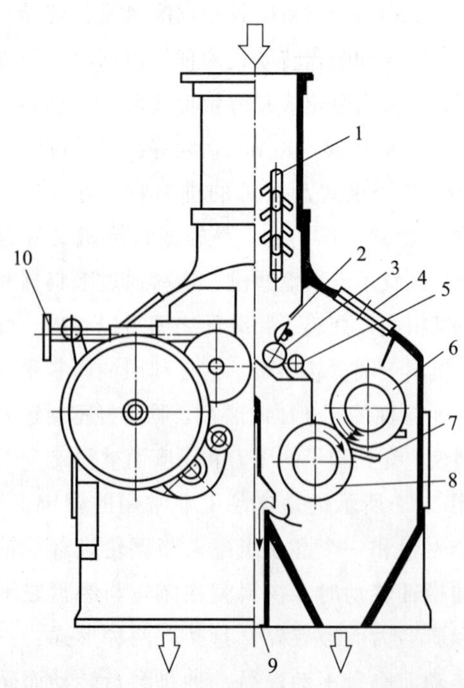

图 5-42　复式对辊式磨粉机结构示意图

1. 枝状阀；2. 扇形活门；3. 喂料定量辊；4. 视窗；5. 喂料分流辊；6. 快磨辊；7. 刮刀；8. 慢磨辊；9. 吸风口；10. 轧距调节手轮

（引自：马海乐．食品机械与设备．2 版．2011.）

辊式磨粉机的主要工作机构是磨辊，一般有一对或两对磨辊，分别为单式和复式。在复式辊式磨粉机中，每一对磨辊组成一个独立的工作单元。

① 磨辊。是辊式磨粉机的主要工作部件。物料从两个磨辊间通过时，受到磨辊的研磨作用而被粉碎。磨辊在单式磨粉机内呈水平排列，在复式磨粉机内，有水平排列的（如美国的磨粉机），也有倾斜排列的（如欧洲和我国使用的大、中型磨粉机）。

② 传动部分。主要给磨辊提供工作动力，使两个磨辊做相对方向的转动，其中一个为快辊，另一个为慢辊。当两个磨辊以同一速度相向旋转时，对小麦只能起到轧扁、挤压作用，得不到良好的研磨效果；只有当两个磨辊以不同速度相向旋转时，才能对小麦起到研磨作用。传动部分的作用就在于保证磨辊按照一定的速度转动，且快、慢辊之间要保持一定的转速比。

③ 轧距调节机构。两磨辊之间的径向距离称为轧距，用来调节两磨辊距离的机构称为轧距调节机构。缺少这一机构，磨粉机就不能与各种粒度的研磨物相适应，也不能根据工艺要求随时改变磨粉机的研磨强度。倾斜排列的磨辊，上辊为快辊，它的轴承因固定在磨粉机的机壳上，故位置不能移动；下辊为慢辊，它的轴承装在可以上下移动的轴承臂上，轴承臂通过弹簧与轧距调节机构相连，因此，慢辊的位置可调节改变。调节两辊间的轧距以达到一定的研磨效果，是轧距调节机构的主要作用。

④ 喂料机构。设在磨辊的上方，由贮料筒、料斗、喂料辊及喂料活门等组成。喂料辊有两个，一个为定量辊，另一个为分流辊。定量辊直径较大而转速较慢，主要起拨料及向两端分散物料的作用，并通过扇形活门形成的间隙完成喂料定量控制；分流喂料辊直径较小，转速较高，其表面线速度为定量辊 3～4 倍，其作用是将物料呈薄层状抛掷于磨辊研磨区。

⑤ 磨辊的清理机构。用于清除磨辊所黏附的粉层，保证磨辊运转平稳。清理磨辊粉层常用刷帚或刮刀，它们一般安装在磨辊的下方。刷帚以鹅翎或猪鬃、棕毛制成，用弹簧将刷帚压紧在辊面上，用于清理齿辊表面。刮刀用于清理光辊表面，它安

装在铰支的杠杆上，靠配重压在辊面上，当磨粉机停止时有一金属链将配重拉起，刮刀离开辊面以避免辊和刀接触处的磨损。

⑥ 吸风装置。磨粉机的吸风装置有以下三个作用：一是用以吸去磨辊工作时产生的热量和水蒸气，降低磨下物的温度，提高研磨物料的筛理性能；二是冷却磨辊，降低料温；三是使磨粉机内的粉尘不向外飞扬。

目前，大多数面粉厂采用气力输送来垂直提升各道磨粉机研磨后的物料。提升管通过溜管与磨粉机出口相接，已具备相对于磨膛的吸风作用，故不需要再单独安装吸风管。

上述六大部分结构是所有磨粉机的基本组成。无论哪种类型的磨粉机，具体的结构形式都可能有所变化，操作方法和精密程度也有可能有所不同。但就其作用来说，这六部分结构是不可缺少的。

(2) 磨辊的配置　磨辊相对位置决定了磨粉机的总体布置。最简单的是图 5-43 (a) 所示的配置方式，小型磨粉机、轧片机等都采用这种配置方式，它的喂料、排料及传动装置的安排都较为容易，工艺操作和装拆磨辊也比较方便。大型磨粉机为缩小占地面积常用图 5-43 (c) 或图 5-43 (d) 所示的配置方式，这两种方式已成为世界各国磨粉机的共同传统。但是辊的倾斜角度各有不同，从而导致设备的结构和作用性能大不一样，特别是磨辊的拆装和操作性能。图 5-43 (b) 所示的配置方式适用于小型的麦芽粉碎机，用三辊代替两对齿辊。图 5-43 (e) 所示的配置方式常用于油料轧片机，因其结构简单，同时可利用辊身的自重以增加辊间压力。巧克力精磨机的研磨作用要求与其他粉料不同，它研磨的是浆料中的可可粉粒，浆料黏附在辊面上自下而上进行输送，故采用图 5-43 (f) 所示的配置方式。

(3) 齿辊的技术特性　与齿辊工作性能关系密切的主要技术特性有磨齿的齿数、齿形、排列和斜度四个方面。

① 齿数。是指磨辊单位圆周长度上拉丝形成的拉丝数，经常也称为牙数。研磨操作的必要条件之一就是原料的粒度 d 必须大于磨齿的齿距 t，否则就会失去研磨作用。由此可见，对于粗物料磨辊的研磨齿数宜少，对细物料则宜多。此外，齿数还与动力消耗、研磨温度和磨辊使用寿命有关。在通常情况下，稀牙比密牙省动力，磨温低，且磨辊使用寿命长。

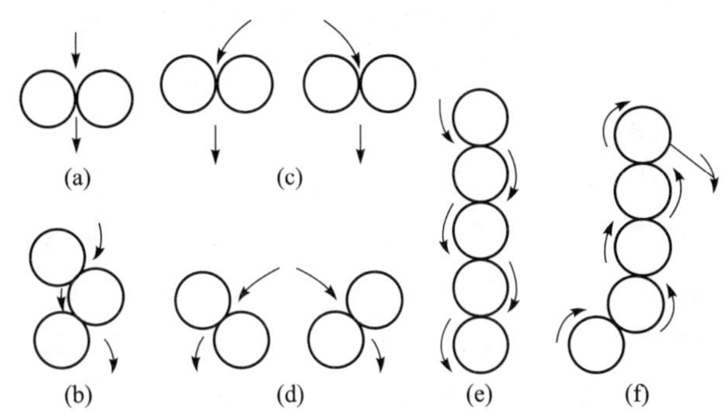

图 5-43　磨辊配置示意图

（引自：方祖成，李冬生，汪超. 食品工厂机械装备. 2017.）

② 齿形。其断面形状称为齿形（图 5-44）。锋面与钝面所夹的角称为牙角 γ，锋面与磨辊直径所形成的角称为锋角 α，钝面与磨辊直径所形成的角称为钝角 β，三者之间的关系为：$\gamma=\alpha+\beta$。

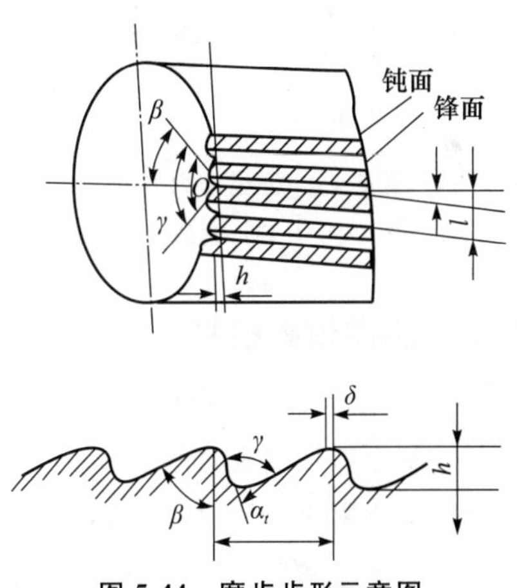

图 5-44　磨齿齿形示意图

（引自：方祖成，李冬生，汪超. 食品工厂机械装备. 2017.）

磨齿顶如为尖形，容易磨损，故一般都有 0.1～0.4 mm 的宽度。牙角的大小与作用力有关，同一牙数下牙角越大，齿槽越宽，剪切力越小而挤压力越大，若牙角为 180°即成为光辊，故牙角大时粉碎程度低且电耗大。在同一牙角的情况下，若锋角越小钝角越大，则剪切力越大而挤压力越小。

③ 排列。磨齿排列不同对研磨作用的影响与同一牙角下锋角大小变化的影响相似。磨齿排列有

四种方式，即锋对锋、锋对钝、钝对锋和钝对钝（图 5-45）。当磨齿锋对锋排列时，物料在两锋面之间开始受到挤压作用，后来则以剪切作用为主。由于两辊快慢不同，慢辊起托住作用，快辊起挤压和剪切作用。锋角越大，剪切力越小而挤压力越大。当磨齿钝对钝排列时，作用角为钝角，物料进入工作区后开始受挤压作用并逐步加强，最后略有剪切作用。

④ 斜度。一对磨辊的拉丝必须有一定的斜度，且互相平行，否则不可能进行平稳的研磨。斜度越大（即图 5-45 中所示的牙角越大），粉碎率越低，物料容易克服磨齿上的摩擦阻力而滑向一边，故切削困难。相反，斜度越小，剪切力越大，若此时齿形尖，则成为切削作用。在一般情况下，斜度一般只能在 0～20％范围内变化。

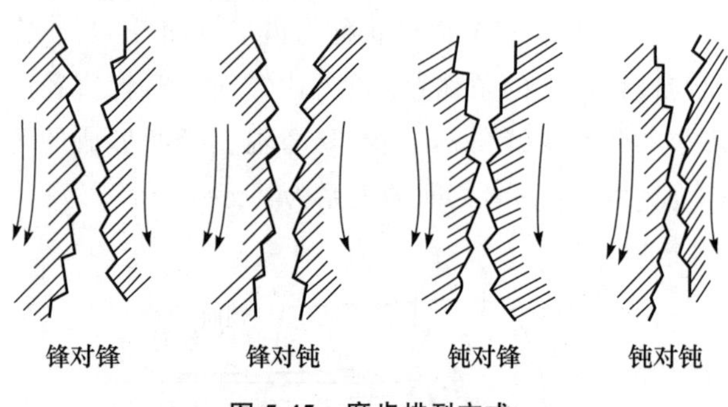

图 5-45　磨齿排列方式

（引自：方祖成，李冬生，汪超．食品工厂机械装备．2017.）

5.2.5　超微粉碎机械

超微粉碎的原理与普通粉碎相同，只是细度要求更高，它是利用特殊的粉碎设备，通过一定的加工工艺流程，对物料进行碾磨、冲击、剪切等，将粒径 3 mm 以上的物料粉碎至粒径 10～25 μm 以下的微细颗粒。与传统的粉碎、破碎、碾碎等加工技术相比，超微粉碎产品的粒度更加微小，并且随着物质的超微化，其表面分子排列、电子分布结构及晶体结构均发生变化，产生块（粒）材料所不具备的表面小尺寸效应、量子效应和宏观量子隧道效应，从而使得超微粉碎产品与宏观颗粒相比具有优异的物理、化学及表界面性质。

超微粉碎技术的优点如下：

① 速度快，可低温粉碎。超微粉碎技术采用超音速气流粉碎、冷浆粉碎等方法，在粉碎过程中不会产生局部过热现象，甚至可在低温状态下进行，粉碎瞬时即可完成，因此，能最大限度地保留粉体的生物活性成分，有利于制成所需的高质量产品。

② 粒径细，分布均匀。超微粉碎技术采用了气流超音速粉碎，使得原料粒度的分布非常均匀。分级系统的设置既严格限制产生大颗粒，又可避免粉碎过细，能得到粒径分布均匀的超细粉，很大程度上增加微粉的比表面积，使吸附性、溶解性等亦相应增大。

③ 节省原料，提高利用率。超微粉一般可直接用于制剂生产，而用常规粉碎方法得到的粉碎产品，仍需一些中间环节才能达到直接用于生产的要求，这样很可能造成原料的浪费。因此，超微粉碎技术非常适合珍稀原料的粉碎。

④ 减少污染。超微粉碎是在封闭系统内进行的，既可避免微粉污染周围环境，又可防止空气中的灰尘污染产品。在食品及医疗保健品中运用该技术，可控制微生物和灰尘对产品的污染。

⑤ 提高发酵、酶解过程的化学反应速度。经过超微粉碎后的原料，具有极大的比表面，在生物、化学等反应过程中，反应接触的面积大大增加，因此，超微粉碎可以提高发酵、酶解过程的反应速度，在生产中可节约时间，并提高效率。

⑥ 利于对食品营养成分的吸收。研究表明，经过超微粉碎的食品，由于其粒径非常小，营养物质不必经过较长的路程就能释放出来，并且微粉体的粒径小，更容易吸附在小肠内壁上，可加速营养物质的释放速率，使食品在小肠内有足够的时间被吸收。

超微粉碎机械主要有胶体磨、螺旋输送锤磨机、摩擦型碾磨机和气流粉碎机等。

1. 胶体磨

胶体磨根据加工原料的干湿度，分为干式和湿式两种类型。干式胶体磨用于干料粉碎以制取微细粉末；湿式胶体磨用于湿料，主要具有乳化作用。

干式胶体磨结构如图 5-46 所示，上圆盘固定，下圆盘以 3 600 r/min 的高速旋转。两圆盘之间的间隙非常狭窄（一般为 1/40 mm），原料在此间隙处受到摩擦和碾压而被粉碎，并在离心力的作用下，从转盘四周抛出。干式胶体磨主要用于加工香料、可可、干燥酵母等。湿式胶体磨则用于加工乳制品、奶油、番茄酱、油制品和果汁等。

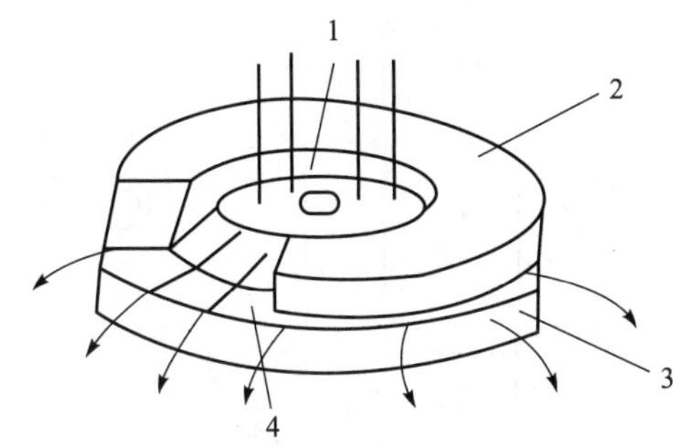

图 5-46 干式胶体磨结构示意图

1. 原料入口；2. 上部固定盒；3. 下部旋转盒；4. 排出口

（引自：马海乐．食品机械与设备．2 版．2011.）

2. 螺旋输送锤磨机

螺旋输送锤磨机结构如图 5-47 所示，从上部加入的原料由螺旋输送至粉碎室。粉碎室内壁凹凸不平，并呈齿状。室内有一个带有齿形锤头的轴，以 3 000～10 000 r/min 的高速旋转。由于锤的冲击力及其与壁之间的狭窄间隙所造成的剪切力，物料被充分粉碎。粉碎后的粉状、粒状物料通过金属筛网，形成具有一定粒度的制品，而不能通过金属网的原料将重新进行粉碎。螺旋输送锤磨机主要运用于加工甘薯、马铃薯、油粕等。

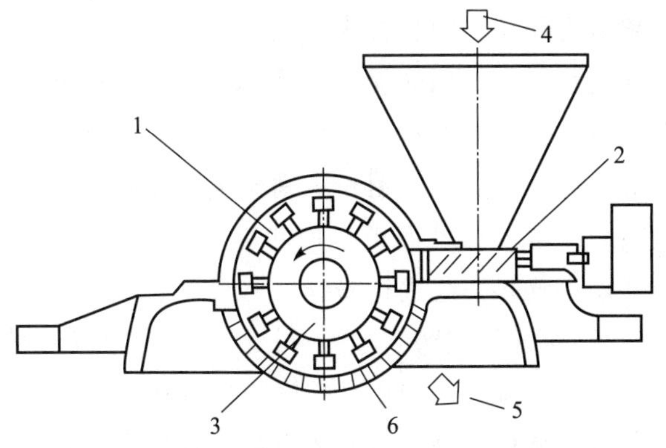

图 5-47 螺旋输送锤磨机结构示意图

1. 粉碎室；2. 螺旋输送器；3. T 形锤；4. 进料口；5. 出料口；6. 滤筛

（引自：马海乐．食品机械与设备．2 版．2011.）

3. 摩擦型碾磨机

摩擦型碾磨机结构如图 5-48 所示，机内用两个圆盘夹住原料，然后依靠圆盘旋转所产生的摩擦力将原料碾磨粉碎。这种碾磨机有单式和复式两种类型。在单式碾磨机的两个相互摩擦的圆盘中，只有一个圆盘做旋转运动，另一个则固定不动。复式碾磨机的两个相互摩擦的圆盘都要旋转，但互成反方向旋转。摩擦型碾磨机主要用于玉米、大米的粉碎。

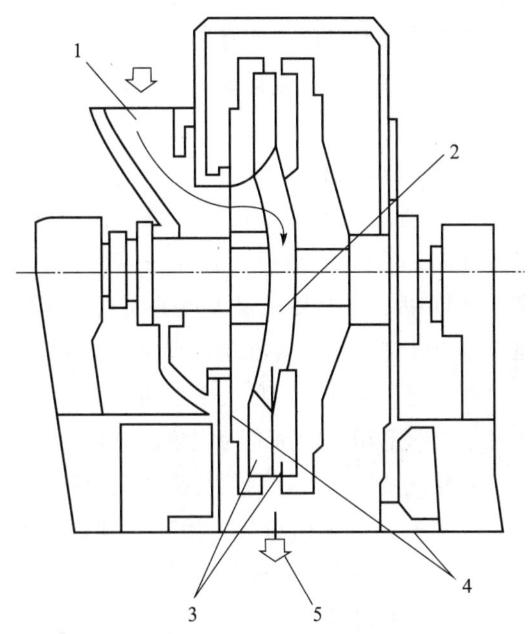

图 5-48 摩擦型碾磨机结构示意图

1. 原料入口；2. 碎料通道；3. 摩擦圆板；4. 摩擦圆板支持轮；5. 碎料出口

（引自：马海乐．食品机械与设备．2 版．2011.）

4. 气流粉碎机

气流粉碎机又称为流能磨，是超微粉碎机中的一种。其工作原理是利用空气、过热蒸汽或其他气体经喷嘴喷射成高能气流，使物料颗粒在悬浮输送状态下，相互之间发生剧烈的冲击、碰撞和摩擦等作用，加上高速喷射气流对颗粒的剪切、冲击作用，将物料充分研磨而成为超微粒子。气流粉碎机广泛用于化工、医药、冶金、轻工等领域。

气流粉碎机具有以下特点：①能获得 50 μm 以下粒度的粉体；②粗细粉粒可自动分级，且产品粒度分布较窄，并可减少因粉碎中的操作事故对粒度分布的影响；③喷嘴处气体膨胀会造成较低温度，加之大量气流导入产生的快速散热作用，因此，该粉碎机可用于低熔点和热敏性材料的粉碎；④主要采用物料自磨原理，故产品不易受金属或其他粉碎介质的污染；⑤可以实现不同形式的联合作业，如用热压缩空气实现粉碎和干燥联合作业，在粉碎的同时可与别的外加粉体或溶液进行混合等；⑥可在无菌情况下操作；⑦结构紧凑，构造简单，没有传动件，故磨损低，可节约大量金属材料，维修也较方便。

气流粉碎机常见的类型有扁平式、立式环形喷射式、靶式、对喷式、流化床对喷式和超音速气流喷射式等。

1）扁平式气流磨

图 5-49 所示的为扁平式气流磨工作原理。待粉碎物料由文丘里喷嘴（1）加速至超声速，导入粉碎室（3）内。高压气流经人口进入气流分配室，分配室与粉碎室相通，气流在自身压力下通过喷嘴（2）时产生超声速甚至每秒上千米的气流速度。由于喷嘴与粉碎室相连的角度为锐角，喷射旋流粉碎室带动物料做循环运动，颗粒与机体及颗粒之间相互冲击、碰撞、摩擦而粉碎。粗粉在离心力作用下，被甩向粉碎室周壁而被循环粉碎；微细颗粒在向心气流带动下被导入粉碎机中心出口管，进入旋风分离器进行捕集。

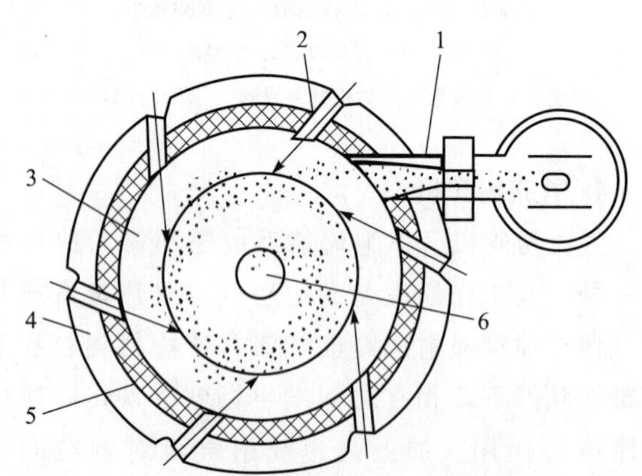

图 5-49　扁平式气流磨工作原理

1. 文丘里喷嘴；2. 喷嘴；3. 粉碎室；4. 外壳；5. 内衬；6. 中心出口管

2）立式环形喷射式气流磨

立式环形喷射气流磨的结构与工作原理如图 5-50 所示，该机主要由立式环形粉碎室、分级器和文丘里加料器等组成。

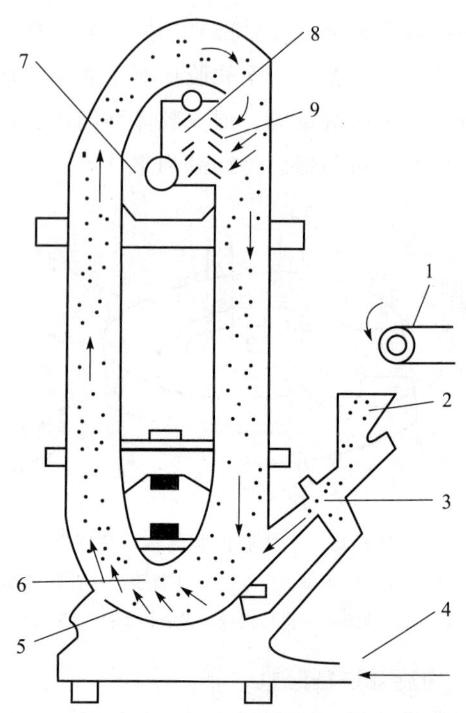

图 5-50　立式环形喷射气流磨工作原理

1. 输送机；2. 料斗；3. 文丘里加料器；4. 压缩空气入口；5. 喷嘴；6. 粉碎室；7. 产品出口；8. 分级器；9. 分级器入口

（引自：马海乐. 食品机械与设备. 2 版. 2011.）

立式环形喷射气流磨工作原理：如图 5-50 所示，从若干个喷嘴（5）喷出的高速压缩空气气流将喂入的物料加速并形成紊流状，致使物料在粉碎室（6）中相互高速冲撞、摩擦而达到粉碎。粉碎后的粉粒体随气流经环形轨道上升，通过环形轨道的离心力作用，粗粉粒靠向轨道外侧运动，细粉粒则被挤往内侧。回转至分级器入口（9）处时，由于内吸气流旋涡的作用，细粉粒被吸入分级器（8）中分离而排出机外，粗粉粒则继续沿环形轨道外侧远离分级器入口处而被送回粉碎室（6）中，再度与新输入物料一起进行粉碎。

3）靶式气流磨

靶式气流磨是利用高速气流挟带物料冲击在各种形状的靶板上进行粉碎的设备。除物料与靶板发生强烈冲击碰撞外，还发生物料与粉碎室壁多次的反弹粉碎。因此，粉碎力特别大。可根据原料性质和产品粒度要求选择不同形状的靶板。靶板作为易损件，必须采用耐磨材料制作，如碳化物、刚玉等。图 5-51 所示的为靶式气流磨结构，采用气流分级器取代转子型离心通风式风力分级器，这种气流磨的进料一般很细，其中可能含有相当部分的合格颗粒，故物料在粉碎前于上升管（6）中经气流带入分级器进行预分级，只有粗颗粒才进入粉碎室，这样可降低磨机负荷，节约能量。这种气流磨适用于粉碎高分子聚合物、低熔点热敏性物料、纤维状物料及其他聚合物，可将许多高分子聚合物粉碎至微米级。

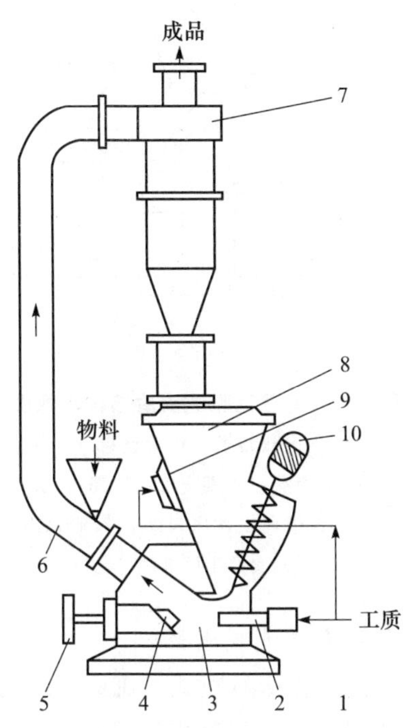

图 5-51　改进型靶式气流磨结构示意图

1. 气流磨；2. 混合管；3. 粉碎室；4. 靶板；5. 调节装置；6. 上升管；7. 分级器；8. 粗颗粒收集器；9. 风动振动器；10. 螺旋加料机

（引自：马海乐. 食品机械与设备. 2版. 2011.）

4）对喷式气流磨

对喷式气流磨是利用一对或若干对喷嘴相对喷射时产生的超声速气流使物料从两个或多个方向相互冲击和碰撞而粉碎的设备。由于物料高速直接对撞，冲击强度大，能量利用率高，可用于粉碎莫氏硬度 9.5 级以下的各种脆性和韧性物料，产品粒度可达亚微米级。该种气流磨同时还克服了靶式气流磨靶板和循环式气流磨磨体易损坏的缺点，可减少对产品的污染，延长使用寿命，是一种较理想和先进的气流磨。

（1）布劳-诺克斯型气流磨　其结构如图 5-52 所示，设有四个相对的喷嘴，物料经螺旋加料器（3）进入喷射式加料器（9）中，随气流吹入粉碎室（6），在此受到来自四个喷嘴的气流加速并相互冲击碰撞而粉碎。被粉碎的物料经一次分级室（4）惯性分级后，较粗颗粒返回粉碎室进一步粉碎；较细颗粒进入风力分级机（1）进行分级，细粉排出机外捕集。为更完全分离细颗粒，经二次风入口（2）向风力分级器通入二次风。分级后的粗粉与新加入的物料混合后重新进入粉碎室。产品细度可通过调节喷射器的混合管尺寸、气流压力、温度以及分级器转速等参数来调节。

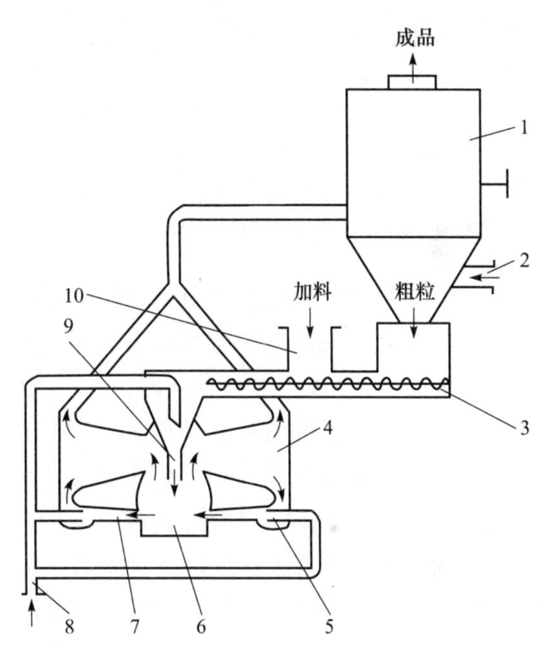

图 5-52　布劳-诺克斯型气流磨结构示意图

1. 风力分级机；2. 二次风入口；3. 螺旋加料器；4. 一次分级室；5. 喷嘴；6. 粉碎室；7. 喷射器混合管；8. 气流入口；9. 喷射式加料器；10. 物料入口

（引自：许学勤. 食品工厂机械与设备. 2008.）

（2）特劳斯特型气流磨　其结构如图 5-53 所示，特劳斯特型气流磨的粉碎部分采用逆向气流磨结构，分级部分则采用扁平式气流磨结构，因此它兼有二者的特点。其内衬和喷嘴更换方便，与物料和气流相接触的零部件可用聚氨酯、碳化钨、陶瓷、不锈钢等耐磨材料制造。

该气流磨的工作过程如下：由料斗喂入的物料被喷嘴喷出的高速气流送入粉碎室，随气流上升至分级室，分级室内的气流形成的主旋流将颗粒分级。粗颗粒排至分级室外围，在气流带动下返回粉碎室再行粉碎；细颗粒经产品出口排出机外捕集为成品。

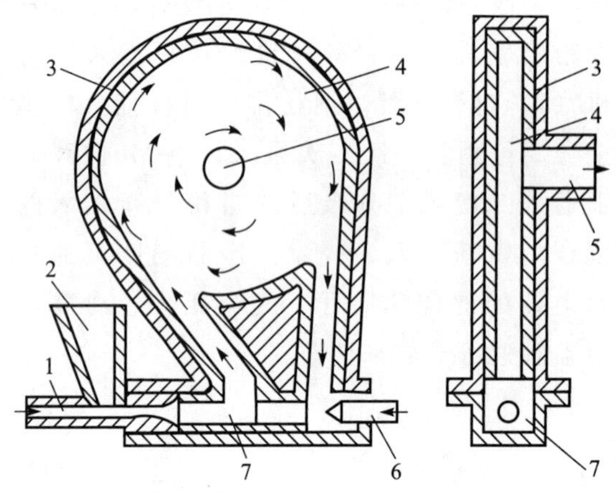

图 5-53 特劳斯特型气流磨结构示意图

1. 加料喷嘴；2. 料斗；3. 内衬；4. 分级室；5. 产品出口；6. 粉碎喷嘴；7. 粉碎室

（引自：许学勤. 食品工厂机械与设备. 2008.）

(3) 马亚克型气流磨 其结构示意图见图 5-54。马亚克型气流磨的工作过程如下：物料经螺旋加料器（5）进入上升管（9）中，被上升气流带入分级室后，粗颗粒沿回料管（10）返回粉碎室（8），在来自喷嘴（6）的两股高速喷射气流的作用下相互冲击、碰撞而粉碎。粉碎后的物料被气流带入分级室进行分级，细颗粒通过分级转子后成为成品从出口排出。在粉碎室中，已粉碎的物料从粉碎室底部的出口管进入上升管（9）中。出口管设在粉碎室底部，可防止物料沉积后堵塞粉碎室。为更好地分级，在分级器下部经入口（11）通入二次空气。

产品粒度的控制方法：①控制分级器内的上升气流速度，以确保只有较细的颗粒才能被上升气流带至分级转子处；②调节分级转子的转速。

马亚克型气流磨的特点如下：①颗粒以极高的速度直线迎面冲击，冲击强度大，能量利用率高；②粉碎室容积小，内衬材料易解决，故产品污染程度轻；③粉碎产品粒度小，一般从一二百目到亚微米级；④气流可用压缩空气也可用过热蒸汽，粉碎热敏性物料时还可用惰性气体。因此，它是同类设备中较先进的。

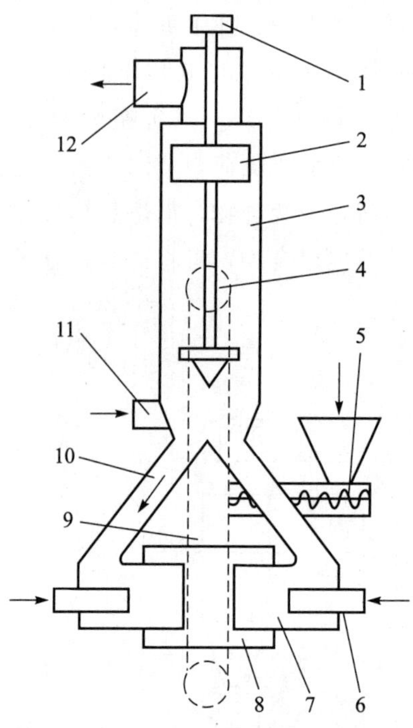

图 5-54 马亚克型气流磨结构示意图

1. 传动装置；2. 分级转子；3. 分级室；4. 气流入口；5. 螺旋加料器；6. 喷嘴；7. 混合管；8. 粉碎室；9. 上升管；10. 回料管；11. 二次风入口；12. 产品出口

（引自：许学勤. 食品工厂机械与设备. 2008.）

5) 流化床对喷式气流磨

图 5-55 为流化床对喷式气流磨的结构示意图。其中（a）为 AFG 型（喷嘴三维设置），（b）为 CGS 型（喷嘴二维设置）。

喂入磨内的物料利用二维或三维设置的 3～7 个喷嘴喷汇的气流冲击作用，及其气流膨胀呈流化床悬浮翻腾而产生的碰撞、摩擦作用进行粉碎，在负压气流带动下，通过顶部设置的涡轮式分级装置，细粉排出机外由旋风分离器及袋式收尘器捕集，粗粉受重力沉降返回粉碎区继续粉碎。这种流化床对喷式气流磨是在对喷式气流磨的基础上开发的。

流化床对喷式气流磨的特点如下：①产品细度高，粒度分布窄且无过大颗粒；②粉磨效率高，能耗低，比其他类型的气流磨节能 50％；③采用刚玉、碳化硅或 PU 等作为耐磨材料，因此磨耗低，产品受污染少，可加工无铁质污染的粉体，也可粉碎硬度高的物料，可实现操作自动化。

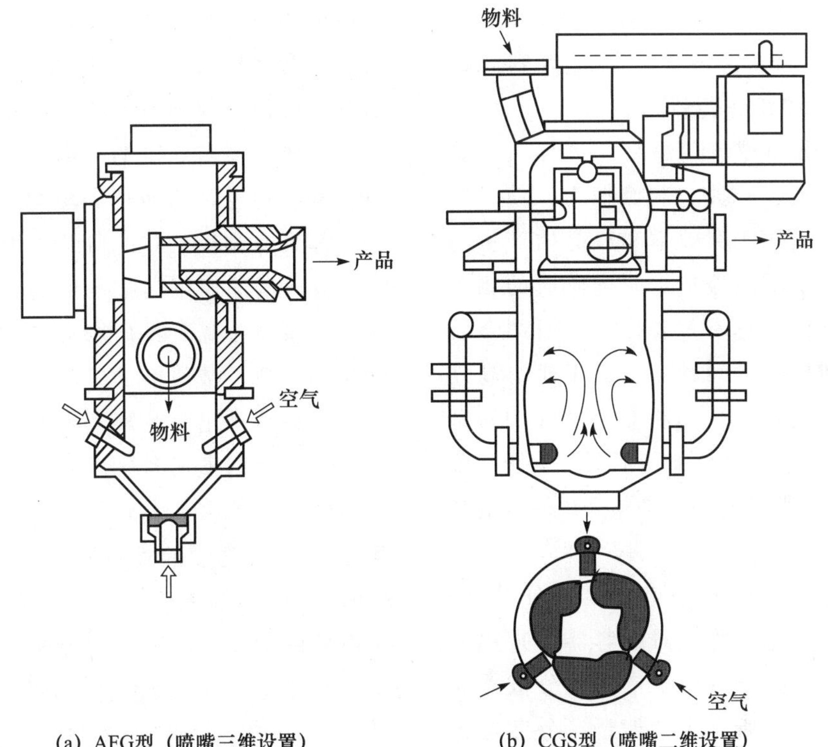

(a) AFG型（喷嘴三维设置）　　(b) CGS型（喷嘴二维设置）

图 5-55　特劳斯特型气流磨结构示意图

（引自：许学勤. 食品工厂机械与设备. 2008.）

6）超音速气流喷射式粉碎机

图 5-56 为超音速气流喷射式粉碎机结构原理图，粉碎室（5）周壁上安装有喷嘴，物料经料斗

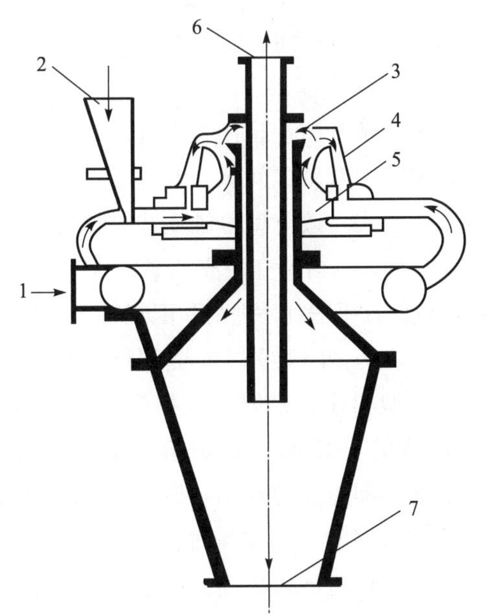

图 5-56　超音速气流喷射式粉碎机

1. 压缩空气入口；2. 进料口；3. 分级；4. 粗粒返回管；5. 粉碎室；6. 排气口；7. 出料口

（引自：许学勤. 食品工厂机械与设备. 2008.）

（2）入机后，先与压缩空气混合形成气-固混合流，之后以超音速由喷嘴喷入粉碎室（5），使物料在粉碎室（5）内发生强烈的对冲冲击、碰撞、摩擦等作用而被粉碎。该种超微粉碎机的粒度可达 1 μm。其内设有粒度分级机构，微粒排出后，粗粒返回粉碎室内继续粉碎。

5.3　湿法粉碎机械与设备

超微粉碎技术除了干法处理外，还有湿法处理。有些干法处理设备，诸如球磨机和振动磨等，也适用于湿法处理。另外，湿法超微粉碎还有一些专用设备，如搅拌磨、行星磨、双锥磨、胶体磨、果蔬破碎机等。

5.3.1　搅拌磨

搅拌磨在 5.2.6 微粉碎机械小节中作过简要介绍，本小节将进行详细介绍。

搅拌磨的研磨介质充填率对搅拌磨的研磨效率有直接影响。充填率跟研磨介质的粒径大小相关，粒径大，充填率也大；粒径小，则充填率也小。对于敞开型立式搅拌磨，具体的充填率为研

磨容器有效容积的 50%～60%；对于密闭型立式和卧式搅拌磨，充填率为研磨容器有效容积的 70%～90%（常为 80%～85%）。

研磨介质粒度分布越均匀越好，这样可以获得均匀强度的剪切力、冲撞力和摩擦力，使研磨的成品粒径均匀，提高研磨效率和成品的产量与质量，并且研磨介质不易破损。研磨介质的相对密度对研磨效率来说也具有重要作用。研磨介质相对密度越大，则研磨时间越短。对于研磨高黏度、高浓度的浆料时，应选用相对密度大的研磨介质。但采用相对密度大的研磨介质时，为防止分散器、容器内筒体的严重磨损，必须采用硬度更高的材料制造筒体。

搅拌磨的基本组成包括研磨容器、分散器、搅拌轴、分离器和输料泵等。研磨容器多采用不锈钢制成，带有冷却夹套以便于带走由分散器高速旋转和研磨冲击作用所产生的能量。分散器也多用不锈钢制作，有时也用树脂橡胶和硬质合金材料等。常见的分散器有圆盘型、异型、环型和螺旋沟槽型等（图 5-57）。搅拌轴是连接并带动分散器转动的轴，直接与电动机相连。在搅拌磨内，容器内壁与分散器外圆周之间是强化的研磨区，浆料颗粒在该研磨区内被有效地研磨。靠近

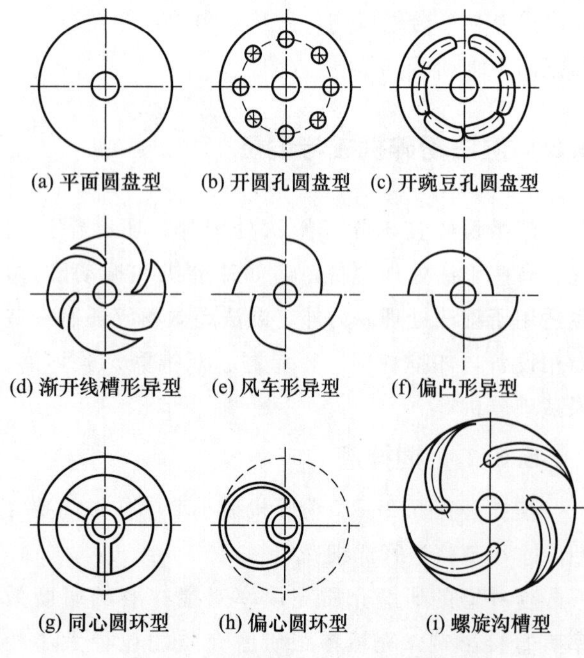

图 5-57　搅拌磨中常见分散器类型

（引自：马海乐．食品机械与设备．2 版．2011.）

搅拌轴处是一个不活动的研磨区，浆料颗粒可能没有研磨就在泵的推动下通过该区。所以，搅拌轴设计成带冷却的空心粗轴，以保证搅拌轴周围研磨介质的撞击速度与容器内壁区域的研磨介质撞击速度相近，从而达到均匀强度，以及容器内各点都具有比较一致的研磨作用。

分离器的作用是把研磨容器内的研磨介质与被研磨浆料分离开，研磨介质留在容器内继续研磨新的浆料，被研磨的浆料成品在输料泵推动下通过分离器排出。分离器的种类很多，通常分为筛网型和无网型两种。常见的有圆筒形筛网、伸入式圆筒形筛网、旋转圆筒形筛网和振动缝隙分离器等。输送泵的选择须考虑液体物料的性质（如黏度和固形物含量），可选用的包括齿轮泵、内齿轮输送泵、隔膜泵和螺杆泵等。

在搅拌磨内，研磨介质和浆料的运动速度是旋转、切向和纵向速度的总和。研磨介质和浆料两者间的运动有速度差，由速度差产生的剪切力在分散圆盘的附近很大。所以，分散圆盘与研磨容器的尺寸（直径）间存在一适宜的比例关系，取值范围一般为 0.67～0.91。

分散圆盘的旋转速度是影响搅拌磨效率和成品粒度的重要因素之一，它与成品粒度大小成反比，而与功率消耗、研磨温度和研磨介质损耗等成正比，常用的圆周速度为 10～15 m/s。

搅拌磨分敞开型和密闭型两种，每种又有立式与卧式、单轴与双轴、间歇式与连续式之分，有的还配备双冷形式。敞开型单轴立式是搅拌磨设备中最简单的一种，其研磨介质充填率仅为 50%～60%，研磨效率较低且不适宜处理高黏度浆料，故常使用密闭型。图 5-58 为密闭型立式单轴搅拌磨结构示意图。

与敞开型相比，密闭型搅拌磨的特点体现在：①研磨介质的充填率为研磨容器容积的 70%～90%，研磨容器能充分利用，研磨介质密度大，在输浆泵的推动下能产生较强的剪切力等，所以比敞开型立式砂磨机研磨效率高；②研磨容器密闭，故可以在 0.3 MPa 压力下操作，可以研磨 50 Pa・s 的高黏度浆料，对于高触变性或低流动性浆料也适应，可提高研磨效率，扩大研磨范围；③外界空气不能进入容器内，在分散器高速搅拌下溶剂不易发

泡，且能避免溶剂挥发或汽化的损失；④适于研磨含有机溶剂的浆料，能改善操作环境；⑤由于空气不能进入容器内，密闭型搅拌磨停止运转放置时筛网和容器内不易结皮，可减轻清理工作，即便使用圆筒式筛网分离器，也不易结皮，影响分离效果。但是，密闭型搅拌磨冷却面积较小，不太适用于研磨热敏性物料。

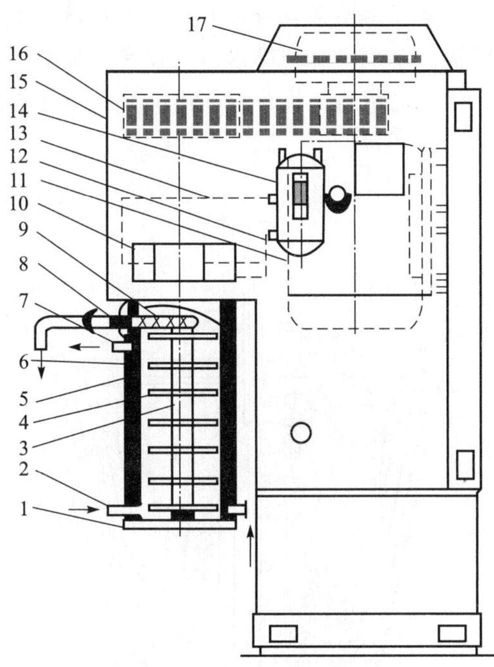

图 5-58　密闭型立式单轴搅拌磨结构示意图

1. 盖；2. 物料入口管；3. 搅拌轴；4. 分散圆盘；5. 研磨容器；6. 夹套；7. 冷却水进出口管；8. 物料出口管；9. 深入式圆筒筛；10. 机械密封；11. 电动机；12. 密封液进口管；13. 密封液出口管；14. 压力罐；15. 机座；16. V 形带轮；17. 液力耦合器

（引自：马海乐. 食品机械与设备. 2 版. 2011.）

为了强化单轴立式（包括敞开型和密闭型）搅拌磨内转动轴附近的研磨作用，消除或减少研磨容器底部的不活化现象，提高每相邻两片分散圆盘间研磨介质的均匀分布，最终达到提高研磨效率和降低能耗的目的，可在同一研磨容器内设置两根搅拌轴及配备相应的分散器，这种形式即为双轴立式搅拌磨。双轴磨的物料粉碎能力较单轴磨提高一倍，成品粒度均匀，能耗降低。

在搅拌磨内，靠近搅拌轴周围的研磨强度不高，故通常将轴设计成带冷却的空心粗轴，以确保轴周围研磨介质的运动不随轴同步旋转，可在搅拌轴上和容器内壁分别交错地安装圆柱形的销柱。所谓密闭型双冷搅拌磨，也有立式和卧式的区别。相比于普通密闭型搅拌磨，密闭型双冷搅拌磨的特点是研磨容器内各不同方位的研磨区粉碎强度均匀，整体的粉碎效率得以提高，粉碎成品的粒度降低且均匀性提高。图 5-59 为密闭型双冷立式搅拌磨结构示意图。

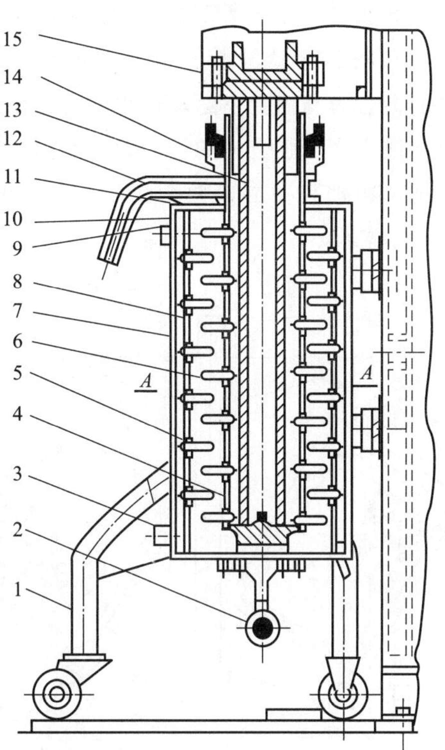

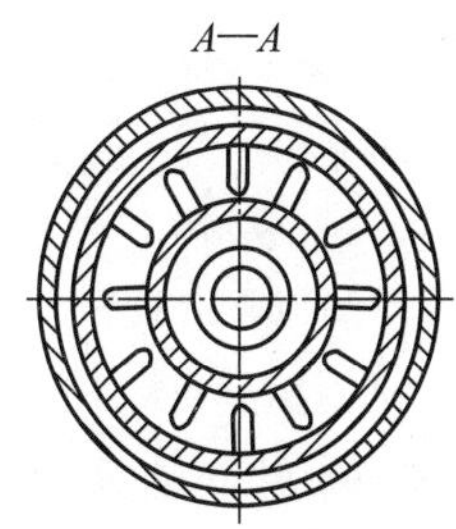

图 5-59　密闭型双冷立式搅拌磨结构示意图

1. 支脚；2. 物料入口管；3. 冷却水入口管；4. 轴外套；5，6. 销柱；7. 夹套；8. 容器；9. 冷却水出水管；10. 转子；11. 定子环；12. 物料出口管；13. 轴内管；14. 密封填料；15. 机座

（引自：马海乐. 食品机械与设备. 2 版. 2011.）

5.3.2　行星磨和双锥磨

行星磨和双锥磨都是 20 世纪 80 年代问世的湿法高效超微粉碎设备，可将浆料中的固体颗粒粒度研磨至 1～2 μm 或以下。

1. 行星磨

行星磨由 2～4 个研磨罐组成，这些研磨罐除自转外还围绕主轴公转，故称为行星磨。这些研磨罐特意设计成倾斜式，以使之在离心运动的同时摆动，在每次产生最大离心力的最外点旋转时，罐内研磨介质会上下翻动。当研磨罐旋转时，离心力大部分产生在水平面上，由罐水平截面来看，离心力的分布呈椭圆形。当研磨罐围绕主轴旋转时，整个研磨介质和物料运动的椭圆形轨迹不断变化。因此，罐的离心力与做上下运动产生的力作用在研磨介质上，使之产生强有力的剪切力、摩擦力和冲击力等，把物料颗粒研磨成微细粒子。图 5-60 为行星磨结构示意图。

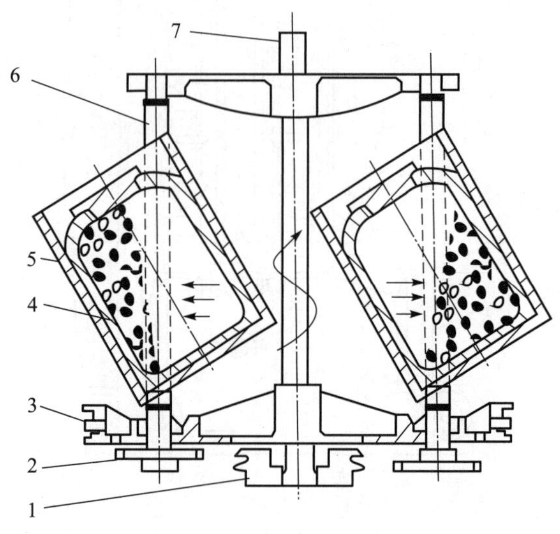

图 5-60　行星磨结构示意图

1. 主动链轮；2. 从动链轮；3. 皮带轮；4. 研磨罐；5. 容器；6. 从动轮；7. 主轴

（引自：马海乐. 食品机械与设备. 2 版. 2011.）

行星磨研磨罐的研磨介质充填率为 30%左右，它的粉碎效率较球磨机高，不仅粒度小（可达 1 μm 以下），而且微粒大小均匀。同时，行星磨具有结构简单、运转平稳、操作方便等优点，不仅常用在湿法处理上，也适用于干法处理。

2. 双锥磨

双锥磨是一种新型高能量密度的超微粉碎设备，它利用两个锥形容器的间隙构成一个研磨区，内锥体为转子，外锥体为定子。在转子和定子之间的环隙用研磨介质填充，研磨介质为玻璃珠、陶瓷珠或钢珠等。研磨介质直径通常为 0.5～3.0 mm，转子与定子之研磨间距为 6～8 mm，其与研磨介质直径相适应。介质直径大，则间距也大。物料通过锥形研磨区可以达到渐进的研磨效果，供研磨用的能量从进料口至出料口逐渐递增。

双锥磨的主要结构如图 5-61 所示。带冷却夹套的定子和带冷却腔的转子构成研磨缝隙，在缝隙内装满研磨介质，转子装在轴上。研磨介质与研磨浆料的分离器采用动态缝隙分离器，它由转子环与定子环构成，浆料由下部入口管在泵的推动下连续加入，研磨的浆料经过分离器由上部出口管流出成为成品。

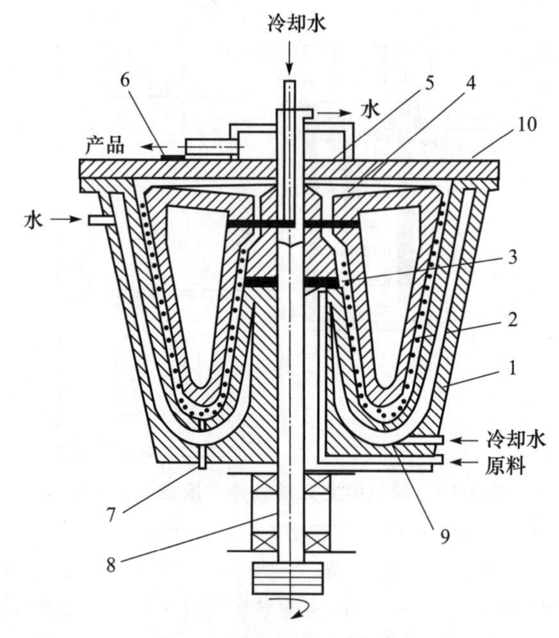

图 5-61　双锥磨结构示意图

1. 磨筒；2. 转子；3. 粗磨盘；4. 分离室；5. 出料环缝；6. 研磨介质加入口；7. 研磨介质排放口；8. 立轴；9. 研磨介质；10. 筒盖

（引自：马海乐. 食品机械与设备. 2 版. 2011.）

双锥磨的特点如下：①具有很高的能量密度和较小的研磨容器容积，因此，能获得很细且均匀的成品微粒和很高的生产能力。在同样的生产负荷和细度情况下，双锥磨是传统搅拌磨容积的 1/5～1/3，研磨介质充填率也是后者的 1/5～1/3，所以研磨介质的耗量小，更换研磨品种时残留物少且容易清理；②结构紧凑且在密闭状态下作业，适宜研磨含有机溶剂的物料，并且外界空气不能进入研磨容器内，因此，浆料不会起泡；③适宜研磨热敏性物料和在低沸点下溶解的物料。

5.3.3 胶体磨

胶体磨又称为分散磨，工作构件由一个固定的磨体（定子）和一个高速旋转的磨体（转子）所组成，两磨体之间有一个可以调节的微小间隙。当物料通过这个间隙时，转子高速旋转，使附着于转子面上的物料速度最大，而附着于定子面上的物料速度为0。这样产生了极大的速度梯度，从而使物料受到强烈的剪切力、摩擦力等，而进行超微粉碎。在食品工业中，用胶体磨加工的品种有：红果酱、胡萝卜酱、橘皮酱、果汁、食用油、花生蛋白、巧克力、牛乳、豆奶、山楂糕、调味酱料和乳白鱼肝油等。

胶体磨的特点如下：①可在极短时间内对悬浮液中的固形物进行超微粉碎，即微粒化，同时兼有混合、搅拌、分散和乳化的作用，成品粒径可达1 μm；②效率和产量高，是球磨机和辊磨机效率的2倍及以上；③可通过调节两磨体间隙，达到控制成品粒径的目的；④结构简单，操作方便，占地面积小；⑤因为定子和转子磨体间隙极微小，所以加工精度较高。

胶体磨的安装形式分为立式、卧式与分体式。对于黏度相对较高的物料，可采用立式胶体磨（图5-62），转子的转速为300～10 000 r/min，这种胶体磨卸料和清洗都很方便。由于胶体磨转速很高，为达到理想的均质效果，物料一般要磨几次，这就需要回流装置。胶体磨的回流装置具体如下：将出料口改成出料管，在管上安装三通蝶阀，蝶阀前的一个出口通向入料口。当需要多次循环研磨时，转动蝶阀，物料则会反复回流；当达到要求时，打开蝶阀则可排料。对于热敏性材料或黏稠物料的均质、研磨，往往需要把研磨中产生的热量及时排走，以控制其升温，可在定子外围开设的冷却液孔中通水冷却。

分体胶体磨的磨盘机构通过皮带轮与电机相连，分体连接，这样机座更稳重，电机功率可以更大，产量更高。如图5-63所示，电机皮带轮（a_1），通过皮带与磨盘皮带轮（b_1）实现传动；若改为电机皮带轮（a_2）与磨盘皮带轮（b_2）相连，则可改变胶体磨的转速，因此，分体胶体磨也叫变速胶体磨。

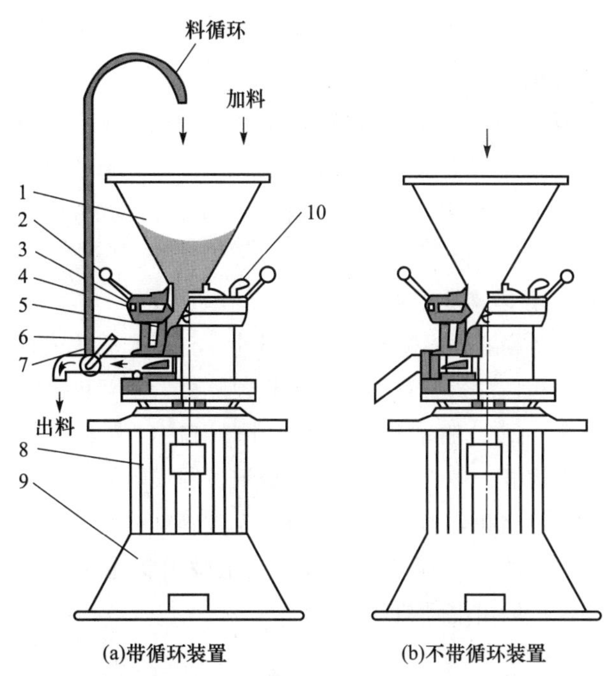

图 5-62　立式胶体磨结构示意图

1. 料斗；2. 手柄；3. 间隙调节盘；4. 固定螺丝；5. 静磨片；6. 动磨片；7. 循环管；8. 电机；9. 机座；10. 冷却水入口、出口

（引自：方祖成，李冬生，汪超. 食品工厂机械装备. 2017.）

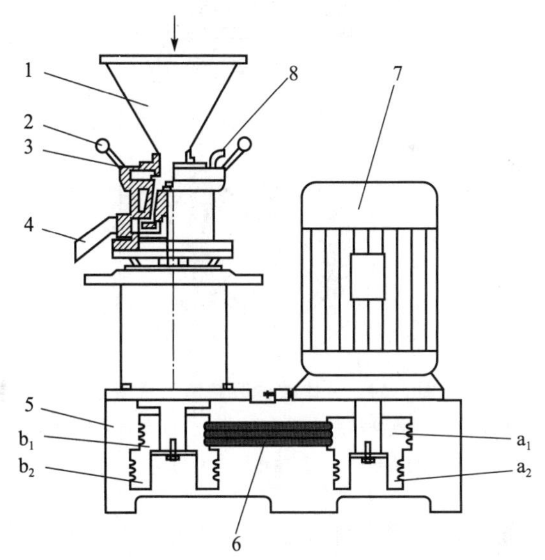

图 5-63　分体胶体磨结构示意图

1. 料斗；2. 手柄；3. 间隙调节盘；4. 出料口；5. 底座；6. 皮带；7. 电机；a_1，a_2. 电机皮带轮；b_1，b_2. 磨盘皮带轮

（引自：方祖成，李冬生，汪超. 食品工厂机械装备. 2017.）

5.3.4 果蔬破碎机

果蔬破碎机主要用来获取不规则的果蔬碎块，例如，果蔬榨汁前的破碎。根据榨汁作业对于破碎料的榨汁特性的需要，所使用的水果破碎料粒度需要在适当的范围内，粒度过小将破坏榨汁过程中汁液流动所需要的毛细管作用，汁液难以流动，且黏滞性太差不便于加压。研究表明，榨汁用苹果的碎块以 3～8 mm 为宜。常见的水果破碎机有鱼鳞孔刀式、齿刀式和锉磨机等。

1. 鱼鳞孔刀式破碎机

鱼鳞孔刀式破碎机（图 5-64），整体呈立式桶形结构，故通常称为立式水果破碎机，主要由破碎刀筒（2）、驱动叶轮（3）、排料口（5）和机罩（4）构成。破碎刀筒用薄不锈钢板制成，筒壁上冲制有鱼鳞孔，形成孔刀，筒内为破碎室；驱动圆盘的上表面设有辐射状凸起，其主轴沿铅垂方向布置，一般由电动机直接驱动。

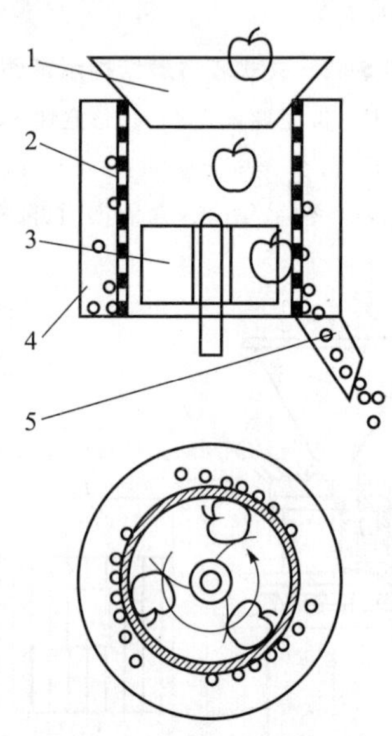

图 5-64　分体胶体磨结构示意图

1. 进料斗；2. 破碎刀筒；3. 驱动叶轮；4. 机壳；5. 排料口

（引自：唐伟强．食品通用机械与设备．2010.）

物料由上部进料口进入破碎室后，在驱动圆盘的驱动下做圆周运动，因离心力作用而压紧于固定的刀筒内壁上，进行切割并折断，从而将物料破碎。破碎后的物料随即穿过鱼鳞刀所形成的孔眼，在刀筒外侧通过排料口排出。

这种机器孔刀均匀一致，故所得碎块粒度均匀。为便于冲制，刀筒为薄壁结构，易变形，不耐冲击，寿命短，排料有死角，生产能力低。一般用于苹果、梨的破碎，不适于过硬物料（如红薯、土豆）。

2. 齿刀式破碎机

齿刀式破碎机结构如图 5-65 所示，常见为卧式结构，主要由筛圈、齿刀、喂料螺旋、打板、破碎室活门等构成。

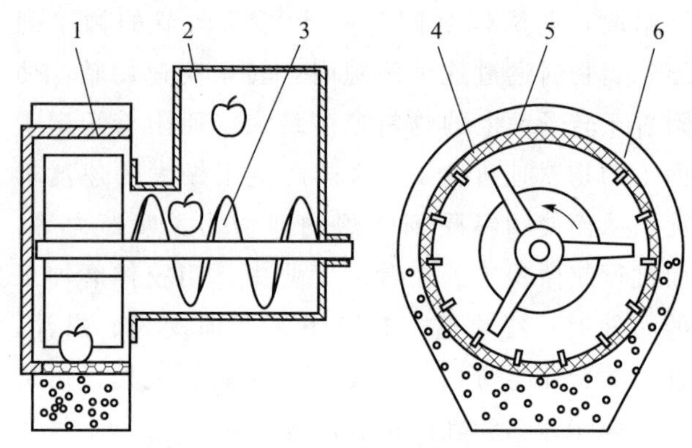

图 5-65　齿刀式破碎机结构示意图

1. 破碎室活门；2. 进料口；3. 喂料螺旋；4. 筛圈；5. 打板；6. 齿刀

（引自：唐伟强．食品通用机械与设备．2010.）

筛圈设置于机壳内部，用不锈钢铸造而成，筛圈壁下 270°有轴向排料长孔和固定刀片的长槽，筛圈内为破碎室。齿形刀片用厚不锈钢板制成，呈矩形结构，其两侧长边顺序开有三角形刀齿，刀齿规格依碎块粒度要求选用，刀片插入筛圈壁的长槽内固定，由长槽限制刀片的周向移动，端面限制刀片的轴向移动。刀片为对称结构，磨损后可翻转使用，提高了刀片的材料利用率。喂料螺旋与打板安装于同一转轴上，其前端位于进料口，后端伸入破碎室。打板固定于螺旋轴的末端，强制驱动物料沿筛圈内壁表面周向移动。破碎室活门用于方便打开破碎室，进行检修和更换刀片。

物料由料斗进入喂入口后，在物料螺旋的强制推动下进入破碎室，在螺旋及打板的驱动下压紧，在筛圈内壁上做圆周运动，受到内壁上固定的齿条刀的刮剥、折断作用而形成碎块，所得到的碎块随后由筛圈上的长孔排出破碎室，经机壳收集到其下方的料桶内。

齿刀式破碎机的特点：①其齿条刀片齿形一致，所得碎块均匀；②齿条刀片刚度好，耐冲击，寿命长；③采用强制喂入，破碎、排料能力强；④生产率高，适于大型果汁厂使用。因为打板与螺旋固定于同一转轴上无法反转，所以刀片翻转作业增加两次。立式结构齿刀式破碎机可有效利用全部筛圈。

3. 锉磨机

锉磨机常用于鲜薯类的破碎。该机的优点是可避免对物料中的淀粉颗粒和纤维的过分破坏，淀粉游离率高，最高可达95%左右。

锉磨机破碎原理与其他类型的破碎机不同，它利用高速旋转的金属齿对鲜薯类物料进行刨削而达到破碎的目的。

锉磨机的结构如图5-66所示，转鼓周围装有许多齿条（6），这些齿条被钢制分隔模块（7）固定在转鼓（5）上，锯齿高出模块1.5～2 mm。在机壳一侧面装有压紧齿刀，可用螺栓调节压紧齿刀与转鼓之间的距离，以调整破碎程度。在机壳下方设有不锈钢筛板，为保证物料的破碎细度和具有较好的通过率，筛片采用长孔形。

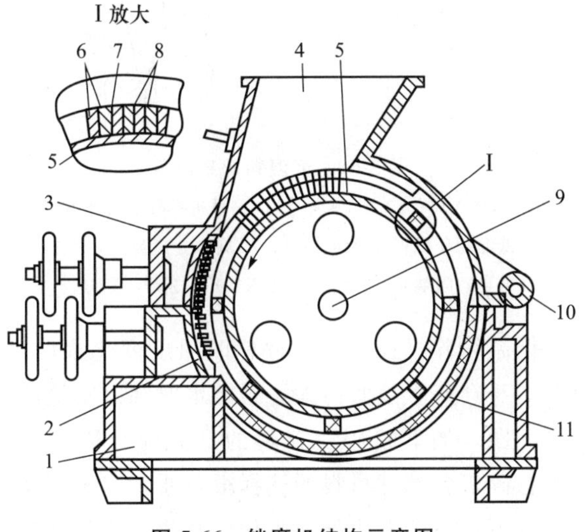

图5-66　锉磨机结构示意图

1. 机壳；2，3. 压紧装置；4. 进料斗；5. 转鼓；6. 齿条；7. 分割模块；8. 楔子；9. 轴；10. 铰链；11. 筛网

（引自：唐伟强．食品通用机械与设备．2010.）

工作时，电动机带动镶有齿条的转鼓（5）转动，鲜薯类物料从进料斗（4）进入机内，先由齿刀与转鼓的锉擦作用进行预破碎，然后由高速旋转的转鼓连续对鲜薯类物料进行刨削，使鲜薯块破碎成糊浆，通过筛孔而排出机外。留在筛板上的较大碎块继续破碎，直至穿过筛孔为止。在使用过程中，不宜在机内注水，同时严禁铁块、石块等进入机内，以免损坏机件。

4. 磨碎机

磨碎机是一种齿式磨碎设备，主要利用对物料的撕碎、剪切作用进行破碎。适用于甘蔗、菠萝心等纤维质物料的破碎。磨碎机的结构如图5-67所示，物料经进料斗（10）、分料盘（11）进入锥盘转子（3）的转动齿条（9）与固定齿条（8）之间，被撕裂碎解。碎解的物料掉入锥壳（5）的固定剪切刀（6）与锥盘的转动剪切刀（7）之间，被进一步剪切碎解。锥壳固定剪切刀与锥盘转动剪切刀之间的间隙一般在2 mm左右，其间隙量可用组合垫片来调整。碎解后的物料最后由锥盘转子上的刮板送至出料口（4）排出。

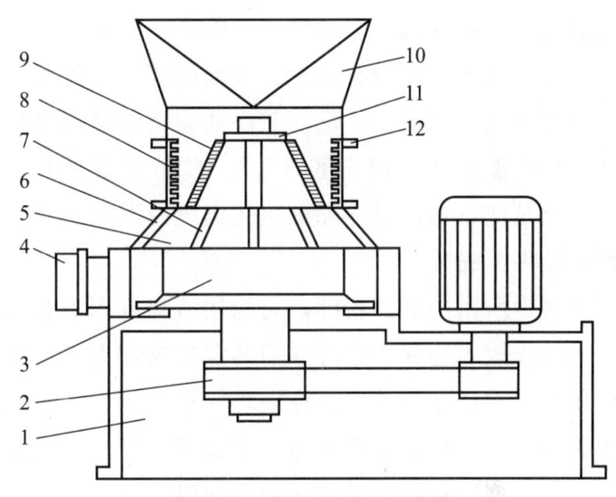

图5-67　磨碎机结构示意图

1. 机架；2. 传动装置；3. 锥盘转子；4. 出料口；5. 锥壳；6. 固定剪切刀；7. 转动剪切刀；8. 固定齿条；9. 转动齿条；10. 进料斗；11. 分料盘；12. 齿缸

（引自：唐伟强．食品通用机械与设备．2010.）

5.4　低温粉碎设备

随着现代食品工业的不断发展，常规的粉碎手段由于物料在粉碎时温度上升，造成产品品质下降。根据有关研究资料，采用锤爪式粉碎机等机械方式粉碎物料时，真正用于克服物料分子间内聚力，使之破碎的能量，仅占输入功率的1%或更小，其余99%或以上的机械能都转化成热能，使粉碎机体、粉体和排放气体温度升高。这样不仅会使低熔点的物料熔化、黏结，还会使热敏性物料分解、变色、变质或芳香味散失。对某些塑性物料，施加的粉碎能多转化为物料的弹性变形能，进而转化成热能，使物料极难粉碎。在这一背景下出现了低温粉碎技术，并得到迅猛发展。低温粉碎不仅能保持粉碎产品的色、香、味及活性物质的性质，还在保证产品微细程度方面具有无法比拟的优势。

5.4.1 低温粉碎的概述

1. 低温粉碎原理

食品低温粉碎是利用食品在低温状态下的“低温脆性”，随着温度的降低，食品的硬度和脆性增加，而塑性及韧性降低。在快速降温过程中，食品和农产品内部各部位进行不均匀的收缩而产生内应力，在此内应力的作用下，物料内部薄弱部位产生微裂纹并导致内部组织的结合力降低，外部较小的作用力就能使内部裂纹迅速扩大而破碎。低温脆性使得食物在一定温度下仅需较小的力就能够将其粉碎，且粒度能够达到“超细微”。食品低温粉碎的原理就是使物料低温冷冻到脆化温度以下后，用粉碎机械将其粉碎。

这里所谓的低温粉碎，是指用液氮或用液化天然气等冷媒对物料实施冷冻后的深冷粉碎方式。如梨和苹果在液态空气中会像玻璃一样碎裂；富有弹性的橡皮和塑料会变得很脆，用锤子敲打即会变成粉末状；即使钢铁在低温下也会变得非常脆弱。总之，在低温下，物料极易粉碎。且用液氮等冷媒不会因结“冰”而破坏动植物的细胞，因此，低温粉碎具有粉碎效率高、产品质量好等优点。

2. 低温粉碎工艺

低温粉碎工艺按冷却方式有浸渍法、喷淋法、汽化冷媒接触法等。具体选用时，视物料层厚薄而定。厚的可用浸渍法，薄层物料可用汽化冷媒接触法等。

按操作过程的处理方式分类，有以下三种：

① 物料经冷媒处理，使其温度降低到脆化温度以下，随即送入常温状态粉碎机中粉碎。虽然粉碎过程中也存在升温问题，但物料温度很低，粉碎后温度很难达到降低食品品质的程度。该处理方式主要用于含纤维质高的食品物料的低温粉碎。

② 将物料投入内部保持低温的粉碎机中粉碎。此时，物料温度还远高于脆化温度，但因物料处在低温环境中，在粉碎过程中产的热量被环境迅速吸收，物料很难发生热敏反应。该处理方式主要用于含纤维质较低的热敏性物料的低温粉碎。

③ 物料经冷媒深冷后，送入机内保持适当低温粉碎机中进行粉碎。此处理方式为以上两种方式的适当结合，主要用于热塑性物料的低温粉碎。

5.4.2 低温粉碎系统

低温粉碎系统由低温粉碎工艺而定。图 5-68 所示的是按上述低温粉碎工艺③所述的低温粉碎系统。该系统设有冷气回收管路，以降低液氮耗量，充分利用冷媒的作用。

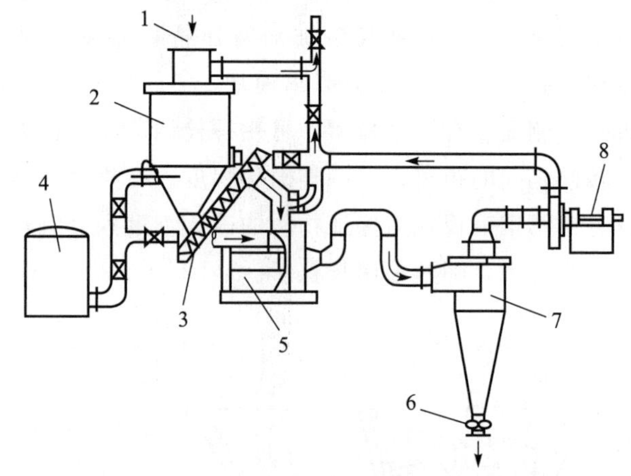

图 5-68 低温粉碎系统

1. 物料入口；2. 冷却贮斗；3. 输送机；4. 液氮贮槽；5. 低温粉碎机；6. 产品出口；7. 旋风分离器；8. 风机

（引自：隋继学，张一鸣. 速冻食品工艺学. 2015.）

低温粉碎机在启动、停机时温度变化幅度大，机器本身会产生热胀冷缩，凝结水腐蚀以及绝热保冷等问题，加上粉碎机材料的低温脆化因素，因此，粉碎机各部件材料的选择很重要，应选用在操作条件下，不会发生低温脆化以及化学稳定性较高的材料，结构上可选用轴向进料式粉碎机，可从喂料口吸入已冷却待粉碎材料和汽化冷媒。为了使粉碎室内达到所需低温（温度可从入料口测得），可通过冷媒供给阀来调节进入粉碎室内冷媒的供给量。

思考题

1. 简述切割机械与设备的分类和各自的特点。
2. 简述斩拌机的组成、工作过程和主要用途。
3. 果蔬切丁机与肉用切丁机的工作原理各是什么？
4. 简述常见的粉碎方式并列举其相对应的机械与设备。
5. 干法搅拌磨的主要构成及其工作原理是什么？

6. 简述辊式磨粉机的主要机构和用途。

7. 简述超微粉碎技术的特点和主要机械类型。

8. 简述喷射式气流磨的主要构成和工作原理。

9. 胶体磨的工作原理和特点是什么？

10. 低温粉碎的原理和粉碎工艺是什么？

11. 比较讨论普通球（棒）磨机、振动磨及搅拌磨三者在结构及工作原理方面的异同。

12. 请通过查阅资料，列举几个湿法粉碎机械与设备在食品工业中的应用。

第6章 混合机械与设备

【本章知识点】

在食品加工过程中，当需要将不同组成的物料混合、分散均匀时，需要用到混合机械与设备。常用的混合机械与设备可以分为液体搅拌机、混合机、捏合机、均质机等。

食品工业中典型的搅拌机有发酵罐、酶解罐、冷热缸、溶糖锅、结晶罐、沉淀罐等，主要用于以下方面：①物料的均匀混合；②促进溶解和吸收、吸附等；③促进化学反应、生化反应的进行；④强化热交换等过程的进行。

混合机主要有容器固定式混合机和容器回转式混合机两种。根据被混合物料的性质，容器回转式混合机可分为以下几种类型：水平型圆筒混合机、倾斜型圆筒混合机、轮筒型混合机、双锥形混合机、V形混合机等。固定容器式混合机有螺带式混合机、桨叶式混合机、立式螺旋混合机等。混合机主要用于散粒状固体，特别是干燥颗粒之间的混合。

食品工业中典型的捏合机有双臂捏合机、打蛋机及和面机。捏合机主要用于高黏度糊状、膏状物料及黏滞性固体物料的调和。

常用的均质机有高压均质机、离心式均质机和胶体磨等。均质机主要用于使液体分散体系（悬浮液或乳化液）中的分散物（构成分散相的固体颗粒或液滴）微粒化、均匀化的处理过程，其目的是降低分散物的尺寸，提高分散物分布的均匀性和稳定性。

6.1　概述

在食品工业中，混合是指依靠外力使两种或两种以上不同物料相互混合，成分浓度达到一定程度均匀性的单元操作。

混合所采用的操作设备因物料状态不同而不同。对于低黏度液体的混合，常采用液体搅拌机；对于干燥固体粉料的混合，所用的设备为混合机；对于高黏度糊状、膏状物料及黏滞性固体物料的混合常采用捏合机；要使液体分散体系中的分散物（构成分散相的固体颗粒或液滴）微粒化、均匀化，常采用均质机。

6.2　搅拌机

在食品加工过程中，液体的混合操作主要通过搅拌机完成。搅拌机主要用于以下方面：①物料的均匀混合；②促进溶解和吸收、吸附等；③促进化学反应、生化反应的进行；④强化热交换等过程的进行。

搅拌操作工作原理简单，但其涉及的因素极为复杂，具体涉及流体力学、传质、传热、反应工程等多种原理。在食品工业中典型的搅拌机有发酵罐、酶解罐、冷热缸、溶糖锅、结晶罐、沉淀罐等。这些设备虽然名称不同，但基本构造均属于液体搅拌机。

6.2.1　搅拌机的概述

1. 液体搅拌混合机理

液体的分子扩散速率较小，因此，不能单靠分子自身的扩散进行液体混合。搅拌机中液体的混合是通过搅拌器的旋转把机械能传递给液体物料，造成液体的强制对流。液体搅拌混合过程是在强制对流作用下的强制扩散过程。

强制扩散有两种方式，即主体对流扩散和涡流扩散。搅拌器叶轮通过旋转把动能传递给周围的液体，产生一股高速液流。这股液流又带动周围的液体，使全部液体在搅拌槽内流动起来。这种大范围内的循环称为宏观流动或总体流动，由此产生的全槽范围的扩散叫作主体对流扩散。

当叶轮产生的高速液体在静止或运动速度较低的液体中通过时，处于高速流体与低速流体分界面上的流体受到强烈的剪切作用，因此，在这些地方产生大量的漩涡。这些漩涡迅速向周围扩散，一方面把更多的液体夹带到这股正在进行宏观流动的液流中，同时形成局部范围内物料快速而紊乱的对流运动。这种漩涡运动被称为搅拌槽内的微观流动，由漩涡运动造成的局部范围内的对流扩散则称为涡流扩散。

流体中分子运动是一直存在的，因此，实际混合过程是主体对流扩散、涡流扩散和分子扩散共同作用的结果。

2. 搅拌机的基本结构

在食品工业中用到的搅拌机种类很多，但其基本结构是一致的，主要由搅拌装置、轴封和搅拌罐三大部分组成（图 6-1、图 6-2）。

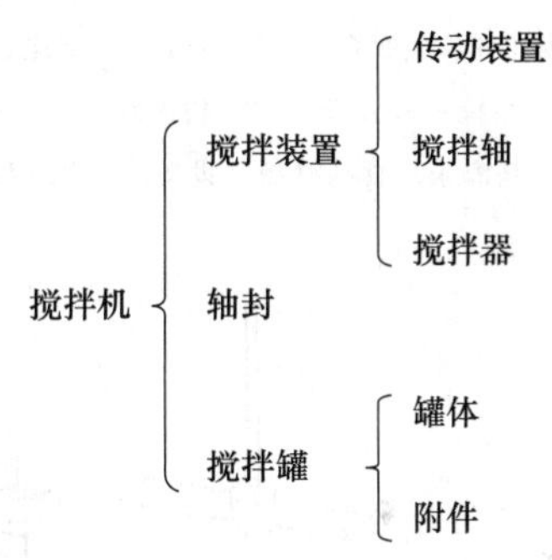

图 6-1　搅拌机结构组成

（1）传动装置　是赋予搅拌装置及其他附件运动的传动件组合体，在满足机器所需的运动功率及几何参数的前提下，尽量使传动装置中的传动链短、传动件少、电动机功率小，以降低设备成本和能耗。传动装置通常包括电动机、减速机、联轴器、轴承等。

（2）搅拌轴　由电动机及传动装置带动旋转，轴的下端装有各种形状的搅拌器。搅拌轴通常由搅拌机顶部中心插入搅拌罐内，根据工艺需求，也有采用底部伸入、倾斜插入、偏心插入等方式的。

（3）搅拌器　是搅拌设备的核心部件。搅拌器的主要作用是通过自身的运动，搅拌容器中的物料按某种特定的方式流动，从而达到特定的工艺要求。在实际操作中，要根据不同的物料性质和工艺要求选择不同的搅拌器。

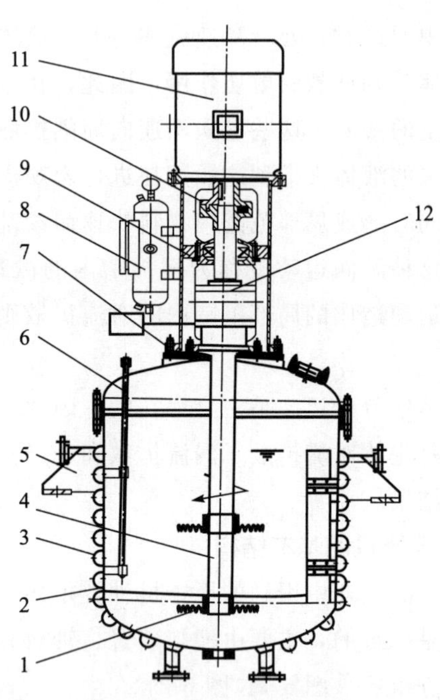

图 6-2 搅拌机典型结构

1. 搅拌器；2. 罐体；3. 夹套；4. 搅拌轴；5. 支座；6. 测温装置；7. 法兰；8. 冷却系统；9. 机架；10. 联轴器；11. 电机；12. 轴封

（引自：马海乐. 食品机械与设备. 2版. 2011.）

（4）轴封设置　轴封的目的是保证设备内环境处于一定的正压或者负压下，并防止物料的溢出或杂质的渗入。

（5）搅拌罐　罐体大多数设计成圆柱形，其顶部为开放式或密闭式，底部大多数成碟形或半球形，平底的很少见到。因为平底容易造成搅拌时液流死角，影响搅拌效果，同时也不利于料液的完全排放。

（6）附件　包括搅拌机顶盖、夹套或蛇管、挡板或导流筒、支座、手孔、视镜等。

6.2.2 搅拌器

1. 搅拌器的类型

（1）按照形状划分　常用的搅拌器有桨式、涡轮式、推进式、锚式、框式、螺带式、螺杆式等（图 6-3）。各种搅拌器在配合各种可控制流动状态的附件后，能使流动状态以及供给能量的情况出现多种变化，有利于强化不同的搅拌过程。

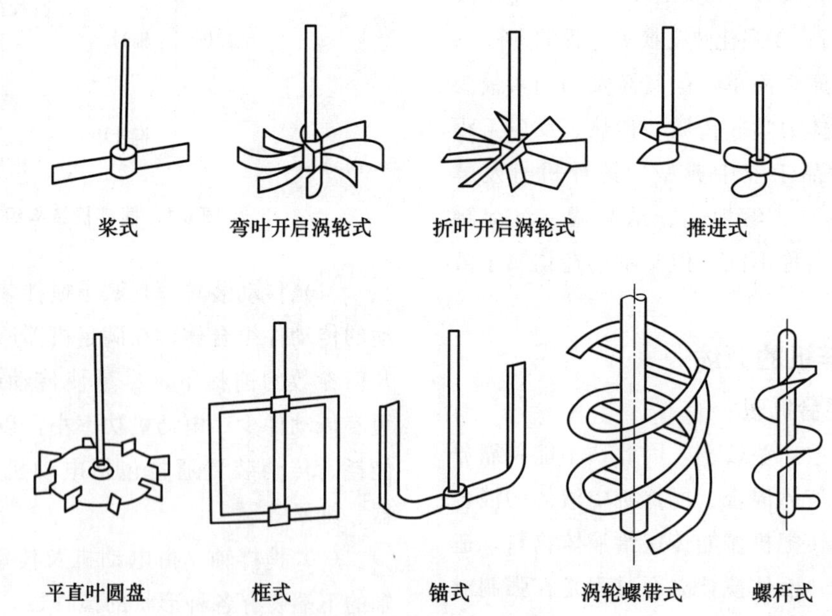

图 6-3 几种典型的搅拌器

（引自：许学勤. 食品工厂机械与设备. 2016.）

（2）按照流型划分　搅拌器按流型分为轴流式（图 6-4）和径流式（图 6-5）。轴流式包括推进式、螺带式、螺杆式、折叶开启涡轮式等；径流式包括平叶、弯叶开启涡轮式，平叶、弯叶圆盘涡轮式，桨式及其衍生类型，常用的类型是推进式和桨式。

（3）按照搅拌速度划分　可以将搅拌器分为快速搅拌器和慢速搅拌器两种。常用的快速搅拌器有圆盘涡轮式、开启涡轮式、推进式等；慢速搅拌器包括桨式、框式、锚式、螺带式、螺杆式等。

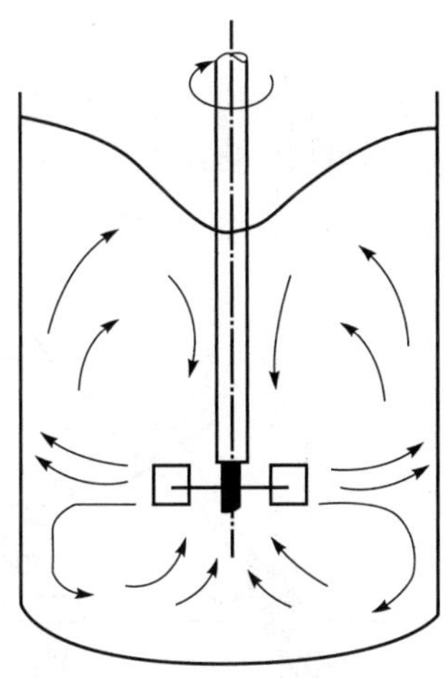

图 6-4　轴流式搅拌状态

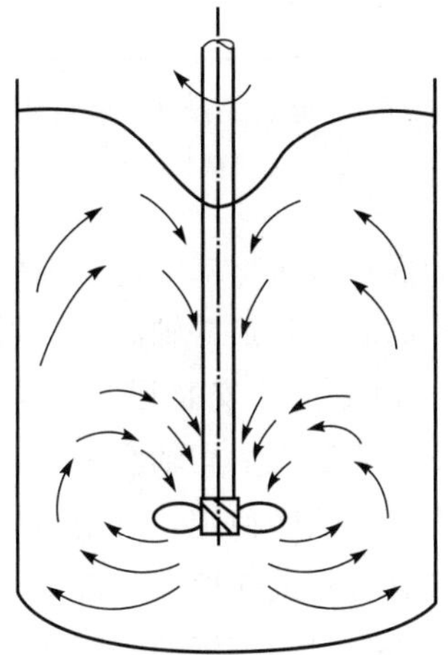

图 6-5　径流式搅拌状态

2. 搅拌器的选型

搅拌器的选型与搅拌器的功能作用的不同密切相关。搅拌器的功能概括地说就是提供搅拌过程所需要的能量和适宜的流动状态，以达到搅拌过程的目的。桨叶的形状、尺寸、数量以及转速直接影响搅拌器的功能；同时，搅拌介质的特性以及搅拌罐体的形状、尺寸，挡板的设置情况，物料在槽中的进出方式，搅拌器在槽内的安装位置、方式以及工作环境等都对搅拌器的功能有一定影响。

一般选择搅拌器时主要应从介质的黏度高低、容器的大小、转速范围、动力消耗以及结构特点等几方面因素综合考虑。也可以通过小型试验进行选择。通常可采用经验类比的方法，以某台实际使用的机型为参考，在相近的工件条件下进行类比选型。

表 6-1 给出了各种类型搅拌器的适用条件。

3. 搅拌器的安装形式

搅拌器不同的安装形式会产生不同的流场，使搅拌的效果有明显的差别。

（1）中心立式搅拌安装形式　这种搅拌安装形式最为普遍，其可以将桨叶组合成多种结构形式以适应多种用途。这种安装的特点是搅拌轴与搅拌器配置在搅拌罐的中心线上，呈对称布局（图 6-6），驱动方式一般为带传动或齿轮传动，或者减速传动，或者用电动机直接驱动。

表 6-1　各种类型搅拌器的适用条件

搅拌器形式	流动状态					搅拌目的							釜容量范围/m³	转速范围/(r/min)	最高黏度/Pa·s
	对流循环	湍流扩散	剪切流	低黏度液混合	高黏度液混合传热反应	分散	溶解	固体悬浮	气体吸收	结晶	传热	液相反应			
涡轮式	○	○	○	○	○	○	○	○	○	○	○	○	1～100	10～300	50
桨式	○	○	○	○	○		○	○		○	○	○	1～200	10～300	2
推进式	○	○		○		○	○	○		○	○	○	1～1 000	100～500	50
折叶开启涡轮式	○	○		○		○	○	○			○	○	1～1 000	10～300	50
布尔马金式	○	○	○	○	○		○				○	○	1～100	10～300	50
锚式	○				○		○						1～100	1～100	100
螺杆式	○				○		○						1～50	0.5～50	100
螺带式	○				○		○						1～50	0.5～50	100

注：表中空白为不适用或不详，○为合适。

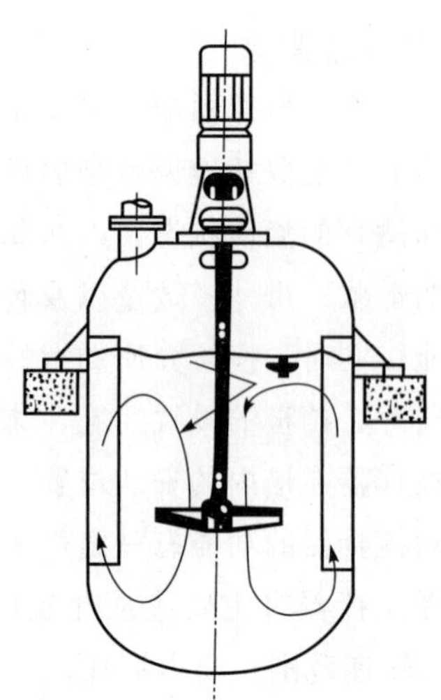

图 6-6 中心立式搅拌安装形式

（引自：马海乐．食品机械与设备．2 版．2011.）

中心立式搅拌器的安装、操作和维修都比较方便。其缺点是容易在搅拌器周围产生打漩效应，不利于层间湍流的产生，影响混合效果。可以在容器的侧壁装上挡板来阻止打漩效应的产生。

（2）偏心式搅拌安装形式　是将搅拌器安装在立式容器的偏心位置上的一种搅拌器安装形式（图 6-7），其能防止液体的打漩效应，且效果与安装挡板相近似。

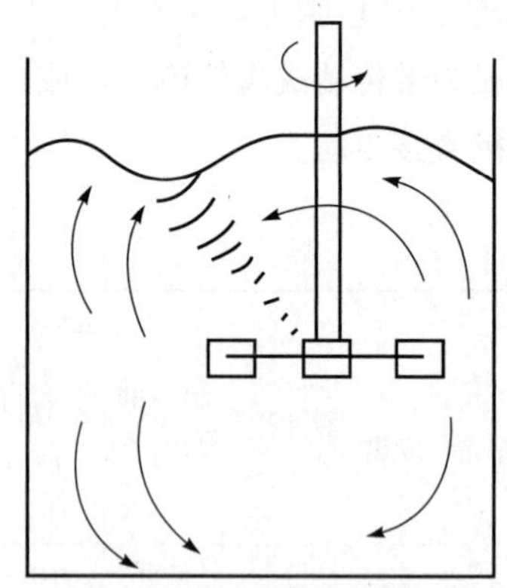

图 6-7 偏心式搅拌安装形式

（引自：马海乐．食品机械与设备．2 版．2011.）

中心线偏离容器轴线的搅拌轴，会使液流在各处压力分布不同，可加强液层间的相对运动，从而增强液层间的湍动，明显改善搅拌效果。但偏心搅拌容易引起设备在工作过程中的振动，一般只用于小型设备上。

（3）倾斜式搅拌安装形式　是将搅拌轴和搅拌器倾斜插入容器内进行搅拌的一种搅拌器安装形式（图 6-8），可以防止打漩效应。对搅拌容器比较简单的敞开立式搅拌设备，可用夹板或卡盘与筒体边缘夹持固定。这种安装形式的搅拌设备比较机动灵活，使用维修方便，结构简单、轻便。但由于受电机的重量和轴封等的制约，一般只能用于敞开式小型设备上。

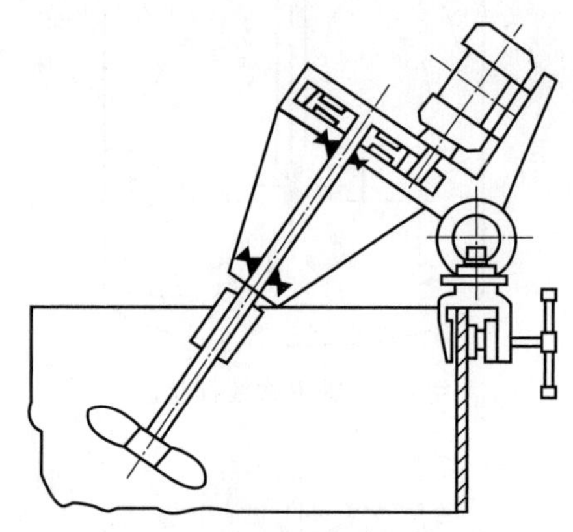

图 6-8 倾斜式搅拌安装形式

（引自：马海乐．食品机械与设备．2 版．2011.）

（4）底部搅拌安装形式　是将电机、传动装置等安装在容器的底部，搅拌轴和搅拌器由底部插入（图 6-9）的一种搅拌器安装形式。这种安装形式搅拌轴短，不需要装设中间轴承和底轴承，而且轴所承受的受力小，运转稳定，对密封也有利。底部搅拌的传动装置可安放在地面基础上，便于维护检修，有利于顶盖上封头接管的排列和安装。此类搅拌设备的缺点是桨叶叶轮下部至轴封处常有固体物料黏积，容易变成小团物料混入产品中，影响产品质量。

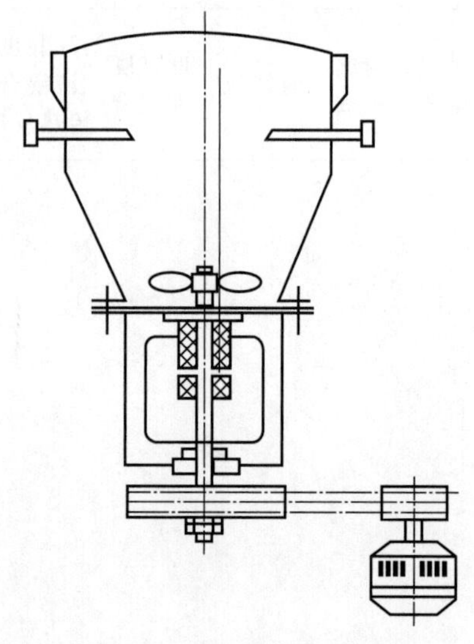

图 6-9 底部搅拌安装形式

（引自：马海乐．食品机械与设备．2 版．2011.）

（5）旁入式搅拌安装形式　是将搅拌器安装在容器罐体的侧壁上的一种搅拌器安装形式（图 6-10）。它同底部安装形式同样具有搅拌轴短不需要装设中间轴承和底轴承的优点。同时，相对于底部搅拌来说更易清理。在消耗同等功率的情况下，能得到最好的搅拌效果。其主要缺点是对轴封的密封性和搅拌轴的强度要求较高。图 6-10 所示的为旁入式搅拌装置在不同旋桨位置所产生的不同流动状态。图 6-10 中（a）为旋桨轴线与容器径向线夹角 $\alpha=7°\sim12°$时的流体流动状态；（b）为旋桨轴线与容器径向线夹角大于 12°时的流动状态；（c）为旋桨轴线与径向线重叠时的流动状态。

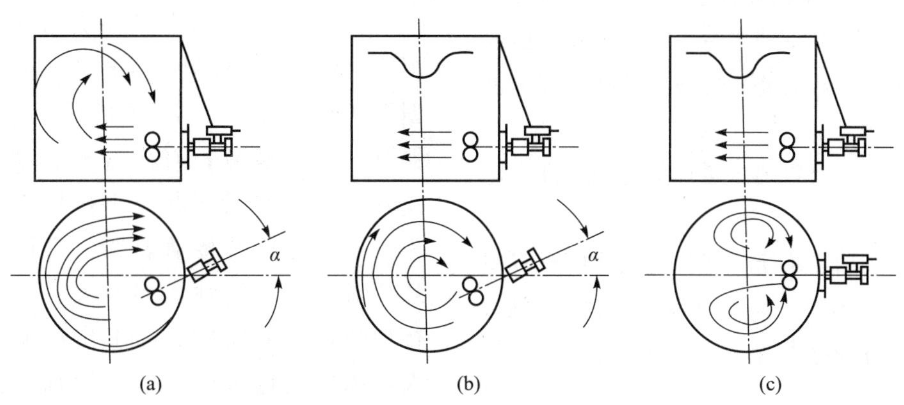

图 6-10　旁入式搅拌安装位置及流动状态

（引自：马海乐．食品机械与设备．2 版．2011.）

4. 挡板和导流筒

除了改变搅拌器的安装形式来防止液体在罐体内打漩，还可以在搅拌罐内装设挡板和导流筒增加液体的漩涡扩散。

（1）在搅拌罐内装挡板　最常用的挡板是沿容器壁面垂直安装的条形钢板，它可以有效地阻止液体在容器内进行圆周运动。设置挡板后，液流在挡板后造成漩涡，这些漩涡随主体流动遍及全釜，可获得较好的混合效果；同时，液体自由表面的中心下陷现象也基本消失。对于轴流式和径流式搅拌器，安装挡板后流体的流动情况如图 6-11 所示。

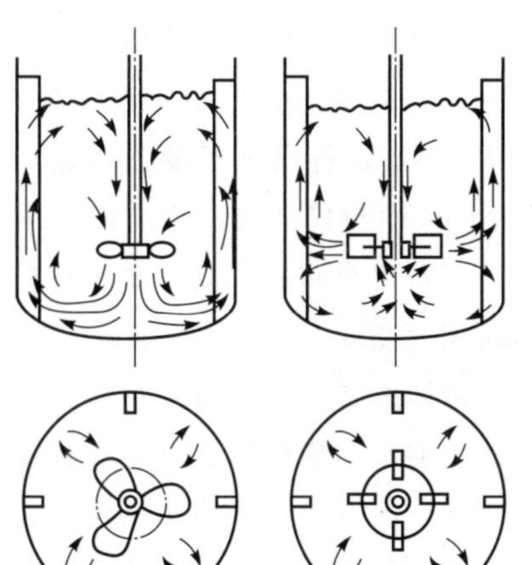

图 6-11　装有挡板的流动情况

挡板通常设置四个，如果容器非常大，则可适当增加挡板数目。此外，搅拌釜内的温度计插管、各种类型的换热管等也可以在一定程度上起到挡板的作用。

（2）在搅拌器周围装设导流筒　可以严格地控制流动方向，既可消除短路现象，又可消除搅拌死角，还可以迫使流体高速流过壁面，利于传热。导流筒的安装形式如图 6-12 所示。对于轴流式搅拌器，导流筒可安装在搅拌器的外面，如图 6-12（a)所示；对于径流式搅拌器，导流筒则应安装在搅拌器的上面，如图 6-12（b）所示。

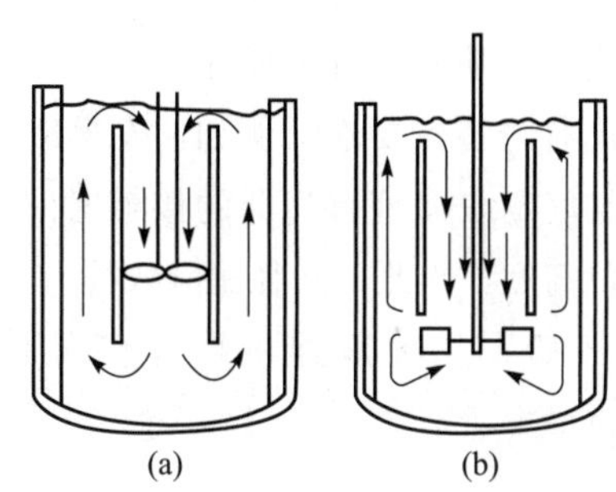

图 6-12　导流筒的安装形式

对于某些特殊场合，例如，在搅拌易悬浮固体颗粒的液体时，安装导流筒是非常有益的。导流筒可抑制液体在容器内圆周运动的扩展，对增大湍动程度和提高混合效果有好处。

6.2.3 搅拌罐

搅拌罐由罐体与焊装在其上的各种附件构成。

1. 罐体

搅拌低黏度物料所用的罐体一般为立式圆筒形容器，其底多为碟形和半球形，也可以是平底的。罐体通过支座安装在基础或平台上。罐体在常压或规定的温度及压力下，为物料完成其搅拌过程提供一定的空间。

罐体的几何尺寸可以通过罐体的容积和高径比确定。

罐体容积由装料量决定，搅拌机罐体的全容积 V 与搅拌机的公称容积（操作时盛装物料的体积，装料量）V_g 和装料系数 η 有如下关系：

$$V_g = \eta V$$

设计时应合理选用装料系数值，提高设备利用率。通常 η 取 0.6～0.85；如果物料在搅拌过程中呈泡沫或沸腾状态，η 应取较低值，为 0.6～0.7；如果物料搅拌平稳，η 可取 0.8～0.85；物料黏度较大时，可取较大值。

选择罐体的高径比应考虑物料特性对罐体高径比的要求、对搅拌功率的影响和对传热的影响等因素。①从夹套传热角度考虑，容积一定时，高径比越大则罐体盛料部分表面积越大，传热表面距离罐体中心越近，传热效果越好，因此，一般希望高径比取大些。②从搅拌功率考虑，在固定的搅拌轴转速下，搅拌功率与搅拌器桨叶直径的 5 次方成正比，若罐体直径大，搅拌功率也增加，因此，也希望高径比取大些。③某些物料的搅拌反应过程对反应器壳体高径比有着特殊要求。例如，发酵罐为了使通入罐内的空气与发酵液有充分的接触时间，需要有足够的液位高度，因此，高径比应取得大一些。

根据经验，几种搅拌机罐体高径比大致见表 6-2。

表 6-2 几种搅拌机罐体高径比

种类	设备内物料类型	H/D
一般搅拌机	液-固相或液-液相物料	1～1.3
	气-液相物料	1～2
发酵罐		1.7～2.5

2. 附件

(1) 顶盖　装在搅拌机罐盖上的常见附件有：各种进出物料和工作介质的管接口、各种传感器（如温度计、液位计、压力表、真空表、pH 计）的接插件管口、视镜、灯孔、安全阀等。

对于常压或操作压力不大而直径较大的设备，顶盖常采用薄钢板制造的平盖，即在薄钢板上加设型钢（槽钢或工字钢）制的横梁，用以支承搅拌器及其传动装置；对于操作压力较大的设备，搅拌机顶盖在受压状态下操作常选用椭圆形封头。一般电机及传动装置、搅拌器重量及工作载荷对封头稳定性影响不大时，不必将封头另行加强；如果搅拌器的工作状况对封头影响较大，则要把封头壁厚适当增加一些。例如，封头直径较大而壁厚较薄且刚性较差，不足以承受搅拌器操作载荷因传动装置偏载而产生较大弯矩（如某些 V 带传动）；搅拌操作时，轴向推力较大或机械振动较大；由于搅拌轴安装位置偏离反应器壳体几何中心线或者由于搅拌器几何形状的不对称而产生弯矩等。必要时，也可以在搅拌反应器壳体之外另做一个框架，将搅拌装置的轴承安装在框架上，由框架承担搅拌器的操作载荷。

(2) 夹套　是装在搅拌机壳体外面，它与罐体外壁形成密闭空间，在此空间内通入加热或冷却物料流体介质，用于控制罐体内物料温度。

常用的整体式夹套有如下四种：(a) 为仅部分圆筒有夹套，用在传热面积不大的场合；(b) 为部分圆筒与下封头有夹套，这是一种常用典型结构；(c) 为分段式夹套，各段之间设置加强圈或采用能起加强作用的夹套封口结构，此结构适用于罐体细长的情况；(d) 为全包式夹套，这种结构有相对最大的传热面积（图 6-13）。

夹套与罐体的连接方式有不可拆式和可拆式两种。不可拆式夹套与罐体以焊接方式连接，结构简单，密封性好。缺点是夹套内不易清洗。可拆卸式夹套以法兰结构与罐体或顶盖连接。这种夹套适用于操作条件变化较大，以及需要定期检查、清洗的场合。

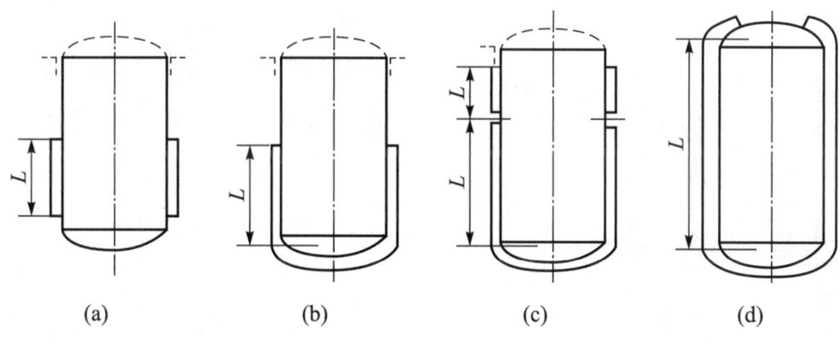

图 6-13　夹套的形式

6.2.4　传动装置与轴封

搅拌器传动装置的基本组成有：电动机、减速机、联轴器、搅拌轴等（图 6-14）。

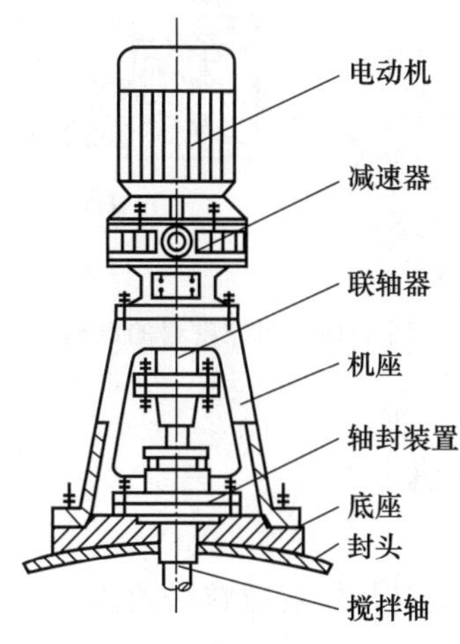

图 6-14　传动装置

1. 电动机

电动机按照功率、转速、安装方式、防爆要求等条件选用。电动机功率 N_e 决定于搅拌功率及传动装置的机械效率。

$$N_e = \frac{N + N_m}{\eta}$$

式中：N 为搅拌功率，kW；N_m 为轴封的摩擦损失功率，kW；η 为传动装置的机械效率。

（1）搅拌器功率和搅拌器作业功率　搅拌过程进行时需要动力，将这一动力称为搅拌功率。具有一定结构形状的设备中装有一定物性的液体，用一定形式的搅拌器以一定转速进行搅拌时，将对液体做功并使之流动，这时为使搅拌器持续运转所需要的功率称为搅拌器功率。这里所指的搅拌器功率不包括机械传动和轴封部分消耗的动力。

被搅拌的介质在流动状态下，都要进行一定的物理变化过程和化学反应过程。不同的搅拌过程、不同物性的液体和物料量在完成其过程时所需要的动力不同，这是由工艺过程的特性所决定的。把搅拌器使反应器中的液体以最佳的方式完成搅拌过程所需要的功率称为搅拌作业功率。

最理想的状况是搅拌器功率正好等于搅拌作业功率，这就可使搅拌过程以最佳方式完成。搅拌器功率小于搅拌作业功率时，可能使过程无法完成，也可能拖长操作时间而得不到最佳方式；而搅拌器功率过于大于搅拌作业功率时，只能浪费动力且于过程无益。

（2）影响搅拌器功率的因素　搅拌器的功率与槽内液体的流动状态有关，因此，影响流动状态的因素必然也是影响搅拌器功率的因素。例如，搅拌器的几何参数与运转参数：桨径、桨宽、桨叶角度、桨转速、桨叶数量、桨叶离槽底安装高度等。搅拌机罐体的几何参数：罐体内径、液体深度、挡板宽度、挡板数量、导流筒尺寸等。搅拌介质的物性参数：液相的密度、液相的黏度、重力加速度等。

由于搅拌器的功率是从搅拌器本身的几何参数运转条件来研究其动力消耗的，这些影响因素归纳起来可称为搅拌器桨叶、搅拌机罐体的几何变量，桨的操作变量以及影响功率的物理变量。设法找到这些变量与功率的关系，也就学会了如何计算搅拌器功率。

2. 轴封

轴封是搅拌轴与罐体之间密封装置。是否需要轴封，取决于搅拌容器的压力状态以及对物料密封性的要求等。对于食品加工用的搅拌设备，轴封应满足密封和卫生两方面的要求。常见的轴封有两种形式：填料密封和机械密封。

（1）填料密封　由衬套、填料箱体、填料环、压盖、压紧螺栓等组成（图 6-15）。

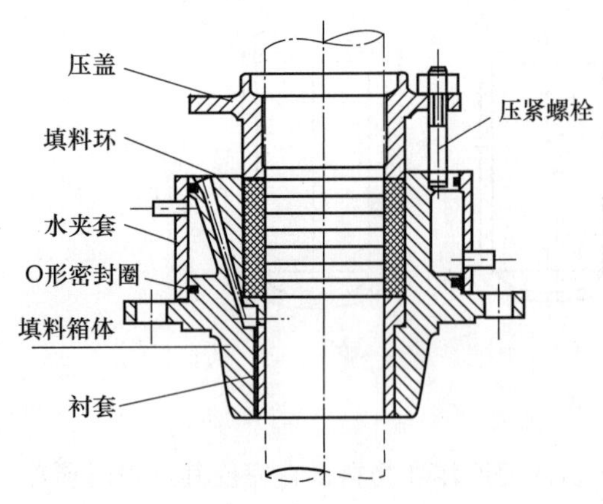

图 6-15 填料密封的结构

填料密封的作用原理：被装填在搅拌轴和填料函之间环形间隙中的填料，在压盖压力的作用下，对搅拌轴表面产生径向压紧力。填料中含有润滑剂，因此，填料在对搅拌轴产生径向压紧力的同时也产生一层极薄的液膜，这层液膜一方面使搅拌轴得到润滑，另一方面起到阻止设备内流体漏出或外部流体渗入的作用。当设备内温度高于 100℃或轴转动的线速度大于 1 m/s 时，填料密封需要设置冷却装置。

在运动时，润滑剂在不断地消耗，因此，还须在填料箱上设置添加润滑液装置，以满足不断润滑的需要。当填料中缺乏润滑剂时，润滑情况就会马上变坏，轴和填料之间产生局部固体摩擦，造成发热，使填料和轴急剧磨损和密封面间隙扩大，易产生泄漏。

(2) 机械密封　是一种功耗小、泄漏率低、密封性能可靠、使用寿命长的转轴密封，被广泛地应用于各个技术领域。其结构如图 6-16 所示。

机械密封的原理：当轴旋转时，设置在垂直于转轴的两个密封面（其中一个安装在轴上随轴转动，另一个安装在静止的机壳上），通过弹簧力的作用，它们始终保持接触，并做相对运动，以防泄漏发生。机械密封常因轴的尺寸和使用压力的增加，导致结构趋于复杂。在机械密封中，因运转时密封环做相对运动而产生磨损和发热。为了使机械密封得到润滑和冷却，冷却润滑液应在密封腔中不断循环。

机械密封的泄漏率大约为填料密封的百分之一。机械密封在运转时，除了装在轴上的浮动环由于磨损须做轴向移动补偿外，安装在浮动环上的辅助密封则随浮动环沿轴表面做微小的轴向移动，因此，轴或轴套被磨损是微不足道的。通常可免去轴或轴套的维修。机械密封有很多优点，因此，在搅拌设备上被大量采用。

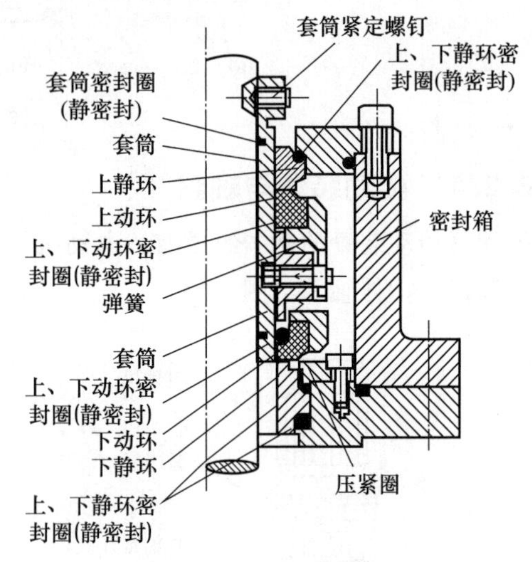

图 6-16 机械密封的结构

6.3 混合机

混合机主要是针对散粒状固体，特别是干燥颗粒之间的混合而设计的一种搅拌机械，目的是使两种或两种以上的粉料颗粒通过流动作用，成为组分浓度均匀的混合物。混合机广泛应用于谷物混合、粉料混合、面粉中加辅料与添加剂、干制食品中加添加剂、调味粉及速溶饮品的制造等。

在混合操作中，粉料颗粒随机分布，通过混合机的作用，物料流动，引起性质不同的颗粒发生离析。因此，在任何混合操作中，粉料的混合与离析同时进行，一旦达到某一平衡状态，混合程度也就确定了，如果继续操作，混合效果的改变也不明显。影响混合效果的主要因素是粉料的物料特性和搅拌方式等。粉料的物料特性包括粉料颗粒的大小、形状、密度、附着力、表面粗糙程度、流动性、含水量和块倾向性等。试验证明，大小均匀的颗粒混合时，密度大的趋向器底；密度近似的颗粒混合时，最小的和形状近似圆球形的趋向器底；颗粒的黏度越大，温度越高，越容易结块和结团，不易均匀分散。

混合的方法主要有两种：一种方法是容器本身旋转，使容器内的混合物料产生翻滚而达到混合的目的，称为容器回转式；另一种方法是利用一个容器和一个及以上的旋转混合元件，混合元件把物料从容器底部移送到上部，而物料被移送后的空间又能够由上部物料自身的重力降落以补充，以此产生混合，称为固定容器式。按混合操作形式，又可以分为间歇式和连续式。固定容器式混合机有间歇式与连续式两种操作形式；而容器回转式混合机通常为间歇式，即装卸物料时需要停机。间歇式混合机便于控制混合质量，可适应粉料配比经常改变的情况，因此，在食品工业中应用较多。

6.3.1 容器回转式混合机

1. 容器回转式混合机的结构与工作过程

容器回转式混合机又称为旋转筒式混合机和转鼓式混合机，工作时容器呈旋转状态，物料随着容器旋转方向依靠自身重力流动完成混合操作。容器回转式混合机是以扩散混合为主的混合机械，可以达到很高的混合均匀度，但所需的混合时间较长。

容器回转式混合机的工作过程：通过混合容器的旋转做垂直方向运动，被混合物料在器壁或容器内的固定抄板上向上提升，随即在自身重力的作用下下降，造成上下翻滚及侧向运动，不断进行扩散，从而达到混合的目的。容器的回转速度不能过高，否则离心力过大，会使物料紧贴在容器内壁无法落下。

旋转容器式混合机的基本结构由旋转容器、驱动转轴、减速传动机构和电动机等组成。

混合机的主要构件是容器。容器的形状决定混合操作的效果。因此，对容器内表面要求光滑平整，以避免或减少容器壁对物料的吸附、摩擦及流动的影响，同时要求制造容器材料无毒、耐腐蚀等。容器材质上多采用不锈钢薄板材。旋转容器式混合机的驱动轴水平或倾斜布置，其轴径与选材要以满足装料后的强度和刚度为准。

容器回转式混合机的混合量（即一次混合所投入容器的物料量）取容器体积的 30%～50%，如果投入量大，则混合空间减少，粉料的离析倾向大于混合倾向，搅拌效果不理想。混合时间与被混合粉料的性质及混合机类型有关，多数操作时间约为 10 min。

容器回转式混合机是间歇式混合机，装卸物料时需要停机，适用于小批量多品种的混合操作。

2. 容器回转式混合机类型

容器回转式混合机根据被混合物料的性质可分为以下几种类型：水平型圆筒混合机、倾斜型圆筒混合机、轮筒型混合机、双锥形混合机、V 形混合机、三维运动式混合机等。

（1）水平型圆筒混合机　该混合机的容器是一个圆柱筒，其圆筒水平放置，轴线与回转轴线重合，圆筒两端与驱动轴连接，是最简单、最典型的混合机（图 6-17）。当驱动轴带动圆筒转动时，由于物料与圆筒之间的摩擦力和物料之间的摩擦及黏结作用而随圆筒升起。当物料上升到一定高度时，在重力作用下落到圆筒底部，如此循环往复，直至物料混合均匀。

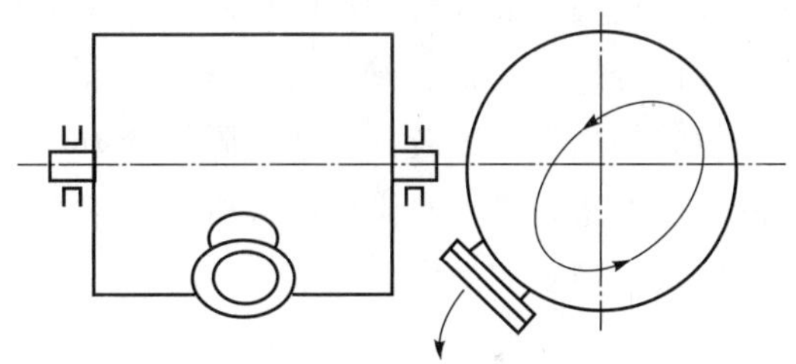

图 6-17　水平型圆筒混合机示意图

（马海乐．食品机械与设备．2 版．2011.）

水平型圆筒混合机在操作时，粉料的流型简单，主要以径向重力扩散为主，轴向混合较少，容器内两端位置又有混合死角，容易产生残留，并且卸料不方便，因此混合效果不理想，混合时间长。同时水平型圆筒混合机物料易随圆筒一起回转，因此，装料量仅为圆筒容积的 30%，工作效率较低。

（2）倾斜型圆筒混合机　为了弥补水平型圆筒混合机的不足，可以采用斜轴式的安装形式，也就是将圆筒的轴线与水平旋转轴线成一定的角度，即倾斜型圆筒混合机（图 6-18）。这类混合机在作业过程中物料受到倾斜作用力而发生水平向移动，即产生上下左右的交叉混合，流型复杂，增强混合效果，装料量可以达到圆筒容积的 60%。这种混合机的工作转速为 40～100 r/min，常用于混合调味粉料的操作。

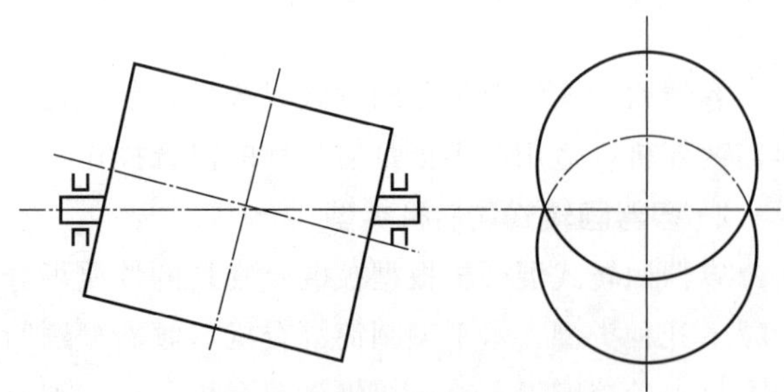

图 6-18　倾斜型圆筒混合机示意图

（引自：马海乐．食品机械与设备．2 版．2011.）

倾斜型圆筒混合机的倾斜角度一般为 14°～30°。另外，为增强混合机的混合效果，可在设备内安装强制搅拌桨或扩散板，迫使物料在垂直方向运动的同时做水平方向运动。

（3）轮筒型混合机　是水平型圆筒混合机的一种变形形式，如图 6-19 所示。其将圆筒变为轮筒，可消除混合流动死角；轴与水平线有一定的角度，起到和倾斜型圆筒混合机一样的作用。因此，它兼有前两种混合机的优点。缺点是容器小，装料少；同时以悬臂轴的形式安装，会产生附加弯矩，对悬臂轴的刚度要求较高。轮筒型混合机常用于小食品加调味料及包糖衣的操作。

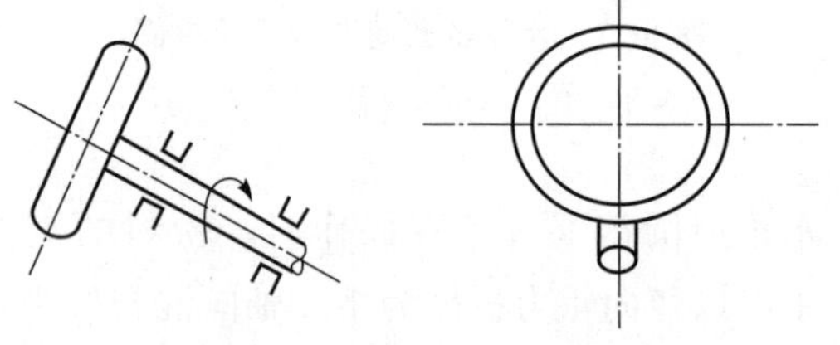

图 6-19　轮筒型混合机示意图

（引自：马海乐．食品机械与设备．2 版．2011.）

（4）双锥形混合机　该种混合机容器是由两个锥筒和一段短柱筒焊接而成，其锥角有 60°和 90°两种结构，其筒体与水平驱动轴相连，锥体的两端设有进出料口（图 6-20）。双锥形混合机是以扩散和剪切混合为主的一种旋转容器式混合设备，当传动装置带动驱动轴转动时，筒体随之旋转，筒体内的物料在混合室内做上下滚落运动。筒体两端是锥形结构，因此，物料在做径向上下滚落运动的同时也做轴向移动，于是发生了纵横两向的混合。

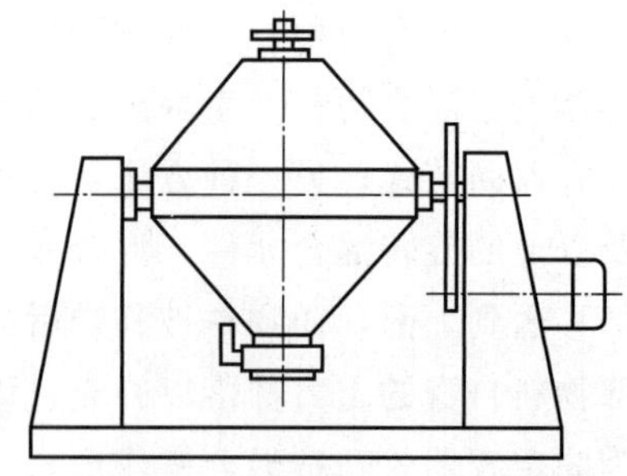

图 6-20　双锥型混合机示意图

（引自：马海乐．食品机械与设备．2 版．2011.）

双锥形混合机的主要特点：功率消耗低，对流动性好的粉料混合较快，装料量占容器体积的 50%～60%。

（5）V 形混合机　也称双联混合机，其容器是由两个圆筒呈 V 形焊接而成，V 形夹角在 60°～90°。主轴水平安装在 V 形容器两侧，如图 6-21 所示。值得注意的是，V 形混合机的两个圆筒通常是不等长的，以便有效地扰乱物料在混合室内的运动形态，增大紊流程度，以利于物料的充分混合。

V 形混合机的装料量较少，一般为两个圆筒总容积的 20%～30%，转速一般在 6～25 r/min。其操作原理与双锥型混合机类似。但由于 V 形容器的不对称性，粉料在旋转容器内时而紧聚时而散开，V 形混合机的混合效果要优于双锥型混合机，且混合时间也比双锥型混合机更短。

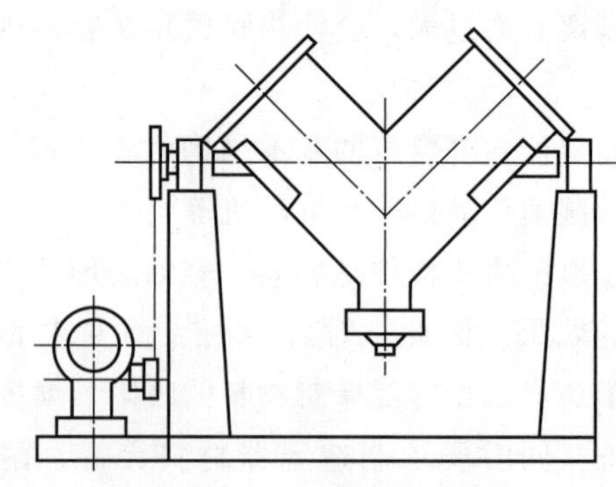

图 6-21　V 形混合机示意图

（引自：马海乐．食品机械与设备．2 版．2011.）

（6）三维运动式混合机　又称为摆动式混合机或多向运动混合机（图 6-22），是一种高效、高精度的新型混合设备，由从动轴、左右摆叉、料筒及主轴等组成。这类混合机的混合容器在进行自转的同时，还进行公转，并且做上下左右全方位的运动。

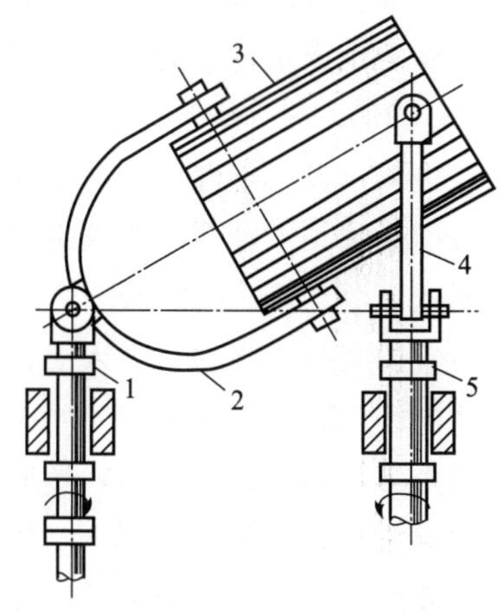

图 6-22 三维运动式混合机示意图

1. 从动轴；2. 左摆叉；3. 料筒；4. 右摆叉；5. 主轴

（引自：马海乐. 食品机械与设备. 2 版. 2011.）

三维运动式混合机的主体部分是一个典型的空间 $6R$ 连杆机构。当主动轴以等速回转时，动轴则以变速向相反方向旋转，使混合容器同时具有平稳自转和可倒置的翻滚运动，各种物料在混合过程中，加速流动和扩散作用，同时避免一般混合机因离心力作用所产生的物料比重偏析和积累现象，以达到混合无死角，有效确保混合物料获得最佳品质。

三维运动式混合机有以下主要特点：①产品质量高，混合率可达 99.9%以上；②装料率高，最高可达 85%以上；③出料方便，清洗容易，操作简单。

6.3.2 容器固定式混合机

容器固定式混合机的特点是在工作时容器固定不动，借助容器内部安装的旋转混合部件对物料进行混合操作。其混合过程以对流混合为主，主要用于混合物理性质差别较大及配比相差较大的物料。

容器固定式混合机的操作方式有间歇式和连续式两种，结构形式有卧式螺带式、倾斜式螺带式、立式螺旋式、行星运动螺旋式、犁刀式等。

1. 卧式螺带式混合机

卧式螺带式混合机的转子呈螺带状。当螺带旋转时，产生螺旋推力推动与其接触的物料沿螺旋方向向前移动。由于物料之间的摩擦和黏结作用，周围的物料做上下翻滚运动，形成螺带推力一侧部分物料做螺旋状轴向移动，而螺带上部和四周的物料又补充到螺带推力棱面的背侧，从而产生螺带中心处物料与四周物料的混合。

卧式螺带式混合机主要由机架、混合室、螺带、电机等组成（图 6-23）。

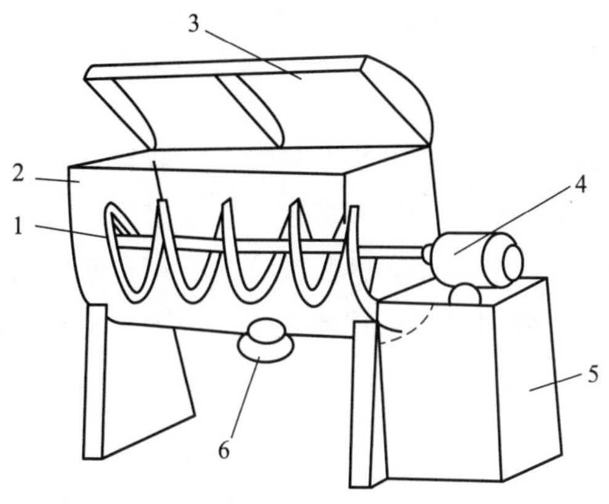

图 6-23 卧式螺带式混合机示意图

1. 螺带；2. 混合室；3. 盖板；4. 电机；5. 机架；6. 卸料口

（引自：马海乐. 食品机械与设备. 2 版. 2011.）

根据螺带的个数，卧式螺带式混合机可以分为单螺带混合机、双螺带混合机和多螺带混合机。单螺带混合机主要靠物料的上下运动达到径向分布混合，但轴线方向物料分布作用很弱。双螺带混合机在主轴上装有方向相反的内外两条螺旋带（图 6-24)。当螺带的转轴旋转时，两根螺带同时搅动物料上下翻滚，同时两条螺带还使物料做彼此方向相反的轴向运动，因此，物料在混合室内做轴向的往复运动。两根螺带外缘回转半径不同，对物料的搅动速度也不同，因此，有利于物料的径向分布混合。双螺带混合设备对物料的搅动作用较强烈。三层螺带结构（图 6-25）的混合机除了有外螺带、中间螺带和内螺带外，还在轴上增设了轴环，使得被混合物料沿轴向和横向的交错运动概率增加，加强物料内部间的相互摩擦，因此，可提高物料的混合均匀度。

图 6-24 双层螺带结构

（引自：马海乐. 食品机械与设备. 2 版. 2011.）

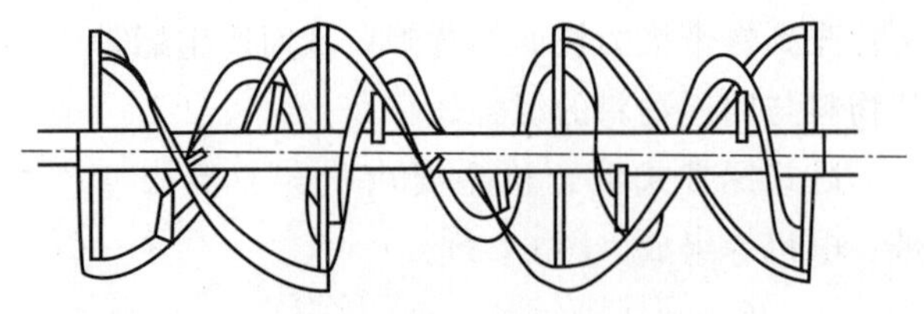

图 6-25　三层螺带结构

（引自：马海乐．食品机械与设备．2 版．2011.）

卧式螺带式混合机结构简单，装料系数大，混合效果好，操作和维修方便，应用较为广泛。螺带式混合机，特别是多螺带混合机中存在很大的剪切力，易将物料打碎，因此，不适用于对物料粒度有严格要求的场合。

2. 倾斜式螺带式混合机

卧式螺带式混合机通常是间歇生产的，生产效率较低，难以满足生产量较大的场合。倾斜式螺带式混合机（图 6-26）是一种连续式混合设备，整体呈倾斜状，进料口设置于混合机的低端，出料口设置在混合机的高端。主轴在进口端设置螺杆，用于将物料强制送入混合段；在混合段内设置有螺带和沿螺旋线布置的桨叶。当物料进入混合段时，被螺带和桨叶共同推动形成向前推进和径向的翻滚。同时，物料因重力作用向低端滑动，形成轴向的返混。在这两种混合作用的共同作用下，物料最终混合均匀并到达高处的出口。控制主轴的转速即可控制物料在混合室内的停留时间和混合效果。

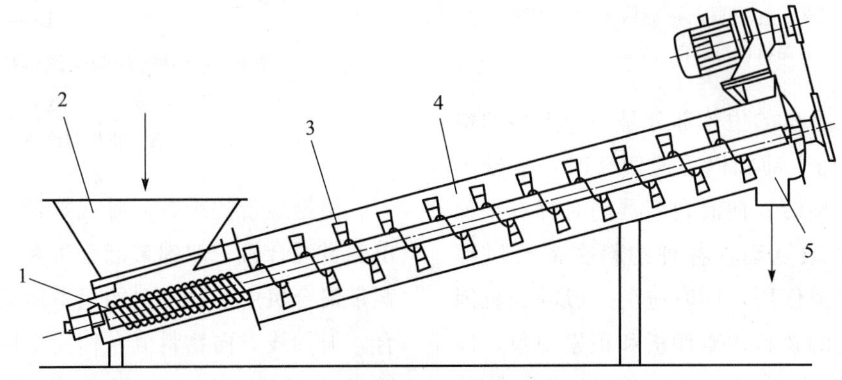

图 6-26　倾斜式螺带式混合机

1. 进料螺杆；2. 进料斗；3. 螺带；4. 混合室；5. 出料口

（引自：许学勤．食品工厂机械与设备．2016.）

3. 立式螺旋式混合机

立式螺旋式混合机（图 6-27）主体为圆柱形，内置一垂直螺旋输送器。工作时，各种物料组分按照比例加入料斗中，由垂直螺旋输送带向上提到内套筒的出口时，被旋转甩料板向四周抛撒，物料下落到锥形筒内壁表面和内套筒之间的间隙处，又被垂直螺旋向上提升，如此循环，直到物料混合均匀为止，然后打开卸料门从出料口排料。

该混合机的特点是功率消耗低，占地面积少；但是混合时间长，生产效率低，难以处理潮湿或浆状物料；且料筒内物料残留量较多，多用于混合质量和残留量要求较低的场合，多为小型混合机。

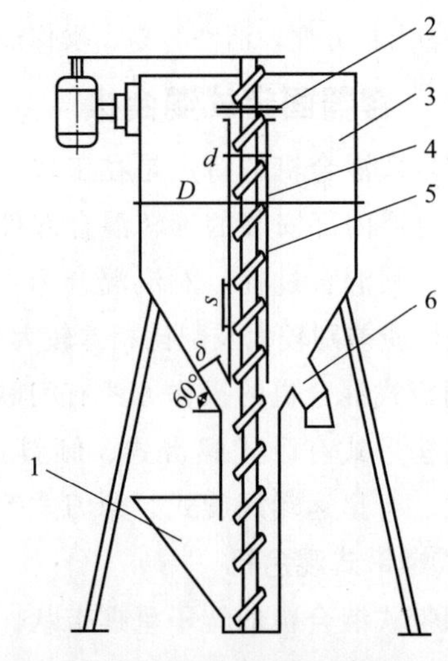

图 6-27　立式螺旋式混合机

1. 进料斗；2. 甩料板；3. 料筒；4. 内套筒；5. 垂直螺旋输送带；6. 出料口

（引自：马海乐．食品机械与设备．2 版．2011.）

4. 行星运动螺旋式混合机

行星运动螺旋式混合机由圆锥形筒体、与锥体平行安置的混合螺旋、电动机、减速装置、摇臂等构成（图 6-28）。筒体锥角通常为 34°～40°。工作时，摇臂带动螺旋杆在自转的同时绕着中心轴线公转。物料在螺旋杆的带动下做上下运动的同时，也在绕着中心轴线周向缓慢运动，还在离心力的作用下向螺杆周围甩出。在这三种复合运动作用下，物料在锥筒内对流、剪切、扩散混合，其中以扩散混合为主。

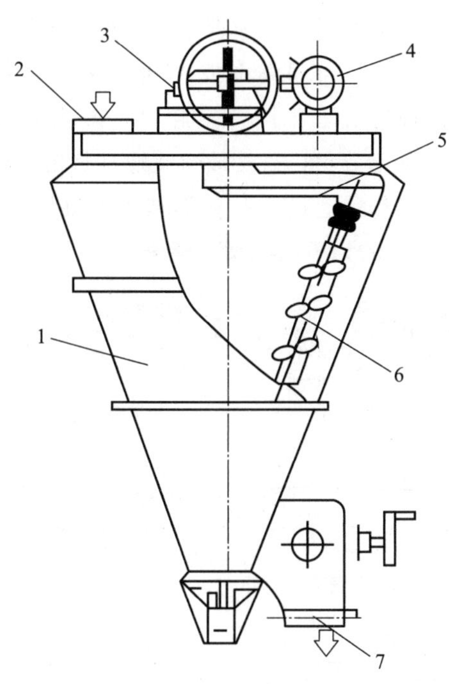

图 6-28　行星运动螺旋式混合机

1. 筒体；2. 进料口；3. 减速装置；4. 电动机；5. 摇臂；6. 混合螺旋；7. 出料口

（引自：许学勤. 食品工厂机械与设备. 2016.）

行星运动螺旋式混合机的混合速度快、混合效果好。它适用于高流动性粉料及黏滞性粉料的混合，但不适用于易破碎物料的混合。这是因为螺旋搅拌器与容器内壁间隙很小，容易磨碎粉料。行星运动螺旋式混合机在食品工业中广泛应用于专用面粉，如营养自发面、多维粉等粉料的混合。

5. 犁刀式混合机

犁刀式混合设备主要由筒体、犁刀、飞刀、减速机等构成（图 6-29）。

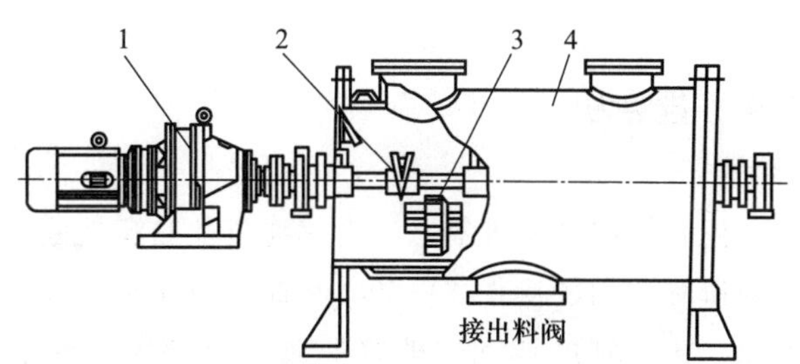

图 6-29　犁刀式混合机

1. 减速机；2. 犁刀；3. 飞刀；4. 混合室

（引自：马海乐. 食品机械与设备. 2 版. 2011.）

犁刀式混合设备混合室为圆筒形，主轴上安装有若干犁刀，容器径向上安装有若干飞刀。工作时，飞刀在电动机的直接驱动下高速旋转，犁刀在主轴的带动下，转速相对较慢。筒体内的物料在犁刀的带动下，向上抛起并向各个方向飞散；同时，高速转动的飞刀将物料剪碎、飞散。犁刀和飞刀同时作用使得物料的运动轨迹纵横交错、互相撞击，产生强烈的涡流，在极短的时间内就能混合均匀。物料在犁刀式混合设备中的运动轨迹如图 6-30 所示。

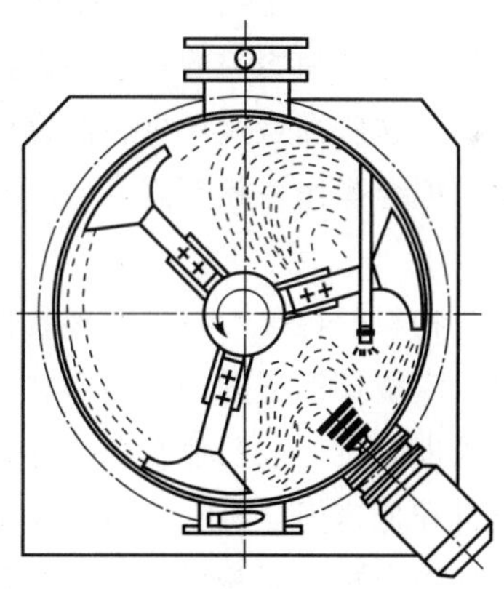

图 6-30　物料的运动轨迹

（引自：马海乐. 食品机械与设备. 2 版. 2011.）

犁刀式混合设备适用的物料粒径为 32～840 μm。在一般情况下，物料组分配比为 1∶10 000 能获得均匀混合。犁刀式混合设备能适应组分之间粒径、密度差异较大的物料，且混合时间很短，一般只需数十秒到数分钟即能得到良好的混合物。

犁刀式混合设备除用作干料混合外，在混合设备内增设液体喷嘴，还可用作添加液体的混合和湿造粒。

6.4 捏合机

捏合是将高黏度糊状、膏状物料及黏滞性固体物料调和均匀的操作。例如，在面粉中加水捏合成面团、蛋糕糊的调和、糖浆的调和等都属于捏合操作。

6.4.1 捏合机的概述

1. 捏合机的工作原理

捏合操作的物料黏度都很大，因此，不能利用对流扩散或分子扩散来使物料混合均匀，而是应通过桨叶移动产生的剪切力，将物料拉扯撕裂，同时向临近物料挤压，如此反复，经过长时间的强制混合，可得到混合均匀的合格产品。

捏合操作具有如下特点：①由于物料黏度较大，捏合操作较为困难，操作时间长；②捏合操作能量消耗较高；③桨叶转速低，桨叶与容器壁间隙小；④热量传递困难。

2. 捏合机分类

捏合操作所处理的都是流动性差的黏滞性物料，要求得到的是调和均匀的可塑性固体或高黏度浆体和胶状物，这些都是搅拌机和混合机等无法完成的。因此，捏合操作一般都需要专门的捏合设备完成。

由于捏合物料的特殊性，绝大多数捏合机都是容器固定型、间歇操作型的。按照形状，分为立式捏合机和卧式捏合机；按照捏合机搅拌桨转速，分为高速捏合机和低速捏合机。食品工业中典型的捏合设备有双臂捏合机、调粉机和打蛋机等。

6.4.2 双臂式捏合机

双臂式捏合机是由一对相互配合旋转的转子所产生强烈剪切作用而使可塑性物料分散和混合均匀的设备。在食品工业中广泛应用于面包及饼干制造业中面粉、糖粉和乳粉等的调和操作；在巧克力制造业中，可用于揉捏和混合可可液、糖粉、奶粉等。

双臂式捏合机（图 6-31）主要由机座部分、转子、捏合室、驱动装置等组成。双臂式捏合机用于捏合操作的转子通常呈 Z 形，所以常被称为 Z 形捏合机。

图 6-31 双臂式捏合机

（引自：许学勤. 食品工厂机械与设备. 2016.）

根据工艺的需要，捏合室有带顶盖或不带顶盖两种，捏合室底部呈鞍形或 W 形，若有传热的要求，可以设置夹套。混合室卸料一般为倾斜式出料，也有下部放料口直接放料或螺杆挤出放料。

捏合操作是通过一对 Z 形转子的旋转进行的，图 6-32 所示的为不同类型的转子。

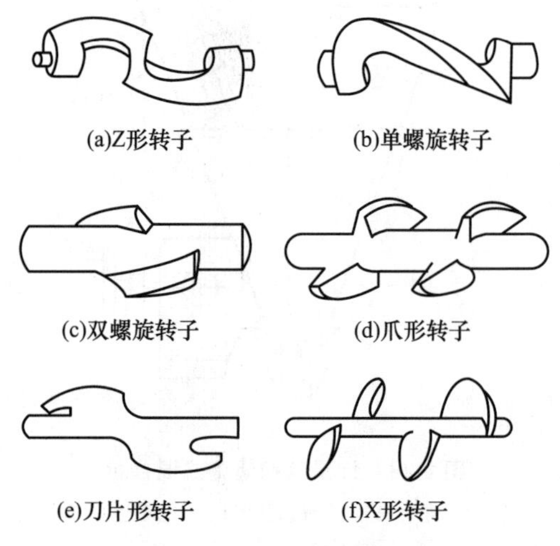

图 6-32 捏合机转子形式

（引自：许学勤. 食品工厂机械与设备. 2016.）

转子的安装形式有相切式和相交（相叠）式两种，图 6-33 所示的为转子的安装形式。切向安装时，两个转子可以同向或反向旋转。两个转子的转速比通常为 1.5∶1、2∶1 和 3∶1。当两个转子旋转时，外缘的运动路径是切线的，材料在两个转子的切线处受强剪切作用，特别是当转子在同方向旋转或转速比较大时。同时，揉捏机的搅拌作用也发生在转子外缘与搅拌室壁之间的切向区。因此，切向安装适用于初始状态为片状、条状或块状物料的混合。

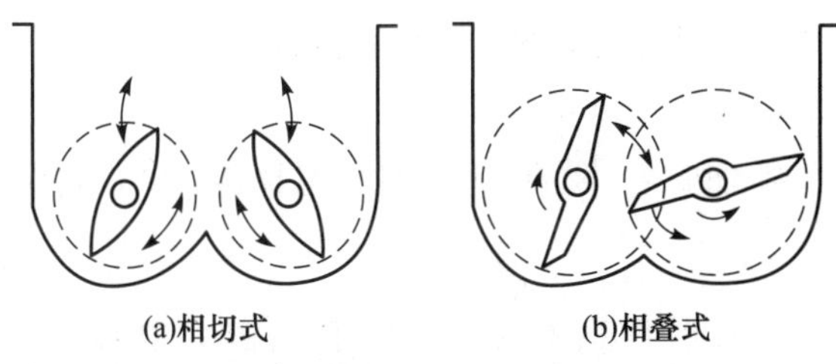

图 6-33 转子安装形式

（引自：许学勤. 食品工厂机械与设备. 2016.）

当两个转子相交安装时，两个转子只能朝相反方向旋转，外部运动轨道线相交。为了避免碰撞，两者的速度比只能是 1∶2 和 1∶1。转子外缘与混合室壁间的间隙约为 1 mm。在这样一个狭窄的间隙中，材料受到强烈的剪切和挤压作用，可以增加混合效应，同时也可以有效地去除混合室壁上的物料。因此，Z 形捏合机特别适用于粉状、糊状或黏稠物料的混合。

Z 形捏合机的混合性能不仅取决于转子的安装形式，也受转子的结构形式影响。针对不同的工艺要求，除了 Z 形转子以外，还出现了许多特殊形式的转子（图 6-32），极大地改进了捏合机的混合能力。

6.4.3 调粉机

调粉机又称为和面机，它是以调和黏滞性半固体物料为主的搅拌设备，在食品工业中广泛应用于面包、糕点、饼干等面制品的生产。调粉机可调制的面团种类大体上可分为液体状面浆、韧性面团、酥性面团及水面团等。

1. 调粉机的工作原理

调粉机的结构和工作原理与双臂式捏合机类似，通过内部的搅拌器（可以是一个、两个或者多个）的转动，物料在搅拌器之间或搅拌器与混合室器壁之间受到剪切力而被拉扯撕裂，反复揉压，最终得到工艺要求的产品。由于被调和物料的黏度较大，调粉机各部件的结构强度较高，搅拌器的工作转速较低，一般在 25～80 r/min。物料黏度越大，搅拌器的直径越大，转速越低。

调制面粉时，须先将面粉、水和其他配料在一定温度下混合加入混合室中。在电机的带动下，搅拌器缓慢转动，使干面粉颗粒均匀地与水结合，首先形成不规则的小团粒，进而小团粒黏结，逐渐形成一些零散的大团块。随着调和过程的不断进行，团块扩展揉捏形成整体面团。由于搅拌器对面团进行剪切、折叠、压延、拉伸和揉和等作用，调制出的面团具有一定的弹性、韧性及延伸性，最终达到工艺要求。

2. 调粉机的结构和分类

调粉机主要由机座、混合室、搅拌器等组成。根据搅拌轴的数量，可以将调粉机分为单轴式和双轴式，目前常用的调粉机多为单轴式。根据搅拌轴的安装形式可分为卧式（图 6-34）和立式（图 6-35）。

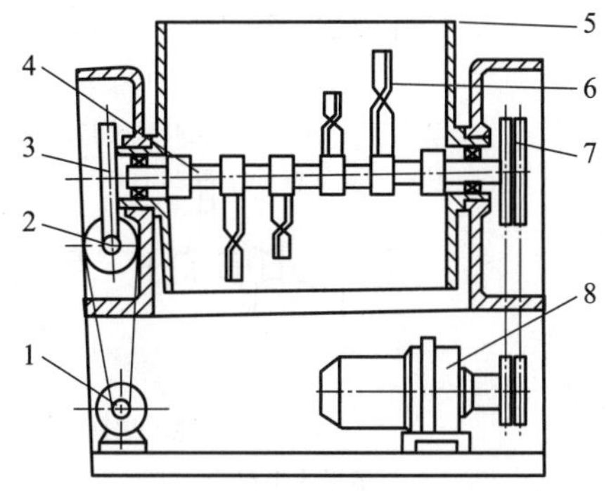

图 6-34 卧式调粉机

1，8. 电机；2. 蜗杆；3. 涡轮；4. 主轴；5. 筒体；6. 桨叶；7. 链轮

（引自：许学勤. 食品工厂机械与设备. 2016.）

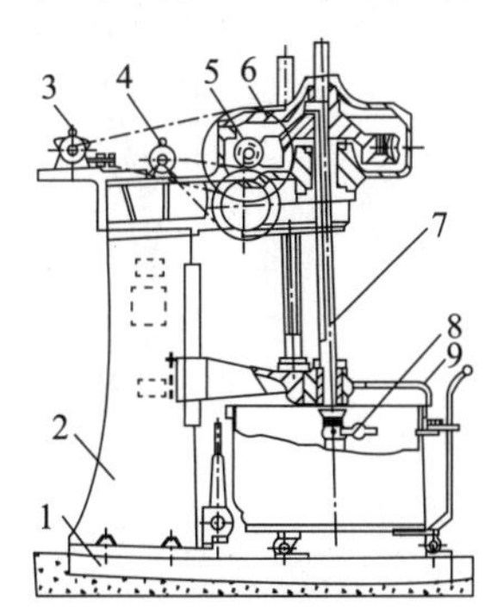

图 6-35 立式调粉机

1. 底盘；2. 机架；3，4. 电动机；5. 蜗杆；6. 涡轮；7. 主轴；8. 桨叶；9. 缸体

（引自：马海乐. 食品机械与设备. 2 版. 2011.）

卧式调粉机的搅拌器轴处于水平位置。其结构简单，卸料、清洗、维修方便，可与其他设备完成连续生产，但占地面积较大。卧式调粉机生产能力（一次调粉容量）范围大，通常在 25～400 kg/次。它是目前国内食品加工厂中应用最广泛的一种和面设备。

立式调粉机的搅拌轴沿垂直方向布置，搅拌器垂直或倾斜安装，其传动装置较简单。有些设备的混合室同样做回转运动，并设置翻转或移动卸料装置。立式调粉机结构简单，制造成本不高，但卸料、清洗不如卧式调粉机方便。直立轴封若长期工作会导致润滑剂泄漏，造成食品污染，因此，须在转轴处设置轴封。

调粉机最主要的工作部件是搅拌器，卧式调粉机的搅拌器有 $\sum$ 形、Z 形、桨叶式、滚笼式等，立式调粉机的搅拌器有桨叶式、扭环式、象鼻式等。表 6-3 所示的为常用搅拌器的形状示意图和工艺性能。

表 6-3　常用搅拌器的形状示意图和工艺性能

适用设备	搅拌器类型	工艺性能
卧式调粉机	$\sum$形搅拌器　Z形搅拌器 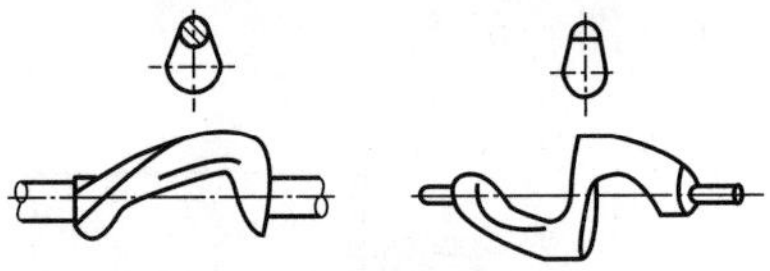	适用于高黏度物料的调制；$\sum$ 形桨调制作用好，卸料和清洗方便；Z 形桨调和能力比 $\sum$ 形桨低，但压缩剪力高
	桨叶式搅拌器 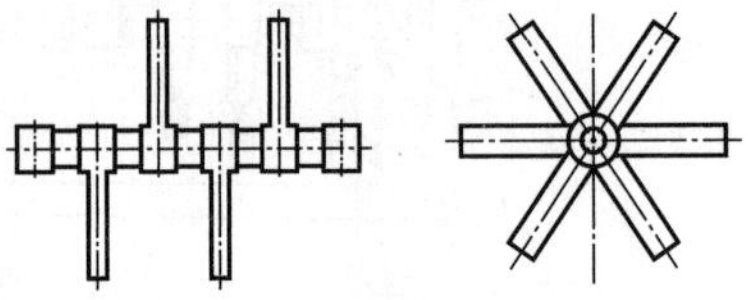	对物料的剪切作用强，拉伸作用弱；对面筋的形成有一定破坏作用，适用于揉制酥性面团；投料或操作不当，易造成抱轴及搅拌不均现象
	滚笼式搅拌器 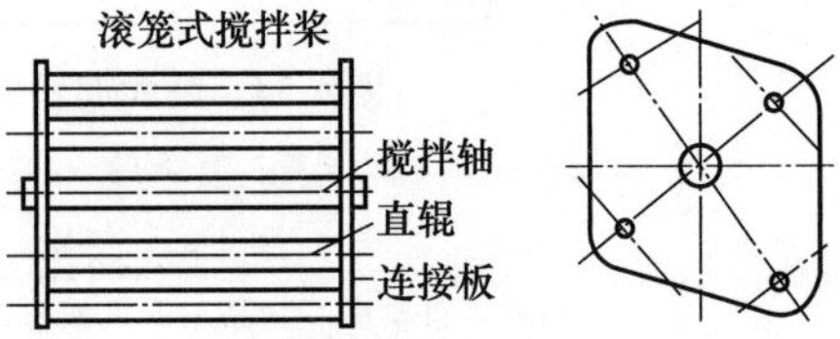 滚笼式搅拌桨 搅拌轴 直辊 连接板	适用于调和水面团、韧性面团等经过发酵或不发酵的面团
立式调粉机	扭环式搅拌器 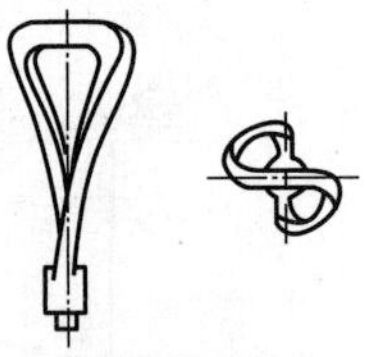	适用于调制韧性面团
	螺旋带式搅拌器 	适用于小型设备调制韧性面团

6.4.4　打蛋机

打蛋机是食品加工中常用的搅拌调和装置，用来搅打黏稠浆体，如糖浆、面浆、蛋液、乳酪等，兼用于和面、搅拌馅料等，用途较为广泛。

1. 打蛋机的结构

打蛋机由搅拌器、锅体、机座等部件构成（图 6-36）。

打蛋机锅体为无盖圆筒形，锅底为半球形。锅体可以在机座上升降，以便装卸物料。常见的搅拌器有三种：筐形、拍形和钩形（图 6-37）。工作时，应根据物料的性质和工艺要求选择适合的搅拌器。

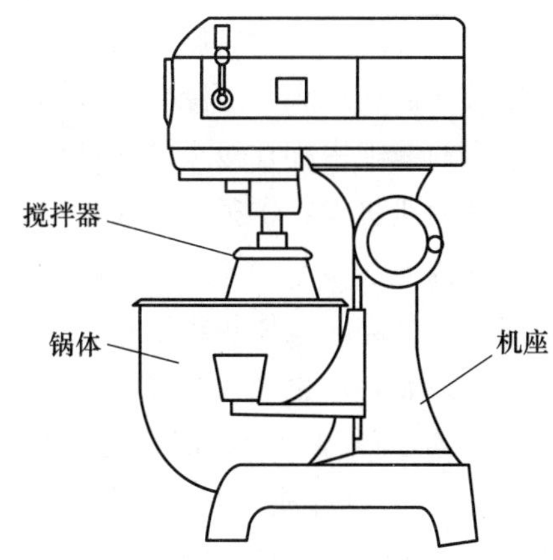

图 6-36 打蛋机结构示意图

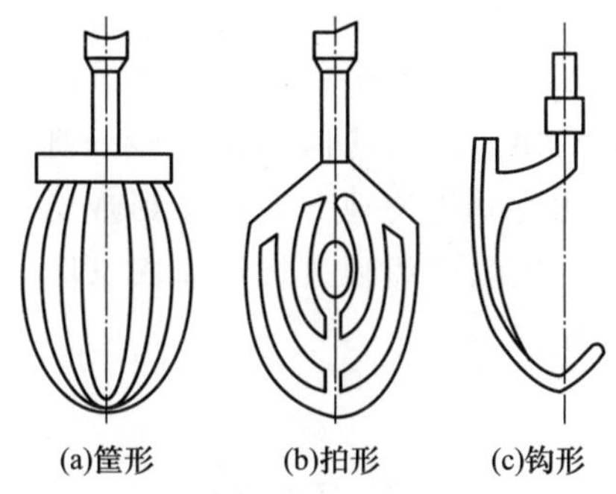

图 6-37 打蛋机搅拌器形式

（引自：马海乐．食品机械与设备．2版．2011.）

2. 打蛋机的工作原理

打蛋机工作时，搅拌器在自转的同时，也在锅体内沿着螺旋轨迹做圆周运动，使得搅拌作用可以遍及锅内全部物料（图 6-38）。搅拌器高速旋转，强制搅打，使被调和物料间充分接触并剧烈摩擦，实现混合、乳化、充气及排出部分水分的作用，从而满足食品加工工艺中对物料的特殊要求。

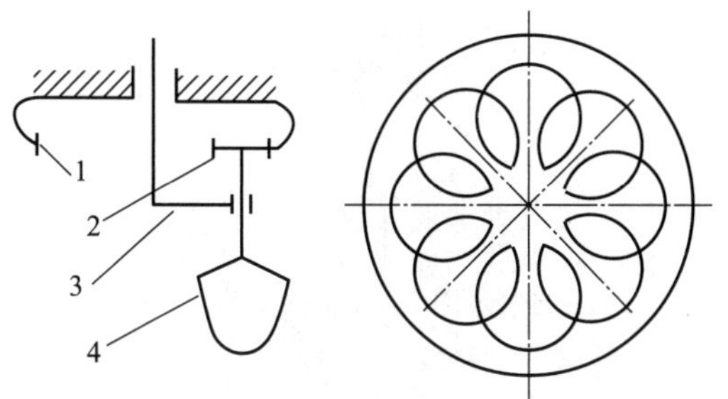

图 6-38 搅拌器的传动示意图和运动轨迹

1. 内齿轮；2. 行星齿轮；3. 转臂；4. 搅拌器

（引自：马海乐．食品机械与设备．2版．2011.）

打蛋机在食品生产中的主要加工对象是黏稠性浆体，如生产软糖、半软糖的糖浆，生产蛋糕、饼干的面浆以及花式糕点上的装饰乳酪等。在生产砂型奶糖时，通过搅拌蔗糖分子可形成微小结晶体，此时的搅拌操作俗称“打砂”；在生产充气糖果时，将浸泡的干蛋白、蛋白发泡粉、明胶溶液及浓糖浆等混合搅拌后，可得到洁白、多孔性的充气糖浆。

6.5 均质机

均质是一种使液体分散体系（悬浮液或乳化液）中的分散物（构成分散相的固体颗粒或液滴）微粒化、均匀化的处理过程，其目的是降低分散物的尺寸，提高分散物分布的均匀性。包括乳、饮料在内的绝大多数的液态食品的悬浮（或沉降）稳定性都可以通过均质处理加以提高，从而改善此类食品的感官品质。

常用的均质机有高压均质机、离心式均质机和胶体磨等。它们的结构和原理都不相同。

6.5.1 高压均质机

高压均质机以高压往复泵为动力传递及物料输送机构，将物料输送至工作阀（一级均质阀及二级乳化阀）部分，物料在高压下产生强烈的剪切、撞击和空穴作用，从而使液态物质或以液体为载体的固体颗粒得到超微细化的设备。

1. 高压均质机的结构

在食品工业中，广泛使用的高压均质机是以三柱塞往复泵为主体，在泵的排出管路上安装双级均质阀头，因此，高压均质机也被称为高压均质泵（图 6-39）。

（1）高压柱塞泵　在食品工业中，高压均质机常以三柱塞往复泵为主体。三柱塞往复泵的结构和工作原理与本书第 2 章所述一致。值得一提的是，在小型高压均质机中也有采用单柱塞泵作为高压流量输出的。为了获得更为稳定的流量，也有采用多达六七个柱塞的高压柱塞泵的。

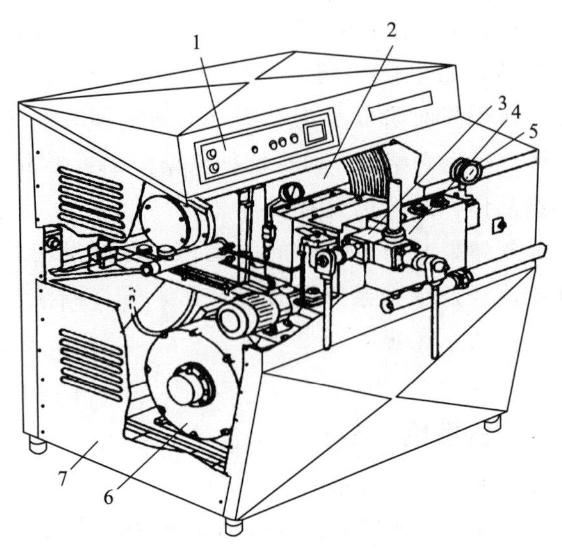

图 6-39 高压均质机结构示意图

1. 控制面板；2. 传动机构；3. 均质阀；4. 气缸组；5. 压力表；6. 电动机；7. 机壳

（引自：马海乐. 食品机械与设备. 2 版. 2011.）

（2）均质阀 是与高压柱塞泵相连，是对料液产生均质作用的部件。均质阀是由阀座、阀芯、均质环组成的（图 6-40）。由于均质阀承受较高的压力和冲击力，对阀座和阀芯的磨损相当严重，一般多采用含钨、铬、钴等元素的耐磨合金钢，并经过精细的研磨加工制造，属于较贵重的零部件。为了得到分散相稳定的悬浮液，在现代工业中多采用双级均质阀，它是由两个单级均质阀串联而成的。

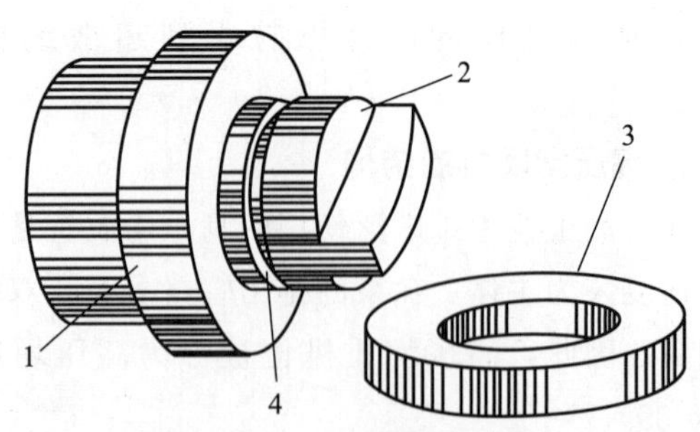

图 6-40 高压均质阀

1. 阀座；2. 阀芯；3. 均质环；4. 阀芯与阀座之间的缝隙

（引自：许学勤. 食品工厂机械与设备. 2016.）

2. 高压均质机的工作原理

在停机状态下，阀芯和阀座在弹簧力的作用下紧密结合在一起。物料在高压柱塞泵中加压后，进入均质阀中，当压力足够大时，物料克服弹簧拉力，顶开阀芯，进入阀芯与阀座之间的缝隙中。在缝隙中心处液滴流速最大，缝隙壁面液滴流速趋向于零，在狭窄的缝隙中存在极大的速度差。高压均质机存在三种均质机理：①很大的速度梯度引起的剪切力使得液滴发生变形并破裂，达到均质效果；②料液高速流出缝隙时，体积迅速膨胀，在瞬间有空穴的产生与破裂，产生很大的冲击波，造成液滴的破裂，达到均质效果；③料液高速流出缝隙，高速撞击在均质环上，同样使得液滴破裂，达到均质效果。一级均质阀的工作原理如图 6-41 所示。

在以上三种机理的共同作用下，使得乳滴破裂成更小直径的乳滴。这些小乳滴尚未得到乳化物质的完全覆盖，仍有相互合并成大乳滴的可能，因此，需要经第二道均质阀的进一步处理，才能使大分子乳化物质均匀地分布在新形成的两液相的界面上。一级均质阀和二级均质阀（图 6-42）一般串联操作。

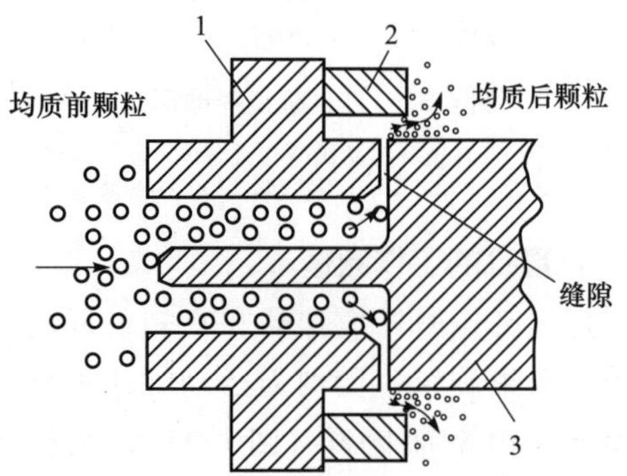

图 6-41 一级均质阀工作原理

1. 阀座；2. 均质环；3. 阀芯

（引自：许学勤. 食品工厂机械与设备. 2016.）

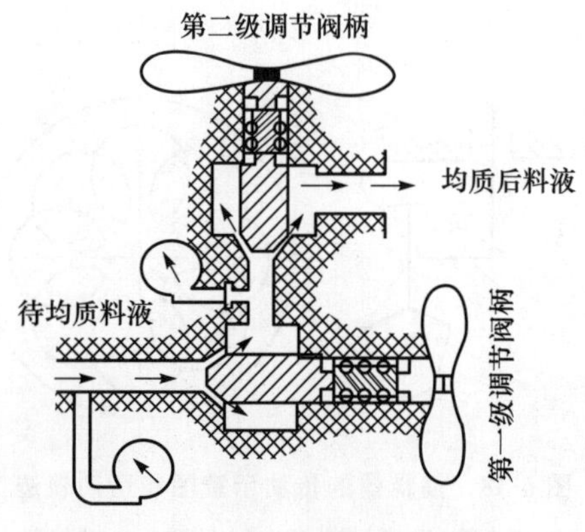

图 6-42 二级均质阀工作原理

（引自：许学勤. 食品工厂机械与设备. 2016.）

3. 高压均质机的特点

高压均质机工作压力高，均质阀结构精密，因而在生产中具有如下特点：①细化作用强烈；②物料的发热量较小；③能定量输送物料；④均质机耗能较大；⑤维护工作量较大，特别是在压力很高的情况下；⑥高压均质机不适用于黏度很高的物料。

6.5.2　离心式均质机

1. 离心式均质机的结构

离心式均质机的外形与卧式离心机较为相似，主要由转鼓、带齿圆盘等组成（图 6-43）。

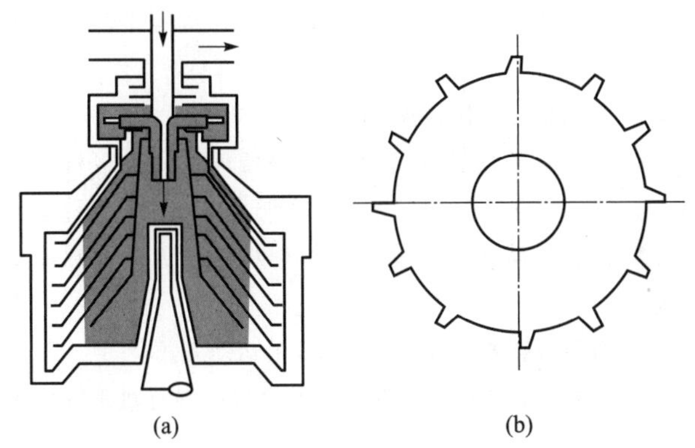

图 6-43　离心式均质机的转鼓和带齿圆盘

（引自：许学勤．食品工厂机械与设备．2016.）

（1）转鼓　由转轴与碟片组成，转轴上装有数十层锥形碟片，可使液体物料在碟片间形成薄层流动。由于碟片的作用，可增加沉降面积，从而大大增强分离效率和生产能力。

（2）带齿圆盘　处于上方工作室内，与转鼓一起回转。带齿圆盘边缘上均匀分布有突出的尖齿，一般为 12 个。齿的前端边缘呈流线型，后端边缘则削平。改变带齿圆盘的直径和齿数，可得到物料不同的破碎度。

2. 离心式均质机的工作原理

离心式均质机是一种兼具分离和均质功能的均质设备，常用于乳制品的加工，可实现半连续生产。

离心式均质机中转鼓在电机的带动下高速旋转，物料流至转鼓后受到强烈的离心作用，不同密度的组分便被分离。密度最大的杂质等被甩向容器壁，密度中等的料液从上方管道排出，密度最小的脂肪类被导入上室内。上室内有一个带尖齿的圆盘恒速旋转，与低密度物料发生激烈的相对运动并产生空穴作用，将液滴打碎，从而达到均质的目的。经均质后的料液又回到转鼓碟片上，一边循环一边均质，均质后的物料由出口排出。

3. 离心式均质机的特点

离心式均质机的特点：① 兼具均质和分离功能，节约投资；② 均质程度一致；③ 转鼓转速高，对材质的要求高，耗能大。

6.5.3　胶体磨

1. 胶体磨的结构

胶体磨是一种磨制胶体或近似胶体物料的超微粒乳化、均质机械。胶体磨有卧式和立式两种。卧式的结构特点是传动件的轴水平安置，适用于均质低黏度的物料。对于黏度较高的物料，可以采用立式胶体磨均质机。胶体磨的结构比较简单，不论是立式还是卧式，均由定盘和动盘、进料口、出料口、固定件、紧固装置等构成（图 6-44、图 6-45）。

2. 胶体磨的工作原理

胶体磨均质部件由一固定的表面（定盘）和一高速旋转的表面（动盘）所组成。两表面间有可调节的微小间隙，当物料通过间隙时，由于动盘的高速旋转，附于旋转面上的物料速度最大，而附于固定面上的物料速度为零，其间产生极大的速度梯度，从而物料受到强烈的剪切力和湍动搅动，使物料乳化、均质。

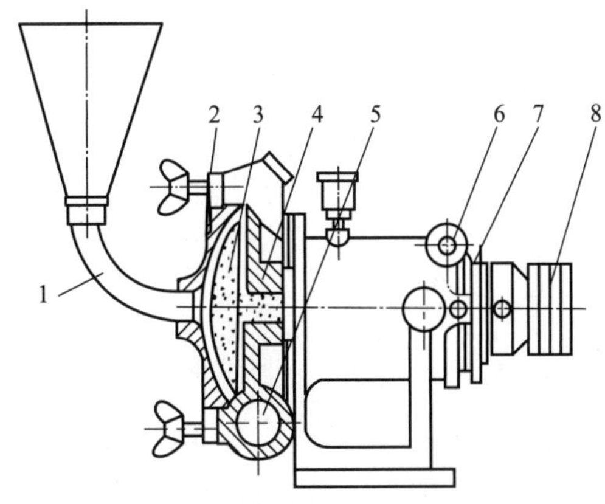

图 6-44　卧式胶体磨结构

1. 进料口；2. 工作面；3. 定盘；4. 固定件；5. 卸料口；6. 紧固装置；7. 调整环；8. 皮带轮

（引自：许学勤．食品工厂机械与设备．2016.）

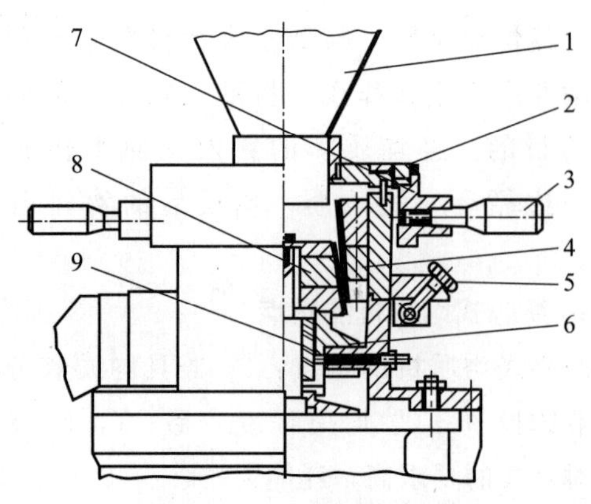

图 6-45　立式胶体磨结构

1. 进料口；2. 固定件；3. 调节手柄；4. 定盘；5. 紧固装置；6. 离心盘；7. 调节环；8. 动盘；9. 机械密封

（引自：许学勤. 食品工厂机械与设备. 2016.）

3. 胶体磨的特点

胶体磨结构简单，设备保养维护方便，能适用于较高黏度物料以及含有较大颗粒的物料。主要缺点也是由其结构决定的，具体如下：①其流量是不恒定的，对应于不同黏度的物料，其流量变化很大。例如，在处理黏稠的漆类物料和稀薄的乳类流体时，流量可相差 10 倍以上。②工作面和物料间高速摩擦，易产生较大的热量，使被处理物料变性，影响产品质量。③工作盘表面较易磨损。胶体磨的细化效果一般来说要弱于高压均质机，但其对物料的适应能力较强（如高黏度、大颗粒等），因此，在很多情况下，它主要用于均质机的前处理或用于高黏度原料的均质。另外，当物料中固态物质较多时，也常常使用胶体磨进行细化。

思考题

1. 试分析你经常购买的包装食品在生产过程中可能会用到哪种混合工艺和混合机械与设备？

2. 简述液体搅拌混合机理。

3. 除了本书所讲内容，还有哪些措施可以提高搅拌机的搅拌效率？

4. 试着设计一种搅拌器，并说明其结构原理和适用对象。

5. 如何估计搅拌器所需的功率？

6. 简述容器回转式混合机和容器固定式混合机的优缺点。

7. 分析倾斜式螺带混合机中物料的受力情况和运动轨迹。

8. 分析双臂式捏合机两个转子的运动方式。

9. 分析双臂式捏合机和卧式调粉机的混合机理和适用对象。

10. 试对比分析高压均质机、离心式均质机和胶体磨的特点和适用对象。

第7章 热处理机械与设备

【本章知识点】

食品工业普遍涉及不同形式的热处理。典型的设备包括夹层锅、热烫设备、油炸设备、螺旋挤压机、远红外加热设备、微波加热设备等。

夹层锅可用于调味料的配制、熬煮、浓缩，也可用于物料的热烫、预煮，是食品工厂常用的一种蒸发设备。

热烫设备主要用于果蔬加工，热介质为热水或蒸汽，输送装置主要有螺旋式和带式两种。先进的热烫设备可同时完成热烫与冷却操作，并且多采用余热回收工艺。

工业用的油炸设备可以分为间歇式和连续式两种。油炸设备可用电加热，也可用燃料直接加热，还可采用导热油方式加热。油炸设备油锅中炸渣的去除可以采用油水混合工艺，也可以采用热油循环过滤除渣工艺。连续式油炸锅的性能与油槽结构有较大的关系。

螺杆挤压机融破碎、捏合、混炼、熟化、杀菌、干燥和成型等功能于一体，可用于生产膨化、组织化或其他成型产品。螺杆挤压机可按不同方式分为单螺杆型、双螺杆型、高剪切型、自热型和外热型等。不同的应用目的，选用螺杆挤压机的类型也不同。

远红外加热设备是辐射型加热设备。其结构有箱式和隧道式两种，相应的操作形式分为间歇式和连续式两种。各种远红外加热设备的关键部件均为远红外发热元件。

微波加热设备利用微波能对食品加热。按其操作和结构形式，可分为间歇加热的箱式和连续加热的隧道式两种。用于加热的微波频率分别为 915 MHz 和 2 450 MHz。微波加热设备必须具有防止微波外泄的安全设计。

在食品加工过程中，物料进行加热或冷却处理（即热交换）是一项普遍而重要的单元操作。进行热交换的物料从原料到包装半成品均有涉及。

与其他物料一样，食品物料主要有三种传热方式：热传导、热对流和热辐射。

热传导是介质内无宏观运动时的传热现象，其在固体、液体和气体中均可发生。但严格来说，只有在固体中才是纯粹的热传导；流体即使处于静止状态，其中由温度梯度所造成的密度差会产生自然对流。因此，在流体中，热对流与热传导同时发生。

热对流又称为对流传热，指流体中质点发生相对位移而引起的热量传递过程。

热辐射是物体由于具有温度而辐射电磁波的现象。一切温度高于绝对零度的物体都能产生热辐射，温度越高，辐射出的总能量就愈大，短波成分也越多。热辐射的光谱是连续的，波长覆盖范围理论上可从 0 直至∞，一般的热辐射主要靠波长较长的可见光和红外线传播。电磁波的传播不需要任何介质，因此，热辐射是在真空中唯一的传热方式。

热处理常用于食品物料的杀菌、冷却、干燥、浓缩、冷冻等。通过热处理可灭活食品中部分微生物，灭活食品原料的多种酶类，灭活微生物产生的毒素等，可延长食品的保质期，令食品更加鲜嫩可口等。

食品物料状态有液体、固体两大类。对它们加热或冷却可在通用或专用热交换设备中进行，例如，对于液体物料可用各种间接式或直接式热交换器，对于未包装固体物料，一般可采用专用热处理设备，如挤压机、油炸机、热烫机等。各种食品热处理机械与设备及其换热形式见表 7-1。

表 7-1　食品热处理机械与设备类型

物料状态	设备类型	换热形式
固体	油炸设备、热烫处理设备	直接式
	螺旋挤压机、微波加热器、红外线加热器	其他
流体	蒸汽喷射式加热器、蒸汽注入式加热器、混合冷凝器等	直接式
	蛇管、列管、套管、翅片管、板式、刮板式、夹层式、螺旋板式热交换器等	间接式

表 7-1 中，流体类型热交换器在浓缩、干燥、杀菌和冷冻等单元操作中有着广泛应用。这些单元操作在本书其他小节中有专门介绍。

7.1　预煮机械与设备

在食品加工中，许多清洗过的果蔬原料，往往必须及时进行热处理。所谓热处理，就是用热水或蒸汽对果蔬物料进行短时加热并及时冷却。一些中式熟肉制品，在调味烧煮前，也往往需要用热水进行加热，以去除血沫。这些处理常称为预煮、热烫、烫漂或漂烫等。

以上热处理操作的设备有间歇式和连续式两类。在间歇式热处理设备中，使用最为普遍的是夹层锅。连续式热处理设备有多种类型，各类型间的主要区别在于加热介质、输送方式和是否带冷却操作段等方面。

7.1.1　夹层锅

夹层锅又称为二重锅、双重釜等。它可用于调味料的配制、熬煮、浓缩，也可用于物料的热烫、预煮，是食品工厂常用的一种蒸发设备。

夹层锅锅体通常为半球形结构，上部加有直线段。按其深度分为浅型、半深型和深型；按操作分为固定式和可倾斜式。每种类型的夹层锅均有大小不同的规格。

固定式夹层锅（图 7-1）锅体为一个半球形与圆柱形壳体焊接而成的夹层容器，夹层外分别设有进气管、不凝气排出管和冷凝水排放管接口。在锅底正中位置设有一个排料接管。

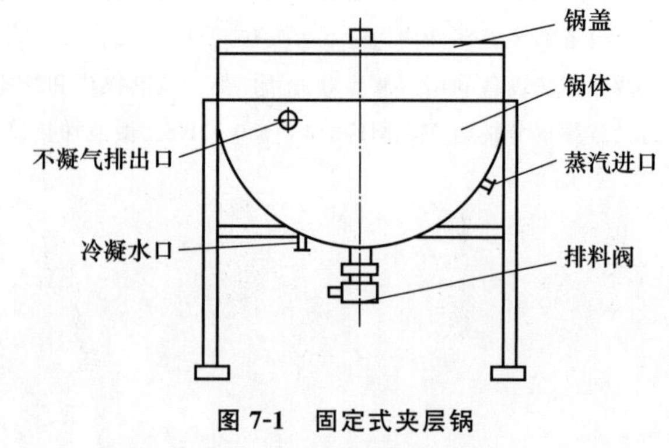

图 7-1　固定式夹层锅

（引自：高海燕. 食品加工机械与设备. 2008.）

最常见的为半球形壳体上加一段圆柱形壳体的可倾斜式夹层锅（图 7-2），主要由锅体、填料盒、冷凝水排水管、进气管、压力表和倾覆装置等组成。全部锅体用轴颈直接连接在支架两边的轴承上，轴颈是空心的，蒸汽管从这里伸入夹层中，周围用填料密封。锅体由球形壳体内外两层组成。其内层材料是 3 mm 厚的不锈钢板，外层材料是 5 mm 厚的普通钢板，由内外壁板焊接而成。由于夹层是加热室，要承受 400 Pa 的压力，其焊缝应有足够的强度，操作时先将物料倒入锅内，往夹层里通入蒸汽，通过锅体内壁进行热交换，用以加热物料。加热结束后，转动手轮，通过驱动涡轮将锅体倾斜（倾斜角度可在 0°～90°的范围内任意改变），即可倒出物料。可倾斜式夹层锅因此得名。

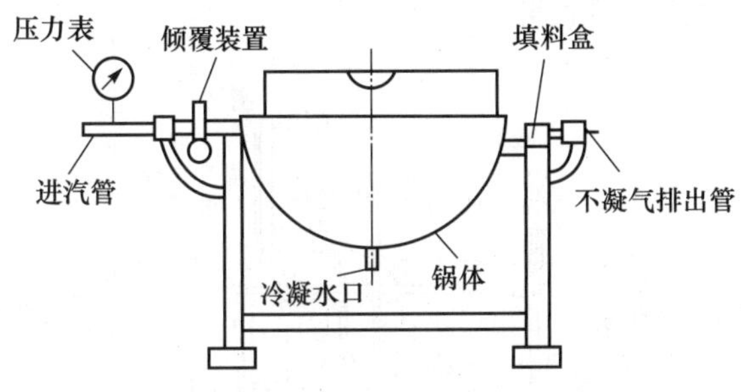

图 7-2　可倾斜式夹层锅

（引自：高海燕. 食品加工机械与设备. 2008.）

不论是固定式夹层锅还是可倾斜式夹层锅，当锅体容积较大（大于 500 L）或用于热处理黏稠物料时，宜配置搅拌装置，搅拌桨可视应用需要取锚式或桨式，转速范围在 10～20 r/min。

带搅拌的夹层锅（图 7-3、图 7-4），当夹层锅用来加热黏稠性物料时，为防止粘锅和加强热交换，可在夹层锅上方安装搅拌器。一般搅拌器的叶片为桨式或与锅底弧形相同的锚式，转速一般为 10～20 r/min。

图 7-3　带搅拌器的夹层锅

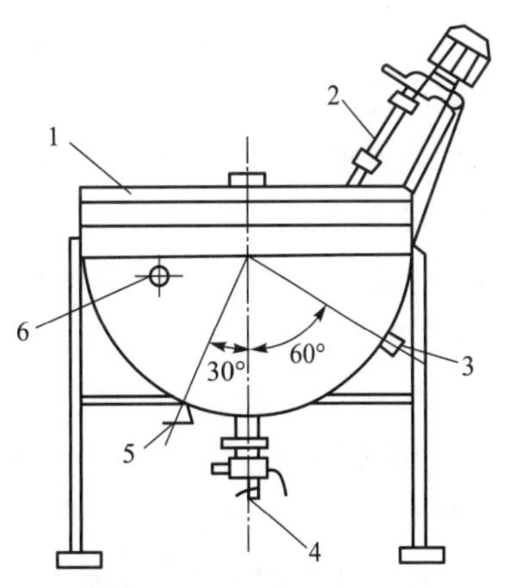

图 7-4　带有搅拌器的夹层锅

1. 锅盖；2. 搅拌器；3. 蒸汽出口；4. 物料出口；5. 冷凝液出口；6. 不凝气排出口

（引自：高海燕. 食品加工机械与设备. 2008.）

夹层锅的优点是结构和操作简单，适用于多品种处理等；其缺点是生产能力有限，操作劳动强度较大。另外，夹层锅操作区常会出现大量水汽。因此，需要注意应有适当的排气通风措施。

夹层锅在食品加工业中仍占据重要地位，广泛用于各种物料的漂烫处理。此外，也适用于调味品配制、溶化糖及一些肉类制品熬煮等操作。

7.1.2　连续式热烫设备

连续式热烫设备可以分为三类。

① 连续预煮机：物料浸在热水中进行处理的设备。

② 蒸汽热烫设备：利用蒸汽直接对物料进行处理的设备。

③ 喷淋式热烫设备：利用热水对物料进行喷淋处理的设备。

本质上，这三类设备对物料的预处理目的是相同的，只不过所用的加热介质状态或处理方式不同。

1. 连续预煮机

预煮也称为烫漂，通常指利用接近沸点的热水对果蔬进行短时间加热的操作，是果蔬保藏加工（如罐藏、冷冻、脱水加工）中的一项重要操作工序。预煮的主要目的是钝化酶或软化组织。处理的时间与物料的大小和热穿透性有关，例如，豌豆只需要加热 1～2 min，而整玉米需要加热 11 min。

预煮可以在上面所介绍的夹层锅内进行，但大批量生产时多用连续式预煮设备。根据物料运送方式不同，连续式预煮设备可以分为链带式和螺旋式两种。链带式预煮机又可根据物料需要，加装刮板或多孔板料斗，其中以刮板式连续预煮机较为常用。

1）刮板式连续预煮机

刮板式连续预煮机主要由煮槽、蒸汽吹泡管、链带和调速电机等组成（图 7-5）。副板上开有小孔，以降低移动阻力。水平和倾斜的链带的行进轨迹由压轮规定。水平段内压轮和刮板均淹没于贮槽热水面以下。蒸汽吹泡管管壁开有小孔，进料端喷孔较密，出料端喷孔较稀，目的在于使进料迅速升温至预煮温度。为避免蒸汽直接冲击物料，一般将孔开在管子的两侧，且这种开孔方式有利于水温趋于均匀。

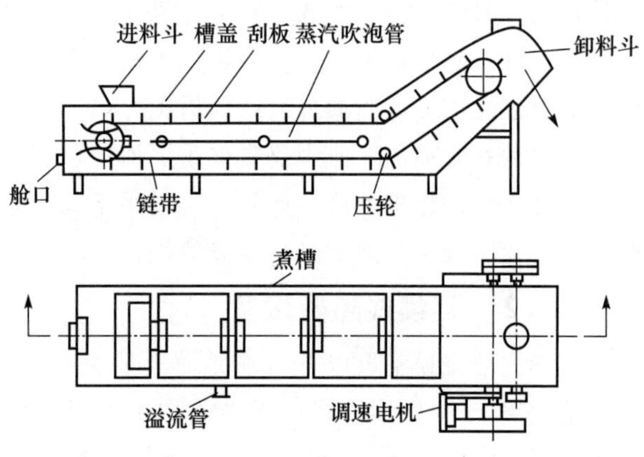

图 7-5　刮板式连续预煮机

（引自：马海乐．食品机械与设备．2 版．2011.）

刮板式连续预煮机的工作过程如下：通过吹泡管喷出的蒸汽将槽内水加热并维持所需温度。由升送机送入的物料，在刮板链的推动下从进料端随链带移动到出料端，同时受到加热预煮。链带速度可根据预煮时间要求进行调整。

刮板式连续预煮机的特点是物料形态及密度对操作影响较小，机械损伤少；但设备占地面积大，清洗、维护困难。

刮板式连续预煮机可适应（如蘑菇等）多种物料的预煮。如将链带刮板换成多孔板斗槽，则可以适应某些（如青刀豆等）物料的预煮操作要求。

2）螺旋式连续预煮机

螺旋式连续预煮机主要由壳体、筛筒、螺旋、进出料口、溜槽和变速机构等组成（图 7-6）。蒸汽从进气管分几路由壳体底部进入直接对水进行加热。筛筒安装在壳体内，并浸没在水中，以使物料能完全浸没在热水中；螺旋安装于筛筒内的中心轴上，中心轴由电动机通过传动装置驱动。通过调节螺旋转速，可获得不同的预煮时间。出料转斗与螺旋同轴安装并同步转动，转斗上设置有 6～12 个打捞料斗，用于预煮后物料的打捞与卸出。

作业时，物料经斗式提升机输送到螺旋预煮机的进料斗中，然后落入筛筒内，在运转螺旋作用下缓慢移至出料转斗，在这一过程中受到加热预煮，出料转斗将物料从水中打捞出来，并于高处倾倒至出料溜槽。从溢流口溢出的水由泵送至贮存槽内，再回流到预煮机内。

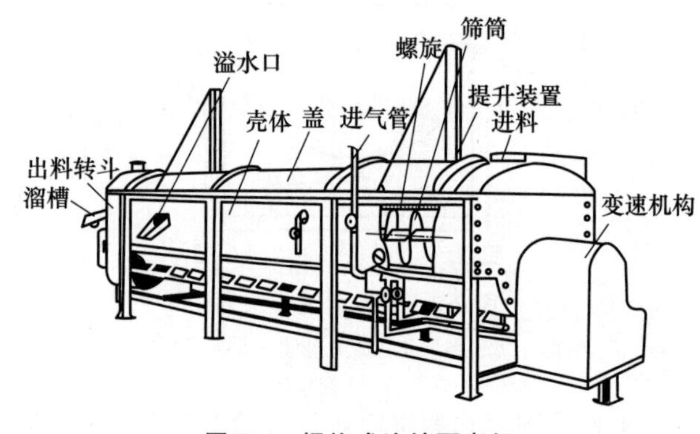

图 7-6　螺旋式连续预煮机

（引自：马海乐．食品机械与设备．2 版．2011.）

螺旋式连续预煮机结构紧凑，占地面积小，运动部件少且结构简单，运行平稳，水质、进料、预煮温度和时间均可自动控制，在大、中型罐头厂得到广泛应用，如蘑菇罐头加工中的预煮。但其所适用的物料形态和密度的适应能力较差。

2. 蒸汽热烫机

蒸汽热烫机通常采用蒸汽隧道与传送带结合的结构，其工作原理如图 7-7 所示。产品通过蒸汽环境的时间取决于传送带的速度。产品在传送带上的堆积密度也是决定产品与蒸汽接触所需时间长短的因素。经过蒸汽的产品随后在蒸汽室外受到及时冷却。蒸汽热烫机需要解决的一个基本问题是进出料过程要确保蒸汽室内的蒸汽不外泄。较简单的方式是采用水封结构（图 7-8），也可以采用密封转鼓进出料装置。

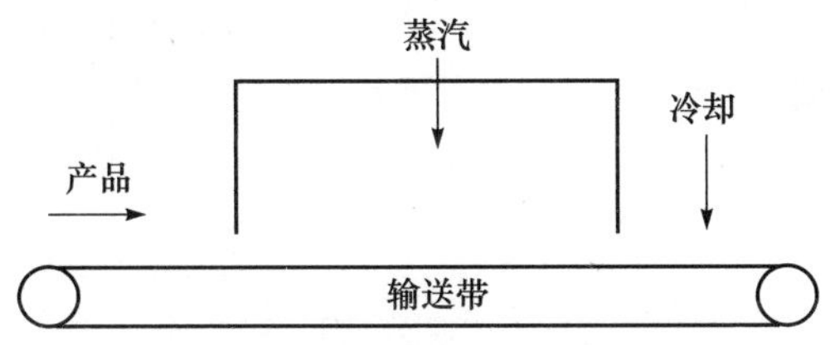

图 7-7 蒸汽热烫机工作原理

（引自：许学勤. 食品工厂机械与设备. 2018.）

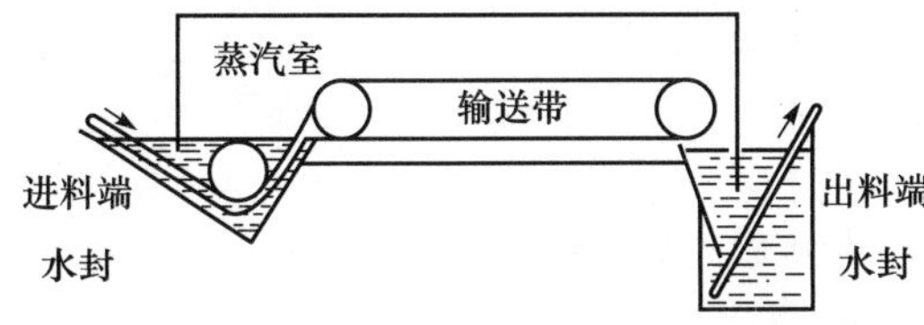

图 7-8 蒸汽热烫机的进出料水封结构

（引自：许学勤. 食品工厂机械与设备. 2018.）

图 7-9 所示的为两种典型的蒸汽热烫机。在图 7-9（a）所示的蒸汽热烫机中，产品投入进料槽后，由传送带提升到蒸汽环境，并送至另一端，离开蒸汽室后，再将产品在系统附属的冷却部分进行冷却。在图 7-9（b）所示的蒸汽热烫机中，产品由转鼓进料装置引入室内的传送带上。采用该装置可控制传送带上的物料流量，同时可节省热烫系统总蒸汽耗量。蒸汽在隧道内均匀分布，并利用多支管将蒸汽送至传送带的关键区段，产品在另一端离开，并在邻近系统中冷却。

图 7-10 为蒸汽热烫机截面结构示意图。其壳体和底均为双层结构，并且壳与底通过水封加以密封。蒸汽室的底呈一定斜度，可使蒸汽冷凝水流入水封槽中。

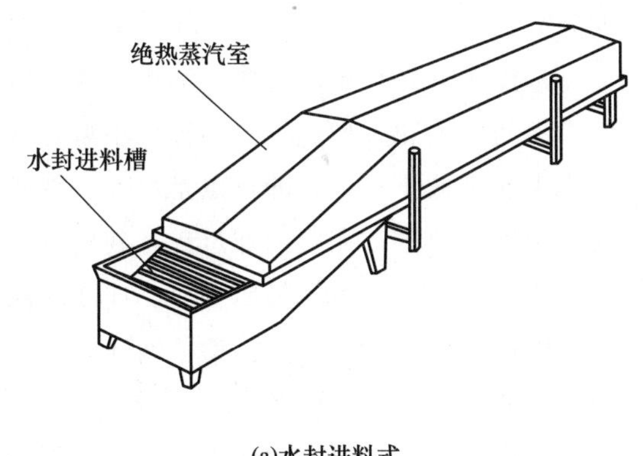

(a)水封进料式

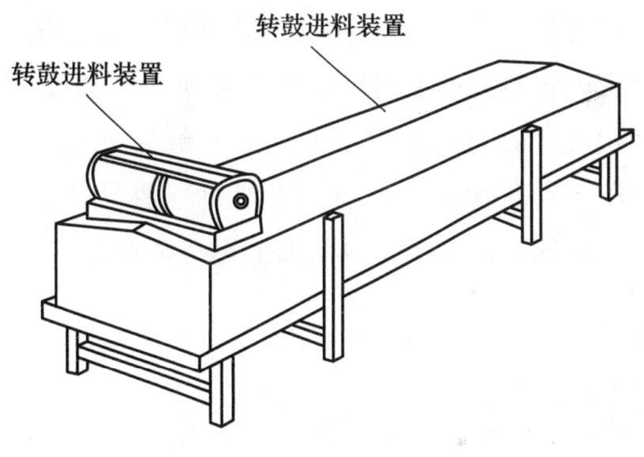

(b)转鼓进料式

图 7-9 两种典型的蒸汽热烫机

1. 水封进料槽；2. 绝热蒸汽室；3. 转鼓进料装置

（引自：许学勤. 食品工厂机械与设备. 2018.）

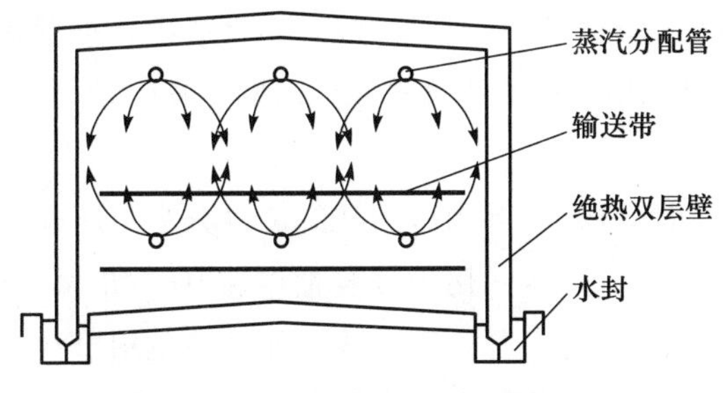

图 7-10 蒸汽热烫机截面结构示意图

（引自：许学勤. 食品工厂机械与设备. 2018.）

3. 单体快速热烫系统

热烫后的产品需要及时进行冷却。一般生产线上热烫与冷却先后独立完成。若将热烫与冷却结合在一套设备中，则可提高设备的能量利用率。这种将热烫与冷却结合起来的技术也称为单体快速烫漂技术（IQB）。以下介绍三种 IQB 机流程。

图 7-11 所示的为瀑布式淋水热烫冷却机流程。物料先用余热回收热交换器加热的热水进行冲淋预热，然后经过由蒸汽加热的热水进行冲淋热烫，最后由新鲜的冷水进行冷却。冷却段的水（温度已经

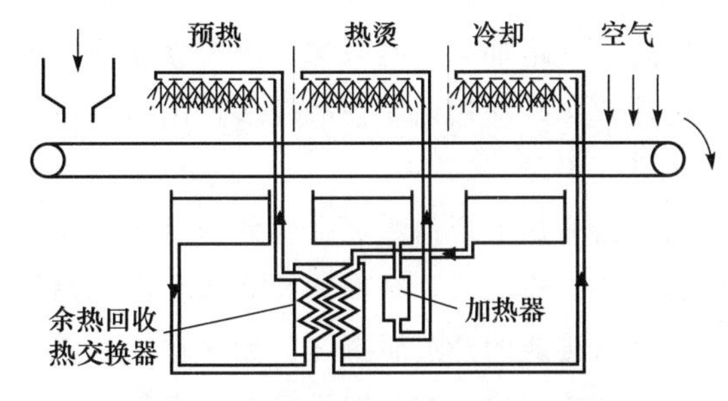

图 7-11 瀑布式淋水热烫冷却机流程

（引自：许学勤. 食品工厂机械与设备. 2018.）

上升）经过余热回收热交换器，将热量传给预热段的水，从而有效地利用热烫产生的余热。

图 7-12 所示的为利用淋水与蒸汽结合的 IQB 系统。这种流程与图 7-11 所示的流程相似，所不同的是热烫段改用蒸汽热烫，并且余热的回收利用方式也不同。

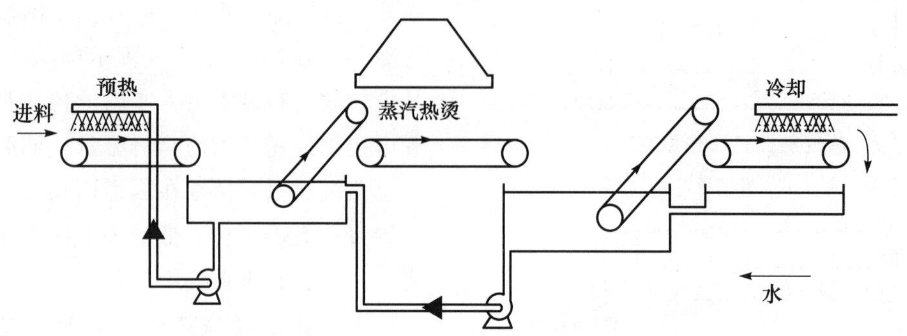

图 7-12　逆流式淋水预热-蒸汽热烫-淋水冷却系统流程

（引自：许学勤. 食品工厂机械与设备. 2018.）

图 7-13 所示的蒸汽热烫-湿空气冷却系统，也可利用蒸汽热烫产生的冷凝水对产品进行冷却。该热烫冷却系统将热烫产生的冷凝水用泵抽到冷却段，被喷成雾状，然后与输送带上的蔬菜接触后并在干空气的吹送下，再次蒸发为蒸汽，此过程要从蔬菜等物料吸收潜热，从而将物料的温度迅速降低。

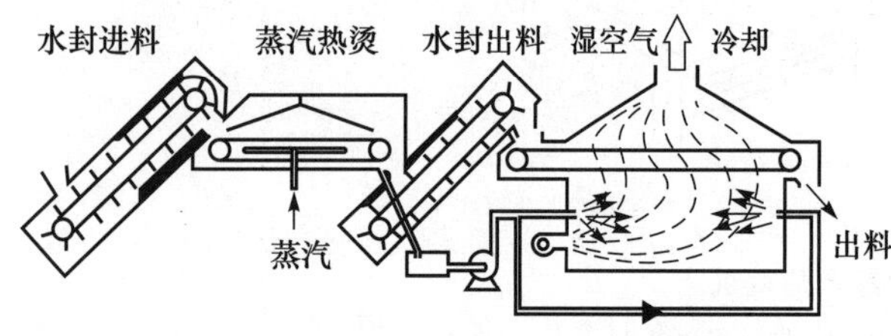

图 7-13　蒸汽热烫-湿空气冷却流程

（引自：许学勤. 食品工厂机械与设备. 2018.）

7.2　油炸设备

油炸是一种比较古老的烹饪方法之一，在食品加工过程中可以彻底地杀灭微生物，从而延长食品的保质期，并增加独特的风味，改善食品营养成分的消化性。国外应用油炸一般较多，国内也是一种家庭的烹饪手段。

油炸指的是深层油炸，是将食物浸在油面下方进行油炸的操作方式，这种油炸方式相对于物体与加热体表面接触的油煎而得名。油炸在食品和餐饮业有着重要的地位。在鱼肉类罐头、果蔬脆片、炸面食、炸薯片（条）等许多产品的工艺流程中，均有油炸工序。油炸设备形式多种多样，可按不同方式分类。

按操作方式与生产规模，油炸设备可以大体分为小型间歇式和大型连续式两种。小型间歇式有时也称为非机械化式，它的特点是由人工将产品装在网篮中进出油槽，完成油炸过程，其优点是灵活性强，适用于零售、餐饮等服务业。连续式油炸设备使用输送链传送产品进出油槽，油炸时间可以很好控制，适用于规模化生产。

油炸设备可按油槽内所用油分的比例分为纯油式和油水混合式（或油水分离式）两种。一般小型油炸设备多为纯油式。油水混合式油炸是一种较新的油炸工艺，其好处是可以方便地将油炸产生的碎渣从炸油层及时分离（沉降）到水层中。小型间歇式和大型连续式的油炸设备都可采用油水混合工艺。

油炸设备按锅内压力状态可以分为常压式和真空式两种。常压式用于需要油温较高（如 140℃以上的）物料的炸制。真空式油炸设备适用于油炸温度不能太高的物料，如水果蔬菜物料的炸制。

油炸设备可根据炸油的加热方式，分为煤加热式、油加热式、电加热式、蒸汽加热式、燃气加热式和导热油加热式等。

7.2.1　常压油炸设备

常压油炸设备可以分为间歇式和连续式两种，两种形式均可采用油水混合工艺。

1. 间歇式油水混合油炸机

无烟型多功能油水混合式油炸装置，主要由油炸锅、电气控制系统、冷却循环系统、滤网、排油烟管、蒸笼、温控显示系统等构成（图 7-14）。

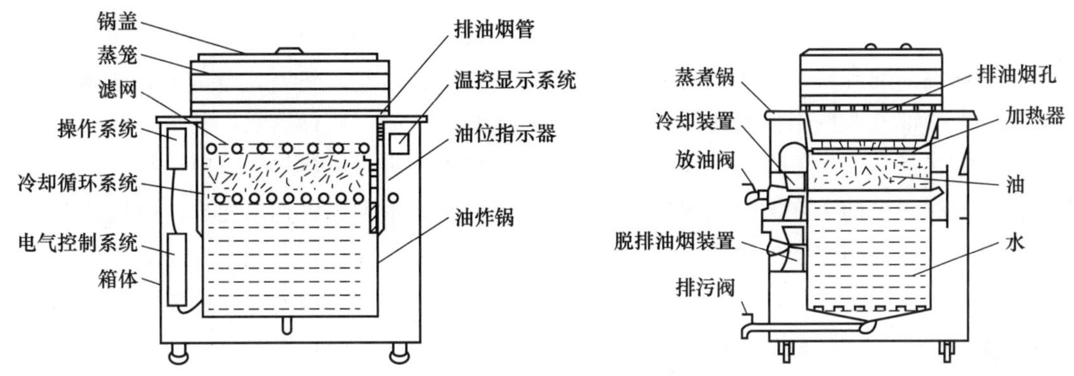

图 7-14　无烟型多功能油水混合式油炸装置

（引自：许学勤. 食品工厂机械与设备. 2018.）

炸制食品时，滤网置于加热器上方，在油炸锅内先加入水至规定位置，再加入炸用油至高出加热器 60 mm 的位置。由电气控制系统自动将油温控制在 180～230℃。在炸制过程中产生的食品沉渣从滤网漏下，经水油界面进入下部的冷水中，积存于锅底，定期由排污网排出。所产生的油烟通过排油烟管由脱排油烟装置排出。水平圆柱形加热器只在表面 240°范围内发热，油炸锅外侧有高效保温材料，使得这种油炸锅有较高的热效率。水层在通风管循环空气冷却作用下，水温可自动控制在 55℃以下。油炸机上的蒸笼利用油炸产生的水汽加热，从而提高这种设备的能量效率。

这种设备具有限位控制、分区控温、自动过滤、自我洁净等功能，具有油耗量小、产品质量好等优点。

2. 连续式油炸机

典型连续式油炸机的外形如图 7-15 所示。其结构至少有五个独立单元：①油炸槽，它是盛装炸油和提供油炸空间的容器；②带恒温控制的加热系统，为油炸提供所需要热能；③产品输送系统，使产品进入、通过、离开油炸槽；④炸油过滤系统；⑤水汽排出系统，排出油炸产品产的水蒸气。可见，一台连续式油炸设备实际上是一个组合设备系统。组成单元的差异，导致出现了多种形式的连续油炸设备。

图 7-15　连续式油炸机外形

1）油炸槽

油炸槽是油炸机的主体，一般呈平底船形（图 7-14），也有设计成其他形状的，如圆底、进料端平头等。它的大小由多项因素决定，包括生产能力、油物在槽内的时间、链宽、加热方式、滤油方式、除渣方式等。

油炸槽的形状结构和大小与油炸机的产量和性能有很大关系。油炸工艺一般要求周转时间尽量短。所谓周转时间是指在生产过程中不断添加新鲜炸油的累积数量，达到开机时一次投放到油炸设备之中的炸油数量所需要的时间。油槽的结构对油炸系统的周转时间有直接影响。但周转时间又与油炸食品所吸收的炸油量有关，因此（除非确定一种标准油炸食品），不使用周转时间衡量油炸系统。尽管如此，我们仍可用另一个与周转时间相关的指标——单位食品占用油量（单位食品占用油量＝油炸机内装油量/滞留在油炸机内的食品量）进行比较，在同样条件下，单位食品占用油量与周转时间成正比。因此，要求油炸槽的单位食品占用油量尽量少。

油炸槽是装高温油的容器，整体采用不锈钢优质厚板焊接而成，底部及两侧用槽钢加强，以防在高温条件下和在起吊搬运过程中箱体和整机变形。另外，从节能和操作防护的角度考虑，槽壁和槽底均应有适当的绝热层，并用磨砂板或镜面板包敷。

2）加热系统

油炸机既可用一级能源（电、煤、燃气和燃油），也可用二级能源（蒸汽、导热油）进行加热。加热单元是油炸机获取热量的热交换器。这个热交换器既可直接装在油炸槽内，又可装在油槽外，利用泵送方式使炸油在油炸槽与热交换器之间循环。各种能源对油炸机的加热方式如图 7-16 所示，我们可以将这些加热方式分为直接式和间接式两种。蒸汽、电能（通过热元件发热）可以直接引入油槽内对油炸进行加热，也方便控制。煤、燃气和燃油量虽然理论上也可直接加热，但从操作、控制和安全卫生的角度看，大型连续式油炸机不宜采用直接式，而宜用导热油进行间接加热。直接式油炸机的热能效率比较高，但间接式油炸机有利于获得质量稳定的油炸产品。

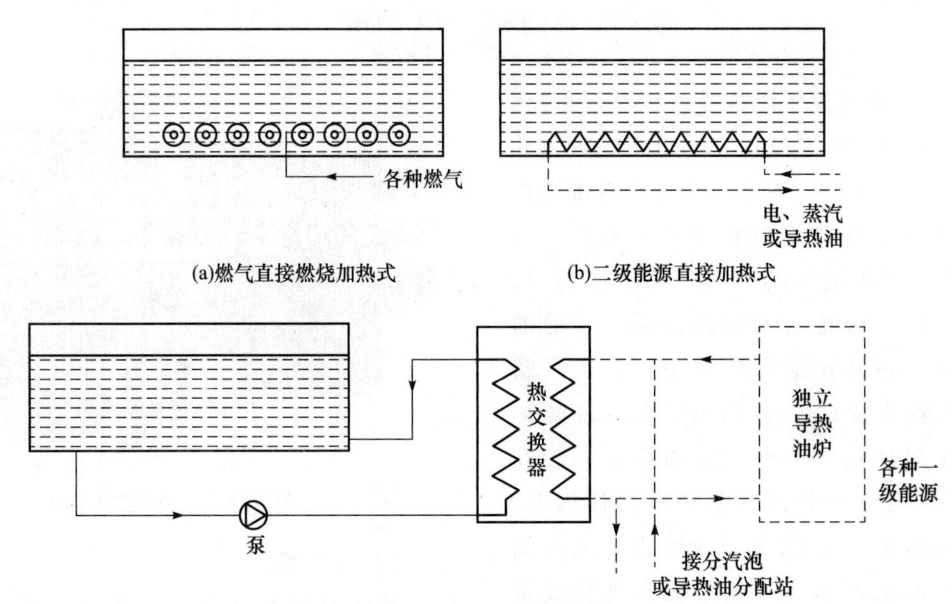

图 7-16 各种能源对油炸机加热的方式

（引自：许学勤. 食品工厂机械与设备. 2018.）

3）产品输送系统

连续式炸油机一般用链带式输送机输送。由于物性差异，在油炸过程中物料所发生的变化各不相同，不同类型的产品需要配置不同数量和构型的输送带（图 7-17）。

对一些产量较大的产品，还可以根据专门的工艺要求，制作成特殊的链带形式，如用不锈钢网（或孔板）冲制成一定形状的篮器，以保持油炸坯料形状完整。另外，输送链的网带应不会对油炸的物料有黏滞作用。

4）炸油过滤系统

在油炸过程中会随时产生碎渣，这些碎渣若长期留在热的油炸油中，会产生一系列的不良影响，如降低油的使用周期、影响食品的外观和安全性等。因此，所有连续油炸机必须有适当的炸油过滤系统，将碎渣及时地从热油中滤掉。如果采用间接式加热，过滤器往往串联在加热循环油路上。

在油水混合式机型中，大量的碎渣会进入水中，并配备从下层水中排出碎渣的装置，因此，国产的油水混合式连续油炸机多不设热油过滤系统。

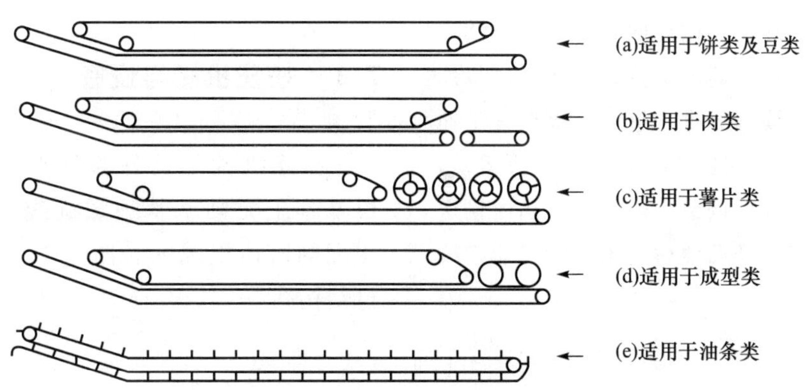

图 7-17　用于不同食品的油炸机输送带的组成与构型

（引自：许学勤. 食品工厂机械与设备. 2018.）

5）水汽排除系统

油炸过程也是一种脱水操作过程。在油炸过程中，会有相当多物料水分汽化逸出，水汽会从整个油炸槽的油面上外逸。因此，油炸设备均有覆盖整个油炸槽面的罩子，在其顶上开有一个或一个以上的排气孔，排气孔与排风机相连接。一般来说，这种罩子升降方便，从而便于对槽内其他机构进行维护。

7.2.2　真空油炸设备

真空油炸是利用在减压的条件下，食品中水分汽化温度降低的原理，在较低温条件下对食品油炸的操作技术。由于在真空环境中进行油炸，所需油温较低，产品受氧化影响减小。真空油炸尤其适用于含水量较高的果蔬物料炸制。真空油炸设备可按操作的连续性分为间歇式和连续式两种。

间歇式真空油炸装置（图 7-18）主要由油炸釜、真空泵、离心甩油装置、贮油箱和滤油离心甩油装置等构成。油炸釜为密闭容器，上部与真空泵相连。为了便于脱油操作，内设由电动机带动的离心甩油装置，油炸完成后，釜内油面降低至油炸产品以下，开动电动机进行离心甩油，甩油结束后取出产品，再进行下一周期的操作。油炸釜内油面高度和油的运转由真空泵控制，过滤器的作用是过滤炸油，及时去除油炸产生的渣物，防止油被污染。

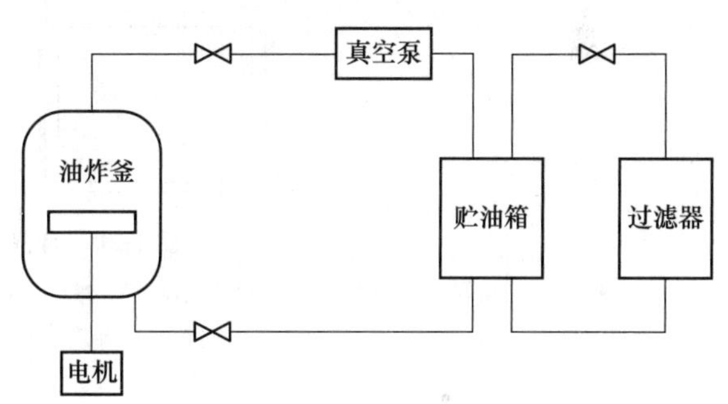

图 7-18　间歇式真空油炸装置

（引自：席会平，田晓玲. 食品加工机械与设备. 2015.）

连续式真空油炸设备的关键结构是进出料机构，要求能够在保持真空条件下将固体物料投入和从设备中排出。一台连续式真空油炸设备的主体为一卧式筒体，筒体设有与真空泵相接的真空接口，内部设有输送装置，进出料口均采用闭风器结构（图 7-19）。筒体的油可由排油口在筒外经过滤和

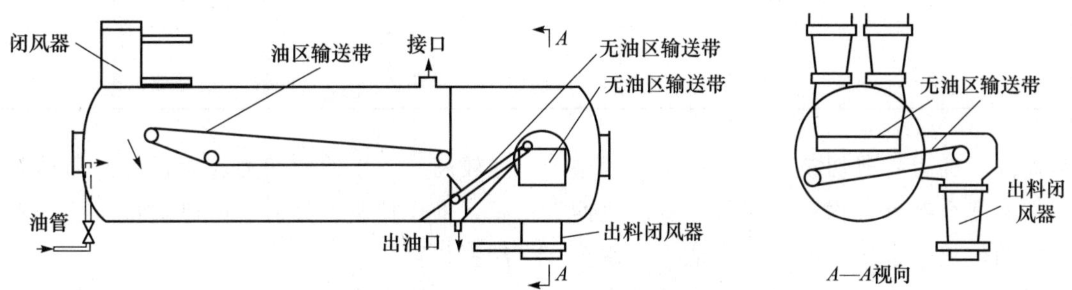

图 7-19　连续式真空油炸设备

（引自：许学勤. 食品工厂机械与设备. 2018.）

热交换器加热后，再经油管循环回到筒内。连续式真空油炸设备工作过程：筒内保持真空状态，待炸物料经进料闭风器连续（分批）进入，落至有定油位的筒内进行油炸，物料由输送带带动向前运动，其速度可依产品要求进行调节。炸好的产品由输送带送入无油区输送带，经沥油后由出料闭风器连续（分批）排出。

7.3 挤压机械与设备

挤压机械与设备的核心部件是由一根或两根基本上是阿基米德螺旋线形状的螺杆和与其相配的筒体组成的。图 7-20 为食品单螺杆挤压机结构图。

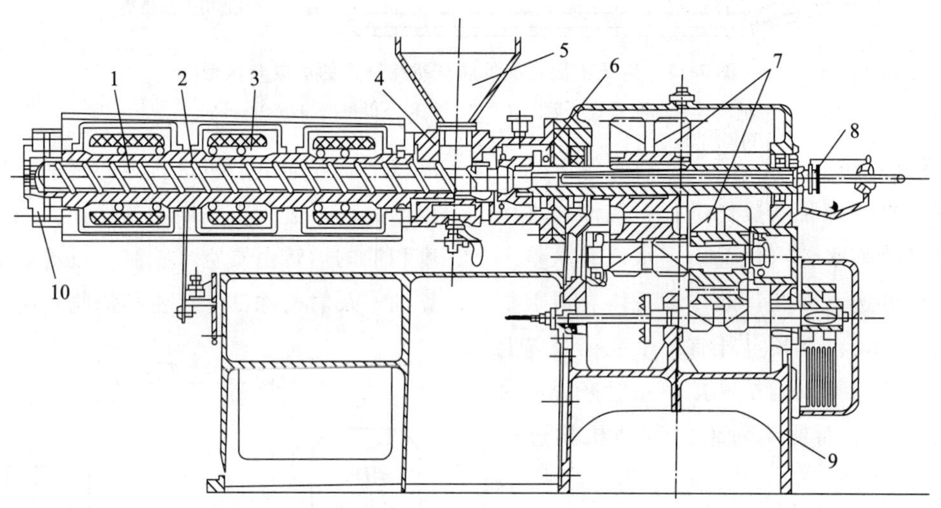

图 7-20 食品单螺杆挤压机结构图

1. 螺杆；2. 机筒；3. 加热器；4. 料斗支座；5. 料斗；6. 止推轴承；7. 传动系统；8. 螺杆冷却系统；9. 机身；10. 模头

（引自：马海乐. 食品机械与设备. 2 版. 2011.）

食品挤压加工技术属于高温高压食品加工技术，它利用螺杆挤压产生的压力、剪切力、摩擦力、加温作用等实现对固体食品原料的破碎、捏合、混炼、熟化、杀菌、预干燥、成型等。利用挤压机可以生产膨化、组织化或其他成型产品。

目前，应用于食品工业的挤压设备主要是螺杆挤压机，主要构件类似于螺杆泵，有变螺距长螺杆及出口处带节流孔的螺杆套筒。

1. 根据挤压机热源分类

挤压机按物料发热类型可分为内（自）热式和外热式两种。二者的主要区别见表 7-2。

表 7-2 内热式与外热式挤压机的主要区别

挤压机	进料水分/%	成品水分/%	筒体温度/℃	转速/(r/min)	剪切力	适合产品	控制
自热式	13～18	8～10	180～200	500～800	高	小吃食品	难
外热式	13～35	8～25	120～350（可调）	可调	可调	适应范围广	易

内热式挤压机为高剪切挤压机，挤压过程中所需的工作温度全部来自物料与螺杆、机筒之间的摩擦产生的热量。挤压温度受生产能力、水分含量、物料黏度、环境温度、螺杆转速等多方面因素影响，不易进行人为控制。此类设备一般转速较高，产生的剪切力较大，但产品质量稳定性差，操作控制不灵活。内热式挤压机一般用于生产膨化食品。

外热式挤压机可以是高剪切力的，也可以是低剪切力的。挤压过程主要利用外部加热获得所需的工作温度，加热器一般设在机筒内。可用蒸汽、电磁波、电热丝、油等进行加热。根据挤压过程各阶段对温度参数要求的不同，挤压机可设计成等温式和变温式两种。等温式挤压机筒体温度一致，变温式挤压机沿筒体前后分为几段，分段进行温度控制。

2. 根据挤压过程剪切力的大小进行分类

根据挤压过程中的剪切力大小，挤压机可分为高剪切力挤压机和低剪切力挤压机（表 7-3）。

表 7-3 低剪切力与高剪切力挤压机的性能特征比较

项目	低剪切力	高剪切力
进料水分/%	20～35	13～20
成品水分/%	13～15	4～10
挤压温度/℃	150 左右	200 左右
转速/（r/min）	较低（60～100）	较高（250～500）
螺杆剪切率/s^{-1}	20～100	120～180
输入机械能/（kW·h/kg）	0.02～0.05	0.14
适合产品类型	湿软产品	植物组织蛋白、膨化小吃食品
产品形状	可生产形状复杂产品	可生产形状较简单产品
成型率	高	低

高剪切力挤压机在挤压过程中能够产生较高的剪切力和压力。高剪切力挤压机的压缩比较大，杆的长径比较小，一般多为自热式挤压机，具有较高的转速和挤压温度。该类挤压机比较适用于生产简单形状的膨化产品。

低剪切力挤压机在挤压过程中产生的剪切力较小，主要用于混合、蒸煮、成型。低剪切力挤压机的压缩比较小，杆长径比较大，一般多为外热式挤压机。低剪切力挤压机加工的物料水分含量一般较高，在挤压过程中物料度较低，故操作中引起的机械能黏滞耗散较少。此类设备产品成型率较高，便于生产复杂形状产品，较适用于温软饲料或高水分物料的挤压加工。

3. 根据螺杆的数目分类

根据挤压机的螺杆数目不同，挤压机可分为单螺杆挤压机、双螺杆挤压机。

单螺杆挤压机的套筒内只有一根螺杆，它依靠螺杆和机筒对物料的摩擦来输送物料和形成一定压力。在一般情况下，机筒与物料之间的摩擦因数会大于螺杆与物料之同的摩擦因数，避免螺杆被物料包裹一起转动而不能向前推进。单螺杆挤压机结构简单，制造方面，但输送效率差，混合剪切不均匀。

双螺杆挤压机的套筒中并排安放两根螺杆，套筒横截面呈“∞”形，其工作原理与单螺杆挤压机有所不同。双螺杆挤压机按两根螺杆的相对位置，可以分为啮合型与非啮合型。

非啮合型双螺杆挤压机的工作原理基本与单螺杆挤压机相似，实际使用少。啮合型双螺杆挤压机的两根螺杆有不同程度的啮合，在螺杆啮合处，连续的螺杆螺槽被分成相互间隔的 C 形小室。螺杆旋转时，随着啮合部位轴向移动，C 形小室同时轴向移动。螺杆每转一圈，C 形小室向前移动一个导程的距离。C 形小室中的物料，由于啮合螺纹的推力作用而向前移动。

双螺杆挤压机输送效率高，混合均匀，剪切力大，具有自清洁能力；但结构较复杂，价格较昂贵，配合精度要求高。表 7-4 列出了双螺杆挤压机与单螺杆挤压机的主要区别。

表 7-4 双螺杆挤压机与单螺杆挤压机的主要区别

项目	单螺杆挤压机	双螺杆挤压机
输送原理	摩擦	滑移
加工能力	受物料水分、油脂等限制	一定范围内不受限制
物料允许水分/%	10～30	5～95
物料内热分布	不均匀	均匀
剪切力	强	弱
逆流产生程度	高	低
混合作用	小	大
自洁作用	无	有
压延作用	小	大
制造成本	小	大
磨损情况	不易磨损	较易磨损
排气	难	易
调味	只能在成品后调味	可在挤压前和挤压过程中调味
加工产品	品种少	品种多

7.4 其他热处理机械与设备

除了前面提到的热处理方法以外，在食品工业中，还可利用红外线、微波、电阻加热原理对食品进行加热处理。其中远红外加热的应用最广，它的主要设备是用于焙烤行业的烤炉。目前，微波加热设备应用最多的是家用微波炉，但由于其独特的介电加热优点，工业化规模的微波设备具有良好的发展前景。

7.4.1 远红外加热设备

远红外加热属电磁波加热，在热交换的三种形式中，热传导与热对流需要靠媒介来传热，而热辐射则不然。远红外线加热时，物质稳定性高，物体表面温度在 800 K 以下，辐射能除受温度响以外，还受物体表面性质影响。由物体发射的远红外线，是由物体内部带电原子振动产生的；而吸收体也是由电磁波造成物体原子振动的，使电磁波能量因摩擦生“热”而消失；物体则由于原子振动加剧而能量增加和温度上升。远红外加热辐射率高，热损失小，操作控制容易，加热速度快，传热效率高，有一定的穿透能力，产品质量好，热吸收率高。

远红外加热原理：当被加热物体中的固有振动频率和射入该物体的远红外线频率（波长在 5.6 μm 附近）一致时，就会产生强烈的共振，使物体中的分子运动加剧，温度迅速升高。多数食品物料，尤其是其中的水分，均具有良好的吸收远红外线的能力。

目前，红外线加热设备主要应用于烘烤工艺，此外，也可用于干燥、杀菌和解冻等操作。食品物料的形态各异，且加热要求也不同，因此，远红外加热设备也有不同类型。总体上，远红外加热设备可分为两大类，即箱式远红外烤炉和隧道式远红外炉。箱式或隧道式加热设备的关键部件均为远红外发热元件。

1. 远红外辐射元件及设计

远红外辐射元件是远红外加热设备中利用其他能源（如电能、燃烧能）转换成辐射热能的关键元件。远红外加热元件加上定向辐射等装置后称为远红外加热器或远红外辐射器。其结构主要由发热元件（电阻丝或热辐射本体）、远红外辐射体、紧固件或反射装置等部分构成。

发热元件一般为电阻发热体，它把电能转变成热能。虽然可以利用燃烧煤、燃气的发热体或利用蒸汽加热的发热体，但因卫生条件和控制方面的原因，目前应用得均不多。

远红外辐射体是受到加热后放出远红外射线的物体。食品远红外烤炉中常用的远红外辐射体按形状可分为管状辐射元件与板状辐射元件两种；按辐射体材料可分为半导体远红外辐射器、以金属为依附的远红外涂料、碳化硅元件和 SHQ 乳白石英红外加热元件（SHQ 元件）等。

1）管状辐射元件

（1）金属管状远红外加热元件　其基体为钢管，管壁外涂覆一层远红外加热辐射涂料。不同远红外辐射涂料的光谱不同，可以根据需要选择不同的涂料，或选择由某种涂料涂覆的管状元件。管子可以有不同的直径和长度。直径较小的管子可以弯曲成不同形状。

金属氧化镁远红外辐射管（图 7-21），其机械强度高，使用寿命长，密封性好。这种结构的元件可在烤炉外抽出更换。因此，在食品行业有广泛应用。但该元件表面温度高于 600℃时，会发出可见光，使远红外辐射率有所下降。另外，过高的温度还会使金属管外的远红外涂层脱落，长期作用下金属管会产生下垂变形，从而影响烘烤质量。

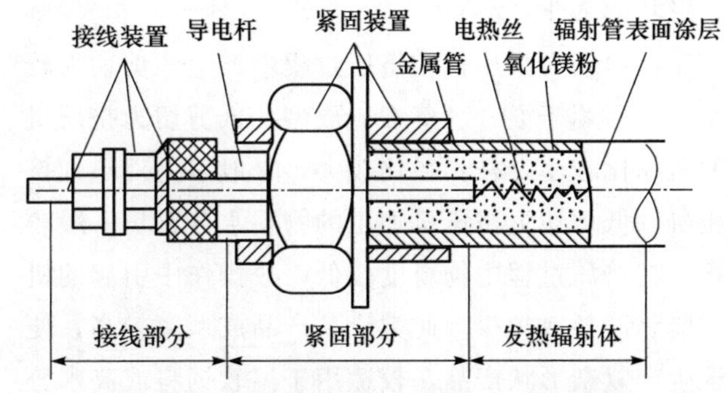

图 7-21　金属氧化镁远红外辐射管结构

（引自：张根生，韩冰．食品加工单元操作原理．2013.）

（2）碳化硅远红外加热元件　碳化硅是一种良好的远红外辐射材料。碳化硅辐射光谱特性曲线如图 7-22 所示。在远红外波段及中红外波段，碳化硅具有很高的辐射率。碳化硅的远红外辐射特性和物料的主要成分（如面粉、糖、食用油、水等）的远红外吸收光谱特性相匹配，加热效果好。

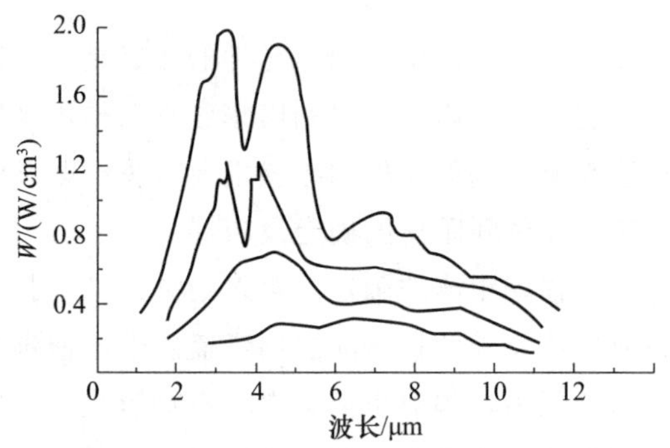

图 7-22　碳化硅辐射光谱特性曲线

（引自：许学勤．食品工厂机械与设备．2018．）

碳化硅材料的远红外辐射元件可以做成管状。主要由电热丝及接线装置、碳化硅管及辐射涂层等构成（图 7-23）。碳化硅不导电，因此不需充填绝缘介质。碳化硅远红外元件也可以做成板状，其基体为碳化硅，表面涂以远红外辐射涂料（图 7-24）。

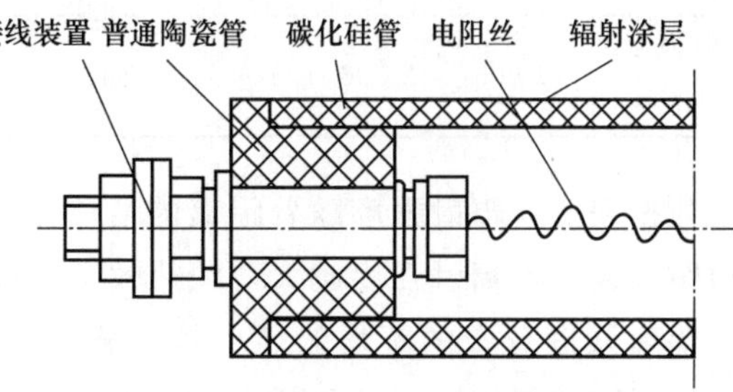

图 7-23　碳化硅管远红外辐射元件结构

（引自：马海乐．食品机械与设备．2 版．2011．）

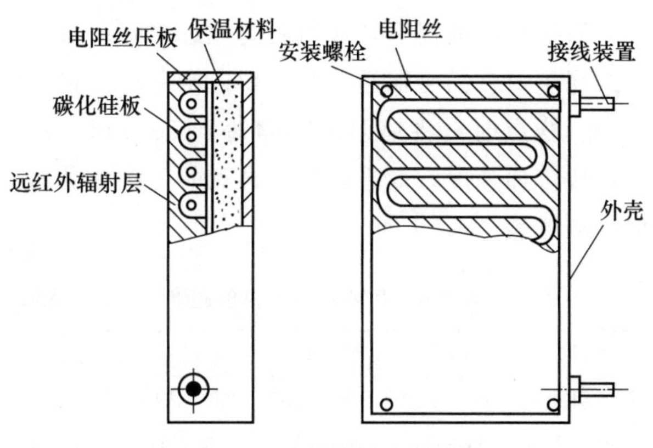

图 7-24　碳化硅板式辐射器

（引自：高海燕．食品加工机械与设备．2008．）

碳化硅辐射元件辐射效率高，使用寿命长，制造工艺简单，成本低，涂层不易脱落；但其抗机械振动性能差，且热惯性大，升温时间长。

（3）SHQ 乳白石英远红外加热元件　简称 SHQ 元件，该元件由发热丝、乳白石英玻璃管及引出端组成。乳白石英玻璃管直径通常为 18～25 mm，起辐射、支承和绝缘作用。SHQ 元件常与反射罩配套使用，反射罩通常为抛物线状的抛光铝板。

SHQ 元件光谱辐射率高，且稳定，波长在 3～8 μm 和 11～25 μm 范围内，其辐射率 $\varepsilon_\lambda=0.92$；热惯性小，从通电到温度平衡所需时间为 2～4 min；电能—辐射能转换率高（$\eta>60\%$）。SHQ 元件不需要涂覆远红外涂料，所以没有涂层脱落问题，符合食品加工卫生要求。

这种远红外加热元件可在 150～850℃下长期使用，能满足 300～700℃的加热场合，因此，可用于焙烤、杀菌和干燥等的作业。

（4）硅碳棒电热元件　硅碳棒是以高纯度的碳化硅（含量达 98%以上）作为主要原料的。硅碳棒电热元件是用有机物作结合剂，经高温挤压成型，预烧，最后再经电阻炉高温硅化再结晶而制得的非金属直热式电热元件。该类电热元件通电自热，不用电热丝，其单位表面的发热量大，升温快；但成本较高，使用安装技术性要求较高。

2）板状辐射元件

在食品烤炉中常用的是碳化硅板状元件，其基体为碳化硅，表面涂以远红外辐射涂料。这种元件温度分布均匀，适应性强，制造简单安装方便，辐射效率高；但抗机械振动性能差，且热惯性大，升温时间长。

3）半导体远红外辐射器

半导体远红外辐射器是在远红外加热技术发展的基础上产生的一种新型加热辐射器。管式半导体远红外辐射器以高铝质陶瓷材料为基体，中间层为多晶半导体导电层，表面涂覆具有高辐射频率的远红外涂层，两端绕有银电极，电极用金属接线焊接引出后，绝缘封装在金属电极封闭套内。通电以后，在外电场的作用下，该种辐射器能形成空穴为多数载流子的半导体发热体，它对有机高分子化合物及含水物质的加热、烘烤极为有利，特别适用于 300℃以下的低温烘烤，如饼干烤炉的辐射加热等。

半导体远红外线辐射器的特点：热效率高，热容量小，热响应快，能实现快速升温，抗温度急变性能好，辐射器表面绝缘性能好，远红外涂层采用珐琅绝缘涂料，不易剥落；但机械强度较低，安装要求较高，对使用要求较严。

4）远红外辐射涂料

远红外射线主要由远红外涂料产生，针对单一物质往往只能在某一个较窄的主波长范围内有较大的辐射率，为了获得辐射能量较强的红外线和制成能在相当宽的波长范围内都有较大辐射率的涂层，就得由两种或数种材料混合而成。混合材料的最大辐射率可能有所降低，但具有较好的热转换率及较平直的辐射强度曲线。涂层只有薄薄的一层，但它可以使元件在消耗同样功率的条件下，辐射出比无涂料时的能量强得多的红外线。

在选择远红外涂料时，首先要了解被加热物质的光谱特性。为了能获得最大的辐射效率，选择辐射材料的原则就是使辐射元件的主辐射波长匹配在被加热物的主吸收带区。一般来说，食品烤炉电热元件辐射涂料的选择，可根据吸收匹配（表层吸收匹配与内部吸收匹配）的原则，根据辐射材料的辐射光谱特性来选取，即在表层吸收匹配时，吸收长波的物质选用长波辐射涂料；吸收短波的物质选用短波辐射涂料。在内部吸收时，根据不同情况选用长波涂料。另外，在选择时，还应考虑选择的涂料辐射率要高，热膨胀系数须与元件基本材料大致相符，有良好的热传导性和冷热稳定性，抗老化性能好，工艺简单，原料价格便宜等因素。

常用的食品焙烤涂料有：碳化硅、氧化铁、60SiC 系列高辐射率涂料等。

5）辐射元件表面温度选择

实验表明，当辐射元件表面温度为 400～600℃时，对流体与辐射热的比例较为合适，同时辐射通量也较高。对于在 3 μm 附近有强烈吸收峰的物质来说，元件的表面温度推荐在 600～800℃较好。对于 5 μm 以上有大量吸收峰的物质，热元件的表面温度在 400～600℃为宜。一般来说，元件的表面温度随表面负荷的增加而上升，但并非线性关系，不同材质和形状的辐射元件，其表面负荷与表面温度的关系也不相同。因此，辐射元件的最佳工作温度应根据其本身材质、形状及工作部位等条件决定。

6）辐射元件的布置

在烤炉的设计中，辐射元件的布置是一个很重要的问题，它对烤炉的热利用率和食品的烘烤质量有直接影响。辐射元件的布置主要指辐射距离的确定、辐射元件间距离的确定及布局。

（1）辐射距离的确定　辐射距离是指管状元件中心或板状元件的辐射涂层到烤盘底部或钢带上表面之间的距离，辐射距离的大小直接影响远红外线的辐射强度，还影响炉膛尺寸的大小。根据照度定律可知，辐射能量的多少与距离的平方成反比。照度定律虽然只适用于点光源，但对于管式和板式元件来说，在制作较好的炉膛中，由于多次反射，其辐射能量是距离的 1.25～1.5 次方。一些辐射距离与辐射强度关系的经验数据如表 7-5 所示。

表 7-5　辐射距离与辐射强度的关系

辐射距离/m	0.18	0.25	0.50	0.75	1.00
辐射强度/[kJ/（m^2·h）]	4 606	2 596	1 001	335	251

数据表明，辐射强度随着距离的增加而衰减。辐射距离越近，辐射强度越大，加热效率也越高，同时辐射强度分布的不均匀性也越显著；距离越远，辐射强度越小，温度也越低，同时也导致炉膛尺寸增大，辐射强度分布也趋于均匀。辐射距离的确定原则：在保证辐射均匀性、不影响产品质量和不妨碍操作的前提下，辐射距离越近越好。对于隧道式烤炉，食品经输送设备在炉道中移动，在烘烤饼干、糕点时，将辐射距离缩短到 50 mm，并适当加快传递速度，效果较好。常见的几种食品的辐射距离见表 7-6。

表 7-6　几种食品的辐射距离　mm

项目	饼干	面包（100 g）	月饼	蛋糕
上辐射距离	70～120	100～180	100～140	150～180
下辐射距离	50～70	50～70	50～70	50～70

对于箱式食品烤炉，由于食品在炉内固定不动，必须考虑照射能量分布均匀性问题。

（2）隧道炉辐射元件的布局　在隧道式烤炉内，一般是在被烘物的上面和下面设置热元件，以形成烘烤食品的上火及下火。考虑到更换元件的方便性，隧道式烤炉只采用管式热元件。其布置方式有三种：均匀排布、分组排布和根据食品的工艺排布。

① 均匀排布。是指各个元件的距离均匀相等，以获得均匀的辐射强度。

② 分组排布。是将元件分成小组安装，每组之间有一定距离，使加热温度出现脉冲式分布。这种排布方式适用于隧道式烤炉。另一种实现脉冲加热的方式是元件等距离排列，加大元件的距离，当管间距大于 300 mm 时，炉内温度分布也会出现脉冲式情况。

③ 根据食品烘烤工艺排布。各种食品的烘烤工艺不同，因此，各个烘烤阶段所需要的温度也不同，对于专用食品烤炉，在元件排布时可根据食品的不同烘烤工艺来排布辐射元件。

（3）箱式炉辐射元件布局　箱式烤炉的热源布局大致有分层均设式和侧壁排布式两种布置形式，以分层均设式使用最多。远红外辐射元件分层均匀设置，烤盘置于上下两层热元件之间，其优点是被烘烤物吸收远红外辐射强烈，热效率高；缺点是被烘烤物受热均匀性差，烘烤效果会受辐射元件形状的影响，热源层间距不能调整，被烘烤物高度受到限制。对不同高度的食品，其适应性较差，往往造成食品上下表面烘烤程度明显不一，影响产品品质，限制使用范围。近年来，一些厂家采用四杆机构及其他形式支撑烤盘，并对其上下位置进行适当调节，以满足不同品种食品烘烤的需要。

2. 箱式远红外线烤炉

箱式远红外线烤炉主要由箱体和电热远红外加热元件等组成。箱体外壁为钢板，内壁为抛光不锈钢板，可增加折射能力和提高热效率；中间夹有保温层，顶部开有排气孔，用于排出烘烤过程中产生的水蒸气。炉膛内壁固定安装有若干层支架，每层支架上可放置多个烤盘。电热管与烤盘相间布置，分为各层烤盘的底火和面火。烤炉设有温控元件，可将炉内温度控制在一定范围内（图 7-25）。

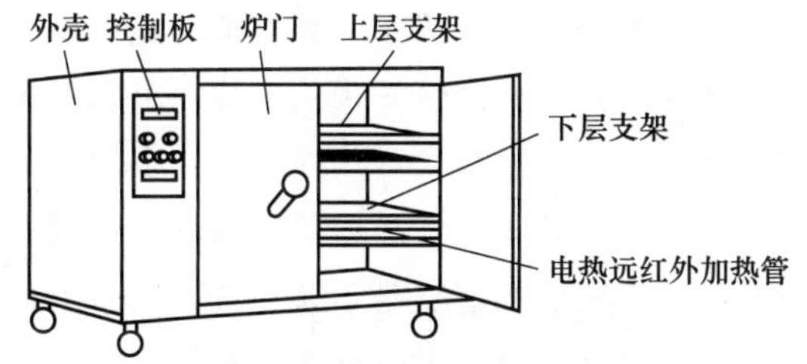

图 7-25　箱式远红外线烤炉

（引自：许学勤. 食品工厂机械与设备. 2018.）

这种烤炉结构简单，占地面积小，造价低；但电热管与烤盘相对位置固定，易造成烘烤产品成色不均匀。

3. 隧道式远红外线烤炉

隧道式远红外线烤炉是一种连续式烘烤设备。这种烤炉的烘室为一狭长的隧道，由一条从中穿过的带式输送机将食品连续送入和输出烤炉。根据输送装置不同可分为钢带隧道炉、网带隧道炉、链条隧道炉等。

（1）钢带隧道炉　是指食品以钢带作为载体，并沿隧道运动的烤炉，简称钢带炉。钢带分别设在炉体两端，由直径为 500～100 mm 的空心辊筒驱动。焙烤后的产品从烤炉末端输出并落在后道工序的冷却输送带上。钢带炉外形如图 7-26 所示。因为钢带只在炉内循环运转，所以热损失少。通常钢带炉采用调速电机与食品成型机械同步运行，可生产面包、饼干、小甜饼和点心等食品。钢带隧道炉的缺点是钢带制造较困难，调偏装置较复杂。这种烤炉通常以天然气、煤气、燃油及电为热源。

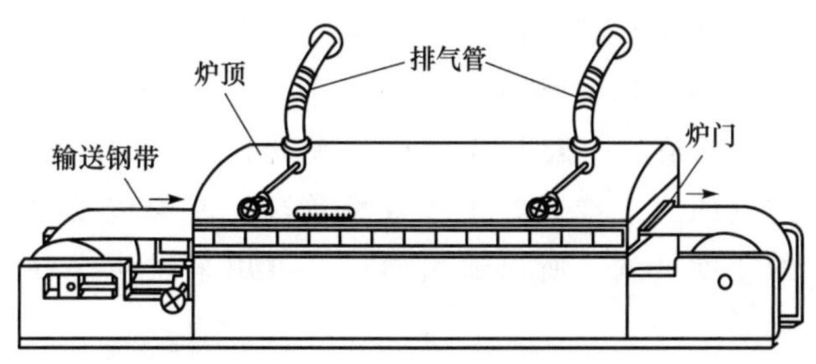

图 7-26　钢带炉外形图

（引自：张根生，韩冰. 食品加工单元操作原理. 2013.）

（2）网带隧道炉　简称网带炉，其结构与钢带炉相似，只是传送面坯的载体采用的是网带。网带由金属丝编制而成。网带长期使用损坏后，可以补编，因此使用寿命长。由于网带网眼空隙大，在焙烤过程中制品底部水分容易蒸发，不会产生油滩和凹底。在网带炉运转过程中不易打滑，跑偏现象也比钢带炉易于控制。网带炉采用的热源与钢带炉基本相同。网带焙烤产量大，热损失小，多用于焙烤饼干等食品。该炉易与食品成型机械配套组成连续的生产线。网带炉的缺点是不易清洗，网带上的污垢易于粘在食品底部，影响食品外观质量。

(3) 链条隧道炉　是指食品及其载体在炉内的运动靠链条传动来实现的烤炉，简称链条炉(图 7-27)。链条炉主要传动部分有电动机、变速器、减速器、传动轴、链轮等。炉体进出两端各有一水平横轴，轴上分别装有主动和从动链轮。链条带动食品载体沿轨道运动。

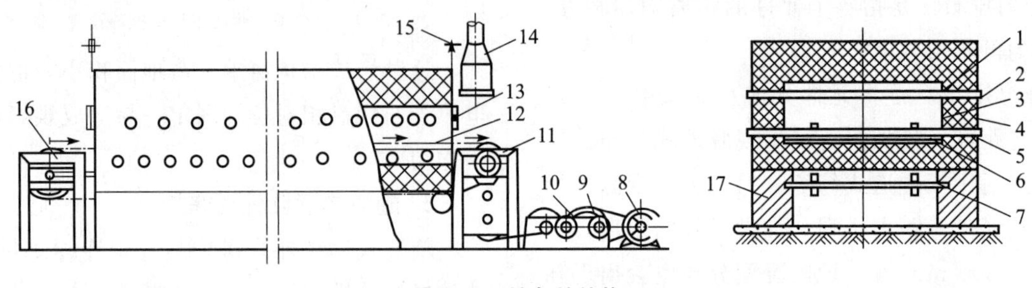

图 7-27　链条炉结构

1. 管状辐射元件；2. 铁皮外壳；3. 铁皮内壳；4. 保温材料；5. 链条轨道；6. 轨道承铁；7. 回链与轴；8. 电动机；9. 变速操作手轮；10. 无级变速器；11. 出炉机座与减速箱；12. 链条；13. 可开启隔热板；14. 排气罩；15. 滑轮；16. 入炉机座；17. 炉基座

(引自：许学勤. 食品工厂机械与设备. 2018.)

根据焙烤的食品品种不同，链条炉的载体大致有两种，即烤盘和烤篮。烤盘用于承载饼干、糕点及花色面包，而烤篮用于承载听型面包。链条炉出炉端一般设有烤盘转向装置及翻盘装置，以便成品进入冷却输送带，载体由炉外传送装置送回入炉端。烤盘在炉外循环，因此，热量损失较大，对工作环境不利，并且浪费能源。

根据同时并列进入炉内的载体数目不同，链条炉又分为单列链条炉和双列链条炉两种。单列链条炉具有一对链条，一次进入炉内一个烤盘或一列烤篮。双列链条护具有两对链条，同时并列进入炉内两个烤盘或两列烤篮。

链条炉一般与成型机械配套使用，并组成连续的生产线，其生产效率较高。因为传动链的速度可调，所以适用面广，可用来烘烤多种食品。

7.4.2　微波加热设备

微波加热属于一种内部生热的加热方式，依靠微波段电磁波将能量传播到被加热物体内部，使物料整体同时升温。目前有两个微波频率用于加热，即 915 MHz 和 2 450 MHz。

微波加热的优点是它有不同于其他加热方法的独特的加热原理，常用的加热方式都是先加热物体的表面，然后热量由表面传到内部，而微波加热可直接加热物体的内部。

被加热的介质是由许多一端带正电、另一端带负电的分子（称为偶极子）所组成的。在没有电场的作用下，这些偶极子在介质中做杂乱无规则的运动；当介质在直流电场作用下时，偶极分子中带正电的一端向负极运动，带负电的一端向正极运动，使杂乱无规则排列的偶极子变成有一定取向的、有规则的偶极子。介质分子的极化越强，介电常数越大，介质中储存的能量也就越多。如果改变电场的方向，偶极子的取向也随之改变；如果电场迅速交替地改变方向，偶极子也随之迅速地摆动。分子的热运动和相邻分子间的相互作用，使偶极子随外加电场方向改变而做的规则摆动产生了类似摩擦的作用，从而分子获得能量，并以热的形式表现出来，即介质温度升高。外加电场的变化频率越高，分子摆动得越快，产生的热量就越多。外加电场越强，分子的振幅越大，由此产生的热量也就越大。

微波加热方式具有加热速度快、加热均匀、易于瞬间控制和选择性强的优点。基于这些优点，微波加热在食品加工中的应用已经从最初的食品烹调和解冻扩展到食品杀菌、消毒、脱水、漂烫、焙烤等。

微波加热设备主要由电源、微波发生器、冷却系统和微波加热器等构成（图 7-28）。微波管由电源提供直流高压电流，并使输入能量转换成微波能量。微波能量通过连接波导传送到加热器，对被加热物料进行加热。冷却系统用于对微波管的腔体及阴极部分进行冷却，冷却方式主要有风冷和水冷两种方式。

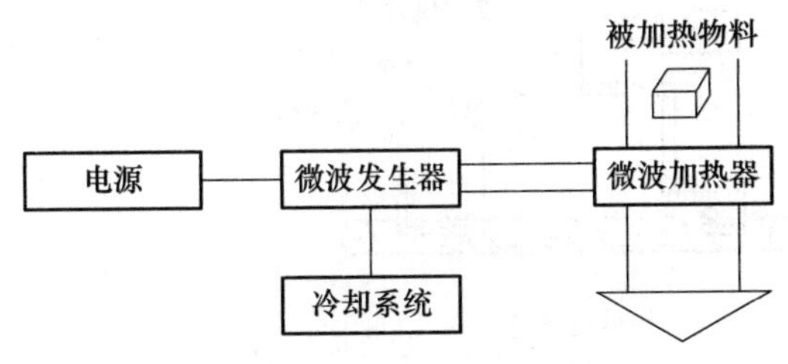

图 7-28 微波加热设备示意图

（引自：马海乐．食品机械与设备．2 版．2011.）

微波加热设备可按不同方式分类。根据被加热物和微波场的作用方式，可分为驻波场谐振腔加热器、行波场波导加热器、辐射型加热器和慢波型加热器；按微波炉的结构形式，可分为箱式、隧道式、平板式、曲波导式和直波导式等。其中箱式为间歇式，后四者为连续式。其中箱式、隧道式较常用。

1. 箱式微波加热器

箱式微波加热器是微波加热应用较为普及的一种加热器，属于驻波场谐振腔加热器，常见的有食品烹调用微波炉。谐振腔加热器由输入波导、谐振腔、反射板和搅拌器等构成（图 7-29）。谐振腔为矩形空腔，当每一边的长度都大于 $\lambda/2$（λ 为所用微波波长）时，将从不同方位形成反射，不仅使物料各个方向均受到微波作用，而且穿透物料的剩余微波会被腔壁反射回介质中，形成多次加热过程，从而有可能使进入加热室的微波完全用于物料加热（图 7-30）。箱壁通常采用不锈钢或铝板制作，在箱壁上钻有排湿孔，以避免湿蒸汽在壁上凝结成水而消耗能量。在波导入口处装有反射板和搅拌器，搅拌器叶片用金属板弯成一定的角度，每分钟转几十至百余次，激励起更多模式，以便使腔体内电磁场分布均匀，达到物料均匀干燥的目的。如果用于连续生产，在相对两侧边开有长方形孔道，以便输送带载荷物料通过。由于谐振腔为密闭结构，微波能量泄漏很少，不会危及操作人员的安全。这种微波加热器常用于食品的快速加热、快速烹调和快速消毒。

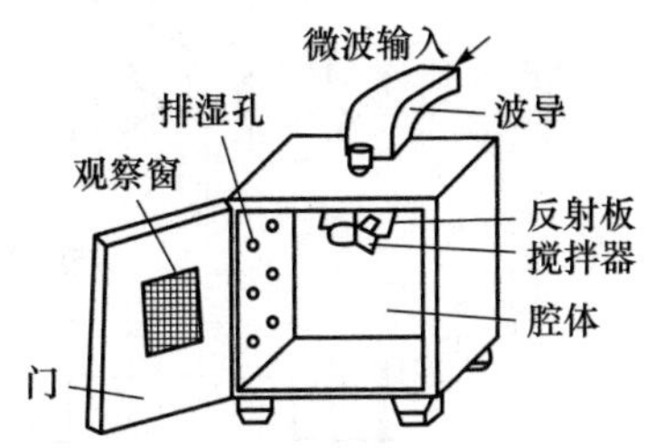

图 7-29 谐振腔加热器结构示意图

（引自：张根生，韩冰．食品加工单元操作原理．2013.）

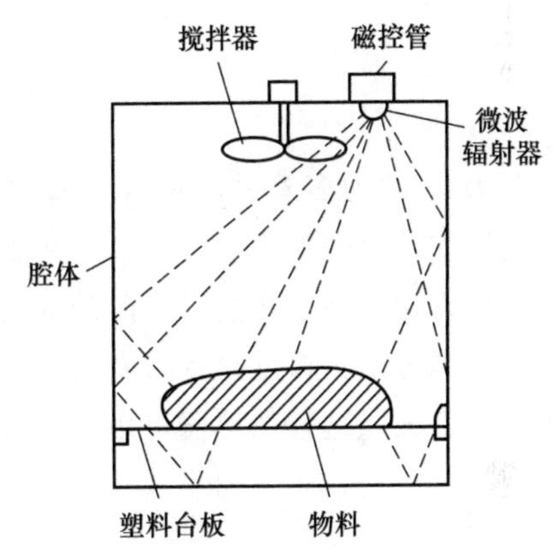

图 7-30 谐振腔微波加热原理

（引自：张根生，韩冰．食品加工单元操作原理．2013.）

2. 隧道式微波加热器

连续式微波加热装置有多种形式，分谐振腔式、波导式、辐射式和漫射式等四种。其中隧道结构的谐振腔式较为简单，适用性也较大。

隧道式加热器也称为连续式谐振腔加热器。这种加热器可以连续加热物料，主要由微波谐振腔体（也是隧道的主体）和输送带构成（图 7-31）。被加热的物料通过输送带连续输入，经微波加热后连续输出。腔体的两侧有入口和出口，易造成微波能的泄漏。因此，在输送带上安装了对微波起屏蔽作用的金属挡板，如图 7-31（a）所示。也有在腔体两侧开口处的波导里安装了许多金属链条，如图 7-31（b）所示，形成局部短路，防止微波能辐射。因加热会有水分的蒸发，又安装了排湿装置。

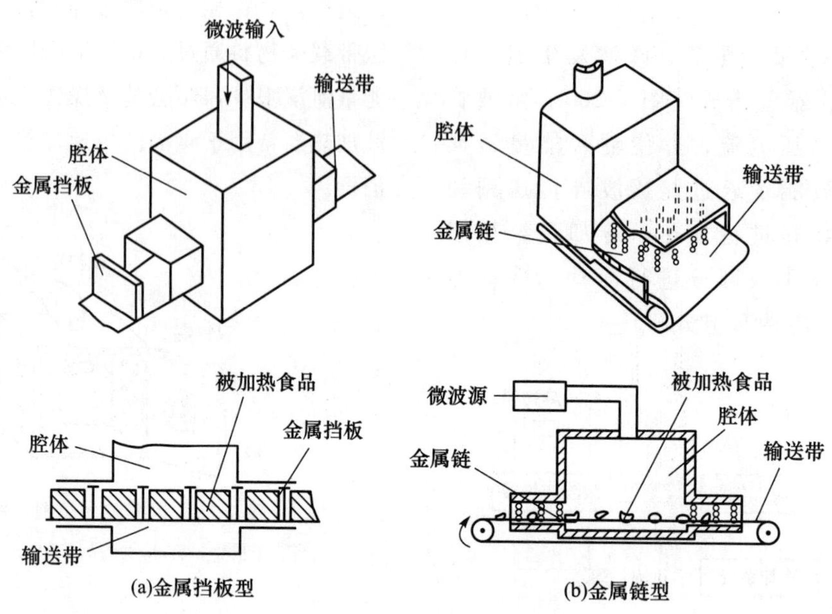

图 7-31　连续式谐振腔加热器

（引自：高海燕. 食品加工机械与设备. 2008.）

图 7-32 所示的为多管并联的连续式多谐振腔加热器。这种加热器的功率容量较大，在工业生产上的应用比较普遍。为了防止微波能的辐射，在这种加热器的炉体进出料口处设置有专门吸收可能泄漏微波能的水负载。这种加热器可用于奶糕和茶叶的加工。

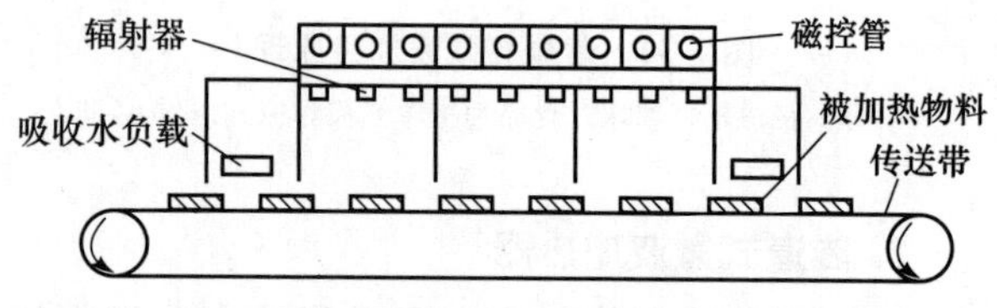

图 7-32　连续式多谐振腔加热器示意图

（引自：张根生，韩冰. 食品加工单元操作原理. 2013.）

3. 选择加热器要考虑的因素

食品的种类和形状各异，加工的规模和加工的要求也各不相同，因此，在选择加热器时应充分考虑频率的选择和加热器类型的选定等。

（1）加工食品的体积和厚度　频率选用 915 MHz可以获得较大的穿透厚度。

（2）加工食品的含水量及介质损耗　一般对于含水量高的食品，频率宜选用 915 MHz；对含水量低的食品，频率宜选用 2 450 MHz。但也有例外，因此，最好由实验决定。

（3）生产量及成本　915 MHz 磁控单管可获得 30 kW 或 60 kW 的功率，而 2 450 MHz 磁控单管只有 5 kW 左右的功率；915 MHz 磁控单管的工作效率比 2 450 MHz 的高 10%～20%。因此，加工大批食品时，频率往往选用 915 MHz；或选用 915 MHz 烘去大量的水，在含水量降至 5%左右时再选用2 450 MHz。

（4）设备体积　2 450 MHz 磁控单管尺寸和波导均较 915 MHz 的小，因此，2 450 MHz 磁控单管加热的尺寸比 915 MHz 的小。

思考题

1. 简述食品物料传热的三种方式。
2. 简述螺杆挤压机类型与适用原料状态和产品类型。
3. 挤压机的类型有哪些？
4. 简述间歇式油水混合油炸机的结构及工作过程。
5. 简述刮板式连续预煮机的工作过程。
6. 简述螺旋式连续预煮机的结构及工作过程。
7. 简述螺旋式与刮板式连续热烫机的特点与适用场合。
8. 什么是 IQB？用简单示意图表达利用蒸汽对物料进行快速热烫和冷却的设备流程。
9. 简述远红外加热设备的工作原理及适用场合。
10. 简述微波加热设备的工作原理及适用场合。

第8章 浓缩机械与设备

【本章知识点】

本章涉及的单元操作是浓缩，是指将溶液中的部分溶剂除去的过程，从而实现浓度提升的目的。浓缩大体有两种类型：平衡浓缩和非平衡浓缩，常见的浓缩方法包括常压蒸发浓缩、真空蒸发浓缩、冷冻浓缩和膜浓缩等。在进行浓缩方法的选择时，应根据料液的特性、工艺、产品质量、当地资源条件、经济性和操作性等要求，进行综合选择。对于物料品质要求不高的，可选择夹层锅、麦芽汁煮沸锅等常压浓缩设备；对于物料品质要求较高的，可选用真空蒸发浓缩设备，其能够在较低温度条件下实现料液沸腾，进行蒸发浓缩，主要包括膜式、板式、刮板式、离心式、中央循环管式、盘管式蒸发器等。对于热敏性食品，可采用冷冻浓缩设备，冷冻浓缩的操作包括两个步骤：第一步是部分水分从水溶液中结晶析出；第二步是将冰晶与浓缩液加以分离。此外，随着技术进步，还出现了膜浓缩、离心浓缩等非平衡浓缩方法，这些新的浓缩方法可与其他浓缩方法相结合，提高物料浓缩的效率和品质。

浓缩是食品加工过程中重要的单元操作之一，在食品加工中用途较广。浓缩的目的在于提高溶液的浓度，增大渗透压，降低水分活度，抑制微生物生长，延长保质期，使产品便于运输、贮存、后续加工以及方便使用等。浓缩可作为干燥、结晶或完全脱水的预处理过程，通过浓缩可以降低食品脱水过程中的能耗，降低生产成本；浓缩还可以有效除去不理想的挥发性物质和不良风味，改善产品质量。浓缩主要用于浓缩果汁、果酱、浓缩乳、功能性食品等产品的生产中。但是物料在浓缩过程中会丧失某些风味或营养物质，因此，选择合理的浓缩方法和适宜的条件是非常重要的。

目前，用于食品浓缩的设备主要包括：常压蒸发浓缩设备、真空蒸发浓缩设备、冷冻浓缩设备、膜浓缩设备等。在食品浓缩加工中应用较广的是常压蒸发浓缩设备和真空蒸发浓缩设备。对于含有热敏性和挥发性成分等有特殊要求的料液，可采取低温冷冻浓缩的方式进行。膜浓缩设备作为一种新型的浓缩设备，在食品浓缩中得到了较为广泛的应用。

8.1 概述

8.1.1 浓缩的概念

浓缩是指从溶液中除去部分溶剂（通常是水）的操作过程，其本质是溶质和溶剂的均匀混合液进行部分分离的过程，进而使溶液中的溶质浓度得到提升。浓缩是可以依靠溶剂在两项分配上的差异，利用其在沸点或者冰点的相态转化，快速将溶剂除去，或者依靠外力将部分溶剂从溶液中分离的单元操作。

8.1.2 浓缩的分类

目前，我们所接触到的常见浓缩方法，主要包括：常压蒸发浓缩、真空蒸发浓缩、冷冻浓缩、膜浓缩等。浓缩大体可分为两种类型：平衡浓缩和非平衡浓缩。平衡浓缩主要是利用两相在分配上的差异进行浓缩，浓缩过程中没有外界的介入，主要包括气-液蒸发浓缩和液-固冷冻浓缩两种。非平衡浓缩是指在浓缩过程中，有外界的介入，常见的浓缩方式是膜浓缩。

蒸发浓缩是最常见的一种浓缩方式，主要有两种：①自然蒸发：溶剂在低于沸点情况下的汽化。自然蒸发所产生的蒸汽压低，蒸发速率慢，且汽化只在溶液表面进行。②加热沸腾蒸发：溶剂在沸点时的汽化。汽化过程中溶液呈沸腾状态，汽化不但在表面进行，而且几乎在溶液中的各个部分同时进行，蒸发速率比自然蒸发快。由于加热浓缩的速度快，生产效率高，生产成本低，目前，很多工厂常采用该种浓缩方式，但浓缩过程中温度较高，对于热敏性较强的食品物料不适用该种浓缩方法。

为实现在较低的温度下对食品进行浓缩，出现了冷冻浓缩，其是利用冰与水溶液之间的固-液相平衡原理，将溶液中的一部分水以冰的形式析出，并从液相中分离出去，从而使溶液浓缩的方法。冷冻浓缩的整个操作是在低温下进行的，因此，特别有利于热敏性食品的浓缩。冷冻浓缩具有以下优点：低温操作，气液界面小，微生物增殖少，溶质劣化及挥发性芳香成分损失可控制在极低的水平等。其主要缺点：浓缩率比较低，料液的最终浓度不会超过最低共熔浓度。

膜浓缩是利用半透膜将溶质和溶剂进行分离，进而提高料液浓度的一种浓缩方法，其本质属于膜分离。膜浓缩主要利用浓缩成分与液体的分子量的不同实现定向的分离，以达到浓缩的目的。相对于传统的浓缩方法，膜浓缩具有能耗低，可常温下进行，对产品影响小等优点，一般应用于蛋白及酶的纯化等方面。

8.1.3 浓缩设备的分类

浓缩设备主要包括蒸发浓缩设备、冷冻浓缩设备和非平衡浓缩设备（反渗透装置）三大类。目前，国内大量应用的为蒸发浓缩设备，冷冻浓缩设备和反渗透装置近些年也得到逐步的推广和应用。蒸发浓缩设备是最为常见的浓缩设备，主要由加热室（器）和分离室（器）两部分组成，主要完成水分蒸发和分离任务。蒸发浓缩设备的类型很多，可按不同的方法进行分类。

（1）按蒸发面上的压力分类　可分为常压浓缩和真空浓缩。

① 常压浓缩：溶剂汽化后直接排入大气，蒸

发面上为常压。该类设备结构简单，投资少，维修方便，但蒸发速率低。

② 真空浓缩：该类设备蒸发面上方的压力状态为真空，溶剂从蒸发面上汽化后由真空系统抽出。其蒸发温度低，速率高，由于有一定的真空要求，设备较为复杂。

(2) 按加热蒸汽被利用的次数分类　可分为单效浓缩和多效浓缩。多效浓缩可有效提高热能的利用率。

(3) 根据料液的流程分类　分为单程式和循环式（有自然循环式与强制循环式之分）。

(4) 根据加热器内料液的状态分类　分为薄膜式和非膜式。

① 薄膜式：料液在蒸发时被分散成薄膜状。薄膜式蒸发器又可分为升膜式和降膜式。

② 非膜式：料液在蒸发器内聚集在一起，只是翻滚或在管中流动形成大蒸发面。非膜式蒸发器又可分为中央循环管式和盘管式等。由于非膜式蒸发器的加热时间较长，薄膜式蒸发器的加热时间较短，对于热敏性物料，可采用薄膜式。

8.1.4　浓缩设备的选型

由于浓缩设备较多，在进行设备选型时，应遵循以下原则：

(1) 料液的性质　包括成分组成、黏滞性、热敏性、发泡性、腐蚀性，是否含有固体、悬浮物，是否易结晶、结垢等。以下列举六点。

① 结垢性：有些溶液在受热后，会在加热面上形成积垢，从而增加热阻，降低传热系数，严重影响蒸发效能，甚至停产。因此，对于容易形成积垢的物料应采取有效的防垢措施，如采用流速较大的蒸发设备或其他强制循环的蒸发设备，用高流速来防止积垢生成或采用电磁防垢、化学防垢等措施，也可采用方便清洗加热室的蒸发浓缩设备。

② 热敏性：对加热温度很敏感，受热后会引起产物发生化学变化或物理变化而影响产品质量的性质称为热敏性。如发酵工业中的酶是大分子的蛋白质，加热到一定温度后，持续一定时间即会变性而丧失其活力。如酶液等在低温短时间受热的情况下进行浓缩，才能保留活性。又如果酱等食品在温度过高时，会改变色泽和风味，使产品质量降低。这些热敏性物料的变化与温度和时间均有关系，若温度较低，变化很缓慢；若温度很高，受热时间很短，变化也很小。因此，食品工业中常用低温蒸发，或在较高温度下的瞬时受热蒸发来解决热敏性物料在蒸发过程中的特殊要求。一般选用各种薄膜式浓缩设备或真空度较高的蒸发浓缩设备，也可选用冷冻浓缩设备。

③ 发泡性：有些食品物料在浓缩过程中，会产生大量气泡。这些气泡易被二次蒸汽带走，进入冷凝器，一方面造成溶液的损失，增加产品的损耗；另一方面污染其他设备，严重时会造成无法操作。因此，发泡性溶液蒸发时，要降低蒸发器内二次蒸汽的流速，以防止发泡，或在蒸发器的结构上考虑消除发泡的可能性。同时要设法分离回收泡沫，一般采用管内流速很大的升膜式蒸发器或强制循环式蒸发器，用高流速的气体来冲破泡沫。

④ 结晶性：有些食品物料在浓度增加时，会有晶粒析出，大量结晶沉积会妨碍加热面的热传导，严重时会堵塞加热管。若要使含有结晶的溶液正常蒸发，需要选择带有搅拌装置的或强制循环蒸发器，始终保持溶液处于悬浮状态。

⑤ 黏滞性：有些料液浓度增大时，黏度随之升高，使流速降低，传热系数也随之减小，生产能力下降。因此，对黏度较高或经加热后黏度会增大的料液，不宜选用自然循环式浓缩器，而应选用强制循环式、刮板式或降膜式浓缩器。

⑥ 腐蚀性：蒸发腐蚀性较强的料液时，应选用防腐蚀材料制成的或便于更换的设备，使腐蚀部分易于定期更换。如柠檬酸液的浓缩器常采用石墨加热管或耐酸搪瓷夹层蒸发器等。

(2) 工艺要求　包括处理量、蒸发量、原料液及浓缩液在进出口处的浓度和温度、连续作业和间歇作业等。

(3) 产品质量要求　要符合卫生标准。如色、香、味和营养成分等。

(4) 当地资源条件　包括热源、气象、水质、水量和原料供给情况等。

(5) 经济性和操作要求　包括厂房占地面积和高度、设备投资限额及传热效果、热能利用、操作和维修是否方便等。

8.2 常压蒸发浓缩设备

常压蒸发浓缩设备是普通蒸发浓缩生产的常用设备，常压蒸发浓缩是指在常压状态下对物料进行的蒸发浓缩操作。常压蒸发设备因其工艺、用途不同，结构有很大差异，但总的来说，其结构简单，技术要求较低。典型的常压蒸发设备包括夹层锅（见 7.1.1 夹层锅）和啤酒厂的麦芽汁煮沸锅。

麦芽汁煮沸锅是啤酒厂使用的典型常压蒸发设备。它主要作用是将糊化、糖化、过滤后得到的清麦芽汁煮沸，浓缩到所要求的发酵糖度。因麦芽汁总体的蒸发量较小，而卫生标准要求较高，设备要便于清洗。

图 8-1 所示的为麦芽汁煮沸锅，整体结构呈球形，采用铜或不锈钢薄板材料制造而成，有足够的刚度和强度，同时便于清洗。加热夹套结构布置在锅的底部，对于小型煮沸锅一般采用外凸锅底，如图 8-1（a)所示，而对于大型煮沸锅，为增大加热面积，促进料液对流及循环，提高传热系数，改善受力状态，提高锅体的刚度，采用内凸锅底，如图 8-1（b）所示，分为内外两个加热区，内加热区的锅底结构强度高，可采用较高压力的蒸汽，加热温度高。为避免冷凝水的积存，降低传热系数，冷凝水的排出管设置在锅底最低处。不凝性气体的排出管设置在夹套的最高处，以便于排除干净。因成型加工较为困难，通常采用平底结构，通过加强筋板等结构，保证锅底的刚度和强度。

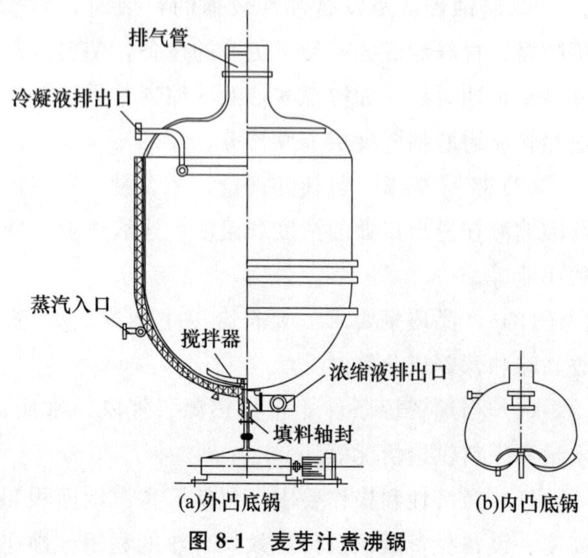

图 8-1　麦芽汁煮沸锅

（引自：马荣朝，杨晓清. 食品机械与设备. 2 版. 2018.）

对于大型麦芽汁煮沸锅，还可设置内置的中心加热器，可根据液面高度，通过自动控制分步调节加热蒸汽的温度。在加热过程中，麦芽汁可产生强烈的自然循环，传热系数较高；同时，麦芽汁加热速度快，温度上升急剧，其成分可充分分解和凝固，有助于提高啤酒的质量，但结垢后较难清洗。

搅拌器采用的是径向直叶片，其形状与锅底形状一致，用来保障物料受热均匀，在沸腾之前加速料液的对流，从而提高传热系数，同时避免固体成分沉淀在锅底的加热表面造成过热或形成结垢。

排气管设置于锅的上方中央，用于排出二次蒸汽，二次蒸汽在排气管上形成的冷凝水经集液槽及排出管排至锅外，以免造成麦芽汁的污染。为避免外部空气进入锅内，排气管内设置有可调风门，管口处设有风帽。排气管还设有人孔、照明和清洗水管等装置，以便于操作和观察。

8.3 真空蒸发浓缩设备

真空蒸发浓缩设备是指使设备处于一定真空环境中，在较低温度条件下实现料液沸腾，进行蒸发浓缩的一种装置。

8.3.1 真空蒸发浓缩设备的概述

根据不同的分类方式，真空蒸发浓缩设备可分为以下几类。

（1）按加热二次蒸汽被利用的次数分类

① 单效浓缩设备。

② 多效浓缩设备。

③ 带有热泵的浓缩设备。

食品工厂的多效浓缩设备，一般采用双效、三效，有时还带有热泵。效数越多，热能的利用率越高，但设备的投资费用也越高。

（2）按料液的流程分类

① 循环式。有自然循环式与强制循环式之分。

② 单程式。

一般来说，循环式比单程式的热利用率高。

（3）按料液蒸发时的分布状态分类

① 非膜式蒸发器。非膜式料液在蒸发器内聚集

在一起，只是翻滚或在管中流动，形成大蒸发面。非膜式蒸发器可分盘管式和中央循环管式。

② 薄膜式蒸发器。料液在蒸发器内蒸发时被分散成薄膜状。薄膜式蒸发器可分为升膜式、降膜式、片式、刮板式、离心式等。薄膜式蒸发器的水分蒸发快，其蒸发面积大，热利用率高，但结构较非膜式复杂。

8.3.2　膜式真空蒸发浓缩设备

1. 长管式蒸发器

长管式蒸发器（图 8-2）有升膜式、降膜式和升降膜式三种。

（1）升膜式蒸发器　由垂直加热管束、分离室、液沫捕集器等组成。加热管的管径一般为 30～50 mm，管长为 6～8 m，管长径比为 100～150。

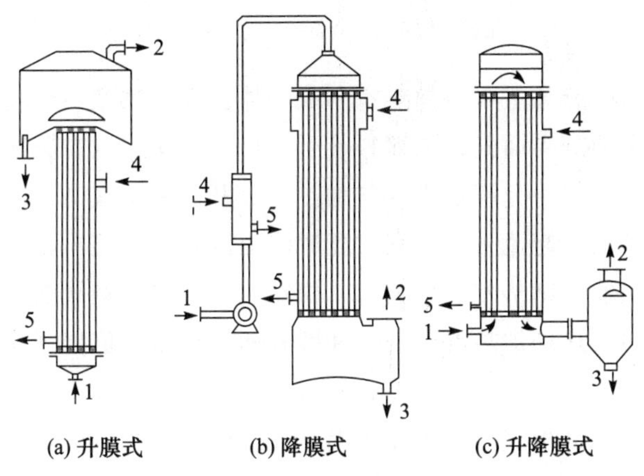

图 8-2　长管式蒸发器

1. 进料液；2. 二次蒸汽；3. 浓缩液；4. 生蒸汽；5. 冷凝水

（引自：马荣朝，杨晓清. 食品机械与设备. 2 版. 2018.）

工作时，料液自加热室底部进入加热管内。加热蒸汽在管束间流过，料液在加热管中部开始沸腾并迅速汽化。在加热管上部产生的二次蒸汽快速上升，流速可达 100～160 m/s。料液被二次蒸汽带动，沿管内壁成膜状上升并不断被加热蒸发；然后二次蒸汽与料液进入分离室，利用离心力的作用将汽液分离，二次蒸汽排出。浓缩液沿循环管下降，回到加热器底部，与新进入的料液混合后，一并进入加热管内，再度受热蒸发，如此往复循环。经一段时间后，一部分已达要求的浓缩液，由出料泵抽出；另一部分未达要求的浓缩液，再继续循环蒸发。还有非循环型，即单程式，其经一次浓缩后，可达到成品要求的浓度而排出。

进料量、温度和黏度影响成膜质量，控制这三种因素对于升膜式蒸发器的作业质量有重要影响。进液量过多，则下部积液过多，会以液柱形式上升而不能形成液膜，甚至出现跑料现象，使传热系数大大降低；进液过少，易在管束上部发生管壁结焦现象。一般经过一次浓缩的蒸发量，不能大于进料量的 80%。在正常工作时，液面应控制在加热管高度的 1/4～1/5。进料温度和沸腾温度一样，会造成管内液面的变化，进料温度过低时，料液将呈液流上升；而进料温度过高时，形成的液膜不均匀，甚至出现焦管、干壁现象。料液最好预热到接近沸点状态再进入加热器，这样能增加液膜在管内的比例，从而提高传热系数。

升膜式蒸发器的优点：①占地面积小；②传热效率较高，料液受热时间短，在加热管内停留 10～20 s；③适于浓缩热敏、易起泡和黏度低的料液。其缺点：①一次浓缩比不大；②操作时进料要控制好，进料过多不易成膜，过少则易断膜干壁，影响成品品质。

（2）降膜式蒸发器　由加热器体、分布器、分离室和泡沫捕集装置等部分组成，其中分离室设于加热器体的下方（图 8-2）。料液经预热后，从加热管束顶部通过分布器，在重力作用下，沿加热管内壁成膜状下降，蒸汽从管外通过，间接对料液进行加热，所产生的气-液混合物进入分离室进行分离，二次蒸汽由顶部排出，浓缩液从底部卸出。因为该蒸发器为连续作业，料液通过加热管后，即符合浓缩要求，所以加热管须有足够的长度。分配器使料液均匀分布于各加热管，其作用对传热效果的影响较大。使用降膜式蒸发器时，料液需要一定流量，若流量小则料液呈线状下流，不仅传热系数降低，且易增加结垢。

降膜式蒸发器的特点：①其利用液膜的重力作用降膜，故能蒸发黏度较大的料液；②因受热时间短，适于热敏性强的物料；③料液在加热管内的沸点均匀，且无静层效应，故有效温差较大，传热效果好，与盘管式蒸发器相比可节约加热蒸汽 60%；④其加热管较长，料液沸腾时所生成的泡沫易在管壁上受热破裂，因此，适用于蒸发易生泡沫的物料；⑤清洗方便；⑥适于浓度较大，不易结晶、结垢的物料。

2. 板式蒸发器

板式蒸发器是由板式加热器与蒸发分离器组合而成的（图 8-3）。加热器的加热片用不锈钢板冲压而成，板厚 1～1.5 mm，片与片由两端压板及上下拉杆压紧，片的四周有橡胶垫圈，以保持密封，并使片与片之间形成蒸汽与料液流动通道。一般由四片传热片组成一组。

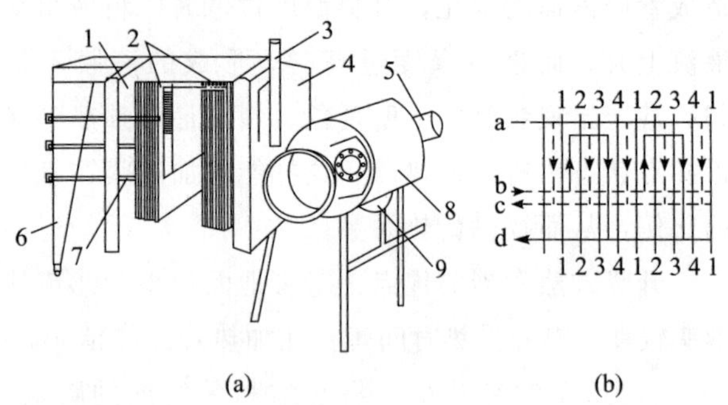

图 8-3　板式蒸发器

1. 随动板；2. 传热板；3. 蒸汽进口集汽管；4. 端面板；5. 二次蒸汽出口；6. 后端支架；7. 紧固螺丝；8. 分离器；9. 浓缩液汇集槽及出口；a. 蒸汽；b. 进料；c. 冷凝水；d. 二次蒸汽与浓缩液引向分离器

（引自：马荣朝，杨晓清．食品机械与设备．2 版．2018.）

如图 8-3（b）所示，料液由泵强制通入加热器体，由片（1）与片（2）之间上升（升膜部分），然后从片（3）与片（4）之间下降（降膜部分）。加热蒸汽则通入片（2，3）和片（4）之间，通过片壁对料液加热，然后冷凝而排出。料液被加热后，部分水分蒸发为二次蒸汽与浓缩液一起进入底部通道，随后引入蒸发分离器进行分离。这种浓缩设备的优点是体积小，料液在容器内停留时间短（仅数秒），传热系数高，易清洗，加热面积可随意调整，适用于牛奶、果汁等热敏性料液的浓缩。其缺点是密封垫片易老化而泄漏，使用压力有限等。

3. 刮板式蒸发器

刮板式蒸发器（图 8-4）也称为刮板式薄膜蒸发器，是利用外加动力的膜式蒸发器。这种热交换器靠近传热面处有刮板连续不断地做刮扫运动，使料液成薄膜状流动。刮板式蒸发器主要由内面磨光夹套换热圆筒、刮板转子、密封机构和驱动装置等组成。

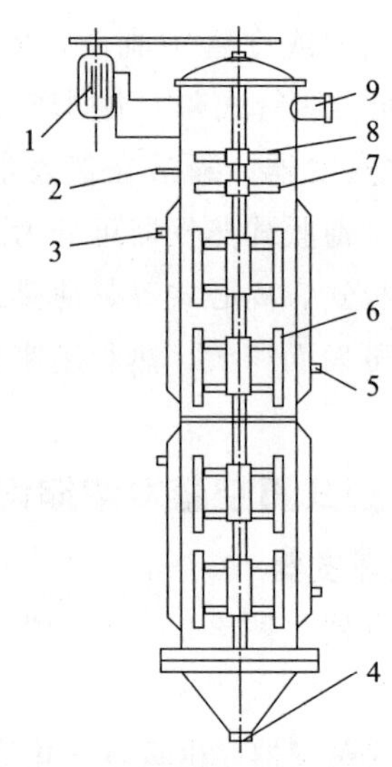

图 8-4　刮板式蒸发器

1. 电动机；2. 进料口；3. 加热蒸汽进口；4. 浓缩液出口；5. 冷凝水排出口；6. 刮板；7. 分配盘；8. 除沫盘；9. 二次蒸汽出口

（引自：马荣朝，杨晓清．食品机械与设备．2 版．2018.）

分离室可与加热室制成一体。在加热室与分离室的分界面处设浓缩料液引出口，二次蒸汽自分离室引出。分离室也可与加热室分开。浓缩液与二次蒸汽一起流入分离室，此时浓缩液从底部流出，二次蒸汽则从左上侧引出。根据刮板加热器轴线的取向，这种加热器有立式和卧式两种类型，但以立式为多。

刮板式蒸发器主要优点是处理黏度高达 50～100 Pa·s 的黏性料液时，仍能保持较高的传热速率。因此，特别适用于浓缩糖含量高、蛋白含量高的物料，如鸡蛋、蜂蜜和麦芽汁等料液。缺点是设备加工精度要求高，生产能力小，因而一般用于后道浓缩。

4. 离心式蒸发器

离心式蒸发器（图 8-5）的构造与碟式分离机相似，但离心式蒸发器的碟片是中空夹层的，若干个空心锥形碟片组装在转鼓内，转鼓底与空心主轴相连。锥形碟片的小端封闭，大端则与一环箍相连。环箍上钻有若干个径向和轴向的小孔，径向孔通向碟片的中空夹层，轴向孔在若干个碟片组装后，由于上下对准而形成一个由底到顶的轴向孔道，沿环箍的周围分布有许多箍条。同时，在上下两个相邻的碟片的环箍间，又构成一个端面为“[”形的环形沟槽，该环形沟槽与轴向孔道连通。这样使装配体形成碟片内外两个空间，碟片内空间通入热蒸汽，碟片外空间通入被处理物料。碟片的下侧壁即传热工作壁，上侧壁相当于容器的壳壁。

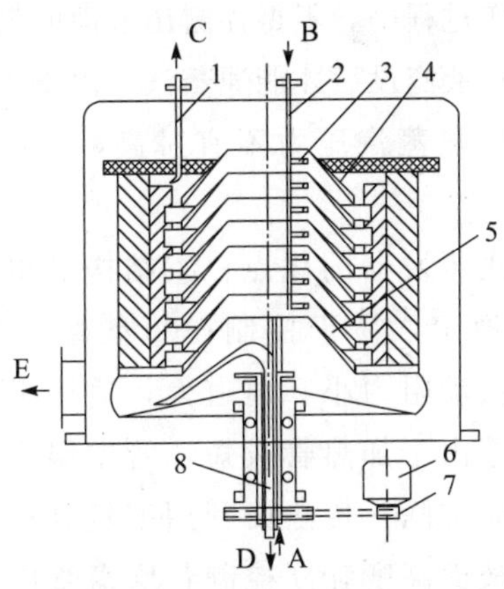

图 8-5　离心式蒸发器

1. 吸料管；2. 分配管；3. 喷嘴；4. 锥形碟片；5. 间隔板；6. 电机；7. 皮带；8. 空心转轴；A. 加热蒸汽；B. 进料液；C. 浓缩液；D. 冷凝水；E. 二次蒸汽

（引自：马荣朝，杨晓清．食品机械与设备．2 版．2018.）

工作时，加热蒸汽由空心主轴引入，到达转鼓内壁的蒸汽空间，再经径向孔进入碟片夹层空间，蒸汽冷凝将热量通过转壁传给料液，冷凝液受离心力作用被甩至碟片的上侧壁，沿壁面向外方向流动，又经径向孔流回转鼓内壁的蒸汽空间，并沿壁下流至室底的环形槽集中，经排出管排出。料液由加料管引入，经分配支管喷注，落于碟片内下侧，并受离心力作用沿壁面向外流，在流动过程中受热蒸发。二次蒸汽由转鼓中部上升，经外壳由真空泵抽至冷凝器中冷凝。浓缩液沿碟片底面流至“[”形环槽集中，经环箍的轴向孔上行，最后经排出管排出。

离心式蒸发器是集薄膜浓缩和离心分离两个过程于一体的浓缩设备。该设备的特点如下：①物料在热传面上因离心力作用形成极薄的流动液膜（厚约 0.1 mm）加热而蒸发，一旦冷凝就被甩出，即处于滴状冷凝状态，因此，总加热系数很高；②物料在器内滞留时间很短（约 1 s），大大减少加热时对热敏性物质的破坏；③由于离心力的作用还可以抑制料液的发泡，适用于对发泡性强的物料浓缩；④还具有气液分离效果好、残留液量小、清洗杀菌方便等优点。⑤缺点是造价高。在食品工业中主要应用于鲜果汁、咖啡、蛋白、酵母等物料的浓缩。

8.3.3　非膜式真空蒸发浓缩设备

1. 标准式蒸发器

标准式蒸发器又称为中央循环管式浓缩锅，其下部为加热室，上部为分离室。加热室内装有加热管束和中央循环管，中央循环管的截面积较大，一般为加热管束（升液管）总面积的 40% 以上（图 8-6）。

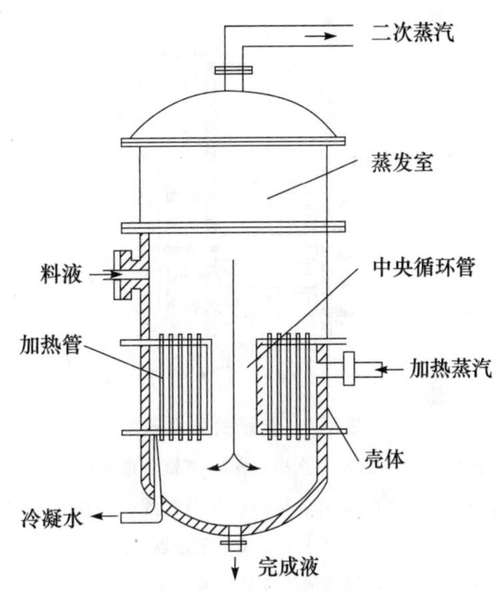

图 8-6　标准式蒸发器

（引自：马荣朝，杨晓清．食品机械与设备．2 版．2018.）

中央循环管与加热管一般采用胀管法或焊接法固定在上下管板上，从而构成一组竖式加热管束。料液在管内流动，而加热蒸汽在管束之间流动。为提高传热效果，在管间可增设若干个挡板，或抽去几排加热管，形成蒸汽通道。同时，配合不凝气排出管的合理分布，有利于加热蒸汽均匀分布，从而提高传热及冷凝效果。加热管外侧都有不凝气排出管、加热蒸汽管、冷凝水排出管等。

工作时，料液在管内流动，加热蒸汽在管束之间流动，中央循环管与加热管中的料液受热程度不同，产生密度差，使料液经加热管而沸腾上升，然后在分离室内进行气液分离。二次蒸汽由顶部排出。料液经中央循环管下降，再进入加热管束，形成自然循环，将水分蒸发。浓缩后的制品由底部卸出。

标准式蒸发器的特点：①结构简单，操作方便，锅内液面容易控制；②管束较短，料液受热时间较短，传热系数较大，适于轻度结垢料液；③因料液为自然循环，料液流速低且不稳，受热不均匀。目前这类蒸发器在国内制糖厂应用广泛。

2. 盘管式蒸发器

盘管式蒸发器主要由盘管加热器、气液分离室、泡沫捕集器、疏水器等组成。锅体为立式圆筒密闭结构，上部空间为蒸发室，下部空间为加热室。泡沫捕集器为离心式，安装于浓缩锅的上部外侧。泡沫捕集器中心立管与真空系统连接（图 8-7）。

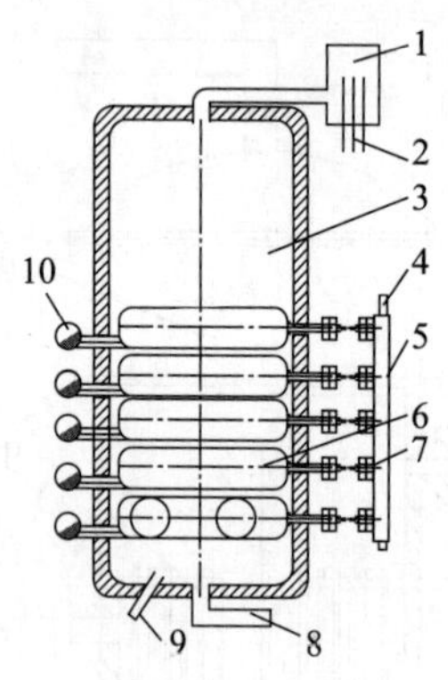

图 8-7 盘管式蒸发器

1. 泡沫捕集器；2. 二次蒸汽出口；3. 气液分离室；4. 蒸汽总管；5. 加热蒸汽包；6. 盘管加热器；7. 分汽阀；8. 浓缩液出口；9. 取样口；10. 疏水器

（引自：马荣朝，杨晓清. 食品机械与设备. 2 版. 2018.）

其加热室设有 3～5 组加热盘管，分层排列，每盘 1～3 圈，各组盘管分别装有可单独操作的加热蒸汽进口及冷凝水出口，进出口布置有两种（图 8-8）。

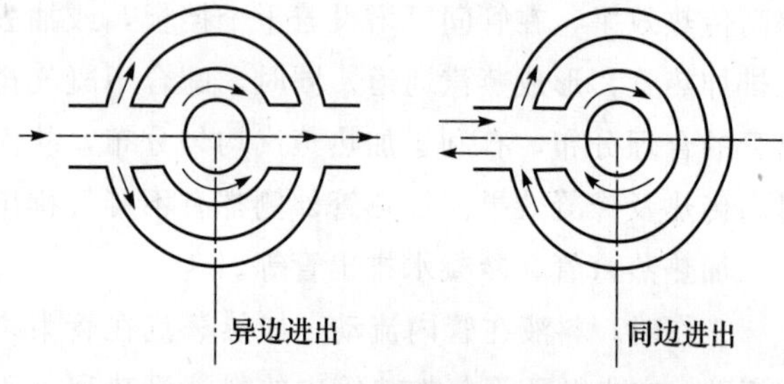

图 8-8 盘管的进出口布置

（引自：马荣朝，杨晓清. 食品机械与设备. 2 版. 2018.）

工作时，料液沿锅体切线方向通过进料管进入锅内。外层盘管间料液受热后体积膨胀而上浮，盘管中部位的料液，因受热相对较少，密度大，自然下降回流，从而形成了料液沿外层盘管间上升，又沿盘管中心下降回流的自然循环。蒸发产生的二次蒸汽从浓缩锅上部中央排出，二次蒸汽中夹带的料液雾滴在捕集器的作用下被分离下降流回锅中。当浓缩锅内的物料浓度经检测达到要求时，即可停止加热，打开锅底出料阀出料。

在操作过程中，不得往露出液面的盘管内通蒸汽，只有料液淹没后才能通蒸汽。由于盘管结构尺寸较大，加热蒸汽压力不宜过高，一般为 0.7～1.0 MPa。

盘管式蒸发器的优点：①结构简单，制造方便，操作稳定，易于控制；②盘管为扁圆形截面，料液流动阻力小，通道大，适用于黏度较高的料液；③由于加热管较短，管壁温度均匀，冷凝水能及时排除，传热面利用率较高；④便于根据料液的液面高度独立控制各层盘管内加热蒸汽的通断及压力，以满足生产或操作的需要。其缺点：①传热面积小，料液对流循环差，易结垢；②料液受热时间长，在一定程度上对产品质量有影响。

3. 夹套式真空浓缩锅

夹套式真空浓缩锅（图 8-9）又称为搅拌式真空浓缩锅，属于间歇式中小型食品浓缩设备。其主要由圆筒形夹套壳体、犁刀式搅拌器、气液分离器等组成。料液投入浓缩锅内，通过供入夹套内的蒸汽进行加热，在搅拌器的强制性翻动下，料液形成对流而受到较为均匀的加热，并释放出二次蒸汽。二次蒸汽从上部抽出。

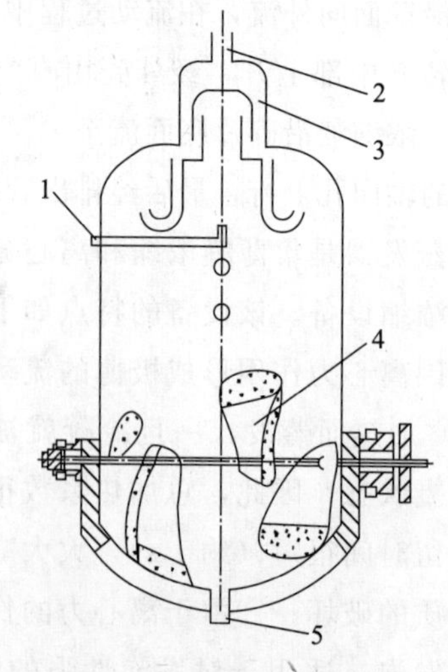

图 8-9 夹套式真空浓缩锅

1. 料液进口；2. 二次蒸汽出口；3. 泡沫捕集器；4. 搅拌器；5. 浓缩液出口

（引自：马荣朝，杨晓清. 食品机械与设备. 2 版. 2018.）

夹套式真空浓缩锅的工作过程：操作开始时，先通入加热蒸汽赶出锅内空气，然后开动抽真空系统，造成锅内真空。当稀料液吸入锅内，达到容量要求后，即开启蒸汽阀门和搅拌器。经取样检验，达到所需浓度时，解除真空即可出料。

夹套式真空浓缩锅的特点：①加热面积小，料液温度不均衡；②加热时间长，料液通道宽；③强制搅拌可加强加热器表面料液的流动，减少加热死角。这种蒸发器适宜于果酱、炼乳等高黏度料液的浓缩。

4. 外加热式蒸发器

外加热式蒸发器的加热室和分离室是分开的。根据物料在加热室与分离室间循环的方式，可分为强制循环式和自然循环式两种。

①强制循环式蒸发器。主要由列管式加热器、分离室和料液循环泵组成，如图 8-10（a）所示。料液经循环泵，进入加热器的列管内，被管间的蒸汽加热，然后在分离室内进行气液分离，二次蒸汽自室顶排出，被浓缩的溶液由室底部再进入循环泵进口，使溶液继续强制循环蒸发，当溶液达到要求浓度后，由分离室卸出。

②自然循环式蒸发器。除无循环泵以外，基本构成与强制循环式相同，但加热室只能垂直安装，如图 8-10（b）所示。

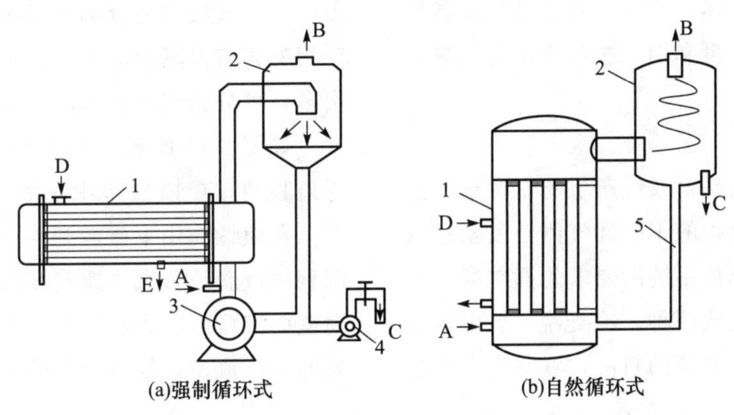

图 8-10 外加热式蒸发器

1. 加热器；2. 分离器；3. 循环泵；4. 出料泵；5. 循环管；A. 进料；B. 二次蒸汽；C. 浓缩液；D. 生蒸汽；E. 冷凝水

（引自：马荣朝，杨晓清. 食品机械与设备. 2 版. 2018.）

两种外加热式蒸发器均可以连续操作，也可以间歇操作。连续操作时，最初的一段时间为非稳定期，这时不出料；当循环内料液浓度达到预定浓度时，由离心泵抽吸出料。

外加热式蒸发器优点：①加热室与分离室分开后，可调节二者之间的距离和循环速度，使料液在加热室中不沸腾，而恰在高出加热管顶端处沸腾，加热管不易被析出的晶体所堵塞；②分离室独立分开后，形式上可以做成离心分离式，从而有利于改善雾沫分离条件；③还可以由几个加热室合用一个分离室，可提高操作的灵活性；④自然循环外加热式蒸发器的循环速度较大，可达 1.5 m/s，而用泵强制循环的蒸发器，循环速度更大；⑤这种蒸发器的检修、清洗较方便。其缺点：溶液反复循环，在设备中平均停留时间较长，对热敏性物料不利。

8.3.4 真空蒸发浓缩设备附属装置

1. 泵

真空蒸发系统中所用的泵主要有以下三类：物料泵、冷凝水排除泵、真空泵。

（1）物料泵　真空蒸发浓缩系统处于负压状态，因此，连续蒸发操作时，浓缩液的出料一般要用泵抽吸完成。所用的泵可以用离心泵，但多用正位移泵。除了强制循环式蒸发器中的循环泵以外，在多效蒸发系统中，上一效蒸发器出来的浓缩液进入下一效蒸发器中，一般需要用泵输送。

（2）冷凝水排除泵　主要用于排除负压状态加热器中加热蒸汽产生的冷凝水。当蒸发器的加热器与真空系统相连，进入加热器的蒸汽（生蒸汽、二次蒸汽或两者的混合物）均可通过适当形式的调节控制，成为负压状态（负压状态的蒸汽对应的温度低于100℃）。此时加热器的冷凝水也为负压，必须通过离心泵抽吸才能排出加热器。

（3）真空泵　为蒸发系统提供所需的真空度。通常采用的真空泵形式有往复式真空泵、水环式真空泵、蒸汽喷射泵和水力喷射泵等。除了水力喷射泵以外，其他形式的真空泵一般都接在冷凝器后面。

真空泵的另一个作用是排出系统中产生的不凝性气体。系统的不凝性气体主要来自二次蒸汽，直接式冷凝器用的冷却水也夹带不凝性气体，其是加热物料中组分分解的气体。因此，除了与冷凝器相连接以外，真空泵还与再利用二次蒸汽作为加热剂的加热器相连。

2. 冷凝器

冷凝器的主要作用是对系统产生的二次蒸汽进行冷凝，同时分离系统中的不凝性气体，以减轻后面真空系统的负荷，维持系统所要求的真空度。冷凝器包括直接式和间接式两种。冷凝器一般以水为冷却介质，对于以水为溶剂的料液，真空蒸发系统中多采用直接式（混合式）冷凝器。对于需要回收芳香成分的料液，则需要采用间接式冷凝器。对于含有机溶剂的料液（如乙醇提取液），为了回收有机溶剂，也需要采用间接式冷凝器。无论是间接式冷凝器还是直接式冷凝器，均有与真空泵相连的不凝气排出口。

在真空度要求不高的蒸发系统中，可用水力喷射泵来对二次蒸汽进行冷凝，同时可将系统的不凝性气体抽走。

3. 捕集器

捕集器一般安装在分离室的顶部或侧面。其作用是防止在蒸发过程中形成的细微液滴被二次蒸汽带出，对气液进行分离，以减少料液损失，同时避免污染管道及其他蒸发器的加热面。捕集器的形式很多，可分为惯性型和离心型等。

如图8-11所示，（a）和（b）为惯性型，（c）为离心型。在惯性型中，液滴在随蒸汽急速转弯时，在惯性作用下碰撞到档板处而被截留，离心型则利用液滴随蒸汽高速旋转过程中的离心力被抛向筒壁而被截留。为获得良好的效果，二者均需要较高的蒸汽流速，同时阻力较大。

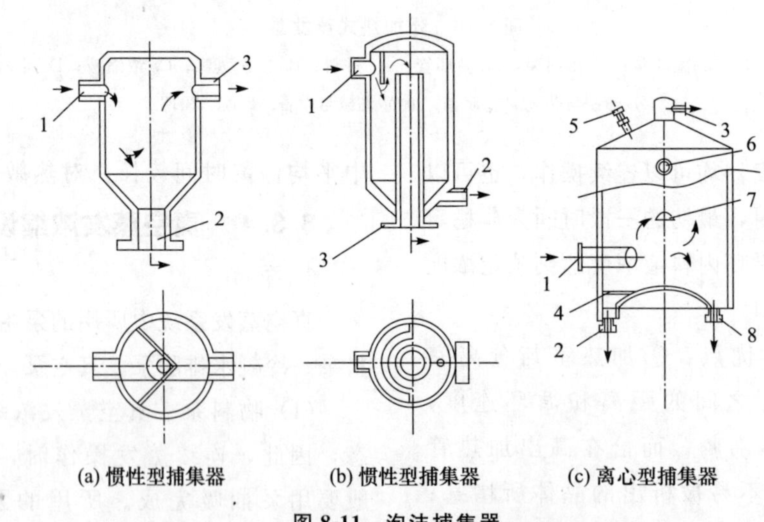

图8-11　泡沫捕集器

1. 二次蒸汽进口；2. 料液回流口；3. 二次蒸汽出口；4. 挡板；5. 真空解除阀；6. 视孔；7. 折流板；8. 排液口

（引自：马荣朝，杨晓清. 食品机械与设备. 2版. 2018.）

4. 蒸汽喷射器

高压蒸汽作为蒸汽喷射器的动力源。蒸汽喷射器亦称为蒸汽喷射泵，主要用于抽真空，并将蒸发所产生的二次蒸汽压缩，使之升压、升温后再作为加热热源，以节省浓缩的蒸汽消耗量。

蒸汽喷射器由蒸汽室、喷嘴、混合室、扩散室（扩散管）和吸入室等部分构成（图8-12）。在蒸汽室中有工作蒸汽（生蒸汽）入口，吸入室有低压蒸汽（二次蒸汽）入口，其工作原理是蒸汽通过喷嘴，以很高的流速进入吸入室；在吸入室内产生压力差，低压蒸汽即被吸入，与生蒸汽一起进入混合室，两种蒸汽在混合中速度等化并升压，通过混合室的末端（喉部）后，压力进一步升高。为了提高真空度，可采用多级串联的蒸汽喷射泵。

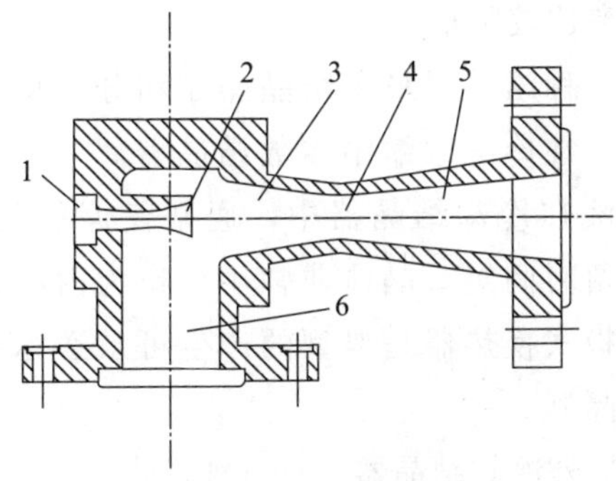

图 8-12　蒸气喷射器

1. 蒸汽室；2. 喷嘴；3. 混合室；4. 喉管；5. 扩散室；6. 吸入室
（引自：马荣朝，杨晓清. 食品机械与设备. 2 版. 2018.）

蒸汽喷射器的优点是抽气量大，真空度高，安装运行和维修简便，价廉，占地面积小。其缺点是要求蒸汽压力较高，蒸汽量稳定，需要较长时间运转才能达所需真空度，排出的气体还有微小压强。

8.4　冷冻浓缩设备

8.4.1　冷冻浓缩的概述

冷冻浓缩是利用冰与水溶液之间的固-液相平衡原理的一种浓缩方法。溶液采用冷冻浓缩方法，其在浓度上是有限度的。当溶液中溶质浓度高于低共熔浓度时，过饱和溶液冷却的结果表现为溶质转化成晶体析出，此即结晶操作的原理。当溶液中所含溶质浓度低于低共熔浓度时，则冷却结果表现为溶剂（水分）成晶体（冰晶）析出。随着溶剂成晶体析出的同时，余下溶液中的溶质浓度显著提高，此即冷冻浓缩原理（图 8-13）。

冷冻浓缩的操作包括两个步骤：第一步是部分水分从水溶液中结晶析出；第二步是将冰晶与浓缩液加以分离。结晶和分离两步操作可在同一设备或不同的设备中进行。

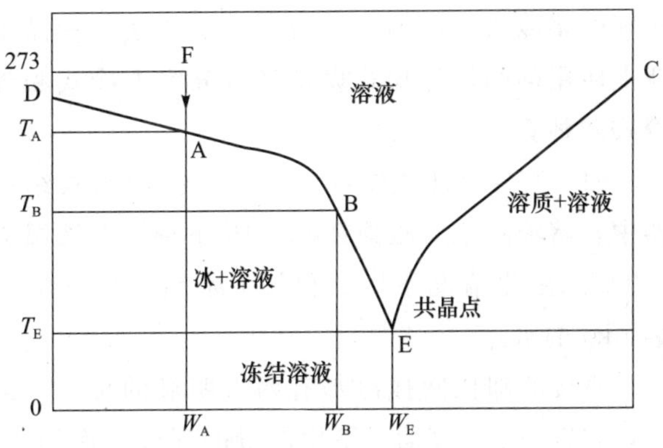

图 8-13　冷冻浓缩原理

（引自：马荣朝，杨晓清. 食品机械与设备. 2 版. 2018.）

冷冻浓缩方法对热敏性食品的浓缩特别有利。溶液中水分的去除不采用加热蒸发，而是靠从溶液到冰晶的相间传递。故可避免芳香物质因加热所造成的挥发损失，为了更好地使操作时所形成的冰晶不混有溶质，分离时冰晶不夹带溶质，防止造成过多的溶质损失，结晶操作要尽量避免局部过冷，并对分离操作进行有效控制。在这种情况下，冷冻浓缩就可以充分显示出它独特的优越性。对于含挥发性芳香物质的食品采用冷冻浓缩，除成本外，就制品品质而言，要比用蒸发浓缩的好。

冷冻浓缩的主要缺点如下：①因为在加工过程中，细菌和酶的活性得不到抑制，所以制品必须再经热处理或加以冷冻保藏；②采用这种方法，不仅受到溶液浓度的限制，还取决于冰晶与浓缩液可能分离的程度，一般来说，溶液浓度越高，分离就越困难；③浓缩过程中会造成不可避免的溶质损失；④成本高。

8.4.2　冷冻浓缩装置系统

冷冻浓缩装置系统主要由结晶设备和分离设备两部分构成。结晶设备包括管式、板式、搅拌夹套式、刮板式等热交换器，以及真空、内冷转鼓式、带式冷却结晶器等；分离设备有压滤机、过滤式离心机、洗涤塔以及由这些设备组成的分离装置等。在实际应用中，根据不同的物料性质及生产要求采用不同的装置系统。

1. 冷冻浓缩的结晶装置

冷冻浓缩的结晶装置有直接冷却式和间接冷却式两种。直接冷却式是利用水分部分蒸发或辅助冷媒（如丁烷）蒸发的方法。间接冷却式是利用间壁将冷媒与被加工料液隔开的方法。食品工业上所用的间接冷却式设备又可分为内冷式和外冷式两种。

(1) 直接冷却式结晶器　在直接冷却式结晶器中，溶液在绝对压强 266.6 Pa 下沸腾，液温为 −3℃。在此情况下，欲得 1 t 冰晶，必须蒸去 140 kg 的水。

直接冷却比间接冷却有两大明显的优点：第一，它省掉了冷却面，不用昂贵的刮板式换热器；第二，如果能将低压力二次蒸汽再压缩提高其绝对压力，并利用分离到的冰晶对此压缩后的二次蒸汽进行冷凝，还可进一步降低能耗。

图 8-14 所示的为一种具有芳香物回收的真空结晶装置。料液进入真空结晶器后，在 266.6 Pa 绝对压强下部分蒸发，部分水分成为冰晶。从结晶器出来的冰晶悬浮液经分离器分离后，冰晶排出，浓缩液从顶部进入吸收器。而从真空结晶器出来的带芳香物的蒸汽先经冷凝器除去水分后，再从底部进入吸收器。在吸收器内，浓缩液与芳香物及惰性气体逆流流动，芳香物被浓缩液吸收，然后惰性气体由吸收器顶部排出，吸收了芳香物的浓缩液则从吸收器底部排出。

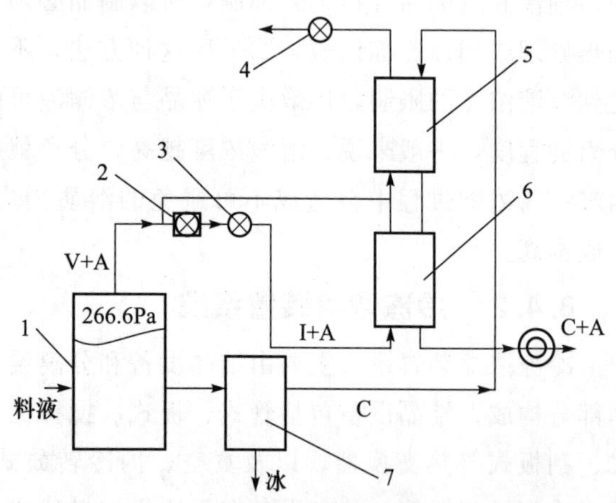

图 8-14　具有芳香物回收的真空装置

1. 真空结晶器；2. 冷凝器；3. 干式真空泵；4. 湿式真空泵；5. 吸收器Ⅱ；6. 吸收器Ⅲ；7. 冰晶分离器；A. 芳香物质；C. 浓缩液；V. 水蒸气；I. 惰性气体

(引自：马荣朝，杨晓清．食品机械与设备．2 版．2018.)

2) 内冷式结晶器　有两种：一种是产生几乎完全固化悬浮液的结晶器；另一种是产生可泵送浆料的结晶器。

第一种结晶器中，没有搅拌的液体与冷却壁面相接触，直至水分几乎完全固化，因此，在原理上这类结晶器属于层状冻结。冻结的晶体呈片状或“雪花”状，然后用机械方法除去。在这种结晶器中，即使非常稀的溶液也能一步浓缩至 40%，甚至还可能更高。但是由于冰晶非常薄，浓缩液与冰晶的分离比较困难。

第二种结晶器采用结晶操作和分离操作分开的方法。在冷冻浓缩中多数结晶器属于这种，晶体悬浮液在冷却结晶器中，通常仅停留几分钟。由于停留时间短，晶体非常小。作为内冷式结晶器，刮板式换热器是典型的产生可泵送冰晶悬浮液的结晶器。

(3) 外冷式结晶器　有三种形式。

① 第一种形式：先使料液过冷至 −6℃。过冷的无晶体料液在结晶器中释放出“冷量”。为了减少冷却器中的晶核形成和晶体的生长，避免引起流体流动的堵塞，与料液相接触的冷却器壁面必须要进行抛光。使用这种结晶器，可以使局部过冷的现象得到抑制。从结晶器出来的液体可由泵再循环至换热器，晶体则借助泵吸入管路中的过滤器而被截留于结晶器中。

② 第二种形式：其主要特征是整个悬浮液在结晶器与换热器之间不断循环。晶体在换热器内的停留时间比在结晶器内的停留时间短，所以晶体的成长主要在结晶器内。

③ 第三种形式：如图 8-15 所示。料液先在外部换热器中产生亚临界晶体。部分无晶体液体从结晶器到换热器间再循环。所用换热器为刮板式换热

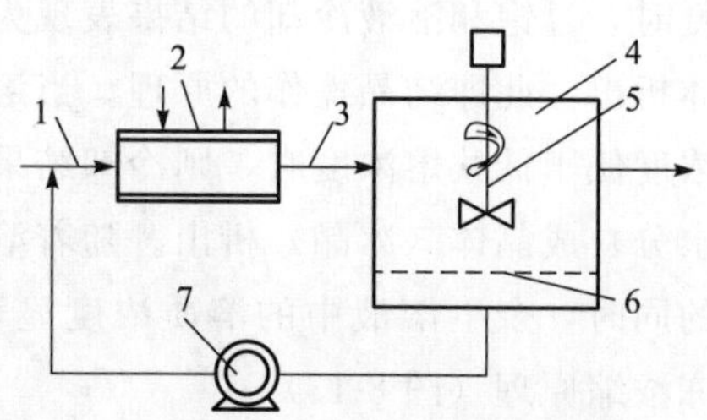

图 8-15　外冷式结晶装置图

1. 料液；2. 刮板式换热器；3. 带亚临界晶体的料液；4. 结晶器；5. 搅拌器；6. 滤板；7. 循环泵

(引自：马荣朝，杨晓清．食品机械与设备．2 版．2018.)

器，其热流大，故晶核形成非常剧烈。并且浆料在换热器中停留时间甚短，通常只有几秒钟时间，故所产生的晶体极小。当浆料进入结晶器后，即与结晶器内含大晶体的悬浮液均匀混合，在器内的停留时间至少有半小时，故小晶体溶解，其溶解热消耗以供大晶体成长。

2. 冷冻浓缩的分离设备

用于冷冻浓缩的冰晶与浓缩液的分离设备有压榨机、过滤式离心机、洗涤塔以及这些设备的组合形式等。

（1）压榨机　常用的压榨机形式有液压活塞式和螺旋式。采用压榨机分离，可溶性固体的损失量取决于已压缩冰饼中夹带的浓液量。冰饼经压缩后，夹带的液体被紧紧地吸住，以致不能采用洗涤方法将它洗净。但压榨机压力高，压缩时间长时，可降低溶液的吸留量。压榨法易导致较多的可溶性固体损失，因此，这种分离方法只用于前期分离，为冰与溶液的最后完全分离提供冰含量较高的浆料。

（2）离心机　冷冻浓缩中使用的离心机是过滤式离心机。分离时的溶质损失取决于晶体大小和液体黏度。离心机分离的缺点是当液体从滤饼中流出时，芳香物质会受到损失，这是液体与大量空气密切接触所致。

（3）洗涤塔　利用冰晶融化水排除晶体间夹带的浓缩液。连续式洗涤塔工作原理如图 8-16 所示，由结晶器而来的晶体浆料从塔底进入，由于冰晶密度比浓缩液小，冰晶逐渐上浮到塔顶，浓缩液则从塔底经过滤器排出。

塔顶设有融冰器（加热器），使部分冰晶融化成水。融化的水大部分排到洗涤塔外，小部分向下返回，与上浮冰晶逆流接触，洗去冰晶表面的浓缩液。沿塔高方向冰晶夹带的溶质浓度逐渐降低，冰晶随浮随洗，夹带的溶质越来越少。当向下流动的洗涤水量占融化水量的比率提高时，其洗涤效果明显提高。

按塔中冰晶沿塔移动的推动力不同，洗涤塔可分为浮床式、螺旋式和活塞式三种。

① 浮床式洗涤塔。在这种洗涤塔中，冰晶与液体做逆向运动，其推动力是晶体和液体两相的密度差。

② 螺旋式洗涤塔。这种洗涤塔是以螺旋推送为两相相对运动的推动力的，如图 8-17 所示，晶体悬浮液进入两同心圆筒的环状空间，在此空间内螺旋在旋转。螺旋具有棱镜状断面，除迫使冰晶沿塔体移动外，还有搅动晶体的作用。

③ 活塞式洗涤塔。以活塞的往复移动为冰床移动的推动力，活塞式洗涤塔由洗涤塔筒体、塔下部活塞、顶部刮板装置等组成。图 8-18 为活塞式洗涤塔工作原理示意图。晶体悬浮液从塔的下端进入，通过挤压作用晶体压紧成为结实而多孔的冰床。浓缩液离塔时经过滤器，利用活塞的往复运动，冰床被迫移向塔的顶端，同时与洗涤液逆流接触。在活塞床洗涤中，浓缩液未被稀释的床层区域

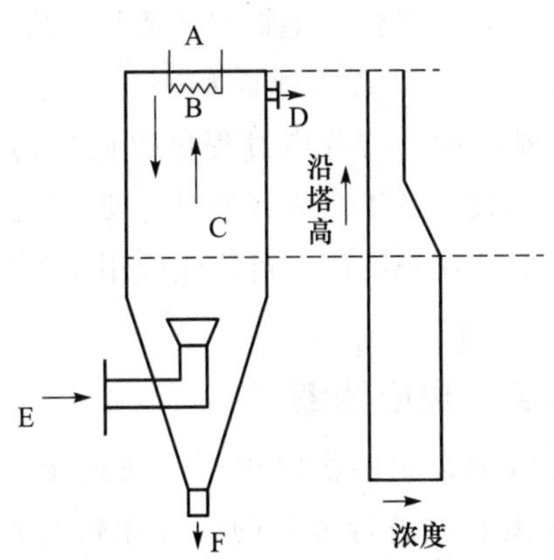

图 8-16　连续式洗涤塔工作原理

A. 融冰器；B. 洗涤水；C. 冰床；D. 水；E. 晶体浆料；F. 浓缩液

（引自：马荣朝，杨晓清. 食品机械与设备. 2 版. 2018.）

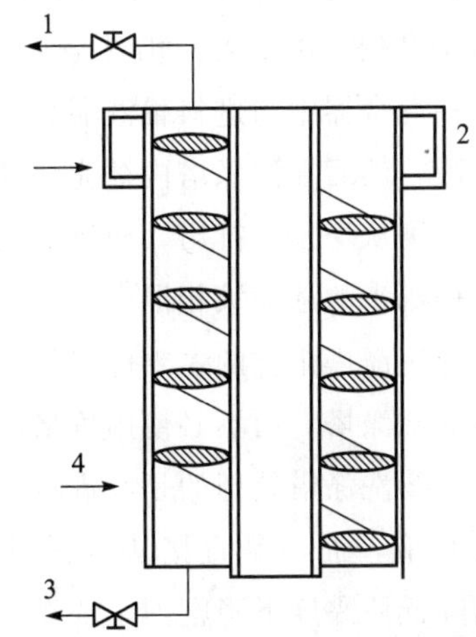

图 8-17　螺旋式洗涤塔示意图

1. 熔化水；2. 融冰器；3. 浓缩液；4. 浆料

（引自：马荣朝，杨晓清. 食品机械与设备. 2 版. 2018.）

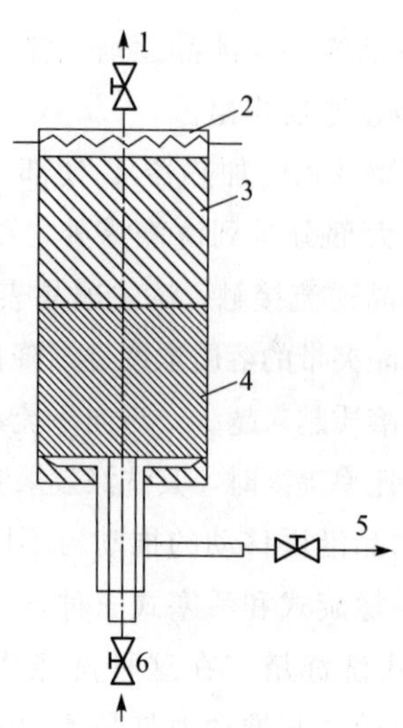

图 8-18 活塞式洗涤塔工作原理示意图

1. 水；2. 熔化器；3. 冰晶在熔化液中；4. 冰晶在浓缩液中；5. 浓缩液；6. 悬浮液

（引自：马荣朝，杨晓清. 食品机械与设备. 2 版. 2018.）

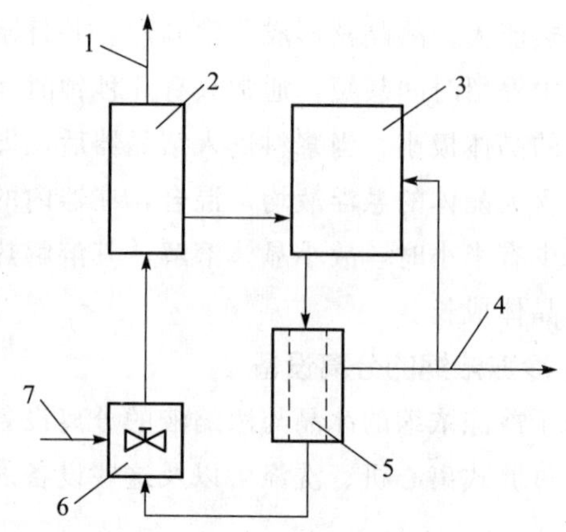

图 8-19 压榨机和洗涤塔的典型组合

1. 冰；2. 洗涤塔；3. 结晶器；4. 浓缩液；5. 压榨机；6. 混合器；7. 料液

（引自：马荣朝，杨晓清. 食品机械与设备. 2 版. 2018.）

和晶体已被洗净的床层区域之间的距离只有几厘米。浓缩时，如果排冰稳定，离塔的冰晶熔化液中溶质浓度低于 0.01%。浓缩液排冰是否完全和稳定可根据下式判断：

$$\frac{d_{\mathrm{p}}^{2}}{\mu_{\mathrm{L}}} \geqslant 10^{-3}$$

式中，d_{p} 为晶体的平均直径，cm；μ_{L} 为被洗涤水排冰的液体黏度，Pa·s。

（4）压榨机和洗涤塔的组合　这种组合可实现最经济的分离。具体过程如下：如图 8-19 所示，首先在压榨机中进行部分分离，从结晶器出来的冰晶悬浮液在压榨机中分离，仍然含有浓缩液约 40%的冰饼在混合器中与进料稀液混合，成为含冰晶的中浓缩液，然后在洗涤塔内被完全洗涤。纯水与中浓缩液分别从塔顶侧排出，而进入结晶器的中浓缩液与压榨机来的浓缩液相混合。

压榨机和洗涤塔组合的主要优点如下：①只需要采用简单的洗涤塔，而不必使用价格昂贵得多的复杂洗涤塔；②洗涤塔处理的是经进料稀液混合过的中等浓度料液，而不是直接从压榨机来的浓缩液，浓度的降低使黏度下降剧烈，洗涤塔生产能力大增；③即使离开结晶器的晶体悬浮液黏度很高，或者晶体平均直径很小，这种组合方法仍能使冰晶与浓缩达到完全分离。

8.5 其他浓缩设备

随着浓缩技术的进步，以及人们对浓缩后产品要求的提高，相继出现了膜浓缩、离心浓缩等新的浓缩方法。

8.5.1 膜浓缩

膜浓缩属于非平衡浓缩的一种，是在分子范围内对物料进行分离浓缩的，其本质是一种物理过程，没有相的变化，不需要加热也不需要添加任何助剂。其具体设备结构见本书第 4 章分选分离机械与设备。作为一种新型的浓缩方式，膜浓缩对产品的品质影响较小，主要优点如下：①分离过程不发生相变化，分离过程可以在常温下进行，适合一些热敏性物质，如果汁、生物制剂及某些药品等的浓缩或者提纯；②设备占地面积小，便于模块化设计，扩展能力强；③分离过程仅以低压为推动力，耗能少；④设备及工艺流程简单，便于操作、管理及维修；⑤应用范围广，可广泛应用于各类食品料液的浓缩。

8.5.2 离心浓缩

离心浓缩是利用物料中固、液比重不同而具有不同的离心力进行浓缩的。现在较为常用的是真空离心浓缩，是在负压条件下利用旋转产生的离心力，使样品中的溶剂与溶质分离的浓缩方法。离心力可以抑制迸沸发生，使样品沉淀于试管底部，便于回收。离心浓缩可在室温条件下进行，特别适用于处理热敏性强的物料。较常见的是真空离心浓缩仪，其是综合利用离心力、加热和外接真空泵提供的真空环境来进行溶剂蒸发的，可同时处理多个样品而不会导致交叉污染。一个完整的离心浓缩系统主要由真空离心浓缩仪、浓缩仪转子、冷阱、真空泵、冷凝瓶等部分组成。冷阱能有效捕捉大部分对真空泵有损害的溶剂蒸气，对高真空油泵提供有效的保护。真空泵使系统处于真空状态，降低溶剂的沸点，加快溶剂的蒸发速率。随着相关技术的进步，离心浓缩在食品工业中的应用将越来越广泛。

思考题

1. 何谓浓缩？按加热器分类，浓缩可分为几种方式？
2. 简述平衡浓缩与非平衡浓缩主要区别。
3. 膜式真空蒸发浓缩设备的工作原理是什么？按运动方向分哪几类？
4. 简述真空蒸发浓缩的特点。
5. 简述真空蒸发浓缩系统中不凝性气体的来源。
6. 按二次蒸汽的利用次数，浓缩器可分为哪几类？
7. 蒸汽冷凝器的功能是什么？有哪几类方式？
8. 气液分离器有哪几类？
9. 简述冷冻浓缩常用的几种方法及其特点。
10. 进行浓缩机械与设备的选型时，应遵循的原则有哪些？

第9章 干燥机械与设备

【本章知识点】

在实际生产中，应该根据不同状态的食品物料选择不同类型的干燥机械与设备和干燥工艺。常见的食品干燥机械与设备可以分为对流型、传导型和辐射型三大类。其中在工业生产中以对流型干燥设备种类最多，对物料状态的适应性也最大。

常见的对流型干燥设备有厢式干燥机、洞道式干燥机、气流干燥机、流化床干燥机、喷雾干燥机等。前面四种类型的干燥设备适用于固体或颗粒状态湿物料的干燥；喷雾干燥机则用于液态物料的干燥，得到的成品为粉末。在食品工业中常采用洁净的干热空气作为对流型干燥设备的干燥介质。

传导型干燥设备有滚筒干燥机、真空干燥机和搅拌式干燥机等。这三种干燥设备均适用于浆体物料的干燥。

电磁辐射干燥设备多用于固体物料的干燥，对液体或糊状物的干燥效果较差。常见的有微波干燥机和远红外干燥机。电磁辐射干燥是采用电磁辐射技术将能量直接由辐射源传递给物料，不通过中间加热介质，因此，热利用率较高，洁净，易控制。

冷冻干燥设备适用于固体和液体物料的干燥。它使冻结物料中的冰直接升华为水汽，是所有干燥机中结构最复杂和耗能最大的干燥设备。因此，该种干燥机通常用于高比价物料的干燥。冷冻干燥机由制冷系统、加热系统和真空系统三大部分组成，其操作方式可有间歇式和连续式两种。

9.1 概述

干燥是食品贮藏加工过程中不可缺少的操作单元，在食品工业中有着很重要的地位。通过干燥可以减小食品的体积和重量，从而降低贮运成本，提高食品贮藏稳定性，以及改善和提高食品风味和食用方便性等。食品干燥过程既有质的转移又有热的传递：食品中水分子从内部迁移到与干燥热空气接触的表面，当水分子到达表面时，由于表面与空气之间的蒸汽压差，水分子立即转移扩散到空气中——水分转移；同时，热量从空气传到食品表面，由表面再传到食品内部——热量传递。

1. 食品物料的分类

从液态到固态的各种食品物料均可以干燥成适当的干制品。例如，牛乳、蛋液、豆奶通过喷雾干燥可以得到乳粉、蛋粉和豆奶粉；蔬菜水果通过热风干燥可以得到脱水蔬菜和水果。被干燥的食品物料按照其物理、化学性质可分为：

（1）液态食品物料　包括溶液、胶体溶液、非均相液态和膏糊状食品物料等。溶液食品物料主要指葡萄糖溶液、茶饮料、咖啡浸出液等；胶体溶液食品物料主要指蛋白质溶液、果胶溶液等；非均相液态食品物料主要指牛奶、蛋液、果汁等复杂的液体悬浮系统；膏糊状食品物料主要指果泥、米糊、冰淇淋混料等。液态食品的主要特征是具有流动性。

（2）湿固态食品物料　包括块状、条状、片状、晶体、散粒状和粉末状食品物料等。块状食品物料有马铃薯、胡萝卜等；条状食品物料有刀豆、萝卜条、辣条等；片状食品物料有饼干、叶菜、马铃薯片等；晶体食品物料有砂糖、食盐、味精等；散粒状食品物料有谷物、鸡精等；粉末状食品物料有面粉、乳粉、咖喱粉等。

2. 干燥机械与设备的类型

食品物料种类各异，要求得到的干燥制成品也不同，因此，食品干燥机械与设备种类繁多。我们可以从不同侧面对干燥设备进行分类。

按热量传递方式，传统上将各种干燥机械与设备分成三大类：对流型、传导型和辐射型（表 9-1）；按操作压强分类，可分为真空、常压及高压；按操作方式分类，可分为连续式和间歇式；按干燥传热介质分类，可分为热空气、过热蒸汽及烟道气等。

表 9-1　常见干燥机械与设备的分类

热量传递方式	干燥机械与设备类型
对流型	流化床干燥机、厢式干燥机、洞道式干燥机、带式干燥机、气流干燥机、回转转筒干燥机、喷雾干燥机
传导型	转鼓干燥机、搅拌干燥机、托盘干燥机、薄膜干燥机
辐射型	远红外干燥机、微波干燥机、太阳能干燥机

干燥虽然可以降低食品含水量，便于加工、运输和贮藏，改善口感，但是干燥往往会对食品品质产生很大影响。食品在干燥过程中随着水分的逸出可能会出现塌缩、多孔、疏松等变化；食品中含有的糖、有机酸等可溶性物质会随着水分扩散到食品表面，造成表面干硬等问题；干燥时的高温会在食品内部和食品表面产生化学反应，造成营养流失、颜色变化、口感变差等。因此，在食品干燥操作中，需要根据不同食品的物理和化学性质选择适宜的干燥工艺和干燥设备。在制定干燥工艺时，考虑食品物料中水分在物料中的结合力强弱，应先用较廉价的方法除去较容易的水分，再用相对成本较高的方法除去较难除去的水分，以降低整个干燥过程中的生产成本。在选择食品干燥机械与设备时，要综合考虑被干燥食品的性质、加热方式、干燥工艺等。

9.2 传导型干燥设备

传导型干燥设备又被称为接触式干燥设备，是指将湿物料与加热表面接触，干燥所需的热量主要通过传导的方式传递给湿物料的干燥设备。传导型干燥要求被干燥物料与加热面间应有尽可能紧密的接触。这种干燥设备的特点是干燥强度大，能量利用率高，较适用于溶液、悬浮液和膏糊状固-液混合物的干燥。

传导型干燥设备在干燥过程中，水分的蒸发通常不是在接触面，而是在物料的开放面进行的。靠近接触面的温度高，而物料开放面的温度低。物料中的水分梯度主要取决于开放面的汽化作用，而汽化强度取决于加热面的温度和物料厚度。因此，为了加速热传递及湿气迁移，在传导型干燥设备的干燥过程中都尽可能使物料处于运动状态。

常见的传导型干燥设备有滚筒干燥机、带式真空干燥机、圆盘干燥机、搅拌式干燥机等。

9.2.1 滚筒干燥机

滚筒干燥机又称为转筒干燥机，是一种典型的接触式干燥设备，其主体是被称为滚筒的中空金属圆筒，干燥接触面就是滚筒的圆柱表面。在干燥过程中，热量从滚筒的内壁传到外壁，从而通过接触面传递给需要干燥的食品。滚筒式干燥机是一种连续式干燥设备，按滚筒数量可分为单滚筒和双滚筒；按照操作压力又有常压式和真空式之分；按照加料方式又可分为顶部进料式、喷溅式、浸没式等。

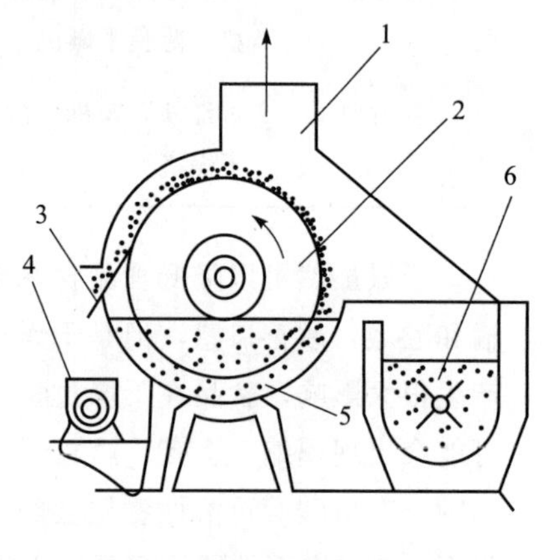

(a) 浸没加料式单滚筒干燥机

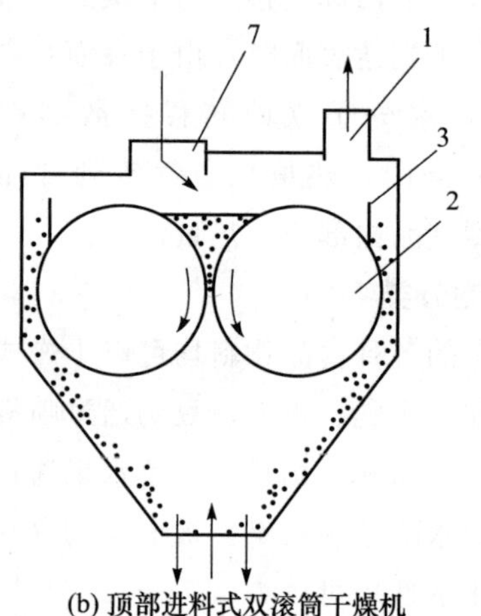

(b) 顶部进料式双滚筒干燥机

图 9-1 滚筒干燥机

1. 湿空气出口；2. 滚筒；3. 刮刀；4. 旋转输送器；5. 料槽；6. 贮料槽；7. 加料口

（引自：许学勤．食品工厂机械与设备．2016.）

图 9-1（a）所示的为浸没加料式单滚筒干燥机。滚筒下部分浸没在液体物料中。滚筒内通有供热介质，食品工业多采用过热蒸汽，压力一般为 0.2～6 MPa，温度为 120～150 ℃。黏稠的湿物料黏附在滚筒上形成一层薄膜，随着滚筒的缓慢转动而进行加热干燥。当滚筒回转 3/4～7/8 转时，物料已干燥到预期的程度，即被刮刀刮下，由螺旋输送器送走。

图 9-1（b）所示的为顶部进料式双滚筒干燥机。需要干燥处理的料液由加料口流入滚筒干燥机内，利用布膜装置将物料薄薄地（膜状）附在滚筒表面，在滚筒转动中物料水分汽化，物料层的厚度可用调节两滚筒间隙的方法来控制。滚筒在一个转动周期中完成布膜、汽化、脱水等过程，干燥后的物料由刮刀刮下。

滚筒的转速因物料性质及转筒的大小而异，一般为 2～8 r/min。滚筒上的薄膜厚度为 0.1～1.0 mm。干燥产生的水汽被流过滚筒面的空气带走，视其性质引入相应的处理装置内进行捕集粉尘或直接排放。

将滚筒全部密闭在真空室内，便可成为真空滚筒干燥机，出料方式采用储斗料封的形式间歇出料。真空滚筒干燥机的干燥过程在真空下进行，可大大提高传热系数，增加传热效率。但真空滚筒干燥机的干燥过程在真空下进行，其进料、卸料副刀等的调节必须在真空干燥室外部来操纵，故这类干燥机通常结构复杂，干燥成本较高，一般只用来干燥果汁、酵母、婴儿食品等热敏性较高的物料。

滚筒干燥机的优点如下：

① 热效率高。干燥机的传热方式为热传导，传热方向在整个传热周期中基本保持一致，因此，滚筒内供给的热量，大部分用于物料的水分汽化，热效率可达 80%～90%。

② 干燥速率大。湿料膜与筒壁接触较为紧密，其传热和传质的过程是由里至外的，温度梯度较大，料膜表面可保持较高的蒸发强度，一般可达

30～70 kg/（m^2·h）。

③ 产品的干燥质量稳定。供热方式便于控制，筒内温度和筒壁的传热速率能保持相对稳定，料膜处于恒定传热状态下干燥，产品的质量有保证。

④ 处理量大，对各种物料的适应性强。

滚筒干燥机的缺点主要有：滚筒的表面温度较高，对一些食品会因过度加热而有损风味或使其呈不正常的颜色。

滚筒干燥机适用于液体状态的物料干燥，常用于各种汤粉、淀粉、酵母、婴儿食品、豆浆等食品的生产。

9.2.2 带式真空干燥机

带式真空干燥机是一种连续进料、连续出料的热传导式真空干燥设备。待干燥的物料通过输送装置送入干燥机的真空室内，并由布料电机均匀地涂布在金属传送带上。传送带下面设有相互独立的加热板和一组冷却板。传送带与加热板、冷却板紧密贴合，以热传导的方式将干燥所需的热量传递给物料，最后经冷却板冷却。根据物料性质的不同设定传送带的运转速度。当物料由传送带从筒体的一端运送到另一端时，物料已经干燥并冷却。

根据生产能力的不同，带式真空干燥机可以设计成单层和多层。图 9-2 所示的为一种三层带式真空干燥机，它有三层输送带，沿输送方向采用夹套式换热板，设置两个加热区和一个冷却区，分别用蒸汽、热水、冷水进行加热和冷却。根据原料性质和干燥工艺要求，各段的加热温度可以调节。原料在输送带上边移动边蒸发水分，干燥并冷却后，经粉碎机粉碎成颗粒状制品，最后由排出装置卸出。干燥产生的二次蒸汽和不凝性气体通过排气口，由冷凝和真空系统排出。

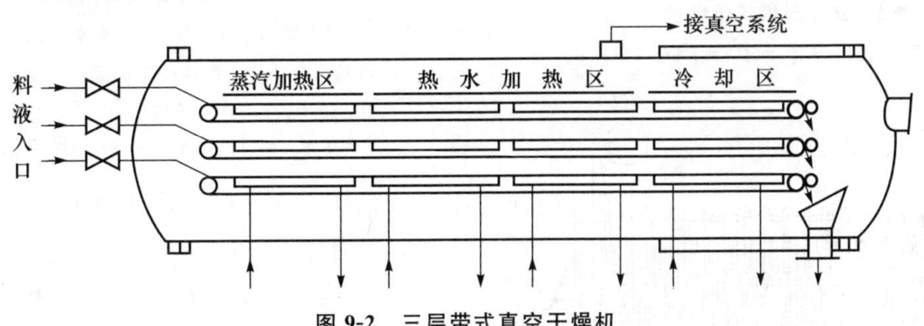

图 9-2　三层带式真空干燥机

带式真空干燥机适应性强，特别是可用于干燥黏性高、易结团、热塑性、热敏性的物料。物料在整个干燥过程中，处于真空、封闭环境，可有效防止产品污染。干燥过程温和（产品温度 40～60℃），可以最大限度地保持食品的色、香、味，得到高质量的产品。

9.2.3 圆盘干燥机

圆盘干燥机是一种连续式传导干燥设备，其主要部件是空心加热盘，中空的干燥盘内通入加热介质，加热介质形式有饱和蒸汽、热水和导热油等。

圆盘干燥机常用于干燥不易结块及黏附的滤饼状、颗粒状物料。

图 9-3 所示的为一种立式圆盘式干燥机，其工作流程如下：湿物料自加料器连续加至最上一层圆盘中，带有耙叶的耙臂连续地做回转运动翻炒物料，使物料流过干燥盘表面。在小干燥盘上的物料被耙臂移送到外缘，并从小干燥盘外缘落到下方的大干燥盘外缘，而在大干燥盘上的物料向里移动并从中间落到下一层小干燥盘中。大、小干燥盘上下交替排列，使物料得以连续地流过整个干燥器。干燥后的物料由最低一层干燥盘排出。

图 9-4 所示的为一种卧式圆盘式干燥机，其工作流程如下：在密闭的干燥室内，一带有数十片圆盘的空心轴缓慢旋转，蒸汽作为热介质从空心轴的一端进入，通过旋转金属圆盘将热量传递给物料。物料在金属圆盘外吸热干燥，凝结的冷凝水从转盘另一端排出。空心轴周边装有带一定倾角的抄板，随着旋转不断地将被干燥物料刮起和搅拌，同时，将物料从入口一侧推向出口一侧。合理地设计干燥室长度、轴的转速、抄板数量和角度，能使物料从

干燥室一端前进到另一端出口处时，恰好完成整个干燥过程。蒸发的湿分由顶部的风机抽出。湿物料从一端进入，从另一端排出。

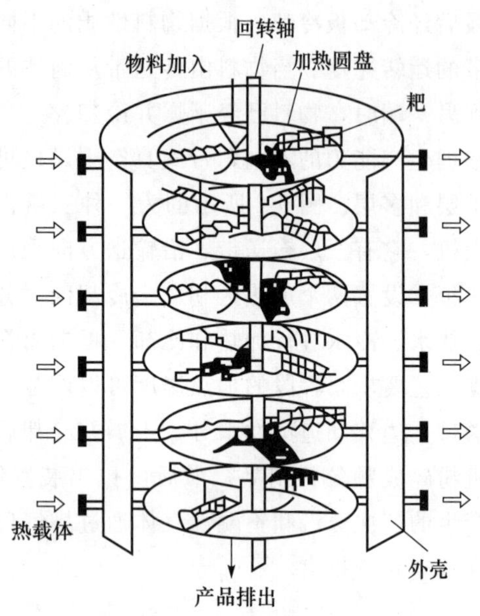

图 9-3　立式圆盘式干燥机

（引自：马海乐．食品机械与设备．2 版．2011.）

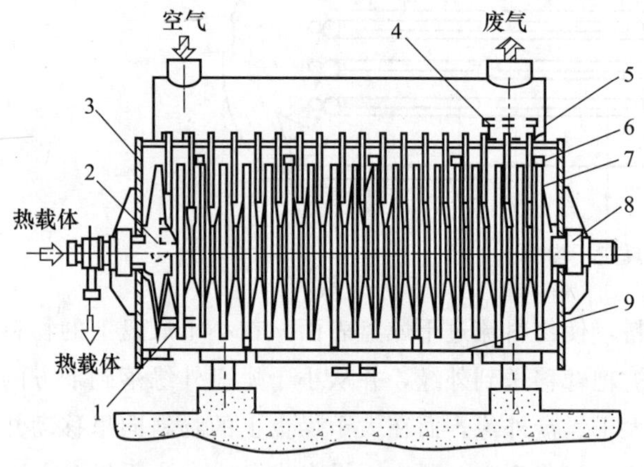

图 9-4　卧式圆盘式干燥机

1. 产品出口；2. 空心轴；3. 壳体；4. 进料口；5. 刮刀；6. 抄板；7. 干燥盘；8. 轴承；9. 夹套

（引自：马海乐．食品机械与设备．2 版．2011.）

9.2.4　搅拌式干燥机

搅拌式干燥机的干燥室内设置有多种形状的搅拌桨叶，在夹套或中空的搅拌桨叶内充以加热介质，湿物料在搅拌桨叶的翻炒下呈机械流化状态，与传热壁面或热气流充分接触而达到干燥的目的。搅拌干燥机根据主轴的方向可以分为立式和卧式；根据搅拌桨叶的结构可以分为圆筒形、螺旋形、管形、圆盘形、楔形和捏合式等。

图 9-5 所示的为一种水平圆筒形搅拌式干燥机，其外形为水平安装的带有夹套的圆筒体，夹套内通入加热介质。沿设备中心设置一根旋转轴，轴上装有搅拌桨叶。该种干燥机的加热面为圆筒夹套，可以通过改变搅拌桨叶方向和角度，来调节物料在筒内的滞留时间。工作时，在夹套、搅拌轴和桨叶内通入热载体，向干燥机内通入少量干燥的空气或惰性气体，用作蒸发出来湿分的载体，旋转轴带动桨叶搅拌可以使物料与加热面充分地接触，起到加快传热的作用，并使产品质量均匀。

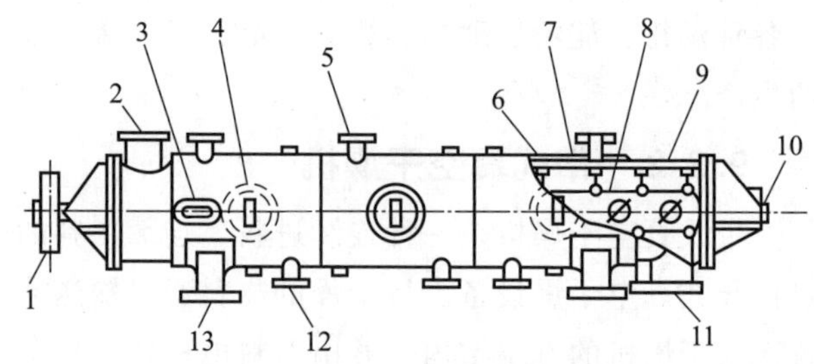

图 9-5　水平圆筒形搅拌式干燥机

1. 传动装置；2. 排气口；3. 物料入口；4. 手孔；5. 热载体入口；6. 筒体；7. 夹套；8. 旋转轴；9. 搅拌桨；10. 轴承；11. 产品出口；12. 热载体出口；13. 支座

（引自：马海乐．食品机械与设备．2 版．2011.）

搅拌式干燥机多用于散粒状和粉状物料的干燥，具有以下特点：

① 搅拌式干燥机干燥过程为间歇式操作，操作弹性强。

② 干燥产品水分均匀、品质好。物料在干燥器内停留时间分布窄，物料界面更新速率高，强化传热、传质，产品干燥均匀。

③ 通常为密闭式设计，干燥可在常压条件下进行，也可在真空条件下进行，蒸发的湿分可由真空带走；如果湿分是需要回收的溶剂，采用冷凝方法可以非常容易地回收溶剂，从而有效地降低物料的温度，以避免热敏性物质的热分解；还可有效地控制有毒、易爆物质的扩散。

④ 热量损失小，热效率高，能耗低。

⑤ 该种干燥器结构简单，操作简便，干燥系统造价低。

9.3　对流型干燥设备

对流型干燥设备是以热对流为主要传热方式对

食品物料进行干燥的设备。其常用的干燥介质为热空气。热空气与物料直接接触，将自身热量传递给食品，使食品升温脱水，并将食品脱除的水分带出干燥室外。干燥介质的状态从高温低湿变成低温高湿。

常用的对流型干燥设备主要有：厢式干燥机、洞道式干燥机、网带式干燥机、流化床干燥机、喷动床干燥机、气流式干燥机和喷雾干燥机等。除了厢式以外，其余均为连续式或半连续式。对流型连续干燥机还可根据干燥介质和物料的相对运动方式分为并流式、逆流式、混流式和横流式。

1. 对流干燥的特点

当温度较高的气流与湿物料直接接触时，气固两相间所发生的是热、质同时传递的过程。物料表面温度低于气流温度，气体传热给固体，气流中的水汽分压低于固体表面水的分压。水分汽化并进入气相，湿物料内部的水分以液态或水汽的形式扩散至表面。因此，对流干燥是热、质同时传递的过程。

对流干燥一般在常压下进行，结构较为简单，操作方便，应用广泛，可用于固体、膏状、糊状和液体物料的干燥。

2. 对流干燥的过程

对流干燥可以是连续过程，也可以是间歇过程。图 9-6 为典型的对流干燥流程示意图。

空气经预热器加热至适当温度后，进入干燥机。在干燥机内，气流与湿物料直接接触。沿其行程气体温度降低，湿含量增加，废气自干燥机另一端排出。若为间歇过程，湿物料成批加入干燥机内，待干燥至指定的含湿要求后一次取出。若为连续过程，物料被连续地加入与排出，物料与气流可呈并流、逆流或其他形式的接触。

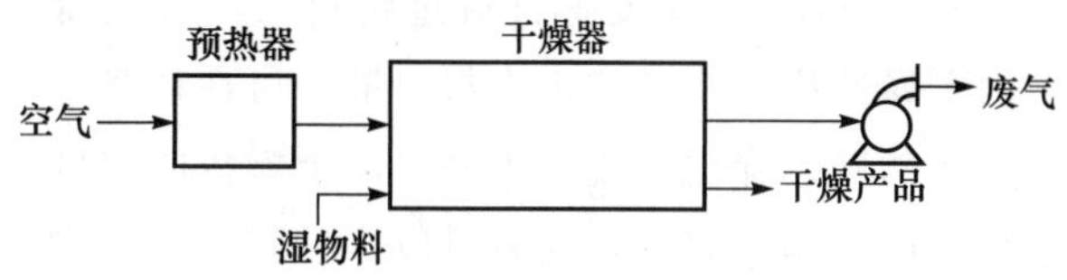

图 9-6　对流干燥流程示意图

9.3.1　厢式干燥机

厢式干燥机主要由一个或多个室或格组成，小型的常被称为烘箱，大型的称为烘房。

图 9-7 所示的为一种常见的厢式干燥器。干燥器外壁覆以适当的绝热材料。厢内支架上放有许多矩形浅盘，湿物料置于盘中，物料在盘中的堆放厚度为 10～100 mm。厢内设有空气加热器，并用风机使热空气循环流动。调节风门，可使干燥机在恒速加热阶段排出较多的废气，而在降速加热阶段可使更多的废气循环。空气流过物料的方式有横流和穿流两种。

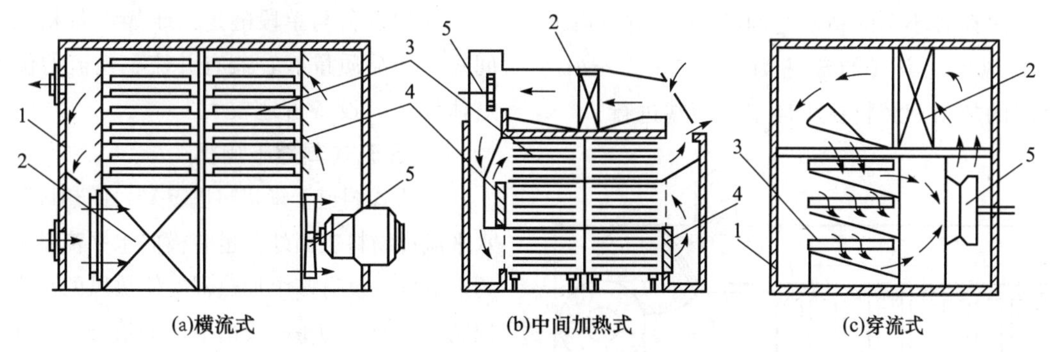

图 9-7　常见的厢式干燥器

1. 保温层；2. 加热器；3. 物料盘；4. 可调节叶片；5. 风机

（引自：许学勤．食品工厂机械与设备．2016.）

如图 9-7（a）所示的为横流式厢式干燥器，热空气在物料上方掠过，与物料进行湿交换和热交换，其流动方向与物料平行。干燥机内热风速度通常为 0.5～3 m/s。若框架层数较多，可分若干组，空气每流经一组料盘之后，就流过加热器再次加热。图 9-7（b）所示的为中间加热式厢式干燥器。

为了提高干燥效率，使气流不出现死角，水平气流厢式干燥机的风机应安置在合适的位置上。同时，在机器内安装整流板，以调整热风的流向，使热风分布均匀。

横流式厢式干燥机物料表面与热风接触，干燥速度快，而下层物料干燥速度慢，易造成干燥不均匀。穿流式气流厢式干燥机的热空气从物料层垂直穿过，能够克服横流厢式干燥机的这一缺点。图 9-7（c）所示的为穿流式厢式干燥器。要使热风在料层内形成穿流，必须将物料加工成型。粒状、纤维状等物料在框架的网板上铺成一薄层，空气以 0.3～1.2 m/s 的速度垂直流过物料层，可获得较大的干燥速率。为了防止物料飞散，可在料盘上覆盖金属丝网。穿流气流与水平气流干燥机的差别在于料盘底部为金属网，热风可以穿过料层，干燥效率高。

厢式干燥机的特点是制造和维修方便，对各种物料的适应性强，干燥产物易于进一步粉碎。食品工业上常用于需长时间干燥的物料、数量不多的物料以及需要特殊干燥条件的物料，如水果、蔬菜、香料等。但湿物料得不到分散，所需干燥时间长，完成一定干燥任务所需的设备容积及占地面积大，热损失多，因此，主要用于小批量、多品种物料的干燥。

9.3.2 洞道式干燥机

洞道式干燥机又称为隧道式干燥机，其典型结构如图 9-8 所示。这种干燥机有一段狭长洞道，被干燥物料放置在小车内或运输带上、架子上，沿着洞道向前移动。空气由风机推动流经预热器加热后，然后依次在各小车的料盘之间掠过，同时伴随轻微的穿流现象。空气的流速为 2.5～6.0 m/s。被干燥物料的加料和卸料在干燥室的两端进行。

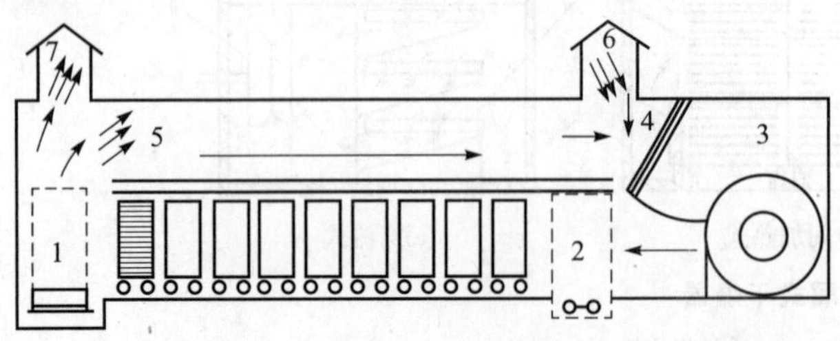

图 9-8　洞道式干燥机

1. 料车入口；2. 料车出口；3. 风机；4. 加热装置；5. 循环气流风门；6. 空气入口；7. 气体出口

（引自：许学勤．食品工厂机械与设备．2016.）

洞道式干燥机的制造和操作比较简单，能量消耗较低，适合多种条状、块状、粒状食品的干燥，但物料干燥时间长，生产能力低，劳动强度大。在食品工业上多用于大批量果蔬产品如蘑菇、葱头、叶菜等的干燥。

根据热风与物料的相对流动方向可以将洞道式干燥机分为混合式和穿流式。

1. 混合式洞道干燥机

混合式洞道干燥机（图 9-9）按照热风和物料沿着纵向的运动方式分为并流和逆流两段。混合式洞道干燥机综合了并流、逆流的优点，在整个干燥周期的不同阶段可以更灵活地控制干燥条件。湿物料进入隧道先与高温且湿度低的热风顺流接触，可得到较高的干燥速率；随着料车前移，热风温度逐渐下降，湿度增加，然后物料与隧道另一端进入的热风逆流接触，使干燥后的产品能达较低的水分。两段的废气均由中间排出，亦可进行部分废气再循环。

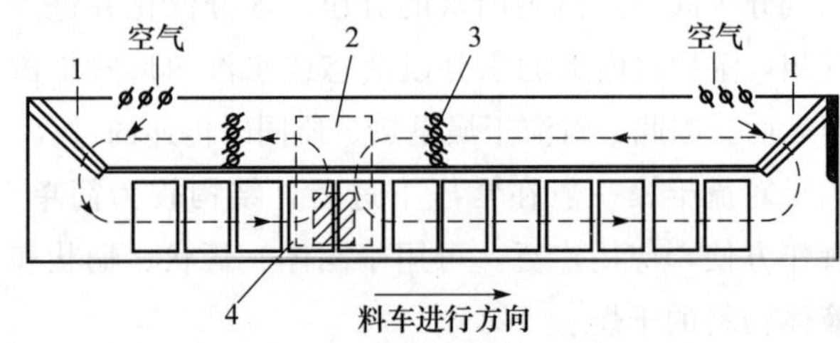

图 9-9　混合式洞道干燥机

1. 空气加热器；2. 废气；3. 废气再循环气闸；4. 料车

（引自：马海乐．食品机械与设备．2 版．2011.）

这种设备与单段隧道式干燥设备相比，干燥时间短，产品质量好，兼有并流、逆流的优点；但隧道体较长，设备占地较大。

2. 穿流式洞道干燥机

穿流式洞道干燥机（图 9-10）的热风除了沿纵向水平流过物料表面外，也有横向水平流动的。在洞道的上下分段设有多个加热器，使热风的温度可以分段控制。干燥机的每一段由活动隔板分隔，在料车进出时，将隔板打开；在干燥时则将洞道切断成为纵向通路，热风垂直穿过物料层，并多次换向。

穿流式洞道干燥机的优点如下：①干燥速度快，比平流型的干燥时间缩短；②具有非常灵活的控制条件，可以适用于复杂干燥条件；③料车每前进一步，气流的方向就转换一次，制品的水分含量更均匀。这种干燥机的缺点如下：①结构复杂，密封要求高，需要特殊的装置；②压力损失大，能量消耗多。

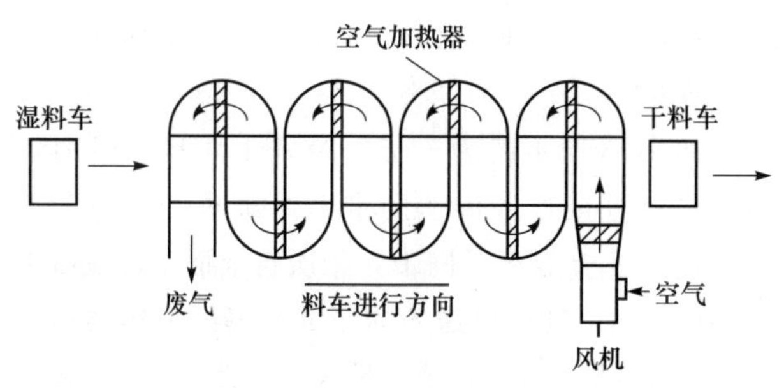

图 9-10　穿流式洞道干燥机

（引自：马海乐. 食品机械与设备. 2 版. 2011.）

9.3.3　网带式干燥机

网带式干燥机是一种穿流型连续式干燥设备。网带式干燥机由干燥室、输送带、风机、加热器、提升机和卸料机等组成。常用于透气性较好的片状、条状、颗粒状和部分膏状物料的干燥。对于谷物、脱水蔬菜、中药饮片等含水率高、热敏性物料尤为适合。

在干燥过程中，物料由加料器均匀地铺在网带上，网带一般采用 12～60 目不锈钢丝网，由传动装置带动在干燥机内移动。干燥机由若干单元组成，每一单元热风独立循环，热气由下往上或由上往下穿过铺满物料的网带完成热量与质量传递过程，并带走物料水分。网带缓慢移动，运行速度可根据物料温度自由调节，干燥后的成品连续落入收料器中。

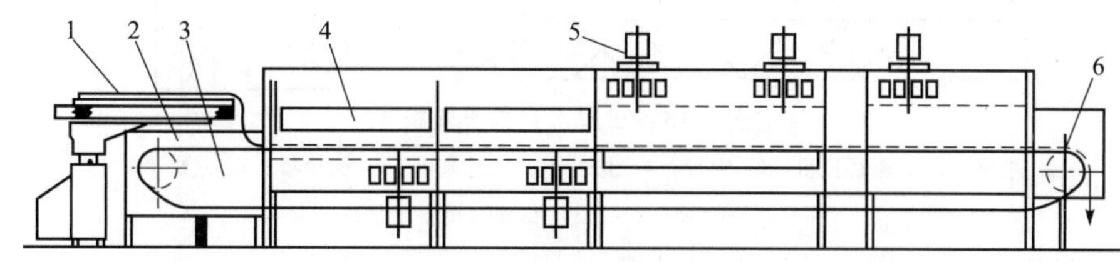

图 9-11　单级网带式干燥机

1. 加料器；2. 网带；3. 进料段；4. 布风器；5. 循环风机；6. 出料段

（引自：许学勤. 食品工厂机械与设备. 2016.）

网带式干燥机因结构和干燥流程不同，可分成单级、多级、多层和冲击式等不同的类型。

1. 单级网带式干燥机

单级网带式干燥机（图 9-11）分成两个干燥区和一个冷却区。在第一个干燥区中，热空气自下而上穿过物料层；在第二干燥区中，空气自上而下经加热器穿过物料层。

单级网带式干燥机的优点：①空气量、加热温度、物料停留时间及加料速度等都可以调节，网带透气性能好，热空气易与物料接触；②干燥过程中物料无剧烈运动，不易破碎。其缺点：①占地面积大；②设备的进出料口密封不严，易产生漏气现象。

2. 多级网带式干燥机

为了克服单级网带式干燥机受干燥时间等限制，可以将网带式干燥机设计成多级。所谓多级网带式干燥机，即用多条循环输送网带（多至 4 台）串联组成物料输送系统的网带式干燥机，其操作原理与单级带干燥机相同。

图 9-12 所示的为两段式网带式干燥机。其干燥室内有两条网带串联，物料经第一、第二干燥区干燥后，从第一输送带的末端自动落入第二个输送带的首端，其间物料受到拨料器的作用而翻动，然后通过冷却区，最后由终端卸出产品。

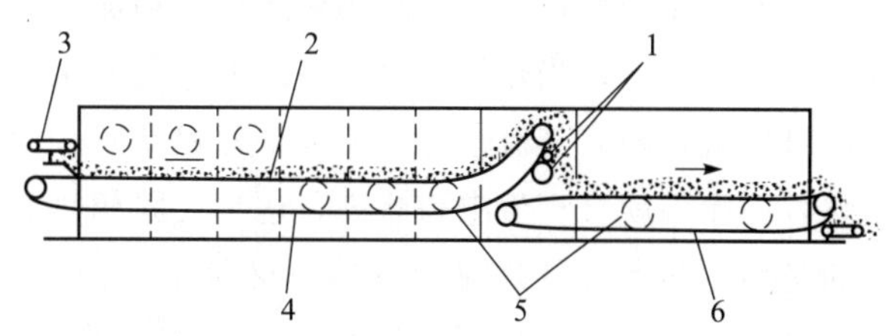

图 9-12　两段式网带式干燥机

1. 卸料辊；2. 物料层；3. 进料器；4. 第一段网带；5. 循环风机；6. 第二段网带

（引自：许学勤. 食品工厂机械与设备. 2016.）

多级网带式干燥机的优点如下：①物料在带间转移时得以松动、翻转，物料的蒸发面积增大，改善了透气性和干燥均匀性；②不同输送带的速度可独立控制，且多个干燥区的热风流量及温度和湿度均可单独控制，便于优化物料干燥工艺。它的主要缺点是占地面积较大。

3. 多层网带式干燥机

上述的单级和多级网带式干燥机的输送网带均为一层，结构较为简单。多层网带式干燥机相对于单级和多级网带式干燥机的结构更为复杂，其基本构成部件与单层网带式干燥机的类似。区别在于它的输送带为多层上下相叠。输送带层数以 3～5 层最为常用。层间有隔板控制干燥介质定向流动，使物料干燥均匀。各输送带的速度独立可调，一般最后一层物料的含水量较低，可以调低输送带的速度且将料层铺厚，这样可使大部分干燥介质与不同干燥阶段的物料得到充分、合理的接触，从而提高总的干燥速率。

图 9-13 所示的为三层网带式干燥机。湿物料从进料口进至首层传输网带上，随网带运动至末端，通过翻板落至层网带，依次自上而下，最后由卸料口排出。进风机送入的新鲜空气经加热器加热后，通过分层进风柜调节风量送入干燥室，将物料干燥。排出的废气可用于对物料进行预热。

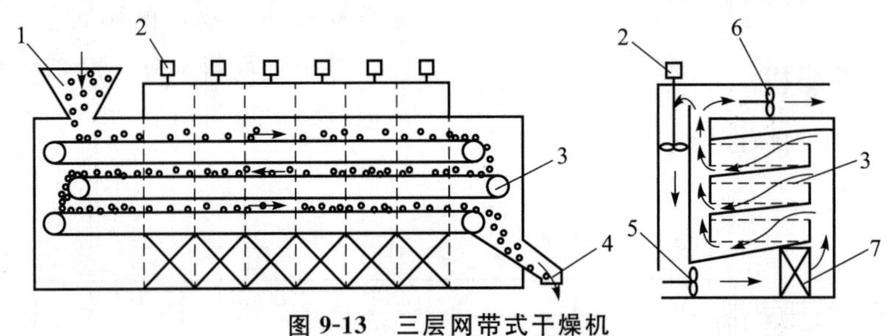

图 9-13 三层网带式干燥机

1. 进料口；2. 循环风机；3. 网带；4. 出料口；5. 进风机；6. 加热器；7. 分层进风柜

（引自：许学勤. 食品工厂机械与设备. 2016.）

多层网带式干燥机结构简单，干燥产物含水量均匀。常用于干燥速度低、干燥时间长的场合，广泛用于谷物类的干燥。该类干燥机在操作中多次翻料，因此，不适于黏性物料及易碎物料的干燥。

9.3.4 流化床干燥机

流化床干燥机是一类使物料呈沸腾状态进行干燥的干燥机，因此，又称为沸腾床干燥机。

在流化床干燥机中，颗粒物料经料斗和加料器分散在分布板上，当热气流由设备的下部通入床层与物料接触，随着气流速度加大到某种程度时，固体颗粒在床内就会产生沸腾状态，达到气固相热和质的交换。热空气既是流化介质，又是干燥介质。当床层膨胀至一定高度时，因床层空隙率的增大，气流速度下降，颗粒回落而不致被气流带走。经干燥后的颗粒由床侧面的出料口卸出。废气由顶部排出，并经旋风分离器回收所夹带的粉尘。图 9-14 所示的为流化床干燥器工作流程。

流化床干燥机的特点：①物料与加热介质接触面大，搅拌激烈，因此，热量传递性能好，干燥速度快；② 物料停留时间易控制，因此，可以控制干燥制品含水量；③ 装置简单，设备体积小；④ 物料与机械部分不直接接触，卫生条件好。

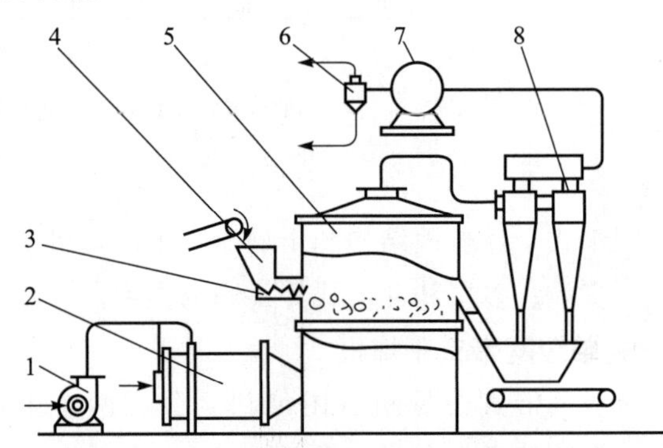

图 9-14 流化床干燥器工作流程

1. 鼓风机；2. 加热器；3. 加料器；4. 料斗；5. 沸腾床干燥器；6. 雾沫分离器；7. 洗涤器；8. 旋风除尘器

流化床干燥机适宜于处理粉状且不易结块的物料，物料粒度通常为 30 μm～6 mm。物料颗粒直径小于 30 μm 时，气流通过多孔分布板后极易产生局部沟流；颗粒直径大于 6 mm 时，需要较高的流化速度，动力消耗及物料磨损随之增大。

流化床干燥适用于处于降速干燥阶段的物料，对于粉状物料和颗粒物料，适宜的含水范围分别为 2%～5% 和 10%～15%。因此，气流干燥或喷雾干燥得到的物料，若仍有需要经过较长时间降速干燥方能去除的结合水分，更适于采用流化床干燥。

流化床干燥机的主要类型有：单层圆筒型、多层圆筒型、卧式多室型、振动型、脉冲型、惰性粒子型等。此外，还可以集上述类型的特征结构为一体构成复合型流化床干燥机，例如，可将振动型与惰性粒子型结合起来构成振动-惰性粒子型的流化床干燥机。

1. 单层圆筒型流化床干燥机

单层圆筒型流化床干燥机是结构最为简单的流化床干燥机，其结构如图 9-15（a）所示。湿物料由输送机送到加料斗，经抛料机送至分离器后，再送入干燥机内。热空气进入流化床底后由分布板控制流向，自下而上穿过料床，对湿物料进行流化和干燥。干燥后的物料经溢流口由卸料管排出，夹带细粉的空气经旋风分离器分离后由抽风机排出。

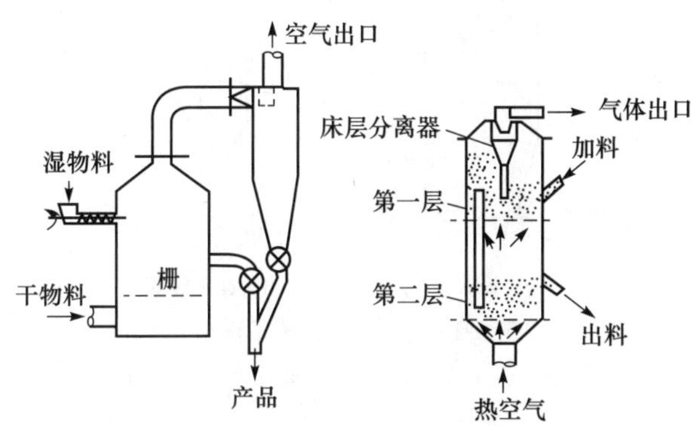

(a)单层圆筒型流化床干燥机　(b)多层流化床干燥机

图 9-15　流化床干燥机

气体分布板是流化床干燥机的主要部件之一，它的作用是支持物料，均匀分配气体，以创造良好的流化条件。分布板在操作时处于受热受力的状态，故要求其耐热，且受热后不能变形。各种类型的气体分布板如图 9-16 所示。为了防止停工时颗粒从小孔漏下或堵塞小孔，气体可以顺利地从小孔进入床层，可以在筛孔上设置风帽。图 9-17 所示的为带风帽的流化床。

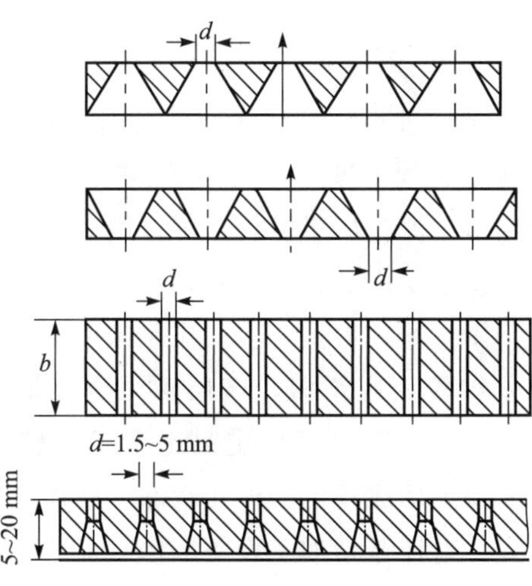

图 9-16　气体分布板

（引自：马海乐. 食品机械与设备. 2 版. 2011.）

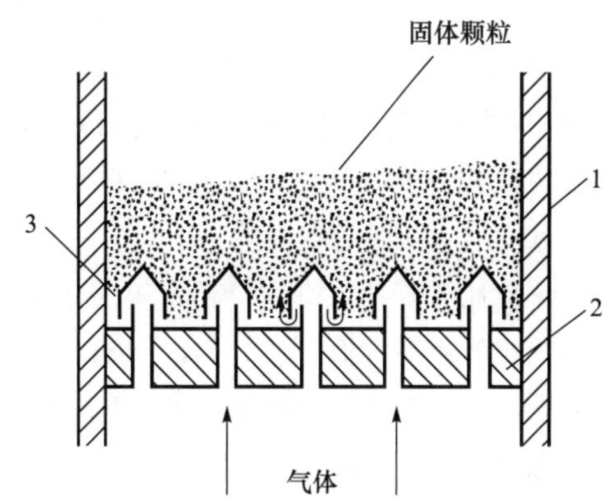

图 9-17　带风帽的流化床

1. 容器壁；2. 分布板；3. 风帽

为使气流较为均匀地到达分布板，并在较低阻力下达到均匀布气的目的，流化床干燥机的下方可设置气流预分布器。图 9-18 所示的为常见的气流预分布器。有些设备为使气流分布均匀，还可以直接将整个床体分隔成若干个室。

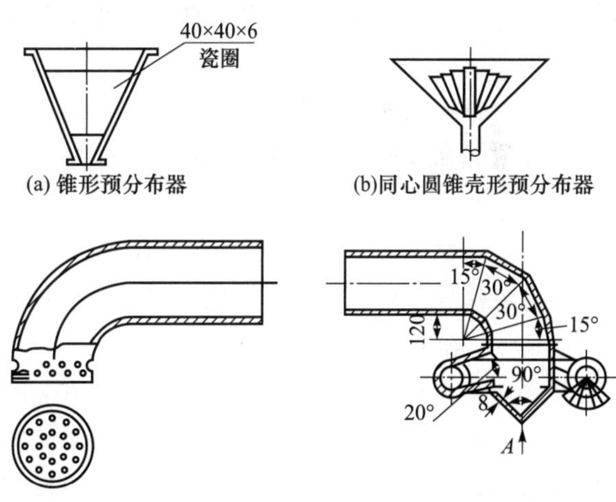

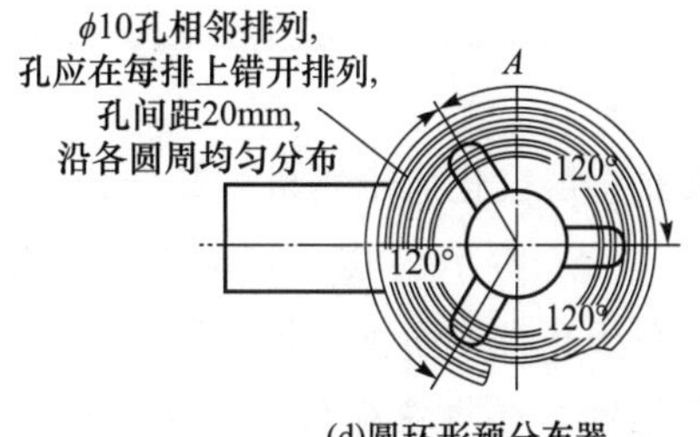

图 9-18　气体预分布器

（引自：马海乐. 食品机械与设备. 2 版. 2011.）

单层流化床干燥机的优点是结构简单，操作方便。但该种干燥机有两个缺点：一是物料颗粒在流化床中与气流高度混合，必须有较高的流化床层才能使物料颗粒在床内停留足够的时间，保证物料干燥均匀，从而造成气流压降增大。二是湿物料与已干物料处于同一干燥室中，而且部分物料可能走短路而直接飞到出料口，因此，从排料口出来的物料较难保证水分含量均一。

单层流化床干燥机在食品工业上应用广泛，适用于床层颗粒静止高度低（300～400 mm）、容易干燥、处理量较大且对最终含水量要求不高的产品。

2. 多层流化床干燥机

对于干燥时间较长或要求干燥较均匀的产品，一般采用多层流化床干燥机，其结构如图 9-15（b）所示。

多层式流化床干燥机整体结构类似于板式塔，内设多层孔板。通常物料由干燥塔上部的一层加入，通过适当方式自上而下转移，最后从底层孔板或塔底排出。热风从塔体底部进入塔内，在一定压力下自下向上流动。气体与物料在每块孔板上形成沸腾床。因此，湿物料与加热空气在流化床干燥机内总体呈逆流向。

根据物料在层间转移方式，多层流化床干燥机可分为溢流式和穿流板式两种，目前国内多采用溢流式。

（1）溢流式多层流化床干燥机　图 9-19（a）所示的为溢流式多层流化床干燥机。湿物料颗粒由第一层加入，经初步干燥后由溢流管进入下一层，最后从最底层出料。常见的溢流管调节装置有菱形堵头式［图 9-20（a）］、铰链活门式［图 9-20（b）］以及自封式等。物料颗粒在层与层之间没有混合，仅在每层内流化时互相混合，且停留时间较长，因此，产品能达到很低的含水量且较为均匀，热量利用率也显著提高。

（2）穿流板式多层流化床干燥机　其结构较为简单，如图 9-19（b）所示。其特点是没有溢流管，物料直接从筛板孔自上而下流动，同时气体通过筛孔由下向上运动，在每块筛板上形成沸腾床。穿流板式多层流化床干燥机结构比溢流式简单，生产能力强，但操作控制更为严格。适用于直径一般为 0.8～5 mm 的物料颗粒。为使物料能通过筛板孔流下，筛板孔径应为物料粒径的 5～30 倍，筛板开孔率为 30％～40％。物料的流动主要依靠自重作用，气流也阻止物料下落速度过快，故所需气流速度较低，在大多数情况下，气体的空塔气速与热风流化速度之比为（1.2∶1）～（2∶1）。

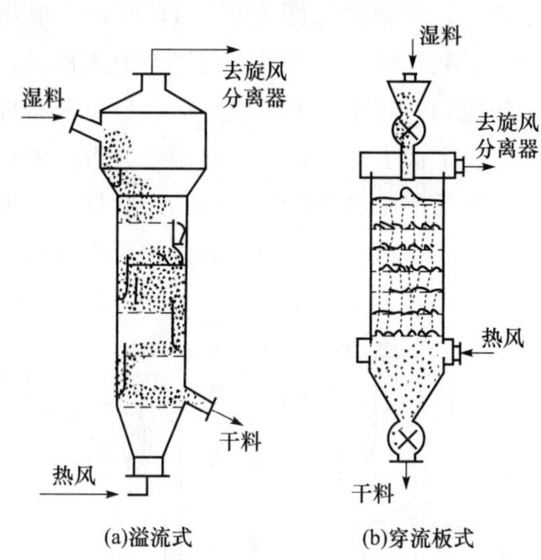

图 9-19　多层流化床干燥机

（引自：许学勤．食品工厂机械与设备．2016.）

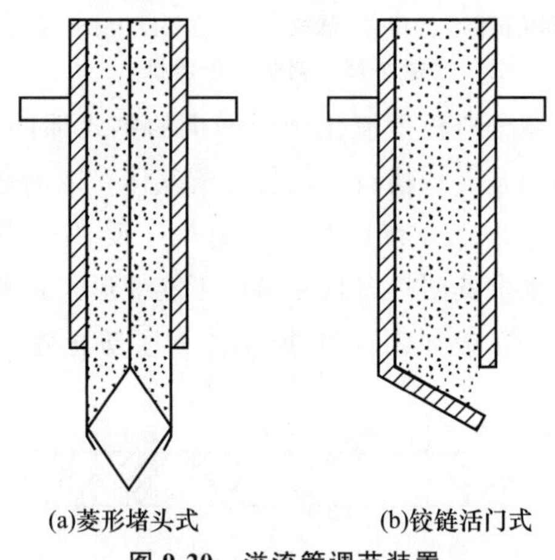

图 9-20　溢流管调节装置

采用多层流化床干燥机，可以增加物料的干燥时间，改善干燥产品含水的均匀性，从而易于控制产品的干燥质量。但是，多层流化床干燥机因层数增加，分布板相应增多，床层阻力也会增加。同时，各层之间，物料既要定量地从上层转移至下层，又要保证形成稳定的流化状态，必须采用溢流管等装置，这样又增加了设备结构的复杂性。

3. 卧式多室流化床干燥机

为了降低压强，保证产品均匀干燥，同时降低床层高度，人们研发出了卧式多室流化床干燥机（图 9-21）。这种干燥机的横截面为长方形，用垂直挡板横向分隔成多室，挡板下端与多孔板之间留有间隙，使物料能从一室进入另一室。由于分隔成多室，可以调节各室的空气量。同时流化床内增加了挡板，可避免物料走短路排出，干燥产品的含水量也较均匀。若在操作上对各室的风量、气温加以调节，或将最末几室的热风二次利用，或在流化床内添加内加热器等，还可提高热效率。

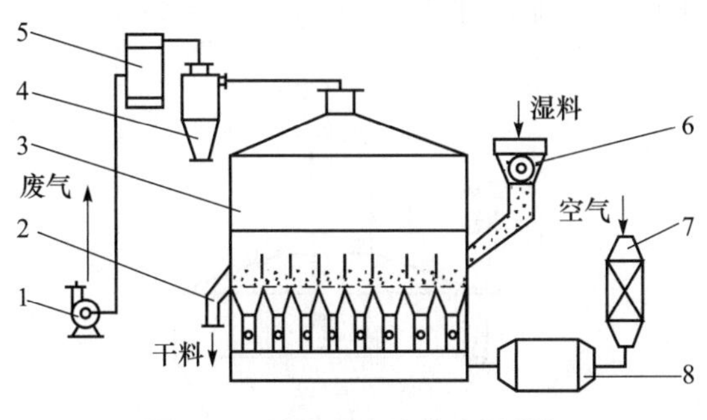

图 9-21　卧式多室流化床干燥机

1. 抽风机；2. 卸料管；3. 干燥器；4. 旋风除尘器；5. 袋式除尘器；6. 摇摆颗粒机；7. 空气过滤器；8. 加热器

（引自：马海乐. 食品机械与设备. 2 版. 2011.）

卧式多室流化床干燥机具有结构简单、制造方便、容易操作、干燥速度快等优点。适用于各种难以干燥的颗粒状、片状和热敏性物料。但热效率较低，对于多品种小产量物料的适应性较差。在食品业中多用于干燥砂糖、干酪素、葡萄糖酸钙及固体饮料等。

4. 其他类型的流化床干燥机

传统流化床干燥机虽然具有传热强度高、干燥速率快等优点，但并非适用于所有状态的物料。例如，对于细小结晶体、浆状、膏浆体就不能用普通的流化床干燥机干燥。另外，对于具有一定黏结性的物料，利用普通流化床也较难得到均匀的干燥效果。

因此，人们基于流态化干燥原理，研制开发了特殊形式的流化床干燥机，具有代表性的有：振动流化床干燥机、脉冲流化床干燥机、惰性粒子流化床干燥机等。

（1）振动流化床干燥机　在干燥过程中由机械振动帮助物料流化，有利于边界层湍流，强化传热传质，除具有很好干燥功能之外，还能根据工艺需要附有物料造粒、冷却、筛分和输送等工艺。振动流化床干燥机适用于太粗或太细的干燥颗粒，以及颗粒不规则、易黏结、不易流化等的物料。此外，还用于有特殊要求的物料，如砂糖要求保持完整的晶型及颗粒均匀等。振动流化床干燥机主要由振动喂料器、振动流化床、风机、空气加热器、空气过滤器和集尘器等组成。

用于干燥砂糖的振动流化床干燥机的结构如图 9-22 所示。

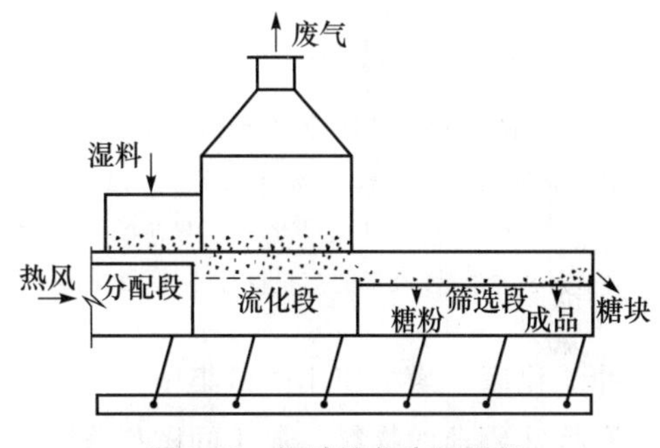

图 9-22　振动流化床干燥机

（引自：马海乐. 食品机械与设备. 2 版. 2011.）

干燥器由分配段、沸腾段和筛选段三部分组成，在分配段和筛选段下面都有热空气。含水量为 4%～6%的湿砂糖，由加料器送进分配段，由于平板振动，物料可均匀地加到沸腾段。湿砂糖在沸腾段停留约 12 s 就可达到干燥要求，即产品含水量为 0.02%～0.04%。然后，离开沸腾段进入筛选段，筛选段分别安装不同网目的筛网，将糖粉和糖湿料块筛掉，中间的为合格产品。

（2）脉冲流化床干燥机　用于干燥不易流化或有其他特殊要求的物料，是另一种改进型流化床干燥机。

如图 9-23 所示，脉冲流化床干燥机的干燥器下部均布有几根热风进口管，每根管上又装有快开阀门，这些阀门按一定的频率（如 4～16 Hz）和次序进行开关。当气体突然进入时就会产生脉冲，此脉冲很快在颗粒间传递能量，随着气体的进入，在短时间内就形成剧烈的沸腾状态，使气体和物料进行强烈的传热、传质。当阀门很快关闭后，沸腾状态在同一方向逐步消失，物料又回到固定状态。如此往复循环地进行脉冲流化干燥。

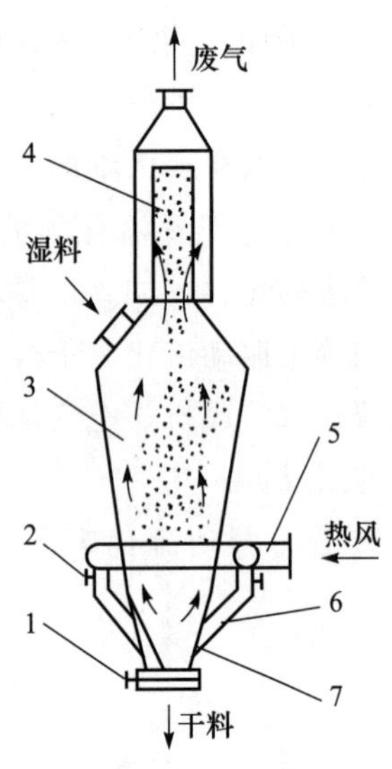

图 9-23　脉冲流化床干燥机

1. 插板阀；2. 快动阀门；3. 干燥室；4. 过滤器；
5. 环状总管；6. 进风管；7. 导向板

（引自：许学勤. 食品工厂机械与设备. 2016.）

脉冲流化床干燥机作用能量集中，适用于不易干燥或有特殊要求的物料，属于间歇操作，适用于粒度为 10 μm～0.4 mm 的物料，床高 0.1～0.4 m。快开阀门开启时间与床层的物料厚度和物料特性有关，一般为 0.08～0.2 s。

进风管一般按圆周方向均匀排列 5 根，按 1，3，5，2，4 顺序轮流开启。这样操作，使每次进风点与上次的距离较远。

脉冲流化床干燥机与常规流化床干燥机相比，具有如下优点：①能够流化非球形大颗粒，如直径为 20～30 mm、厚度为 1.5～3.5 mm 的蔬菜也能获得良好的流化状态；②粒子对流混合较充分，无沟流现象，可改善床层结构。③压降较低，节能效果明显，高达 30%。

（3）惰性粒子流化床干燥机　是流化干燥机的特殊形式，适用于溶液、悬浮液、黏性浆状物料等液相物料的干燥，常用于干燥动物血液、鸡蛋白、骨汤、酵母等，但是不宜干燥易形成坚硬的高附着作用的膜层物料。其技术关键是粒子表面对物料的均匀吸附、流化效果和干燥物料的及时脱离。

惰性粒子流化床干燥机（图 9-24）的工作原理是根据不同液相物料的特性，在干燥机内加入一定量的惰性粒子，在床层气流的作用下，粒子随热气流不断地沸腾、翻滚呈流态化。在此过程中，物料通过加料器均匀地喷洒在惰性粒子表面，惰性粒子内部储存的热量瞬时传递给物料，完成部分质热传递过程。表面附着物料的惰性粒子在床层中随热气流一起流化，气流与物料之间产生热交换，并将水分转移，因此，物料得到干燥。当物料干燥到一定程度后，在惰性粒子翻滚碰撞外力的作用下，从粒子表面脱落，并随粒子呈流态化，此时，物料碎片被继续干燥的同时又被粒子球磨，当达到一定粒度和干度时，随气流离开流化床。表面更新的惰性粒子再吸附新的物料，完成下一个干燥周期。

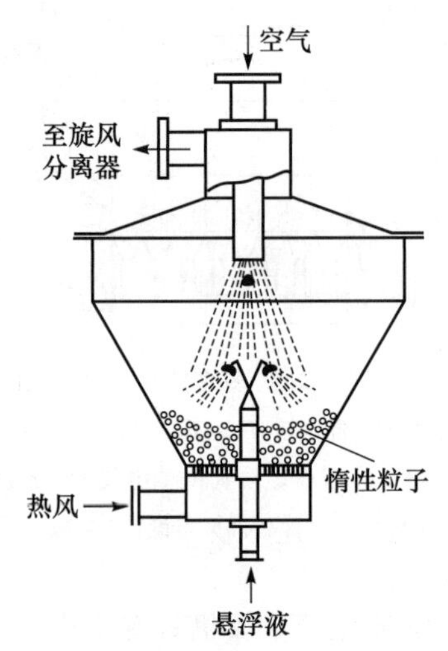

图 9-24　惰性粒子流化床干燥机

（引自：许学勤. 食品工厂机械与设备. 2016.）

在干燥过程中，物料随着惰性粒子不停地摩擦碰撞，因此，通过惰性粒子流化床干燥机完成干燥的粉体粒度一般小于通过喷雾干燥机得到的粉体颗粒。

惰性粒子是这种干燥设备的关键要素之一，在干燥过程中惰性粒子是热载体，同时具有干燥物料、碰撞研磨的作用。惰性粒子材料的选择主要取决于惰性粒子与被干燥物料的亲合性，同时还需要考虑材料的强度、硬度、耐磨性、韧性和耐温性。常用材料有：玻璃珠、聚四氟乙烯颗粒、陶瓷球、氧化铝小球、氧化锆小球、玛瑙小球等。

惰性粒子流化床干燥机除了具有一般流化床干燥的优点（热效率高、热容系数高、干燥速率大、操作简便）以外，还表现在：①适用于高水分的浆状物料；②干燥与粉碎在同一时间内完成，可减少物料损失。

9.3.5　喷雾干燥机

喷雾干燥机是处理溶液、悬浮液或泥浆状物料的干燥机。它用喷雾的方法，使物料成为雾滴分散在热气流中，物料与热空气呈并流、逆流或混流的方式互相接触，将水分迅速蒸发，达到干燥目的。采用这种干燥方法，可以省去浓缩或过滤等单元操作，可以获得 30～500 μm 的粒状产品，且干燥时间极短，一般干燥时间为 5～30 s，适用于高热敏性物料和料液浓缩过程中易分解物料的干燥，产品流动性和速溶性好。

喷雾干燥机适用于许多粉状制品，如乳粉、蛋粉、豆奶粉、低聚糖粉、蛋白质水解物粉、微生物发酵物等。

1. 喷雾干燥机的工作原理及特点

喷雾干燥机的工作原理如图 9-25 所示。料液通过雾化器，喷成直径范围在 10～100 μm 的雾滴。空气经鼓风机，送入空气加热器加热，然后进入喷雾干燥塔，与具有巨大比表面积的雾滴接触，可在瞬间（0.01～0.04 s）发生强烈的热交换和质交换，使其中绝大部分水分迅速蒸发汽化并被干燥介质带走。水分蒸发会从液滴吸收汽化潜热，因此，液滴的表面温度一般为空气的湿球温度。整个干燥过程包括雾滴预热、恒速干燥和降速干燥三个阶段，只需 10～30 s 便可得到符合要求的干燥产品。产品干燥后，大部分沉降于底部，少量微细粉末由一级抽风机吸入一级旋风分离器。塔底产品以及旋风分离器收集的产品由二级抽风机送入二级旋风分离器分离后包装。

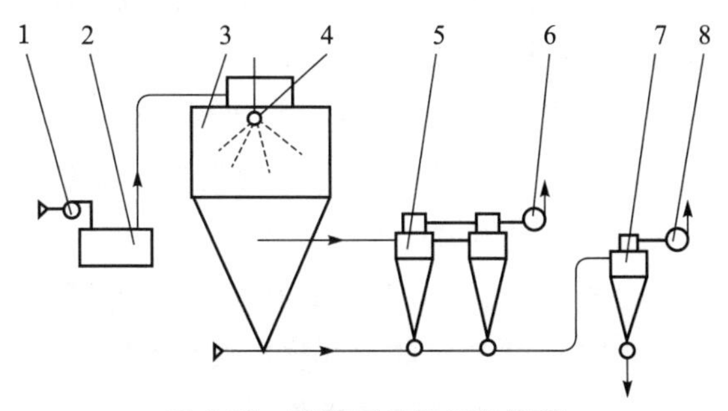

图 9-25　喷雾干燥机工作原理

1. 鼓风机；2. 空气加热器；3. 喷雾干燥机；4. 雾化器；5. 一级旋风除尘器；6. 一级抽风机；7. 二级旋风除尘器；8. 二级抽风机

喷雾干燥的主要优点如下：①干燥速度快，干燥效率高，易于自动化、连续化生产。②干燥条件易于控制，产品质量好。所得产品是松脆的空心颗粒，具有良好的流动性、分散性和溶解性，并能很好地保持食品原有的色、香、味。③营养损失少。干燥速度快，大大减少营养物质的损失，如牛乳粉加工中热性维生素 C 只损失 5%左右。因此，特别适用于易分解、变性的热敏性食品加工。④产品纯度高。由于喷雾干燥是在封闭的干燥室中进行，干燥室具有一定负压，既可保证卫生条件，又可避免粉尘飞扬，从而可提高产品纯度。⑤工艺较简单。料液经喷雾干燥后，可直接获得粉末状或微细的颗粒状产品。⑥操作灵活，适应性强。适用于水溶液和有机溶剂物料的干燥，原料液可以是溶液、浆液、乳浊液、糊状物或熔融物，甚至是滤饼等。

喷雾干燥的缺点有：喷雾干燥设备投资费用比较高，能耗大，热效率比较低。

2. 喷雾干燥机的类型

按照雾化方法分类，工业上应用的喷雾干燥机有下列三种。

（1）离心式喷雾干燥机　利用离心式雾化机理对料液进行雾化。离心式雾化机理：借助高速转盘或转轮产生离心力，将料液高速甩出呈薄膜状、细丝状，并受到腔体空气的摩擦和撕裂作用而雾化。离心式喷雾干燥机（图 9-26）受进料状态（如压力）影响变化小，控制简单。图 9-27 所示的为离心式喷雾器。

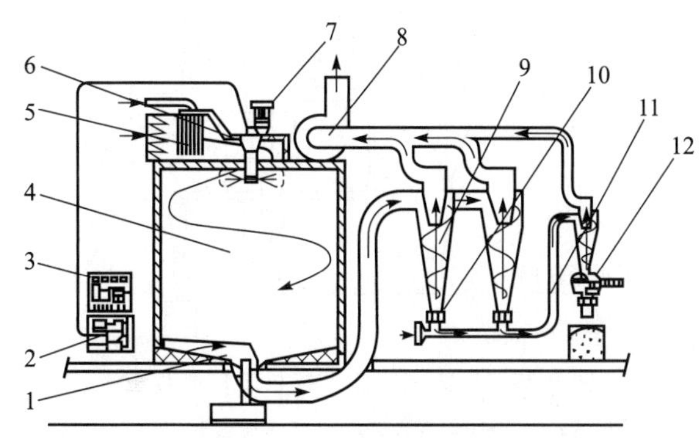

图 9-26　离心式喷雾干燥机

1. 粉末收集器；2. 原料泵；3. 仪表盘；4. 干燥室；5. 空气加热器；6. 空气分配器；7. 离心式雾化器；8. 排风机；9. 一级旋风除尘器；10. 回转排出阀；11. 风力粉末冷却器；12. 二级旋风除尘器

（2）压力式喷雾干燥机　用泵将料液加压到 1×10^7～2×10^7 Pa，送入雾化器，将料液喷成雾状，图 9-28 为压力式喷雾干燥机工作流程图，图 9-29 为压力式喷雾干燥机结构示意图。压力式喷雾干燥机生产能力大，耗能小，细粉生成少，能产生小颗粒，固体物回收率高。

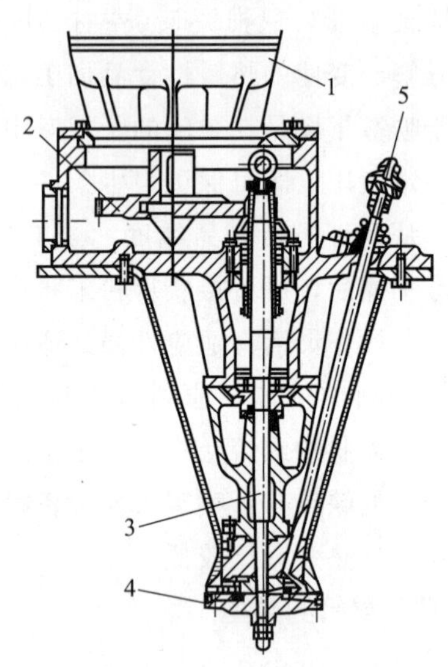

图 9-27　离心式喷雾器

1. 电动机；2. 变速机构；3. 主轴；4. 转盘；5. 进液管

（引自：许学勤. 食品工厂机械与设备. 2016.）

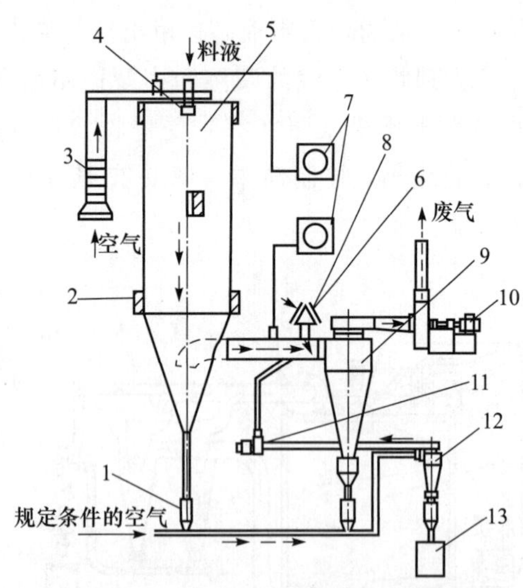

图 9-28　压力式喷雾干燥机工作流程图

1. 粉料收集器；2. 冷却空气入口；3. 气体加热器；4. 压力喷雾器；5. 干燥室；6. 空气入口；7. 温度记录仪；8. 气流调节阀；9. 一级旋风除尘器；10. 排风机；11. 风机；12. 二级旋风分离器；13. 产品贮存器

（3）气流式喷雾干燥机　利用压力为 2×10^5～5×10^5 Pa 的压缩空气或过热蒸汽，在喷嘴出口处与料液混合，因料液速度小，而气流速度大，二者存在相当大的速度差，而将液膜拉成丝状，然后分裂成细小的雾滴。雾滴大小取决于两相速度差和料液黏度，相对速度差越大，料液黏度越小，则雾滴越细。料液的分散度取决于气体的喷射速度、料液和气体的物理性质、气流式喷雾干燥机的几何尺寸以及气料流量之比等。

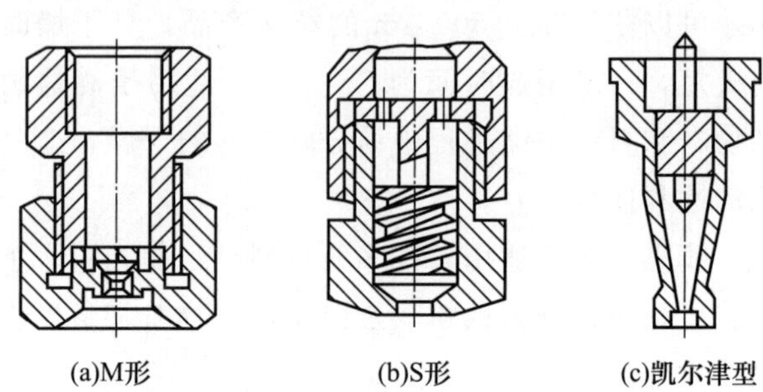

图 9-29　压力式喷雾干燥机结构示意图

（引自：许学勤. 食品工厂机械与设备. 2016.）

气流式喷雾干燥机（图 9-30）在食品工业上的应用较少，主要是由于它动力消耗大，对气体要求较高，经济上不合理。

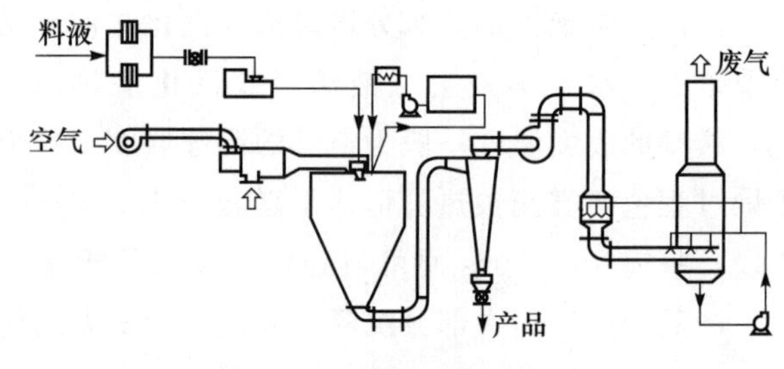

图 9-30　气流式喷雾干燥机

1）按照生产流程分类

（1）开放式喷雾干燥机　其特点是载热体在这个系统中只使用一次就直接排到空气中，不再循环使用。适用于废气无毒无臭，排入大气后不会造成环境污染的场合。其优点是结构简单，设备成本低；缺点是载热体消耗大。

压力式、离心式、气流式都可以按照开放式系统设计，图 9-31 所示的为开放式喷雾干燥机。

（2）封闭循环式喷雾干燥机　其特点是经过旋风分离器分离得到的废气进入冷凝器除湿后，再次经过鼓风机加压进入加热器加热，如此反复循环使用，使得载热体在系统中组成一个封闭的循环回路。封闭循环式喷雾干燥机（图 9-32）

有利于回收惰性气体等特殊的载热体，适用于易氧化变质的物料，也适用于有刺激性气味的物料。

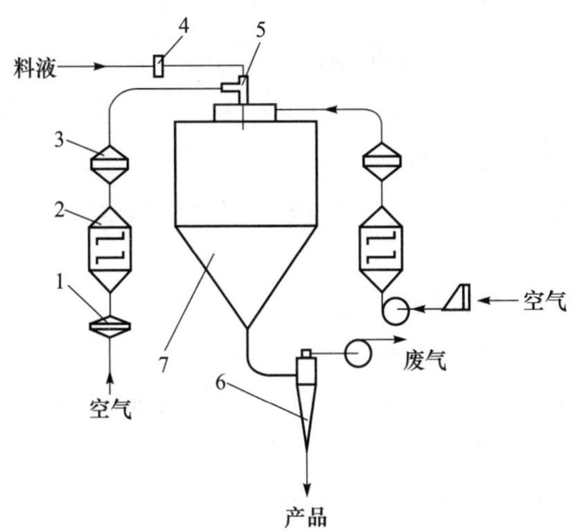

图 9-31　开放式喷雾干燥机

1. 空气过滤器；2. 加热器；3. 二级空气过滤器；4. 进料过滤器；5. 雾化器；6. 旋风除尘器；7. 干燥塔

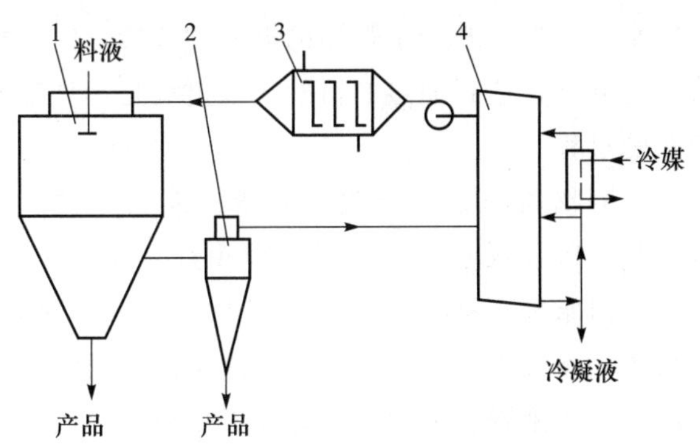

图 9-32　封闭循环式喷雾干燥机

1. 干燥塔；2. 分离器；3. 加热器；4. 冷凝器

(3) 自惰循环式喷雾干燥机　其特点是在系统中有一个燃烧室，引入可燃气体进行燃烧，可将空气中的氧气除去，同时增加氮气和二氧化碳等惰性气体的浓度。为了节约成本，惰性气体要进行回收。自惰循环式喷雾干燥机（图 9-33）通常采用封闭结构，为了使系统内压力保持平衡，可以在鼓风机出风口处安装一个减压缓冲装置。

自惰循环式喷雾干燥机在工作时，为了防止可燃的产品微粒进入燃烧室中发生爆炸，应在湿式除尘器内增加必要的措施，以除尽产品微粒，保证干燥介质的洁净。

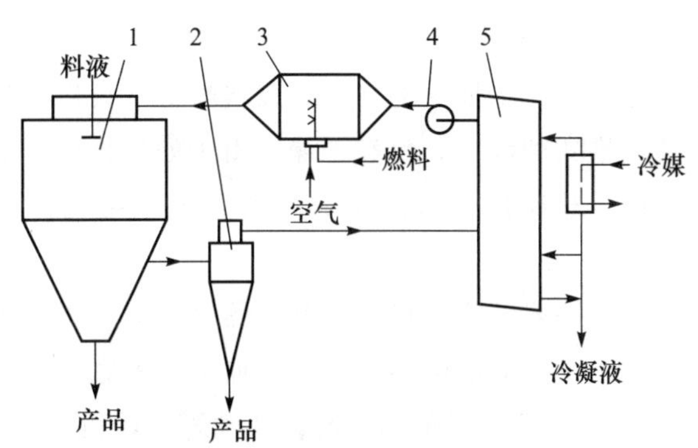

图 9-33　自惰循环式喷雾干燥机

1. 干燥塔；2. 分离器；3. 燃烧室；4. 气体循环通道；5. 冷凝器

2）按照喷雾和气体流动方向分类

(1) 并流型喷雾干燥机　在喷雾干燥室内，液滴与热风呈同方向流动。热风进入干燥室内立即与喷雾液滴接触，室内温度急降，不会使干燥物料受热过度，因此，并流型喷雾干燥机［图 9-34 (a)］适宜于热敏性物料的干燥。排出产品的温度取决于排风温度。

(2) 逆流型喷雾干燥机　在喷雾干燥室内，液滴与热风呈反方向流动。这类干燥器的特点如下：①高温热风进入干燥室内即与将要完成干燥的粒子接触，使其内部水分含量达到较低的程度；②物料在干燥室内悬浮时间长，适用于含水量高的物料干燥；③设计时应注意塔内气流速度应小于成品粉粒的悬浮速度，以防粉粒与废气夹带。逆流型喷雾干燥机［图 9-34 (b)］常用于压力喷雾场合。

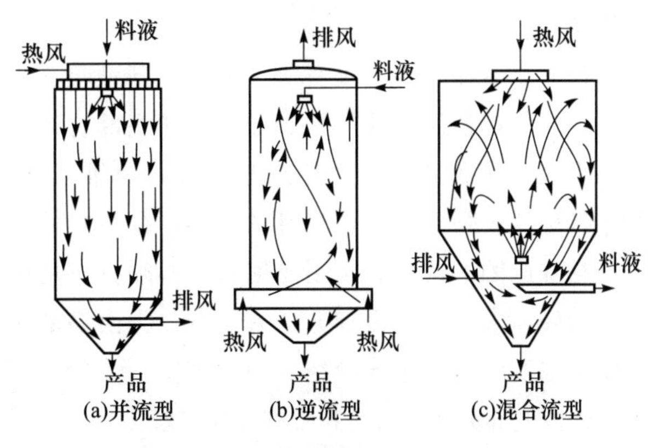

图 9-34　干燥器内喷雾和气体流动方向

(3) 混合流型喷雾干燥机　在喷雾干燥室内，液滴与热风呈混合交错流动状。混合流型喷雾干燥机［图 9-34 (c)］干燥性能介于并流型和逆流型之间。

3）按喷雾干燥室的外形分类

按照喷雾干燥室的外形可以将喷雾干燥机分为卧式和塔式两大类，每类干燥室由于处理物料、受热温度、热风进入和出料方式等不同，结构形式各异。

（1）卧式喷雾干燥机　其干燥室水平放置，主要用于水平方向的喷雾干燥，干燥室有平底和斜底两种。图 9-35 所示的为一种卧式喷雾干燥机。

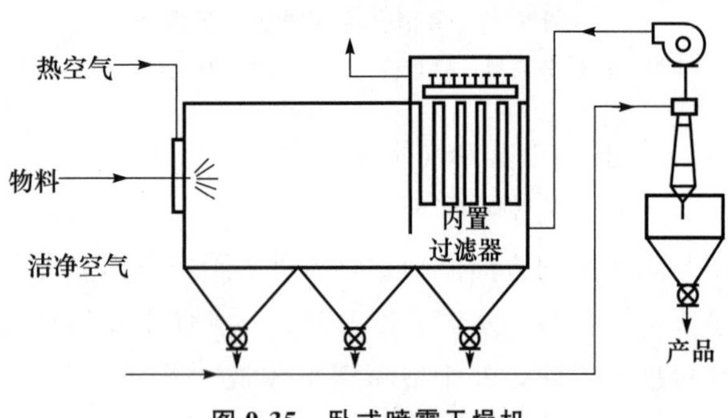

图 9-35　卧式喷雾干燥机

卧式干燥室用于食品干燥时应内衬不锈钢板，室底一般采用瓷砖或不锈钢板。干燥室的室底应有良好的保温层，避免干粉积露回潮。干燥室壳壁也必须用绝热材料来保温。通常卧式干燥室的后段有净化尾气用的布袋过滤器，在布袋过滤器的上方安装有引风机。

因为气流方向与重力方向垂直，雾滴在干燥室内行程较短，接触时间也短，且不均匀，所以产品的水分含量也不均匀。此外，从卧式干燥室底部卸料也较困难，因此，新型喷雾干燥设备几乎都采用塔式结构。

（2）塔式干燥室　又称为干燥塔，新型喷雾干燥设备几乎都使用塔式结构。干燥塔的底部有锥形底、平底和斜底三种，食品工业中常采用锥形底。对于吸湿性较强且具有热塑性的物料，往往会造成干粉粘壁成团的现象，且不易回收，必须具有塔壁冷却措施。常用塔壁冷却方法有三种：①由塔的圆柱体下部切线方向进入冷空气扫过塔壁。②冷空气由圆柱体上部夹套进入，并由锥形底夹套排出。③沿塔内壁安装旋转空气清扫器，通冷空气进行冷却。

9.4　电磁辐射干燥设备

除了传统的热空气、过热蒸汽、电阻丝加热之外，在食品工业中也常用到微波、红外线、射频等作为热源，对物料进行加热干燥。这种以红外线、微波等电磁波为热源，通过辐射方式将能量传递给待干燥物料的干燥方法称为电磁辐射干燥。

9.4.1　红外辐射干燥机

红外辐射干燥是 20 世纪 70 年代以来发展起来的一项干燥技术。它通过热源发出红外线，利用电磁辐射传热原理，以直接方式传热而达到干燥物料的目的。

1. 红外辐射干燥的原理

红外线是波长在 0.75 nm～1 000 μm 的一种电磁波，通常将波长在 5.6 μm 以上的称为远红外线，波长在 5.6 μm 以下的称为近红外线。在食品工业中常用远红外干燥物料。

红外辐射的本质是热辐射。红外辐射加热是利用热物体源所发射出来的红外线照射被加热物料，红外线波长和被加热物体的吸收波长一致时，被加热物体大量吸收红外线，此时，物体内部分子和原子发生“共振”并产生强烈的振动和旋转，使得物体温度升高，达到加热的目的，该过程是一种辐射传热的过程。

不同物质的分子吸收红外线的能力不同。像氢、氮、氧等双原子的分子不吸收红外线；而水、溶剂、树脂等有机物能很好地吸收红外线。此外，当物体表面被干燥后，红外线穿透干固体层深入物料内部比较困难。因此，红外线干燥机主要用于薄层物料的干燥。

2. 红外辐射干燥的特点

① 红外线加热将热量直接传递给被干燥物料，避免加热传热界面导致的热量损失，因此，红外辐射干燥热损失小，能量利用率高。

② 传热效率高。红外辐射可以在不使物料过热的情况下，其热源有较高的温度，可以有效缩短加热时间和节约设备费用。

③ 加热引起食物材料的变化损失较小。在热辐射电磁波中远红外线的光子能量级比起紫外线、可见光线都要小，因此，一般只会产生热效果，而不会引起物质的化学变化。此外，远红外辐射加热的效率较高，可使加热时间大大缩短，这也使得食品成分受热分解的可能性大为减少。

④ 干燥质量好。物料表面和内部分子同时吸收红外辐射，因此，红外辐射干燥加热均匀，产品质量好。

⑤ 设备小，建造简单，易于推广。

3. 红外辐射干燥机的结构

红外辐射干燥机的结构比较简单，主要有红外辐射加热器、干燥室、反射集光装置等。下面将详细介绍红外辐射加热器及反射集光装置。

（1）红外辐射加热器

红外辐射加热元件是红外辐射加热器中把电能等转变成红外辐射能的关键部件。其结构主要由发热元件（电热丝或热辐射本体）、热辐射体、紧固件或反射装置等构成。

目前，常用的红外辐射发热元件有两种：一种是红外线灯，用高穿透性玻璃和钨丝制成。钨丝通电后在 2 200℃下工作，可辐射 0.6～3 μm 的红外线。红外线灯也可制成管状或板状。另一种辐射源是煤气与空气的混合气（一般空气量是煤气量的 3.5～3.7 倍）在薄金属板或钻了许多小孔的陶瓷板的背面发生无烟燃烧，当板的温度达到 340～800℃时（一般是 400～500℃）即放出红外线。

红外辐射加热器的形状灵活多样，常用的有灯状（图 9-36）、板状（图 9-37）和管状（图 9-38）等。

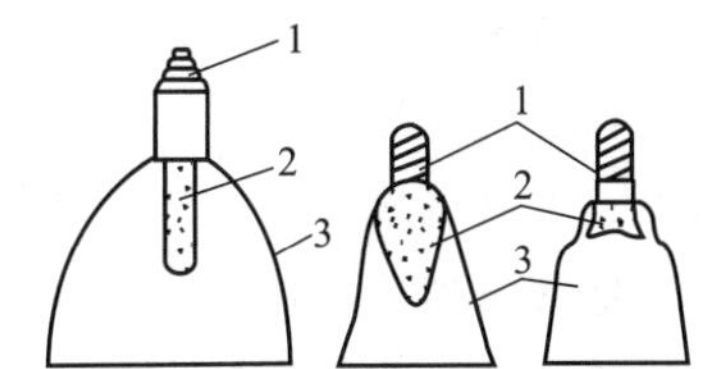

图 9-36　灯状红外辐射加热器

1. 灯头；2. 辐射体；3. 反射罩

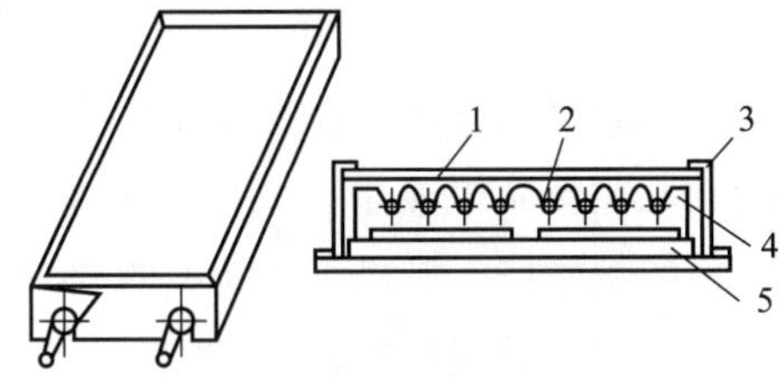

图 9-37　板状红外辐射加热器

1. 辐射板；2. 电热丝；3. 框架；4. 耐火板；5. 保温石棉板

（2）反射集光装置

红外射线同其他光波一样具有直线传播和镜反射的性质，因此，可以通过光的集散、遮断机构来使辐射热在加热器中更有效地被利用和控制，提高加热质量，减少不必要的热损失。在红外辐射干燥机中，为了加强辐射效力，常用具有很高反射系数的金属来制作反射集光装置。

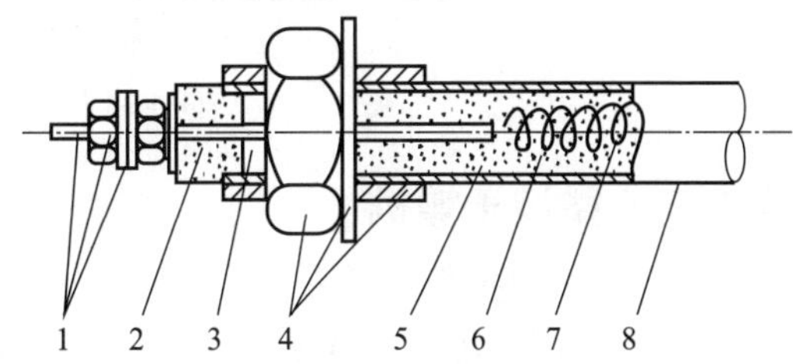

图 9-38　管状红外辐射加热器

1. 接线装置；2. 绝缘子；3. 封口材料；4. 紧固装置；5. 金属管；6. 结晶氧化镁；7. 电阻丝；8. 远红外辐射涂层

反射集光装置根据不同的需要可以做成多种形状，广泛应用的有球面式、抛物面式等。在这两种反射装置的焦点上放上点光源，也可以反射出平行光束。相反，也可以把平行光源集中到焦点上。常用的反射集光装置还有平面式、双曲面式等。

一般在反射器的表面上镀上一层反射系数较大的金属，如金、银、铬、铝合金等，可以提高反射集光装置的反射率。

4. 常见的红外辐射干燥机

在一个密闭的环境中配置红外辐射加热器、气流循环装置及物料承载装置即可构成红外烘箱。这种烘箱操作简单，结构方便，但间歇操作生产效率低，不适用于工业化生产。

在食品工业中常用带有输送带的连续红外干燥机，其生产效率高，生产量大，适用于多种复杂物料的干燥。图 9-39 所示的为一种适用于粉体物料的连续式远红外干燥机。

连续式远红外干燥机由鼓风机、红外加热器、电机、干燥室、传送带、调速系统及热风循环系统组成。其工作原理如下：物料由加料器均匀地铺在网带上，网带由传动装置拖动在干燥室内移动。经红外辐射源加热干燥，并由鼓风机带走水分。物料在干燥机内受到的振动和撞击较轻微，物料颗粒不会粉化破碎，因此，该种干燥机适用于某些对晶型要求较高的物料。

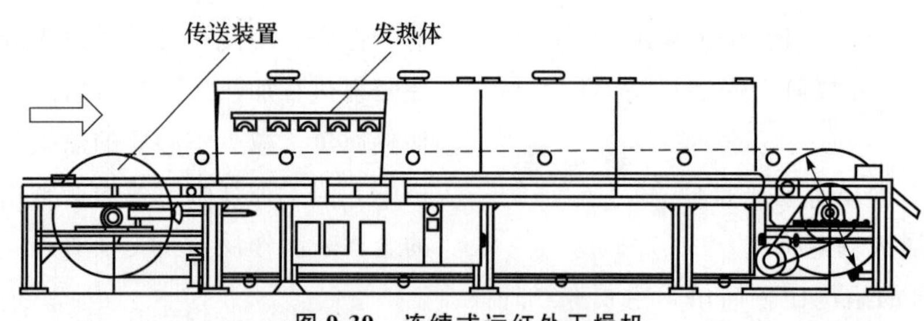

图 9-39 连续式远红外干燥机

（引自：马海乐．食品机械与设备．2 版．2011.）

9.4.2 微波干燥机

1. 微波干燥的原理

微波是指波长范围为 0.1 mm～1 m，具有穿透能力的电磁波。20 世纪中期以来，人们把微波作为一种能源，开发了多种应用技术，如在工农业中利用微波进行加热、干燥，在化学反应中利用微波进行催化等。

微波加热不同于一般的加热方式，一般的加热方式是由外部热源通过热辐射由表及里的传导式加热，而微波加热是材料在电磁场中由介质损耗而引起的体加热。微波加热将电磁能转变成热能，其能量是通过空间或媒质以电磁波形式来传递的，物质的加热过程与物质内部分子的极化有着密切的关系。微波被物体吸收后，物体自发生热，能做到里外同时加热。水是一种极性较大的分子，对微波有较强的吸收，一般含有水分的物质都能用微波来进行加热，加热过程快速均匀，可达到很好的效果。

2. 微波干燥的特点

① 加热速度快。微波能够深入物体的内部，而不是靠物料本身的热传导，因此，只需要常规方法的 50%或以下的时间就可以完成整个加热、干燥操作，能有效地利用能源。

② 加热均匀，产品质量高。微波可以实现内外同时加热、干燥产品，可避免加热干燥中出现温度梯度的现象。

③ 加热具有选择性。微波加热与物料的性质有密切的作用，微波电磁场只与食品物料中的溶剂耦合而不与溶质耦合，因此，物料中的水分被加热并排出。微波不会集中在已干燥的物料上，从而可避免食品物料在干燥过程中出现表面硬化等的过热现象，可有效保持食品物料原有的特色。

④ 过程控制迅速。微波源即开即用，功率连续可调，反应易于控制，能源利用率高，热能几乎全部作用在物料上，既不浪费又不污染环境。

⑤ 微波干燥系统占地面积小。

3. 微波干燥机的结构和分类

微波干燥机主要由微波发生器（磁控管、调速管等）、冷却系统、微波传输元件、微波加热器、直流电源等构成（图 9-40）。

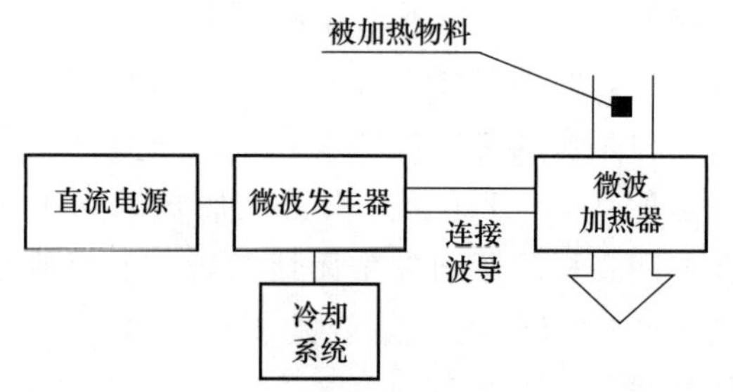

图 9-40 微波干燥机的结构

微波干燥机根据外形可分为箱式和隧道式；根据工作压力可分为常压式和真空式；根据工作方式可分为间歇式和连续式等。

早期的微波干燥机多为箱式，其结构简单，占地面积较小，是微波加热应用较为普及的一种加热装置，属于驻波场谐振腔加热器。

箱式微波干燥机是一个矩形的箱体（图 9-41），主要由矩形谐振腔、输入传导、反射板和搅拌器等部件组成。

针对箱式微波干燥机生产效率低，箱内能量不集中等缺点，在食品工业中，人们开发了隧道式、波导型、慢波型微波干燥机以及新型的微波热风耦合干燥技术等新设备和新技术。

隧道式微波干燥机（图 9-42）可以看作数个箱式微波加热器打通后相连的形式，可以安装几个乃至几十个低功率频率为 2 450 MHz 的磁控管获取微波能，也可以使用大功率频率为 915 MHz 的磁控管，通过波导管把微波导入干燥机中，干燥机的微波输入口可以在干燥机的上下部和两个侧边。被加热的物料通过输送带连续进入干燥机中，按要求干燥后连续输出。

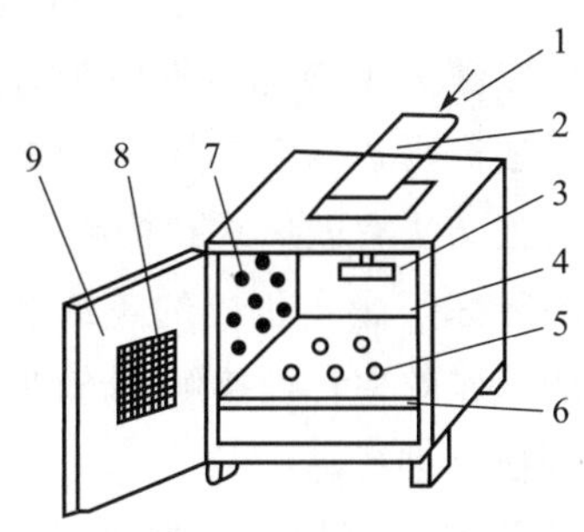

图 9-41 箱式微波干燥机

1. 微波输入；2. 波导管；3. 搅拌器；4. 干燥腔体；5. 物料；6. 介质板；7. 排气孔；8. 观察窗；9. 门

（引自：马海乐. 食品机械与设备. 2 版. 2011.）

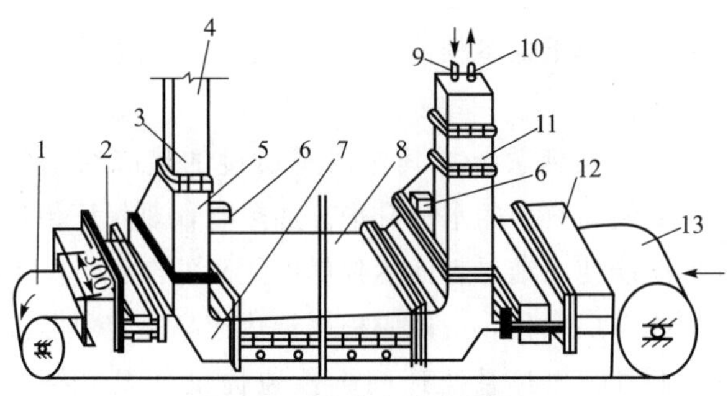

图 9-42 隧道式微波干燥机

1. 输送带；2. 抑制器；3. BJ22 标准波导；4. 接波导输入口；5. 锥形过滤器；6. 接排风机；7. 直角弯头；8. 主加热器冷水进口；10. 热水出口；11. 水负载；12. 吸收器；13. 进料

（引自：马海乐. 食品机械与设备. 2 版. 2011.）

9.5 冷冻干燥设备

在食品加工中最大限度地保持食品的营养和色、香、味一直是人们追求的目标，而传统加热干燥工艺对食品产品的营养和色、香、味都会有很大的影响。冷冻干燥技术为食品保质干燥提供可行的方法。

目前，冷冻干燥技术在食品加工中已经得到广泛应用，主要有：土特产品，如菌类食品、野菜类食品等；快餐类食品，如方便面中的蔬菜、葱、胡萝卜等；调味品，如香精、天然色素、汤汁等；保健品，如全鳖粉、花粉、名贵中草药的提取物等；饮料类，如麦乳精、其他颗粒类的饮料冲剂等；特殊用途的食品，如远洋、宇航、探险、野外作业等行业用的食品。

9.5.1 冷冻干燥的概述

1. 冷冻干燥的原理

冷冻干燥是湿物料经过冻结在真空条件下完成脱水的操作过程。冷冻状态的物料进行干燥是一种水分升华的过程，因此，冷冻干燥又称为冷冻升华干燥。水分升华过程通常只能在一定的真空度下发生，需要借助于冷阱使水汽结霜，以保证在水分不断升华条件下，真空系统降低负荷和正常工作。

食品冷冻干燥过程一般可以分为以下三个阶段。

（1）预冻阶段　预冻的目的是将物料溶液中的自由水分固化，防止在抽真空干燥时出现气泡、浓缩和溶液移动等不可逆的现象，将物料的组织结构破坏，减少因温度下降而引起的物质可溶性降低和生命特征的变化。在这一阶段，从冰点到物质的共熔点温度需要快速冷却。

（2）升华干燥阶段　在这一阶段中，把冻结后的产品置于密闭的真空容器中缓慢加热，在真空条件下，物料的冰晶就会升华成为气态逸出而使产品脱水。脱水是从外表面开始逐步向内推移的，冰晶升华后残留下的空隙成为后续升华的蒸汽逸出的通道。在干燥过程中，已被干燥的干燥层和冻结部分的结合部位（界面）称为升华界面。升华界面在升华干燥中以一定的速率向下推进，当全部冰晶除去，升华干燥阶段结束。该阶段可以除去物料水分的 90%。

（3）解析干燥　又称为第二干燥阶段。在第一阶段干燥结束后，产品内还存在 10%左右的水分吸附在干燥物质的毛细管壁和极性基团上，这一部分的水是未被冻结的。这一部分水分是通过范德华力、氢键等弱分子力吸附在物料上的结合水，因此，要除去这部分水，需要克服分子间的力，需要更多的能量。此时，需要加热物料至 30～40℃并维持一定的时间，使残余水分含量达到预定值，该预定值实现后整个冻干过程结束。该阶段可以使产品的含水量降至 0.5%～4%。

2. 冷冻干燥的特点

① 能够最大限度地保存食品的色、香、味。

② 干燥后能保持食品中的热敏性成分。例如，食品中的维生素 C，能保存 90%以上。

③ 在真空和低温下操作，微生物的生长和酶的作用受到抑制。

④ 脱水彻底，冷冻干燥可除去 95%～99%及以上的水分，产品能长期保存且不变质。

⑤ 复水快，食用方便。干燥过程中物料中的水分在冷冻状态下直接升华，水蒸气不带动可溶性物料移动到物料表面，也不在物料表面沉积盐类，即物料表面没有硬皮和薄皮；另外，也不存在中心水分向表面移动时对细胞和纤维组织产生的张力，不会使物料在干燥后因收缩而变形，因此，很容易吸水并恢复原状。

3. 冷冻干燥机的结构和工作流程

冷冻干燥机（图 9-43）均由预冻、供热、蒸汽和不凝性气体排出系统及干燥室等部分构成。这些系统一般以冷冻干燥室为核心联系在一起。

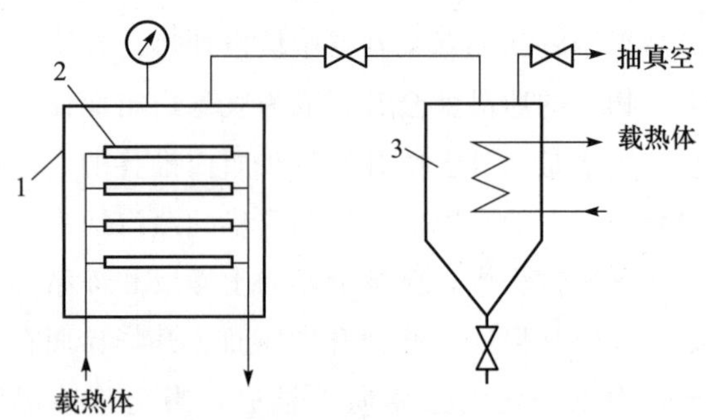

图 9-43 冷冻干燥机结构简图

1. 冷冻干燥室；2. 搁板；3. 冷凝器

湿物料置于干燥箱内的搁板上。首先用冷冻剂预冷，将物料中的水冻结成冰。由于物料中的水溶液的冰点较纯水低，预冷温度应比溶液冰点低 5℃左右，一般为－30～－5℃。随后对系统抽真空，使干燥器内的绝对压强约为 130 Pa。物料中的水分由冰升华为水汽并进入冷凝器中冻结成霜。此阶段应向物料供热以补偿冰的升华所需的热量，而物料温度几乎不变，是一个恒速阶段。冷冻干燥机供热的方式可用电热元件辐射加热，也可通入热媒加热。

干燥后期，为一个升温解析阶段，可将物料升温至 30～40℃并保持 2～3 h，使物料中的剩余水分去除干净。

（1）预冷冻系统　其与冷冻系统可以在干燥箱内完成，也可以独立于冷冻干燥室外。一般来说，常用的冻结方法都可以成为冷冻干燥的预冻手段，但应用最多的冻结法有鼓风式和接触式两种。鼓风式冻结一般在冷冻干燥主机外的速冻装置中完成，以提高主机的工作效率；而接触式冻结常在冷冻干燥室的物料搁板上进行。

对于液态物料，可用真空喷雾冻结法进行预冻。该方法是将液体物料从喷嘴中呈雾状地喷到冻结室内，当室内为真空时，一部分水蒸发导致其余部分的物料降温而将物料冻结。这种预冷冻方法可使料液在真空室内连续预冻，因此，可以将喷雾预冻室与升华干燥室相连，构成完全连续式的冷冻干燥机。

（2）供热系统　其作用是通过加热冻结的物料，促使物料中的水分升华。加热时，要保证传热速率既能使冻结层表面达到尽可能高的汽压，又不致使冻结层融化，所以应根据传热速率决定热源温度。此外，供热系统还间歇性地提供低温凝结器（冷阱）融化积霜所需的熔解热。

冷冻干燥系统中的加热方式主要有传导、热辐射和微波三种。传导加热法是将物料放在料盘或输送带上接收传导的热量，按热能的提供方式，加热方式可分为直接和间接两种。直接加热是用电直接在室内加热，间接加热是用电或其他热源加热传热介质，并将其通入搁板。一般采用的热源有电、煤气、石油气、天然气和煤等，所用传热介质有水、蒸汽、矿物油、乙二醇等。图 9-44 为传导加热式冷冻干燥机示意图。

需要指出的是，理论上只要两物体有温差，就会发生热量从高温物体向低温物体转移的辐射传热。因此，在多层搁架板式冷冻干燥箱内，作用于一层物料盘底的接触加热器，对下层物料而言，实际上就是一个辐射加热器。在传导加热式冷冻干燥机（图 9-44）的加热系统中，同时也存在着辐射加热法。

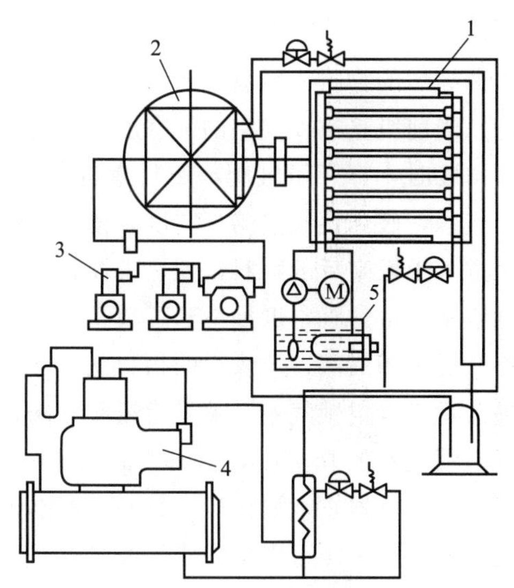

图 9-44　传导加热式冷冻干燥机示意图

1. 干燥箱；2. 冷阱；3. 真空泵；4. 制冷压缩机；5. 加热器

（引自：马海乐．食品机械与设备．2版．2011.）

微波加热属于内部加热，可使任何形状物料的内外均一地将接收的微波能转化为热能，从而使里外同时升温。虽然这种加热方式，对于不规则食品的冻干有很多好处，但微波加热系统较为复杂，目前为止，在工业化冻干设备中应用得较少。

（3）低温冷凝器　又称为冷阱。在干燥过程中升华的水分必须连续快速地排出。在 13.3 Pa 的压力下，1 g 冰升华可产生 100 m^3 的蒸汽，若直接采用真空泵抽吸，则需要极大容量的抽气机才能维持所需的真空度，因此，必须有脱水装置。低温冷凝器（冷阱）正是实现在低温条件下除去大量水分的装置。为保证升华出来的水蒸气有足够的扩散能力，冷阱要有制冷到－80～－40℃的能力。

冷阱安装在干燥室与系统的真空泵之间。由于冷阱温度低于物料的温度，即物料冻结层表面的蒸汽压大于冷阱内的蒸汽分压，因此，从物料中升华出的蒸汽，在通过冷阱时大部分以结霜的方式凝结下来，剩下的一小部分蒸汽和不凝性气体则由真空泵抽走。

冷阱可作为一个独立单元置于干燥室与真空泵之间，也可以直接安装在干燥箱内，这种冷阱称为内置式冷阱。其可避免用管道连接所带来的流导损失。

冷阱在运行过程中，积聚的霜应及时除去，除霜方式有间歇式和连续式两种。对于较小的冷冻干燥系统，通常在冷冻干燥周期结束后，用一定温度的水来冲霜，并将其除去，然后进行下一个周期的操作。在较大的冷冻干燥系统内安装有两组冷阱，一组正常运行时，另一组则在除霜。利用切换装置，实现工作状态的转换。这种连续式除冰装置是全自动控制的，可以将冷阱的霜层厚度控制在不超过 2～3 mm，从而使霜层表面的温差损失减少，可降低制冷的能耗，同时使冷凝器的能力维持恒定，以及单位面积冷冻干燥能力维持最大值。

9.5.2　常见冷冻干燥设备

常见的冷冻干燥设备包括间歇式冷冻干燥机和连续式冷冻干燥机。

1. 间歇式冷冻干燥机

间歇式冷冻干燥机是一种可以单机操作的冷冻干燥设备，适用于多品种、小批量的生产和实验中，广泛应用于食品加工业中。图 9-45 所示的为一种典型的间歇式冷冻干燥机。

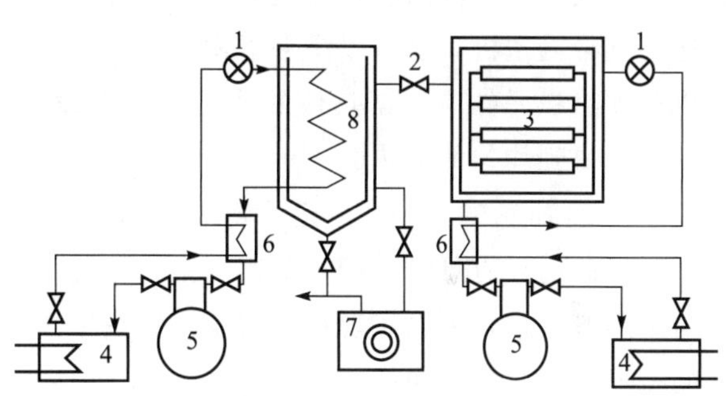

图 9-45　间歇式冷冻干燥机

1. 膨胀阀；2. 冷阱进口阀；3. 干燥箱；4. 冷凝器；5. 制冷压缩机；6. 热交换器；7. 真空泵；8. 冷阱

（引自：许学勤．食品工厂机械与设备．2016.）

间歇式冷冻干燥机中的干燥箱与一般的真空干燥箱相似，属盘架式。干燥箱有各种形状，多数为圆筒形。盘架可以是固定式的，也可以做成小车出入干燥箱，料盘置于各层加热板上。若采用辐射加热方式，则料盘置于辐射加热板之间。物料多在箱内直接进行预冷冻，因此，干燥箱与制冷系统相连接。

间歇式冷冻干燥机的优点在于：①适应多品种小批量的生产，特别是季节性强的食品生产；②可单机操作，独立运行，一台设备发生故障，不会影响其他设备的正常运行；③设备加工制造简单和维修保养方便；④便于控制食品物料不同阶段对加热温度和真空度的要求。其缺点在于：①设备利用率低；②生产量小；③每一台设备均要配备相应的附属系统，当生产量大时，设备投入高。

2. 连续式冷冻干燥机

连续式冷冻干燥机从进料到出料连续进行，且不影响干燥室内的工作环境。其处理量大，设备利用率高，适宜于单品种、大批量的生产，且便于实现生产的自动化。但这类型的设备不适宜多品种、小批量的生产。在连续生产中，能根据干燥过程实现不同干燥阶段控制不同的温度区域，但不能控制不同的真空度。连续式冷冻干燥机的缺点是设备复杂，体积庞大，制造精度要求高，投资费用大。

连续式冷冻干燥机一般均采用室外预冷冻。在室外单体冻结的小颗粒状物料，可以利用闭风阀将其送入冻干室。物料进入冻干室后在输送器传送过程中得到升华干燥，最后干燥产品也通过闭风阀出料。连续式冻干室内的物料输送装置可以是水平向输送的钢带输送机，也可以是上下输送的转盘式输送机。加热板元件应根据具体的输送装置而设置，以使物料得到均匀的加热。

图 9-46 所示的为一种隧道式连续冷冻干燥机。该干燥机的前后有可隔离的真空锁气室，通过闭气阀与干燥室连接，可以实现在不改变干燥室工作条件的情况下连续进出物料。

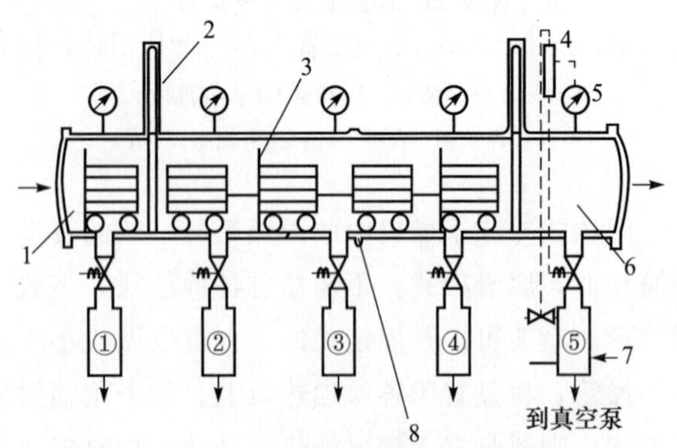

图 9-46　隧道式连续冷冻干燥机

1. 前级真空锁气室；2. 闭气阀；3. 蒸汽压缩板；4. 控制器；5. 真空表；6. 后级真空锁气室；7. 冷凝室；8. 真空连接系统

（引自：马海乐．食品机械与设备．2 版．2011.）

隧道式连续冷冻干燥机的冻干燥过程如下：在机外预冻结后的物料用料盘送入前级真空锁气室中抽真空。当前级真空锁气室的真空度达到隧道干燥室的真空度时，打开闭气阀，使料盘进入干燥室。关闭闭气阀，破坏锁气室的真空度，使下一批物料进入。进入干燥室后的物料被加热干燥，同时，将后级真空锁气室的真空度抽空到隧道干燥室的真空度。打开后级闭气阀，干燥后的物料从干燥机的另一端进入后级真空锁气室。关闭后级闭气阀，破坏后级真空锁气室的真空度，移出物料到下一工序。如此反复，在机器正常操作后，每一次真空锁气室隔离闸阀的开启，将可以实现使用浅盘输送装置的连续冷冻干燥。

思考题

1. 结合本章的学习内容，思考一下你经常购买的包装食品在生产过程中可能会用到的干燥工艺和干燥机械与设备有哪些？

2. 试分析滚筒干燥机和搅拌式干燥机的异同。

3. 厢式干燥机的热损失较大，试分析如何提高厢式干燥机的热效率？

4. 流化床干燥机和传导型干燥设备都可以干燥湿固体物料，试着分析它们各自的优缺点和适用对象。

5. 试设计一种流化床气体分布板结构，在满足支撑物料、均匀分布气体的条件下，尽量降低风阻。

6. 查资料，学习其他新型流化床干燥机的结构和原理，并分析其优缺点。

7. 有哪些措施可以避免或减少流化床干燥机中已干物料和湿物料的碰撞混合？

8. 试着设计一种新型喷雾干燥机。

9. 查资料，分析哪种食品物料的干燥过程可能会用到封闭式喷雾干燥系统。

10. 试着设计一种闭风结构，可实现真空连续干燥过程中连续进料和出料。

第10章 成型机械与设备

【本章知识点】

在食品工业中，主要采用包馅成型，挤压成型，卷绕成型，辊压切割成型，冲印、辊印和辊切成型，搓圆成型等方式对各种食品物料进行成型操作，可得到不同形状的成型食品。

包馅成型的基本原理和方式通常可分为回转式、灌肠式、注入式、剪切式和折叠式等，其加工设备有豆包机、饺子机、馅饼机、馄饨机和春卷机等。

挤压成型指利用挤压方式，通过压力、剪切力、摩擦力、加温等作用所形成的对于固体食品原料的破碎、捏合、混炼、熟化、杀菌、预干燥、成型等加工处理，完成高温高压的物理变化及生化反应，最后，食品物料在机械作用下强制通过一个专门设计的孔口（模具），制成一定形状和组织状态的产品。所用设备有通心粉机、挤压膨化机、环模式压粒机、平模式压粒机等。

卷绕成型机械与设备常用于蛋卷和卷筒糕点的制作。

辊压成型是指利用表面光滑或加工有一定形状的旋转压辊对物料进行压延，从而使通过辊间的物料变形，成为具有一定形状规格带状或条状产品的操作。所用设备主要有面片辊压机和面条机、软料糕点钢丝切割成型机等。

冲印、辊印和辊切成型机是在焙烤制品生产过程中，将面带加工成一定形状的重要设备，主要用于各种饼干或桃酥之类点心的加工。所用设备有冲印式饼干成型机、辊印式饼干成型机和辊切式饼干成型机等。

搓圆成型是指通过对块状面团等物料的揉搓，使其具有一定的外部形状或组织结构的操作，常见如面包、馒头和元宵等食品的搓圆成型。

在面食、糕点和糖果类食品生产中，常将其制成具有一定形状和规格的单个成品和生坯，这一过程称为食品成型。用于食品成型操作的所有机械与设备称为食品成型机械与设备。

食品成型机械与设备广泛应用于各种面食、糕点和糖果的制作以及颗粒饲料的加工。其种类繁多，功能各异。根据食品加工对象不同，可分为饼干成型机、面包成型机、硬糖成型机、巧克力制品成型机等。

根据成型工作原理的不同，食品成型方式主要有如下六种：

（1）包馅成型　如豆包、馅饼、饺子、馄饨和春卷等的制作。其加工设备有包馅机、饺子机、馅饼机、馄饨机和春卷机等，统称为包馅成型机械与设备。

（2）挤压成型　如膨化食品、某些颗粒状食品以及颗粒饲料等的加工。其加工设备有通心粉机、挤压膨化机、环模式压粒机、平模式压粒机等，统称为挤压成型机械与设备。

（3）卷绕成型　如蛋卷和其他卷筒糕点的制作。其加工设备如卷筒式糕点成型机。

（4）辊压切割成型　如饼干坯料压片，面条、方便面和软料糕点的加工等。其加工设备有面片辊压机和面条机以及软料糕点钢丝切割成型机等。

（5）冲印和辊印成型　如饼干和桃酥的加工。其加工设备有冲印式饼干成型机、辊印式饼干成型机和辊切式饼干成型机等。

（6）搓圆成型　如面包、馒头和元宵等的制作。其加工设备有面包面团搓圆机、馒头机和元宵机等。

10.1　包馅成型机械与设备

食品中含馅食品所占比例相当大，如包子、饺子、汤圆、馄饨等。包馅食品一般由外皮和内馅组成。外皮由面粉或米粉与水、油脂、糖及蛋液等揉成的面团压制而成。内馅有菜、肉糜、豆沙或果酱等。

包馅成型机械与设备是专门用于生产各种带馅的食品设备。随着食品工业迅速发展，一些专用的包馅成型机逐渐代替了传统的手工操作。目前，绝大多数的包馅食品均有各自专用的包馅成型机械与设备。由于充填的物料不同以及外皮制作和成型的方法各异，包馅成型机械与设备的种类很多。

10.1.1　包馅成型的概述

包馅成型的基本原理和方式通常可分为回转式、灌肠式、注入式、剪切式和折叠式等几种包馅成型方式（图 10-1）。

（1）回转式　先将面坯制成凹形，再将馅料放入其中，然后由一对半径逐渐增大的圆盘状回转成型机将其搓制、封口、再成型。

（2）灌肠式　面坯和馅料分别从双层筒中挤出，达到一定长度时被切断，同时封口成型。

（3）注入式　馅料由喷管注入挤出的面坯，然后封口、切断。

（4）剪切式　压延后的面坯从两侧连续供送，进入一对表面有凹穴的辊式成型器；与此同时，先制成球形的馅，也从中间管道掉落在两层面坯之中，然后封口、切断和成型。

（5）折叠式　根据传动方式，又可分为三种包馅成型方式：第一种是齿轮齿条传动折叠式包馅成型。先将压延后的面坯按照规定的形状冲切，然后放入馅料，再折叠、封口、成型。第二种是辊筒传动折叠式包馅成型。馅料落入面坯后，一对辊筒立即回转自动折叠、封口、成型。第三种是带式传动折叠式包馅成型。

当压延后的面带经一对压辊送到圆辊空穴 A 处时，空穴下方为与真空系统相连的空室，由于真空泵的吸气作用（图中的放射状涂黑部分为真空室），面坯被吸成凹形，随着圆辊的转动，已制成球形的馅料，从另一个馅料排料管中排出，并且正好落入 A 处的面坯凹穴中，然后被固定的刮刀将凹穴周围的面坯刮起，在开口处形成封口，当转到 B 处时解除真空，已包了馅料的食品便掉落在输送带上送出（图 10-1）。

以上这些成型方法中感应式与灌肠式为间歇式生产。这些方法可单独使用，也可配合使用以提高产品的成型质量。

10.1.2　包馅机

包馅机为灌肠式与感应式联合成型设备，广泛用于月饼、汤圆、夹心糕点类食品的加工中。

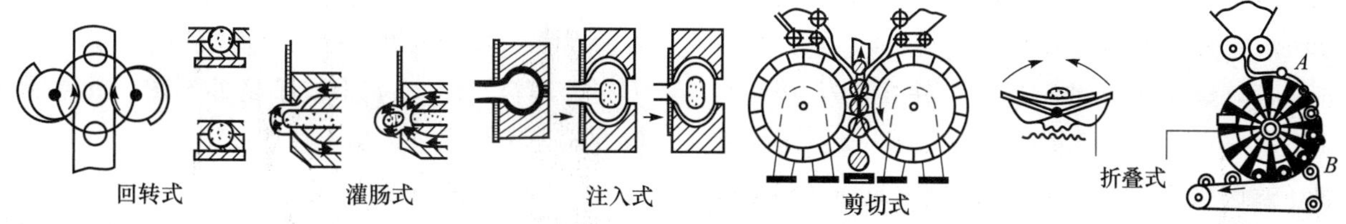

图 10-1　包馅成型方式

（引自：殷涌光. 食品机械与设备. 2006.）

包馅机由面坯皮料成型机构、馅料充填机构、撒粉机构、封口切断装置和传动系统等组成。

包馅机的结构：如图 10-2 所示，面坯皮料成型机构包括一个面坯料斗（1），两个水平输送面坯的螺旋（13）及一个垂直输送面坯的螺旋（12）组成。馅料充填机构由一个馅料斗（3）、两个馅料水平输送螺旋(4）和两个叶片泵（2）组成。面坯及馅料充填机构的水平供送均采用双螺旋机构，可减少采用单螺旋时的面坯和馅料随转与搭桥现象的发生，有利于提高供送的可靠性。撒粉机构由干面粉料斗（5)、粉刷、粉针及布袋盘构成。封口切断成型装置主要包括两个回转成型盘（11）和托盘。传动系统包括一台 2.2 kW 电动机、皮带无级变速器及双蜗轮蜗杆传动和齿轮变速箱等。通过变速器和双蜗轮蜗杆分别调整面、馅螺旋的转速，用来控制产品的皮和馅的重量及两者的比例。

包馅机成型盘是包馅食品成型的关键部件之一，成型盘的外形比较复杂。如图 10-3 所示，成型盘的表面一般有 1～3 条螺旋线凸起的刃口，即凸刃，螺旋线凸刃越多，制出的球状包馅食品的体积越小，反之越大。成型盘的半径是变化的，最小圆盘的半径为 140 mm，最大半径为 160 mm，半径逐渐增大，径向和轴向的螺旋也不等，整个成型盘的工作表面呈现不规则的凹坑；螺旋的升角也是变化的，从而使成型盘的螺旋面随包馅食品的下降而下降，同时逐渐向中心收口。此外，由于螺旋升角的变化，推力方向也逐渐改变，如开始时与螺旋面接触的棒状包馅食品逐渐向中间部位推移，从而把棒状包馅食品收口切断，搓擦成一个个球状食品。食品成型过程是由左、右两个成型盘的回转运动以及包馅食品本身的回转运动构成的，故称为回转成型。在成型过程中，包馅食品与成型盘之间发生多次相对回转运动，使包馅食品逐渐变形搓圆，面皮组织坚实，不易散裂，有利于下道工序的压扁、印花、烘烤等操作，最后制成各种形态的带馅食品。

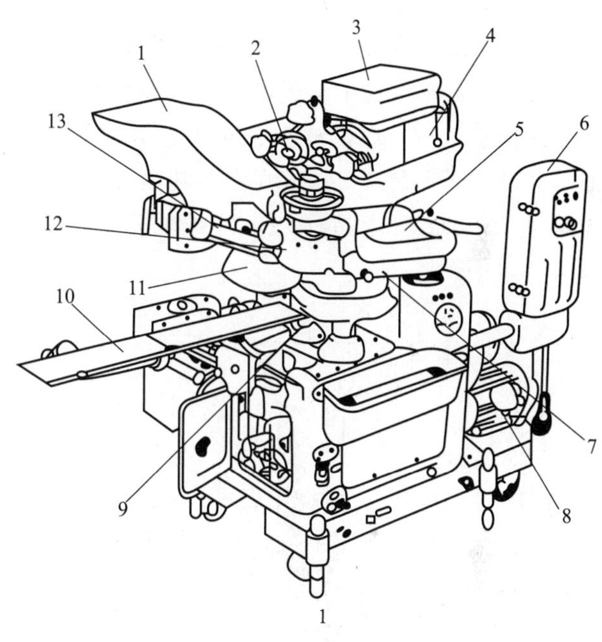

图 10-2　包馅机

1. 面坯料斗；2. 叶片泵；3. 馅料斗；4. 输馅螺旋；5. 干面粉料斗；6. 控制箱；7. 撒粉器；8. 电动机；9. 托盘；10. 输送带；11. 成型盘；12. 垂直面坯输送螺旋；13. 水平面坯输送双螺旋

（引自：高海燕. 食品加工机械与设备. 2008.）

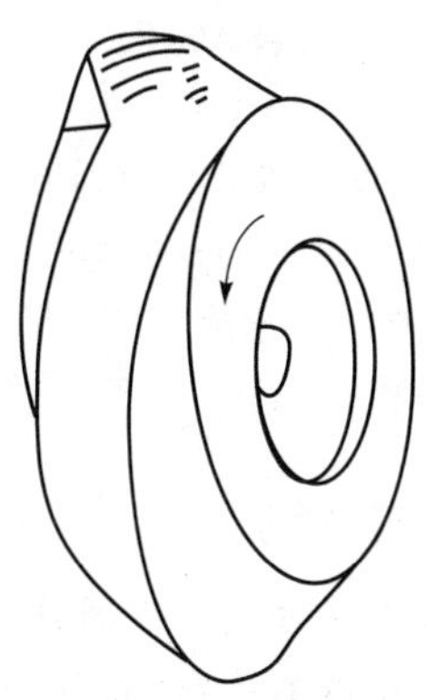

图 10-3　成型盘外形

（引自：殷涌光. 食品机械与设备. 2006.）

包馅机的工作过程：如图 10-4 所示，先将在捏面机内制得的面团盛入面坯料斗（1）中，水平面坯输送双螺旋（2）将其送出，并被切刀（3）切割成小块或小片，然后被面坯双压辊（4）压向垂直面坯输送螺旋（9），向下推送到垂直面坯输送螺旋（9）的出口前端而凝集构成片状皮料。与此同时，馅料从馅料斗（5），通过水平馅料输送双螺旋（6），再经过馅料双压辊（7）和馅料输送双叶片泵（8）将其推送到垂直面坯输送螺旋(9）的中间输馅管（10）内，被从垂直面坯输送螺旋（9）外围的面坯在行进中于皮料转嘴（11）处，正好将馅料包裹在里面，形成棒状夹心，完成棒状成型。这些棒状夹心半成品继续向下输送，经过右成型盘（12）和左成型盘（17）时，被左右成型盘上的凸刃切断，并被搓圆和封口，掉落在回转托盘（15）上，包馅食品即成型产品（13）再被输送带（14）卸出。

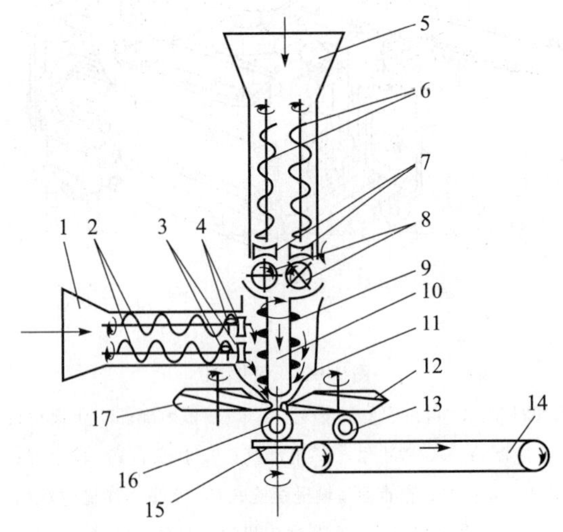

图 10-4 包馅机工作过程简图

1. 面坯料斗；2. 水平面坯输送螺旋；3. 切刀；4. 面坯压辊；5. 馅料斗；6. 水平馅料输送螺旋；7. 馅料压辊；8. 馅料输送叶片泵；9. 垂直面坯输送螺旋；10. 中间输馅管；11. 皮料转嘴；12. 右成型盘；13. 成型产品；14. 输送带；15. 回转托盘；16. 成型中产品；17. 左成型盘

（引自：高海燕．食品加工机械与设备．2008.）

10.1.3 饺子机

饺子是中国人喜食的传统风味食品，已传至世界多地，一般都是用手工包制而成的，但这种包馅食品也可用设备加工。饺子机是一种典型的食品成型机械与设备，是借机械运动完成饺子包制操作过程的设备。其成型要求面皮薄而均匀，封口可靠且不夹带馅料。图 10-5 为饺子机外形图，其基本工作方式为灌肠式包馅加辊切式成型。

1. 饺子机的主要结构

饺子机主要由馅料供送、面料输送、辊切成型和传动等机构组成。

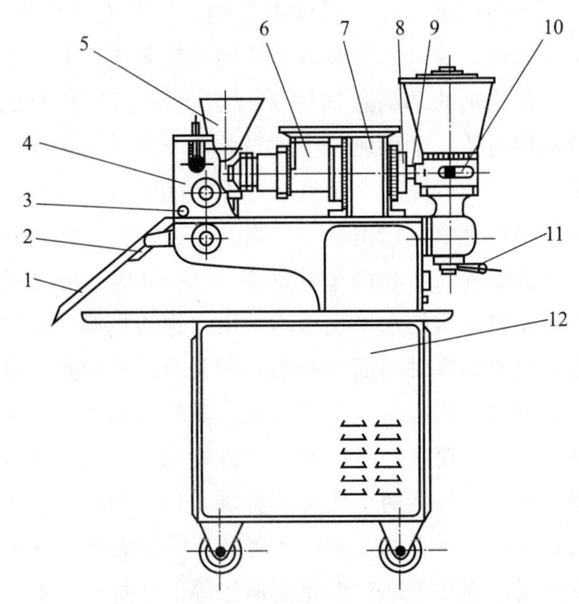

图 10-5 饺子机外形图

1. 溜板；2. 振杆；3. 定位销；4. 成型机构；5. 干面斗；6. 输面机；7. 传动装置；8. 调节螺母；9. 输馅管；10. 输馅机构；11. 离合手柄；12. 机架

（引自：高海燕．食品加工机械与设备．2008.）

馅料输送机构（图 10-6）一般有两种：一种是由输送螺旋→齿轮泵→输馅管组成的，另一种是由输送螺旋→叶片泵→输馅管组成的。叶片泵比齿轮泵有利于保持馅料原有的色、香、味，且便于清洗，维护方便，价格便宜，因此，大多数饺子机采用输送螺旋→叶片泵→输馅管类型的供送机构。

2. 饺子机的结构

（1）馅料输送叶片泵　是一种容积式泵，具有压力大、流量稳定和定量准确等特点。它主要由转子、定子、叶片、泵体及调节手柄等组成。此外，在泵的入口处，通常设有输送螺旋，以便将物料强制压向入口，使物料充满吸入腔，以弥补由于泵的吸力不足和松散物料流动性差而造成充填能力低等缺陷。叶片泵结构见图 10-7。

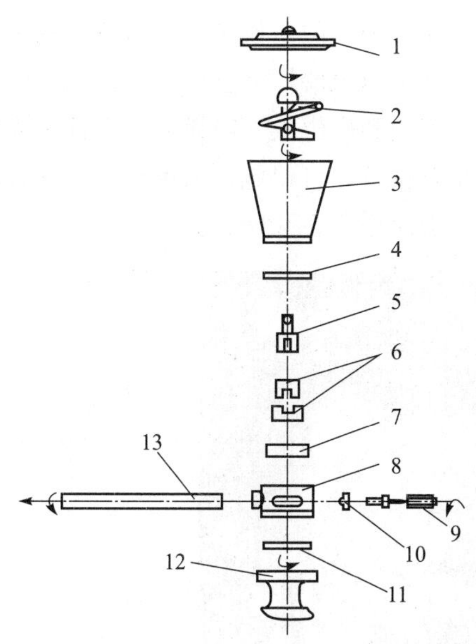

图 10-6　馅料输送机构简图

1. 斗盖；2. 馅绞龙；3. 馅斗；4. 上活板；5. 转子；6. 叶片；7. 定子；8. 泵体；9. 调节手柄；10. 垫块；11. 底板；12. 蝶母；13. 输馅管

（引自：杨公明，程玉来. 食品机械与设备. 2015.）

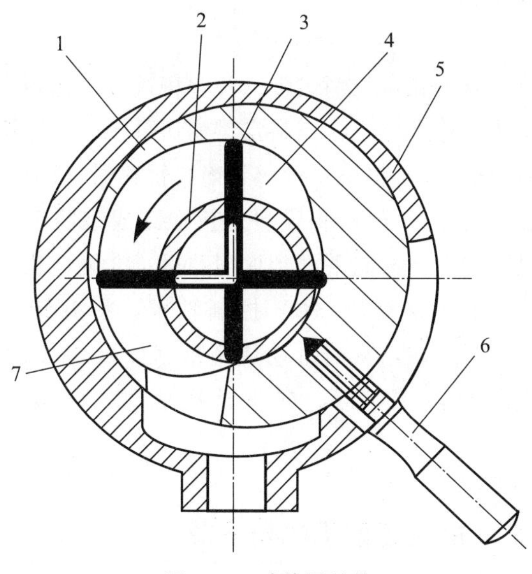

图 10-7　叶片泵结构

1. 排压腔；2. 定子；3. 转子；4. 叶片；5. 吸入腔；6. 泵体；7. 调节手柄

（引自：高海燕. 食品加工机械与设备. 2008.）

如图 10-7 所示，在馅料输送叶片泵的工作过程中，叶片（4）随着转子（3）转动的同时，在定子（2）内壁的推动下，沿转子上的导槽滑动，由定子、转子及叶片构成的吸入腔不断增大，馅料从进料口被吸入容腔；当吸入腔达到最大时，叶片做纯滚动，将馅料带入排压腔，此时，定子内壁迫使叶片在随转子转动的同时相对于转子滑动，于是排压腔逐渐减小，馅料被压向出料口，离开泵体。调节手柄（7）用于改变定子与馅料管通道的截面积，即可调节馅料的流量。如果泵的吸力不足或馅料流动性差，会降低馅料填充能力，若在泵的入口处设置供送螺旋，可将物料强制压向入口，能有效地解决这个问题。馅料输送机构均由不锈钢制成。

（2）面料输送机构　它主要由面团输送螺旋、面套、固定螺母、内外面嘴、面嘴套及调节螺母等组成。如图 10-8 所示，面团输送螺旋（1）为一个前面带有 1∶10 锥度的单头螺旋，其作用是逐渐减小螺旋槽内的容积，增大对面团的输送压力。在靠近面团输送螺旋的输出端安置内面嘴（7），它的大端输面盘上开有里外两层各三个沿圆周方向对称均匀分布的腰形孔。被螺旋推送输出的面团通过内面嘴时，腰形孔既可阻止面团的旋转，又可使穿过孔的六条面团均匀交错地搭接，汇集成环状面柱（管）。面柱在后续面团的推送下，从内、外面嘴的环状狭缝中挤出，从而形成所需要规格的面管。拧动调节螺母（5），可以改变面料输送螺旋与面套之间的间隙大小，以调节面团的流量。此外，也可以调整调节螺母（5）改变内面嘴（7）与外面嘴（6）之间的间隙来调节输送面团的流量。

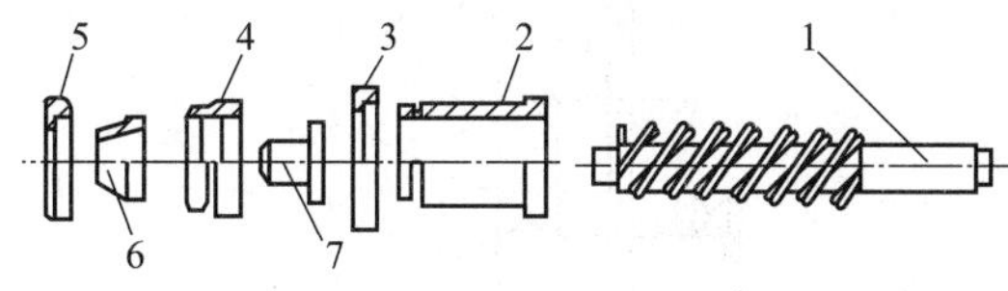

图 10-8　面料输送机构

1. 面团输送螺旋；2. 面套；3. 固定螺母；4. 面嘴套；5. 调节螺母；6. 外面嘴；7. 内面嘴

（引自：高海燕. 食品加工机械与设备. 2008.）

3. 饺子机成型过程

饺子机上广泛采用灌肠辊切成型方式。面团经面团输送螺旋由外面嘴挤出构成中空的面管。馅料经馅料输送螺旋和叶片泵顺着馅料管进入中空面管，实现灌肠式成型操作。紧接着含馅料的面柱进入饺子机上的辊切成型机构，如图 10-9 所示，该机构主要由一对相对转动的底辊（1）和成型辊（2）组成。成型辊上有若干个饺子凹模，其饺子捏合刃口与底辊相切。底辊是一个表面光消的圆柱形辊。当含馅料的面管从成型辊的凹模和底辊之间通过时，面柱内的馅料在饺子凹模的作用下，逐步被推到饺子坯的中心位置，然后在回转过程中，在成型辊圆周刃口与底辊的辊切作用下成型为 14～20 g 的饺子生坯。为了防止饺子生坯与成型辊和底辊之间发生粘连，干面料通过粉刷（5）从干面粉斗（4）向成型辊和底辊上不断撒粉。在饺子成型机的前面还设有流板，可使包出的饺子散落开来，并将饺子上的干面振落在筛网下。

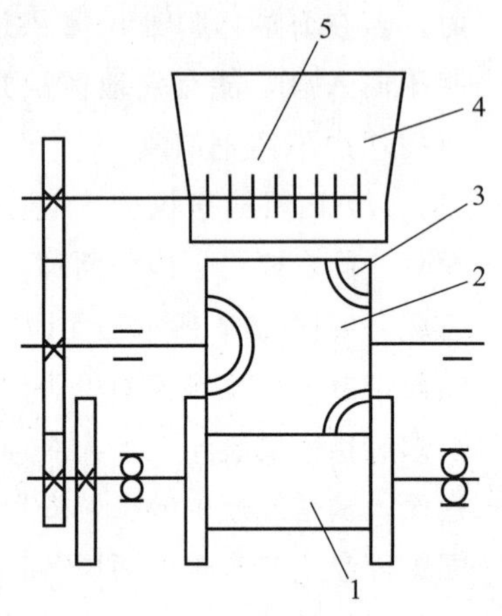

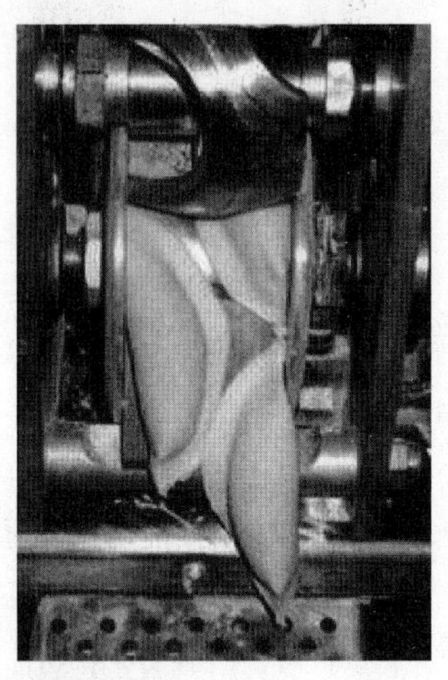

图 10-9　饺子机成型机构示意图

1. 底辊；2. 成型辊；3. 饺子凹模；4. 粉刷；5. 干面料斗

（引自：沈再春. 农产品加工机械与设备. 1993.）

10.1.4　馄饨机

馄饨也是一种常用手工包制的食品，目前人们已研发出馄饨机，可实现馄饨的机械化生产。馄饨机（图 10-10）包括三个部分：①皮输送定位系统：通过孔定位输送带（9），将馄饨皮送到成型腔（10）正上方；②馅料定量输送系统：由螺旋馅料输送机（7）将馅料传送到馅料暂存器（13）里，通过馅料导杆（1）将馅料定量送到成型腔正上方的馄饨皮上，再向下推到成型腔里；③馄饨成型系统：由上下移动轴（2）控制轴承，将旋转转子（4）向下旋转，从而带动成型爪（12），在成型腔的腔内旋转 180°后，向下挤压成型，制成馄饨成品。

图 10-10　馄饨机简图

1. 馅料导杆；2. 上下移动轴；3. 轴承；4. 旋转转子；5. 成型主机体；6. 馅料斗；7. 螺旋馅料输送机；8. 螺旋蕊；9. 孔定位输送带；10. 成型腔；11. 脱离闸门；12. 成型爪；13. 馅料暂存器

（引自：马海乐. 食品机械与设备. 2 版. 2011.）

10.2　挤压成型机械与设备

食品挤压加工技术属于高温高压食品加工技术，指利用挤压方式，通过压力、剪切力、摩擦力、加温作用等对固体食品原料进行破碎、捏合、混炼、熟化、杀菌、预干燥、成型等加工处理，完成高温高压的物理变化及生化反应，最后食品物料在机械作用下强制通过一个专门设计的孔口（模具），制得一定形状和组织状态的产品。

食品挤压成型机械与设备主要有三种类型：①螺

杆式挤压成型机，属于这类的有通心粉机和单、双螺杆膨化机；②辊压式挤压成型机，如生产硬颗粒饲料的环模式压粒机和平模式压粒机；③冲压式挤压成型机，如制片机（又称为制锭机）等。

10.2.1　通心粉机

通心粉又称为空心面、异形面，除了管状产品外，还有扭曲状、雀巢状、文字和鸟兽图案的面制食品。通心粉是采用螺杆挤压成型的工作原理生产的一种方便食品，特别是预熟通心粉，只要辅以佐料，用沸水浸泡 10 min，即可食用，是一种新颖的方便面食品。

通心粉机是生产通心粉的专用设备。

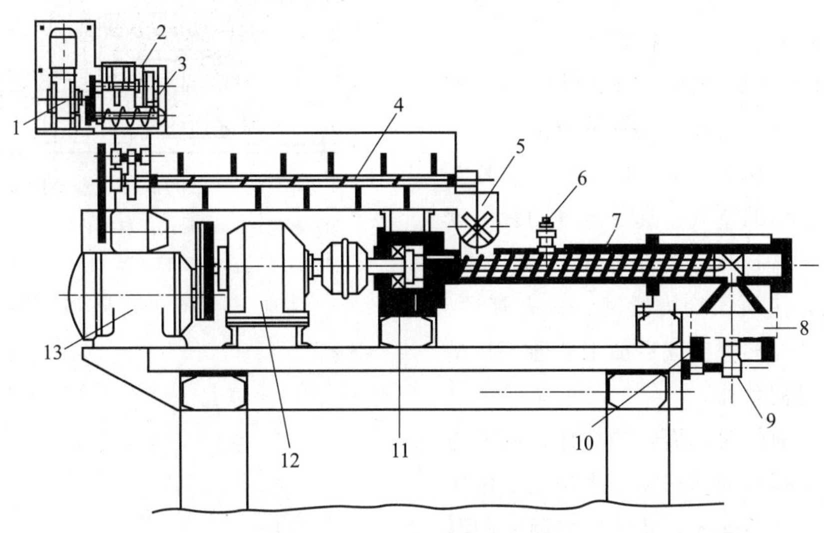

图 10-11　通心粉机结构示意图

1. 变速传动装置；2. 喂料器；3. 水杯式加水器；4. 桨叶式卧式混合机；5. 带有真空装置的捏面机；6. 降压阀；7. 螺杆；8. 压膜；9. 切刀；10. 风机；11. 止推轴承；12. 齿轮减速箱；13. 电动机

（引自：马海乐. 食品机械与设备. 2 版. 2011.）

1. 通心粉机的结构

通心粉机（图 10-11）是由配料、混合、捏面（带有真空装置）、挤压成型和切断部分组成。配料装置位于卧式桨叶式混合机上部的进料处，通常由一根带有无级变速器的螺旋和一个装备有无级变速装置的双联泵组成。装备无级变速装置的目的，在于能够任意调节面粉和水的配比。

挤压部分主要由机筒、螺杆和压模等组成。机筒又叫螺筒，由无缝钢管制成，机筒筒壁的厚度一般为 20～35 mm，它取决于机筒直径的大小。工作时，在机筒内能产生 5～9 MPa 的压力（由安装在机筒头部的压力表显示）。为了防止面团在机筒内与螺杆抱在一起只做回转运动，不向前推进，通常在机筒的内壁开设若干条均匀分布的沟槽，以增加面团与机筒内壁的阻力，故这些沟槽称为阻转槽。一般在机筒的外部加装冷却水隔套，从冷却水隔套的一端流入冷水，来冷却机筒的外表面，热水从另一端排出，进水温度一般为 15℃，出水温度一般控制在 34℃以内。

螺杆是挤压机的主要工作部件。一般采用单头螺旋螺杆，通常螺距（t）与螺杆直径（d）的关系为 $t=0.5d$。螺杆的有效长度（L）与螺杆直径（d）之比（L/d）为 7。

压模是成型部件，它安装在与机筒末端呈 90°下弯的挤压头的下方，可使挤压出来的通心粉垂直向下排出，并立即被切刀切断。压模用黄铜制成，厚度为 30～50 mm。在压模的表面有许多直孔或异形孔口。为提高孔口的耐磨性能，通常在孔口内镶嵌无毒的硬质工程塑料，当面团通过模孔时，便可获得所需形状和大小的通心粉制品。通常，在压模之前，增设一块钢丝网，使面团在进入压模之前先经过钢丝网，以防硬杂物进入模孔损坏压模。在生产中要定期卸下压模放到专用的洗压模机上用高压水冲洗干净。

小型通心粉机通常称为空心面机，其结构比较简单，由混合叶片、螺杆、机筒、压模、减速器和电动机等组成，其工作原理与通心粉机基本相同。

2. 通心粉机的工作过程

通心粉机的工作过程：如图 10-11 所示，干面粉经喂料器（2），水经水杯式加水器（3）加入不锈钢制成的桨叶式卧式混合机（4）后进行搅拌形成面块，然后落入带有真空装置的捏面机(5) 内进行充分捏合，形成面团。然后，再进入机筒内，由螺杆（7）挤压入压模（8）中，并经压模（8）的模孔排出后被切刀（9）切断，同时被风机（10）吹来的冷风干燥。在捏面机（5）上安装真空装置的目的是抽除捏面机内的空气。真空装置的真空度通常调节到 0.06～0.07 MPa，以尽量抽除空气，减少面团的小气泡，使面团变得紧密、富有弹性、不易断裂。此外，经过抽除空气后加工的通心粉呈半透明状，吃起来有韧劲儿。

当螺杆转动挤压面团时，面团与螺杆、面团与机筒内壁表面间发生强烈的剪切和摩擦作用，使机械能转变为热能，并传给面团，从而增加面团的温度。如果机筒内的温度超过 48℃就会使面团中的面筋变得没有活性，失去弹性，因此，面团的温升不能太高，最好不超过 40℃。为保证摩擦产生的热尽量少地传给面团，机筒的外部加装有冷却水隔套。

10.2.2 单螺杆膨化机

食品膨化机（图 10-12）又称为食品挤压蒸煮机，典型的食品膨化机由料箱、螺旋送料器、混合调理器、螺杆、蒸汽注入孔（或电加热器）、压模、切刀、齿轮变速箱和电动机等部分组成。如图 10-12 所示，料箱（1）中的物料由螺旋式送料器（2）将其均匀连续地送入混合调理器(3) 中，以便对物料先进行湿化和预热的调质处理。在混合调理器的上方装有注入热水和蒸汽的管道。

1. 单螺杆膨化机的结构

单螺杆膨化机（图 10-13）包括机筒、螺杆、蒸汽注入管和压模等，对物料进行输送、压缩、混合、剪切、蒸煮和灭菌等作业。如图 10-13 所示，物料由进料斗（1）经过定量送料器（2）送入机筒内，并被单螺杆（3）向前挤压推送。单螺杆（3）安装在机筒（5）内，在机筒（5）的外围设有加热装置（6），小型单螺杆膨化机常用电阻丝加热器，大、中型单螺杆膨化机通常采用蒸汽加热。

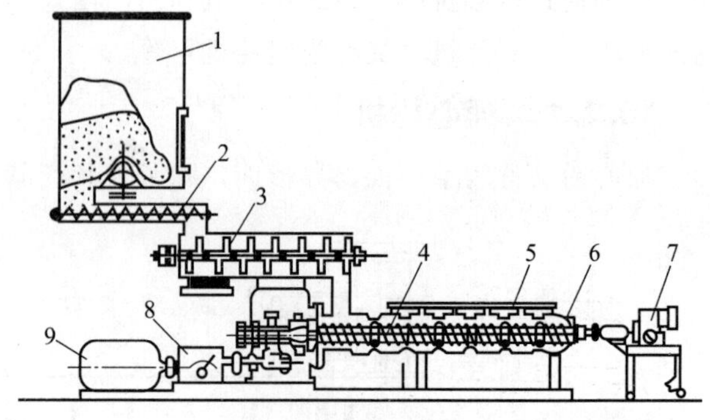

图 10-12 食品膨化机

1. 料箱；2. 螺旋式送料器；3. 混合调理器；4. 螺杆；5. 蒸汽注入孔；6. 压膜；7. 切刀；8. 齿轮变速箱；9. 电动机

（引自：沈再春. 农产品加工机械与设备. 1993.）

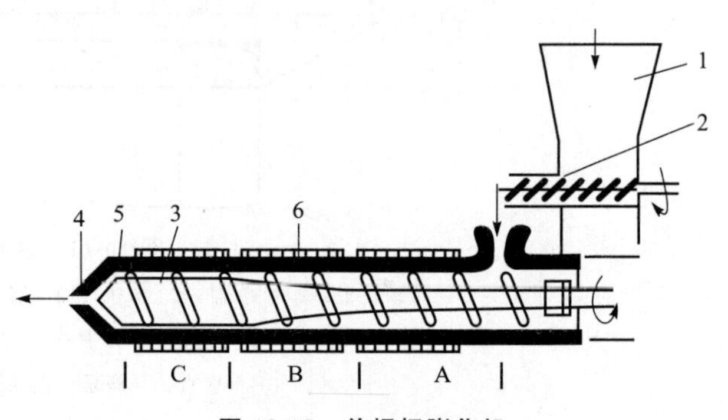

图 10-13 单螺杆膨化机

1. 进料斗；2. 定量送料器；3. 螺杆；4. 出口；5. 机筒；6. 加热装置；A. 输送段；B. 压缩段；C. 蒸煮段

（引自：沈再春. 农产品加工机械与设备. 1993.）

螺杆长度和直径比一般为（1∶10）～（1∶20）。为了适应加工不同的物料，并考虑到便于制造和维修，将螺杆加工成几段，按需要加以拼接，以适应加工不同物料所需要的最佳长度；相应地，机筒也可以加工成几段，以满足最佳螺杆长度的要求。如图 10-13 所示，螺杆分为三段：A 段为输送段，此段螺杆的内外直径不变，螺距相等，螺杆上的螺纹对物料仅起推送作用，没有挤压作用，位于该段的物料为粉粒状固体物料；B 段为压缩段，此段的螺杆外径不变，螺杆内径逐渐增大，两个螺距之间的容积逐渐减小，物料所受压缩力逐渐增大，该段内的物料因被压缩变形产生热量，出现部分熔融状态；C 段为蒸煮段，又称为计量段，此段螺杆上两个螺距之间的容积进一步减小，物料承受很大的压缩力，并因流动阻力增大而发热，压力急剧增加，物料全部变成熔融的黏稠状态。最后高温高压、流变性大的物料由出料口（4）的压模模孔（孔口直径一般为 3～8 mm）喷出机外，并降为常温常压。

2. 螺杆与机筒的配合方式

为了使物料在机筒内承受逐渐增大的压缩力，常将螺杆与机筒配合为如下三种形式（图 10-14）：

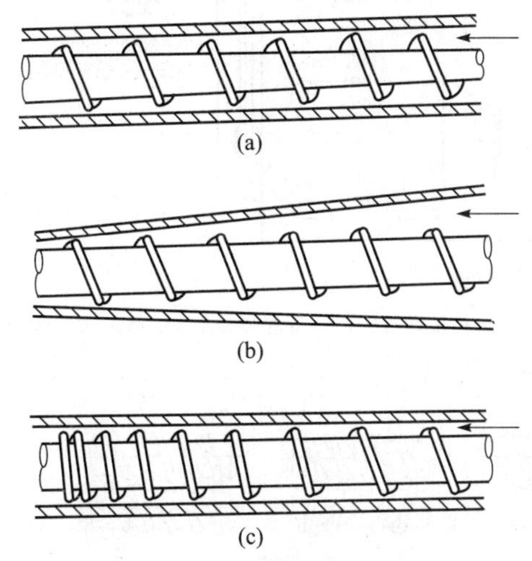

图 10-14　单螺杆膨化机螺杆的形状

(a) 螺杆外径增大；(b) 机筒内径减小；(c) 螺杆螺距减小

（引自：沈再春. 农产品加工机械与设备. 1993.）

(1) 螺杆外径增大　从喂料口到出料口螺杆外径不变，螺杆的内径逐渐增大，而机筒直径不变，如图 10-14（a）所示。这种配合方式，结构简单，制造方便，在单螺杆膨化机上，应用较为广泛。

(2) 机筒内径减小　螺杆的内外直径不变，机筒直径由大变小，逐渐增加对物料的压缩力，如图 10-14（b）所示。这种配合方式的机筒呈圆锥形，机筒制造困难，因此，在单螺杆膨化机上很少采用。

(3) 螺杆螺距减小　螺杆的内外径和机筒直径不变，只由大到小改变螺杆上螺纹的螺距，以增大压缩力，如图 10-14（c）所示。这种配合形式的螺杆制造和使用较为方便，因此，在单螺杆膨化机上应用也较多。

3. 单螺杆膨化机的工作原理

单螺杆膨化机的工作原理：将物料置于装有螺杆的机筒内，随着螺杆的回转，推动物料向前移动，在螺杆产生的压缩力和剪切力的联合作用下，使机械能变为热能和物料的变形能；同时，由于机筒外围设有预热器（电加热或蒸汽加热），更增加了机筒内物料的温度，温度高达 160～240℃，且物料处于密封状态，由此产生的机筒内压力可高达 6～26 MPa。在高温和高压作用下，食物发生淀粉糊化和蛋白质变性等一系列的理化反应，然后通过出料口瞬时降压，使物料中的过热水分急剧汽化喷射出来，物料失水膨胀，体积增大若干倍，产品内部组织出现许多小的喷口，像多孔的海绵体，然后被旋转的刀片切割成所需的长度。

10.2.3　双螺杆膨化机

在单螺杆膨化机中，物料基本上是围绕在螺杆的螺旋槽呈连续的螺旋形带状，若物料与螺杆的摩擦力大于物料与机筒的摩擦力，物料将和螺杆一起回转，膨化机就不能正常工作。为此，在机筒的内壁一般开设若干条沟槽以增加阻力。在模头附近存在着高温高压，容易使物料挤不出去，发生倒流和漏流现象，且物料的含水量和含油量越高，这种趋势越明显，因此，可以在单螺杆膨化机的螺杆上，增加螺纹的头数，一般制成 2～3 头。同时，还应降低物料的含水量和含油量，以减小其润滑作用，避免倒流、漏流以及物料与螺杆一起转动的现象发生。另外，物料的粒度也应控制在适当的范围内。

正是由于单螺杆膨化机有以上缺点，人们又开发出双螺杆膨化机。其特点如下：①输送物料的能力强，很少产生物料回流和漏流现象；②螺杆的自洁能力较强；③螺杆和机筒的磨损量较小；④适用于加工较低和较高水分（8%～80%）的物料，对物料适应性广（单螺杆膨化机加工时，若物料水分超过 35% ，机器就不能正常工作）；⑤生产效率高，工作稳定。

1. 双螺杆膨化机的结构

双螺杆膨化机是由料斗、机筒、两根螺杆、预热器、压模、传动装置等组成（图 10-15）。

双螺杆的啮合方式和性能有很大关系，应加以重视。两根螺杆的啮合方式，可以分为非啮合型、部分啮合型和全啮合型（图 10-16）。啮合型双螺杆根据两根螺杆的旋转方向（图 10-17），可分为同向旋转和反向旋转（向内和向外），目前大部分双螺杆膨化机采用同向旋转方式。

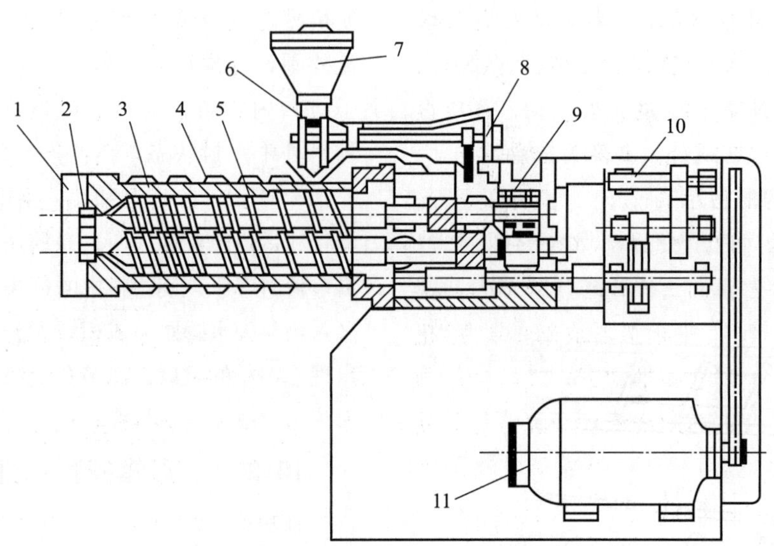

图 10-15 双螺杆膨化机构示意图

1. 机头连接器；2. 压模；3. 机筒；4. 预热器；5. 螺杆；6. 下料管；7. 料斗；8. 进料传动机构；9. 止推轴承；10. 减速箱；11. 电动机

（引自：殷涌光．食品机械与设备．2006.）

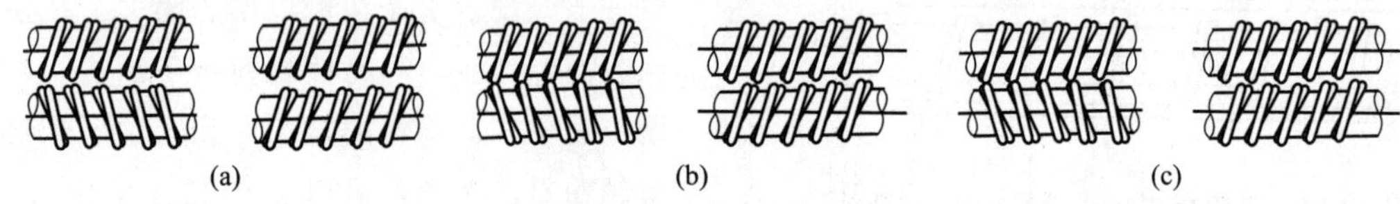

图 10-16 双螺杆啮合方式

(a) 非啮合型；(b) 部分啮合型；(c) 全啮合型

（引自：马海乐．食品机械与设备．2 版．2011.）

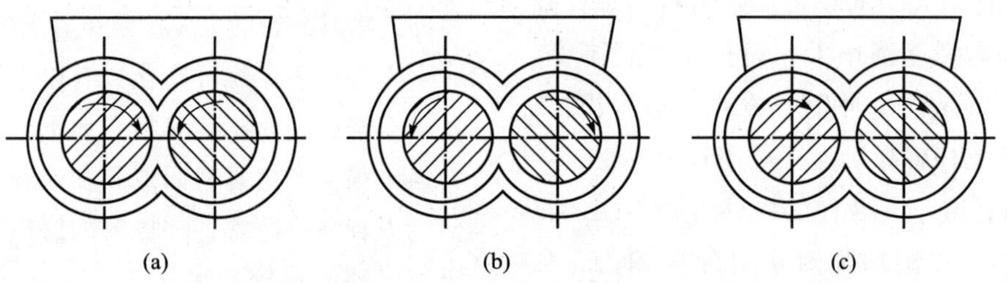

图 10-17 双螺杆的旋转方式

(a) 向内反向旋转；(b) 向外反向旋转；(c) 同向旋转

（引自：马海乐．食品机械与设备．2 版．2011.）

2. 双螺杆膨化机的工作原理

双螺杆膨化机是基于螺杆泵的原理所开发出来的，即一根螺杆上螺纹的齿峰嵌入另一根螺杆螺纹的齿根部分，当物料进入螺杆的输送段后，在两根螺杆的啮合区形成了一定的压力分布。如图 10-18 所示，假如每根螺杆进入啮合区时为加压，以“+”标记，脱离啮合区为减压，以“－”标记。当两根螺杆均以顺时针方向旋转时，螺杆Ⅰ上的螺纹齿牙从 A 点开始进入啮合区，从 B 点脱离啮合

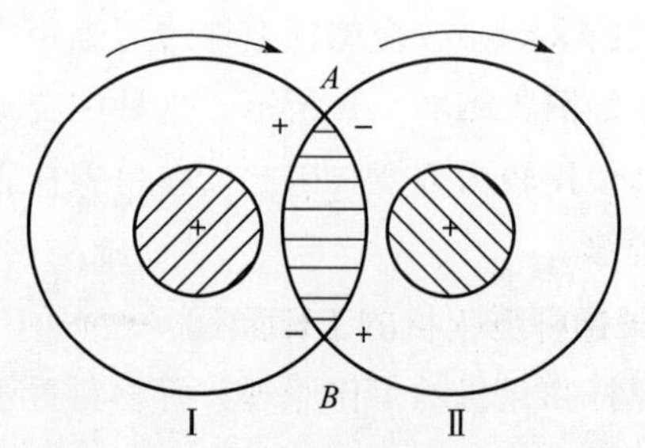

图 10-18 同向旋转双螺杆啮合区压力分布图

（引自：殷涌光．食品机械与设备．2006.）

区，螺杆Ⅱ上的螺纹齿牙从 B 点开始进入啮合区，从 A 点脱离啮合区，构成了以 AB 弧为包络线，用阴影线表示的椭圆形啮合区域，并在 A，B 两点处形成了压力差。螺杆Ⅰ上的螺槽（两个螺纹之间）的空间，与机筒形成的近似闭合的C形空间内的物料成为C形扭曲状物料柱。在螺杆Ⅰ和Ⅱ的啮合区形成的压力差作用下，物料从螺杆Ⅰ向螺杆Ⅱ的螺槽内转移。在螺杆Ⅱ中形成新的C形扭曲状料柱，接着又在螺杆Ⅱ的推动下，在啮合区内向螺杆Ⅰ转移，物料就这样围绕螺杆Ⅰ和螺杆Ⅱ变成“8”字形螺旋，并被两根螺杆上的螺纹向前推进。物料在双螺杆螺槽内流动的俯视图见图10-19。物料在运动过程中，随着螺杆上螺纹的螺距逐渐减小，物料受到压缩。为增强对物料的剪切力，在压缩段的螺杆上通常安装有1～3段反向螺纹的螺杆和混捏元件。混捏元件通常为薄片状椭圆形或三角形混捏块，用以对物料进行充分的混合和搅动，然后，物料经过蒸煮段送向模头，经模孔排出机外。

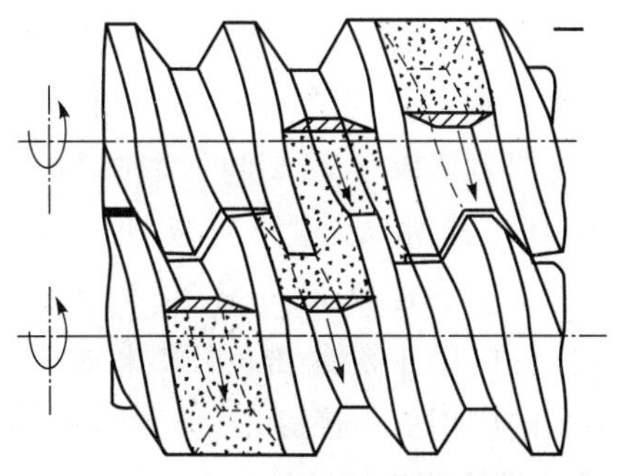

图 10-19　物料在双螺杆螺槽内的流动

（引自：殷涌光．食品机械与设备．2006.）

10.2.4　环模式压粒机

1. 压粒机的种类

压粒机广泛用于将食品和饲料挤压成球形、柱形颗粒。根据压粒部件的结构可分为以下四种：

（1）窝眼辊式　其主要工作部件为一对相向旋转的、表面带窝眼的辊子，物料进入窝眼受到两辊挤压，形成的颗粒具有两个窝眼，常为球形或扁球形。物料受挤压时间很短，颗粒强度较低，易破碎，如图10-20（a）所示。

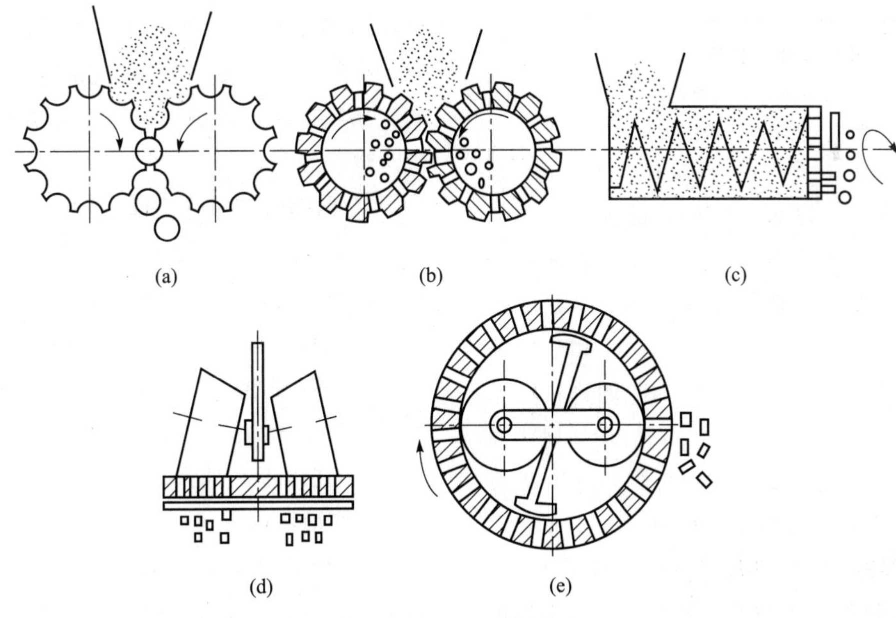

图 10-20　压粒机的种类

（a）窝眼辊式；（b）齿轮啮合式；（c）螺旋式；（d）平模式；（e）环模式

（引自：沈再春．农产品加工机械与设备．1993.）

（2）齿轮啮合式　其主要工作部件为一对相互啮合、相向回转的圆柱齿轮，齿轮齿根部有许多小孔与内腔相通，两个齿轮内腔均装有切刀。物料进入齿轮的啮合空间时，受轮齿挤压后，经齿根部小孔进入内腔，由切刀切成一定长度的颗粒，如图10-20（b）所示。

（3）螺旋式　其结构原理与膨化机类似，如图10-20（c）所示。

（4）滚轮式　也称为压辊式，其依靠压辊与压模之间的相对运动，将物料从压模模孔中挤压出去，然后由切刀切成一定长度的圆柱形颗粒。根据压模的形状，通常把这种压粒机分为平模式［图 10-20（d）］和环模式［图 10-20（e）］。这两种压粒机广泛应用于畜禽和鱼虾颗粒饲料的加工，其中环模式的应用更为普遍。

2. 环模式压粒机的结构

环模式压粒机（图 10-21）主要由螺旋喂料器、搅拌器、压粒机构和传动装置等组成。

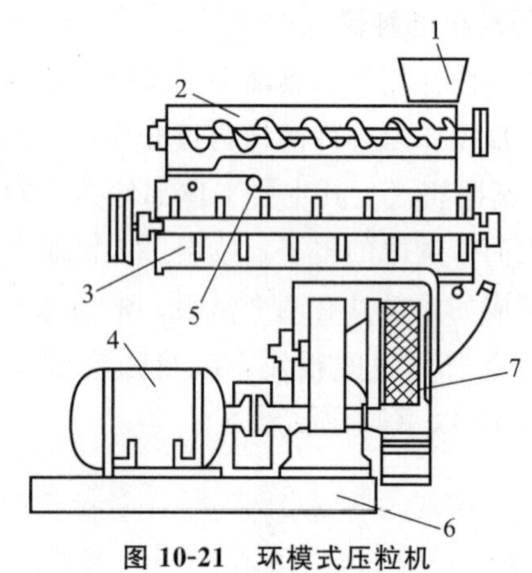

图 10-21　环模式压粒机

1. 料斗；2. 螺旋喂料器；3. 搅拌器；4. 电机；5. 水管；6. 机座；7. 压粒机构

（引自：沈再春. 农产品加工机械与设备. 1993.）

如图 10-22 所示，环模式压粒机的主要工作部件是一个做回转运动的环形压模，其工作表面钻有许多均匀分布的孔眼（孔径一般为 2.5 mm，3 mm，4 mm，6 mm，8 mm，10 mm 等），环模（1）内安装一对随动的压辊（2）。进入环模内腔的物料在重力、离心力和撒料器（3）的作用下，被均匀地撒向环模的内壁表面。压辊（2）与环模（1）之间相对运动而产生的压力迫使粉料进入模孔，并变成硬颗粒向外排出。可调整切刀（4）的位置，将颗粒切成所要求的小段。当物料含水率达到 16%～17%时，进入压粒机构的环模内腔中进行压粒。

3. 环模式压粒机的工作过程

环模式压粒机工作时，粉料从料斗进入螺旋喂料器，喂料器的螺旋转速采用调速电机进行无级调速，调速范围为 0～150 r/min，使得喂料量的调节十分方便。物料进入搅拌器后一边向前运动一边混合，同时通入水或蒸汽，以增加粉料含水量。

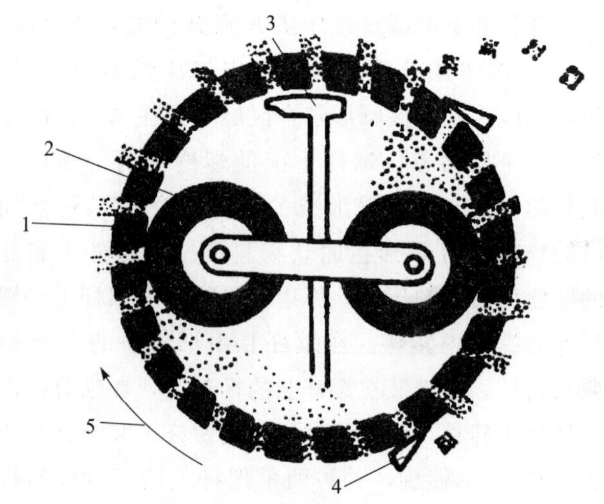

图 10-22　压粒过程示意图

1. 环模；2. 压辊；3. 撒料器；4. 切刀；5. 环模转向

（引自：沈再春. 农产品加工机械与设备. 1993.）

10.3　卷绕成型机械与设备

卷绕成型机械与设备常用于卷筒糕点的制作。卷筒成型机是卷绕成型机械与设备中的一种，其能自动循环作业，整台设备一般采取积木式组合而成，拆装十分方便，若发现物料污染了卷筒辊，影响产品质量时，可以迅速更换备用的卷筒组件，使生产继续进行。

1. 卷筒成型机的工作过程

卷筒成型机的工作过程：如图 10-23 所示，先将钢带输送器（9）上的软面片料烘烤熟，然后在软片料上喷撒或涂敷一层如奶酪、奶油、果酱或者肉馅之类的辅料，再按要求的尺寸切割成方块，并沿着箭头所示方向继续送进。在行进中，片料被刮刀（5）连续不断地刮起，并被推到由倾斜输送带（1）和底部输送带（4）所组成的输送系统中，倾斜输送带与底部输送带约呈 70°安装，并以三倍于钢带的速度移动着，以便拉开片料之间的距离，使片料逐渐变成直立状前进。但一旦片料完全竖立起来时，便被移到降落输送带（3）上，该带以 0.75 m/s 的速度再将片料送到下方的卷筒工作部件上，这时片料与纵向输送带（2）仍有接触，位于推进辊下面的一根卷筒辊即沿箭头所示方向转摆 95°，与另两根辊拉开距离；与此同时，专门设置的定时分离板也向左右分开，以便卷筒糕点成品（7）能自由下落到钢带输送器（9）上。最后，卷筒辊和定时分离板回位，一个操作周期就此结束。

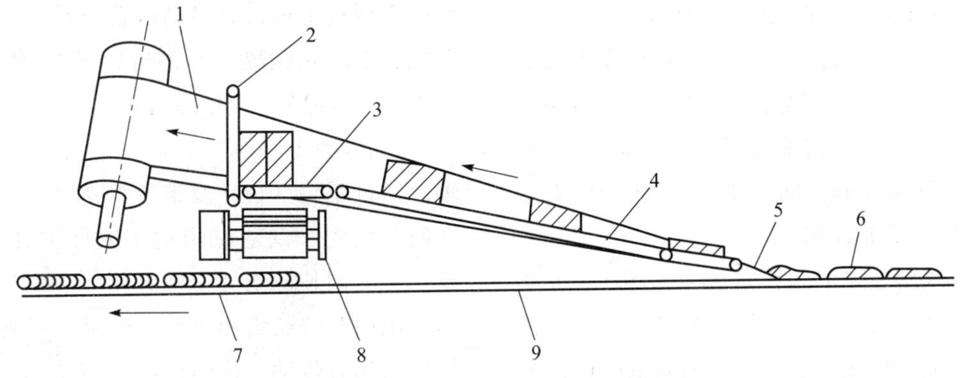

图 10-23　卷筒成型机工作过程示意图

1. 倾斜输送带；2. 纵向输送带；3. 降落输送带；4. 底部输送带；5. 刮刀；6. 点心片料；7. 卷筒糕点；8. 卷筒工作部件；9. 钢带输送器

（引自：沈再春. 农产品加工机械与设备. 1993.）

2. 卷筒成型机工作部件的结构

卷筒成型机工作部件的结构：如图 10-24 所示，卷筒成型机的工作部件由四根辊子组成，其中包括一根推进辊（1）和三根卷筒辊（6）。当光电管（2）检测到与纵向输送带相接触的片料时，降落输送带（4）即按箭头所示方向转过 95°，将片料供给下方的推进辊（1），然后自动回位。落到推进辊（1）上的片料，在其尖齿的强制推动下，迅速靠近卷筒辊（6），并首先在片料前端出现小的卷曲，然后卷筒过程即在三根辊子的作用下很快完成。

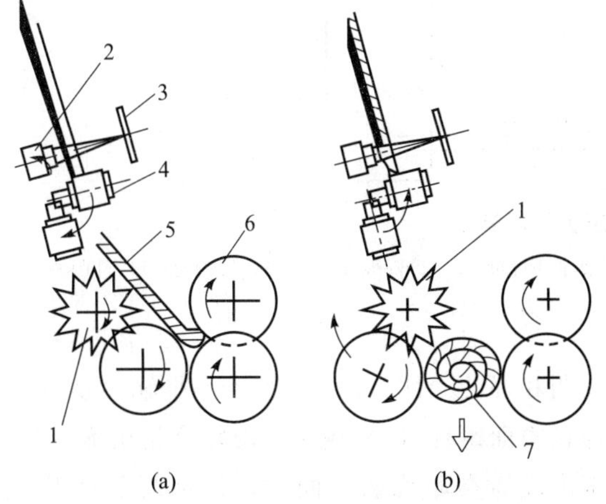

图 10-24　卷筒成型机工作部件的结构

（a）片料开始绕转时；（b）转筒开始落下时

1. 推进辊；2. 光电管；3. 反射板；4. 降落输送带；5. 点心片料；6. 卷筒辊；7. 卷筒糕点成品

（引自：沈再春. 农产品加工机械与设备. 1993.）

10.4　辊压切割成型机械与设备

辊压成型是指利用表面光滑或加工有一定形状的旋转压辊对物料进行压延，从而使得通过辊间的物料变形，成为具有一定形状规格的带状或条状产品的操作。在食品加工过程中，许多物料都要经过辊压操作，使用的设备为辊压机（图 10-25）。例如，生产饼干时，经过辊压可使面团形成厚薄均匀、表面光滑、质地细腻、内聚性与塑性适中的面带；生产糖果时，经过辊压可使糖膏成为具有一定形状规格的糖条，又能排出糖条中的气泡，便于操作，且成型后的糖块定量准确。

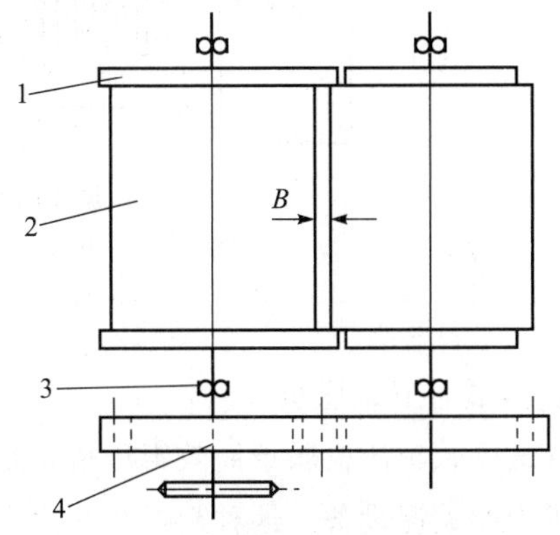

图 10-25　辊压机结构示意图

1. 端板；2. 压辊；3. 轴承；4. 齿轮

（引自：沈再春. 农产品加工机械与设备. 1993.）

10.4.1　卧式辊压机

卧式辊压机主要组成部分包括上下压辊、压辊间隙调整装置、撒粉装置、工作台、机架及传动装置等。压辊呈上下分布安装在机架上，物料呈水平方向传动，可与不同方式的传动装置配合，形成工艺复杂、工位较多的生产线。该类机械可在压延过程中方便地调节产品质量，但其占地面积大。例如，连续式卧式辊压机需要在各对辊之间设输送带，传动复杂。

1. 间歇式卧式辊压机

间歇式卧式辊压机的工作过程：如图 10-26 所示，间歇式卧辊压机上、下压辊（6，9）安装在机架上，工作转速一般在 0.8～30 r/min 范围内。上压棍的一侧设有清除粘在辊筒表面面屑用的刮刀。有的辊压机上还设有自动撒粉装置，可避免面团粘在压辊上。两压辊之间为齿轮（8）传动，传动比通常为 1。电机（1）的输出动力通过皮带轮（2，3）传递到齿轮（4，5，7，8）上，从而驱动主动辊。通过手轮（14）及锥齿轮（12，13）调整压辊之间的轧距，以适应压制不同厚度面片的工艺需要，一般调整范围为 0～20 mm。因压辊间齿轮传动采用渐开线长齿形齿轮，轧距的调节不会影响齿轮间的啮合传动。

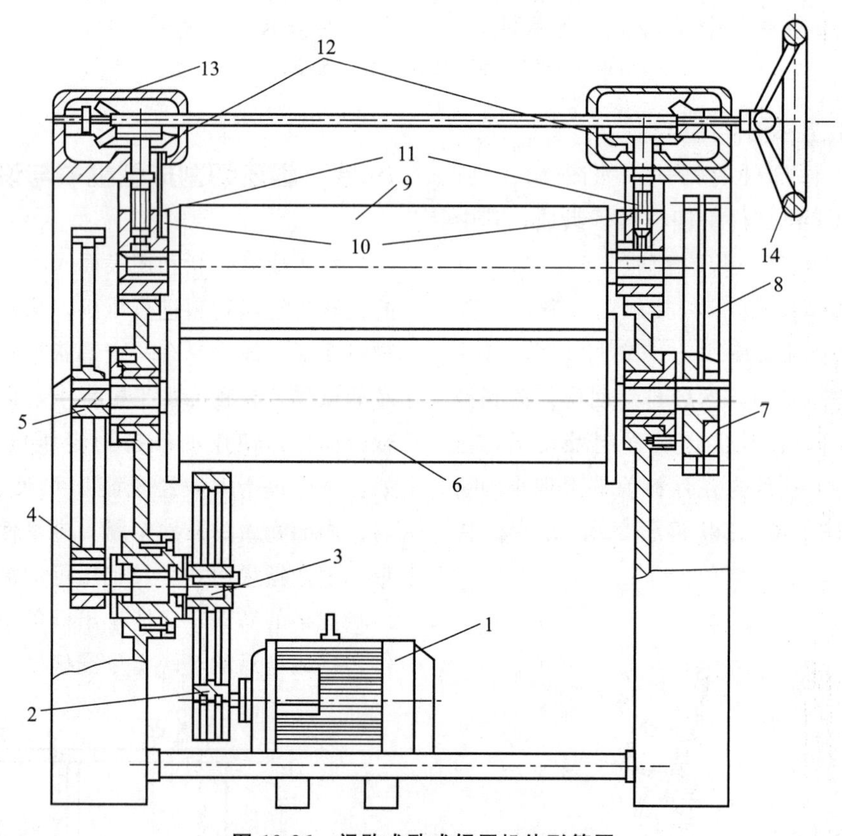

图 10-26　间歇式卧式辊压机外形简图

1. 电机；2，3. 皮带轮；4，5，7，8. 齿轮；6. 下压辊；9. 上压辊；10. 上压辊轴承座螺母；11. 升降螺杆；12，13. 锥齿轮；14. 轧距调节手轮

（引自：马海乐. 食品机械与设备. 2 版. 2011.）

2. 连续式卧式辊压机

连续式卧式辊压机属于高效辊压机，是饼干起酥生产线中的关键设备。这种起酥线在生产苏打饼干时，所用面团不需要发酵，面带经过辊压机的连续辊压后，面层可达 120 层以上，成品层次分明、酥脆可口、外观良好。

起酥线的工作过程主要包括夹酥与辊压两个阶段。

(1) 夹酥　起酥线夹酥过程：如图 10-27 所示，调和好的面团（3）依次经水平输面螺杆（4）和垂直输面螺杆（6）输送，由复合挤出嘴（7）外腔挤出成为空心面管。同时，奶油酥经叶片泵输送，沿垂直输面螺杆内孔，由复合嘴内腔挤出而黏附在面管内壁上，从而形成了内壁夹酥中空面管（8）。面管再经过初级压延，折叠成为多层叠起的中间产品（1）。通过共挤成型的面皮与奶油酥，其环面结构连续，厚度均匀一致。

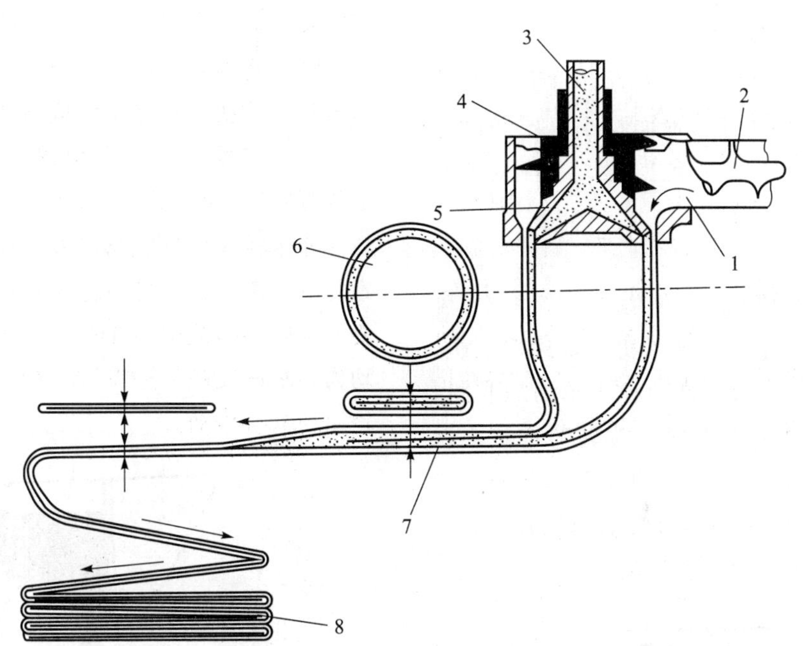

图 10-27　起酥线夹酥过程示意图

1. 中间产品；2. 预压中的夹酥面带；3. 面团；4. 水平输面螺杆；5. 奶油酥；
6. 垂直输面螺杆；7. 复合挤出嘴；8. 夹酥中空面管

（引自：马海乐. 食品机械与设备. 2 版. 2011.）

（2）辊压　其过程分为夹酥中空面管的初级压延成带和最终压延成型两个阶段。最终压延成型是将经预压后折叠成的中间产品，在连续式卧式辊压机上再一次进行压延的操作。

连续式卧式辊压机的最终压延成型机构主要由速度不同的三条输送带和不断运动的上压辊组构成（图 10-28）。输送带的速度沿饼干坯运动方向逐渐加快（$V_1<V_2<V_3$）。压辊组中的各辊既有沿饼干坯流向的公转，又有逆于饼干坯流向的自转。工作时，中间产品进入由输送带及压辊组成的楔形通道，随着中间产品的逐渐压缩变形，输送带的速度不断增加，从而减缓中间产品与输送件之间的压力。同时，饼坯局部不断地受到压辊逆向自转的碾压作用，使得饼坯在变形过程中较为平稳、均匀、可靠。

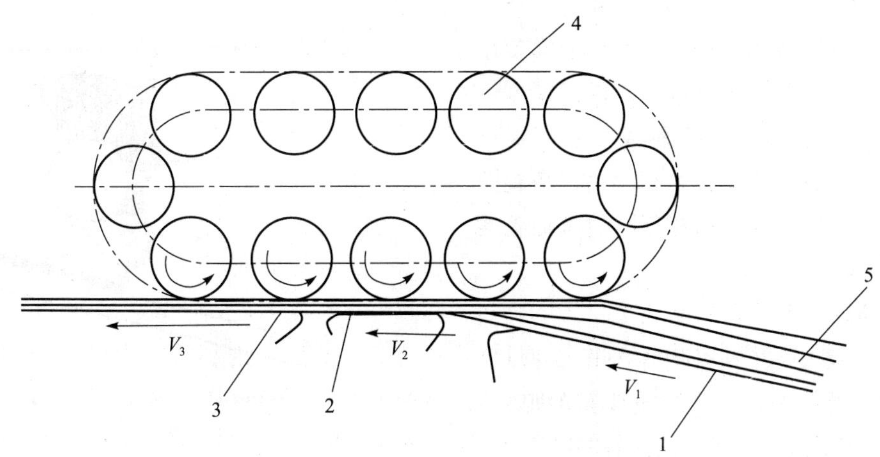

图 10-28　连续式卧式辊压机示意图

1，2，3. 输送带；4. 物料；5. 辊压组

（引自：马海乐. 食品机械与设备. 2 版. 2011.）

10.4.2 立式辊压机

立式辊压机的压辊呈水平配置，可借助于重力进行物料的传送，具有占地面积小、压制面带层次分明且厚度均匀、工艺范围宽、结构复杂等特点。

1. 两辊压片机

两辊压片机用于预压片，将物料压成一定厚度和宽度的环料，再送至下道压片机或最终辊压机。两辊式压片机（图 10-29）是一种简单的压片机，通常由一个可拆式进料斗和两个旋转的进料辊构成，每个压辊配有一个刮料器，用于清洁压辊的工作表面。有些压片机的进料斗里配置有搅拌器，防止物料在两压辊间发生“搭桥”现象。

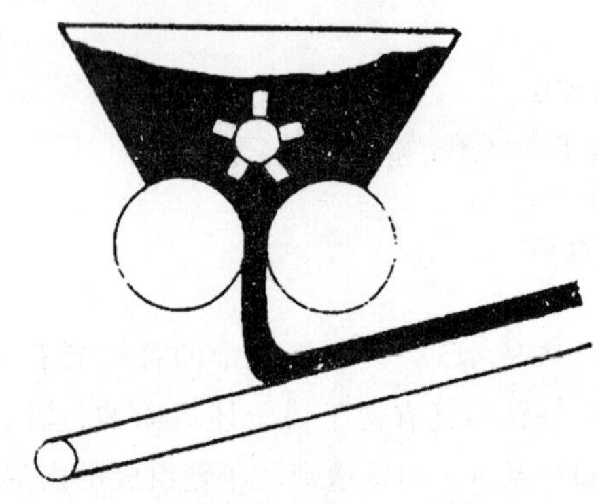

图 10-29 两辊式压片机

（引自：马海乐．食品机械与设备．2 版．2011.）

两辊压片机工作时，进料斗内的物料在重力及旋转压辊的摩擦力作用下，进入压辊工作区，被压成一条厚面片，由下方的传送带输送到下一个工位。为使后续工位设备协调工作，压片机通常使用调速电机或调速机构调节面带速度。面带的厚度一般为 15～45 mm，可通过调节手轮或控制面板进行调节。这种压片机的生产能力主要取决于压辊的转速和两辊之间的轧距，其可与拉延机、接面盘共同组成面坯制备机组。

2. 三辊压片机

三辊压片机（图 10-30）可用作预压成型机，装有可调节进料量的料斗，三个压辊排列的形式：如图 10-30 所示，压辊（1）和压辊（2）的圆柱面上延轴向开有一系列沟槽，或者只有压辊（1）开槽。压辊（1）、压辊（2）形成第一对压辊将物料压成型，而压辊（3）外表面是光滑柱面，并且两端面带有凸缘，可以防止辊压过程中面带在宽度方向上溢出，压辊（2）和压辊（3）形成第二道辊，即辊压成型机，这三个压辊均是通过向心推力球轴承支持在机器边框上，每只辊子均附有由弹簧钢制成的刮料器，通过调节压辊（2）的位置来改变压辊（2）和压辊（3）的间隙。在设计压辊长度时，应注意与下一道工序装备的宽度相匹配，一般压辊长度为 560～1 500 mm，当压辊（1）和压辊（2）直径均为 400 mm 时，压辊（3）的直径约为 300 mm。

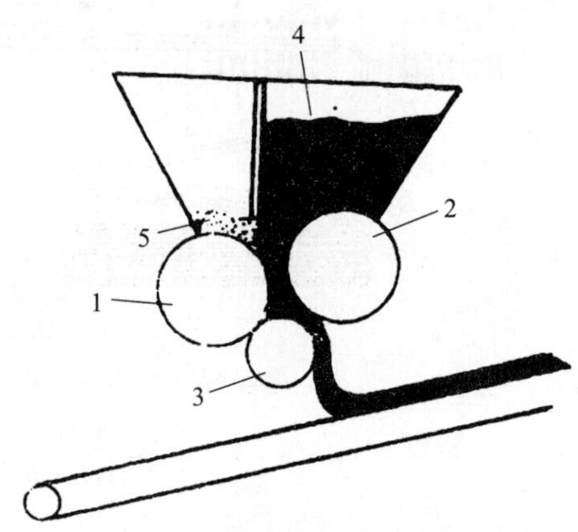

图 10-30 三辊压片机（前下料式）

1，2，3. 压辊；4. 物料；5. 粉料

（引自：马海乐．食品机械与设备．2 版．2011.）

三辊压片机分为前下料和后下料两种下料方式。图 10-30 所示的为前下料式，它适合加工结合力较弱的面带。如果物料内部组织允许受拉力作用，具有良好的延展性，可采用后下料式三辊压片机（图 10-31）。

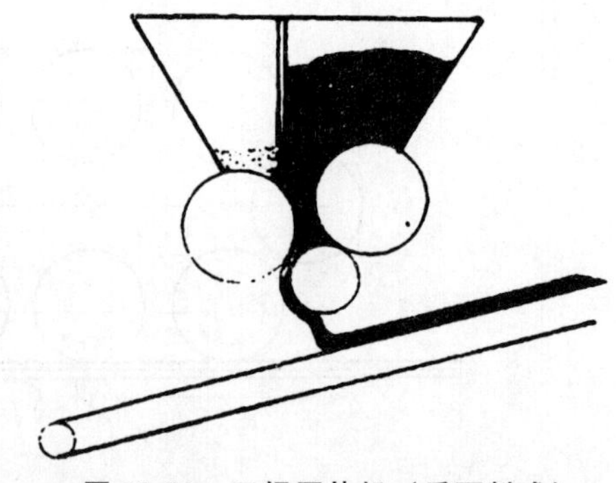

图 10-31 三辊压片机（后下料式）

（引自：马海乐．食品机械与设备．2 版．2011.）

3. 四辊压片机

四辊压片机可作为预压成型机，为位于饼干生产线入口处的压辊提供半成品原料，可提高产品的光滑、细致程度，使最终轧制出来的面带精度更高。四辊预压成型机构：如图 10-32 所示，成型辊（1）和压辊（4）的表面通常开有轴向沟槽，具有良好的抓取性能。成型辊（1）、压辊（4）和压辊（3）构成一个三辊后下料式压片机构，经预压成型后，由压辊（3）和成型辊（2）将半成品面片压至要求的厚度，压辊（4）和压辊（3）之间的轧距一般为 5～20 mm，可以通过调节机构进行调整。所有与物料直接接触的构件均采取不锈钢或镀镍材料制造。如果四辊预压成型机构再配置上面带位移及传送带张力监测设备，能够协调控制压辊转速、传送带速和轧距。

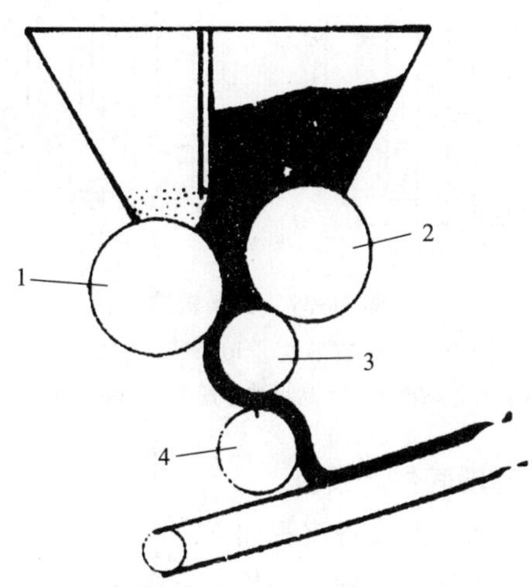

图 10-32　四辊预压成型机构

1，2. 成型辊；3，4. 压辊

（引自：马海乐. 食品机械与设备. 2 版. 2011.）

4. 立式辊压折叠机

立式辊压折叠机可用来加工多层结构、厚度一致的面带。立式辊压折叠机的结构：如图 10-33 所示，其主要由面斗（3，5）、压辊（2，6）、计量辊（1，7，8）和折叠器等组成，其中压辊呈水平配置，面带依靠重力垂直输送，因而可免去中间输送带，使机器配置简化。计量辊用来控制辊压成型后的面带厚度均匀一致，一般设 2～3 对，计量辊间距可随面带厚度自由调节。折叠器用于将经过辊压、计量后的面带折叠，所得产品呈多层次结构。

10.4.3　面条机

面条机（也称为压面机）既可用于加工湿切面，又是挂面和方便面生产线上重要的配套设备。其主要功能在于对面坯进行压片和切条。这里以实心面条的成型过程为例，来介绍辊压切割成型的一般原理。

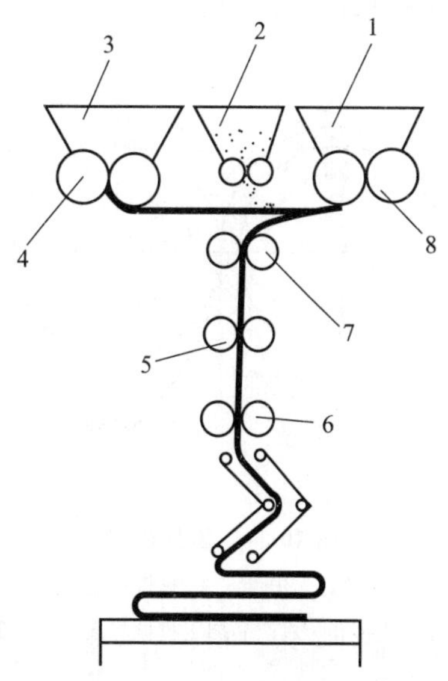

图 10-33　立式辊压折叠机结构

1，7，8. 计量辊；2，6. 喂料辊（压辊）；

3，5. 面斗；4. 油酥料斗

（引自：马海乐. 食品机械与设备. 2 版. 2011.）

1. 面条机的结构

面条机的主要工作部件有压辊和面条辊刀，一台面条机通常装有 6～7 道压辊和一道面条辊刀。

压辊也称为轧辊，面条机上的压辊均为光辊，并成对使用组成压片机构（图 10-34），其中一根辊的两端带有比辊子直径大的端板（俗称公辊），与一根不带端板的压辊（俗称母辊）相配合形成一个封闭的空腔，其宽度为 B，用以控制面片的厚度，同时还防止面片因轴向窜动所引起的破边缺陷。一对压辊依靠轴承支承在机架上：其中一根与机架固定，称为定辊；另一根的轴承座位置可调，用以变动轧距，达到可人工调整面片的厚度的目的。辊轴一端分别装有同等大小的齿轮，使两辊以相等的速度相向转动。

为防止压辊粘料，保证面片光滑均匀，在压辊下面都设置有 2～2.5 mm 厚的弹性刮刀（图 10-34），用螺钉将其固定在撑铁上，然后装在机架上，并保证刀刃始终压在两辊的表面上。

2. 影响压片的因素

（1）压辊直径与压力　开始压片时，压辊的直径应选大些。辊径大，喂料角大，容易进料，可以使面片组织压得紧密，不易折断。在压延阶段，随着面片厚度逐步减薄，压辊作用于面片的压力应逐步降低，压辊直径也要相应减小。

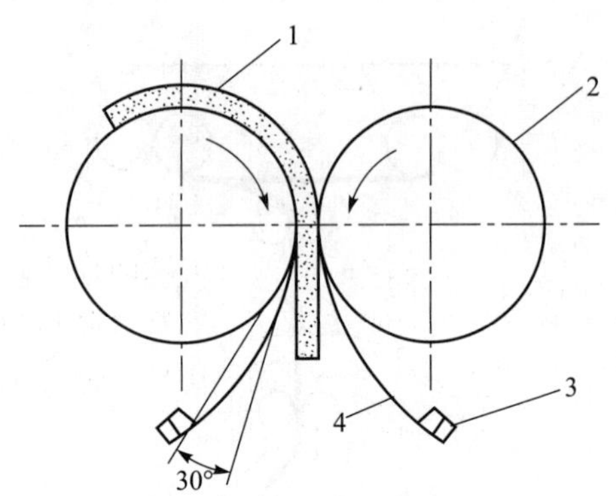

图 10-34　压片机构

1. 面片；2. 压辊；3. 撑铁；4. 刮刀

（引自：沈再春. 农产品加工机械与设备. 1993.）

（2）压延比　辊压后面片的压下量与辊压前物料厚度之比称为压延比。其大小是影响压片效果的重要因素。因为对面坯一次过度的加压延展，会破坏面带中的面筋网状组织，所以压延比一般不大于0.5。在多道压片时，压延比应逐渐减小，压辊的线速度与之相适应，即压延比大时，压辊的线速度较低；反之，线速度应较高。

（3）压片道数　压片道数少时，压延比必然要大；压片道数多，压延比可以选得小些。但道数过多，滚压过度会使面片组织过密，表面发硬，不仅降低压片质量，而且增加了动力消耗。多道压片一般以 6～7 道辊压片为宜（图 10-35）。

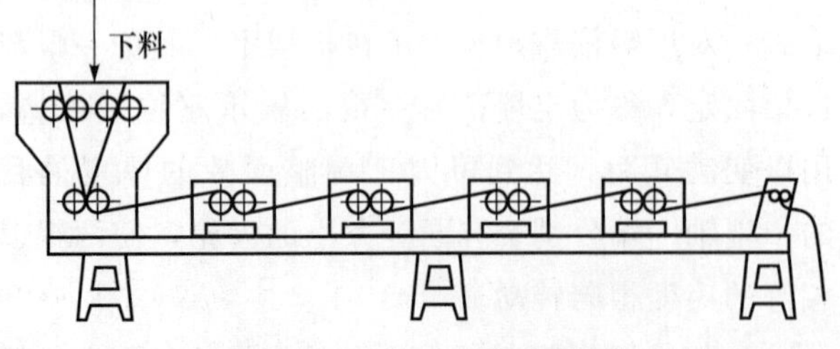

图 10-35　多道压片示意图

（引自：沈再春. 农产品加工机械与设备. 1993.）

3. 面条机的辊刀

面条辊刀（图 10-36）为一对带有齿槽且相互啮合的辊子。其结构与压辊相同，在辊刀架上也装有调节机构和清理机构，以调节两辊刀齿槽咬合的深度和清理齿槽内的残面，只是这里所用的不是刮刀，而是与辊刀齿型相同的篦齿。

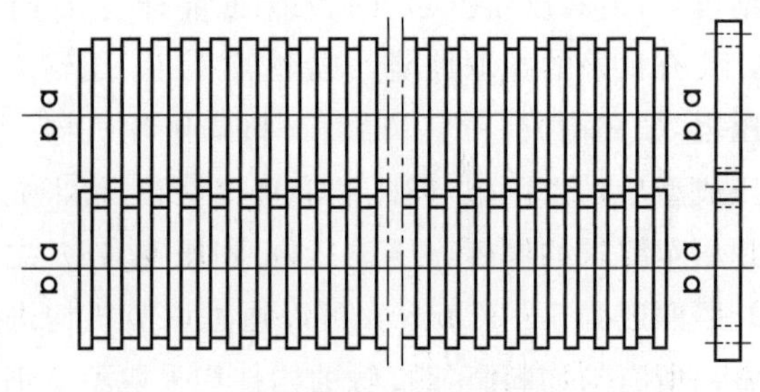

图 10-36　面条辊刀

（引自：马海乐. 食品机械与设备. 2 版. 2011.）

面条辊刀的形状有方形和圆形两种（图 10-37）。

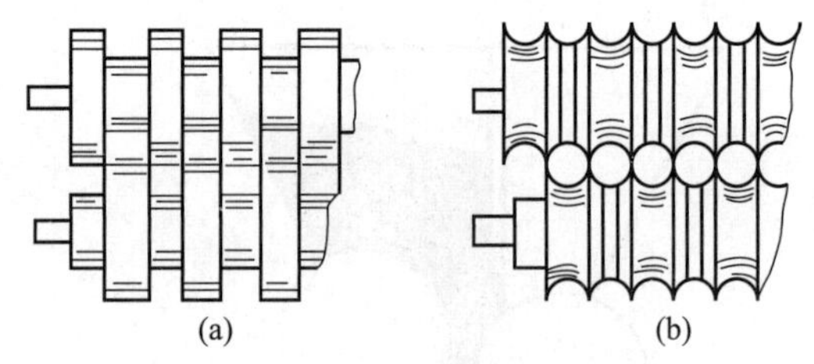

图 10-37　面条辊刀

（a）方形刀；（b）圆形刀

（引自：马海乐. 食品机械与设备. 2 版. 2011.）

4. 方便面生产设备

方便面生产设备流程如下：

和面机（面、碱、盐等）→熟化机→复合压延机→切条折花→蒸面→定量切断→干燥→冷却→检测→包装

（1）熟化复合机　主要经过熟化和复合压延两个步骤。

① 熟化。将和好的湿润松散的小团块面料在轧面之前静置一定时间，使在搅拌机形成的断裂的面筋质组织逐渐变成连续的网状组织，达到均匀分布的目的，以改变面的黏弹性和柔软度。

② 复合压延。其作用有二：一是使面条成型；二是使面条中的面条网状组织分布均匀。熟化后的面料先通过两组压辊压成两条面带，再经过复合辊合并为一条厚约 4 mm 的面带，其后经 5～7 组直径逐步减小、转速逐步提高的压延辊顺次压延，达到所需厚度为 0.8～1.2 mm。

（2）切条折花　在切条装置（面刀）的下方，装有一个精密设计的折花成型导向盒，将面条折叠

成连续细小的波浪形花纹。折花后的面条形状美观，脱水快，切断时碎面条少。

（3）蒸面机　折起波纹的面条，通过连续蒸面机蒸一定时间，使面条的淀粉糊化，蛋白质产生热变性，面条变熟。

（4）油炸机和烘干机　采用油炸或烘干的方式进行干燥的目的是除去水分，固定组织和形状。通过快速脱水，固定α化组织结构，可以防止面条回生。回生的面条不易复水。

10.5　冲印、辊印和辊切成型机械与设备

冲印、辊印和辊切成型机是焙烤制品生产过程中，将面带加工成一定形状的重要设备，主要用于各种饼干或桃酥之类点心的加工。这类机械通常用于完成面团的压片、冲印或辊印成型、料头分离以及摆盘等操作。

10.5.1　冲印式饼干成型机

冲印成型是食品厂中广泛使用的一种成型方法，它是利用带有各种形状印模冲头的上下往复运动，使面带冲压成所需形状的饼坯的操作。冲印成型的典型设备为冲印式饼干成型机（简称为冲印饼干机），它能生产多种大众化饼干，如粗饼干、切性饼干、苏打饼干等（图 10-38）。

冲印式饼干成型机主要由压片机构、冲印机构、拣分机构和输送机构等四大部分组成。

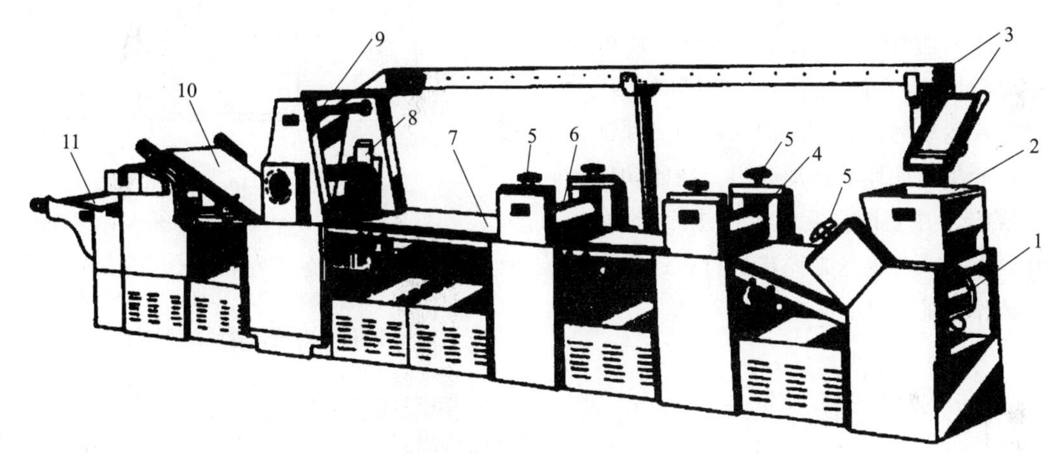

图 10-38　冲印式饼干成型机外形图

1. 头道辊；2. 面斗；3. 回头机；4. 二道辊；5. 压辊间隙调整手轮；6. 三道辊；7. 面带输送带；8. 冲印成型机构；9. 机架；10. 拣分斜输送带；11. 饼干生坯输送带

（引自：高海燕. 食品加工机械与设备. 2008.）

其压片机构与面条机的辊压成型机构基本相同，但通常只经过三道辊压，即头道辊、二道辊、三道辊。工艺上要求压出的面带应保持致密连续，厚度均匀稳定，表面光滑整齐，不得留有多余的内应力。为减缓面带因急剧变形而产生的内应力，辊压操作应逐级完成，即压辊直径和辊间间隙依次减小，各辊转速则依次增大。为保证冲印成型机构有连续、均匀、稳定的面带，要求面带在辊压过程中各处的流量相等，为此，需要比较准确的速度匹配，否则因流量不等会将面带拉长或皱起。若拉长，面带内应力增加，成型后容易收缩变形，表面出现微小裂纹；若皱起，面带堆积变厚，压力加大，容易粘辊且定量不准。压片机构各压辊间除应保证传动比准确外，整个系统还应装有无级变速器或调速电机，使得冲印成型机各工序间运动同步，方便调节。

按动作执行机构可将冲印饼干成型机分为间歇式和连续式两种。其主要部件为印模组件。

1. 间歇式冲印成型机构

间歇式冲印成型机构工作时，印模通过曲柄滑块机构来实现对饼干生坯的直线冲印，生坯的同步送进要依靠棘轮棘爪机构驱动输送带来实现。冲印的瞬间，输送带必须处于停顿状态。因为间歇式冲印成型机构组合的饼干机冲印速度受到坯料间歇送

进的限制，最高冲印速度不超过 70 r/min，所以生产能力较低。提高输送速度将会产生惯性冲击，引起机身振动，以致加工的面带厚薄不均，边缘破裂，影响饼干的质量。由该机构组合的饼干机不适宜与连续烘烤炉配套形成生产线。

2. 连续式冲印成型机构

连续式冲印成型机构作业时，印模随面坯输送带连续动作，完成同步摇摆冲印作业，故也称为摇摆式冲印。连续式冲印成型机构如图 10-39 所示，它主要由一组曲柄连杆机构、一组双摇杆机构和一组曲柄摆动滑块机构所组成。工作时，冲印曲柄（1）和摇摆曲柄（2）同时旋转，其中冲印曲柄（1）通过连杆（9）带动滑块（8）在滑槽内做直线往复运动；摇摆曲柄（2）借助连杆（3，6）和摆杆（4，5）使印模摆杆（7）摆动。这样，使得冲头（10）在随滑块（8）做上下运动的同时，还沿着输送带（11）运动的方向前后摆动，即可保证在冲印的瞬间，冲头与面坯的移动同步。冲印动作完成后，冲头抬起，并立即向后摆到未加工的面坯上。冲印时要求冲头与输送带同步运行，这是保证冲印机构连续作业的关键。

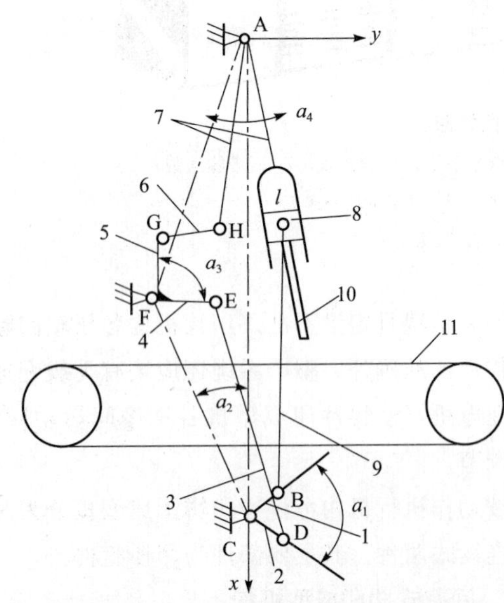

图 10-39　连续式冲印成型机构示意图

1. 冲印曲柄；2. 摇摆曲柄；3，6，9. 连杆；4，5，7. 摆杆；8. 冲头滑块；9. 冲头；10. 输送带

（引自：殷涌光. 食品机械与设备. 2006.）

采用摇摆式冲印机构的饼干机，冲印速度可达 120 次/min，生产能力高，运行平稳，饼干生坯成型质量较好，且适合与连续式烤炉配套使用组成饼干自动生产线。

3. 印模组件

印模组件由印模支架、冲头芯杆、切刀、印模和余料推板等组成（图 10-40）。

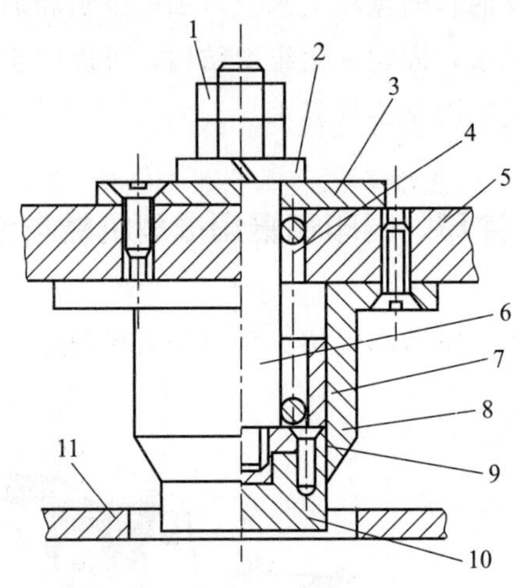

图 10-40　印模组件

1. 螺帽；2. 垫圈；3. 固定垫圈；4. 弹簧；5. 印模支架；6. 冲头芯杆；7. 限位套筒；8. 切刀；9. 连接板；10. 印模；11. 余料推板

（引自：殷涌光. 食品机械与设备. 2006.）

冲印成型动作通常由若干个印模组件来完成。印模组件工作过程：如图 10-40 所示，工作时，在执行机构的偏心连杆或冲头滑块带动下，印模组件一起做上下往复运动。当带有饼干图案的印模（10）被推向面带时，将图案压印在其表面上。然后，印模不动，印模支架（5）继续下行，压缩弹簧（4）迫使切刀（8）沿印模外围将面带切断。最后，印模支架随连杆回升，切刀首先上提，余料推板（11）将粘在切刀上的余料推下，接着压缩弹簧复原。印模上升与成型的饼坯分离，一次冲印操作到此结束。

由于饼干品种不同，饼干机配有两种印模：一种是生产凹花有针孔韧性饼干的轻型印模，另一种是生产凸花针孔酥性饼干的重型印模。轻型印模冲头上的图案凸起较低，弹簧压力较弱，因此，印制饼坯花纹较浅，冲印阻力也比较小，操作时比较平稳；重型印模冲头上的图案下凹较深，弹簧压力较深，印制饼坯的花纹清晰，但冲印阻力较大。此外，两种印模的结构基本相同，都是由若干组冲头、套筒、切刀、弹簧及推板等组成。

10.5.2　辊印式饼干成型机

辊印式饼干成型方法适用于高油脂酥性饼干的加工制作，其特点是不需要经辊压便可直接辊印成型，其产品花纹清晰、美观，是冲印式饼干成型机不可比拟的。采用不同的印模辊，不但可以生产各种图案的饼干，还可以加工桃酥类糕点，因此，也被称为饼干、桃酥两用机。

1. 辊印式饼干成型机的基本结构

辊印式饼干成型机（简称辊印饼干机）主要由喂料辊、印模辊、橡胶脱模辊、输送带、机架和传动系统等组成（图 10-41）。喂料辊、印模辊和橡胶脱模辊是辊印成型的主要部件。喂料辊与印模辊尺寸相同，直径一般为 200～300 mm，其长度由烤炉宽度而定。辊坯用铸铁离心浇铸，再经加工而成，印模辊表面还要镶嵌无毒塑料或聚碳酸酯（简称 PC）制成的饼干凹模。橡胶脱模辊是在滚花后的辊芯表面上套铸一层耐油食用橡胶，并经精车磨光而成。

2. 辊印式饼干成型机的工作原理

辊印式饼干成型机的工作原理：如图 10-42 所示，工作时，喂料辊（3）和印模辊（5）相向回转，料斗中的原料靠重力落入两辊之间和印模辊的凹模之中，经辊压成型后进行脱模。刮刀（2）能将凹模外多余的面料沿印模辊切线方向刮削到面屑斗（10）中。当印模辊上的凹模转到与橡胶脱模辊（1）接触时，橡胶辊依靠自身的弹性变形将其上面的帆布脱模带（11）的粗糙表面紧压在饼坯的底面上。因为饼坯与帆布表面的附着力大于与凹模光滑底面的附着力，所以饼干生坯能顺利地从印模中脱离出来，并由帆布脱模带转送到生坯输送带（8）上，然后进入烘烤阶段。

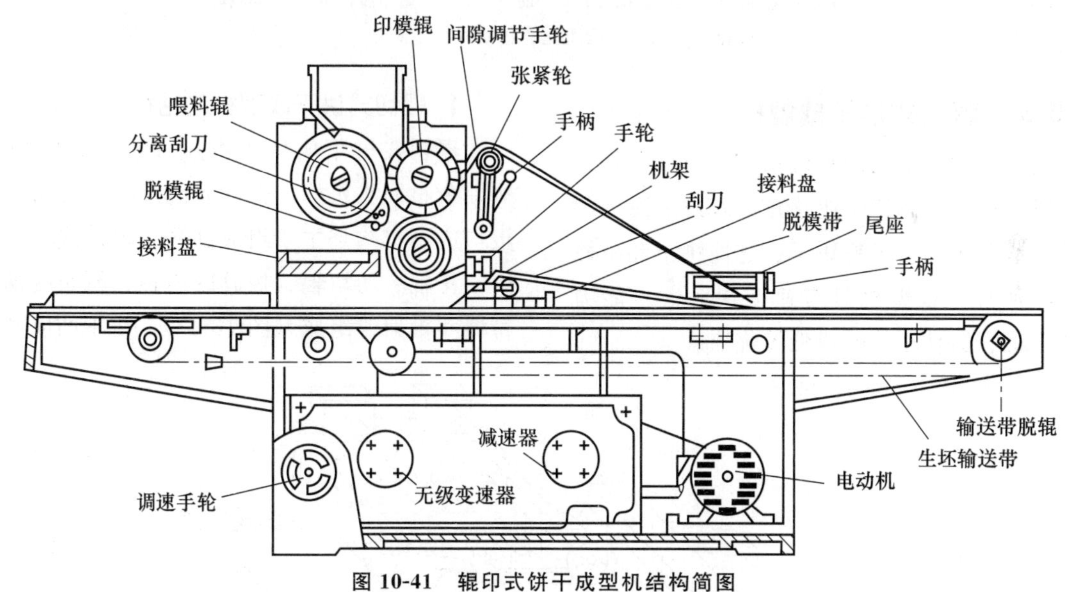

图 10-41　辊印式饼干成型机结构简图

（引自：许学勤. 食品工厂机械与设备. 2018.）

辊印饼干机的印花、成型和脱坯操作通过三个辊筒的转动一次完成，该机工作平稳，无冲击，振动和噪声均比冲印饼干机为小，且不产生余料，可省去余料输送带，因此，其结构简单、紧凑，不仅操作方便，而且设备造价有所降低。

3. 影响辊印成型的因素

喂料辊与印模辊之间的间隙、刮刀的位置、橡胶脱模辊的压力等都是影响饼干质量的重要因素。

（1）喂料辊与印模辊之间的间隙　喂料辊与印模辊之间的间隙主要与被加工物料的性质和大小、物料与辊间的摩擦系数以及辊自身的直径有关。加工饼干的间隙为 3～4 mm，加工桃酥类糕点时须进行适当的放大，否则会出现返料现象。

（2）刮刀的位置　直接影响着饼干生坯的质量。当刮刀刃口位置较高时，凹模内切除面屑后的饼坯面略高于印模表面，从而增加单块饼干的质量；当刮刀刃口位置较低时，又会减少饼干的质量。

(3) 橡胶脱模辊的压力　橡胶脱模辊对印模辊所施压力大小也对饼干生坯的成型质量有一定的影响。若橡胶碾压力过小，则出现坯料粘模现象；若碾压力过大，则会使成型后的饼坯造成后薄前厚的形状，严重时还可能在生坯后侧边缘产生薄片状面尾。因此，对橡胶脱模辊位置的调整，应在保证顺利脱模的前提下，尽量减小压力。

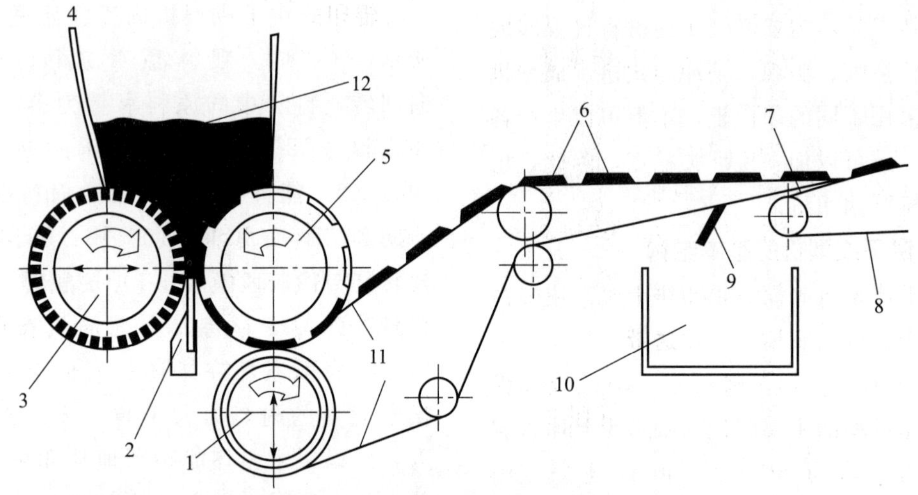

图 10-42　辊印式饼干成型机工作原理

1. 橡胶脱模辊；2. 分离刮刀；3. 喂料辊；4. 料斗；5. 印模辊；6. 饼干生坯；7. 帆布带锲铁；8. 生坯输送带；9. 帆布带刮刀；10. 面屑斗；11. 帆布脱模带；12. 面料

（引自：许学勤. 食品工厂机械与设备. 2018.）

10.5.3　辊切式饼干成型机

辊切式饼干成型机（简称辊切饼干机）是在综合了冲印饼干机和辊印饼干机优点的基础上发展起来的，广泛地用于加工苏打饼干、韧性饼干和酥性饼干等。这种饼干成型机具有速度快、生产能力大、运动平稳、振动小、噪声低等优点。

1. 辊切式饼干成型机的结构

辊切式饼干成型机由压片机构、辊切成型机构、余料回头机构、传动系统及机架等组成，其中辊切成型机构是主要组成部分。辊切成型机构主要由印花辊、切块辊、橡胶脱模辊、帆布脱模带、撒粉器和机架等组成（图 10-43）。饼干的成型、切块

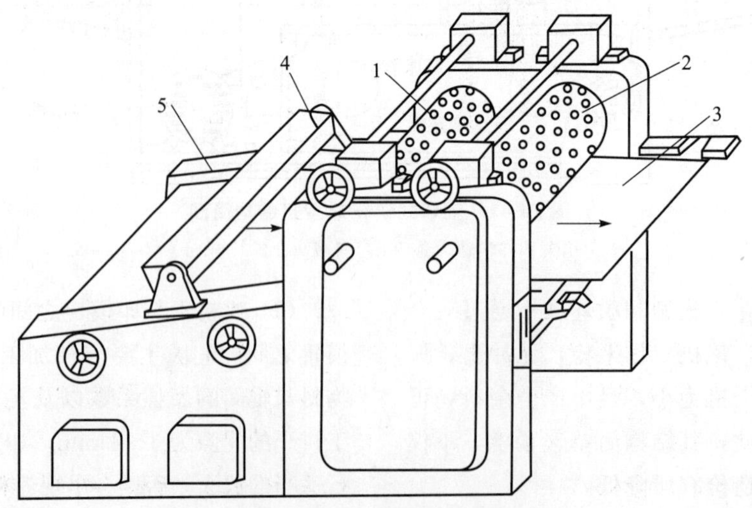

图 10-43　辊切成型机构

1. 印花辊；2. 切块辊；3. 帆布脱模带；4. 撒粉器；5. 机架

（引自：殷涌光. 食品机械与设备. 2006.）

和脱模操作是由印花辊、切块辊、橡胶脱模辊和帆布脱模带来实现的。印花辊与切块辊的尺寸一致，其直径一般在 200～230 mm，二者模型常用聚碳酸酯塑料压铸成型，然后用黏合剂粘牢在辊筒上，黏合时要注意花纹和切块辊的配合，必须使切块模和花纹模各模块之间的间隙均匀且相等。这种塑料模具成本较低，便于维修和更换，但在加工制作成型辊时，花纹辊和切块辊的相配精度要求较高。辊的长度与配套的烤炉尺寸有关。橡胶脱模辊由于要同时支承两个压辊，其直径大于上面两辊。辊切饼干机的压片机构、拣分机构与冲印饼干机对应的机构大致相同。只是在压片机构末道辊与辊切成型机构间设有一段中间缓冲输送带。

辊切成型机构基本有两种形式：一种是单辊形式，即印花模与切块辊在一个旋转辊上，其结构紧凑，成型准确；但结构复杂，成型辊精度要求高，否则不脱模。另一种是双辊形式，即印花模与切块辊在两个旋转辊上，其结构简单，两辊相位需要调整，否则出现印花、切块不同位；对面带的厚度要求严格，否则不易脱模。

2. 辊切式饼干成型机的工作原理

面团经压片机构压延后压成面带，然后由辊切成型机构辊切成型，辊切成型机构在辊印的同时，将饼坯周围的面带切断，该过程即为辊切成型，其中面带的运动也是连续的。

辊切成型的印花和切断过程是分两个工序完成的：如图 10-44 所示，面带定量辊（1）后压制成波纹状面带（2），先经印花辊（4）压印出花纹，随后再经同步转动的切块辊（5），切出带花纹的饼干生坯（8）。在印花和切块的过程中，位于两辊之下的大直径橡胶脱模辊（6）借助于帆布脱模带（3），起着弹性垫板和脱模的作用。当面带经过辊切成型机构后，成型生坯由水平输送带送至烤炉，余料（7）则经帆布脱模带提起后，由余料回头机送回压片机构前端的料斗中。这种辊切式饼干成型机的关键技术是严格保证印花辊与切块辊的转动相位相同，速度同步，否则切出饼干生坯的外形与图案分布不相吻合，影响饼干产品的外观质量。为消除面带内的残余应力，以避免成型后的饼干生坯产生收缩变形，通常在面带压延后设置一段输送带作为缓冲区。在此处，适当的过量输送使面带形成一段均匀的波纹，并在短暂的滞留过程中，将面带内的残余应力消除，然后再进行辊切成型作业。

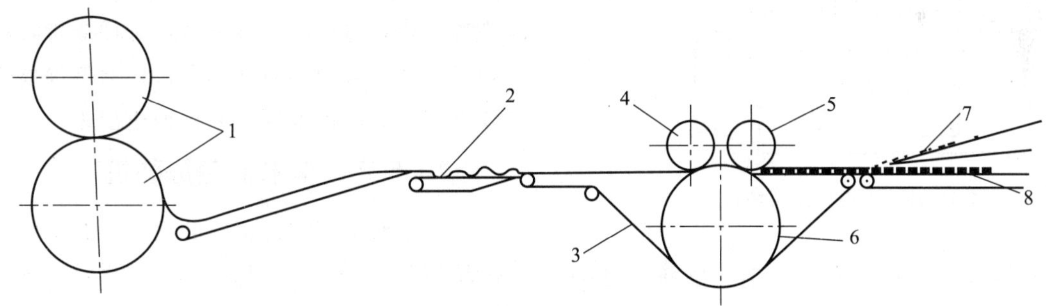

图 10-44　辊切成型原理示意图

1. 定量辊；2. 波纹状面带；3. 帆布脱模带；4. 印花辊；5. 切块辊；6. 脱模辊；7. 余料；8. 饼干生坯

（引自：高海燕. 食品加工机械与设备. 2008.）

3. 辊切成型与辊印成型的不同点

辊切成型与辊印成型的不同点：辊切成型过程包括印花和切断两个工序，这一点与上述的冲印成型过程相似，只不过辊切成型是依靠印花辊和切块辊在橡胶脱模辊上的同步转动来实现的。印花辊先在饼干生坯上压印出花纹，接着由切块辊切出生坯，脱模辊借助帆布脱模带实现脱模，然后成型的生坯由水平输送带送至烤炉，余料则由倾斜输送带送回重新压片。

10.6　搓圆成型机械与设备

搓圆成型是指对块状面团等物料进行揉搓，使物料具有一定的外部形状或组织结构的操作，常见如面包、馒头和元宵等食品的搓圆成型。在面包加工中，面团搓圆是在发酵之后、醒发之前进行的。

搓圆的作用能使面团的外形变成球状，更主要的是在搓圆过程中，使面团内部的气孔随搓揉作用细化变小且均匀分布；使面团表皮组织在滑动和滚动的搓擦作用下变得细密，面团在醒发时内部气体不易逸出，从而使气孔能在内部均匀膨胀，形成多孔膨松状的内部结构。

10.6.1 面包面团切块机

以前面包面团切块多用手工，但该种切块方式，劳动强度大，生产效率低，且切块大小差异较大，故很多食品厂都采用机械切块，它克服了手工切块的缺点，有利于大规模连续化生产。

面包面团切块机是利用切刀对面团进行相对运动，将其分割成所需要的小块的一种设备。

1. 面包面团切块机的基本结构及其切割机构

面包面团切块机（图 10-45）主要由机架、切割机构和传动系统等部分组成。

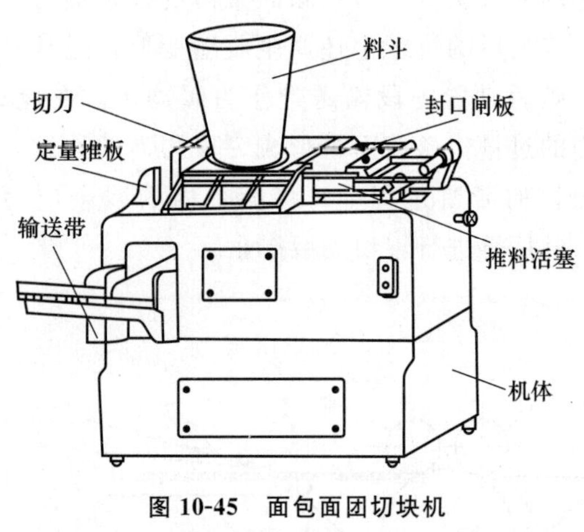

图 10-45　面包面团切块机

(1) 机架部分　包括左右机架、拉杆、滑块、挡块、丝杠等。左右机架为铸铁制成，由三根拉杆组合固定成整体。机架的前上部对称加工有四个螺孔，用来固定安装活塞室，在机架中部安装有帆布带轮轴、摆杆支撑轴和曲轴，机架下部安装电动机，四个底脚处对称有四个通孔，用来安装滚轮。

(2) 切割机构　包括料斗、切刀、推料活塞、卸料活塞、滑块、导轨等（图 10-46）。该机的料斗座与活塞室底座均由铸铁制成，上下连为一体，由螺栓固定安装在机架内侧前上部，料斗座的上部安有一用铝板制成的漏斗式料斗，内室装有连接推料活塞连杆的铜质活塞和与刀柄连接的不锈钢切刀，其前面装有左右对称的导轨和挡块，组成上下滑道，供铸铁制成的滑块上下滑动。

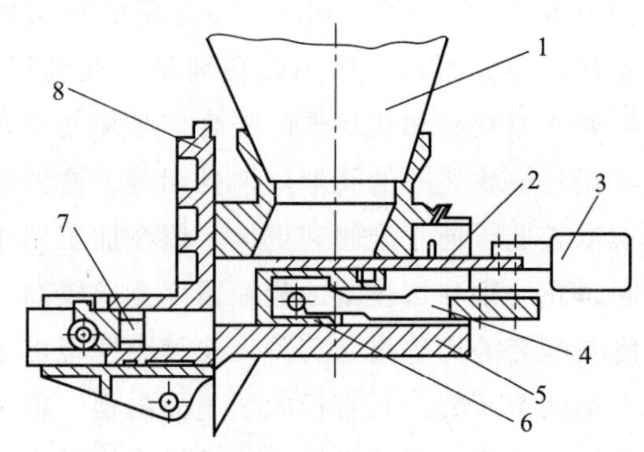

图 10-46　面团切割机构

1. 料斗；2. 切刀；3. 刀柄；4. 推料活塞连杆；5. 活塞室底座；6. 推料活塞；7. 卸料活塞；8. 滑块

(3) 传动系统　该机由一台电动机驱动，它通过曲柄连杆机构带动切刀做往复运动，对面团进行切割。另外，它还驱动输送机构连续地运动，将切成小块的面团输送至下一道工序。

2. 面包面团切块机的工作过程

面包面团切块机工作时，先将调制好的面团放入料斗，在重力作用下进入下面的容腔，经容积定量后，由推料活塞将容腔内的面团推送前移至切刀处，切刀做周期性的往复运动，将面团切割成所需要的小块，然后由推板推送进入输送带，由出料口排出机外。面团不断地输入，切刀不停地运动，符合重量的面块便源源不断地输送出来。

10.6.2 伞形面包搓圆机

面包面块切块机切出的面块，其形状并不符合产品的要求，需要进行整形，使之符合预定的形状要求。圆面包是面包品种中最多的一种，故搓圆机是面包生产中常用的整形设备。

搓圆目的：①使被切刀切下的不整齐的小块面团变成表面光滑和完整的球形。②面团经切块后，切口处黏性较大，易粘住机件；而搓圆时产生的揉搓力可使皮部延伸，将切口处覆盖。③切块时，面团中面筋的网状结构紊乱，而搓圆可恢复其网状结构。④面块经过揉搓，各种原料的分布更加均匀，并可排除部分 CO_2，利于酵母生长。

常用的搓圆机有三种形式，即伞形、锥形和桶形。伞形面包搓圆机目前在面包生产中使用最广泛，具有效率高、成型好等优点。

1. 伞形面包搓圆机的面团成型机理

面团在螺旋伞形圆弧导槽内的运动是很复杂的，如图 10-47 所示。决定面团运动的主要因素有转体的转速、螺旋伞形圆弧导槽的几何形状、面团自身的物理特性及干面粉的喷撒状况等，运动的轨迹为螺旋形锥线。这种运动由圆周运动和平行于伞形转体母线的上升运动、面团自身的转动合成，具有以下特点：①既有绕转体轴线的公转，又有面团的自转；②既有滚动，又有滑动；③面团受力的作用点在随时变化；④运动速度（包括公转、自转）的大小、方向随时改变。这些特点决定面团的“搓”运动，随着这种运动的进行，面团的物理特性发生显著变化，如弹性模量增大，变形量减小，内聚力增加，面团外形呈球状，并且内部气体均匀分散，组织细密，面团表面形成均匀的表皮，这样面团在到达下一工序醒发时，所产生的气体不易跑掉，从而面团内部形成较大且均匀的气孔。

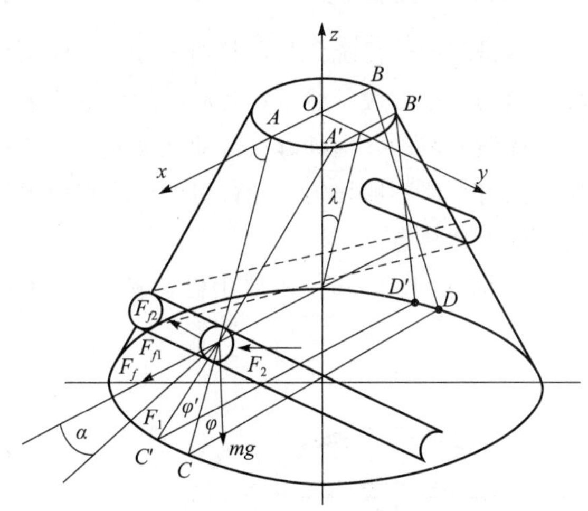

图 10-47 搓圆成型装置及面团受力分析

（引自：马海乐．食品机械与设备．2 版．2011.）

2. 伞形面包搓圆机的基本结构

伞形搓圆机（简称搓圆机）是利用一个伞形转斗，使面块在转斗上自下而上滚动来搓圆面块的一种设备（图 10-48）。该机主要由伞形转斗、螺旋导板、机体等组成。

伞形转斗呈伞状，它坐落在机体上，其上间隔分布排列了许多条状小凸起，以增加对面团的揉搓作用。伞形转斗外面有一块自下而上、围绕转斗的螺旋导板，起导向作用，并使面团在搓圆过程中不至掉落。螺旋导板多用薄钢板制成，并用螺栓固定在支承板上，若需要调整螺旋导板的升角，可松开其紧固螺栓进行调整。

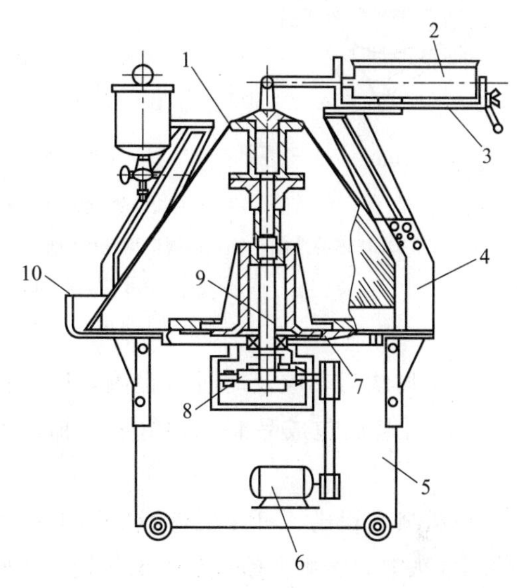

图 10-48 伞形搓圆机

1. 伞形转体；2. 撒粉盒；3. 控制板；4. 支撑架；5. 机座；6. 电机；7. 轴承座；8. 蜗轮蜗杆减速器；9. 主轴；10. 托盘

（引自：高海燕．食品加工机械与设备．2008.）

电动机位于机体内部，它通过变速装置驱动伞形转斗旋转，其转速为 30～60 r/min。面包面团含水多，质地柔软，面包搓圆机设有撒粉装置，以防止操作时面团与转体、面团与导板及面团与面团之间粘连。在转体顶盖上设有偏心孔，该孔与拉杆球面铰接，使撒粉盒的轴心做径向摆动，使盒内的面粉均匀地撒在螺旋形导槽内。

3. 伞形面包搓圆机的工作原理

图 10-49 所示的是伞形搓圆机工作原理。工作时，经切块后的面团由输送带进入搓圆机螺旋导板的下部，当电动机驱动伞形转斗转动时，面团便沿着螺旋导板向上运动，面团在绕伞形转斗转动的同时，还在螺旋导板与伞形转斗中做自转运动，在转动过程中，面团便在自转和公转中被搓成圆球形，并从上面的出料口排出机外。

4. 伞形面包搓圆机的使用注意事项

搓圆机的结构简单，操作方便，产品质量较好，生产能力较大，劳动强度低，在面包生产中使用广泛。该机在使用与维护上应注意以下几点：

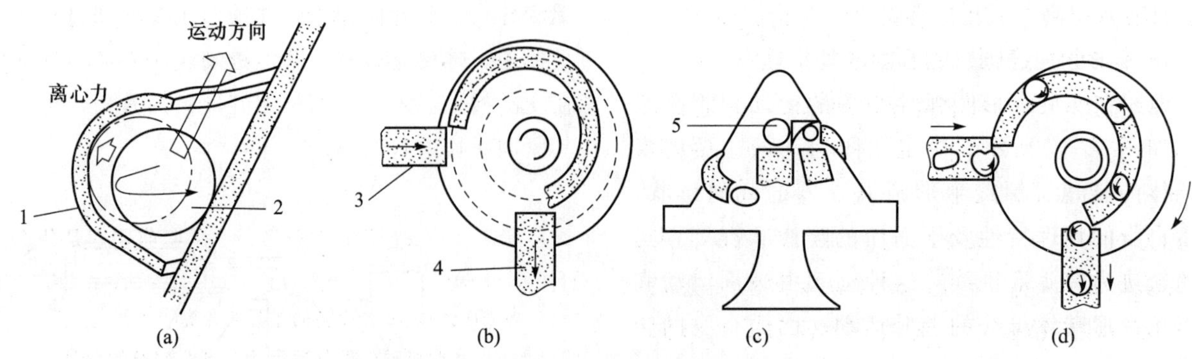

图 10-49　伞形搓圆机工作原理

(a) 球体的形成；(b) 不同圆周速度的形成；(c) 进口位置和出口形状；(d) 面团在搓圆机内的运动情况

1. 导槽；2. 面团；3. 进口；4. 出口；5. 双生面团

(引自：殷涌光. 食品机械与设备. 2006.)

① 面团切块后，应及时进行搓圆，以免面团发酵过分，引起面包成品裂口，组织粗糙，酸度过高。

② 在搓圆过程中，可在机器或面团上撒些面粉，但不能太多，否则会使产品表面粗糙，影响成品的光亮度。

③ 搓圆操作时，要求搓得紧密，表面光滑，不能有裂缝，并使其排出部分 CO_2，同时，使酵母获得醒发时所需要的氧气。

④ 面团是在围绕伞形转斗公转和自身自转中被搓圆的，故应调整好转斗的转速和螺旋导板的升角，有时要通过试验确定转速和升角。

⑤ 螺旋导板与伞形转斗的间距应一致，面团应间隔有序地进入搓圆机，切忌紧密进入，以免面团堆积在一起。

⑥ 随时清除黏附在伞形转斗、螺旋导板上的余料，否则，余料会黏附在面包坯上，影响产品质量。

⑦ 工作结束后，应仔细清洁机器，不得留有余料，以免面团变质和锈蚀机器，还要涂覆少量植物油。

10.6.3　元宵机

元宵是我国的传统食品，其加工方法以前是把各种馅料切成小方块，然后装在放有米粉的簸箕中靠人工摇滚而成的，这种方法劳动强度大，生产效率低，元宵个体不够均匀。元宵机的应用克服了手工操作的上述缺点。

元宵机（图 10-50）主要由倾斜圆盘、翻转

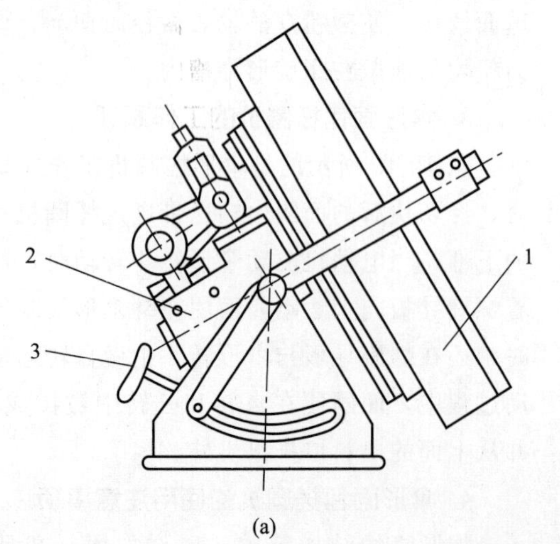

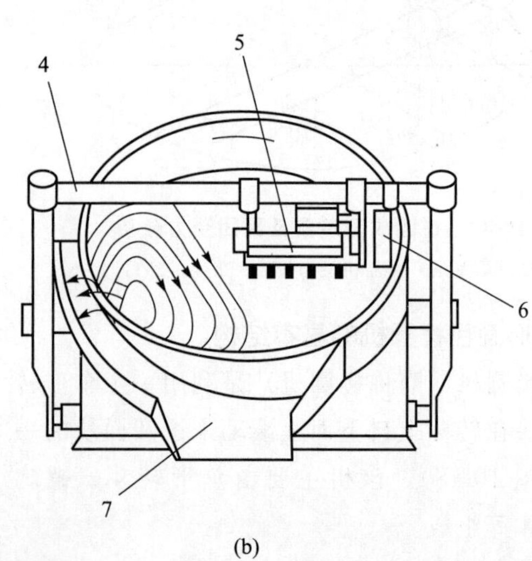

图 10-50　元宵机

1. 倾斜圆盘；2. 减速器；3. 翻转机构；4. 支架；5. 喷水管；6. 刮刀；7. 卸料斗

(引自：高海燕. 食品加工机械与设备. 2008.)

机构、传动机构和支架等组成。工作时，先将一批馅料切块和米粉放入盘中，圆盘旋转时，由于摩擦力的作用，物料将随着圆盘底部向上运动，然后又在自身重力作用下，离开原来的运动轨迹滚动下来，与盘面产生搓动作用。与此同时，由于离心力的作用，料团被甩到圆盘的边缘，黏附较多的粉料后又继续上升，如此反复滚搓一段时间后，馅料即被粉料逐渐裹成一个较大的球形面团，当达到要求的大小时，即停机并摇动翻转机构将成品倒出。

工作时，元宵机的圆盘倾角可调。但不得小于物料的自然休止角，否则物料将贴在盘面上并随其一同转动而失去滚搓作用。倾角的大小影响到物料在盘面上的停留时间，倾角小，料球在盘面上停留时间长，滚搓的元宵面团越致密，但生产率会有所下降。在保证产品质量的前提下，要选择合理的倾角大小以兼顾效率。

支架横梁上设有喷水管和刮刀，能使面粉含有一定水分，保持足够的黏性，并随时将粘在圆盘上的物料清理下来。

思考题

1. 简述食品成型机械与设备的主要工作原理是什么？各自有何特点？
2. 包馅成型机械与设备的主要部件是什么？
3. 挤压成型机械与设备适合加工哪些种类的食品？
4. 影响辊压成型工作质量的主要因素有哪些？
5. 辊印成型与冲印成型的原理有什么不同？各自有何特点？
6. 简要说明辊印成型设备的工作原理。
7. 影响辊印成型的因素有哪些？
8. 辊切成型的原理是什么？
9. 分析讨论辊切成型与冲压成型和辊压成型机械与设备的相同点和不同点。
10. 以典型食品为例，介绍搓圆成型机械与设备的工作过程。

第11章 杀菌机械与设备

【本章知识点】

本章学习杀菌机械与设备的分类、适用范围、工艺流程和性能特点。重点介绍直接加热杀菌机械与设备、板式杀菌机械与设备、管式杀菌机械与设备等和釜式杀菌机械与设备等的基本结构、选型原则和使用要点，并着重介绍几种新型杀菌机械与设备的杀菌机理和设备特点。

11.1 概述

杀菌是食品加工中一个十分重要的环节，许多食品需要经过合适的杀菌程序处理后才能获得稳定的货架期。食品杀菌的方法分为物理杀菌和化学杀菌两大类。化学杀菌是使用过氧化氢、环氧乙烷、次氯酸钠等杀菌剂进行杀菌处理的。但由于化学杀菌存在的化学残留物会对人体健康及环境造成影响，当代食品的杀菌方法趋向于进行物理杀菌，物理杀菌包括热杀菌和非热杀菌两大类。

根据杀菌温度不同，热杀菌的方法可分为巴氏杀菌法、高温短时杀菌法和超高温瞬时杀菌法。巴氏杀菌（pasteurization）是低温长时间杀菌法，杀菌温度为60～90℃，且保持较长时间。高温短时杀菌法（HTST），杀菌温度一般在100℃以下，保持较短时间。超高温瞬时杀菌法（UHT），杀菌温度在120℃以上，仅保持几秒钟。高温短时杀菌法和超高温瞬时杀菌法，不仅效率高，而且食品的组织、外观、营养和风味的保存情况都较好。

根据杀菌处理与食品包装的顺序不同，可以将热杀菌分为包装食品杀菌和未包装食品杀菌两种方式。前者如罐装食品的杀菌，这类物料的杀菌设备根据杀菌温度不同可分为常压杀菌设备和加压杀菌设备。常压杀菌设备的杀菌温度为100℃以下，用于酸性食品的杀菌。用巴氏杀菌原理设计的罐头杀菌设备属于此类。加压杀菌设备一般在密闭的设备内进行，压力高于0.1 MPa，温度在120℃左右。常压和加压杀菌设备根据操作方式不同可分为间歇式和连续式，根据杀菌设备所用热源不同又可分为直接蒸汽加热杀菌设备、热水加热杀菌设备、火焰连续杀菌设备等。处理未包装食品如未经包装的乳品、果汁等物料时，其杀菌设备又分为直接加热式和间接加热式。直接加热式杀菌设备是以蒸汽直接喷入物料或将物料注入高热环境中进行杀菌；间接加热式杀菌设备是用板、管换热器对食品进行热交换来杀菌的。杀菌后的产品需要采用无菌包装。

11.2 直接加热杀菌机械与设备

直接加热杀菌是指蒸汽与待杀菌物料直接混合，使物料瞬间被加热到135～160℃。直接加热杀菌加热速度快，热处理时间短，食品色泽、风味变化小，营养成分损失少。但在热交换过程中部分蒸汽冷凝进入物料，同时又有部分物料中水分因蒸发而逸出，使易挥发的风味物质也随之逸出而造成损失。因此，该方式不适用于果汁杀菌，在生产中多用于牛乳等的杀菌。目前，常用的设备有直接蒸汽喷射杀菌装置、注入式直接加热杀菌装置和自由降落薄膜式杀菌器。

11.2.1 直接蒸汽喷射杀菌装置

1. 直接蒸汽喷射杀菌装置的结构

直接蒸汽喷射杀菌装置主要用于牛乳的杀菌，其杀菌流程如下：如图11-1所示，原料乳由输送泵（1）输送，先经过第一预热器（2）和第二预热器（3），使牛乳升温至75～80℃。然后由输送泵（4）增压，经流量控制阀后送至直接蒸汽喷射杀菌器（5）。在杀菌器中，向牛乳中喷入压力为1 MPa的蒸汽，牛乳瞬时升温至150℃。在此温度下，牛奶在保温管中停留2～4 s，然后进入真空膨胀罐（6）中闪蒸冷却，使牛乳温度急剧冷却到77℃左右。

在膨胀罐内，相当于喷入产品的蒸汽冷凝水分量的水成为蒸汽从膨胀罐中排出，同时可带走牛乳杀菌后可能存在的一些异味。膨胀罐产生的蒸汽由喷射冷凝器（10）冷凝。真空泵（11）使膨胀罐始终保持一定的真空度。部分从膨胀罐排出的热蒸汽可引入管式热交换器（第一预热器）中用来预热原料乳。经杀菌处理的牛乳收集在膨胀罐底部，并保持一定的液位。接着，用无菌乳泵（7）将牛乳送至无菌均质机（8）。经过均质的灭菌牛乳进入灭菌乳冷却器（9）中进一步冷却后，直接送往无菌罐装机，或送入无菌贮罐。直接蒸汽喷射杀菌装置使用的蒸汽必须是饱和蒸汽，不含杂质与异味。因此，锅炉用水应采用软化水，并配置过滤器和旋风分离器对蒸汽进行净化。

2. 直接蒸汽喷射杀菌装置的调控

在杀菌过程中，系统的自动控制至关重要。为了使喷射进入牛乳中的蒸汽量和牛乳中的水分汽化时排出的蒸汽量相等，系统采用比重调节器来控制流量。为了保证制品的杀菌温度准确，在保温管中安装温度传感器，以适应温度调节器精度高、反馈快的需要。

如果供电或供汽不足，导致料温低于要求，则原料乳进料阀将自动关阀，并打开软水阀，以防止牛乳在装置中烧焦。通向无菌贮罐的阀门也会同时自动关闭，以防止未经杀菌的牛乳进入灭菌乳罐。通过自动联锁设计，装置未经彻底消毒前，不能重新开始牛乳杀菌作业。

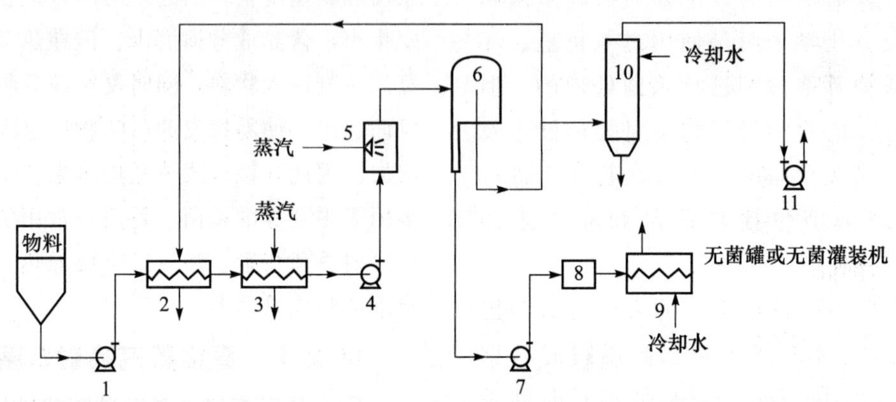

图 11-1　直接蒸汽喷射杀菌装置流程图

1，4. 输送泵；2. 第一预热器；3. 第二预热器；5. 直接蒸汽喷射杀菌器；6. 膨胀罐；7. 无菌乳泵；8. 无菌均质机；9. 灭菌乳冷却器；10. 喷射冷凝器；11. 真空泵

（引自：方祖成，李冬生，汪超. 食品工厂机械装备. 2017.）

11.2.2　注入式直接加热杀菌装置

注入式直接加热杀菌装置是将牛乳注入过热蒸汽加热器中，由蒸汽将牛乳瞬间加热到杀菌温度，保温一段时间，完成杀菌的一种设备。与蒸汽喷射过程相似，骤冷也是在闪蒸罐中通过膨胀来实现的。

1. 注入式直接加热杀菌装置的结构

拉吉奥尔超高温装置（简称为拉吉奥尔装置）是典型的注入式直接加热杀菌设备，主要由两台预热器、两个容器和一台冷却器所组成。其工作流程如下：如图 11-2 所示，原料乳经高压泵（1）由平衡槽送到第一管式热交换器（2），在热交换器中牛乳由来自闪蒸罐（5）的热水汽加热，然后经第二管式热交换器（3）进一步（加热介质为加热器排出的废蒸汽）预热到约 75℃，最后，牛乳注入加热器（4），其中充满温度约为 140℃的过热蒸汽，并且利用调节器（T_1）保持这一温度不变。当细微牛乳滴从容器内部落下时，瞬间即被加热到杀菌温度。水蒸气、空气及其他挥发性气体，一起从容器顶部排出，并进入第二热交换器，预热来自第一热交换器的牛乳。加热器底部的热牛乳，在压力作用下，强制喷入闪蒸罐（5），并在其中急骤膨胀。由于突然减压，其温度迅速降到 75℃左右。同时，大量蒸汽从罐顶部排出，送至第一管式热交换器处冷凝。用真空泵（8）将加热器和闪蒸罐的不凝性气体抽出，维持两容器内的真空度。聚集在闪蒸罐底部的灭菌牛乳用无菌泵（6）抽出，在进行罐装前先在另一冷却器（7）中用冰水冷却至 4℃左右。

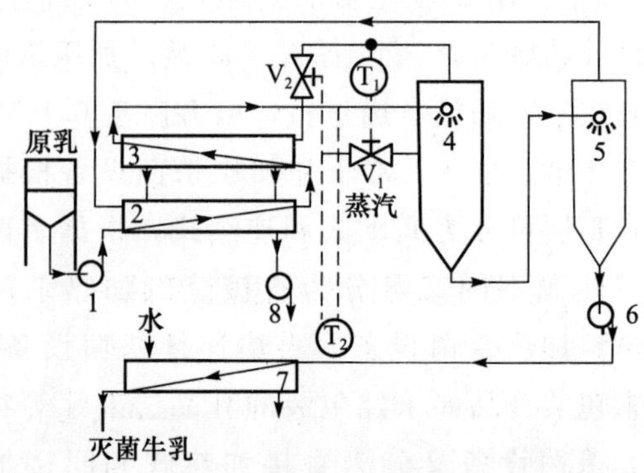

图 11-2　拉吉奥尔超高温装置工作流程图

1. 高压泵；2. 第一管式热交换器（水汽）；3. 第二管式热交换器（蒸汽）；4. 加热器；5. 闪蒸罐；6. 无菌泵；7. 冷却器；8. 真空泵；T_1，T_2. 调节器

（引自：马荣朝，杨晓清. 食品机械与设备. 2 版. 2018.）

2．注入式直接加热杀菌装置的调控

注入式直接加热杀菌装置（图 11-3）的杀菌原理与直接蒸汽喷射杀菌装置的相同，当牛乳注入拉吉奥尔装置的蒸汽中时，牛乳中水分增加，但大部分水分在闪蒸罐中蒸发掉了。通过利用由温度调节器控制的自动阀门来调节进入第二管式热交换器废蒸汽的流速，从而控制牛乳在加热前和膨胀后的温度，以达到保持牛乳中的水分或总固形物含量不变的目的。

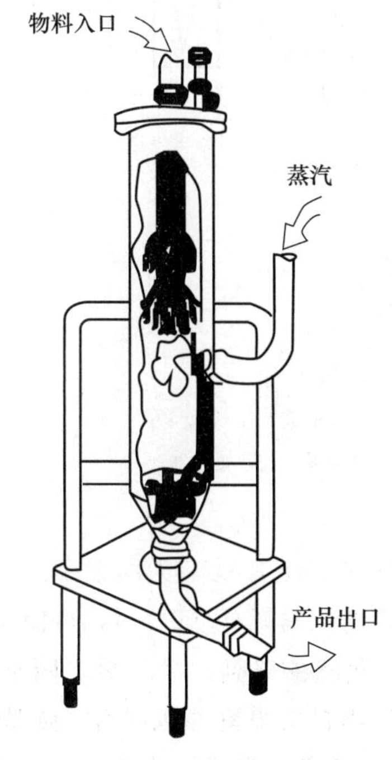

图 11-3　注入式直接加热杀菌装置

（引自：马海乐．食品机械与设备．2 版．2011.）

11.2.3　自由降落薄膜式杀菌器

自由降落薄膜式杀菌器简称为降膜式杀菌器。该装置采用一种称为戴西法的超高温杀菌工艺，其主要优点为所加工的牛乳的品质优于前两种设备生产的产品，口感和乳色与经过巴氏杀菌的牛乳接近。

1．自由降落薄膜式杀菌器工作原理

降膜式杀菌器工件原理如下：如图 11-4 所示，杀菌器内部充满一定温度的高压清洁蒸汽，牛乳及其他热敏感性强的液体食品物料通过流量调节阀（4）供给不锈钢丝网（1），在重力作用下形成 5 mm 厚连续性层流沿着筛网自由下降，同时与过热蒸汽（最高压力为 446.2 kPa）相接触，液体物料薄膜降落的时间仅为 1/3 s，温度可从 57～66℃升高至出口温度 135～166℃。在杀菌器内，牛乳不经高温冲击，也不与超过牛乳处理温度的金属面直接接触，无过热引起的焦煮、结垢问题，产品味鲜色美。

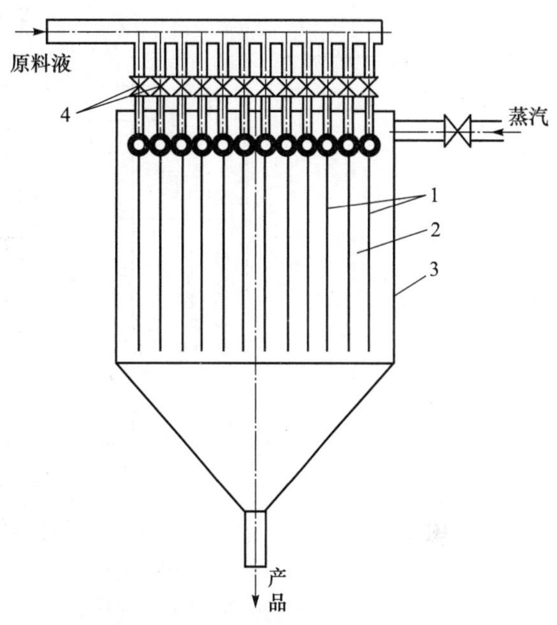

图 11-4　降膜式杀菌器工作原理剖面图

1．不锈钢丝网；2．分配管；3．外壳；4．流量调节阀

（引自：崔建云．食品机械．2007.）

2．自由降落薄膜式杀菌器的工艺流程

自由降落薄膜式杀菌器的工艺流程如下：如图 11-5 所示，先用 140℃高压热水通过全部设备，进行 30 min 的消毒。消毒结束即可开始牛乳杀菌处理。原料乳从平衡槽（1）经供液泵（2）送至预热器（3）内预热到 71℃左右，随即进入杀菌器（4）中。杀菌器内充满 149℃左右的高压蒸汽，牛乳在杀菌器内沿着许多长约 10 cm 的不锈钢网，以薄膜形式从蒸汽中自上而下自由降落至底部，整个降落过程所用时间为 1/3 s。此时高温高压的牛乳吸收少量水分，在经过一定长度的保温管（5）保持 3 s 后，进入闪蒸罐（6）中，在此压力急剧下降，从蒸汽中吸收的少量水分被汽化并排出罐外。同时牛乳的温度从 149℃下降到 71℃左右，与进入杀菌器前的温度相同，牛乳中的水分也恢复到正常的数值。灭菌牛乳流经无菌均质机（8）和无菌冷却器（9），最后进入无菌贮槽中等待无菌包装。自戴西杀菌器问世以后，各种设备管道的接头都装有蒸汽密封元件。

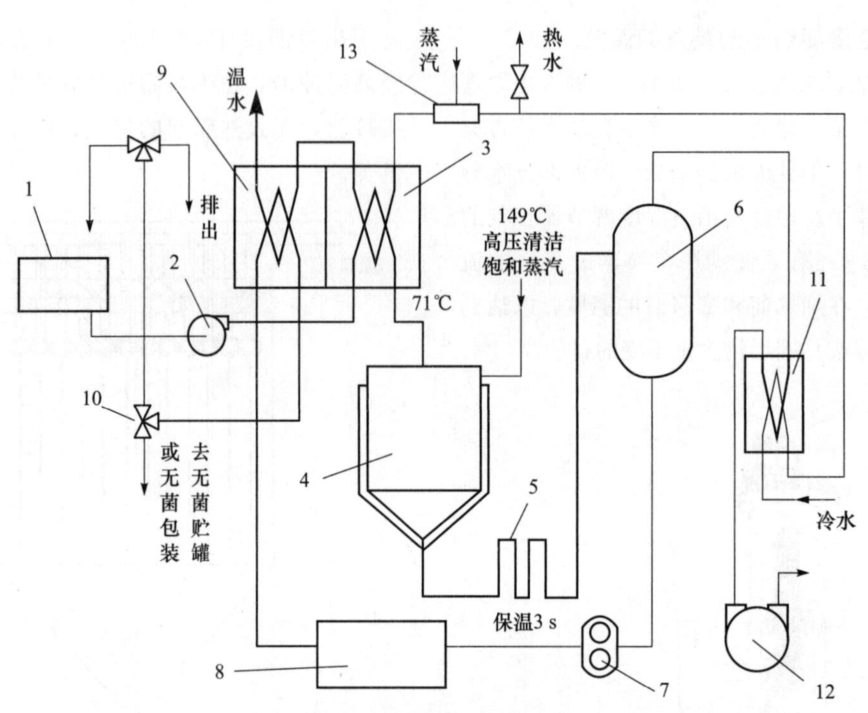

图 11-5　自由降落薄膜式杀菌器的工作流程

1. 平衡槽；2. 供液泵；3. 预热器；4. 杀菌罐；5. 保温管；6. 闪蒸罐；7. 无菌泵；
8. 无菌均质机；9. 冷却器；10. 三通阀；11. 冷凝器；12. 真空泵；13. 加热器

（引自：崔建云．食品机械．2007.）

11.3　板式杀菌机械与设备

板式杀菌机械与设备的核心部件是板式换热器，它由许多冲压成型的不锈钢薄板叠压组合而成，广泛应用于乳品、果汁饮料、清凉饮料以及啤酒的高温短时杀菌和超高温瞬时杀菌。板式换热器的组合结构：如图 11-6 所示，传热板（1）悬挂在导杆（2）上，前端为固定板（3），旋紧后支架（4）上的压紧螺杆（6）后，可使压紧板（5）与各传热板叠合在一起。板与板之间有橡胶垫圈（7），以保证密封，并使两板间有一定空隙。压紧后所有板块上的角孔形成流体通道，冷流体与热流体就在传热板两边流动，进行热交换。拆卸时仅需要松开压紧螺杆，使压紧板与传热板沿着导杆移动，即可进行清洗或维修。

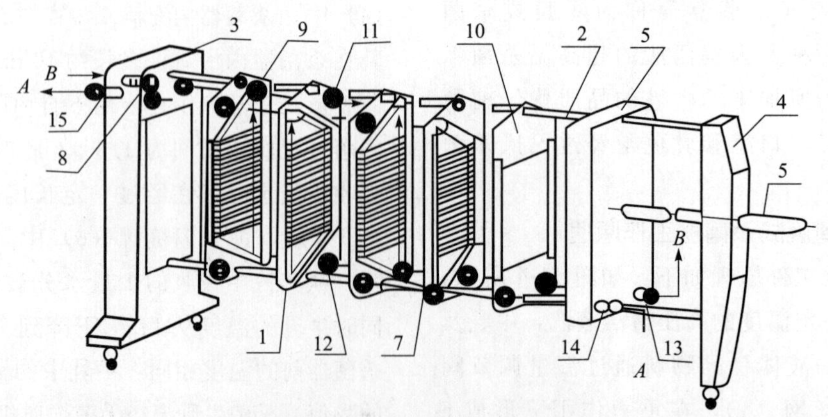

图 11-6　板式换热器组合结构示意图

1. 传热板；2. 导杆；3. 前支架（固定板）；4. 后支架；5. 压紧板；6. 压紧螺杆；7. 橡胶垫圈；
8. 连接管；9. 上角孔；10. 分界板；11. 圆环橡胶垫圈；12. 下角孔；13，14，15. 连接管

（引自：马海乐．食品机械与设备．2 版．2011.）

11.3.1　高温短时板式杀菌装置

高温短时板式杀菌装置（图 11-7、图 11-8）适用于各种食品、乳品和饮料的杀菌。

1. 高温短时板式杀菌装置的结构

① 热交换部：用作料液与液体制品之间的热交换，见图 11-7 中 R 段。

② 加热部：用热水或蒸汽加热杀菌。图 11-7 中 H_1 为预热段，H_2 为杀菌段。

③ 冷却部：用水或冷水冷却成品，见图 11-7 中 C 段。

④ 保持槽：液料可以滞留在槽内一定的时间。

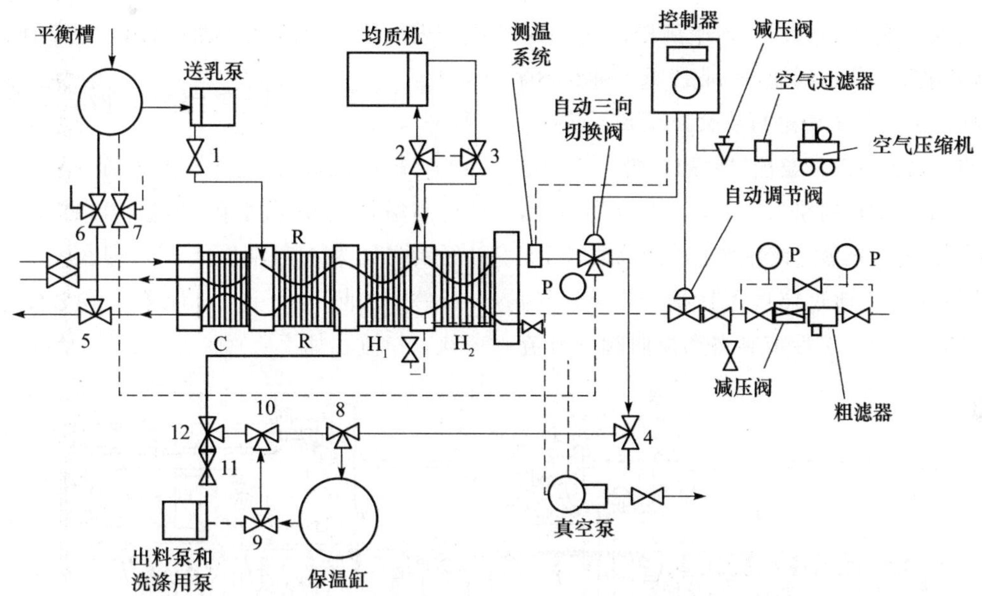

图 11-7　高温短时板式杀菌装置系统图

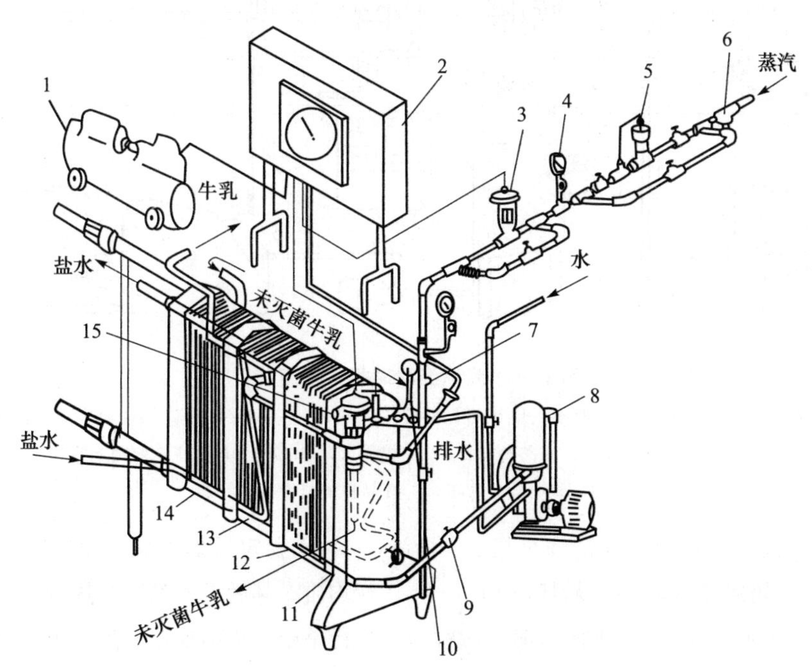

图 11-8　高温短时板式杀菌装置立体图

1. 空气压缩机；2. 蒸汽类及操作台；3. 调量阀；4. 压力计；5. 解压阀；6. 粗滤器；7. 送水喷雾；8. 真空泵；9. 真空调整；10. 温度计；11～15. 维持头；12. 加热器；13. 热交换器；14. 冷却器；15. 分流阀

（引自：杨公明，程玉来. 食品机械与设备. 2015.）

⑤ 自动换向阀：设在加热杀菌后物料的出口部。料液达到杀菌温度后，经自动换向阀从成品管路流出；未达到杀菌温度的料液，则被分流阀切向（由切换器控制）回流管路，回流至平衡槽。

2. 高温短时板式杀菌装置的工艺流程

以牛奶为例介绍高温短时板式杀菌装置的工艺流程。

① 5℃的原料奶从贮奶罐流入平衡槽。

② 由送乳泵将牛奶送到加热回收段 R，将 5℃的牛奶与刚受热杀菌后的牛奶进行热交换至 60℃左右，同时杀菌后的牛奶被冷却。经预热后的牛奶，通过过滤器、预热器 H_1，加热到 65℃左右，通过均质机后，进入加热杀菌段 H_2，被蒸汽或热水加热到杀菌温度。

③ 杀菌后的牛奶通过温度保持槽。在 85℃的环境中保持 15～16 s，然后流到自动换向阀（分流阀）。若牛奶已达到杀菌温度，分流阀则将其送到热回收段；若未达到杀菌温度，分流阀则将其送回平衡槽。

④ 杀菌后的牛奶经热回收后，温度为 20～25℃，再进入冷水冷却段 C，将其温度降到 10℃左右，成为产品流出。在此阶段中，也可以用 5℃的原料牛奶代替盐水或冰水与 20～25℃的产品牛奶进行传热冷却，这样更有利于热回收。

11.3.2 超高温瞬时板式杀菌装置

超高温瞬时板式杀菌装置见图 11-9。其组成与高温短时板式杀菌装置（HTST 装置）相似，区别之处为杀菌温度不同，即在 130～150℃温度条件下加热 0.4～4 s，能杀灭耐热性芽孢和细菌。其工作流程如下：

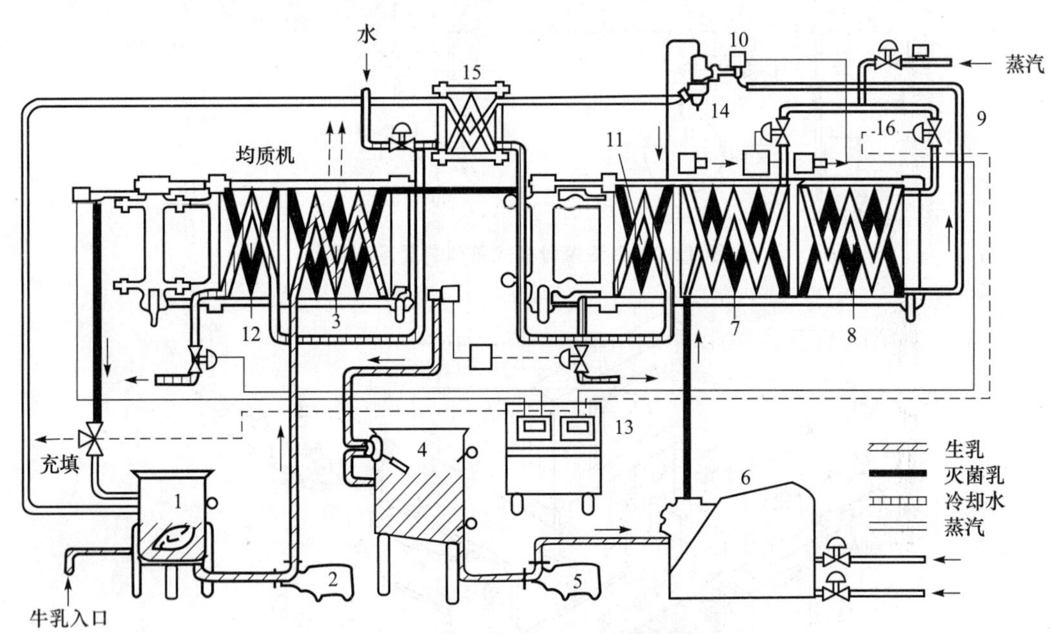

图 11-9 超高温瞬时板式杀菌装置

1. 浮动平衡槽；2. 牛乳泵；3. 热回收段；4. 温度保持槽；5. 奶泵；6. 均质机；7. 第一加热段；8. 第二加热段；9. 贮液管；10. 温度计；11. 第一冷却段；12. 最终冷却部；13. 控制盘；14. 分流阀；15. 未灭菌乳冷却部；16. 灭菌温度调节阀

（引自：杨公明，程玉来. 食品机械与设备. 2015.）

① 由就地清洗系统（CIP）自动清洗全机。

② 原料牛奶自贮奶罐流入浮动平衡槽（1）。

③ 通过泵（2）将原料奶送至热回收段（3），与杀菌后的产品进行热交换，使其温度加热到 85℃左右，进入温度保持槽（4）内，稳定约 5 min,主要稳定牛奶蛋白质，以防止牛奶蛋白质在高温加热段的传热片上沉积结垢。

④ 稳定后的牛奶由泵（5）送入均质机（6）进行均质。其后进入第一加热段（7）、第二加热段（8）进行杀菌。杀菌加热蒸汽压第一段为 20～30 kPa，加热到 85℃，第二段蒸汽压为 250～450 kPa，牛奶瞬时可达 135～150℃，保持 2 s 后，被送至分流阀（14）。

⑤ 由仪表自动控制的分流阀，将已达到杀菌温度的产品送到第一冷却段（11），将未达到杀菌

温度的牛奶送至水冷却器（15），将其降温后回流到浮动平衡槽中。

⑥ 产品奶在第一冷却段再流入热回收段，在冷水或冰水冷却段中冷却，使温度降至 4℃ 流出灌装。

11.4 管式杀菌机械与设备

管式杀菌机械与设备为间接加热杀菌设备，主要由供液泵、预热器、管式加热杀菌器和回流管道组成。其关键部件是管式热交换器，可由多种管状组件构成，这些组件以串联和（或）并联的方式组成一个能够完成换热功能的完整系统。管式热交换器由加热管、两端封盖、旋塞、离心式奶泵、压力表、弹簧安全阀等部件组成（图 11-10）。管式杀菌装置分为管壳式和套管式两种。套管式根据套管结构可分为直管套管式和盘管套管式；按管组的套管形式分为双管式、三管式、多管式和多通道式。管式杀菌装置适用于高黏度液体，如番茄酱、果汁、咖啡饮料、人造奶油、冰淇淋等。

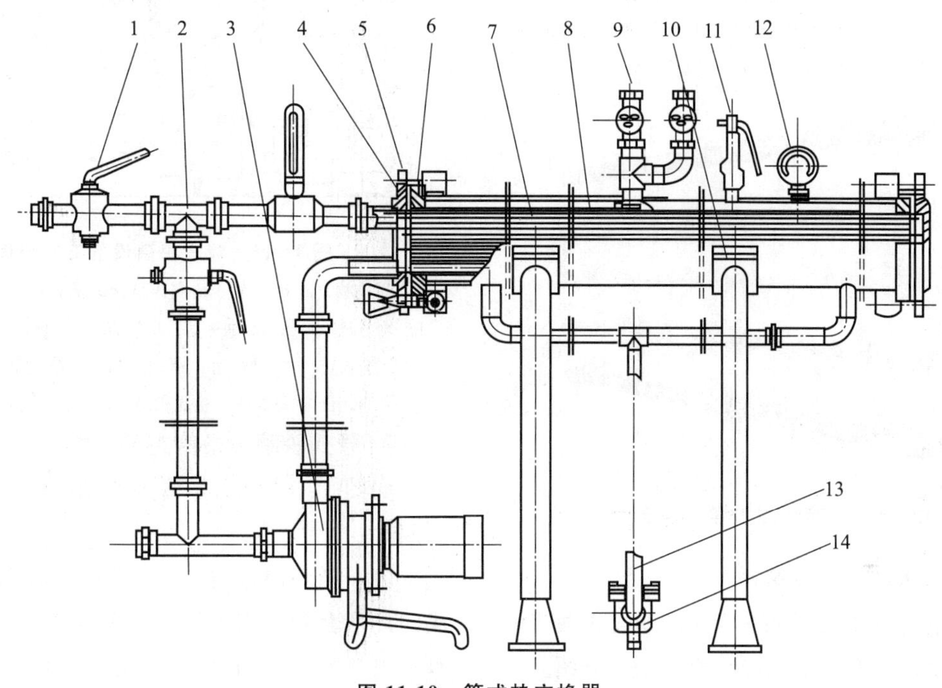

图 11-10 管式热交换器

1. 旋塞；2. 回流管；3. 离心式奶泵；4. 两端封盖；5. 密封圈；6. 管板；7. 加热管；8. 壳体；9. 蒸汽截止阀；10. 支脚；11. 弹簧安全阀；12. 压力表；13. 冷凝水排出管；14. 疏水器

（引自：杨公明，程玉来．食品机械与设备．2015.）

新型套管式热交换器的特点：①采用薄壁无缝不锈钢管，弯管的弯曲半径较小，并可在一个外管内套装多个内管；②直管部分的内外管均为波纹状管子，大大提高了传热系数；③大多采用螺旋式快装接头；④由于管壁较薄，弯曲半径小，以及多管套在一起，其单位体积换热面积较传统套管式热交换器有很大的提高。新型套管式热交换器可分为双管同心套管式、多管列管式和多管同心套管式（图 11-11）。

双管同心套管式管式换热器的结构如图 11-11（a）所示，由一根被夹套包围的内管构成，其为完全焊接结构，不需要密封件，耐高压，操作温度范围广，入口与产品管道一致，易于产品流动，适用于处理含有大颗粒的液态产品。多管列管式的结构如图 11-11（b）所示，外壳管内部设置有由数根加热管构成的管组，每一管组的加热管数量及直径可以变化。为避免热应力，管组在外壳管内浮动安装，通过双密封结构可消除污染的潜在危险，且便于拆卸维修。这种结构的热交换器有较大的单位体积换热面积。多管同心套管式结构如图 11-11（c）所示，它由数根直径不等的管同心配置组成，形成相应数量环形管状通道，产品及介质被包围在具有高热效的紧凑空间内，两者均呈薄层流动，传热系数大。整体有直管和螺旋盘管两种结构。由于采用无缝不锈钢管制造，因而可以承受较高的压力。以上三种结构形式的热交换器单元均可以根据需要组合成如图 11-12 所示的新型套管式热交换器组合体。

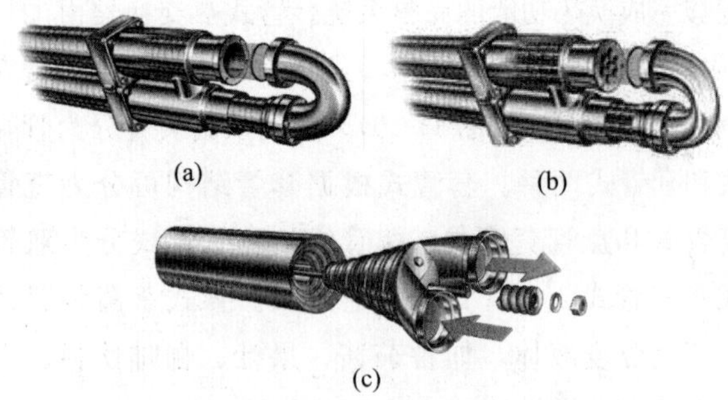

图 11-11　新型套管式换热器结构示意图

(a) 双管同心套式；(b) 多管列管式；(c) 多管同心套管式

(引自：许学勤. 食品工厂机械与设备. 2016.)

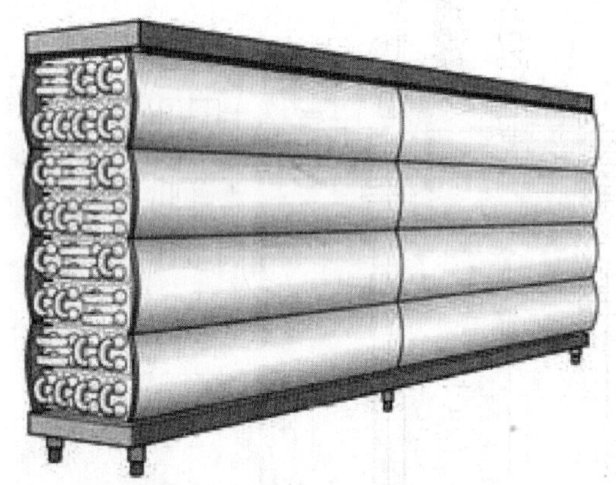

图 11-12　新型套管式热交换器组合体

11.4.1　管式杀菌设备

以荷兰斯托克-阿姆斯特丹公司生产的管式杀菌机为例，对管式杀菌设备的结构和操作情况进行介绍。

1. 管式杀菌设备的工艺流程

管式杀菌设备的工艺流程：如图 11-13 所示，离心泵 (2) 把物料从平衡槽 (1) 抽出，送至高压泵 (3)。高压泵有两种作用：一是用作输送泵，经各种管道把料液送到系统的各个部分；二是用作均质泵，用来驱动热交换器之间的两个均质阀 (6，12)。再经循环消毒器 (4，该消毒器在产品杀菌期内不起作用，只视为管道)，进入第一换热器 (5) 中，在此与管外流动的杀菌后热料液进行换热，被加热到大约 65℃。再进入均质阀 (6) 中，在压力约 20 MPa 下进行均质。均质后进入第二换热器 (7)，料液温度升至约 120℃，然后进入环形套管，料液在内管流动，蒸汽在环形空间内逆向流动，由蒸汽间接加热到 135～150℃。若保持时间不够长，可延长管道 (9)。经过上述过程，料液已杀菌完毕，进入换热器的冷却段 (10，11)，用流入的冷原料将料液冷却到 65℃再次均质，为了防止物料沸腾，必须保持压力最低为 0.5 MPa。此后，物料先由水冷却器 (13) 冷却到大约 15℃，根据需要，可用冰水冷却器冷却到接近 5℃。最后，经三通阀进入无菌贮槽。杀菌完毕，整个装置由 CIP 清洗消毒。

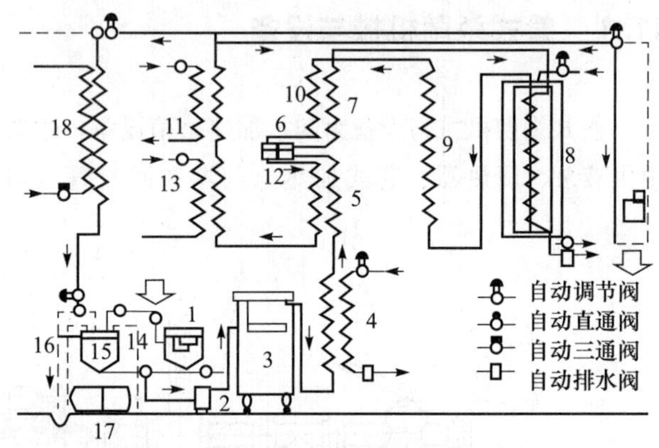

图 11-13　管式杀菌设备工艺流程图

1. 平衡槽；2. 离心泵；3. 高压泵；4. 消毒器；5，7. 换热器；6，12. 均质阀；8. 超高温加热器；9. 管道；10，11. 冷却段；13. 冷却器；14. 排水管；15. 清洗缸；16. 排气管；17. 贮缸；18. 加热器

(引自：马海乐. 食品机械与设备. 2 版. 2016.)

2. 管式杀菌设备的主要部件

如图 11-13 所示，管式杀菌机的主要部件有以下四种：

(1) 循环消毒器 (4)　是一盘用不锈钢管弯成的环形套管，用于加热装置的清洗用水和消毒用水。加热时，饱和蒸汽在外管逆向流过。在产品杀菌时，它只作管道使用。

(2) 预热换热器 (5，7)　是循环消毒器引出的套管，同样弯成环形。管内的冷原料与管外的热产品在此进行热交换，它们中间装有均质阀 (6)。

(3) 清洗装置　由加热器 (18)、清洗缸 (15)、贮缸 (17)、排水管 (14) 和排气管 (16) 等组成。

(4) 超高温加热器 (8)　是一个安装有环形管的蒸汽罐。产品在内管流动，蒸汽在外管逆向通过。整个加热段器可分成几段，每一分段都装有一个自动冷凝水排出阀 (图 11-14)。当达到最大操作限度时，蒸汽通过整个加热环形管，冷凝水在最后一个阀门排出。当加工能力减小时，只需要使用部分加热环形管，此时，自动阀流出的冷凝水与减少的加热表面一致，其余加热环管正好被冷凝水充满而不起加热作用；当加工能力增大时，超高温段的加热面就会自动进行调整。因此，流过加热段整个长度时，不会因产品减少而引起的过热，这一设计使得加热面能适应各种不同黏度的产品，具有较大的适应性。

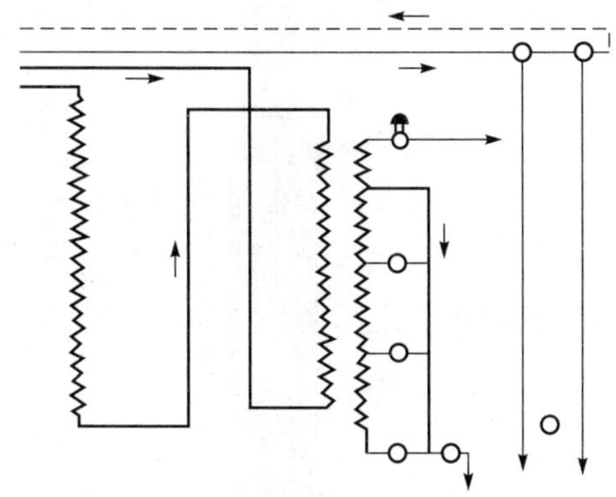

图 11-14　超高温加热器流程图

（引自：杨公明，程玉来．食品机械与设备．2015.）

（5）均质阀　整个系统有两套均质阀：一套在加热器之前，压力约为 20 MPa；另一套在加热器之后，压力为 0.5～5 MPa。两套均质阀共有五只阀门，主要是用较低的平均压力来减少压力的波动和机件振动。

11.4.2　套管式超高温瞬时灭菌机

套管式超高温瞬时灭菌机一般用于牛乳、果汁、饮料等液体物料的超高温杀菌。该设备用直径 34 mm×2 mm 与直径 3 mm×1.5 mm 的不锈钢管组成同心套管作为热交换段，用直径 23 mm×1.5 mm的不锈钢管安装在加热器内作加热段。

以牛奶杀菌为例，简述其工艺流程：原料奶由离心奶泵送至热交换段，温度由 20℃升至 65～70℃，进入加热段被加热至 135℃，保温 2～4 s，再在热交换段冷却至 60～65℃，排至无菌贮奶罐，进一步冷却、灌装。图 11-15 为 RP6 L-40 型超高温瞬时灭菌机流程图。表 11-1 所示的是套管式超高温瞬时灭菌机的主要技术参数。

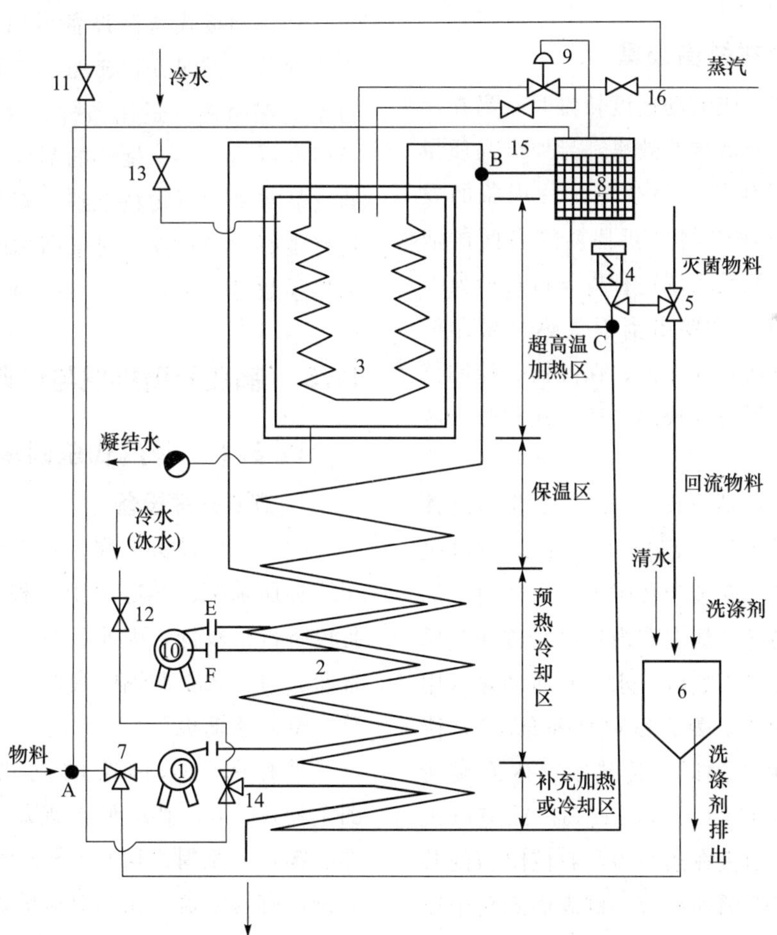

图 11-15　RP6 L-40 型超高温瞬时灭菌机流程图

1. 离心泵；2. 双套盘管；3. 加热器；4. 背压阀；5. 出料三通；6. 回流桶；7. 进料三通；8. 温度记录仪；9. 电动蒸汽调节阀；10. 中间泵；11. 蒸汽阀；12. 冷水阀；13. 进水阀；14. 三通；15. 支蒸汽阀；16. 总蒸汽阀

（引自：马荣朝，杨晓清．食品机械与设备．2 版．2018.）

表 11-1 国产套管式超高温瞬时灭菌机的主要技术参数

参数		RP6L-20	RP6L-40
处理能力/（L/h）	单泵	1 500	4 000
	双泵	2 000	6 000
蒸汽压力/kPa		800	800
高温保持时间/s		3	4
物料温度/℃	进	4～16	4～16
	出	60～65	60～65
灭菌温度/℃		115～135	115～135
奶泵配套电机功率/kW		2.2	3
奶泵配套电机型号		Y90L-4	Y90L-4
外形尺寸/mm		1 314×924×1 650	2 000×1 400×1 800
设备重量/kg		395	850

（引自：马荣朝，杨晓清．食品机械与设备．2 版．2018.）

11.4.3 刮板式杀菌设备

当料液的黏度较大或流动速度较慢时，易在换热表面形成焦化膜，降低传热效率，导致产品质量下降，甚至无法完成传热。为避免这种现象的发生，需要采用机械方法强制更新替换热表面的液膜，刮板式杀菌设备就是实现这种操作过程的典型设备。刮板式杀菌设备主要由刮板式热交换器构成，其他辅助设备包括泵预热器、保温器、控制仪表、阀门、贮槽等。刮板式换热器有立式和卧式两种结构。

立式刮板式热交换器（图 11-16）主要由圆柱形传热筒（1）、转子（2）、刮板（3）和减速电机等组成，其中刮板浮动安装于转子上。工作时，加热或冷却介质在传热筒外侧夹套内流过，传热介质根据使用目的不同可选用蒸汽、水、介质油等（用于冷却时，可选用盐水、氨、氟利昂等介质）。待处理的料液在筒内侧流过时，传热圆筒内有旋转轴，流体的通道为筒径的 10%～15%。减速电机通过转子驱动刮板，刮板在离心力和料液阻力的共同作用下，压紧在传热圆筒料液一侧表面随转子连续移动，不断刮除与传热面接触的料液液膜，露出清洁的传热面，刮下的液膜沿刮板流向转子内部，后续料液在刮板后侧重新形成液膜。随着料液的前移，所有料液不断完成在传热面覆盖成膜→短时间被传热→被刮板刮除→流向转子内部→流向转子外侧→再回到传热面覆盖成膜的循环过程。

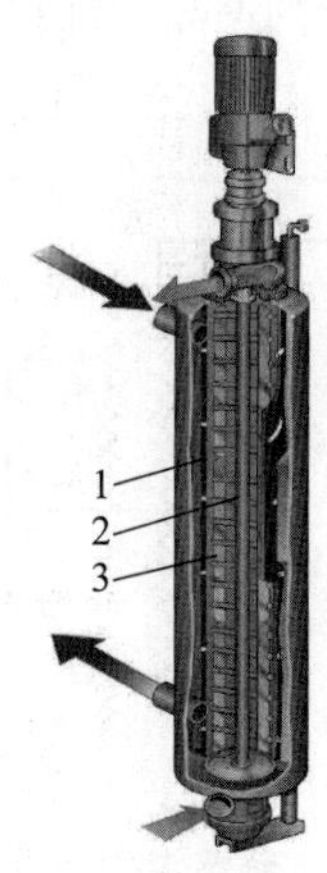

图 11-16 立式刮板式热交换器

1. 传热筒；2. 转子；3. 刮板

（引自：崔建云．食品机械．2007.）

立式刮板式杀菌设备可用于禽蛋、蛋奶甜羹、婴儿食品、果泥、番茄泥、奶油、乳制品和奶酪等的超高温杀菌。适用条件在 138～143℃，时间选择精度可达 10 s。旋转的刮板不断将接触到传热面的食品刮去，对物料起到了充分混合作用，使装置具有很好的导热性，对于高黏度的食品物料，其总传热系数可达 1 162～3 372 W/（m^2 · ℃）。

11.5 高压杀菌机械与设备

11.5.1 蒸汽式杀菌设备

1. 立式杀菌设备

立式杀菌设备又称为立式杀菌锅，一般用于常压或加压杀菌。其适用于品种多、批量小的生产，且设备价格较低，因此，在中小型罐头厂中使用较普遍。与立式杀菌锅配套的设备有杀菌篮、电动葫芦、空气压缩机等。

具有两个杀菌篮的立式杀菌锅的结构如图 11-17 所示，其球形上锅盖（5）铰接于锅体后部上缘，上盖周边均布 6～8 个槽孔，锅体的上周边铰接有与上盖槽孔相对应的螺栓（8），以密封上盖与锅体，密封垫片（9）嵌入锅口边缘凹槽内，锅盖可借助平衡锤（3）以便开启。锅的底部装有十字形蒸汽分布管（14）以送入蒸汽，图中 13 所示的为蒸汽入口，喷汽小孔开在分布管的两侧和底部，以避免蒸汽直接吹向罐头。锅内放有装罐头用的杀菌篮（2），杀菌篮与罐头一起由电动葫芦吊进与吊出。冷却水由装于上盖内的盘管（7）的小孔喷淋，此处小孔也不能直接对着罐头以免冷却时冲击罐头。锅盖上装有排气阀、安全阀、压力表及温度计等，锅体底部装有排水管（15）。

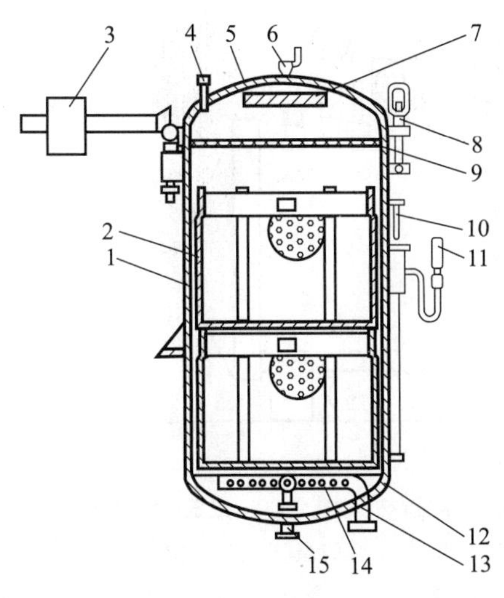

图 11-17　立式杀菌锅

1. 锅体；.2杀菌篮；3. 平衡锤；4. 安全阀；5. 锅盖；6. 放气阀；7. 盘管；8. 螺栓；9. 密封垫片；10. 温度计；11. 压力表；12. 锅底；13. 蒸汽入口；14. 蒸汽分布管；15. 排水管

（引自：杨公明，程玉来. 食品机械与设备. 2015.）

上盖与锅体的密封广泛采用自锁斜楔锁紧装置（图 11-18）。这种装置密封性能好，操作时省时省力。自锁斜楔锁紧装置工作原理：如图 11-18 所示，该装置有十组自锁斜楔块（2）均布在锅盖边缘与转环（3）上，转环配有几组滚轮装置（5），使转环可沿锅体（7）转动自如。锅体上缘凹槽内装有耐热橡胶垫圈（4），锅盖关闭时，转动转环，斜楔块就互相咬紧且压紧橡胶圈，达到锁紧和密封的目的。将转环反向转动，斜楔块分开，即可开盖。

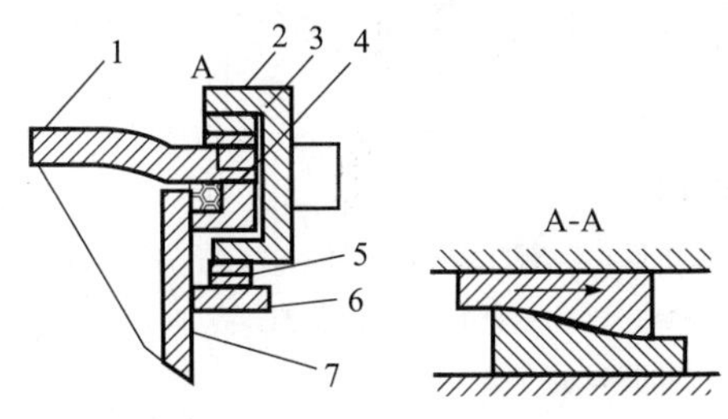

图 11-18　自锁斜楔锁紧装置

1. 锅盖；2. 自锁斜楔块；3. 转环；4. 耐热橡胶垫圈；5. 滚轮；6. 托板；7. 锅体

2. 卧式杀菌设备

卧式杀菌锅只用于高压杀菌，并且容量较立式杀菌锅大，因此，多用于生产肉类和蔬菜罐头为主的大中型罐头厂。

卧式杀菌锅（图 11-19）的主体为锅体与（铰接于锅体口的）锅门构成的平卧钢筒形耐压容器。锅体内底部装有两根平行轨道，供装载罐头的杀菌车进出。多孔蒸汽管装在锅下方平行轨道中间（低于轨道），多孔冷却水长管安装在锅的上方。卧式杀菌锅内的导轨高于地坪，为了使杀菌小车顺利地进出锅体，一般将杀菌锅的一部分安排在低于地坪的位置，使得锅内的导轨与地坪在一个平面上。也就是说，锅体安装在地槽内，为了顺利打开锅门，地槽的长度应当比锅体长（大约一个锅门直径）。因此，杀菌车进出还需要在锅体与地槽口之间架设辅助轨道，也可简单地将杀菌锅直接安置在地坪上。为了保证排水不向车间漫开，还需要在锅体周围开一个加漏空钢板的明沟。

锅体上装有各种仪表与阀门。卧式杀菌锅采用反压杀菌，压力表所指示的压力包括锅内蒸汽和压缩空气的压力，温度与压力不能相对应，因此，还需要装设温度计。

上述以蒸汽为加热介质的杀菌锅，在操作过程中，锅内存在空气，导致锅内温度分布不均，容易影响产品的杀菌效果和质量。为避免因空气造成的温度"冷点"而影响杀菌效果，在杀菌操作过程中采用排气的方法，通过安装在锅体顶部的排气阀排放蒸汽来挤出锅内空气，以及通过增加锅内蒸汽的流动来提高传热杀菌效果。但此过程要浪费大量的热量，一般占全部杀菌热量的 1/4～1/3，并会给操作环境造成噪声和湿热污染。

11.5.2　回转式杀菌设备

全水式回转杀菌机是高温短时卧式杀菌设备，是一种典型的回转式杀菌设备，它采用高压过热水进行杀菌，可完全解决蒸汽式杀菌锅出现的杀菌不均匀、假压等问题。在杀菌过程中罐头始终浸泡在水里，同时罐头处于回转状态，以提高加热介质和杀菌罐头间的传热速率，缩短杀菌时间，节省能源。全水式回转杀菌机的机型有全自动、半自动、静止式、旋转式等。杀菌的全过程由程序控制系统自动控制，杀菌过程的主要参数，如压力、温度和回转速度等均可自动调节与控制。但这种杀菌设备属于间歇式杀菌设备，不能连续地进罐与出罐。

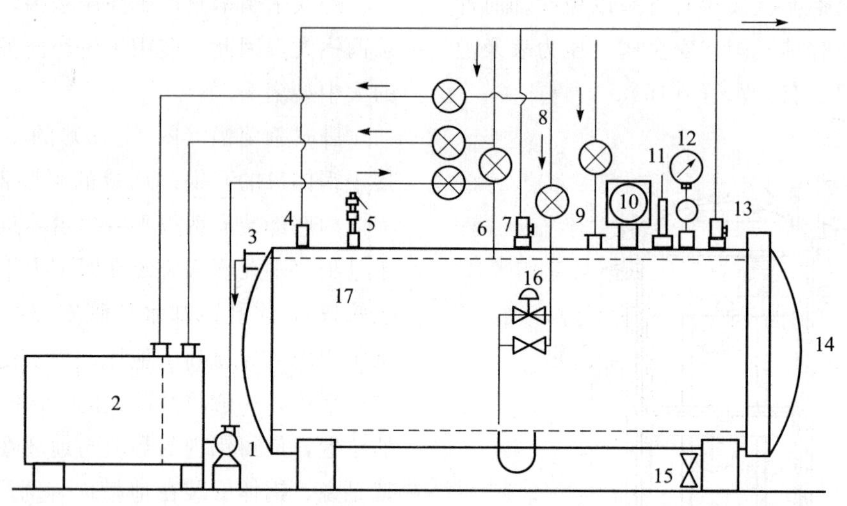

图 11-19　卧式杀菌锅

1. 水源；2. 水箱；3. 溢流管；4，7，13. 放空气管；5. 安全阀；6. 进水管；8. 进气管；9. 进压缩空气管；10. 温度记录仪；11. 温度计；12. 压力表；14. 锅门；15. 排水管；16. 薄膜阀门；17. 锅体

（引自：杨公明，程玉来. 食品机械与设备. 2015.）

1. 全水式回转杀菌机的结构

全水式回转杀菌机主要由贮水锅（也称上锅）、杀菌锅（也称下锅）、管路系统、杀菌篮和控制箱组成。图 11-20 所示的是全水式双锅回转杀菌锅的结构。贮水锅为一密闭的卧式贮罐，用来供应过热水和回收热水。锅内采用阴极保护，以减轻锅体腐蚀。为降低蒸汽加热水时产生的噪声并使锅内水温一致，蒸汽经喷射式混流器后才注入水中。

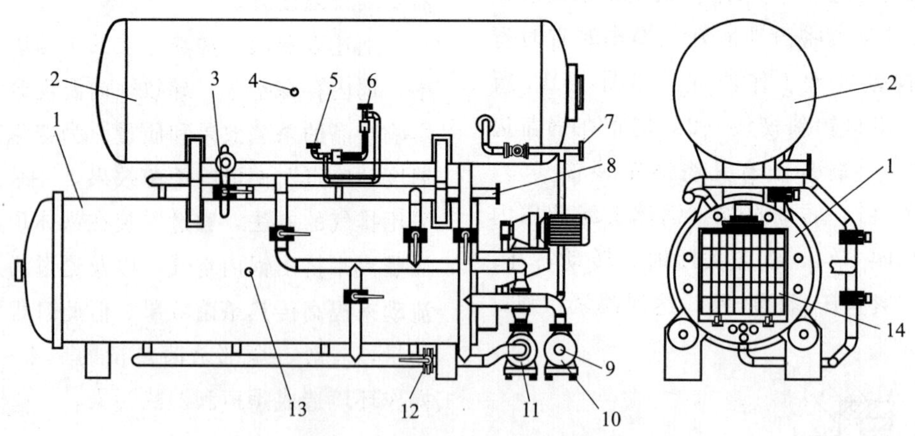

图 11-20　全水式双锅回转杀菌锅

1. 杀菌锅；2. 贮水锅；3. 联通阀；4，13. 温度计接口；5. 加压口；6. 排气口；7. 蒸汽入口；8. 软化水入口；9. 冷却水入口；10. 给水泵；11. 耐热循环泵；12. 排污阀；14. 杀菌框

（引自：邹小波. 食品加工机械与设备. 2020.）

杀菌锅置于贮水锅的下方，是回转杀菌机的主要部件。它由锅体、门盖、回转体和压紧装置、托轮、传动部分组成。锅体与门盖铰接，与门盖结合的锅体端面有一凹槽，凹槽内嵌有 Y 形密封圈，当门盖与锅体合上后，转动夹紧转圈，使转圈上的十六块卡铁与门盖突出的楔块完全对准。转圈上的卡铁与门盖及锅体上接触表面设有斜面，转圈上的卡铁使门盖、锅身完全吻合，但不压紧密封垫圈，门盖和锅身之间有 1 mm 的间隙，以便关闭与开启门盖时方便省力。杀菌操作前，向密封腔供入 0.5 MPa的洁净压缩空气，使 Y 形密封圈紧紧压住门盖，同时其两侧唇边张开而紧贴密封腔的两侧表面，起到良好的密封作用。回转体是杀菌锅的回转部件，装满罐头的杀菌篮置于回转体的两根带有滚轮的轨道上，通过压紧装置可将杀菌篮内的罐头压紧。回转体是由四只滚圈和四根角钢组成一个焊接的框架，其中一个滚圈由一对托轮支承，而托轮轴则固定在锅身下部。回转体在传动装置的驱动下携带装满罐头的杀菌篮回转。

驱动回转体旋转的传动装置主要由电动机、P 形齿链式无级变速器和齿轮传动组成。回转体的转速可在 6～36 r/min 内无级调速。回转轴的轴向密封采用单端面单弹簧内装式机械密封。传动装置上设有定位装置，以保证回转体停止转动时，能停留在特定位置，使回转体的轨道与运送杀菌篮小车的轨道接合，以便从杀菌锅内取出杀菌篮。

2. 全水式回转杀菌机的工艺流程

全水式回转杀菌机的工艺流程：如图 11-21 所示，贮水锅与杀菌锅之间通过连接阀（3）连通。蒸汽管、进水管、排水管和空压管等分别连接在两锅的适当位置，在这些管路上根据不同使用目的，安装不同形式的阀门。循环泵使杀菌锅中的水强烈循环，以提高杀菌效率并使锅内的水温均匀扩散。冷水泵用来向贮水锅注入冷水和向杀菌锅注入冷却水。全水式回转杀菌机的整个杀菌过程分为以下八个操作工序。

（1）制备过热水　第一次操作时，由冷水泵供水，以后当贮水锅的水位到达一定位置时，液位控制器自动打开贮水锅加热阀（1），0.5 MPa 的蒸汽直接进入贮水锅，升温速度一般为 4～6℃/min。预设温度比杀菌温度高 5～20℃。将水加热到预设温度后关闭加热阀，停止加热。一旦贮水锅水温下降到低于预定温度时，则会自动供汽，以维持预定温度。在贮水锅升温时，向杀菌锅装填杀菌篮。

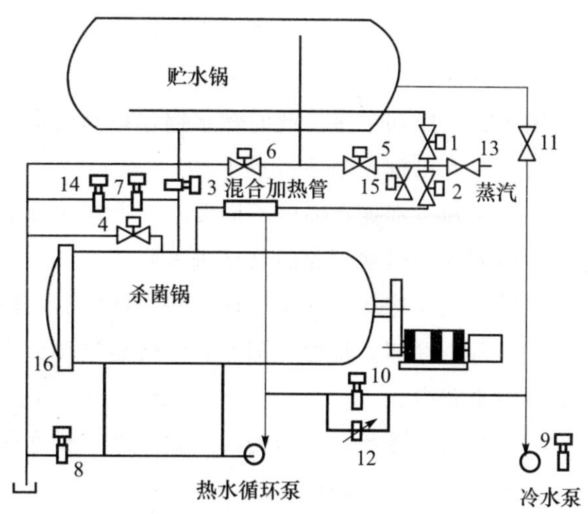

图 11-21　全水式回转杀菌机工艺流程图

1. 贮水锅加热阀；2. 杀菌锅加热阀；3. 连接阀；4. 溢出阀；5. 增压阀；6. 减压阀；7. 降压阀；8. 排水阀；9. 冷水阀；10. 置换阀；11. 上水阀；12. 节流阀；13. 蒸汽总阀；14. 截止阀；15. 小加热阀；16. 安全旋塞

（引自：马海乐. 食品机械与设备. 2 版. 2011.）

（2）向杀菌锅送水　当杀菌篮装入杀菌锅、关好门盖，向门盖密封腔内通入压缩空气后才允许向杀菌锅送水。为安全起见，须用手按动按钮才能从第一工序转到第二工序。全机进入自动程序操作，连接阀（3）立即自动打开，贮水锅的过热水由于落差及压差作用而迅速由杀菌锅锅底送入。当杀菌锅内水位达到液位控制器位置时，连接阀立即关闭。连接阀关闭后，需要延时 1～5 min 后才能重新打开。

（3）杀菌锅升温　送入杀菌锅里的过热水与罐头换热，水温下降。加热蒸汽送入混合器对循环水加热后再送入杀菌锅。当温度升到预定的杀菌温度，升温过程结束。升温时间取决于温差、罐型及品种等，一般时间为 5～20 min。在进行加热的过程中，开动回转体和循环泵，使水强制循环以提高传热效率。

（4）杀菌　罐头在预定的杀菌温度下保持一定的时间，小加热阀（15）根据需要自动向杀菌锅供蒸汽以维持预定的杀菌温度，工艺上需要的杀菌时间则由杀菌定时确定。

（5）热水回收　杀菌工序一结束，冷水泵即自行启动，冷水经置换阀（10）进入杀菌锅的水循环系统，将热水（混合水）顶到贮水锅，直到贮水锅内液位达到一定位置，液位控制器发出指令，连接阀关闭，转入冷却工序。此时贮水锅加热阀自动打开，通入蒸汽以重新制备过热水。

(6) 冷却　根据产品的不同要求，冷却工序有三种操作方式：热水回收后直接进入降压冷却；热水回收后，反压冷却＋降压冷却；热水回收后，降压冷却＋常压冷却。每种冷却方式均可通过调节冷却定时器来获得。

(7) 排水　冷却定时器的时间到达后，排水阀(8) 和溢出阀 (4) 打开。

(8) 启锅　拉出杀菌篮，全过程结束。

全水式回转杀菌机是自动控制的，由微型计算机发出指令，根据时间或条件按程序动作，杀菌过程中的温度、压力、时间、液位、转速等由计算机和仪表自动调节，并具有记录、显示、无级调速、低速起动、自动定位等功能。

3. 全水式回转杀菌机的特点

全水式回转杀菌机在杀菌过程中罐头呈回转状态，且压力、温度可自动调节，因而具有以下特点。

① 杀菌均匀。回转杀菌篮具有搅拌作用，加上热水由泵强制循环，使锅内热水形成强烈的涡流，使水温均匀一致，从而达到均匀杀菌的效果。搅拌与循环方式对杀菌锅内温度分布的影响如图 11-22 所示。

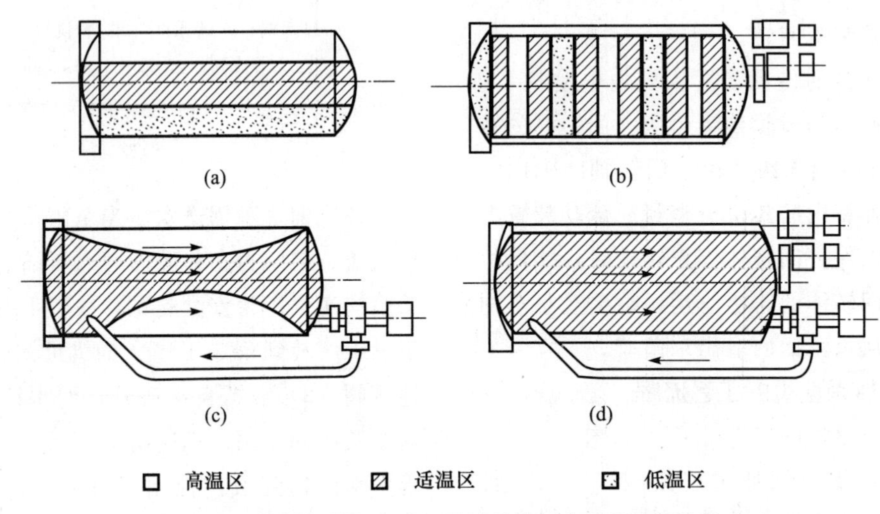

图 11-22　搅拌与循环方式不同时杀菌锅内温度的分布情况

(a) 静止式；(b) 回转式；(c) 循环式；(d) 回转循环式

(引自：马荣朝，杨晓清. 食品机械与设备. 2 版. 2018.)

② 杀菌时间短。由于杀菌篮的回转，可提高传热效率，对内容物为流体或半流体的罐头，效果尤为显著。罐头的回转速度与杀菌时间的关系如图 11-23 所示，随着转速的增加，杀菌时间缩短，当转速增加到一定限度时，反而会使杀菌时间延长。其原因是随着转速的增加，离心力达到一定程度，罐头内容物被抛向罐底，使顶隙位置始终不变，失去了内容物摇动而产生的搅拌作用（图 11-24）。另外，每种产品都有它的合适转速范围，当超过这一范围时，就会失去内容物的均质性，出现热传导反而差的现象。

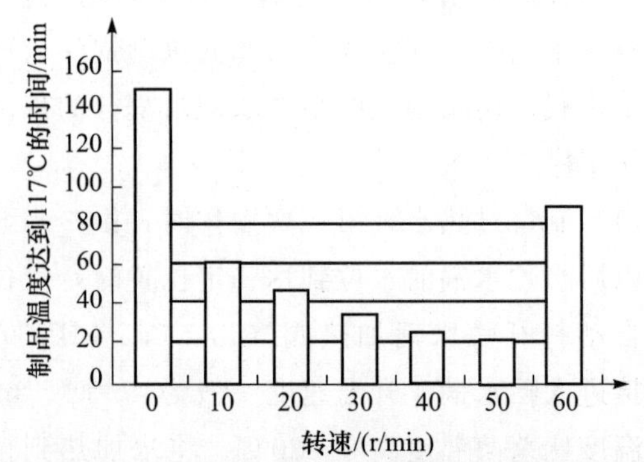

图 11-23　罐头回转速度与杀菌时间的关系

内容物：条状腊肠；

罐头尺寸：直径 99 mm×119 mm，加热到中心温度 117℃

(引自：马海东. 食品机械与设备. 2 版. 2011.)

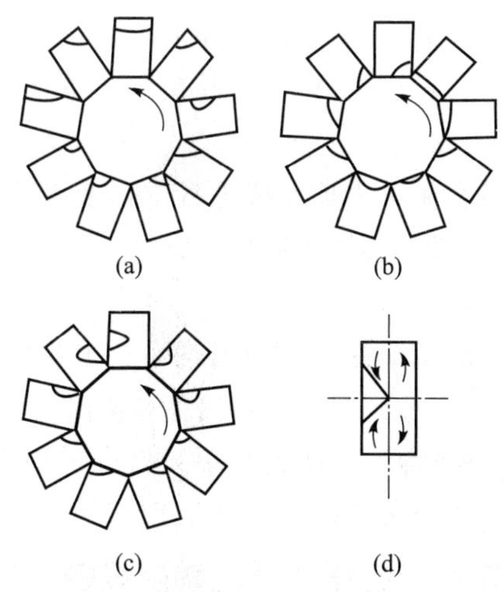

图 11-24 罐头在回转过程中内容物的搅拌情况

(a) 回转速度低；(b) 回转速度过快；(c) 回转速度适宜；
(d) 罐头顶隙在内容物中心移动时发生摇动情况
(引自：马海乐. 食品机械与设备. 2版. 2011.)

在全水式回转杀菌设备中，罐头的顶隙度对热传导率有一定的影响。顶隙大，内容物的搅拌效果就好，热传导就快；然而顶隙过大又会使罐头内形成气袋，产生假胖听，因此，顶隙要适中。另外，罐头在杀菌篮里的排列方式对杀菌效果也有一定的影响。

③ 有利于产品质量的提高。由于罐头回转，可防止肉类罐头油脂和胶冻的析出，对高黏度、半流体和热敏性的食品，不会产生因罐壁部分过热形成黏结等现象，可以改善产品的色、香、味，减少营养成分的损失。

④ 节省蒸汽。由于过热水重复利用，可节省蒸汽。

⑤ 杀菌与冷却压力自动调节。可防止包装容器的变形和破损。

全水式回转杀菌机的主要缺点有：设备较复杂，设备投资较大，杀菌准备时间较长，杀菌过程热冲击较大。

11.5.3 淋水式杀菌机

淋水式杀菌机是以封闭的循环水为工作介质，通过高速喷淋对罐头进行加热、杀菌及冷却的卧式高压杀菌设备。其杀菌过程的工作温度为 20～145℃，工作压力为 0～0.5 MPa。

淋水式杀菌机可用于果蔬类、肉类、鱼类、蘑菇和方便食品等的高温杀菌，其包装容器可以是马口铁罐、铝罐、玻璃瓶和蒸煮袋等。

1. 淋水式杀菌机的工作原理

淋水式杀菌机外形及配置见图 11-25 和图 11-26。其中图 11-25 所示的为双门式淋水式杀菌机。

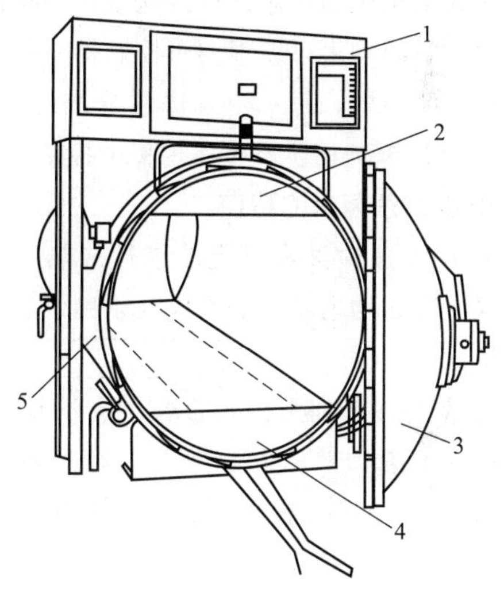

图 11-25 双门式淋水式杀菌机外形简图

1. 控制盘；2. 水分布器；3. 门盖；4. 贮水区；5. 锅体
(引自：杨公明，程玉来. 食品机械与设备. 2015.)

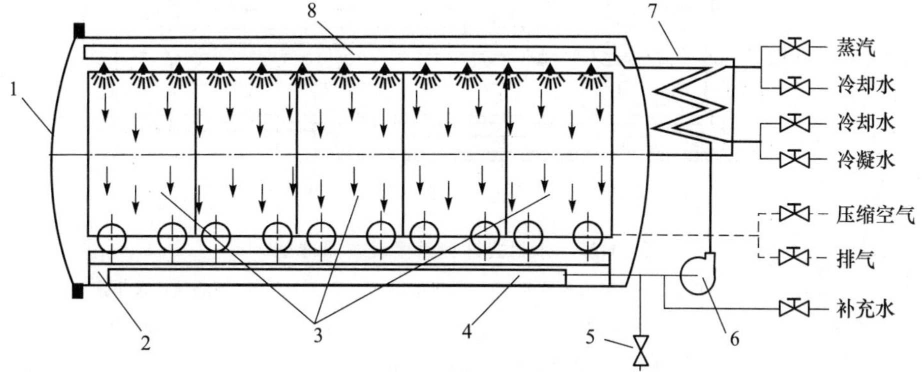

图 11-26 淋水式杀菌机配置图

1. 锅门；2. 轨道；3. 杀菌篮车；4. 集水管；5. 排放阀；6. 循环泵；7. 换热器；8. 水分配管
(引自：崔建云. 食品机械. 2007.)

在整个杀菌过程中，贮存在杀菌锅底部的少量水作为杀菌传热用水，利用一台大流量热水离心泵进行高速循环，经一台板式热交换器进行热交换后，进入杀菌机上部的分水系统（水分配器），均匀喷淋在需要杀菌的产品上。为缩短热水流程，有些设备采用侧喷方式使罐头受热更均匀，尤其适用于袋装食品的杀菌。在加热、杀菌和冷却过程中使用的循环水均为同一水体，热交换器也为同一热交换器。在加热产品时，循环水通过间壁式换热器由蒸汽加热，在杀菌过程中则由换热器维持一定的温度，在产品冷却时，循环水通过间壁式换热器用冷却水降温。该机的过压控制和温度控制是完全独立的，其调节压力的方法是向锅内注入或排出压缩空气。

淋水式杀菌机的操作过程是完全自动化的，温度、压力和时间均由可编程逻辑控制器（PLC）控制。根据产品不同，每一个程序可分成若干步骤。PLC 与中央计算机相连，可实现集中控制。

2. 淋水式杀菌机的特点

① 采用高速喷淋水对产品进行加热、杀菌和冷却，温度分布均匀稳定，可提高杀菌效果，改善产品质量。

② 杀菌与冷却使用相同的水（循环水），产品可避免再受污染。

③ 采用间壁式换热器，蒸汽或冷却水不与进行杀菌的容器相接触，可消除热冲击，尤其适用于玻璃容器，可避免冷却阶段玻璃容器易破碎的问题。

④ 温度和压力控制完全独立，能准确控制过压，因控制过压而注入的压缩空气，不影响温度分布的均匀性。

⑤ 水消耗量低，动力消耗小。工作中，循环水量小，冷却水通过冷却塔可循环使用。整个设备配用一台热水泵，动力消耗小。

⑥ 设备结构简单，维修方便。

11.5.4 连续式高压杀菌设备

1. 水封式连续高压杀菌设备

1）水封式连续高压杀菌设备的结构

水封式连续高压杀菌设备（图 11-27）属于卧式圆筒形压力杀菌锅，是用链式输送带携带罐头容器经水封式转动阀门送入杀菌锅内的。水封式转动阀门浸没在水中，借助部分水力和机械力得以密封。罐头通过阀门时受到预热，接着向上提升，进入高压蒸汽加热室内，然后水平地往复运行，在保持稳定的压力和充满蒸汽的环境中杀菌。杀菌时间可根据产品要求调整输送带的速度进行控制。杀菌完毕，罐头经分隔板上的转移孔进入杀菌锅底的冷却水内进行加压预冷，然后再次通过水封式转动阀门送至常压冷水冷却或外界空气中冷却，直到罐头温度降到常温为止。

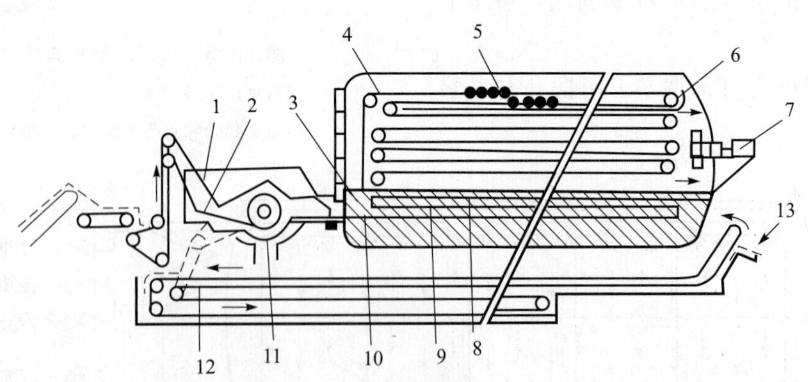

图 11-27　水封式连续杀菌设备原理图

1. 水封；2. 输送链；3. 杀菌锅内液面；4. 加热杀菌室；5. 罐头；6. 导热轨；7. 风扇；8. 隔板；9. 冷却室；10. 转移孔；11. 鼓形阀（水封阀）；12. 空气或冷水区；13. 出罐处

（引自：殷涌光. 食品机械与设备. 2007.）

在链式输送带的下面装上导轨板，罐头在传送过程中可进行轴向回转，传热效率高。如不需要搅动式杀菌，可将导轨拆除。杀菌温度为100～143℃（可调），也可进行高温短时杀菌。

水封式连续高压杀菌装置不仅可用于金属罐罐头食品的杀菌，还可用于玻璃瓶和袋装食品的杀菌。这种设备在对薄金属罐装食品、瓶装食品和袋装食品进行杀菌时，采用空气加压来使容器内外的压力保持平衡。空气导热性差，容易出现加热不均匀，因此，在压力蒸汽加热室内需要用风扇（或风机）不断地将蒸汽和空气充分混合，以保证加热的均匀性。

2）水封式连续高压杀菌设备的特点

水封式连续高压杀菌设备生产能力有大有小，小型设备（2.1 m×2.1 m）每分钟可杀菌处理袋装食品60袋；大型设备（22 m×3.26 m×3.76 m）每分钟可处理婴儿食品800个。该设备的优点是蒸汽、水、空间和劳动力的利用上比较经济；缺点是进出罐的水封式转动阀承受的压力相当大，加工制造精度要求高。

2. 静水压连续杀菌设备

1）静水压连续杀菌设备的结构

静水压连续杀菌设备是一种连续进罐和出罐的加压杀菌设备，用于100℃以上的高温高压罐头的连续杀菌。它利用水柱产生的静压对罐头食品进行高温连续杀菌，其主要构件为进罐柱、升温柱、杀菌柱（蒸汽室）和预冷柱，通过深水柱形成的静压与杀菌室压力相平衡，从而杀菌室得以密封。

静水压连续杀菌设备工作原理：密封后的罐头底盖相接，卧放成行，按一定数量自动地供给到装有平行走动的环式输送链上，由传送器自动地向进罐柱→水柱管（升温柱）→蒸汽室（杀菌柱）→水柱管（出罐柱、加压冷却）→喷淋冷却柱（常压冷却柱）→出罐，依次运行（图11-28）。加压杀菌所需饱和蒸汽与蒸汽室相连呈T形（或称为U形管），水柱管的水柱压头保持平衡，水柱的高度决定着饱和蒸汽压的大小和蒸汽加热室的温度，每升高或降低10 cm水柱，蒸汽加热室的温度可升高或降低0.18℃，如115.6℃、121.1℃、126.7℃等各个不同的杀菌温度，必须建立的相应蒸汽压（表压）为0.07 MPa、0.105 MPa、0.14 MPa，与此蒸汽压相平衡的水柱高度应为6.9 m、10.4 m、14.8 m，杀菌设备的高度相应为12 m、15.4 m、27.5 m。

罐头从升温柱入口处进去后，随着升温柱下降，并进入蒸汽室。水柱顶部的温度近似罐头的初温，水柱底部的温度则近似于蒸汽室的温度。因此，在进入蒸汽室前有一个平稳的温度梯度，进入杀菌室后，由于蒸汽均匀地充满蒸汽室，在这里可进行恒温杀菌。从杀菌室出来的罐头向上升送，这时的温度变化与通过升温柱时恰好相反，罐头所承受的压力从高到低，形成一个稳定的从高到低的温度和压力的梯度。

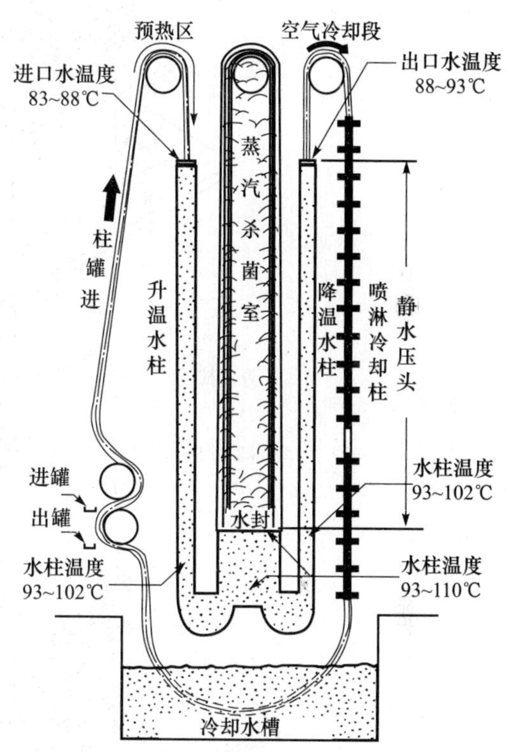

图11-28　静水压连续杀菌设备工作原理示意图

（引自：崔建云．食品机械．2007.）

2）静水压连续杀菌设备的特点

静水压连续杀菌设备（图11-29）的优点：①加热温度调节简单，进杀菌锅时，罐头不会产生突然受压和受热的情况，罐头温度及压力的上升和下降是由水柱造成温度梯度而逐步变化的，可避免受温度和压力的剧烈变化所引起的罐头变形或外伤，产品质量好，适用性较强。②可用于果蔬、肉类、鱼类、汤汁和玉米等罐头，以及婴儿食品、牛奶、炼乳、牛奶咖啡、牛奶巧克力和奶油等乳制品的杀菌。③对金属罐、玻璃瓶、塑料罐及软罐头等容器都可适用，装置高度自动化，有效地利用蒸汽和水，消耗量少。④在相似条件下，与一般杀菌锅相比，可节省用汽量70%以上，节约用水量80%以上。⑤杀菌非常均匀，极易控制。⑥占地面积小，操作人员极少，在正常情况下，只需一人操作。⑦生产能力可调节，一般为60～150罐/min，生产能力最高可达1 000～1 500罐/min。其缺点：①这种设备外形较高，需要专门盖十几米高的厂房。②载罐系统因多种原因（如浮罐等）常会卡死，全机只好停产检修，且检修十分麻烦。③对不同规格罐头的适应性差，设备的实际生产能力仅为额定值的30%～40%，装罐机构和载罐器操作不可靠，需要人工辅助，设备的投资费用很高。④只对大量生产热杀菌处理条件相同的产品工厂特别适用。

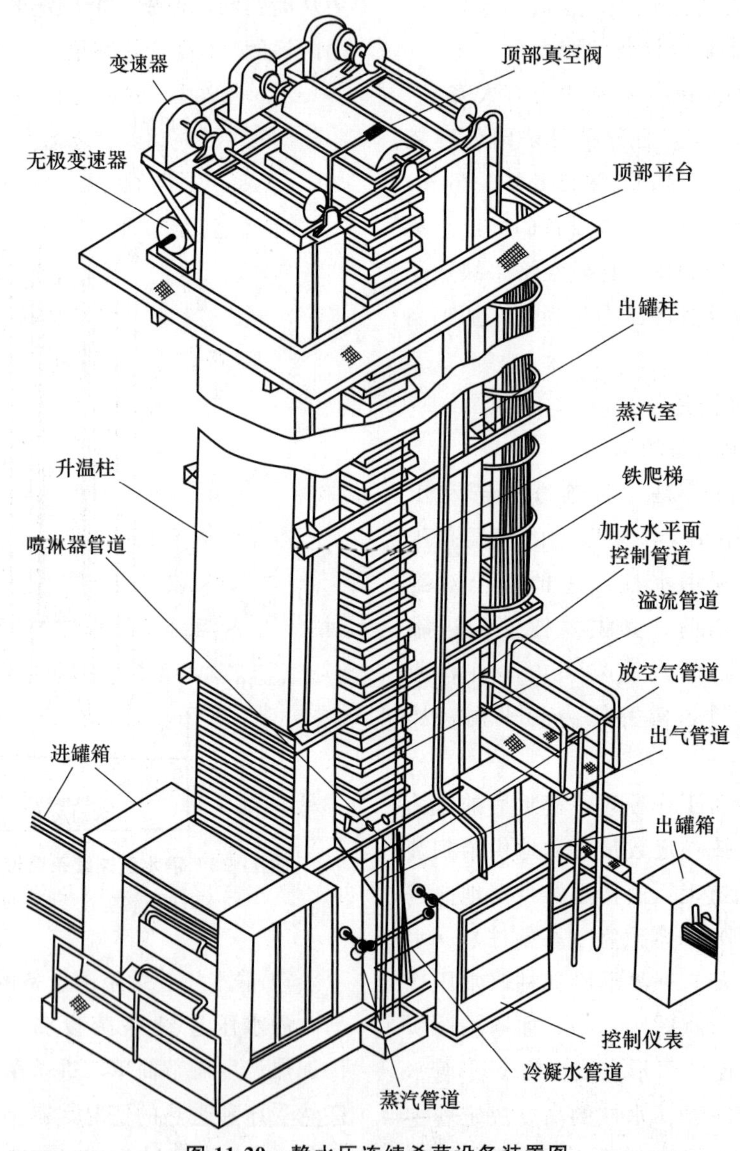

图 11-29　静水压连续杀菌设备装置图

（引自：崔建云．食品机械．2007.）

11.5.5　高温短时杀菌设备

食品加热杀菌的主要目的是杀灭食品中的微生物，但食品受热的同时，也难免会带来营养成分被破坏、产生褐变等品质下降的变化。大量实验表明，采用高温短时杀菌时，微生物致死速率的加快远比对食品品质的破坏快得多。因此，采用高温短时杀菌比一般加热杀菌更有效，食品品质也更好。高温短时杀菌一般是指采用120℃以上的温度及加热时间为数秒钟到数分钟的杀菌，有关设备介绍如下。

1. 火焰连续杀菌设备

火焰连续杀菌设备（图 11-30）特别适用于蘑菇、玉米、青豆、胡萝卜等蔬菜罐头的杀菌。这种设备的热源不用蒸汽，而用特制燃烧器或直接火焰对罐头进行加热杀菌。燃料可用煤气、丁烷、丙烷等。

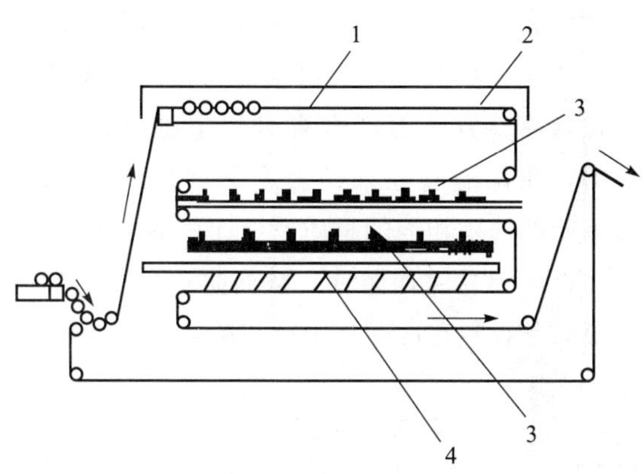

图 11-30　火焰连续杀菌设备

1. 链带式输送带；2. 蒸汽室；3. 火焰；4. 喷水器

（引自：陈斌. 食品加工机械与设备. 2008.）

杀菌时，罐头以 164 罐/min 的速度由推杆送入火焰连续杀菌设备，首先经过机组头部的常压蒸汽室段，使内容物在 4 min 内预热至 95℃；随后罐头滚过五组燃烧器，火焰温度为 1 000℃，使内容物在 4 min 内升温至 124℃；接着经过另外四组燃烧器使其在 124℃下保温 4 min，保温燃烧器上的火焰间隔比升温燃烧器上的火焰间隔大，以能供给一定热量维持杀菌温度即可。同时，当罐头通过加热面时，内容物受到更迭的热脉冲，以提高微生物的致死率。

罐头最后被送至喷水冷却段，使内容物在4 min 内冷却到 43℃。蘑菇罐头用一般高压锅杀菌时共需 26 min，而火焰杀菌法仅需 16 min，能大大缩短杀菌时间，还能保证产品的质量和提高劳动生产率。火焰温度是由自控系统控制的，罐头在杀菌过程中是滚动的，其滚动速度对产品杀菌有一定影响，一般以 10～22 r/min 为宜。虽然火焰直接加热罐头，但由于传热速度快、时间短，不会损伤彩印罐外观。

火焰连续杀菌设备无密封装置，结构简单，体积小，投资不高，效率很高，但由于没有外压，对有些产品不适用。黏稠性产品的流动性差，在高温下，罐头内壁周围的产品容易发生焦煳，因此，不适用于黏稠状及无汁液的罐头食品。

2. 软罐头连续超高温杀菌设备

软罐头食品的杀菌条件一般是 120℃、30 min。为了得到高质量及品种多样化的软罐头，日本研究出了软罐头高温和超高温杀菌技术和设备，软罐头高温杀菌温度为 135℃，时间为 5～10 min；软罐头超高温杀菌温度为 150℃，时间为 2 min。在高温和超高温杀菌条件下，对包装袋的要求更高。我国不少食品厂已有此类设备。

软罐头连续超高温杀菌机（图 11-31）分为外部水槽、特殊水封阀及锅体三个部分。锅体内部有链带输送机，以规定的水界为界线，上方充满蒸汽，下方为冷却水，分别形成杀菌区和冷却区，水封阀浸没在水中。这种杀菌机的杀菌时间为 20 s～10 min。当杀菌时间为 20 s～1 min 时，每分钟可处理标准尺寸（130 mm×170 mm）的软罐头 75 袋；当杀菌时间超过 1 min 时，设备杀菌处理能力则相应降低。

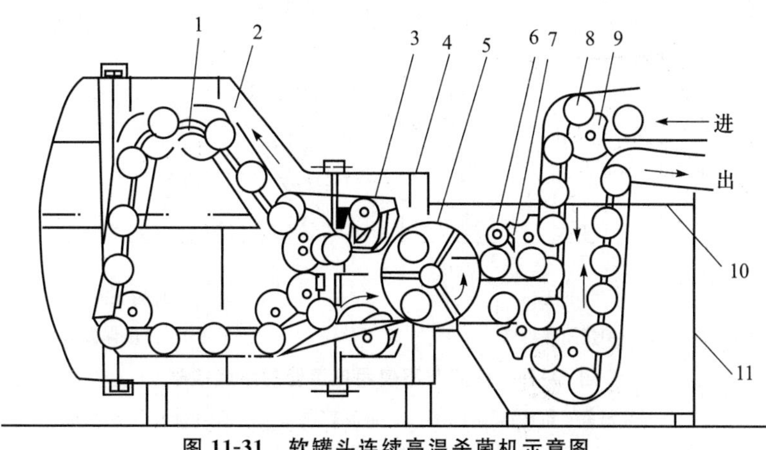

图 11-31　软罐头连续高温杀菌机示意图

1. 传输带；2. 蒸汽杀菌室；3. 传送杆；4. 外壳；5. 水封阀转子；6. 喂入杆；7. 回转板；8. 载盘器；9. 载盘器喂入传输带；10. 水面；11. 水槽

（引自：陈斌. 食品加工机械与设备. 2008.）

3. **真空杀菌设备**

真空杀菌设备用于蔬菜类罐头的高温短时杀菌，并将排气和杀菌合为一个工序，加热方式采用火焰直接对罐头加热。操作时，先在罐头容器内注入少量食盐水（占空罐容积的1％～4％），然后装入产品，经预封后送入设备的预热部分，在这里以倾斜状态做回转运动，并同时受到火焰的加热，使罐头内的水分快速蒸发，将气体排出罐外，预热时间一般为3～5 min，然后趁热封罐。再将罐头横放送入杀菌部分，进行急速加热，在1～2 min内使罐内温度达到130℃，在此温度下保持1～5 min后离开杀菌部分，进入冷却段用冷水喷淋冷却，罐内形成高真空度。

真空杀菌方法在罐头内添加的盐水量少，罐头重量较常规方法轻33%。因罐内汁液少，转移到盐水中的蔬菜成分较少，有利于保持蔬菜的风味，同时罐内可获得一般方法达不到的80～93.3 kPa真空度，可提高产品的质量和延长产品贮藏期。

11.6 非热杀菌机械与设备

11.6.1 微波与欧姆杀菌机械与设备

1. **微波杀菌装置**

在食品的杀菌上，对于高黏度的液体和固体食品，由于完全不存在热对流现象，传热完全依赖于传导。因此，食品中心部位的升温速度很慢，而色、香、味、营养成分和口感等质量指标却因受长时间的加热和受热过度而发生难以避免的变化，使质量降低。应用微波高温杀菌装置对高黏度液体食品和软罐头进行杀菌，可较好地解决长时间加热的问题。

1）用于高黏度液体食品杀菌的管式微波高温杀菌装置

管式微波高温杀菌装置（图11-32）是一种适用于处理高黏度物料的连续杀菌装置。该装置由料斗供给液体食品物料，经定量泵加压传送到微波照射部后，利用微波使温度升高到规定的温度。然后，根据需要用保温管在杀菌温度下对食品进行杀菌。微波杀菌部选用相当的材质及设计合适的搅拌机构，保证物料不因黏滞而阻塞，从而防止过度的加热现象。最后，物料在冷却管中冷却后被送出装置。

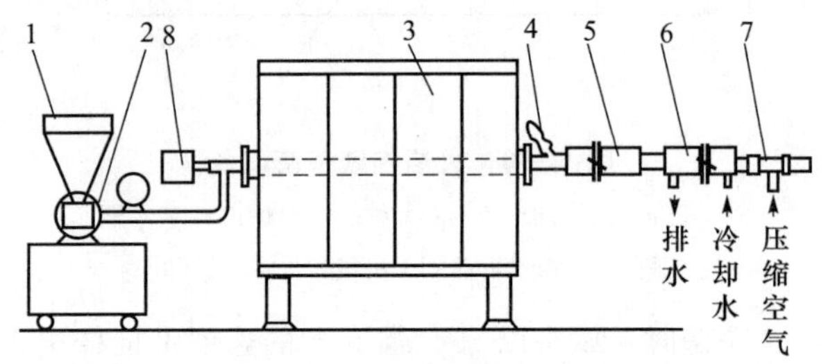

图11-32 管式微波高温杀菌装置结构

1. 料斗；2. 定量泵；3. 微波照射部；4. 测定温度部；5. 保温管；6. 冷却管；7. 调压部；8. 搅拌器

（引自：陈斌. 食品加工机械与设备. 2008.）

在杀菌工艺上，杀菌温度可定至140℃，杀菌时间可在数十秒钟至数分钟之间选定，杀菌温度误差为±2℃以内，不会产生焦煳现象。在使用范围内，该装置适用于多品种、小批量的食品生产。使用与不使用保温管时的温度控制见图11-33。

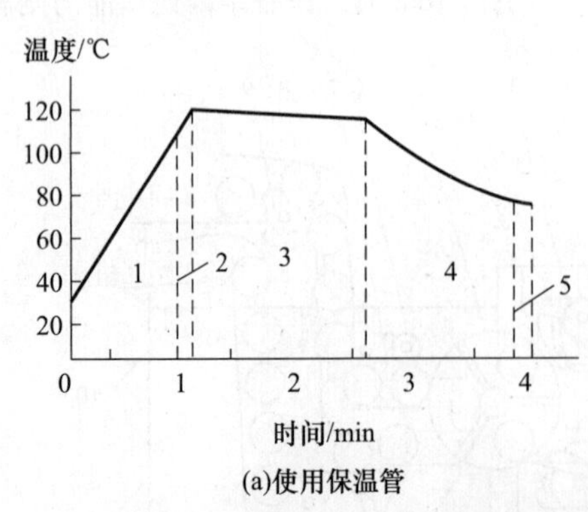

(a)使用保温管

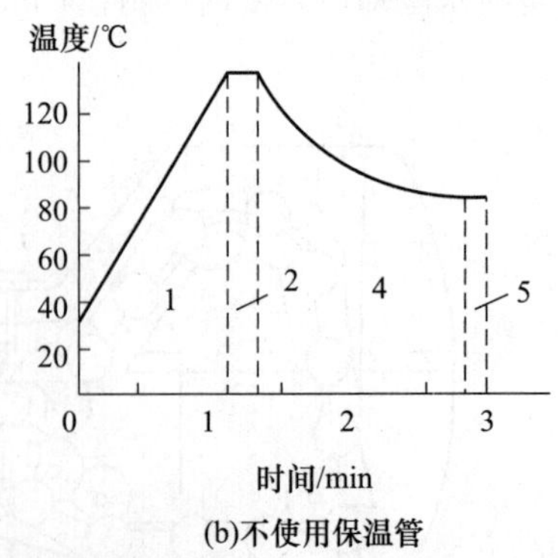

(b)不使用保温管

图11-33 使用与不使用保温管的温度控制

1. 微波加热部；2. 测定温度部；3. 温度控制部；4. 冷却部；5. 调压部

（引自：陈斌. 食品加工机械与设备. 2008.）

在使用范围上，可处理的物料有如下几类：

（1）酱料　如番茄酱、调味汁类、果酱、馅、豆酱、糊膏类等；

（2）调制食品　如咖喱、炖焖食品、汤类、婴儿食品、豆腐渣、芝麻豆腐等；

（3）饮料　如咖啡、红茶、甜酒等；

（4）甜食　如布丁、果冻、鲜奶油等；

（5）其他　如各种液体医药品、化妆品等。

2）用于固体食品杀菌的微波高温杀菌装置

固体食品是指已装入包装容器的食品。微波杀菌只能使用玻璃、塑料薄膜等非金属类型的容器，金属表面引起微波反射，达不到杀菌的目的，故不能使用金属容器。食品充填入容器后，杀菌过程一般分两个阶段进行加热：第一个阶段为预热及充分排气后密封；第二个阶段为预热后升温，进行高温杀菌。微波高温杀菌装置（图 11-34）由下面几个部分组成：

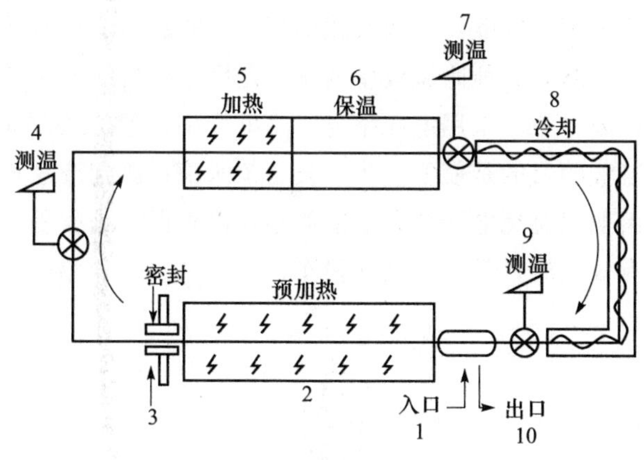

图 11-34　固体食品的微波高温杀菌装置

（引自：陈斌．食品加工机械与设备．2008.）

（1）进料　有内容物的食品袋由定位器固定位置；

（2）预热　预热至 100℃，受热，排气；

（3）密封　完全密封；

（4）测温　确认预热温度；

（5）加热　食品在杀菌温度下迅速加热杀菌；

（6）保温　保持杀菌温度；

（7）测温　确认杀菌状况；

（8）冷却　用水或空气进行充分冷却；

（9）测温　确认冷却温度；

（10）出口　由定位器上取出成品。

据资料介绍，用模拟食品接种耐热性细菌的孢子 10^{-7}～10^{-6}个/g，加水后，在 F_0（F_0 表示一定灭菌温度产生的灭菌效果与 121℃标准温度产生的灭菌效果相同时所相当的时间）为 5.5 条件下，分别进行微波加热杀菌和高压釜杀菌的对比试验，结果见表 11-2。

表 11-2　不同条件下微波加热杀菌和高压釜杀菌的对比试验

试　样	微波杀菌	高压釜杀菌
液体	$F_0=5.4$	$F_0=5.5$
固体	$F_0=10.4$	$F_0=1.1$
固：液＝2：1	$F_0=9.8$	$F_0=1.0$
固：液＝1：1	$F_0=11.0$	$F_0=0.9$

（引自：陈斌．食品加工机械与设备．2008.）

从试验结果看，两种杀菌方法对固体物料的杀菌效果存在较大差别。这是因为固体物料在高压釜中杀菌时，热传导不良，中心温度升高很慢，所以难以取得令人满意的杀菌效果。而当采用微波杀菌时，固体物料的温度能快速升高至杀菌温度，因此，无论是固体物料还是固液混合物，微波杀菌都能取得稳定的杀菌效果。多管微波杀菌设备（图 11-35）主要应用范围如下：

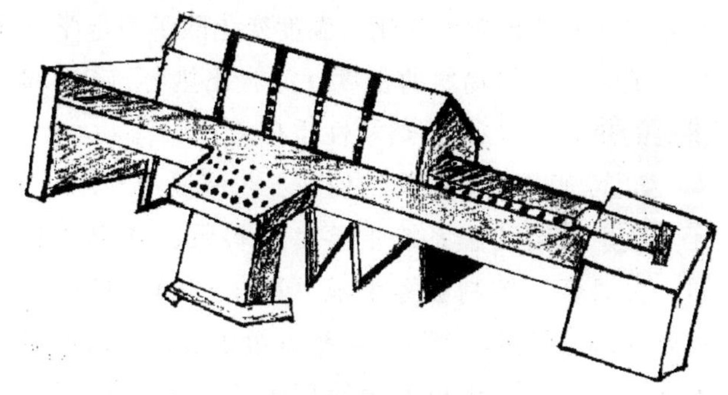

图 11-35　多管微波杀菌设备外形图

（引自：陈斌．食品加工机械与设备．2008.）

（1）杀菌保鲜　如豆奶粉、麦片、玉米片、芝麻糊调料、酱菜、肉类、茶叶、花粉等；

（2）干果烤制　如瓜子、花生、板栗、薄皮核桃等；

（3）液体杀菌　如牛奶、果茶、中西药饮剂、营养液、饮料、调味品等；

（4）小包装杀菌　如卤菜、豆腐干、鱼片、牛肉干、梅子、无花果等；

（5）真空及真空冷冻干燥　如脱水蔬菜、活性参、海鲜、热敏性食品；

（6）干燥脱水　如中药材、药丸、香精香料、包装材料、饲料、化工原料等；

（7）农副产品深加工　如花生脱皮、大豆脱腥、水果膨化等；

（8）微波萃取　可加速萃取溶解速度，提高萃取率。

2. 欧姆杀菌设备

1）欧姆杀菌的基本原理

欧姆杀菌是通入电流使食品内部产生热量进行杀菌的一种杀菌方式。运用常规热杀菌的方法，对带颗粒食品的杀菌采用管式或刮板式热交换器进行间接热交换，加热速率取决于传导、对流或辐射等换热条件。要使固体颗粒内部达到杀菌温度，其周围液体部分必须过热，这势必导致含颗粒食品杀菌后质地软烂，外形改变，影响产品品质。采用欧姆加热，则使颗粒的加热速率与液体的加热速率相接近，并可获得比常规方法更快的颗粒加热速率（1～2℃/s），因而可缩短加热时间，得到高品质产品。

欧姆加热利用电极，将 50～60 Hz 的低频交流电流直接导入食品，由食品本身介电性质产生热量，从而达到直接杀菌的目的。物料内部产生热量必将引起介质温度的变化。温度变化除了与电学性质有关外，还与物料的密度（ρ）、比热容（C）和物料的热导率（λ）等热学性质有关。

2）欧姆杀菌装置的结构和工艺流程

欧姆杀菌装置系统主要由物料泵、欧姆加热器、保温管、控制板等组成（图 11-36）。其中最重要的部分是由四个以上电极室组成柱式欧姆加热器（图 11-37）。电极室由聚四氟乙烯固体块切削而成，并包以不锈钢外壳，每个极室内有一个单独的悬臂电极。电极室之间用有绝缘衬里的不锈钢管连接。可用作衬里的材料有聚偏二氟乙烯（PVDF）、聚醚醚酮（PEEK）和玻璃。

欧姆加热柱以垂直或近乎垂直的方式安装，待杀菌物料自下而上流动时，加热器顶端的出口阀始终充满物料。加热柱的每个加热区配置相同的电阻，沿出口方向，连接管的长度逐段增加，这是由于食品的电导率通常随温度的升高而增大。实际上，离子型水溶液电导率随温度升高而增大呈线性关系，这主要是温度升高可加剧离子运动的缘故。这一规律同样适用于多数食品，但不包含黏度随温度升而显著增大的食品，如含有未糊化淀粉的物料。

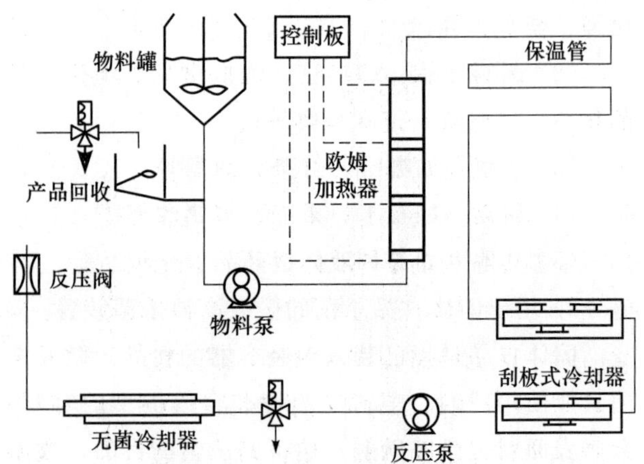

图 11-36　欧姆加热器加热装置流程示意图

欧姆杀菌工艺操作的第一步是装置的预杀菌。欧姆加热组件、保温管和冷却管的预杀菌，是用电导率与待杀菌物料相接近的一定浓度硫酸钠溶液循环来实现的。当达到一定的杀菌温度时，通过压力调节阀控制欧姆杀菌操作的压力。贮罐至充填机及其管路等其他附属设备的预杀菌则采用传统的蒸汽杀菌方法。采用电导率与产品电导率相近的杀菌剂溶液的目的是使下一步从设备预杀菌过渡到产品杀菌期间避免电能的大幅度调整，以确保该进程平稳有效过渡，且温度波动很小。

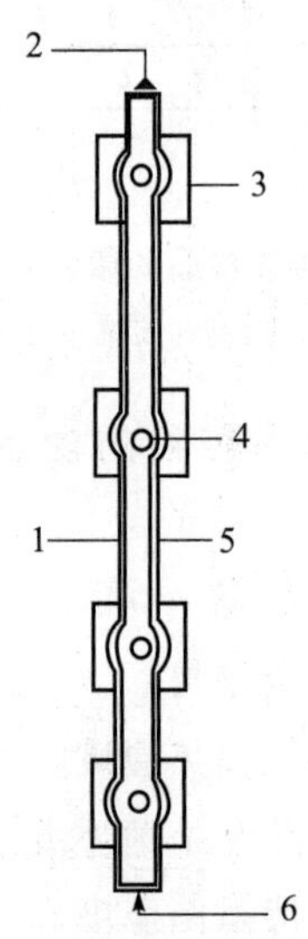

图 11-37　柱式欧姆加热器示意图

1. 不锈钢外套；2. 产品出口；3. 绝缘腔；4. 电极；5. 绝缘衬里；6. 产品出口

（引自：马海乐．食品机械与设备．2 版．2011.）

一旦装置预杀菌完毕，循环杀菌液进入循环管路中的片式换热器进行冷却。当达到稳定状态后，排掉杀菌液，同时将产品引入料泵的进料斗。在转换期间，利用无菌的空气或氮气，调节收集罐上方的压力，以此进行反压控制。收集罐用于收集硫酸钠产品的交接部分。一旦收集完交接部分的液体，便将产品转入主杀菌贮罐，该罐上方的压力同样被用来控制系统中的反压。加热高酸性食品时，反压维持在 0.2 MPa，杀菌温度为 90～95℃；加热低酸食品时，反压维持在 0.4 MPa，杀菌温度为 120～140℃。反压较高是为了防止食品在欧姆加热器中沸腾。物料通过欧姆加热组件时，被逐渐加热至所需的杀菌温度，然后依次进入保温管、冷却管（管式热交换器）和贮罐，供无菌充填。

当生产结束之后，切断电源并用水清洗设备，然后用 80℃的浓度为 2%的 NaOH 溶液循环清洗 30 min。NaOH 溶液的电导率很高，不宜用欧姆加热，故用系统中的片式热交换器加热。欧姆加热器可装有不同规格电极室和连接管，可形成不同的生产能力，具体产量视所要求达到的温度而定。

3）欧姆杀菌的特点

与传统罐装食品的杀菌相比，欧姆杀菌可使产品品质在微生物安全性、蒸煮效果以及营养和维生素保持方面得到改善。主要优点：①可生产新鲜、味美的大颗粒产品；②能使产品产生高的附加值；③能加热连续流动的产品，且不需要任何热交换表面；④可加工对剪切敏感的产品；⑤热量可在产品固体中产生而不需要借助产品液体对热量进行传导或对流；⑥系统操作平稳；⑦维护费用低；⑧过程易于控制，且可立即启动或终止；⑨加工和包装费用有节约潜力；⑩包装的选择范围较宽。

11.6.2　超高压杀菌机械与设备

食品超高压技术是当前备受各国重视且广泛研究的一项食品高新技术，它可简称为高压技术或高静压技术。1990 年 4 月，高压食品首先在日本诞生。食品超高压技术不仅能保证食品在微生物方面的安全，还能较好地保持食品固有的营养品质、结构、风味、色泽、新鲜程度等。利用超高压可以达到杀菌、灭酶和改善食品品质的目的，在食品超高压技术研究领域的一个重要方向是超高压杀菌，超高压技术已应用于食品（鳄梨酱、肉类、牡蛎）的低温杀菌，且该技术日趋成熟。

食品超高压杀菌，即将食品物料以某种方式包装完好后，放入液体介质（通常是食用油、甘油、油与水的乳液等）中，在 100～1 000 MPa 压力下作用一段时间后，使之达到灭菌要求。其基本原理就是利用压力对微生物的致死作用，主要通过破坏细胞膜、抑制酶的活性和影响 DNA 等遗传物质的复制来实现杀菌的目的。加工过程中的压力大小、加压时间、施压方式、处理温度、微生物种类、食物本身的组成和添加物、pH、水分活度等都会对超高压杀菌效果造成影响。

1. 超高压杀菌设备的分类

按加压方式，超高压杀菌设备分为直接加压式和间接加压式两类（图 11-38）。直接加压式超高压处理装置的高压容器与加压装置分离，用增压机产生高压水，然后经高压配管将高压水送至高压容器，使物料受到高压处理。间接加压式超高压处理装置的超高压容器与加压气缸呈上下配置，在加压气缸向上的冲程运动中，活塞将容器内的压力介质压缩产生高压，使物料受到高压处理。

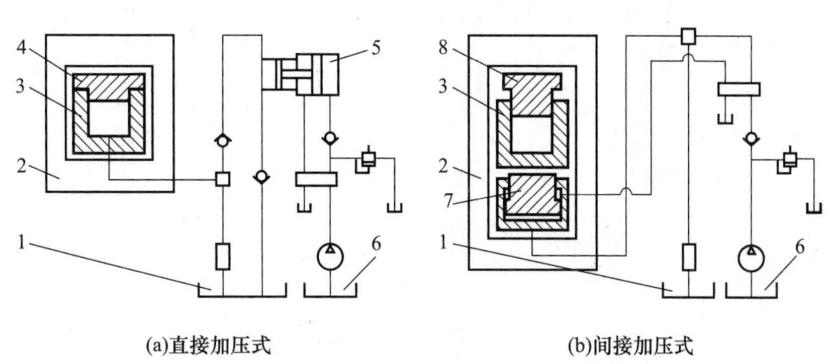

图 11-38　直接加压方式和间接加压方式示意图

1. 压媒槽；2. 框架；3. 压力容器；4. 上盖；5. 增压机；6. 油压装置；7. 加压气缸；8. 活塞

（引自：马荣朝，杨晓清．食品机械与设备．2 版．2018.）

按高压容器的放置位置，分为立式和卧式两种。生产上使用的立式超高压处理设备（图 11-39）的占地面积小，但物料的装卸需要专门装置；与此相反，卧式超高压处理设备（图 11-40）物料的进出较为方便，但占地面积较大。

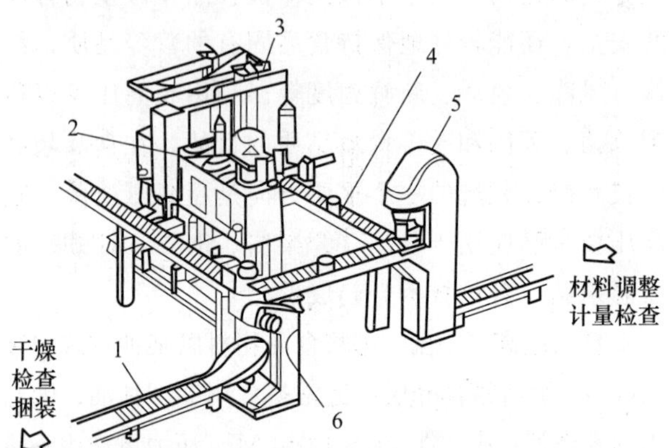

图 11-39　立式超高压处理装置示意图

1. 皮带输送机；2. 高压容器；3. 装卸搬运装置；4. 滚轮输送带；5. 投入装置；6. 排出装置

（引自：陈斌．食品加工机械与设备．2008.）

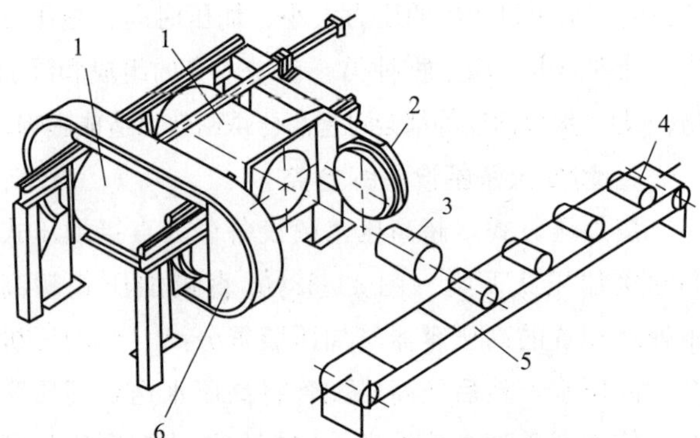

图 11-40　卧式超高压处理装置示意图

1. 容器；2. 容器盖；3. 密封仓；4. 处理品；5. 输送带；6. 框架

2. 超高压杀菌设备的操作方式

按操作方式，超高压杀菌分为间歇式、连续式和半连续式三种。由于高压处理的特殊性，连续操作较难实现。目前，工业上采用的是间歇式和半连续式两种操作方式。在间歇式生产中，食品高压处理周期如图 11-41 所示，只有在升压时主驱动装置才工作，这样主驱动装置的开机率很低，会浪费设备投资。因此，在实际生产上，将多个高压容器组合使用，这样可提高主驱动装置的运转率，同时，也可提高生产效率，降低成本。采用多个高压容器组合后的装置系统，可实现半连续化生产，即在同一时间不同容器内，完成从原料充填＋加压处理＋卸料的加工全过程，可提高设备利用率，缩短生产周期。

3. 超高压杀菌的应用

1）在肉制品加工中的应用

采用超高压技术对肉类制品进行加工处理，与常规加工方法相比，经超高压处理后的肉制品在柔嫩度、风味、色泽及成熟度方面均得到改善，同时也增加保藏性。例如，对廉价质粗的牛肉进行常温 250 MPa 处理，可得到嫩化的牛肉制品。300 MPa，10 min 处理鸡肉，结果得到类似于轻微烹饪的组织状态等。

2）在水产品加工中的应用

水产品的加工不同于其他产品，不仅要求保持水产品原有的风味与色泽，又要具有良好的口感与质地。常规的加热处理、干制处理均不能满足要求。高压处理则可保持水产品原有的色、香、味。水产品在 600 MPa 下处理 10 min，可使其中的酶完全失活，如甲壳类水产品经过这种处理，外观呈红色，内部为白

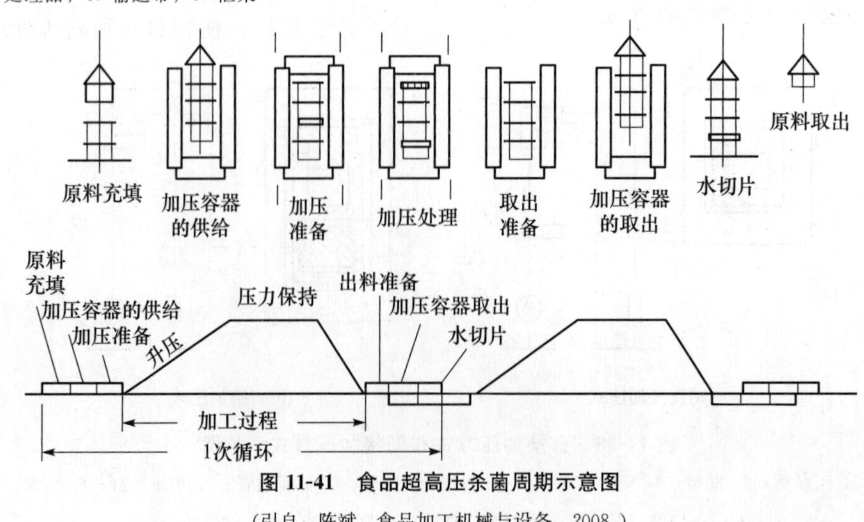

图 11-41　食品超高压杀菌周期示意图

（引自：陈斌．食品加工机械与设备．2008.）

色，完全呈变性状态，还可减少细菌数量，保持原有生鲜味，这对喜食生水产制品的消费者来说极为重要。超高压处理还可增大鱼肉制品的凝胶性，将鱼肉加1%及3%的食盐擂溃，制成2.5 cm厚的块状，在400 MPa下0℃处理10 min，鱼糜的凝胶性最强。

3）在果酱加工中的应用

在生产果酱中，采用高压杀菌，不仅可使水果中的微生物致死，还可使生产工艺简化，提高产品品质。这方面最成功的例子是日本明治屋食品公司，采用超高压杀菌技术生产果酱，如草莓酱、猕猴桃酱和苹果酱。在室温下以400～600 MPa的压力对软包装密封果酱处理10～30 min，所得产品可保持新鲜水果的口味、颜色和风味。

11.6.3　高压脉冲电场杀菌设备

高压脉冲电场杀菌技术（图11-42）是把液态食品作为电介质置于杀菌容器中，将与容器绝缘的两个电极通以高压电，产生电脉冲进行间歇式杀菌，或者使液态食品流经脉冲电场进行连续杀菌的加工方法。高压脉冲电场杀菌技术处理对象为液态或半固态食品，包括酒类、果蔬泥汁、饮料、蛋液、牛乳、豆乳、酱油、醋、果酱、蛋黄酱和沙拉酱等。高压脉冲电场杀菌主要利用食品的非热物理性质，即温升低（一般在50℃以下），耗能低。一个35 kV的处理系统每处理1 mL液体食品只需20 J的能量，而对超高温瞬时灭菌热处理系统来说却至少需要100 J以上的能量。

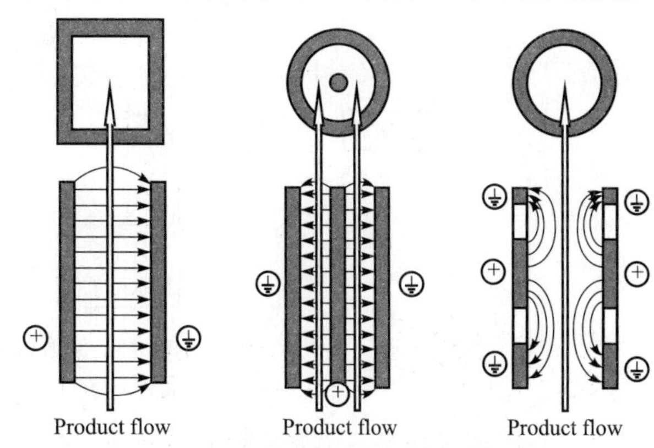

图 11-42　高压脉冲电场杀菌原理图

（引自：Singh R P. Introduction to Food Engineering，Fourth Edition. 2010.）

1. 液体高压脉冲电场杀菌装置

图11-43所示的是流动式液体高压脉冲电场杀菌装置结构，图11-43（a）和图11-43（b）为同一原理的不同连接方式。图11-44所示的为同轴式高电压脉冲电场杀菌装置。

2. 流通式高压脉冲电场杀菌装置

流通式高压脉冲电场杀菌装置（图11-45）的结构为不锈钢同轴心三重圆筒形状，中间和里面两圆筒之间的夹层部分为杀菌容器。外面和中间两圆筒之间可在需要时加冷却液，也可控制内夹层杀菌容器内的温度。里面圆筒接脉冲电源正极，中间和外面圆筒接地。

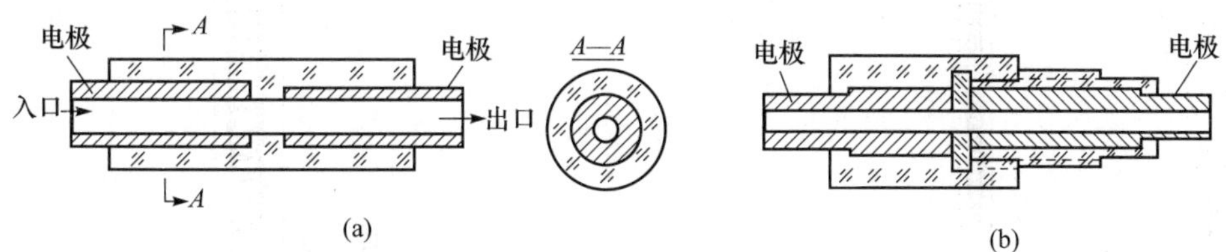

图 11-43　流动式液体高压脉冲电场杀菌装置

（引自：吕长鑫，黄广民，宋红波. 食品机械与设备. 2015）

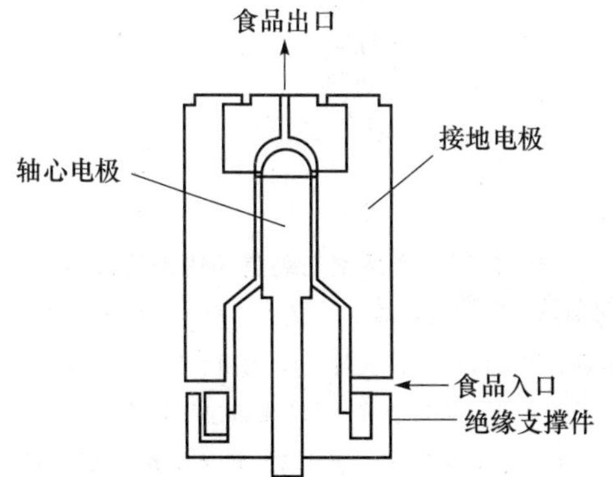

图 11-44　同轴式液体高压脉冲电场杀菌装置

（引自：吕长鑫，黄广民，宋红波. 食品机械与设备. 2015）

11.6.4　脉冲强光杀菌设备

脉冲强光是一种高强度、宽光谱的白色闪光，是利用广谱“白”光的密集、短周期脉冲进行处理产生的。脉冲强光主要用于包装材料表面、包装和加工设备，食品、医疗器械以及其他物质表面杀菌或用来减少微生物数目，可显著延长产品货架期，是一种有效、经济和安全的杀菌新技术。脉冲强光对食品中的营养成分几乎没有影响，适用于食品的大批量生产。

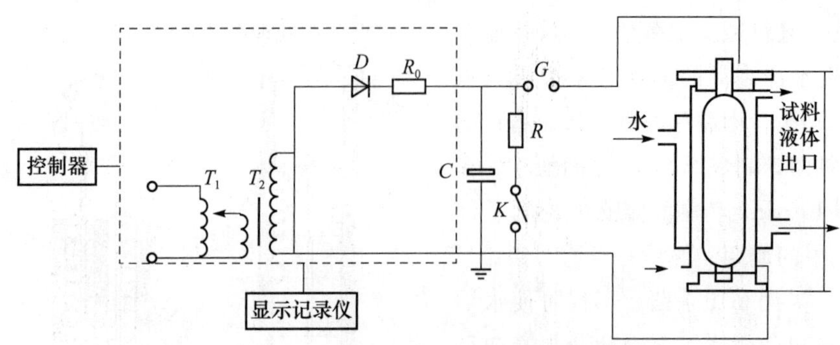

图 11-45　流通式高压脉冲电场杀菌装置

（引自：吕长鑫，黄广民，宋红波．食品机械与设备．2015．）

图 11-46 所示的是一个使用脉冲强光处理包装材料的无菌包装设备，此设备包括用一系列辊轮支撑的包装材料。包装材料从增吸收剂槽（内含增吸收剂溶液）中通过。包装材料包含一个或多个内层膜，其外封层浸入增吸收剂中。在食品加工时，要求使用可食用的增吸收剂，可增加脉冲强光周期。辊轮主要用于去除包装材料表面多余的吸收剂。最后，封口装置把这层包装薄膜封成径向封口的管状包装。

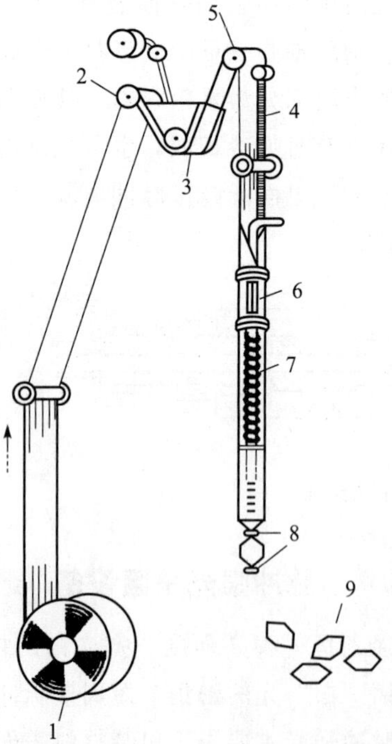

图 11-46　使用脉冲强光处理包装材料的无菌包装设备

1. 无菌包装材料；2. 辊轮；3. 增吸收剂槽；4. 包装材料边缝整形板；5. 辊轮；6. 纵封装置；7. 闪光灯组；8. 横封装置；9. 无菌产品

（引自：吕长鑫，黄广民，宋红波．食品机械与设备．2015．）

图 11-47 所示的为产品填充装置和闪光灯装置。闪光灯装置包括一个外部支撑管和闪光灯组合。闪光灯组沿管状支撑分布，确保在用脉冲处理时，封上的管状包装材料内表面全都能处于高强度、短周期脉冲强光之下。为使包装材料里面全部处于脉冲强光下，闪光灯可以按几种方式排列到管状支撑上。在处理过程中，向径向封口的管状包装中填入经过商业杀菌的食品。然后，管状包装被分成小包装的长度，用合理次数的脉冲强光在小包装接近食品处杀菌。灭菌空气用来冷却闪光灯，带走脉冲在管中产生的光化学物质，减少对处理区域的污染。

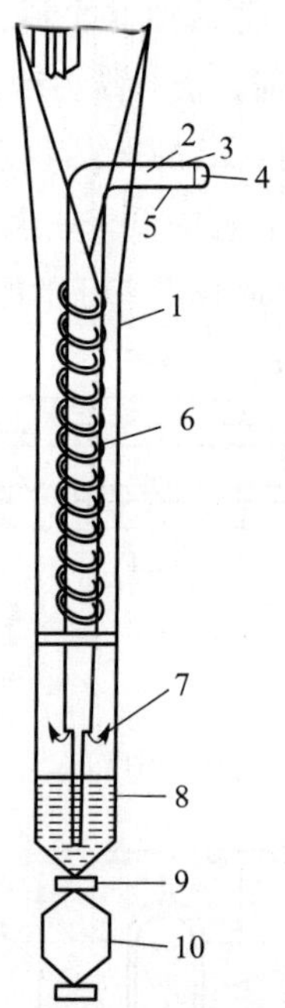

图 11-47　产品填充装置和闪光灯装置

1. 卷材筒；2. 外支撑管；3. 闪光灯电缆；4. 食品物料管；5. 无菌空气入口；6. 闪光灯；7. 无菌空气；8. 杀菌的食品；9. 封口装置；10. 无菌包装产品

（引自：吕长鑫，黄广民，宋红波．食品机械与设备．2015．）

使用脉冲强光处理包装材料的无菌包装装置对

预成型容器也是适用的（图 11-48）。在容器上喷涂适当的增吸收剂，然后置于脉冲强光下。在杀菌过程中，容器要穿过几个工作区。把加工好的，经过商业灭菌处理的食品放入已杀菌的容器内，然后在容器顶端加上灭菌的盖子。整个无菌包装机内有一层已灭菌的空气，以防包装单元受污染。

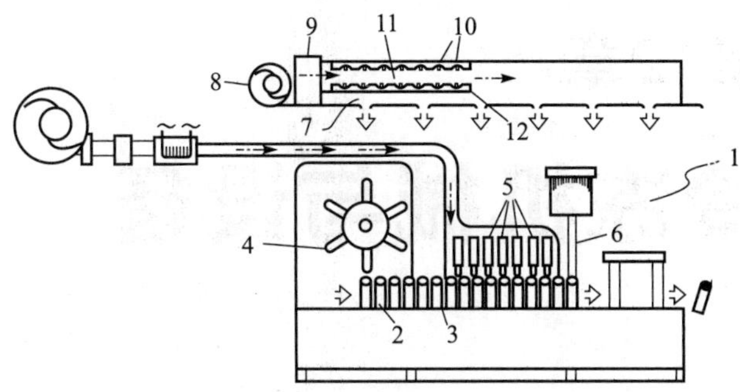

图 11-48　脉冲强光杀菌的预成型容器的无菌包装设备示意图

1. 无菌包装设备；2. 预成型的产品容器；3. 杀菌区域；4. 增吸收剂喷涂装置；5. 脉冲光处理装置；6. 产品填充装置；7. 空气过滤装置；8. 风机；9. 过滤器；10. 闪光灯；11. 脉冲光处理区域；12. 反射室

思考题

1. 比较普通立式杀菌锅与卧式杀菌锅结构方面的差异。
2. 常见的双锅体杀菌机（喷淋式与浸水式）是否必须将两锅体上下安排，并说明理由。
3. 以牛奶为例，简要说明超高温瞬时板式杀菌装置的工艺流程。
4. 试比较全水式杀菌机与淋水式杀菌机的结构差异。
5. 简述静水压连续杀菌的原理和特点。
6. 分析讨论两种换热类型（直接式与间接式）无菌处理系统流程构成的异同点。
7. 简述欧姆杀菌的基本原理和特点。
8. 简述超高压杀菌的基本原理和特点。
9. 简述几种新型杀菌技术的杀菌机理。
10. 简要说明非热杀菌机械与设备的种类。

第12章 冷冻机械与设备

【木章知识点】

食品冷冻机械与设备的主要作用是将产生的冷量传递给食品，使得食品的温度降低，以实现冻结的目的。食品冷冻机械与设备主要包括两部分：产生冷源的设备和将冷量传给食品进行冻结的设备，即将冷量传递给食品的设备。产生冷源的设备主要包含压缩机、冷凝器、膨胀阀和蒸发器四部分，可细分为单级、双级、叠式、复叠式等制冷循环。除了这四大主要部件，还需要油分离器、贮液器、气液分离器、空气分离器、中间冷却器等附属部件。将冷量传给食品进行冻结的设备，通常包括几种类型：隧道式冻结装置、螺旋式冻结装置、接触式冻结装置、流化式冻结装置等；还可归类为空气冻结法冻结设备、间接接触冻结设备、直接接触冻结设备。除此以外，随着冻结技术的不断发展与进步，出现了液氮冻结装置、二氧化碳冻结装置、真空冷却装置等新型冻结工艺及设备，可有效提升食品冻结后的品质。

冷冻食品主要是为了延长食品的保藏期而出现的一类食品，是将食品冻结后，置于低温环境下进行保存，从而保证食品不会在短期内发生变质。冷冻机械与设备是指在此过程中提供冷量，将食品冻结并维持低温环境的装置，这类设备最早是在肉类、禽类、水产品类等食品中应用。随着冷冻技术的不断进步与发展，出现了快速冻结技术，又称为速冻，是将食品在短时间内快速冻结，从而最大限度地保持食品原有的色、香、味及口感，其应用范围也扩展到水饺、鱼丸及汤圆等调理食品。采用此技术生产的产品又被称为速冻食品，由于其独有的方便、快捷、营养等特性，且保藏期间不需要添加如防腐剂、电解质之类的物质，受到了越来越多人的欢迎。目前，速冻食品产业已超越方便面产业，位居方便食品领域第一。

冷冻机械与设备除了在冷冻、速冻食品上应用外，还在食品工业中的其他方面的一些重要食品操作中是关键设备，如真空冷却、冷冻浓缩、冷冻干燥和冷冻粉碎。其他食品加工条件工艺过程，如车间空调、工艺用水冷却以及需要较低温度冷却的加工操作也需要利用制冷设备。除了专门的商业冷库及速冻食品厂以外，罐头厂、肉联厂、乳品厂、蛋品厂、糖果冷饮厂等食品工厂，几乎都有冷冻机房及冷藏库的设置。冷链已经成为现代食品工业终产品的主要流通途径之一，冷链所涉及的贮运和展示设备均需配备制冷机械与设备。

食品工业中应用的冷冻机械与设备可以分为两大类，第一类是产生冷源的制冷机械与设备，即所谓的制冷机；第二类是利用冷源的机械与设备，设备的主体实质上是以各种形式出现的制冷循环中的蒸发器，如速冻机、冷风机等。

12.1　概述

冷冻机械与设备，最早出现于一百多年前，应用于肉类食品的冻结。一般进行的是深度冷冻，将温度降至很低，以抑制肉中微生物的生长。对于动物性食品可以采用这种方法，但是对于还有自身活性的植物类食品不能采用这种方法。食品的变质一般分为食品腐败和酸败，实验证明，酸败主要是由于脂类氧化，腐败是酶与微生物的共同作用的结果。酶是一种生物催化剂，它促使蛋白质分解成氨基酸的速度大大加快，可为微生物的繁殖提供营养；而微生物的大量繁殖，会消耗食品的营养成分，使食品质量下降。微生物在繁殖过程中，排出了各种有害的物质，人取食后易得病。植物类食品如苹果、蔬菜等，其本身具有生理活性，贮藏温度过低会破坏其自身的生理活性，因此，适当降低贮藏温度，在其不丧失自身生理活性的前提下，可有效抑制酶及微生物的作用。对于动物性食品，由于其自身已没有生理活性，可将贮藏温度降至很低。

随着冷冻机械与设备相关技术的发展，以及应用范围的不断扩大，其形式也在不断更新，先后出现平板冻结、流化床冻结、螺旋式冻结等多种形式，在制冷方式上由传统的机械制冷，增加超声波冻结、磁场冻结等辅助冻结方式。近年来，又出现液氮、二氧化碳等液态冻结方式，且在鱼丸等食品冻结中有所应用，逐渐成为行业研究的热点。

12.2　制冷系统的构成

在现代食品工业中所应用的冷源都是人工制冷得到的。根据制冷剂状态的不同，制冷可以分为液化制冷、升华制冷和蒸发制冷三类。习惯上将利用压缩机、冷凝器、膨胀阀和蒸发器等进行的蒸发式制冷称为机械制冷，而将其他的制冷方式称为非机械制冷。

在食品工业中广泛应用的机械式制冷是一个冷冻系统，分为制冷机与冷却冻结机（又称冷冻机）两类。制冷机主要是产生冷源，冷冻机主要是利用冷源，通过热交换对食品物料进行冷冻。冷冻机的主体实际上是制冷循环中的蒸发器，为适应多种食品物料的冷冻或速冻的需要，冷冻机相应的有多种形式。

制冷机对冷媒（制冷剂），如氨或氟利昂等进行压缩，然后经冷凝、膨胀、节流，形成能吸收热量的冷源，并用于冷却食品物料。冷冻机的作用是对食品物料进行快速降温而使其达到低温冻结的目的。

12.2.1　机械制冷的原理

机械制冷是一种以制冷剂为工质，通过压缩机对制冷剂压缩做功为补偿，利用制冷剂状态变化产生的吸热和放热效应来制冷的循环过程。最基本的机械压缩制冷系统由压缩机、冷凝器、膨胀阀和蒸发器四部分组成（图 12-1）。

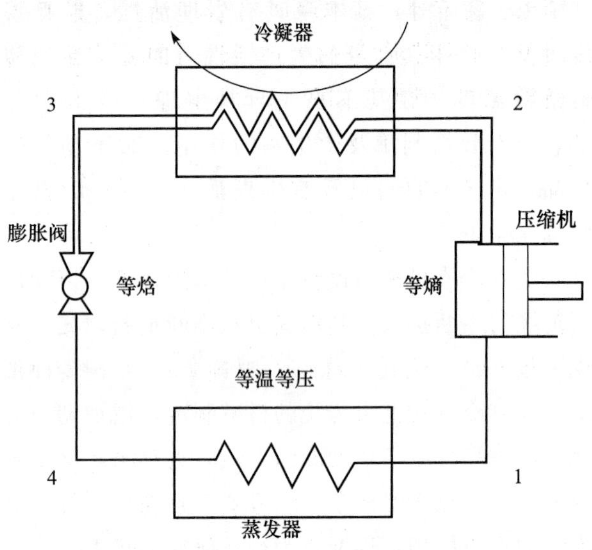

图 12-1　制冷循环原理图

1. 低温低压气体；2. 高温高压气体；3. 低温高压液体；4. 低温低压液体

（引自：徐学勤，王海鸥．食品工厂机械与设备．2 版．2010.）

制冷剂在机械压缩制冷系统中的循环过程如下：经过蒸发器后，低温低压的制冷剂蒸气被压缩机吸入，经压缩提高制冷剂蒸气的压力及温度，成为高温高压的过热蒸气，此过程为等熵过程。过热蒸气的温度高于环境介质（水或空气）的温度时，制冷剂蒸气能在常温下冷凝成液体状态。因此，当制冷剂蒸气被排至冷凝器时，经冷却、冷凝形成高压液态制冷剂，此过程为等压过程。高压液体通过膨胀阀时，因节流作用而降压，液态制冷剂因沸腾蒸发吸热，其温度下降，此过程为等焓过程。把这种低温低压的液态制冷剂引入蒸发器蒸发吸热，使周围空气及物料温度下降，此过程为等温等压过程。从蒸发器出来的低温低压制冷剂蒸气重新进入压缩机，完成了一次制冷循环。利用压缩机对气体进行压缩的方法使制冷剂得以重复利用。因此，这种制冷系统也称为蒸气压缩式制冷系统。上述的四大部件是缺一不可的，但在实际工业系统中，其部件要比上述的多。

12.2.2　单级压缩制冷循环系统

单级压缩制冷循环是指制冷剂在制冷循环系统中经过蒸发、压缩、冷凝、节流四个基本过程完成一个制冷循环过程，其制冷流程如图 12-2 所示。

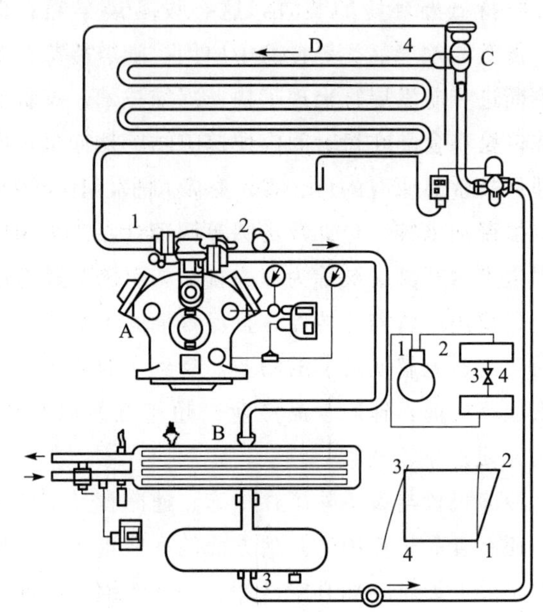

图 12-2　单级制冷循环系统制冷流程

1. 低温低压气体；2. 高温高压气体；3. 低温高压液体；4. 低温低压液体

A. 压缩机；B. 冷凝器；C. 节流阀；D. 蒸发器

（引自：马海乐．食品机械与设备．2 版．2011.）

单级压缩制冷系统的优点是设备结构相对简单，在中温下（－40～20℃）蒸发，要求压缩机压缩比大。但如果压缩比太大会出现一些问题：①冷却系数下降；②压缩机的排气温度很高，润滑油变稀，润滑条件变坏；③液态制冷剂节流时的损失增加，单位制冷量大幅度下降。

因此，单级压缩制冷循环所能达到的蒸发温度有限，一般来说，单级氨制冷剂的压缩机最大压缩比不超过 8，氟利昂制冷剂的压缩机最大压缩比不超过 10。

12.2.3　双级压缩制冷循环系统

制冷循环若以压缩机和膨胀阀为界，可粗略地分成高压高温和低压低温两个区。高压端压强对低压端压强的比值称为压缩比。压缩比由高温端的冷凝温度和低温端蒸发温度确定，蒸发温度越低，压缩比越高。在高压缩比情形下，若采用单级压缩，运行会有困难，这时可采用多级压缩，以双级压缩较为常见。双级压缩制冷循环系统是在单级压缩制冷循环系统的基础上发展起来的，其出发点是为了获得比较低的蒸发温度，同时又能将压缩机的压缩比控制在一个合适的范围内。

所谓双级压缩，指在制冷循环的蒸发器与冷凝器之间设两个压缩机，压缩过程分两阶段进行，即来自蒸发器的制冷剂压力为 P 的蒸气，先进入低压级气缸压缩机压缩到中间压力 P_m，并在两压缩机间再设一个中间冷却器，经过中间冷却器后，压缩到冷凝压力 P_1，再排入冷凝器，两个阶段的压缩比都在 10 以内。一般而言，当压缩比大于 8 时，采用双级压缩较为经济合理。对氨压缩机来说，当蒸发温度在 −25℃ 以下时，或冷蒸气压强大于 1.2 MPa 时，宜采用双级压缩制冷。双级压缩制冷循环系统的原理如图 12-3 所示。

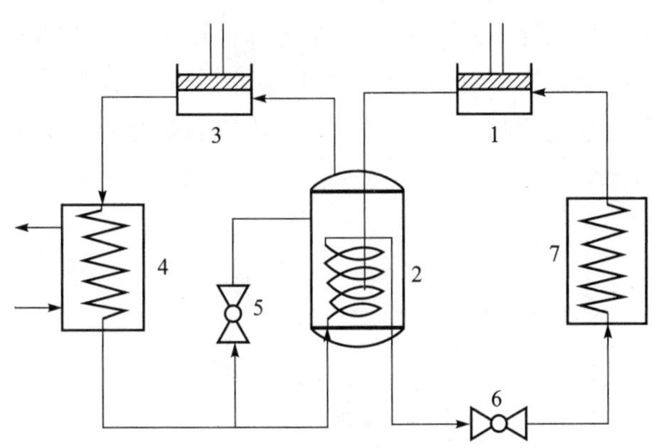

图 12-3 双级压缩制冷循环系统原理图

1. 低压压缩机；2. 中间冷却器；3. 高压压缩机；4. 冷凝器；5. 膨胀阀Ⅱ；6. 膨胀阀Ⅱ；7. 蒸发器

（引自：殷涌光. 食品机械与设备. 2 版. 2006.）

双级压缩制冷循环中制冷剂的状态变化如图 12-4 所示。蒸发器中形成的低压低温制冷剂蒸气（1），被低压压缩机吸入，经绝热压缩至中间压力的过热蒸气（2）而排出，进入同一压力的中间冷却器，被冷却至干饱和蒸气（3）。接着高压压缩段吸入如下干饱和蒸气：①来自低压压缩段的已被冷却的干饱和蒸气（3）；②来自高压段饱和液体制冷剂（6）经膨胀阀节流（6→9）降压后，在冷却低压段排出而尚未被冷凝的过热蒸气的过程中所形成的干饱和蒸气（3）。中压干饱和蒸气在高压段压缩机中被压缩到冷凝压力的过热蒸气（4），在冷凝器中等压冷却到干饱和蒸气（5），并进一步等压冷凝成饱和液体（6）。然后分成两路：一路是经膨胀阀节流降压后的制冷剂（9），进入中间冷却器；一路先在中间冷却器的盘管内进行过冷，过冷后的制冷剂（7）再经过膨胀阀节流降压，节流降压后的制冷剂（8）进入蒸发器，蒸发吸热，产生冷效应。

双级压缩循环的中间冷却方式决定于制冷剂的种类，氨制冷剂由于回热循环不利，采用的是中间完全冷却的方式，其原理如图 12-3 所示；而氟类制冷剂由于回热循环较好，可采用中间不完全冷却的循环方式，其原理如图 12-5 所示。

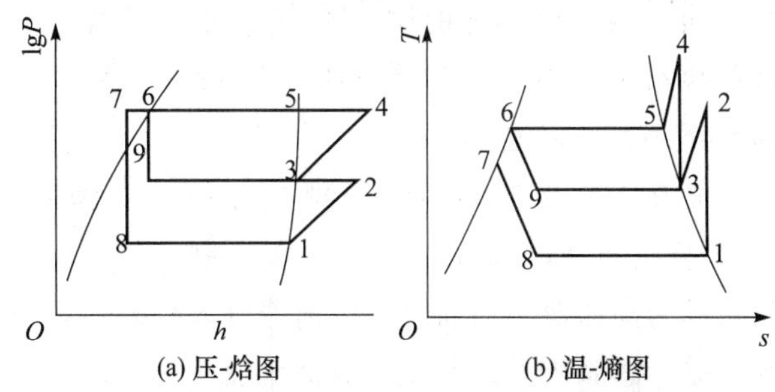

图 12-4 双级压缩制冷循环的压-焓图和温-熵图

1. 低温低压蒸气；2. 中间压力过热蒸气；3. 中间干饱和蒸气；4. 冷凝压力过热蒸气；5. 干饱和蒸气；6. 中间饱和液体；7. 饱和液体；8. 低温低压液体；9. 中间低温低压液体

（引自：徐学勤，王海鸥. 食品工厂机械与设备. 2 版. 2010.）

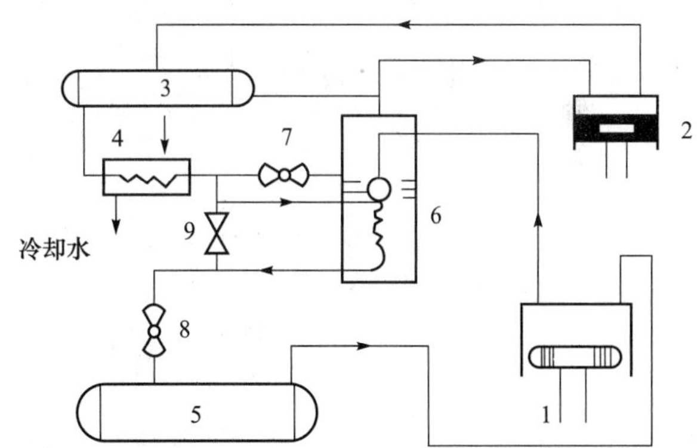

图 12-5 双级压缩一级节流中间不完全冷却循环系统原理图

1. 低压组压缩机；2. 高压组压缩机；3. 冷凝器；4. 过冷器；5. 蒸发器；6. 中间冷却器；7，8. 节流阀；9. 旁通阀

（引自：马海乐. 食品机械与设备. 2 版. 2011.）

12.2.4 复叠式制冷循环系统

随着食品新产品的不断开发，当食品物料的冷冻工艺或技术要求更低温度时，如要求对食品物料冷冻温度达到 −120～70℃时，上述的单、双级压缩制冷循环因受制冷剂的蒸发压力或凝固点的限制而难以胜任。为此，出现了应用两种制冷形式的复叠式制冷循环系统。

复叠式制冷循环系统通常由高温部分和低温部分组成，高温部分使用中温制冷剂，低温部分使用低温制冷剂，每一部分都有一个完整的制冷循环。高温部分制冷剂蒸发时吸热使低温部分制冷剂冷凝，而低温部分制冷剂在蒸发时吸热制冷。系统中的高温部分和低温部分用一个蒸发冷凝器联系起来，它既是高温部分的蒸发器，又是低温部分的冷凝器。这样，低温部分制冷剂吸收的热量就可以通过蒸发冷凝器传递给高温部分的制冷剂，而高温部分的制冷剂再通过冷凝器将热量释放给水或空气等环境介质。图 12-6 是复叠式制冷循环系统示意图。

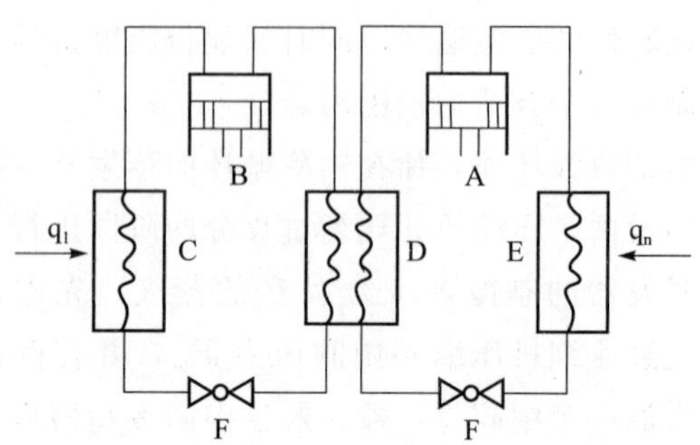

图 12-6　复叠式制冷循环系统示意图

A，B. 低、高温部分压缩机；C. 冷凝机；D. 蒸发冷凝器；E. 蒸发机；F. 节流阀

（引自：马海乐. 食品机械与设备. 2 版. 2011.）

复叠式制冷循环系统原理：如图 12-7 所示，R_{22}压缩机为高压部分，在高压部分中，制冷剂经压缩成为高压蒸气后通过油分离器进入冷凝器，经冷却进入膨胀阀，经节流后成低压液体进入蒸发冷凝器，在蒸发冷凝器汽化吸热，吸收低压部分压缩机排出的制冷剂蒸气的热量，汽化后的蒸气被压缩机吸收再循环。R_{13}压缩机为低压部分，低压部分的液态制冷剂在蒸发器中吸收低温箱内的热量而汽化，经压缩机压缩后，在水冷却器中预冷，进入蒸发冷凝器凝结成液体，经干燥器、回热器和膨胀阀，节流降压后进入蒸发器汽化吸收热量，如此循环往复。

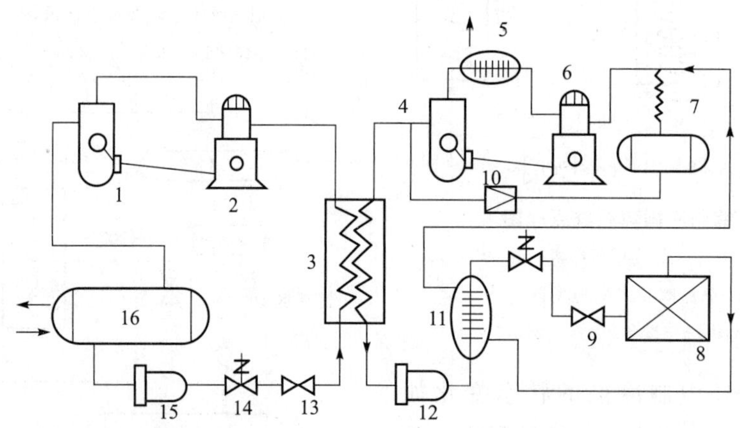

图 12-7　复叠式制冷循环系统原理图

1. 油分离器；2. R_{22}压缩机；3. 蒸发冷凝器；5. 预冷器；6. R_{13}压缩机；7. 膨胀容器；9，13. 膨胀阀；10. 单向阀；11. 回热器；12，15. 过滤器；14. 电磁阀；16. 冷凝器

（引自：马海乐. 食品机械与设备. 2 版. 2011.）

回热器的作用是防止停机后低温部分的制冷剂压力过高，在开机启动时平衡压缩机排出压力。复叠式制冷循环系统的优点如下：①在相同的蒸发温度下，复叠式制冷压缩机的尺寸比双级压缩循环制冷机要小；②系统内保持正压，空气不会漏入；③运行稳定；④高、低压部分可采用不同的制冷形式。

12.2.5　制冷剂与载冷剂

1. 制冷剂

制冷剂是制冷机中的工作流体，它在制冷系统中循环流动，通过自身热力状态的循环变化与外界发生能量交换，达到制冷的目的。习惯上称制冷剂为制冷工质。常用的制冷剂有水、氨、氟利昂以及某些碳氢化合物。

1）氨

氨的正常沸点为−33.4℃，凝固温度为−77.7℃，临界温度为133.3℃，临界压力为11 417 kPa，氨有较好的热力性质和物理性质，压力适中，单位容积制冷量大，黏性小，流动阻力小，传热性能好，价格低廉，易于获得，是应用最早并且目前仍广为使用的制冷剂。国内外大中型冷库多用氨作为制冷剂。氨的主要缺点是毒性大，易燃易爆，制冷车间的工作区内规定氨蒸气浓度不得超过0.02 mg/L。氨蒸气对食品有污染，并可使食品变味，因此，机房和库房应隔开一定的距离。若制冷机系统内部含有空气，易导致氨在制冷装置内部发生爆炸，因此，氨制冷系统中必须设空气分离器，及时排出系统内的空气及其他不凝性气体。氨的压缩终了温度较高，因此，压缩机气缸要采取冷却措施。

氨是典型的难溶于润滑油的制冷剂，它在润滑油中的溶解度不超过1%，因此，氨制冷机的管道和换热器的表面上会积有油膜，影响传热效果。运行中，润滑油还会积存在冷凝器、贮氨器及蒸发器的下部，这些部位应定期放油。

纯氨不腐蚀铁，但当氨含有水分时腐蚀锌、铜、青铜及其他铜合金，只有磷青铜例外，因此，要求氨的含水量控制在0.2%以内。此外，氨制冷机中不允许使用铜和铜合金，只有那些需要润滑的零件，如活塞销、轴瓦、密封环等，才允许使用高锡磷青铜。

2）氟利昂

氟利昂制冷剂的特点：①其具有的共性是无味，不易燃烧，毒性小；②含氯原子的氟利昂遇明火时，能分解出有剧毒的气体；③对金属材料的腐蚀性小，但对橡胶、塑料有腐蚀作用；④渗透性强，易泄漏，且泄漏小不易被发现；⑤传热性能差，相对分子质量大，比重大，流动性差，故在系统中循环时阻力损失较大；⑥绝热指数小，压缩终了温度低；⑦单位容积制冷量小，制冷剂的循环量较大，价格高。

氟利昂在理化性质上具有一定的规律性：①含氢原子多的可燃性强；②含氯原子多的，有毒性；③含氟原子多的，化学稳定性好。对臭氧破坏作用大的是氟利昂中含氯原子的物质，CFC（氯氟化碳）类制冷剂对环境破坏性最强，HCFC（氢氯氟化碳）类制冷剂次之，HFC（氢氟化碳）类制冷剂因不含氯而无破坏作用。国际环保组织决定，对R11、R12、R13、R115等15种CFC物质，到2010年完全停止使用。对34种HCFC物质，包括R22、R123、R124等，从2010年起开始限制使用。最终作为替代制冷剂的是HFC，这类制冷剂目前已有R134a、R404a和R407a/b/c，其中R134a已替代R12用于制冷设备中。

2. 载冷剂

在间接式制冷系统中，被冷却物体中的热量是通过中间介质传给制冷剂的，这种中间介质在制冷工程中称为载冷剂。

载冷剂的特点：①应始终呈液态，沸点要高，凝固点要低，且均应远离工作温度；②在循环中能耗要低，即要求载冷剂比热大，密度小，黏度低；③安全可靠，化学稳定性要好，不燃烧，不爆炸，对管道及设备不腐蚀，对人体无毒害；④价格低廉，易于获得。

在食品工业中，常用的载冷剂有水、盐水溶液和有机溶液。水只能用0℃以上的；一般盐水和有机物溶液可用于−20～50℃的；若要达到更低的温度，则要使用特殊的有机溶液，如聚二甲基硅醚和右旋柠檬碱等。

12.3　制冷系统的主要设备

在食品加工中使用最多的是蒸汽压缩式制冷的方式，其中压缩机、冷凝器、膨胀阀和蒸发器是蒸汽压缩式制冷系统的主要部件。

12.3.1　压缩机

压缩机是制冷装置中最为核心的设备，通常被称为制冷主机。其作用是吸取蒸发器中的低温低压制冷剂蒸气，将其压缩成高温高压的过热蒸气，推动制冷剂在系统中循环流动，达到制冷的目的。制冷压缩机的形式和种类很多，根据压缩部件的形式及运转方式的不同，压缩机分为活塞式、螺杆式、转子式和涡旋式等。目前，用于食品工业的压缩机，大多数为容积型（又称为活塞式）压缩机。容积型压缩机又可分为两类：一是往复式压缩机，其特点是活塞在气缸中做往复直线运动；二是回转式压缩机，其特点是通过一个或几个部件的旋转运动来完成压缩腔内部容积变化，较为常见的是螺杆式压缩机，近年来，螺杆式压缩机发展较快，应用较为广泛。

1. 卧式活塞制冷压缩机

卧式活塞制冷压缩机的工作原理：如图 12-8 所示，该类制冷压缩机一般是双向作用的，通过吸、排气阀片的配合，实现吸气、压缩、排气、膨胀四个过程。当活塞向左运动的时候，左边气缸的气体被压缩，压力增大并将排气阀打开，进行排气；右边气缸因压力减小而打开吸气阀，进行吸气。当活塞向右运动的时候，则左边气缸吸气，右边气缸排气。卧式活塞制冷压缩机的主要构件有曲轴箱、气缸、水套、活塞与活塞环、曲轴连杆装置以及润滑装置等。

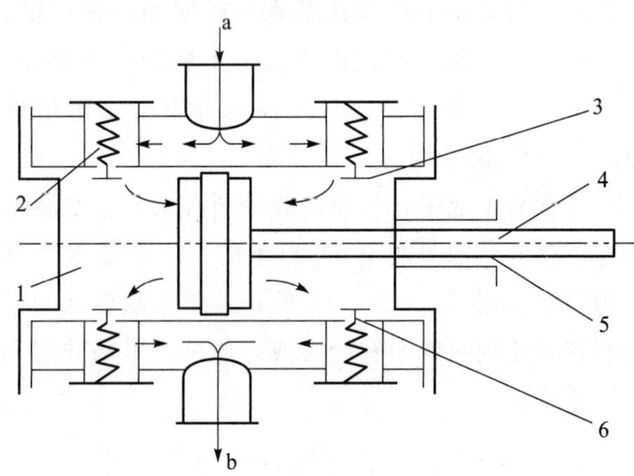

图 12-8　卧式活塞制冷压缩机工作原理图

1. 气缸；2. 阀门弹簧；3. 吸气阀；4. 连杆；5. 密封填料；6. 排气阀；a. 低压气体；b. 高压气体

（引自：殷涌光. 食品机械与设备. 2 版. 2006.）

（1）曲轴箱　是压缩机的机架，作用是承受机件所产生的力，一般以铸造成型，常用的材料为铸铁。

（2）气缸　是进行制冷剂（气态）的吸入和排出过程的部件，气缸两端有低压气体入口和高压气体出口，一端与曲轴箱相连，里边有阀盖，用弹簧压紧，若气缸中吸入氨液，由于液体是不可压缩的，则会有较大的压力，压力的作用使阀盖向上升起，将氨液放入排气阀中。

（3）水套　装于气缸周边，作用是冷却气缸，防止气缸发热对高温高压气体的产生影响。

（4）活塞与活塞环　活塞材料采用铸铁或铝合金，所用活塞环有两道气环和一道油环。气环用于活塞与气缸壁之间的密封，避免制冷剂蒸气从高压侧窜入低压侧，以保证所需的压缩性能，同时防止活塞与气缸壁直接摩擦，保护活塞。油环用于刮去气缸壁上多余的润滑油。

（5）曲轴连杆装置　其作用是把电机的旋转运动通过曲轴和连杆，改变为活塞的往复直线运动，从而达到压缩气体的目的。

（6）润滑装置　压缩机的润滑依靠齿轮油泵进行，其排油压力在 0.06～0.15 MPa。

2. 立式活塞制冷压缩机

立式活塞制冷压缩机工作原理：如图 12-9 所示，该种压缩机为立式、单作用、直流式氨压缩机，由气缸、活塞、活塞环、连杆、吸排气阀门、样盖、缓冲弹簧和曲轴箱等组成。当活塞向下运动时，装在活塞顶部的吸气阀门被打开，气缸进行吸气，当活塞走完向下的行程做向上运动时，气缸内的气态制冷剂被压缩，随着活塞的运动，气体在缸内的容积不断地被缩小，压力随之不断增大，吸气阀在压力的作用下自行关闭，当活塞继续向上运动时，气缸内的气态制冷剂被压缩到大于冷凝压力时，顶开装在样盖（安全阀）上的排气阀，制冷剂被排出气缸，压入高压管路中，完成一次压缩过程，如此反复循环。

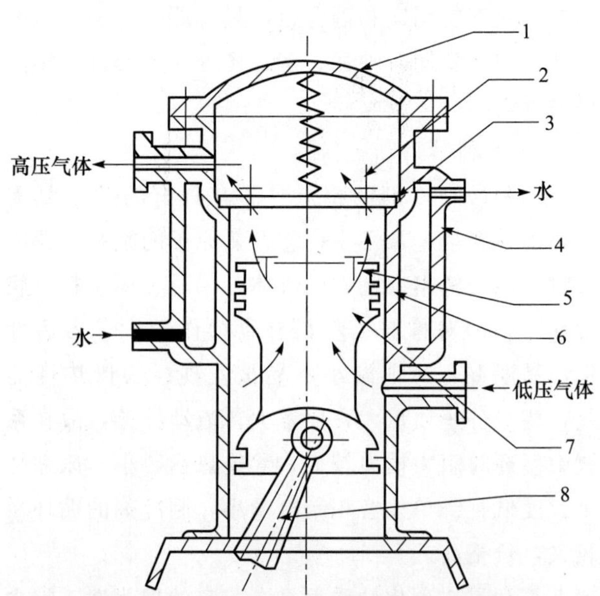

图 12-9　立式活塞制冷压缩机工作原理图

1. 上盖；2. 排气阀；3. 样盖（安全阀）；4. 水套；5. 吸气阀；6. 活塞环；7. 活塞；8. 连杆

（引自：殷涌光. 食品机械与设备. 2 版. 2006.）

3. 螺杆式制冷压缩机

螺杆式制冷压缩机是一种活塞式回转式压缩机，它具有活塞式制冷压缩机无法比拟的优点，近年来，随着螺杆式制冷压缩机螺杆齿形和其他结构的不断改进，性能得到了很大的提高，容量范围和使用范围在不断地扩大，机型和种类也不断增多，成为一种新型的制冷压缩机。

1）螺杆式制冷压缩机的工作原理

螺杆式制冷压缩机为容积式压缩机，其运转过程从吸气过程开始，被吸入的气体在密闭的螺杆齿间容积中经压缩，最后移至排气口排出。图 12-10 为螺杆式制冷压缩机工作过程示意图。

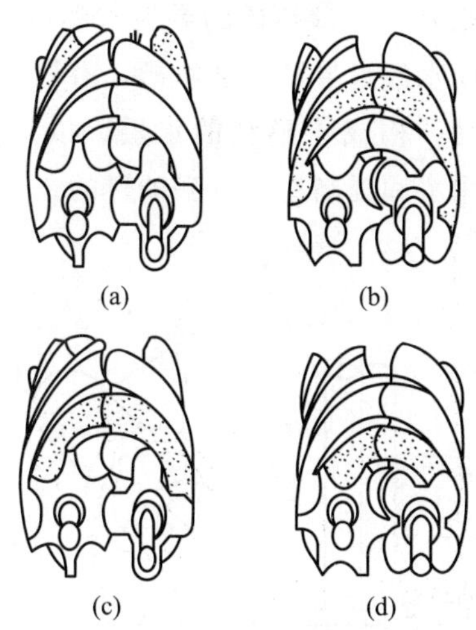

图 12-10　螺杆式制冷压缩机工作过程示意图

(a) 吸气过程；(b) 吸气过程结束，压缩过程开始；(c) 吸气过程；(d) 排气过程

（引自：马海乐．食品机械与设备．2 版．2011.）

(1) 吸气　如图 12-10 (a) 所示，气体经吸气孔口分别进入与机体之间呈“V”形的阴、阳螺杆中的一对齿间容积（齿间容积对）中，随着转子的回转，这两个齿间容积各自不断扩大，当达到最大值时，齿间容积与吸气孔口断开，吸气过程结束。

(2) 压缩　如图 12-10 (b) 和 (c) 所示，吸气过程结束后，螺杆继续回转，在转动中，阴、阳转子齿间连通，出现呈“V”形的齿间容积对（连通后的齿间容积），在此过程中，阴、阳转子的齿相互侵入，其容积值逐渐缩小，这样气体等量而容积缩小的现象使气体压缩，压缩过程直到该齿间容积对与排气口相连通为止。

(3) 排气　如图 12-10 (d) 所示，在齿间容积对与排气口连通后，由于转子回转时容积的不断缩小，将压缩后具有一定压力的气体送至排气管，排气过程即开始，一直延续到该容积达到最小值为止。

2）螺杆式制冷压缩机的基本结构

螺杆式制冷压缩机分为无油式和喷油式两种。目前，应用于制冷系统上的多为喷油式螺杆式制冷压缩机，且大多数采用单级开启式的结构。螺杆式制冷压缩机主要组成的部件有：螺杆（转子）、轴承与轴封、平衡活塞、能量调节装置，以及位于机体中部的气缸体与位于两端的吸、排气端座等。

3）螺杆式制冷压缩机的特点

① 结构紧凑。螺杆式制冷压缩机为回转机械，运动机构没有往复惯性力，而且不需要像往复式压缩机那样设置吸、排气阀，吸、排气阀结构简单。因此，与往复式制冷压缩机相比，螺杆式制冷压缩机具有结构紧凑、转速高和机械冲击小的优点。

② 容积效率高。螺杆式制冷压缩机不需要设置吸、排气阀，因此，吸、排气的阻力损失小，特别是不存在余隙的问题，压缩机可以在大压力比下运行且能保持较高的效率。

③ 使用安全可靠。螺杆式制冷压缩机主要由螺杆的容积改变而使制冷剂蒸气得以压缩，高速运转的部件无往复运动，同时不需要配置往复制冷压缩机的（如阀片、活塞，活塞环、气阀、连杆等）易损零件，故使用可靠，运转周期长。

④ 排气温度低。螺杆式制冷压缩机在向制冷剂蒸气进行压缩时，向压缩腔喷入大量的润滑油冷却，压缩过程接近等温压缩，故在相等的压力比下运行，排气温度比往复式制冷压缩机低得多。

⑤ 能量可以无级调节。采用滑阀调节，可以在 10%～100%的范围内对能量进行无级调节。

但是，螺杆式制冷压缩机的缺点是机组的体积较为庞大，噪声较高。

该种压缩机的可变工作容积由螺杆、气缸体，以及吸、排气端座构成。两条螺杆平行放置并互相啮合，螺杆上具有特殊的螺旋齿数。有凸齿的称为阳转子，一般为主动端；有凹齿的称为阴转子，一般为从动端。两螺杆的齿数比通常为 4∶6。两螺杆以一定的传动比向相反方向旋转。压缩机的气缸体端面形状为“∞”形，与两个啮合的螺杆外圆柱体相适合。吸、排气端座的端面为平面，与螺杆的端面贴合形成端面密封。两根螺杆上的每道齿槽都可以与气缸内壁形成一个封闭的齿间容积。

12.3.2 冷凝器

冷凝器是蒸气压缩机制冷系统中四大主要设备之一，在制冷过程中，冷凝器起到输出热量并使高温高压制冷剂蒸气冷凝的作用，将压缩机排出的高温制冷剂蒸气冷凝成为冷凝压力的饱和液体，并把热量传给周围介质，如水或空气。根据冷却介质和冷却方式的不同，冷凝器可分为水冷式、空冷式和蒸发式三种。

1. 水冷式冷凝器

在水冷式冷凝器中，制冷剂放出的热量被冷却水带走。冷却水一般用冷却塔冷却后循环使用，水冷式冷凝器有立式列管式、卧式列管式、套管式和淋水式等。

1）立式列管式冷凝器

立式列管式冷凝器（图 12-11）为一个圆柱壳体，其壳体由 8～16 mm 的钢板卷焊而成，圆柱体的上下两端各焊一块多孔的管板，两块管板之间焊接或胀接数十根无缝钢管。工作时，冷却水自上进入管内，沿管壁往下流，但冷却水并不充满管的全部断面，而是在管壁上形成一层薄的流层。从压缩机出来的制冷剂蒸气从壳体的 2/3 高度处进入冷凝器的管间空隙中，两流体间接接触，致使管内的冷却水与管外的高温制冷剂蒸气进行充分的热交换，冷却水水温升高后，排入下部的水池中；而制冷剂蒸气释放热量后，被冷凝成液体，逐渐地沉积在冷凝器的底部，经液管流入贮液器中。

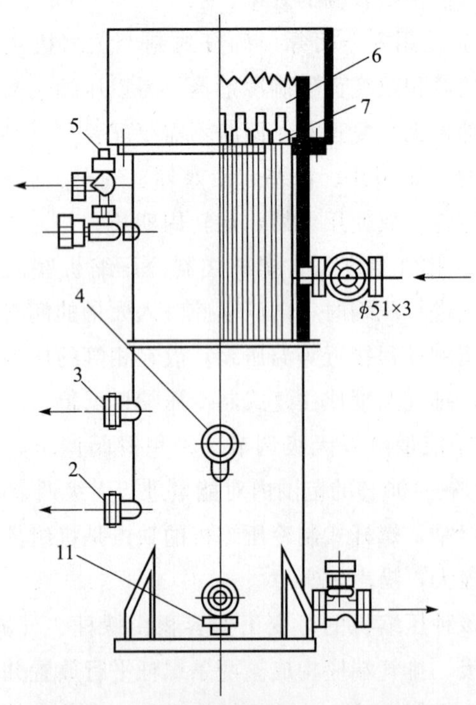

图 12-11 立式列管式冷凝器示意图

1. 放油；2. 混合气；3. 均压管压力表；5. 安全阀；6. 配水箱；7. 分水器

（引自：徐学勤，王海鸥. 食品工厂与机械与设备. 2 版. 2008.）

冷却水的配水箱装在冷凝器的顶部，配水箱把冷却水均匀地分配到各个管中，在每个冷却水管的进口处还装有一个带斜槽的导流管嘴（图 12-12），其作用是使水经过导流套的斜槽，沿管内壁呈螺旋状向下流动，构成水膜状的水层，以达到强化传热、节省用水和提高冷却效果的目的。

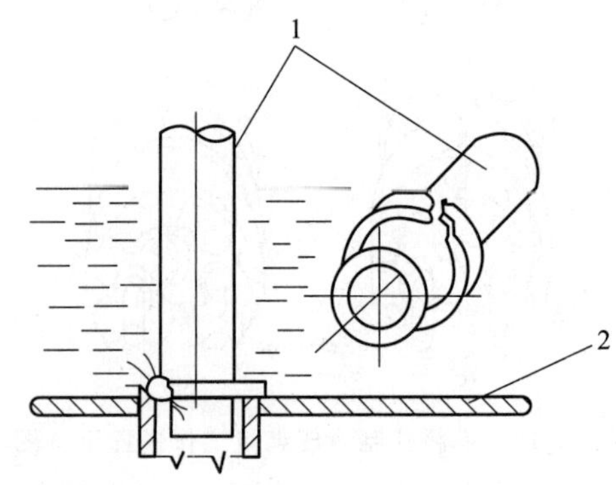

图 12-12 立式列管式冷凝器示意图

1. 导流管；2. 配水箱

（引自：马海乐. 食品机械与设备. 2 版. 2011.）

2）卧式列管式冷凝器

卧式列管式冷凝器的结构如图 12-13 所示。其安装形式为水平安置，两端管板的外面用端盖封闭，端盖上铸有分隔板，将管束分成几个水程，冷却水从一端端盖进入后，按顺序依次通过每个水程，进行多程转折进出，最后从同一端盖上部流出。这种安装形式使冷却水在管中的流速提高，冷却水同制冷剂蒸气进行的热交换更充分，可提高冷却水的利用率。

卧式列管式冷凝器端盖上还设有排放空气和水的阀门，以便在运行中排出冷凝器内冷却管中的空气，停机时排去冷却管内的存水，减少冷却水的流动阻力和避免冷却管中的水因天气的影响冻结造成冷凝器冻裂等。卧式列管式冷凝器可以用于氨制冷系统，也可以用氟利昂制冷系统，氨卧式列管式冷凝器的冷却管使用光滑钢管，氟利昂卧式列管式冷凝器使用铜管。卧式列管式冷凝器传热系数高，但其冷却水管的清洗比较困难，清洁水垢时必须停机，故冷却水需要使用清洁的软水，这种类型的冷凝器适用水温较低、水质较好的中型及大型氟利昂制冷机组使用。

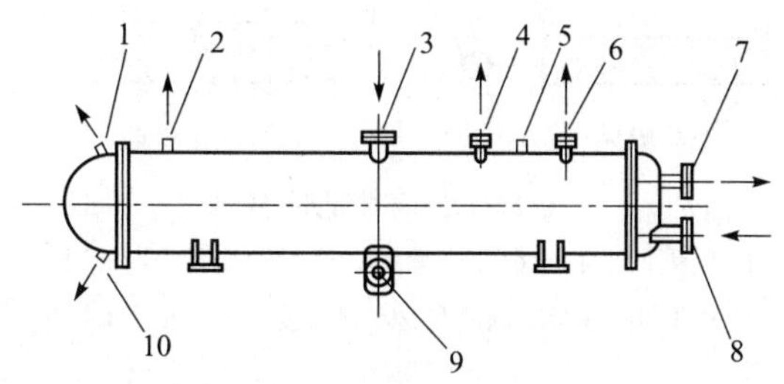

图 12-13　卧式列管式冷凝器示意图

1. 放空阀；2. 放空气；3. 氨气进口；4. 均压管；5. 压力表；6. 安全阀；7. 水出口；8. 水进口；9. 氨液出口；10. 放水阀

（引自：徐学勤，王海鸥. 食品工厂与机械与设备. 2 版. 2008.）

3）套管式冷凝器

氟利昂套管式冷凝器（图 12-14）由两种直径不同的无缝钢管和紫铜管套在一起，呈盘管状，是套管式冷凝器较为典型的一种。氟利昂蒸气在套管空间内冷凝，冷凝液从下面流出。冷却水在管中自下而上流动，与氟利昂蒸气的流向相反，冷却水流速为 1～2 m/s，由于水管内流程较长，进出口温差较大，为 8～10℃。这种套管式冷凝器优点是结构紧凑，制造简单；缺点是流动阻力较大，清除水垢比较困难，要求冷却水的水质好。氟利昂套管式冷凝器一般用于制冷量小于 40 kW 的小型制冷装置。

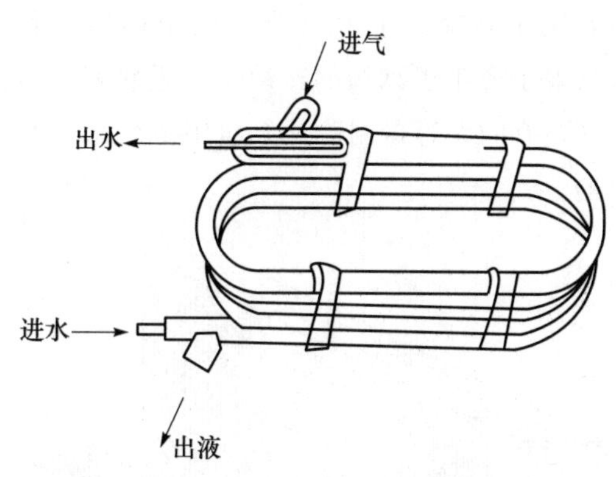

图 12-14　套管式冷凝器示意图

4）淋水式冷凝器

淋水式冷凝器主要由 2～6 组无缝钢管的管排组合而成（图 12-15）。其工作过程如下：冷却水自顶部进入配水箱中，经配水槽沿排管处表面成膜层流下，部分水在热交换中蒸发，其余流落到水池中，冷却后再重复使用；氨制冷剂蒸气从排管的底部进入，上升时遇冷而凝结，冷却后的液态氨制冷剂在中部被引出，流入贮氨器中。氨制冷剂蒸气自底部进入冷凝器，与冷却水的走向基本上是对流的，故随制冷剂进入的润滑油几乎均沉积在底部的排管上。这层油膜会妨碍传热，因此，在中部及时地排出冷凝器中的液氨，对于提高冷凝器的传热效果是有利的。

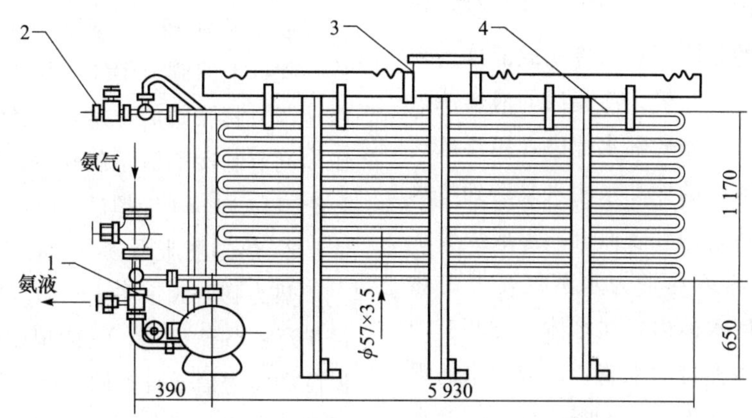

图 12-15　淋水式冷凝器

1. 贮氨器；2. 放空气；3. 配水箱；4. 冷却排管

（引自：殷涌光. 食品机械与设备. 2 版. 2006.）

2. 空冷式冷凝器

空冷式冷凝器的冷却介质是空气，制冷剂放出的热量由空气带走。空冷式冷凝器（图 12-16）可以分为空气强制运动和空气自由运动两种形式。前者主要用于制冷量小于 60 kW 的中小型氟利昂机组，后者主要用于冰箱的冷凝器。近年来，对于缺水地区，有的大容量制冷压缩机组也会采用空冷式冷凝器。

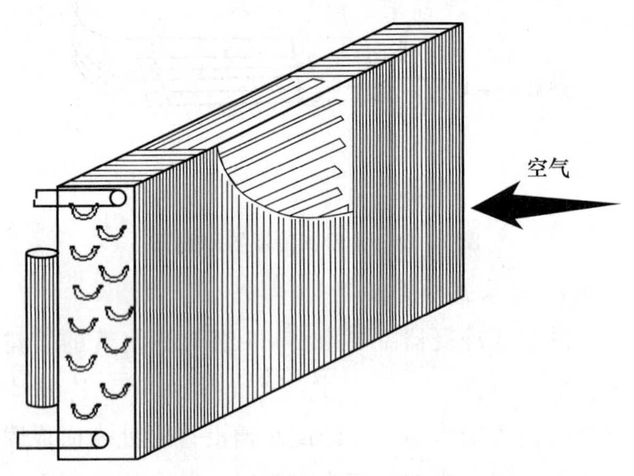

图 12-16 空冷式冷凝器

（引自：殷涌光. 食品机械与设备. 2 版. 2006.）

空气强制运动的空冷式冷凝器，又称为风冷式冷凝器，氟利昂在管内冷凝，冷却空气在风机作用下，横向流过翅片管，迎面风速为 2.5～3.5 m/s。翅片管由外径 10～16 mm 的铜管外套铝片构成，管组通常由直管或 U 形管组成。

3. 蒸发式冷凝器

蒸发式冷凝器（图 12-17）主要利用水在蒸发时吸收热量而使管内的制冷剂蒸气冷凝成液体。制冷剂蒸气由上部进入蛇形盘管，冷凝后的液体从盘管下部流出。冷却水贮于箱底部水池中，用浮球阀保持一定的水位。水池中的冷却水用水泵送到喷水管，经喷嘴喷淋在传热管的外表面上，形成一层水膜，水膜中部分水吸热后蒸发为水蒸气，带走热量，未蒸发的水仍滴回水池内。在箱体上方装有挡水板，用来阻挡空气中夹带的水滴，以减少水的损失。水池中的水因为蒸发作用而不断减少，同时水中含盐浓度也不断增加，所以需要经常补充经过软化处理的冷却水。

为了强化盘管的放热效果，在冷凝器的侧面或顶面装有风机，使空气强制流经蛇形盘管，把产生的水蒸气带走，以提高冷却效果。蒸发式冷凝器的钢制传热管，外表面须镀锌防腐。

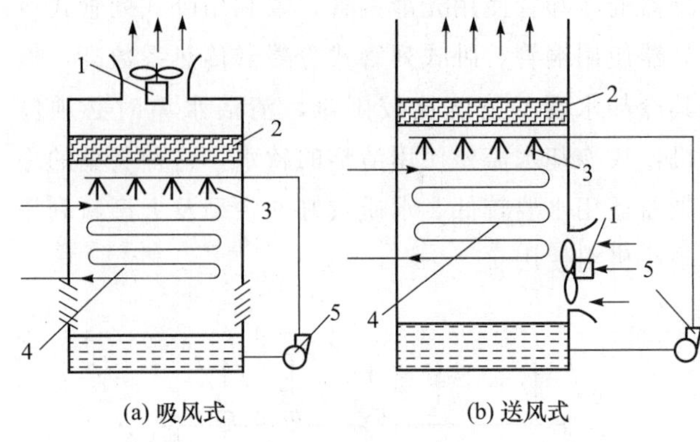

图 12-17 蒸发式冷凝器

1. 风机；2. 挡水板；3. 喷嘴；4. 蛇形换热管；5. 水泵

（引自：隋继学. 制冷与食品保藏技术. 2 版. 2005.）

12.3.3 膨胀阀

膨胀阀又称为节流阀，是制冷系统的四大基本设备之一，在制冷系统中起节流降压和控制流量两个作用。高压液体流经膨胀阀时，因节流而降压，使液态制冷剂的压力由冷凝压力降低到系统所要求的蒸发压力；与此同时，少量液态制冷剂因降压而沸腾蒸发，吸收其余液态制冷剂的热量，将流经膨胀阀的液态制冷剂的温度降到蒸发温度。

常用的膨胀阀有手动膨胀阀、热力膨胀阀、电子膨胀阀等。

1. 手动膨胀阀

手动膨胀阀（图 12-18）的外形及其内部结构均与普通节流阀相似。阀芯采用针形或 V 形两种结构。阀杆上的调节螺纹采用细牙螺纹，便于比较精确地调节膨胀阀的开度，以达到比较理想的节流降压和调节制冷剂流量的目的。操作时，一般开度为 1/8～1/4 周，不能超过一周，否则失去节流的作用。

2. 热力膨胀阀

热力膨胀阀（图 12-19）是氟利昂制冷系统使用最广泛的节流机构，它能根据流出蒸发器的制冷剂温度和压力信号自动调节进入蒸发器的氟利昂流量。根据其接收信号的不同，热力膨胀阀可分为内平衡和外平衡两种形式。热力膨胀阀主要由阀体、阀针、调节杆座、调节杆、弹簧、过滤器、传动杆、感温包、毛细管、气箱盖、感应薄膜等零部件组成。

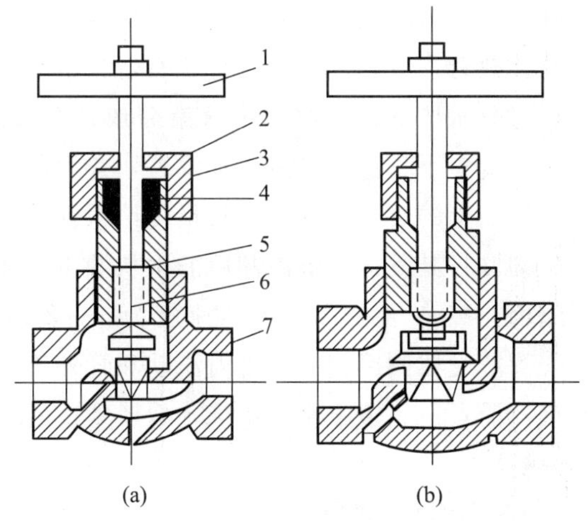

图 12-18　手动膨胀阀

（a）针形阀门；（b）V 形阀门

1. 手轮；2. 螺母；3. 钢套筒；4. 填料

（引自：殷涌光．食品机械与设备．2 版．2006.）

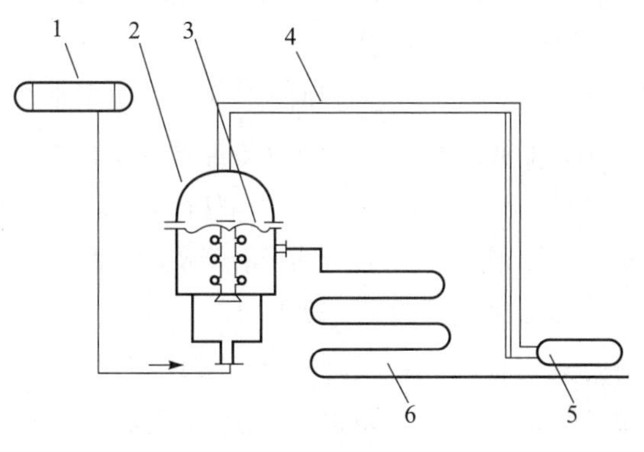

图 12-19　热力膨胀阀

1. 高压贮液器；2. 热力膨胀阀体；3. 波纹薄膜；

4. 毛细管；5. 感温包；6. 蒸发器

（引自：马海乐．食品机械与设备．2 版．2011.）

感温包、毛细管、感应薄膜构成一个密闭的感温机构。感温包安装在蒸发器的出口处，内注一定量的制冷剂，用于感受蒸发器出口处的温度变化；毛细管在感温系统内起传递压力的作用；感应薄膜是由一块很薄的合金片冲压而成的，断面呈波浪形，具有良好的弹性，工作时，膜片将根据膜片上下两面的压力变化而上下移动或保持稳定，控制膨胀阀保持一定的开度。

3. 电子膨胀阀

电子膨胀阀的控制精度较高，调节范围大，并为制冷装置的智能化提供了条件。电子膨胀阀是通过调节和控制施加于膨胀阀上的电压或电流，进而控制阀针运动，以调节制冷剂流量的一种膨胀阀。电子膨胀阀分为电磁式和电动式两类。电磁式电子膨胀阀将被调参数先转化为电压，施加在膨胀阀的电磁线圈上。其电压越高，开度越小，流经膨胀阀的制冷剂流量也越小。该膨胀阀结构简单，对信号变化的响应快；但在制冷系统工作时，需要一直向它提供控制电压。电动式电子膨胀阀的阀针由脉冲电动机驱动。电动式电子膨胀阀可分为直动型和减速型两种。直动型电动式电子膨胀阀用脉冲电动机直接驱动阀针，适用于较小冷量的节流；减速型电动式电子膨胀阀的阀内装有减速齿轮组，脉冲电机通过减速齿轮组将其磁力矩传递给阀针，适用于较大冷量的节流。

12.3.4　蒸发器

蒸发器是将被冷却介质的热量传递给制冷剂的热交换器，经过节流后的液态制冷剂在蒸发器中汽化吸热，使周围物体或空气被冷却。制冷用的蒸发器有多种，根据被冷却介质的种类，用于食品加工和贮藏的蒸发器，有下面几类：①冷却盐水或水等载冷剂的蒸发器，如立管式蒸发器、卧式蒸发器以及螺旋管式蒸发器等；②冷却空气的蒸发器，如装在冷库的自然对流冷却排管，强制循环冷却空气的冷风机等；③冻结设备蒸发器，如接触式冷却平板冻结器等。

1. 立管式蒸发器

立管式蒸发器的结构：如图 12-20 所示，每个立式排管分别由水平的上总管、下总管和与两总管相连的直立管子构成。上总管的一端与液体分离器相连，可使气态制冷剂回流至制冷压缩机内，而分离出来的液态制冷剂流至下总管。下总管的一端设有集油罐，其上端的均压管与回气管相通，可将润滑油中的制冷剂蒸气抽回至制冷压缩机内。

立管中制冷剂循环路线：如图 12-21 所示，节流后的低压液体制冷剂从上总管穿过中间的一根直立粗管直接进入下总管，并可均匀地分配到各根立管中去。立管内充满液体制冷剂，汽化后的制冷剂蒸气上升到上总管中，经液气分离后将液体排出，符合液体沸腾过程的规律，制冷剂沸腾时的放热系数高。被冷却的水从上部进入水箱，由下部口流出。为保证水在箱内以一定的速度循环，管内装有纵向隔板和螺旋搅拌器，水流速度可达 0.5～0.7 m/s。水箱上部装有溢水口，当箱内装入的冷却水过多时，可以从溢水口流出。箱体底部又装有泄水口，以备检修时须放空水箱内的水。

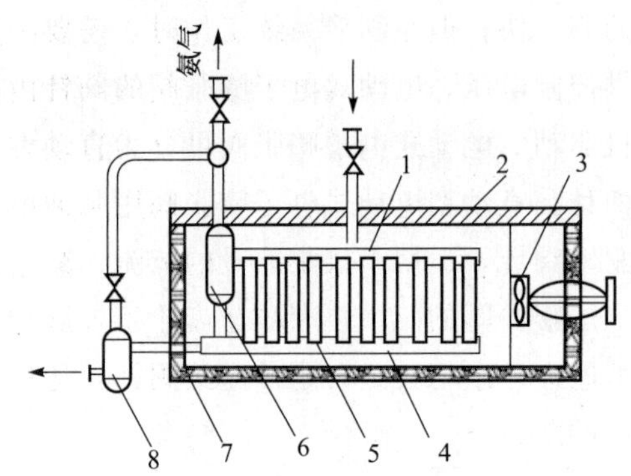

图 12-20 立管式蒸发器

1. 上总管；2. 木板盖；3. 搅拌器；4. 下总管；5. 直立短管；6. 氨液分离器；7. 软木；8. 集油器

（引自：徐学勤，王海鸥. 食品工厂与机械与设备. 2 版. 2008.）

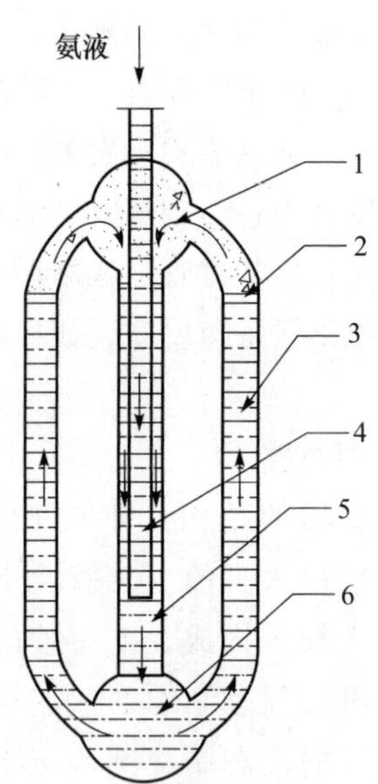

图 12-21 立管中制冷剂循环路线

1. 上总管；2. 液面；3. 直立细管；4. 导液管；5. 直立粗管；6. 下总管

（引自：徐学勤，王海鸥. 食品工厂与机械与设备. 2 版. 2008.）

立管式蒸发器属于敞开式设备，其优点是便于观察、运行和检修。缺点是如用盐水作冷冻水时，其与大气接触会吸收空气中的水分，盐水的浓度易降低，并且系统易被迅速腐蚀。立管式蒸发器适用于冷藏库制冰。

2. 卧式壳管蒸发器

卧式壳管蒸发器（图 12-22）的筒体由钢板焊成，两端各焊有管板，两管板之间焊接或胀接许多根水平传热管，管板外面两端各装有带分水槽的端盖。通过分水槽的端盖将水平管束分成几个管组，冷冻水经端盖下部进水管进入蒸发器，并沿着各管组做自下而上的反复流动，将热量传给水管外部液体制冷剂并将其汽化。被冷却后的水从端盖上部出水管流出，冷却水在管内流动速度为 1～2 m/s。卧式壳管蒸发器制冷剂有在管内流动和管外流动两种类型，前者适用于氟制冷系统，后者则适用于氨制冷系统。

3. 空气冷却蒸发器

空气冷却蒸发器根据应用场所不同，可分为空气自然对流式和强迫空气对流式。

1）空气自然对流式蒸发器

装在冷库的空气自然对流式蒸发器（图 12-23）一般称为库房冷却排管，安装在近墙处，称为墙排管；安装在顶棚处，称为顶棚排管；用架子平放者，称为搁架排管。库房常用的冷却排管（冷排管），按管子的连接方法，可分为立管式和盘管式。此外，冷排管按冷却表面形式，又可分为光滑管及翅片管两大类。

蛇形盘管式蒸发器，如图 12-23（a）所示，多采用无缝钢管制成，横卧蒸发盘管或翅片盘管通过 U 形管卡固定在立的角钢支架上，气流通过自然对流进行降温。这种蒸发器结构简单，制作容易，充氨量小，排管内的制冷气体需要经过冷却排管的全部长度后才能排出，并且空气流量小，制冷效率低。

立管式蒸发器，如图 12-23（b）所示，常用于氨制冷系统，一般用无缝钢管制造。氨液从下横管的中部进入，均匀地分布到每根蒸发立管中。各立管中液面高度相同，汽化后的氨蒸气由上横管的中部排出。这种立管式蒸发器中的制冷剂汽化后，气体易于排出，从而保证蒸发器有效的传热效果，减少过热区。但是，当蒸发器较高时，因液柱的静压力作用，下部制冷剂压力较大，蒸发温度高。当蒸发温度较低时，其制冷效果较差。

2）强迫空气对流式蒸发器

强迫空气对流式蒸发器通常又称为冷风机（但有的冷风机也用载冷剂作间接冷源）。空气在风机的作用下流过蒸发器，与盘管内的制冷剂进行热量交换。冷风机由数排盘管组成，一般选用铜管或在铜管外套缠翅片。为使液态制冷剂能均匀分配给各管路进口，常在冷凝器与毛细管接口处装有分液器。氨、氟利昂制冷系统均可采用这种蒸发器；氟利昂制冷系统采用强迫空气对流式蒸发器的结构紧凑且管路细，氨制冷系统采用强迫空气对流式蒸发器的外形大且管路粗。

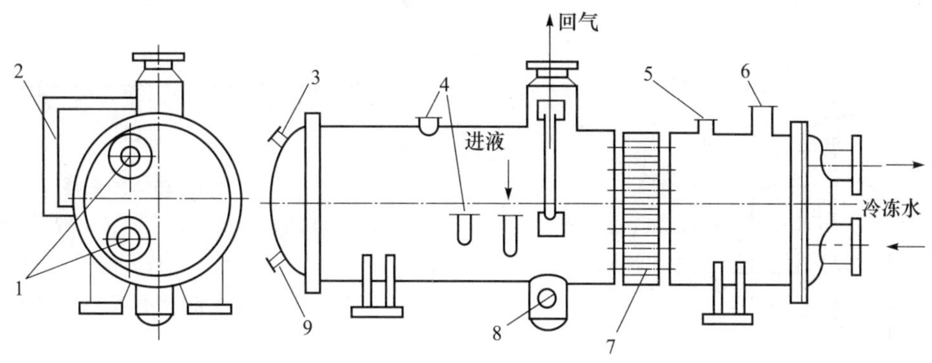

图 12-22 卧式壳管蒸发器

1. 冷冻水接管；2. 液位管；3. 放空气口；4. 浮球阀接口；5. 压力表；6. 安全阀；7. 传热管；8. 放油口；9. 泄水口

（引自：徐学勤，王海鸥. 食品工厂与机械与设备. 2 版. 2008.）

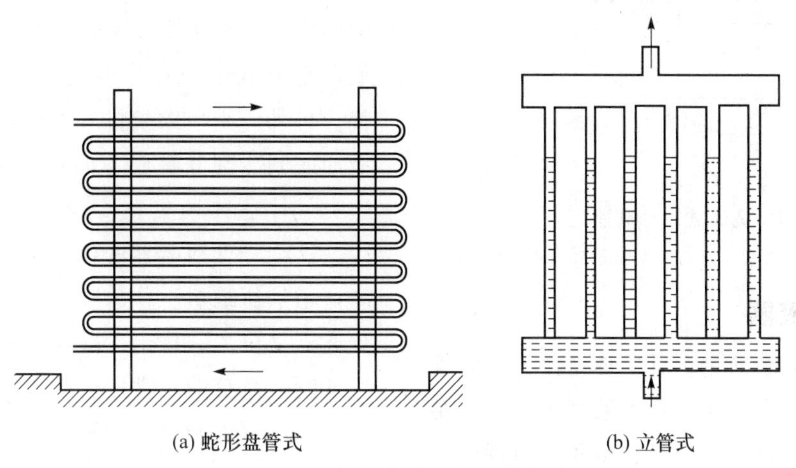

(a) 蛇形盘管式 (b) 立管式

图 12-23 空气自然对流式蒸发器

（引自：徐学勤，王海鸥. 食品工厂与机械与设备. 2 版. 2008.）

12.4 制冷系统的附属设备

在制冷循环过程中，制冷剂要经过物态的变化，还要经过压力、速度、密度、温度等物理参数的变化。为了保证制冷液均匀地进入蒸发器，而制冷剂蒸气又能及时地被压缩机抽走。同时，在压缩后，高压制冷剂蒸气又不可避免地要从压缩机中带出一些润滑油。在整个制冷系统中，也会因接合处不够严密，渗入一些空气。制冷剂及润滑油在高温高压下，也会有少量的分解。为改善制冷机工作条件，保证良好的制冷效果，延长制冷机的使用寿命，制冷机除四大主件（压缩机、冷凝器、膨胀阀、蒸发器）外，还必须有其他的装置和设备作为辅助，这些装置和设备统称为制冷机的附属设备。制冷机附属设备的种类和形式较多，以下主要介绍常用的几种。

12.4.1 油分离器

油分离器也称为分油器，它的作用是分离压缩后气态制冷剂中所带出的润滑油，保证氨气不进入冷凝器。如果油进入冷凝器，其壁面被油污染后，会使传热系数大大降低。

油分离器有很多种。图 12-24 所示的是洗涤式油分离器，主要用于氨制冷系统。它由钢制圆柱壳体封头焊接而成，其上有氨气进出口、放油口和氨液进口。氨气中润滑油的分离，是依靠降低气流速度和改变运动方向以及降低温度来达到的。当突然改变流动速度和方向时，润滑油下落到油分离器的底部。这种液面油分离器能将氨气中 95%以上的润滑油分离出来。

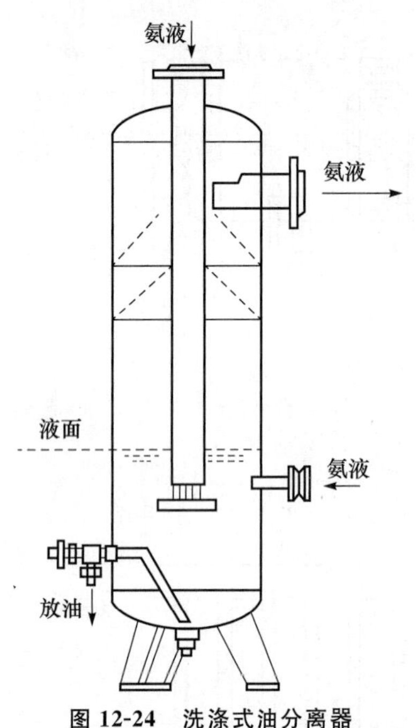

图 12-24 洗涤式油分离器

（引自：徐学勤，王海鸥．食品工厂与机械与设备．2 版．2008.）

12.4.2 贮液器

贮液器的结构比较简单，其主体是由钢板卷焊而成的圆柱体，两端有封头。在贮液器上设置了制冷剂进出口、均压管、安全阀、放空阀、放油阀和排污阀等（图 12-25）。为了防止温度变化面产生的热膨胀对贮液器安全性产生影响，贮液器的最大贮液量不能超过其容积的 70%（氨）或 80%（氟利昂），最高的工作压力为 2 MPa。

12.4.3 气液分离器

气液分离器位于系统膨胀阀之后，设在蒸发器与压缩机之间。它主要起两方面的作用：一是分离经蒸发器出来的制冷剂蒸气，保证压缩机工作是干冲程，即进入压缩机的是干饱和蒸气，防止制冷剂液进入压缩机产生液压冲击而造成事故；二是用来分离自膨胀阀进入蒸发器的制冷剂中的气体，使进入蒸发器的液体中无气体存在，以提高蒸发器的传热效果。

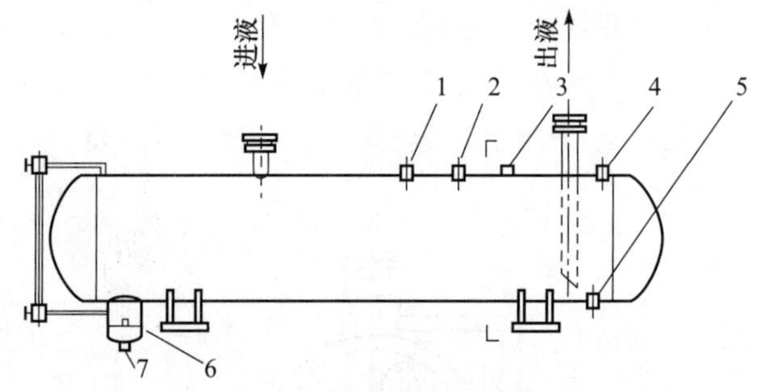

图 12-25 贮液器

1. 均压管；2. 压力表；3. 安全阀；4. 放空阀；5. 备用阀；6. 放油阀；7. 排污阀

（引自：马海乐．食品机械与设备．2 版．2011.）

12.4.4 空气分离器

制冷循环的整个系统虽然是密闭的，在首次加制冷剂前虽经抽空，但不可能将整个系统内部空气完全抽出，因此，还有少量空气留在设备中。当正常操作时，由于操作不慎，会出现低压管路压力过低，系统不够严密等现象，也可能渗入一部分空气。另外，当压缩机排气温度过高时，常有部分润滑油或制冷剂分解成不能在冷凝器中液化的气体。这类气体往往聚集在冷凝器、高压贮液器等设备内，这会降低冷凝器的传热系数，引起冷凝压力升高，增加压缩机工作的耗电量。因此，需要用空气分离器来分离、排出冷凝器中不能液化的气体，以保证制冷系统的正常运转。

在以氨为制冷剂的制冷系统中，常用的空气分离器有如下几种：

（1）四套管卧式空气分离器　由四根直径不同的无缝钢管套焊而成（图 12-26）。分离器的最外夹套（称为第一夹层）与第三夹层相通，第二夹层氨液与第四夹层相通。其工作过程如下：从贮氨器进入的氨液经节流阀节流后进入内管，然后进入第二夹层。来自贮液器和冷凝器的混合气体进入第一夹层和第三夹层。低温的氨液经传热管壁吸收混合气体的热量而蒸发，蒸发的气体经回气管至氨液分离器或低压循环桶，混合气体则在较高的冷凝压力和较低的蒸发温度下被冷却，其中的氨蒸气被冷凝为液体，流到分离器的第四夹层以供使用。空气等不凝性气体通过一接管放至水中，水浴后排入大气中。

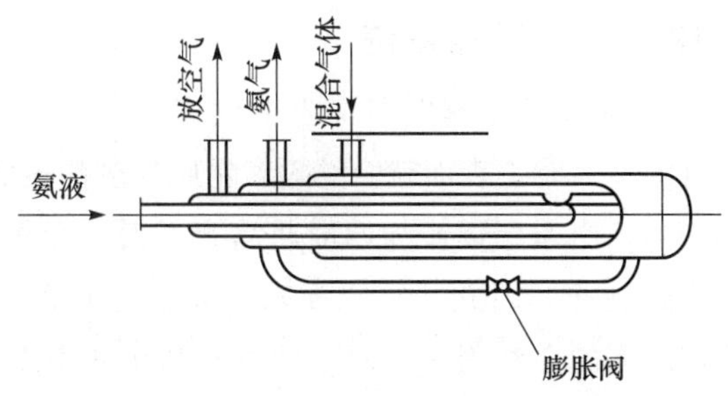

图 12-26　四套管卧式空气分离器

（引自：马海乐．食品机械与设备．2版．2011.）

（2）二套管立式空气分离器　图 12-27（a）所示的为二套管立式空气分离器，该分离器的壳体由无缝钢管制成，外部用绝热材料保温。在两端封闭的壳体中有一组冷却盘管，冷却盘管的下端与进液管相连，上端与回气管相连，盘管因氨液的蒸发而成为一个蒸发器。壳体的中部侧面分别焊接了混合气体进口管接头和放空气管接头。操作时，混合气体进入壳体中与盘管表面进行热交换，冷凝下来的制冷剂由壳体下封头引出，经节流阀后与进液管接通，分离下来的不凝性气体经上部的放空气口进行水浴分离。

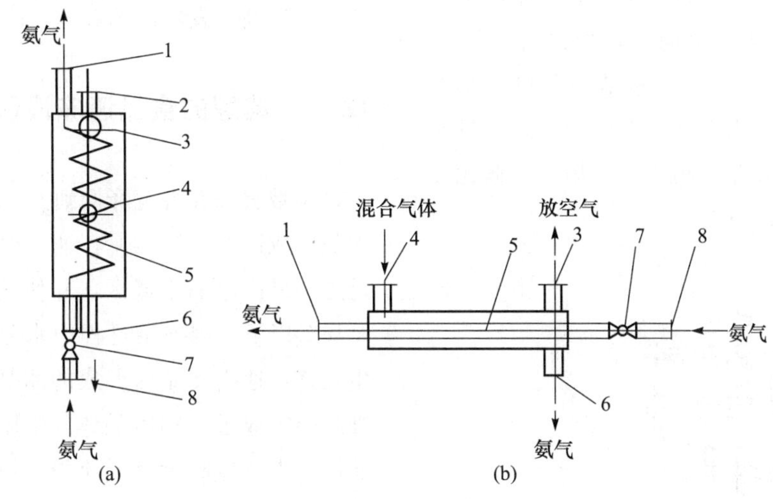

图 12-27　二套管卧式空气分离器

（a）立式空气分离器；（b）卧式空气分离器

1. 氨气出口；2. 温度计插座；3. 放空气口；4. 混合气体进口；5. 冷却盘管；6. 冷氨液出口；7. 胀阀；8. 氨液进口

（引自：马海乐．食品机械与设备．2版．2011.）

（3）二套管卧式空气分离器　其与四套管卧式空气分离器相似，但只有二层管，如图 12-27（b）所示。其工作过程：从贮氨器进入的氨液经节流阀节流后进入内管，在内管中吸收混合气体的热量而蒸发。蒸发后的氨气和不凝性气体一并进入分离的外层管隙间，氨气进一步被冷却而凝结，冷凝液由底部排出，经水浴后排入大气中。

12.4.5　中间冷却器

中间冷却器应用于双级（或多级）压缩制冷系统中，用以冷却低压压缩机压出的中压过热蒸气。常用的中间冷却器（图 12-28）是立式带蛇形盘管的钢制壳体，由上下封头焊接而成的。其上有氨气进出口、氨液进出口、远距离液面指示器、压力表和安全阀等接头。氨气进入管位于容器中央并伸入氨液的液面以下。来自低压压缩机的中压氨过热蒸气，经过氨液的洗涤而迅速被冷却。液面的高低由浮球阀维持，氨气进入管上焊有两块伞形挡板，用以分离通向高压压缩机氨蒸气中夹带的氨液和润滑油。

为了提高制冷效果，将高压贮氨器的氨液，通过中间冷却器下部的冷却盘管（蛇形管）。盘管浸没在中压氨液中，中压氨液蒸发吸热，导致盘管内的高压氨液过冷。过冷氨液节流后的液体成分增大，蒸气成分减少，循环中氨的单位制冷量也随之增大。

12.4.6　冷却水系统

工业规模的氨制冷系统冷却水用量相当大，例如，一台 500 kW 的制冷机组，每小时至少要消耗 1 t 的冷却水。制冷系统的凉水主要用于冷凝器的冷却，其次为压缩机的夹套冷却。冷却水的供水方式一般分为直流式、混合式和循环式三种。直流式冷却水系统一般用于小型制冷系统，或水源相当充裕的地方，如靠近海边或江河旁。一般不宜用自来水作为直流式冷却的水源。混合式冷却水系统部分采用水源供水，部分采用循环水，二者混合在一起供冷却系统使用。循环式冷却水系统的特点是冷却水循环使用，冷却水经冷凝器等进行热交换后升温，再在大气中利用蒸发吸热的原理对冷却水进行冷却。蒸发冷却的装置有两种：一种是喷水池，一种是冷却塔。喷水池中设有许多喷嘴，将水喷入空中蒸发冷却。喷水池结构很简单，但冷却效果欠佳，且占地面积大。一般 1 m^2 水池面积可冷却的水量为 0.3～1.2 t/h。当空气的湿度大时，蒸发水量较少，则冷却效果较差，喷水池适用于气候比较干燥的地区和小型制冷场合。

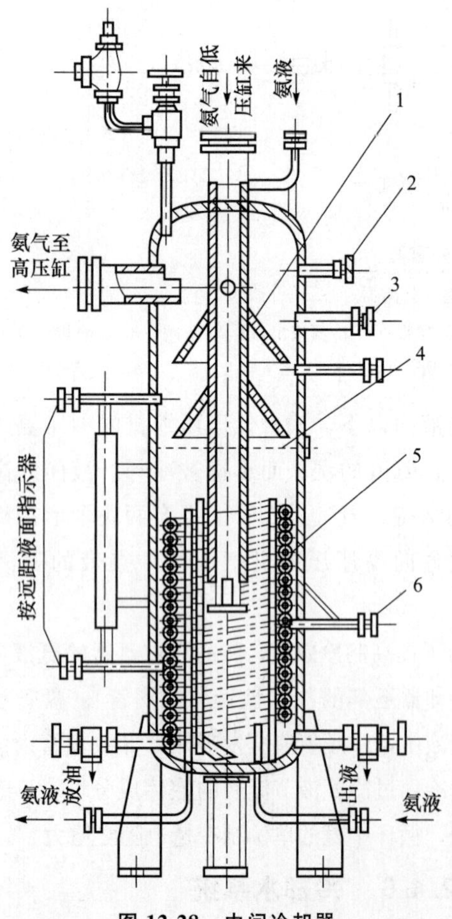

图 12-28　中间冷却器

1. 伞形挡板；2. 压力表接口；3. 气体平衡管；4. 液面；5. 盘管；6. 液体平衡管

（引自：马海乐. 食品机械与设备. 2 版. 2011.）

12.4.7　除霜系统

空气冷却用的蒸发器，当蒸发表面低于 0℃，且空气湿度大时，表面就会结霜。霜层导热性很低，影响传热，当霜层逐步加厚时将堵塞通道，无法进行正常的制冷。因此，须定期对蒸发器进行除霜。蒸发器除霜的办法很多，对于空气冷却用的蒸发器可采用人工扫霜、水冲霜、电热除霜等办法。对于大型的壳管式蒸发器，霜冻发生在管内，因此，不能采用上述办法，而应选用热氨除霜法。所谓热氨除霜法即利用压缩机排出的高压高温气体引入蒸发器内，提高蒸发器内的温度，以达到融化冰的目的。

12.5　典型的食品速冻设备

多数食品在温度降低到－1℃时开始冻结，最大冰晶生成区在－1～4℃。速冻时需要使食品尽快通过这一最大冰晶生成区，并使其平均温度尽快达到－18℃以下。因冻结过程中水分在食品内基本未产生迁移，速冻食品内形成的冰晶细小均匀，不会在细胞间生成过大的冰晶体，细胞内水分析出少，从而可减少解冻时汁液的流失。短时间内完成整体冻结，可避免冻藏期间的缓慢冻结效应，细胞组织内部各种浓缩溶质接触时间短，可降低浓缩危害程度。目前，食品的速冻已成为食品冻藏的重要技术措施。

冻结温度一般为－30～40℃，适用于快速冻结粒状、片状、块状等食品物料。根据结构特征和热交换方式，一般常用的速冻方法有空气冻结法、接触冻结法、浸渍冻结法等。速冻机械与设备通常分为以下几种类型：空气冻结法冻结设备、间接接触冻结设备、直接接触冻结设备等。

12.5.1　空气冻结法冻结设备

空气冻结法又称为鼓风冻结法。在冻结过程中，冷空气以强制或自然对流的方式与食品交换热量。空气的导热性较差，与食品间的传热系数小，故所需的冻结时间较长。但空气资源丰富，无任何毒副作用，其热力性质已为人们熟知，因此，用空气作介质进行冻结仍是最广泛运用的一种冻结方法。

1. 隧道式冻结装置

隧道式冻结装置也称为隧道式速冻机，主要由蒸发器、风机、输送装置和绝热护围层等构成。食品装于一定形式的输送装置上通过隧道时被冻结。根据输送装置的不同，隧道式冻结装置可分为推车式、传送带式、吊篮式、推盘式等几种。以下介绍吊篮式和推盘式。

1）吊篮式连续冻结装置

吊篮式连续冻结装置（图 12-29），主要用于快速冻结家禽等食品原料。其工艺流程如下：家禽经宰杀并晾干后，用塑料袋包装，再装入吊篮中，每只吊篮分若干格，每格放若干只家禽，然后吊篮装上输送链，由冻结间进料口上的输送链输送到冻结间内冻结。冻结过程采用喷淋乙醇溶液和吹风相结合的方式进行降温。乙醇溶液喷淋装置的蒸发器用镀锌翅片管制作，乙醇溶液用离心泵送往喷嘴喷淋，溶液洒到塑料袋包装的冻品表面，使冻品迅速降温，冷风由落地式冷风机供给，冷风机的蒸发器为干式翅片排管，配若干台轴流风机，采用热氨和淋水相结合的融霜方法。

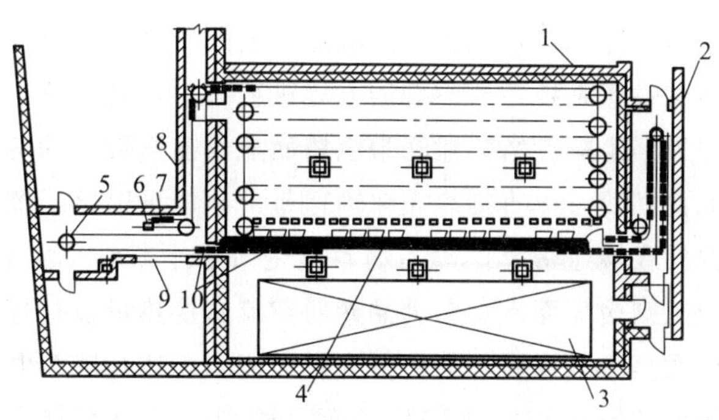

图 12-29　吊篮式连续冻结装置

1. 横向轮；2. 淋冻蒸发器；3. 蒸发器；4. 轴流风机；5. 张紧轮；6. 驱动电机；7. 减速装置；8. 卸料口；9. 装料口；10. 链盘

（引自：马海乐. 食品机械与设备. 2 版. 2011.）

2）推盘式连续冻结装置

推盘式连续冻结装置（图 12-30）主要用于冻结蔬菜、水果、虾、肉类副产品以及小包装食品等。

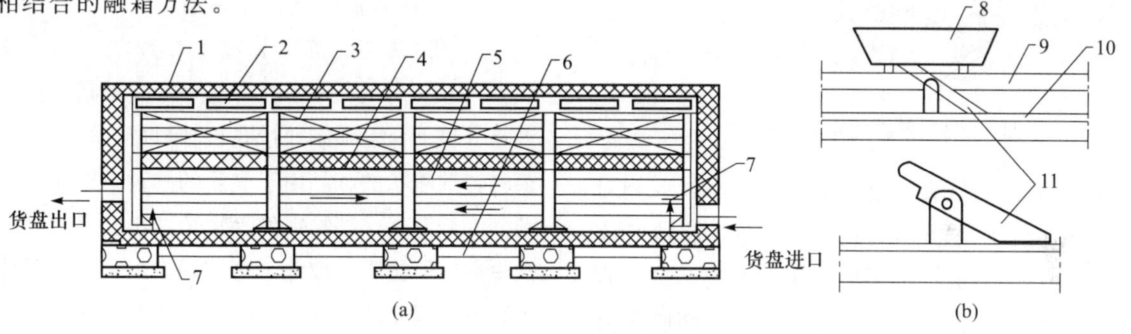

图 12-30　推盘式连续冻结装置

1. 绝热层；2. 冲霜淋水管；3. 翅片蒸发排管；4. 鼓风机；5. 集水箱；6. 防冻通风道；7. 货盘提升装置；8. 货盘；9. 滑轨；10. 推动轨；11. 推杆

（引自：马海乐. 食品机械与设备. 2 版. 2011.）

推盘式连续冻结装置的工艺流程：食品装入货盘后，在隧道入口由液压推盘机构推入隧道，推盘机构为液压驱动的往复机构。在这个机构中，每个货盘的盘底焊有两条扁钢，承放在滑轨上，在液压的作用下，推头顶住货盘底部的扁钢，将货盘向前推进；当推头后退复位时，货盘后端的扁钢将推头压下，滑过后端的扁钢，推头复位，恢复推进状态。推盘机构每次推入两只货盘，货盘到达第一轨道的床端，被提升装置提升到第二层，如此反复经过三层，货盘在平面移动和垂直提升的过程中，被冷风机强烈吹风冷却，被冻食品在间歇式的传送过程中被冻结，最后在隧道口被推出，传送速度由时间继电器控制液压系统的电磁阀进行调整。这种冻结装置也可以根据具体情况做成多层或多排输送装置，冷风机放在旁侧吹风，效果也较好。推盘式连续冻结装置的优点是构造简单，造价低，可以充分利用隧道的空间，冻结速度较快等；缺点是占地面积大。

2. 螺旋式冻结装置

螺旋式冻结装置（图 12-31）主要由转筒、蒸发器、风机、传送带及附属设备等组成，其主体部分为一个转筒。螺旋式连续冻结装置是针对隧道式连续速冻机占地面积大的缺点改进的。其形式是把多层输送系统，以螺旋的方式进行布置，其主体部分为一个螺旋塔，输送带绕塔而上，输送带上的待冻食品，可以直接均布在输送带上，也可以盛于盘中放在输送带上。食品物料输送带由下旋转而上，冷风则由上而下，与食品逆向对流交换热量，这样可提高冷冻速度，与冷空气同向流动相比，冻结时间可缩短 30%。冻结后的食品物料，由出料口送出，输送带重新回进料口进行下一轮操作。

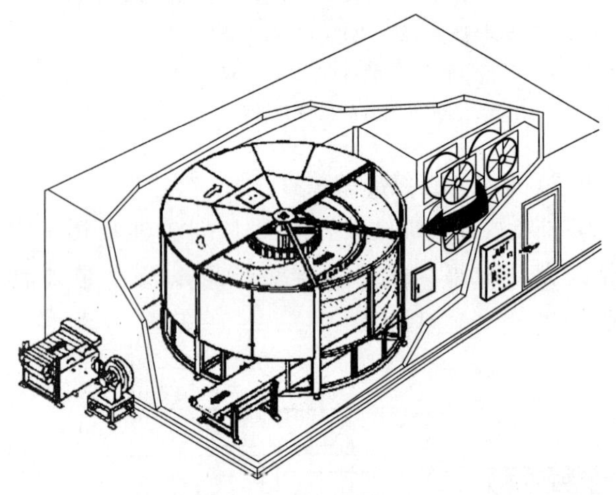

图 12-31 螺旋式冻结装置

螺旋式冻结装置有多种类型，近年来，人们对传送带的结构、吹风方式等进行了改进，将冷气流分为两股，其中一股从传送带下面向上吹，另一股经转筒中心到达上部由上向下吹，最后，两股气流在转筒中间汇合，并回到风机。这样，最冷的气流分别在转筒上下两端与最热和最冷的物料接触，使刚进入的食品尽快达到表面冻结，减少干耗，也可减少装置的结霜量。螺旋式冻结装置适用于冻结单体食品，如饺子、烧麦、对虾及经加工整理的果蔬，还可用于冻结各种熟制品，如鱼饼、鱼丸等。

螺旋式冻结装置有以下特点：①结构紧凑，占地面积小，仅为一般水平输送带的 25%；②运行平稳，产品与传送带相对位置保持不变，适用于冻结易碎食品和不许混合的产品；③可以通过调整传送带的速度来改变食品的冻结时间，用以冷却不同种类的食品；④进料、冻结等在一条生产线上连续作业，自动化程度高；⑤冻结速度快，干耗小，冻结质量好；⑥小批量生产时运行成本较高。

3. 流态化冻结装置

流态化冻结装置又称为液态化速冻机，是在一定流速的冷空气作用下，使食品在流态化条件下得到快速冻结的方法。这类冻结装置主要用于颗粒状、片状和块状食品的快速冻结。按机械传动的方式，流态化速冻机可分为以下几种：

1）斜槽式流态化冻结装置

斜槽式流态化冻结装置（图 12-32）的主体为一块多孔板（称为槽或盘），槽的出口稍高于进口，低温空气自下而上强制通过孔板和料层，当空气流达定值时，散粒状的冻品由于气流的推动，密实的料层逐渐变为悬浮状，即物料的静止角减小到零。物料分散被冷空气所包围，彼此不再接触，每一物料单体，由于高速冷气流的包围，可强化其冷却、冻结过程，将食品物料快速冻结。经速冻的食品物料，借助风力由滑槽连续排出。斜槽式流态化速冻机的特点是结构简单，冻结速度快，降温均匀，产品质量好。

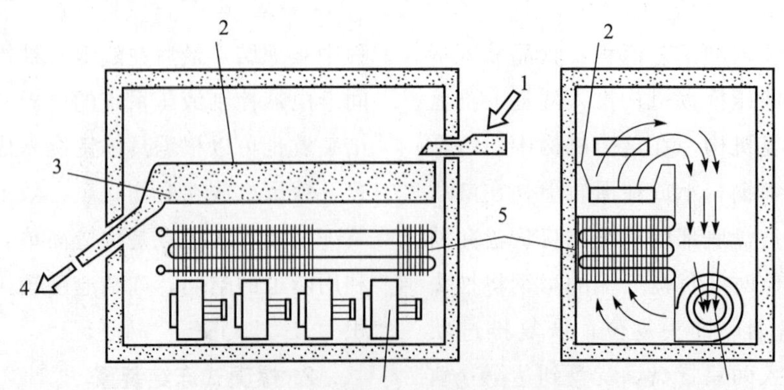

图 12-32 斜槽式流态化冻结装置

1. 进料口；2. 斜槽；3. 排出堰；4. 出料口；5. 蒸发器；6. 风机

（引自：马海乐．食品机械与设备．2 版．2011.）

2）带式流态化式冻结装置

带式流态化冻结装置以不锈钢网带作为物料的传送带。典型的用于果蔬速冻的带式流态化冻结装置（图 12-33）主要由进料装置、脱水装置、输送带、风机、除霜装置和护围（保温）结构等组成。食品在传送带输送过程中被流态化冻结。其工艺流程如下：食品首先经过脱水振荡器，去除表面的水分，然后随进料带进入“松散相”区域，此时的流态化程度较高，食品悬浮在高速的气流中，从而可避免食品间的相互黏结。待到食品表面冻结后，经匀料棒均匀物料，到达“稠密相”区域，此时，该机仅维持最小的流态化程度，使食品进一步降温冻结，冻结好的食品最后从出料口排出。

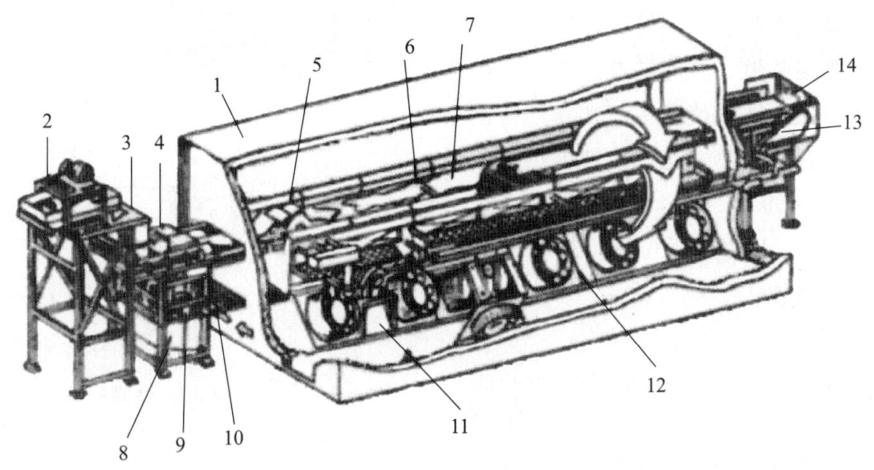

图 12-33 带式流态化冻结装置

1. 隔热层；2. 脱水振荡器；3. 计量漏斗；4. 变速进料带；5. “松散相”区；6. 匀料棒；7. “稠密相”区；8，9，10. 传送带清洗、干燥装置；11. 离心风机；12. 轴流风机；13. 传送带变速驱动装置；14. 出料口

（引自：徐学勤，王海鸥. 食品工厂机械与设备. 2 版. 2010.）

根据输送带的数量，带式流态化速冻装置可分为单流程和多流程，根据冻结区的数量，可分为一段带式和两段带式。

早期的流态化冻结装置的传输系统只用一条传送带，并且只有一个冻结区，这种单流程一段带式速冻装置结构简单，但配套动力大，能耗高，食品颗粒易黏结，适用于冻结软嫩或易碎的食品，如草莓、黄瓜片、青刀豆、芦笋、油炸茄块等，操作时需要根据食品流态化程度确定料层厚度。

3）振动流态化冻结装置

振动流态化冻结装置以振动槽作为物料水平方向传送手段。物料在行进过程中受到振动作用，因此，这类形式的冻结装置可显著地减少冻结过程中黏结现象的出现。

振动槽传输系统主要由两侧带有挡板的振动筛和传动机构构成。由于传动方式的不同，振动筛有两种运动形式：一种是往复式振动筛，另一种是直线振动筛。后者除了有使物料向前运动的作用以外，还具有使物料向上跳起的作用。图 12-34 所示的为往复式振动流态化冻结装置。这种装置的特点是结构紧凑，冻结能力大，耗能低，易于操作，并设有气流脉动旁通机构和空气除霜系统，是目前世界上较为先进的冻结装置。

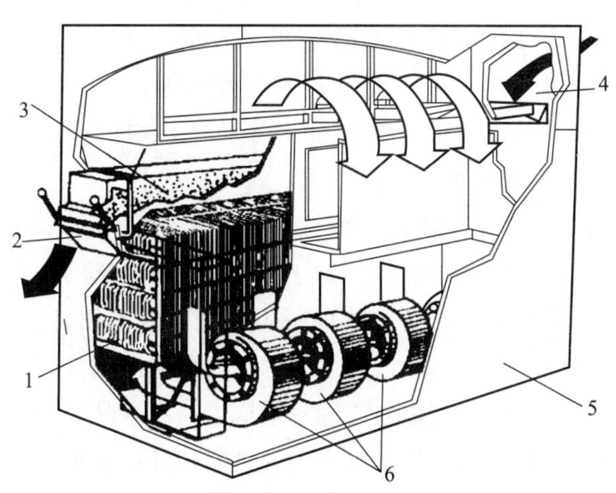

图 12-34 往复式振动流态化冻结装置

1. 蒸发器；2. 卸料口；3. 物料；4. 进料口；5. 隔热层；6. 风机

（引自：徐学勤，王海鸥. 食品工厂机械与设备. 2 版. 2010.）

12.5.2 间接接触冻结设备

间接接触冻结设备的优点：待冻的食品与冻结装置中蒸发器（或冷却器）的壁面直接接触，主要以传导的方式进行热交换，设备紧凑，消耗的金属材料少，占地面积小，安装方便，投产快；这类设备的缺点为耗冷量大，限制了其应用范围。

1. 平板冻结装置

平板冻结装置是一组与制冷剂管道相连的空心平板作为蒸发器的冻结装置，将冻结食品放在两相邻的平板间，并借助液压系统使平板与食品紧密接触。金属平板具有良好的导热性能，故其传热系数高。当接触压力为 7～30 kPa 时，传热系数可达 93～120 W/（m^2·K）。根据平板位置，这种冻结装置分为卧式和立式两种。

1）卧式平板冻结装置

卧式平板冻结装置（图 12-35）的整体为厢式结构，冻结平板水平安装，一般有 6～16 块。平板间的位置由液压装置控制。被冻食品装盘放入两相邻平板之间后，启动液压油缸，使被冻食品与冻结平板紧密接触并进行冻结。为了防止压坏食品，相邻平板间装有限位块。

2）立式平板冻结装置

立式平板冻结装置的结构原理与卧式平板冻结装置相似，冻结平板垂直位置平行排列，平板一般有二十块左右（图 12-36）。待冻食品不需要用冻盘或包装，可直接散装倒入平板间进行冻结，操作方便，适用于小杂鱼和肉类产品的冻结。冻结结束后，冻品脱离平板的方式有多种，有上进下出、上进上出和上进旁出等方式。平板的移动、冻块的升降和推出等动作，均由液压系统驱动和控制。

2. 回转式冻结装置

回转式冻结装置（图 12-37）是一种新的间接接触冻结装置。其主体为一不锈钢制成的回转筒，外壁为冷却表面，内壁之间的空间供载冷剂流过交换热量，载冷剂由空心轴一端输入筒内，从另一端排出。被冻品呈散状由入口送到回转筒的表面，由于转筒表面温度很低，食品立即粘在上面，进料传送带再给被冻品稍施加压力，使其与回转筒表面接触得更好。转筒回转一周，完成食品的冻结过程。冻结食品转到刮刀处被刮下，刮下的食品由传送带输送到包装生产线。

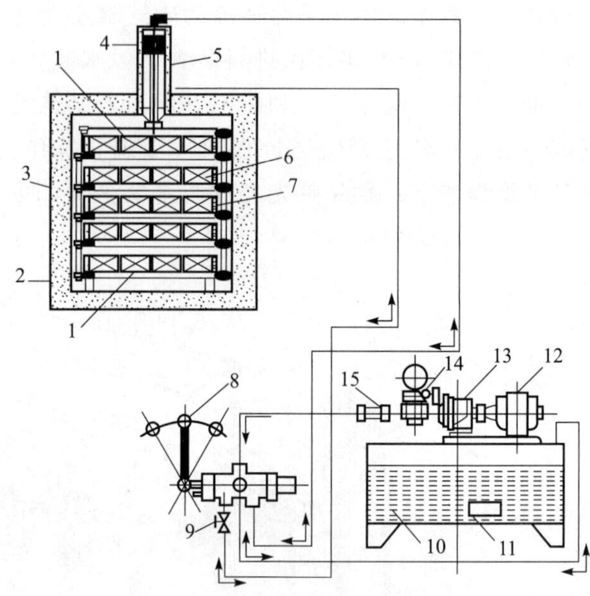

图 12-35 卧式平板冻结装置

1. 冻结平板；2. 支架；3. 连接铰链；4. 液压元件；5. 液压缸；6. 食品；7. 木垫块；8. 四通切换阀；9. 流量调整阀；10. 油；11. 过滤器；12. 电动机；13. 泵；14. 安全阀；15. 逆止阀

（引自：马海乐．食品机械与设备．2 版．2011.）

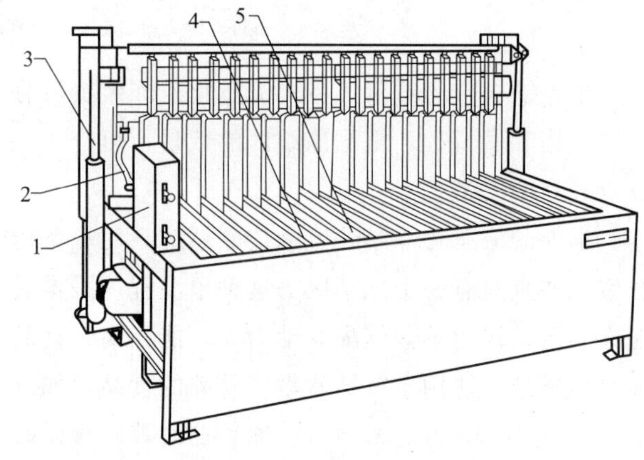

图 12-36 立式平板冻结装置

1. 操纵箱；2. 制冷剂软管；3. 液压升降柱；4. 冷冻板；5. 冻结区

（引自：徐学勤，王海鸥．食品工厂机械与设备．2 版．2010.）

12.5.3 直接接触冻结设备

直接接触冻结设备较为常见的是盐水浸渍冻结装置（图 12-38）。该装置主要用于鱼类的冻结，与盐水接触的容器用玻璃钢制成，有压力的盐水管道用不锈钢制成，其他盐水管道用塑料制成，从而解决了盐水的腐蚀问题。鱼经进料口与盐水混合后进入进料管，进料管内盐水涡流下旋，使鱼克服浮力而到达冻结器的底部。冻结后鱼体密度减小，浮至液面，由出料机构送至滑道，在此处，鱼和盐水分离，并由出料口排出。冷盐水被泵送到进料口，经进料管进入冻结器，与鱼体热交换后，盐水升温，密度减小。冻结器中的盐水具有一定的温度梯度，上部温度较高的盐水溢出冻结室后，与鱼体分离进入除鳞器中，经除去鳞片等杂物的盐水返回盐水箱，与盐水冷却器热交换后降温，完成一次循环。盐水浸渍冻结装置的优点是冷盐水既起冻结作用又起输送鱼的作用，冻结速度快，干耗小；其缺点是装置的制造材料要求较特殊。

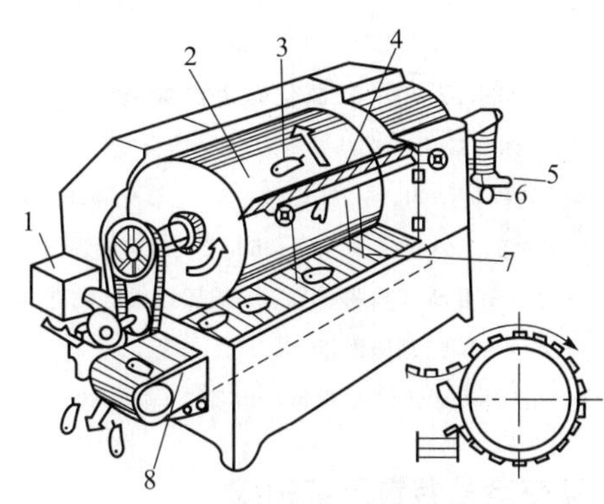

图 12-37　回转式冻结装置

1. 电动机；2. 滚筒冷却器；3. 进料口；4. 刮刀；
5. 盐水入口；6. 盐水出口；7. 刮刀；8. 出料传送带

（引自：徐学勤，王海鸥. 食品工厂机械与设备. 2 版. 2010.）

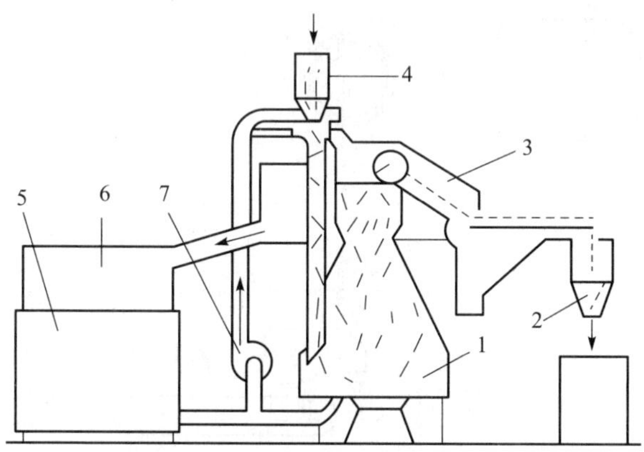

图 12-38　盐水浸渍冻结装置

1. 冻结器；2. 出料口；3. 滑道；4. 进料口；
5. 盐水冷却器；6. 除鳞器；7. 盐水泵

（引自：徐学勤，王海鸥. 食品工厂机械与设备. 2 版. 2010.）

12.6　新型冻结装置

随着人们对冷冻食品品质的要求越来越高，以及冻结技术的不断发展与进步，新的冻结工艺及设备也在不断出现，如液氮冻结装置、二氧化碳冻结装置、真空冷却装置等。

12.6.1　液氮冻结装置

液氮冻结属于直接接触冻结，冻结温度更低，因此，常称为低温冻结装置或深冷冻结装置，其特点是没有制冷循环系统，在冻结剂与待冻食品物料接触的过程中实现冻结。常见的形式有：液氮喷淋式冻结、液氮沉浸式冻结以及冷气循环式冻结三种。

典型的液氮喷淋式冻结装置（图 12-39）由隔热隧道式箱体、喷淋装置、不锈钢丝网格输送带、传动装置、搅拌风机、电器控制柜等组成。为减少因温度应力而引起的温度变形，隔热隧道式箱体由若干段组成，各段之间用硅橡胶密封条和黏结剂密封。箱体外壳为隔热层，隔热材料为 15 cm 厚的聚氨酯泡沫，隔热层的保护层为不锈钢薄板。每段箱体装有检修门，输送带下方设有长方形浅槽，用于盛接喷淋后残留的液氮。待冻食品由输送带送入，先后经过预冷区、冻结区和均温区，从另一端送出。在预冷区，搅拌风机将温度为－5～10℃的氮气，与输送带送入的食品接触，经充分热交换而预冷。进入冻结区后，食品受到雾化管喷出的雾化液氮的冷却而被冻结。根据食品的种类、形状来调整贮罐压力，以改变液氮喷射量，以及通过调节输送带速度来对冻结温度和冻结时间加以控制，以满足不同的冻结工艺要求。由于食品表面和中心的温度相差很大，完成冻结过程的冻品须在均温区停留一定时间，内外温度趋于均匀后才能送出均温区。

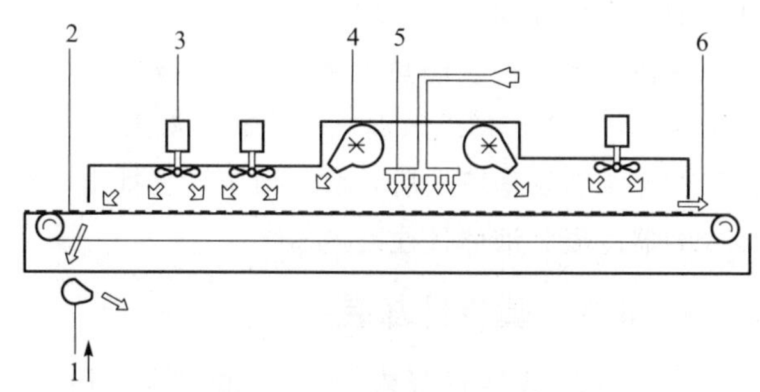

图 12-39　液氮喷淋式冻结装置

1. 排气风机；2. 产品入口；3. 搅拌风机；
4. 风机；5. 喷嘴；6. 产品出口

（引自：殷涌光. 食品机械与设备. 2 版. 2006.）

因为液氮冻结速度极快，在食品表面与中心产生极大瞬时温差，食品容易产生龟裂，所以过厚的食品不宜采用液氮冻结，一般要求厚度小于100 mm，工作温度限制在－60～120℃。液氮的蒸发潜热约为192.6 kJ/kg，对于50 mm厚的食品，经过10～30 min即可完成冻结，其表面温度为－30℃，中心温度达－20℃，需要消耗液氮量为0.7～1.1 kg。因此，液氮的价格是决定冷冻费用的重要条件。液氮与食品直接接触，以200℃以上的温差进行强烈的热交换，故冻结速度极快，每分钟能降温7～15℃。食品内的冰结晶细微而均匀，解冻易于恢复到原来的新鲜状态，因此，液氮冻结食品可得到品质优良的产品。例如，用液氮冷冻后再加压的烤鸭，其质量与用新鲜鸭烤制并无多大差别。且食品在惰性气体环境下冻结，能防止氧化变色，能保持食品制作时的色、香、味。液氮冻结食品可以迅速达到低温，故微生物及细菌数量也较少。此外，冻结食品的干耗小，用一般冻结设备冻结的食品，其干耗率在3%～6%；而用液氮冻结，食品的干耗率为0.6%～1%。液氮冻结适用于一些含水分较高的食品，如杨梅、番茄、柑橘、蟹肉等。

12.6.2 二氧化碳冻结装置

二氧化碳冻结装置（图12-40）同样属于直接接触冻结装置，其主要组成部分包括液态冻结剂的喷淋装置和食品输送装置。

液态二氧化碳在大气压下于－78.0℃沸腾。其汽化潜热为575 kJ/kg，如蒸发后继续吸热，温度上升到－20℃，以比热容为0.837 kJ/（kg·K）计，则相应的可吸收性为49.3 kJ/kg的显热，两部分的热量合计为624.3 kJ/kg。

液体二氧化碳在隔热的耐压罐内运输和贮存，压力为0.8～2.5 MPa，温度为－12～45℃。二氧化碳在冻结装置中蒸发后，蒸气由压缩机排出，并经冷凝器冷凝为液体送往贮液器。

12.6.3 真空冷却装置

真空冷却是将新鲜农产品（如果蔬、切花、肉、禽、水产品等）或食品放在特制的真空容器内，用真空泵或真空系统迅速抽出其中的空气和水蒸气，使产品表面的水分在低压下蒸发而迅速冷却降温。

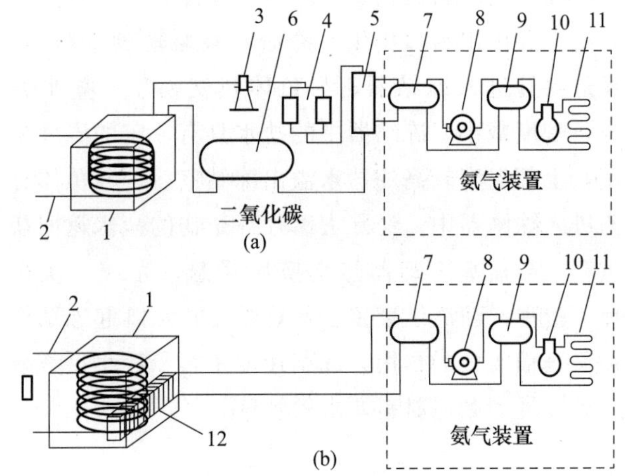

图12-40 二氧化碳冻结装置

（a）液体二氧化碳冻结装置；（b）结合吹风系统；
1. 冻结器围护结构；2. 螺旋带；3. 二氧化碳压缩机；
4. 成对的二氧化碳干燥器；5. 二氧化碳冷凝器；
6. 液体二氧化碳干燥器；7，9. 低压或中压贮存器；
8，10. 低压级与高压级氨压缩机；11. 氨冷凝器；12. 空气冷却器
（引自：马海乐. 食品机械与设备. 2版. 2011.）

1. 真空冷却装置系统构成

真空冷却装置主要由真空容器（也称为真空罐或真空槽）、水蒸气冷凝捕集器、真空系统、制冷设备等构成（图12-41）。以下介绍前三种。

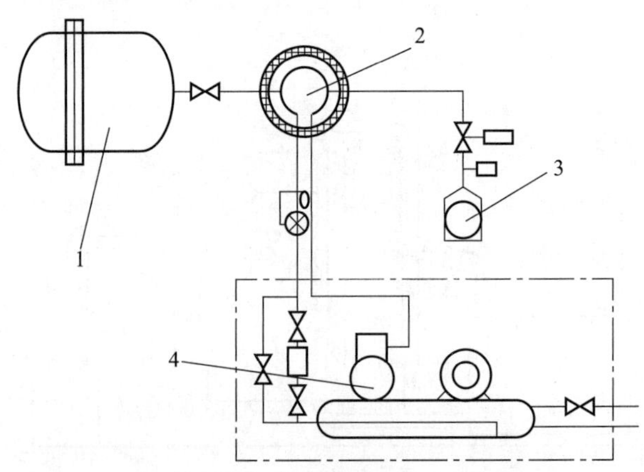

图12-41 真空冻结装置结构示意图

1. 真空容器；2. 水蒸气冷凝捕集器；3. 真空泵；4. 制冷设备
（引自：徐学勤，王海鸥. 食品工厂机械与设备. 2版. 2010.）

1）真空容器

真空冷却装置中的真空容器是处理产品的容器。它的容积、形状直接关系到产品的处理量。此外，其结构、材料也是容器设计制造中要考虑的重

要方面。真空容器可以设计成圆筒形，也可设计成长方体形。圆筒形虽然受力均匀，制造方便，但是装入产品的包装箱多为长方体形，圆筒形容器利用率不高。因此，目前大多数的真空容器为长方体形。长方体形容器具有较高的容器空间利用率，同时还可节约制造材料。但是长方体形容器四周（包括门）须焊上型钢作加强筋，以防抽真空时，内外压差过大，真空容器变形。

处理加工食品的真空容器必须采用食品级的不锈钢板，如304不锈钢板制造；也可采用碳钢板，但要经过防锈表面保护处理，容器内壁须经抛光加工处理。

2）水蒸气冷凝捕集器

真空冷却由水分蒸发吸收潜热进行冷却的特点决定了这种冷却过程会产生大量水蒸气，因此，在进入真空泵前，必须将其中的水蒸气除去。真空冷却装置通常采用水蒸气冷凝捕集器（简称捕集器），将产品产生的水蒸气除去。这种水蒸气冷凝捕集器原理与冷冻干燥机的冷阱相似，因此，也称为低温冷阱（简称冷阱）。它是一种制作成特殊结构的制冷系统蒸发器。实践表明，真空冷却装置中冷凝器的表面温度以−5℃左右为宜，过低的温度无多大作用。制冷系统的水蒸气温度也不能过低。一般冷阱的形状为圆筒形，作为制冷系统蒸发器的紫铜管应采用适当形式布置。

3）真空系统

用于食品的真空冷却装置除了必须达到所要求的极限压力外，一般压力至少在600 Pa以下，同时还要求配置的真空泵或真空系统具有足够大的抽气能力。

2. 真空冷却装置

目前，真空冷却装置有单槽直列式（简称单室或单罐）、双槽均压式（简称双室或双罐）和喷雾加湿式等。中小型或移动式真空冷却装置常采用单槽直列式；而大型及固定式真空冷却装置主要用双槽均压式；喷雾加湿式真空冷却装置用于比表面积较小产品的冷却。

1）单槽直列式真空冷却装置

单槽直列式真空冷却装置（图12-42）只有一个真空容器和一套制冷设备。其真空槽有效容积为3 m^3。真空系统最大抽气速率为5 m^3/h，极限真空度小于200 Pa，冷阱所连制冷机功率为3.2 kW，所用的冷凝面积为50 m^2。用于蔬果冷却时的生产能力为1 t/h。单槽直列式真空冷却装置可以移动使用，也可以固定使用。

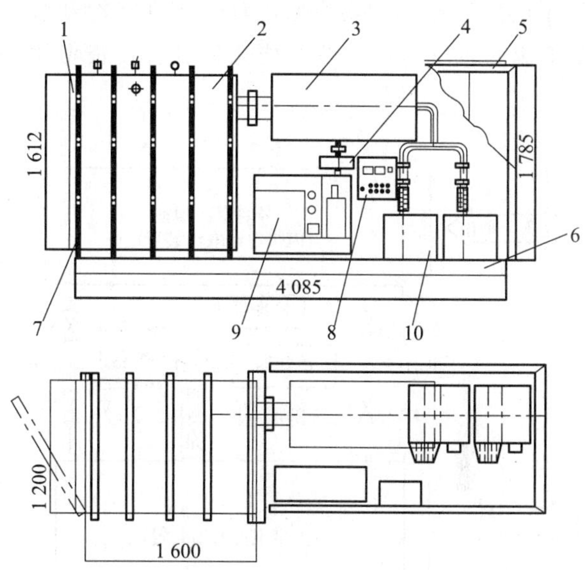

图12-42 单槽直列式真空冷却装置

1. 真空容器门；2. 真空容器；3. 捕集器；4. 排水贮罐；5. 外壳；6. 底架；7. 密封圈；8. 检测仪表及电控柜；9. 制冷机组；10. 真空泵

（引自：徐学勤，王海鸥. 食品工厂机械与设备. 2版. 2010.）

2）双槽均压式真空冷却装置

双槽均压式真空冷却装置的结构特点如图12-43所示：①采用两个容积相同，内带产品装入、取出装置的真空冷却室，冷却室的门为电动门；②两个真空冷却室由均压管相连，均压管由真空阀门（V_1，V_2）调节，V_3，V_4分别为两个真空室的主阀门；③两个真空冷却室合用一套由三台滑阀真空泵组成的真空系统，分别由阀门（V_6，V_7，V_8）控制，V_5为真空系统的主阀门；④两个冷却室合用一套制冷设备，即用水蒸气冷凝捕集器制冷。

两个真空冷却室在时序上，以交替程序进行产品进出和冷却操作。双槽均压式真空冷却装置的运行过程如表12-1所示。整个操作过程所用时间只有44 min。在真空冷却运行过程中，一号真空室冷却结束时，室内真空度为0.80 kPa时，先打开连接两个真空室的均压管阀门（V_1，V_2），使两个真空室均压为 51.33 kPa，然后切断三个阀门（V_1，V_2，V_3），再由真空泵继续对二号真空室抽气。对于二号真空室而言，产品装入与冷却结束的一号真空室相通后，立即获得 51.33 kPa 低压状态，既缩短了抽气所需的时间，又节约了电力消耗。由此可见，双槽式真空冷却装置具有缩短抽气时间、节约能源和设备投资费用等优点。

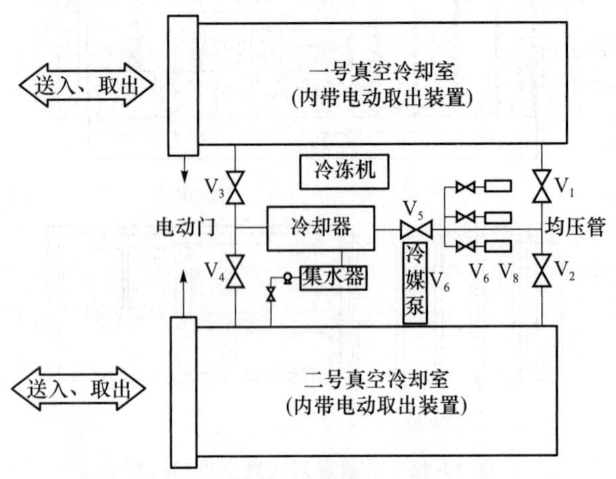

图 12-43　双槽均压式真空冷却装置

（引自：徐学勤，王海鸥．食品工厂机械与设备．2 版．2010．）

表 12-1　双槽均压真空冷却装置的运行过程

一号真空室	二号真空室	时间/min
三台真空泵抽气，从 51.33 kPa→2.67 kPa	冷却结束，蔬菜推入	10
一台真空泵抽气，从 2.67 kPa→0.80 kPa	运转结束	10
冷却结束打开均压管阀门	两个槽均为 51.33 kPa	2
产品取出、产品推入	三台真空泵抽气，从 51.33 kPa→2.67 kPa	10
运转结束	一台真空泵抽气，从 2.67 kPa→0.80 kPa	10
均压管阀门 V1，V2 打开	两个槽均为 51.33 kPa	2

（引自：徐学勤，王海鸥．食品工厂机械与设备．2 版．2010．）

3）喷雾加湿式真空冷却装置

上述两种形式的真空冷却装置对叶菜类产品冷却效果好，但对于与表体比较小的产品效果不太明显。为了解决上述问题，同时又能改善产品组织失水及对容器抽气速度的影响，人们研发出了喷雾加湿式真空冷却装置（图 12-44）。该装置在真空冷却室内增加了喷雾加湿设备。运行时，真空冷却与喷雾加湿并不同时操作，而是先进行喷雾加湿，再进行真空冷却。加湿时，水泵将水输送到空室，由喷嘴喷成水雾，将待冷却产品淋湿。喷雾淋下的多余水滴积在真空室底部，再由水泵抽到水喷射口处喷出，反复循环使用。抽真空时，水分蒸发吸热使产品冷却。

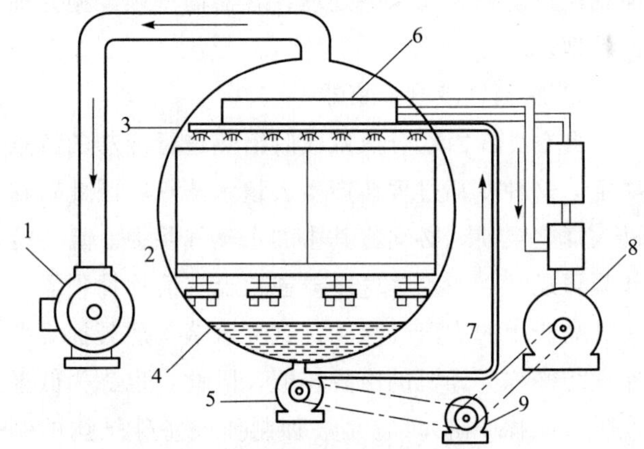

图 12-44　喷雾加湿式真空冷却装置

1. 真空泵；2. 真空室；3. 水喷射口；4. 水；5. 水泵；6. 捕集器；7. 水压管；8. 制冷压缩机；9. 电动机

（引自：徐学勤，王海鸥．食品工厂机械与设备．2 版．2010．）

喷雾加湿设备种类很多。真空冷却装置可采用高压喷射式或压缩空气喷雾式，前者主要利用喷嘴孔把高压水喷射成粒度为 5～20 μm 的水雾；后者利用压缩空气把水由喷嘴喷成 1～5 μm 的水雾。前者结构较小，后者因压缩机体积较大，运行时噪声很大。

喷雾加湿式真空冷却装置不仅可以在无失水质量损耗条件下，对表体比很小的产品进行冷却，还能将产品温度降到 0℃以下，而普通真空冷却只能将叶菜降到 2～3℃。同时，喷雾加湿式真空冷却装置也适用于表体比很大的产品的冷却，因此，其应用范围更广。

思考题

1. 机械制冷设备主要由哪些部分构成？其主要作用是

什么？

2. 什么是双级压缩制冷循环？其有何特点？

3. 制冷剂与载冷剂的主要作用是什么？二者有何区别？

4. 常见的制冷循环中的冷凝器的形式有哪些？

5. 常见的制冷循环中的蒸发器有哪些类型？

6. 制冷循环中气液分离器主要作用是什么？

7. 常见的空气冻结法冷冻设备有哪些？其有何特点？

8. 常见的间接接触式冻结设备有哪些？其优点有哪些？

9. 简述直接接触式冻结设备的主要特点。

10. 目前新型冻结装置有哪些？与传统冻结装置相比，有哪些区别？

第13章 发酵机械与设备

【本章知识点】

发酵食品是食品中很重要的一类食品，根据在加工过程中基质的物理状态可分为固态发酵和液态发酵，本章介绍的发酵机械与设备均属于液态发酵机械与设备。发酵食品最大的特征就是在生产过程中有微生物的参与。微生物的代谢可以分为厌氧（嫌气）和好氧（好气）两大类，故发酵机械与设备可分为厌氧（嫌气）发酵设备和好氧（通风）发酵设备。

为保证好氧发酵过程顺利进行，好氧发酵设备在使用的过程中需要通入无菌的空气。对于空气的灭菌可采用辐射杀菌法、热杀菌法、静电除菌法及过滤除菌法，其中过滤除菌法是目前发酵工业中最常用的除菌方法。

好氧发酵设备应具有良好的传质和传热性能，其结构严密，不易被杂菌污染，培养基流动性能和混合性能好，检测与控制系统良好，设备简单，维护检修方便，能耗低。目前，常用的好氧发酵设备有机械搅拌式发酵罐、气升环流式发酵罐和自吸式发酵罐，这三种设备最主要的区别在于空气进入方式以及对料液搅拌形式等方面。

厌氧发酵设备不需要通入较昂贵的无菌空气，因此，在设备放大、制造和操作时都比好氧发酵设备简单得多。在使用的过程中要尤其注意防止空气，尤其是氧气对于发酵过程产生的影响。

发酵罐是发酵工厂中最基本的设备，也是生物技术产品能否实现产业化的关键装置。目前对发酵罐的定义是能够提供可控的环境，以满足细胞正常生长和生物合成的装置。微生物的生长和代谢需要一定的条件，如适宜的温度、pH 和溶氧浓度，因此，发酵设备必须具备微生物生长和代谢的基本条件，如需要维持合适的培养温度，有良好的热交换性能以适应灭菌操作，以及高效的混合和搅拌装置。同时，为了操作简单，获得纯种培养和高产量，发酵罐还必须具有严密的结构，良好的液体混合性能，较高的传质和传热速率，并且结构应尽可能简单，便于灭菌和清洗。另外，还应包括可靠、节能的灭菌装置以及检测和控制仪表。

微生物代谢分厌氧和好氧两大类，故发酵机械与设备可分为厌氧和好氧两种形式。厌氧发酵需要与空气隔绝，在密闭不通气的条件下进行，设备简单，种类少，如酒精、啤酒和丙酮等属于厌氧发酵产品；好氧发酵需要空气，在发酵过程中需要不断通入无菌空气，设备种类较多，如谷氨酸、柠檬酸、抗生素和酶制剂等属于好氧发酵产品。

自 20 世纪 40 年代中期以来，青霉素已实现工业化生产（液体深层发酵），工业发酵已进入崭新的时期。发酵罐的生产已由越来越多的专业公司将其系列化、规范化，其体积范围较大，实验室规模大多为 5～100 L，中试规模大多为 50～1 000 L，生产工厂一般在 5 000 L 以上。目前，发酵生产存在的问题主要是发酵产率低，能耗高，自动化控制水平低。前两者除发酵控制因素外，都与目前生产使用的传统发酵装置有关。因此，发酵罐的优化设计、合理造型、放大要求和最佳控制条件的确定是发酵工程开发的关键环节。近年来，随着生化工程和化学工程的迅速发展，国内外出现了许多新型发酵机械与设备，包括传统机械搅拌罐的改进装置以及一些全新构造的发酵装置。

微生物发酵体系是一个非常复杂的多相共存的动态系统，为了解菌种在发酵过程中所表现出来的生理和生化特性，就需要对发酵过程参数进行检测和控制，以有效地提高发酵水平。利用计算机技术来实现发酵系统的在线检测和自动控制已成为目前发酵工程控制的发展方向，并已成功应用于某些发酵产品的工业生产中。

发酵罐需要在无杂菌污染的条件下长期运行，必须保证微生物在发酵罐中能正常生长代谢，并且能最大限度地合成目的产物。发酵罐设计的基本原则是能够为微生物提供生长、代谢和形成目的产物的适宜环境，并使自身的结构与操作满足具体生物工程技术所要求的工艺条件。因此，在设计发酵罐时，首先要考虑发酵罐的传递性能，包括传质效率、传热效率和混合效果；其次要考虑发酵罐能否适合生产工艺的放大要求，能否获得最大的生产效率。

不同类型的发酵罐的发酵工艺不同，故结构也会有所不同。一个理想的发酵罐应满足下列要求：

① 结构简单、严密，耐蚀性好，经得起蒸汽灭菌消毒；

② 有良好的气液接触和液固混合性能；

③ 在保证正常发酵的前提下，尽量减少搅拌和通气所消耗的动力；

④ 有良好的热交换性能，以适应灭菌操作并使发酵在最适宜的温度下进行；

⑤ 尽量减少泡沫的产生，以提高装料系数，增加放罐体积；

⑥ 具有可靠的检测和控制仪表。

13.1 空气净化系统

好氧型微生物在繁殖和耗氧发酵过程中都需要氧气，通常以空气作为氧源。但空气中含有各式各样的微生物，这些微生物随着空气进入培养液，在适宜的条件下，会大量繁殖，除消耗营养物质外，还产生各种代谢产物，干扰甚至破坏预定发酵的正常进行，使发酵产品的质量降低，产量下降，甚至造成发酵彻底失败等严重事故。因此，空气除菌就成为耗氧发酵工程上的一个重要环节，空气除菌就是除去或杀灭空气中的微生物，除菌的方法很多，如热杀菌、辐射杀菌、化学药物杀菌等，都是将有机体的蛋白质变性而破坏其活力。静电除菌和过滤除菌，是把微生物的粒子用分离方法除去的一种除菌方法。各种方法的除菌效果和所需的设备条件、经济条件各不相同。除菌程度应根据发酵工艺要求而定，既要避免杂菌，又要尽量简化除菌流程，减少设备投资和正常运转的动力消耗。

工业发酵所需的无菌空气要求高，用量大，故应选择可行可靠、操作方便、设备简单、节省材料和减少动力消耗的有效除菌方法。现对各种除菌方法简述如下：

13.1.1 辐射杀菌法

从理论上来说，声能、高能阴极射线、X射线、γ射线、β射线、紫外线等都能破坏蛋白质活性而起到杀菌作用。但具体的杀菌机理研究较少，了解较多的是紫外线，它的波长为226.5～328.7 nm时杀菌效力最强，通常用于无菌室、医院手术室等空气对流不大的环境下杀菌。但其杀菌效率低，杀菌时间较长，一般要结合甲醛蒸气消毒或苯酚喷雾来保证无菌室的无菌程度。

13.1.2 热杀菌法

热杀菌即利用高温杀菌的方法，该方法有效、可靠，但如果采用蒸汽或电热来加热大量空气实现杀菌，需要消耗大量的能源和增设大量换热设备，其经济性不理想。

目前，广泛使用的是空气压缩热杀菌设备，空气的进口温度为21℃，空气的出口温度为187～198℃，压力为0.7 MPa。从压缩机出口到空气贮藏罐的一段管道加保温层进行保温，使空气达到高温后保持一段时间，保证杀灭微生物；为了加长空气的高温时间，防止空气在贮罐中走短路，最好在贮罐内加装导筒；采用热杀菌装置时，还应装有空气冷却器，并排出冷凝水，以防止冷凝水在管道设备死角积聚而造成杂菌繁殖的场所；在进入发酵罐前应加装分过滤器以保证安全，但采用这样的系统压缩机能量和消耗会相应增大，压缩机耐热性能增加。因此，从设备要求来说，系统压缩机零部件应选用耐热材料。

13.1.3 静电除菌法

静电除菌利用静电引力来吸附带电粒子，从而达到除菌、除尘的目的。悬浮于空气中的微生物、微生物孢子大多带有不同的电荷，没有带电荷的微粒在进入高压静电场时会被电离变成带电微粒。但对于一些直径很小的微粒，它们所带的电荷很小，当产生的引力等于或小于气流对微粒的拖带力或微粒布朗运动的动量时，微粒就不能被吸附而沉降，故静电除菌对很小的微粒效率较低。

静电除菌法的除尘效果一般在85%～99%，不是很高，由于它消耗能量小，若使用得当，每处理1 000 m^3 的空气每小时只需电0.2～0.8 kW。空气的压头损失小，一般只在39～196 Pa，设备也不大，常用于洁净工作台、洁净工作室所需无菌、无尘空气的第一次除尘，并须配合高效过滤器使用。

13.1.4 过滤除菌法

过滤除菌是目前发酵工业中经济实用的空气除菌方法，它采用定期灭菌的介质来阻截流过的空气所含的微生物，从而取得无菌空气，常用的过滤介质有棉布、活性炭、玻璃纤维、有机合成纤维、有机和无机烧结材料等等。被过滤的气溶胶中微生物的粒子很小，一般只有0.5～2 μm，而过滤介质的孔径大小不一，一般却均比微生物要大。因此，过滤除菌的过滤原理显然不是按面积过滤的，而是通过一种滞流现象来实现过滤除菌的。根据目前的研究，这种滞流现象是由多种作用机制引起的，主要有惯性碰撞、阻拦、布朗运动、重力沉降、静电吸引等。

13.2 好氧发酵设备

好氧发酵设备是微生物发酵工业中最常用的一类反应器，在发酵过程中需要将无菌空气不断通入发酵罐，以提供微生物代谢所消耗的氧。好氧发酵罐的类型多种多样，可以适应不同发酵工艺类型的要求，通常可分为机械搅拌式、气升式和自吸式等，可用于生产氨基酸、柠檬酸、抗生素、维生素和酶制剂等多种生物产品。机械搅拌式发酵罐具有灵活性、操作方式的多样性等优点，特别是涉及高黏度非牛顿型发酵液时，其更显独特性，通常只有在机械搅拌式发酵罐的传递性能或剪切力不能满足生物发酵时，才会考虑用其他类型的生物反应器，因此，机械搅拌式发酵罐是当前世界各国大多数发酵工厂所采用的好氧发酵的主要设备。本节主要以机械搅拌式发酵罐为主，介绍好氧发酵设备的结构和工艺操作。

13.2.1 机械搅拌式发酵罐

机械搅拌式发酵罐又称为标准和通用式发酵罐（已形成标准化产品系列），它是利用机械搅拌器的作用，使空气和发酵液充分混合，提高发酵液的溶氧量，以保证供给微生物生长和代谢过程中所需充足的氧气。机械搅拌式发酵罐的结构基本相同，主要由发酵罐的罐体、机械搅拌装置、挡板、换热装置、空气分布器、消泡器、联轴器及轴承和轴封等组成。图 13-1 和图 13-2 为小型和大型机械搅拌式发酵罐结构图。

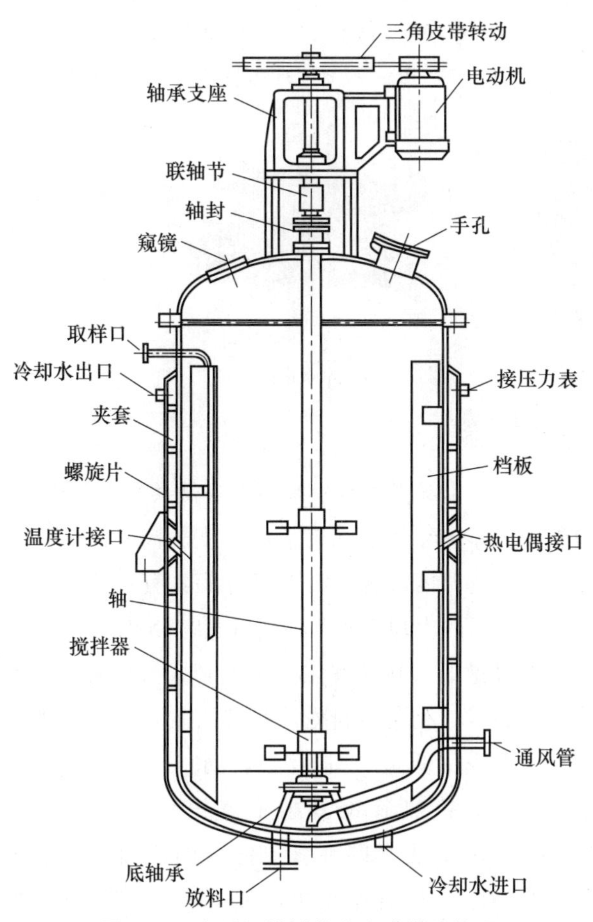

图 13-1 小型机械搅拌式发酵罐结构图

1. 发酵罐的罐体

机械搅拌式发酵罐的罐体由圆柱体及椭圆形或碟形封头焊接而成，其体积为 20～200 m^3，有的可达 500 m^3。发酵罐的高径比（H/D）要根据工艺条件确定，一般高径比为（1∶2）～（1∶3），但高位罐的高径比可达 10 以上。

为了满足工艺要求，罐体需要承受一定的压力，通常灭菌的压力为 0.25 MPa（绝对大气压）。罐体的材质为碳钢或不锈钢，大型发酵罐采用不锈钢或复合不锈钢制成，罐壁的厚度决定于罐径和罐压的大小。在罐的顶部装有视镜、进料口、补料口、排气口、取样口和压力表等（图 13-3）。在罐身上装有冷却水进出管、进空气管、温度计管和检测仪器表接口。取样管可设在罐身或罐顶，视罐结构和操作方便而定。罐体上的管路越少越好，进料口、补料口和接种口一般可结合为一个管路。放料可以利用通风管压出。

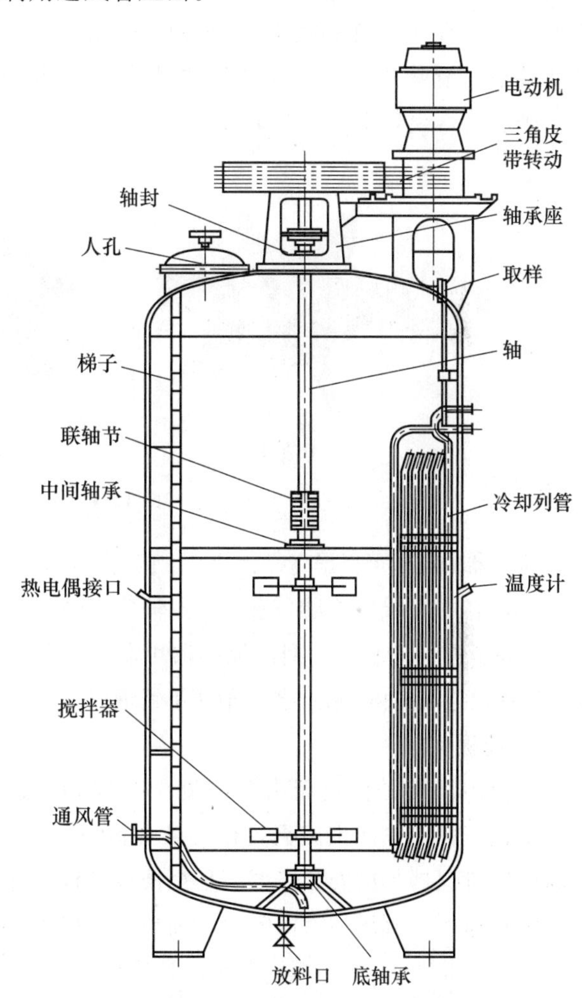

图 13-2 大型机械搅拌式发酵罐结构图

2. 机械搅拌装置

好氧发酵是一个复杂的气、液、固三相传质和传热过程，良好的供氧条件和培养基的混合是保证发酵过程传热和传质的必要条件。通过搅拌，能够打碎气泡，增加气液接触面积；产生涡流，延长气泡在液体中的停留时间；造成湍流，减小气泡外滞流膜的厚度；传递动量，有利于气、液、固三相混合及固体物料保持悬浮状态。搅拌器可以使发酵液产生轴向和径向流动，因此，可以采用组合的形式，根据发酵罐一般是下部通气的特点，下层搅拌器选择径向流搅拌器，上层搅拌器采用轴向流搅拌器。

搅拌器的类型多样，一般搅拌式发酵罐大多采用涡轮式搅拌器，且以圆盘涡轮搅拌器为主，这样可以避免气泡在阻力较小的搅拌器中心部位沿着搅拌轴周边快速上升逸出。涡轮式搅拌器的叶片有直叶式、弯叶式、箭叶式三种（图 13-4）。从搅拌的程度来看，直叶式最为激烈，功率消耗也最大，弯叶式较小，箭叶式次之。搅拌器的叶片至少为三个，一般为六个，最多为八个。

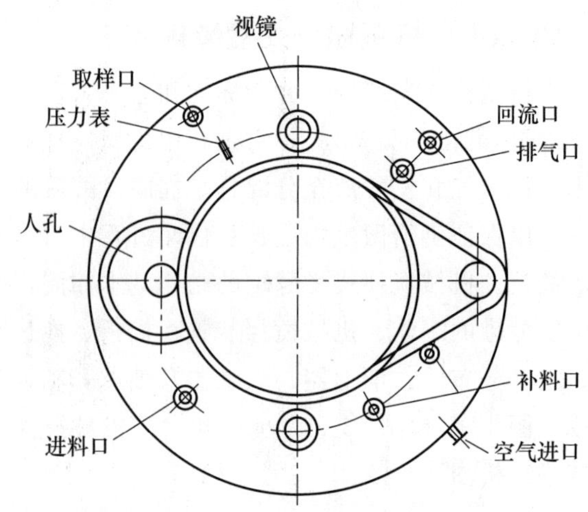

图 13-3　机械搅拌发酵罐顶部视图

（引自：杨公明，程玉来．食品机械与设备．2015.）

图 13-4　机械搅拌发酵罐搅拌器类型

搅拌器的层数可根据高径比的要求确定，通常为 3～4 层，其中底层搅拌最为重要，占轴功率的 40% 以上。为了拆装方便，大型的搅拌器可制作成两半型，用螺栓连成整体。搅拌器一般用不锈钢板制成。

3. 挡板

挡板的作用是使液流由径向流型变成轴向流型，防止液面中央产生旋涡，促使液体激烈翻动，提高溶氧量。挡板的安装需要满足全挡板条件，即在一定转速下，再增加罐内附件，轴功率仍保持不变。一般安装 4～6 块挡板，其宽度通常取（0.1～0.12）倍罐直径（D），其高度自罐底延伸至液面。由于竖立的冷却蛇管、列管、排管也可以起挡板作用，一般有冷却列管或排管的发酵罐内不另设挡板，但冷却管为盘管结构时则需要设置挡板。挡板与罐壁之间的距离般为（1/8～1/5）D，避免形成死角，防止物料和菌体堆积。

4. 换热装置

发酵过程中微生物的生化反应要产生大量热量，这些热量必须及时被带出罐体，否则培养基温度会迅速升高，引起微生物发酵活性降低甚至发酵中断。另外，培养基经实消和连消后温度较高，需要将其冷却至培养温度，这就需要发酵罐具有足够的传热面积和合适的冷却介质，将热量及时带出罐体。

发酵罐的换热装置主要有夹套式换热装置、蛇管换热装置、列管（排管）换热装置，冷却和加热介质一般采用低温水和蒸汽（热水）。

夹套式换热装置多用于体积较小的发酵罐（5 m^3 以下），夹套的高度比静止的液面稍高。这种装置的优点是结构简单，加工容易，罐内死角少，容易进行清洗灭菌；其缺点是传热壁较厚，冷却水流速低，降温效果差。在大型发酵罐中（5 m^3 以上），一般采用蛇管式或列管式换热装置。蛇管式换热装置是将水平或垂直的蛇管分组安装在发酵罐内，根据发酵罐的直径和高度大小有四组、六组或八组不等。这种换热装置的优点是冷却水在管内的流速大，传热系数高，热量交换快；其缺点为罐内立式蛇管体积约占发酵罐的 1.5%，易形成罐内死角，罐内的蛇管一旦发生泄漏，将造成整个罐内的发酵液染菌，此外，罐内蛇管也给罐体清洗带来了不便。列管（排管）换热装置是以列管的形式分组对称安装于发酵罐内。这种装置的优点是加工方便，适用于气温较高、水源充足的地区，但用水量较大。从热交换速度看，蛇管换热装置最有效，列管（排管）换热装置次之，夹套式换热装置最低。

新型发酵罐将冷却面移至罐外，采用半圆形外蛇管，这种蛇管传热系数高，且罐体容易清洗，增强了罐体强度，因而，可大大降低罐体壁厚，使整个发酵罐造价降低，且可提高发酵罐的体积，增大放罐体积。

5. 空气分布器

好氧发酵需要通入充沛的空气，以满足微生物需氧要求。但是，空气中的氧是通过培养基传递给微生物的，传递速率很大程度上取决于气-液相的传质面积，也就是说，取决于气泡的大小和气泡的停留时间，气泡越小、越分散，微生物获得的氧气越充足，因此，常在罐内安装通气管，为了提高通气效率，要在通气管末端安装空气分布器，它一般装在最低一挡搅拌器的下面。空气分布器有两种：一种是具有一定生产规模的发酵罐，常采用的单孔管空气分布器，开口朝下，以防止固体物料在管口堆积形成堵塞，管口距罐底 40 mm 左右；另一种是用带小孔的环形空气分布器，但此种分布器容易被物料堵塞，只适用于细度极小且溶于水的发酵原料。

6. 消泡器

发酵液中通入空气以后，气体会在培养基中迅速上升形成气泡，这些气泡分散在发酵液表面即形成泡沫。微生物在代谢过程中，会分泌一些蛋白质和多糖等大分子物质，这些物质在通风搅拌的情况下很容易形成泡沫，如不及时除去会充满整个发酵罐，形成“溢罐”，影响通风效果并造成染菌。消泡器的作用是破碎气泡、改善供氧和防止杂菌污染。发酵罐中常用的消泡器有耙式和孔板式。耙式消泡器（图 13-5）装于搅拌轴上，当少量泡沫上升时可将泡沫打碎，但当泡沫过多时由于搅拌轴转速太低而效果不佳。在下伸轴发酵罐中，可在罐顶装备（半）封闭涡轮消泡器（图 13-5），利用单独的电机驱动。消泡器的直径一般为罐径的 70%～80%，一般以不妨碍旋转为原则。在工业生产中，单独使用消泡器往往不能获得很好的消泡效果，常常需要添加一定的消泡剂。目前，一些小型发酵罐中装有超声波发生器，利用超声波进行消泡。

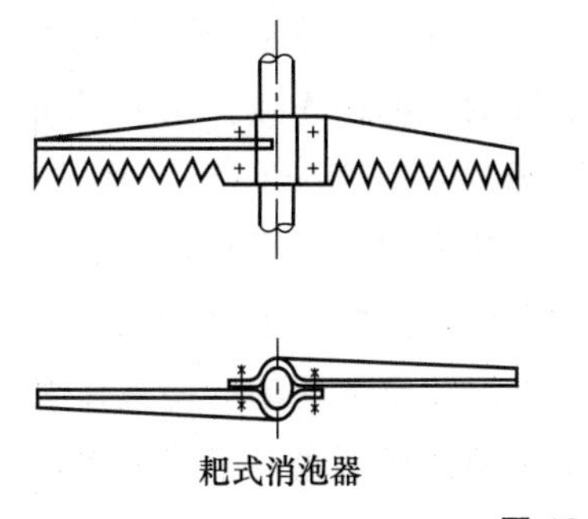
耙式消泡器

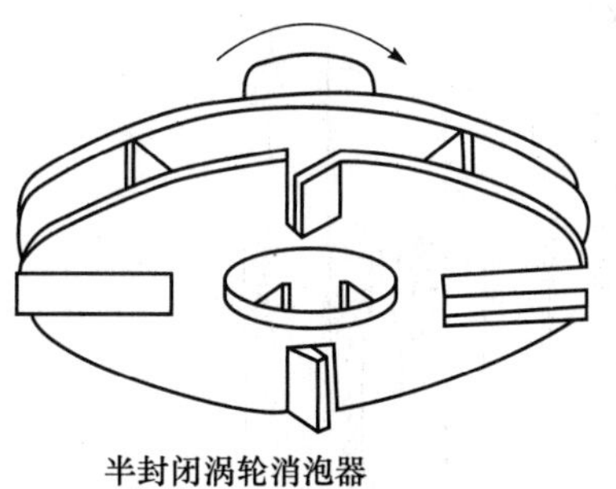
半封闭涡轮消泡器

图 13-5　消泡器

（引自：殷涌光．食品机械与设备．2007.）

7. 联轴器及轴承

大型发酵罐搅拌轴较长，常分为二至三段，用联轴器将上下搅拌轴牢固地刚性连接。常用的联轴器有鼓形和夹壳形两种。小型的发酵罐可采用法兰将搅拌轴连接，轴的连接应垂直，中心线对正；为了减少振动，中型发酵罐一般在罐内装有底轴承；大型发酵罐装有中间轴承，底轴承和中间轴承的水平位置应能适当调节。罐内轴承不能加润滑油，应采用液体润滑的塑料轴瓦（如聚四氟乙烯等），轴瓦与轴之间的间隙常取轴径的 0.4%～0.7%。为了防止轴颈磨损，可以在与轴承接触处的轴上增加一个轴套。

8. 轴封

轴封的作用是将罐顶或罐底与轴之间的缝隙加以密封，防止泄漏和被杂菌污染。常用的轴封有填料函（图 13-6）和端面轴封（图 13-7）两种。填料函由填料箱体、填料底衬套、填料压板和压紧螺栓等零件构成，可使旋转轴达到密封的效果。填料函的优点是结构简单；其缺点是死角多，很难彻底灭菌，容易渗漏及染菌，轴的磨损情况较严重。端面轴封又称为机械轴封，密封作用是靠弹性元件（弹簧、波纹管等）的压力使垂直于轴线的动环和静环光滑表面紧密地相互贴合，并做相对转动，从而达到密封效果。端面轴封的优点是密封可靠，无死角，可以防止染菌，使用寿命长；其缺点为结构比填料函复杂，装拆不便。

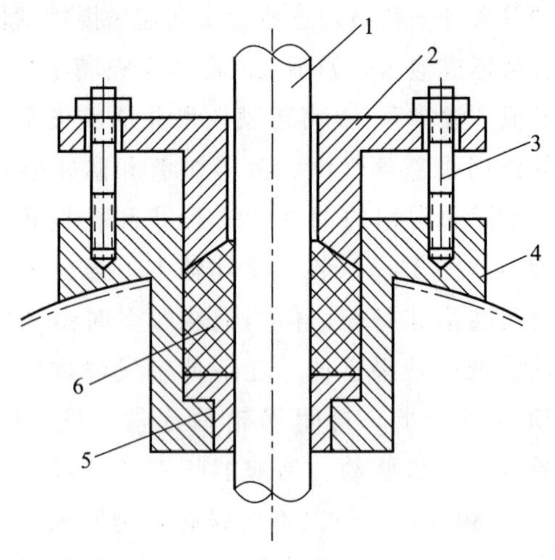

图 13-6　填料函

1. 转轴；2. 填料压盖；3. 压紧螺栓；4. 填料箱体；5. 铜环；6. 填料

（引自：殷涌光．食品机械与设备．2007.）

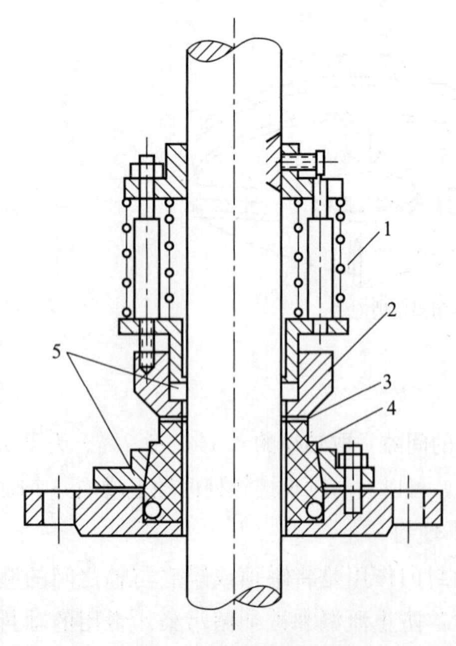

图 13-7　端面轴封

1. 弹簧；2. 动环；3. 堆焊硬质合金；4. 静环；5. O 形圈

（引自：殷涌光．食品机械与设备．2007.）

除以上结构外，发酵罐还附带有补料罐、酸碱罐等附属设备。

13.2.2　气升式发酵罐

气升式发酵罐属于高径比较大的高塔型设备，根据上升管和下降管的位置，可分为内循环和外循环两种（图 13-8）。气升式发酵罐的主要结构包括罐体、上升管、空气喷嘴等。

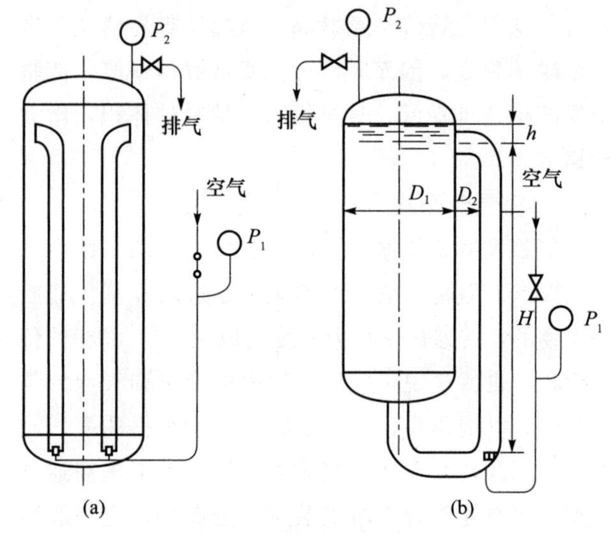

图 13-8　气升式发酵罐

（a）内循环气升式发酵罐；（b）外循环气升式发酵罐

（引自：殷涌光．食品机械与设备．2007.）

气升式发酵罐的工作原理：上升管两端与罐底及罐的上部相连接，构成了一个循环系统，而在其下部装有空气分布器，无菌空气以 250～300 m/s 的高速度喷入上升管，由于喷射作用，气泡很快分散在发酵液中。上升管内的发酵液相对密度变小，加上压缩空气的动能使液体上升，而罐内的发酵液由于菌体代谢消耗了溶解氧，导致发酵液相对密度增大从而流向罐底，发酵罐导流管上方的发酵液连续进入导管，这就形成了“整体循环”，通过这种“整体循环”实现了发酵液的混合、传质和传热过程。气升式发酵罐的优点是结构简单，冷却面积小，不需要搅拌传动装置，节约动力约 50%，装料系数可达 80%～90%，杂菌污染少，不需要加消泡剂，维修、操作及清洗简便。气升式发酵罐无机械搅拌对菌体的剪切损伤，故菌体生长正常，有利于产物的合成和后提取，可提高产品收率。气升式发酵罐的缺点是不能代替好气量较小的发酵罐，对于黏度较大的发酵液溶氧系数较低。

气升式发酵罐是以引入的压缩空气作为运行能量的发酵设备，引入的空气一方面提供循环混合的动力，另一方面提供生化反应过程所需的氧气。因此，提高氧的传递速率是改善气升式发酵罐性能的关键，为此可从以下几个方面进行改善：①选用开小孔的鼓泡型空气分布器，使空气在出分布器时就成为细泡；②在发酵罐内设置导流管，加大液体循环量，延长气泡停留时间；③可增加发酵罐的高度，气升式发酵罐的高径比可达 1∶7，但发酵罐太高对厂房影响较大，且要提高空气压力，因此，高径比一般为 1∶4。

13.2.3　自吸式发酵罐

自吸式发酵罐（图 13-9）是一种不需要空气压缩机，而在搅拌过程中自行吸入空气的发酵罐，其组成包括罐体、搅拌器、传动部件、传热部件和控制部件等。

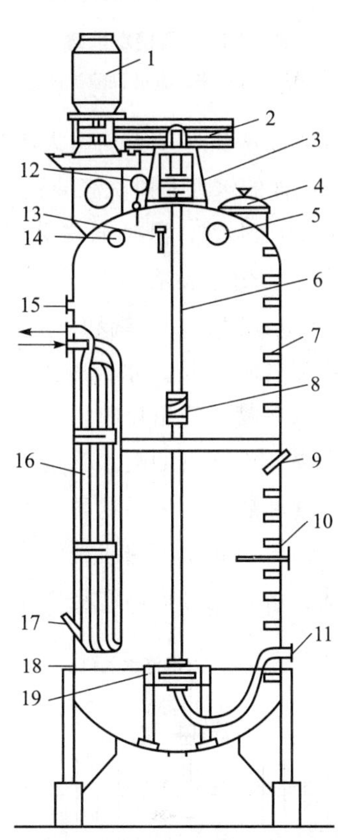

图 13-9　自吸式发酵罐示意图

1. 电动机；2. 三角皮带传动；3. 轴承座；4. 人孔；5. 视镜；6. 轴；7. 扶梯；8. 联轴节；9. 玻璃温度计插口；10. 取样口；11. 进气口；12. 压力表；13. 排气口；14. 进料口；15. 备用口；16. 冷却列管；17. 仪表温度计插口；18. 定子；19. 转子

（引自：殷涌光. 食品机械与设备. 2007.）

自吸式发酵罐的关键部件是自吸搅拌器，简称为转子或定子。转子由箱底向上升入的主轴带动，当转子转动时，空气由导气管吸入。转子的形式有九叶轮、六叶轮（图 13-10）、三叶轮、十字形叶轮等，叶轮均为空心形。当转子以一定速度旋转时，叶片不断排开周围的液体，使叶轮周围高动能的液体压力低于叶轮中心低动能的液体压力，形成空位状态。通过与搅拌器空心涡轮连接的导管吸入外界气体，由空心涡轮的背侧开口不断排出空气，空气在涡轮叶片的末端附近以最大的周边速度被液流粉碎，分散成细小的气泡并与料液充分混合。充满气泡的料液径向流动至器壁附近，再经挡板折流涌向液面，在发酵罐内形成均匀的气-液混合体系。

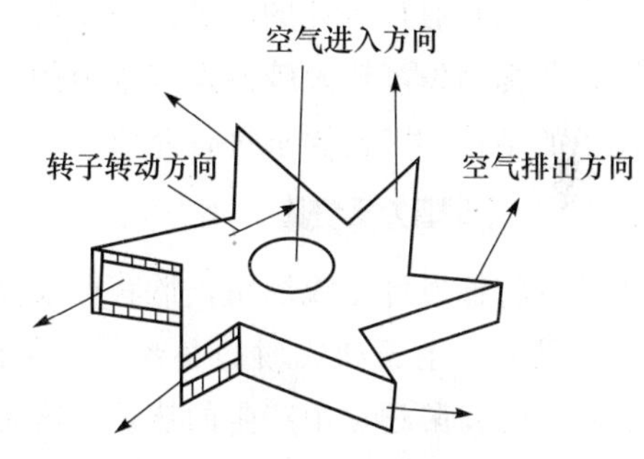

图 13-10　六叶轮转子示意图

（引自：杨公明，程玉来. 食品机械与设备. 2015.）

自吸式发酵罐的搅拌器吸气能力的大小主要取决于其结构、安装方式、搅拌转速和料液性质等多种因素。如搅拌器叶轮与发酵罐直径比越大，搅拌转速越高，料液的相对密度越大，则吸气量越大。

自吸式发酵罐的主要优点包括：①节省空气净化系统中的空气压缩机、冷却器等辅助设备，节省厂房占地面积（节省设备投资 30%左右）；②设备便于自动化和连续化操作，降低劳动强度；③气液接触的时间较长，接触均匀，气泡分散较细，因而溶氧系数较高。其缺点包括：①因为搅拌转数较高（大型发酵罐搅拌充气叶轮的线速度可达 30 m/s 左右），会增加菌丝被搅拌器切断的概率，影响微生物的正常生长和产物的合成，所以在抗生素的发酵中很少使用这类发酵罐；②进罐空气处于负压，因此罐压较低，会增加染菌的机会，这就要求在生产中使用低阻力、高除菌效率的空气净化系统；③发酵罐的装料系数也较低（40%左右）。

13.3 厌氧发酵设备

厌氧发酵也称为静止培养，其不需供氧，因此，厌氧发酵设备和工艺都较好氧发酵简单。严格的厌氧液体深层发酵的主要特点是需要排出发酵罐中的氧。罐内的发酵液应尽量装满，以减少上层气相的影响，有时还需要充入非氧气体。发酵罐的排气口要安装水封装置，培养基应预先还原。此外，厌氧发酵需要使用大剂量接种（一般接种量为总操作体积的10%～20%），使菌体迅速生长，减少其对外部氧渗入的敏感性。酒精、丙酮、丁醇、乳酸、葡萄酒和啤酒等都是采用液体厌氧发酵工艺生产。本节主要以具有代表性的厌氧发酵设备，如酒精发酵罐、葡萄酒发酵罐及啤酒发酵罐为例，对厌氧发酵设备的结构和工艺要求进行介绍。

13.3.1 酒精发酵罐

使用酵母将糖发酵生成酒精，欲获得较高的转化率，除满足酵母生长和代谢的必要工艺条件外，还需要及时清除发酵过程中产生的热量。这是由于在生化反应过程中会释放出一定数量的生物热，若该热量不能被及时移走，会直接影响酵母的生长和代谢产物的转化率。同时，为了提高生产效率，从结构上还应考虑酒精发酵罐要便于排出发酵液，以及便于安装、清洗、维修等。

在酒精发酵过程中，为了回收二氧化碳气体及其所带出的部分酒精，发酵罐一般为密闭的圆柱形立式金属筒体（图 13-11）。底盖和顶盖均为碟形或锥形。罐顶装有废气回收管、进料管、接种管、压力表、各种测量仪表接口管及供观察清洗和检修罐体内部的人孔等。罐底装有排料口和排污口。对于大型发酵罐，为了便于维修和清洗，往往在接近罐底处也装有人孔。罐身上下部均装有取样口和温度计接口。其高径比（H/D）一般为1～1.5，装料系数为0.8～0.9。

发酵罐的冷却装置，对于中小型发酵罐来说，多采用罐顶喷水淋于罐外壁表面进行膜状冷却；对于大型发酵罐，由于罐外壁冷却面积不能满足冷却要求，常采用罐内装有冷却蛇管或采用罐内蛇管和罐外壁喷洒联合冷却的方法，也可采用罐外列管式喷淋冷却和循环冷却的方法。为了回收冷却水，常在罐体底部沿罐外四周装有集水槽。

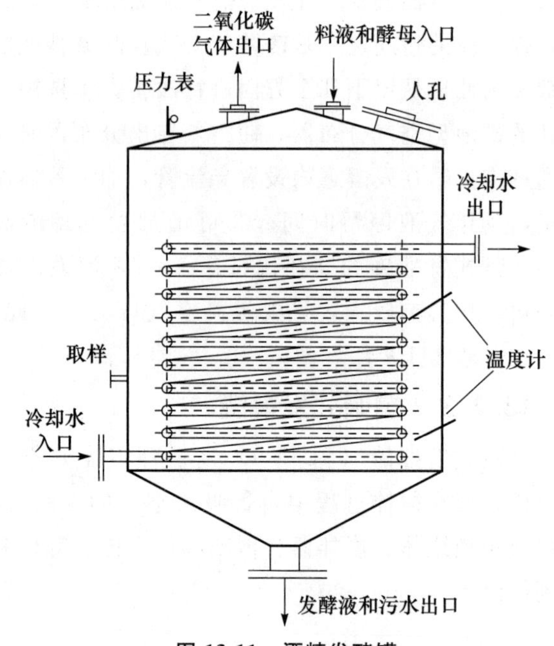

图 13-11 酒精发酵罐

（引自：杨公明，程玉来．食品机械与设备．2015.）

酒精发酵罐的洗涤，过去均由人工冲刷，如今已逐步采用高压强的水力喷射洗涤装置（图 13-12）。它是一根直立的喷水管，沿轴向安装于罐的中央，在垂直喷水管上均匀地钻有直径为4～6 mm的小孔，孔与水平夹角呈20°，上端和供水总管相连接，下端和垂直分配管相连接。水流在0.6～0.8 MPa的压力下，由水平喷水管出口喷出，以极大的速度喷射到罐壁中央，而垂直的喷水管也以同样的速度喷射到罐体四壁和罐底。采用这种洗涤设备，可缩短洗涤时间，约5 min就可完成洗涤作业。若采用废热水作为洗涤水，也可提高洗涤效率。

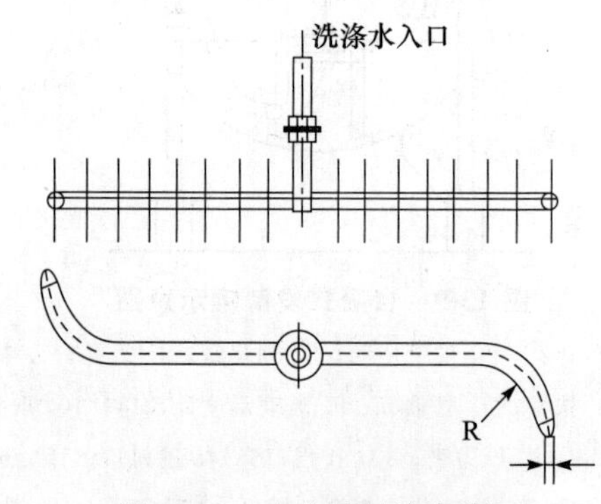

图 13-12 水力喷射洗涤装置

（引自：杨公明，程玉来．食品机械与设备．2015.）

目前，酒精发酵罐主要向着大型化和自动化的方向发展，现行的酒精发酵罐其体积已达 1 500 m^3 或更大。大型酒精发酵罐虽然工作效率较高，但也存在着一些问题：一是醪液中心的降温很困难（夏季尚须人工制冷降温）；二是斜底发酵罐存在滞留的问题。为此，人们研发出一些新型酒精发酵罐，如斜底自循环冷却酒精发酵罐。

斜底自循环冷却酒精发酵罐实际是锥形发酵罐的简单变形。为了改善醪液的混合，采用了循环泵进行醪液的循环，由于发酵罐中心的温度最高，在罐的中心设置了冷却管。该罐的体积可达 1 500 m^3 和 2 000 m^3，中心冷却管直径应为 1.0～1.5 m，即该罐的实际体积要去掉 12～26 m^3，中心冷却管的降温效果非常显著。中心冷却的方式弥补了蛇形管管线长、结构复杂、不易冲洗且易染菌的不足。醪液循环泵位置设在连通醪液循环管上部 1/3～1/4 处，相较于将泵设在底部可降低一定的能耗。分布板可以保证消除滞留醪液，斜底角设计成 4°，可加速底部醪液流动。斜底自循环冷却酒精发酵罐可以考虑独立使用或 2～3 个罐组合使用，发酵周期可能达到 30～35 h，发酵强度可明显增加。

13.3.2 葡萄酒发酵罐

在葡萄酒生产中使用的葡萄酒发酵罐有多种结构形式，各种结构有其自身的特点。不论哪种结构形式的发酵罐，除了满足葡萄酒酿造工艺的要求，还要考虑发酵罐材料是否耐腐蚀和是否有良好的传热性能，是否便于在发酵过程中检测和控制温度，是否有利于色素、单宁等物质的扩散和传质，是否便于机械自动除渣以及是否有利于降低劳动强度等。

葡萄酒发酵罐的材料一般要满足以下三个要求：一是耐酸性介质腐蚀，符合卫生条件和具有优良的传热性能。葡萄浆果中含有苹果酸、柠檬酸等有机酸，在生产过程中为了避免氧化及杀死细菌，需要加入适量 SO_2，这些都对发酵罐有腐蚀作用。这就要求制造发酵罐的材料应具有良好的耐腐蚀性。二是发酵罐应具有机械自动除渣设备。在葡萄酒发酵过程中，浸渍结束后排出的皮渣占发酵体积的 11.5%～15.5%。人工除渣劳动强度大，不适合规模化生产需要，且不卫生、不安全，这是因为发酵罐的人孔、进料口难以在很短的时间内排净发酵产生的大量二氧化碳。利用机械自动除渣设备可降低劳动强度，并且它也是安全生产和提高生产率的基本措施。

根据葡萄酒酿造工艺的不同，葡萄酒发酵罐分为白葡萄酒和红葡萄酒发酵罐，二者具有一些相同的要求，包括液位显示（液位计或液位传感器）、取样阀、人孔、进出料口、浊酒出口、清酒出口、自流酒出口等。

红葡萄酒发酵罐的结构形式较多，下面主要介绍锥底发酵罐和自动循环发酵罐。

1. 锥底发酵罐

锥底发酵罐由筒体、锥底、封头、换热器、排渣螺旋、循环泵等组成。循环泵开启后，通过喷淋器将发酵液喷淋在葡萄皮渣表面，通过喷淋改变色素、单宁等物质的浓度分布，有利于浸渍，避免采用机械搅拌可能出现的将劣质单宁浸出的情况；同时，在喷淋过程中，液体与空气接触，带入一定量空气，为酵母提供所需的氧气；还可通过循环的葡萄汁散发部分发酵热。在罐的下部锥底内设有排渣螺旋，可实现机械出渣。

2. 自动循环发酵罐

自动循环发酵罐为立式结构，由罐体、筛形压板、排气管、循环装置、换热器等组成。在发酵罐的罐体偏上部位设置带孔压板。在发酵过程中产生的二氧化碳引起发酵液体积膨胀，压板能将浮起的葡萄皮压在下面，发酵液从压板筛孔中上溢，液面高度超过压板位置。皮渣在发酵过程中浸没于发酵液中，因此，发酵液能够充分浸渍果皮中的色素和优质单宁，同时可避免由于葡萄皮与空气接触、顶部果皮处于非浸没状态而导致被细菌感染的情况发生。

在葡萄酒发酵过程中，酵母需要适量的氧气，为此需要进行定期循环。在罐底及灌顶各设一个循环口，两个循环口之间用泵和管连接构成循环装置。发酵结束后，葡萄汁从罐底循环口放出。另外，在罐中心还设置排气管，用来排出发酵过程中产生的二氧化碳，保证发酵的正常进行。

13.3.3 啤酒发酵设备

近年来，啤酒发酵设备向大型、室外、联合的方向发展。迄今为止，使用的大型发酵罐容量已达

1 500 t。啤酒发酵设备大型化的目的主要有两方面：一方面由于大型化，啤酒的质量均一化；另一方面由于啤酒生产的罐数减少，生产合理化，可降低主要设备的投资。

啤酒发酵容器的变迁过程，大概可分三个方向：①发酵容器材料的变化。容器材料由陶瓷→木材→水泥→金属材料演变。现在的啤酒生产，后两种材料都在使用。我国大多数啤酒发酵设备容器为内有涂料的钢筋水泥槽，新建的大型容器一般使用不锈钢。②开放式向密闭式转变。小规模生产时，糖化投资量较少，啤酒发酵容器放在室内，一般用开放式，上面没有盖子，对发酵的管理、泡沫形态的观察和醪液浓度的测定比较方便。随着啤酒生产规模的扩大，投资量越来越大，发酵容器已开始向大型化和密闭化发展。从开放式转向密闭式发酵的最大问题是发酵时被气泡带到表面的泡盖的处理。开放发酵便于撇取，密闭容器人孔较小，难以撇取，可用吸取法分离泡盖。③密闭容器的演变。原来使用的一般是开放式长方形容器上面加穹形盖子的密闭发酵槽；随着技术革新，有一段时间常使用钢板、不锈钢或铝制的卧式圆筒形发酵罐；后来出现的是立式圆筒体锥底发酵罐，它是 20 世纪初期瑞士的奈坦发明的，因此，又称为奈坦式发酵罐。

目前，使用的大型发酵罐主要是立式罐，如圆柱体锥底发酵罐、联合罐、朝日罐等。随着发酵罐量的增大，清洗设备也有很大进步，大多采用 CIP 清洗系统。

1. 圆柱体锥底发酵罐

圆柱体锥底发酵罐（图 13-13）的冷媒采用乙二醇、酒精溶液或氨（直接蒸发）。二氧化碳由罐顶排出，在罐底装有净化的二氧化碳充气管，二氧化碳从充气管的小孔吹入发酵液中，以便在发酵过程中饱和二氧化碳。

圆柱体锥底发酵罐的优点在于能耗低，采用的管径小，生产费用较低。酵母最终沉积在锥底，可打开锥底阀门，把酵母排出发酵罐外，部分酵母留作下次待用。容器的形式主要指其单位容积所需的表面积，单位为 m^2/100 L，是影响造价的主要因素。考虑二氧化碳的回收，就必须使发酵罐内的二氧化碳维持一定的压力，因此，大型发酵罐（简称大罐）就是一个耐压罐，有必要设立安全阀。发酵罐的工作压力因不同的发酵工艺而有所不同。若作为前酵和储酒两用，就应以储酒时发酵罐内二氧化碳含量为依据，所需的耐压程度要稍高于单用于前酵的发酵罐。

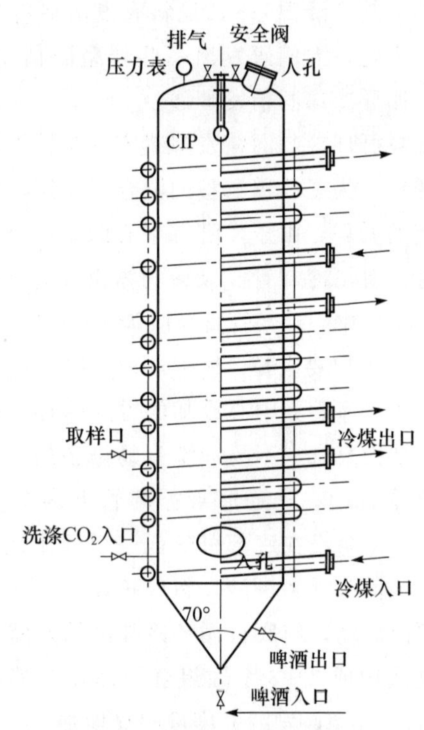

图 13-13　圆柱体锥底发酵罐

（引自：殷涌光. 食品机械与设备. 2007.）

2. 联合罐

联合罐（图 13-14）是具有较浅锥底的大直径发酵罐，其高径比为（1∶1）～（1.3∶3），能在罐内进行机械搅拌，并具有冷却装置。联合罐由带人孔的薄壳垂直圆柱体、拱形顶和有足够斜度以去除酵母的锥底组成。罐体采用聚尼烷作保温层，外加铝板。

3. 朝日罐

朝日罐又称为单一酿槽，是 1972 年日本朝日啤酒公司研制成功的前发酵和后发酵合一的室外大型发酵罐（图 13-15）。它采用的是一种新的生产工艺，可解决以往发酵罐常出现沉淀困难的问题，大大缩短贮藏啤酒的成熟期。

朝日罐为斜底圆柱发酵罐，高径比为（1∶1）～（2∶1）。其利用离心机回收酵母，利用薄板换热器控制发酵温度，利用循环泵把发酵液抽出又送回去。

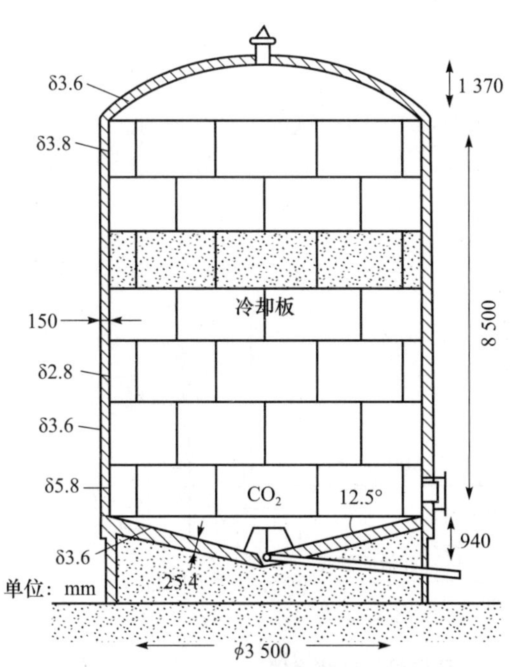

图 13-14　联合罐

（引自：殷涌光. 食品机械与设备. 2007.）

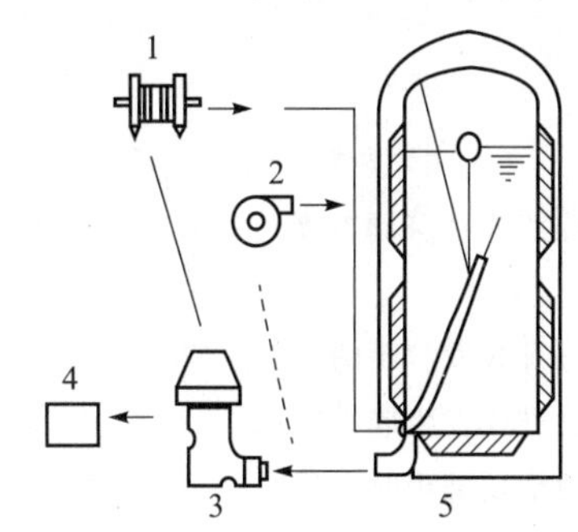

图 13-15　朝日罐生产系统

1. 薄板换热器；2. 循环泵；3. 酵母离心机；4. 酵母；5. 朝日罐

（引自：杨公明，程玉来. 食品机械与设备. 2015.）

4. CIP 清洗系统

啤酒发酵罐的容量正在逐步扩大，这类发酵罐大部分安装在室外，原来的清洗方法已不适用，必须采用自动化的喷洗装置。一般采用较多的是 CIP 清洗系统。

大罐建在室外，因此，连接大罐的管道要长，并且主管的管径必然要大，一般为 150 mm。如果在大罐中加澄清剂，会在罐底形成沉渣层，故在罐的出料处要设一个沉渣阻挡器；同时为了能放尽罐底的存液，出料处应是一个双重出口。沉于罐底的沉渣固形物具有一定的经济价值，应该回收，因此，在洗罐时要尽可能用少量水冲出沉渣，以免稀释。

图 13-16 所示的是大型发酵罐与产品输送站及 CIP 清洗管的联结流程。啤酒进出站是嫩啤酒（麦汁）进入管、啤酒输出管及清洗液返回管之间的连接处，它位于发酵罐出口底下，可用 U 形管在啤酒进出管与清洗液返回管之间进行任意连接。通气管的出口应低于罐出口的位置，由橡皮管与清洗液返回管线相连接。CIP 循环单位设在酒供应库内，包括微型开关（控制清洗液的进出）、控制盘、CIP 供应泵、污水泵、水箱等。

控制盘通过仪表来控制清洗液的温度、水位及发酵罐的充满与放空等程序。清洗液进出阀和通气管上的通气阀的控制与系统的控制装置是有关系的，因此，可在清洗操作开始前先将通气阀开启。清洗液返回管线的位置要在通气管末端之下，这样可以在 CIP 清洗操作时，保证通气管得到有效的清洗。

通气阀位置应在罐内的清洗液的液位之上，这样可防止清洗后由于罐的冷却而造成真空。通气管下部还具有压力调节阀。CIP 清洗工作程序是自动控制进行的，从控制盘上可以查看仪表记录温度、压力及时间等参数。

CIP 清洗流程如下：

① 在罐底的沉渣放了一半之后进行预冲洗，每次预冲洗的时间为 30 s，进行 10 次。预冲洗是通过回转喷嘴进行的，每次冲洗之后要有 30 s 的排泄时间，主要排去底部的沉渣。

② 罐底被冲干净后，用足量的水充入 CIP 清洗系统的供应及返回管线，改变系统进行碱预洗，自动地将清洗剂加入供水中，其总碱度在 3 000～3 300 mg/L，用这种碱液循环 16 min。在此期间 CIP 供应泵吸引端注入蒸汽，使清洗液温度维持在 32℃左右。

③ 用 CIP 循环单位的水罐的清水进行 4 min 的冲洗。

④ 从气动器来的空气流入罐顶的固定喷头，然后进行三次清水的喷冲，每次 30 s，从罐顶沿罐的四周冲洗下来。

⑤ 用总碱度为 3 500～4 000 mg/L 的碱液进行喷冲，碱液的温度为 32℃左右，喷冲循环 15 min。

⑥ 用清水冲洗，将残留于罐表面及管线中的碱液冲洗干净。

⑦ 用酸性水冲洗循环，以中和残留的碱性，放走洗水，使罐保持弱酸状况。至此完成了全部的 CIP 清洗过程。

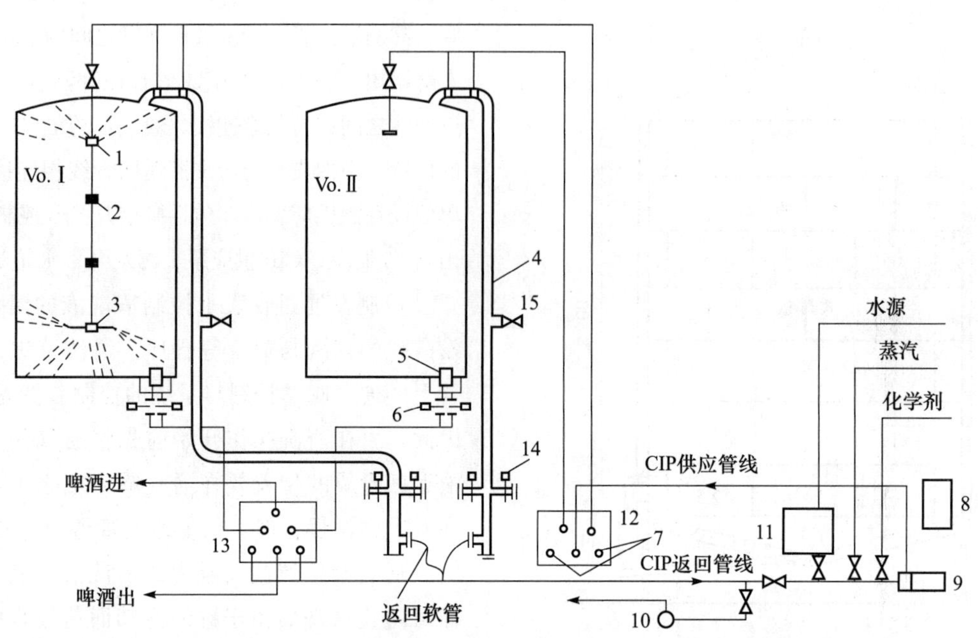

图 13-16　大型发酵罐与产品输送站及 CIP 清洗管的联结流程

1. 固定喷头；2. 滑动接头；3. 回转喷头；4. 通气管；5. 沉渣阻挡器；6. 双重出口；7. 微型开关；8. 控制盘；9. CIP 供应泵；10. 污水泵；11. 水箱；12. 清洗剂分配站；13. 啤酒进出站；14. 压力调节阀；15. 通气阀

（引自：杨公明，程玉来. 食品机械与设备. 2015.）

思考题

1. 发酵机械与设备有哪些类型？是如何分类的？
2. 空气的净化主要采取哪些方法？这些方法分别适用于什么场合？
3. 机械搅拌式发酵罐主要由哪些装置组成？其中搅拌装置和挡板的作用分别是什么？
4. 机械搅拌式发酵罐的换热装置有哪些形式？各自特点是什么？
5. 简述气升式发酵罐的工作原理。
6. 简述自吸式发酵罐的特点。
7. 设计酒精发酵罐时有哪些要求？
8. 目前大型啤酒发酵罐有哪些种类？各自特点是什么？
9. 简述 CIP 清洗系统的清洗过程。

第14章 包装机械与设备

【本章知识点】

食品包装机械与设备可分为内包装机械和外包装机械两大类。内包装机械可分为装料机械、封口机械和装料封口机械三类。外包装机械主要有贴标机、喷码机、装箱机、封箱机和捆扎机等。

液体物料可采用常压、等压、真空和压力等四种方式进行灌装。常压灌装机用于一般料液，等压灌装机用于含气料液，真空灌装机用于低黏度非含气或氧敏性料液，压力灌装机用于黏度较大且流动性较差的酱体物料。固体物料装入包装容器的操作过程称为充填，固体物料充填机按照定量方式分为容积式、重量式和计数式三种。

封口机械包括金属罐头卷边封口机、各类材质瓶子的旋盖和压盖封口机、柔性包装材料的热合封口机等。根据封口时包装材料内部的气压状态，封口机械可以分为常压封口机和真空封口机。

装料封口机械包含两大类：一类是用于固体物料的普通环境装料封口机械，这类机械常使用卷状包装材料在包装机上制成袋状或盒状的包装容器，其封口可以在常压、真空或充气状态下进行。另一类是用于液体物料的无菌包装机，其可用不同类型的包装材料。应用柔性包装材料的无菌包装机分为卷材成型无菌包装机、预制纸盒无菌包装机和软塑料袋无菌包装机三类。此外，其他包装形式的包装容器（塑料瓶、玻璃瓶、塑料盒和金属罐等）也有相应的无菌包装设备。

贴标机即粘贴产品标签的设备，圆形金属罐头以滚动方式行进贴标，贴半标的玻璃瓶可以用龙门式贴标机，真空转鼓式贴标机除了贴标外，还可进行标签盖印。喷码机分为喷墨式和激光式两大类，每一类又可分为扫描式和点阵式。喷墨式喷码机的耗材是墨水，激光式喷码机利用激光能在物体表面灼烧产生字符，因此它不使用耗材。

装箱机多用于瓦楞纸箱包装，可分为充填式和包裹式。封箱机是对已装食品的纸箱进行封箱贴条的设备，有胶黏式和贴条式两类。捆扎机按操作的自动化程度可分为自动和半自动，按捆扎带穿入方式分为穿入式和绕缠式。捆扎带的材料有纸带、塑料带和金属带等。

食品包装就是采用适当材料、容器和包装技术把食品包裹起来，以便食品在贮藏、运输和销售过程中保持其价值和原有状态，其是食品生产的重要环节。食品包装技术是为实现食品包装的目的和要求与适应食品各方面条件而采用的包装方法、包装机械、包装材料，以及包装操作须遵循的工艺措施、监测控制手段和包装质量管理措施等技术的总称。

食品包装机械与设备品种繁多，总体上可分为内、外包装机械两大类。内包装是指直接将食品装入包装容器并封口或用包装材料将食品包裹起来的操作；外包装是在完成内包装后再进行的贴标、装箱、封箱、捆扎等操作。内包装机械又可进一步分为装料机械、封口机械、装料封口机械三类，还可以根据食品状态、包装材料形态以及装料封口环境进行分类；外包装机械主要有贴标机、喷码机、装箱机、封箱机、捆扎机等。本章主要介绍各种典型的内包装机械，并对主要外包装机械备进行简单介绍。

14.1 概述

14.1.1 食品包装的目的、作用和材料

1. 食品包装的目的

食品包装的目的：一是在于保证食品的质量和安全，为用户的使用提供方便；二是突出商品包装外表及标志，以提高商品的价值。其中，保证食品的质量和安全是食品包装最重要的目的。

2. 食品包装的作用

(1) 防止由微生物引起的变质　在食品中生长的细菌、霉菌、酵母菌等微生物会使食品发生腐败或异常发酵。为了防止食品变质，必须选用抗氧化性好的包装材料进行包装或加热杀菌，以及进行冷藏、冷冻处理等。

(2) 防止化学性的变质　在直射光或荧光灯下，或者在高温情况下，食品中所含的脂肪和色素会发生氧化。为了防止这种变质，应选用抗氧化性好，且能遮挡光线和紫外线的包装材料。

(3) 防止物理性的变质　干燥粉末食品或固体食品，因吸收空气中的水分而变质；相反，有些食品也会因食品中的水分蒸发而变干、变硬等。为了防止这类变化，须选用阻气性好的包装材料，或封入硅胶等吸湿剂后进行包装。

3. 食品包装的材料

用于食品包装的材料应具备如下要求：①具有外观透明度和表面光泽度；②防潮性能高；③气体与水汽透过性能低；④贮藏和应用方面适应温度变化范围广；⑤不含有毒成分；⑥成本低；⑦防破碎性能强。

包装领域中大量应用各种塑料薄膜、塑料容器及复合材料。目前，复合材料在食品包装中已占主要地位，其基本结构如下：①外层材料应当是熔点较高，耐热性能好，不易划伤和磨毛，印刷性能好，光学性能好的材料，常用的有纸、铝箔、玻璃纸、聚碳酸酯、聚酰胺、聚酯、聚丙烯等；②内层材料应当具有热封性及黏合性好、无味、无毒、耐油、耐水、耐化学药品等性能，常用的有聚丙烯、聚乙烯、聚偏二氨乙烯等热塑性材料。金属材料也占一定比重，使用最多的是镀锡薄钢板（马口铁）、镀铬薄钢板及铝材等。

14.1.2 包装机械的定义和分类

1. 包装机械的定义

在国家标准《包装术语第 2 部分：机械》(GB/T 4122.2—2010) 中，包装机械定义为完成全部或部分包装过程的机器。包装过程包括成型、充填、封口、裹包等主要包装工序，以及清洗、干燥、杀菌、贴标、捆扎、集装、拆卸等前后包装工序，以及转送、选别等其他辅助包装工序。

2. 包装机械的分类

在国家标准《包装机械分类与型号编制方法》(GB/T 73112—2008) 中，包装机械分类如下：

1) 按包装机械的自动化程度分类

(1) 全自动包装机　是能自动供给包装材料和内装物，并能自动完成其他包装工序的机器。

(2) 半自动包装机　是由人工供送包装材料和内装物，但能自动完成其他包装工序的机器。

2) 按完成包装产品的类别分类

(1) 专用包装机　是专门用于包装某种产品的机器。

(2) 多用包装机　是通过调整或更换有关工作部件，可以包装两种或两种以上产品的机器。

（3）通用包装机　是在指定范围内，适用于包装两种或两种以上不同类型产品的机器。

3）按包装机械的功能分类

按包装机械的功能可分为充填机械、灌装机械、裹包机械、封口机械、贴标机械、清洗机械、干燥机械、杀菌机械、捆扎机械、集装机械、多功能包装机械、包装材料制造机械、包装容器制造机械、完成其他包装作业的辅助包装机械以及包装生产线等。

14.1.3　包装机械的作用、组成和特点

1. 包装机械的作用

① 实现了包装生产的机械化、自动化和专业化；

② 大幅度提高生产效率，降低劳动强度，改善劳动条件，降低产品成本；

③ 保证包装产品的卫生和安全，提高产品包装质量，增强市场销售的竞争力；

④ 实现产品的推陈出新，延长产品保质期，方便产品流通；

⑤ 减少包装场地面积，节约基建投资；

⑥ 有利于保护环境，实现可持续包装。

2. 包装机械的组成

包装机械通常由八大部分组成，也称为包装机械组成的八大要素（图 14-1）。

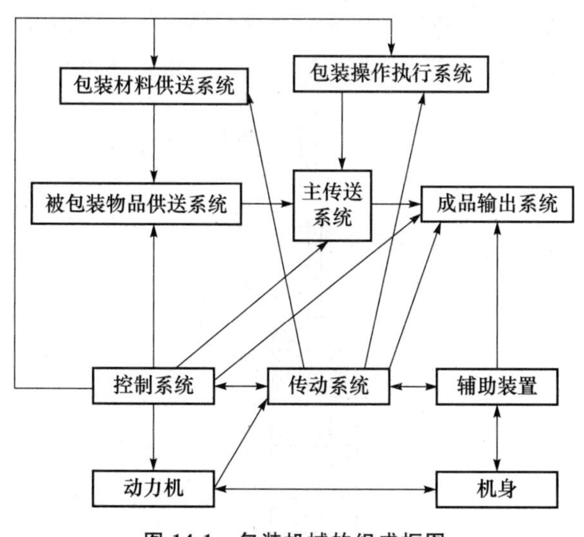

图 14-1　包装机械的组成框图

（引自：马荣朝，杨晓清．食品机械与设备．2 版．2018.）

（1）包装材料、包装容器的整理及供送系统　将包装材料（包括挠性、半刚性、刚性包装材料和包装容器及其辅助物）进行定长切断或整理排列，并逐个输送到预定工位。

（2）被包装物品的计量及供送系统　将包装物品进行计量、整理、排列，并输送到预定工位，有的还可以完成被包装物品的定型与分割。

（3）主传送系统　将包装材料和被包装物品由一个包装工位顺序传送到下一个包装工位。主传送系统的运动有连续式和间歇式两种，单工位包装机械没有传送系统。

（4）包装执行机构　是直接完成裹包、灌装、封口、贴标、捆扎等操作的机构。

（5）成品输出机构　是将包装好的产品从包装机上卸下、定向排列并输出的机构。有的包装机械的成品输出由主传送机构完成，或依靠包装产品的自重卸下。

（6）动力机与传动系统　动力机是机械工作的原动力，在包装机械中通常为电动机和空气压缩机。传动系统将动力机的动力传递给执行机构和控制系统，使其实现预定动作，通常由四杆机构、齿轮、带轮、链轮、凸轮、涡轮及蜗杆等机械零部件组成，或者由机、电、液、气等多种形式的传动装置组成。

（7）检测与控制系统　由各种手动和自动装置组成。包装机动力的输出、传动系统的运转、包装执行机构的协调动作以及包装产品的输出，都由控制系统控制与操纵。检测与控制系统也包括包装过程、包装质量以及故障与安全的控制。其主要控制方法包括机械控制、电动控制、气动控制、光电控制、电子控制、射流控制、PLC 控制和智能控制等，具体可根据包装机械的自动化水平和生产要求进行选择和使用。

（8）机身　用于安装、固定、支撑包装机械所有的零部件，并能够满足其相互运动和相互位置的要求。机身必须具有足够的强度、刚度和稳定性。

3. 包装机械的特点

① 因为包装对象的性质、包装形式和包装要求有较大差异等，所以包装机械种类繁多，通用性差，专用性强。

② 大多数包装机械的结构和机构复杂，运动速度快且动作配合要求高。为满足包装机械的性能

需求，其对零部件的刚度和表面质量等都有较高的要求。

③ 包装作业时作用力一般都较小，故包装机械的电机功率较小。

④ 包装机械一般都有调速要求，故通常设置变速装置，多采用无级变速装置，以便灵活调整包装速度及包装机械的生产能力。

⑤ 包装机械自动化程度高，大多数采用微机控制，实现了操作、调整和控制的智能化。

⑥ 食品包装机械要便于清洗，与食品接触的部位要用不锈钢或经表面处理的无毒材料制成，必须符合食品的卫生和安全要求。

随着工程技术的快速发展以及产品包装要求的提高，现代包装机械也出现了设备结构的集成化、包装功能的复合化、生产过程的成套化、用户需求的个性化和全生命周期的绿色化等新的发展趋势。

14.2 液体物料灌装机械

液体物料包装是将定量液体装入瓶、罐等容器的操作过程，其对应的设备，通常称为灌装机。

14.2.1 灌装机基本构成及类型

1. 灌装机基本构成

一般液体灌装机要完成的工艺步骤有：①送进包装容器；②按工艺要求灌装产品；③将包装物送出。

灌装机存在物料性质、灌装工艺、生产规模等方面的差异，因此，食品液体灌装机的类型相当繁多。各类灌装机基本上由以下几部分组成，包括定量机构、装料机构、控制系统、瓶罐升降机构（若瓶罐固定不动，则装料机构有升降运动）、瓶罐输送机构及传动系统等。

不同类型的灌装机的差异主要在于定量、装料及容器的输送方式等方面的不同。

2. 灌装机类型

灌装机类型很多，可按不同方式分类。通常按容器的运动方式和按灌装时容器的压力环境对灌装机进行分类。

1）按容器的运动方式分类

按灌装时包装容器的主传送运动方式，灌装机可分为旋转型和直线移动型两种。

（1）旋转型　其包装容器在灌装操作中绕机器主轴做旋转运动。灌装过程为完全连续式，生产能力大。回转体半径越大，其生产能力也越大。

（2）直线移动型　其包装容器按直线方式移动。直线移动型灌装机的灌装过程通常为间歇式，即灌装时，几瓶同时静止灌装，然后再同时离开灌装工位。这种灌装机的结构简单，适用于小批量多品种的生产。

2）按灌装时容器的压力状态分类

按灌装时容器内的压力状态，灌装机可分为常压式、等压式、负压式和加压式四种。这四种又因定量方式不同还可有不同的形式。

14.2.2 灌装机定量机构

灌装机一般采用容积式定量机构，根据液体性质和包装容器形状，通常有三种：液位定量机构、量杯定量机构和定量泵定量机构。

1. 液位定量机构

液位定量机构（图 14-2）通过调节插入容器内的排气管高度控制液位，达到定量装料的目的。当液体从进液管注入瓶内时，瓶内的空气由排气管排出，随着液面上升至排气管时，因瓶口被碗头压紧密封，上部气体排不出去。当液体继续流入时，这部分空气被略微压缩，稍超过排气管口瓶内液面就不能再升高。根据连通器原理，液体还可从排气

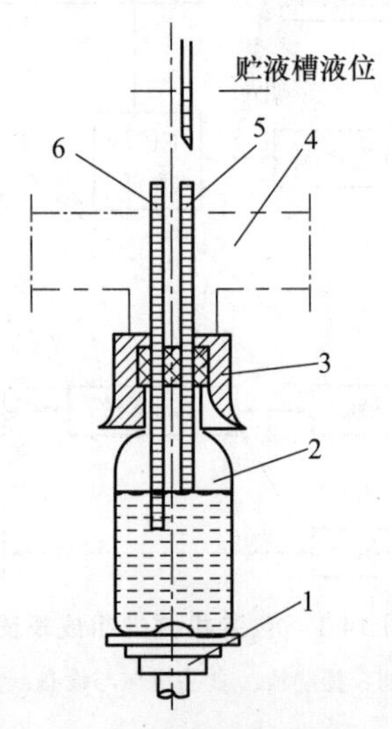

图 14-2　液位定量机构示意图

1. 托盘；2. 瓶；3. 碗头；4. 液槽；5. 排气管；6. 进液管

（引自：陈斌. 食品加工机械与设备. 2008.）

管上升，直到与供液槽有相同液位时为止。瓶子随托盘下降，排气管内的液体立即流入瓶内，至此定量装料工作完成。因此，改变排气管插入瓶内的位置，即可改变其装料量。

上述定量原理可以结合不同类型的灌装头。具体例子参见滑阀式常压灌装阀。

液位定量机构结构简单，使用方便，辅助设备少；但它只根据瓶的高度定量，故其定量精度受瓶子几何精度的直接影响。

2. 量杯式定量机构

对于装料精度要求较高、黏度低的液体，可用量杯式定量方式进行定量。定量杯依靠杯内细管在灌装前或灌装结束时相对位置的高度差来实现定量。

（1）旋塞式定量杯结构　其示意图如图 14-3 所示。当旋塞将供液槽与定量杯连通时，液体靠静压力（与贮液槽相连的）通过进液管进入定量杯，当杯内的液面到达细管的下端时不再升高，但细管中的液位还会上升，直至与贮液槽内液位相平，如此，定量杯中液体即得到定量。图 14-3 中 h 为定量杯内管下端与杯内定量比时液面的差距。将旋塞旋转 90°，定量杯中液体由灌装嘴流入瓶、罐之中。

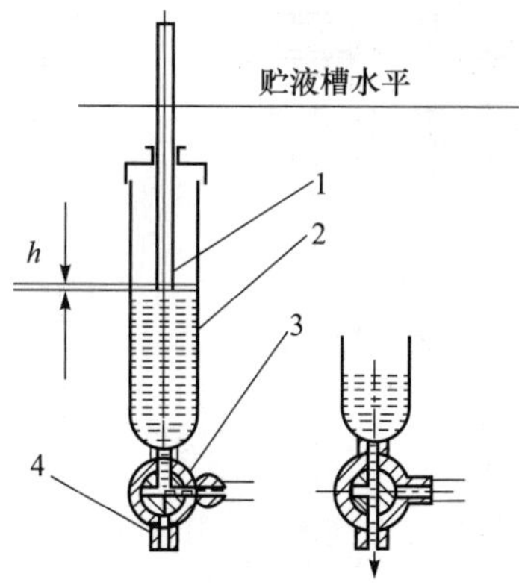

图 14-3　旋塞式定量杯机构示意图

1. 细管；2. 定量杯；3. 旋塞；4. 罐装嘴

（引自：许学勤. 食品工厂机械与设备. 2016.）

量杯式定量机构比较准确，密封性好，但不适合含气液体的装料。

（2）升降式定量杯机构　其示意图如图 14-4 所示。定量杯相对于贮液槽在定量和灌装时发生升降运动。量杯在其杯口位置低于贮液槽液面位置装满液体，然后开始上升，上升到杯口高于液面时，与定量杯相连的灌装阀开启，使液体灌入瓶子，当定量杯内的液面与杯内的定量调节管（同时也是放液管）口相平时，杯内的液体不再往下流动。如此，完成一次定量灌装。

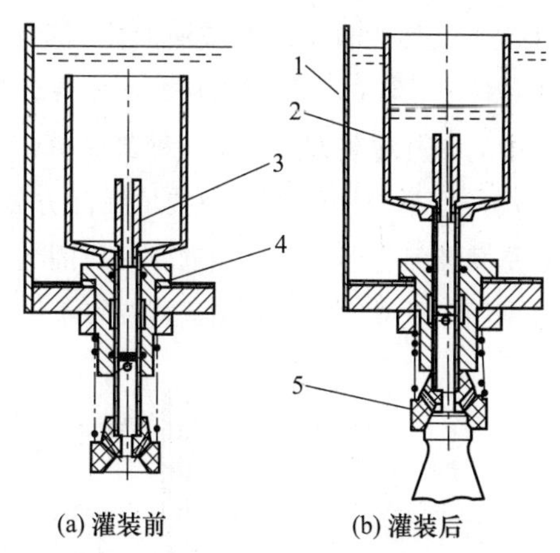

图 14-4　升降式定量杯机构示意图

1. 贮液箱；2. 定量杯；3. 定量调节管；4. 阀体；5. 灌装头

（引自：卢立新. 包装机械概论. 2011.）

3. 定量泵定量机构

定量泵定量机构利用活塞泵腔的恒定容积定量，灌装量的大小通过调节活塞行程来实现。滑阀活塞泵定量机构示意图如图 14-5 所示。人们将定量泵与贮液槽、进排料阀体及灌装头紧凑地整合在一起形成一种灌装机构。定量泵也可通过卫生软管与贮液槽及灌装头相连接，使用卫生软管的好处主要是可以较灵活地连接灌装机构与贮液槽。

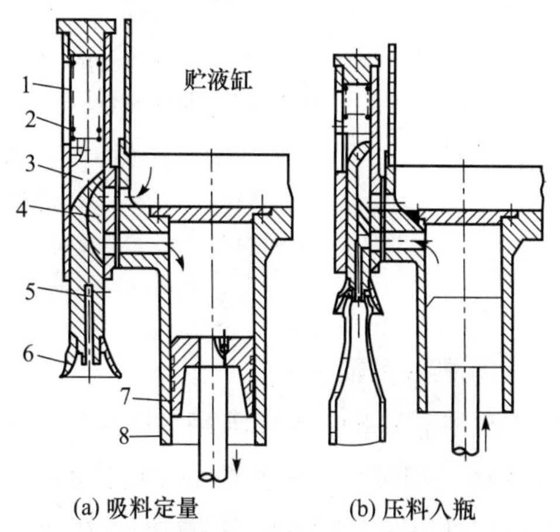

图 14-5　滑阀活塞泵定量机构示意图

1. 阀座；2. 弹簧；3. 滑阀；4. 弧形槽；5. 下料孔；6. 灌装头；7. 活塞；8. 活塞缸体

（引自：马海乐. 食品机械与设备. 2 版. 2011.）

14.2.3 灌装机构灌装方式与装置

根据与液体灌装时各空间的压力状态，灌装方式可以分为常压灌装、等压灌装、负压灌装和压力灌装等。

1. 常压灌装

常压灌装又称为自重灌装或液面控制定量灌装，是在常压条件下，液体依靠自重从贮液槽或计量筒中流入容器中的一种灌装方法，是一种最简单、最直接的灌装方式，也是应用最广泛的装填灌注方式之一。它的特点是灌装时容器与大气相通。常压灌装有两种方式，分别用于低黏度料液和黏稠料液的灌装。

1）低黏度料液的灌装

在常压灌装中，贮液槽和计量装置处于高位，包装容器置于下方，在大气压力下，料液靠自重经导液管注入容器中。这种灌装方法适用于低黏度不含气料液，如牛乳、白酒、酱油等的灌装。

常压法灌装中常用的是滑块式灌装阀（图 14-6），它是一种液位定量式弹簧灌装阀。其进液管及排气管的开闭通过瓶子的升降来实现。当瓶子在低位时，由弹簧通过套筒将阀门关闭；当瓶子上升时，则将阀打开进行灌装，瓶内的空气通过排气管排出；完成后阀门随着瓶子的下降回到关闭状态。

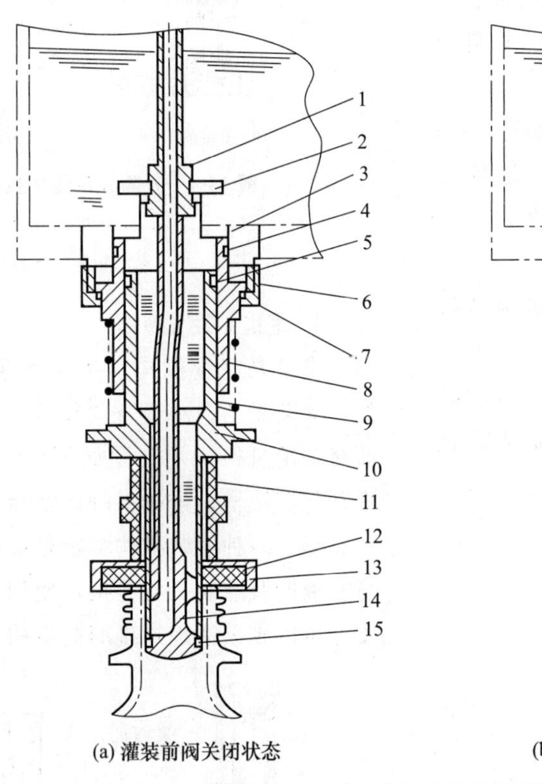

(a) 灌装前阀关闭状态

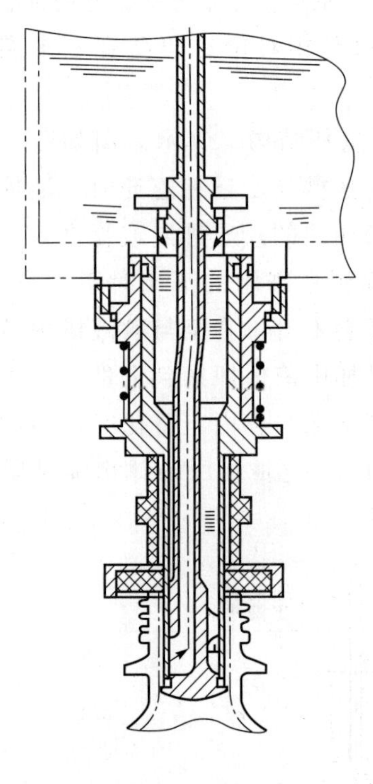

(b) 灌装时阀开启状态

图 14-6 滑阀式常压灌装阀结构原理图

1. 排气管；2. 卡环；3. 安装座；4，5，7，15. 密封圈；6. 锁母；8. 固定套筒；9. 弹簧；10. 滑动套筒；11. 定位套；12. 环套；13. 橡胶环；14. 注液头

（引自：许学勤. 食品工厂机械与设备. 2016.）

2）黏稠料液的灌装

常压法灌装并非一定要求容器口与灌装阀配合密封。因此，黏稠料液的灌装可以采用滑阀活塞泵方式进行定量灌装。容器在灌装过程中始终与大气相通，不需要有专门的排气管。

2. 等压灌装

等压灌装又称为压力重力灌装，它是在高于大气压力的条件下进行灌装的，即先对空瓶进行充气，使瓶内压力与贮液槽或计量筒内的压力相等（充气等压），然后靠料液自重进行灌装。为了防止没有瓶时的压力损失，在通气管中要安装一个阀门；为了控制料液流动，在下液管中也要安装阀门。为了平缓地灌装，下液管可以下伸，接近瓶的底部，即等压长管灌装；下液管也可以是短管，即等压短管灌装。

等压灌装适用于灌装含气液体，如汽水、汽酒和啤酒等，基本原理如下：先用压缩气体（二氧化碳或无菌空气）给灌装容器充气，作为平衡气体，待灌装容器与灌装机贮液槽压力接近相等时，料液靠自重流入容器内，同时可避免料液中的二氧化碳在灌装过程中损失。按此原理，通过贮液槽结构和供气排气方式的变化，可构成不同类型的等压灌装装置。

单室式等压灌装机构的灌装过程如图 14-7 所示。该种灌装机构的灌装阀有三个阀管，即供液管、供气管和液位定量管。每个灌装周期可以分为四个步骤：①充气等压；②进液回气—完成灌装；③推气卸压；④排出余液。等压灌装过程中三个阀管的启闭状态见表 14-1。

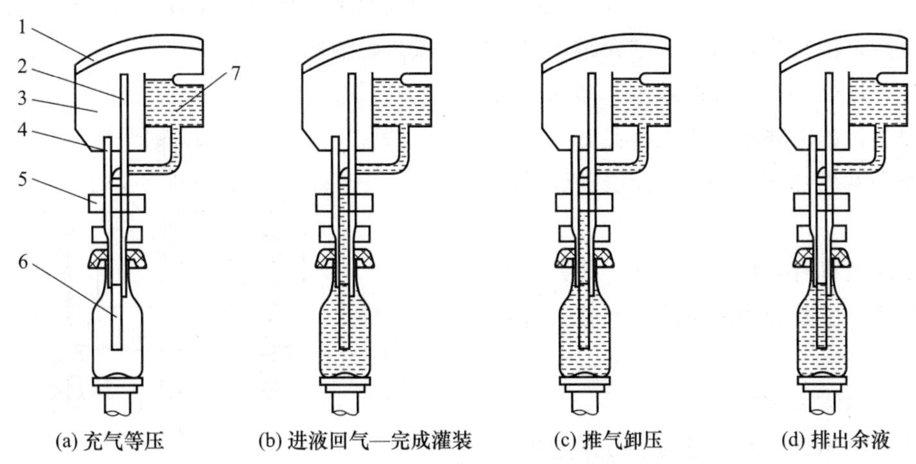

图 14-7　单室式等压灌装机构的灌装过程示意图

1. 液室；2. 贮液槽；3. 气室；4. 进气管；5. 阀；6. 进液管；7. 排气管

（引自：马荣朝，杨晓清．食品机械与设备．2 版．2018.）

表 14-1　等压灌装过程中三个阀管的启闭状态

阀管	充气等压	进液回气—完成灌装	推气卸压	排出余液
进气管	开	闭	开	闭
进液管	闭	开	闭	闭
定量管	闭	开	闭	闭

（引自：许学勤．食品工厂机械与设备．2016.）

单室式等压灌装机构在一个贮液槽内同时贮液和气，结构上比较简单。但可以发现，每次灌装必然会将空瓶中的空气带入贮液槽内。

图 14-8 所示的是三室式等压灌装机构，其灌装过程基本与单室式等压灌装机的情形相似，但灌装时瓶内回气进入独立的背压室，因此，可避免在灌装过程中空气进入贮液槽。

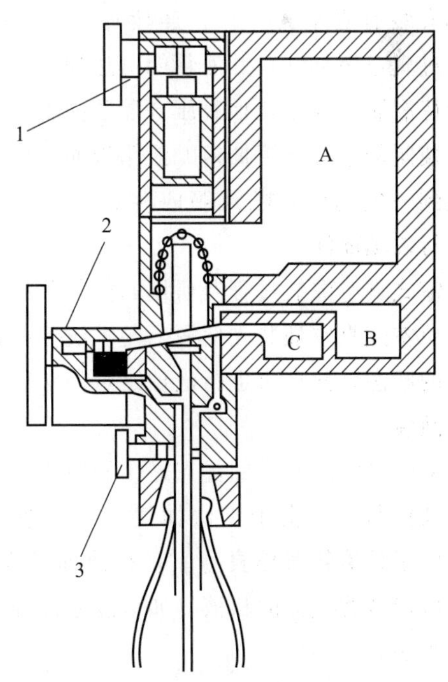

图 14-8　三室式等压灌装机构

A. 液室；B. 背压室；C. 回气室；1. 液阀；2. 气阀；3. 背压阀

（引自：许学勤．食品工厂机械与设备．2016.）

3. 负压灌装

负压灌装又称为真空灌装，是在低于大气压力的条件下进行灌装，即先建立容器内的真空，然后靠液体的自重或贮液槽与容器间的压力差进行灌装。

真空灌装的原理：先将待灌容器抽成真空，再将贮液槽的料液在一定的压差或真空状态下注入待灌容器。这种灌装法分为两种形式：一是灌装容器和贮液槽处于同一真空度，料液实际是在真空等压状态下以重力流动方式完成灌装；二是灌装容器和贮液槽真空度不相同，前者的真空度大于后者，料液在压差状态下完成灌装。后一种形式可大大提高灌装效率。

真空灌装应用范围很广，适用于富含维生素的果蔬汁饮料灌注，以及各类罐头的糖水、盐水、清汤等的灌注。灌装过程需要抽真空，因此，真空式灌装机的结构原理和常压式或等压式灌装机不同，有其独特一面。

真空式自动灌装机有多种结构形式，按其贮液箱和真空室的配置，主要分为单室式、双室式及三室式等。

1）单室式真空灌装机构

所谓单室式真空灌装机构（图 14-9），是指真空室和贮液箱合二为一的真空灌装机构，也就是说，灌装机不设单独的真空室。如图 14-9 所示，料液由进料管（1）进入，通过浮子（4）控制进液阀的开闭，从而维持贮液箱适当的液面高度。贮液箱顶部安装有真空管（2），连接真空泵，在工作时，通过真空泵抽气，贮液箱内可达到一定的真空度。当待灌瓶子被瓶托顶升压合灌装阀时，瓶内空气由灌装阀的中央气管抽入贮液箱液面。当瓶内真空度达到一定值时，贮液箱内料液靠重力流入瓶内，进行装填灌注。

单室式真空灌装过程及所用的阀与等压灌装类似，但单室式真空灌装先使瓶内与贮液槽内处于近似真空的状态，然后再进行液位定量的等压（等真空度）灌装。

单室式真空灌装机的优点是结构简单，清洗容易，对破损瓶子（由于无法抽气）不会造成误灌装。但由于贮液箱兼作真空室，料液挥发面增大，对需要保持芳香气味的料液（如果蔬原汁等）会造成不良影响。

2）双室式真空灌装机构

双室式真空灌装机构（图 14-10）采用独立的真空室，其真空室与贮液箱分离。工作时，空瓶上升将灌装阀密封胶垫压紧，形成瓶口密封。瓶内空气随即通过抽气管排出，进入真空室内，因此，瓶内形成一定的真空度。接着，贮液箱内的料液在压差作用下，通过吸液管注入瓶中。瓶中液面在升至抽气管下端时，料液开始沿抽气管上升，直至与回流管的液柱等压为止，即完成灌注。随后，关闭灌装阀，瓶子下降脱离灌装阀。抽气管内的余液在下一次灌装开始时，先被吸入真空室内，再经回流管流入贮液箱。

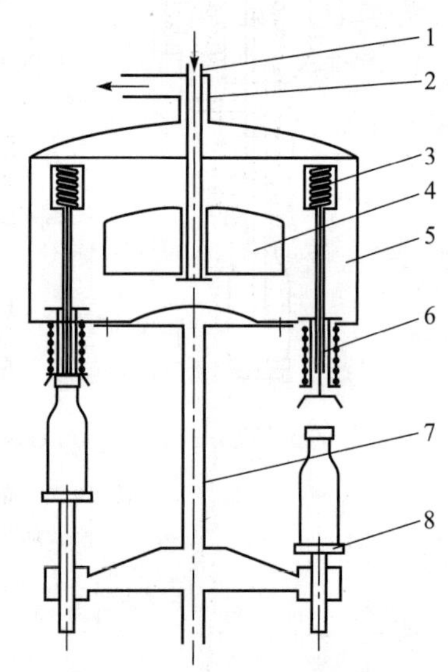

图 14-9　单室式真空灌装机构

1. 进料管；2. 真空管；3. 气阀；4. 浮子；5. 贮液箱；6. 液阀；7. 主轴；8. 瓶托

（引自：马海乐. 食品机械与设备. 2 版. 2011.）

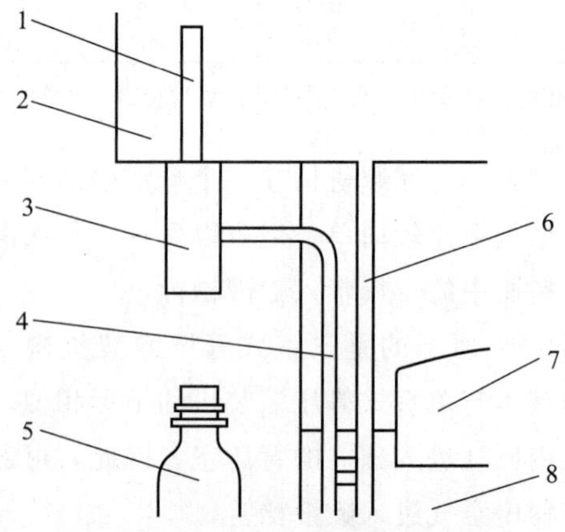

图 14-10　双室式真空灌装机构

1. 抽气管；2. 真空室；3. 灌装阀；4. 吸液管；5. 瓶子；6. 回流管；7. 浮子；8. 常压贮液箱

（引自：马海乐. 食品机械与设备. 2 版. 2011.）

显而易见，双室式真空灌装机构比单室式真空灌装机构的灌装速度要快，并且料液挥发量较少，但其结构较单室式真空灌装机构复杂，清洗也较之不方便。

3）三室式真空灌装机构

在双室式真空灌装机构中，由于真空室和贮液箱分离，贮液箱处于常压状态，当回流管与真空室连通时，在工作过程中难免会产生液气波动，状态欠稳定。为解决这一问题，三室式真空灌装机（图 14-11）应运而生。在三室式真空灌装机构中，真空室不止一个，中间还采用过渡式的真空室与贮液箱连通，其有稳定的工作状态和良好的气液密封性。

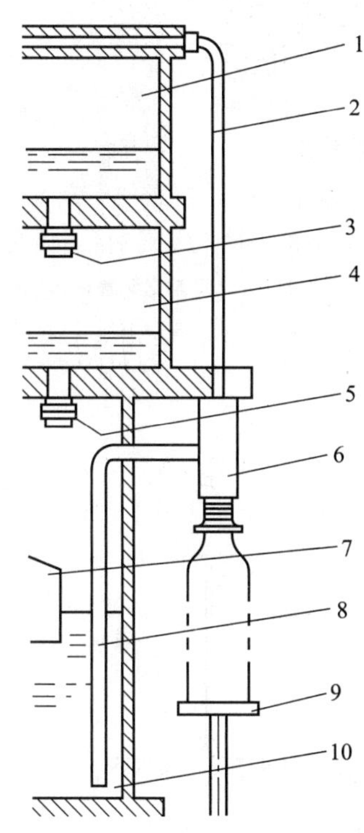

图 14-11　三室式真空灌装机示意图

1. 上真空室；2. 抽气管；3. 上阀门；4. 下真空室；5. 下阀门；6. 灌装阀；7. 浮子；8. 吸液管；9. 瓶托；10. 常压贮液箱

（引自：许学勤. 食品工厂机械与设备. 2016.）

三室式真空灌装机构的真空度较前两种机型大幅度提高，而且液流状态也较稳定，但其结构更复杂，密封性要求更高。

4. 压力灌装

压力灌装是利用外部的机械压力将液体产品充填到包装容器内的一种灌装方法。酱体食品如番茄酱、果酱、黄酱、巧克力、蛋黄酱和蜂蜜等的黏度较大且流动性较差，因此常采用机械压力法灌装。

机械压力式灌装机构的种类比较多，常用的设备有如下几种（图 14-12）。

（1）活塞转阀式机械压力灌装机构　如图 14-12（a）所示，它的两个活塞连成一体，当活塞向下运动时，下端灌装，上端吸料，然后转阀旋转 180°，活塞再向下运动，仍是下端灌装，上端吸料。

（2）闸门控制活塞加料式机械压力灌装机构　如图 14-12（b）所示，它是通过螺旋调节活塞行程大小的。

（3）凸轮控制活塞加料式机械压力灌装机构　如图 14-12（d）所示，它是通过控制阀门的工作时间来控制灌装量的。

（4）螺旋式机械压力灌装机构　如图 14-12（c），它是通过电磁离合器（12）来控制螺杆（14）的转速以达到控制灌装量的。

（5）容积泵式机械压力灌装机构　如图 14-12（e），它是通过一对旋转着的转子来完成吸料和排料的。双转子旋转一周可完成两次灌装。

14.2.4　容器升降机构

灌装机构控制容器升降，一是为了使阀管进出容器，二是利用容器升降控制阀管开闭。阀的开闭可以用不同的方式：直线型灌装机构上的阀利用液压（压力供料式）或气动（重力供料式）开闭；回转型灌装机的旋塞阀或滑阀多利用机械方式开闭，即利用机械或气动方式使瓶升降的同时驱动阀件运动。常用的升降机构有三种：机械式、气动式、气动-机械混合式。

1. 机械式升降机构

机械式升降机构也称为滑道式升降机构，是采用（固定）圆柱形凸轮机构与偏置直动从动杆机构相结合的方式，对瓶罐高度进行控制的升降机构。图 14-13 为圆柱形凸轮导轨展开图，装在灌装回转体偏置直动从动杆上的容器托（其上放置容器）随回转体旋转时，从基线位沿导角为 α 的斜坡上升 h，在距基水 h 高度的水平位置保持一段时间后，又沿导角为 β 的斜坡下降到基线位置。因此，容器在灌装过程中同时产生回转运动和上下复合运动。

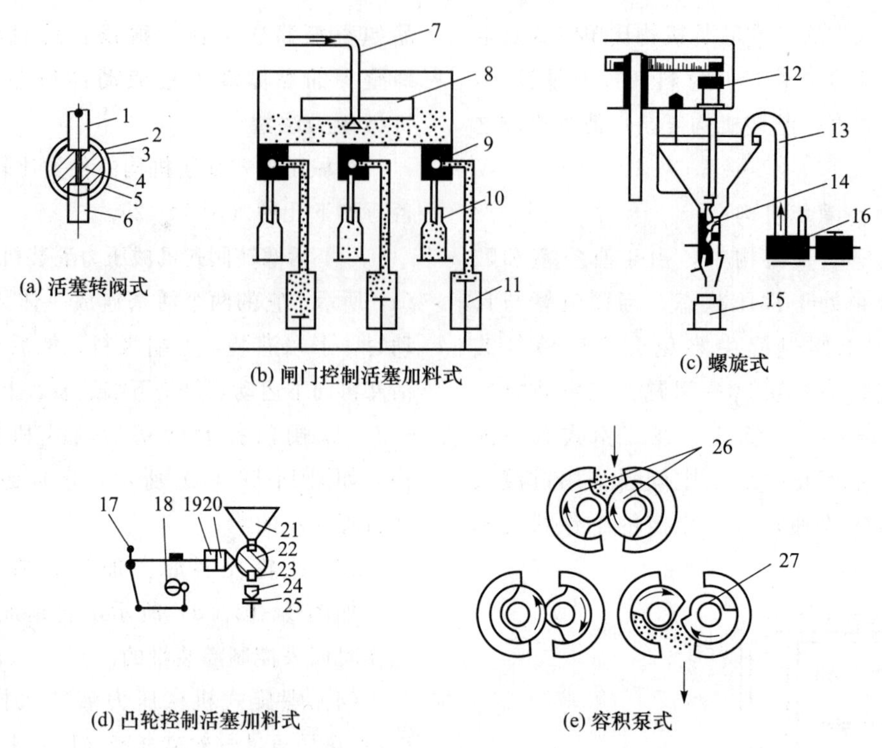

图 14-12 机械压力式灌装机构种类及工作原理

1，7. 进料管；2. 进料液缸；3，11，19. 活塞；4. 连杆；5，22. 转阀；6，10，15，24. 容器；8. 浮子；9. 阀门；12. 电磁离合器；13. 吸液管；14. 螺杆；16. 贮液箱；17. 调节螺旋；18. 凸轮；20. 液罐；21. 料斗；23. 冲料口；25. 输送装置；26. 转子；27. 料

（引自：马荣朝，杨晓清. 食品机械与设备. 2 版. 2018.）

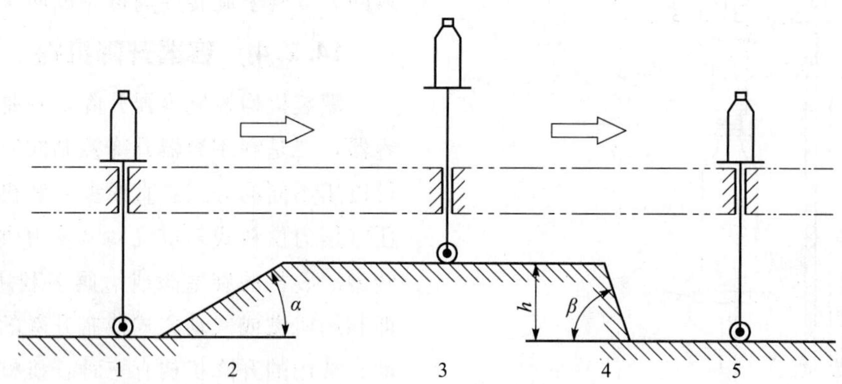

图 14-13 圆柱形凸轮导轨展开图

1，5. 最低位区段；2. 上升行程区段；3. 最高位区段；4. 下降行程区段

（引自：马荣朝，杨晓清. 食品机械与设备. 2 版. 2018.）

机械式升降机构结构简单，但机械磨损大，压缩弹簧易失效，可靠性较差，同时对瓶罐的质量要求较高，主要用于灌装不含气料液的中小型灌装机。

2. **气动式升降机构**

气动式升降机构（图 14-14）的容器托与活塞气缸的活塞相连；且活塞气缸固定在灌装回转体上，随回转体一起转动。容器升降由气缸活塞两侧气压差控制，此气压差随回转相位而发生变化。

气动式升降机构克服了机械式升降机构的缺点（当发生故障时，瓶罐被卡住），当发生故障时，压缩空气室如弹簧一样被压缩，瓶托不再上升，从而不会挤坏瓶罐。但下降时冲击力较大，并要求气源压力稳定。这种升降机构适用于灌装含气饮料的灌装机。

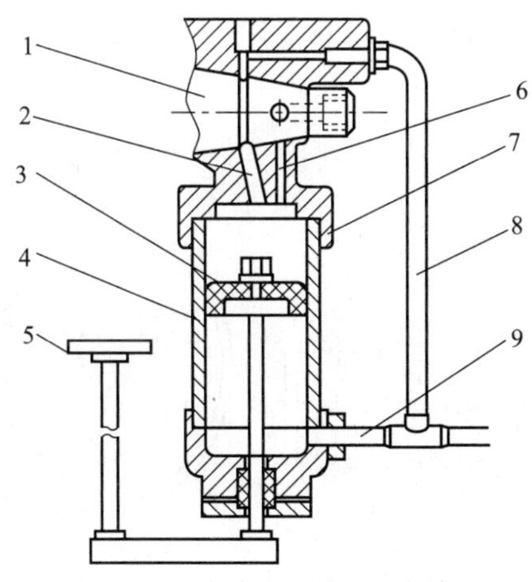

图 14-14 气动式升降机构简图

1. 旋塞；2. 进气孔；3. 活塞；4. 缸体；
5. 容器托；6. 排气孔；7. 封头座；8，9. 气管
（引自：许学勤. 食品工厂机械与设备. 2016.）

3. 气动-机械混合式升降机构

气动-机械混合式升降机构（图 14-15）结合了机械式和气动式升降机构的优点。气筒内压缩空气始终如弹簧一样托住气缸（活塞为固定），气缸升降轨迹则由朝下的凸轮推杆机构确定。因此，这是一种由凸轮推杆机构完成瓶罐升降，由气动机构保证瓶罐与灌装阀件柔性接触的组合型升降机构。

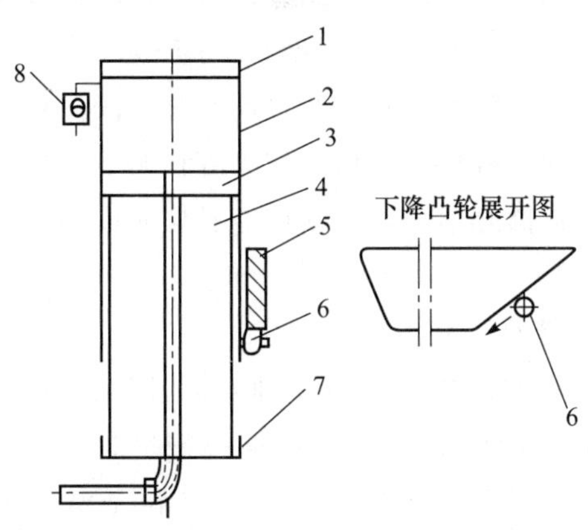

图 14-15 气动-机械混合式升降机构示意图

1. 托瓶台；2. 气缸；3. 密封塞；4. 柱塞杆；
5. 下降凸轮；6. 滚轮；7. 封头；8. 减压阀
（引自：许学勤. 食品工厂机械与设备. 2016.）

气动-机械混合式升降机构使瓶罐在上升的最后阶段依赖于压缩空气的作用，由于空气的可压缩性，当调整好的机构出现距离增大的误差时，依然能够保证瓶子与灌装阀紧密接触；当出现距离减小的误差时，瓶子也不会被压坏。其下降时，凸轮可保证瓶托运行的平稳，速度也可得到良好控制。

气动-机械混合式升降机构结构较为复杂，但整个升降过程稳定可靠，因而得到广泛应用。

14.2.5 容器输送机构

液体灌装的整个工作过程包括空瓶的平移输送、上下升降及定量灌装等，并由其执行机构来完成。容器输送机构主要用于将外围瓶罐输入灌装机构和将瓶罐从灌装机中输出。一般瓶罐通过链板式输送带将瓶子传递给灌装机，又将灌装后的产品传递给输送带，送往下道包装工序。链带与灌装机之间一般通过螺旋、拨轮机构进行衔接。以下介绍两种容器输送机构。

1. 圆盘输送机构

圆盘输送机构（图 14-16）是一种常用的集中式瓶罐供送装置。瓶罐存放在回转的圆盘上，借惯性及离心力作用，移向圆盘边缘，在边缘有挡板挡住瓶罐以免掉落，在圆盘一侧，装置有弧形导板，它与挡板组成导槽，经螺旋分隔器整理，进行等距离排列，再由爪式拨轮拨进装料机构进行装料。

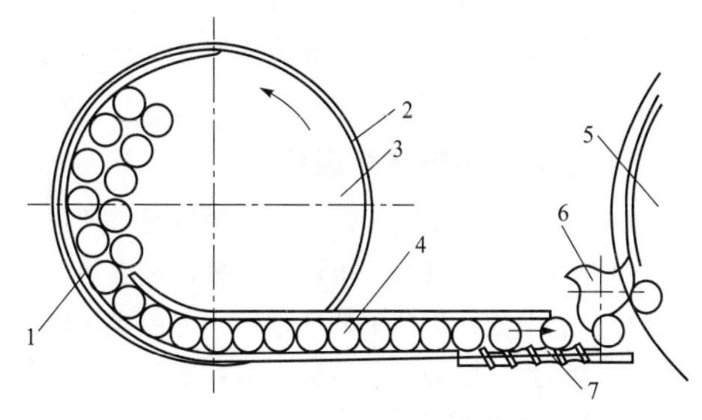

图 14-16 圆盘输送机构示意图

1. 弧形导板；2. 挡板；3. 圆盘；4. 瓶罐；
5. 灌装机；6. 拨轮；7. 螺旋分割器
（引自：马荣朝，杨晓清. 食品机械与设备. 2 版. 2018.）

2. 链板、拨轮输送机构

链板、拨轮输送机构如图 14-17 所示，经过清洗机洗净检验合格的瓶罐，由链板式输送机（1）送入，由四爪拨轮（2）分隔整理排列，沿定位板（3）进入装料机构（4）进行装料，经由四爪拨轮（5）拨出，由链板式输送机（1）带走，完成输送瓶罐工作。

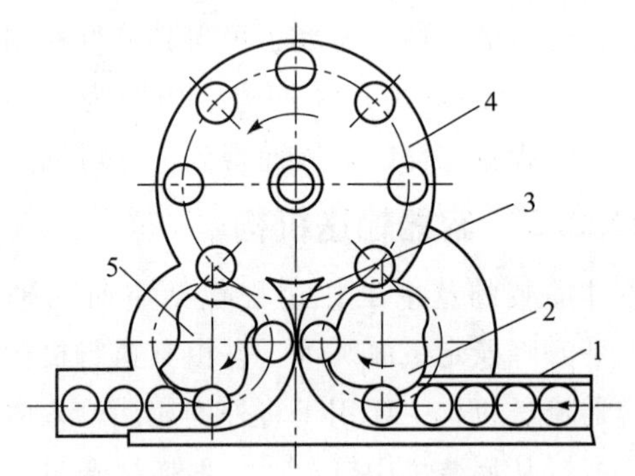

图 14-17 链板、拨轮输送机构示意图

1. 链板输送机；2，5. 四爪拨轮；3. 定位板；4. 装料机构

（引自：马荣朝，杨晓清. 食品机械与设备. 2 版. 2018.）

14.3 固体物料充填机械

固体物料装入包装容器的操作过程通常称为充填。固体物料的形状多样性及理化性质较为复杂，如形状有颗粒状、粉状、片状和不规则的几何形状等，以及理化性质有吸湿性、飞扬性、吸附性和不易流动等，因此，总体上固体物料的充填远比液体物料灌装困难，并且其充填装置多属专一性，种类较多，不易普遍推广使用。尽管如此，仍然可以将固体物料充填机按定量方式分为容积式、重量式和计数式三种。

14.3.1 容积式充填机

容积式充填机是按预定容量将物料充填到包装容器的设备。容积式充填机结构简单，速度快，生产率高，成本低，但计量精度较低。容积式充填机可分为容杯式、螺杆式、转鼓式和柱塞式等。

1. 容杯式充填机

容杯式充填机利用容杯对固体物料进行定量充填。容杯式充填机（图 14-18）主要由装料斗、平面回转圆盘、圆筒状计量容杯及活门底盖等组成。回转圆盘平面上装有粉罩及刮板，粉料从供料斗送入粉罩内，物料靠自重装入计量容杯内，回转圆盘运转时，刮板刮去多余的粉料。已装好粉料的定量杯，随圆盘回转到卸料位时，顶杆推开定量杯底部的活门，粉料在重力作用下，从定量杯下面落入漏斗中，继而进入瓶罐内。

容杯式充填机的计量容杯是可以更换的。因此，若需要改变填充量，应当更换另一种不同容积的定量杯。这种设备只能用于视密度非常稳定的粉料装罐。

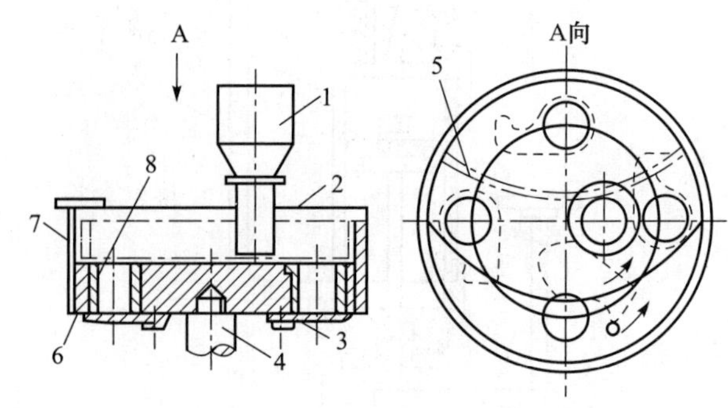

图 14-18 容杯式定量充填机示意图

1. 料斗；2. 粉罩；3. 活门底盖；4. 转轴；5. 刮板；6. 回转圆盘；7. 护圈；8. 计量容杯

（引自：卢立新. 包装机械概论. 2011.）

对于视密度易发生变化而定量精度要求较高的物料，可采用可调容杯定量机构（图 14-19）。

可调容杯由直径不同的上下容杯相叠而成，通过调整上下容杯的轴向相对位置，可实现改变容积，从而改变定量的目的。这种容杯调整幅度不大，主要用于同批物料的视密度随生产或环境条件发生变化时的调整。调整方法有手动及自动两种：①手动调整方法。是根据装罐过程检测其重量波动情况，用人工转动调节螺杆的手轮，使下（或上）容杯发生升降来调整。②自动调整方法。利用物料视密度的在线检测电信号作为容杯调节系统的输入信号，根据此信号，自动调节机构完成相应的调整动作。

2. 螺杆式充填机

螺杆式充填的基本原理：螺杆每圈螺旋槽都有一定的理论容积，在物料视密度恒定前提下，控制螺杆转数就能同时完成计量和充填操作。在实际控制中，螺杆转数可通过控制转动时间实现。为了提高控制精度，还可以在螺杆上装设转数计数系统。

螺杆式定量充填机（图 14-20）中用作定量的螺杆螺旋必须精确加工，螺杆螺旋的截面常为单头矩形截面，定量螺杆通常垂直安装，粉料充满全螺旋断面中。要恰当选择螺旋外径与导管间配合的间隙，导管内的螺杆螺旋圈数一般以大于五个为宜。

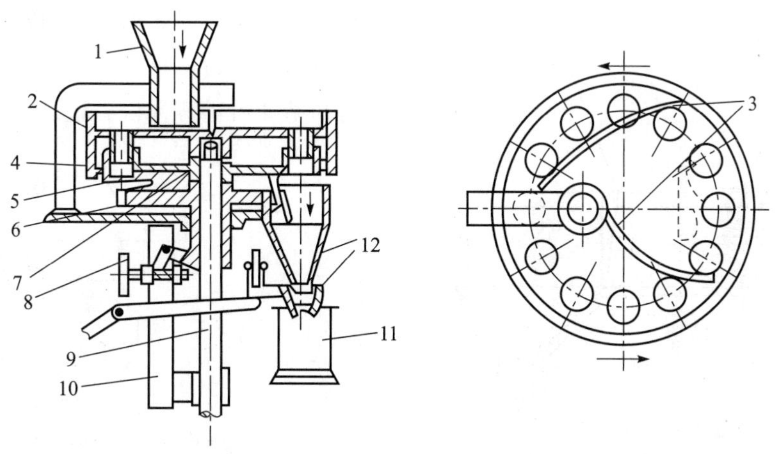

图 14-19 可调容杯定量机构示意图

1. 料斗；2. 转盘；3. 刮板；4. 计量杯；5. 底盖；6. 导轨；7. 托盘；8. 容杯调节机构；9. 转轴；10. 支柱；11. 瓶罐；12. 漏斗

（引自：卢立新. 包装机械概论. 2011.）

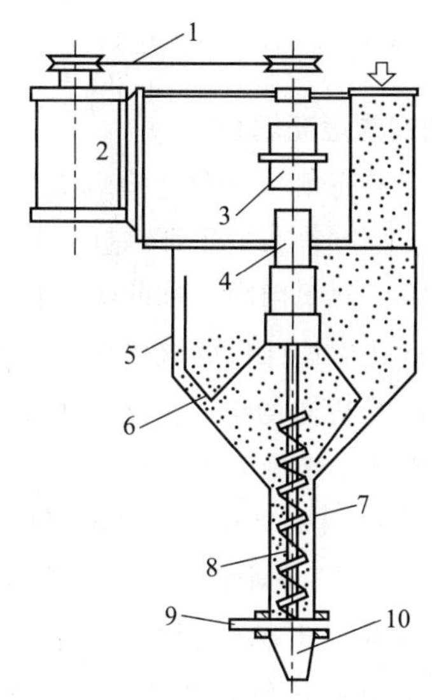

图 14-20 螺旋式定量充填机示意图

1. 传动皮带；2. 电动机；3. 电磁离合器；4. 支承；5. 料斗；6. 搅拌器；7. 导管；8. 计量螺杆；9. 阀门；10. 漏斗

（引自：陈斌. 食品加工机械与设备. 2008.）

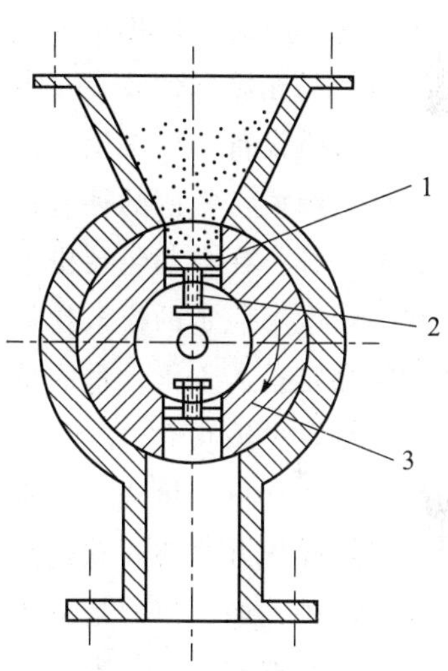

图 14-21 转鼓式定量充填机示意图

1. 柱塞板；2. 调节螺钉；3. 转鼓

（引自：陈斌. 食品加工机械与设备. 2008.）

螺杆式定量充填机适用于装填流动性良好的颗粒状、粉状和稠状物料，但不宜用于易碎的片状物料或密度较大的物料。

3. 转鼓式定量充填机

转鼓式定量充填机的转鼓形状有圆柱形、菱柱形等，定量容腔在转鼓外缘，容腔形状有槽形、扇形和轮叶形，容腔有定容容腔和可调容腔两种。图 14-21 所示的是一种可调容腔的槽形截面转鼓式定量充填机。通过调节螺钉改变定量容腔中柱塞板的位置，可对其容量进行调整。

4. 柱塞式充填机

柱塞式充填机通过柱塞的往复运动进行计量（图 14-22），其容量为柱塞两极限位置间形成的空间大小。

如图 14-22 所示，柱塞（4）的往复运动可由连杆机构、凸轮机构或气缸实现。通过调节柱塞行程可改变单行程取料量，柱塞缸的充填系数 K 需由试验确定，一般可取充填系数为 0.8～1.0。

柱塞式充填机的应用比较广泛，粉状、粒状固体物料及稠状物料均可应用。

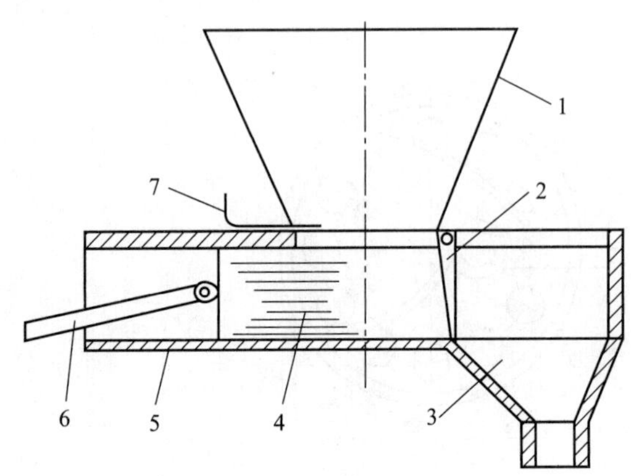

图 14-22 柱塞式充填机简图

1. 料斗；2. 活门；3. 漏斗；4. 柱塞；
5. 柱塞缸；6. 连杆机构；7. 调节闸门
（引自：陈斌. 食品加工机械与设备. 2008.）

14.3.2 重量式定量充填机

重量式定量充填机是采用称重计量法对物料进行计量，而后将产品充填到包装容器内的设备，其适用范围很广。称重设备一般由供料器、秤和控制系统三个基本部分组成。常用的秤有杠杆秤、弹簧秤、液压秤和电子秤。在自动包装机中，称重计量法常用于散状、密度不稳定的松散物料及形体不规则的块、枝状物品定量。称重计量的精度主要取决于称量装置的精度，一般可达 0.1%。因此，对于价值高的物品也多用称重计量法。常用的供料器有振动式和螺旋式，操作方式有间歇式和连续式。

称重方式有多种，最简单的是将产品连同包装容器一起称重，这种方式受包装容器本身的重量精度影响。为了提高称重计量的精度，可以用扣除容器皮重量的方式进行重量定量。在此种情形下，充填机要设一个对容器称重的机构。为了避开容器重量对称重过程的影响，可以采用净重称量方式，即净重充填机先称取物料重量，然后再将其充入包装容器。净重称量方式的称重结果不受容器重量变化的影响，称量精确度高。净重称量方式广泛应用于要求高精度计量的自由流动固体物料，如奶粉、咖啡等固体饮料，也可用于膨化及油炸食品等。

净重式充填机的工作原理：如图 14-23 所示，进料器（2）把物料从贮料斗（1）运送到计量斗（4）中，由秤（3）连续称量，当计量斗中物料达到规定重量时即通过落料斗（5）排出，进入包装容器。为了提高充填计量精度并缩短计量时间，可采用分级进料方法，即大部分物料高速喂料，剩余小部分物料微量喂料；可采用电脑控制技术，分别对粗加料和精加料进行称量、记录和控制。

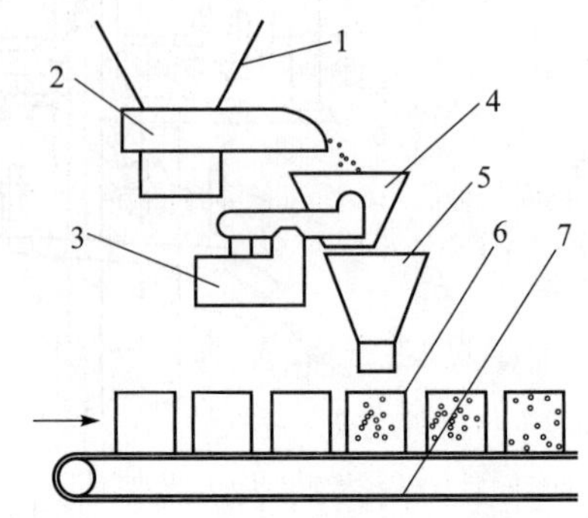

图 14-23 净重式充填机工作原理示意图

1. 贮料斗；2. 进料器；3. 秤；4. 计量斗；
5. 落料斗；6. 包装件；7. 传送带
（引自：张裕中. 食品加工技术与装备. 2000.）

1. 间歇式重量充填机

间歇式重量充填机的称重操作是分批完成的，常见的称重装置有普通电子秤和杠杆秤。为了减小惯性力的影响，常采用粗、细两级喂料方式。

（1）间歇式称重计量的电子秤　图 14-24 所示的为一种螺旋喂料器的电子秤充填机结构，其粗、细喂料分别由两个螺旋完成。电机通过减速器（8）及齿轮分别传动粗喂料螺旋（15）和精喂料螺旋（3）。称量时，大部分物料由粗喂料螺旋喂入计量料斗（2），少部分由精喂料螺旋（3）精确喂料。计量料斗与称重仪传感器相连，通过称重仪传感器、放大电路、控制电路等，将物重转变成电信号输出，供电子显示或控制电磁阀动作。

（2）间歇称重计量的杠杆秤　其秤梁的平衡属于动态平衡，需要高灵敏度的检测控制。杠杆秤称重计量装置（图 14-25）的监控单元设有粗、细两个根据杠杆位移判断的喂料监测控制点。在粗喂料阶段，秤梁右倾，粗、细加料监控点都无到位信号；当喂料量达到定量值的 80%～90%时，粗喂料监测触点接收到位信号后即停止粗喂料，并开始细喂料；当加料达到定量值时，细喂料监控点得到信号，喂料机停止喂料，同时发出信号，使称量料斗活门打开，卸出物料。称量料斗卸完物料后，秤梁再次向右倾斜，粗、细监控点又都接收到信号，开始新的称重计量工作循环。

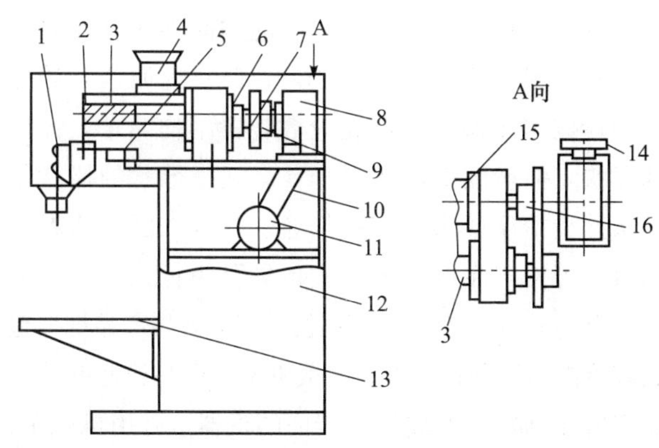

图 14-24　螺旋喂料器的电子秤充填机

1. 电磁阀；2. 计量料斗；3. 精喂料螺旋；4. 供料斗；5. 传感器；6. 制动器；7. 齿轮；8. 减速器；9，16. 离合器；10. V 带；11. 电动机；12. 机架；13. 托台；14. 带轮；15. 粗喂料螺旋

（引自：张裕中. 食品加工技术与装备. 2000.）

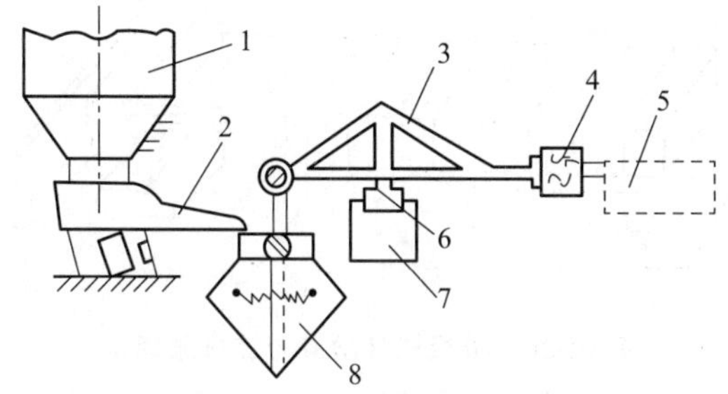

图 14-25　杠杆秤称重计量装置工作原理图

1. 料斗；2. 电振喂料机；3. 秤梁；4. 配重砝码；5. 检控单元；6. 刃支撑；7. 支撑座；8. 料斗

（引自：张裕中. 食品加工技术与装备. 2000.）

杠杆秤定量系统通常采用的检测控制系统装置有触点控制和无触点控制两类。有触点检控装置结构简单，但存在电火花熔蚀和粉尘沾污的问题，若长期工作，可靠性有所降低。在现代控制装置中，触点控制常以二级光控或其他无触点开关所代替。

2. 连续式重量充填机

连续式重量充填机在连续输送过程中通过对瞬间物流重量进行检测，并通过电子检控系统调节控制物料流量为给定量值，最后利用等分截取装置获得所需的每份物料的定量值。连续式称重装置按输送物料方式分为电子皮带秤和螺旋式电子秤。连续式称重装置的基本组成有：供料料斗、可控喂料装置、瞬间物料称量检测装置、物料载送装置、电子检控系统及等分截取装置等（图 14-26）。

连续式重量充填机应用的电子皮带秤常与同步运转的等分盘配合使用，等分盘将皮带秤输送带上的某段物料分成分量相等的充填量。

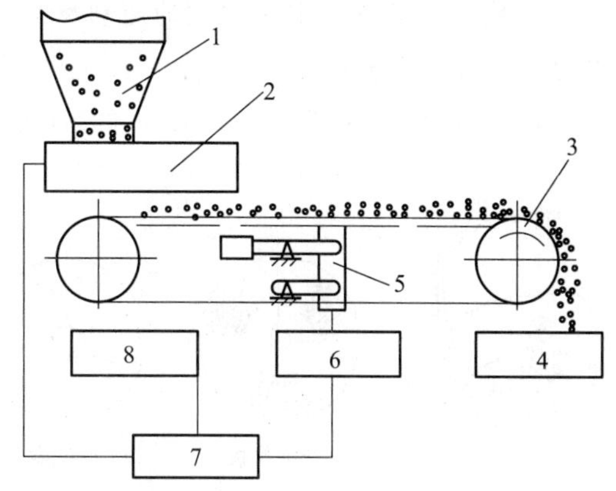

图 14-26　连续式电子秤基本组成

1. 供料料斗；2. 可控喂料装置；3. 物料载送装置；4. 等分截取装置；5. 秤体；6. 检测传感器；7. 电子调节器；8. 重量给定装置

（引自：张裕中. 食品加工技术与装备. 2000.）

14.3.3　计数式充填机

计数式充填机是按预定件数将产品充填至包装容器的充填机。计数定量的方法可分为两大类：第一类是被包装物品具有一定规则的整齐排列，其中包括预先就具有规则而整齐的排列和经过整理的排列，然后再对这些排列进行计数；第二类是从混乱的被包装物品的集合体中直接取出一定个数。

计数式充填机也可按计数数量不同分类，可分为单件计数式和多件计数式两类：单件计数式采用机械计数、光电计数和扫描计数等，对产品逐件计数；多件计数式则以数件产品作为一个计数单元，常采用模孔计数、推板式计数和容腔计数等方法。

1. 模孔计数装置

模孔计数法适用于长径比小的颗粒物料，如颗粒状巧克力糖的集中自动包装计量。这种方法计量准确，计数效率高，结构也较简单，应用较广泛。模孔计数装置按结构形式分为转盘式、转鼓式和履带式等。

（1）转盘式模孔计数装置　其工作流程：如图 14-27 所示，在计数模板（3）上开设有若干组孔眼，孔径和深度稍大于物料粒径，每个孔眼只能容纳一粒物料。计数模板（3）下方为带卸料槽的固定承托盘（4），用于承托充填于模孔中的物品。模板上方装有扇形盖板（2），刮除未落入模孔的多余物品。在计数模板（3）转动过程中，某孔组转到卸料槽处，该孔组中的物品靠自重而落入卸料漏斗（6），进而装入待装容器。卸完料的孔组转到散堆物品处，依靠转动计数模板（3）与物品之间的搓动及物品自重，物品自动充填到孔眼中。随着计数模板的连续转动，便可实现物品的连续自动计数和卸料作业。

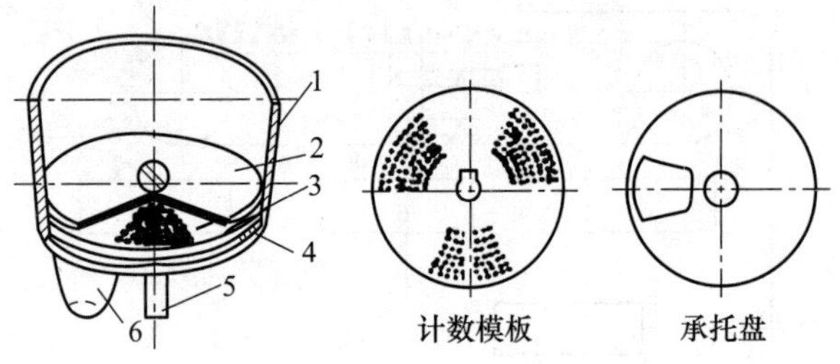

图 14-27 转盘式模孔计数装置工作原理图

1. 料斗；2. 盖板；3. 计数模板；4. 承托盘；5. 轴；6. 卸料漏斗

（引自：许学勤. 食品工厂机械与设备. 2016.）

（2）转鼓式模孔计数装置　在转鼓外圆柱面上按要求等间距地开设出若干组计数模孔，随着转鼓的连续转动，实现连续自动计数作业。

（3）履带式模孔计数装置　在履带式结构的输送带上横向分组开设孔眼。

2. 推板式计数装置

规则块状物品有基本一致的尺寸，当这些物品按一定方向顺序排列时，在其排列方向上的长度就由单个物品的长度尺寸与物品的件数之积所决定。用一定长度的推板推送这些规则排列物品，即可实现计数喂料目的。推板式计数装置常用在饼干、云片糕等包装，或用于茶叶小盒等的二次包装场合。推板式计数装置的工作原理：如图 14-28 所示，待包装的规则块状物品（5）经定向排列后由输送装置（4）送达两挡板（1，2）之间，然后由推板（3）推送物品到裹包工位。两挡板（1，2）之间的间隔尺寸 b 即是推板（3）所计量物品件数的总宽度。

3. 容腔计数装置

容腔计数装置根据一定数量成件物品的容积基本为定值的特点，利用容腔实现物品定量计数。容腔计数装置工作原理：如图 14-29 所示，物品整齐地放置于料斗（1）中，振动器（3）促使物品顺利落下充满计数容腔（4）。物品充满容腔后，闸板（5）插入料斗与容腔（4）之间的接口界面，隔断料斗内物品进入计数容腔（4）的通道。此后，柱塞式冲头（2）将计量容腔（4）内的物品推送到包装容器中。然后，冲头（2）及闸板（5）返回，开始下一个计数工作循环。容腔计数装置结构简单，计数速度快，但精度低，适用于具有规则形状的棒状物品且计量精度要求不高的场合。另外，固体物料充填机还可按产品的受力方式不同分为推入式、拾放式和重力式等。推入式充填机是用外力将产品推入包装容器内的机器；拾放式充填机是将产品拾起并从包装容器开口处上方放入容器内的机器，可用机械手、真空吸力和电磁吸力等方法拾放产品；重力式充填机是靠产品自身重力落入或流入包装容器内的机器。

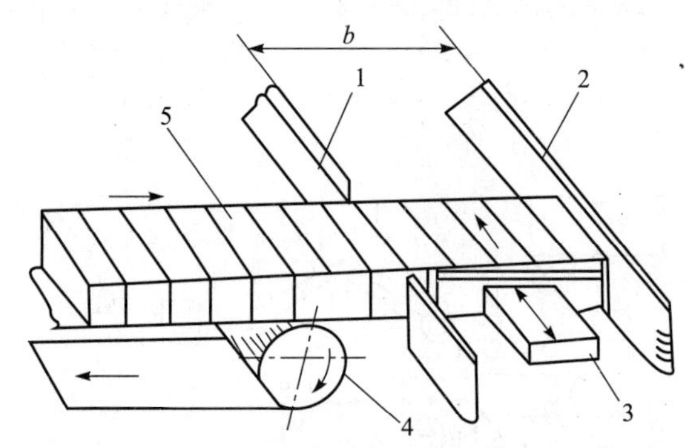

图 14-28 推板式计数装置工作原理图

1，2. 挡板；3. 计数推板；4. 输送装置；5. 物品

（引自：许学勤. 食品工厂机械与设备. 2016.）

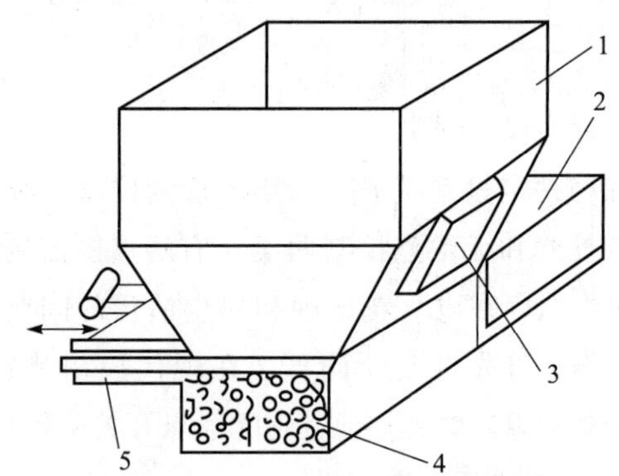

图 14-29 容腔计数装置工作原理图

1. 料斗；2. 冲头；3. 振动器；4. 计数容器；5. 闸板

（引自：许学勤. 食品工厂机械与设备. 2016.）

14.4 瓶罐封口机械

封口机械是指在灌装或充填工序之后，对包装容器进行密封封口的机械。按照被封口包装容器的不同，封口机械可分为封袋机、封瓶机、封罐机和封箱机四大类。本节主要介绍瓶罐封口机械，其主要用于对灌装或充填产品后的瓶罐类容器进行封口。瓶罐有多种类型，不同类型的瓶罐采用不同的封口形式（图 14-30）。

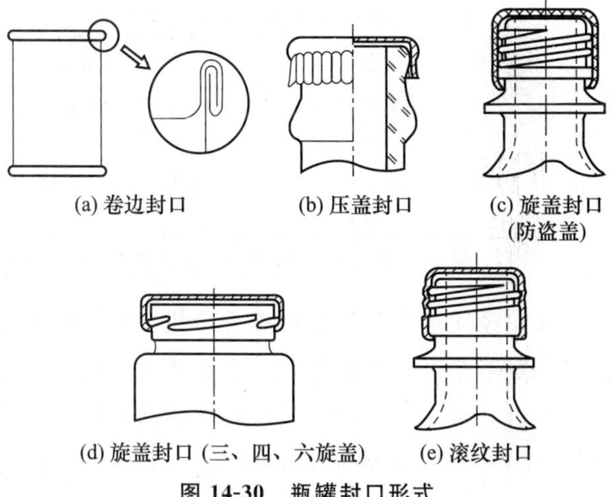

图 14-30 瓶罐封口形式

（引自：许学勤. 食品工厂机械与设备. 2016.）

卷边封口是将罐身翻边与涂有密封填料的罐盖（或罐底）内侧周边互相钩合，卷曲并压紧，实现容器密封。罐盖（或罐底）内缘充填的弹韧性密封胶，主要起到增强卷边封口气密性的作用。这种封口形式主要用于马口铁罐、铝箔罐等金属容器。

压盖封口是将内侧涂有密封填料的外盖压紧并咬住瓶口或罐口的外侧凸缘，从而使容器密封。其主要用于玻璃瓶与金属盖的组合容器，如啤酒瓶、汽水瓶、广口罐头瓶等。

旋盖封口是将螺旋盖旋紧于容器口部外缘的螺纹上，通过旋盖内与容器口部接触部分的密封垫片的弹性变形进行密封的。其主要用于旋盖的材料为金属或塑料，容器为玻璃、陶瓷、塑料、金属的组合容器。

滚纹封口是通过滚压，无锁纹圆形帽盖形成与瓶口外缘沟槽一致的所需锁纹（螺纹、周向沟槽）而形成的封口形式，是一种不可复原的封口形式，具有防伪性能。滚纹封口一般采用铝质圆盖。

本节介绍容器封口部位为刚性结构的容器以及刚性或半刚性容器的封口机械，主要包括卷边封口机、旋盖封口机和多功能封盖机。

14.4.1 卷边封口机

卷边封口机也称为封罐机，是一类专门用于马口铁罐、铝箔罐等金属容器封口用的机械设备。封罐机有多种类型，可以根据不同依据进行分类。常见封罐机的类型见表 14-2。半自动封罐机、自动封罐机和真空封罐机是食品工厂最常见的封罐机。

表 14-2 常见封罐机的类型

分类依据	封罐机
机械化程度	手扳封罐机、半自动封罐机和自动封罐机等
滚轮数目	双滚轮封罐机*、四滚轮封罐机**等
封罐机机头数	单机头、双机头、四机头、六机头以及更多机头的封罐机等
封罐时罐身运动状态	罐身随压头转动的封罐机、罐身和压头固定不转，而滚轮绕罐头旋转的封罐机等
罐型	圆罐封罐机、异形罐（椭圆形罐、方形罐、马蹄形罐）封罐机等
封罐时周围压力	常压封罐机、真空封罐机等

*头道封罐滚轮和二道封罐滚轮各一个。

**头道封罐滚轮和二道封罐滚轮各两个。

（引自：张裕中. 食品加工技术与装备. 2000.）

1. 卷边封口原理

封罐机的卷封作业过程实际上是在罐盖与罐身之间进行卷合密封的过程，这一过程称为二重卷边作业。形成密封的二重卷边的条件离不开四个基本要素，即圆边后的罐盖、具有翻边的罐身、盖钩内的胶膜和具有卷边性能的封罐机。所用板材的厚度和调质度也会影响到二重卷边作业及封口质量。

各类封罐机中，直接与罐盖、罐身接触并参与完成卷边封口作业的部件，即二重卷边封口作业的部件，如图 14-31 所示，包括压头、托底板（下托

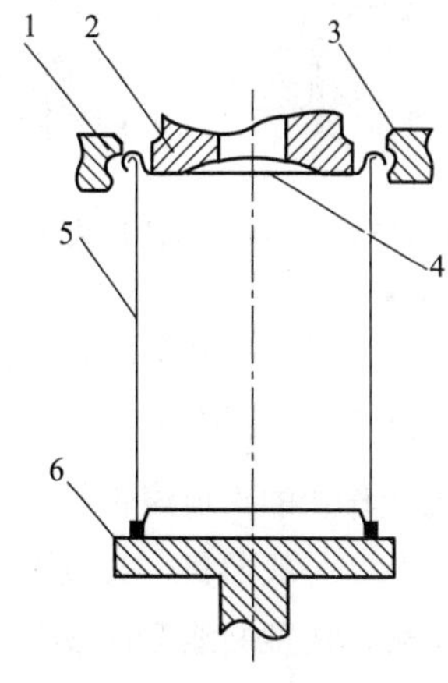

图 14-31 二重卷边封口作业示意图

1. 头道卷边滚轮；2. 压头；3. 二道卷边滚轮；4. 罐盖；5. 罐身；6. 托底板

（引自：陈斌. 食品加工机械与设备. 2008.）

盘）、头道卷边滚轮和二道卷边滚轮。封罐作业过程：首先，托底板上升，将罐身与罐盖紧压在上压头下；然后头道滚轮和二道滚轮按先后顺序向罐身做径向进给，同时沿罐身和罐盖接合边缘做相对滚动，利用滚轮的沟槽轮廓形状使二者边缘弯曲变形，互相紧密地钩合。在罐盖的沟槽内预先涂复有橡胶层，因此，当罐盖与罐身卷合时，涂层受挤压将充塞于盖钩与身钩之间形成密封层。

二重卷边的形成过程：如图 14-32 所示，图中 A～E 为头道滚轮卷边作业过程，F 为二道滚轮卷边作业过程。头道滚轮于 A 处与罐盖钩边接触；于 B，C，D 处逐渐向罐体中心做径向移动并形成卷边弯曲；在 E 处完成头道卷边作业。二道卷边滚轮于 F 处进入与卷边接触；于 G，H，I 处继续对卷边进行压合，在 J 处完成二道卷边作业。

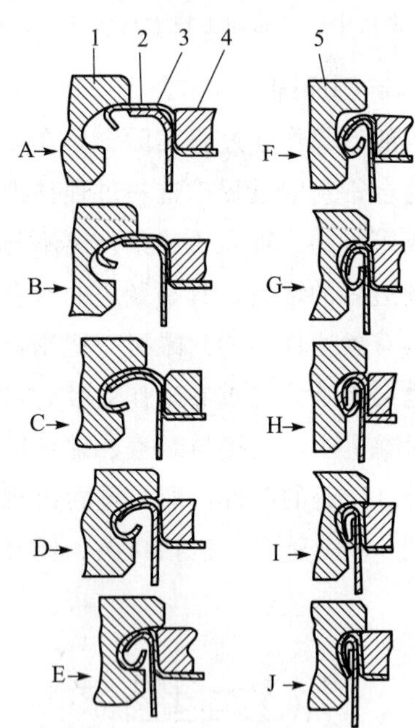

图 14-32　二重卷边的形成过程

1. 头道卷边滚轮；2. 罐盖；3. 罐身；4. 上压头；5. 二道卷边滚轮；A～E. 头道卷边作业过程；F～J. 二道卷边作业过程

（引自：陈斌．食品加工机械与设备．2008.）

参与二重卷边作业的头道滚轮与二道滚轮具有不同的槽形曲线形状，一般而言，头道滚轮的圆弧曲线狭而深，二道滚轮的槽型曲线宽而浅。卷边滚轮的槽型曲线对封口质量极为重要，因此，槽型的确定必须根据罐型大小、罐盖盖边圆弧形状、板材厚度等因素加以慎重考虑，滚轮必须经过槽型曲线的设计，成型刀具车制，进行热处理以及曲线磨床精磨才能制成。

在卷边作业中，卷边滚轮相对于罐体中心做径向运动和周向运动可以由两种方式实现。这两种形式的作业情形及适用罐型见表 14-3。

表 14-3　两种形式的二重卷边情形

方式	罐身	卷边滚轮	装置	适用罐型
Ⅰ	自转	仅进行径向移动	偏心机构	圆形罐
Ⅱ	固定	径向、周向复合运动	凸轮机构	异形罐

（引自：陈斌．食品加工机械与设备．2008.）

凸轮径向进给与偏心径向进给相比较，前者可根据封罐工艺设计凸轮形状，而后者不能任意控制径向进给，故后者封罐工艺性能没有前者好。凸轮机构可以使滚轮均匀地径向进给，最后有光边过程；而偏心装置的径向进给不均匀，最后无光边过程。凸轮径向进给机构结构比较复杂，体积较大；偏心径向进给机构结构简单、紧凑，加工制造方便，较适用于卷封圆形罐。

2. 自动真空封罐机

自动真空封罐机的形式有多种，下面以 GT_4B_2 型封罐机为例简要说明其结构和工作过程。GT_4B_2 型封罐机（图 14-33）是具有两对卷边滚轮

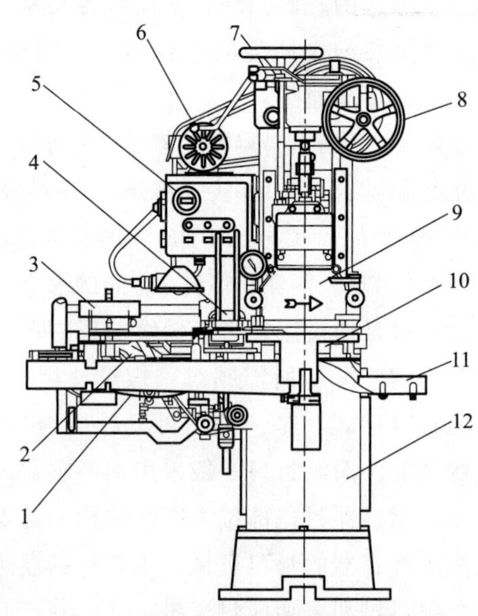

图 14-33　GT_4B_2 型封罐机外形简图

1. 输罐链条；2. 分罐螺杆；3. 推盖机构；4. 配盖器；5. 电控屏；6. 离合手柄；7. 机头升降手轮；8. 操纵手轮；9. 卷边机头；10. 星形转盘；11. 卸罐槽；12. 机座

（引自：陈斌．食品加工机械与设备．2008.）

的单头全自动真空封罐机，是国家罐头机械定型产品，目前大量应用于我国罐头厂的三片罐的实罐生产，该种设备对圆形罐进行真空封罐。自动真空封罐机主要由自动送罐、自动配盖、卷边机头、卸罐、电气控制等部分所组成。

卷边机头是封罐机的主体机构，其由套轴、齿轮、螺旋轮和卷封滚轮等组成，产生偏心径向进给式卷边封口运动。卷边机头靠压板和螺栓而固定于机身的导轨内，并靠螺杆及手轮而承吊于变速箱壳体上。转动手轮可以使整个机头沿导轨上下移动，在一般情况下，机头是置于后抱盘上的，它与进罐拨盘等组成封罐的真空密闭室。实罐车间的罐头在封口时，必须保证具有一定真空度，故要求机头具有密闭的真空室。为保证真空条件，需要有一个真空系统。GT_4B_2 型封罐机真空系统：如图 14-34 所示，其主要通过在封罐外的一台水环式真空泵（5）及真空稳定器（3）和管道（6）与机头密闭室（1）相连通来达到真空的目的。真空稳定器主要作用是使封罐过程真空度稳定，并对可能从罐头内抽出的杂液、物进行分离，避免污染真空泵。

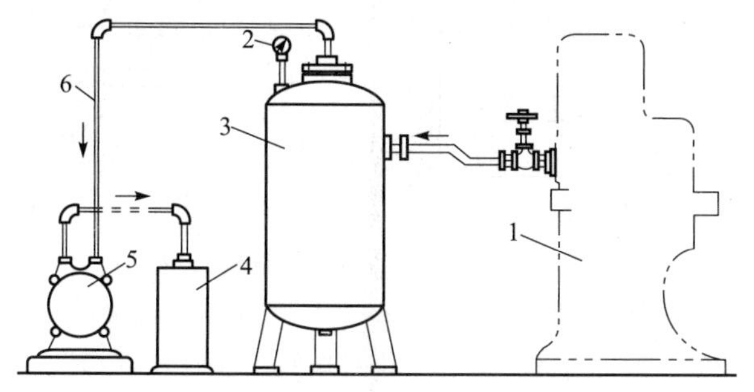

图 14-34　GT_4B_2 型真空封罐机真空系统简图

1. 机头密闭室；2. 真空表；3. 真空稳定器；4. 汽水分离器；5. 水环式真空泵；6. 管道

（引自：陈斌. 食品加工机械与设备. 2008.）

14.4.2　旋盖封口机

旋合式玻璃罐（瓶）具有开启方便的优点，因此，在生产中得到广泛使用。旋合式玻璃罐盖底部内侧有盖爪，玻璃罐颈上的螺纹线正好和盖爪相吻合，置于盖子内的胶圈紧压在玻璃罐口上，可保证旋合式玻璃罐的密封性。常见的盖子有四个盖爪，而玻璃罐颈上有四条螺纹线，盖子旋转 1/4 转时即获得密封，这种盖称为四旋式盖。此外，还有六旋式盖、三旋式盖等。

爪式旋开盖真空自动封口机（图 14-35）主要由供盖装置、配盖预封部分、蒸汽管道系统、拧封部分以及传动部分等组成。

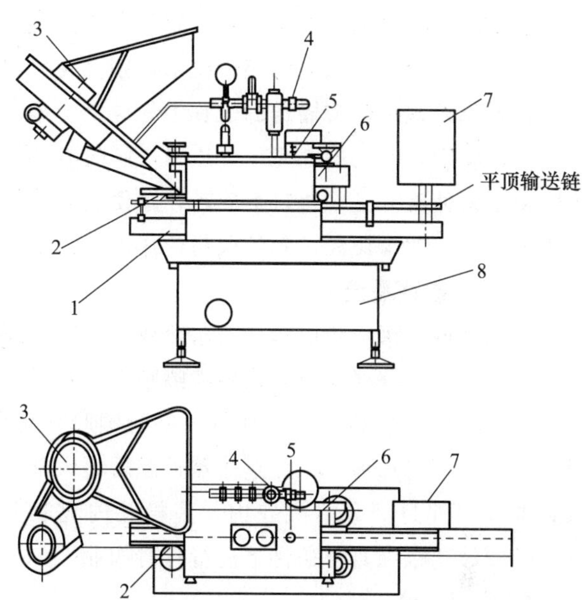

图 14-35　爪式旋开盖真空自动封口机外形图

1. 输瓶链带；2. 配盖预封部分；3. 理盖器；4. 蒸汽管道系统；5. 排气室；6. 封盖部分；7. 电控屏；8. 机座

（引自：陈斌. 食品加工机械与设备. 2008.）

1. 供盖装置

旋盖封口机供盖装置由贮盖筒、理盖转盘、铲板、溜盖槽和滑道等组成。与水平保持约 40°的贮盖筒底部为理盖转盘。转盘边缘均安装着若干个搜盖挂钩和斜块的组合。当理盖转盘旋转时，其边缘的斜边和挂钩使贮盖筒内盖面朝上的盖边被挂钩挂住，并被提升到转盘上方。在此，紧靠转盘面的固定铲板将挂住的旋开盖铲离，使其滑入溜盖槽，然后沿滑道滑至配盖预封部分的定位座上，以备与进入的玻璃罐相配。贮盖筒内盖面朝下的旋开盖，在其通过转盘边缘的斜块时，沿着斜面越过挂钩，继续在贮盖筒内翻滚。为了减少旋开盖在贮盖筒内不断翻滚而导致表面涂层及印刷受擦伤，在滑道的适当位置要安装电控系统。当溜盖槽和滑道内已充满旋开盖时即发出信号，使理盖转盘停止转动。滑道内剩余的瓶盖到一定数量时，电控系统又使理盖转盘转动，恢复供盖。滑道下部安装有蒸汽喷管，对进入拧封前的盖进行预热处理。

2. 配盖预封部分

旋盖封口机配盖预封部分的功能是对进入的玻

璃罐配盖，并把旋开盖置平和进行预拧。保持一定间距的玻璃罐进入封口机的真空室后，即被两侧抱罐机构的三角皮带夹紧，由输送链输送，经过瓶盖滑道下方时，罐口刚好钩住（处于定位座的）旋开盖下缘，并将旋开盖从定位座中拉出，扣合在罐口上。在玻璃罐继续向前输送的过程中，位于上方的弹性压板将罐口上的旋开盖压平压紧，同时右侧的橡胶阻尼板使旋开盖在瓶口上旋转，迫使旋开盖的凸爪进入瓶口的螺旋线，起到预封的作用。

3. 蒸汽管路系统

蒸汽经截止阀、止回阀、汽水分离器、减压阀后分为两路：一路经金属软管由喷嘴喷出，对滑道上的旋开盖进行预热，使旋开盖内侧的塑胶软化，以利于封口密封；另一路经过滤器过滤后喷入配盖预封部分和拧封部分的机腔内，使机腔内充满蒸汽，以便玻璃罐在真空条件下进行拧封作业。

4. 拧封部分

当已预封旋盖的玻璃罐进到拧封机构下面时，两根不同线速度的拧盖皮带紧压在旋开盖顶面各一半的位置上，存在速度差的皮带对盖有旋转扭矩作用，从而将盖拧紧。拧封前，玻璃罐内物料面与罐口留有一定的顶隙，且整个拧封过程是在蒸汽喷射室内进行的，因此，封口后罐内会因顶隙部位蒸汽冷凝而形成真空。在真空室的后端装有冷却水管，用以对高温条件下运转的拧盖和抱罐皮带以及罐盖和玻璃罐进行冷却。

5. 传动部分

主电机通过变速器和传动齿轮将动力分为三路传递：一路驱动进罐平顶链；另一路驱动抱罐机构的V带，使玻璃罐在输送过程中被夹紧不能转动；第三路驱动拧封部分的两根平皮带，将旋开盖拧紧。

14.4.3 多功能封盖机

碳酸饮料、啤酒、矿泉水等大多采用玻璃瓶或聚酯瓶灌装封盖。其盖型有皇冠盖、无预制螺纹的铝盖、带内螺纹的塑料旋盖等，后两种均带“防盗环”，俗称防盗盖。玻璃瓶装的碳酸饮料一般采用皇冠盖在压盖机上进行压封。当采用聚酯瓶时，由于其刚性差，不适于皇冠盖压封，较理想的形式是采用防盗盖在旋盖机上进行旋封。

在大型的自动化灌装线上，封盖机一般与灌装机联动，并且多为一体机型设计，从而减小灌装至封盖的行程，使生产线结构更为紧凑。目前，还开发出了自动洗瓶、灌装、封盖三合一的自动封盖机。然而，无论作为灌装机的联动设备，还是独立驱动的自动封盖机，其结构及工作原理是基本一致的。

一些自动封盖机已设计成多功能型，可同时适用于玻璃瓶和聚酯瓶的封盖。只要更换封盖头及一些零部件便可适应不同盖型的封口。图 14-36 所示的是一款全自动封盖机，主要由理盖器、滑盖槽、封盖装置、主轴、输瓶装置、传动装置、电控装置和机座等组成。可适用于皇冠盖及防盗盖的封口。

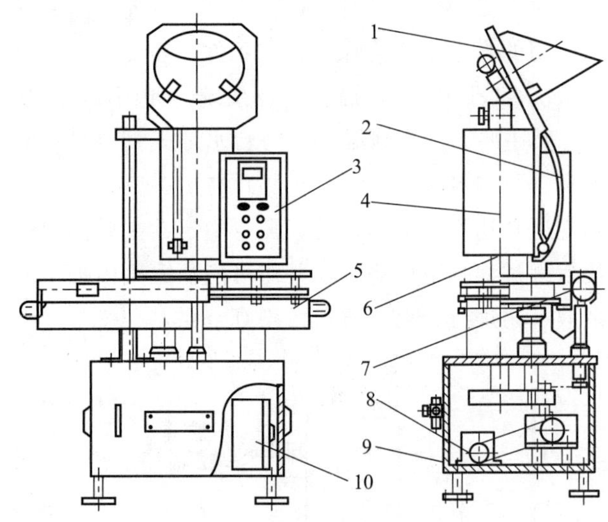

图 14-36　全自动封盖机结构简图

1. 理盖器；2. 滑盖槽；3. 电控屏；4. 封盖装置；5. 输瓶链带；6. 主轴；7. 分瓶螺杆；8. 传动装置；9. 机座；10. 电柜

（引自：许学勤. 食品工厂机械与设备. 2016.）

1. 传动系统

封盖机进瓶传动布置：已灌装的瓶子经输送链板送入，由分瓶螺杆定距分隔，然后由进瓶星形拨轮送入封盖机转盘。瓶子随转盘运转过程中接受压盖或旋合封口，最后由出瓶星形拨轮排出，完成封盖（图 14-37）。

封盖机主传动系统（图 14-38）由电磁调速电动机驱动，减速箱分三路传动：其一，经链轮带动输送机链板运行，实现连续输瓶；其二，由链轮及锥齿轮传动驱动分瓶螺杆实现定距分瓶运动；其三，通过齿轮啮合传动，驱动进瓶星形拨轮、封盖主轴以及出瓶星形拨轮理盖器由独立电动机及减速机驱动。

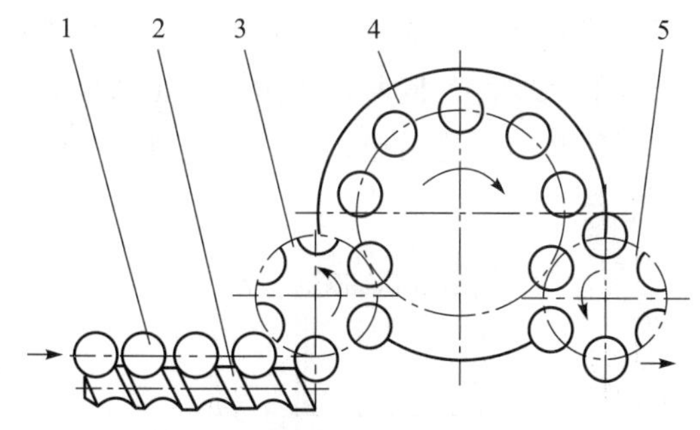

图 14-37　封盖机进瓶传动布置示意图

1. 瓶子；2. 分瓶螺杆；3. 进瓶拨轮；4. 封盖转盘；5. 出瓶拨轮

（引自：许学勤. 食品工厂机械与设备. 2016.）

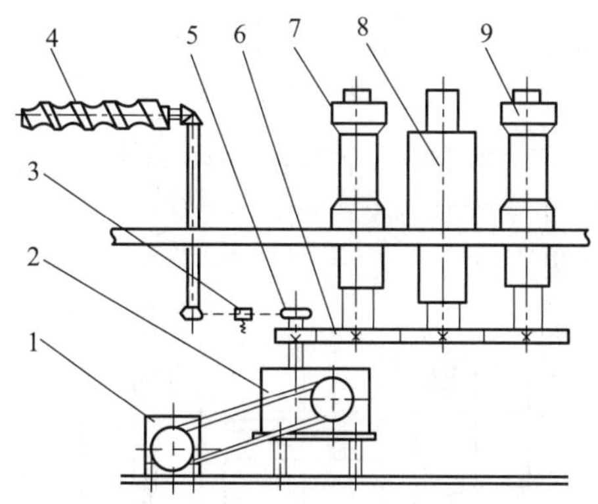

图 14-38　封盖机主传动系统

1. 调速电动机；2. 减速箱；3. 张紧轮；4. 分瓶螺杆；5. 链轮；6. 齿轮；7. 进瓶拨轮轴；8. 封盖主轴；9. 出瓶拨轮轴

（引自：许学勤. 食品工厂机械与设备. 2016.）

2. 封盖装置

封盖机封盖装置（图 14-39）主要由中心旋转主轴与六个由它驱动的封盖机头构成。封盖头回转时按凸轮槽规定的轨迹上下移动，完成封盖动作。封盖头可拆换，封合皇冠盖时使用压盖头，封合防盗盖时可换上旋盖头。封盖头的高低可由升降装置调整，以适应不同规格的瓶高。

1）压盖头

在压封皇冠盖时，压盖头做绕中心立轴回转运动和上下移动即可实现压封动作。压盖头有多种结构形式。图 14-40 所示的是其中一种压盖机构，包括钟口罩、封口模、中心推杆。压盖机构的动作由包括弹簧、内套筒和滚子等构件在内的相应机构操纵。

压盖封口过程如下：①待封口瓶子由星形拨轮送到压盖机的回转工作台上，与压盖头钟口罩对准并一起回转。②皇冠盖由理盖器定向排列后经落盖滑道送至配盖头，当压盖头下端缺口对准配盖头时，压缩空气将瓶盖吹入，刚好置于封口模与瓶口之间。③在回转过程中，压盖头向下行进，使瓶口进入钟口罩并将瓶盖顶起，抵在中心推杆上。④压盖头继续下降，中心推杆将瓶盖紧紧压在瓶口上；同时，封口模下行，对瓶盖的周边波纹进行轧压，迫使它向瓶口凸棱下扣紧，形成机械性勾连，令瓶盖内胶垫产生弹塑性变形，形成密封。⑤完成封口后，压盖头向上运动，而中心推杆迫使瓶盖及瓶口与封口模分离。⑥压盖头继续上升，直至与瓶子完全分离。封口后的瓶子由出瓶星形拨轮排至输送带，从而完成整个封口作业（图 14-41）。

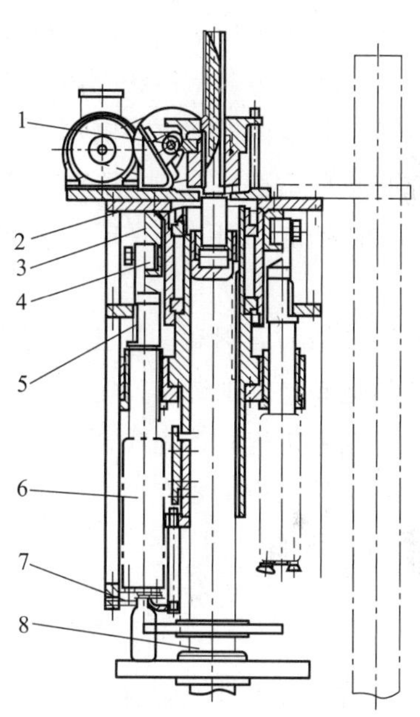

图 14-39　封盖装置结构简图

1. 升降装置；2. 支架；3. 环形凸轮；4. 滚子；5. 行星机构；6. 封盖头；7. 定位托盘；8. 主轴

（引自：许学勤. 食品工厂机械与设备. 2016.）

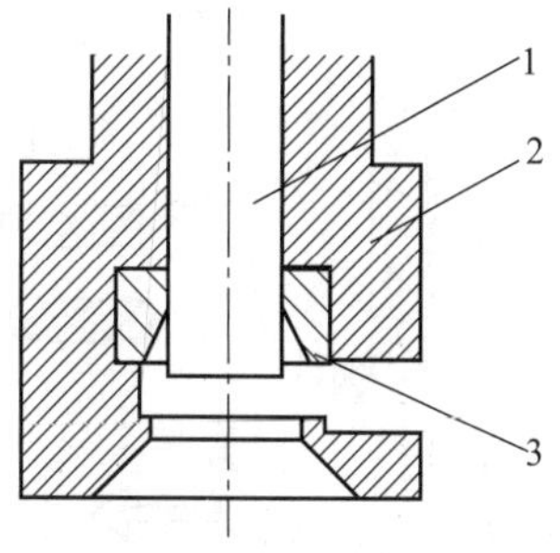

图 14-40　压盖机构

1. 中心推杆；2. 封口模；3. 钟口罩

（引自：许学勤. 食品工厂机械与设备. 2016.）

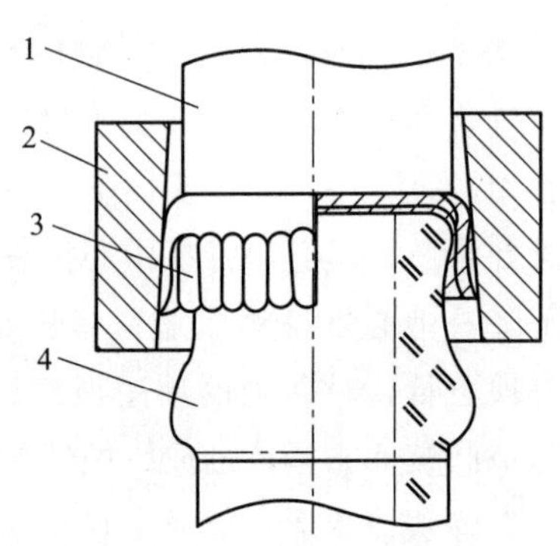

图 14-41　压盖封口示意图

1. 中心推杆；2. 封口模；3. 瓶盖；4. 瓶口

（引自：许学勤. 食品工厂机械与设备. 2016.）

2）滚纹式旋盖机构

无预制螺纹铝盖须用滚纹式旋盖机头封合。无预制螺纹铝盖的盖坯为薄壁筒状壳体，其内腔顶部喷涂有密封胶层，盖体下部有一圈不连续切缝，形成所谓的“环形防盗圈”。所封合的瓶口预制有两圈螺旋槽，在螺旋槽下有一环形凸肩和托圈（图 14-42）。

在旋合防盗盖时，封盖头除上述复合运动外，还需要做自转运动，以围绕瓶口完成旋盖动作，这一运动由行星轮系机构驱动完成。滚纹式旋盖机头中直接参与封盖的机构主要有中心压头、三个螺纹滚轮和一个折边滚轮（图 14-43）。各个滚轮在旋转运动时做径向切入及分离动作，完成滚纹及折边。

滚纹旋盖封口过程：①瓶盖经理盖器定向排列后滑落至配盖头，最后套于瓶口上；②瓶口受托圈支承，旋盖头下降，中心压头压紧瓶盖顶部，使顶部缩颈变形，挤压胶层密封瓶口；③螺纹滚轮绕瓶口旋转，并做径向切入运动，使瓶盖沿瓶口螺旋槽形成配合的螺纹沟。同时，折边滚轮也做旋转切入运动，迫使瓶盖底边沿瓶颈凸肩周向旋压钩合，形成“防盗环”（图 14-44）。

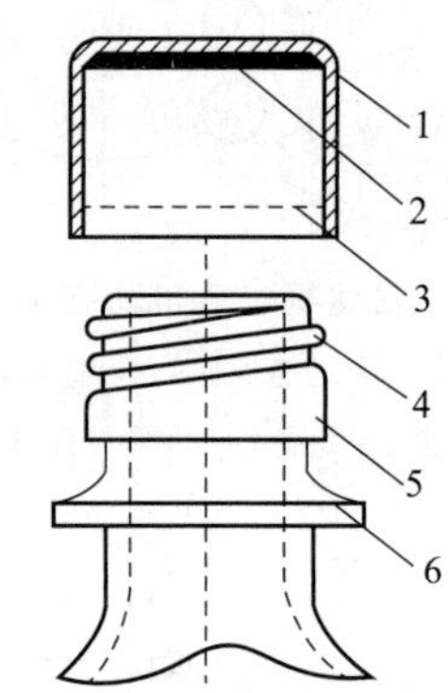

图 14-42　防盗盖与瓶口结构

1. 盖壳；2. 密封垫；3. 环形切缝；4. 螺纹；5. 凸肩；6. 托圈

（引自：许学勤. 食品工厂机械与设备. 2016.）

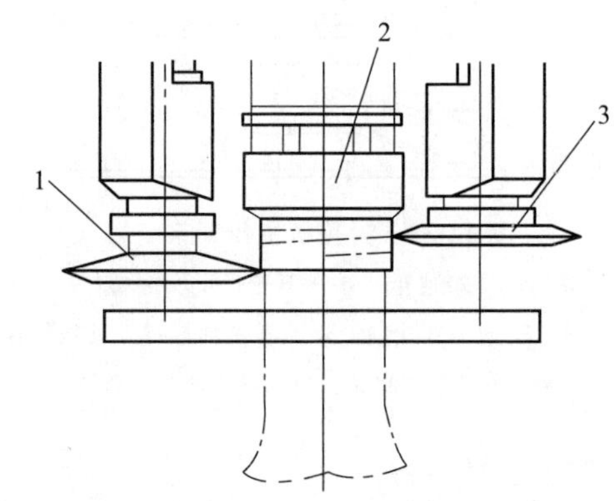

图 14-43　滚纹式旋盖机头结构

1. 折边滚轮；2. 中心压头；3. 螺纹滚轮

（引自：许学勤. 食品工厂机械与设备. 2016.）

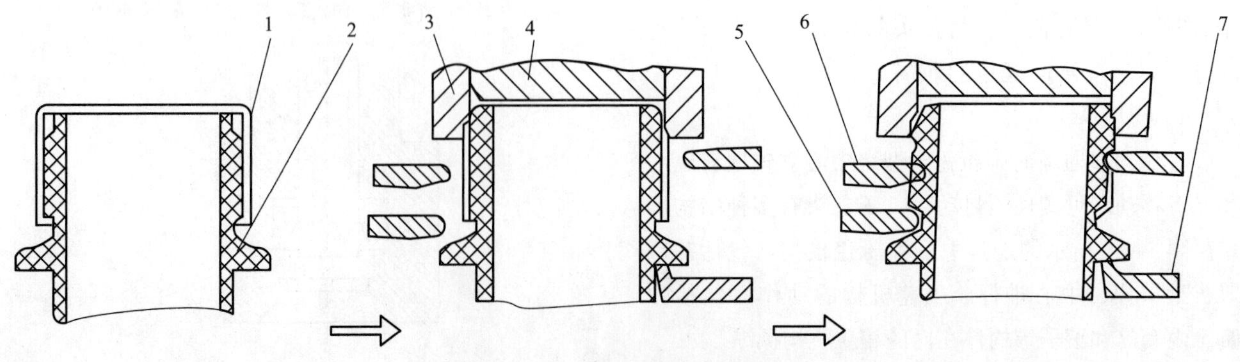

图 14-44　滚纹旋盖封口示意图

1. 瓶盖；2. 瓶口；3. 压模；4. 压板；5. 折边滚轮；6. 螺纹滚轮；7. 支承圈

（引自：许学勤. 食品工厂机械与设备. 2016.）

14.5　袋装包装机械

袋装作为一种古老的包装方法至今仍被视作一种最主要的包装技术而广泛使用，这是由袋装本身所具有的优点所决定的。袋装具有三大特点：一是价格便宜，形式丰富，适合各种不同的规格尺寸；二是包装材料来源广泛，包括纸、铝箔、塑料薄膜及其他的复合材料，品种齐全，具备适应各种不同包装要求的性能特点；三是袋装本身重量轻，省材料，便于流通和消费，并且采用灵活多样的装潢印刷，如不同的材料组合、不同的图案色彩等，形成从低档到高档的不同层次的包装产品，可满足日益多变的市场需求。

在生产过程中，将粉状、颗粒状、液体或半流体（酱体）物料装入用柔性材料制成的包装袋中，然后进行排气或充气、封口等包装操作，所用的机械称为袋装包装机械。袋装包装机械主要有两类：一类是制袋-充填-封合包装机，这类机器利用卷状（如聚乙烯薄膜、复合塑料薄膜等）包装材料制袋，将定量后的粉状、颗粒状或液体物料充填到制成的袋内，随后可按需要进行排气或充气作业，最后封口并切断；另一类是预制袋封口包装机，这类机械只完成袋装食品的充填、排气或充气封口以及只完成封口操作。

不论是制袋-充填-封合包装机还是预制袋封口包装机，都需要进行热压封合，用到的设备主要有热封装置和切断装置。

14.5.1　热压封合与装置

1. 热封方法与装置

热压封合又叫热封，是利用塑料的热塑性，使封口部位的塑料薄膜局部达到熔融状态，并施加一定压力，经过一段时间后，分子互相渗透，再经过冷却、定型后封合一起。塑料袋的封口常用热压式封口机完成，其热封原理和机械结构比较简单，操作方式从手动、脚踏到全自动连续，加热方式从常热式到脉冲式，人们可根据生产需要，选到合适的机型，品种比较齐全，性能也比较稳定。

根据加热原理和热封装置结构的不同，常见的热压封合形式有平板封合、圆盘封合、带式封合、滑动夹封合、熔断封合、脉冲封合、超声波封合、高频封合、电磁感应封合、红外线或激光封合等多种类型（图 14-45）。不同形式热压封合的原理与特点见表 14-4。

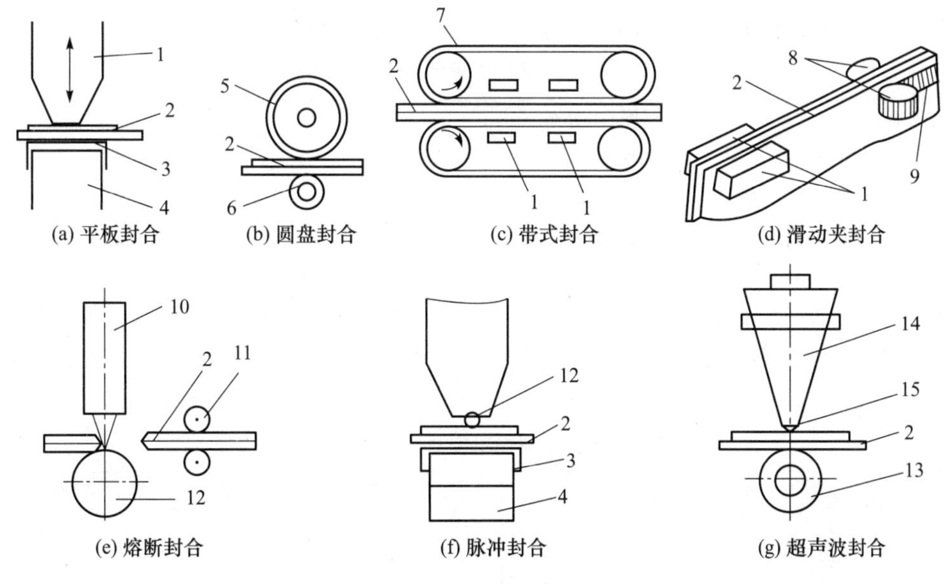

图 14-45　热压封合形式

1. 加热平板；2. 薄膜；3. 绝热层；4. 橡胶缓冲层；5. 热圆盘；6. 耐热橡胶圆盘；7. 加压带；8. 加压滚轮；9. 压花；10. 加热刀；11. 薄膜引出轮；12. 镍铬合金线；13. 橡胶辊；14. 振动头；15. 尖端触头

（引自：马荣朝，杨晓清. 食品机械与设备. 2版. 2018.）

表 14-4　不同形式热压封合的原理与特点

形式	原理	特点
平板	一般以电热丝等加热的板形构件，将薄膜压紧在耐热橡胶垫上，即可进行热封操作	结构最为简单，封合速度快，所用塑料薄膜以聚乙烯类为宜，不能进行连续封合，且不适于遇热易收缩的薄膜
圆盘	圆盘形加热元件与耐热橡胶圆盘夹住并压滚过塑料薄膜进行封合	可实现连续热封操作，适用于不易热变形薄膜材料的封合，特别适用于复合塑料袋的封口
带式	采用钢带带动薄膜袋在向前移动过程中完成热封	可进行连续封合，适用于易热变形薄膜的封合
滑动夹	利用平板加热，并用随后的压辊施压完成热压封合操作	可进行连续封合，适用于易热变形及热变形较大的薄膜热封
熔断	加热刀将薄膜加热到熔融状态后加压封合，同时将已封合的容器与其余材料部分切断分离	熔断封口占用包装材料少，但封口强度低
脉冲	镍铬合金线压住薄膜，瞬间大电流使镍铬合金线发热，从而使薄膜受热封合	封口质量好，封接强度高，适用于易变形薄膜的封接，但热封机结构较复杂、封合速度较慢
超声波	用振荡器发生超声波，经振动头传递到待封薄膜上，使之振动摩擦放热而熔接	使薄膜从内部向外发热，因而适用于易变形薄膜的连续封合。对于被水、油、糖浸渍的薄膜，也能良好地黏合
高频	通过高频电流的电极板压住待封薄膜，同时使薄膜由内向外升温达到热熔状态后加压封合	不易使薄膜过热，适用于温度范围较窄的薄膜及易变形的薄膜的封口封合
电磁感应	环形线圈上通过高频电流，使线圈周围产生高频磁场，处在高频磁场的磁性材料由于磁滞损耗而发热	加热部分可不需要直接和塑料袋接触，能连续又高速封合，适用于生产线作业
红外线或激光	利用高能光束的能量，将红外线或激光直接照射在薄膜封合位置，待封合的塑料薄膜吸收并发热，进而熔化封口	不仅能熔接一般性材料，而且对难以热熔封接的聚四氟乙烯材料和厚度达到 5～6 mm 及以上的聚乙烯片进行封合

（引自：马荣朝，杨晓清．食品机械与设备．2 版．2018.）

将两层以上的塑料薄膜热熔到一起，这除了与塑料材料本身的性能如熔融温度、热稳定性等有关外，还与温度、压力、时间和加热方式、封头形式等有关。一般来说，温度低些，压力小些，时间长些，热封质量较好。如果温度太高，薄膜容易出现软化，产生较大的热收缩变形，影响封口质量，甚至烧穿；如果时间太长，有的塑料会受热分解；如果压力过大，封口易变形，封接强度下降。表 14-5 列出了几种常见材料的加热温度及封口速度。

表 14-5　常见材料加热温度及封口速度

薄膜材料	材料厚度/mm	封口温度/℃	封口速度/（m/min）
聚酯/铝箔/聚丙烯	0.10	220～260	7.2
聚酯/聚丙烯	0.08	175～200	3.5
聚乙烯	0.08	130～150	6.0

（引自：卢立新．包装机械概论．2011.）

在高速包装机中，为了提高热封速度，以充分发挥包装机的生产能力，必须用提高加热温度的办法来实现，但温度越高，变形越大，封缝发生收缩，影响美观，常将热封部位加以冷却，如用水冷或氟利昂强制冷却。表 14-6 列出了常见塑料薄膜在不同热封方法下的热封性能。

表 14-6　常见塑料薄膜在不同热封方法下的热封性能

薄膜材料	板封	脉冲	超声波	高频	薄膜材料	板封	脉冲	超声波	高频
低密度聚乙烯	好	好			软质聚氯乙烯	差	好	好	
高密度聚乙烯	好	好			聚乙烯醇	好	好		
无延伸聚乙烯	好	好			二轴延伸聚酯	差	良	良	
二轴延伸聚乙烯	好	好			无延伸聚酰胺	差	良		
聚氯乙烯	良	好	好	差	二轴正伸聚酰胺	差	良		
硬质聚氯乙烯	差	好	好	良	聚碳酸酯	差	良	好	差

（引自：卢立新．包装机械概论．2011.）

2. 切断方法与装置

在制袋式袋装机上，常用卷筒塑料包装材料，当制成袋后或装袋封口结束时，都需要用切断装置将相互连接着的薄膜料袋分割成单个的产品。据热封方式、包装材料及其在包装中的运动形式不同，切断的方式有热切断和冷切断之分。热切断包括高频电热刀切断、脉冲电加热熔断和电加热刀切断等；冷切断包括回转刀切断、锯齿刀切断和剪切刀切断等。塑料薄膜的切断，用热切断和冷切断均可实现，而纸张只能用冷切断方法。在实际生产中，可根据热封的方法、包装料袋在制袋过程中的运动形式和切口的形式等的要求进行选择。

1）热切断装置

热切断是通过对薄膜局部受热熔化后再施加一定压力，将薄膜分开的一种切断方式。热切断装置可与横封装置连在一起，即在横封的同时完成切断。热切断装置有高频电热刀、脉冲电加热熔断器及电加热切刀等。

（1）高频电热刀　实际是一只具有刃口的电极，常用于对聚氟乙烯薄膜袋进行封口的同时完成切断，主要用在间歇式袋装机上。高频电热刀的结构：如图 14-46 所示，高频电热刀（3）是一只具有刃口的电极，安装在横封器两封合电极（2，4）的中间，将前后袋底进行封口的同时切断分离。在由极（2，4）的外侧有两对弹性夹板（1），作用是消除封口时电极与薄膜间的刚性接触，并减少封口切断过程对薄膜袋的拉力，保证封口的平整、美观。

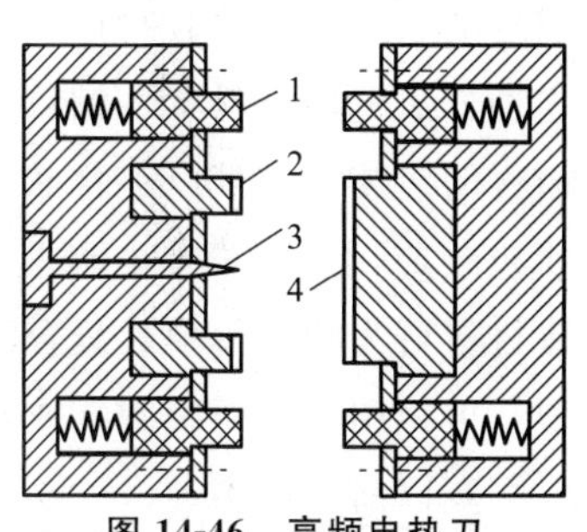

图 14-46　高频电热刀

1. 弹性夹板；2，4. 封合电极；3. 高频电热刀

（引自：卢立新. 包装机械概论. 2011.）

（2）脉冲电加热熔断器　其结构如图 14-47 所示，封口扁电热丝（5）在加热加压作用下与热封体配合熔化密封薄膜，一根 1～2 mm 直径的圆电热丝（7）固定在热封体上切割封缝，圆电热丝（7）和封口扁电热丝（5）与热封体之间有绝缘片（4），在电热丝与薄膜之间有高温布或聚四氟乙烯片（6）作防粘隔离层。

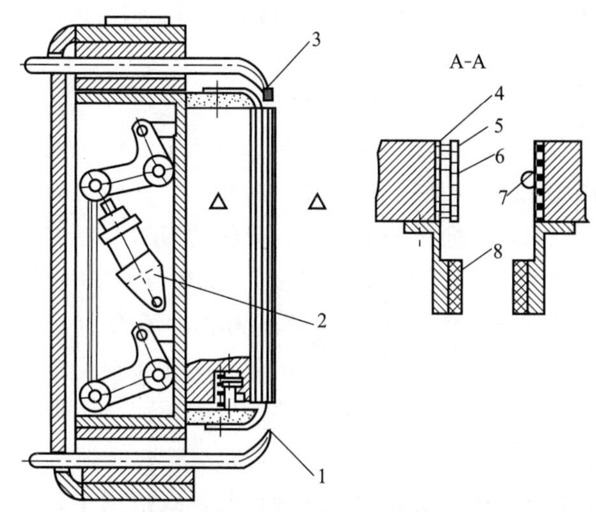

图 14-47　脉冲电加热熔断器

1. 电热丝伸缩补偿装置；2. 弹性伸缩装置；3. 冷风喷嘴；4. 绝缘片；5. 扁电热丝；6. 聚四氟乙烯片；7. 圆电热丝；8. 排气夹板

（引自：卢立新. 包装机械概论. 2011.）

（3）电加热切刀　电加热切断又称为恒温切断，常用于一些高速包装机上。电加热切刀的结构：如图 14-48 所示，刀体（3）被丁腈橡胶（4）包裹，并固定于轴（6）上，用螺钉（1）将刀片（7）固定在刀体（3）上，并保持一定的间隙，刀片下端与刀体间隙内安放耐热弹性材料（5），以缓冲瞬间作用力。电加热切断工作过程较为复杂，其加热过程可分为预热和工作加热两个过程。

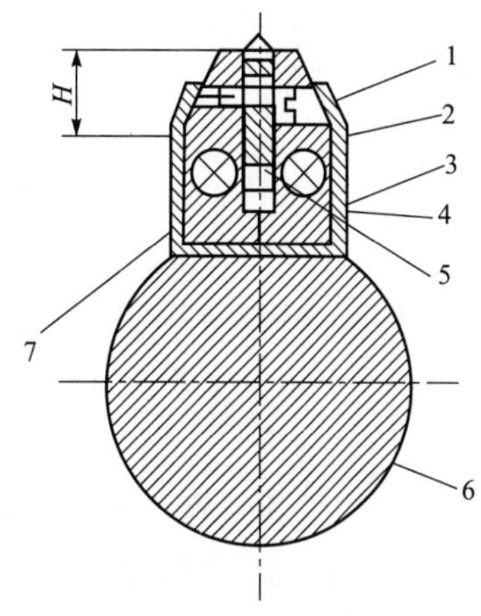

图 14-48　电加热切刀

1. 紧固螺钉；2. 电加热器；3. 刀体；4. 丁腈橡胶；5. 耐热弹性材料；6. 轴；7. 刀片

（引自：卢立新. 包装机械概论. 2011.）

2）冷切断装置

冷切断是利用金属刀刃的锋利度使薄膜横截面上局部受剪切力的作用，从而分开薄膜料袋的加工方法。薄膜冷切断装置有回转式切刀、锯齿形切刀和剪切式剪刀等。

（1）回转式切刀　其结构如图 14-49 所示，该机构由回转刀（1）与定刀（2）组成，两刀的形状尺寸完全相同，仅安装方向相反，回转刀顺塑料袋前进方向做等速回转，旋转的刀刃与固定的刀刃相撞碰，将薄膜切断，动刀与定刀间有 0.01 mm 左右的微隙，保证无袋时不会打坏刀尖。工作时，回转刀刃与定刀刃间在相遇的全长上按 1°～2°的倾角依次相遇，以避免两个刃口在全长上同时接触。回转刀的刀口线速度通常大于包装材料的牵引速度。这种切断形式适用于较厚且有一定挺度与硬度的薄膜材料，不适用于极薄薄膜或软而绵的材料。

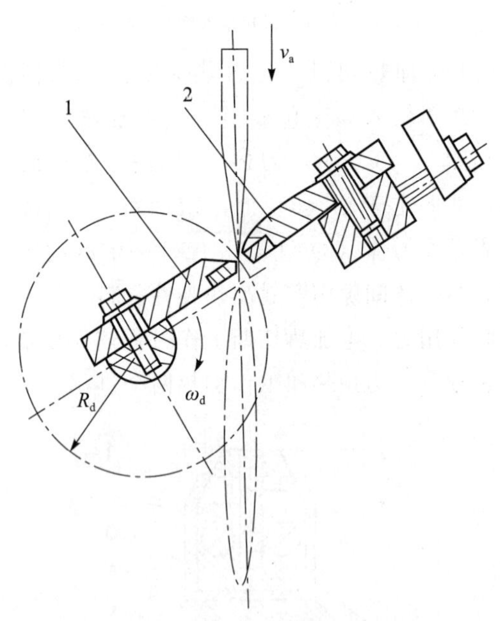

图 14-49　回转式切刀切断装置

1. 回转刀；2. 定刀

（引自：卢立新. 包装机械概论. 2011.）

（2）锯齿形切刀　其结构如图 14-50 所示，封合电极（1，4）分别安装在固定板（2，5）上，锯齿刀（3）置于左封合电极（1，4）中间。相对应的右边固定板（5）中间是一个凹槽，在封合电极加热热封的同时，锯齿刀齿尖插入夹于左右两个封合电极间的薄膜进行切断，使上下袋分离。锯齿形刀的齿距（t）为 2～6 mm，齿尖角（α）为 50°～60°，每个齿的两齿侧均磨成刃口，对于穿刺强度和撕裂强度较好的材料，可用尖而细的锯齿形刀。

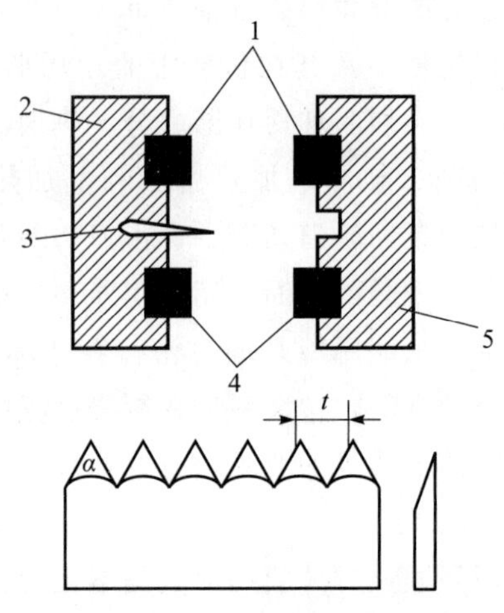

图 14-50　锯齿形切刀

1，4. 封合电极；2，5. 固定板；3. 锯齿形

（引自：卢立新. 包装机械概论. 2011.）

（3）剪切式剪刀　其工作原理类似于生活用剪刀，可以是一把刀固定一把刀动，也可以是两把刀都动。它要求剪切时的夹角不能太大，以免压偏薄膜；同时要求在剪切部位薄膜必须张紧。剪切式剪刀对包装材料的适应性较广，但只适用于间歇生产的包装机上。

14.5.2　制袋-充填-封合包装机

制袋-充填-封合包装机又称为自动制袋充填包装机，其所采用的包装材料为卷筒式包装材料，在包装机上实现自动制袋、充填、封口、切断等全部包装工序。这种方法适用于粉状、颗粒、块状、流体及胶体状物料的包装，尤其以小食品、颗粒冲剂和速溶食品的包装应用最为广泛。制袋-充填-封合包装机的包装材料可为塑料单膜、复合薄膜等。对于不同的机型，可采用单卷薄膜制袋或两卷薄膜制袋的形式，但主要以前者为多。

制袋-充填-封合包装机可制成的袋型有多种，最常见有中缝式两端封口、四边封口以及三边封口（图 14-51）。对于不同的袋型，包装机的结构也有所不同，但主要构件及工作原理是基本相似的。

在制袋过程中，一般是先纵向封口，然后横向封口，因此，在枕形袋纵缝搭接和侧边折叠时，封口部分有三层或四层薄膜重叠在一起，这对封口质量有一定影响。三面封口袋的内薄膜的层数相等，封接质量较好，但袋的外形不对称，美观性较差。四面封口克服了上述两种情况的缺点，但包装材料用得较多。

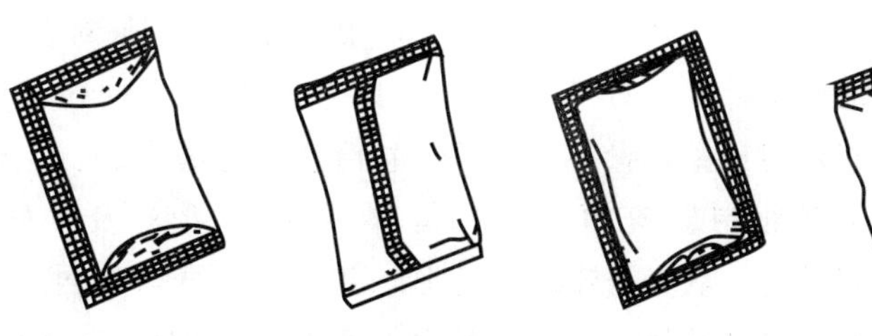

图 14-51　常见薄膜材料包装袋形式

（引自：马荣朝，杨晓清．食品机械与设备．2 版．2018．）

制袋-充填-封合包装机基本包装工艺流程如图 14-52 所示。不同机型的包装工艺流程及其结构有所差别，但其包装原理却大同小异。该类包装机的类型多种多样，按总体布局分为立式和卧式；按制袋的运动形式分为连续式和间歇式。

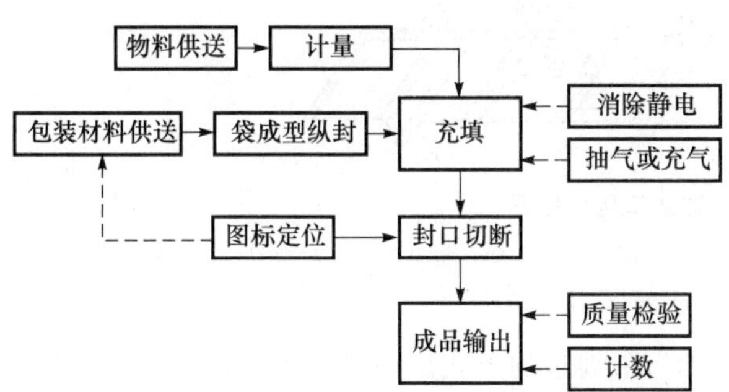

图 14-52　制袋-充填-封合包装机基本包装工艺流程

（引自：马荣朝，杨晓清．食品机械与设备．2 版．2018．）

1. 制袋-充填-封合包装机组成结构

制袋-充填-封合包装机有多种形式，适用于不同的物料以及多种规格袋型，但其构成基本相似。典型的立式连续制袋-充填-封合包装机（图 14-53）主要可分为以下部分：传动系统、薄膜供送装置、袋成型封合装置、物料供给装置及电控检测系统等。

（1）传动系统　其为动力及运动传动装置，安装在机箱内，同时为纵封口滚轮、封口横辊和定量供料器提供驱动力和传送动力。

（2）薄膜供送装置　其使安装在退卷架上的卷筒薄膜可以平稳地自由转动。在牵引力的作用下，薄膜展开经导辊组引导送出。导辊对薄膜起到张紧平整及纠偏的作用，使薄膜能正确地平展输送。

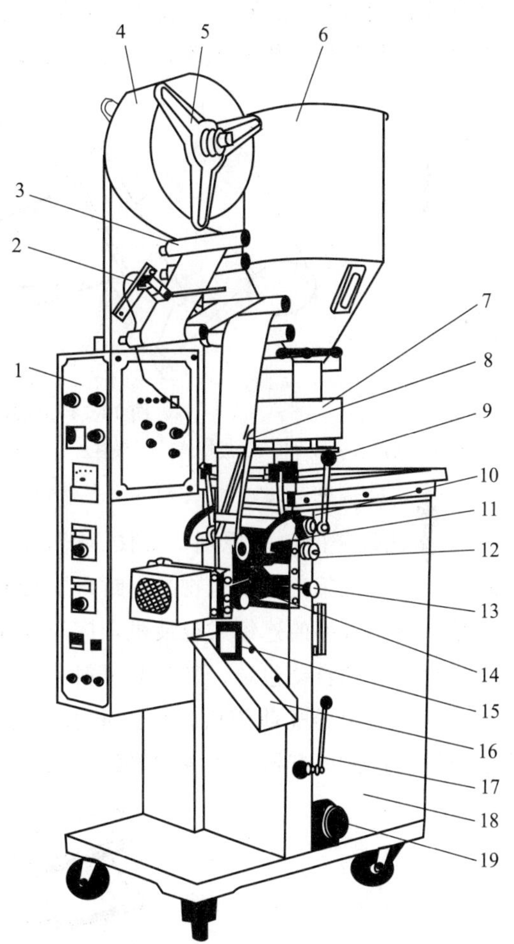

图 14-53　立式连续制袋-充填-封合包装机

1．电控柜；2．光电检测装置；3．导辊；4．卷筒薄膜；5．退卷架；6．料仓；7．定量供料器 8．制袋成型器；9．供料离合手柄；10．成型器安装架；11．纵封滚轮；12．纵封调节旋钮；13．横封调节旋组；14．横封辊；15．包装成品；16．卸料槽；17．横封离合手柄；18．机箱；19．调速旋钮

（引自：马荣朝，杨晓清．食品机械与设备．2 版．2018．）

(3) 袋成型封口装置　主要由袋成型器、纵封装置和横封装置构成。这三者的不同组合可产生不同形状和封合边数的袋子，因此，通常以此区分不同形式的包装机。

(4) 物料供给装置　是一个定量供料器。对于粉状及颗粒物料，主要采用量杯式定容计量，量杯容积可调。图 14-53 中所示的立式连续制袋-充填-封合包装机的定量供料器为转盘式结构，从料仓流入的物料在其内由若干个圆周分布的量杯计量，并自动充填到成型后的薄膜管内。

(5) 电控检测系统　是包装机工作的中枢系统。在立式连续制袋-充填-封合包装机的电控柜上可按需设置纵封温度、横封温度以及对印刷薄膜设定色标检测数据等，这些设置条件对控制包装质量起到至关重要的作用。

2. 制袋-充填-封合原理

1) 卧式制袋-充填-封合原理

(1) 三边封口袋的包装原理　如图 14-54 所示，卷筒塑料薄膜 (1) 经导辊 (2) 引入成型器 (3)，在成型器 (3) 及导杆 (4) 的作用下形成 U 形，并由张口器 (5) 撑开。当加料器 (7) 下行进入加料位置时，横封器 (6) 闭合，同时充填物料；随后，横封器 (6) 和加料器 7 复位；紧接着，纵封牵引器 (8) 闭合热封并牵引薄膜移动一个袋位；最后由分切刀 (9) 把包装袋切断。

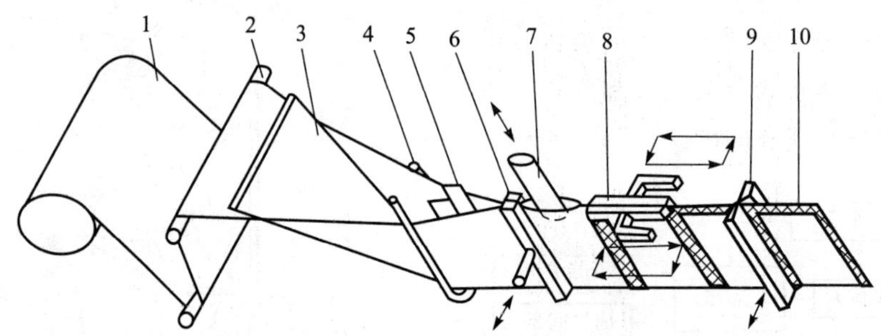

图 14-54　卧式间歇制袋三边封口包装原理

1. 卷筒薄膜；2. 导辊；3. 成型器；4. 导杆；5. 张口器；6. 横封器；7. 加料器；8. 纵封牵引器；9. 分切刀；10. 成品袋

(引自：马荣朝，杨晓清. 2 版. 食品机械与设备. 2018.)

(2) 横枕式袋的包装原理　如图 14-55 所示，横枕式自动包装机集自动裹包物品、封口、切断于一体，是一种高效率的连续式包装机，广泛应用于饼干、速食面等的自动包装。其包装材料为塑料或其复合材料，采用卷式薄膜供料，由牵引辊送卷，经导辊的导向进入成型器，受成型器的作用，薄膜自然形成卷包的形式。同时，待包物品由供料输送链送入薄膜卷包的空间。卷包的薄膜在牵引轮的作用下向前运行并被中封轮实施中缝热融封合。物品随薄膜同步运行。包装物品最后经横封辊刀封合切断，成为包装成品，由卸料传送带输出。其包装形式呈枕状，故称为枕式裹包或中缝包装。

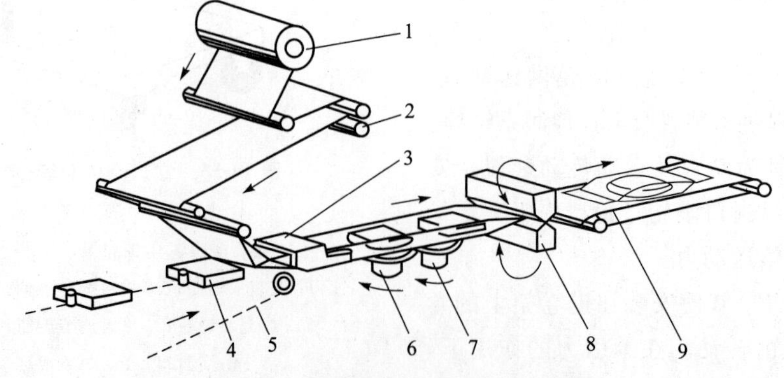

图 14-55　横枕式自动包装机工作原理

1. 卷膜；2. 牵引辊；3. 成型器；4. 物品；5. 供料传送链；6. 牵引轮；7. 中封轮；8. 横封辊刀；9. 卸料传送带

(引自：马荣朝，杨晓清. 食品机械与设备. 2 版. 2018.)

横枕式自动包装机采用有色标带包装时，需要随时对纸长进行调整，因此，需要配备光电检测控制系统，以实现光标的正确定位。

2）立式制袋-充填-封合原理

（1）中缝封口制袋原理　立式间歇制袋中缝封口包装机使用的正是该原理，常用于枕形袋等包装，可以完成塑料薄膜的制袋、纵封（搭接或对接）、装料（充填）、封口和切断等工作。

立式间歇制袋中缝封口包装机原理：如图 14-56 所示，卷筒塑料薄膜（3）经导辊（2）被引入成型器（4），通过成型器（4）和加料管（5）以及成型筒（6）的作用，形成中缝搭接的圆筒形。其中加料管（5）的作用为外作制袋管，内作输料管。封合时，纵封器（7）垂直压合在套于加料管（5）外壁的薄膜搭接处，加热形成牢固的纵封。其后纵封器回退复位，由横封器（8）闭合对薄膜进行横封，同时向下牵引一个袋的距离，并在最终位置加压切断。该机各执行机构的动作，可由机、电、气或液压控制自动操作。

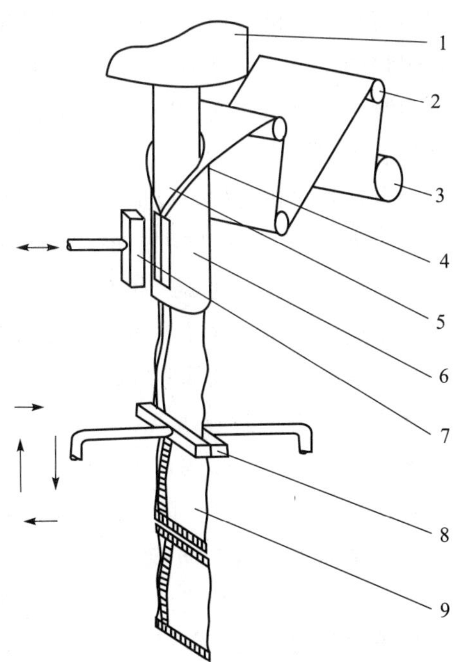

图 14-56　立式间歇制袋中缝封口包装机原理图

1. 供料器；2. 导辊；3. 卷筒薄膜；4. 成型器；5. 加料管；6. 成型筒；7. 纵封器；8. 横封（切断并牵引）器；9. 成品袋

（引自：马荣朝，杨晓清. 食品机械与设备. 2 版. 2018.）

可见，每一次横封可以同时完成上袋的下口和下袋的上口封合。而物料的充填是在薄膜受牵引下移时完成的。

（2）双卷膜制袋和单卷膜等切对合成型制袋原理　主要用于四边封口包装袋型。双卷膜制袋包装机采用两卷薄膜进行连续制袋，左右薄膜卷料对称配置，经各自的导辊被纵封滚轮牵引，进入引导管处汇合。薄膜在牵引的同时，两边缘被封合，形成两条纵封缝。在横封辊闭合后，物料由加料器进入，随后完成横封切断，分离上下包装袋。

单卷膜等切对合成型制袋包装机只采用一卷薄膜制袋，其制袋过程是先将薄膜对中等切分离，然后两半材料复合成型。单卷膜等切对合成型制袋自动包装机的工作原理见图 14-57。

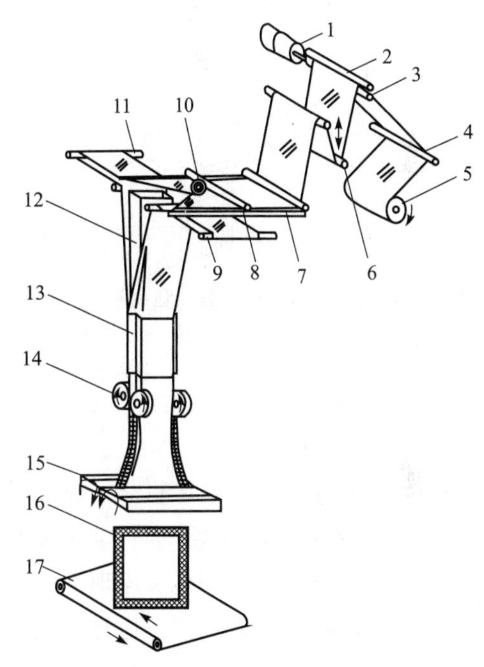

图 14-57　等切对合成型制袋自动包装机工作原理图

1. 供卷电机；2. 导辊；3. 供卷辊；4. 压辊；5. 卷膜；6. 浮辊；7. 缺口导板；8. 压辊；9，11. 转向导辊；10. 分切滚刀；12. 入料筒；13. 成型器；14. 纵封滚轮；15. 横封辊；16. 成品袋；17. 卸料输送机

（引自：马荣朝，杨晓清. 食品机械与设备. 2 版. 2018.）

（3）三边封口制袋原理　立式连续制袋三边封口包装机的工作原理类似于卧式三边封口包装机的包装原理：如图 14-58 所示，卷筒薄膜（1）在纵封滚轮（5）的牵引下，经导辊进入制袋成型器（3）形成管状。纵封滚轮在牵引袋筒的同时对其进行封合。随后由横封辊（6）闭合实行横封切断。同样，每次横封动作可同时完成上袋的下口和下袋的上口封合，并切断分离。物料的充填是在袋筒受纵封牵引下行至横封闭合前完成的。

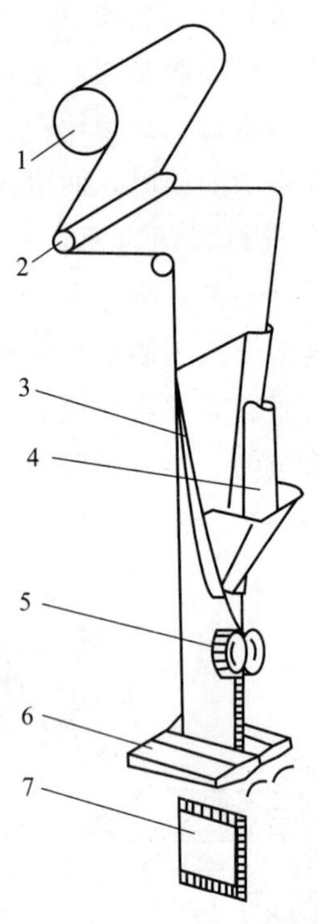

图 14-58　立式连续制袋三边封口包装机的工作原理

1. 卷筒薄膜；2. 导辊；3. 成型器；4. 加料器；5. 纵封滚轮；6. 横封辊；7. 成品袋

（引自：许学勤. 食品工厂机械与设备. 2016.）

立式连续制袋三边封口包装机是一种广泛应用的机型，因其包装原理的合理性和科学性而成为较多采用的设计方案，根据这一包装原理可设计出多种袋型。例如，在立式连续制袋三边封口包装机的基础上增加一对纵封滚轮，使两对纵封滚轮对称布置在袋筒的两边缘，同时进行牵引纵封则形成两条纵封缝，经横封后产生的袋型则为四边封口袋。采用这种制袋方法主要是以美观为出发点，因为增加的一条纵封缝在包装袋结构上是多余的，称作“假封”，但它却起到一种对称美的作用。另外，把立式连续制袋三边封口包装机的横封辊旋转 90°，使纵封的封合面与横封的封合面呈垂直状态，则可产生另一种袋型（需要配套合适的成型器），即中缝对接两端封合的包装袋。中缝对接两端封口包装机的工作原理：如图 14-59 所示，包装薄膜（1）经成型器被纵封滚轮（2）牵引纵封，随后经过导向板（3）并被与纵封面垂直的横封辊（4）封合切断，形成一个中缝对接两端封合的包装袋，也就是平常所说的“枕式包装”。

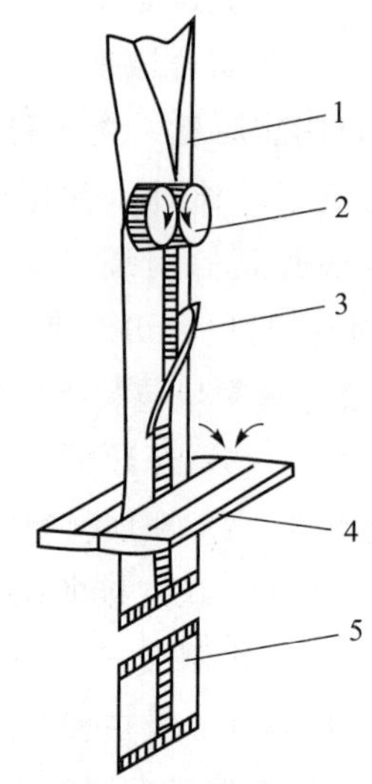

图 14-59　中缝对接两端封口包装机的工作原理

1. 薄膜；2. 纵封滚轮；3. 导向板；4. 横封辊；5. 成品袋

（引自：许学勤. 食品工厂机械与设备. 2016.）

14.5.3　预制袋封口包装机

预制袋封口包装机是用于对充填产品的预制塑料袋进行封口的设备。常见的封口机械有普通封口机、真空包装机和真空充气包装机。普通封口机主要由热封口装置组成，结构较简单。

一般而言，真空包装机可以进行充气包装。也就是说，真空及充气一般可以在同一台设备上完成。真空充气包装可分为间歇式和连续式两种。

对于容易氧化变质的食品，易于氧化生锈的金属制品，形体蓬松的羽绒及棉麻等都可以采用真空包装。抽真空的目的主要有四点：一是除去空气，以防止细菌繁衍导致食品腐败，或阻止金属的氧化生锈；二是密封后加热杀菌，防止空气膨胀，使包装件破裂；三是缩小蓬松物品的体积，便于保存、运输，并可节省费用；四是防止食品氧化和变质。

为了保护内装物和延长保存期，还可以抽真空后再充入其他惰性气体，如二氧化碳和氮气等，这种方法称为真空充气包装。真空包装和真空充气包装使用阻气性强的材料，有金属铝箔和非金属（如塑料薄膜、陶瓷等）材质的筒、罐、瓶和袋等容器。

1. 间歇式真空充气包装机

间歇式真空充气包装机采用复合薄膜袋，充填物品后，由操作工将复合薄膜袋排列于真空室的热封条上，然后加盖并实现自动抽真空充气封合。包装袋的尺寸可在真空室的范围内任意变更，每次处理的包装袋数也可以改变，且对于固体、颗粒、半流体及液体均适用。因为间歇式真空充气包装机操作方便、灵活及实用，所以在食品生产中应用广泛。

1）间歇式真空充气包装机的类型

常见间歇式真空充气包装机（图 14-60）有台式、单室式、双室式和输送带式（也称为斜面式）等。双室式又可分为单盖式和双盖式两种。真空包装机最低绝对气压为 1～2 kPa，机器生产能力根据热封杆数和长度及操作时间而定，每分钟操作次数为 2～4 次。

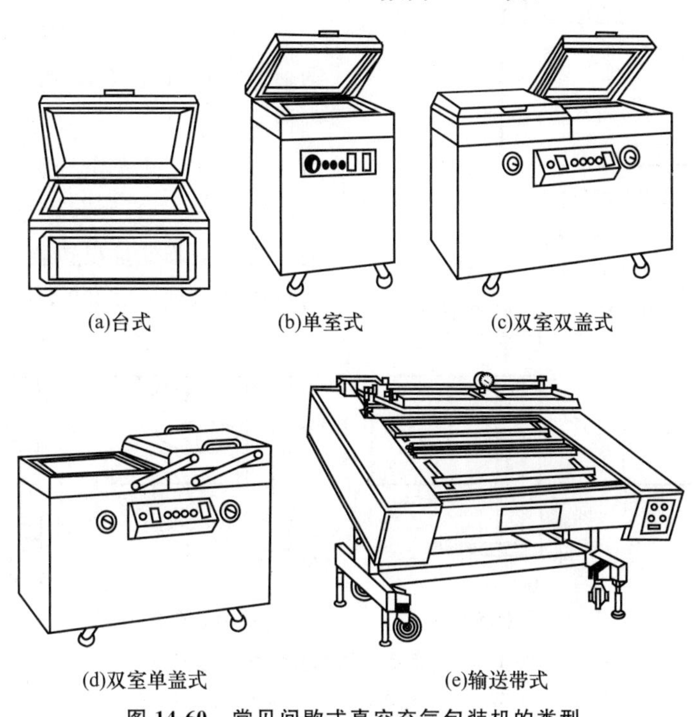

(a)台式　(b)单室式　(c)双室双盖式

(d)双室单盖式　(e)输送带式

图 14-60　常见间歇式真空充气包装机的类型

（引自：马荣朝，杨晓清. 食品机械与设备. 2版. 2018.）

台式和单室式间歇式真空充气包装机一般只有一根热封杆，且长度有限，因此，生产能力较小，多用于实验室和小批量生产。双室式真空充气包装机由于两个室共用一套真空充气装置，其生产效率比台式和单室式高。双室式中每室均有两根热封杆，如果包装袋长度不超过两热封杆间距的一半，每次操作的封袋数量可以比单室式的多 1 倍。此外，双室式间歇式真空充气包装机中一个室在抽真空封口的同时，另一个室可以装卸包装袋，从而使封口操作效率提高。

图 14-60 中（a）～（d）所示的包装机的真空室的底面一般均是水平的，这种形式不利于多汤汁产品封口前在真空室内的放置。因此，多汤汁产品必须适当及时地将待封包装袋的袋口枕于高出真空室底板一定水平的热封条上，否则袋内的汤汁会流出。一般而言，以上几种包装机不适用于多汤汁内容物的大规模生产。

输送带式（也称为斜面式）真空充气包装机与上述台式真空充气包装机的主要区别在于：采用链带步进送料进入真空室，且室盖自动闭合开启。输送带式真空充气包装机的自动化程度和生产效率较台式真空充气包装机均大大提高。当然，与台式真空充气包装机操作一样，它同样需要人工排放包装袋，并合理地将包装袋排列在热封条的有效长度内，以便顺利实现真空或充气封合。另外，输送带式包装机的主平面是倾斜的，如图 14-60（e）所示，这可以避免上述多汤汁产品在封口时汤汁外流。

2）间歇式真空充气包装机的工作原理

间歇式真空充气包装机主要由机身、真空室、热封装置、室盖起落机构、真空系统和电控设备组成。是输送带式真空充气包装机外加一个包装袋输送系统的包装设备。

真空室（图 14-61）是间歇式真空充气包装机的关键部分，封口操作过程全在真空室内完成。

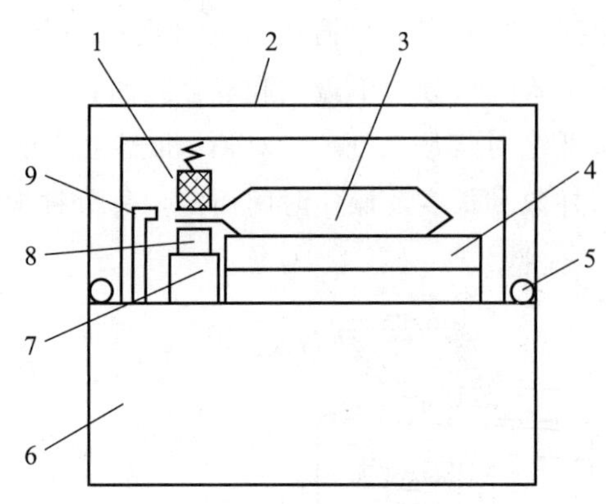

图 14-61　真空室结构示意图

1. 橡胶垫板；2. 真空室盖；3. 包装袋；4. 垫板；5. 密封垫圈；6. 箱体；7. 加压装置；8. 热封杆；9. 充气管嘴

（引自：马荣朝，杨晓清. 食品机械与设备. 2 版. 2018.）

真空充气封合原理：如图 14-62 所示，气膜室上部与真空室相通，热封部件（2）嵌入气膜室内，两侧被气膜室上部槽隙定位，可上下运动。当包装袋充填物料后，将其放入真空室内，使其袋口平铺在热封部件（2）上，加盖后可见袋口处于热封部件（2）和封合胶垫（1）之间。包装工作开始后分四个步骤。

（1）真空抽气　如图 14-62（a）所示，真空室通过真空室气孔（A）抽气，同时下气膜室也通过气模室气孔（B）抽气，使得下气膜室和真空室获得气压平衡，避免下气膜室压强高于真空室形成压差，使膜片（3）胀起，推动热封部件（2）上行，夹紧袋口至不能抽出包装袋内空气为止。经抽气后的负压应达到－0.098 7～－0.097 MPa。

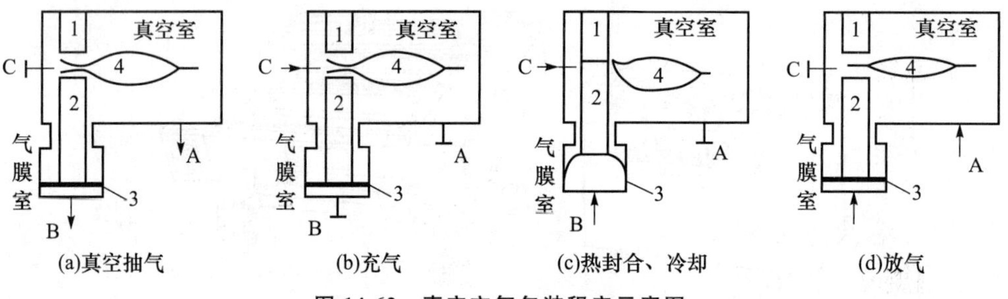

图 14-62　真空充气包装程序示意图

1. 封合胶垫；2. 热封部件；3. 膜片；4. 包装袋；A. 真空室气孔；B. 气膜室气孔；C. 充气气孔

（引自：马荣朝，杨晓清. 食品机械与设备. 2 版. 2018.）

（2）充气　如图 14-62（b）所示，经过抽真空后，真空室气孔（A）和气膜室气孔（B）封闭，充气气孔（C）接通惰性气体瓶，充入气体。充气压强以 3～6 kPa 为宜，充气量多少以时间继电器控制。经充气后，真空室内的负压应控制在－0.097～－0.094 MPa。值得一提的是，如果待封口的包装产品是蒸煮袋装后还需要进行热杀菌的软罐头，则无须进行充气，因此，充气这一步可省去，而直接进入下一步热封合、冷却操作。

（3）热封合、冷却　如图 14-62（c）所示，真空室气孔（A）和充气气孔（C）关闭，气膜室气孔（B）打开并接通大气。由于大气压和真空室内的压差作用，橡胶膜片（3）胀起，推动热封部件（2）向上运动，把袋口压紧在封合胶垫（1）之下。在气膜室气孔（B）通气的同时，热封条通电发热，对袋口进行压合热封。热封达到一定时间后，热封条断电自然冷却，而袋口继续被压紧，稍冷后形成牢固的封口。

（4）放气　如图 14-62（d）所示，充气气孔（C）关闭，真空室气孔（A）和气膜室气孔（B）同时接通大气，使真空室充入空气，与外界达到气压平衡，可以顺利打开室盖并取出包装件，完成包装。

2. 旋转式真空包装机

旋转式真空包装机由充填和抽真空两个转台组成，两转台之间装有机械手将已充填物料的包装袋转移至抽真空转台的真空室。充填转台有六个工位，自动完成供袋、打印、张袋、充填固体物料、注射汤汁等五个动作；抽真空转台有十二个单独的真空室，每一包装袋沿转台一周，即可完成抽真空、热封、冷却、卸袋的动作（图 14-63）。该机器的生产能力达到每分钟四十袋。由于机器的生产能力较强，国外机型大多配套定量杯式充填装置，预先将固体物料称量放入定量杯中，然后送至充填转台的充填工位后装入包装袋内。

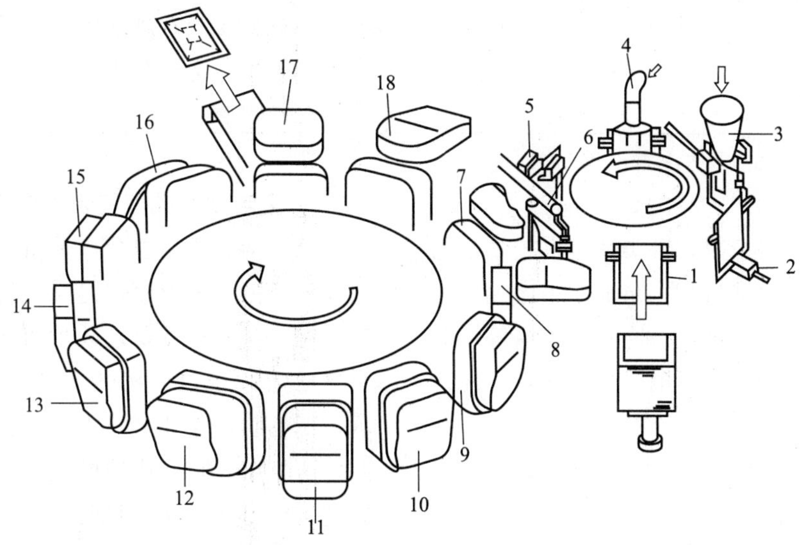

图 14-63 旋转式真空包装机工作示意图

1. 吸袋夹持；2. 打印日期；3. 撑开定量充填；4. 自动灌汤汁；5. 空工序；6. 机械手传送包装袋；7. 打开真空盒盖装袋；8. 关闭真空盒盖；9. 预备抽真空；10. 第一次抽真空（93.3 kPa 左右）；11. 保持真空，袋内空气充分逸出；12. 二次抽真空（100 kPa）；13. 脉冲加热封袋口；14，15. 袋口冷却；16. 进气释放真空，打开盒盖；17. 卸袋；18. 准备工位

（引自：许学勤. 食品工厂机械与设备. 2016.）

14.5.4 热成型包装机械

热成型包装是指利用热塑性塑料片材作为原料来制造容器，在装填物料后再以薄膜或片材密封容器的一种包装形式。热成型包装的形式多种多样，常见的形式有：托盘包装、泡罩包装、贴体包装和软膜预成型包装等（图 14-64）。表 14-7 所示的为不同形式热成型包装的特点。

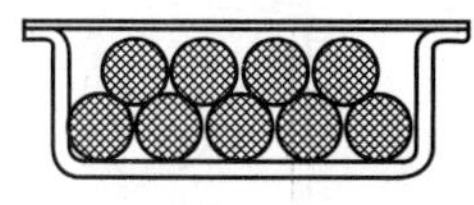
(a)托盘包装

(b)泡罩包装

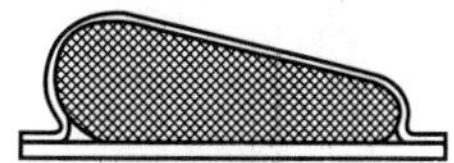
(c)贴体包装

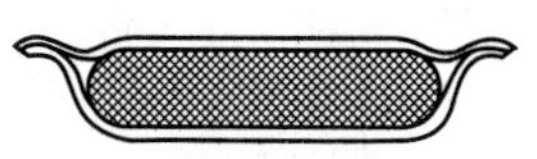
(d)软膜预成型包装

图 14-64 热成型包装形式

（引自：许学勤. 食品工厂机械与设备. 2016.）

表 14-7 不同形式热成型包装的特点

包装形式	底膜	上膜	特点	适用食品
托盘包装	硬质膜	软质膜	底膜构成的托盘，并可保持一定的形状；适合流体、半流体、软体物料及易碎易损物料等；采用 PP 材料作底膜，铝箔复合材料作密封上膜时，包装后可进行高温灭菌处理	布丁、酸乳、果冻等；在包装鲜肉、鱼类时可充入保护气体
泡罩包装	软质或硬质膜	纸板或复合膜	上膜为与包装物外形轮廓相似的泡罩	棒棒糖、象形巧克力等
贴体包装	硬质膜或纸板	软质膜	包装时，底板要打小孔或冲缝，放置物品后，覆盖经预热的上膜，底部抽真空使上膜紧贴物品表面并与底板封合，如同包装物的一层表皮；包装后底板托盘形状不变	鲜肉、熏鱼片

续表 14-7

包装形式	底膜	上膜	特点	适用食品
软膜预成型包装	较薄的软质薄膜	较薄的软质薄膜	可进行真空或充气包装；这种包装的特点是包装材料成本低，包装速度快；当采用耐高温PA/PE材料时可进行高温灭菌处理	能保持一定形状的物体，如香肠、火腿、面包、三明治等食品

（引自：许学勤．食品工厂机械与设备．2016.）

热成型设备已经很成熟，种类型号也较多，包括手动、半自动、全自动机型。热成型工序主要包括夹持片材、加热、加压抽空、冷却、脱模等。但热成型设备只是制造包装容器的设备，还需要配备装填及封合等设备才能完成整个包装过程。

全自动热成型包装机可在同一机器上完成热成型、装填及热封，其主要采用卷筒式热塑膜，由底膜成型，上膜封合。对食品生产等使用厂家来说，无须事先制盒或向制盒厂订购包装盒，直接把多个工序集中在一起一次完成。这类机型的性能强，适用性广，包装样式多样，可广泛应用于各种食品包装。

1. 全自动热成型包装工艺流程

全自动热成型包装机采用连续步进的方式，由下卷膜成型，上卷膜作封口。包装的全过程由机器自动完成，根据需要，装填可由人工或机械实现。全自动热成型包装机的工艺流程：如图 14-65 所示，下卷膜经牵引以定距步进，经预热区及加热区，由气压、真空或冲模成型，在装填区填充物料后进入热封区。在热封区内，上卷膜经导辊覆盖在成型盒上，根据包装需要可进行抽真空或充入保护气体的处理，然后进行热压封合。最后经横切、纵切及切角修边形成一个个美观的包装成品。经裁切后的边料可由抽吸贮桶或卷扬装置收集和清理。

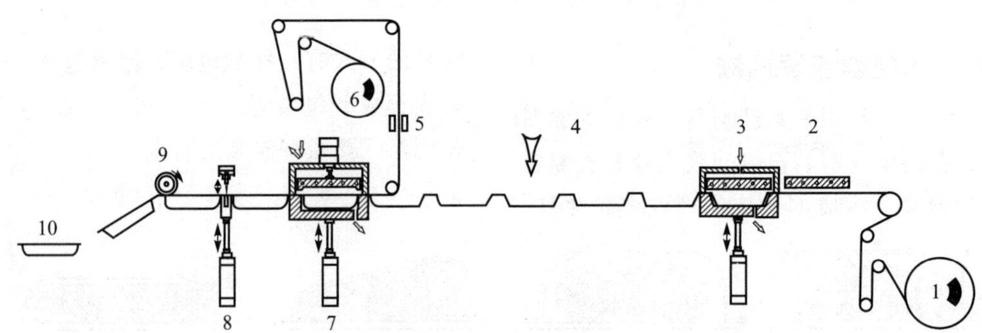

图 14-65 全自动热成型包装机工艺流程示意图

1. 下膜；2. 预热区；3. 热成型区；4. 装填区（配套自动装填机或人工装填）；5. 打印机；6. 上膜；7. 封合区（抽真空、充气、热封）；8. 横切；9. 纵切；10. 成品

（引自：许学勤．食品工厂机械与设备．2016.）

2. 全自动热成型包装机结构

全自动热成型包装机主要由以下几部分组成：薄膜输送系统、上下膜导引装置、预热区、热成型区、装填区、热封区、裁切区、边料回收装置及控制系统等(图 14-66)。

1）薄膜输送系统

全自动热成型包装机采用卷筒薄膜成型包装，需要薄膜牵引输送装置。在工作中，底膜由预热成型至封合分切的全过程均受到夹持牵引作用，其动力由沿机器纵向两侧配置的传送链条提供。链条上每一节距装配一个自动夹住底膜的夹子，以连续步进方式将底膜从机器始端送到终端。链条的行进有两种速度，进给时采用高速，在每个步进停止前自动切换成低速运行，使其能准确地停止在每个步进的终止位置。这样，可避免圆形物体或液体从托盘中滚出或溅出。

2）上下膜导引装置

上下膜分别装在上下卷材辊上，受牵引松卷，经导辊、摇辊或浮辊导引拉展开并送入机器。其中上卷膜在被牵引输送过程中，有一光电定位装置识别其印刷光标，使上膜图案准确定位在每个成型托盘的上方，实现精确包装。另外，在上卷膜进入热封区之前，可装配一台打印装置，一般为自带动力的垫墨轮印字机，通过电控实现日期及批号的同步打印。

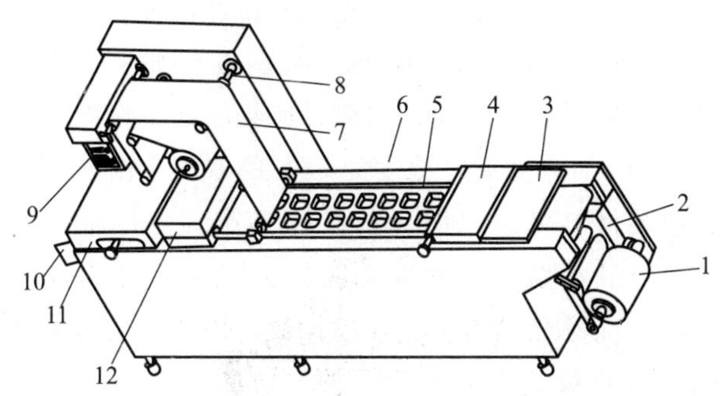

图 14-66　全自动热成型包装机外形

1. 底膜；2. 底膜导引装置；3. 预热区；4. 热成型区；5. 输送链；6. 装填区；7. 上膜；8. 上膜导引装置；9. 控制屏；10. 出料槽；11. 裁切区；12. 热封区

（引自：卢立新. 包装机械概论. 2011.）

3）预热区及热成型区

底膜在成型之前需要加热。为了提高生产率实现快速成型，在热成型区之前设有预热区，使底膜进入热成型区之前已具一定温度，从而热成型区的升温时间可缩短。根据薄膜的软硬程度、厚薄和材质的不同，成型温度也有所不同。同时，可提供的热成型方式也有很多，包括气压成型、真空成型、冲模成型等。

4）装填区

底膜成型后进入装填区，这是比较灵活的一部分，可根据包装物料的不同配备相应的装填机，或者采取人工装填。该区的长度可根据需要制造，以满足装填操作要求。

5）热封区

已经装填物料的托盘底膜进入热封区的同时，在其上方覆盖上膜。热封区内装配有由气缸驱动的热封模板，热封模板内带电热管。通过热封模板可将上膜与托盘底膜热压封合。热封温度和热封时间由电控设定，以适应薄膜的不同厚度或不同材质。根据需要在热封区可安装真空和充气装置以实现真空或充气包装。

6）裁切区

热封后可形成排列整齐的包装，但这些包装是连在一起的，必须进入裁切区进行横切、纵切等工序，才能获得一个个独立的成品包装。根据薄膜厚薄、软硬、材料和分切形状要求，配备不同的分切模块。

7）边料回收装置

分切过程中的边条薄膜由收集器收集。根据薄膜的软硬和分切方法的不同，可采用真空吸出、破碎收集或缠线绕卷的方式进行边料回收。

8）控制系统

在包装过程中，各模块结构之间的运动关系有着极严格的要求，需要相互精确定位协调衔接。因此，机器的自动控制非常重要。电控系统用可编程序控制器（PLC）或微处理器（MC）等形式。包装程序可通过控制器键盘输入存储器中，机器启动后，控制器就根据储存的程序来控制机器的运作。一些主要数据如压缩空气压力、真空度、成型温度、批量号等均可方便地修改以适应工作状态的变化。

14.6　无菌包装机械

食品的无菌包装是一种防腐工艺，所谓无菌包装就是在无菌环境下，把无菌的或预杀菌的产品充填到无菌的容器，并进行密封的一种包装方法。无菌包装是一个过程，基本上由以下三部分操作构成：一是食品物料的预杀菌即达到商业无菌（商业无菌的含义是在一般贮存条件下，产品中不存在能生长的微生物）；二是包装材料或容器的无菌；三是充填密封环境的无菌。

无菌包装机械主要指的是在无菌条件下将预杀菌好的食品装入无菌容器的机械设备。对于无菌产品，只有在全部生产步骤上都高度严格操作才能达到质量标准，由于采用全密封的操作程序以及无菌灌装技术，无菌包装对操作人员和设备的要求也越来越高。

食品包装材料或容器的无菌化处理可有两种情形：一是使用预制时已经做过无菌化处理的容器进行包装；二是在无菌包装机中同步对包装材料或容器进行灭菌处理。

理论上讲，不论是液体还是固体食品均可采用无菌方式进行包装。但实际上，由于固体物料的快速杀菌存在难度，或者固体物料本身有相对的贮藏稳定性，因此，一般无菌包装多指液体食品的无菌包装。

无菌包装机械有许多种，根据操作方式、包装形式、灌注系统的不同，常用的主要有以下几种类型：①包装材料以卷材形式引入的卷材成型无菌包装设备，其中典型的是瑞典利乐的 TBA 系列无菌包装机；②纸盒预先制好的预制纸盒无菌包装设备，其中典型的是德国 PKL 公司的康美盒无菌包装机；③包装材料以塑料薄膜形式引入的无菌包装机，其中典型的是芬兰 Elecster 公司的 EA 系列塑料袋无菌包装机；④现在正在发展中的塑料瓶无菌灌装设备。

14.6.1　卷材成型无菌包装机

TBA 卷材成型无菌包装机（简称 TBA 无菌包装机，图 14-67）包括包装材料灭菌、纸板成型封口、充填和分割等机构，辅助部分有提供无菌空气和双氧水等的装置。

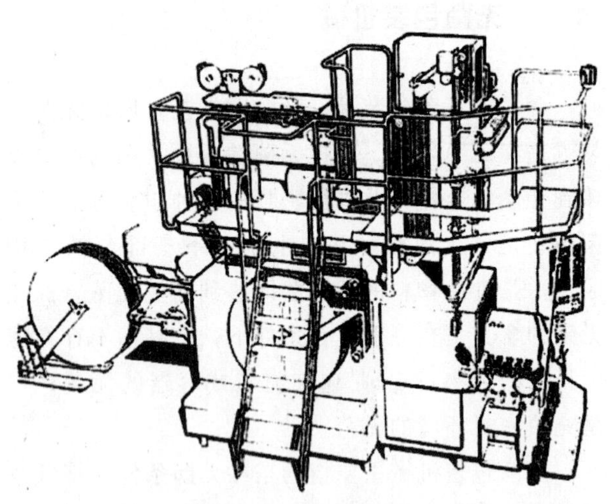

图 14-67　TBA 卷材成型无菌包装机外形结构示意图

1. TBA 无菌包装机工作过程

包装卷材经一系列张紧辊平衡张力后进入双氧水浴槽，灭菌后进入机器上部的无菌腔并折叠成筒状，由纸筒纵缝加热器封接纵缝；同时，无菌的物料从充填管灌入纸筒，随后横向封口钳将纸筒挤压成长方筒形并封切为单个盒；离开无菌区的准长方形纸盒由折叠机将其上下的棱角折叠并与盒体黏结成为规则的长方形（俗称砖形），最后由输送带送出。该砖形盒无菌包装机的包装范围为 124～355 mL，生产能力为 6 000 包/h。

1）机器的灭菌

无菌包装开始正式进行包装操作之前，所有直接或间接与无菌物料相接触的机器部位都要进行灭菌。TBA 无菌包装机的机器灭菌过程如下：首先将无菌空气加热器和纵向热封加热器的工作温度预热到 360℃；然后将浓度为 35%的双氧水溶液喷射到包装材料将经过的无菌区和机器其他待杀菌部分；双氧水喷雾量和喷雾时间由电子仪器自动控制，以确保最佳的杀菌效果；最后用热空气将喷在机器内的双氧水溶液干燥挥发掉（图 14-68）。热空气的压力为 0.015 MPa，由水环泵输送，经过气水分离器后由空气加热器加热。加热后的热空气引入需要利用热空气的部位。机器灭菌的整个过程大约 45 min。

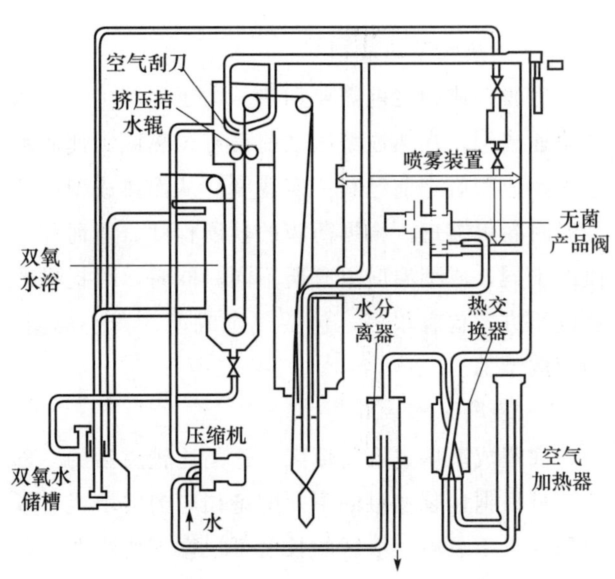

图 14-68　TBA 无菌包装机的灭菌系统

（引自：马荣朝，杨晓清. 食品机械与设备. 2 版. 2018.）

2）包装材料的灭菌及灌装区的无菌化

包装材料的灭菌过程：如图 14-69 所示，纸板带进入温度约 75℃，浓度为 35%的双氧水浴槽进行杀菌，出来后用橡胶辊（挤压拮水辊）除去残留双氧水溶液，经橡胶辊后紧接着用无菌热空气吹，以尽量除去残留在包装材料表面的双氧水，并使表面干燥。由纸板带卷成筒形开始，经过纵缝封口直到筒内液面以上的区域，是灌装过程中无菌化程度要求较高的区域。这一区域的无菌化由两个方面保证：一是通入的无菌空气；二是在纸筒液面上使用电加热器加热，温度为 450～650℃。加热器利用辐射方式对纸筒壁进行加热，同时加热周围的无菌空气。这种加热作用，既可保证充填环境的无菌，又可使可能残留的双氧水分解成新生态“氧”和水蒸气，从而进一步减少双氧水的残留量，保障食品和生产者的安全。

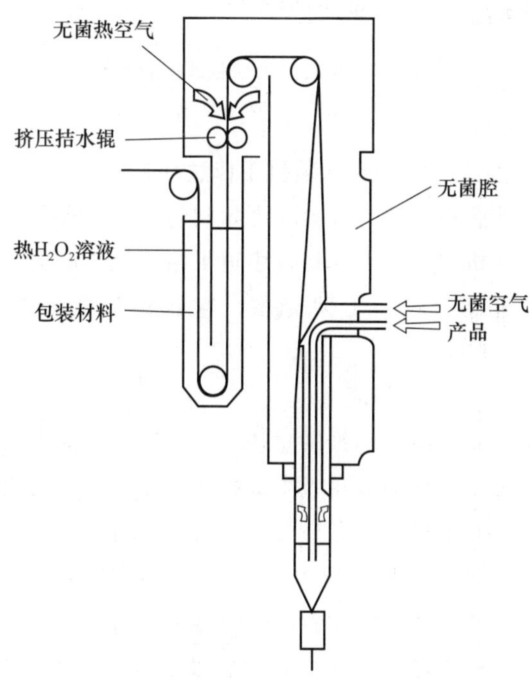

图 14-69　包装材料的灭菌及灌装区的无菌化

（引自：马荣朝，杨晓清．食品机械与设备．2 版．2018.）

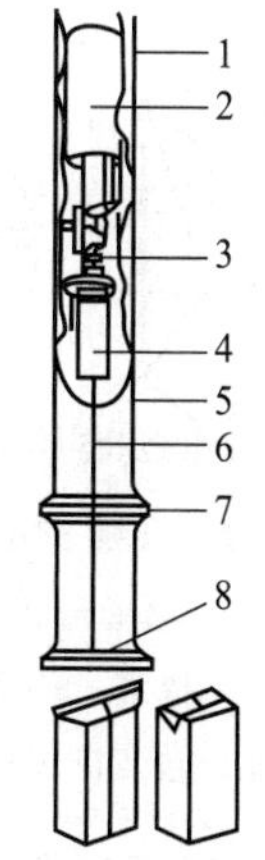

图 14-70　纸盒纵缝密封的结构

（引自：卢立新．包装机械概论．2011.）

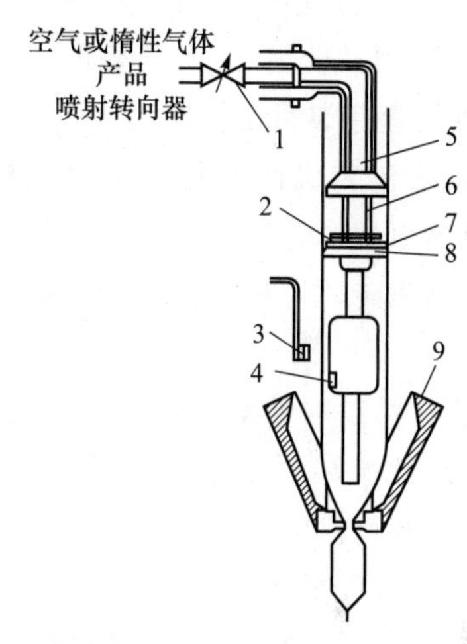

图 14-71　充填管

1. 液位；2. 浮子；3. 节流阀；4. 充填管；5. 纸筒；6. 纵封缝；7. 横封缝；8. 分割

（引自：卢立新．包装机械概论．2011.）

3）包装的成型、充填、封口和割离

纸板带通过导向辊进入无菌区并在三个成型件作用下折叠成纸筒，由纵向热封器进行封合。沿纸筒内侧的搭接纵缝引入一条塑料密封带，由纵向热封器将密封带黏合到搭接纵缝上。图 14-70 所示的是纸盒纵缝密封的结构。物料无菌充填管的结构如图 14-71 所示，无菌料液从进料管进入纸筒，其液面由浮子与节流阀控制。产生每个包装盒的横向封口均在物料液面下进行，因而可得到完全充满物料的包装。横向封口钳同时起热封和导引纸筒向下移位的作用。横向封口应用（周期约为 200 ms）高频感应加热，使横缝实现热封合，同时横封模具将连体包装切割成单体。

4）带顶隙包装的充填装置

TBA 无菌包装机配上顶隙充填装置（图 14-72）后，就可用来对高黏度、带颗粒或纤维的产品进行充填包装。充填前预先设定好物料的流量，通过导入无菌空气或惰性气体来形成包装体的顶隙。纸筒借助于一个特殊的密封环，使料液上面的顶隙区与包装机的无菌腔隔离，密封环还有协助纸筒成型的作用。这种装置只对单个包装体的顶隙充以惰性气体，故不会像某些设备那样要求过量供应惰性气体而造成浪费。TBA 无菌包装机可用于有顶隙的包装，配备的双流充填装置适用于含颗粒食品的包装。该机型配有用于充填含颗粒食品的正位移泵和控制产品流量的恒流阀。

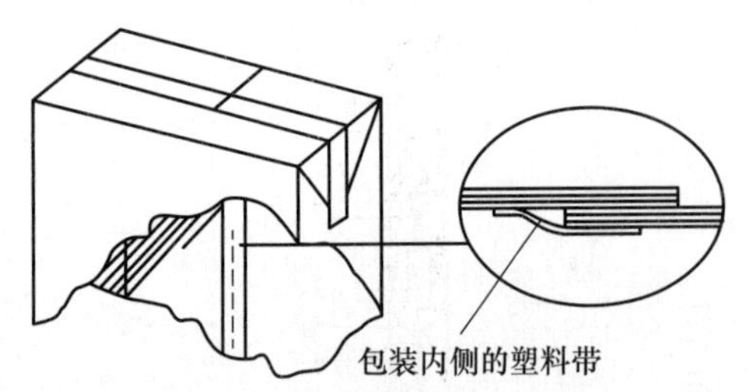

图 14-72　顶隙充填装置

1. 恒定流量阀；2. 膜；3. 超量充填报警传感器；4. 磁头；5. 充填管；6. 顶隙管；7. 夹持器；8. 密封垫圈；9. 盒成型夹钳

（引自：卢立新．包装机械概论．2011.）

5）包装盒顶部、底部折叠和黏合

经过充填和封口的包装被分割为单个包装，送到两个折叠机上，将包装盒的顶部和底部折叠成角并下屈，然后用电加热的热空气将折叠角与盒体黏合。

2. TBA 无菌包装机工作特点

TBA 无菌包装机性能稳定可靠，易于操作，可以生产品质卓越的无菌包装产品，市场上常见的有利乐枕和利乐砖，与其他无菌包装机相比较有以下特点：

① 包装材料是一种纸、铝箔和聚乙烯制成的复合膜，密封性能好，用完后还可回收，以备其他利用，有利于环境保护。

② 包装材料以板材卷筒形式引入，使劳动强度降低，工作任务简化。由于包装材料卫生，可保证高度无菌，另外，使用卷材会使贮存和生产时的空间变小。

③ 包装材料的灭菌、成型、灌装、封口和分离在一台机器内完成，可避免各工序的往返输送。

④ 灌装在液面下进行，稳定平稳，可防止飞溅和泡沫的产生。

⑤ 每个包装的封口均在物料液面以下进行，从而获得内容物完全充满的包装，可防止氧化，特别适合对牛奶的包装。

14.6.2　预制纸盒无菌包装机

与普通包装一样，无菌包装也可用预制包装容器进行包装，康美盒无菌包装机是预制纸盒无菌包装机的典型（图 14-73）。在康美盒无菌包装机中主要完成三大程序：①由纸筒形成纸盒；②产品对纸盒的无菌灌装；③灌装好的纸盒的密封。其主要结构如图 14-74 所示。

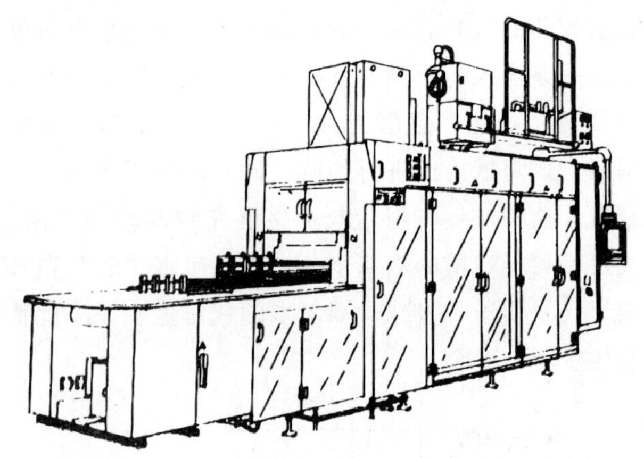

图 14-73　康美盒无菌包装机的外形

（引自：卢立新．包装机械概论．2011.）

1. 康美盒无菌包装机工作过程

从叠扁状的预制盒坯开始到包装成小盒无菌产品后从机器出来，要经过多道工序，如坯输送与成型、容器灭菌、无菌充填、容器顶端的密封等（图 14-75）。

1）坯输送与成型

已完成纵封的预制盒坯通过输送台依次送到定形轮旁，由活动吸盘吸牢和拉开成无底、无盖的长方盒，并推送至定形轮中。长方盒随定形轮转动，进入盒底部加热熔化区，两个热空气喷嘴伸入盒内，使盒底四壁的塑料面受热熔化，由型芯张开并送入封底转轮，盒底在转轮转动过程中得到密封；当转到底部折叠区时，开口的纸盒即被折叠器纵横折压出折纹。然后，在封底器压力下将盒底封闭。空盒被定形轮封好底后，随即被链式输送带扣住往前移动。在进入杀菌区前，包装容器顶部被一折叠器由顶向下折纹，以备最后封口用。盒顶折纹后即进入正压无菌区。

2）容器灭菌

容器灭菌也在康美盒无菌包装机的无菌区内进行。进入无菌区的容器，首先利用定量喷雾装置将过氧化氢和热空气喷入空盒，然后通入热无菌空气使过氧化氢分解成为无害的分子氧和水，以保证过氧化氢在包装内容物中的残留量小于 0.1 mg/kg。

康美盒无菌包装机（图 14-74）的无菌区是从执行容器灭菌开始到容器封顶结束的一段区域。该段区域在机器开机之前，先要采用过氧化氢蒸气和热空气的混合物进行灭菌。在正常运转期间，无菌区通入无菌空气，并保持该区域处于一定的正压状态，以确保该环境的无菌条件。无菌空气在该区以呈层流状态流动分布。

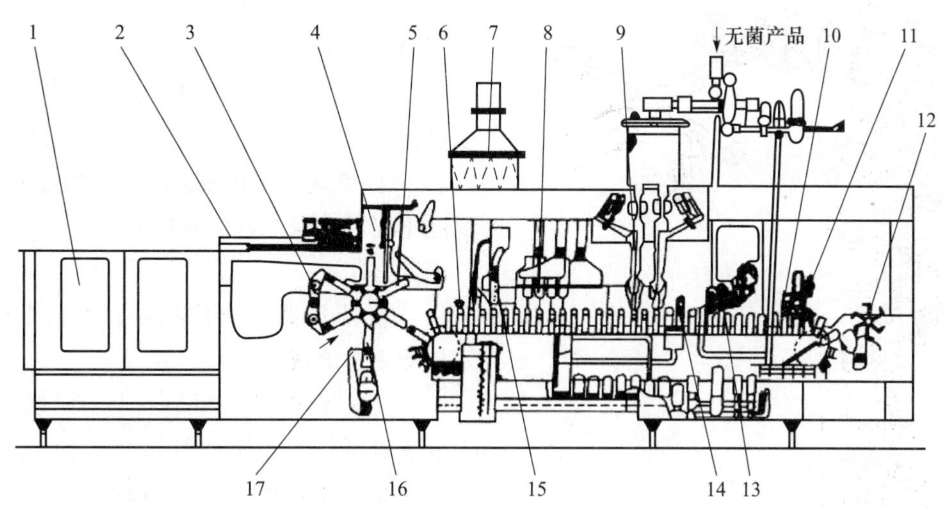

图 14-74 康美盒无菌包装机结构示意图

1. 仪表控制台；2. 盒坯输送台；3. 盒坯底部加热装置；4. 活动吸盘；5. 定形轮；6. 顶部折纹装置；7. H_2O_2 蒸气收集罩；8. 热空气干燥装置；9. 灌装机构；10. 热印装置；11. 顶部压平装置；12. 传送轮；13. 顶部封口装置；14. 除沫器；15. 喷 H_2O_2 装置；16. 盒坯底部密封装置；17. 盒坯底部折叠装置

（引自：许学勤．食品工厂机械与设备．2016.）

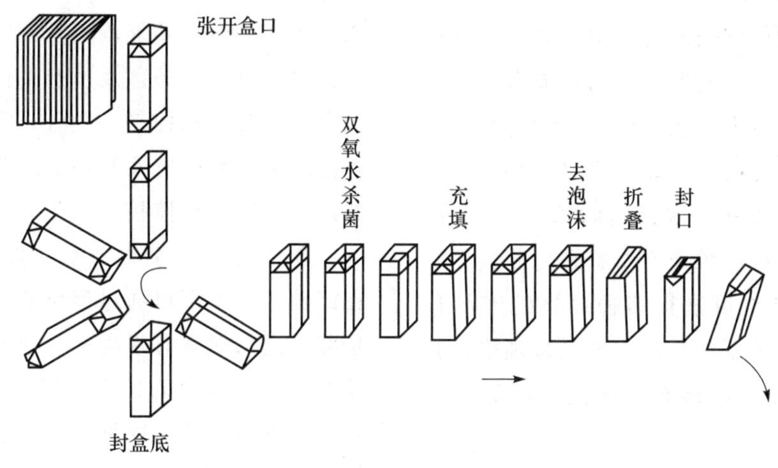

图 14-75 康美盒无菌包装机的工艺过程示意图

（引自：许学勤．食品工厂机械与设备．2016.）

3）无菌充填

康美盒的充填也在康美盒无菌包装机无菌区内完成。充填系统由缓冲罐、定量泵和灌装头等组成。此灌装系统有两个灌装头，可单独对包装盒灌装。但一般采用两头同时灌装，即每一头灌装每盒容量的一半。图 14-76 所示的为双阀式灌装系统结构，缓冲罐上部充入无菌空气以防造成真空或受环境大气污染。罐中的搅拌器用于保证含颗粒料液中的颗粒在液体中均匀分布。充填过程中的定量有两种方式，对于含颗粒料液或黏度大的料液采用柱塞式容积泵定量，对于黏度小的料液采用定时流量法。

灌装阀需要根据产品类型而定。已有灌装阀可供黏度范围 80～100 MPa・s 内含最大粒径20 mm 的含颗粒料液灌装。允许的颗粒含量最高达 50％。灌装后对于易起泡沫产品，用除沫器吸取泡沫并送回另一贮槽回用。

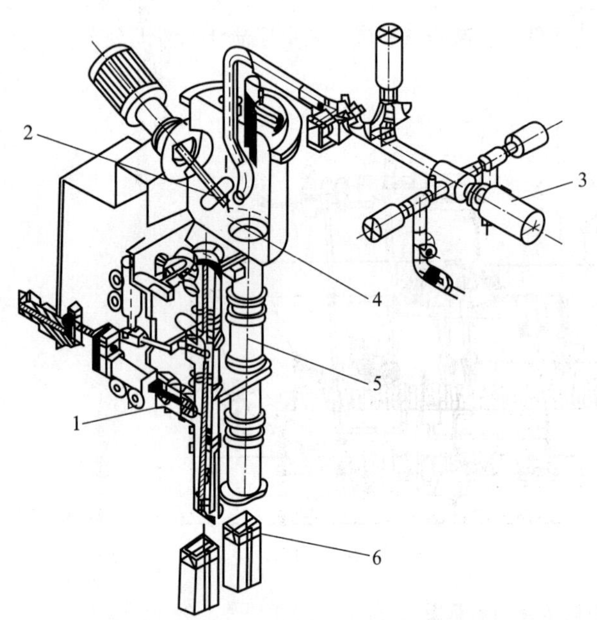

图 14-76　双阀式灌装系统结构

1. 定量活塞泵；2. 搅拌器；3. 物料进口管；4. 缓冲罐；5. 灌装阀；6. 纸盒

（引自：许学勤. 食品工厂机械与设备. 2016.）

4）容器顶端的密封

容器封顶是无菌区内的最后工位。对充填好的容器，采用超声波进行顶缝密封。超声波密封法热量直接发生在密封部位上，故可保护包装材料。密封发生在声极与封口之间，振动频率为 20 000 Hz 的声极使 PE 材料变柔软，密封时间约 0.1 s。超声波可绕过微小粒子或纤维而不影响密封质量。

康美盒无菌包装机可进行多种规格的产品包装。目前市场上有四种不同截面积的包装规格，其容积在 150～2 000 mL 范围内。该机生产能力为 5 000～16 000 盒/h。

2. 康美盒无菌包装机的工作特点

① 与其他灌装系统相比，康美盒无菌包装机（简称康美包机）预制纸坯（也称为纸盒坯或纸筒）是在康美包总厂里预制的，并且在出厂前进行了纸盒的中缝焊接处理。这种预制的纸盒，在使用时才被打开、灌装、封口。因为纸盒在康美包总厂里已经准确地沿着折缝的刻痕进行了折叠，所以可达到高度的生产稳定性。所有这些联合工艺步骤保持了康美盒特有的优点。由于康美盒使用了预制纸盒体系，在同一个康美包机上可将一种产品灌装于印刷不同的纸盒而无须中断任何生产步骤。

② 在进行灌装时无须遮盖焊缝的纵向条，这样，可免除一些多余的工艺和过程，也可减少包装材料的浪费。

③ 康美盒底部的内凹形状和封口时蒸汽喷射，可保证纸盒的稳定性，使纸盒更加苗条。

④ 纸盒的规格及形状，可以在几分钟内改变，这不仅可确保机器的高效率，而且也可缩短机器的停置时间。

⑤ 当机器因故停机时，无菌条件仍能保持，以便更快地恢复生产。

⑥ 一台机器可用于五个不同纸盒盒型。一个灌装机可供五个不同纸盒盒型的生产，其操作简单，在几分钟内，就可以改换到下一个盒型。

⑦ 康美包机用于食品领域，可将具有高黏度的、带有颗粒的、膏状的食品灌入纸盒。灌装过程是将产品灌入开大口的纸盒里，而在封口时，产品与纸盒顶部的焊缝不接触，不可能有颗粒进入焊缝，因此，无菌纸盒通常焊接得既牢固又安全。

⑧ 预设的控制单元可确保康美包机易于操作。所有重要的运行功能均由程序逻辑控制（PLC）自动检测控制。无菌区及所有的清洗和灭菌等周期性操作，均为自动控制。此外，操作员能够随时在运行情况下，利用屏面触摸型的监测器对机器及当前的运行状况进行监控。

⑨ 使用蒸汽喷射技术可获得不同的顶部空间。在康美包机中都可通过简单的操作获得产品所需的顶部空间，对含有果肉需要摇匀的橙汁等（这种产品要求一个较大的顶部空间，用于摇匀混合），对氧气敏感的产品（这种产品要求一个较小的顶部空间），以上两种情况的要求都可在同一机器上得到满足。

14.6.3　软塑料袋无菌包装机

目前，软塑料袋无菌包装应用最为广泛，其设备以芬兰 Elecster 公司的 FinPak（芬包）和加拿大 DuPotn 公司的 PrePak（百利包）等最具有代表性，其包装设备都为立式制袋充填包装机。近年来，我国也已开始自制该类包装设备。

图 14-77 所示的为 Elecster 公司的 FPS-2000LL 塑料袋无菌包装系统，由电阻式 UHT 杀菌设备、FPS-2000LL无菌包装机、空气过滤杀菌

器和 CIP 清洗设备等组成。该包装系统主要用于牛奶、饮料等流体食品的包装。FPS-2000LL 无菌包装机主要由薄膜牵引与折叠装置、纵向与横向热封装置、袋切断与打印机构、计数器、膜卷终端光电感应器、双氧水和紫外灯灭菌装置、无菌空气喷嘴以及定量灌装机构等组成。包装薄膜经 10% 双氧水溶液浸渍杀菌并刮除余液，再经紫外灯室（由上部五根 40 W 和下部十三根 15 W 紫外灯）紫外线的强烈照射杀菌，然后引入成型器折成筒形，进行纵向热封、充填、横封切断并打印生成包装袋成品。无菌空气经高温蒸汽杀菌和特殊过滤筒获得，引入无菌包装机后分为两路：一路送入紫外灯灭菌室；另一路送入灌装室上部，以 0.15～0.2 MPa 压力从喷嘴喷出，保持紫外灯室、薄膜卷筒和灌装封口室内无菌空气的过压状加热器快速加热杀菌，并经保持器保温一段时间后，通过四组刮板式热交换器迅速冷却至室温并送至无菌包装机。FPS-2000LL

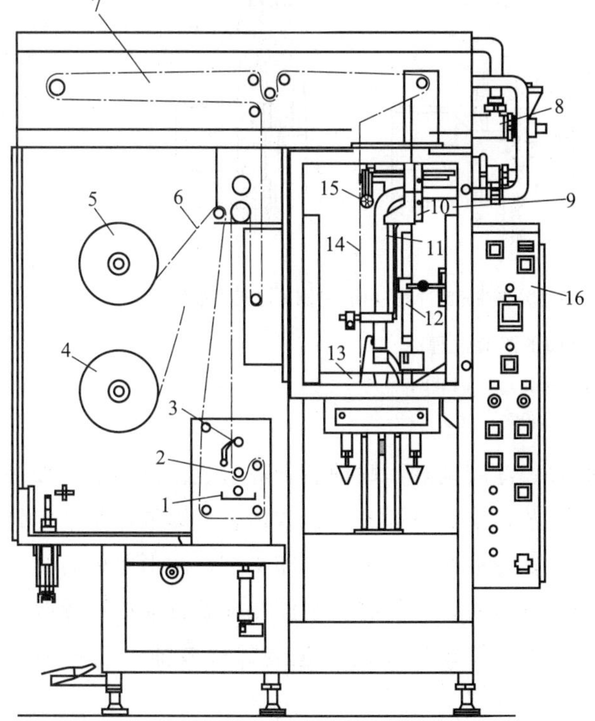

图 14-77　FPS-2000LL 塑料袋无菌包装机结构简图

1. H_2O_2 浴槽；2. 导向辊；3. H_2O_2 刮除辊；4. 备用薄膜卷；5. 薄膜卷；6. 包装薄膜；7. 紫外灯室；8. 定量灌装泵；9. 无菌腔；10. 三角形薄膜折叠器；11. 物料灌装管；12. 纵缝热封器；13. 横缝热封和切断器；14. 薄膜筒；15. 无菌空气喷管；16. 控制箱

（引自：许学勤. 食品工厂机械与设备. 2016.）

无菌包装机的包装容量有 0.2～0.5 L 和 0.6～1 L 两种规格，系统的生产能力达 1 000 L/h。芬兰 Elecster 公司 EA 系列塑料袋无菌包装机外形图见图 14-78。

图 14-78　Elecster 公司 EA 系列塑料袋无菌包装系统外形图

（引自：许学勤. 食品工厂机械与设备. 2016.）

近年来，大袋、箱中袋无菌包装开始得到应用。大袋无菌包装机由无菌灌装头、加热系统、抽真空系统、计量系统和计算机控制系统组成，并有两个无菌灌装室，工作时相互交替使用。其工作程序可分为三个过程。①设备清洗：由 CIP 系统提供酸碱液和清洗液进行程序清洗，可保证管道不残存物料；②设备杀菌：采用蒸汽杀菌，将一定压力的高温蒸汽送入管道和灌装室，保持一定时间达到杀菌要求；③无菌灌装：将无菌大袋的袋口放入无菌灌装室，夹在下面夹爪上，喷入灌装室的氯气包围住袋口，为袋盖灭菌，然后机械手在计算机控制下拔掉袋盖，抽掉袋内空气，灌入杀过菌的物料，灌满后抽去袋内多余气体，并充入氮气和盖好盖子，完成全部灌装过程。

灌装时，为了保证无菌环境，机器各运动部件全部用蒸汽密封。所使用的压缩空气经过过滤除菌，灌装室始终保持正压，以免外界带菌空气侵入。

Star Asept 为一种新型的大袋无菌灌装方法，其包装机外形如图 14-79 所示。采用这种无菌包装机灌装的无菌袋，有一个特殊的硬质开袋器（或称为灌装阀）。此开袋器允许在无菌条件下打开灌装，并且灌装后的产品可以多次打开使用，而不造成污染。

无菌袋的灌装过程：如图 14-80 所示，大袋由机外形包装机夹钳夹住，灌装阀盖被拉开，灌装阀口注入蒸汽，在规定的时间内和温度下杀菌；当杀菌过程终结时，开袋器将袋张开，灌装阀打开进行灌装；灌装到规定质量后灌装阀关闭，在阀口的小空间再通入蒸汽冲洗；灌装阀盖与开袋器复位；最后机器夹钳放开已完成灌装的包装袋。由于留在袋口的蒸汽冷凝成水，最终袋内无空隙。Star Asept大袋无菌包装系统可用于包装浓缩果汁、牛乳、液态乳制品、冰淇淋等多种低酸性食品。

图 14-79　Star Asept 大袋无菌包装机外形

（引自：许学勤. 食品工厂机械与设备. 2016.）

14.6.4　其他形式无菌包装设备

除了以上介绍的采用多层复合纸（或膜）袋（盒）、软塑袋形式的典型无菌包装设备以外，其他包装形式的包装容器（塑料瓶、玻璃瓶、塑料盒和金属罐等）也有相应的无菌包装设备。

以塑料瓶为包装容器的无菌包装设备有两种：第一种直接以塑料粒子为原料，先制成无菌容器，再在无菌环境下进行无菌灌装和封口；第二种是预制瓶无菌包装设备，这种无菌包装设备先用无菌水对预制好的塑料瓶盖进行冲洗（不能完全灭菌），然后在无菌条件下将热的食品料液灌装进瓶内并封口，封口后瓶子倒置一段时间，以保证料液对瓶盖的热杀菌。第二种无菌包装系统只适用于酸性饮料的包装。

使用玻璃瓶和金属罐的无菌包装设备工作原理相似，均可用热处理（如蒸汽等）方法先对包装容器（及盖子）进行灭菌，然后在无菌环境下将预灭菌食品装入容器内并进行密封。

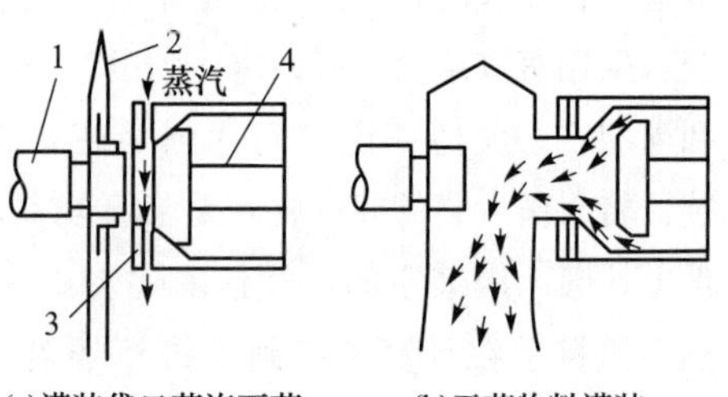

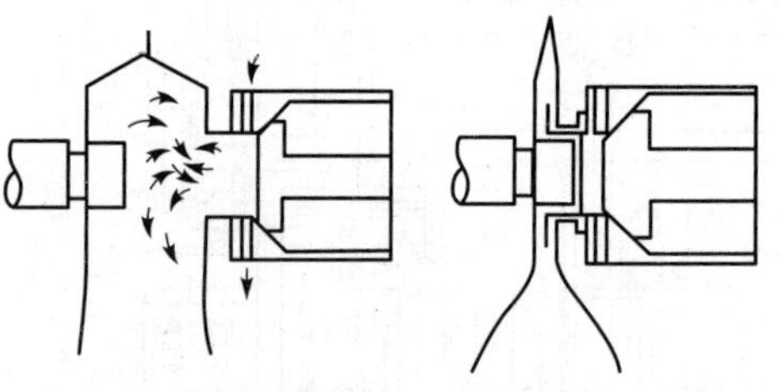

(a)灌装袋口蒸汽灭菌　(b)无菌物料灌装　(c)灌装阀关闭并蒸汽冲洗　(d)灌装阀关与开袋器复位

图 14-80　Star Asept 灌装阀的灌装过程

1. 开袋器；2. 包装袋；3. 灌装阀盖；4. 灌装阀

（引自：许学勤. 食品工厂机械与设备. 2016.）

14.7　贴标与喷码机械

食品内包装往往需要粘贴商标之类的标签以及印上日期批号之类的字码，这些操作须在外包装之前完成。对于小规模生产的企业，这些操作可以手工完成，但规模化食品生产多使用高效率的贴标机和喷码机。

14.7.1　贴标机

贴标机即粘贴产品标签的设备，主要完成将印有商标图案的标签粘贴在食品内包装容器特定部位的工作。一般贴标机由供标装置、取标装置、打印装置、涂胶装置、联锁装置等组成。供标装置按一定工艺标准提供标签纸；取标装置即取标签纸；打印装置完成在标签纸上打印文字、图形等内容；涂胶装置是将适量的黏合剂涂在标签背面或取标执行机构上；联锁装置确保包装贴标效能和工作的可靠性。

由于包装目的、所用包装容器的种类和贴标黏合剂种类等方面具有差异，贴标机有多种类型。按操作自动化程度，贴标机可分为半自动贴标机和自动贴标机；按容器种类，贴标机可分为镀锡薄钢板圆罐贴标机和玻璃瓶罐贴标机等；按容器运动方向，贴标机可分为横型贴标机和竖型贴标机；按容器运动形式，贴标机可分为直通式贴标机和转盘式贴标机。

1. GT8C2 马口铁罐贴标机

1）GT8C2 马口铁罐贴标机结构与组成

GT8C2 马口铁罐贴标机是主要用于圆形马口铁罐头的横型贴标机，主要由进罐滚道、出罐滚道、输送带、胶水盒、商标纸托架、胶水泵、电气控制箱、滚轮、机架和传动系统等组成（图 14-81）。

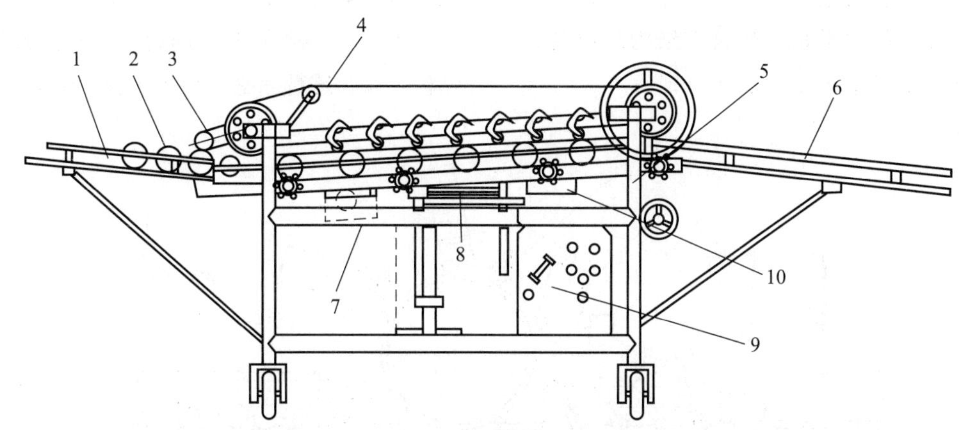

图 14-81　GT8C2 马口铁罐贴标机结构示意图

1. 进罐滚道；2. 罐头；3. 分罐器；4. 输送带；5. 机架；6. 出罐滚道；7. 胶水盒；8；商标纸托架；9. 电气控制箱；10. 胶水泵

（引自：马荣朝，杨晓清. 食品机械与设备. 2 版. 2018.）

2）GT8C2 马口铁罐贴标机工作过程

圆罐连续地沿进罐滚道滚进，经分罐器分隔成一定间距，随后进入输送带下端，输送带通过上面若干压轮紧压在罐头上，使罐头靠摩擦力继续向前滚动。在输送过程中，罐头首先碰触胶水盒中的胶水轮，罐身沾上黏合剂，然后到达商标纸托架上方，罐身即黏取一张商标纸，末端预先涂有黏合剂的商标纸逐渐将罐身包住。当完成贴标的罐头滚至输送带右端，将最后一个压轮抬升，进而牵动胶水泵向下一张商标纸涂黏合剂备用。最后，贴有商标的罐头经出罐滚道送出。

GT8C2 马口铁罐贴标机利用温度系统使胶水盒维持在 80～100℃，可保证黏合剂的黏合性能良好。利用贴标与不贴标金属罐在导电性上的差异，该机设置了一个保证不使无商标罐头出机的控制系统。

2. 龙门式贴标机

1）龙门式贴标机结构与组成

龙门式贴标机主要用于玻璃瓶罐的贴标，由送罐皮带、黏胶贴标、抹标辊轮、贮罐转盘、机体传动等部分组成。

2）龙门式贴标机工作过程

龙门式贴标机（图 14-82）工作过程：商标纸储存在标盒中，标盒前的取标辊不停地转动，从标盒中一张张地取出标签，之后商标纸先后通过拉标辊和涂抹辊，在其背面两侧涂上胶水。然后，商标纸被送入龙门架，沿商标纸下落导轨自由下落，在导轨的底部保持直立状态。需要贴标的玻璃瓶经输送带送入导轨时，即由推爪板将玻璃瓶等距推进，瓶子通过龙门架时，将标签粘取带走。最后经过两排毛刷之间的通道，商标纸被刷子抚平完好地贴在瓶子上。

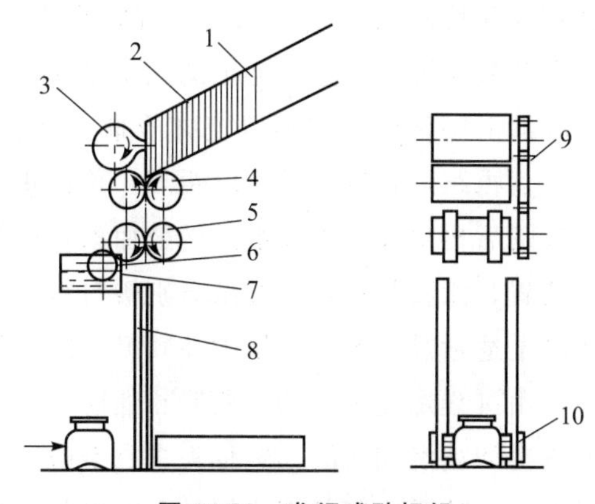

图 14-82　龙门式贴标机

1. 取标辊；2. 标盒；3. 压标重块；4. 拉标辊；5. 涂抹辊；6. 胶辊；7. 脱水槽；8. 标纸下落导轨；9. 传动齿轮；10. 毛刷

（引自：马荣朝，杨晓清. 食品机械与设备. 2 版. 2018.）

3）龙门式贴标机适用性与特点

龙门式贴标机只能用于长度大致等于半个瓶身周长的标纸，过长和过短都不能贴，而且只能贴圆柱形瓶身的身标。标签是靠本身的自重下落至贴标位置，因此该贴标机的生产能力有限，并且标签粘贴位置不够准确。但这类贴标机具有结构简单的显著特点，因此适用于中小型食品工厂。

3. 真空转鼓式贴标机

1）真空转鼓式贴标机结构与组成

真空转鼓式贴标机主要用于玻璃瓶罐的贴标。它主要由输送带、进瓶螺旋、涂胶装置、印码装置、标盒、真空转鼓、搓滚输送皮带和海绵橡胶等构成（图 14-83）。这种贴标机的特点是真空转鼓具有起标、贴标，以及进行标签盖印和涂胶等作用。

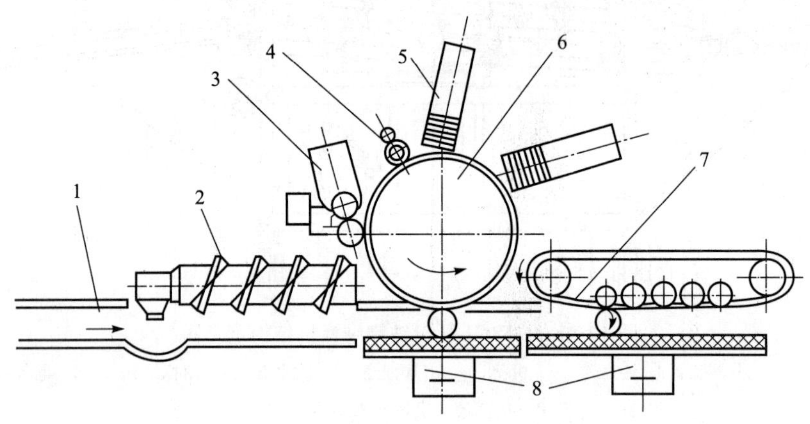

图 14-83 真空转鼓式贴标机

1. 输送带；2. 进瓶螺旋；3. 涂胶装置；4. 印码装置；5. 标盒；6. 真空转鼓；7. 搓滚输送皮带；8. 海绵橡胶

（引自：卢立新. 包装机械概论. 2011.）

2）真空转鼓式贴标机工作过程

真空转鼓式贴标机（图 14-84）工作过程：由输送带送入的玻璃罐经进罐螺旋分隔开一定间距，并送往作逆时针旋转的转鼓处，转鼓圆柱面上间隔均布有若干取标区段和橡胶区段。在每个取标区段设有一组真空孔眼，其真空的接通或切断靠转鼓中的滑阀运动来实现。标盒在连杆凸轮组合机构的带动下做移动和摆动的复合运动。当有瓶罐送来时，标盒即向转鼓靠近，标盒支架上的滚轮则碰触相应取标区段的滑阀活门，接通真空并吸取一张标纸。然后，标盒再跟随转鼓摆动一段距离，待标纸全部被转鼓吸附后再离开。带标纸的转鼓由取标区段转至印码装置、涂胶装置时，标纸分别被打印上出厂日期和涂上适量黏合剂。当依附在转鼓上的标签再转至与（由进罐螺旋送来的）瓶罐相遇时，该取标区段的真空即被滑阀切断，标纸失去真空吸力而黏附在瓶罐上。随后，瓶罐楔入转鼓上的橡胶区段与海绵橡胶衬垫之间，瓶罐在转鼓的摩擦带动下开始自转，标纸被滚贴在罐身。最后，瓶罐经输送带与海绵橡胶衬垫的搓动前移，罐身上的商标纸被滚压平整且粘贴牢固。

真空转鼓式贴标机具有无瓶时不供标纸、无标纸不打印、无标纸时不涂胶的联锁控制系统。

14.7.2 喷码机

喷码机是一种工业专用生产设备，可在各种材质的产品表面喷印上图案、文字、生产日期、流水号、条形码及可变数码等，是集机电于一体的高科技产品。

1. 喷码机的特点与应用

喷码机一般具有以下特点：①喷码符合国际标识标准，可提高产品的档次；②非接触式喷印，可用于凹凸不平的表面、精密以及不可触碰加压的产品；③可变、实时的喷印信息可追溯产品源头，控制产品质量；④可以适合高速的流水生产线，提高生产效率；⑤标识效果清晰干净，信息可多行按需喷印；⑥可直接喷印在不同的材质产品表面，不易伪造。

食品行业是喷码机的最大应用领域，主要用于饮料、啤酒、矿泉水、乳制品等生产线上，也已经在副食品、香烟生产中得到应用。喷码机既可应用在流水线生产中的个体包装物喷码，也可用于外包装的标记信息喷码。

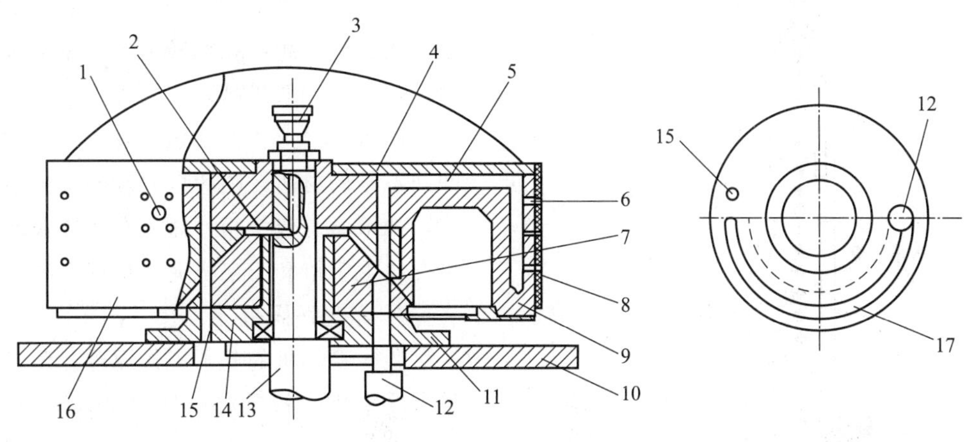

图 14-84　真空转鼓结构简图

1，9. 鼓体；2，4. 鼓盖；3，5. 气道；6. 气孔；7. 上阀盘；8. 橡胶鼓面；10. 工作台面板；11. 阀；12. 真空通道；13. 转轴；14. 下阀盘；15. 入气通道；16. 转鼓；17. 通道

（引自：许学勤. 食品工厂机械与设备. 2016.）

2. 喷码机基本原理与类型

喷码机（图 14-85）一般安装在生产输送线上。喷码机根据预定指令，周期性地以一定方式将墨水微滴（或激光束）喷射到以恒定速度通过喷头前方的包装（或不包装）产品上面，从而在产品表面留下文字或图案印记效果。

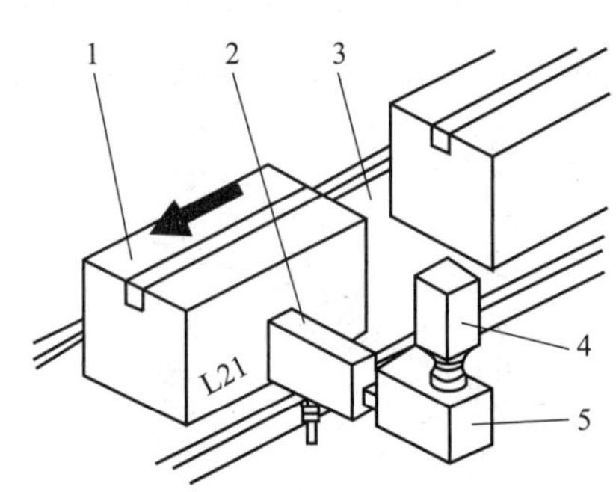

图 14-85　喷码机一般工作原理

1. 喷码对象；2. 喷码头；3. 输送带；4. 编码键盘；5. 控制器

（引自：许学勤. 食品工厂机械与设备. 2016.）

喷码机有多种形式，总体上可分为墨水喷码机和激光喷码机两大类。这两种类型的喷码机均又可分为小字体和大字体两种形式。

墨水喷码机又可分为连续墨水喷射式和按需供墨喷射式；按喷印速度，可分超高速、高速、标准速、慢速四类；按动力源，墨水喷码机可分内部动力源（来自内置的齿轮泵或压电陶瓷作用）和外部动力源（来自外部的压缩空气）两类。激光喷码机也可分为划线式、多棱镜式和多光束点阵式三种。在一般情况下前两种只使用单束激光工作，后者利用多束激光喷码，也可以喷写大字体。

3. 墨水喷码机

1）连续喷射式墨水喷码机

连续喷射式墨水喷码机只有一个墨水喷孔，喷印字体较小，因此，称为小字体喷码机，其工作原理如图 14-86 所示。在高压力作用下，油墨进入喷枪，喷枪内装有晶振器，其振动频率约为 62.5 kHz，通过振动，油墨喷出后形成固定间隔点，同时在充电极被充电。带电墨点经过高压电极偏转后飞出并落在被喷印表面形成点阵；不造字的墨点则不充电，故不会发生偏转，直接射入回收槽，被回收使用。喷印在承印材料表面的墨点排成一列，它们可以为满列、空列或介于两者之间。垂直于墨点偏转方向的物件移动（或喷头的移动）则可使各列形成间隔。

2）按需滴落式喷码机

按需滴落式喷码机，也称为 DOD（dropin demand）式喷码机。其喷码头的结构如图 14-87 所示。喷头内装有 7 只能高速打开和关闭的微型电磁阀而非晶振，要打印的文字或图形等经过电脑处理，给 7 只微型电磁阀发出一连串的指令，使墨点喷印在物件表面形成点阵文字或图形。

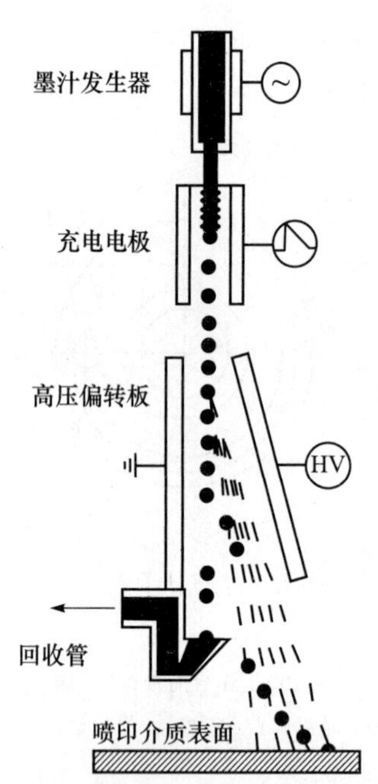

图 14-86　连续墨水喷射式喷码机原理

（引自：许学勤．食品工厂机械与设备．2016.）

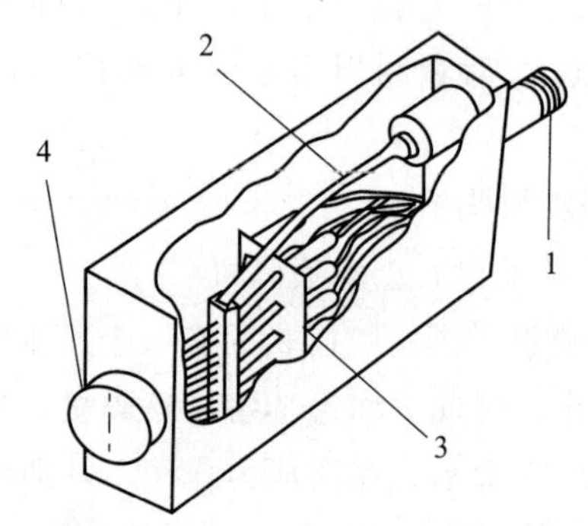

图 14-87　DOD 式喷码头结构示意图

1. 导管；2. 输墨管；3. 电磁阀；4. 喷嘴板

（引自：许学勤．食品工厂机械与设备．2016.）

喷射板上每个喷孔由一个相对应的阀控制，这种喷码机在同一时刻喷出的墨滴数量和范围理论上没有什么限制。因此，这种喷码机通常也称为大字体喷码机。

3）压电陶瓷喷码机

压电陶瓷喷码是一种新型喷码技术。可在 2 cm左右的范围内使 128 个喷嘴同时工作，进行喷印。其喷印出来的字体效果与印刷品极为相似。这种新出现的喷印方式正越来越得到用户的认可，并逐渐取代点阵字体的喷印方式。

压电陶瓷喷码机有以下特点：①用墨水自然流动到喷头的方法进行喷印，没有泵、过滤装置、晶振等部件；②也不分大小字体，一台机器可以实现既喷大字又喷小字的任务；③墨水的喷射压力较小，其喷印的距离相对较近，原则上说，喷印距离越近，其喷印效果越好。因此，采用压电陶瓷技术的喷码机对异形物体如包装好以后的塑料带、表面凹凸不平的材质，喷印效果较差。但表面平整的物体，如纸盒、包装箱、瓶盖等物体表面，其喷印效果要比大字机和小字机完美得多。

4. 激光喷码机

激光喷码机的基本工作原理：激光以极高的能量密度聚集在被刻标的物体表面，在极短的时间内，将其表层的物质汽化，并通过控制激光束的有效位移，精确地灼刻出精致的图案或文字。激光可以在物品表层刻蚀形成无法拭除的永久标记。

1）划线式激光喷码机

划线式激光喷码机运用的是镜片偏转连续激光束的原理，镜片由高速旋转的微电机控制。从激光源产生的激光束，先通过两个镜片折射，再经过聚光镜，最后射到待喷码物体表面产生烧灼作用（图 14 88）。划线式激光喷码机有两个折光镜片，并且镜片的转动很快，因此，可以得到连续线条的字迹效果。这种形式的喷码机既可在运动的表面进行高速标刻，又可在静止的表面进行高速标刻。

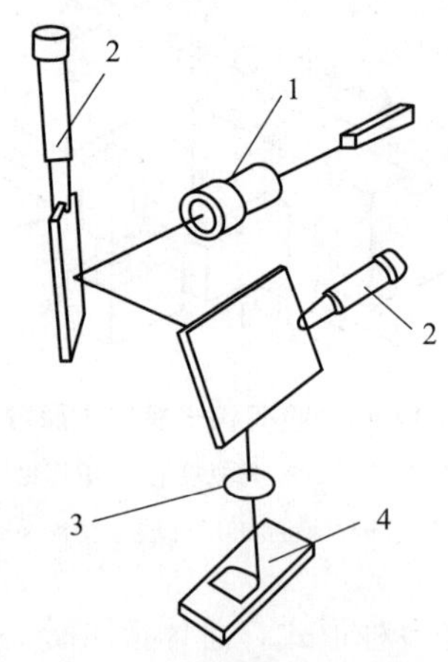

图 14-88　划线式激光喷码机原理

1. 激光源；2. 可转动折光器；3. 透镜；4. 喷码面

（引自：马荣朝，杨晓清．食品机械与设备．2 版．2018.）

2）多棱镜扫描式激光喷码机

多棱镜扫描式激光喷码机也使用单束激光。其工作原理如图 14-89 所示。由激光器产生的激光束与高速转动的多棱镜相遇（激光光束与多棱镜的轴相垂直），多棱镜上各面使光束只在物体表面的一定位置做直线扫描。因此，这种形式的喷码机必须有物体运动的配合才能得到所需要的字迹或图案效果。

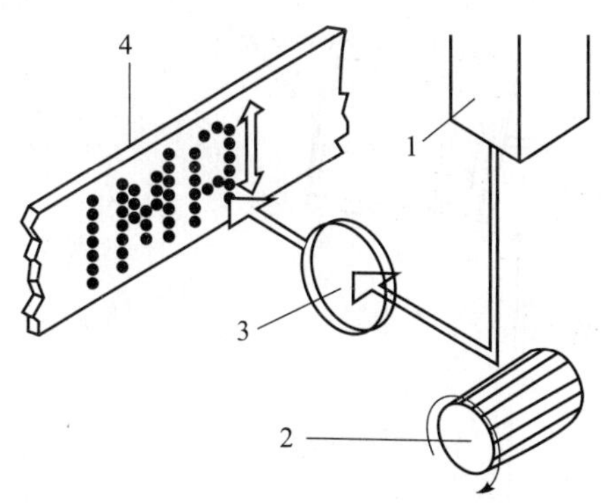

图 14-89 多棱镜扫描式激光喷码机原理

1. 激光源；2. 可转动多棱镜；3. 透镜；4. 喷码面

（引自：马荣朝，杨晓清. 食品机械与设备. 2 版. 2018.）

3）点阵式激光喷码机

点阵式激光喷码机原理（图 14-90）类似于 DOD 喷墨式喷码机工作原理。受控制的多束光呈直线状排列通过聚光镜，与移动的物体相遇，在其表面产生标记。

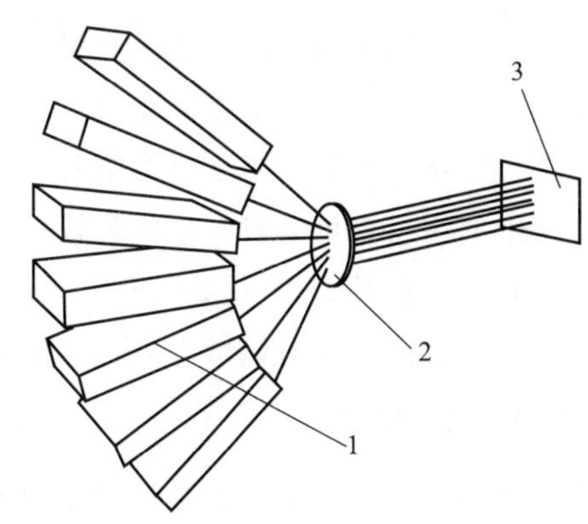

图 14-90 点阵式激光喷码机原理

1. 多束激光源；2. 透镜；3.（定速移动的）喷码面

（引自：马荣朝，杨晓清. 食品机械与设备. 2 版. 2018.）

14.8 外包装机械

外包装作业一般包括：首先是外包装箱的准备工作（例如，将成沓的、折叠好的扁平的纸箱打开并成型），然后再将装有食品的容器进行装箱、封箱、捆扎等。完成这些操作的机械分别称为成箱机、装箱机、封箱机、捆扎机。随着现代工业的发展，这些单机也在不断改进发展，同时，又出现了全自动包装线：把内包装食品的排列、装箱和捆包联合起来，即将小件食品集排装入箱、封箱和捆包于一体同步完成。

因为包装容器有罐、瓶、袋、盒、杯等不同种类，并且形状、材料又各不相同，所以外包装机械的种类和形式较多。但它们的工作原理和操作程序基本上大同小异。

14.8.1 装箱机

装箱机用于将罐、瓶、袋、盒等装进瓦楞纸箱。装箱机类型因产品形状和要求不同而异。可分为两种：

（1）充填式装箱机　由人工或机器自动将折叠的平面瓦楞纸箱坯张开构成开口的空箱，并使空箱竖立或卧放。然后将被包装食品送入箱中。竖立的箱子用推送方式装箱，卧放的箱子利用夹持器或真空吸盘方式装箱。

（2）包裹式装箱机　将堆积于架上的单张划有折线的瓦楞纸板一张张地送出，将被包装食品推置于纸板的一定部位上，然后再按纸板的折线制箱，并进行胶封，封箱后排出而完成作业。

1. 圆罐装箱机

圆罐装箱机属于充填式装箱机，是一种供镀锡薄钢板圆罐装箱用的机器。通过分道器，罐头横卧滚入贮罐区，排列好后，一并推入一端开口的纸板箱内。

圆罐装箱机由进罐、分罐、贮罐部分、推罐器、插衬纸板部分、折桌、传动系统和气动系统等组成（图 14-91）。

圆罐装箱机工作过程如下。①进罐：来自贴标机的罐头沿可调轨道滚至进罐入口，分成 3 路或 4 路落入贮罐部分。②贮罐：经分档几路后的罐头，先后通过存仓和定量仓区，最后贮存于主仓。主仓的大小可根据装箱规格（如每箱 24 罐或 12 罐，对应于 6×4 或 4×3 罐）进行调节。③推罐入箱：由人工将空瓦楞纸箱坯张开并套在箱套上，再用托箱板托住。通过脚踏开关给出装箱指令，机器随即将主仓所贮罐头分批推入箱中。④插衬纸板：为避免多层装箱的罐头碰撞受损，当装完一层罐头后，机器自动送下一张（成叠竖立存放在主仓上方的）衬纸板，准备推罐时同时推入箱中，使每层罐头之间隔开。待罐头按装箱规格分路分层装满纸箱后，自动发出满箱信号，箱子被托箱板放下，落于出箱滚道上，再输入下道工序。

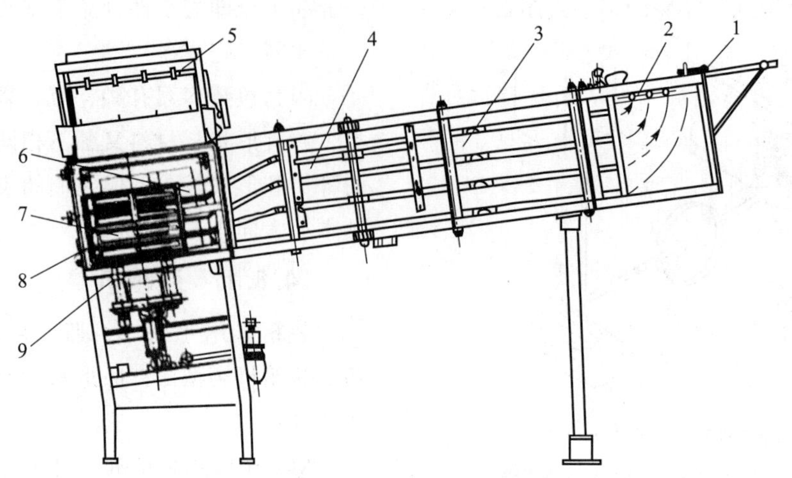

图 14-91　圆罐装箱机

1. 入口；2. 进罐门；3. 存仓；4. 定量仓；5. 插衬纸板机构；6. 主仓；7. 推罐器；8. 箱套；9. 托箱板

（引自：许学勤. 食品工厂机械与设备. 2016.）

2. 成型式装箱机

成型式装箱机为较新型的装箱设备，它比圆罐装箱机多一道瓦楞纸箱成型机构，它属于包裹式装箱机。它将预先把瓦楞纸板折成筒状双层瓦楞纸片，并封好送上机器，在机器上再把纸板打开形成纸箱，然后再进行装箱、封箱等工序。这类装箱机适用于塑料袋装食品如干面条等的包装。

成型式装箱机的装箱过程：如图 14-92 所示，存放在机架（9）上的折扁瓦楞纸箱（4），用吸盘（5）逐块取出后，张开成为空箱，送到装箱工位。同时，由传送带将（塑料薄膜包装好的）枕形食品送到装箱机的聚集推进机上，经人工辅助，以数十包为一批，送到装箱机的刮板式输送带（6）上，刮板式输送带就前进一个节距；当包装袋被送到填装工位时，由（压缩空气驱动的）填装推进器（7）随即将其推入预置好的空箱中。装箱后的瓦楞纸箱沿送出输送带往前移动。在移动过程中，热熔化树脂涂敷器（2）的喷头（8），即往箱子的里折叶上喷涂树脂，同时两个折叶器（1，3）分别将里折叶折弯。箱子到达加压部位时，加压器（10）在短暂时间内对已成型的箱子折叶加压，到此箱子即封好送出。上述过程全由设在机身内部的电动机和控制计数器并行驱动和控制。黏合用的树脂用电热熔化，经管道流入喷头（8），再喷到箱子的里折叶上，喷射的时间由阀门控制。如果包装袋过软或包装袋中的食品容易下沉，则排列供料部分要做出适当的改变，即将直立的软袋改为横放叠加起来，然后推进纸箱进行包装。

该机的特点：机器较紧凑，若箱子粘住打不开时，机器的安全装置可使推进器停止动作，不再装箱，并有信号灯指示报警。由于改为侧开口式瓦楞纸箱，瓦楞纸的用量也可节省。这类装箱机不仅适用于枕形塑料袋的包装，而且也可用于罐头、盒状食品的包装。封箱部分还可以增设贴封条机构。

14.8.2　封箱机

封箱机是用于对已装罐头或其他食品的纸箱进行封箱贴条的机器。根据黏合方式可将封箱机分为胶黏式和贴条式两类。由于胶黏剂或贴条纸类型不同，上述两类机型还存在结构上差异。

常见的封箱机（图 14-93）主要由辊道、提升套缸、步伐式输送器、折舌、上下纸盘架、上下水缸、压辊、上下切纸刀、气动系统等部分组成。

封箱机工作过程：如图 14-93 所示，前道装箱工序送来的已装箱的开口纸箱进入本机辊道后，在人工辅助下，纸箱沿着倾斜辊道滑送到前端，并触动行程开关，这时辊道下部的提升套缸（1），在气动系统的作用下开始升起，把纸箱托送到具有步伐式输送器（5）的圈梁（4）顶上，纸箱到位后即接通信号，发出动作指令，步伐式输送器即开始动作。步伐式输送器推爪将开口纸箱推送至拱形机架。在此过程中，折舌钩（6）首先以摆动方式将箱子后部的小折舌合上，随后由固定折舌器将纸箱前部的折舌合上，此后再由两侧折舌板（7）将箱子的大折舌合上并经尾部的挡板压平。完成折舌的纸箱被推入压辊（9）下，并被推至下一道贴封条工序。用作封条的纸带装在上纸盘架（8）上。纸带通过支架引出后，经过涂水装置使骨胶纸带润湿，再引到纸箱上部（纸箱下部也有同样的贴封条装置），由上压辊（9）压贴在箱子上。箱子随着输送机推爪往前输送的过程，逐步将纸带从前往后粘贴到箱子上，步伐式输送器的推爪再将纸箱往前推送到切纸部分（11），待箱停稳后切刀向下运动（下部切刀向上运动）将纸带切断。装于切刀两侧的滚轮，随之将前一箱子的后端和后一箱子的前端的纸带滚贴到箱子上，使上下封条成“╭╮”和“╰╯”形封住箱子。封箱完毕的纸箱（12）再由推爪输送到下一道工序。若使用不干胶封条，则可以不用涂水装置。

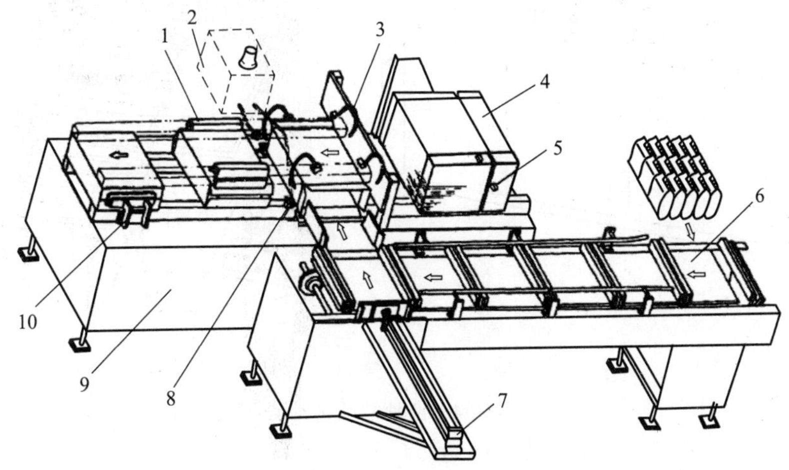

图 14-92　成型式装箱机图

1，3. 折叶器；2. 热熔化树脂涂敷器；4. 瓦楞纸箱；5. 吸盘；6. 刮板式输送带；7. 填装推进器；8. 喷头；9. 机架；10. 加压器

（引自：许学勤. 食品工厂机械与设备. 2016.）

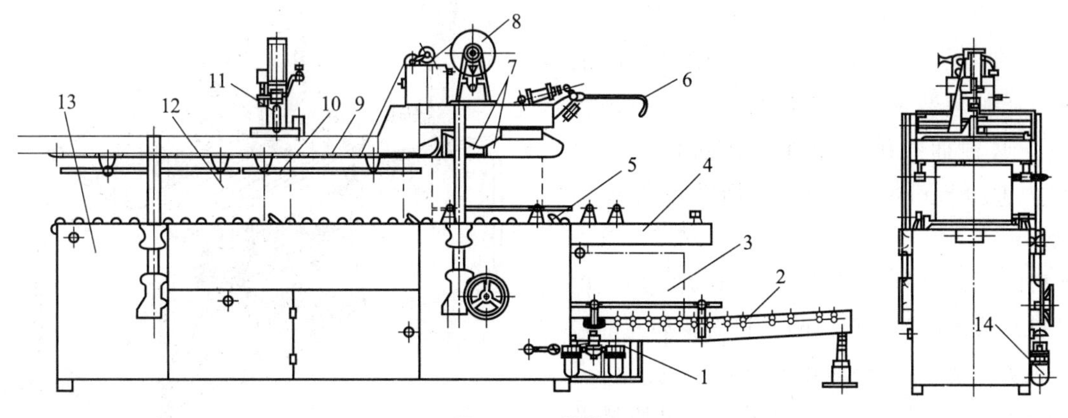

图 14-93　封箱机

1. 提升套缸；2. 辊道；3. 纸箱；4. 圈梁；5. 步伐式输送器；6. 折舌钩；7. 折舌板；8. 上纸盘架；9. 压辊；10. 导向杆；11. 切纸部分；12. 封好的纸箱；13. 机体；14. 气路系统

（引自：许学勤. 食品工厂机械与设备. 2016.）

14.8.3　捆扎机

捆扎机是利用各种绳带捆扎已封装纸箱或包封物品的机器。如果主要是用来捆扎包装箱的，则常称为捆箱机。捆扎机发展很迅速，其种类繁多，形式各异。

按操作自动化程度，捆扎机可分为自动和半自动两种；按捆扎带穿入方式，可分为穿入式和绕缠式两种；按捆扎带材料，可分为纸带、塑料带和金属带等。

图 14-94 所示的为两种较典型的捆扎机：(a) 所示的为同时捆扎两条带子的捆扎机外形图，(b) 所示的为全自动捆扎机。全自动捆扎机配有自动输送装置和光电定位装置。输送带将捆扎物送到捆扎机导向架下，光电控制机构探测到其位置后，捆扎机立即对物件进行捆扎，然后再沿输送带送出。

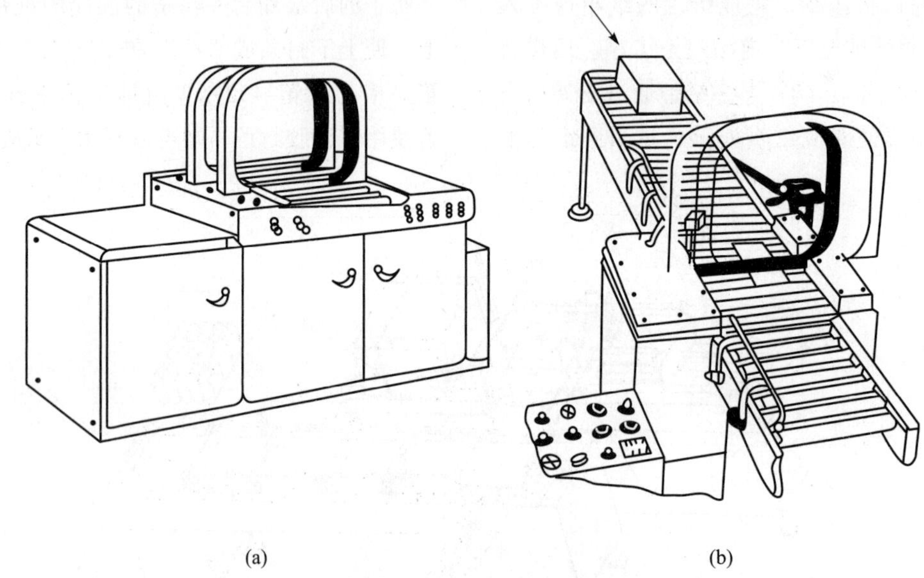

图 14-94 两种捆扎机类型

（引自：许学勤．食品工厂机械与设备．2016.）

目前，食品工业多用聚丙烯带（又称为 PP 带）作捆扎带。常用的使用 PP 带的台式自动捆扎机主要由机架、聚丙烯带卷筒、贮带箱、带子进给和张紧机构、带子接合机构、拱形导轨、传动机构和自动控制装置等部分组成（图 14-95）。被包装物放在工作台上，即可进行捆扎作业。这种捆扎机适用性广，捆扎物的最大尺寸约为 600 mm×400 mm，捆扎速度可达 2.5～3 次/s。

捆扎机的工作过程：如图 14-95 所示，插上电源插头（11）按下启动按钮（6），将需要捆扎的包装箱放在装有一系列可转动辊道（12）的工作台上，送至拱形导轨（5）下等待捆扎。踩动脚踏开关（10）后，捆扎机的执行机构开始动作，穿过拱形导轨（5）的聚丙烯带绕被捆扎物一周，带子随即被张紧机构抽紧，这时封结器（8）、加热器（9）工作，使其压紧带子端头并熔接、切断，捆扎完毕后推出被捆扎物。捆扎机内的聚丙烯带又被抽拉并送进拱形导轨，绕一周后进入封结器，准备好进行下次捆扎作业。自动捆扎机构造图如图 14-96 所示。

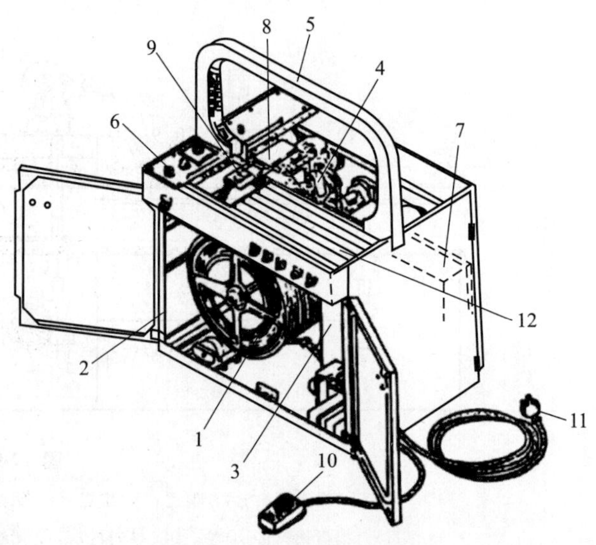

图 14-95 自动捆扎机构造图

1. PP 带卷筒；2. 机架；3. 贮带箱；4. 带子进料辊；5. 拱形导轨；6. 启动按钮；7. 电气控制箱；8. 封结器；9. 加热器；10. 脚踏开关；11. 电源插头；12. 辊道

（引自：许学勤．食品工厂机械与设备．2016.）

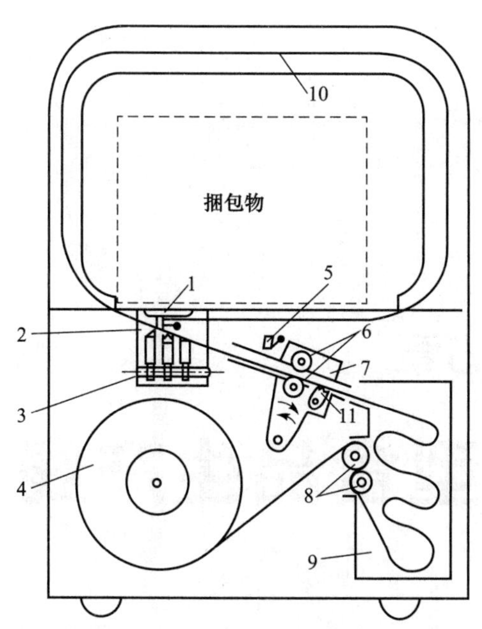

图 14-96　自动捆扎机机构示意图

1. 封结台面；2. 封结器；3. 凸轮轴；4. 带子；
5. 限位开关；6. 带子进给辊；7. 进给支架；8. 带子进料辊；
9. 贮带箱；10. 拱形导轨；11. 爪

（引自：许学勤. 食品工厂机械与设备. 2016.）

思考题

1. 食品包装机械与设备主要包括哪几类？其主要功能各是什么？

2. 液体物料的定量方式有哪些？各自的定量精度与什么有关？

3. 液体物料常用灌装方式有哪些？各自有什么特点？

4. 固体物料常用什么方式定量？为什么大多为专用型？

5. 罐头的封口原理是什么？

6. 卷边滚轮运动和罐头容器相对运动有哪两种方式？

7. 什么是无菌包装？如何实现无菌包装？

8. 卷材式和预制盒式无菌包装设备的特点有哪些？

9. 各类贴标机主要区别在哪儿？常见贴标机的适用范围是什么？

10. 喷码机有哪几类？各自有什么特点？

第15章 典型食品生产线

【本章知识点】

本章学习不同生产线的工艺流程、设备组成和操作要点。重点介绍几种典型生产线中设备组成及设备的协同工作。在进行食品工厂生产线设计时，在满足工艺要求的基础上，应充分利用各类设备的性能。

食品的工业化生产离不开机械与设备，需要将一系列的机械与设备按照工艺要求布置成生产线，并配置相应的自动控制系统，以满足食品的规模化、工业化生产的需要。本章将介绍几种典型的食品生产线，通过对典型食品生产线的学习，加深对食品机械与设备工作原理和应用的理解。

15.1 果蔬制品生产线

15.1.1 糖水橘子罐头生产线

糖水橘子是一种典型的酸性罐头产品。加工糖水橘子的原料为带皮橘子。

1. 工艺流程

原料验收→选果分级→烫橘剥皮→分瓣去络→去囊衣→整理分选→漂洗复检→装罐→排气密封→杀菌冷却

根据以上工艺流程进行设备配套的糖水橘子罐头生产线如图 15-1 所示。

2. 操作要点说明

(1) 选果分级 通过原料验收进入工厂或仓储的原料橘子，首先要在辊筒式分级机上按大小进行分级。分级后的橘子进入清洗槽或流送槽进行清洗，以除去表面的泥土和污物。

(2) 烫橘剥皮 清洗后的橘子由提升机送入烫橘机中进行热烫。烫橘机可以根据品种及大小的不同，对热烫温度和时间进行调节，热烫后趁热剥皮。

(3) 分瓣去络 剥皮后将橘络除去，并将橘瓣分开。

(4) 去囊衣 分开的橘瓣需要进行酸、碱处理，然后再用清水漂洗。这些工序可在流送槽中连续完成。

(5) 整理分选 去囊衣后的橘瓣，随后在辊筒式分级机中按大小进行分级。

(6) 装罐称量 将橘瓣按大小规格定量装入预先经过清洗消毒的空罐中。然后由输送带输送至加汁机进行加汁。加汁机根据罐型将已经煮沸并冷却至 85℃左右的糖液定量注入罐内。

(7) 排气密封 加汁后的罐头用真空封罐机进行真空抽气封口。

(8) 杀菌冷却 糖水橘子罐头为酸性食品，使用常压杀菌装置进行杀菌。

15.1.2 果汁生产线

果汁有鲜榨果汁与浓缩果汁之分。图 15-2 所示的为一条浓缩苹果汁生产线，此条生产线中榨汁机采用带式压榨；过滤设备采用世界先进的超精过滤技术来取代传统的澄清剂、机械分离和过滤工艺；浓缩装置为三效降膜蒸发器，采用闪蒸技术，具有产量大，浓缩效率高等特点。

1. 工艺流程

原料选择→配果→洗果捡果→破碎→榨汁→粗滤→灭酶→一效蒸发器浓缩→酶解脱胶→过滤→清汁→灭菌→罐装→清汁成品

↓

二效蒸发器浓缩→三效蒸发器浓缩→灭菌→罐装→浓缩汁成品

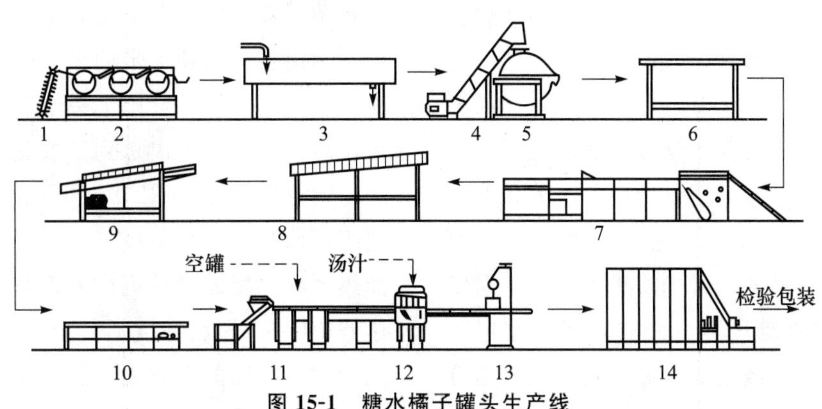

图 15-1 糖水橘子罐头生产线

1，4. 提升机；2. 分级机；3. 流水漂洗槽；5. 烫橘机；6. 剥皮去络操作台；7. 分瓣运输机；8. 连续酸碱漂洗流槽；9. 橘瓣分级机；10. 选择去籽输送带；11. 装罐称量输送带；12. 加汁机；13. 封罐机；14. 常压连续杀菌机

（引自：许学勤. 食品工厂机械与设备. 2016.）

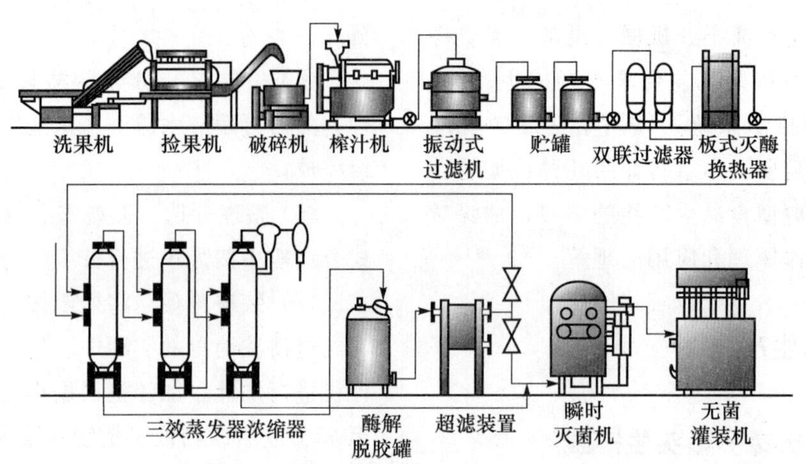

图 15-2 浓缩苹果汁生产线

（引自：马海乐. 食品机械与设备. 2 版. 2011.）

2. 操作要点说明

（1）配果　各品种苹果搭配投料，以保证一定的苹果风味。一般手工完成，不需要设备。

（2）洗果检果　原料果送入洗果机中进行洗涤。常用的洗果机有毛刷洗果机、滚筒清洗机和冲浪式（鼓风式）洗果机，检果常用滚杠检果机。

（3）破碎　常用的破碎机为鼠笼式破碎机。破碎机将水果破碎成 3～5 mm 见方的颗粒状果泥，以便于榨取果汁。果泥收集到破碎机底部的果泥罐中，由螺杆泵打至榨汁机的进料斗中。

（4）榨汁　常用的榨汁机为带式榨汁机和卧式螺旋榨汁机。

（5）粗滤　常用振动式过滤机进行粗滤，其目的是除去果汁中的大杂。

（6）灭酶　主要设备有离心泵、贮料罐、螺杆泵、双联过滤器、板式灭酶换热器等。

（7）一效蒸发器浓缩　果汁有热敏性，在高温下易失去原有风味，因而其浓缩过程必须在低温下进行。将蒸发器抽成真空，使果汁中的水分在低于100℃的温度下沸腾蒸发，最后获得浓缩果汁。浊汁进入一效蒸发器上部的列管式换热器中，当温度达 82℃时，水分在真空环境下经“闪蒸”作用而蒸发。生成的二次蒸汽经主分离器，利用离心力分离掉夹带的果汁后，进入二效蒸发器的列管式换热器中作为加热热源。浓缩果汁则落入底部，一部分经循环泵进入蒸发器进口进行再次循环；另一部分则被离心泵抽出送入板式换热器，冷却至 50～55℃后进入酶解脱胶罐。一效蒸发器约蒸发掉果汁中 1/3 的水分。

（8）酶解脱胶　果汁在超滤前必须将容易黏附于超滤膜上的果胶、淀粉类物质进行分解，使其成为易于滤除的絮状物，酶解脱胶罐就是为此而设的。

（9）过滤　脱胶后的果汁用超滤法过滤，超滤装置的主要附件是 120 个分成 10 组串接的 M180 超滤膜管，它只允许分子质量小于 20 000～30 000 的物质透过。被阻留的大分子物质随其余浊汁一起回到循环罐中。生产清汁时，透过液直接经杀菌、灌装，完成整个生产过程。

（10）二效、三效蒸发器浓缩　生产浓汁时，清汁泵入二次加热器中预热至 60～65℃后，打入二效蒸发器“闪蒸”浓缩。生成的二次蒸汽，经二效主分离器分离掉夹带的果汁后，进入三效蒸发器作为热源。浓缩果汁则汇集于二效蒸发器底部进行再循环，部分被抽出送到三效蒸发器。三效蒸发器的“闪蒸”温度为 42℃，生成的二次蒸汽不再被利用，而是排入真空冷却塔冷凝成水，来自二效的加热蒸汽冷凝成水后也排入真空冷却塔中。浓缩汁达到 70～72 白利糖度后，由螺杆泵抽出送入浓汁罐中贮存，以便定时灌装。

（11）杀菌、灌装　浓缩汁在瞬时灭菌机内进行杀菌，然后送入高位贮罐，再经无菌灌装机灌装，得到最终产品。

15.1.3　果蔬脆片生产线

果蔬脆片是采用真空低温炸制工艺生产的大众风味食品，不仅保持了果蔬原有的色、香、味，而且口感松脆，低热量，高纤维，富含维生素和多种矿物质，不含防腐剂，携带方便，保存期远长于新鲜果蔬。

1. 工艺流程

原料→浸泡→清洗去皮→修整→切片（段）→灭酶杀青→真空浸渍→脱水→速冻→真空油炸→真空脱油→冷却→称量包装

根据以上工艺流程进行设备配套的果蔬脆片生产线如图 15-3 所示。

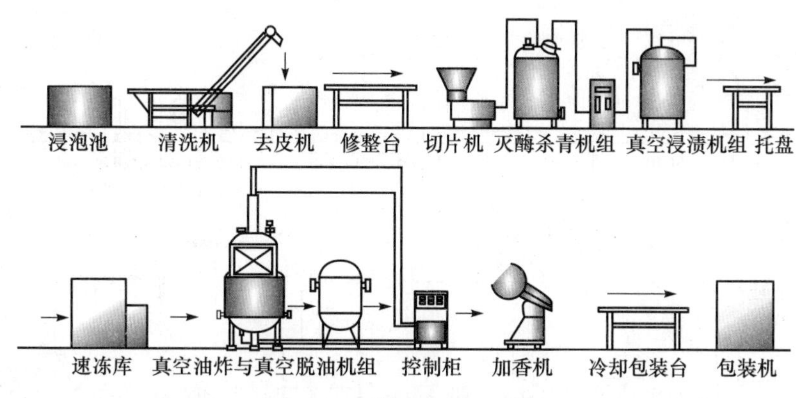

图 15-3　果蔬脆片生产线

（引自：马海乐. 食品机械与设备. 2 版. 2011.）

2. 操作要点说明

（1）原料浸泡　使果蔬表面泥土和杂质易于清洗去除，该步骤一般在浸泡池中完成。

（2）清洗去皮　对不需要去皮的果蔬用清洗机清洗，去除果蔬表面杂物；对需要去皮的果蔬用清洗去皮机一次清洗去皮。

（3）修整　在修整台上人工去除果蔬不宜食用的部分。

（4）切片（段）　使用切片机将清洗后的果蔬按要求的形状和厚（长）度切制。

（5）灭酶杀青　防止果蔬切片在空气中发生氧化变色，并去除果蔬中的生青异味，杀青温度为 80～100℃。

（6）真空浸渍　真空度可达－0.092 MPa，其目的是去除果蔬切片中的部分水分，去除浸入工艺加工中要求的成分并校正口感。

（7）脱水　去除浸渍时果蔬切片表面附着的浮液。

（8）速冻　改变果蔬切片的内部结构，增加通透性。

（9）真空油炸　油温控制在 70～100℃进行炸制，真空度可达－0.095 MPa，使水分迅速汽化，同时引起细胞及组织的破裂膨化并脱水。

（10）真空脱油　更充分地去除果蔬切片内的油脂，降低成品含油率，其真空度可达－0.95 MPa。

（11）冷却　降低炸制脱油后果蔬脆片的温度，冷却至室温以下。

（12）包装　将脆片成品按照要求定量装袋，使用镀膜塑料袋充氮包装，以延长保质期。

15.2　乳品加工生产线

乳制品多指以牛乳为原料，加工制成的成品或半成品。本节主要介绍巴氏消毒乳、冰淇淋和脱脂奶粉的生产流程与设备配置。

15.2.1　巴氏消毒乳生产线

巴氏杀菌乳是以合格的新鲜牛乳为原料，经离心净乳、标准化、均质、巴氏杀菌、冷却和灌装，直接供给消费者饮用的商品乳。巴氏杀菌乳和灭菌乳的生产过程相似，主要区别在于杀菌方式、杀菌程度以及包装方式的不同。巴氏杀菌乳生产线工艺流程如图 15-4 所示。

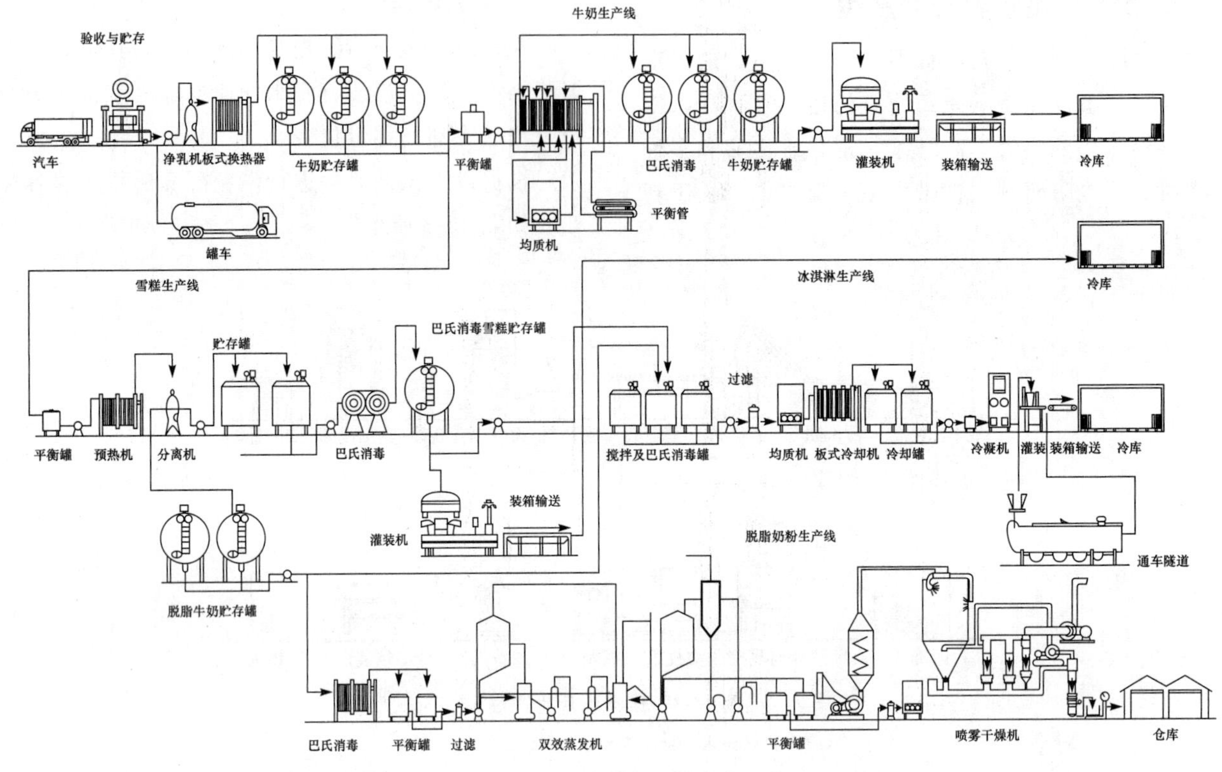

图 15-4　牛奶加工生产线

1. 工艺流程

巴氏杀菌乳也称为市乳，一般生产工艺流程如下：

玻璃瓶→清洗→消毒→干燥
↓
原料乳验收→净化→冷却→贮存→标准化→均质→杀菌→冷却→灌装封口→装箱→冷藏
↑
塑料袋、纸容器

2. 操作要点说明

(1) 原料乳验收　奶槽车装的牛乳用流量计计量，奶桶装的牛乳通常用磅奶槽和受奶槽操作。

(2) 原料乳净化　原料乳先用净乳机（或过滤器）除去牛乳中的各种杂质。经净化的牛乳可在低温条件下进行贮存。原料乳的净化方法可分为过滤净化和离心净化两种，对应的设备为过滤器和离心净乳机。净化后的原料乳经过板式冷却器冷却到贮存温度，再在贮乳罐中贮存。

(3) 标准化　原料乳还需要标准化，即将乳中的脂肪和非脂乳固体的比例调整到符合国家标准的要求。

(4) 均质　其目的是防止脂肪球上浮，改善杀菌乳的风味，促进乳脂肪和乳蛋白质的消化吸收。均质机有高压式、离心式和超声波式三种，最常用的是高压式。

(5) 杀菌　采用巴氏杀菌法。利用板式换热器结合均质机同时进行杀菌，牛乳均质前的预热是用杀菌后的热牛乳在板式换热器中进行的，均质后的牛乳再回到杀菌机进行加热杀菌，并冷却到4℃左右。

(6) 冷却　在板式杀菌器的换热段，与刚输入的温度在10℃以下的原料乳进行热交换，然后再用冰水冷却到4℃（用塑料袋或纸容器灌装）或室温（瓶装），冷却后的牛乳立即用包装容器进行包装。

以上流程经过适当调整，可以生产其他形式的巴氏杀菌乳。巴氏杀菌乳是以脱脂乳粉与无水乳脂为主要原料，适量加入新鲜牛乳的一种乳制品，因此，生产这种乳制品需要水粉混合机等设备。生产花式巴氏杀菌乳时除用新鲜牛乳外，还应添加各种果料、可可、咖啡等。

1. 工艺流程

软质冰淇淋
↑
配料→杀菌→过滤→均质→成熟→凝冻→灌装→包装→硬化→冷藏→硬质冰淇淋
↓
硬化→涂巧克力→包装→冷藏→雪糕

根据以上工艺流程进行设备配套的牛奶加工生产线如图 15-4（冰淇淋生产线部分）所示。

2. 操作要点说明

（1）配料　制造冰淇淋的第一步是使乳及其他原料在配料罐中充分溶解并混合均匀。为了达到这一目的，一些难以溶解的物料，或比例量少的配料，一般要在高速搅拌机中进行预混合溶解，然后再与配料罐中的乳液进行混合。配料罐一般用冷热缸（即带夹层的搅拌罐），通过适当加热以促进物料的混匀。

（2）杀菌与均质　混合均匀并预热到一定温度（一般为 50～60℃）的混合料随即通过双联过滤器过滤后进行均质，均质压力为一级 17～21 MPa，二级 3.5～5 MPa。均质后的物料随即进行杀菌。一般采用板式换热器进行杀菌。杀菌条件：温度为 80～85℃，时间为 10～15 s，并立即冷却至 0～4℃。

（3）成熟　均质后的混合料再通过板式换热器迅速冷却到 0～4℃，然后移入老化缸在 0～4℃下放置 4～6 h 进行物理成熟，以提高黏度，增加膨胀率。

（4）凝冻　经过老化的混合物在冰淇淋凝冻机中进行凝冻（也称冷冻或冻结），在－4～－2℃下进行强烈搅拌，混入大量极微小的空气泡，使膨胀率达到最适宜的程度。

（5）灌装与包装　从凝冻机出来的冰淇淋直接通往灌装机进行灌装。不经过硬化的冰淇淋称为软质冰淇淋，经过硬化后则成为硬质冰淇淋。硬化一般在接触式速冻机内进行，要求冰淇淋的平均温度降到－15～－10℃。硬化后的硬质冰淇淋可置于－15℃的冷库中贮藏。

15.2.2　冰淇淋生产线

冰淇淋是一种以牛乳、炼乳、稀奶油为原料，配以糖类、乳化剂、稳定剂和香料等制成的冷冻甜食。

15.2.3　脱脂奶粉生产线

乳粉是以鲜牛乳为原料，经过浓缩和干燥后得到的乳制品。

1. 工艺流程

奶油
↑
原料乳验收→预处理→标准化→脱脂→预热杀菌→浓缩→喷雾干燥→冷却→包装→成品

根据以上工艺流程进行设备配套的牛奶加工生产线如图 15-4（脱脂奶粉生产线部分）所示。

2. 操作要点说明

（1）原料乳验收、预处理、标准化　与巴氏杀菌乳生产工艺相同。

（2）脱脂　采用高速离心机进行脱脂处理。

（3）预热杀菌　为了减少蛋白质的变性，提高脱脂奶粉的溶解性能，生产中杀菌采用 HTST 杀菌法和 UHT 瞬间灭菌法。前者用管式或板式杀菌器，后者采用 UHT 灭菌机。

（4）浓缩　喷雾干燥前需要对脱脂乳进行浓缩。单效蒸发温度为 55～56℃，多效蒸发温度为 45～70℃。从浓缩系统出来的浓缩乳的浓度范围一般为 45%～50%，温度一般为 45～50℃。

（5）干燥　常用喷雾干燥机进行，使水分迅速蒸发，得到品质优良的乳粉。干燥室目前多为立式，雾化器可用离心式，也可用压力式。

（6）冷却与筛分　干燥后的乳粉应及时冷却，冷却常用流化床进行，空气经冷却处理后吹入，可使粉温达 18℃左右。流化床的另外一个功能是造粒，流化床可将细粉分离出来，送入喷雾干燥塔中，与刚雾化的乳滴接触，形成较大的乳粉颗粒，从而实现乳粉造粒。乳粉收集后尚未冷却到包装温度，通过筛粉进一步冷却，同时结成团块的乳粉经筛分后，颗粒大小变得均匀一致。

15.3 肉制品生产线

肉类原料可以加工成各种形式的罐头制品，也可以加工成各种形式的中、西式肉制品。这里以午餐肉罐头、高温火腿肠和低温火腿制品为例，介绍肉制品生产线。

15.3.1 午餐肉罐头生产线

午餐肉罐头是典型的以肉类为主原料的罐头制品。在工业生产中，一般以冻藏肉为原料，加工过程涉及原料解冻、分割处理、混合拌料、腌制、斩拌、装罐、封口、杀菌、包装等。图 15-5 为午餐肉罐头生产工艺流程图。

1. 工艺流程

原料验收→解冻→处理（分段、剔骨、去皮、修整）→分级切块→腌制→绞肉→斩拌→真空搅拌→装罐→真空密封→杀菌冷却→擦罐入库→成品

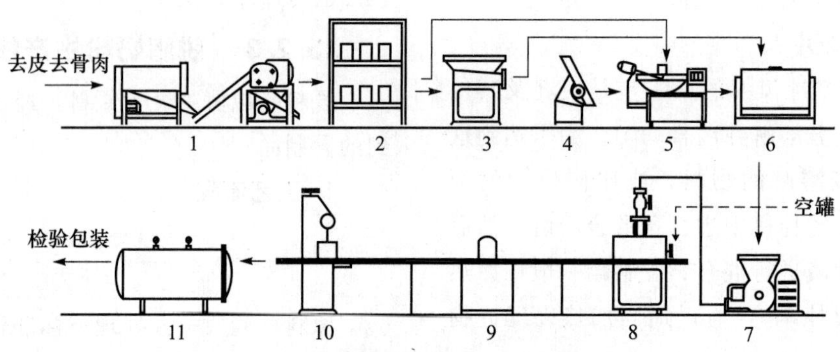

图 15-5 午餐肉罐头生产工艺流程图

1. 切肉机；2. 腌制室；3. 绞肉机；4. 碎冰机；5. 斩拌机；6. 真空搅拌机；7. 肉糜输送机；8. 装罐机；9. 刮平机；10. 封罐机；11. 杀菌锅

（引自：许学勤．食品工厂机械与设备．2016.）

2. 操作要点说明

(1) 原料及辅料 原料肉可以用腿肉，也可以用肋条肉，但在进行切割以前必须将这些原料肉的皮、骨、肋条等部位过多的脂肪及淋巴组织去除。这样得到的肉有两种类型：由腿肉得到的净瘦肉和由肋条肉得到的肥瘦肉。

(2) 切块 大块的净瘦肉和肥瘦肉在切肉机上进行切块。一般要求将净瘦肉和肥瘦肉切成适当大小的（3～4 cm 见方的）肉块或（截面 3～4 cm 的）肉条，目的是符合腌制要求以及满足后道斩拌操作的投料要求。

(3) 腌制 将切好的小肉块用混合盐腌制。一般采用机械方式将混合盐按比例与肉块混合。腌制的工艺条件是在 0～4℃下腌制 8～9 h。腌制容器为不锈钢桶缸或适当的塑料容器。

(4) 绞肉斩拌 腌制后的肉块，或经过绞肉机进行绞碎处理，或直接进入斩拌机进行斩拌。二者都能使肉块得到碎解，但作用的效果不一样。斩拌机是午餐肉中除盐以外其余配料加入并混合的机器。常用的配料有淀粉、胡椒粉等。斩拌时，加入一定量的冰屑，以防在斩拌过程中肉糜发热变性。

(5) 真空搅拌 斩拌得到的肉糜内含有空气，因此，需要在真空搅拌机中进行搅拌排除，以防杀菌过程中引起物理胀罐。操作时，将上述斩拌后的细绞肉和粗绞肉一起倒入搅拌机中，先搅拌 20 s 左右，加盖抽真空，在 0.033～0.047 MPa 真空度下搅拌 1 min 左右。

(6) 肉糜输送 真空搅拌后的肉糜倒入肉糜输送机中。肉糜输送机实际上是一种特殊形式的滑板泵，可将加于料斗的肉糜及时送往充填机。

（7）充填封口　充填机将肉糜装入经过清洗消毒的空罐中。肉糜几乎无流动性，因此，定量装入空罐的肉糜随后须用机械或人工刮平，再用真空封口机进行封口。

以上所用到的设备通常用板链输送带连接成直线。午餐肉的罐头有多种规格，因此，所用的充填机和封口机也需要与之相适应。必要时应更换设备或模具。

密封之后罐头可用卧式杀菌锅进行高压杀菌和反压冷却，杀菌条件根据罐型确定。

15.3.2　高温火腿肠生产线

高温火腿肠是以塑料肠衣为内包装容器的西式肉制品。其生产线的工艺流程如图15-6所示。高温火腿肠的制作与午餐肉罐头的制作过程有很大的相似性，不同点在于包装形式，因此，也可以将高温火腿肠看成是软包装罐头。

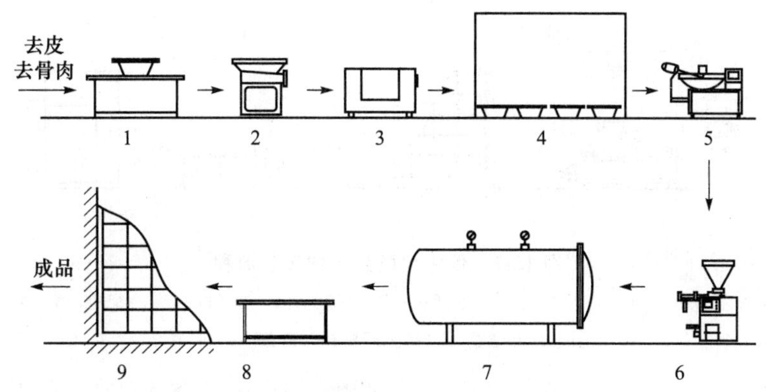

图15-6　高温火腿肠生产工艺流程图

1. 解冻台；2. 绞肉机；3. 搅拌机；4. 腌制间；5. 斩拌机；6. 真空灌肠机；7. 杀菌锅；8. 贴标包装台；9. 成品库

（引自：许学勤．食品工厂机械与设备．2016.）

1. 工艺流程

原料肉处理→绞肉→腌制→斩拌→充填→杀菌→成品

2. 操作要点说明

（1）绞肉　分割冻藏的原料肉，先解冻。解冻一般在自然室温下。解冻后的肉置于绞肉机中绞碎，绞碎过程应特别注意肉温不应高于10℃。最好在绞碎前将原料肉和脂肪切碎，分别控制它们的温度在3～5℃。绞碎过程不得过量投放，肉粒要求直径为6 mm。

（2）腌制　将绞碎的肉放入搅拌机中，然后加入食盐、复合磷酸盐、异抗坏血酸钠、各种香辛料和调味料等，搅拌5～10 min，搅拌过程应注意肉温不得超过10℃。然后，肉糜用不锈钢盆盛放，排净表面气泡，用保鲜膜盖严，置于腌制间腌制，腌制间温度为0～4℃，相对湿度为85%～90%，腌制24 h。

（3）斩拌　将腌制好的肉糜置于斩拌机中斩拌，斩拌机预先用冰水冷却至10℃左右，然后加入肉糜、冰屑、糖及胡椒粉，斩拌3 min左右。随后加入玉米淀粉和大豆分离蛋白继续斩拌5～8 min，经过斩拌的肉馅应色泽乳白、黏性好、油光发亮。

（4）充填　采用连续真空灌肠机进行灌肠。使用前将灌肠机料斗用冰水降温，并排除机中空气，然后将斩拌好的肉馅倒入料斗中进行灌肠。灌肠后用铝线结扎（打卡），肠衣为高阻隔性的聚偏二氯乙烯（PVDC）。灌制的肉馅应紧密无间隙，防止装得过紧或过松，胀度要适中，以两手指压火腿肠时，两边能相碰为宜。

（5）杀菌　灌制好的火腿肠要在30 min内进行蒸煮杀菌。火腿肠与罐头制品一样，需要进行商业灭菌，因此，需要用高压杀菌锅进行杀菌。杀菌条件因灌肠的种类和规格不同而不同。如火腿肠的杀菌条件：质量45 g，60 g，75 g的温度为120℃，时间为20 min；质量135 g，200 g的温度为120℃，时间为30 min。

杀菌后经过检验，合格品进行外包装后便作为成品，可入库或出厂。

15.3.3　低温火腿生产线

低温火腿是一种以后腿肉为主原料的西式肉制品。原料肉经过腌制（盐水注射）、嫩化、滚揉、灌肠、蒸煮（或熏蒸）、冷却和包装成为制品。图 15-7 所示的为低温火腿生产线工艺流程。

1. 工艺流程

原料肉处理→腌制→嫩化→滚揉→充填成型→烟熏蒸煮→冷却→包装→成品

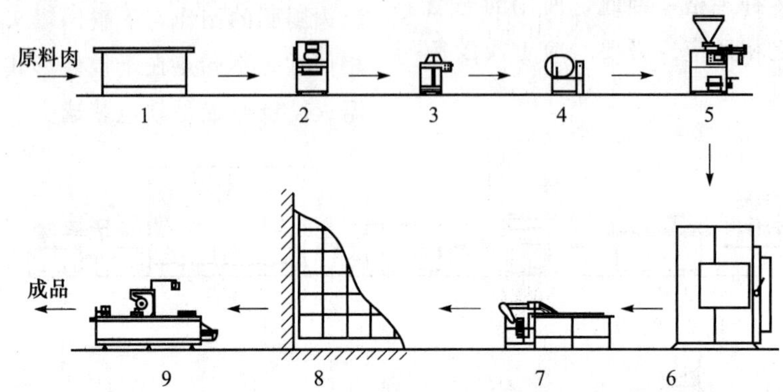

图 15-7　低温火腿生产线工艺流程

1. 选料操作台；2. 盐水注射机；3. 嫩化机；4. 滚揉机；5. 充填机；6. 熏蒸机；7. 冷却池；8. 冷藏间；9. 包装机

（引自：许学勤. 食品工厂机械与设备. 2016.）

2. 操作要点说明

(1) 腌制　原料肉采用肌肉注射腌制法。将配制好的盐水用肌肉注射装置注入肉块中，但不得破坏肌肉的组织结构。要确保盐水准确注入，且能在肉块中均匀分布。

(2) 嫩化　肉块注射盐水后，要在嫩化机中进行嫩化处理。嫩化机的作用原理是利用特殊刀刃对肉切压穿刺，以扩大肉的表面积，破坏筋和结缔组织及肌纤维束等，以促使盐水均匀分布，增加盐溶性蛋白质的溶出和提高肉的黏着性。

(3) 滚揉　嫩化后的原料肉随后在滚揉机中进行滚揉操作。滚揉的目的是使注射的盐水沿着肌纤维迅速向细胞内渗透和扩散，同时使肌纤维内盐溶性蛋白质溶出，从而进一步增加肉块的黏着性和持水性，加速肉的 pH 回升，使肌肉松软膨胀，结缔组织韧性降低，提高制品的嫩度。滚揉还可以使产品在蒸煮工序中减少损失，产品切片性好。滚揉时的温度不宜高于 8℃，因为蛋白质在此温度时黏性较好，所以滚揉机一般安装在冷藏间内。

(4) 充填　滚揉后的肉料，通过充填机将肉料灌入蒸煮袋（或人造肠衣）中，并结扎封口，再进行蒸煮（或熏蒸）。

(5) 烟熏蒸煮　一般蒸煮温度在 75～79℃，当中心温度达到 68.8℃时，保持 20～25 min 便完成蒸煮工序。若为烟熏产品，则在烟熏炉内进行熏蒸。

(6) 冷却包装　蒸煮（或熏蒸）后的半成品在冷却池中进行冷却，产品中心温度达到室温后再送入 2～4℃的冷藏间冷却，待产品温度降至 1～2℃时，即可进行外包装（或用双向拉伸膜包装）成为成品。

15.4　方便食品生产线

15.4.1　方便面生产线

油炸方便面生产线如图 15-8 所示。

1. 工艺流程

面粉、盐、碱水→和面→熟化→复合压延→切条折花→蒸煮→定量切块→折叠→入模→油炸或热风干燥→脱模→冷却→包装→成品

汤料

2. 操作要点说明

(1) 和面　是在原料面粉中加入添加剂、水，通过搅拌，面粉成为湿润松散的小块面团，面粉中的蛋白质在搅拌中均匀吸水，形成面筋组织。和面工序对整个生产过程和产品质量有极为重要的影

响。因此，必须准确控制加水量、加盐量、和面时间和温度。

（2）面团熟化　是在低温下静置半小时左右，目的是使面团在搅拌机中形成断裂的面筋组织逐渐变成连续的网状组织，以改善面团的黏弹性和柔软性。

（3）复合压延　压片有两个作用：一是使面团成型，二是使面条中的面筋网状组织达到均匀分布。熟化后的面团先通过两组压辊压成面带，然后通过复合机并为一条面带。面带由五六组直径逐步缩小、转速逐步增加的压延辊顺次压延到所需厚度（0.8～1.0 mm）。面带在通过每组压辊时，厚度逐步减小，面团组织逐步分布均匀，强度逐步提高。

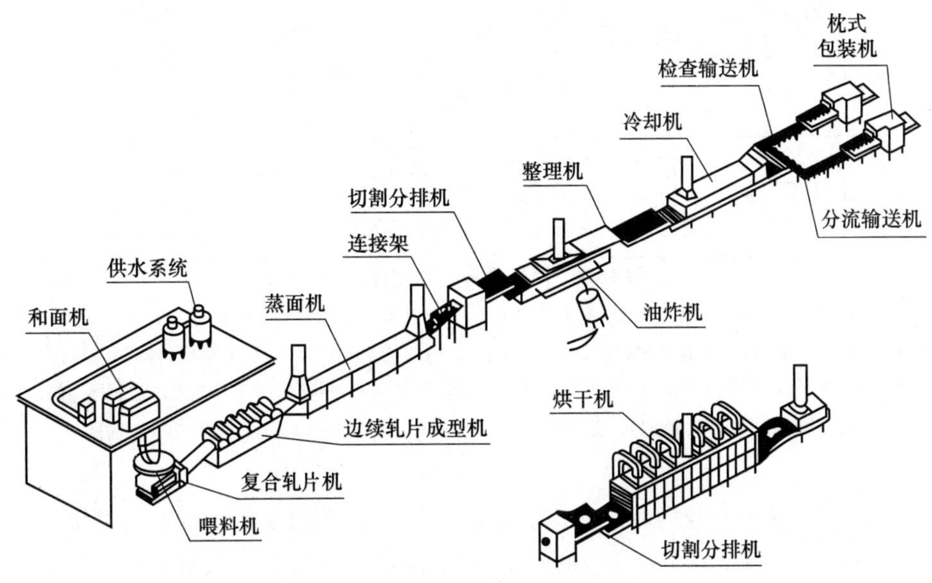

图 15-8　油炸方便面生产线

（引自：马海乐. 食品机械与设备. 2 版. 2011.）

（4）切条折纹　切条后，再折成波浪形的花纹。这种花纹美观，脱水快，切条时碎面条少，食用时复水时间短。

（5）蒸煮　通过蒸煮，面条中的淀粉糊化（又称为 α 化），蛋白质产生热变性。

（6）定量切断　蒸熟的面条，以一定的长度切断。

（7）干燥　其目的是去除水分，固定组织与形状，以便于保存。对于方便面来说，必须通过快速脱水干燥，固定淀粉糊化组织结构，防止老化。

（8）冷却与包装　冷却的目的是要便于包装和贮藏，防止产品变质。方便面的包装有袋装和杯装两种，包装时把面条和汤料包放在一起。

15.4.2　早餐谷物生产线

早餐谷物食品在市场上十分流行，其适应现代化生活快节奏的需求，越来越受到消费者的青睐。在此，以片状早餐谷物制品为例介绍其生产线。

1. 工艺流程

用挤压技术生产早餐谷物食品，原料配方十分广泛，可以使用单一或混合的原料，可添加营养强化剂、蛋白质或膳食纤维等，其生产工艺流程如下：

原料→混合→挤压、蒸煮、成型→造粒→轧片→烘烤→冷却→包装

根据以上工艺流程进行设备配套的片状早餐谷物制品生产线如图 15-9 所示。

2. 操作要点说明

（1）混合　将原料按照比例混合，并搅拌均匀。

（2）挤压、蒸煮、成型　完成挤压蒸煮的机械包括单螺杆挤压机和双螺杆挤压机。在螺杆挤压机中，物料被连续加压、加热完成蒸煮过程。在成型操作时，成型挤压机重新压缩已经蒸煮过的热且湿的挤压物，控制挤压物温度将物料在挤压机中逐渐折叠或揉捏压缩成为密实的挤压物，最后通过模具形成具有波纹珠泡的小球，再经辊轧制成高质量的早餐谷物薄片。

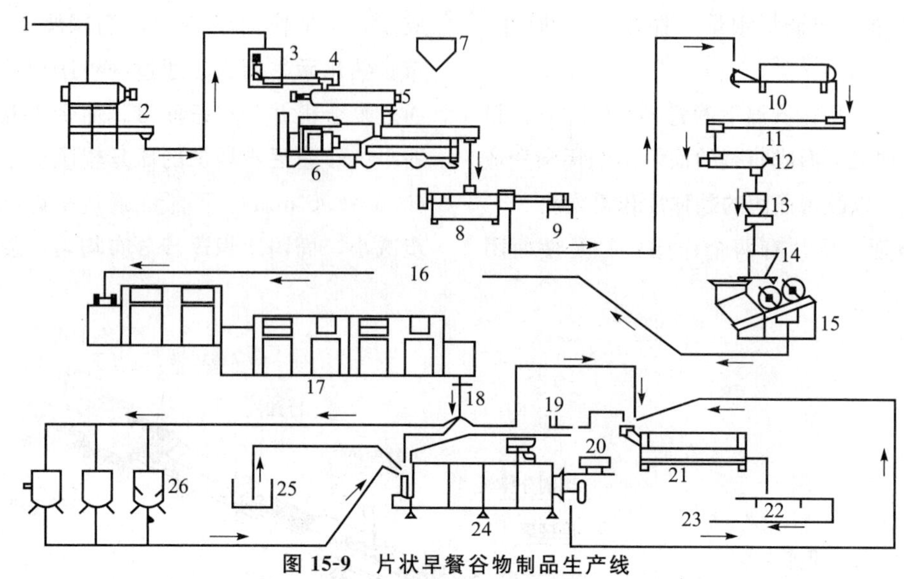

图 15-9 片状早餐谷物制品生产线

1. 原料；2. 混合装置；3. 圆形仓式卸料器；4. 喂料器；5. 预处理器；6. 双螺杆挤压机；7. 液体罐；8. 成型挤压机；9. 刀头；10. 冷却滚筒；11. 调质螺旋；12. 小球轧碎机；13. 金属检测器；14. 粒筛喂料器；15. 薄片压辊；16. 薄片至干燥器/烘干机；17. 干燥器/烘干机；18. 粗筛；19. 干添加物喂料器；20. 维生素添加装置；21. 冷却滚筒；22. 检验带；23. 包装；24. 涂层干燥滚筒；25. 糖、调味料添加装置；26. 活动贮存罐

（引自：刘雄，韩玲．食品工艺学．2017.）

（3）轧片　轧片辊由一对平行反向旋转的水平圆筒体组成，其中间安装间隙很小。从上面喂进的产品颗粒进入此间隙即受辊子表面的摩擦力作用而破碎。为了能压片，产品颗粒必须要有一定的流动性，即可从辊子咬合处流出而不致形成一种连续的片状。

（4）烘干　进一步烘干，除去水分。

（5）冷却　进一步冷却，除去汽化的水分。

15.4.3 面包生产线

面包是以小麦面粉为主要原料，与酵母和其他辅料一起加水调制成面团，再经发酵、成型、焙烤等工序加工制成的发酵食品。

1. 工艺流程

面包工艺流程可分为三个基本工序：和面（面团搅拌）、发酵及烘烤。根据面包的品种特点常将面包生产工艺分为一次发酵法（直接法）、二次发酵法（中种法）和快速发酵法。

二次发酵法的生产工艺流程如下：

面粉、酵母、水、其他辅料　剩余的原辅料
↓　↓
第一次调制面团→第一次发酵→第二次调制面团→第二次发酵→定量切块→搓圆→中间醒发→成型→醒发→焙烤→冷却→包装→成品

二次发酵法生产的面包柔软，蜂窝壁薄，体积大，老化速度慢，其最大的优点是不易受其他条件的影响，缺点是生产所需时间较长。

根据二次发酵法工艺流程进行设备配套的面包生产线如图 15-10 所示。

2. 操作要点说明

（1）面团搅拌　面团调制在搅拌机中进行，搅拌机分为立式和卧式两种。面包面团调制的一个重要作用就是在搅拌中，使面团延伸→折叠→卷起→压延→揉打，不断反复，将原辅料充分揉匀，并与空气接触发生氧化，尽量避免对面团有拉裂、切断、摩擦的动作。

（2）发酵　面团发酵主要利用酵母的生命活动产生的二氧化碳等其他物质，同时发生一系列复杂变化，使面包蓬松富有弹性，并赋予特有的色、香、味、形。第一次发酵的目的是使酵母扩大培养，以利于面团进一步完成第二次发酵。发酵在发酵箱之中进行。

（3）成型　将发酵成熟的面团制成一定形状的面团坯称为成型。成型包括切块、称量、搓网、静置（中间醒发）、做型、入模或装盘等工序。在成型期间，面团仍继续发酵。

（4）醒发　成型好的面包坯，要经过醒发才能焙烤。醒发的目的是清除在成型过程中产生的内部应力，增强面筋的延伸性，同时，酵母进行最后一次发酵，使面坯膨胀到所要求的体积，所得制品松软多孔。

(5) 焙烤　是保证面包质量的关键工序。面包坯在焙烤过程中，受炉内高温作用由生变熟，并使组织蓬松，富有弹性，表面呈金黄色，产生发酵制品的特有香味。

(6) 冷却　刚出炉的面包温度很高，其中心温度约为98℃，皮硬瓤软，没有弹性，经不起挤压，如果立即进行包装，会受到挤压，面包容易破碎或变形；且由于热蒸汽不易散发，遇冷产生的冷凝水便吸附在面包或包装纸上，会给微生物的繁殖提供条件，面包容易霉坏变质。因此，面包必须进行冷却后才能包装。

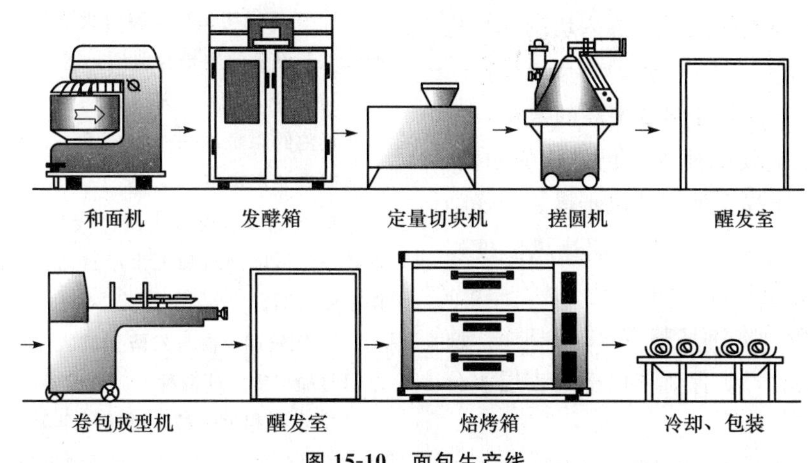

图 15-10　面包生产线

（引自：马海乐．食品机械与设备．2版．2011.）

15.4.4　焙烤膨化食品生产线

目前，市场上主要有雪饼、仙贝和雪米饼等以大米为主要原料生产的焙烤膨化食品，以及以马铃薯为原料制成的焙烤膨化食品。生产线流程示意图见图 15-11。

1. 工艺流程

浸米→制粉→蒸炼→水冷→一次挤压→水冷→二次挤压→压延成型→一次干燥→二次干燥→整列→焙烤膨化→整列→撒糖→三次干燥→淋油调味→四次干燥→包装→成品

2. 操作要点说明

(1) 浸米　将糯米用自来水清洗干净或用洗米机洗净，在10～20℃的温度下浸米20～30 min，让其吸水便于粉碎。浸泡后大米含水量在30%（质量分数）左右为宜。

(2) 制粉　将浸泡好的米在金属丝网上沥水约1 h或离心脱水2～3 min，脱除米粒表面游离水。沥水后的米粒经粉碎机粉碎，过80目筛，使米粉的粉粒直径大部分分布在100～120目。

(3) 蒸炼　将米粉、淀粉、糖等细化，按一定

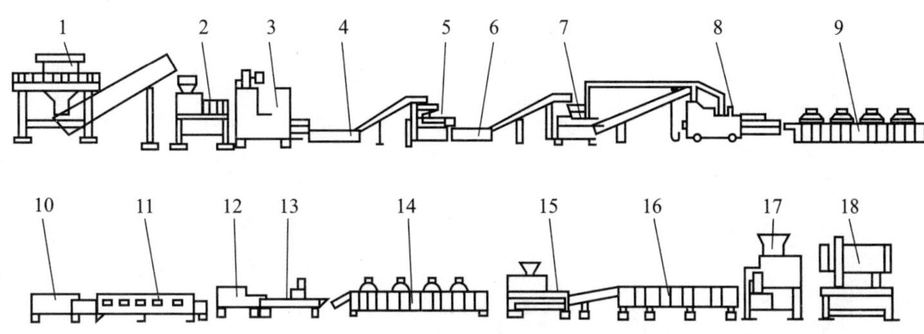

图 15-11　焙烤膨化米饼生产流程

1. 浸米机；2. 制粉机；3. 蒸炼机；4，6. 水冷机；5. 一次挤压机；8. 压延成型机；9. 一次干燥机；10. 二次干燥机；11. 焙烤设备；12. 整列机；13. 撒糖机；14. 三次干燥机；15. 淋油机；16. 四次干燥机；17. 调味机；18. 包装机

（引自：刘雄，韩玲．食品工艺学．2017）

比例，按时间加入定量的水边搅拌边蒸煮，然后将面团卸入挤压机制成块状。米粉放入带棒式搅拌器的蒸煮器内揉和蒸煮 10 min，温度为 110℃。然后挤出冷却至 60℃，揉捏三次，使米团质地均匀，此时，米团水分含量为 40%～50%（质量分数）。

(4) 米饼冷却与成型　一般采用自然冷却，冷却后放置 1～2 d，使其回生硬化。把冷却好的米团通过压辊，压成一定厚度的皮子，进入切割成型机成型。

(5) 干燥静置　若将水分含量偏高的米饼直接烘烤，易出现表面结成硬壳而内部仍过软的问题，因此，需预先干燥。干燥常使用热风干燥。干燥初期温度以 65～70℃为宜，干燥中后期热风温度以 70～78℃为宜，干燥至饼坯水分含量 12%～16%（质量分数）。干燥后，将饼坯静置 12～48 h，使饼坯内部发生水分转移，确保饼坯内部及表层水分均衡。

(6) 焙烤膨化　将干燥、静置后的饼坯放入烤箱中焙烤。米饼坯加热软化的温度一般为 145～165℃，产生焦化现象的温度为 180～200℃。饼坯膨化后，将焙烤温度降到 120℃左右，进行饼坯干燥，干燥时间约 8 min。干燥后的饼坯再升温焙烤，此时为产品上色阶段，以形成焦黄色或金黄色的表面为宜。若烘烤后的米饼需要调味，可在表面喷调味液后再次烘干。

(7) 冷却与包装　膨化米饼一般采用真空充氮软包装。

思考题

1. 简述浓缩苹果汁生产线中主要设备及其操作要点。
2. 简要说明超高温瞬时灭菌奶生产线和巴氏消毒奶生产线工艺设备的主要区别。
3. 如何利用糖水橘子罐头生产线的部分设备，来加工生产其他的果蔬罐头（如桃罐头、菠萝罐头）产品？设备方面需要如何调整？
4. 比较午餐肉罐头生产线与高温火腿生产线的设备，设计一张可以同时加工生产这两种产品的设备流程图，并作必要说明。
5. 比较冰淇淋与发酵型酸乳生产的设备，设计一张可以同时加工生产这两种产品的设备流程图，并作必要说明。
6. 参考相关资料，设计一个可同时加工生产巴氏杀菌乳、炼乳、乳粉、奶油等产品的生产车间设备流程。
7. 简述面包生产线中主要设备及其操作要点。
8. 简述方便面生产线中主要设备及其操作要点。
9. 参考相关资料，设计一个可同时加工生产多种膨化食品的生产车间设备流程。
10. 选择一种你喜欢的食品，设计其生产线，并说明生产线中主要设备的作用。

参 考 文 献

陈斌．食品加工机械与设备．北京：机械工业出版社，2008.

陈从贵，张国治．食品机械与设备．南京：东南大学出版社，2009.

崔建云．食品机械．北京：化学工业出版社，2007.

方祖成，李冬生，汪超．食品工厂机械装备．北京：中国质检出版社，中国标准出版社，2017.

冯骉，涂国云．食品工程单元操作．北京：化学工业出版社，2012.

冯镇．乳品机械与设备．北京：中国轻工业出版社，2013.

高福成，郑建山．食品工程高新技术．北京：中国轻工业出版社，2013.

顾林，陶玉贵．食品机械与设备．北京：中国纺织出版社，2016.

郝修振，申晓琳．畜产品工艺学．北京：中国农业大学出版社，2015.

贾敬敦，马海乐，葛毅强，等．食品物理加工技术与装备发展战略研究．北京：科学出版社，2016.

李良．食品包装学．北京：中国轻工业出版社，2019.

李书国，张谦．食品加工机械与手册．北京：科学技术文献出版社，2006.

梁基照．食品机械优化设计．北京：化学工业出版社，2009.

刘雄，韩玲．食品工艺学．北京：中国林业出版社，2017.

吕长鑫，黄广民，宋红波．食品机械与设备．长沙：中南大学出版社，2015.

卢立新．包装机械概论．北京：中国轻工业出版社，2011.

马海乐．食品机械与设备．2 版．北京：中国农业出版社，2011.

马荣朝，杨晓清．食品机械与设备．2 版．北京：科学出版社，2018.

隋继学，张一鸣．速冻食品工艺学．北京：中国农业大学出版社，2015.

唐伟强．食品通用机械与设备．广州：华南理工大学出版社，2010.

魏庆葆．食品机械与设备．北京：化学工业出版社，2008.

无锡轻工业学院，天津轻工业学院．食品工厂机械与设备．北京：中国轻工业出版社，1991.

肖旭霖．食品加工机械与设备．北京：中国轻工业出版社，2000.

许学勤．食品工厂机械与设备．北京：中国轻工业出版社，2016.

杨公明，程玉来．食品机械与设备．北京：中国农业大学出版社，2015.

杨铭铎，陈健．中国食品产业文化简史．北京：高等教育出版社，2016.

殷涌光．食品机械与设备．北京：化学工业出版社，2007.

袁巧霞，任奕林．食品机械使用维护与故障诊断．北京：机械工业出版社，2009.

张国农．食品工厂设计与环境保护．北京：中国轻工业出版社，2018.

张旭光，黄亚东．食品生产单元操作．北京：科学出版社，2009.

张裕中．食品加工技术与装备．北京：中国轻工业出版社，2000.

中国质检出版社第一编辑室．食品加工机械标准汇编．北京：中国标准出版社，2011.

周光宏．畜产品加工学（双色版）．2 版．北京：中国农业出版社，2019.

邹小波．食品加工机械与设备．北京：中国轻工业出版社，2020.

Singh R P. Introduction to Food Engineering. Fourth Edition，2010.